普通高等教育"十一五"国家级规划教材
面向21世纪课程教材
Textbook Series for 21st Century

兽医公共卫生与健康

佘锐萍　高　洪　主编

中国农业大学出版社
·北京·

内容提要

本教材的内容分4篇23章，第一篇为环境与健康，主要内容包括：生态环境与健康，环境生物因子与健康，环境化学因子与健康，环境物理因子与健康，食品营养与健康，食品卫生与健康，化学毒物危险度评价，我国毒理学安全性评价程序。第二篇为动物生产与公共卫生，重点讲述动物生产的生物安全体系，主要内容包括：畜牧养殖生产的环境污染与控制，实验动物和伴侣动物医疗保健，野生动物及濒危动物的环境保护等。第三篇为生物安全与疫病防控，内容包括：生物安全的公共卫生意义，有害生物的防控，传染病的预防控制，消毒技术及无害化处理等。第四篇为兽医公共卫生与健康实验指导。

图书在版编目(CIP)数据

兽医公共卫生与健康/佘锐萍，高洪主编. —北京：中国农业大学出版社，2011.3（2021.8重印）

ISBN 978-7-5655-0335-1

Ⅰ.①兽… Ⅱ.①佘… ②高… Ⅲ.①兽医学：公共卫生学 Ⅳ.①S851.2

中国版本图书馆CIP数据核字(2011)第114479号

书　名　兽医公共卫生与健康
Shouyi Gonggong Weisheng yu Jiankang

作　者　佘锐萍　高　洪　主编

策划编辑　张　程　　**责任编辑**　尹　静
封面设计　郑　川　　**责任校对**　王晓凤　陈　莹
出版发行　中国农业大学出版社
社　址　北京市海淀区圆明园西路2号　　**邮政编码**　100193
电　话　发行部 010-62818525，8625　　读者服务部 010-62732336
编辑部 010-62732617，2618　　出　版　部 010-62733440
网　址　http://www.cau.edu.cn/caup　　**e-mail** cbsszs @ cau.edu.cn
经　销　新华书店
印　刷　北京溢漾印刷有限公司
版　次　2011年3月第1版　2021年8月第3次印刷
规　格　787×1 092　16开本　40.75印张　993千字　彩插1
定　价　79.00元

主　编　佘锐萍　高　洪

副主编　郑世军　柴同杰　李祥瑞　任晓锋

编　者　（按姓氏笔画排序）

丁　叶　马卫明　亓春花　王可洲　王爱华　王雪敏　方维焕
古少鹏　任汇英　任晓锋　刘先勇　刘远飞　刘建华　孙继国
齐德生　佘锐萍　宋俊霞　张妮娅　李文贵　李祥瑞　李艳琴
陈明勇　郑世军　娄　华　柴同杰　翁　强　高　洪　高　斌
彭开松　彭芳珍

序　一

公共卫生的目的是组织社会共同努力，改善环境卫生条件，预防控制传染病和其他疾病流行，培养良好卫生习惯和文明生活方式，提供医疗服务，预防疾病，促进人民身体健康。公共卫生是在人类为求生存而适应环境、与环境中的各种危害因素进行斗争的过程中发展起来的，其内涵是处于不断发展变化的。

兽医公共卫生是公共卫生活动的组成部分，它致力于应用兽医专业的技能、知识和资源来保护和增进人类健康。兽医公共卫生工作的内容包括应用兽医科学为人类身心健康和社会安宁服务的各种活动。兽医公共卫生的研究内容包括如下十个方面：环境与人和动物健康的关系，人兽共患病的监测和控制，动物源性食品污染的监控和风险评估，人类疾病的实验动物模型，畜禽和宠物的福利与健康，野生动物保护及其疾病防治，实验室生物安全监控与管理，突发公共卫生事件的防范与处理及灾后动物疫病的防控和环境卫生的净化消毒，兽医公共卫生体系建设及政策、法规的制定，兽医公共卫生人才培养和教育。其最终目的是为保护和增进人类身心健康。

20世纪90年代后期，陆续暴发的疯牛病(BSE)、西尼罗河病毒病、埃博拉出血热、非典型性肺炎(SARS)、猴痘、高致病性禽流感，还有甲型H1N1流感等警示我们：人类健康和动物健康是互相影响、紧密关联的。新发和再发传染病的上升不但威胁着人类健康，影响人类的食物供给与经济的发展，还威胁着由动物区系和植物区系构成的生物多样性。另外各种环境污染物的存在对人和动物的健康也构成了巨大的威胁。现代社会再不能用昨天对付威胁的办法来对付当今和未来的威胁。因此，为了地球人类子孙后代的健康安宁，我们必须要图谋远略，探索前瞻性的、综合性的切实可行的方案，以解决那些影响地球生命健康的疑难问题。人类是否能有效地控制人兽共患病，取决于兽医和人医公共卫生机构和人员之间的积极共同的参与，并把双方的这种合作贯通于筹资、规划、立项、研究、检测、监管及其具体实施的每个环节。通过不同部门间的相互联合，不同学科间的相互融合，不同研究方法或技术的结合才能真正解决公共卫生的问题。

本教材内容丰富，集学术性、科学性、理论性和实用性为一体，图文并茂，系统全面，在传播公共卫生知识、增强学生的环境保护意识方面，是一本不可多得的教科书。本教材具有鲜明的时代特色，倡导"同一个世界，同一个健康，同一个医学，同一个公共卫生"的理念。教材坚持理论联系实际，面向现代化、面向未来、面向动物及人类健康保健，紧密结合我国加入WTO后动物防疫保健工作与国际接轨以及兽医人员整体素质，尤其是环境保护意识和公共卫生意识亟待提高和强化的现实状况，瞄准培养新世纪高级兽医人才的目标，开创兽医公共卫生学的新局面。

中国工程院院士

中国畜牧兽医学会理事长　陈焕春

2011年2月23日

序 二

公共卫生(public health)是通过教育和促进健康的生活方式、研究疾病和伤害预防来保护和增进社会公众健康的科学。不同时代、不同国家,对公共卫生有着不同的定义。在一定程度上,人类对公共卫生定义和内涵的认识是社会发展和文明程度的体现。

兽医公共卫生是公共卫生的重要组成部分,致力于应用兽医专业技能、知识和资源来保护和增进人类健康。随着世界人口增多、城市化进程加快、发达国家和发展中国家之间贫富和科学技术差距增大,以及环境气候的变化,与动物及动物产品相关的兽医公共卫生问题日显突出。1999 年世界卫生组织(WHO)对兽医公共卫生作出明确定义,兽医公共卫生是指通过认识和应用兽医科学为人类身心健康和社会和谐提供服务的所有活动。目前,兽医公共卫生工作内容涉及环境、人和动物健康的关系研究,人兽共患病监测和控制,动物源性食品污染监控和风险评估,人类疾病的实验动物模型研究,畜禽和宠物福利与健康保健,野生动物保护及其疾病防治,实验室生物安全监控与管理,突发公共卫生事件的防范与处理,灾后动物疫病的防控和环境卫生的净化消毒,以及兽医公共卫生体系建设、政策法规制定、人才培养教育等诸多方面。

兽医公共卫生关乎人类健康。人类正处在一个前所未有的新发传染病时代,当前已知的人兽共患病多达 250 多种,70%的动物疫病可以传染给人类,75%的人类新发传染病是来源于动物或动物源性食品。20 世纪 90 年代后期,陆续暴发的疯牛病(BSE)、西尼罗河病毒病、埃博拉出血热、非典型性肺炎(SARS)、猴痘、高致病性禽流感、甲型 H1N1 流感等警示我们,人类健康和动物健康是互相影响、紧密关联的。盐酸克伦特罗和三聚氰胺事件等动物源性食品安全问题的暴露,充分说明兽医公共卫生工作直接关系到人类生命安全。

兽医公共卫生关乎畜牧业发展和农民增收。据统计,我国每年因动物疫病造成的直接经济损失高达 600 多亿元。2004 年的高致病性禽流感使国内禽肉市场价格两个月内下降 10%以上,有 46 个国家禁止从我国进口禽产品,农民损失惨重。此外,因病返贫也是制约农民致富的一个重要方面。在我国病死率一直高居前三位的狂犬病,患者中有近 70%是农民,有 88%的布病患者是农牧民,给广大农民带来了极大的身心伤害和巨大的经济负担。

兽医公共卫生关乎经济发展全局和社会稳定。近年发生的"苏丹红"、"瘦肉精"等一系列公共卫生安全事件,表明由各种社会因素所导致的公共卫生风险正逐渐加大,局部突发兽医公共卫生事件的概率正逐渐上升。这些事件的发生暴露出法律、监管等表面问题,更暴露出体制机制、社会公共道德等深层次问题。加强兽医公共卫生工作,防范和化解社会风险,已成为中国社会转型期维护公共安全的重要议题。

本教材坚持理论联系实际,面向现代化、面向未来、面向动物及人类健康。教材内容翔实系统、观点新颖,集兽医学基础理论、社会预防医学和环境科学为一体,既有一定的理论深度,又有较强的实际应用价值。可使读者对环境、动物健康、食品卫生、人类健康及自然环境保护之间的关系有比较全面系统的了解。

人人都能分享公共卫生的成绩，人人都将面对公共卫生的挑战。“同一个世界，同一个健康，同一个医学，同一个公共卫生”是现代社会的一种理念，是全球人类的一个共识，也是人类社会发展到今天，公共卫生学科发展的必然趋势，它更像一面旗帜引领着全球的医学和兽医学工作者为了人类生命的健康与安宁，携手并肩，共同为完成历史赋予我们公共卫生工作者的使命——疾病预防、健康保护和健康促进，实现动物-人类-生态共同健康繁荣而奋斗。

农业部兽医局局长

2011 年 2 月 16 日

前　言

公共卫生是通过教育和促进健康的生活方式、研究疾病和伤害预防来保护和增进社会公众健康的科学和艺术。公共卫生有助于促进改善局部社会和全球人民的卫生和康乐。公共卫生致力于卫生问题出现之前防止它们的发生。

公共卫生由英语 public health 而来，也有人将其翻译为“公共健康”。关于公共卫生的定义，不同的国家，不同的时代和不同的学者在认识上有很大不同。尤其是不同的时代差异更为明显。可以说人类对公共卫生的定义和内涵的认识是现实社会发展和文明程度的体现。所以说公共卫生的定义具有明显的时代烙印。

兽医公共卫生是公共卫生活动的组成部分，它致力于应用兽医专业的技能、知识和资源来保护和增进人类健康。随着世界人口的增多、城市化进程的加快、发达国家和发展中国家之间贫富和科学技术差距的增大以及环境、气候的变化，由动物及动物产品所造成的公共卫生问题日显突出，为此，1999 年 WHO 又进一步对兽医公共卫生进行了定义，指出：兽医公共卫生是指通过认识和应用兽医科学为人类身心健康和社会安宁服务的所有活动的总括。此定义明确并强调了兽医公共卫生在促进人类身心健康和社会安宁中的作用和任务。

从所涉及的工作范围来看，兽医公共卫生的工作内容或研究领域比医学公共卫生学的内容可能还要宽广。兽医公共卫生的研究内容包括如下十个方面：环境与人和动物健康的关系；人兽互传病的监测和控制；动物源性食品污染的监控和风险评估；人类疾病的实验动物模型；畜禽和宠物的福利与健康；野生动物保护及其疾病防治；实验室生物安全监控与管理；突发公共卫生事件的防范与处理，包括灾后动物疫病的防控和环境卫生的净化消毒；兽医公共卫生体系建设，包括兽医公共卫生政策、法规的制定；兽医公共卫生人才培养和教育。其最终目的是为保护和增进人类健康服务。

公共卫生是在人类为求生存而适应环境、与其环境中的各种危害因素进行斗争的过程中发展起来的，其内涵是处于不断发展变化的。在 19 世纪，天花、鼠疫、霍乱等传染病肆虐，严重危害公众健康。这个时期，公共卫生的内涵，在很大程度上等同于环境卫生措施和传染病控制策略，主要是卫生部门通过改善基础卫生设施和采取生物医学措施，使传染病得到了有效控制。随着科学技术和社会经济的发展，人们对健康的认识不断加深，公共卫生的内涵也发生着不断的变化。尤其是随着工业和农业的发展，人类生活范围的不断拓宽，影响人类健康的环境因素也越来越复杂。人们逐渐认识到影响健康的因素除物质环境外，社会因素也起着很大的作用。

公共卫生不仅仅是社会进步的强大保障，其价值还体现在为每个公民的健康和长寿提供必要的条件。人人都能分享公共卫生的成绩，人人也或多或少地要受到公共卫生失败后果的影响，人人都将面对公共卫生的挑战。20 世纪 90 年代后期，陆续暴发的疯牛病(BSE)、西尼罗河病毒病、埃博拉出血热、非典型性肺炎(SARS)、猴痘、高致病性禽流感，加上甲型 H1N1

流感等警示我们：人类健康和动物健康是互相影响、紧密关联的。要保证地球生命的健康和战胜疾病，要求采取联合统一的行动，并按照人类、畜禽、宠物和野生动物都一样健康，即“同一个世界，同一个健康”达到我们的目的。生物多样性是人类在地球上赖以生存的物质基础。物种的退化与消亡、生存环境的污染与恶化、外源物种的侵袭、全球气候的变化等现象正在从根本上改变地球陆生动物、深海海洋生物以及人类的生活。新发和再发传染病的上升不但威胁着人类和人类的食物供给与经济的发展，还威胁着由动物区系和植物区系构成的非常必要的生物多样性。因此，为了地球人类的子孙后代而保证地球生物种多样性和生态平衡的同时，还要战胜各种病原微生物对地球生命健康的威胁。保障人类康乐，需要多学科、多部门，特别是兽医和人医在“同一个世界，同一个健康”的旗帜下，通力合作，从疾病预防、治疗、检测、监测、控制和扑灭以及更广泛的环境保护等多方面采取共同行动。

要解决公共卫生问题，需要应用不同学科的知识、技术和方法来达到想要达到的目标。公共卫生专业人员来自医学、兽医学、环境学、管理学、经济学、社会学、心理学、人类学、卫生工程学、法学、政治学、新闻传播学等诸多领域，其共同的目标就是要解决公共卫生问题。公共卫生人员的多学科性和学科交叉特点，有时令人怀疑公共卫生究竟是不是一个专业，从许多方面来看，把公共卫生看成一个事业的确比看成一个专业更合适。可以说，在地球上，人类的一切活动，都是为了让人类健康快乐地生活，如果把各个学科的活动，比作一场交响音乐会的话，那么，这场音乐会的主旋律是生命交响曲，而领衔主演的是生物医学中的公共卫生学。

人类社会进入 21 世纪以来，生物医学科技革命的浪潮正在兴起。我们已经进入到了“同一个世界，同一个健康，同一个医学”的新纪元。现代社会再不能用昨天对付威胁的办法来对付当今和未来的威胁。我们必须要图谋可行的、有预见的和多学科的解决方案，解决那些影响地球生命健康的疑难问题。毋庸置疑，在现代全球化的社会，单靠一个国家不可能控制或挽回那些已经或正在走向绝灭的生物物种，更不可能将已经被破坏了的地球生态环境治理恢复。同样，单靠一个部门或一个学科也不可能有足够的能力来防控危害生物健康的疫病在地球上发生或重新出现。只有打破个人、机构和部门间的界限，消除各部门之间的隔阂，建立合作伙伴关系，人类才能够充分释放创新的潜能和才智，以应对人类、畜禽、宠物及野生动物健康所面临的多种挑战。人类是否能有效地控制人兽互传病取决于兽医和人医公共卫生机构和人员之间的积极共同的参与，并把双方的这种合作贯通于筹资、规划、立项、研究、监测、意识形态及其具体实施的每个环节。只有在“同一个世界，同一个健康，同一个医学”的旗帜下，通过不同部门间的相互联合，不同研究方法或技术的结合，不同学科间相互融合，才能真正解决“同一个公共卫生”的问题，

2010 年第十个“世界兽医日”的主题为“同一个世界，同一个健康：兽医与人医更紧密的合作”（One World , One Health: more cooperation between veterinarians and physicians）。这一主题的提出，更进一步表明全世界已意识到动物疾病与公共卫生之间的重要联系。世界范围内的动物流动增加了人兽互传病的传播机会，将对人类和动物的健康造成威胁。历史的经验一次又一次地告诉我们，动物疫病的暴发，特别是人兽互传病的发生，不仅可造成重大的经济损失，还可引起社会动荡，甚至引起一个国家和地区或全球公共安全的恐慌。一桩严重的动物公共卫生事件，可能对全球性经济和消费者产生严重的冲击，对人类健康构成严重的威胁。从人类健康的角度出发，“同一个世界，同一个健康”的理念，必将促使所有国家倡导结合兽医与人医的共同力量来控制人兽互传病，以保障人类的健康。

本教材是根据形势发展的需要新编写的。在世纪之交，食品安全和人兽互传病问题越来越受到世人的关注，公共卫生问题日显突出的背景下，2001 年中国农业大学在全国兽医专业率先开设了本科生和研究生的“兽医公共卫生学”课程。并且于 2002 年编写了与课程相配套的讲义和实验指导。本课程从 2001 年初次开课至今，已整整 10 年，通过本课程的学习，对于增强学生的公共卫生意识及环境保护意识，对于开拓学生的知识层面，增强学生毕业后的就业适应能力起到了重要的作用。本教材是由主编参考国内外医学公共卫生学的相关资料，在原中国农业大学学生用的兽医公共卫生学讲义的基础上，对大纲经过反复推敲、补充、完善后，组织了 20 多所学校等单位的专家教授编写而成的。本教材的内容分 4 大篇 23 章，第一篇为环境与健康，主要内容包括：生态环境与健康，环境生物因子与健康，环境化学因子与健康，环境物理因子与健康，食品营养与健康，食品卫生与健康，化学毒物危险度评价，我国毒理学安全性评价程序。第二篇为动物生产与公共卫生，重点讲述动物生产的生物安全体系，主要内容包括：畜牧养殖生产的环境污染与控制，实验动物和伴侣动物医疗保健，野生动物及濒危动物的环境保护等。第三篇为生物安全与疫病防控，内容包括：生物安全的公共卫生意义，有害生物的防控，传染病的预防控制，消毒技术及无害化处理等。第四篇为兽医公共卫生与健康实验指导。

本教材内容具有鲜明的时代特色，极力倡导“同一个世界，同一个健康，同一个医学，同一个公共卫生”的理念。教材坚持理论联系实际，面向现代化、面向未来、面向动物及人类健康保健，紧密结合我国加入 WTO 后动物防疫保健工作与国际接轨以及兽医人员整体素质，尤其是环境保护意识和公共卫生意识亟待提高的现实状况，瞄准培养新世纪高级兽医人才的目标，开创兽医公共卫生学的新局面。教材内容翔实系统、观点新颖、概念准确，集兽医学基础理论、社会预防医学和环境科学为一体，既有一定的理论深度，又有较强的实际应用价值。通过本教材的学习，可使读者对公共卫生在社会预防医学中的地位和作用有一个系统的认识，对环境、食品卫生、人类健康及自然环境保护之间的关系有比较全面系统的认识和了解，增强公共卫生意识及环境保护意识。对于学生而言，学习本教材不仅可开拓知识面，还可能在一定程度上增强学生毕业后的就业适应能力。因此，本教材除了可作为兽医专业学生“兽医公共卫生学”课程的教学用书外，还可作为兽医公共卫生专业研究生的学习用书，同时还可作为其他兽医公共卫生工作者及生物医学相关领域工作者的参考书。

本教材作为教育部“普通高等教育‘十一五’国家级规划教材”，北京市教委“北京市高等教育精品教材立项项目”，在中国农业大学出版社的大力支持下，历时数年终于要和读者见面了，在此作者特向上述支持本教材建设的各个单位表示衷心感谢。

“同一个世界，同一个健康，同一个医学，同一个公共卫生”是一种理念，是一个共识，也是人类社会发展到今天，公共卫生学科发展的必然趋势，它更像一面旗帜引领着全球的医学和兽医学工作者为了地球生命的健康与安宁，携手并肩，共同为完成历史赋予我们公共卫生工作者的使命——疾病预防、健康保护和健康促进，实现动物—人类—生态共同健康繁荣而奋斗。

编　者

2011 年 2 月

目　录

第一章　绪　　论

第一节　公共卫生学的定义及其内涵

一、公共卫生学的定义

公共卫生是通过教育、促进健康的生活方式和研究疾病与伤害预防的一门保障和增强公民健康的科学和艺术。公共卫生有助于促进改善局部社会和全球人类的卫生和康乐。公共卫生致力于在卫生问题出现之前防止它们的发生。按经典的分类方法公共卫生可分为流行病学、生物统计和健康服务，其他重要的二级学科还有环境、社会、行为和职业卫生。

公共卫生由英语 public health 而来，也有人将其翻译为“公共健康”。关于公共卫生的定义，不同的国家、不同的时代和不同的学者在认识上有很大不同。长期以来，学术界对公共卫生的定义与内涵一直存在着不同的理解和认识，尤其是不同的时代差异更为明显。可以说人们对公共卫生的定义和内涵的认识是现实社会发展和文明程度的体现。所以说公共卫生的定义具有明显的时代烙印。

兽医公共卫生学是以兽医学的理论为基础，利用一切与人类和动物健康问题有关的理论知识、实践活动和物质资源，研究与动物相关的环境问题，以改善人及动物的生存环境，保障动物健康，防制人兽互传病的传播，保护和增进人类身心健康及社会安宁为目的的一门综合性应用学科。它是公共卫生的重要组成部分。其研究对象包括人及动物的生存环境、环境污染及生态平衡、动物源性食品卫生与安全、人兽互传病、动物保护和动物福利、实验医学及生物安全以及与动物相关的自然保护问题。

兽医公共卫生学是一门新兴交叉学科，世界卫生组织的有关委员会为“兽医公共卫生”这个术语所下的定义为：“一个群体在从事兽医工作中所采取的一系列措施，而这些措施反过来又影响这门科学的发展，其目标是为了预防疾病、保护生命，促进美满生活及人的生产能力。”同时还指出“兽医公共卫生的宗旨是利用一切与人类和动物的健康问题有关的知识和资源，以及彼此之间的关系，来保护和促进人类的美满生活。”

（一）国内外关于公共卫生的定义

关于公共卫生的定义国内外具有代表性的有 Winslow 定义、Vickers 定义、美国 IOM 定义以及中国的吴仪定义。

1. Winslow 定义　早在 1920 年，美国公共卫生领军人物、耶鲁大学教授 Charles-Edward Amory Winslow 对公共卫生所下的定义为：公共卫生是通过组织公众，努力改善环境卫生系统（尤指下水管道设备），控制传染病的流行，教育每一个人养成良好的个人卫生习惯，组织医护人员进行疾病的早期诊断和防治，建立社会机构以便保证社区中的每一个人都享有足够的生活水准以维持健康，实现预防疾病、延长寿命、促进体能健康和劳动效力的科学和艺术。此定义是公共卫生的经典定义。该定义明确指出了社会环境和人的健康的密切关系，强调了公共卫生的目的是保障每个公民都能享有预防疾病、促进健康、延长寿命权力。Winslow 定义实际上是对当时美国公共卫生实践经验的概括和总结，表达了公共卫生概念的内涵。1952 年，WHO 采纳了 Winslow 定义，所以，此定义成为全球公认的公共卫生的定义。

2. Vickers 定义　20 世纪 60 年代，英国实业家维寇（Geoffrey Vickers）在担任英国医学研究委员会主席期间，从疾病、科学与社会价值观之间互动关系的角度，提出了公共卫生的“维寇定义”，他指出：政治、经济和社会发展史上的里程碑，都是从现实存在的某些状况转变成不能容忍的状况之后才发生的，因此，我相信公共卫生的历史同样也是不断地重新界定“不能接受的状况”而被载入史册。也就是说社会对各种健康问题在不同时空条件下做出的不同反应，取决于这些问题是否超越当时社会的容忍程度；当健康问题从社会“可容忍状态”转变为“不能接受的状态”时，全社会就会采取行动，做出公共卫生反应。如人们针对 SARS、禽流感所做出的不寻常的公共卫生反应，正是全世界认识到了忽视重大传染病的预防已经成为一种社会不能接受的状态，社会价值观的转变是全球防控 SARS、禽流感公共卫生行动的重要原因。

3. 美国医学研究所（Institute of Medicine，IOM）的定义　1988 年，美国医学研究所（Instltute of Medicine，IOM）在《公共卫生的未来》（The Future of Public Health）中指出，公共卫生的任务是在保证人民可能是健康的情况下，实现社会利益。美国 IOM 定义强调了各种影响健康的环境因素，明确了公共卫生领域的巨大范围，以及公共卫生与社会、经济、政治和医疗服务不可分割的关系。该定义的前提是确保社会的每个成员的健康是整个社会的利益所在。保障“人人为健康，健康为人人”的主张，成为公共卫生的核心价值。此外，《公共卫生的未来》还界定了公共卫生的范围，确定了公共卫生的三个核心功能（core functions），即评价（assessment）、政策制定（policy development）和保障（assurance）。

4. 我国关于公共卫生的定义　我国关于公共卫生的定义是 2003 年 7 月时任国务院副总理兼卫生部部长的吴仪在全国卫生工作会议上，代表我国政府对公共卫生所作的定义，吴仪指出：“公共卫生就是组织社会共同努力，改善环境卫生条件，预防控制传染病和其他疾病流行，培养良好卫生习惯和文明生活方式，提供医疗服务，达到预防疾病、促进人民身体健康的目的。”这是我国第一次对公共卫生作的权威定义。这个定义明确提出了公共卫生是整个社会全体成员预防疾病、促进身体健康的事业，强调了公共卫生建设是一项社会系统工程。吴仪定义首次提出了政府对公共卫生的有限责任概念，界定了政府在公共卫生方面的主要责任，并强调我国公共卫生建设的内容和重点，必须从我国将长期处于社会主义初级阶段的基本国情出发，从我国公共卫生面临的问题出发，吴仪定义认为，公共卫生建设需要政府、社会、团体和民众的广泛参与，共同努力。政府主要通过制定相关法律、法规和政策，促进公共卫生事业发展；对社会、民众和医疗卫生机构执行公共卫生法律法规实施监督检查，维护公共卫生秩序；组织社会各界和广大民众共同应对突发公共卫生事件和传染病流行；教育民众养成良好卫生习惯和健康文明的生活方式；培养高素质的公共卫生管理和技术人才，为促进公众健康服务。该定义的内涵与 Winslow 定义基本上是一致的，从根本上解决了我国公共卫生体系建设与国际接轨的问题。

2003 年，WHO 专家 Robert Beaglehole 在综合了过去不同时期的多种公共卫生的定义后，指出：“公共卫生是增进公众健康和减少健康不平等的联合行动”（public health is the“collaborative actions to improve population-wide health and reduce health inequalities）。这是最新的关于公共卫生最具权威的定义。

上述这些定义，分别代表了不同时代人们对公共卫生的不同理解和认识。尽管上述定义对公共卫生的界定还存在某种差异，但不同的定义都有一个共识：公共卫生关乎每个人的健康，但不可能依靠个体达到提高整个公共卫生水平的目的。

在医学中，公共卫生事业主要为了提高人类的健康水平、社会福利和预防疾病传播。公共卫生专家们分析和评论健康问题，向公众发布信息，监视外部社会的战争。特别是，流行病学家和生物统计学家对疾病和伤残数据进行辨别、分析、翻译。环境健康专家处理人类健康和环境之间的关系。健康教育工作者教人们如何改善他们的饮食和锻炼的习惯，减轻压力和让人们实现其他的健康的生活方式。公共健康管理者们为医院、诊所、联邦政府健康保健中心、咨询公司和保险公司提供计划、指导、协调和对健康服务进行评估。最后，健康经济学家们还指导医院，家庭服务和其他健康服务场所如何最有效的运行他们的生意。这是对现代公共卫生事业的形象描述。

（二）兽医公共卫生定义的演变

从1950年开始，联合国粮农组织（FAO）和世界卫生组织（WHO）联合发表了关于人类和动物健康的系列报告。1975年，联合国粮农组织和世界卫生组织联合专家组（Joint WHO/FAO Expert Group）对兽医公共卫生进行了定义：兽医公共卫生是公共卫生活动的组成部分，它致力于应用兽医专业的技能、知识和资源来保护和增进人类健康（The component of public health activities devoted to the application of professional veterinary skills, knowledge, and resources to the protection and improvement of human health）。随着世界人口的增多、城市化进程的加快、发达国家和发展中国家之间贫富和科学技术差距的增大以及环境、气候的变化，由动物及动物产品所造成的公共卫生问题日显突出，为此，1999年WHO又进一步对兽医公共卫生进行了定义，指出：兽医公共卫生是指通过认识和应用兽医科学为人类身心健康和社会安宁服务的所有活动的总括（The sum of all contributions to the complete physical, mental and social well-being of humans through an understanding and application of veterinary medical science）。此定义明确并强调了兽医公共卫生在促进人类身心健康和社会安宁中的作用和任务。

（三）健康与亚健康的概念

公共卫生干预（介入）的中心是预防疾病和促进健康行为，而不是通过监管病例而治疗疾病。除此之外，在许多情况下，如在传染病暴发时期，为了防止疾病传播给其他人治疗疾病或对食品和供水的消毒都可能是必要的。免疫接种及安全套的发放也是公共卫生工作的内容。

1. 健康的概念　关于健康的概念，在不同的国家、不同的历史发展阶段，有不同的认识。在汉字中的“健”即肌体强壮有力（《晋书》），“康”即平安、安乐（《尚书》），“健康”包括了体健、心安和适应社会三个方面的内容。可见，我国古代思想家对健康的认识较为朴实和全面。中医认为，健康是指阴阳平衡、气血脏腑和调、形神统一，人与自然、社会统一的平衡状态。

18世纪以来，不少学者提出了健康就是没有疾病，疾病就是健康受损的观念。这种健康的观念既没有回答健康的实质，也没有阐明健康的特征，只是借助健康的对立面（疾病）来证明健康的表现。现代医学认为，健康是指人和动物机体对其所处的环境有良好的适应性，两者保持正常的动态平衡。

公共卫生的目的在于通过预防和治疗疾病以延长生命。联合国世界卫生组织(WHO,1948)对健康下的定义是“健康是指一种身体的、心理的和社会生活安宁的圆满状态,而不仅仅只是没有疾病或体质虚弱”(a state of complete physical, mental and social well-being and not merely the absence of disease or infirmity)。此定义认为,健康应包括躯体健康、心理健康以及良好的社会适应能力(社会活动能力和劳动能力)三个方面。该健康定义是目前最普遍被接受的概念。

上述WHO关于健康的定义虽然较为全面和合理,但忽视了人与自然界的关系。为此,1986年,WHO从个体与环境之间相互作用的角度又重新对健康的概念进行了定义,指出:健康是日常生活的一种资源,而不是生活的目标。健康是一种积极的观念,它强调的是社会和个人的资源以及个人的体能(Health is a resource for everyday life, not the objective of living. Health is a positive concept emphasizing social and personal resources, as well as physical capabilities)。此定义指出了健康的内容主要包括躯体健康、心理与精神健康、社会适应健康和道德健康等方面。并系统指出了影响健康的主要因素,有环境因素(包括生物因素、化学因素、物理因素)、社会因素(包括经济、文化等因素)、生活习惯、卫生医疗条件、遗传因素等。认为个体健康取决于环境生物学因素、个人卫生习惯、完善的医疗体系、安全的环境以及良好的生活条件。该定义将健康理解为是人与环境的生态关系中的一部分,是个体与自然环境和社会环境之间相互作用的结果。

WHO关于健康的10条标准:①充沛的精力,能从容不迫地担负日常生活和繁重的工作而不感到过分的紧张和疲劳。②处世乐观,态度积极,乐于承担责任,事无大小,不挑剔。③善于休息,睡眠好。④应变能力强,能适应外界环境中的各种变化。⑤能够抵御一般感冒和传染病。⑥体重适当,身体均匀,站立时,头、肩、臂位置协调。⑦眼睛明亮,反应敏捷,眼睑不发炎。⑧牙齿清洁,无空洞,无痛感,牙龈颜色正常,无出血现象。⑨头发有光泽,无头皮屑。⑩肌肉、皮肤有弹性,走路感到轻松。有关心理健康,1946年WHO成立时宪章中所提要求是:要有充沛的精力,能从容地担负日常工作和生活,并且不会感到疲劳和紧张;应该是积极乐观,勇于承担责任,并且能上能下,心胸开阔,不至于因为很小的事就耿耿于怀;必须是精神饱满,情绪稳定,善于休息的人;要有较强的自我控制能力和排除干扰的能力;要有较强的应变能力,反应速度快,有高度适应能力;等等。

2.亚健康的概念　健康与疾病是一组对应的概念,两者间无绝对的界限。健康与疾病是机体生命过程中两种不同的质态,从健康到疾病是一个量变到质变的过程。在健康与疾病之间的一个中间状态,称为亚健康。世界卫生组织将机体无器质性病变,但是有一些功能改变的状态称为“第三状态”,即“亚健康状态”或“次健康状态”。亚健康的几种表现:①功能性改变,而不是器质性病变。②体征改变,但现有医学技术不能发现病理改变。③生命质量差,长期处于低健康水平。④慢性疾病伴随的病变部位之外的不健康体征。

亚健康是机体在内外环境不良因素的刺激下,引起的心理、生理发生的异常变化,但还未达到明显的病理反应程度。从生理学角度来讲,就是人体各器官功能稳定性失调还未引起器质性损伤。在此情况下,如能及时调控可恢复健康状态。否则会发生疾病。随着年龄的增长,机体组织结构退化(老化)及生理功能减退也可引起亚健康。因此,目前认为人体衰老的表现也属于亚健康。对于亚健康的研究是21世纪生命科学研究的重要内容。

引起亚健康的4大病因：①过度紧张和压力。过度疲劳造成的精力、体力透支。由于竞争的日趋激烈，人们用心、用脑过度，身体的主要器官长期处于入不敷出的非正常负荷状态。研究表明长时期的紧张和压力对健康有四害：一是引发急慢性应激直接损害心血管系统和胃肠系统，造成应激性溃疡和血压升高、心率增快、加速血管硬化进程和心血管事件发生；二是引发脑应激疲劳和认知功能下降；三是破坏生物钟，影响睡眠质量；四是免疫功能下降，导致恶性肿瘤和感染机会增加。②不良生活方式和习惯。如高盐、高脂和高热量饮食，大量吸烟和饮酒及久坐不运动是造成亚健康的最常见原因；饮食不合理，如当机体摄入热量过多或营养贫乏时，都可导致机体失调；休息不足，特别是睡眠不足。起居无规律、作息不正常已经成为常见现象。③不良精神、心理因素刺激。长久受不良情绪的影响，这是心理亚健康和躯体亚健康的重要因子之一。④环境污染的不良影响。如水源和空气污染、噪声、微波、电磁波及其他化学、物理因素污染是防不胜防的健康隐性杀手。

亚健康的五大危害：①亚健康是大多数慢性非传染性疾病的疾病前状态，大多数恶性肿瘤、心脑血管疾病和糖尿病等均是从亚健康人群转入的。②亚健康状态明显影响工作效能和生活、学习质量，甚至危及特殊作业人员的生命安全，如高空作业人员和竞技体育人员等。③心理亚健康极易导致精神心理疾患，甚至造成自杀和家庭伤害。④多数亚健康状态与生物钟紊乱构成因果关系，直接影响睡眠质量，加重身心疲劳。⑤严重亚健康可明显影响健康寿命，甚至造成英年早逝、早病和早残。

亚健康是一种临界状态，处于亚健康状态的人，虽然没有明确的疾病，但却出现精神活力和适应能力的下降，如果这种状态不能得到及时的纠正，非常容易引起心身疾病。包括心理障碍、胃肠道疾病、高血压、冠心病、癌症、性功能下降，倦怠、注意力不集中、心情烦躁、失眠、消化功能不好、食欲不振、腹胀、心慌、胸闷、便秘、腹泻、感觉很疲惫，甚至有欲死的感觉。然而体格检查并无器官上的问题，所以主要是功能性的问题。处于亚健康状态的人，除了疲劳和不适，不会有生命危险。但如果碰到高度刺激，如熬夜、发脾气等应激状态下，很容易出现猝死，就是"过劳死"。

与亚健康相关的概念还有"亚健康综合征"，最常见的包括：①空调病。空调病是环境因素所致的疾病。随着空调在工作场所和居室的普及，其发病率逐年增高。②计算机病。又称"计算机键盘疲劳综合征"、"上网过多障碍症"。③高楼综合征。生活在以玻璃和混凝土为材料建成的现代高层楼房里，看起来装备完善的空气调节器和人工照明设备。但是，在那里工作的人的发病率却大大高于生活和工作在传统式楼房里的人们。④考试综合征。年年升学考试，年年总有一些考生，平时成绩不错，但是一上考场，头脑一片空白，一旦考试结束，头脑中的知识，又顿然跳了出来，"上场昏"现象在生理学上称为"怯场反应"，临床上称为考试综合征。⑤办公室综合征。随着经济的不断发展，大大小小的办公机构也愈来愈多。在富丽气派、井然有序、清洁明亮、恒温舒适的办公室如不注意环境保护，其工作人员则很容易患上"办公室综合征"。⑥家电噪声病。联合国经济合作与发展组织对噪声污染的研究后得出结论：人能忍受噪声的限度平均不得超过65分贝。但现代家庭中，家电的品种越来越多，家电噪声也必然随之增多，也自然会引起家电噪声病。⑦甜食综合征。糖是家庭必备食品，在糖的甜蜜之中隐藏着对人体健康的威胁。日常饮食中，偏爱甜食者，常常会因过量食糖而导致"甜食综合征"。

根据调查发现，处于亚健康状态的患者年龄多在18～45岁之间，其中城市白领，尤其是女性占多数。这个年龄段的人因为面临高考升学、商务应酬、企业经营、人际交往、职位竞争等社会活动，长期处于紧张的环境压力中，如果不能科学地自我调适和自我保护，就容易进入亚健康状态。随着社会的发展，人类生活越来越多元化，处于亚健康状态的人数愈来愈多，目前几乎占人口的60%～70%。有材料表明，全国16个省市调查结果发现，北京处于亚健康状态的人群比率为75.3%，上海为73.49%，广州为73.41%。

3.健康管理　健康是任何个体或社会发挥其功能的必要前提。当人们的健康状况良好时，能够参与各种类型的活动，而当生病、痛苦或受伤时，正常的日常生活就会受到限制。在被病痛困扰时，其他事情就变得次要或毫无意义了。

世界卫生组织报告指出，在未来几十年，全世界，特别是在发展中国家，高血压病、心脑血管病、肿瘤、糖尿病等慢性病将迅速代替传染性疾病和营养不良，成为致残和早亡的主要原因。如何保障市民的健康问题，如何利用有限的资本，实现健康风险最小化，为促进身体健康，人们应该如何管理自己的生活？尤其是如何预防并控制慢性病？已是政府与市民生活中关注的头等大事。“健康管理”的概念由此应运而生。

健康管理是指对个人和人群的健康危险因素进行全面管理的过程。健康管理是在“管理式医疗”的基础上，更进一步通过科学、准确的疾病危险性预测，预防并控制慢性病发生，强化健康服务、医疗管理和IT系统的网络化建设与应用，完善医疗风险控制体系。

健康管理的目的：①评定人口的健康行为和健康风险因素。②利用运算法则来推算未来利用保健服务的可能性和花费情况。③提供相应的干预措施，使人们学会降低其高风险因素和改进健康行为。④评定保健计划的效果和推荐未来的保健战略。

健康管理的内容：①健康信息管理：建立健康档案，搜集个人健康相关信息(评价健康的相关指标)。②健康评价：疾病危害因素评价，疾病诊断，躯体功能评估，功能障碍与残疾评估等。(定期体检、随访，开展风险评估与疾病预测)③健康促进：健康宣教，针对不同疾病风险制定干预计划(健康处方)，进行疾病风险因素的控制。从而达到降低风险、预防疾病、改善健康，减少医疗费用的目的。健康管理应该给公众提供综合性、连续性、系统性、全方位的“从生到死”的全程健康服务。

健康管理的具体内容是根据不同身体状态分别采取不同措施，对于身体的生命健康进行保健、维护、检测、预防、治疗、康复六维一体的综合科学系统工程，即“维体”意识。包括：①对于健康人的健康状态保持和功能强化；②维持身体各器官、系统的功能平衡，调整纠正失衡的状态；③通过测量机体的各项指标，发现亚健康和疾病前期状态；④对于导致疾病的因素，提前采取积极的预防和干预措施；⑤积极治疗，缓解疾病过程，防止疾病恶化和加剧；⑥疾病康复，减轻痛苦，回归社会正常生活和工作。

二、公共卫生内涵的沿革

公共卫生是在人类为求生存而适应环境、与其环境中的各种危害因素进行斗争的过程中发展起来的，其内涵是处于不断发展变化的。在19世纪，天花、鼠疫、霍乱等传染病肆虐，严重危害公众健康。这个时期，公共卫生的内涵，在很大程度上等同于环境卫生措施和传染病控制策略，主要是卫生部门通过改善基础卫生设施和采取生物医学措施，使传染病得到了有效控制。随着科学技术和社会经济的发展，人们对健康的认识不断加深，公共卫生的内涵也发生着不断地变化。尤其是随着工业和农业的发展，人类生活范围的不断拓宽，影响人类健康的环境因素也越来越复杂。人们逐渐认识到影响健康的因素除物质环境外，社会因素也起着很大的作用。而要改变这些物质环境因素和社会因素，单凭卫生部门是难以实现的。于是在20世纪60年代，就有人提出了所谓的“新公共卫生”(the new public health)的概念。后来这一概念逐渐得到了发展和完善。

(一)新公共卫生理念的建立

真正的“新公共卫生”概念系统的论述是在1986年11月21日，WHO在加拿大首都渥太华召开的世界第一届健康促进大会上。这次大会通过了著名的《渥太华健康促进宪章》(Ottawa Charter or Health Promotion)，就是在此宪章中对“新公共卫生”作出了全面系统的定义，指出：公共卫生是在政府的领导下，在全社会的层面上，保护民众远离疾病和促进公众健康的所有活动。健康的基本条件是和平、住房、教育、食品、收入、稳定的生态环境、可持续的资源、社会的公正与平等。这个定义认为，公共卫生的主要内容是强化政府在公共卫生事业中的核心地位，强调“健康为人人”的理念，同时更加重视社会科学对促进健康的作用。《渥太华健康促进宪章》关于公共卫生的新定义的发表，标志着“新公共卫生”理念的诞生。此后25年来，在“渥太华宪章”精神的指引下，健康促进在实现“健康为人人”的战略目标和促进人群健康方面取得了长足的发展，已成为当代公共卫生的主要内容之一。

2005年8月，WHO在泰国曼谷召开了第六届全球健康促进大会。这次大会的主题是：针对健康的决定因素，强调政策与伙伴关系。这次大会通过了举世瞩目的《健康促进曼谷宪章》，“曼谷宪章”又进一步指出了，健康促进是公共卫生的核心功能，在控制传染病和非传染性疾病以及其他的健康威胁方面均发挥着重要的作用。因此，健康促进在改善健康和促进人类发展方面是一项有效的投资，并能减少健康和性别的不公平。

(二)新公共卫生概念的内涵

公共卫生干预(介入)的中心是预防疾病和促进健康行为，而不是通过监管病例而治疗疾病。除此之外，在许多情况下，如在传染病暴发时期，为了防止疾病传播给其他人治疗疾病或对食品和供水的消毒都可能是必要的。免疫接种及安全套的发放也是公共卫生工作的内容。新公共卫生的内涵可概括为疾病预防(prevention)、健康保护(protection)和健康促进(promotion)。

1. *疾病预防*　强调的是对传染性疾病、慢性非传染性疾病、职业病以及伤害的预防与控制，也是传统预防医学的研究和工作领域。

2. *健康保护*　新公共卫生学的重要理念是强调对每一个体生命全过程的健康保护。健康保护应包括所有针对人体健康的防护措施、卫生工程技术措施和公共卫生政策措施、公共卫生干预措施等。个体从出生到死亡，在生命的不同阶段，均有不同的卫生问题与健康需求，因此要针对个体的不同生命阶段，采取不同的健康保护措施。虽然在经典的环境卫生、职业卫生、营养与食品卫生、学校卫生、流行病学等以生物医学为基础的预防医学领域，均含有健康保护的公共卫生的内容，但是经典公共卫生工作的重点只是对传染性疾病的群体防控。

3. *健康促进*　《渥太华健康促进宪章》中对健康促进的表述为：健康促进以基本人权为基础，倡导在没有任何歧视的条件下享有最高可获得的健康标准是每个人的基本权利。

健康是社会发展的目标和核心。要创造一个更加健康的世界需要更加强有力的政治行动、广泛的参与和持续的倡导。健康促进在这些方面有着独特的优势，并且已被证明是有效的策略。它包括：基于人权和团结一致来倡导健康；针对健康的决定因素，着力于可持续性的政策、行动和基础框架的建设；在政策发展、领导能力、健康促进实践、知识传播和研究以及健康理解能力上进行能力建设；通过立法和制度建设来确保所有人的健康免受有害环境的损害以及享有平等的健康机会；与公共、私营和民间组织建立伙伴式的关系来开创一个可持续性行动的新局面。

健康促进已不再是单纯地强调防病、治病，而是发掘那些促使人类健康的资源。例如，用说服教育的方法来改变个体的行为方式，其效果是很有限的，由于个人的行为方式受社会环境影响，因此要改变人们的行为方式，最重要的是改变促使人们做出行为方式改变的环境，即公共卫生要为人们更多地提供有益于健康的物质条件，即有利于健康的环境资源。

（三）新公共卫生与经典的公共卫生异同点

无论是经典的公共卫生还是新公共卫生都是围绕着如何预防疾病，保障人类健康的主题展开工作，这是新公共卫生与经典的公共卫生的共同点，但由于社会的变迁，时代的差异，必然导致二者在所担负的社会责任（任务）、组织工作形式和研究内容上的不同。与经典的公共卫生概念相比较，新公共卫生的概念有许多新的内涵，比经典的公共卫生概念更广泛，包含了许多社会科学的内容。

1. *社会职责方面* 从所担负的社会责任或工作内容上来看，经典的公共卫生的任务主要是由卫生部门负责的三大任务：健康教育、疾病预防措施（如免疫接种、疾病筛查和治疗）以及卫生监督执法。新公共卫生在传统公共卫生的基础上，更强调把改善公众的物质卫生环境和社会环境、把对疾病的个体预防和适宜的治疗结合起来，通过多部门的合作和社区的参与，在多种场所开展健康促进，履行公共卫生职责。经典的公共卫生的目标主要是维持公众健康，而新公共卫生的目标则是强调促进公众健康，最终目的是使公共卫生成为社会可持续发展的坚强后盾。部门合作和社区参与是新公共卫生的特色。

2. *社会分工或责权归属方面* 从社会分工或责权归属方面来看，经典的公共卫生的任务主要是由卫生部门负责执行，工作重点是对传染性疾病的群体防控。而新公共卫生则是强调政府在公共卫生事业中的核心地位，认为公共卫生工作不仅仅是卫生部门的事情，而是涉及社会的多个领域，需要社会多学科、多层面人员的参与。新公共卫生学的重要理念是强调对每一个体生命全过程的健康保护，强化"健康为人人"的理念。经典的公共卫生注重学术性研究，而且参与研究的机构和人员也主要是公共卫生系统（实际上主要是医疗卫生部门）的人员；而新公共卫生则注重以工作实践为基础，政府制定主导性政策，并调动社会各方面的资源，如人力、物力、财力、信息等，倡导多部门协作联合攻关。总之，新公共卫生工作已不再仅局限于医疗卫生领域，而是覆盖了整个社会的各个领域。

3. *研究内容和研究方法方面* 从科学研究的内容和方法来看，经典的公共卫生学主要局限于医学领域，采用医学的研究方法，侧重对群发性疾病，尤其是由生物因素引起的感染性疾病的防治研究；而新公共卫生学的研究内容和方法均已超出了医学领域，扩展到了多个学科，甚至可以说扩展到了科学研究的各个领域。如从研究内容上，可以说环境与健康的关系问题是地球人类永远的主题，进入 21 世纪以来，环境污染与公众健康的关系问题已成为公共卫生的主打课题，研究内容不再只是生物因素引起的感染性疾病，而更多的是集中到了环境化学因素和物理因素对人和动物健康的影响。环境与健康的关系问题已成为新世纪生物医学研究的重大课题，也是公共卫生研究的重要内容。新公共卫生工作已不再局限于医疗卫生领域，而是覆盖了整个社会的各个领域。公共卫生已经逐步进入了"新公共卫生时代"。

三、公共卫生学与其他学科的关系

如前所述,公共卫生学是综合性的应用学科,是社会预防医学的组成部分。它以下列学科作为自己的基础学科:动物学、解剖学、组织学、生理学、生物化学、物理学、化学、生物化学、微生物学、毒物学、免疫学、病理学、诊断学、流行病学、寄生虫病学、消毒学、生态学、环境科学、经济学等。这门学科是随着社会生产力的发展,人类社会的不断进步而向前发展的。因此,这门科学是人类由落后走向进步,愚昧无知走向科学文明的重要标志,也是人类智慧和科学发展到一定阶段的综合表现。

兽医公共卫生是以兽医科学为主并涉及其他众多科学领域的学科,除了需要兽医专业人员参与外,还需要医学专业人员、畜牧学专家、微生物学专家、环境专家、食品专家、农业专家等相关领域的专家学者共同参与。

要解决公共卫生问题,需要应用不同的学科知识、技术和方法来达到想要达到的目标。公共卫生专业人员来自医学、兽医学、环境学、管理学、经济学、社会学、心理学、人类学、卫生工程学、法学、政治学、新闻传播学等诸多领域,其共同的目标就是要解决公共卫生问题。公共卫生人员的多学科性和学科交叉特点,有时令人怀疑公共卫生究竟是不是一个专业。从许多方面来看,把公共卫生看成一个事业的确比看成一个专业更合适。

可以说,在地球上,人类的一切活动,都是为了让人类健康快乐地生活。如果把各个学科的活动,比作一场交响音乐会的话,那么,这场音乐会的主旋律是生命交响曲,领衔主演为生物医学中的公共卫生学。

第二节 兽医公共卫生学的研究内容和作用

一、公共卫生学的主要功能

公共卫生的主要功能是健康评价、政策制定和健康保障三方面。

(一)公共卫生评价

公共卫生评价是指常规、系统地收集与公共卫生有关的信息,对其进行分类和分析,并将公共卫生信息随时提供给公众。通过系统的调查、监测和评估,提供与公众健康相关的信息。这些信息包括关于社区卫生状况的统计数字、社区卫生需要、有关卫生问题的流行病学研究或其他调查信息等。公共卫生评价是一个系统工程,必须由政府部门和民间机构共同合作才能完成。由于任何单一的公共卫生机构都不可能具备足够的资源来单独承担和完成公共卫生信息收集和评价任务,因此有些内容必须由政府机构独立承担,而有些内容需要民间组织的配合。政府和非政府组织的合作是公共卫生具备评价功能的基本条件。

(二)公共卫生政策的制定

公共卫生评价为公共卫生政策的研究和制定提供了必要的理论依据和实践基础。政府在公共卫生事业中处于核心地位,如果没有政府的支持与参与,公共卫生的事业的建设和发展将是空话。所以政府在公共卫生的事业的建设中占主导地位。政府通过立法和制度建设来确保所有人的健康免受有害环境的损害以及享有平等的健康机会,在政策发展、领导能力、健康促进实践、知识传播和研究以及健康理解能力上进行能力建设；通过制定公共卫生政策，动员全民参与公共卫生。政策制定的核心功能包括：①公布公共卫生问题，使公众具备认识公共卫生问题的能力；②动员和建立社区联盟来认识和解决社区公共卫生问题；③制定政策和计划来支持个人和社区的公共卫生工作。

（三）公共卫生保障

在公共卫生评价和政策制定的基础上，通过公共卫生干预来保障人人享有健康。公共卫生保障通过以下过程确保公共卫生干预计划的实施：①执行卫生法规，保障公众健康安全；②通过各种方式为社区居民提供医疗保健服务；③确保公共卫生和医护队伍的质量和能力；④评价医疗服务和公共卫生服务的效果；⑤开展公共卫生研究，探索解决重大公共卫生问题的新思路和新方法。

二、公共卫生的主要工作内容

（一）公共卫生政策的制定与管理

公共卫生是一个社会问题，因此，公共卫生事业建设是一项社会工程。从某种角度来说，公共卫生的实质是公共政策问题，必须依靠政府的政策支持和法律法规作保障。公共卫生政策的实施涉及社会的方方面面，是单个机构无力承担，短期内难以获得回报却又关系到国家整体利益和长远利益。公共卫生政策是一个国家政策体系的重要组成部分之一，公共卫生政策的制定是一个复杂的过程，受众多因素的影响，包括政治理念、意识形态、传统价值观念、公众压力、行为惯性、专家意见、决策者的兴趣与经验等。

公共卫生管理应具有长效机制，这种长效机制必须建立在法治的基础上。要建立公共卫生的法治机制，必须加强公共卫生的立法，并提高立法的质量。构建公共卫生管理机制，应建立职责明确、相互协调、有财政保障的公共卫生管理机构，建立完善的法制化的公共卫生管理制度，并建立起稳定的、持久的公共卫生管理长效机制。

（二）公共卫生体系建设

公共卫生体系建设完善与否，是一个国家公共卫生发展水平的重要体现。公共卫生体系建设是我国医疗卫生改革与发展面临的重要问题。医疗卫生体制改革的重点之一应加强公共卫生体系的建设，提高疾病预防控制能力，保障人民的健康。按照 WHO 的相关定义，基本医疗服务应纳入公共卫生的范畴，因此公共卫生体系建设应覆盖到医疗机构。因为传染病疫情一旦发生，医疗机构就处在疾病预防控制的第一线。

公共卫生体系建设的核心内容是加强疾病预防控制能力建设。所谓疾病预防控制能力，是指履行疾病预防控制、突发公共卫生事件处置、疫情报告和健康信息管理、健康危害因素干预和控制、检验评价、健康教育与健康促进、科研培训与技术指导等公共职责的能力。

在公共卫生体系建设过程中，应完善机制、落实职责，加强能力建设，加大人才队伍建设的力度，以推动公共卫生工作不断发展。

公共卫生体系建设和完善是一个长期的庞大的系统工程，事关国民健康、国家安全大局，涉及每个人的健康、安全利益。公共卫生体系建设中的各种项目的设立和决策的正确与否，直接影响到公众的健康和安全。为保证公众卫生安全，建设和完善我国的公共卫生体系，需要大力提倡公共卫生体系建设的战略和战术研究。

在公共卫生体系的建设过程中,应以系统的观念统筹规划、平衡发展。应综合考虑卫生资源的投入与分配,以最大限度地发挥公共卫生体系的作用。在体系建设中,应着重考虑如何确定正确的目标规划、完善的基础设施、灵敏的信息系统、科学的决策指挥和有效的干预控制策略。

当前,我国已在公共卫生体系建设方面取得了成功经验,使公共卫生水平得到了不断提高。我国已建立了比较全面的公共卫生体系,提供的公共卫生服务从中央辐射到省、市、县,并建立了县、乡、村"三级农村卫生网络"。我国将政府的承诺和意愿与专家技术结合起来,促进了公共卫生体系的发展,为其他国家提供了较好的范例。循证公共卫生决策学的兴起为我国公共卫生体系的建设和完善准备了新型的科学工具,应该充分地利用新工具的优点,不断地学习和加强循证公共卫生决策的能力。高效、可靠、科学的公共卫生体系应来自于对科学技术、公众交流、公众健康需求和各种政治意愿的高度整合。

(三)健康危险因素的识别与评价

临床医学服务的起始点是在病人出现症状和体征后主动找医生诊治疾病,而健康危险因素评价是在症状、体征、疾病尚未出现时就重视危险因素的作用,通过评价危险因素对健康的影响,促使人们保持良好的生活环境、生产环境和行为生活方式,防止危险因素的出现。

危险因素是指能对人造成伤亡或对物造成突发性损害的因素;能影响人的身体健康,导致疾病或对生物造成慢性损害的因素,称为有害因素。通常情况下,对两者并不加以区分而统称为健康危险因素。健康危险因素包括生物性因素、化学性因素、物理性因素以及社会—心理—行为因素。对健康危险因素的识别与评价是公共卫生学研究的最重要的内容之一。如果能够早期识别到危险因素,并提前加以干预与防护,可以有效避免受到危险因素的侵害。在危险因素出现的早期,可以测评危险因素的严重程度及其对健康可能造成的危害,预测疾病发生的概率,以及通过有效干预后可能增加的寿命。

健康危险因素评价的重点对象是健康人群,开展的阶段越早,意义越大,因此它是一项推行积极的健康促进和健康教育的技术措施,也是一种预防与控制慢性非传染性疾病的有效手段。

采用筛检手段在"正常人群"中发现无症状患者是一种有效的预防策略,如果及时采取干预措施,阻断致病因素的作用,可以防止疾病的发生。由于人体有很强的自我修复功能,如果能及时发现和识别影响健康的危险因素,并及早采取适当的措施,阻止危险因素的作用,致病因素引起的疾病病程即可出现逆转,症状即可消失,并有可能恢复健康。当致病因素导致疾病发生后,要采取治疗措施并消除健康危险因素,改善症状和体征,防止或推迟伤残发生,减少劳动能力丧失。如果由于症状加剧,病程继续发展,导致生活和劳动能力丧失,此时的主要措施是康复治疗,提高其生命质量。

(四)疾病的预防与控制

疾病预防与控制是公共卫生的核心内容之一。预防第一是公共卫生的基本原则。预防的特点是在事件发生之前采取行动以减少其发生的可能性,或减少事件发生带来的危害。预防的价值是不言而喻的。例如,艾滋病还不能根治,要控制艾滋病,只有减少新艾滋病人的发生,因此艾滋病预防的重要性和价值是能够被人们接受的。但在多数情况下,预防的重要性和价值是不容易被人们接受的。以"非典"为例,在"非典"肆虐之后,许多人能够理解预防的价值;

但是如果2003年1月发生在广东省的“非典”最初就被完全控制了，恐怕就没有几个人能够理解公共卫生的价值了。

我国疾病预防控制机构的主要职责包括：①为拟定与疾病预防控制和公共卫生相关的法律、法规、规章、政策、标准和疾病防治规划等提供科学依据，为卫生行政部门提供政策咨询；②拟定并实施国家、地方重大疾病预防控制和重点公共卫生服务工作计划和实施方案，并对实施情况进行质量检查和效果评价；③建立并利用公共卫生监测系统，对影响人群生活、学习、工作等生存环境质量及生命质量的危险因素进行营养食品、劳动环境、放射、学校卫生等公共卫生学监测，对传染病、地方病、寄生虫病、慢性非传染性疾病、职业病、公害病、食源性疾病、学生常见病、老年卫生、精神卫生、口腔卫生、伤害、中毒等重大疾病发生、发展和分布的规律进行流行病学监测，并提出预防控制对策；④处理传染病疫情、突发公共卫生事件、重大疾病、中毒、救灾防病等公共卫生问题，配合并参与国际组织对重大国际突发公共卫生事件的调查处理；⑤参与开展疫苗研究，开展疫苗应用效果评价和免疫规划策略研究，并对免疫策略的实施进行技术指导与评价；⑥研究开发并推广先进的检测、检验方法，建立质量控制体系，促进公共卫生检验工作规范化，提供有关技术仲裁服务，开展健康相关产品的卫生质量检测、检验，安全性评价和危险性分析；⑦建立和完善疾病预防控制和公共卫生信息网络，负责疾病预防控制及相关信息搜集、分析和预测预报，为疾病预防控制决策提供科学依据；⑧实施重大疾病和公共卫生专题调查，为公共卫生战略的制定提供科学依据；⑨开展对影响社会经济发展和国民健康的重大疾病和公共卫生问题防治策略与措施的研究与评价，推广成熟的技术与方案；⑩组织并实施健康教育与健康促进项目，指导、参与和建立社区卫生服务示范项目，探讨社区卫生服务的工作机制，推广成熟的技术与经验。

此外，各级疾病预防控制机构还负责农村改水、改厕工作技术指导，研究农村事业发展中与饮用水卫生相关的问题，为有关部门做好饮用水开发利用和管理提供依据；组织和承担与疾病预防控制和公共卫生工作相关的科学研究，开发和推广先进技术；开展国际合作与技术交流，引进和推广先进技术等。

(五)突发公共卫生事件与公共卫生危机管理

突发公共卫生事件或称公共卫生危机事件，是指突然发生，造成或者可能造成公众健康严重损害的重大传染病、群体性不明原因疾病、重大中毒、放射性损伤、职业中毒，以及因自然灾害、事故灾难或社会安全事件引起的严重影响公众身心健康的事件。公共卫生危机事件大多表现为突发性事故危机，其特点表现为：①危机的不可预见性，危机产生的诱因难以预测，危机的发生、发展和造成的影响难以预测；②危机的多发性、多样性和复杂性；③危机的突发性，突发性是公共卫生危机事件的最突出的特点，由于时间紧迫，如果危机管理措施不及时，则可能导致严重的后果；④危机的危害性波及范围广，公共卫生危机已经突破了地区界限，某一国家或地区的危机处理不当，就有可能在短时间内发展为全球危机。

公共卫生危机管理主要是指政府、卫生职能部门和社会组织为了预防公共卫生危机的发生，减轻危机发生所造成的损害并尽早从危机中恢复过来，针对可能发生和已经发生的危机所采取的管理行为。主要包括危机风险评估、危机监测、危机预防、信息分析、危机反应管理和危机恢复等。公共卫生危机管理的基础工作应贯穿于危机管理全过程，主要包括危机管理的组织机构、社会支持和公共卫生人力资源等。

公共卫生危机管理应遵循公众利益至上、公开诚实和积极主动的原则。政府和相关职能部门必须把公众利益放在首位，所采取的一切行动和措施都必须优先保障公众利益。在危机出现的第一时间采取有效措施，及时公开危机的相关信息，否则会导致政府公信度降低，造成不应有的混乱。公共卫生危机一旦发生，就会成为公众舆论关注的焦点，地方政府和职能部门必须快速反应，积极沟通协调，主动寻求社会各界的理解和支持，积极控制和掌握发言权。

我国已基本建立了比较完善的公共卫生危机管理体系。例如，2004 年初正式启动的疫情及突发公共卫生事件的网络直报系统，覆盖包括乡镇卫生院在内的全国所有卫生医疗机构，是世界上最大的疾病监测系统。目前，全国 93.5%的县以上医疗卫生机构和 70.3%的乡镇卫生院均实现了疫情和突发公共卫生事件网络直报。通过不断建立和完善全国传染病疫情和突发公共卫生事件信息网络，我国已实现对传染病疫情、健康危害因素监测、死因监测等重要公共卫生数据的实时管理，传染病控制和应急反应能力明显提高。

(六)公共卫生安全与防控

公共卫生安全如同金融安全、信息安全一样，已成为国家安全的重要组成部分，需要引起足够的重视和关注。在全球化时代，既要重视传统安全因素，也要重视非传统安全因素。非传统安全是相对于传统安全而言的，是一个泛化的概念，其内容涵盖政治安全、经济、文化、科技、生态环境、人类健康和社会发展等。非传统安全更加关注人类安全和社会可持续发展，是对非军事化安全的理解，即公众更加关注经济、社会、环境、健康等发展问题，甚至将其提高到与军事、政治问题同等的位置，从而使人们的安全观更加非国界化。2003 年的 SARS 事件对我国政府和民众传统的安全观是一个严重的挑战，使公众充分认识到公共卫生安全对于维护国家安全、构建和谐社会的重要性。

在分享全球化带来的好处的同时，务必要防范全球化带来的更多的不确定因素和风险。例如，传染病跨国界传播的可能性大大增加，很多以前局限于特定地区的未知病毒或细菌以及已知的传染病可能随着人流、物流迅速传播到全球；随着食品等与健康相关的产品贸易日趋活跃，境外食品污染流入的可能性不断增加，食品的微生物、化学和放射性污染问题一旦在某一国家或地区出现，就可能在全球范围内长距离、大面积地迅速波及蔓延；全球化带来的国际产品结构调整，可能促使污染密集型产业向发展中国家转移，导致职业病危害从经济发达地区向经济发展较慢的地区转移；生物恐怖带来的威胁明显增大，生物技术的迅猛发展使制造强杀伤性生物武器的能力大为提高。因此，有效预防和控制各类突发性公共卫生事件，确保公共卫生安全，保护公众的健康是现代公共卫生工作的重要任务。全球化加剧了公共卫生安全的危险因素，迫使人们要更加重视非传统安全因素。加强公共卫生安全必须强化政府对公共卫生的领导责任，建立突发性公共卫生事件应急处理机制，加强公共卫生领域的国际合作。

公共卫生安全是非传统安全的重要组成部分，也是构建和谐社会的重要内容，应从国家安全的高度考虑公共卫生问题。在突发公共卫生事件、突发伤害事件、突发环境污染事件、突发灾害事件以及恐怖袭击事件的处置过程中，应积极防治各种潜在风险，还应积极构建能够迅速调动社会资源的应急处理系统，并通过加强法律、制度建设以及平战结合系统的建设，合理配置和使用应急储备物资和资源。

三、兽医公共卫生研究的内容及作用

公共卫生不仅仅是社会进步的强大保障，其价值还体现在为每个公民的健康和长寿提供必要的条件。人人都能分享公共卫生的成绩，人人也或多或少地要受到公共卫生失败后果的影响,人人都将面对公共卫生的挑战。

公共卫生的巨大价值,早在欧美工业化的进程中就以无数生命的代价得到证明。18 世纪欧美工业革命带来了城市化,城市化的一个特点就是人口密集。人口密集在公共卫生没有发展之前,其必然结果就是传染病的流行。

不论是在发达国家还是发展中国家,通过地方性健康卫生系统以及通过国际非政府组织的行动,公共卫生对于疾病预防都起到了重要作用。在发达国家和发展中国家卫生保健和公共卫生的职能有着巨大的差异。在发展中国家,公共卫生的基础设施还在建设中,也没有足够的训练有素的卫生工作者或者资金支持来提供哪怕是基本预防的基本医疗措施。由于极端贫穷,群体性疾病和高致死率在发展中国家屡见不鲜。例如,很多非洲国家人均每年用于健康保健的费用不足 10 美元,而在美国,2000 年联邦政府用于每位公民健康保健的费用高达4 500 美元。

从所涉及的工作范围来看,兽医公共卫生的工作内容或研究领域比医学公共卫生学的内容可能还要宽广。兽医公共卫生的研究内容或任务应包括如下 10 个方面:环境与人和动物健康的关系;人兽互传病的监测和控制;动物源性食品污染的监控和风险评估;人类疾病的实验动物模型;畜禽和宠物的福利与健康;野生动物保护及其疾病防治;实验室生物安全监控与管理;突发公共卫生事件的防范与处理,包括灾后动物疫病的防控和环境卫生的净化消毒;兽医公共卫生体系建设,包括兽医公共卫生政策、法规的制定;兽医公共卫生人才培养和教育。其最终目的是为保护和增进人类健康服务。

(一)环境与人和动物健康的关系研究

从比较医学的角度研究环境污染物对人类和动物健康的影响。环境与健康是以人类为核心,研究和探讨人类生存的自然环境和人为改造后的次生环境与人类健康、疾病间的相互关系。

环境(environment)是一个很大的范畴,它包括了一切客观存在的与人类生存有关的自然的以及社会的条件。环境的定义:“在特定时刻由物理、化学、生物及社会的各种因素构成的整体状态,这些因素可能对生命有机体或人类活动直接地或间接地产生现实的或远期的作用。”环境是人类赖以生存的物质基础,人和环境之间始终保持着紧密的、不可分割的联系,既相互对立、相互制约又相互依存、相互转化,从而构成对立统一的整体。

自地球形成经历了几十亿年的自然变迁后,逐渐形成了生物赖以生存和繁衍的环境条件。而只有在人类出现以后,才使生物长期依赖的自然环境条件发生了根本的、剧烈的变化。人类从事的各种生产、生活活动,使自然资源得以开发和利用,农业、畜牧业的活动结果,改变了地表动植物的组成和分布,进而改变了动植物的种群。

16 世纪和 17 世纪,人类生产发展史上出现了科学技术革命,推动了生产力的迅猛发展。人类利用和改造环境的能力大大增强,逐步地建造起了更加适宜人类居住、生存、发展的环境条件。人类对环境的不断改造是人类劳动与智慧的结晶,也是人类不同于其他生物的重要标志。人类的健康水平直接与其生存的环境质量(quality of environment)有密切关系。

随着工业的发展,人群集聚、城市建设与扩展,人类生存的自然环境发生了巨大的变化。人类在开发和利用自然环境资源,创造新的生存环境的同时,又将生产、生活活动中产生的废弃物排入环境,使得环境质量下降和恶化。人为排放造成环境污染的物质则称为环境污染物或环境污染因素,降解或形成新的污染物。同时,常常与其他污染物联合作用于人体,从而可能产生与原有污染物不同的危害作用。因此，充分应用现代医学、生物学的理论和技术对环境污染的危害性进行科学的评估是十分必要的。

原生环境继续保持着许多有利于人类生存的环境因素，如茂盛的森林、完好的植被、适宜的气候、清洁的空气和水源，但对于人类健康有害的因素也同样未发生改变(如地方病的发生)。次生环境是当今人类主要的生存环境，次生环境改变了自然环境原有的组成和结构，扩大了人类活动的领域，丰富了物质生活条件，改变了环境物质和能量转换的自然状态，逐渐地创造出了美好的更加有利于人类生存和繁衍的环境条件。但与此同时，却又给人类带来了新的环境问题，如自然资源过度耗竭，现代化工业生产“三废”排放对环境污染等，它们对人类健康所造成的威胁和危害，其规模之大，影响之深远，是人类始料所不及的。所以，环境与健康的研究是人类生存发展中重要的、永恒的主题。

环境与健康关系是现代环境卫生学研究的核心问题。为阐明环境对人群健康的影响，必须运用现代自然科学分析技术，了解环境因素的物理、化学和生物学性质、特征。同时也必须运用现代生物和医学领域中的先进理论和技术，认识机体受到外环境因素影响时所引发的机体内各种生理、生化和病理学反应等。通常，在进行环境与健康关系研究时，根据研究的对象、范围、目的要求，采用环境流行病学和环境毒理学的研究方法。即应用宏观与微观，人群调查与实验室研究相结合的方法。环境流行病学是应用传统流行病学的方法，结合环境与人群健康关系的特点，研究外环境因素与人群健康的宏观关系。环境流行病学研究的最终目的是消除污染，改造环境、保护人群健康。通过对环境和健康监测，发现有害健康的环境因素及对健康的损害，采取措施，控制疾病流行。环境流行病学特别注意暴露—效应关系的研究，这是制定环境卫生学标准的根据，也是制定卫生政策、法规、条例的重要依据。

兽医公共卫生不仅要考虑周围环境对动物健康和畜牧业生产的影响，还必须考虑畜牧业生产对周围环境污染和破坏的问题。畜牧业所造成的环境污染不仅影响人类健康，环境污染造成的生态环境恶化反过来也可成为严重影响或制约畜牧业可持续发展的重要因素。如过度放牧引起草地沙化；养殖生产中病畜禽尸体和粪污处理不善造成疫病扩散和流行等，这些必然会给畜禽养殖业带来巨大的经济损失。因此，发展绿色养殖，减少畜牧业生产对生态环境的影响，提倡“健康养殖，绿色环保”，是兽医公共卫生的重要任务。

(二)人兽互传病的监测和控制

兽医公共卫生的最重要职责之一是对动物疫病进行监控，尤其是对人兽互传病的监控。动物疫病已成为公共卫生安全的最大威胁。已知的200多种动物疫病中70%以上可以感染人。重要动物疫病有禽流感、口蹄疫、猪瘟、猪蓝耳病、猪链球菌病等。重要人兽互传病有结核病、布氏杆菌病、狂犬病、弓形虫病、疯牛病等。

1959年世界卫生组织(WHO)和粮农组织(FAO)专家委员会对人兽互传病下的定义是：“在人与其他脊椎动物之间自然传播的疾病和感染”。如艾滋病、结核、狂犬病等，既可使动物发病，也可使人发病。在已知的200多种人兽互传病中，病毒病有72种、细菌病40种、线虫病46种、原虫病15种、霉菌/真菌病13种、衣原体/立克次氏体11种、昆虫病6种。

人兽互传病可以从非人类的动物传播到人或从人传播给动物。人兽互传病对社会的发展，国家的富强，民族的兴衰均有直接关系。从历史上看，世界上曾发生过三次鼠疫大流行，第一次发生在542—594年，从埃及蔓延到整个欧洲，大批人口死亡，并导致了拜占庭帝国的覆灭；第二次发生于1346—1349年，造成欧洲死亡人数达2 500万，相当于当时欧洲总人口的

1/4,给中世纪的欧洲社会以严重的打击;第三次发生于1894年,从我国和印度传至世界许多地方,造成大批人口死亡。在现代社会,人兽互传病对国民经济和畜牧业的发展都有很大影响,以家畜为主的人兽互传病,不仅影响到畜禽养殖业的发展,同时还严重威胁着人和动物的生命与健康。

人畜共患病在各个国家的危害性可因地区而有所不同。目前全世界已证实的人兽互传病250多种,我国有近200种,其中对人有重要危害的人兽互传病有100多种,其中比较重要的有炭疽、鼻疽、布氏杆菌病、结核、口蹄疫、钩端螺旋体病、沙门氏菌病、猪丹毒、猪肉绦虫病、牛肉绦虫病、旋毛虫病、包虫病、弓形虫病、肉孢子虫病、血吸虫病、肺丝虫病、华支睾吸虫病、孟氏双槽蚴病、野兔热、李氏杆菌病、痘等。

在已知的传染病中,有60%是人类和动物共患,在最新发现的人类传染性疾病中,75%来源于动物。人类传染病的60%来源于动物,而50%的动物传染病可以传染给人类。从20世纪70年代以来,新发现的人兽互传病有40多种,如疯牛病、禽流感、艾滋病、埃博拉出血热、汉坦病毒肺综合征、亨德拉病毒脑炎、尼帕病、猴痘、西尼罗河热、星状病毒病、病毒性肝炎等病毒性传染病,还有军团病、莱姆病、O157大肠杆菌病、空肠弯曲菌、嗜水气单胞菌、附红细胞体病、猪链球菌病等。这些疾病的病原都具备跨越人类与动物之间的种间传播的能力,这些疫病的存在,严重地威胁着人和动物的健康与安全。因此,在人类与动物关系越来越密切的今天,防控人兽共患病,保障人类健康、动物健康面临严峻的挑战。

2002年秋首例SARS在广东发现后,不到1年,SARS疫情波及33个国家和地区,经济损失高达179亿美元;2004年春在亚洲禽类中发生的禽流感,至今仍在世界范围内时有暴发;2009年出现在北美的甲型H1N1“猪流感”,仅仅几个月就扩散至全球,造成全球性的恐慌,截至2010年3月,已经夺取16 000多人的生命。据CCTV 2009年3月新闻报道:津巴布韦从2008年到2009年3月,因霍乱造成了3 300人死亡,30 000多人发病。从我国的情况来看,新发和再发的人畜共患病呈上升趋势,2002年我国发生SARS疫情,导致349人死亡;2005年6月下旬以来,四川突发了由猪链球菌感染引起的数人感染,死亡30多人。还有高致病性(H5N1)禽流感不仅给我国养禽业造成巨大的损失,给人类的生命健康带来严重的危害,截止到2009年,我国已有38人感染发病,死亡25人。

除了新发的人畜共患病以外,某些原有的人畜共患病的发病出现增多的现象,比如,从2004年开始,我国狂犬病报告发病数明显增多,部分地区在若干年无疫情后,也开始出现狂犬病的病例,而且有向周边地区扩散的趋势,据CCTV新闻报道,2006年1—9月狂犬病的发病率一直居于传染病首位,共发生2 254例,比2005年同期1 738例,提高了29.6%。曾经几乎被消灭了的血吸虫病出现了回升现象。结核、鼠疫、布鲁氏菌病、流行性乙型脑炎等曾得到有效控制的人兽互传病,近年来发病率也有回升趋势。炭疽病在局部地区的人和动物也均有感染的报道。尤其是结核病由于耐药结核菌株的出现,使人类面临严峻的挑战。据WHO资料,2005年全世界有160万人因结核死亡;全世界有20多亿人感染结核杆菌,占世界人口的1/3,而且感染人数还在增加。全球每年有800万结核病新发病例,约有200万人因结核病死亡。据2009年资料,我国现有结核菌感染者4亿人,结核病患者500万人,每年因结核病死亡的人数高达15万人,是世界上22个结核病高负担国家之一,仅次于印度,位居世界第二。据不完全统计,全世界有5 000万头牛感染结核,每年因此病造成的经济损失达30多亿美元。而牛结核分枝杆菌可感染的宿主范围多达50余种哺乳动物和25种禽类,人可通过呼吸道或饮用消毒不全的牛奶感染牛结核菌。因此,在世界卫生组织第七次专家委员会的报告中指出:在那些流行牛结核病的国家,如果不消灭牛结核病,人类结核病的控制是不会成功的。

人畜共患病可源于与人类密切接触的家畜、家禽和宠物,也可源于远离人类的野生动物。由于人兽互传病病原体的宿主种类很多,范围很广,两栖类、爬行类、鱼类、禽类、哺乳类等脊椎动物中都有其特定的病原体,这些动物所处的自然环境各不相同,很复杂,因此,要做好人兽互传病的监控工作必须要组织有医学、兽医学、微生物学、寄生虫学、生物学、生态学、环境保护学等多方面的专家和技术人员联合攻关才能完成任务。

人兽互传病的发生不仅危害人类的生命健康,还给畜牧业生产造成巨大损失,影响社会的稳定和发展,是人类必须认真面对和认真解决的重大社会问题。是兽医公共卫生工作者义不容辞的责任。

研究人兽互传病的目的在于防制人和动物间的互相传染,重点是预防人从动物感染。随着人类对家养畜禽、野生动物种群和它们之间的自然生态环境的改变和破坏,动物携带病原体的遗传变异和跨种传播的几率增大,人们时刻受到新发和再发人畜共患疫病的威胁。因此,监测和控制已有的人畜共患病,预防新发的人畜共患病,是兽医公共卫生最主要的内容,这不仅可以保护畜牧业健康发展,更能保护我们人类免受人畜共患病的危害和威胁。

(三)动物源性食品污染的监控和风险评估

民以食为天,食以安为先。食物是人类赖以生存和发展的物质基础,人类从食物摄取身体所必需的各种营养物质,以维持身体的发育和进行各项社会活动。动物性食品富含优质的蛋白质,可给人体提供丰富的营养,几乎是全价营养。因此,动物源性食品是人类重要营养物质的来源,尤其是在经济高度发展的今天,更是人们饮食结构中不可缺少的组成部分。但是,动物源性食品容易腐败变质,容易由于内源性污染或外源性污染而带染有病原微生物及其他有害的化学性和物理性物质,人们若食用了腐败变质的或病畜禽肉及其他产品,就会感染某种人兽互传的传染病或寄生虫病,或发生食物中毒,甚至发生死亡。所以,保障动物源性食品安全,预防食源性疾病的发生,是兽医公共卫生的重要职责。

食品污染按世界卫生组织的定义“是指食物中原来含有或者加工时人为添加的生物性或化学性物质,其共同特点是对人体健康有急性或慢性的危害”。动物性食品污染,则是指肉、乳、蛋、水产品及其制品受了上述有害物质的污染,以致降低食品卫生质量或对人体健康造成不同程度的危害。广义说食品在生产(种植、养殖)、加工、运输、储藏、销售、烹调等各个环节,混入、残留或产生的不利于人体健康、影响其食用价值与商品价值的因素,均可称为食品污染。

食品污染具有如下特点:第一,污染原除了直接污染食品原料和制成品外,多是通过食物链逐级富集的;第二,造成的危害,除了引起急性疾患外,更可积蓄或残留在体内,造成慢性损害和潜在性的威胁;第三,被污染的食品,除少数表现出感官变化外(某些生物性如细菌污染),多数不能被感官所识别;第四,常规的冷热处理不能达到绝对无害,尤其是有毒化学物质造成的污染。

据FAO统计,2007年全球主要国家猪肉、禽肉、牛肉的产量分别为1.16亿t、8 680万t和6 190万t。我国是养殖大国,2008年中国农业统计年鉴公布的数据,猪存栏数为60 960万头;奶牛存栏数为1 300万头;羊为28 564.7万只;禽类为120亿羽。我国也是动物源性产品的生产和消费大国,肉类产量达7 300万t,人均达56 kg;蛋类产量为2 650万t,人均达20 kg;奶类产量达3 650万t,人均达28 kg;水产品产量为4 900万t,人均达38 kg。可见,动物源性食品的安全性直接关系到千家万户的身心健康，影响到和谐社会的构建。动物源性食品安全涉及面广、生产链长、加工过程复杂、监督管理部门多，任何一个部门出现问题都可能会出现安全隐患，给人类健康造成威胁。

据WHO估计，每年有200多万人死于腹泻病，在发达国家死于食物中毒的儿童中，70%是由动物源性食品病原菌毒素中毒所致。美国每年有1/3的人发生食源性疾病，有生物性危害因素引起的暴发病例数占总发病例数的83%，暴发人数占总发病人数的99%。据报道，2008年4月，美国有包括哥伦比亚特区在内的44个州、区暴发圣保罗沙门氏菌病，实验室确诊病例1 400例。丹麦也暴发了15年来最大规模的沙门氏菌疫情，全国有3 000～4 000人被感染。2009年11月，遭大肠杆菌污染的牛肉馅已经在美国导致28人生病，其中有2人死亡，调查显示死亡原因与食用带菌牛肉有关。我国的食源性感染性疾病更是屡见不鲜，如1999—2000年，发生在苏皖地区的O157:H7型大肠杆菌病大流行，195人发生急性肾功能衰竭，其中有177人死亡，死亡率高达90.8%。还有四川省发生的Ⅱ型猪链球菌感染，累计感染人数204人，死亡38例。

2008年国家食源性疾病监测资料表明，我国食源性疾病以微生物病原为主，占40%左右，食源性微生物污染包括细菌性污染、病毒和真菌及其毒素的污染。微生物污染以副溶血性弧菌为主，其他依次为沙门氏菌、变形杆菌、蜡样芽孢杆菌、金黄色葡萄球菌及其毒素。而在食物中毒事件中，有相当数量的事件与动物源性食品有关或污染的微生物来源于动物。例如，在引起沙门氏菌中毒的食品中，约90%是肉、蛋、奶等畜产品。此外，由于施用动物粪便肥料，也可导致蔬菜污染动物源性微生物。近年来，伴随着我国经济发展和人民生活水平的提高，人们的饮食习惯和消费方式发生了很大的改变，不仅出现了"西式化"的趋势，而且存在着求新求异的现象，生吃和半生吃的食物数量和种类也逐渐增多，大大地增加了食源性微生物和寄生虫感染的机会。2004年完成的"全国人体重要寄生虫病现状调查"结果显示，我国食源性寄生虫病的发病率在局部地区明显上升，其中华支睾吸虫最为明显，囊虫、旋毛虫、弓形虫、肺吸虫的感染率在局部地区，特别是西部贫困地区仍然较高。

食品污染的另一个重要方面是化学性污染，尤其是药物残留问题。药物残留的危害有如下几方面：①对人类健康的直接危害有中毒、过敏、激素样作用、"三致"、引起人的肠道菌群紊乱等。②对人类健康的间接危害有动物源耐药的病原体沿食物链传播、扩散。③对动物疾病防治的影响：动物病原菌耐药性上升、用药量和防治费用增加。④影响食品贸易和经济的发展。⑤对生态环境的影响：通过影响土壤中的有益蠕虫、微生物和水环境中的藻类、微生物等等的生长繁殖，而影响生态环境，甚至可能会对生态环境造成破坏。

从1999年5月比利时的"二噁英毒鸡肉和毒鸡蛋"，到我国河北的"红心咸鸭蛋"；从起始于英国的"疯牛病"到肆虐全球的"禽流感"；从屡禁不绝的"瘦肉精"到轰动一时的"福寿螺事件"，还有三鹿奶业的"三聚氰胺"事件；2002年和2006年我国出口欧盟的水产品因氯霉素残留遭全面禁运造成损失6亿多美元；1997—2010年我国农产品外贸因食品安全绿色（技术）壁垒而受阻的产品总值超过2 000亿美元；等等。上述这些事件无一不暴露出食品安全中存在的隐患以及给公共卫生带来的严重威胁，也更加表明了公共卫生监管机构在食品安全监控方面任务的重要性、迫切性和艰巨性。

动物源食品安全涉及面广、生产链较长、加工过程复杂、监督管理部门较多，任何一个环节出现问题都会影响到食品安全，因此，对目前我国的食品安全的现状进行调查、分析和评估、寻找解决保障食品安全的对策或措施，是从事兽医公共卫生工作者的义不容辞的责任。

随着经济的快速发展和人民生活水平的不断提高，消费者开始崇尚绿色、环保、健康的食品，对动物源性食品及产品的要求日益提高。FAO 在 2003 年提出了从农场到餐桌(Farm to Table)进行全程控制食品安全的理念，并在全球进行推广实施。兽医公共卫生工作的职责应该是在动物源性食品生产所涉及的从农场(养殖生产)、运输、加工、零售直至餐桌(家庭)等每一个环节中发挥作用，尤其是在养殖生产这一主要源头发挥监控监管的作用，把有毒有害污染的风险降到最低，保障动物源性食品的优质安全。

(四)人类疾病的实验动物模型研究

实验动物学是现代科学发展中新崛起的一门新兴的、独立的、综合性的基础学科。它广泛地涉及许多学科的领域，与生物学、畜牧兽医学、遗传学、营养学、生理学、微生物学、寄生虫学、外科学、机械工程学、环境卫生学、建筑学等学科密切相关，并且已成为一门具有自身体系的独立学科。实验动物科学是研究实验动物和动物实验的一门新兴学科。概括来说，所谓实验动物学(laboratory animal sciences)就是研究如何培育符合要求的标准化实验动物和研究精确可靠的实验方法，使动物接受处理后，能获得重复性和较强的敏感性，较一致的反应性的生物学科。

实验动物是生命科学研究的基础和重要支撑条件。目前，几乎所有的生命科学领域的科研、教学、生产、检定、安全评价和成果评定都离不开实验动物，实验动物被称为“活的仪器”，有着不可替代的作用。在现代科学的带动下，实验动物学已发展成为一门综合性的新兴学科，其发展和应用程度被作为衡量一个国家、一个地区、一个部门或行业，特别是生物医学发展水平的重要标志。

动物医学实验在促进人类对疾病认知的过程中起着重要的作用。通过对人和动物的解剖、生理、病理以及流行病学和治疗方法的比较，人类从动物医学中获取了大量的医学知识，并通过人类疾病的动物模型，更新和完善了对人类疾病的认识，提高了对疾病的治疗水平和防控能力。比如，英国医生哈维(William Harvey)根据对 40 种不同动物的解剖观察和实验，发现了机体的血液循环现象，于 1628 年发表了《动物心脏及血液运动的解剖学研究》(Exercitatio Anatomica de Motu Cordis et Sanguinis in Animalibus)，成为科学发展史上重大的成就之一。现在，动物医学试验已成为医学、生物学、药学等现代科学研究中不可缺少的工具。比如，美国科学家 Mario Capecchi 等利用胚胎干细胞对小鼠基因进行定向修饰，发明了基因靶向敲出技术，凭借此技术人们可以对小鼠基因逐个加以研究，为人类疾病、胚胎发育、衰老等研究开辟了一条新途径，深远影响了现代生物医学研究，并由此获得了 2007 年诺贝尔生理学/医学奖。随着生物学和医学的科学理论和技术进步，将有越来越多的特定模型动物、转基因动物、基因敲出动物等动物模型被用于人类医学、比较医学、环境医学、药理和毒理学、生物学、运动生理学等众多与兽医公共卫生学相关的学科领域内，兽医公共卫生将通过动物医学实验在人类健康中发挥更为重要的作用。

21 世纪将是高科技激烈竞争的年代，现代医学及生物高科技已成为时代竞争的热点和制高点，因此，实验动物科学备受重视。发达国家每年都投入大量资金，以促进实验动物学的发展。实验动物在科学研究中占有重要地位，如美国生物科学课题投资的 40％涉及实验动物，60％的生物学课题需要实验动物。美国肿瘤研究中心，每年的研究经费为 2.2 亿美元，而需要利用实验动物进行研究的课题占 1.4 亿美元。有人统计，我国生物医学科研课题的 60％以上需要实验动物。由此可见实验动物在科学研究中所占的重要位置。生物医学乃至生命科学的发展离不开实验动物;实验动物已成为支撑生命科学发展的要素;实验动物在许多领域得到了广泛应用,如生命科学研究方面、制药及生物制品方面;化学工业和重工业方面;兽药的研发和鉴定、兽医生物制品的安全性检验、效力检验等,都要使用标准化的实验动物。特别是在畜禽传染病的研究工作中,常需要有合格的实验动物进行实验。健康相关产品方面 农业科学方面;国防、航空航天、军事科学方面;环境保护方面;另外,实验动物还在交通、建筑、海洋、石油等方面具有广泛的应用。实验动物作为与人类接触最密切的动物种类之一,其携带的人兽共患病病原体也能感染人类,对人类的公共卫生安全也构成了较大的威胁。因此,为防止在实验动物生产繁育过程和动物实验过程中威胁公共卫生安全,应采取行之有效的措施,加强对实验动物的管理。

1988 年发布的《实验动物管理条例》是我国最早的关于实验动物管理的法规,规定了国家实行实验动物的质量监督和质量合格认证制度,定期对实验动物进行质量监测。

实验动物对公共卫生安全的威胁不可忽视,尤其对普通级实验动物的生产和使用更要引起重视。对于野生的猴类,需要按照严格的程序进行。在发达国家,一般的科研实验都要求使用 SPF 动物,这不仅可以获得准确的动物实验结果,同时 SPF 动物其携带的微生物和寄生虫控制严格,可以有效地避免人兽共患病的发生。因此加强对实验动物的管理,提高实验动物的等级质量,严格控制实验动物携带的微生物和寄生虫,是防止实验动物威胁公共卫生安全主要的措施之一。

(五)产业动物和伴侣动物的福利与健康保健

所谓动物福利(animal welfare/right)就是人类应该合理、人道地利用动物,要尽量保证那些为人类做出贡献的动物享有最基本的权利。动物福利由五个基本要素组成:生理福利,即无饥渴之忧虑;环境福利,也就是让动物有适当的居所;卫生福利,主要是减少动物的伤病;行为福利,应保证动物表达天性的自由;心理福利,即减少动物恐惧和焦虑的心情。动物福利是近年来发展起来的一门新学科,搞好动物福利对保障人类健康、促进畜牧业生产和畜产品国际贸易的发展均具有重要的意义。因此,兽医公共卫生监管部门和兽医公共卫生工作者应该在保护动物福利,提高动物健康水平上发挥更重要的作用。

动物是地球上生物类群的主要组成部分,动物对于环境生态平衡、生物多样性必不可少,是地球生态圈中与人类具有同等的存在价值。动物有情感和权益,许多动物的这种权益的得失和情感的满足决定于人或环境条件,动物利益和情感的伤害能够为人类直接或间接地感知的。动物福利及保护(animal welfare and protection)包括除人以外的脊椎动物和某些能感觉疼痛的无脊椎动物,首先指家畜、家禽、水产动物和野生动物的个体和种群维持良好的生计,减少和避免动物身体损害,疾病折磨和精神痛苦,维护种质资源和品种的繁衍,保持生物多样性和环境生态平衡。

根据动物的生活方式及其与人类的关系,可将动物分为两大类,一类是自由生活在自然界如森林、海洋、湖泊、沼泽、江河等,它们能够自己寻找食物和选择宿住环境,称野生动物;另一类是人类基于各种目的而人工饲养的动物如经济动物、娱乐动物和伴侣动物。根据用途不同,又可将动物分为六类:农、牧、渔场动物,工作使役动物,伴侣动物,竞技娱乐动物,实验动物及野生动物。其中牧场动物与伴侣动物与人类关系最为密切。

1. 产业动物的健康保健　合理的动物饲养方式,与动物行为相适应的生活环境,优质的饲料或食物保障和提高了动物的生活质量，并能确保动物在健康的状况下生长，经济效益和产品质量也带来保障。动物保健直接或间接地减少或避免了对环境和人类的健康与福利的威胁。然而，滥用动物添加剂、抗生素或保健药物可使动物产品中的药物、残留超标，从而以食物形式进入人体，影响人类健康。

动物福利概念的提出，首先针对牧场动物的动物福利概括起来就是让动物在康乐的状态下生活。根据福利的概念，完善的动物福利包括生理福利（physical welfare）和心理福利（mental welfare）两个方面。生理福利包括合理的营养和疾病防制；心理福利即满足其心灵的需要，无压抑、紧张与恐惧，生活在自然祥和的气氛之中，维持良好的行为。动物福利及保护的意义在于提高畜、禽、水产动物养殖生产的经济效益，同时还具有显著的生态效益和社会效益。因此，兽医公共卫生的重要任务之一是畜禽和宠物的福利与健康保健。

世界许多国家已经制定了较为完善的动物福利法律，并将动物福利概念引入畜牧业、商业和国际贸易等多个行业领域。我国以立法的形式首次承认"动物福利"是2004年修订的《北京市实验动物管理条例》，明确要求"从事实验动物工作的单位和个人，应当维护动物福利"。2005年颁布的《畜牧法》在畜禽养殖和运输方面规定了基本的福利要求，如运输者应保护畜禽安全，并为畜禽提供必要的空间和饲喂饮水条件。我国《野生动物保护法》、《动物防疫法》、《生猪屠宰操作规程》、《畜类屠宰加工通用技术条件》等法律条文中也涉及了部分动物福利问题，但总的说来，与发达国家和地区的立法相比，我国目前的动物福利法律制度很零碎而且落后，缺乏系统性的动物福利标准。我国的产业动物、宠物、实验动物及其相关的产品数量巨大，与动物有关的医药、服装和食品加工等产业位居世界前列，而西方国家兴起的"动物福利"正在成为影响我国畜禽产品及相关制品出口的贸易壁垒。因此，普及和提高动物相关行业和领域的从业人员对动物福利概念的认识，积极研究并提高我国动物福利标准势在必行，迫在眉睫。

2.伴侣动物的健康保健　至今为止，人类驯养动物已经有近7 000年的历史，最初始于驯养猫来消灭对人类有害的动物，但这种驯养直到18世纪后期才开始逐渐普及。随着驯养程度的加深，人与动物之间的信赖程度逐步提高，有些动物也逐渐演变为深受人们喜爱的伴侣动物（company animal）或称宠物（pet）。伴侣动物或宠物指人们为了精神目的，而不是为了经济目的而豢养的生物。传统的宠物是指哺乳纲或鸟纲的动物，养着用于玩赏和做伴。实际生活中的宠物包括鱼纲、爬行纲、两栖纲、昆虫，甚至植物，用于观赏、做伴、舒缓人们的精神压力。在人们饲养的伴侣动物中，犬和猫占有主要的比例，如果说猫因其可爱和乖巧为人们所喜爱，而犬则是因其对主人无限的忠诚和真挚的情感颇受人们的钟爱。在竞争日常激烈的社会里，人们经常会感觉身心疲惫，然而回到家里与自己的小动物在一起时，则可以完全放松自己。自人类开始饲养动物作为伴侣以来，无数的事实及科学家的论证都证明宠物能够给人们带来一系列的好处。人与宠物之间的相互作用已成为日益重要的研究课题，而最近澳大利亚、德国等地的科学家的研究也充分证明了宠物对人体健康的积极作用。

随着人们生活水平的日益提高，作为舒缓压力甚至精神寄托的宠物，出现了快速的饲养大众化、平民化趋势。人们喜爱动物，特别是宠爱小动物，把它们当成自己的朋友、甚至家庭的一员，让它们成为自己生活中不可分割的一部分。对于现代人来讲，饲养伴侣动物不仅仅是一种时尚，更多的是因为这些小犬、小猫等可爱的伙伴给人们带来了生活的乐趣，增加了家庭的凝聚力，同时也培养了人们的爱心。但是，随着越来越多的伴侣动物进入千家万户，人类健康与伴侣动物共患疾病的问题日益突出。有些动物所患的疾病对人的危害越来越严重，在卫生部每年公布的全国重点传染病疫情中，狂犬病的死亡人数和病死率都是比较靠前的。动物传染给人的疾病，不仅是危害人类健康，有时甚至造成社会灾难，影响社会发展。据有关资料介绍，目前已知200多种动物传染病和150多种寄生虫病中，至少200种可以传染给人类。许多西方国家由于养猫的数量大增，使人感染弓形虫病越来越多，有的地区高达80%以上；美国人饲养的冈比亚大鼠，已经造成了猴痘病毒的传播。伴侣动物与人类共患疾病对人类健康的威胁，已经引起了人们的重视。

兽医公共卫生的重要职责之一是要做好伴侣动物的健康保健工作。要建立健全宠物豢养管理体制和机制；制定宠物产业发展配套政策，加强宠物产业科技创新，促进宠物产业健康发展；树立善待宠物，保障宠物福利的观念；加强宠物文化建设，以人为本，维护人与宠物的共同健康。

3.动物健康对宿主心理健康的影响 动物健康对宿主心理健康的影响也是兽医公共卫生研究的内容，尤其是伴侣动物的健康状况对动物主人心理健康的影响，是一个不可忽视的社会问题，理所当然也是兽医公共卫生应该关注的问题。随着社会经济的发展，人民生活水平的提高，拥有宠物的人群体越来越大，这方面的问题也会越来越复杂。

(六)野生动物保护及其疾病防治

野生动物是大自然的重要组成部分，是人类的朋友；它们不仅对维持整个生态平衡起着举足轻重的作用，还具有巨大的经济价值和科研价值。人类的生存离不开野生动物，保护野生动物就是保护人类自己。

在世界受危动物中我国受危的兽类有128种，占我国兽类的25.6%，鸟类183种，占我国鸟类的14.6%；爬行类96种，占我国爬行类的24.6%；两栖类29种，占我国两栖类的10.4%。已经在中国绝迹的动物著名的有野马、新疆虎、豚鹿、白臂叶猴、麋鹿、高鼻羚羊等。分布区大大缩小、正处于绝灭边缘的有兽类54种，如东北虎、华南虎、雪豹、台湾云豹、叶猴、长臂猿、海南坡鹿等，它们的分布区逐步萎缩，种群数量急剧下降；鸟类23种，如朱鹮、白鹳等；爬行类50种，如扬子鳄、海龟等；两栖类15种，如大鲵、中国小鲵等。

1.保护野生动物对保护维持生态平衡有重要意义 野生动物是自然界中的重要成员，它们在食物链及生态平衡中所起到的重要地位大家有目共睹。由于环境的恶化，人类的乱捕滥猎，各种野生动物的生存正在面临着各种各样的威胁。近100年，物种灭绝的速度已超过了自然灭绝速度的100倍，现在每天都有100多种生物从地球上消失。我国也已经有10多种哺乳类动物灭绝，还有20多种珍稀野生动物面临着灭绝。如果这些野生动物灭绝，那么生物链就会中断，整个生态平衡将遭受的是毁灭性的打击。可想而知，那时人类也将无法生存，地球将会一片沉寂。

2.保护野生动物对保护生物多样性的重要意义 所谓的生物多样性是指地球上所有的生物，即植物、动物和微生物及其所构成的综合体，生物多样性是一个地区内生物基因、物种和生态系统多样性的总和。它包括遗传多样性、物种多样性和生态系统多样性三个组成部分。生物多样性保护可以影响一个国家、一个地区乃至全球的发展和促进经济的繁荣，因此保护生物多样性已引起了国际社会的广泛关注，成为全球环境问题关注的热点。生物资源支撑着人类的生存和发展，并且使人们能够适应环境和需求的变化。据联合国环境规划署估计，全球有500万～3 000万种生物，目前人类已描述过的生物有140多万种，利用的仅有150种左右。人类食物的90%是来自被驯化和培育的20多种动植物。生物资源是人类财富的巨大宝库，

如果我们不能及时有效地采取措施保护野生动物，尤其是濒危野生动物，那么宝贵的基因资源将一去不返，可爱的野性生灵将不复存在，庞大的生态系统也许会突然崩溃。在地球上，放眼望去，看到可能只有人类自己的可悲局面。

3.保护野生动物对人类工作生活的重要意义　体现在野生动物的药用价值、野生动物的观赏价值和野生动物的科研价值等方面。如野生动物在漫长的进化过程中，形成了许多适应环境的特性，而在视觉、听觉、嗅觉等感觉器官上特别发达，因此形成一套独特的导航、定位、识别、计算、生物合成和能量转化系统。

保护野生动物，做好野生动物的种群保护和扩增、野生动物的疾病防治是兽医公共卫生工作者的重要使命之一。

4.生物入侵(biological invasion)的防控　生物入侵也叫生态入侵，是指外来入侵物种对当地生态系统、生物多样性和人类的生产活动造成明显影响和损害的现象。如具有重要经济价值的肉食性鱼类河鲈，引入新疆南部的博斯腾湖后，由于避开了其他凶猛性鱼类对其种群的控制，大量繁殖并吞食其他鱼类，导致该湖特有的名贵鱼类——扁吻鱼和原来生活在湖中的其他鱼类绝迹。生物入侵的危害作用主要在于对生态平衡的影响。一方面，生物入侵可造成基因漂变和丢失，生物入侵导致某些土著种群数量骤减，削弱了当地的遗传多样性。如有些入侵种可以迅速改变新栖息地的环境，如湿度、土壤理化性质和覆盖度以及地表植被状况等，土著种由于缺乏必要的食物或生存环境而数量减少，造成基因漂变；地区特有种和濒危种等灭绝，导致基因丢失。另一方面，生物入侵可影响物种的多样性。有资料认为由于生物入侵导致的灭绝爬行类、鱼类、哺乳类和鸟类分别占其灭绝类群总数的40%、30%、20%和22%，生物入侵是继生态环境破坏之后的一个导致生物多样性丧失的主要原因。而且，生物入侵本身就是破坏生态环境的重要原因之一。

控制和清除外来物种，防止生物入侵是公共卫生工作者的重要职责。公共卫生主管部门应将生物入侵的防治工作作为自己的重要工作内容来抓，应加强防止生物入侵立法建设，加强生物入侵的清除和控制力度，对于已经入侵的外来物种，必须采取行之有效的方法对其进行控制和清除，最大可能地降低其对本土生态和经济的影响。

控制和清除外来种应采取综合治理的方法，因地、因物制宜，以生物防治优先，将生物、化学、人工、生境管理等结合应用，取长补短，达到综合有效的治理效果。

(七)实验室生物安全监控与管理

生物安全(biosafety,BS)：防止发生病原体或毒素无意中暴露及意外释放的防护原则、技术以及实践。生物安全是针对病原微生物或具有潜在危害的重组DNA等生物危害直接或间接给人或动物带来影响或损伤提出的一种概念。研究和监测表明，转基因生物可能对生物多样性、生态环境和人体健康产生多方面的负面影响。现代生物技术的发展已经可以使动物、植物、微生物甚至人的基因进行相互转移，转基因生物已经突破了传统的界、门的概念，具有普通物种不具备的优势特征，若释放到环境，会改变物种间的竞争关系，破坏原有自然生态平衡，导致生物多样性的丧失。

实验室生物安全监控与管理的目的就是为了防止和杜绝生物危害事件的发生，以消除生物危害给人或动物的健康带来的不良影响。在现实生活中，生物危害对人或动物健康的潜在影响是客观存在的，如果不加强监管，生物危害时刻都可能会出现在我们的身边。这是因为，第一，“9·11”事件后，美国收到的炭疽邮件引起了美国乃至全球人类的恐慌，表明生物恐怖已对人类社会构成了现实威胁。第二，人兽互传病的广泛流行，使其病原随之扩散，同时由于病员不断变异，原有的病原体获得了更高的抗药性或毒性，以至这类疾病的预防工作难度越来越大。第三，由于科研、教学及民用生产等需要，许多单位拥有和使用多种病原微生物菌种，如果不进行严格管理和特殊防护，就可能发生病原“跳墙”，污染扩散的生物意外事故。

上述三方面的问题，都直接或间接与实验室生物安全监控与管理有关。如2003年的新加坡、中国台湾和2004年我国研究人员发生的3起SARS病毒感染事件，都是由于SARS病毒的实验室泄漏所致，都与实验室生物安全管理不善有关。因此，提高对生物安全的认识，完善我国应对生物危害的体系建设，加强实验室生物安全监控与管理刻不容缓。

生物安全关乎人和动物的健康和生命的安危。兽医公共卫生主管部门必须要加强兽医实验室生物安全监管工作，防止动物病原微生物扩散，确保动物疫病的控制和扑灭工作以及畜牧业生产安全。兽医公共卫生工作者应严格执行《兽医实验室生物安全管理规范》，在进行动物传染病科学研究时必须严格按照国家关于传染病的有关法规，高度重视其生物安全性，做好人身防护，按照国家疫情报告制度，及时按规定报告疫情，严防因研究而扩散的病原与疫情。

(八)突发公共卫生事件的防范与处理

突发公共卫生事件(emergency public health events)是指由于人为的或自然的原因引起的突然发生、造成或可能造成社会公众健康严重损害的重大传染病疫情、群体性不明原因疾病、重大食物中毒、重大职业中毒、传染病菌种毒种丢失、重大化学毒品污染或丢失、严重的自然灾害以及其他严重影响公众健康的事件。突发公共卫生事件有如下特点：第一，突发公共卫生事件最突出的特点就是意外性和突发性；第二个特点是对社会危害的严重性；第三，是群体性或社会危害性；第四是隐蔽性；第五，处置的综合性和系统性；第六，人为因素引起的突发公共卫生事件的发生大多与违法行为或责任心不强所致的违规违章操作有直接关系。

根据突发公共卫生事件的性质、危害程度、涉及范围，将突发公共卫生事件可划分为四个级别，即Ⅰ级(特大突发公共卫生事件)、Ⅱ级(重大突发公共卫生事件)、Ⅲ级(较大突发公共卫生事件)和Ⅳ级(一般突发公共卫生事件)。

突发公共卫生事件的分类方法有多种，按发生事件的性质不同，可分为重大传染病疫情、群体性不明原因疾病、重大食物中毒和职业中毒和其他严重影响观众健康的事件4种类型。根据引发事件的原因不同可分为人为因素或社会动乱引起的突发公共卫生事件和自然灾害引发的突发公共卫生事件两大类。还可按引起突发公共卫生事件原因的属性不同可分为自然灾害(包括洪水灾害、地震灾害、农作物灾害和森林灾害等)、生物病原体所致的疫病暴发流行、有毒有害物质污染引起的群体中毒、群发性(3人以上)食物中毒、意外事故引起的伤亡以及不明原因引起的群体发病和死亡6大类。

在突发公共卫生事件的防范与处理方面，兽医公共卫生工作者担当着重要的角色，尤其是在发生突发重大动物疫情时，发生突发重大动物疫情时，事发地的县级、市(地)级、省级人民政府及其有关部门按照分级响应的原则作出应急响应。同时，要遵循突发重大动物疫情发生发展的客观规律，结合实际情况和预防控制工作的需要，及时调整预警和响应级别。当发生群体性不明原因疾病、重大食物中毒、重大职业中毒时，兽医公共卫生工作者应对事发地区的动物进行相关疾病的检测，以探明发病原因；在发生自然灾害如地震、洪涝、泥石流等突发公共卫生事件时，兽医公共卫生主管部门应在国务院统一领导下，积极组织人力、物力奔赴灾区，进行动物疫病的监测和防控工作，灾后动物疫病的防控和环境卫生的净化消毒工作，是灾难突发事件应急响应工作的必要组成部分，也是灾后重建工作的必不可少的工作内容。

（九）兽医公共卫生体系建设

兽医公共卫生体系建设是兽医公共卫生研究的重要内容之一。在公共卫生体系的建设过程中，应以系统的观念统筹规划、平衡发展。应综合考虑卫生资源的投入与分配，以最大限度地发挥公共卫生体系的作用。在体系建设中，应着重考虑如何确定正确的目标规划、完善的基础设施、灵敏的信息系统、科学的决策指挥和有效的干预控制策略。

动物防疫检疫法律制度建设对于预防、控制和扑灭动物疾病，促进畜牧业发展，保护人民群众身体健康，维护公共卫生安全和社会稳定，具有重要的作用。随着我国经济社会的发展，特别是畜牧业的快速发展，动物疫病防控难度加大，动物防疫检疫工作面临新的形势，对其提出了更高的要求，相应的法律制度建设和完善也就成为必然。目前，我国先后颁布实施 9 部兽医法律法规，出台 20 件配套规章，已初步建立了一套以《动物防疫法》为核心、适应兽医工作发展需要的兽医法律法规规体系框架。在食品安全监管法律制度建设方面，我国现行的与食品安全有关的法律有 20 部，行政法规 40 部，部门规章 150 部，初步构建了我国食品保障的基本法律框架，促进了食品安全保障的法制化建设。

上述我国在兽医体制方面的改革与完善工作，都可以纳入我国的兽医公共卫生管理体系建设，也表明我国已基本建立了兽医公共卫生管理体系。

虽然我们已经基本建立了整套的兽医公共卫生管理体系和食品安全监管体系的法律法规，但是，近年来动物疫病不断发生，食品安全事件还是屡屡发生，传统的食品污染源没有减少的现象，新污染源却不断涌现，导致近年来动物食品污染事件接连发生，如口蹄疫、禽流感、蓝耳病、猪瘟、鸡新城疫等时有发生。又如安徽“阜阳奶粉”事件、上海的“瘦肉精”事件、河北的“红心鸭蛋”、三鹿奶粉的“三聚氰胺”事件，等等。这暴露出我国的兽医公共卫生管理体系和食品安全监管体系中还存在着体系不完整、内容不全面等不足。因此，进一步完善兽医公共卫生管理体系建设仍然是兽医公共卫生工作者义不容辞的责任。

（十）兽医公共卫生人才培养和教育

从上述可见，兽医公共卫生工作的研究内容或任务繁多而艰巨，所涉及的领域范围广阔而宽泛，要解决公共卫生问题，需要应用不同的学科知识、技术和方法来达到想要达到的目标。这就要求公共卫生工作者不仅仅应具有牢固的医学专业知识，还应该具备宽泛的与公共卫生相关的其他学科的知识。因此，要解决好上述九方面的公共卫生问题，必须要有一批厚基础、强能力、高素质、广适应的兽医公共卫生人才队伍，这是做好公共卫生工作必要的前提条件。可见，兽医公共卫生人才培养和教育也应该是兽医公共卫生工作的重要研究内容或任务之一。尤其是我国的兽医公共卫生人才培养和教育的任重而道远。

在美国，公共卫生相关领域有两个研究生学位即公共卫生硕士（MPH）或公共卫生理学硕士。此领域的博士生研究方向包括公共卫生博士（Dr. P. H.）和强化公共卫生领域的亚学科的哲学博士。Dr. P. H 被认为是一个领导阶层，而学术研究型博士（Ph. D.）更偏重于专业层次。

在 1915 年 Welch-Rose 报告是美国的公共卫生发展史上的重要事件，因为在 Rockefeller 基金的资助下，致使公共卫生和医学机构分道扬镳，建立了公共卫生学院，此报告的作者是 Johns Hopkins Bloomberg 公共卫生学院首任院长 William Welch。此报告不同以往重视实践教育，而是更重视理论研究。在此之前，尽管在欧洲和北非已经建立了公共卫生学校，而美国依然保持传统的体系即公共卫生一直是隶属于医学院所内的院或系。然而，当 Welch-Rose 公告发布一年后，1916 年成立了 John Hopkins 卫生学与公共健康学院。1922 年哥伦比亚、哈佛和耶鲁大学也相继成立了公共卫生学院。到 1999 年，美国已经有 29 所公共卫生学院，招收了约 15 000 名学生。在最初，公共卫生学校的学生获得的是医学学位。然而在 1978 年，69% 的公共卫生学校学生获得的只是学士学位。进一步发展后，公共卫生学校的训练已从原来的医学专业的二级学位引申变成了一个一级的公共卫生学位，此学位主要关注 6 门核心学科：生物统计学、流行病学、健康服务管理、健康教育、行为科学和环境卫生。公共卫生学校提供两大类的不同的学位：专业学位和学术学位。专业学位偏重于实践教育。公共卫生硕士（M. P. H.）、公共卫生博士（Dr. P. H.）、健康科学博士（D. H. Sc.）和卫生保健管理硕士（M. H. A.）便是属于这一类的实例，取得这种学位的人可在卫生部门担任公共卫生决策专员，可以从事社区机构、医院和咨询机构等的管理工作。公共卫生硕士学位（M. P. H.）范围涉及两方面，一方面是以作为公共卫生实践的科学基础的流行病学和统计学的知识为重点；另一方面是包含了一系列兼容并蓄的方法学。公共卫生科学硕士（M. S. P. H.）与 M. P. H. 类似，但 M. S. P. H. 被认为是一个学术学位（与专业学位相比），它更强调定量分析方法和研究。同样的区别也体现在 Dr. P. H. 和 D. H. Sc. 上。Dr. P. H. 是专业学位而 D. H. Sc. 是学术学位。学术学位更偏重于公共卫生科学和预防医学基础的培训，拥有这样学位的人可在科研机构、高校、政策分析和发展部门以及一些高水平公共卫生机构任职。学术学位如科学硕士（M. S.）、学术研究型博士（Ph. D.）、科学博士（Sc. D.）和健康科学博士（D. H. Sc.）。博士课程与 M. P. H. 及其他专业学位的区别在于学位论文研究项目的类型和范围不同，并且在课程设置中增加了进展性的课程。

我国公共卫生专业教育远远落后于美国。1949 年以前，我国少数综合大学的医学院曾设公共卫生学系，招收了少量公共卫生专业学生。但因受到历史条件的限制，预防医学教育发展缓慢，未能形成独立的专业教育。新中国成立后，公共卫生专业 预防医学专业教育经历了曲折的发展过程。

第一阶段是从 1949—1955 年，为预防医学与公共卫生专业教育的创建时期，20 世纪 50 年代初，有 10 所高等医学院校开办了公共卫生学系，当时主要是学习苏联公共卫生专业教育的经验和模式。1955 年秋，全国医学院校进行了院系调整，按全国六个大行政区划分，将卫生专业调整为 6 个：北京医学院、哈尔滨医科大学、山西医学院、上海第一医学院、武汉医学院、四川医学院。当年，卫生专业的学制由 4 年制改为 5 年制。

第二阶段为预防医学与公共卫生专业教育的稳步发展时期（1956—1966 年），1956 年，制订了全国高等院校通用公共卫生专业教学计划，编制了教学大纲和卫生专业急需课程的试用教科书、参考书，建立了实习基地，实行课堂教学与现场实习相结合，密切了教学与社会的联系。1958—1962 年，又先后在 17 个省、市的医学院校中建立了卫生系。1962 年夏，17 处卫生系又都先后下马，仍保留原 6 个卫生系。

第三阶段为预防医学与公共卫生专业教育的挫折时期（1967—1976 年），“文革”开始后，卫生系被迫停办。20 世纪 70 年代初期，部分医学院校恢复了卫生专业的招生工作，也培养了一些卫生专业人才，但学制较短，只有 3 年。

第四阶段为预防医学与公共卫生教育的恢复和再发展时期（1977 年至今），为发展预防医学与公共卫生教育，有的医学院积极开办新卫生系，或设置预防医学新的专业，如卫生检验专业（华西医科大学、吉林医学院）、工业卫生系（白求恩医科大学）、环境医学系（同济医科大学、白求恩医科大学）、妇幼卫生专业（北京医科大学、齐齐哈尔医学院）、放射卫生专业（白求恩医科大学、苏州医学院）、营养与食品卫生专业（哈尔滨医科大学、白求恩医科大学）等。

1985 年 4 月，哈尔滨医科大学在原卫生系的基础上，组建了公共卫生学院。随后，北京医学院、上海第一医学院、四川医学院、武汉医学院也先后组建了公共卫生学院。至此，除西藏自治区以外所有的省、市、自治区的医学院校里均设置了卫生专业。

本科招生人数不断扩大，硕士研究生招生得到恢复，博士研究生教育也有了突飞猛进的发展，许多老校已经获得公共卫生与预防医学一级学科博士学位授予权，几乎所有医药院校均开设了预防医学专业，预防医学专业呈现了前所未有的发展规模。

2003 年的“非典”疫情，使多年来存在于我国公共卫生体系和预防医学与公共卫生学科的诸多弊端暴露无遗，同时，也为预防医学与公共卫生学的重新振兴提供了历史性的机遇。预防医学与公共卫生事业开始受到全社会的关注，预防医学与公共卫生学专业也重新开始受到重视，正在由冷趋热。

我国兽医公共卫生教育起步比较晚，虽然在 20 世纪 80 年代我国部分农业高等院校设立了兽医公共卫生专业，但与国外兽医公共卫生的内涵存在很大的差异，仅仅停留于对一些重要人畜共患传染病的检验，自从 SARS、高致病性禽流感、瘦肉精中毒等一系列兽医公共卫生事件发生后，兽医公共卫生的作用在我国才逐渐得到认识和重视。2000 年，中国农业大学兽医学院率先开设了兽医公共卫生课程，2005 年，中国农业大学兽医学院开始招收兽医公共卫生专业方向的硕士生和博士生。

总体来看，我国的公共卫生教育尤其是兽医公共卫生，无论是在硬件设施，还是在软件人才方面都显著落后于发达国家。在兽医公共卫生人才培养和教育方面，可谓任重而道远。

总之，21 世纪对兽医公共卫生来说是充满挑战的世纪，需要全世界的兽医公共卫生工作者联合起来，携手并肩，在政策法规和监管制度制定、安全体系建设和风险控制能力提高、基础理论研究和应用技术开发、人才培养和知识普及等诸多方面做好准备，共同迎接挑战，保障人类和动物的健康，做好预防疾病、促进健康和保护生命的工作。

第三节　公共卫生学发展历程和发展趋势

一、公共卫生的发展历史及沿革

（一）从“同一个医学”（One medicine）的理念开始

公共卫生理念起源于古埃及。在古埃及，随着狩猎和畜牧业的发展，人类开始驯养狩猎来的动物，巫师同时承担着治疗人和动物的疾病的任务，没有人医和兽医之分。通过对动物和人类疾病的比较观察，以及对动物疾病的治疗和病死动物尸体的解剖，巫师获得了大量的医学知识，比如学会了对创伤、骨折、脱臼等损伤的简陋救助方法，发现了药用植物对动物疾病的治疗作用，并应用于人类的疾病治疗。这种“同一个医学”理念持续到 19 世纪，随后由于政治、文化、宗教的原因，人医和兽医的距离逐渐拉大，关系逐渐疏远。

从人类文明一开始，就有人认识到，污染的水和缺乏适当处理的废品会导致疾病传播，这就是所谓的疾病瘴气学说(theory of miasma 或 miasma theory of disease)。早期的宗教试图控制与健康相关联的人群行为,从吃的食物类型到控制某些放纵的行为如喝酒或性行为。到了古罗马时期,城市地区公共卫生的原则问题在于人类废弃物的清除。政府的建立替代了领导对发展公共卫生政策和项目的权威性,以求查明传播疾病的原因,更好地预防疾病的发生,确保社会稳定繁荣,维持正常的社会秩序。

中国在 1000BC 天花暴发时就发明了人痘接种方法,未染病的人在吸入感染疾病人损伤的组织干燥碎片后可获得免疫力。小孩可以通过在前臂注射感染组织脓包液获得免疫。西方在 18 世纪早期才有关于此类方法的记载,且应用范围有限。直到 1820 年爱德华琴纳着手治疗天花后,种牛痘接种才开始流行。

在 14 世纪的欧洲对于黑死病(black death),人们相信清除尸体可以更进一步地防止细菌感染的传播,然而,此做法对于这种瘟疫的流行作用并不大,因为此病很有可能是鼠源蚤传播。有时在城市发生火灾的地区会因为消灭了鼠患而更受益。到了中古世纪由于建立了检疫制度减缓了其他一些传染性疾病的危害。然而,根据 Michael Foucault 的观点,政府的瘟疫模型被后来的霍乱模型推翻了。1829—1851 年的霍乱大流行摧毁了整个欧洲,首先是通过应用被 Foucault 称为"社会医学"(social medicine)的理论,"社会医学"的理论着眼于涨潮、空气循环和墓地的选址等问题。所有这些来自于疾病的瘴气学说的事情与城市规划专家所提到的人口管理问题合并到一起被 Foucault 命名为"生物机能"(biopower)的概念。德国人称此为"治安科学"(polizeiwissenschaft 或 science of police)。

流行病学建立于 1854 年伦敦霍乱暴发时期,John Snow 发现污染的公共水源也是 1854 年伦敦霍乱暴发的原因。Snow 医生认为病菌学说比乌烟瘴气学说更可信。尽管乌烟瘴气学说认为疾病是由卫生状况差导致的,基于无意识群体流行学说。病菌学说发展缓慢:尽管 Anton van Leeuwenhoek's 在 1680 年就观察到了微生物(现在认为其是多数传染性疾病的原因),直到 1880 年随着 Louis Pasteur's 病菌学说和人造疫苗的制造才建立了现代公共卫生的概念。

1843 年,Edwin Chadwick 发表了大不列颠的工人阶级环境卫生报告,提出了公共卫生干预措施应包括 latrinization,修建地下水管道,规范化地收集垃圾并及时将其在垃圾填埋场进行焚化或处理,提供清洁用水及排除积水以防止蚊子繁殖等。这就是现代公共卫生学的开端。由于分布过密以及原始并且无有组织的卫生系统,工业革命最初引起了疾病通过布满厂房和工厂的大都市传播。这些居民点很原始、不开化,而且没有组织的公共卫生。疾病在这些地方发生是不可避免的,而且居民贫穷的生活方式也助长了疾病的潜伏。

随着科学的发展和进步和对疫病认识的深入,人们逐渐认识到动物疫病与人类疫病之间的密切关系,兽医在预防人类疾病中的作用也越来越清楚地被人们所认识。在兽医公共卫生学发展史上,很值得一提的是在柏林曾经被授予首席兽医病理学家称号的 Rudolf Virchow (1812—1902)为公共卫生学的发展曾经做出了不可磨灭的贡献。Virchow 应用当时新发明的光镜消色差装置系统观察分析了病理损伤部位的病理组织学特点,他根据对组织器官病理变化的显微镜观察结果,记述了病变组织细胞的形态变化,于 1848 年撰写出版了《Cellular Pathology》即《细胞病理学》,提出了细胞是生命的基本单位,细胞的形态改变和细胞的机能障碍是一切疾病的基础,疾病的病变都是局部性的和定位性的,创立了古典的细胞病理学说。这不仅对兽医病理学而且对整个医学的发展做出了具有历史意义的划时代的贡献。后来,Virchow 在其名著《Handbook of Communicable Diseases》一书中记载了可传播给人的动物疾病，他指出为了公共健康，动物死后的尸检工作应作为肉品检测的一道程序。这是最早的关于肉品卫生检验的专著，也是第一部与兽医公共卫生相关的专著。

1884 年，兽医师 Frank S. Billings 撰写了《The Relation of Animal Diseases to the Public Health and Their Prevention》一书，书中进一步阐述了可传染给人的动物疾病，并进一步阐明了动物疾病与公共健康的关系以及这些疾病的防制问题。这是兽医人员第一次阐述了兽医科学在预防人类和动物疾病中的作用。

(二)现代公共卫生与兽医公共卫生

(1)现代公共卫生其始于 20 世纪初，人类社会进入 20 世纪，公共卫生事业在广阔的范围内发生了巨大的变化，如免疫程序的建立控制了传染病的发生，有效的安全措施如机动车和职业安全，推广计划生育，饮水氯化消毒，无烟测量还有一些为减少慢性疾病制定的防御程序。最重要的提高生活水平的举措是在 20 世纪早期降低"城市处罚"在水净化处理上所做的贡献。这些改良方法包括氯化消毒，过滤和污物处理，可以使由于污水传染的疾病如肺结核，霍乱，白喉，黄热病，天花以及肠炎的死亡率降低。在 Cutler and Miller's 理论里，"公共卫生促进的任务就是发展健康"，他们在芝加哥、巴尔的摩、辛辛那提和克利夫兰采取氯化消毒、过滤和污物处理措施后伤寒病的死亡率明显降低了。

鉴于传染性疾病在发达国家的流行在 20 世纪有所降低，公共卫生工作便更多地开始关注慢性疾病如癌症和心脏病。另外，体育锻炼又重新被提起了。

在美国，公共卫生工作者 Sara Josephine Baker 博士应用预防的方法降低了新生儿死亡率。她设立了许多项目帮助纽约市的穷人保持新生儿健康。Baker 博士带领她的护士小组深入贫民窟教母亲如何为她们的孩子穿衣、吃饭以及洗澡。在第一次世界大战后，很多国家和地区的公共卫生工作者都模仿她的做法以降低婴儿的死亡率。

20 世纪 80 年代，人口健康问题从个人行为和人口水平危险因素如不平等、贫穷和教育问题被列入到公共卫生中。比起倡导个人行为改变，现代公共卫生问题常与人口健康问题相联系。同时，发展中国家依然有瘟疫大流行的情况，营养不良和贫穷更使之雪上加霜。各种公共卫生大事件也在不断上演：急性传染疾病如 SARS，从中国传播到加拿大和美国；在老年保健医疗制下处方药保险；南非同性恋女性 HIV-AIDS 数量增多；儿童肥胖伴发Ⅱ型糖尿病增多；青少年怀孕的影响；还有由 2004 年东南亚海啸、2005 年飓风 Katrina 和 2011 年日本大地震并引发的海啸和核电站爆炸造成的持续性社会、经济和健康的灾难。这些目前仍是公共卫生事业要应对的艰巨的任务。不得不承认健康问题受多种因素影响，如居住环境、基因、收入、教育状况和社会关系等一系列健康社会决定因素。健康问题在社会变化上与最贫穷群体最糟糕的健康状况相一致。尽管众所周知比起上流阶层，中产阶级的健康状况更差。现代公共卫生工作应该要倡导基于人口政策将这些健康不平等状况改善到一个公正合理的状态。

世界卫生组织最新公布的公报指出，当前各国面临的重大公共健康问题是：①新出现的高致病性传染疾病，如严重急性呼吸道综合征和禽流感疫情。②公共卫生危险对经济发展产生直接影响。过去几年感染严重急性呼吸道综合征的病例不到 1 万例，但仅 2003 年第二季度此症就在亚洲造成 600 亿美元的损失。③国际人道主义危机后果严重。2006 年，全球受自然灾害影响的人数达 1.346 亿，死亡 21 万多人。④化学、辐射和生物恐怖主义正威胁着人类的安全和健康。⑤环境和气候变化对健康的影响日益增强。⑥艾滋病依然是全球重要的卫生与安全议题。2006 年，估计有 3 950 万人感染艾滋病毒。⑦医务人员缺口巨大。目前，全世界共有 5 900 万名医务工作人员，缺少 400 万人。加强对医疗卫生工作者培养成为当务之急。

(2)兽医公共卫生的概念形成于 20 世纪 40 年代。在第二次世界大战中，兽医在保护军队和公共卫生安全上发挥了重要的作用，并赢得了人医官员的高度评价。1945 年，美国公共卫生处设立了兽医公共卫生科，1947 年，美国疾病控制中心正式设立了兽医公共卫生处。此后兽医公共卫生在保护人类健康中的作用被逐渐认识，发达国家也相继成立了相关的兽医公共卫生部门或设施。

1953 年在第 15 届世界兽医大会上，决定成立世界兽医协会(World Veterinary Association，WVA)。成立至今，作为世界性的专业行业协会，通过制定全球兽医行业各领域的教育、道德和质量等方面的最高标准和吸纳各个国家、区域和专业兽医协会，建立全球兽医行业共同的准则、标准、政策和方案，已拥有约 100 个成员，并且被全球范围内国家和所有大型的国际组织(如联合国)及机构(如世界动物卫生组织 OIE、世界卫生组织 WHO、联合国粮农组织 FAO、世界贸易组织 WTO)认可为兽医行业的代表，并建立了密切的合作关系，并在保护和改善人类身体健康以及环境保护等方面日益发挥积极的重要作用。

从 1950 年开始，联合国粮农组织(FAO)和世界卫生组织(WHO)联合发表了关于人类和动物健康的系列报告。1975 年，联合国粮农组织和世界卫生组织联合专家组(Joint WHO/FAO Expert Group)对兽医公共卫生进行了定义：兽医公共卫生是公共卫生活动的组成部分，致力于应用专业兽医技能、知识和资源来保护和改善人类健康(The component of public health activities devoted to the application of professional veterinary skills, knowledge, and resources to the protection and improvement of human health)。随着全世界人口的增多、城市化进程的加快、发达国家和发展中国家之间贫富和科学技术差距的增大以及环境、气候、土地用途的改变，由动物及动物产品所造成的公共卫生问题日趋严重，为此，1999 年 WHO 又对兽医公共卫生进行了重新定义：兽医公共卫生是指通过掌握和应用兽医科学知识和技能为人类身心健康和社会福利服务的一切活动(The sum of all contributions to the complete physical, mental and social well-being of humans through an understanding and application of veterinary medical science)，并明确强调了兽医公共卫生在保障人类健康和社会福利中的作用和任务，提醒世界各国针对上述问题采取积极的应对措施。

2000 年世界兽医协会提出将每年 4 月的最后一个星期六作为世界兽医日(World Veterinary Day)，在这一天，每个成员国都通过组织和参与兽医领域的活动和事件进行庆祝。并于 2008 年与世界动物卫生组织(OIE)共同设立了世界兽医日奖(World Veterinary Day Award)，鼓励各种社会力量以多种形式参与到世界兽医日的庆祝活动中来。世界兽医日的设立，不是为了颂扬 WVA 及其官员，而是为了宣传和强调世界各地兽医人员在维护公众健康、食品安全和环境安全等领域所做的大量工作，展示兽医是一个值得高度尊重和富有同情心的职业以及兽医对动物和人类健康、动物福利、食品安全和食品保障做出的卓越贡献。兽医是一个值得高度尊重和富有同情心的职业，但是它的作用并未得到充分重视，因为兽医工作者整天忙于为公众的服务，而无暇宣传他们对动物和人类健康、动物福利、食品安全所做出的贡献。

从 2001 年 4 月开始第一个“世界兽医日”，其宗旨是促进兽医事业的发展，提高人们对兽医为增进动物健康和人类健康所做贡献的认识。

2010 年代中期，是兽医行业发展的关键的时期，兽医公共卫生面临着严峻的挑战，兽医行业必须清楚地认识公众健康、食品安全和环境安全等最基本的也是最重要的社会问题,必须面对全球性生物安全的挑战。其中最重要的问题是食品安全和食品保障、新发和再发的动物疫病和人兽共患病、动物福利和环境的可持续性。随着经济全球化的发展,乘客航空旅行的便利和数量的显著增加,以及由此带来的人口、动物和动物产品的国际大流动,会大大引发动物疫病的不断发生。兽医在动物福利方面具有特殊的、合法的作用,因为这涉及动物和人类之间的关系。兽医也最适合在道德社会需求和科学知识之间提供均衡的观点。因此,WVA确定的2005年世界兽医日的主题是"兽医面临社会需要"。强调兽医行业在公共卫生、食品安全、环境安全等领域所发挥的最基本的也是最重要的社会作用,并面对着全球性的生物安全挑战。

2006年世界兽医日的主题是"庆祝我们的多样性"。可以通过多种方式来庆祝,每一个兽医、兽医诊所、兽医组织或机构应该充分展示兽医职业的贡献。同时媒体、立法者、政府官员和一般公众必须充分了解兽医在食品安全、人畜共患病以及动物健康和福利方面的关键作用。

2007年世界兽医日的主题也是"庆祝我们的多样性"。每个兽医、兽医诊所、兽医组织或机构也要充分展示兽医职业对科学活动的贡献。他们必须采用各种手段将各种信息告诉媒体、政府官员和普通公众,充分展示兽医在公共卫生及动物健康和福利的各个领域具有重要的作用。

2008年世界兽医日的主题是"兽医职业的多样性"。重点关注"同一个世界,共同拥有健康"这一新的概念,以全球利益为重,提供一个有利的国际和区域环境,控制和消灭动物传染病,包括人畜共患病。该年度,WVA和OIE共同设立世界兽医日奖,奖励那些独立举办或者与其他兽医组织共同举办兽医庆典的组织,目的是调动兽医协会和其他社会团体的力量,使全社会都参与到兽医工作中来,关注兽医工作,推进兽医工作。

2009年世界兽医日的主题是"兽医及畜禽饲养者:一种成功的伙伴关系"。大量动物疾病暴发,特别是人畜共患病的发生,造成相当大的经济损失和社会动荡,引起国家和地区或全球公共安全的恐慌。一个严重的动物公共卫生事件,可以对全球性的农村经济和消费者产生冲击,并对人类健康构成威胁。通过整合所有利益相关者预防和控制疾病的措施,早期预警与快速反应,对于在源头上防制动物传染性疾病的发生是非常关键的。各国兽医在保证人和动物健康方面发挥关键作用,其成效与畜禽饲养者密切相关,因为畜禽饲养者是动物疾病事件的第一哨兵,在采取快速反应来控制动物疾病时不能忽略他们的关键作用,他们也首先由于动物疾病而造成重大的损失。组织和经济因素对于充分发挥世界上约6亿畜禽饲养者在动物保护链中的作用是非常重要的,必须考虑在兽医的支持下加强他们的动物卫生培训,重点是国际社会日益接受的风险预测和风险交流策略。

2010年4月24日是世界兽医协会(WVA)确定的第十个"世界兽医日",其宗旨是促进兽医事业发展、提高人们对兽医工作的认识,其主题为"同一个世界,同一个健康:兽医与人医更紧密的合作"(One World,One Health: more cooperation between veterinarians and physicians)。这一主题的提出,表明全世界已意识到动物疾病与公共卫生之间的重要联系。众所周知,在已知的传染病中,60%人类和动物共患,在最新发现的人类疾病中,75%来源于动物;当前动物疾病的暴发,特别是人畜共患病的发生,将造成相当大的经济损失和社会动荡,甚至引起一个国家和地区或全球公共安全的恐慌。一个严重的动物公共卫生事件,可以对全球性的农村经济和消费者产生严重冲击,对人类健康构成严重威胁。从人类健康的角度出发,"同一个世界,同一个健康"的理念,必将促使所有国家倡导结合兽医与人医的共同力量来控制人畜共患病，以此保证全人类的健康。

2011年世界兽医日为4月30日，其主题为“狂犬病（rabies）”，宣传这一主题的目的意在表明：狂犬病作为一种普遍并长期流行人畜共患病，防控的关键战略是要加强动物的狂犬病预防。主要目的是使人们了解兽医职业在防制狂犬病方面的作用。狂犬病是一种最严重的全球性病毒性人兽共患病。被认为“是世界上最致命的传染病”。尽管100%可预防，但据估计每年全球有55 000人死于狂犬病，大约每10 min就有1人死亡，其中一半是15岁以下儿童，99%的人感染狂犬病病例是因为被染病犬只咬伤。世界兽医协会和世界动物卫生组织（OIE）、全球狂犬病控制联盟（GARC）联合来推动狂犬病预防主题。GARC提到，“在动物源头进行预防是对付狂犬病的关键战略，因而兽医对其控制至关重要”。该联盟相信只需要用目前对被犬咬的人进行治疗所需资金的10%，全世界的国家兽医机构就能根除动物狂犬病，即可防止人狂犬病的发生。动物疫苗是控制乃至消灭狂犬病的有效方法。考虑到道德、生态和经济等原因，扑杀潜在的染病动物不应该成为控制和消灭狂犬病的唯一方法。事实上，在发达国家，所有成功消灭狂犬病的“战斗”都建立在控制流浪犬数量、系统地为家犬进行免疫等措施上。

在已知的传染病中，有60%是人类和动物共患，在最新发现的人类传染性疾病中，75%来源于动物。在传统动物源性疾病频发的同时，新的动物源性疾病不断出现。最近几年里人类社会遭遇了多起严重的传染病，如高致病性禽流感、SARS、埃博拉病毒病、疯牛病。这些灾难性疾病的病原都具备跨越人类与动物种间传播的能力。因此，随着人类社会的不断发展，世界一体化，人口城市化的进程，防控人兽共患病，保障人类健康、动物健康面临更为严峻的挑战。而兽医在社会公共卫生中的角色也更显突出。

世界卫生组织2007年4月2日在新加坡召开了题为“改善国际卫生安全必要性”的高级别辩论会。各国政界、工商企业和媒体负责人聚集一堂，发出强烈信息：只有立即加大对卫生事业的投资，才能为人类构建安全的未来。辩论会的主要议题有：集体卫生安全威胁，包括新出现和迅速传播的疾病环境变化、生物恐怖主义、自然灾害、化学泄漏或辐射事故造成的突发事件，以及艾滋病对最不发达国家和地区的影响等。2007年4月7日是第58个世界卫生日。世界卫生组织把2007年世界卫生日的主题确定为“投资卫生，构建安全未来”，以此呼吁各国高度关注新型和传统疾病以及大规模突发性公共卫生危机给人类带来的灾难，增加卫生事业投资，确保子孙后代能够生活在安全、发展、繁荣的和谐社会中。

世卫组织总干事陈冯富珍指出，防范世界性危险是所有国家的共同责任，世卫组织将继续跟踪不断演变的传染病状况，及时发布重大公共卫生疫情警报，还将与各国卫生部门分享专业知识，携手战胜威胁人类健康的公共卫生疾病。与会代表认为，病毒无国界，全球化增加了各国的脆弱性和相互依赖性，卫生问题是当前各国面临的重大挑战，是各国整体发展战略的重点，要加强国际合作。组织和协调工作在应付危机中发挥着至关重要的作用，但更重要的是，必须立即加大卫生防疫体系投资，争取战胜危机的宝贵时间。非典型性肺炎、禽流感疫情、流感大流行的危险，印度尼西亚和非洲之角最近的洪灾都表明，人类已经到了注重国际卫生安全的时刻。

（三）食品卫生与安全的发展历史

从食品卫生方面来看，人类对食品安全卫生的认识，有一个历史的发展过程，实际上它与公共卫生的发展过程密不可分。在人类文明早期，不同地区和民族都以长期积累下来的生活经验为基础，在不同程度上形成了一些有关饮食卫生和安全的禁忌、禁规。在西方文化中，产生于公元前1世纪的《圣经》中也有许多关于饮食安全与禁规的内容。如著名的摩西饮食规则，规定凡非来自反刍偶蹄类动物的肉不得食用，据认为是出于食品安全性的考虑。因为在《旧约全书·利未记》中明确禁止食用，至今正宗犹太人和穆斯林所遵循的传统习俗——不食猪肉、任何腐食动物的肉或死畜肉。

据可查的最早史料记载，古时的统治机构针对不实食品销售已有制定相关规则以保护消费者。亚述语碑文曾记载有正确计重和测量粮谷的方法；埃及卷轴古书中也记载了某些食品要求使用标签的情况；古雅典检查啤酒和葡萄酒是否纯净和卫生；罗马帝国则有较好的食品控制系统以保护消费者免受欺骗和不良影响；中世纪的欧洲，部分国家已制定了鸡蛋、香肠、奶酪、啤酒、葡萄酒和面包的质量和安全法规，有些仍沿用至今。

生产的发展促进了社会的产业分工、商品交换、阶级分化，以及利欲与道德的对立，食品的安全保障问题出现了新的影响因素和变化。食品交易中出现了制伪、掺假、掺毒、欺诈现象，在古罗马帝国时代已蔓延为社会公害。当时制定的罗马民法曾对防止食品的假冒、污染等安全性问题作过全面的规定，违法者可判处流放或劳役。中世纪的英国为解决石膏掺入面粉、出售变质肉类等事件，1266年颁布了面包法，禁止出售任何有害人体健康的食品。由于食品检验缺乏灵敏有效的手段，制伪、掺假、掺毒技术层出不穷，食品安全的法律、法规滞后，使食品安全性问题长期存在于从古罗马中世纪直到近代的欧洲食品市场。据记载，18世纪中叶英国杜松子酒中查出掺假物有浓硫酸、杏仁油、松节油、石灰水、玫瑰香水、明矾、酒石酸盐等。直到1860年，英国国会通过了新的食品法，再次对食品安全性加强控制。在美国，19世纪中后期资本主义市场经济的发展在缺乏有效法制的情况下，食品安全与卫生问题也恶性发展。牛奶掺水、咖啡掺碳在当时的纽约是常见的事。更有在牛奶中加甲醛、肉类用硫酸、黄油用硼砂做防腐处理的事例。20世纪对食品安全性新问题的社会反应和政府对策，最早见于发达国家。1906年美国国会通过了第一部对食品安全、诚实经营和食品标签进行管理的国家立法——《食品与药物法》。同年还通过了《肉类检验法》。这些法律加强了对美国州与州之间食品贸易的安全性管理。1938年由国会通过了新的《联邦食品、药物和化妆品法》，1947年通过了联邦杀虫剂、杀菌剂、杀鼠剂法，两部法律以后又陆续做过多次修正，至今仍为美国保障食品安全的主要联邦法律。

进入20世纪以后，农产品及其加工产品在地区之间流通规模日增，国际食品贸易数量越来越大。食品工业应用各类添加剂也日益增多，农药、兽药在农牧业生产中的重要性日益上升，工矿、交通、城镇"三废"对环境及食品的污染不断加重，农产品和加工食品中含有毒、有害化学物质问题越来越突出。世界卫生组织和联合国粮农组织（WHO/FAO）自60年代组织制定了《食品法典》，并经数次修订，规定了各种食品添加剂、农药及某些污染物在食品中允许的残留限量，供各国参考并借以协调国际食品贸易中出现的食品安全性标准问题。至此，控制化学品合理使用以保障丰足而安全的食品生产与供应，其策略与途径已初步形成，食品安全管理开始走上有序的轨道。

进入21世纪以来，食品安全问题更加深入人心。随着经济的发展，生活水平的提高，人们对食品的卫生与安全要求也更高。食品安全问题关注的重点，已从食品的生物性污染，如传播疫病和掺杂制假等为主，转向了环境有害化学物质对食品的污染及其对消费者健康的潜在威胁方面，尤其是农药和兽药的残留问题，已成为当今最普遍、最受关注的食品安全课题。因此，WHO前总干事中岛宏博士曾说："如果食品不安全的话，则任何食品都不算是营养食品”。

(四)我国公共卫生的发展历史

我国的公共卫生事业有着悠久的历史，从古典的公共卫生学发展历史来看，我国的公共卫生学走在世界的前列。

1.卫生保健方面

(1)饮水卫生　中华民族凿井而饮的历史有四五千年之久，且对饮水卫生的要求也很严格。《风俗通》记载：“井者，法也，节也，言法制居人，令节其饮食，无穷竭也”，而且古代井边设有持刀武士守卫。可以认为，古代卫井之法是我国古代最早的有关保护水源的“公共卫生法”。在选择井址、凿井、建井、鉴别井水优劣、掏井、改善水质等方面积累了丰富的经验。为解决城镇用水，我国古代已有用陶管引水入城的供水设施。

(2)个人卫生　东汉王充《论衡》记载：“沐者去首垢也，洗者去足垢，盥者去手垢也，浴者去身垢”，可见人们已经有了盥洗沐浴的卫生习惯。大约在宋代以前，人们已用柳树枝，一端咬作刷状以擦齿剔缝，清除食渣，然后漱口。元朝忽思慧所撰《饮膳正要》记载：“凡清旦用盐刷牙，平日无齿疾”，对用盐漱口刷牙以预防口齿疾病的作用给予肯定。

(3)城市卫生设施　古人已知晓城市卫生管理是预防传染病的一项重要措施。如《周礼》记载：“隶仆掌五寝之扫除粪洒之事”，是指设专人负责处理帝王的排泄物。据记载，宫中设有公共厕所，都市设有都厕，一般人家有厕所，多与畜圈建在一处。在污水处理方面，在商周时期就已经有烧制的圆筒形地下水管，其设计与今无异；秦阿房宫的五角形下水管，管径大，壁厚，十分坚固。

2.疾病预防方面

(1)狂犬病的预防　秦汉时期，人们已经知道应用狂犬脑敷于被狂犬咬伤的伤口以预防狂犬病。东晋葛洪《肘后备急方》记载：“疗狂犬咬人方：乃杀所咬犬，取脑敷之，后不复发。”

(2)天花预防　清《痘疹定论》中记载了最早应用人痘的故事。宋真宗(998—1022)时，宰相王旦的几个孩子均因天花而夭折，年老得子王素，恐再害天花，遂请四川蛾眉山神医接种人痘。王素活到67岁未曾感染天花。清康熙年间编撰的《医宗金鉴》详尽地记载了人痘接种法，从此，种痘预防天花在我国得到广泛推广。1688年“俄罗斯遣人至我国学痘医”，其后又辗转到阿拉伯国家和欧美；17世纪，医学家戴曼公东渡日本，传播人痘接种术；18世纪中叶，痘医李仁川到长崎教授日本医师学习人痘接种；1752年《医宗金鉴》传入日本，促使人痘接种法在日本广泛传播。

(3)预防疾病及消除病害　在当时的环境下，巫与巫医活动猖獗，祈神驱祟成为一种特殊的保健活动形式和原始的防病方法。在古代，对于蚊与疟疾，蝇与霍乱、伤寒、痢疾等之间的关系有诸多记述，古人已经认识到了除害与预防传染病的关系。良好的民俗民风对于季节性疾病的预防起到了积极作用，如佳节洒扫庭堂、刷洗清洁、重阳登高等。

(4)传染病的预防与隔离　公元356年，为防止传染病流行扩散，朝廷曾明文规定：“朝臣家有时疾，染易三人以上者，身虽无疾，百日不得入宫。”此外，对麻风病等传染病进行收容、隔离和治疗。

(5)在职业病的预防方面　我国早在公元11—12世纪，古人对汞中毒、矽肺和铅中毒的病因和发病症状等已经有了正确的认识。例如，为预防职业中毒，明代《天工开物》强调：“烧砒之人，经两载即改徙，否则须发尽落。”

3.食品卫生方面　食品卫生的发展历史是公共卫生历史发展的体现，人类对食品安全卫生的认识，有一个历史的发展过程。在远古时代，人们在长期的吃肉实践中，已经懂得死畜病畜的肉不可供食用。在人类文明早期，不同地区和民族都以长期积累下来的生活经验为基础，我国古代有许多关于食品卫生的论述。2 500 年前的孔子就曾对他的学生讲授过著名的"五不食"原则："鱼馁而肉败，不食。色恶，不食。臭恶，不食。失饪，不食。不时，不食"。这是文献中有关饮食安全的最早记录与警语。古代人类对食品安全性的认识，大多与食品腐坏、疫病传播等问题有关，各民族都有许多建立在广泛生存经验基础上的饮食禁忌、警语、禁规，并作为生存守则流传下来。又如唐朝孙思邈强调："若得肉，必鲜。似有气息，则不宜食，(食之)烂藏损气，切须慎之戒之。"勿食生菜、生米、陈臭物，勿饮浊酒。"一切禽兽自死无伤处者不可食。"古人为了保持肉类及其他食品的鲜美，早已经知道用冰冷藏食物。

秦代已有专设凌人负责掌握凿冰、藏冰、用冰制度。强调厨房用储冰保存食品、饮料，这种冬季凿冰藏之冰窖、盛冰用以保存食品的方法一直延续至今。

自南北朝以来，历代皇帝王朝都设有光禄寺卿为统治者的肉食安全服务，宫廷御膳房中有专职人员检验肉品，有时还利用侍从人员进行试验性品尝。周朝时还设置了官职，专门管理肉品的卫生。东汉时期，张仲景所著《金匮要略》，其中记载："六畜自死，皆疫死，则有毒，不可食之"；"肉中有如米者不可食之"；"秽饭.馁肉、臭鱼、食之皆伤人"。还有南北朝时期的《养生要集》、《食经》、《皇帝杂饮食品》。唐代孙思邈著的《急备千金要方》，元代忽思慧的《饮食正要》等著作都记载有关于食品卫生检验的内容。

新中国成立以前，近代，随着帝国主义侵入我国，霸占我国土地，开辟租界，并在上海、南京、青岛、武汉和哈尔滨等地设立了较大规模的屠宰厂、蛋品厂、加工牛肉和蛋品出口，掠夺我国的畜产资源。在这些加工厂里，厂家还按照他们国家的规定由他们派来技术人员进行检验。我国兽医食品卫生检验工作一开始就带有半殖民地的色彩。1928 年国民党政府曾公布了《屠宰规则及施行细则》，这是我国的最早的兽医法规。但是没有组织人员和经费的保证；1935 年实业部又发布了《肉类检验施行细则》这个法规只对部分出口的鲜肉冷藏等实行检验。所以在 1949 年以前，我国广大人民消费的动物性食品，一直没有进行检验。

新中国成立以后，党和政府十分重视人民身体健康和畜牧业生产的发展，1950 年开始建立了多级卫生防疫站，设立食品卫生科，专管食品卫生. 各地农业部门建立了畜牧兽医站，广泛开展兽医防治工作，彻底消灭了牛瘟，基本上消灭了牛肺疫。羊痘，控制了炭疽和各种畜禽疫病的蔓延，大大减少了动物疫病对食品的污染。全国各地相继建立了肉联加工厂、蛋品和乳制品加工厂，使肉品生产加工统一管理和检验，保障了人民的动物源食品的消费安全。

4.我国兽医公共卫生管理体制建设　新中国成立以后，我国制定了一系列的食品卫生检验规程和食品卫生标准，如 1959 年规定了《肉品卫生检验试行规程》，也称为"四部规程"(由农部、卫生部、外贸部、商部统一规定)。这一规程是第一部全国性的兽医卫检标准和法规，具有法律效力。改革开放以来，政府高度重视食品安全，1979 年国务院颁发了《中华人民共和国食品卫生管理条例》。1982 年全国人大常委会发布了《中华人民共和国食品卫生法》，并于 1983 年 7 月开始执行。1984 年国务院颁发了《家畜家禽防治条例》。1997 年 7 月 3 日，八届人大常委会第二十六次会议通过了《中华人民共和国动物防疫法》。2009 年 2 月 28 日第十一届全国人大常委会第七次会议通过了《中华人民共和国食品安全法》，本法自 2009 年 6 月 1 日起实施。

在兽医管理体制建设方面来看，明确了政府责任，规范了管理体制；明确了动物卫生监督机构为行政执法机构负责检疫和有关动物防疫监督的管理执法职能；明确了动物疫病预防控制机构技术支撑的法律地位；制定了乡村兽医和村级动物防疫员管理制度；明确提出实行官方兽医和执业兽医管理制度，国家实行执业兽医资格考试制度。为此制定出台了《执业兽医管理办法》、《动物诊疗机构管理办法》、《执业兽医资格考试管理暂行办法》等一系列规章制度。

目前，我国动物疫病预防控制平台已基本构建；省级兽医管理体制改革已基本完成；中央一级兽医工作机构改革已完成并有效运转。农业部设立了兽医局，成立了中国动物疫病预防控制中心和中国动物卫生与流行病学中心。农业部成立兽医局，并任命了首席兽医师，标志着我国兽医管理体制逐步与国际接轨。2006年3月10日农业部组建了“中国动物疫病预防控制中心”和“全国畜牧总站”，这是我国建立健全畜牧兽医技术支持体系的重大举措，是中央级畜牧兽医支持体系改革和建设的重要内容。动物疫病预防控制中心的组建，大大提高了我国重大动物疫病预防控制和应急处置能力，为提高我国重大动物疫病预防控制和应急处置能力，保障公共卫生安全，促进我国畜牧业健康发展。中国动物疫病预防控制中心的主要职责是：协助兽医行政主管部门拟定有关法律、法规和政策建议；协助开展重大动物卫生违法案件的调查。研究提出重大动物疫病(包括人畜共患病)预防控制规划、扑灭计划、应急预案建议，指导、监督重大动物疫病预防、控制和扑灭工作，指导人畜共患病防治工作。研究提出动物疫病防治技术规范建议，经批准后组织实施。

中国动物卫生与流行病学中心正式运行，这是健全国家动物疫病防控技术支撑体系、提高动物疫病防控能力的重大举措，标志着我国兽医技术保障体系进一步完善；为加强重大动物疫病防控工作，强化兽医技术支撑体系，提高动物疫病防疫能力，奠定了组织保障。

中国动物疫病预防控制中心下设防控应急处、兽医公共卫生处、疫情监测处、动物卫生监督指导处、实验室生物安全管理处、动物产品安全检测室、兽医诊断室等12个业务处室和管理部门。其中兽医公共卫生处设立于2009年，其职责是：负责布鲁氏菌病、结核病、狂犬病炭疽病等人畜共患病预防控制规划、扑灭计划、应急预案、技术规范的起草，指导监督人畜共患病的防治工作。负责起草全国动物产品有害物质残留控制方案。组织实施布鲁氏菌病、结核病、狂犬病、炭疽病等人畜共患病的预防、控制和检测净化工作。承担农业部血吸虫病防治领导小组办公室日常工作；组织实施血吸虫病防治工作。参与重大动物疫情扑灭工作。组织开展动物防疫技术研究、国际交流与合作。承办相关业务法律、法规和政策起草工作。兽医公共卫生处的设立及运行，为推动我国兽医公共卫生事业的发展奠定了重要的基础，使我国兽医公共卫生事业有了进一步的组织保证，翻开了我国兽医公共卫生事业发展的崭新一页。

上述我国在兽医体制方面的改革与完善工作，都可以纳入我国的兽医公共卫生管理体系建设，也表明我国已基本建立了兽医公共卫生管理体系。

在食品安全监管法律制度建设方面，我国现行的与食品安全有关的法律有20部，行政法规40部，部门规章150部，初步构建了我国食品保障的基本法律框架，促进了食品安全保障的法制化建设。

二、公共卫生学的发展趋势

21世纪对公共卫生来说是充满挑战的世纪，要求全世界的公共卫生工作者联合起来，在政策法规和监管制度制定、安全体系建设和风险控制能力提高、基础理论研究和应用技术开发、人才培养和知识普及等诸多方面做好准备，共同迎接挑战，保护人类健康。在未来的发展中，公共卫生学的发展有如下趋势：

(一)同一个世界，同一个健康，同一个医学，同一个公共卫生

从整个地球人类社会来看，整个社会大预防医学要求人医和兽医必须全面合作，才能真正解决人类的健康问题，“同一个世界，同一个健康，同一个医学，同一个公共卫生”将成为公共卫生发展的主旋律。

“同一个世界，同一个健康”(One World，One Health)是美国的野生动物保护协会(Wildlife Conservation Society，WCS)，“同一个世界，同一个健康”项目组于2004年9月29日在美国纽约曼哈顿召开的国际研讨会上提出来的。这个会议以“同一个世界，同一个健康”为主题，动员全世界的专家学者策划一个与威胁地球生命的疾病作斗争的方案，构建一个沟通多学科合作与全球一体化的世界公共卫生的桥梁。来自世界各地的卫生专家汇聚于纽约曼哈顿，讨论已存在的和潜在的人、家畜和野生动物群的疾病问题。与会专家一致认为以国际、多学科合作手段战胜威胁地球生命之疾病是首要的办法。会议就建立一个全球整体互动预防流行性或地方流行性疾病，维持让人类受益的完整的生态平衡，向各国领袖、各社会阶层、全球健康协会组织、科研机构提出了12条建议，12条建议的精髓实质就是“同一个世界，同一个健康”，这就是“曼哈顿原则”。2005年11月15—17日由国际野生生物保护学会(Wildlife Conservation Society，WCS)倡议，与中国科学院动物研究所在北京国都大饭店(Sino-Swiss Hotel)联合主办了的“同一个世界，同一个健康”研讨会。该研讨会致力于寻找动物健康、人类健康、保护和政策之间的联系，并探寻保护人类、动物和生态系统健康的创新途径。以促进和加强世界上从事公共卫生和动物健康的管理及研究的单位和人员的互相信息沟通、交流与合作。

20世纪90年代后期，陆续暴发的西尼罗河病毒病、埃博拉出血热、非典型性肺炎(SARS)、猴痘、疯牛病(BSE)、高致病性禽流感，加上甲型H1N1流感等警示我们：人类健康和动物健康是互相影响、紧密关联的。要保证地球生命的健康和战胜疾病要求采取联合统一的行动，并按照人类、畜禽、宠物和野生动物都一样健康，即“同一个健康”来达到我们的目的。生物多样性是人类在地球上赖以生存的物质基础。物种的退化与消亡、生存环境的污染与恶化、外源物种的侵袭、全球气候的变化等这些现象正在从根本上改变地球陆生动物、深海海洋生物以及密集的人类居住之城市的生活。新发和再发传染病的上升不但威胁着人类和人类的食物供给与经济的发展，还威胁着由动物区系和植物区系构成的非常必要的生物多样性。因此，为了地球人类的子孙后代而保证地球生物种多样性和生态平衡的同时，还要战胜各种病原微生物对地球生命健康的威胁，保障人类康乐，需要多学科、多部门，特别是兽医和人医在“同一个世界，同一个健康”的旗帜下，通力合作，从疾病预防、治疗、检测、监测、控制和扑消以及更广泛的环境保护等多方面采取共同行动。

2007年12月在印度新德里召开的禽流感及流感大流行部长级国际会议上，与会代表建议国际社会总结高致病禽流感防控经验，制定应对流行性疾病的中期战略，在被广泛接受的“同一个世界，同一个健康”曼哈顿原则下，进一步了解传染病出现与传播的原因和机制。会上，四大国际组织——世界粮农组织(FAO)、世界动物卫生组织(OIE)、世界卫生组织(WHO)、联合国儿童基金会(UNICEF)参与，世界银行(WB)和联合国流感协调员(UNSIC)积极响应，制订了“实现动物—人类—生态共同健康繁荣的全球战略框架”。该战略框架侧重于新出现传染病在动物—人—生态健康之间的交互作用而带来的潜在威胁，特别是那些在自然界有可能跨境传染并造成全球影响的疾病。战略框架特别强调在国家、区域和国际层面上的多部门间合作和各利益关系人的参与，运用各种技术、不同政策选择和能力建设来对付传染病。战略框架目的是通过加强国家、地区和国际疾病情报、疾病监测和疾病应急响应系统，并通过强大而稳定的公共和动物卫生服务及国家间交流战略的支持，建立一个消灭风险，减少由于流行或大流行给全球带来威胁的最好方案。国家权力机构在设计、财政支撑和执行这些战略方案方面起至关重要的作用。成功地实施这些战略方案对改善公共健康、食品卫生和安全，对贫困农业国的生存，保护生态健康将做出重大贡献。战略框架总体目标体现了国际公共利益，所要达到的具体目标包括在国家、区域和国际层面加强当前的动物和人类公共卫生的监测、响应、预防和预备系统。实施战略框架的主要原则包括采用多学科、多国家和多部门合作途径，综合技术、社会、政治和法规的作用，建立广泛的部门间合作关系和科研到运用的统一体，包括野生动物和生态利益关系、人医和兽医的一致，高级研究机构。该战略框架还支持制定广泛一致的沟通战略，以争取和保持政治、社会和个人对"同一个世界，同一个健康"进程的支持。由于很多新出现的疾病是人兽共患病，并且近期暴发的大多数新传染病都源自野生动物，所以会议建议采用更多的全局性和全球性的合作手段，重视人、动物和生态健康间交互作用问题，要求把在"同一个世界，同一个健康"理念下制订的原则作为基础，应用于应对当前和未来的威胁，处理新出现的传染病问题。

曼哈顿原则提出的"同一个世界，同一个健康"理念把健康放入发展与生态两大主题之中，呼吁人医和兽医合作共同保护地球生命的健康。这个理念一经提出，即受到了国际社会的广泛关注，迅速得到全世界各国专家学者的支持，并付诸行动。国际兽疫局(OIE)也呼吁兽医和兽医公共卫生人员加强与人医的合作，在"同一个世界，同一个健康"的理念下，通过提高动物的健康水平，来保护人类的健康。"同一个世界，同一个健康"可以定义为：地区性、国家性和全球性多学科共同合作，为地球人类、动物和我们的环境获取最佳健康。

"同一个医学"(One Medicine)的概念是在20世纪60年代由兽医流行病学和寄生虫学专家Calvin Schwabe(1927—2006)提出的，他呼吁人医和兽医共同合作防控人兽互传病。2008年世界兽医大会把上述两个概念整合为"同一个世界，同一个健康，同一个医学"，再次呼吁人医与兽医合作共同保护地球生命的健康和安宁，同时强调了兽医在食品安全、人畜共患病、保护生态环境、比较医学等领域中的责任和机会。21世纪对地球人类来说是充满挑战的世纪，尤其是在生物医学领域，更是挑战重重。兽医公共卫生工作者要在"同一个世界，同一个健康，同一个医学"的旗帜下，与人类医学等其他领域密切合作，共同保护地球生命的健康和安宁。

2010年第十个"世界兽医日"的主题为"同一个世界，同一个健康：兽医与人医更紧密的合作"(One World, One Health: more cooperation between veterinarians and physicians)。这一主题的提出，更进一步表明全世界已意识到动物疾病与公共卫生之间的重要联系。世界范围内的动物流动增加了人兽共患病的传播机会和自然疫源性疾病发生的可能性，将对人类和动物的健康造成威胁。以美国2003年发生的人感染猴痘为例，宠物经销商将从非洲进口的啮齿动物与草原土拨鼠关养在一起，导致草原土拨鼠感染猴痘，而感染的草原土拨鼠被出售给顾客，最后造成草原土拨鼠的主人和治疗的兽医共47人感染发病。历史的经验也一次又一次地告诉我们，动物疫病的暴发，特别是人兽互传病的发生，不仅可造成重大的经济损失，还可引起社会动荡，甚至引起一个国家和地区或全球公共安全的恐慌。一桩严重的动物公共卫生事件，可以对全球性的农村经济和消费者产生严重的冲击，对人类健康构成严重的威胁。从人类健康的角度出发,"同一个世界,同一个健康"的理念,必将促使所有国家倡导结合兽医与人医的共同力量来控制人兽互传病,以保障人类的健康。

人类社会进入21世纪以来,生物医学科技革命的浪潮正在兴起。我们已经进入到了"同一个世界,同一个健康,同一个医学"的新纪元。现代社会再不能用昨天对付威胁的办法来对付当今和未来的威胁。我们必须要图谋可行的、有预见的和多学科的解决方案,解决那些影响地球生命健康的疑难问题。毋庸置疑,在现代全球化的社会,单靠一个国家不可能挽回或控制那些已经或正在走向绝灭的生物物种,更不可能将已经被破坏了的地球生态环境治理恢复。同样,单靠一个学科或一个部门也不可能有足够的能力来预防和控制疫病在地球上发生或重新出现。只有打破个人、机构、专门机构和部门间的界限,消除各部门之间的隔阂,建立合作伙伴关系,人类才能够充分释放创新的潜质和才智,以应对人类、畜禽、宠物及野生动物健康所面临的多种挑战。人类是否能有效地控制人兽互传病取决于兽医和人医公共卫生机构和人员之间的积极共同的参与,并把双方的这种合作贯通于从筹资、规划、立项、研究、监测、意识形态及其具体实施的每个环节。只有在"同一个世界,同一个健康,同一个医学"的旗帜下,通过不同部门间的相互联合,不同研究方法或技术的结合,不同学科间相互融合,才能真正解决"同一个公共卫生"的问题,

"同一个世界,同一个健康,同一个医学,同一个公共卫生" 是一种理念,是一个共识,也是人类社会发展到今天,公共卫生学科发展的必然趋势,它更像一面旗帜引领着全球的医学和兽医学工作者为了地球生命的健康与安宁,携手并肩,共同为完成历史赋予公共卫生工作者的使命——疾病预防、健康保护和健康促进,实现动物—人类—生态共同健康繁荣而奋斗。

(二)健康的动物—安全的食品—健康的人类

1.安全的食品源自健康的动物　自古以来,动物在人类经济和文化生活中占据重要的位置,不仅是人类的交通运输和劳动工具,并在安慰和寄托人类精神(宠物)和保护人类安全(警犬)中发挥重要的作用,更主要的是动物还是人类重要的优质蛋白的食物来源和皮毛、生物制品等重要的生产资料的来源。

"民以食为天,食以安为先。"食物是人类赖以生存和发展的物质基础,人类从食物摄取身体所必需的各种营养物质,以维持身体的发育和进行各项社会活动。人类的生成和发展需要大量物质供应,据资料统计推算认为:一个人在一生中所必须摄取营养物质的数量大约是水75 t;糖类17.5 t;蛋白质2.5 t;脂肪1.3 t还有各种维生素、无机盐等。这说明了人的摄食量要超过人体重量的1 000倍。食品按其来源的不同,可分为植物性食品和动物性食品两大类,动物性食品富含优质的蛋白质,可给人体提供丰富营养,几乎是全价营养。所以,大多数人都偏爱动物性食品。而且,动物性食品在膳食结构中的比例高低,是一个社会和家庭经济状况的高低的体现。然而,动物性食品容易腐败变质,容易由于内源性和外源性污染而带染病原微生物。由于动物性食品都是来源于各种畜禽及水生动物,以及通过人们的生产加工而成的各种食品。在它们的饲养、生活及加工、贮藏、运输过程中,都有可能受到内源性和外源性的污染,使动物性食品带染某些危害人类身体健康的各种因素。当人们食用这种食品时,就会发生疾病,一般称这样的疾病为动物源性食品传播性疾病。由于食品中带染致病因素的不同,而引起人们发生疾病的性质和特征各异,因而一般又将动物源性食品传播性疾病分为动物源性食物传染及动物源性食物中毒。

20世纪70年代以来,国际医学界对人类肿瘤和遗传病与环境关系的认识已逐步深化,因

而更加重视环境污染问题。环境化学致癌原存在于空气、水、工业毒物、工业三废、农药、药物及食品中，而许多环境化学物是通过食物链，尤其是通过动物源食品进入人体的。毫无疑问，人类食物中存在的各种化学物质已经普遍地危害人类的健康，甚至已成为许多人死亡的原因之一。

美国疾病控制及预防中心(CDC)预计美国每年有7 600万人发生食源性疾病，主要是由于食品中携带微生物病菌、病毒、农药与抗生素残留及食品添加剂不安全等引发的疾病。其中，有食品制造、储存不善的原因，也有食品加工原始材料受污染的原因。

因此，食品动物健康的健康状况对人类健康至关重要。只有健康的动物，才能生产出安全的食品。兽医公共卫生要大力宣传“健康的动物，安全的食品，健康的人类”这一理念，并通过管理和科技手段，提高动物的福利和健康水平，降低来源于动物和动物产品中的诸如人畜共患病病原、化学物质、兽药等有毒有害物质，最终为保护和增进人类健康服务。

2.食品安全向食品防护的转变 食品安全(food safe)是一个古老的概念，按WHO的定义为：食品中有毒、有害物质对人体健康影响的公共卫生问题。国际食品卫生法典委员会(CAC)对食品安全的定义是：消费者在摄入食品时，食品中不含有害物质，不存在引起急性中毒、不良反应或潜在疾病的危险性。

随着人类社会的发展、进步，人们对食品安全的问题越来越关注，食品安全问题已成为世界公共安全主要问题之一，现代社会全球经济一体化加快，物流、资金流、信息流、文化流交汇，食品安全问题已无国界。世界食品安全事件发生率呈明显的上升趋势。有数据显示，1956—2009年发生的重大食品安全事件共64起，其中仅2004—2009年6年间发生有40起，占63%(引自中国工程院“养殖业发展战略研究”)。在这些食品安全事件中，人为非法添加性食品安全事件占有很高的比例。

2001年美国“9·11”事件发生后，全世界恐怖袭击事件不断，而食品行业也可能成为恐怖组织的袭击目标，因此防止食品受到故意污染或蓄意破坏的食品防护问题逐渐浮出水面。于是，在2002年，相对于传统的食品安全，美国提出了“食品防护”的概念，旨在防止食品遭到恐怖主义袭击等非传统食品安全危害的威胁。

食品防护(food defense)：是指确保食品生产和供应过程的安全，防止食品因不当逐利、恶性竞争、社会矛盾和恐怖主义等原因影响而受到生物、化学、物理等方面因素的故意污染或蓄意破坏。食品防护计划是指为确保食品生产和供应过程的安全，通过进行食品防护评估、实施食品防护措施等，最大限度降低食品受到生物、化学、物理等因素故意污染或蓄意破坏风险的方法和程序。

2002年以来，美国FDA、美国农业部食品安全检验署(FSIS)等机构制定了一系列的供应链和生产企业的食品防护指南，如《食品生产、加工、运输防护指南》、《化妆品生产、运输防护指南》、《奶牛农场、运输、奶站、液态奶生产企业防护指南》、《食品零售和服务业防护指南》、《食品进口和分销防护指南》和《肉和禽类屠宰加工厂建立食品防护计划指南》等。日本食品业界也正在推行食品“安心”行动(安心：安全＋食品防护)，以取得消费者的信任。2008年11月，CAC的进出口食品检查和认证分委会(CCFICS)决定，在即将起草的《国家食品安全控制体系建立导则》中考虑增加食品防护内容。食品防护已逐步引起各国的重视。

食品防护与食品安全的区别在于：食品防护着重于防止食品在加工和贮藏过程中遭到人为的、故意的污染。食品安全着重于食品在加工和贮藏过程中，在生物性、化学性和物理性危害的影响下受到的一种偶然的污染。与食品安全相比较，食品防护更加强调主动防控有害物质对食品的污染。为了进一步防止这种故意污染或破坏行动，将食品受到人为故意污染或蓄意破坏的危险降到最低，食品企业应当建立和实施食品防护计划。

食品防护计划能够帮助企业确定使其食品受到故意污染或蓄意破坏的危险降到最小化的步骤，以减少食源性危害因素，帮助对恐怖分子的袭击进行预防和做出反应，尤其在危机状态时，通过以科学为基础的方法解决公共卫生问题。食品防护计划可以提高企业的应对性，在遇到紧急情况时，企业面临的压力大而应对时间有限，这种文件化的程序将可提高快速应对的能力。食品防护计划有助于企业为员工创造一个安全的工作环境，为顾客提供有质量保证的产品，保障企业的盈利和社会的稳定。

当前我国正处于食品安全事件高发期和矛盾凸显期，必须认识到保障食品安全的重要性和紧迫性。我国是世界食品安全事件发生比较多的国家，有资料统计 1972—2009 年全世界重大的食品安全事件共发生的 64 起，其中我国占 22 起，占 43.5%，在我国发生的 22 起重大的食品安全事件中，动物源食品安全事件 8 起，占 31%，而非法添加就有 12 起，占 57%。近年来，我国发生的“苏丹红”、“孔雀石绿”等食品安全事件，特别是 2008 年发生的“三鹿奶粉”事件表明，在现阶段我国食品企业除面临因恐怖主义和反社会等原因而使食品遭到故意污染或蓄意破坏的问题外，因不法从业者追求不正当商业利益形成行业“潜规则”和恶性竞争等原因已使食品遭到故意污染或蓄意破坏的问题成为突出问题。这些故意污染或蓄意破坏能够对消费者造成伤害，包括一些天然的或非天然存在的物质或者是一些易被食品生产者忽视或常规不检测的物质。攻击者的目标可能是杀人或者是扰乱经济。攻击的途径可能是“从农田到餐桌”的任何一个环节，包括种植/养殖、加工、运输、贮存、分销、零售。这种故意的行动通常是不合常理的，而且是很难预测的。因此，我国食品防护的目标是防止食品因不正当商业利益、恶性竞争、反社会和恐怖主义等原因遭受生物的、化学的、物理的方面的故意污染或蓄意破坏。

所以，作为公共卫生工作者，尤其是兽医公共卫生工作者应该成为食品安全的“守护者”，在动物源性食品生产所涉及的从农场(养殖生产)、运输、加工、零售直至餐桌(家庭)等每一个环节中发挥作用，加强防护监控监管的作用，把有毒有害污染的风险降到最低，保障动物源性食品的优质安全，从而达到保护和促进人类健康的目的。

(三)环境与健康的关系是公共卫生学研究的永恒主题

环境与健康的问题是地球人类生存发展中重要的问题。环境与健康关系的研究是现代生物医学研究的核心课题。也是公共卫生研究的永远主题。

1948 年，第一届世界卫生大会要求建立“世界卫生日”(World Health Day)，以纪念世界卫生组织的诞生。自 1950 年以来，每年于 4 月 7 日庆祝世界卫生日。每年为世界卫生日选定一个主题，突出世卫组织关注的重点领域。其宗旨就是要动员国际社会和社会各界，共同为控制疾病、为人类的安全做出贡献。历届世界卫生日的主题，从 1950 年的“了解你周围的卫生机构”、1960 年的“消灭疟疾——向世界的宣战”、1963 年的“饥饿，大众的疾病”、1970 年的“为抢救生命，及时发现癌症”、1980 年的“要吸烟还是要健康，任君选择”、1990 年的“环境与健康”、2000 年的“血液安全从我做起” 到 2007 年的“甲级卫生安全”。2001 年主题是：人口、发展与环境(population, development and the environment)，2006 年为“通力合作，增进健康”。

2008 年世界卫生组织 23 日在日内瓦宣布，将 2008 年“世界卫生日”的主题确定为“保护健康不受气候变化的危害”世卫组织总干事陈冯富珍女士在一份声明中说，气候变化将会更频繁地对公共卫生施加压力，这就需要把改善公共卫生放在气候变化议程的核心位置。人民的健康和福祉必须成为有效应对气候变化影响所做努力的决定性因素。陈冯富珍还指出，全球应当合作以加强对传染病的监测和控制、水资源的安全使用以及紧急情况中的卫生行动。

2010 年"世界卫生日"的主题是"城市化与健康"。从"世界卫生日"的主题变化，可以看出公共卫生的发展轨迹，就是从原来的注重单个局部性问题发展为关注全局性、影响面大的问题，而且是越来越重视环境与健康的问题。

1972 年联合国在瑞典的斯德哥尔摩召开了有 113 个国家参加的"联合国人类环境会议"，会议讨论了保护全球环境的行动计划，通过了《联合国人类环境宣言》，又称《斯德哥尔摩人类环境会议宣言》，简称《人类环境宣言》。于 1972 年 6 月 16 日斯德哥尔摩联合国人类环境会议全体会议通过。它是人类历史上第一个保护环境的全球性宣言，它对激励和引导全世界人民奋起保护环境起到了积极的作用，具有重大历史意义。宣言的内容是由各国在会议上取得的 7 项共同观点和 26 项原则组成。7 项共同观点的主要内容如下：①由于科学技术的迅速发展，人类能在空前规模上改造和利用环境。人类环境的两个方面，即天然和人为的两个方面，对于人类的幸福和对于享受基本人权，甚至生存权利本身，都是必不可少的。②保护和改善人类环境是关系到全世界各国人民的幸福和经济发展的重要问题；也是全世界各国人民的迫切希望和各国政府的责任。③在现代，如果人类明智地改造环境，可以给各国人民带来利益和提高生活质量；如果使用不当，就会给人类和人类环境造成无法估量的损害。④在发展中国家，环境问题大半是由于发展不足造成的，因此，必须致力于发展工作；在工业化的国家里，环境问题一般是同工业化和技术发展有关。⑤人口的自然增长不断给保护环境带来一些问题，但采用适当的政策和措施，可以解决。⑥我们在解决世界各地的行动时，必须更审慎地考虑它们对环境产生的后果。为现代人和子孙后代保护和改善人类环境，已成为人类一个紧迫的目标。这个目标将同争取和平和全世界的经济与社会发展两个基本目标共同和协调实现。⑦为实现这一环境目标，要求人民和团体以及企业和各级机关承担责任，大家平等地从事共同的努力。各级政府应承担最大的责任。国与国之间应进行广泛合作，国际组织应采取行动，以谋求共同的利益。会议呼吁各国政府和人民为着全体人民和他们的子孙后代的利益而做出共同的努力。

以这些共同的观点为基础的 26 项原则包括：人的环境权利和保护环境的义务，保护和合理利用各种自然资源，防治污染，促进经济和社会发展，使发展同保护和改善环境协调一致，筹集资金，援助发展中国家，对发展和保护环境进行计划和规划，实行适当的人口政策，发展环境科学、技术和教育，销毁核武器和其他一切大规模毁灭手段，加强国家对环境的管理，加强国际合作等。《人类环境宣言》明确宣布："按照联合国宪章和国际法原则，各国具有按照其环境政策开发起资源的主权权利，同时亦负有责任，确保在他管辖或控制范围内的活动，不致对其他国家的环境或其本国管辖范围以外地区的环境引起损害。""有关保护和改善环境的国际问题，应当由所有国家，不论大小在平等的基础上本着合作精神来加以处理。"《人类环境宣言》第一次为国际环境保护提供了各国在政治上和道义上必须遵守的规范，总结和概括了制定国际环境法的基本原则和具体原则，对于促进国际环境法的发展具有重要作用，并为各国国内环境法的发展指出了方向。

这次会议建议联合国大会将这次会议开幕的 6 月 5 日定为"世界环境日"。同年 10 月，联合国大会第 27 届会议接受并通过了这项建议。以后，每年的 6 月 5 日"世界环境日"世界各国都要开展群众性的环境保护宣传纪念活动。"世界环境日"的作用在于唤起全世界人民都来注意保护人类赖以生存的环境,自觉采取行动参与环境保护的共同努力,同时要求各国政府和联合国系统为推进保护进程做出贡献。联合国环境规划署确定2011年的6月5日"世界环境日"的主题是"多样的物种·唯一的星球·共同的未来"。中国国家环保总局确定2011年的"世界环境日"中国主题为"低碳减排·绿色生活"。

开始于1974年的"世界环境卫生日",从其主题来看,1988年为"保护环境、持续发展、公众参与";1989年为"警惕,全球变暖";2008年"转变传统观念,推行低碳经济";2009年"地球需要你:团结起来应对气候变化"。更是高度关注环境问题。

1. *在环境与健康的研究方面,环境污染与公害的研究是最重要的主题之一* 由于各种人为的或自然的原因,使环境组成发生重大变化,使环境质量恶化,扰乱了生态平衡,对人类健康造成直接的、间接的或潜在的有害影响,这种现象称为环境污染(environmental pollution)。严重的环境污染称公害(public nuisance)。因环境污染而引起的地区性疾病称为公害病(public nuisance disease)。

2. *由环境污染造成的全球气候变暖引发的健康问题将是公共卫生研究的另一个重要课题* 博弈论的奠基人、诺贝尔奖经济学奖得主托马斯·谢林曾经在接受媒体采访时断言,对全人类而言,气候变暖可能是比恐怖主义更可怕的威胁。他指出:21世纪,问起提起排放等将成为最大的外交问题。从近10年由地球气候变化给人类带来的重大灾难情况,已初步证明了谢林上述断言。

伴随着城市化和工业化的进程,大量温室气体注入了大气层,造成全球性气候变暖。人类生产的主要温室气体有二氧化碳、甲烷、氟化气体和一氧化二氮,是气候变化的最重要原因。在过去的100年里,地球的表面温度上升了0.74℃。这种增长尽管看上去并不显著,却已经对地球许多地区的生态环境造成了不良影响,并且已经对人类的健康构成了重大威胁。有人推测,如果气候变暖继续加速的话,到2100年,地球温度可能再上升4～6℃,并可能对人类的环境、居住、经济和造成灾难性影响。目前,全球气候变暖与人和动物健康的关系的研究已日益受到重视。联合国诺贝尔奖专家团以及政府间气候变化问题小组委员会(IPCC)、OIE等国际组织均发出了关于"全球气候变暖将扩大动物疾病的传播范围和滋生新的动物疾病"的警告。2009年的OIE报告指出,世界上有71%的国家和地区对因气候变化所导致的动物疾病表示严重关切和极度忧郁,有58%的国家表示在其本土已经发现至少一种与气候变化相关的动物疾病。

全球气候变暖对人和动物健康的影响主要表现在如下方面:①全球气候变暖将对热相关死亡人数产生重大影响:如热浪冲击可能会导致心脏、呼吸系统疾病的发病率增加;对老人、儿童及病人,可导致热胁迫死亡率急剧上升。②全球气候变暖将使虫媒疾病流行范围扩大。例如气温增加将有利于疟疾传媒大量繁殖,其生存范围从热带向两极扩展,疟疾流行范围也将扩大 。其他经水、食物传播的疾病也可能出现地区分布的扩展和传播时间延长。气候变暖可能会导致蚊、蜱等媒介节肢动物的种群分布和栖息地改变,影响虫媒性疾病的流行范围和时期。气候变暖将使得热带、温带的边界扩大,感染或携带病原体的蚊、蜱等节肢动物昆虫的分布区域也随之扩大,每年的危害期延长,使这些疾病的扩散成为可能。例如,乙型脑炎主要分布在东亚及东南亚地区,近年来发病区不断北移,我国东北和内蒙古地区出现了病例,在南半球的澳大利亚近年也有感染病例的报道,这有可能是随着气候变暖,携带病毒的蚊虫不断迁飞到适宜环境中的结果。③气候变暖将有利于病原微生物和寄生虫的繁殖和活动。许多病原微生物和寄生虫的繁殖受环境的温度、湿度的影响。全球气候变暖，导致区域环境的温度、湿度增加，有利于病原微生物和寄生虫生存和发育的地域或水域增加，增加了疫病的传播速度和传播期间。例如，霍乱弧菌在外界水体中维持存活的温度为16℃，以22℃最为适宜，全球变暖，具备这样水温的区域必将扩大。④气候带变化，影响病原体及其宿主的地理分布。例如，诸多候鸟选择在青海湖或东北平原度过夏季，而在冬天则迁徙到温暖的华南地区。随着气候的变暖，候鸟夏季北迁至了外蒙古，甚至西伯利亚地区，而冬季则南徙至长江、淮海流域。由于有些病原能通过候鸟的迁徙发生"跳跃"传播，其中以禽流感病毒、新城疫病毒为代表。候鸟栖息地的改变，必会影响这些疾病的流行地域和时间。⑤生态系统改变加剧，促使自然疫源性疾病进入人类社会。全球气候变暖可能导致地域性气候变化加剧、自然灾害和恶性天气频发、降雨模式亦相应发生改变，加速了森林、沼泽、草原消失，这将严重影响到生态系统的稳定。一些不依赖于人和动物的参与而能在自然界存在、流行，并只在一定条件下才传给人和家畜的疾病，即自然疫源性疾病，很有可能在生态系统发生急剧变化时进入到畜禽和人类的生活环境中去，并造成流行。⑥此外，气候变暖可导致全球平均降水量增加，冰雪覆盖大陆地面积缩小。因气温上升将加速大气中光化学反应的进程，以至臭氧层破坏，并加速酸雨、酸雾的形成使大气质量更加恶化。

总之，全球气候变暖将会对动物疫病的发生规律和模式产生影响，新发和再发人畜共患病的风险加大，给疫病的防控带来诸多不确定因素，而最终影响人类的身心健康与社会安宁。

对上述问题深层次的揭示，是公共卫生工作者的重要课题，特别是热应激或热胁迫对人类和动物健康的损害作用机制将成为亟待解决的课题，因为，只有弄清了热应激的损伤机理，人类才能更好地应对或防范全球气候变暖给人类和动物健康造成的损害。

3.环境激素对人和动物健康的影响　环境与健康研究的另一重要的主题是环境激素对人和动物健康的影响。所谓环境激素（environmental hormones）是指由于人类的生产和生活而产生并释放到环境中，且在环境中持久存在的，通过直接或间接的方式在动物和人体内蓄积，能与激素受体结合起激素样作用，引起内分泌系统和神经系统功能紊乱，使机体生殖机能、免疫机能和内分泌机能等出现异常的化学物质，也称"环境荷尔蒙"。由于它们是从外界环境进入人体，并产生类似激素的作用，所以又称其为"环境内分泌干扰物"（environmental endocrine disrupting chemicals，EDCs）。有科学家预言，环境激素已成为继臭氧层破坏、地球气候变暖之后的第三大全球性环境问题，被喻为威胁人类存亡的"定时炸弹"。环境激素问题已经成为国际生物医学和环境科学领域中的热门研究课题。

环境激素通过模拟体内雌激素样作用而干扰机体正常的内分泌功能，从而导致体内激素分泌紊乱，对生殖以及内分泌系统产生毒性作用。早在1962年，美国海洋生物学家Rachel Carson女士在著名的环保书籍《寂静的春天》（"silent spring"）中就尖锐指出DDT和六六六有严重污染水体、杀死害虫天敌及自然界大量生物的恶果，她称DDT为"死亡毒剂（elixir of death）"。20世纪80年代，在美国佛罗里达州曾发生DDT流失事件，造成鳄鱼数量锐减，孵化率从90%降到了18%。

在1977年，日本学者提出"环境激素"这个词，但没有引起广泛的注意。1996年，美国环境记者戴安·达玛诺斯在西方首先提出"环境激素 "这个概念，此后，环境激素这个概念引起了各国的关注。并引起了许多国家政府和有关国际组织的高度重视，被视为像"臭氧层被破坏"、"全球气候变暖"一样的世界范围的重大环境问题。日本环境厅发表"环境激素战略规划公告”，对今后的方针政策作了综述。美国国家环保局和美国国家环境保健科学研究所已经成为美国环境激素研究的中枢机构，1998 年开始实施内分泌干扰物筛选计划，对年产量超过 4.5 万吨的 15 000 种化学品进行调查。1998 年完成简易试验法的预分析筛选，2003 年以后进行特定环境激素的动物实验。欧洲各国也普遍建立政府行为的研究中心，实施环境激素的研究计划。一些国际组织成立了环境激素专门委员会。联合国协同化学品安全国际规划署(IPCS)和联合国经济合作与开发组织（OECD)的专家委员会联合成立了环境激素专家委员会。

早在 1997 年美国国家环境卫生科学院(NIEHS)就宣布环境基因组计划，希望能在美国系统地鉴定出在美国人群中存在的 200 个或更多的环境性疾病易感基因。并列出了需要鉴定的 10 类基因型：①外源性代谢和解毒酶作用基因；②激素代谢基因；③受体基因；④DNA 修复基因；⑤细胞周期基因；⑥细胞死亡控制基因；⑦免疫和炎症反应调节基因；⑧营养因素调节基因；⑨氧化过程中相关联的基因；⑩信号传递基因。1998 年，欧洲议会以压倒多数通过了从欧洲市场逐步淘汰干扰激素的化学品，501 名议员中仅有 4 人反对。欧盟于 2010 年 6 月禁止进口含有双酚 A 的产品，2011 年 3 月宣布禁止生产和销售用聚氯乙烯(PVC)制造的儿童玩具，禁止生产含有双酚 A 的奶瓶。

目前，世界上有人工合成的化学物质 2 000 多万种，每年有新合成的化学物质 10 万种，经常使用的化学物质有 7 万～8 万种，我国能生产 3.7 万种。这些化学物质在使用过程中不可避免地要进入环境中，污染环境。有数据显示，自第二次世界大战以来，在 2 800 多种高产的化学物品中，仅有不到 45％ 的产品接受了基本毒理试验，不到 1％的产品做过人体发育毒性试验。它们中的相当部分可通过不同途径进入食物链，对人的健康构成威胁。1997 年世界野生动物基金会公布的环境激素有 68 种，被怀疑为环境激素的化合物有 150 多种。到目前为止，已经有 DDT、氯丹、汞、镉、酞酸酯、垃圾焚烧场排出的剧毒物质二噁英、苯已烯、多氯联苯、石棉以及防止海藻和贻贝附着在船底上的三丁锡、三苯锡等近 80 多种有害物质被认定为环境激素类物质。新的环境激素还在继续被认定。

环境激素问题已经成为国际生物医学和环境科学领域中的热门研究课题。目前，发达国家正以巨大的投入，研究环境激素的种类、污染途径、主要污染源、生态危害、分子作用机理、污染控制和防治对策。环境激素是人类在生产活动中产生的，其来源广泛，它几乎渗透到了我们人类生活的方方面面，而且与人类日常生活包括衣、食、住、行接触密切，由于它的作用特点具有微量、持久、广泛、潜在性，犹如“隐形杀手”潜伏于人类的生活环境之中，时时威胁和/或影响着人类的健康。环境激素对人类和动物健康的危害作用是广泛而深远的，我们绝不可掉以轻心，必须要高度警惕、严格防范它们。更重要的是人类不能坐以待毙，而应该积极主动去揭示其危害。对于环境激素问题的研究不仅仅是生物医学和环境科学领域的任务，更应该是兽医公共卫生工作者的职责。因此，公共卫生主管部门应高度重视对环境激素的研究工作，积极组织科研工作者从宏观到微观不同的水平和多角度、全方位地对环境激素对人和动物健康的危害作用进行系统研究，对其毒性作用进行深入全面地评估，以便更好地防范其对人类健康的危害。

(四)畜禽(即产业动物)健康保健与宠物和野生动物的健康保健并重

随着社会的发展，城市化和工业化的进程加速，兽医公共卫生的职责将从原来的重点关注畜禽(即产业动物)健康保健扩展到宠物和野生动物的健康保健。

要维护人类社会的可持续发展，构建和谐社会，必须首先要实现人与环境的和谐，人与动物的和谐。且不说食品动物的健康与人的关系，也不说宠物的健康对宠物主人的心理影响，维护生态平衡是人类可持续发展的前提条件之一，而动植物种群的合理分布又是维系生态平衡的前提条件，因此，要恢复或维持生态平衡，必须要重视对野生动物的种群繁衍和健康保健工作。

随着工业化和城镇化水平的持续提高，人类的生活方式发生了翻天覆地的变化，在传统因素依然制约人类健康的同时，食源性疾病与营养结构不合理、畜禽养殖方式转变与宠物快速发展带来人与动物关系深刻变化、生态环境与居住环境变化等非传统因素，对人类健康的制约凸显。

在生产性动物日益集中规模化养殖及加工处置的同时，作为舒缓压力甚至精神寄托的宠物，出现了快速的饲养平民化、大众化的趋势。人们喜爱动物，特别是宠爱小动物，把它们当成自己的朋友、甚至家庭的一员，让它们成为自己生活中不可分割的一分子。因此人们在减少了与生产性畜禽动物相处机会的同时，大大增加了与宠物全面接触的机会。因此，做好宠物保健对于保障人类的身心健康必将是兽医公共卫生研究的重要课题。

(五)养殖生产对环境的污染问题将成为兽医公共卫生研究的重要课题

随着社会文明的进步和人类生存环境变化而改变，兽医公共卫生面临的挑战日显突出。早在 20 世纪 80 年代，畜牧业生产中兽药等化学物质残留对环境和食物链的污染是西方发达国家兽医公共卫生关注的焦点，而兽药等化学物质残留问题则是我国目前兽医公共卫生面临的主要问题。20 世纪末以来，由于埃博拉、西尼罗河热、高致病性禽流感、耐药结核等新发和再发人畜共患病的出现，监视和预防人畜共患病成为全世界兽医公共卫生最主要的挑战。然而，从未来世界发展的进程来看，兽医公共卫生所面临的新挑战不仅是新发和再发人畜共患病问题，随着未来社会发展和科技进步，尤其是畜牧养殖业的大发展，养殖生产对环境的污染问题将成为兽医公共卫生研究的重要课题。

有资料显示，畜牧业占全球农业生产份额的 40%，同时该行业为全球 10 亿人口提供赖以生存的生计来源与食品安全。有学者认为，畜牧业产生的温室气体排放是造成全球变暖和气候变化的主要原因之一。据联合国食品与农业组织(FAO)估计，“牲畜是世界上土地资源最大的使用者，牧场以及牲畜饲料种植土地约占所有农业用地的 80%。”畜牧业的温室气体排放量占全球温室气体排放的 18%，高于交通行业的排放。交通行业的排放占全球总排放的 13%，是消费石油的主要行业。FAO 指出，到 2050 年，全球肉类生产量将翻一番，这将对自然资源造成极大的压力。很显然，畜产污染已经不仅是农业污染的主要因素，而且已成为社会大环境污染的主要方面，在一定程度上已超过了工业污染。这是必须引起高度重视的问题。

我国是农业大国，促进农村经济发展是我国的重要国策。畜牧业是我国现代农业产业体系的重要组成部分，畜牧业产值已占农业总产值的 1/3 以上，成为我国国民经济的重要组成部分，是农村经济中最为活跃、农民收益最为实在的增长亮点；同时，随着人口的增长和人民生活水平的提高，我国对肉蛋奶等动物源性食品的需求也越来越大，大力发展畜牧业是我国经济和社会发展的需求。然而，动物饲养数量的增加必然带来人畜共患病隐患和生态环境污染等诸多兽医公共卫生问题，虽然兽医公共卫生的最终目的是通过掌握和应用兽医科学知识和技能为人类身心健康和社会福祉服务的，我国兽医公共卫生工作不能仅仅为了保护人类健康而因噎废食，控制或限制畜牧业的发展，必须要协调和处理好“畜牧业发展与保护人类健康”的关系。

在养殖生产中实现节能减排,绿色持续发展 是公共卫生面临的新挑战。建立畜牧业发展和人类健康的双赢策略(win-win strategy),实现畜牧业发展和环境健康和谐发展双赢。既要保证我国畜牧养殖业可持续发展,又要保障人民的生命健康,做到畜牧业可持续发展和人类健康双丰收。通过合作化和产业化等有效途径,建设传统养殖与现代养殖技术完美结合的科技密集型、加工增值型、生态友好型、资源持续利用型融为一体的,符合生态文明要求的现代化畜牧养殖业。这将是我国兽医公共卫生事业新的亟待研讨的重大课题。

(六)现代文明病的防治将成为公共卫生的重要研究内容

目前世人关注的重大公共卫生事件主要是 HIV/AIDS 和抗生素耐药性导致疾病再度出现如肺结核。除了这些显而易见的影响人类身心健康的问题之外,现代社会另一影响人类健康的重要因素是饮食结构失衡和生物节律的紊乱。由快餐食品导致的营养失衡以及现代人营养过剩、生活节奏过快压力过大导致的心理失衡等问题,造成了各种所谓的"文明病"等慢性疾病数量剧增,如超重与肥胖、高血脂、高血压、糖尿病、冠心病、动脉硬化、血栓与中风等,还有由于生活节奏过快压力过大等导致心理失衡所引发的"亚健康"问题已构成现代人类健康和生命的重大威胁。若对其严重性估计不足,放任其发展,有可能会影响到一个国家和民族的整体素质。

肥胖是公共卫生面对的一个日趋增长的问题。据 WHO 最近的估算,2008 年全球大约有 15 亿的成年人(20 岁以上)超重,而且在这些人中,2 亿男人和 3 亿妇女为肥胖者。WHO 进一步预测到 2015 年大约有 23 亿成年人超重,肥胖人数将达到 7 亿人。2010 年,全球有近 4 300 万 5 岁以下儿童超重。美国排第一,超重人数占总人口的 30.6%;墨西哥排第二,为 24.2%;英联邦为 23%。有 30 个国家中超重人数占 14.1%。每年因肥胖导致死亡的人数有 32.5 万。肥胖已被美、英等发达国家上升为影响国家安全和发展的问题,过去,肥胖只是高收入国家的问题,但现在发展中国家的营养失衡问题也日益突出,肥胖已成为低收入国家,尤其是正在城市化建设中的国家的问题。

另外一项公共卫生关注点是糖尿病,据世界卫生组织的统计,全球至少有 1.71 亿人饱受糖尿病之苦。并且发生率在加快,预计到 2030 年这个数字会加倍。2010 年 6 月,医学杂志《The Lancet》主笔认为"二型糖尿病的实质其实是可预防的代谢紊乱,患病率竟然达到了流行病的比例,实在是公共卫生事业的耻辱"。

关于公共卫生有个有争议的观点即是控制吸烟。改变吸烟习惯是一个长期策略,不像是对付传染性疾病那样只是一个短期效应。此外,传染性疾病是全球健康观点长期关注的重点,而非传染性疾病和行为相关疾病一直被忽略。同时,全球和国家的健康政策也受到工业和贸易政策的支持,并且也与商业联合,因此使有效规章和规范举措在国内和国际水平的防火墙必要性削弱了。很多国家贯彻了禁烟倡议,如提高烟草税以及在公共场所禁烟。支持者摆明证据显示在发达国家吸烟已经成为主要死亡原因之一,因此政府有责任要降低死亡率,通过限制被动吸烟(二手烟)以及不给吸烟者吸烟的机会。反对者认为这样是危害人身自由以及个人责任感,并担忧政府可能因此会去掉更多的关心公民健康的政策。

人口的老龄化社会的到来,使得老年性疾病的发生也必然会增多,如老年痴呆症、帕金森病等。还有现代社会的衍生物,即所谓的"亚健康综合征",现在在发达城市生活的人群中比率已达 70%以上。从比较医学的角度研究上述疾病或病症的发生与营养卫生的关系、与环境卫生的关系及其发病机理问题，将是生物医学的研究的重要选题，更是公共卫生的研究热点。

（七）人兽互传病和耐药病原菌引发的疾病防控是公共卫生长远的重要研究课题

当前，全世界面临的一个重要的公共卫生问题是 HIV/AIDS 以及由抗生素残留导致的像结核病这样的旧病再现的问题。抗生素耐药菌株（如“超级细菌”）引发的疾病防控问题也是摆在公共卫生工作者面前的一个重要课题。

还有一个与公共卫生和兽医公共卫生相关联的人兽互传病的问题，这些病可以由动物传给人类。动物疫病，尤其是人兽互传病是公共卫生安全最大的威胁，兽医公共卫生的最重要职责之一就是对动物疫病进行监控，尤其是对人兽互传病的监控。

因此，监测和控制已有的人兽互传病，预防新发的人兽互传病，也将是兽医公共卫生工作者永远的课题。

思 考 题

1. 什么叫公共卫生学？试从公共卫生学的内涵演变，谈谈公共卫生学在国计民生中的意义。

2. 何谓健康、亚健康？

3. 兽医公共卫生研究的十大内容或任务是什么？

4. 公共卫生学发展趋势如何？如何理解“同一个世界，同一个健康，同一个医学，同一个公共卫生”？

5. 根据“健康的动物—安全的食品—健康的人类”的理念，试述做好动物疫病防控的意义。

第一篇　环境与健康

第二章 生态环境与健康

环境与健康是以人类为核心，研究和探讨人类生存的自然环境和人为改造后的环境与人类健康、疾病间的相互关系。

环境是人类赖以生存的物质基础，人和环境之间始终保持着紧密的、不可分割的联系，既相互对立、相互制约，又相互依存、相互转化，从而构成对立统一的整体。

自地球形成经历了几十亿年的自然变迁后，逐渐形成了生物赖以生存和繁衍的环境条件。而只有在人类出现以后，才使生物长期依赖的自然环境条件发生了根本的、剧烈的变化。

人类从事的各种生产、生活活动，使自然资源得以开发和利用，农业、畜牧业的活动改变了地表动植物的组成和分布，进而改变了动植物的种群。16 世纪和 17 世纪，人类生产发展史上出现了科学技术革命，推动了生产力的迅猛发展。人类利用和改造环境的能力大大增强，逐步地建造起了更加适宜人类居住、生存、发展的环境条件。人类对环境的不断改造是人类劳动与智慧的结晶，也是人类不同于其他生物的重要标志。人类的健康水平直接与其生存的环境质量(quality of environment)有密切关系。

第一节 环境的基本构成

一、环境的基本概念

环境(environment)是一个很大的范畴，它包括了一切客观存在的与人类生存有关的自然的以及社会的条件。WTO 公共卫生专家委员会给环境下的定义是："在特定时刻由物理、化学、生物及社会的各种因素构成的整体状态，这些因素可能对生命有机体或人类活动直接地或间接地产生现实的或远期的作用"。

环境是近年来使用非常广泛的一个名词或术语，其含义和内容都极其丰富。环境的概念在不同的学科中有不同的内涵。从哲学上说，环境是指"围绕着人群的空间及其可以直接、间接影响人类生活和发展的各种自然因素和社会因素的总体"。自然因素的总体称为自然环境，社会因素的总体称为社会环境。

自然环境是人类生活和生产所必需的自然条件和自然资源的总称。即阳光、温度、气候、地磁、空气、水(河流、湖泊、海洋等)、岩石、土壤、动物、植物、微生物以及地壳的稳定性等自然因素的总和；社会环境是人类在自然环境的基础上逐步创造和建立起来的一种人工环境，如：工农业生产环境，机场、港口、公路、铁路等交通环境，城市、农村等聚落环境等。

目前世界各国为了环保工作的需要，在环境保护法规中给"环境"下了定义。我国环境保护法中明确规定："本法所称的环境是指大气、水、土地、矿藏、森林、草原、野生动物、野生植物、水生植物、名胜古迹、风景旅游区、温泉、疗养院、自然保护区、生活居住区等。"这是一种把环境中应当保护的对象界定为环境的工作定义，目的是贯彻和保证法律的准确实施。

对上述环境定义的理解特别要注意两点：

1. 环境是相对以人类为中心并作用于人类这一客体的所有外界事物　在人类出现之前自然界早已存在，其他生物也已发生发展。所以，人类的生存环境有其时间的相对性。

2. 人类与环境之间的相互关系不同于任何生物　人类不只是像自然界的其他生物那样，用自己的存在影响环境，同时让自己的身体适应环境。人类是以自己的劳动来改造环境，不断把自然环境转变为新的生存环境。这种改造环境的程度，随着人类社会的不断进步而发展。今天，人类活动的领域，不仅深入到地壳深处，而且已离开地球进入到星际空间。因此，人类的生存环境又有其空间的相对性。

二、环境的种类

根据人类活动的空间范围和生存需要，环境的种类可以分为聚落环境、地理环境、地质环境和星际环境。

（一）聚落环境

聚落是人类聚居的场所，活动的中心。聚落环境也就是人类聚居场所的环境。它是与人类的工作和生活关系最密切、最直接的环境。人们一生大部分时间是在这里度过的，因此历来都引起人们的关怀和重视。

聚落环境是人类有计划、有目的地利用和改造自然环境而创造出来的生存环境，人类由筑巢而居，逐水草而居到定居。由散居到聚居，由乡村到城市，反映着人类在为生存而斗争中保护自己，征服自然的历程。正是由于人类学会了修建房舍和其他保护设备，人类才把自己的活动领域从热带扩展到温带、寒带，以至极地，创造出各种形式的聚落环境。总的说来，随着聚落环境的发展，为人类提供了愈来愈方便、安适的工作与生活环境；但与此同时，也往往因为人口密集，人类活动频繁，而造成局部环境的污染。

聚落环境的研究很早就广泛地引起了有关科学工作者的注意和兴趣。近年来由于环境污染问题的出现，更成为环境科学研究的重要课题，就环境污染问题研究者们开了不少国际会议，出版了不少文集和书刊（如 1976 年在比利时布鲁塞尔召开的专门会议，会后出版了两卷《人类聚落环境》论文集），同时也产生了景观建筑学或环境建筑学这样的新学科。

聚落环境根据其性质、功能和规模可分为院落环境、村落环境、城市环境等。

1. 院落环境　院落环境是由一些功能不同的建筑物和与其联系在一起的场院组成的基本环境单元。它的结构、布局的规模和现代化程度是很不相同的，因而，它的功能单元分化的完善程度也是很悬殊的。它可以简单到一座孤立的家屋，也可以复杂到一座大庄园。由于发展的不平衡，它可以是由简陋的茅舍，直到具有防震、防噪声和自动化空调设备的现代化住宅。它不仅有明显的时代特征，也具有显著的地方色彩。北极地区爱斯基摩人的小冰屋，热带地区巴布亚人筑在树上的茅舍，我国西南地区少数民族的竹楼，内蒙古草原的蒙古包，黄土高原的窑洞，干旱地区的平顶房，寒冷地区的火墙、火炕……以及我国北方讲究的“向阳门第”，南方喜欢的“阴凉通风”，这些都说明：院落环境是人类在征服自然的过程中适应自己生产和生活的需要，因地制宜创造出来的。

院落环境在保障人类工作、生活和健康，促进人类发展中起到了积极的作用，但也相应地产生了消极的环境问题。譬如，南方房子阴凉通风，以致冬季在室内比在室外阳光下还要冷；

北方房屋注意保暖但忽视通风，导致空气不流通。所以，在今后聚落环境的规划设计中，要加强环境科学的观念，以便在充分考虑到利用和改造自然的基础上，创造出内部结构合理并与外部环境协调的院落环境。所谓内部结构合理，不仅是指各类房间布局适当、组合成套，而且还要求有一定灵活性和适应性，能够随着居民需要的变化，而改变一些房间的形状、大小、数目、布局和组合，机动灵活地利用空间，方便生活。所谓与外部环境协调，也不仅是只从美学观点出发，在建筑物的结构、布局、形态和色调上与外环境相协调，而更重要的还须从生态学观点出发，充分利用自然生态系中能量流和物质流的迁移转化规律来改善工作和生活环境。譬如，在院落的规划设计中，要充分考虑到太阳能的利用，以节约燃料，减少大气污染等。提倡院落环境园林化，在室内、室外、窗前、房后种植瓜果、蔬菜和花草，美化环境，净化空气，调控人类、生物与大气之间的二氧化碳与氧气平衡。

2. 村落环境　村落主要是农业人口聚居的地方。由于自然条件的不同，以及农、林、牧、副、渔等农业活动的种类、规模和现代化程度的不同，所以无论是从结构、形态、规模上，还是从功能上来看，村落的类型都是多种多样的，如：有平原上的农村，海滨湖畔的渔村，深山老林的山村……因而它所遇到的环境问题也是各不相同的。

村落环境的污染主要来源于农业污染及生活污染。特别是农药、化肥的使用使污染有日益增加和严重的趋势，影响农副产品的质量，威胁人民的健康，甚至有急性中毒而致死的。因此，必须加强农药化肥的管理，严格控制施用剂量、时间和方法，并尽量利用综合性生物防治来代替农药防治，用速效、易降解的农药来代替难降解的农药，尽量多施用有机肥，少用化肥，提高施肥技术和效果。总之，要开展综合利用，使农业和生活废弃物变废为宝，化害为利，发挥其积极作用。一般来说，村落的规模不大，人口不多，周围有广阔的原野、大面积的天然和人工植被，加以不少地区地表水丰富，环境容量大，自净能力强，如能在充分考虑利用各种自然能源（如太阳能、风能、水能和地热等）、推广沼气应用的基础上，解决好燃料和动力问题，则村落环境的质量可大为改善。

综合利用自然能源是大有可为的。太阳能、风能、水能、地热能、生物能等分散性自然能源都是非常丰富并可更新的清洁能源。此外，还可以人工地建立绿色能源基地，种植速生高产的草木，以收获更多的有机质和“太阳能”，从而改变自然能源的利用方式，提高其利用率。

3. 城市环境　城市环境是人类利用和改造环境而创造出来的高度人工化的生存环境。

城市是随着私有制及国家的出现而出现的非农业人口聚居的场所。远在奴隶社会，城市的发展已初具规模。我国在 3 000 多年前，商都殷墟已有城垣、宫室、庙宇、铜冶炼场、兵器作坊和石器作坊等，城市规模虽然不大，但已有道路网的配置和各种功能分区。以后各代封建王朝都有相当宏伟的城市，如唐朝的西安城，城区的规模甚至比现在的西安城区还大。随着资本主义社会的发展，城市更愈来愈快地发展起来了，特别是第二次世界大战以后的 30 多年以来，世界性的城市化日益加剧。现在，城市发展的规模愈来愈大，它不断并吞周围地区，把郊区变为城区。有些地区许多城市同时发展，逐渐相互连接，成为规模巨大的城市群或城市带，如美国东北部大西洋沿岸城市带，日本东京至北九州太平洋沿岸城市带，西德鲁尔区城市群，前苏联以莫斯科为中心的城市群、顿巴斯城市群等。

城市有现代化的工业、建筑、交通、运输、通信联系、文化娱乐设施及其他服务行业，为居民的物质和文化生活创造了优越条件，但也因人口密集、工厂林立、交通频繁……而使环境遭受严重的污染和破坏，威胁人们宁静而健康的工作和生活。

(二)地理环境

我们所居住的地球自内而外呈圈带状构造，地理环境位于地球表层，处于岩石圈、水圈、大气圈、土壤圈、生物圈等相互作用、相互渗透、相互制约、相互转化的交错带上。下起岩石圈的表层，上至大气圈下部的对流层顶，厚 10～20 km，包括全部土壤圈，其范围大致与水圈和生物圈相当，这里是来自地球内部的内能和主要来自太阳辐射的外能的交锋地带。这里有适于人类生存的物理、化学和生物条件，构成人类活动的场所。虽然人类的活动已远远超出地理环境的范围，但迄今为止，它依然只能正常地生活在地理环境之中。

地理环境是由与人类生产和生活密切相关的，直接影响到人类生活的水、土、气、生物等环境因素组成的、具有一定结构的多级自然系统。水、土、气、生物都是它的子系统，它们在整个系统中的地位和作用是各不相同的，它们之间的对立统一关系是复杂的。概括地说，水、土、气都是生物赖以生存的环境因素，它们共同组成生物的生存环境。生物包括植物、动物和微生物，它们共同组成各种不同的生物群落。一定的生存环境和相应的生物群落组成一定的地理环境结构单元。

(三)地质环境

所谓地质环境主要指的是自地表而下的坚硬地壳层，即岩石圈。地理环境是在地质环境的基础上，在宇宙因素的影响下发生和发展起来的。地理环境和地质环境，以及星际环境之间经常不断地进行着物质和能量交换。岩石在太阳能作用下的风化过程，使被固结的物质解放出来，参加到地理环境中去，参加到地质循环以至星际物质大循环中去。

如果说地理环境为我们提供了大量的生活资料、可再生的资源，那么，地质环境则为我们提供了大量的生产资料——丰富的矿产资源，难以再生的资源，它对人类社会的影响，将随着生产的发展而与日俱增。在环境保护中地质环境也极应引起我们的注意。

(四)星际环境

星际环境好像距我们很遥远，但是它的重要性却是不容忽视的。地球属于太阳系的一个成员，我们生存环境中的能量主要来自太阳辐射。我们居住的地球距太阳不近也不远，正处于“可居住区”之内，转动得不快也不慢，轨道离心率不大，致使地理环境中的一切变化既有规律，又不过度剧烈，这些都为生物的繁茂昌盛创造了必要的条件。因此，地球成为迄今为止我们所知道的唯一有人类居住的星球。我们如何充分有效地利用这种优越条件，特别是如何充分有效地利用太阳辐射这个既丰富又洁净的能源，在环境保护中是十分重要的。

根据人类与环境相互作用而形成的新的环境格局可将自然环境分划为原生环境和次生环境。

原生环境继续保持着许多有利于人类生存的环境因素，如茂盛的森林、完好的植被、适宜的气候、清洁的空气和水源，但对于人类健康有害的因素也同样未发生改变(如地方病的发生)。

次生环境是当今人类主要的生存环境。次生环境改变了自然环境原有的组成和结构，扩大了人类活动的领域，丰富了物质生活条件，改变了环境物质和能量转换的自然状态，逐渐地创造出了美好的更加有利于人类生存和繁衍的环境条件。但与此同时，人类对环境的改造又给人类带来了新的环境问题，如自然资源过度耗竭，现代化工业生产“三废”排放对环境的污染等，它们对人类健康所造成的威胁和危害，其规模之大，影响之深远，是人类始料所不及的。因此环境与健康的研究是人类生存发展中重要的、永恒的主题。

三、人类环境的基本构成

人类主要生活于地球表层。人类生存的自然环境可划分为气圈、水圈、岩石圈和生物圈(又称为生态系统)(图 2-1)。

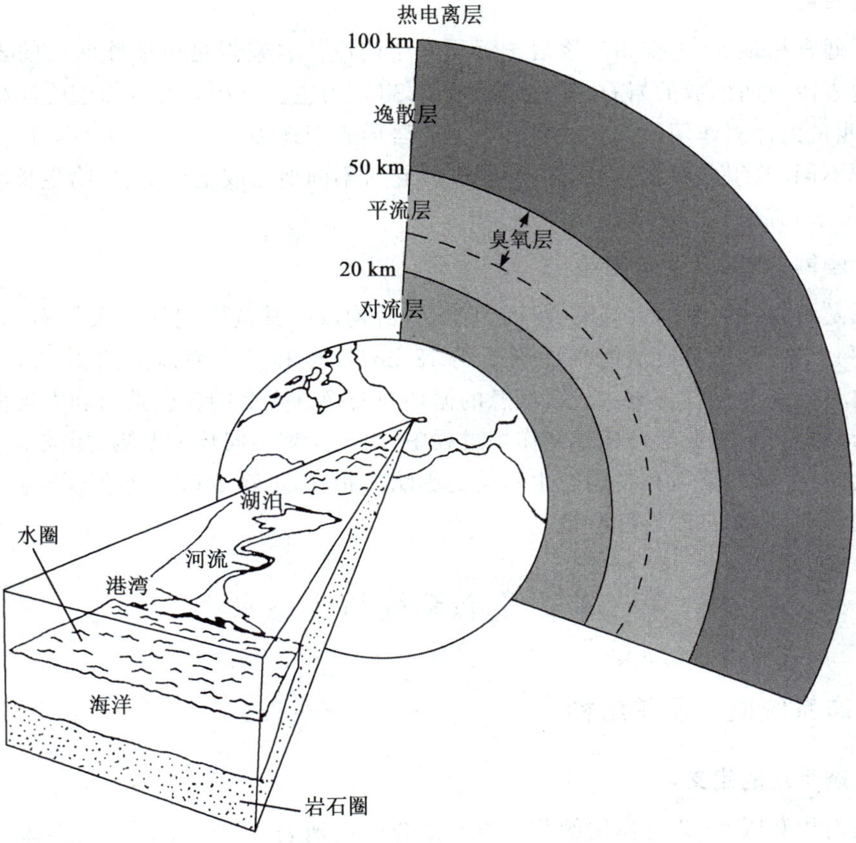

图 2-1 人类环境基本构成

引自:Daniel S. Blumenthal. Environmental Health. 1995

(一)大气圈

主要指从地球表面向上的大气层,大气层厚度 8 000 m,大气总质量=5.3×1 015 t,可划分为对流层、平流层、逸散层、热电离层等。

在平流层中,因强烈日光辐射,与氧发生光化学反应而生成臭氧(O_3),臭氧能吸收波长<340 nm 的紫外线,而分解为氧原子,氧原子又可与氧分子反应再生成 O_3。于是在平流层内形成了特有的臭氧层。臭氧层能吸收太阳辐射中具有对生物强烈杀伤力的短波紫外线,从而保护地球表面的生物得以生存和进化。

(二)水圈

水源于自然界单质氢和氧相结合,经过气态升腾为云及降雨等过程聚积于地球形成水圈。

水圈指河流、湖泊、海洋、浅层和深层地下水、泉水等，一般可分为地表水、地下水两大类。水圈中各类水的总量估计为136 000万km^3。地表水除海洋外，大约仅有3 500万km^3。在生物圈内，海洋、湖泊、河流、地表及植物茎叶中的水分，经蒸发、蒸腾转化为水蒸气，上升到气圈，又随气流转移及降雨形式回到地面和海洋、河流、湖泊，并从地表渗透到地下。这种周而复始的运动称为水循环。

(三)岩石圈

岩石圈通常指地壳，主要由岩浆岩+沉积岩层构成。岩浆岩是由地球深处的岩浆侵入地壳或喷出地表冷却而形成的岩石，其化学组成以SiO_2为主。沉积岩是岩石遭受风化剥蚀作用而成，也可能是因外力作用而沉积的岩石。沉积岩形成于地表，含H_2O和CO_2量较多。各地区岩石类型不同，其组成和溶解度的差异很大。它对不同地区成土母质、生物生长和水圈水质(特别是地下水)有很大的影响。

(四)生物圈(又称为生态系统)

生物圈是由生物生存的大气圈、水圈、岩石圈所构成。其范围包括了大气圈下层、岩石圈上层、水圈和土壤圈，通常指从海平面以下约12 km厚度和海平面以上约10 km高度范围。在生物圈内不停地进行着物质、能量、信息的循环与交换。生命的诞生繁衍和发展使生物圈充满了生机与活力。生物在与环境相互作用过程中，由于受到不同环境影响，形成不同的生物群落类型，也会对生物的繁衍和发展产生不同的影响。相反，生物活动也会给不同地区局部环境施加重要的影响，改变自然环境质量。

第二节　生态系统与生态平衡

一、生态系统概念及其结构

(一)生态系统的定义

系统是由相互联系、相互作用的若干要素结合而成地表现出一定功能的整体。构成系统的要素具有如下两个特点：①系统要素之间相互联系、相互作用、相互制约，按照一定的方式结合成一个整体；②系统要素在相互联系和相互作用之后，必须产生与各个组成部分不同的新功能，这个功能又叫整体功能。举例说明：一堆沙子、钢筋、水泥和砖瓦堆放在一起并不能产生什么用途，但如果把它们按照一定的结构建成一座房屋，就产生了新的功能。

生态系统的概念最早是由英国植物生态学家坦斯利(Tansley)于1935年提出的，他强调生物与环境的不可分割性。后来人们逐渐认识到生态系统是一个功能系统，具有特定的结构和功能。

地球的生物圈是一个复杂的生态系统，生物与非生物环境之间、生物群落之间是一个相互依存的完整体系。在这个体系中不停地进行着物质、能量、信息的流动、循环和交换。这个物质、能量和信息的连续流动系统称为生态系统(ecosystem)。生态系统是生物与环境的综合体，自然界一定空间的生物与环境之间的相互作用、相互制约，通过不断演变达到动态平衡的相对稳定的统一整体，是具有一定结构和功能的单位。这个功能单位通过各成分间的能量流动而表现出明确的营养结构和有序的生物多样性。

在自然界中，生物(包括动物、植物和微生物)的生存与周围环境(主要指阳光、温度、水分、空气、土壤等，也包括其他生物)发生着密切的关系。生物在其生活过程中，总要从环境中取得它生活所必需的能量与物质以建造自身，同时，也要不断地排出某些物质归还到环境中去。例如，绿色植物利用日光能把二氧化碳、水和矿物质合成为有机物质；食草动物，如部分昆虫、牛、羊等则依靠绿色植物合成的有机物生存；狼、虎、鹰等又以食草动物为其生活的食物来源；微生物则靠分解死亡动植物残体或排泄物以获得其生命活动所需的营养物质和能量；动物、微生物通过呼吸代谢作用又将二氧化碳、水和营养物质归还于环境。

因此，生物与生物，生物与环境总是不可分割地相互联系、相互作用着。环境各因子间也是相互影响、相互制约的。一个因子的变化可以引起其他一系列因子发生相应地改变。如光照增强，温度便会相应升高；大气相对湿度减小，土壤水分蒸发就会加快等。因此，环境各因子又是综合地作用于生物的。可见，生物与生物、生物与环境通过能量、营养物质和其他的联系，把它们结合成了一个整体。

生态系统包括了生物群落(包括微生物、动物、植物及人类等)与非生物环境(空气、水、无机盐类氨基酸等)所组成的自然系统。

在地球表面，以人为中心，与其他生物和非生物系统构成了人类生态环境。人类以开发自然资源和生产产品的形式，从环境(包括非生物系统和其他生物种属)获得物质和能量，又以消费活动的形式如工业"三废"、生活废弃物排放等，将物质和能量归还环境，从而构建成了一个庞大的、结构复杂、功能多样、因素众多并具有高度协调和适应能力的人类生态系统。

(二)生态系统结构

生态系统是如何构成的？从空间结构角度看，生态系统可大可小，一口池塘，一片树林，大至海洋，小至一滴水都可以相对地看做是一个生态系统。生态系统的结构主要是指营养结构，从营养结构上讲，生态系统包括两次部分：非生物成分和生物成分。

1. 非生物成分　由非生命物质构成的无机和有机环境，即非生物环境。包括：①无机成分，指参与到物质循环中的无机元素和化合物。如：C、N、CO_2、O、P、K、Ca 等。②有机成分，指联结生物成分和非生物成分的有机物质，如蛋白质、糖类、脂类和腐殖质等。③气候状况，如：温度、湿度、气压等。

2. 生物成分　指在生态系统中的所有生物种类，即生物群落。根据在生态系统中所处的地位和作用不同，生物群落可以分为生产者、消费者和分解者三大类群。

(1)生产者　生产者是指能制造有机物质的自养生物，主要是绿色植物，也包括少数自养生活的菌类。绿色植物通过光合作用，把二氧化碳、水和无机盐合成为有机物质，把太阳光能以化学能的形式固定在有机物中。这些有机物质是生态系统中其他生物维持生命活动的食物能源，故把绿色植物称为生产者。除绿色植物外，光能合成细菌和化能合成细菌也能把无机物质合成为有机物质。但化能合成细菌在合成有机物时，不是利用太阳光能，而是靠氧化无机化合物取得能量。如硝化细菌，能将氨氧化为亚硝酸和硝酸，利用氧化过程中释放出来的能量，把二氧化碳和水合成为有机物。虽然光能合成细菌或化能合成细菌合成的有机物质不多，但它们对某些营养物质的循环却有重要意义。

(2)消费者　消费者是指直接或间接利用绿色植物所制造的有机物质作为食物能源的异养生物，主要指各种动物，也包括某些腐生或寄生的菌类。根据营养方式的不同又可分为：①草食动物：又称初级消费者，是直接以植物体为营养的动物。如反刍动物中的牛、羊，昆虫类中的各种作物害虫等。②肉食动物：以食草动物作为食物的动物。包括次级消费者和三级消费者等。次级消费者以初级消费者为食，三级消费者又以次级消费者为食。

肉食动物中的一类特殊类群是寄生动物，它们寄生于其他动植物体中，靠吸取宿主营养为生。如有益昆虫金小蜂产卵在棉铃虫体内，孵化后的幼虫靠吸取棉铃虫体内的养分生活。如果我们将生态系统中的生产者称为第一营养级，那么食草动物占有第二营养级，以食草动物为生的肉食动物，为第三营养级。但是有时候有些动物，如狐，既食鼠类，又食浆果，甚至还食动物尸体，占有好几个营养级。

(3)分解者　主要指细菌真菌放线菌等微生物，也包括某些以有机碎屑为食物的动物如蚯蚓和腐生动物等。它们也是异养生物，以动植物的残体和排泄物中的有机物质作为维持生命活动的食物能源，把复杂的有机物分解，并释放出能为生产者所重新利用的简单化合物，其作用正与生产者相反。分解者在生态系统中的功能非常重要，倘若没有分解者将死亡的有机体和排泄物转化为生产者可以再度利用的营养，那么，可供植物利用的营养元素总有一天会被用尽，而死亡的有机体和一些废弃物也会堆积成山，物质不能循环，生态系统将毁灭。

上述生物群落与非生物环境之间，通过自身的功能，保持着生态系统内物质、能量、信息的交流与循环，从而形成一个不可分割的统一体。

在整个生态系统中人类处于异常特殊的地位。人系杂食类，兼有各级消费者的特征。同时，人具有改造环境的能力，是生物圈中最具影响力的因素。在地球表面，以人为中心，与其他生物和非生物系统构成了人类生态环境。其间，环境中的物质与人体进行着正常的交换，以维持人体生理、生化和代谢功能，人体得以正常生长发育和从事各种生产生活活动并繁衍后代。

(三)生态系统的类型

依据不同的标准，可将生态系统划分成不同的类型。依基质和环境的不同，可以把地球上的生态系统分为两类：一是水体生态系统，占地球表面 2/3，包括海洋和陆地上的江河湖沼等水域。根据水环境的物理、化学性质又可分为：海洋生态系统和淡水生态系统。淡水又分为流水(河、溪)生态系统和静水(湖、泊)生态系统。二是陆地生态系统。根据地球纬度及水、热等环境因素，按植被的优势类型，可分为森林、草原、荒漠、高山、冻原等生态系统。

(四)生态系统的功能

任何生态系统都有能量在不断流动，物质在不断循环，二者紧密联系形成一个整体，使生态系统得到动力，此外，生态系统中还存在着信息联系。能量流动、物质循环和信息联系构成生态系统的基本功能。

1. 能量流动　生态系统中的能量流动遵循热力学第一定律和第二定律。

能量流动(能流)是指能量从一个营养级通过食物关系转向相邻高等营养级的现象。生态系统中的能流有 3 种。第一种能流是绿色植物将太阳能转化为生物能，再由一级消费者如草食动物取食消化构成二级生产者，再由二级消费者如肉食动物构成三级生产者等，但一般不会超过 5～6 级生产者；能量逐渐下降，最终全部消散归还于环境，构成第一个能流。第二种能流是还原过程或称腐化过程。死的生物有机体，由一级、二级和三级等不同的腐生生物进行分化分解，最后还原为水和二氧化碳等无机物质为止，能量随之消散。第三种能流是贮存过程和矿化过程，由初级生产者转化过来的生物物质和能量，在以上两个过程中，只能销毁一部分，还保留着一大部分物质和能量，转入贮存过程和矿化过程，为人类的需要蓄积丰富的财富。例如，大量的木材、植物纤维和粮食，可以贮存上千年或更长久，但最终还是腐化还原，变成生态系统的化石燃料如煤和石油，成为近代工业原料或燃料，经过燃烧或风化，散失全部能量，终于完成了生态系统全部过程。

2. 物质循环　生态系统的物质循环是指构成生态系统的物质元素在生物体和周围环境如土壤、水体和大气之间的循环。据此可将物质循环划分成 3 种类型：地球化学循环、生物地球化学循环和生物化学循环。

①地球化学循环：指不同生态系统之间化学元素的交换，距离可能很近，如坡上和坡下，或者很远，如海洋和内陆。地球化学循环的空间范围相当大，可以是全球性的大循环。这种循环一般不会重复同一空间路线，一旦某养分离开某生态系统，可能永不再返回。时间范围也可能相当长，如海底沉积的养分，可长达数百万年。但也许很短，如 CO_2 进入某一森林生态系统，可在数小时内就会离去。一般将地球化学循环分为气态循环和沉积循环。

②生物地球化学循环：指生态系统内部化学元素的交换，其空间范围一般不大。例如，植物在生态系统内就地吸收养分，又通过落叶归还到同一地方。生物地球化学循环的特点是：绝大多数的养分可以有效地保留、积累在本系统内，其循环遵循一定的循环路线。

③生物化学循环：指养分在生物体内的再分配。这在植物体内特别明显。植物不仅靠根和叶吸收养分满足其叶、茎和根生长，还会将贮存在植物体内的养分转移到需要养分的部位，如从叶子移向幼嫩的生长点或将其贮存在树皮和体内某处。

3. 信息联系　在生态系统的各组成都分之间及各组成都分的内部，存在着各种形式的信息，以这些信息把生态系统联系成为一个统一的整体。生态系统中的信息形式主要有营养信息、化学信息、物理信息和行为信息。

①营养信息：指通过营养交换的形式，把信息从一个种群传递给另一个种群，或从一个个体传递给另一个个体，即为营养信息。食物链（网）即是一个营养信息系统。以草本植物、鹌鹑、鼠和猫头鹰组成的食物链为例，可表示为：当鹌鹑数量较多时，猫头鹰大量捕食鹌鹑，鼠类很少被捕食；当鹌鹑数量少时，猫头鹰转而大量捕食鼠类，这样通过猫头鹰对鼠类捕食的轻重，向鼠类传递了鹌鹑多少的信息。

②化学信息：生物在某些特定条件下，或某个生长发育阶段，分泌出某些特殊的化学物质，这些分泌物对生物不是提供营养，而是在生物的个体或种群之间起着某种信息的传递作用，即构成了化学信息。蚂蚁可以通过自己的分泌物留下化学痕迹，以便后者跟随。猫、犬等可通过排尿标记自己的行踪及活动区域。化学信息对集群活动的整体性和集群整体性的维持具有非常重要的作用。

③物理信息：鸟鸣、兽吼、颜色和光等构成了生态系统的物理信息。鸟鸣、兽吼可以传达惊慌、安全、恫吓、警告、嫌恶、有无食物和要求配偶等各种信息。大雁迁飞时，中途停歇，总会留有一名哨兵担任警戒，一旦哨兵发现敌情，即会发出一种特殊的鸣声，向同伴们传达敌袭的信息，雁群即立刻起飞。昆虫可以根据花的颜色判断食物——花蜜的有无。鱼在水中长期适应于把光作为食物的信息。

④行为信息：有些动物可以通过自己的各种行为方式向同伴们发出识别、威吓、求偶和挑战等信息。燕子在求偶时，雄燕会围绕着雌燕在空中做出特殊的飞行姿势。丹顶鹤在求偶时，雌雄双双起舞。

二、生态平衡

1. 生态平衡的定义　生态系统中各个组成部分都处于不断变化和运动之中。由于长期进化过程而逐渐地建立起了相互协调和相互补偿的关系，使得整个生态系统中的生产者、消费者和分解者之间，生物群落与非生物环境之间，物质、能量的输出和输入之间，始终保持着一种动态平衡关系，生态系统中各个环节的质和量相对稳定和相互适应的状态称为生态平衡（eco-equilibrium）。

在自然生态系统中，平衡还表现为生物的种类和数量的相对稳定。生态平衡是动态的平衡，不是静止的平衡，系统内部的因素和外界因素的变化，尤其是人为的因素，都可能对系统发生影响，引起系统的改变，甚至破坏系统的平衡，所以，平衡是暂时的、相对的。生态系统之所以能够保持相对的平衡状态，主要是由于其内部具有自动调节的能力。对污染物质来说，也就是环境的自净能力。当系统的某一部分出现了机能的异常，就可能被不同部分的调节所抵消。系统的组成成分越多样，能量流动和物质循环的途径越复杂，其调节能力也越强。相反，成分越单调，结构愈简单，其调节能力也愈小。但是，一个生态系统的体调节能力再强，也是有一定限度的，超出了这个限度，调节就不能再起作用，生态平衡就会遭到破坏。

生态平衡是生物生存、活动和繁衍得以正常进行的基础。生态系统的相对平衡现象大至整个生物圈，小至一个局部范围都存在。任何一个环节的异常改变，其后果必将首先导致与之相关连最密切的某些环节发生变化，进而又引起其他环节甚至整个系统的障碍。如果生态平衡受影响、破坏将会对生物甚至人类带来不同程度的危害。

2. 影响生态平衡的因素　影响生态平衡的因素可归结为自然和人为两类因素：

(1)自然因素的影响　主要指自然环境在短时间内发生的剧烈变迁。由于这类原因引起的生态平衡的破坏称为第一环境问题：如火山喷发、地震、山洪、海啸、台风、飓风、泥石流和雷击电引发的森林火灾、水旱灾害以及流行病的暴发等，都会使生态平衡遭受严重破坏。由于自然原因引起生态平衡破坏的事例很多。例如，秘鲁海面每隔六七年就会发生一次海洋变异的现象，结果使一种来自寒流系的鱼类大量死亡。大量鱼群死亡，使吃鱼的海鸟失去了食物，造成海鸟的大批死亡。1965 年发生死鱼事件时，使 1 200 多万只海鸟饿死。海鸟大批死亡，鸟类锐减，当地农民又以鸟类为主要农田肥料，结果，由于失去了肥源，农业生产也遭受极大损失。

(2)人为因素的影响　主要指人类对自然资源的不合理利用，工农业发展带来的环境污染等，这些原因引起的生态平衡的破坏，称为第二环境问题。主要包括加速自然变迁的各种行为如过度砍伐森林、破坏植被、过度开发水利资源，对野生生物的滥捕、滥杀，导致生物种群减少、失调，自然生态生物结构改变等。

人为因素引起生态平衡的破坏，问题也是十分严重的。主要有三种情况：一是生物种类成分的改变，当人类有意或无意地使生态系统中的某一种生物消失，或引进某一种生物，都有可能影响整个生态系统。如在澳大利亚的草原上引进欧洲野兔，结果野兔成灾，使局部草原生态系统被破坏；二是环境因素的改变，这也是第二环境问题的主要方面。工农业迅速发展，产生大量的污染物质，进入环境后，使生态系统的环境因素发生了改变，影响整个生态系统，甚至破坏生态平衡。如含有氮、磷等营养物质的污水进入水体后，由于营养成分的增加，水中藻类会迅速繁殖。大量藻类的出现，又会使水中的溶解氧大量消耗，水中的鱼类等动物就会因氧气的缺乏而死亡。这种环境因素的改变，使生态平衡遭受破坏的事例，是屡见不鲜的；三是信息系统的破坏。在生态系统中，某些动物在生殖时期，雌性个体会排出一种性激素，靠这种性激素引诱雄性个体，完成配偶，繁衍后代。当人们排放到环境中的某些污染物质，如果与某一种生物排放的性激素作用，使其丧失了引诱雄性个体的作用时，就会破坏这种动物的繁殖，改变生物种群的组成，使生态平衡受到影响，甚至遭到破坏。

生态系统一旦失去平衡，会发生非常严重的连锁性后果。例如，20 世纪 50 年代，我国曾发起把麻雀作为“四害”来消灭的运动。可是在大量捕杀了麻雀之后的几年里，却出现了严重的虫灾，使农业生产受到巨大的损失。后来科学家们发现，麻雀是吃害虫的好手。消灭了麻雀，害虫没有了天敌，就大肆繁殖起来、导致了虫灾发生、农田绝收一系列惨痛的后果。生态系统的平衡往往是大自然经过了很长时间才建立起来的动态平衡。一旦受到破坏，有些平衡就无法重建了，带来的恶果可能是人的努力无法弥补的。因此，人类要尊重生态平衡，帮助维护这个平衡，而绝不要轻易去破坏它。

第三节　生态环境与健康

一、人与环境辩证统一关系

在人类生态环境中，人和环境之间不断地进行着物质、能量、信息交换，保持着动态平衡而成为不可分割的对立统一体。这种统一性首先是人体通过新陈代谢与周围环境进行着物质交换来实现的。人体内从细胞、原生质、酶到骨骼、肌肉和皮肤等的组分都是由自然环境中水、氧、氢、蛋白质、脂肪、碳水化合物、无机盐类等元素和化合物构成。人体内含有化学元素 60 多种，英国生化学家汉密尔顿测试了 220 名英国人血液和地壳的化学组分及其含量，发现除去两者构成各自的基本元素外，其他化学元素含量呈现明显的相关性。

人类是地球发展的历史产物。生存于环境中的人类，适应着不断变化的环境，并逐渐形成自身的遗传学特征。在高原地区，大气中氧含量稀少，人体则通过增加红细胞数量或血红蛋白含量以提高机体携氧能力，维持机体正常生理活动。机体有极大的调节能力和适应能力使得机体能与不断变化着的外环境保持着平衡。因此，长期生活在不同地区的人群，对各种异常的外环境有着不同的反应性和适应性。任何外环境因素的变化只有通过机体内环境的改变才能发生相应的效应。可以说，人类健康、疾病、寿命都是环境因素与机体内因(遗传因素)相互作用的结果。

一切生物(包括人类)都是生活在地球的表层——生物圈内，生物和环境之间不断地进行着物质交换，从而保持着动态平衡。就是说生物体总是从内部经常地调节自己以适应不断变化着的环境，而生物的活动又在不断地改变着环境状态，这种动态平衡，就是所谓的生态平衡。人类的生活和生产活动基本上都是在这个生物圈内进行的，在长期自然发展过程中，人类通过新陈代谢与环境之间不断地进行着物质和能量的交换。

人体通过新陈代谢和周围环境进行物质交换。物质的基本单元是化学元素。人体各种化学元素的平均含量与地壳中各种化学元素含量相适应。例如，有人对人体血液中元素含量进行了分析，发现在人体血液中的 60 多种元素含量与地壳岩石中这些元素含量分布有明显的相关性，从这里可以看出化学元素是把人和环境联系起来的根本因素。自然界是不断变化的，人体总是从内部调节自己的适应性来与不断变化的地壳物质保持平衡关系。

环境污染使某些化学物质突然地增加和出现了环境中本来没有的化学物质，破坏了人与环境的对立统一关系，因而引起机体疾病，甚至死亡。

在正常环境中，环境中的物质与人体之间保持动态平衡，使人类得以正常地生长、发育，从事生产劳动，并能使人们在积极劳动之后，迅速解除疲劳，激发人们的智慧和创造力。相反，环境市废气、废水和废渣、噪声，常常使人们发生中毒，或者感到厌烦，难以忍受，注意力不易集中，容易疲劳和激动，工作效率降低，患病上升。

空气、水、土地与食物是环境中的四大要素，都是人类和各种生物不可缺少的物质。环境污染首先影响到这些要素，并直接或间接地造成对人体健康的危害。

人体各系统和器官之间是密闭联系着的统一体。人体各种生理功能在某种程度上对环境的变化是适应的。如解毒和代谢功能往往能使人体与环境达到统一。但是，这些功能有一定的限度。如果大量工业“三废”、农药等毒物进入环境，并通过各种途径侵入人体，当超过了人体所能忍受的限度时，就会引起中毒、导致疾病和死亡。某些元素在自然界含量过高或偏低，会造成一些地方病。有毒物质通过呼吸、饮水、食物等直接或间接地进入人体会造成疾病，影响遗传甚至危及生命。

由此可见，人和生态环境是不可分割的辩证统一体，在地球的长期历史发展进程中，形成了一种相互制约与相互作用的统一关系。

二、臭氧层破坏

臭氧层位于地球表面上 20～50 km 的平流层内。因平流层空气稀薄，其中氧分子受强烈日光辐射，特别是短波紫外线照射进行光化学反应而生成臭氧。从 20 世纪 50 年代以来，就观察到大气臭氧浓度有减少趋势。据测定，全球每年平均臭氧含量在不断减少。

（一）引起臭氧层破坏的原因

尽管大气臭氧遭受破坏的原因及过程极为复杂，但环境化学性污染物的作用则是毋庸置疑的。

（1）含氯氟烃（CCl_3F）亦称“氟里昂”的排放。CCl_3F、CCl_2F_2 等是工业上应用制冷剂、气溶胶喷雾剂、发泡剂、氟树脂生产原料。CCl_3F 在对流层中降解缓慢，进入平流层后，由于受到短波紫外线辐射作用，产生光降解 而释放出游离氯。游离氯可与 O_3 反应而破坏臭氧层的平衡。此外，氯烃类化合物如 CCl_4、CH_3CCl_3 等也可产生游离氯，同样具有消耗 O_3 的作用。

（2）溴代氟烃（哈龙，Halons）类的排放。溴三氟乙烷和溴氯二氟乙烷等灭火剂和溴代甲烷（CH_2Br）和二溴乙烷（CHBr・CHBr）熏蒸剂等向大气排放时，游离溴离子浓度也将大幅度上升。溴与氯有协同作用，可加速臭氧的消耗。

（3）工业生产、收音机运行等废气排放和含氮化肥施用等都可能向大气释放氮氧化物。NO 和 N_2O 对臭氧也有破坏作用。臭氧层的破坏降低了对太阳辐射的滤过作用，使地面辐射量，特别是短波紫外线增强，这将会对生物及人类健康产生不良影响。

（二）臭氧层破坏对生物及人类健康产生的不良影响

1. 对皮肤癌发生率的影响　臭氧层破坏使地面紫外线辐射量，特别是短波紫外线增强，使人和动物的皮肤癌发生率增高。

2. 对居民呼吸道及眼部的损伤　分解臭氧的光化学氧化剂增加后，加上全球变暖，将加速大气中化学污染物的光化学反应速率。这样，光化学氧化剂对人体呼吸道、眼黏膜刺激作用将会增强，致使眼、呼吸道黏膜刺激炎症病例增加。

3. *对其他生物活动的影响* 当地表 UV-B 紫外线增加时，浮游生物及植物化合作用的能力将减弱，导致浮游生物死亡及农作物减产。

三、酸雨

(一)定义

酸雨是指降水中含有一定数量酸性物质的自由降水现象，其 pH 值小于 5.65，最低达 3.35，降水包括雨、雪、雹和雾等。

1872 年英国化学家 Smith 首先提出“酸雨”的概念。作为全球性污染问题提出，则始于 20 世纪 50 年代。当时已有国家开始建立监测网对降雨进行监测。60 年代英国、法国、美国和波兰相继发现城市酸雨现象。1979 年我国开始对一些城市进行了酸雨监测，1982 年开始酸雨普查。

(二)酸雨形成的机制和过程

酸雨形成的机制很复杂，受多种因素(气候、土壤、污染等)影响。大气受到化学性污染则是主要的成因。根据对酸雨成分分析，硫酸和硝酸占酸雨总酸组分 90%以上。可以认为煤、石油燃烧向大气排放 SO_x 和 NO_x 是城市酸雨的基础。形成酸雨的主要反应过程如下：

1. *催化氧化反应* 在清洁空气中，SO_2 可缓慢地氧化为 SO_3。当大气中有催化剂存在时，氧化速率将大大加快，最终形成硫酸。

2. *光化学氧化反应* SO_2 与 NO 在光能作用下，分别被激发并在 O_3 和金属离子存在条件下生成硫酸和硝酸气溶胶。大气中的金属和氨离子，将使之形成盐类，并成为气溶胶的核心。

(三)酸雨对人类生态环境影响

1. *对水体生态环境的影响* 流入水体的酸性雨水含有金属离子，易在流域底层土壤和底泥贮积，当发生酸化时，又可重新将重金属溶出并进入水体。故已出现酸化的湖泊，水体中 Mn、Pb、Cl、Al、Ni 等含量增加。酸化的水体微生物分解有机质活性减弱，植物性浮游生物的叶绿素合成量下降，动物性浮游生物种类减少(卷贝、甲壳类易死亡)。有毒金属浓度增加，对鱼类生存构成威胁，如挪威南部 5 000 个受酸雨影响的湖泊中，已有 1 750 个无鱼。

2. *对土壤植物生态的影响* 土壤酸化后易溶出重金属离子。Al^{3+} 对植物生长不利。阳离子 Ca^{2+}、Mg^{2+}、K^{+}、Na^{+} 等从土壤中流失，又会加剧土壤 pH 值降低。受酸水侵蚀的叶片，叶绿素合成量下降，并出现萎缩、果实产量下降等。酸化对土壤微生物的生存也极为不利，特别是对固氮菌的伤害，使肥力下降，农作物质量降低。此外，酸雨对森林、植被的保护和发展影响也是很大的。

3. *对人群健康的危害* 酸雨中的重金属离子和从土壤中溶出的重金属离子，都会增加饱用水水源金属离子的含量。有研究揭示在酸化水区内，水体和鱼肉汞含量增加。以往多次发生的大气烟雾事件中，酸雾对人体健康的直接危害远远超过 SO_2 的作用，硫酸雾是伦敦烟雾事件中导致高危人群超额死亡的重要原因。

此外，酸雨对建筑、文物古迹的腐蚀和对农作物的损害也是严重的。

第四节 环境污染及其对健康的影响

一、环境污染

随着近代工业的发展，特别是19世纪、20世纪以来原子能工业、现代化学工业等的迅速发展，一些原来埋藏在地下的化学元素如铀、镉、汞、铅、氟等被大量开采出来，同时还创造了新的地球上从来没有的物质，像各种有机合成的化学农药DDT、六六六和石油化工三大合成物(合成纤维、合成塑料、合成橡胶)等。这些物质的排放带来了严重的环境化学污染问题。其次是随着工业技术的发展，人口的不断增长和人口密度的增加，加重了污染程度，增加了接触污染的人数。

广义地说，当自然环境受到外界因素的影响而改变原有状态时，就是受到了污染。对于自然因素的污染，生态系统具有一定的调节功能，在一定范围内，自然界的污染物可以通过自净作用得以恢复，并不产生明显危害。

目前所谈的环境污染主要指由于各种人为因素，使环境的构成或状态发生变化，对人们身体健康造成直接、间接或潜在的危害。

环境污染的类型，按环境要素可分为大气污染、水体污染和土壤污染等；按污染的性质可分为生物污染、化学污染和物理污染；按污染物的形态可分为废气污染、废水污染、固体废物污染以及噪声污染、辐射污染等；按污染产生的来源可分为工业污染、农业污染、交通运输污染和生活污染等；按污染物的分布范围，又可分为全球性污染、区域性污染、局部性污染等。

随着生产的发展，人口的增多，人类开发利用自然资源能力和范围不断扩大，人类历史上出现了多起因环境污染而引起的公害事件(表2-1)。公害事件(public nuisance events)是指因环境污染造成的在短期内人群大量发病和死亡事件。

表2-1 八大公害事件

八大公害名称	主要污染物	中毒情况	发生时间及地点	致害原因
马斯河谷事件	烟尘及SO_2	几千人中毒，60人死亡	1930年发生在比利时马斯河谷	SO_2进入肺部
洛杉矶光化学烟雾事件	光化学烟雾	大多数居民患病，65岁以上老人死亡400人	1943年5—10月发生在美国洛杉矶市	石油工业排出的废气和汽车尾气在强大阳光作用下产生的光化学烟雾
多诺拉烟雾事件	烟雾及SO_2	4 d内43%的居民患病，20余人死亡	1948年10月发生在美国多诺拉镇	SO_2、SO_3等硫化物附着在烟尘上，被人吸入肺部
伦敦烟雾事件	烟尘及SO_2	4 d内死亡4 000人	1952年12月发生在英国伦敦	硫化物和烟尘生成气溶胶被人吸入肺部
水俣事件	甲基汞	截至1972年有近200人患病，50余人死亡，20多个婴儿生出来神经受损	1953—1961年发生在日本九州南部熊本县水俣镇	工厂含甲基汞的废水排入水俣湾使海鱼体内含甲基汞，当地居民食鱼而中毒
四日事件	SO_2、煤尘等	500多人患哮喘病，有30余人死亡	1955年发生在日本四日市	烟尘及二氧化硫被人吸入肺部

续表 2-1

八大公害名称	主要污染物	中毒情况	发生时间及地点	致害原因
米糠油事件	多氯联苯	受害者达万人以上，死亡近 20 人	1968 年发生在日本九州爱知县等 23 个县府	食用含多氯联苯的米糠油
富山事件（痛痛病）	镉	截至 1968 年有 300 人患病，有 100 多人死亡	1931—1975 年发生在日本富士县神通川流域	食用含镉的米和水

二、环境污染对健康的影响

（一）化学性污染对人体健康的危害

人们可通过各种不同的污染来源，如大气污染、水体污染、职业性接触、土壤化学农药污染及食物的农药残毒、食品添加剂等，经常地接触到种类繁多的化学污染物质，对人体健康产生不同的危害作用，主要有以下几个方面：

第一，引起急性中毒和死亡。近百年来，据不完全统计在一些资本主义国家已先后发生过 20 余起由于大气严重污染而引起的急性中毒和死亡事件，其中最严重、震惊世界的一次是 1952 年 12 月 5—9 日发生在伦敦的烟雾事件，当时由于不良的气象条件，使以烧煤为主的家庭和工厂烟囱排出的烟尘、二氧化硫等污染物不能扩散，不断蓄积而形成烟雾，污染物浓度超过卫生标准近 30 倍。在浓雾初期伦敦市民感到胸闷、咳痰、咳嗽、喉痛、呕吐和呼吸困难等。在浓雾中后期死亡率急剧上升，支气管炎死亡率最多，其次为肺炎、肺结核以及其他呼吸道和循环系统疾病。在烟雾严重时，甚至有突然昏迷死亡的病例，这次大气污染事件中就死亡 4 000 多人。

另一种是以燃油为主的工厂和汽车排出的废气，含有烃类、氮氧化物等，经太阳紫外线照射后，产生一系列光化学氧化剂而形成叫做光化学烟雾的有害气体。美国洛杉矶、纽约，日本东京等地都曾多次发生过这种光化学烟雾事件，我国有的城市也发生过这种污染，已引起各方面的重视。光化学烟雾主要对眼睛产生刺激作用，表现为眼睛红疼，还可刺激呼吸系统发生呼吸困难以及血压下降等，严重病例可昏倒，对植物的损害也很严重，光化学烟雾使洛杉矶市 100 km 以外的 2 000 m 高山上有大片树木枯死，葡萄减产 60%以上，柑橘也严重减产。据统计，美国因光化学烟雾污染造成农作物的损失已达 1 亿美元之多。

食品受化学污染物污染引起的急性中毒事件也不断发生，如 1956 年日本奶粉受剧毒物质三氧化二砷的污染，使先后食用这种奶粉的 1 000 多名居民发生中毒，造成 128 人死亡的严重后果。

第二，慢性中毒的危害。环境中有害污染物质低浓度长期反复对机体的作用下，能引起慢性中毒。日本发生的水俣病和骨痛病（公害病），就是典型慢性中毒的例子。

水俣病因 1953 年首先在日本熊本县水俣市发现而得名。水俣市共有居民 10 000 多名，据报道，至 1977 年经当局确认为水俣病患者已达 1 014 人，203 人死亡。患者主要症状有四肢麻木、听觉失灵、视野缩小、言语不清、面部表情痴呆，继之神经失常、运动失调、全身痉挛、不能饮食、瘫痪昏迷直至死亡。经查明是甲基汞中毒，是由于当地渔民长期吃了被含有甲基汞的工业废水污染的鱼、贝类所引起的。现已知含汞废水污染水体后，沉积于水底污泥中的无机汞，经厌氧菌的作用可转化为有机化合物——甲基汞，甲基汞比无机汞毒性大，而且甲基汞可通过食物链，在各种生物体之间的传递过程中，甲基汞在生物体内的浓度逐级增高，就会造成对水产、畜类和人体健康的严重危害。

在我国东北某江的汞污染，经调查研究已经发现对渔民健康造成影响。几年的连续观察仍有继续发展的趋势，应引起我们的高度重视。

骨痛病发生在日本富山县神通川流域，经大量调查研究认为，主要原因是由于含镉废水污染了河水，又以河水进行农田灌溉污染了土壤和稻米，当地居民长期饮用该河水和食用稻米所引起的慢性镉中毒，患者主要症状为疼痛，初期是腰背和膝关节痛，以后发展到全身各处疼痛，最后引起骨骼变形、身体缩短。由于运动受限、长期卧床、日夜喊痛、睡眠不安、营养不良而消耗至死。在我国经调查表明已有些地区镉污染相当严重，稻米中镉含量已经达到或接近日本慢性镉中毒公害病病区的水平，也应高度警惕。

除上述慢性中毒外，大气污染中经常存在的一些化学污染物，如二氧化硫、硫酸雾、氮氧化物等。人们经常不断地呼吸这些有害气体，在较低浓度的慢性作用下，就能刺激呼吸道，引起支气管收缩，减弱呼吸功能等改变，从而导致呼吸道抵抗力降低而诱发各种炎症。大量资料证明，城市大气污染是慢性支气管炎、肺气肿和支气管哮喘等呼吸器官疾病的直接原因或诱发原因。如日本四日市发生的哮喘病，即是由于该市石油工业引起的大气污染所致的慢性公害病。这些大气污染物质还会引起上呼吸道的慢性炎症。根据北京市某大气污染严重地区附近居民的调查，发现上呼吸道疾患明显高于未受污染的对照区：儿童鼻炎高 6 倍，鼻咽喉炎高 9 倍；成人鼻炎高 4 倍，鼻咽喉炎高 6 倍。

第三，环境污染与癌。癌症是一类严重危害人民健康的常见病，几十年来世界上癌症的发病和死亡有日益增长的趋势，美国 20 世纪 70 年代以来癌症已从死因的第六位上升为第二位，癌症总死亡率上升了 150%。我国如北京市癌症从建国初期的死因第九位也上升为第二位，癌症总死亡率增长了 145%。是什么原因使癌症死亡率上升呢？这个问题世界各国很多人进行了大量研究，虽然至今还没有完全阐明，但有很多资料说明，不少癌症是和环境因素有密切关系，有人认为环境致癌因素中，放射线等物理因素引起的约占 5%，病毒等生物因素引起的也约占 5%，而由化学因素引起的占 90%。由于“三废”对环境的污染，使环境中致癌的化学物质不断增加，因此认为环境污染是癌症增长的一个不可忽视的因素。

目前已发现有 1 100 多种化学物质具有致癌作用，其中常见的如苯并芘多环芳烃化合物可引起皮肤癌、肺癌；β-萘胺等芳香胺化合物可引起膀胱癌；亚硝胺类（亚硝基化合物在肠道内可与仲胺合成亚硝胺）可引起食道、肝等消化系统癌症；石棉可引起肺间皮瘤；砷化合物可引起皮肤癌；黄曲霉污染了食物（花生、玉米等）产生的黄曲霉毒素可引起肝癌；等等。其中有很多已在动物实验中得到证实，但大多数还需要进一步探索。

吸烟是一个重要公共卫生问题，近年来研究表明，吸烟与肺癌有关：如人吸入 1 mL 高度污染的空气，最多有 10 万个烟尘微粒，但吸入一毫升纸烟的烟，就可吸进 50 亿个烟尘微粒，远比城市污染的尘粒多得多。1974 年世界卫生组织指出：吸烟不仅加重高血压、心脏病、支气管炎和肺气肿等疾病，而且是诱发肺癌的重要因素。根据美国、加拿大和英国 100 万人口以上的调查，每日吸一包烟以上的比不吸烟的人肺癌死亡率高 10.8 倍。我国在上海、武汉、北京等部分地区调查结果，也认为吸烟与肺癌有一定关系，特别是吸烟量大，吸烟年数较长的人更明显。因此应大力宣传吸烟的危害以及戒烟的好处（特别是对青少年），以预防和降低肺癌和其他慢性支气管炎、肺气肿、心血管疾病等的发生。

第四，致畸变作用。环境污染物质可使生物发生遗传突变和胚胎受到影响，已引起人们的注意。如日本对沿海多处的调查发现有环境污染所致的骨骼畸形和生瘤的鱼。我国湖北鸭儿湖由于受有机氯、有机磷农药废水的污染，有10%～20%的鱼类发生畸形，严重威胁沿湖居民的健康。对人的影响，在日本水俣病流行区发现母亲没有水俣病症状而幼儿都患有先天性麻痹性痴呆或大脑畸形，这是由于有机汞致畸胎作用的结果。某些药物(如塞利米多 thalidomide)、落叶剂等可使孕妇的畸胎率增加。上述事实说明环境污染不仅影响当代，而且可能对后代产生深远的影响，更增加了环境污染后果的严重性和搞好环境保护的重要性。

(二)生物性污染对人体健康的危害

水是维持人的生命和健康的重要物质，但也是传播疾病的媒介，特别是肠道传染病，如霍乱、伤寒、痢疾和传染性肝炎，是由于人们喝了被这些传染病病原体污染的生水，或生吃了用这种水灌溉过的蔬菜、水果等，经口而感染的；另一些如钩端螺旋体病、血吸虫病，是通过人接触被病人或病鼠的粪尿污染的水，钩端螺旋体或血吸虫尾蚴穿过皮肤使人感染的。

土壤受病原体的污染，如用未经过无害化处理的人畜粪便、垃圾作肥料或用污水直接进行农田灌溉等，可传播肠道传染病和寄生虫病等多种疾病。有些病原体在土壤中能生存较长的时间；由于蛔虫、钩虫等必须在土壤中完成它一定阶段的生活史，因此土壤对蛔虫病、钩虫病等寄生虫病的传播起着重要的作用。有些动物性疾病，如钩端螺旋体病、炭疽病等，主要是通过土壤传染给人的，还有结核杆菌和一些化脓菌，随病人的痰或脓液排出污染土壤，这些土壤颗粒随风飘浮在空气中，人们通过呼吸就可能感染肺结核病。

食品被病原体污染，在一定条件下急剧繁殖大量活菌(如沙门氏菌属)或产生大量毒素(如葡萄球菌肠毒素)。人吃了这种被污染的食品，就会引起细菌性食物中毒，主要是由动物性食品，如肉类、鱼类、家禽以及蛋、奶等被污染所引起的。污染食品的病原体最常见的是沙门氏菌属，沙门氏菌食物中毒在我国城乡都有发生。其次还有副溶血性弧菌食物中毒，主要是污染了海产食品如鱼、虾等，在我国沿海地区发生较多，此外有些地区发现肉毒杆菌食物中毒等。

第五节 环境污染的控制

一、污染源

通常把产生物理的(声、光、热、辐射等)、化学的(无机物、有机物)、生物的(霉菌、细菌、病毒等)有害物质及因素的设备、装置、场所等，都称为污染源。

在环境保护工作中，为了便于研究问题，常根据污染源的特点进行分类。如为解决大气污染进行污染源调查时，可以把污染源分为工业污染源、生活污染源。由燃料燃烧造成大气污染的污染源又分固定污染源和移动污染源。在研究水体污染时，我们除了分为点源、面源外，还有扩散源。由于污染源调查目的不同，分类方法也不完全一样。从整个环境污染问题出发，一般将污染源概括分为工业污染源、交通运输污染源、农业污染源、生活污染源四大类。

(一)工业污染源

工业企业是废水、废气、工业废渣、噪声等的主要发生源，是城市环境的主要污染源。不同行业所排放的污染物也不尽相同,下面仅就工业污染源中一些共同性的问题作些分析。

1. *燃料燃烧问题* 工业生产过程中所需的动力、热能、电能主要来自燃料的燃烧,这是造成城市大气污染的主要污染源。污染物发生源是各种形式的锅炉、窑炉等燃烧装置。我国当前的工业能源主要是烧煤,煤的成分可分为无机和有机两类(主要含有碳、氢、氧、氮、硫、硅、铝、钙、铁、镁等元素,以及其他微量金属元素如汞、铅等)。燃料燃烧是个氧化过程,煤在燃烧时,碳氧化为二氧化碳(CO_2)和一氧化碳(CO)。燃烧充分时主要 CO_2,燃烧不充分时 CO 增多,而且还出现游离碳(表现为黑烟)。燃烧中的硫分有无机硫及有机硫,在燃烧过程中主要转变为二氧化硫。燃烧中的氮化物经燃烧可分解成氮氧化物(NO_x),不过大量的氮氧化物主要是在高温燃烧时,空气中的氮被氧氧化而形成的。

其他元素如硅、铝、钙、铁、镁等,在燃烧后形成氧化物留在灰分中(有些随烟排出)。总结以上过程可以看出,煤的燃烧是烟尘、一氧化碳、二氧化硫、氮氧化物的主要污染源。而这些有害物质,也正是大气污染的主要污染物,所以解决大气污染问题要从这里入手。

2. *工业用水问题* 工业生产是离不开水的,水在工业生产中有多种用途:是传递热量的介质(比热大),是工艺过程中的溶剂、洗涤剂、吸收剂、萃取剂,也用作生产原料或反应物的反应介质。工业生产大量用水,也就不可能不排放相当数量的工业污水(即工业"废水"),因而通常把工业"废水"作为水体污染的主要污染源。

长期以来人们对水的利用存在一种误解,以为水是一种取之不尽,用之不竭的资源,可以任意滥用;江河湖海的净化能力似乎是无限的,可以任意排污,这种错误的观点所造成的后果是严重的,城市中的"水荒"就是一个明显的表现。

3. *工业生产工艺过程所造成的污染* 任何一个生产工艺过程也不可能将原料全部转化为人们所需要的产品,产品以外的剩余物料就是形成污染物的来源。如果是比较复杂的生产工艺过程,有的原料中就带来了多种本生产工艺不需要的物质(如制硫酸使用的高砷硫铁矿);有的则是工艺过程长、反应复杂,中间产物多(如染料工业),这就使得工业排出物中含有多种污染物质。提倡综合利用,采用无污染工艺,做到向环境少排放或不排放有害物质,才是消除或控制环境污染的根本办法。

(二)交通污染源

现代化交通运输工具汽车、飞机、船舶等也是造成环境污染的污染源。交通工具造成的污染表现在两个方面:①运行中发出的噪声。②运载有毒、有害物质的泄漏和清洗(清扫)、车体(船体)的扬尘及污水(如油船压舱水)。③汽油、柴油等燃料的燃烧等。尤其近年来家用汽车的普及使汽车尾气的污染日益加剧。

(三)农业污染源

农业也是造成环境污染的一个主要污染源,农业污染主要包括 3 个方面:

1. *农药污染* 人们对农药所造成的环境污染是有一个认识过程的。虽然早就知道有机氯农药残效长,不易分解,但在 20 世纪 50 年代只看到 DDT 等有机氯农药所带来的好处,而忽视其害处,不把农药看做一种污染来源。到 60 年代初发现在土、水、溪底等都有农药的残留,死鱼、死鸟现象也增多起来。DDT 等有机农药可以通过消化道和肺部被吸收并大量地贮存在富于脂肪质的器官内(DDT 本身是脂溶性的),如肾上腺、睾丸、甲状腺。一部分留存在肝、肾及包裹着肠的肥大的、保护性的肠系膜的脂肪里。DDT 在生态系中通过鸡蛋、牛奶等食品在人体内积累，并可通过胎盘、母乳传给婴儿。污染环境的主要是一些长效性农药，这些农药的特点是：结构比较稳定，在空气中经酸、碱、氧、紫外光作用后不易分解；脂溶性强，水溶性小；在生物体内，不容易被酶分解，因而在脂肪体内容易积累。

2. 化肥使用过多所造成的污染　施用化肥以增补土壤中养分的损失，是农业生产中经常要进行的。但使用过量，或土地流失严重，使氮素（或磷）从耕地上流失，造成对环境的污染。氮、磷流失，进入水体，可造成水体的富营养化；氮的流失所产生的另一种危害是饮用水中硝酸盐的积蓄。硝酸盐在人体内，可变为有害的亚硝酸盐，可减低血液输送氧的能力，婴儿在这方面特别敏感。实验证明，亚硝酸盐可与仲胺在体内生成亚硝酸胺，从而引起癌变；氮肥的分解可引起臭氧层的破坏（世界卫生组织规定饮用水中硝酸盐的极限值为 100 mg/kg，有的国家规定为 10 mg/kg）。

3. 土壤流失及农业废弃物的污染　土壤本身有的也是一种污染物。不适当的水土保持措施导致水土流失，同时某些污染物在降解或被土壤微生物分解利用前就进入地下水。在某些情况下，土壤变成蔓延极广并污染河流和湖泊的沉积物。

农业废弃物，在我国基本上是用作肥料，还不算作污染物。

（四）生活污染源

生活污染源主要是城市化造成的。由于城市人口密集，居民排出的各种生活污水，使水体受到污染，并造成病菌的扩散和传播，严重威胁居民的健康。如 1848 年和 1854 年夏，伦敦先后几次因生活污水污染水体，引起霍乱大流行，造成数万人死亡。现在城市规模更大，人口更为密集，生活污染源的问题更应引起注意。

1. 生活用煤所造成的污染　烧煤取暖是城市大气污染的主要的污染源。煤灰渣又是城市垃圾的重要组成部分。

2. 生活污水（包括粪便污水）造成的污染　生活污水中的腐败有机物排入水体后，微生物分解这些有机物时会消耗水中的氧，水中的溶解氧低于 4 mg/L 时，鱼便难于生存，缺氧严重时，厌氧菌乘机活动，分解有机物产生硫化氢，使河流变成臭水沟。生活污水中含有氮、磷等基本元素的简单分子及其他营养物，它们排入水体后，使一些浮游生物和藻类大量繁殖，其结果也减低了水中氧的含量，造成鱼类等的死亡。

3. 生活垃圾造成的污染　在我国废品收购（回收、利用），以及农田施肥利用了相当一部分生活垃圾。但总体情况仍不容乐观，很多大中城市都出现了程度不同的“垃圾包围城市”的情况。

二、环境污染及其控制措施

环境污染的类型，按环境要素可分为大气污染、水体污染和土壤污染等；按污染的性质可分为生物污染、化学污染和物理污染；按污染物的形态可分为废气污染、废水污染、固体废物污染以及噪声污染、辐射污染等；按污染产生的来源可分为工业污染、农业污染、交通运输污染和生活污染等；按污染物的分布范围，又可分为全球性污染、区域性污染、局部性污染等。

下面就大气污染、水污染、土壤污染、噪声污染及固体废弃物污染的控制作一简述。

（一）大气污染及控制

所谓大气污染是指由于人类活动或自然过程，使得排放到大气中的物质的浓度及持续时间足以对人的舒适感、健康，对设施或环境产生不利影响。

进入大气污染物种类是相当多的，很难完整确切地统计。大气污染物的分类也有许多不同的方法。例如，按污染物的物理形态可分为颗粒物和气体两大类，溶胶状污染物又可分为固体颗粒和液体颗粒。按形成原因可分为一次污染物和二次污染物。所谓“一次污染物”是指从污染源直接排放到大气中的污染物，“二次污染物”是由一次污染物在大气中发生物理或化学反应而生成的污染物。大气中的污染物其化学成分主要有硫化物、氮氧化物、碳的氧化物、氟化物和碳氢化合物。

大气污染具有明显的区域性、整体性特征。其污染程度受当地自然条件、燃料结构、工业结构和布局、交通和人口分布密度等的影响。因此简单地认为采用末端治理技术防治大气污染已为环境保护实践证明是不可行的。只有从区域环境总体出发，综合采用各种防治大气污染的技术措施和对策，充分考虑当地环境特征，对影响大气污染的多种因素进行综合系统分析，提出最优化对策和控制技术方案、实行大气污染的综合防治。

(1)全面规划，合理布局。全面规划，合理布局是防治大气污染的一个基本方针。

(2)选择有利于大气污染物扩散的排放方式。不同的排放方式，其扩散效果是不同的。高烟囱排放可以有效降低地面浓度，集合式烟囱(就是把几个排放源的废气集中到一个烟囱排放)或通过提高烟气出口温度和速度，提高有效源高。

(3)减少燃烧过程中的污染物排放。

(4)减少生产过程中废气的排放。

(5)末端处理。

(6)绿化造林。

(二)水污染及其控制

水体污染指由于人类活动排放的污染物进入水体，导致其理化性质和生物群落组成改变，从而降低水体使用价值的现象。

根据水体污染物的性质，可以把水体污染分为化学性污染，物理性污染和生物性污染。化学性污染包括酸碱污染、重金属污染、需氧有机物污染、有毒有机物污染和植物营养物质污染等。物理性污染包括悬浮固体废物、废热和放射性污染等。生物性污染则指各种废弃物如生活垃圾、生活污水、医院污水等对水体造成致病菌或病毒的污染。

可采取以下策略防治水体污染：

(1)推行清洁生产工艺，减少污染源。

(2)行节水技术和污水综合利用技术，减少用水量。我国水资源紧缺，但水资源的利用浪费严重。

(3)建立合理的工业废水和城市污水处理系统。为了控制水污染，工业企业必须积极治理废水。尤其是有毒有害污染物的排放要单独治理或预处理。

(4)加强对水资源的利用规划和污水治理的监管。水资源利用规划是区域规划、城市规划和工农业发展规划的重要组成，应与其他规划同步进行。规划前必须切实查清水资源总量和水质状况，根据用水可能制定相应的给水和污水处理措施，切实做到合理开发综合利用，积极保护，科学管理。

(三)土壤污染及其控制

人类活动产生的污染物进入土壤并积累到一定程度，超过土壤自净能力的限度，导致土壤性状发生不良的变化，构成对生物和人体直接或潜在的危害，称为土壤污染。

人类在生产和生活活动中所产生的污染物质直接或间接地(通过大气、水、生物等)进入土壤，使土壤中增添了某些本来不存在的有害物质(如有机合成农药等)，或使土壤中某些固有成分(如土壤中微量元素)大量增加。当进入土壤中的污染物质数量和速度超过了土壤自净能力时，就将改变土壤的组成，使其理化、生物性质恶劣，土壤肥力下降。赖于土壤生存的植物产量降低，品质恶劣，甚至有毒害物质残留于产品中，可通过食物链影响家畜、家禽及人体健康。

由上述可见，土壤被污染物质污染的程度，决定于进入土壤的污染物的数量、强度和土壤自身净化能力的大小，当进入量超过净化力，就将导致土壤污染。

(四)噪声污染及其控制

噪声对环境的污染与工业“三废”一样，是一种危害人类环境的公害。但就公害性质来说，噪声属于感觉公害。通常噪声是指不同振幅和频率组成的无调嘈杂声。但有时，有调或好听的音乐声，如果它影响人们的工作和休息，并使人感到厌烦时，也认为是噪声。所以，对噪声的判断也与个人所处的环境和主观愿望有关。

(五)固体废弃物污染及其控制

固体废弃物(简称废弃物)是指在社会的生产、流通、消费等一系列活动中产生的一般不再具有原来使用价值而被丢弃的以固态存在的物质，或者是提取目的组分后弃之不用的剩余物质。主要包括工业废弃物和生活废弃物。

废弃物在自然生态系统中是不存在的，因为生态系统中物质是循环的。而在工、农业生产的社会经济系统中，由于人的目的调节作用，人口膨胀，导致天然矿藏资源的加速开采、森林资源的过度砍伐、草原的过度放牧、人工合成化合物种类和数量的加速发展，引起土壤的从未有过的高度集约化生产，在这一生产过程中，大量气态、液态和固态废弃物产生出来，造成污染。

固体废物对环境的污染不同于废水、废气和噪声。固体废物滞留性大、扩散性小，它对农业环境的影响也主要是通过灌溉水、空气和农田土壤进行的。因此其污染控制应从以下几方面入手：

1. *完善和改造生产工艺* 乡镇企业的发展为经济腾飞创造了条件，但是由于企业人员素质不高，技术、设备、工艺水平落后，许多是城市工业淘汰下来的工艺与设备，使得产量低质量差，资源和能源使用不合理，生产过程中物料的流失较大，产生大量固体废弃物。因此应当从改造和完善企业技术入手，减少固体废物的产生量。

2. *发展物质循环工艺* 往往单个产品的生产企业所产生的废物可能是下个企业的原料，因此应发展多级物质循环工艺，这样最后剩下少量废物进入环境，达到经济、环境和社会的综合效应。

3. *进行综合利用* 积极开展固体废物资源化利用途径和技术。如将城市垃圾中铁、玻璃和塑料分离出来并分别加以回收再利用，而剩余部分经过高温堆肥处理后转化为有机肥料。又如将粉煤灰开发利用作为复混颗粒肥的原料。

4. *进行无害化处理与处置* 利用堆肥等生物学方法、热处理和固化处理方法对固体废物进行无害化最终处置，以达到固体废物排放标准。

第三章　环境生物因子与健康

环境中存在着许多不利的因素，对人类和动物的健康构成了巨大的危害，除去各种理化因素之外，环境生物性有害因子是一重大威胁。环境生物性有害因子主要包括环境中的细菌、真菌、病毒、寄生虫、生物性变应原（如植物花粉、真菌孢子、尘螨和动物皮屑等）、节肢动物、鼠类、有毒植物以及其他有害生物等。在正常情况下，空气、水、土壤等环境介质中均存在着大量微生物、动物和植物，对维持生态系统的平衡具有重要作用。但当环境中的生物种群发生异常变化或环境中有生物性污染时，可对人和动物健康产生直接、间接或潜在的有害影响。环境生物有害因子绝大多数直接或间接来源于人和动物，通过环境进行传播。环境生物有害因子引起的传染病在历史上曾给人类的健康造成严重的危害，早在封建社会（欧洲 500—1 700 年），科学技术发展很快，但由于城市人口集中，环境卫生状况差，造成鼠疫、伤寒、天花、霍乱、麻风等动物源性疾病肆虐。目前，霍乱、结核等多种传染病仍然在许多国家流行。随着畜牧业的发展，动物疫情特别是人兽共患病时有发生和流行，不但严重危害人类健康，而且严重危害畜牧业的发展，造成难以估量的损失。目前，全世界 2 700 万人患旋毛虫病，3 900 万人患牛带绦虫病，300 万人患猪带绦虫病，约 25％的人感染弓形虫。布鲁氏菌病几乎遍布世界各地，危害严重。据统计全球每年因结核致死人数达 200 多万，占世界总死亡人数的 4％。1993 年 4 月在美国威斯康星州曾暴发的由隐孢子虫（*cryptosporidium*）引起的介水传染病，有 40 多万人患病，4 000 余人住院治疗，112 人死亡。世界卫生组织（WHO）的资料表明，当前发展中国家有 10 亿多人受到介水传染病的威胁，每年有 500 多万人死于水传播疾病。2003 年严重急性呼吸道综合征（SARS）在全球暴发，死亡 900 多人，其病原来自动物，SARS 的世界性暴发流行不仅使人们的生命陷入危险境地，而且严重影响了人类社会经济的发展。自 2003 年年底禽流感暴发以来，全世界至少有 175 人因感染禽流感病毒死亡，死亡率超过 50％，病禽和带毒禽不断向环境中排出病毒，是禽流感不断发生的主要原因。科学家预测，若禽流感病毒与人类流感重组，一旦在人间流行，其蔓延速度将大大超过 SARS，将给人类带来巨大的灾难。由此可见，环境中的生物性有害因子对人类健康的危害已是严酷的事实，加强对环境生物因子引起的疾病及其防治措施的研究是兽医公共卫生领域的重要研究内容之一。

第一节　环境生物性有害因子的来源、种类和分布

环境生物性有害因子来源于人、动物、植物和微生物本身及其代谢产物。由于环境、地理条件及来源不同，其种类和分布也有差别。依据其存在的环境和来源将生物有害因子分为水中生物性有害因子、土壤中生物性有害因子、空气中的生物性有害因子和环境中其他生物性有害因子。

一、水中生物性有害因子的来源、种类和分布

水是自然界一切生命活动的物质基础，是人和动物生存的重要条件，也是生物圈发展的前提和条件。从生物学和医学的角度看，水不仅是维持生命活动所必需的物质，也是导致或传播疾病的媒介。自然水体中广泛存在生物有害因子，包括细菌、病毒、真菌、原虫、霉菌、藻类和钩端螺旋体等。

(一)水体生物性有害因子的来源

水体生物性有害因子主要指水体中的有害微生物，其来源基本上可分为自然存在的微生物群落和由外部带入的。自然水中存在的微生物绝大多数是水中天然的寄居者，适应在水中生活，多数对人和动物是条件致病菌；外部带入的微生物一般不能在水中长期存活，但在生存期限内通过各种方式可给人和动物带来疾病危害。

水体污染源通常指向水体排放污染物的场所、设备和装置等，也包括污物进入水体的途径。自然水体遭受外部微生物污染的范围很广，其主要污染来源有以下几个方面：

1. 生活污水　生活污水(domestic sewage)是指人们日常生活的洗涤废水和粪尿污水等，受降水洗淋城市大气污染物和冲洗建筑物、地面、废物、垃圾而形成的城市地表径流也是生活污水的组成部分。生活污水中含有大量的有机化合物、磷酸盐及微生物包括肠道病原菌、病毒、寄生虫卵等。来自医疗单位的污水，包括病人的生活污水和医疗废水，含有大量的病原体及各种医疗、诊断用物质，是一类特殊的生活污水，医院污水污染的主要危害是引起肠道传染病。此外，农村城镇厕所、粪缸的不合理设置，在水源水中清洗马桶和衣物等均可通过地表径流和雨水冲刷，使土壤中微生物迁徙，进入水体。生活污水中的磷酸盐洗涤剂是造成湖泊水质富营养化的主要原因。

2. 农牧业污水　指农牧业生产排出的污水及降水或灌溉农田或经农田渗漏排出的水。例如，养殖场、兽医院的动物粪、尿和尸体等未经处理或处理不充分直接排入水体，或直接在水中养殖畜禽。养殖水生动植物时，定期用粪便施肥，粪船装卸和行驶过程中的溢漏，导致水体的微生物污染。

3. 工业污水　工业污水是造成非生物性污染的重要原因。引起生物污染的污染源主要是屠宰加工、食品、生物制药、制革等企业排出的生产废水，其处理不当或未经处理直接排放。其中屠宰加工企业的污水含污量多、流量大、气味不良，并含有大量的病原体，在公共卫生和动物流行病学上有极大的危险。

(二)水体微生物的种类和分布

不同的水体一般均能提供微生物合适的生存环境。由于水体中有机物和无机物的种类、水质 pH、浊度、温度、氧气、压力等的不同，所以，不同水体中微生物的种类和分布存在着较大的差别。

1. 淡水微生物　淡水包括大气水、地面水和地下水。大气水指雨、雪、雾、冰雹等降水，主要包括空气尘埃所携带的细菌、放线菌和霉菌孢子等。开始降落的雨水中菌数较高，以后由于空气中灰尘减少，细菌也随之减少。

地面水由于经常与尘土、污水、工业废水以及其他有机物接触，可导致水体富营养化(eutrophication)，因此微生物数量较多。主要有假单胞菌属(*Pseudomonas*)、芽孢杆菌属(*Bacil-*

lus）和肠杆菌属（*Enterobacter*）等。此外，河水中还可分离出弧菌、螺菌、硫细菌、微球菌、八叠球菌、诺卡菌、链球菌和螺旋体等。污水中尚可分离出荧光假单胞菌、铜绿假单胞菌、普通变形杆菌、枯草杆菌、阴沟杆菌、大肠埃希菌、粪链球菌、病毒及噬菌体等微生物。湖泊和池塘水体相对静止，当大气水流入这类水体时，可将大气和土壤中的微生物带入。由于沉淀作用，大多数微生物常随颗粒物质沉入水底。水的上层常有各种需氧性细菌生长，水体底泥则有多种厌氧性或兼性厌氧菌生长。许多真菌、原生动物也可在浅水中生长。此外，村旁池塘可受到人畜粪便污染，因此有时可存在多种病原菌和寄生虫。江河水中的微生物种类和数量与所接触的土壤关系甚大。土壤中微生物进入江河水后，一部分生存于水中，部分附着于水中悬浮的有机物上，一部分随水中颗粒物质沉积于江河底泥中。水下底泥的表层细菌数量比水中多，在底泥中革兰阳性菌多，特别是芽孢杆菌属；病毒的存在与淡水中其他微生物有关，病毒寄生于水生微生物、水生植物和水生动物。经水源传播的粪便污染的病毒最常见的是肠道病毒、肝炎病毒、诺瓦克病毒、轮状病毒和腺病毒等。

地下水由于土壤过滤的结果，营养成分相对较少。泉水和深井水中一般不含细菌和有机物。浅井水中有一些细菌和有机物，但细菌也比地面水少，主要是革兰氏阴性无芽孢杆菌，尤其是无色杆菌属和黄杆菌属细菌，一般对人类健康危害较小。

2. 海水中微生物　海水占地面总水量的97%。海洋由于其特定的条件，水中盐的含量高、海水密度大、渗透压较高、冰点较低，故海水中微生物与淡水微生物有很大区别，大多数海洋细菌是嗜盐性和嗜冷性的，以革兰阴性菌占多数，大多具有鞭毛，最常见的是假单胞菌属、弧菌属、螺菌属、无色杆菌属及黄杆菌属。其他还有鞘细菌、滑动杆菌、放线菌、螺旋体。在海水中也存在着寄生于细菌的噬菌体。在近海岸处，由于河口淡水流注入海形成咸淡水混合物的交界区域，使陆地与海洋微生物混杂，其种类及特征可两者兼有。

3. 水体中的浮游生物　水生态系统的表面区域漂浮和漂流的微生物生命的集合物称为浮游生物，包括浮游植物和浮游动物。主要有硅藻、蓝细菌、腰鞭毛虫目、硅鞭毛虫目、金滴虫、隐滴虫、衣原体滴虫等。这些微生物群能在水体中利用太阳能进行光合作用。特别是随着人类的活动，使大量含氮磷的物质排入水体，造成藻类等浮游生物过量繁殖，水体出现富营养化，形成“水华”和“赤潮”。

此外，污染的水体中还存在钩端螺旋体、阿米巴原虫、蓝氏贾第鞭毛虫、隐孢子虫和血吸虫等多种寄生虫。

二、土壤中生物性有害因子的来源、种类和分布

（一）土壤中生物性有害因子的来源

土壤生物性污染是指人类生产和生活活动中排出的生物性有害物质进入土壤中，直接或间接地危害人畜健康的现象。其生物性有害因子的来源主要有生活污染、农业、工业和交通污染。

生活污染包括人畜粪便、生活垃圾和生活污水。工业污染主要是非生物性污染，生物性污染主要来源是可带来微生物和寄生虫污染的工厂企业如养殖场、屠宰加工、食品、制药、制革等企业排出的垃圾，以及车辆流通带来的污染土壤。农业污染主要是未经彻底无害化处理的人畜粪便施肥，未经处理的生活污水、医院污水和含有病原体的工农业废水进行农田灌溉或利用其地泥施肥、畜禽尸体处理不当等。

(二)土壤微生物的种类和分布

土壤是地壳表面的一层疏松的物质，内含矿物质、有机物、空气和水分，是微生物最稳定、最主要的天然栖息场所。土壤的厚度、物理性状、化学成分随地形地貌的变化有很大的差别，因此，不同地区、不同土质、湿度、温度、酸碱度等都不同程度影响该地区土壤中微生物的种类和分布。碱性土壤中放线菌较多，酸性土壤中真菌增多；氧少厌氧菌增多；深层土壤中微生物减少。

土壤中的微生物根据其来源的不同分为土著者和外来者。土著微生物包括细菌、放线菌，真菌、藻类、原生动物和病毒(噬菌体)，其中以细菌的数量最多，占土壤中微生物总数量的70%～90%，其次是放线菌和真菌。因土壤具有高度异质性，且内包含着很多不同的微生物境，所以在土著中可见到专性厌氧、兼性厌氧、微需氧和专性需氧的不同微生物类群。它们之间互相影响，参与群落中的生物化学活动，在土壤物质转化中具有重要的作用，与土壤的肥力和植物营养密切相关，是工业和医药用菌的丰富资源。也有的土壤微生物是动植物潜在的病原体。

外来微生物主要分为腐物寄生菌和致病菌，一般不参与群落活动，由于环境条件的不适应性，有些很快会从土壤生态系统内消亡，有些则可能以休眠状态在土壤中存留一段时间，甚至有的在短期内可能生长，如沙门氏菌可存活35～70 d，痢疾杆菌可存活22～142 d，霍乱弧菌可存活6～8 d。此外，土壤中还可能存在如伤寒杆菌、鼠疫杆菌、结核杆菌、布氏杆菌、土拉杆菌、炭疽杆菌、破伤风梭菌、肉毒梭菌和产气荚膜梭菌等。被污染的土壤随雨水冲淋进入河水、湖水、井水，或随农田灌溉污染果蔬，随风沙形成气溶胶等，都会对人类和动物健康构成威胁。

土壤中的其他有害微生物还有原生动物中的变形虫(阿米巴)、纤毛虫、鞭毛虫，以及蛔虫卵和病毒。与人类健康有关的病毒主要为肠道病毒。

三、空气中生物性有害因子的来源、种类和分布

空气是人类赖以生存的环境之一，也是微生物扩散的重要介质，病原微生物等生物有害因子污染空气后可借助空气传播，造成人和动物各种各样的感染，不但会危及人类生命，而且造成动物疫病的流行，影响畜牧业生产。

(一)空气中生物性有害因子的来源

空气微生物来源于其他外环境以及人和动植物的活动，是自然因素和人为因素污染所致。

1. 室外空气(大气)微生物的来源　大气中微生物主要来源于地球表面(包括陆地和水面)。风使土壤产生尘埃，尘埃颗粒又带着土壤中的微生物四处飞扬。水中的微生物大部分也以水滴形式进入大气。除了全球性的来源外，还有许多局部的或区域性的工业、农业、畜牧业和市政设施也都有利于微生物的播散。如基建工程、污水排灌、车辆运输、机械性收割和脱粒、疏通沟渠及清除垃圾等。

2. 室内空气微生物的来源　许多在室外空气中发现的微生物可随气流带进入室内。但室内空气污染的主要来源还是人和动物的生活活动以及人所从事的生产活动。室内空气中微生物丛的组成，决定于人和动物从呼吸道排出的微生物数量以及如扫地、铺床、更衣和动物活动等机械性移动。此外，房间狭小、杂物器具堆积、门窗常关闭、气候的变化等，当室内存在适宜微生物繁殖的条件时，还可加重微生物污染。

养殖场、屠宰厂、医院及微生物学实验室的空气中，往往也可找到大量致病微生物，可引起动物疫病、人兽互传病以及医院内感染的发生。

(二)空气中生物性有害因子的种类

空气中微生物种类主要有细菌、真菌、病毒或其他微生物。此外，空气还存在植物花粉、尘螨和动物皮屑等生物性变应原。

1. *空气中细菌* 空气微生物中细菌占绝大多数，细菌中有产芽孢与不产芽孢的革兰阳性球菌和杆菌以及革兰阴性杆菌等。其中球形菌比例居首位，革兰阳性菌和需氧、兼性厌氧菌占多数。通过空气传播的致病性细菌主要有结核分枝杆菌、巴氏杆菌、炭疽杆菌、鼻疽假单胞菌、伪鼻疽伯氏菌、产气荚膜杆菌、鼠疫杆菌、嗜肺军团菌、金黄色葡萄球菌、化脓性链球菌、白喉杆菌、百日咳杆菌、脑膜炎奈瑟球菌等。

2. *空气中真菌和放线菌* 目前已知存在于大气中的真菌有40 000种之多。真菌孢子也构成了空气微生物群的主要部分，占优势的真菌孢子属又因地区而异，其中以曲霉属、青霉属、枝孢霉属、交链孢霉属等为主。放线菌主要为高温放线菌。

3. *空气中病毒及其他微生物* 可经空气传播的致病性病毒有流行性感冒病毒、汉坦病毒、流行性出血热病毒、口蹄疫病毒、SARS病毒、风疹病毒、麻疹病毒、水痘病毒、腺病毒等。另外，尚有肺炎支原体和引起Q热的贝纳立克次体等。

(三)空气微生物的分布

空气中微生物的分布与该地区的纬度、高度、人口密度、植被的种类和数量、土壤的性质、空气的温湿度及风力的大小和方向等因素有关。

1. *高度分布差异* 随高度上升空气中微生物的数量逐渐减少，越靠近地面，空气污染越严重。

2. *水平分布差异* 主要是指地面上人类居住平面的空气微生物分布和频率。在人口密集的公共场所的空气均含有大量的微生物，森林地区、海洋或高山的上空则很少。

3. *时间分布差异* 大气微生物数量与日光紫外线辐射强度有关，一般早晚照射强度低，微生物数量多，中午日光辐射强度大，细菌数量较低。夏季气候湿热，生物繁殖旺盛，空气中的微生物也比冬季为多。下雨、下雪时，由于雨雪通过大气层吸附空气中的浮尘，使其带有的微生物随之下降，因此雨雪后空气中微生物的数量大为减少。

四、环境其他生物性有害因子

环境中有害生物因子还包括节肢动物、鼠类、软体动物等，这类生物有害因子即可作为媒介生物又可作为传染源和易感动物，在许多人兽共患病的流行中起到了非常重要的作用，而且有明显的地域特征。家畜和野生动物为多种传染病病原的储存宿主和主要传染源，可通过捕捉、运输、宰杀、加工及食用过程感染人类。某些植物可产生各种有毒物质，如苷类、生物碱类、毒蛋类、酚类、毒鱼酮类、萜类和类脂类等，可引起人畜的中毒。

第二节 环境生物性有害因子对健康的危害

环境生物性有害因子主要指环境中能引起传染病和寄生虫病的生物性病原因子，如细菌、病毒和寄生虫等。

人类对自然资源不合理开发利用、工农业生产所带来的环境污染以及全球气候变暖，导致生态平衡失调。当环境中的生物种群发生异常变化或环境中有生物性污染时，必然影响人类生存环境和生活条件，对人类的健康发生广泛的影响。如自然疫源性疾病的病原体主要保留宿主是野生的兽类、鱼类和软体动物，多数自然疫源地是由鼠类及其体外寄生虫来维持的。鼠类把病原体带入人类生活环境中，引起疫病流行。以鱼类和两栖类为宿主的病原体通过水、土壤或食物感染人类。当这些病原体、媒介和宿主存在的环境发生失调时，可使自然疫源地扩大，增加疫病流行的危险性。

环境中的致病菌、条件致病菌、寄生虫和病毒污染环境、并以环境为媒介物感染人和动物。空气、水、土壤、动物和食物等均可以作为病原生存的环境，并成为传播疾病的媒介和传染源。当这些病原与人类和动物直接或间接接触，即可发生感染，危害健康。

环境中的花粉、尘螨、动物皮屑、小生物尸体和排泄物等生物性变应原常引起过敏反应。

一、水中生物性有害因子对健康的危害

(一)水体生物性污染的卫生学意义

水是感染性疾病重要的传播途径。水中的生物性有害因子的来源是多方面的，这些污染物来自于粪便、医院、屠宰、畜牧、制革、生物制品、制药、酿造和食品工业等的污水、污物直接排入、未经充分处理或通过土壤和雨水冲刷等进入水体，从而导致水体细菌、病毒和寄生虫污染，人和动物饮用了就会危害健康。此外，还可通过污染水产品和食品加工的各个环节，引起食源性疾病。即使污染物是非致病微生物，也可能导致食品的腐败变质，间接影响人类健康。富营养化水体中的藻类不但破坏生态环境，藻类毒素还会引起中毒。

(二)水中常见的生物性有害因子及对健康的危害

1. 沙门氏菌属(*Salmonella*)　沙门氏菌是水生物性污染中的一个重要菌属，被认为是目前世界范围内最重要的食源性病原之一，可引起人和动物的沙门氏菌病和食物中毒。沙门氏菌在水中的生存能力较强，鼠伤寒沙门氏菌，在25℃的污泥中，可存活8～12周；在30℃医院污水中，可存活279 d以上。除伤寒和副伤寒分别由伤寒沙门氏菌和副伤寒甲型、乙型沙门氏菌引起外，还有多种沙门氏菌等能引起急性胃肠炎，表现为腹痛、腹泻、发热等症状；鼠伤寒沙门氏菌、猪霍乱沙门氏菌可引起败血症。13%～15%的牛、羊、猪等，以及少数人均可呈无症状携带者，成为沙门氏菌病的潜在传染源。

2. 大肠埃希菌属(*Escherichia coil*)　大肠埃希菌属的细菌是人类和动物肠道中的正常菌群，多数血清型对人不致病，对人和动物致病的大肠杆菌主要为肠致病性大肠杆菌(EPEC)、肠产毒性大肠杆菌(ETEC)、肠侵袭性大肠杆菌(EIEC)、肠黏附性大肠杆菌(EAEC)、肠出血性大肠杆菌(EHEC)。传染源为患者和健康带菌者，主要经粪便污染水和食物引起重症腹泻、呕吐、脱水等症状。致病性大肠杆菌可引起多种动物的大肠杆菌病。

大肠埃希菌在水中存活力比其他肠道致病菌强，自然水中较易分离。EPEC是流行性婴儿腹泻的病原菌，多发生于夏秋季节，发展中国家的婴幼儿发病率高，也可引起托儿所和医院内暴发。ETEC是儿童急性腹泻和旅行性腹泻的常见致病菌。EIEC可侵犯肠黏膜上皮，发生痢疾样病变，婴幼儿和成人均可患病。EHEC主要引起暴发性出血性肠炎，任何年龄都可患

病。EAEC 可引起小儿顽固性腹泻和旅行性腹泻。

3. 霍乱弧菌(*Vibrio cholerae*)　霍乱弧菌是烈性传染病霍乱的病原菌,传染源为患者和带菌者,主要通过粪便污染的水传播,细菌进入体内可在小肠的碱性环境中大量繁殖,产生肠毒素,引起剧烈的腹泻、呕吐、脱水等症状,如不及时抢救,可导致患者死亡。

该群菌株自 1817 年在印度引起大批霍乱病人以来,已有过 7 次世界性的霍乱大流行,均与饮用水被污染有关。在人类历史上已发现的霍乱弧菌有 138 个血清群,其中只有 O-1 群(古典和 El—Tor 生物型)霍乱弧菌会引起霍乱大流行,而非 O-1 群的 137 个血清群霍乱弧菌仅引起散发胃肠炎、肠道外感染或小型暴发,未曾出现过大的流行。从 1961 年起由 El-Tor 生物型霍乱弧菌所致的霍乱在印度尼西亚、印度等地开始蔓延的第 7 次大流行一直延续至今,并逐渐波及亚、非各地。1992 年以来,在印度、孟加拉等地暴发了由一种新的非 O-1 群霍乱弧菌所致的霍乱暴发流行,因该菌不属于已知的霍乱弧菌 138 种血清型中任何一型,故称为 O139 型霍乱弧菌。人群对该菌普遍缺乏免疫力,有关专家预测,O139 型霍乱弧菌有可能引起新的世界大流行。

4. 副溶血性弧菌(*Vibrio parahaemolyticus*)　副溶血性弧菌属于海洋细菌,主要栖息于入海口处海水中,具有嗜盐性。该菌可存在于水中、水下沉积物、贝壳类及鱼类体表。副溶血性弧菌可通过水污染食品,特别是污染海产品,是夏秋季沿海地区引起食物中毒和急性腹泻的主要病原菌。

5. 空肠弯曲菌(*Campylobacter jejuni*)　空肠弯曲菌可引起人和动物的空肠弯曲菌病。该菌主要存在于牛等家畜的肠道,在鸟类亦有检出。自然水体中亦常有分离。引起人肠道感染的主要有空肠弯曲菌和胎儿弯曲菌,近年在有的国家已是重要水传疾病的病原菌。已证明产生肠毒素,细胞毒素对许多哺乳动物细胞有毒性,侵袭可达肠壁以下。临床以发热、腹痛、腹泻为主要特征,还可引起肠道外感染。特定血清型空肠弯曲菌引起的肠炎是人导致格林—巴利综合征的重要前提。

6. 小肠结肠炎耶尔森菌(*Yersinia enterocolitica*)　小肠结肠炎耶尔森菌是引起腹泻的一种新病原菌,据报道,美国每年有 17 000 小肠结肠炎耶尔森菌病例,北欧、日本、加拿大等地区发病率更高。本菌广泛存在于猪、牛、羊、犬、鼠、鸡、鸭、虾、蟹等动物的排泄物中,是一种人兽共患病,猪是主要宿主,通过动物或健康带菌者的排泄物污染饮水和污水而传播。人类因摄入被本菌污染的水和食物发病,表现为多种类型临床症状,如胃肠型、结肠性红斑型、关节炎及腱鞘炎型、败血症型等。

7. 气单胞菌(*Aeromonas*)　是人和多种动物的病原菌,能导致鱼类细菌性败血症、蛙类红腿病以及人的腹泻等疾病。本菌是广泛分布于淡水和海水的腐生寄生物,也是冷水动物(淡水鱼、爬虫类及水蛭)的肠道共生菌群。人类感染通常与接触或饮用被该菌污染的水或食品有关。溶血素是嗜水气单胞菌重要的毒力因子,具有溶血性、肠毒性及细胞毒性作用,可导致肝胆疾病及恶性肿瘤等免疫功能低下的感染者死亡。

8. 邻单胞菌属(*Plesiomonas shigelloides*)　邻单胞菌属只有一个种类,即类志贺邻单胞菌,存在于淡水鱼的肠腔和水表面,可从许多动物(蛇、猴、犬、猫、羊、牛和蟾蜍)的粪便中分离到。病人发病主要与饮用污染的水有关,感染本菌可以引起蜂窝织炎、脑膜炎和败血症等。

9. 嗜肺军团菌(*Legionella pneumophila*)　为军团病的病原菌,现有 45 种 64 个血清型。目前认为是水中自然存在的一种细菌,尚未发现有自然宿主。河水、湖水,娱乐用水、空调冷却水、淋浴喷头水等均有检出，细菌通过与人群密切接触水体以气溶胶的形式经呼吸道传播给人，是一种机会性致病菌。军团病1972年在美国首次发现，主要表现为高热、咳嗽、实质性肺炎，严重的可引起死亡。军团病在我国城乡各地都有存在，主要是亚临床感染。家禽和家畜对嗜军团菌也有隐性感染。

10.志贺氏菌属(*Shigella*) 志贺氏菌属引起的细菌性痢疾，传染源是病人和带菌者，无动物宿主，通过粪便污染水体，主要经粪—口途径传播。四季均可发病，以夏秋季发病率最高。该属细菌10个活菌即可引起临床症状。痢疾志贺氏菌感染患者较重，宋内志贺氏菌多引起轻型感染，福氏志贺菌感染易转为慢性。水源受到严重的粪便或污水等污染，未经正确处理和氯消毒时，可引起水型痢疾的暴发流行。

11.钩端螺旋体属(*Leptospira*) 钩端螺旋体简称钩体，广泛存在于自然界中，能引起人与动物钩端螺旋体病，该病是重要而复杂人兽共患病和自然疫源性传染病。带毒的鼠类和家畜是主要的保存宿主和传染源。通过带菌动物的尿污染土壤及水源，人类由于接触疫水、污物或误饮疫水引起钩体病，可表现出多种临床类型如黄疸出血型、流感伤寒型、肺出血型、脑膜炎型和肾功能衰竭型等。同时也可引起野生动物、家畜钩体病。

12.溶组织内阿米巴(*Entamoeba histolytica*) 是人阿米巴病的病原体。慢性感染者、恢复期病人和带原虫者为主要的污染源，可通过粪便污染水源。饮用水被含有溶组织内阿米巴包囊的粪便污染，是引起阿米巴痢疾的一个重要途径。自来水通常的加氯量往往不能杀灭阿米巴的包囊，包囊进入体内寄生于结肠，在一定条件下可侵袭组织，引起阿米巴痢疾和阿米巴脓肿。犬、猫、猪、鼠及其他灵长类均可感染，多为隐性带虫。

13.蓝氏贾第鞭毛虫(*Giardia lamblia*) 是我国常见的寄生原虫，可引起人和动物贾第毛虫病。患者和带虫者为传染源。人和动物感染主要通过被粪便中包囊污染的饮水、食物、用具和饲料所致。包囊污染的水源可在外界存活较长时间，且对氯的抵抗力很强。临床表现为腹痛、腹泻等症状，并可导致脂溶性维生素缺乏，为旅行者腹泻的常见病原之一，儿童感染率较高。动物多为隐性感染，有时表现为腹泻。

14.隐孢子虫(*Cryptosporidium*) 隐孢子虫是20世纪初发现的一类引起哺乳动物腹泻的世界性原虫，广泛存在于哺乳类、鱼类、鸟类和爬行类等近40余种家养和野生脊椎动物中。与人类腹泻有关的病原体主要有鼠隐孢子虫和小隐孢子虫。现已证实，隐孢子虫主要通过水传播引起水源性暴发。目前，隐孢子虫已成为美国腹泻病六大病因之一，国外发展中国家腹泻病人中的感染率为4%～20%，发达国家为0.6%～20%，我国为1.4%～13.3%。迄今已有74个国家，至少300个地区有本病的存在。病人、病畜和带虫者的排泄物和呕吐物中含有包囊，通过污染水源、食品或饲料感染人和动物。临床症状主要为腹泻、水样便和黏液稀便，严重的可引起死亡。

15.日本血吸虫(*Schistosoma japonicum*) 日本血吸虫属分体科吸虫，寄生于人和牛、羊、猪、犬、猫、兔、猴及鼠类等多种哺乳动物的门脉系统。日本血吸虫病是一种危害严重的人兽共患寄生虫病。血吸虫病广泛分布于亚洲、非洲和拉丁美洲的76个国家和地区，全世界有6亿人受威胁，受感染者约1.5亿。新中国成立初期曾广泛流行于我国长江沿岸及以南有中间宿主钉螺的13个省(市、自治区)，病人多达1 100多万，有些地区耕牛感染率高达60%～92.2%，危害十分严重。新中国成立后，疫情很快得到了控制或消灭。但近几年局部地区血吸虫病稍有回升趋势。本病传播的三个基本环节是含血吸虫的卵污染水源，螺钉的存在以及人畜接触疫水。

16. 肠道病毒属肠道病毒(Enterovirus) 主要在肠道内生活繁殖。人类肠道病毒的种类有脊髓灰质炎病毒(Poliovirus)、柯萨奇病毒(Coxsackievirus)、埃可病毒(ECHO virus)和新型肠道病毒等。水中病毒以肠道病毒最多,占75%。病毒对外界环境抵抗力强,存活时间较久,在污水中可存活3个月左右。儿童对其容易感染,且感染剂量较低。肠道病毒引起的感染临床表现多种多样,同一种病毒可引起不同表现,同一种表现可由不同病毒引起。肠道病毒71型(EV71)自1974年首次报道以来,已在世界范围内引起十多次暴发与流行,1998年我国台湾地区EV71感染大暴发,近几年来我国南方也有局部流行的报道。

17. 肝炎病毒(Hepatitis virus) 肝炎病毒可引起水源性暴发,其中甲型肝炎病毒(HAV)属新肠道病毒72型,在污水和甲肝患者的粪便内可存活较长时间,主要通过水进行传播,引起甲肝传染。1971—1978年间,美国发生224起水源性疾病暴发流行,其中12起是HAV引起的。1988年上海等地区的甲型肝炎暴发流行,其原因是食用了被病毒污染的毛蚶,发病达40余万人,47人死亡,经济损失17亿元。

戊型肝炎(Hepatitis E,HE)也是一种可引起水源性暴发的肝炎。戊型肝炎病人和实验动物在潜伏期末和急性期可随粪便排出大量病毒,成为传染源。通过饮用病毒污染的水或生活密切接触在人群中传播。世界上首次有记载的HE流行发生于1955年12月至1956年1月印度新德里,该次暴发是由于自来水系统被粪便污染而引起,共计发病97 000例,其中29 000例为黄疸型肝炎。至今已发生十余起。我国自1982年起即有关于HE暴发的报道,1986年9月至1988年4月,新疆南部地区发生HE流行,共计发病119 280例,死亡707例,是迄今为止世界上最大的一次HE流行,造成了重大的经济损失,严重影响了社会秩序和民心的安定。

人类对戊型肝炎病毒普遍易感,主要侵犯青壮年,儿童和老年人发病较少,孕妇感染可有11%~16%的病死率,戊型肝炎流行有明显的季节性,多发生于雨季或洪水后。我国新疆和田地区多有戊型肝炎暴发流行,主要由于饮用不洁的沟渠水所致。

HE有流行型和散发型两种流行类型,前者多通过污染的水和不洁食物传播,多发于雨季和洪水暴发后。世界各地的多种动物如猪、鼠、鹿、猴、牛、羊、鸡、犬等中均存在天然HEV感染,提示动物在戊肝病毒的传播中可能发挥作用,越来越多的研究发现猪HEV可通过越种传播,接触猪可能增加人群戊肝病毒的感染风险[3,4]。戊肝已引起亚洲和非洲的许多发展中国家暴发急性肝炎,在美国和欧洲的发达国家,也出现了散发的戊型肝炎病例。粪—口感染是戊型肝炎的主要传播途径。

18. 轮状病毒(Rotavirus) 轮状病毒是幼龄动物非细菌性腹泻的主要病源之一。是世界范围内婴儿重症腹泻最重要的病原,是婴幼儿死亡的主要原因。感染动物粪便中排毒量大,对外界抵抗力强,易经水和污水传播,每年发展中国家有600万婴儿因病毒污染水而患此病。

二、土壤生物性有害因子对健康的危害

(一)土壤生物性污染的卫生学意义

土壤中可能存在有多种病原微生物,尽管土壤不具备病原体生活的良好条件,但它们仍可存活一定时间,在条件适宜的时候,可以通过不同途径传播各种疾病。土壤微生物可形成带菌气溶胶污染空气,如生态恶化,沙尘暴发生,人类大量吸入带菌尘土引起肺部疾患;通过污染农作物,不仅引起农作物腐败,还可使人吸入带菌粉尘而致病;也可通过污染果蔬等引起肠道传

染病；通过污染水源导致水传疾病发生；此外带菌土壤经皮肤感染，如炭疽杆菌、钩端螺旋体，破伤风梭菌、肉毒梭菌和产气荚膜梭菌等均可通过破损的皮肤感染。由此可见，控制土壤生物污染对保护人类和动物健康有着重要的意义。

（二）土壤中常见的生物性有害因子及对健康的危害

1. *引起细菌性肠道传染病的病原体*　引起土壤污染的肠道致病菌主要有沙门氏菌、志贺氏菌、霍乱弧菌和致病性大肠杆菌等，不仅引起肠道内感染，而且还可以造成肠道外感染。人和动物体排出的病原体直接或经施肥与污水灌溉等污染土壤，在污染的土壤上种植蔬菜瓜果，人与污染的土壤直接接触或生吃此类蔬菜瓜果就可患肠道传染病。

2. *肠道病毒*　土壤中的肠道病毒主要来自人的排泄物和生活污水的污染。病毒进入土壤后就吸附在土壤的颗粒上，能够存活相当长时间并保持其感染性。污泥和土壤的病毒学检查证明，有70%以上的污泥样品和11%左右的用污水灌溉的土壤样品含有肠道病毒。土壤中可能存在病毒有脊髓灰质炎病毒、柯萨奇病毒、埃可病毒和肝炎病毒等，可引起人类脑炎、脊髓炎、心肌炎、肝炎的暴发和流行。长期存在于土壤中的病毒可能在蔬菜生长和成熟过程中进入蔬菜和作物组织内部，通过未充分加热的食物而引起感染。

3. *肠寄生虫*　土壤是某些蠕虫卵或幼虫生长发育过程中必需的一环，所以土壤在传播寄生虫病上有特殊的流行病学意义，常见的蠕虫病感染有蛔虫、钩虫、鞭虫等。蛔虫卵囊在温带土壤中可存活2年以上，在我国农村有很高的感染率，侵入人体引起消化道炎、肠梗阻、蛔虫性阑尾炎、胆道蛔虫病等，重者导致肠穿孔。钩虫的丝状蚴通过污染的土壤，经汗腺孔或较薄的皮肤钻入，引起贫血。

4. *破伤风梭菌（Clostridium tetani）*　破伤风梭菌引起的破伤风是一种急性中毒性人兽共患病。临床上以骨骼肌持续性痉挛和神经反射为症状，人感染后死亡率极高。该菌广泛分布于自然界，在土壤和人与动物的肠道中都有存在。破伤风梭菌在土壤中可形成芽孢，因此在土壤中可存活几年以上。有文献报道，土壤中破伤风梭菌检出率3%～24%，人通过伤口接触了污染有破伤风梭菌的土壤后，在一定条件下可感染破伤风梭菌。

5. *气性坏疽病原体*　气性坏疽是严重的创伤感染性疾病，引起本病的病原体包括产气荚膜梭菌、诺维梭菌、腐败梭菌等。由于人、畜粪便污染土壤，这些病原体可形成芽孢，长期存在于土壤之中。有人报道，产气荚膜梭菌在土壤中的检出率为100%。人和动物的创口接触了污染此菌的土壤后，便有可能发生气性坏疽，严重的可引起死亡。

6. *肉毒梭菌（Clostridium botulinum）*　肉毒梭菌在温血动物肠道内生活，随粪便排出，污染土壤，形成芽孢后长期存在于土壤之中，该菌在食物和饲料中可产生大量的毒素，引起人和动物的中毒，死亡率很高。

7. *炭疽杆菌（Bacillus anthracis）*　炭疽杆菌是炭疽的病原体，在土壤中可形成芽孢，对各种环境都有很强的抵抗力，在土壤中甚至可存活30年以上。在一个地区如果家畜患炭疽病，处理不当，就会在相当长的时间内引起本病的不断传播。主要引起食草动物的肠炭疽、皮肤炭疽等。人接触了污染的土壤、物品等可引起皮肤炭疽、肺炭疽、肠炭疽，并发败血症时常引起急性脑膜炎，死亡率极高。此外，炭疽芽孢杆菌还存在于牲畜皮毛中，其芽孢飘浮于空气中引起原发性肺炎。

8.布氏杆菌(*Brucella*)　布氏杆菌是人和动物布氏杆菌病的病原体。该病是一种可累及全身多个系统并有潜在致命危险的动物源性传染病。我国20世纪80—90年代初期曾得到较好控制,90年代中后期,疫情有所回升,2003年人发病率达0.48/10万,部分省区出现暴发和流行。羊、牛、猪是人类布氏杆菌病的重要传染源,患病动物排泄物进入土壤,在其中可存活180 d,人接触了污染土壤后可以患病。还可以通过接触病畜的皮毛、脏器、胎盘、羊水、乳汁、尿液,或生食肉类或奶感染。

9.霉菌　土壤中真菌不仅数量大,而且种类繁多,在42%土壤样品中可找到皮肤病霉菌,如黄癣菌属、头癣菌属、小孢子菌属和表皮癣菌属等,土壤在传播浅部皮肤霉菌感染病中起重要作用。除此之外,土壤中也存在一些引起深部真菌感染的真菌,如白色念珠菌、新型隐球菌、曲霉菌和组织胞浆菌等。土壤中的产毒霉菌污染粮食作物后,可发生人、畜的真菌毒素中毒症。

三、空气生物性有害因子对健康的危害

(一)空气生物性污染的卫生学意义

空气中生物性有害因子是通过气溶胶的形式进行传播,引起人和动物感染发病的。空气中的尘埃、飞沫、飞沫核是病原微生物附着的介质,这些含病原微生物的固体或液体微小颗粒,分散悬浮于空气中,形成微生物气溶胶(microbial aerosol)。微生物气溶胶可几小时、几天甚至更长的时间随风飘浮在空气中,而且能传送相当的距离。口蹄疫病毒可在室外由空气传播6 km左右,Q热病原可从一个牧场由空气传给10 km以外的另一个牧场,炭疽芽孢的气溶胶可在室内外造成人畜吸入感染。研究证实SARS飞沫传播和近距离接触是最重要的传播途径,其传播与空气可吸入颗粒污染浓度密切相关。国内外大量的调查研究证实,空气微生物气溶胶是引发各种中毒、感染和过敏疾病的主要原因之一,如头痛、发烧、哮喘、过敏性肺炎、过敏性皮炎以及传染性疾病。有些抵抗力强的病原体,特别是植物病原体可造成几千千米的空气传播。可以说人类及动植物经常处于微生物气溶胶的环境中。因此,在一定条件下,微生物气溶胶对人类健康、农业、畜牧业和工业生产的危害都是很严重的。

(二)空气中常见的生物性有害因子及对健康的危害

1.结核分支杆菌(*Mycobacterium tuberculosis*)　结核分支杆菌主要经飞沫、飞沫核、尘埃的吸入引起肺结核。结核病在历史上曾经是引起人、畜死亡最多的疾病之一。细菌在干燥痰中能存活6～8个月,在尘埃上8～10 d仍有传染性。剧院、商场、旅客车厢、候车厅等公共场所以及养殖场都可能成为结核病传播的场所。此外,结核杆菌也能经水传播。

结核病是当今严重威胁人类健康的公共卫生问题,据世界卫生组织公布资料,2000年度全世界因结核致死人数达220万,占世界总死亡人数的4%,全世界有20亿人感染过结核分支杆菌,每年大约有800万新结核病患者产生,一个具有传染性的结核病患者每年可导致5～10人感染结核分支杆菌。目前,结核病对全人类的生命健康威胁仍然十分严峻。

2.化脓性球菌(purulent bacterium)　主要是葡萄球菌和链球菌,此类细菌在空气和动物鼻咽中广为存在,人和动物鼻腔分泌物、皮屑、灰尘等均可将其播散至空气中,主要引起上呼吸道感染,也可引起化脓性炎症和败血症。

3. 高温放线菌属(*Thermoactinomyces*) 高温放线菌存在于谷尘、稻草中,引起“农民肺”(famer's lung)即外源性过敏性肺泡炎。我国大部分地区产稻米,仅以 1%的发病率估计,全国就有 200 万以上农民受此病的威胁。“蔗渣尘肺”是由于反复吸入发霉含有高温放线菌的蔗渣尘所引起的一种以呼吸道症状为主的变态反应性疾患。

4. 流感病毒(influenza virus) 该病毒的各型可借飞沫而达呼吸道,造成气管炎、支气管炎、细支气管上皮细胞坏死等,继发细菌感染可引起肺炎。流感在世界上有过多次大流行,并引起众多人死亡,高峰在冬季,波浪式连续发生。病毒变异大,每隔四年左右,由于病毒的遗传变异而产生新的亚型,便发生一次大流行,给疫苗的研制也带来困难。禽流感近年来已在多个国家暴发和流行,严重地打击了全球养殖业,经济损失巨大。人禽流感死亡率极高,如何遏制人禽流感的暴发将是 21 世纪人类面临的最大挑战之一。

5. 流行性出血热病毒(epidemic hemorrhagic fever virus,EHFV) 引起肾综合征出血热(HFRS),中国和日本称流行性出血热(EHF),是世界广泛流行的自然疫源性病毒传染病。新近确认此类传染病是由布尼亚病毒科(Bunyaviridae)汉坦病毒(hantavirus)感染所致,病人临床表现复杂,但一般都有蛋白尿和氮质血症。病毒传染给人主要是由于吸入了隐性感染鼠类所排放的病毒气溶胶缘故,少数可经皮肤、黏膜接触感染。

6. 经空气传播的常见真菌 真菌是一种重要的吸入性过敏原,常引起呼吸道过敏症。真菌也是某些职业性超敏反应性疾病的病原,如“棉尘热”,由毛霉属真菌引起的多发生在剥、轧霉棉的农民,表现为呼吸窘迫、干咳、发热等症状。蘑菇孢子引起蘑菇种植者所患的过敏性肺泡炎。一些土壤真菌,经呼吸道吸入感染,多为无症状感染,但也发生致死性感染。此类真菌有酷厌球孢子菌(*Coccidioides immitis*)、荚膜组织胞浆菌(*Histoplasma capsulatum*)、皮炎芽生菌(*Blastomyces dermatitidis*)、巴西副球孢子菌(*Paracoccidioides brasiliensis*)、新型隐球菌(*Cryptococcus neoforans*)以及各类曲霉菌等。

7. 尘螨 尘螨(house-dust mite)是引起Ⅰ型变态反应的一种变应原,长期吸入尘螨致敏成分的易感人群引起哮喘和过敏性鼻炎及皮肤过敏等。尘螨为世界性分布,广泛存在于畜舍、居室、被褥、枕头及纤维衣物上,研究证实,尘螨变应原不但存在于尘螨本身,也存在于尘螨排泄物和分泌物中,通过空气传播进入机体,由于反复接触而致敏。

8. 花粉 花粉可引起花粉病(pollenosis),亦称枯草热(hay fever),是由于具有特异性体质已致敏人员吸入空气中的致敏性花粉所引起的一种呼吸道变态反应性疾病,主要症状为鼻炎、哮喘等。

空气中微生物在医院内感染中也起到重要作用,常引起住院病人的感染,甚至造成死亡。肺炎支原体在近几年的感染也呈上升趋势。

四、环境的其他生物性有害因子对健康的危害

还有其他一些生物性危害因子,如节肢动物、鼠类、软体动物等,这类生物有害因子即可作为媒介生物又可作为传染源和易感动物,可引起疟疾、丝虫病、血吸虫病、乙脑、革登热、莱姆病、黄热病、海绵状脑病、鼠疫、炭疽、猪链球菌病等传染病的流行。蛇、蝎、蜘蛛和蜂等的毒液可使人和动物中毒。有些植物及其产生的各种有毒物质,可能进入人畜食物链或医疗系统,使食物和药物污染,而使人、畜中毒、致病、致死。宠物的皮毛及毛内尘埃、节肢动物的叮咬也可使人产生过敏反应。

第三节　环境生物性有害因子的预防与控制

一、水体生物性有害因子的预防与控制

天然水常含有多种微生物,特别是病原微生物在水体卫生中具有重要意义。为了保证水的卫生质量,应对不同类型的水质进行微生物的检测。由于水中致病菌含量少,而且检测难度较大。因此,需要针对病原微生物的共同特性,尽可能找到一个或两个有代表性的微生物学指标,其指标可在一定程度上反映所有病原微生物的污染状况,而且要求该指标检测方便。这种具有代表微生物污染总体状况的菌种称为指示菌。地表水的指示菌选用细菌总数和总大肠菌群数。前者反映地表水受微生物污染的总体情况,后者反映受病原微生物污染的情况。

当地表水受到人畜粪便、生活污水或工业废水污染时,水中细菌可大量增加,所以细菌学检查特别是粪便污染指示菌检查,可作为水体受粪便污染的直接指标,在水质的卫生学评价中具有重要意义。在实际工作中,检查水中细菌总数和大肠菌群数可间接评价水质污染情况。

(一)水中生物性有害因子检测与卫生指标

1. 水的细菌学指标

(1)细菌总数(bacteria count)　指 1 mL 水在普通琼脂培养基中经 37℃培养 24 h 后生长的细菌菌落数。它可以反映水体受微生物污染的程度,水体污染愈严重,水的细菌总数愈多。细菌总数增多,说明水受到微生物污染,但不能识别其来源,必须结合大肠菌群指标来判断污染来源及安全程度。因此细菌总数可作为水被微生物污染的参考指标。我国《生活饮用水卫生标准》(GB 5749—1985)规定细菌总数不得超过 100 个/mL,1994 年将其限值修订为 100 cfu/mL(cfu 为菌落形成单位),2001 年的《生活饮用水卫生规范》仍沿用该限值。

(2)总大肠菌群(coliform bacteria)　是指一群需氧及兼性厌氧的在 37℃生长时能使乳糖发酵、在 24 h 内产酸产气的革兰氏阴性无芽孢杆菌。人和其他温血动物肠道内均存在大量的大肠菌群细菌,在土壤、水等自然环境中也可存在大肠菌群细菌。由于人和动物粪便中存在大量的大肠菌群细菌,因此这种细菌可作为粪便污染水体的指示菌。总大肠菌群是评价饮用水水质的重要指标。我国《生活饮用水卫生标准》(GB 9749—1985)中规定每升水不得超过 3 个。参照 1984 年和 1993 年世界卫生组织《饮用水水质准则》,在 1994 年拟修订的标准和《生活饮用水卫生规范》(2001)中规定任意 100 mL 水样中不得检出总大肠菌群。

(3)粪大肠菌群(faecal coliform)　为了与土壤等自然环境本身存在的大肠菌群区别,将培养温度提高为 44℃,在此条件下仍能生长并发酵乳糖产酸产气的大肠菌群细菌,称为粪大肠菌群。粪大肠菌群来源于人和温血动物粪便,检出粪大肠菌群表明水已被粪便污染,故它是判断水质是否受粪便污染的重要指标。我国《生活饮用水卫生标准》(GB 5749—1985)未规定此项目,在 1994 年修订标准中将该项目作为拟增项目,在 2001 年的《生活饮用水卫生规范》中,正式将其列为常规检验项目。参照 1993 年世界卫生组织《饮用水水质准则》的建议值规定任意 100 mL 水样中不得检出粪大肠菌群。我国 2003 年施行的《城镇污水污染物排放标准》(BG 18918—2002)中规定日均最高允许粪大肠菌群数排放浓度为 10^3 个/L。根据《地表水环境质量标准》(GB 3838—2002)规定,地表水粪大肠菌群数Ⅰ类为 200 个/L。

此外，在判断污染的来源时还可参考粪大肠菌群与肠球菌(enterococcus)的比值来评价。某一水体的粪大肠菌群与肠球菌比值大于4.1时认为是家庭污水所污染，小于0.7则提示系人以外其他畜、禽来源污染，在此两数字之间意味着来自人及动物的废水的混合污染。有的学者主张在粪大肠菌群与肠球菌阴性时，可检查产气荚膜梭菌作为远期污染的指示菌。

2.致病菌　水质受粪便污染时，水中也可能存在致病菌，如沙门氏菌、志贺菌、结核菌等。检验致病菌对了解病原，采取针对性措施具有一定的价值。我国《医疗机构水污染物排放标准》(GB 18466—2005)规定传染病、结核病医疗机构水污染物排放限值为不得检出结核杆菌。

3.水中病毒　关于饮用水中病毒的指标微生物问题，目前尚无统一标准，已正式将病毒学指标列为水的卫生学检查标准的国家并不多，对水中病毒研究的资料较少，检测方法也有待改进，我国尚未列入国家标准。1978年WHO专家小组建议：饮用水中应尽可能不含有肠道病毒，为此应用最灵敏的方法检测，100～1 000 L水样中应尽可能地不含有肠道病毒。

(二)水体生物性有害因子的控制

为防止水体污染，保护水体特别是城镇生活饮用水水源的卫生状况及保证居民健康，必须加强水体卫生防护。大力推行洁净生产技术，从末端治理转向源头预防，是防止水体污染的根本性措施。认真做好工业废水利用和生活污水的利用和处理，也是保护和改善水体水质卫士状况的重要措施。

1.推行“清洁生产”开展污染源头预防　根据联合国环境署提出的概念，清洁生产工艺和产品不断运用一体化的预防性环境战略，以减少其对人和环境的风险。清洁生产包括节约原料和能源，消除有毒原料，并在一切排放物和废物离开工艺之前削减其数量和毒性；在整个生产程中从原材料提取到产品的最终处置，均应减少危害。清洁生产是一种预防性方法，它要求在产品或工艺的整个寿命周期的所有阶段，都必须考虑预防污染，或将产品或工艺过程中对人体健康及环境的短期或长期风险降至最小。污染源头预防是指污染物尚未对水体造成污染之前采用积极有效的措施，防止污染物进入水体，而不是在污染发生后再采取措施进行治理(即所谓的末端处理)。

2.工业废水的处理与利用　工业废水是指工业企业生产过程中排放的废水。工业废水成分复杂，不仅含有大量的无机物和化学有机物，而且食品厂、制革厂、屠宰场、制药厂、生物制品厂等排出的废水中含有大量的生物性污染物，必须进行处理后加以利用。废水处理方法按作用原理可分为物理法、化学法、物理化学法和生物法。按处理程度可分为废水的一级处理、二级处理和三级处理。其中生物处理法主要用于处理污水中沉淀污泥和高浓度有机废水如肉类、食品加工厂废水、屠宰场废水等。生物处理后的污泥和废水中的致病菌、寄生虫卵减少，臭味显著减弱，肥分易被农田吸收。但屠宰场和肉品加工厂废水在经过生物处理后还含有大量的病原微生物，需经过药物处理，如氯消毒法，方可排出。

3.养殖场污水和生活污水的处理与利用　养殖场污水和生活污水主要为纤维素、油质、蛋白质及其分解产物，适合多种微生物繁殖、含有大量的细菌和病原，这些污水必须通过城镇污水处理系统后方能排入水体。其处理方法常用物理处理(格栅、筛网、沉淀池等)和生物处理(活性污泥法、生物滤池法)。对于未建污水处理厂的城镇及农村，应构建化粪池，生活污水和粪便排入化粪池后，在池内保留12～24 h，流出的污水方可排入城镇水道。粪便污水的杂质下沉为污泥，进行厌氧发酵3～6个月，此时病原微生物和寄生虫的芽孢成虫卵就会被杀灭。

具体实施时，应按照《污水综合排放标准》(GB 8978—1996)执行。

4.兽医院和医院污水的处理 兽医院和医院污水的特点是含有大量病菌、病毒和寄生虫卵。即使经机械和生物学净化，很难使细菌达到排放标准要求，因此，这类污水必须进行处理和消毒，我国对医院污水处理常采用化学消毒法，最普遍的是使用液氯、次氯酸钠、漂白粉，部分也用臭氧，以上消毒法均能达到满意的效果。处理后的粪便再冲入化粪池，经化粪池处理后，进入沉淀池，沉淀后上层污水再采用化学消毒法消毒。医院污水处理过程中的污泥也必须经过无害化处理。未经消毒或无害化处理的污水、污泥，不准随意排放或用做农肥。具体实施时，应按照《医疗机构水污染物排放标准》(GB 18466—2005)和我国卫生部门对污泥制定的排放标准严格执行。

二、土壤中生物性有害因子的预防与控制

(一)土壤中生物性有害因子检测与卫生标准

土壤中生物有害因子主要是细菌和寄生虫，检验目的在于测定土壤污染的性质和污染程度，为规划建设、改善环境卫生及放牧提供卫生学依据。

1.大肠菌群值 是指检出一个大肠菌群细菌所需最少土样量，以 g 表示。它是代表人畜粪便污染的主要指标，也是代表肠道传染病危险性的主要指标。大肠菌群值与大肠菌群数之间的关系如下：

$$\text{大肠菌群值}=\frac{1\ 000}{\text{大肠菌群数}}$$

2.产气荚膜梭菌值 是指检出一个产气荚膜梭菌的最少土样量，以 g 表示。它也是代表粪便污染的指标。因为产气荚膜梭菌可以芽孢的形态在土壤中存活时间比大肠杆菌长。所以，研究它和大肠菌在土壤中数量的消长关系就可以判定土壤受粪便污染的时间长短。例如，土壤中产气荚膜梭菌多(或产气荚膜梭菌值小)而大肠菌相对的少，则表明土壤的污染是陈旧性的。反之，则表明是新鲜污染，危害性较大。其换算公式为：

$$\text{产气荚膜梭菌值}=\frac{1\ 000}{\text{产气荚膜梭菌数}}$$

3.蛔虫卵数 它对判定土壤污染有重要意义，因为它可以直接说明在流行病学上是否对健康有威胁。根据蛔虫卵在土壤中的不同发育阶段以及活卵所占的百分比来判断土壤的自净程度。例如，大部分蛔虫卵是死卵，表明土壤已达到自净，危险性较小。

土壤生物性污染的评价指标及卫生分级值见表 3-1。

表 3-1 土壤卫生状况评价指标

卫生状况	大肠菌群值/g	产气荚膜梭菌值/g	蛔虫卵/(个/kg)
洁净	>1.0	>0.1	0
轻度污染	1.0～0.01	0.1～0.001	<10
中度污染	0.01～0.001	0.001～0.000 1	10～100
重度污染	<0.001	<0.000 1	>100

(二)土壤中生物性有害因子的控制

人畜粪便、动物尸体、污水、污泥、垃圾和医院废弃物等是土壤生物性污染的主要来源，可引起人和动物肠道细菌、病毒性疾病和寄生虫病的发生和传播，因此，必须有效防止这些致病微生物污染土壤。

1. 粪便无害化处理和利用　粪便无害化处理是控制肠道传染病、增加农业肥料和改革土壤的重要措施。收集和处理粪便分为流出和运出两个系统。流出系统是指粪便由下水道流入城市污水系统并处理。运出系统是指无下水道地区，用运输工具运出后处理。城市公共厕所应符合《城市公共卫生厕所卫生标准》(GB/T 17217—1998)标准。人畜粪便应用粪尿混合发酵法、堆肥法和沼气发酵法进行无害化处理，具体实施应按照《粪便无害化卫生标准》(GB 7959—1987)有关规定进行。

2. 垃圾无害化处理和利用　城市垃圾成分复杂，基本上分为两大类：无机垃圾和有机垃圾。有机垃圾包括厨房废弃物如菜根、菜叶、鱼肉骨头、蛋壳，果皮树叶杂草，动物尸体、牲畜粪便等；无机垃圾包括炉渣、煤灰、建筑垃圾、废旧金属、塑料橡胶废品的等。有机垃圾较易腐败，常含有病原体，在卫生学和流行病学上危害较大，必须进行无害化处理和充分利用。无机垃圾在卫生学上危害性不大，可作为建筑材料和废品回收等加以利用。有机垃圾的处理方法主要有堆肥法、填埋法和焚烧法。堆肥法是将垃圾、粪尿、植物杂草等混合物堆积起来，既能使有机垃圾得到无害化处理，又能产生大量的肥料。焚烧法主要用于医疗、屠宰场、兽医院、科研机构含大量病原体的废弃物，无害化进行的最彻底。

三、空气中生物性有害因子的预防与控制

(一)空气中生物性有害因子检测与卫生标准

空气卫生标准主要是微生物学标准，是以细菌为代表的。因病毒测定技术要求较高，在一般实验室难以使用。细菌选用的指标是菌落总数，结果表示法为 cfu/皿或 cfu/m^3。空气中微生物的采集方法主要有自然沉降法、惯性撞击采样法、过滤阻留式采样法和静电沉着类采样法4种类型。

空气中细菌的卫生标准，世界各国不统一，原因是制定这些标准尚存在困难。现行的标准往往是根据空气中实测得的细菌数和流行病学观察结果而制定的。

我国公共场所空气卫生细菌学标准如表3-2所示。

表3-2　我国公共场所空气卫生细菌学标准(GB 9663—9673—1996，GB 16153—1996)

撞击法 cfu/m^3	沉降法 个/皿	适用范围
≤1 000	≤10	3～5星级宾馆、饭店
≤1 500	≤10	2星级以下宾馆及非星级带空调宾馆、饭店
≤2 500	≤30	普通饭店、招待所、酒吧、茶座、咖啡厅、图书馆、博物馆、美术馆、飞机客舱
≤4 000	≤40	影剧院、音乐厅、录像厅(室)、游艺厅、舞厅、理发店、美容院(店)、游泳馆、医院候诊室、候机室、旅客列车车厢、轮船客舱、饭馆(餐厅)
≤7 000	≤75	展览馆、商场(店)、书店、候车室、候船室

由于空气中病原微生物含量较少和直接从空气中培养病原微生物的技术复杂，检出率低。故通常不用病原微生物作为空气污染的指标，而多采用空气中细菌总数及溶血性链球菌和草绿色链球菌作为室内空气质量的评价指标。（参见表 3-3，系前苏联参考指标），我国 2001 年实施的《室内空气中溶血性链球菌卫生标准》(GB/T 18883—2002)规定室内空气中溶血性链球菌不得超过 20 cfu/m^3。按 2003 年实施的《室内空气质量标准》(GB/T 18883—2002)规定要求，室内细菌总数≤2 500 cfu/m^3。

表 3-3 居室内空气卫生细菌学评价的参考指标

空气评价	夏季标准		冬季标准	
	细菌总数（个/m^3 空气）	绿色和溶血性链球菌（个/m^3 空气）	细菌总数（个/m^3 空气）	绿色和溶血性链球菌（个/m^3 空气）
洁净空气	<1 500	<16	<4 500	<36
污染空气	<2 500	>36	>7 000	>124

(二)空气中生物性有害因子的控制

风沙、动植物以及人类的活动不断向大气中输入微生物粒子，要求大气中完全消除微生物是不可能的也是没有必要的。大气中的微生物多属非致病性，因此对被微生物污染的大气，最好的防制对策是通过从全局出发，结合城镇规划，合理考虑工农业布局，特别是畜牧场、屠宰场、兽医院、皮革厂等，将其建在最小风向频率的上风侧及河流下游，并与居民点保持一定距离。建立完善的城市绿化系统和生产绿地，以阻挡、滤除和吸附风沙、灰尘，吸收有害气体。加强居民区内局部污染源的管理，特别是废品堆放处和垃圾箱。

就与人的关系来讲，室内空气中应不存在微生物，更不能存在有害病原微生物。而实际上这是极其困难的。即使是医院手术室也不能例外，只是微生物的数目必须控制在不能引起感染的最低范围内就可以了，控制室内或动物圈舍微生物常用以下几种方法：

1. 控制污染源　防止空气传播性疾病，家畜饲养场要经常进行预防性消毒，建立良好的生物安全体系，发病动物和疫点要严格按照《中华人民共和国动物防疫法》执行。传染病院要注意隔离病人，严格消毒。养成不随地吐痰等良好的卫生习惯。兽医院和医疗单位的地面使用消毒剂浸泡过的工具作湿式清扫或使用吸尘器。

2. 物理通风法　公共场所、室内和动物圈舍要经常通风换气，使空气流通。按通风的动力来源，可分为自然通风(natural ventilation)和机械通风(machine ventilation)。

3. 空气消毒　紫外线照射法可有效地杀灭空气中微生物，良好的日照条件有助于保持空气的清新。在医院、病房、无菌室、兽医院、动物饲养消毒室等可安装紫外线灯进行消毒。密闭的室内也可用化学消毒剂喷雾或熏蒸，如 0.2%过氧乙酸、3%过氧化氢、臭氧消毒法、福尔马林熏蒸法等。还可使用负离子发生器，通过自身形成的电场来吸附空气中被感应带电的尘粒或悬浮的微生物粒子，从而达到空气清新、净化的作用。

思　考　题

1. 简述环境生物性有害因子的卫生学意义。
2. 分析可能的环境生物性污染来源及危害健康的途径。

3. 细菌总数、总大肠菌群、粪大肠菌群在作为水卫生指标各有什么特点？
4. 土壤的卫生学指标有哪些？各代表什么含义？
5. 检验空气中微生物常采用哪些采样方法？卫生指标有哪些？
6. 试述控制水体生物性污染采取的具体措施。
7. 试述控制土壤生物性污染可采取的具体措施。
8. 试述控制空气生物性污染可采取的具体措施。

第四章　环境化学因子与健康

环境化学因子污染是指各种有毒、有害化学物质对环境的污染，常见的化学因子污染有有害金属和非金属、农药、兽药、合成洗涤剂、饲料添加剂、食品添加剂及其他有毒有害的化合物。

环境中分布广泛且对人体健康危害严重的化学因子复杂多样、危害面大。人类处于环境生物链中最高营养级，因此化学因子一旦进入环境，会直接或间接的影响到人类的生存环境质量，甚至通过食物链进入人体而损害人类健康。

生物富集作用与食物链是造成环境中化学因子危害人类健康的重要原因。生物富集作用又叫生物浓缩，是指生物体通过对环境中某些元素或难以分解的化合物的积累，使这些物质在生物体内的浓度超过环境中浓度的现象，生物富集作用随着食物链的延长而加强。食物链是生态系统中各种生物之间以食物营养关系彼此联系起来的序列，在生态系统中，一种生物以另一种生物为食物来源，而另一种生物又以第三种生物为食物来源，由此在多种生物之间形成一个以食物关系连接起来的连锁关系，就称为食物链。与人类关系密切的食物链有两条：一条是陆生生物食物链，即土壤—农作物—畜禽—人类；另一条是水生生物食物链，即水—浮游植物—浮游动物—鱼贝类—人类。环境中化学物质就沿着这两条食物链在生物体间转移，而在转移的过程中，则发生不同程度的生物富集。

第一节　环 境 激 素

环境激素主要是指存在于生物机体之外的、具有与人和生物内分泌激素作用类似的物质，有时能引起生物内分泌紊乱，又称环境荷尔蒙。

随着工业的发展，大量环境激素在制药、塑料制品、添加剂生产、除草剂的使用和垃圾处理等过程中不断释放，对生态环境造成了巨大危害。到目前为止，已经列入“环境激素”的化学物质有 72 种，其中包括二噁英、苯乙烯、多氯联苯、三丁锡和三苯锡涂料、DDT 等，不少除草剂和用于塑料、树脂原料及洗涤剂的化学物质也在此列，环境激素是继臭氧层破坏、温室效应之后的又一全球性环境问题，由于环境激素毒性作用剂量小，潜伏期长，其危害常常表现为对物种和生态环境产生灾害性的影响。

一、环境激素物质的特点

（一）持久性

环境激素大多是脂溶性物质，进入生物体后不易排出，在环境中也不易分解；并且能通过食物链逐渐放大，因此，环境激素在环境中的存在具有持久性。

（二）潜伏性

一般环境污染物积累到一定数量后才会产生毒害作用，而环境激素则不同，即使它的浓度极低，也可能绕开血液的自然保护与受体结合。同时环境激素污染作用暴发可能有一个较长的潜伏过程，往往在人意识不到的情况下威胁就突然来临。

（三）危害范围广

多数“环境激素”物质不易分解，可在食物链中循环，又可随风扩散，因此，不管其原生地在哪里，都会形成区域性或全球性的威胁。

二、环境激素的危害

（一）影响机体正常的内分泌功能

1. *具有内源性激素的活性*　“环境激素”物质进入生物体内，可产生内源性激素样作用，如烷基酚类化合物可以阻止雌二醇与雌激素受体结合，并能够将雌激素受体上已结合的激素取代下来；从苯乙烯塑料试管中游离出来的壬基苯酚可以诱发乳腺癌。

2. *作用于生物体的生殖腺，影响性激素的分泌*　在雄性生殖系统中，由于生精细胞的快速分裂繁殖使得睾丸对环境毒素非常敏感，如金属铅、镉和许多农药对睾丸有较强的毒性作用；在雌性生殖系统中，环境激素可以影响卵巢内卵泡的发育和成熟、性激素的合成与释放；有机氯农药对生殖机能的影响主要表现在使鸟类产蛋数量减少，蛋壳变薄和胚胎不易发育；对哺乳动物大鼠的影响是损害精子和使大鼠的受孕和生殖能力明显降低。

3. *通过影响肝肾代谢功能，改变体内的激素水平*　如有机磷、有机氯农药可以诱导肝脏甾醇羟化酶、微粒体酶，从而加速内源性激素的代谢和排泄。此外，有机氯农药对其他一些酶也有一定影响，艾氏剂和狄氏剂可使大鼠的谷丙转氨酶和醛缩酶的活性增高，DDT 对 ATP 酶有抑制作用。

（二）致畸、致癌作用

一些环境激素作用于细胞染色体，使染色体的数目或结构发生变化，从而改变携带遗传信息的某些基因，使一些组织、细胞的生长失控，产生肿瘤。流行病学调查发现：许多农药接触者的染色体畸变率高于对照组，喷洒季节染色体的畸变率比非喷洒季节高 5 倍。多环芳烃、二噁英、苯并芘、多环芳胺、芳族胺、芳族偶氮化合物、酞酸酯、氯乙烯、有亲电子基的烷化剂等都是强的致癌物。它们或其代谢产物可与 DNA 共价键结合，使 DNA 产生不可修复性损伤，导致细胞的癌变。

（三）影响机体的免疫机能

机体对进入体内的异物具有识别、杀灭、清除能力，从而维持机体内环境的稳定，但是人的免疫系统在环境激素的长期作用之下，会发生免疫失调和病理反应。如铅、汞可使机体产生过敏性肾病综合征，镉、环氧化物可使机体产生过敏性皮炎，一些杀虫剂可引起免疫性溶血性贫血。

（四）对生物体的神经系统产生毒害

从而影响大脑皮层、下丘脑、脑垂体等对激素的调节作用，导致激素合成、释放、传输异常，如有机磷农药进入人体后，即与体内的胆碱酯酶结合，形成比较稳定的磷酰化胆碱酯酶，使胆碱酯酶失去活性，丧失对乙酰胆碱的积蓄，引起神经传导生理功能的紊乱，出现一系列中毒症状。

三、环境激素污染的防治

环境激素是人们在生产活动中产生的，防治环境激素污染的根本对策应该是不向环境中释放化学物质，杜绝环境激素产生的源头：尽量少用或不用合成洗涤剂；不焚烧垃圾；严格控制农药的使用，保证人类和动物的食物安全。

第二节 二 噁 英

二噁英是结构和性质都很相似的包含众多同类物或异构体的两大类有机化合物，全称分别叫多氯二苯并-对-二噁英（简称 PCDDs）和多氯二苯并呋喃（简称 PCDFs），我国的环境标准中把它们统称为二噁英类。二噁英类包括 210 种化合物，这类物质非常稳定，熔点较高，极难溶于水，是无色无味的脂溶性物质，所以非常容易在生物体内积累。

一、污染来源

二噁英类基本上不会天然生成，也没有人为的工业生产活动。除了科学工作者以科研为目的而进行少量合成之外，环境中的二噁英类来源大致有以下几种：

（一）垃圾焚烧

城市垃圾和工业固体废物焚烧时生成二噁英类。调查表明，城市固体废物以及含氯的有机化合物如多氯联苯、五氯酚、PVC 等焚烧时排出的烟尘中含有 PCDDs 和 PCDFs。五氯酚是一种木材防腐剂，经防腐处理的木材及其木屑、下脚料等，在加热制成合成板或焚烧时，也会产生 PCDDs 和 PCDFs。聚氯乙烯（PVC）被广泛用于电缆线外覆及家用水管等，遇火燃烧亦会产生 PCDDs 和 PCDFs。也有不少科学研究人员认为任何燃烧过程都可能或多或少地产生二噁英类。

（二）生产过程

含氯化学品及农药生产过程可能伴随产生 PCDDs 和 PCDFs；苯氧乙酸类除草剂、五氯酚木材防腐剂等的生产过程常伴有二噁英类产生。目前，大多数发达国家已经开始削减此类化学品的生成和使用，如美国已经全面禁止 2,4,5-三氯苯氧乙酸的使用和限制木材防腐剂及六氯苯的生成和使用，以减少二噁英类的环境污染；在纸浆和造纸工业的氯气漂白过程中也可以产生二噁英类，并随废水或废气排放出来。

另外，还存在其他一些二噁英类排放源，如燃煤电站、金属冶炼、抽烟以及含铅汽油的使用等，也是造成环境二噁英类污染的原因。

二、二噁英对健康的影响

（一）进入人体内的途径

二噁英主要是通过污染的食品经消化道进入人体，也可通过呼吸道吸入。因为二噁英类化合物是脂溶性的，所以容易在脂肪组织蓄积，不易排出体外。可以通过胎盘进入胎儿体内，通过哺乳进入婴儿体内。

(二)致癌性

二噁英是人类已知的致癌物。可引起软组织肉瘤、淋巴网状细胞瘤,还可能引起呼吸系统癌、前列腺癌等。

(三)对生殖的影响

二噁英还可引起严重的生殖和发育问题,其剂量比致癌的剂量低100倍。可减少精子数、降低雌性的生育力、发生子宫内膜易位等。

三、防制对策

(1)减少使用含氯化学品。为了保护生态环境,应限制含氯化学品的使用,开发替代产品。
(2)控制焚烧化学品。
(3)改进生产工艺。生产过程涉及产生二噁英的,要加以改进。

四、二噁英类控制标准

(一)二噁英类的人日容许摄入量

由于二噁英类是一种剧毒致癌物质,为了保障人体健康,保护环境,世界各国先后制定了二噁英类控制标准:人日容许摄入量(Tolerable Daily Intake,TDI)。以每kg人体每天摄入多少毒性当量的二噁英类为单位,具体计算出每人一年内平均每天从食物、饮用水、大气等途径摄取的二噁英类总量,制定TDI值。如世界卫生组织(WHO)最新规定的TDI值为1～4 pg/(kg·d),普通人的实际摄取量超过TDI的概率很小,目前工业化国家每人每日摄取量1～3 pg/(kg·d)。

(二)二噁英类的排放标准

不少国家已经制定了生活垃圾焚烧设施的二噁英类排放标准(表4-1)。

表4-1　世界各国生活垃圾焚烧设施的二噁英类排放标准

国别	排放标准	含氧基准/%	适用对象	说　明
德国	0.1 ng TEQ/m^3	11	新设(1991年以后)	
	0.1 ng TEQ/m^3	11	旧有(1996年达到)	
瑞典	0.1 ng TEQ/m^3		新设(1986年以后)	CO_2=10%
	0.1～2 ng TEQ/m^3		旧有	CO_2=10%
奥地利	0.1 ng TEQ/m^3	11	新设	
丹麦	1.0 ng TEQ/m^3	10	新设(1986年以后)	
荷兰	0.1 ng TEQ/m^3	11	新设(1991年以后)	
加拿大	0.14 ng TEQ/m^3	11	新设(1995年以后)	
安大略省	0.5 ng TEQ/m^3		旧有	
美国	13 ng/m^3	7	新设(1994.9)	处理量大于35 t/d(检测数据较少者为7 ng/Nm^3)
	30 ng/m^3	7	旧有(2000.9)	使用袋式集尘器者(处理量225 t/d以上)

续表 4-1

国别	排放标准	含氧基准/%	适用对象	说　明
	60 ng/m^3	7		使用静电集尘器者(处理量225 t/d 以上)
	125 ng/m^3	7		>35 t/d 且≤225 t/d
日本	0.1 ng TEQ/m^3	12	新设(1997.12.1)	4 t/h 以上
	1 ng TEQ/m^3			2～4 t/h
	5 ng TEQ/m^3			2 t/h 未满
	80 ng TEQ/m^3		既设(1998.12.1)	4 t/h 以上
	1 ng TEQ/m^3		既设(2002.12.1)	
	5 ng TEQ/m^3			2～4 t/h
	10 ng TEQ/m^3			2 t/h 未满
中国台湾	0.1 ng TEQ/m^3	11	新设(1997.8)	处理量 10 t/h(含)以上或
			旧有(2001.8 达到)	300 t/d(含)以上
中国	1.0 ng TEQ/m^3	11	2003.6.1 起,全国实施	

第三节　金属和类金属

有些重金属如锰、铜、锌等是生物体生命活动必需的微量元素,但是大部分重金属如汞、铅等对生物体的生命活动有毒害作用。生态环境中的汞、铅等重金属,同样可以通过生物富集作用在生物体内大量浓缩,从而产生严重的危害。

一、汞的污染与人体健康

汞,又称水银,汞是在自然界中分布广泛而且用途较多的一种有毒重金属。汞在自然界以金属汞、无机汞、有机汞的形式存在。有机汞的毒性较大,包括甲基汞、二甲基汞和甲氧基乙基汞。无机汞在微生物的作用下会转化为有机汞。震惊世界的水俣病即是因长期食用受甲基汞污染的鱼类引起的慢性甲基汞中毒。

(一)污染来源

(1)煤和石油的燃烧。

(2)汞矿及各种含汞金属矿产的开采、冶炼。

(3)工业生产 以汞为原料的工业生产所排放的废气是大气中汞污染的主要来源。

(4)汞及汞制剂的广泛使用。

(二)汞对人体健康的危害

水中的无机汞在重力的作用下沉降到海底(河底)的污泥中,在污泥中微生物的作用下,转变为甲基汞,因甲基汞能溶于水,可溶于水体而被浮游生物摄取,因此,无论无机汞还是甲基汞均可对人体造成伤害。进入人体的汞主要来自被污染的鱼类。汞经被动吸收作用渗透人浮游生物,鱼类通过摄食浮游生物和鳃摄入汞,因此被污染鱼贝类是食品中的汞的主要来源。

1. 中毒机理 元素汞经消化道摄入一般不造成伤害,因元素汞几乎不被消化,进入人体后可通过肾脏排泄一部分,未排出的部分沉着于肝、肾并对它们产生损伤。而有机汞如甲基汞主要通过肠道排出,但排泄缓慢,具有蓄积作用,在人体内的生物半衰期为 70 d 左右,在脑中可达 245 d。甲基汞可通过血脑屏障进入脑内,与大脑皮层的巯基结合,影响脑细胞的功能。

2. 中毒症状 甲基汞进入消化道后,在胃酸的作用下转化为氯化甲基汞,氯化甲基汞经肠道的吸收率达 95%～100%。吸入人体的氯化甲基汞在血液中与红细胞的血红蛋白巯基结合,透过血脑屏障进入大脑,与脂质结合,影响脑部功能,致使患者视觉、听觉障碍。甲基汞中毒的特征是小脑和脑皮质两侧的脑细胞萎缩,病人最初的症状是手指、口唇和舌头麻木,说话不清,步态蹒跚、共济失调,走路时不能骤然停止和转弯。以后病人出现听力下降、视觉模糊和向心性视野缩小等。孕妇食用被汞污染的鱼后,母体本身可以不发病,但体内的甲基汞则可通过胎盘进入胎儿体内,使新生儿发生先天性水俣病,损害遍及整个大脑皮层,出现发育不良,智力减退甚至因脑麻痹而死亡。

3. 水俣病 水俣病是世界上第一个出现的由环境污染所致的公害病。是由于长期摄入富集有甲基汞的鱼、贝类而引起的神经系统疾病,临床上一般表现为头痛、注意力不集中、健忘、肢端麻木、口齿不清、动作不协调、肌肉萎缩、流涎、多汗以及视力、听力障碍等。因最早在日本熊本县水俣湾附近的渔村发现而得名。

1953 年水俣镇发现一个生怪病的人,开始只是口齿不清,步态不稳,面部呆滞,近而耳聋眼瞎,全身麻木,最后精神失常,一会儿酣睡,一会儿兴奋异常,身体弯弓,高叫而死。1956 年在这个地区又发现 50 多人患有同样症状的病。经过对病的调查和研究,在 1962 年才确定水俣病的发生是由于汞的环境污染,特别是长期食用被污染的鱼和贝类引起的甲基汞慢性中毒。这是从水俣镇的工厂排放的氯化甲基汞污染海域,使鱼和贝类中毒造成的。

(三)卫生标准

世界卫生组织(WHO)提出能引起成人甲基汞中毒神经症状的最低汞量,发汞为 50 μg/g,血汞为 0.4 μg/g,据此推出每人每周的甲基汞摄入量不得超过 0.2 mg。日本则提出甲基汞的周摄入限量为 170 μg(按成人体重 50 kg 计)。根据日本国民营养调查的资料,确定鱼体甲基汞限量标准值为 0.3 μg/g。鱼体甲基汞含量如按总汞量的 75%计算,则鱼体总汞的限量值应为 0.4 μg/g,从发现水俣病以来,世界各地对发汞做了大量的调查工作。发汞含量可反映体内汞和甲基汞的蓄积情况。关于发汞正常值,目前尚无统一规定。一般认为,超过 30～50 μg/g 认为有明显的汞蓄积,也可检查出阳性体征;超过 50 μg/g 可出现汞中毒。发汞值已成为估计一个地区居民受汞污染程度和范围的常规指标。

根据国内的研究结果及国外的资料,我国于 1986 年 11 月颁布了《水体污染慢性甲基汞中毒诊断标准及处理原则》的国家标准(GB 6989—1986),在标准中将慢性甲基汞中毒的诊断分为三段,前两段为:①甲基汞吸收:头发总汞值大于 10 μg/g,其中甲基汞值大于 5 μg/g,即为甲基汞吸收。②观察对象:在汞吸收的基础上,出现下列 3 项体征中的 1～2 项阳性体征者即为观察对象。a. 四肢周围型(手套、袜子型)感觉减退;b. 向心性视野缩小 150°～300°;c. 高频部感音神经性听力减退 11～30 dB。我国饮用水中汞的限值为 0.001 g/L,对甲基汞的卫生标准,我国目前尚未制定。

(四)汞污染的防治对策

1. 治理污染源 主要是调整排汞企业的不合理布局,改革落后的生产工艺,尽量减少含汞废水的排放。对含汞废水,还可采用除汞方法将其清除。

2. 加强对汞污染的环境监测　定期对被汞污染的水体水质、底泥及鱼体内的汞含量进行监测,掌握汞在水体食物链中的动态变化和蓄积情况,预防汞对人群的暴露和危害。

二、铅的污染与人体健康

(一)污染来源

1. 环境因素　来自冶炼、蓄电池、印刷、含铅涂料、塑料、橡胶等工业生产的"三废",含铅汽油以四乙基铅作为防爆剂,汽车尾气中含大量的铅等;均可造成环境和食品。

2. 食品加工、贮藏及运输过程中使用含铅器皿的污染　在一定条件下,含铅容器中的铅可溶出到食品中而造成食品的污染。例如,铅合金、搪瓷、陶瓷以及马口铁食具的焊锡、锡酒壶等污染食品。加工皮蛋时要放氧化铅,其可通过蛋壳迁移到蛋内,加入量过多,蛋白上出现黑斑,含铅量高达 10 mg/kg。

3. 含铅农药、食品添加剂或加工助剂的使用　如砷酸铅,美国每年约用 2 300 t,主要用于水果、粮食的杀虫。我国也使用,在粮食与水果上铅残留量达 1.0 mg/kg。

(二)铅对人体健康的影响

在人类早期已充分认识到铅是一种有毒物。人体内的铅主要经口和皮肤吸收,但是经口摄入的铅只有 5%～10%进入血液,因此在污染地区由呼吸进入血液的铅比随食物和水进入的铅有更大的意义。

铅进入人体后一部分经肾脏和肠道排出体外,剩下的主要是取代骨中的钙而蓄积于骨骼,随着蓄积量的增加,机体可呈现出一些毒性反应。随着年龄的增长,一些经过代谢的铅蓄积于软组织中;新吸收的铅以三磷酸铅的形式储存于肝、肾、胰和主动脉内。在患发热性疾病和钙磷代谢障碍时,储存于体内的铅可被动员出来,而引发铅中毒。

1. 铅的毒性　铅是全身性毒物,铅具有蓄积毒性和多亲和性,铅的生物半衰期可长达数年,对神经系统、消化系统、造血系统、泌尿系统、心血管系统、免疫系统和内分泌系统均有不良影响,但主要侵害脑和造血系统。

2. 对人体健康的影响　急性中毒主要见于职业暴露人群。近年来研究发现,环境铅中毒主要影响儿童的神经行为功能和智力发育。

(1)急性中毒　当一次或短期摄入高剂量的铅化合物时,可造成急性中毒,多为误服所引起。主要表现为:呕吐、腹泻和流涎,部分病人可有腹绞痛,严重者可有痉挛、瘫痪和昏迷。

(2)慢性中毒　长期摄入低剂量的铅可引起慢性中毒,铅的慢性中毒可引起造血、胃肠道及神经系统病变。铅中毒早期病人出现贫血,感到虚弱和疲倦,病人主诉头痛,肌肉痛,手脚不灵,过敏和不安,注意力不集中,感情易冲动,病人牙齿上可出现黑色的铅线,儿童有胃和下腹疼痛等症状。铅中毒还可引起慢性肾脏疾患、妇女不孕和停经、孕妇流产、死产以及早产;严重铅中毒还可能引起脑损伤;铅还可损害人体的免疫系统,导致机体抵抗力的明显下降。

(三)卫生标准

我国环境空气质量标准中铅的季平均限值是 1.50 μg/mg,年平均限值是 1.00 μg/mg。根据《大气污染防治法》的规定,我国从 2000 年 1 月 1 日起停止生产含铅汽油,7 月 1 日起停止销售和使用含铅汽油。

(四)防制措施

(1)控制工业污染源,推广使用无铅汽油,降低大气中铅的污染程度。

(2)室内装修时应尽量使用不含铅的涂料,并加强通风换气。

(3)制定环境介质和食品中铅的允许浓度及每天摄入量的限值,加强饮用水和食品中铅污染的监督监测,防止人体过量的铅吸收。

三、砷的污染与人体健康

砷在自然界中广泛存在,可以通过各种途径进入生物圈和食物链对人类及生态平衡产生影响。环境中砷最大的天然来源是地壳风化,每年大约可产生 45 000 t 的砷,其中大部分通过河流转移到海洋中。

(一)污染来源

1. *含砷矿石的开采* 砷与许多有色金属如铅、锌、铜等是伴生的,砷矿及其他矿产的开采、运输、加工和矿井水的排放,是造成环境中砷污染的重要途径。

2. *金属冶炼* 各种含砷矿物的冶炼是砷进入环境的重要途径。由于砷的蒸汽压低,进入大气的砷蒸气能很快的凝结在大气微粒上,可随大气悬浮微粒而降落在土壤、水域及农作物表面,造成污染。

3. *化工生产和燃料燃烧* 砷及其化合物是化工生产中的常用原料,煤和石油中也含有微量的砷,煤一般含砷 3.45 mg/kg,个别达到 150 mg/kg,可经燃烧排放造成大气污染。

4. *砷化物的广泛使用* 砷在农药中的用途所占比例最大。含砷农药主要有杀虫剂、杀菌剂、除草剂、脱叶剂和种子消毒剂。含砷农药的施用,可引起砷在土壤中的积累,从而直接影响粮食和蔬菜中砷的含量。另外,作为玻璃、木材、制革、化工陶器、颜料和化肥等工业的原材料,也增加了环境中砷的污染。

(二)砷对人体健康的影响

1. *中毒机理* 砷及其化合物通过消化道、呼吸道进入人体,有机砷在体内首先代谢为 3 价的亚砷氧化物,然后与—SH 基结合,特别抑制某些含—SH 酶的活性,导致细胞呼吸障碍。对于 3 价无机砷来讲,BAL(2,3-二硫基丙醇)不能阻止它的毒性,所以 3 价无机砷的毒性比有机砷要强得多。进入动物体内的 5 价砷可在多个器官还原为 3 价砷,因此有人认为 5 价砷的毒性是由于部分还原为 3 价砷引起的。

2. *对人体健康的影响* 动物摄入砷后,大部分在 24～72 h 内由尿排出。砷还可通过头发、皮肤和乳汁排出。砷进入体内两周左右,皮肤、毛发和指甲含砷量才开始升高。由于这些组织含有丰富的硫基,易和砷牢固结合,故含砷量特高。砷具有从 DNA 链上取代磷酸盐的能力,因而引起染色体畸变以及抑制 DNA 的正常修复过程,因此砷还是一种致畸物。

(1)急性砷中毒主要表现为肠道症状,如恶心、呕吐、腹痛、腹泻等。严惩者可兴奋、躁动、意识模糊、昏迷甚至呼吸麻痹而死亡,病人常有七窍流血的现象。

(2)慢性砷中毒的症状除有一般的植物神经衰弱症候群外,还有皮肤色素沉着、过度角质化、末梢神经炎等改变出现。我国台湾西南沿海地区的“乌脚病”即是慢性砷中毒所致。

(三)卫生标准

我国生活饮用水卫生标准规定砷含量不应超过 0.05 mg/L。地面水砷的限值为

0.04 mg/L。饮水砷持续超过0.05 mg/L时，应组织流行病学调查，同时也应考虑另选水源或采取除砷措施。

（四）防治措施

（1）减少使用高砷的燃煤及清洁能源。通过改善环境空气质量以达到最终减轻和彻底消灭燃煤砷污染危害的目的。

（2）控制工业污染源，禁止企业排放含砷超标废水。

（3）提倡使用不含砷的农药。通过减少使用含砷农药，达到防治土壤及农作物污染的目的。

四、镉的污染与人体健康

（一）污染来源

1.工业污染　镉在工业上的用途广泛，如可作为原料或催化剂用于生产塑料、颜料和试剂（作为聚氯乙烯稳定剂成分的耗用量在镉总耗量的20%）；由于镉的耐腐蚀性和耐摩擦性，是生产不锈钢、雷达、电视机荧光屏的原料；还是制造原子核反应堆控制棒的材料之一；电镀生产耗镉量占总量的50%。镉污染源主要来自于工业三废，如铅锌矿冶炼产生的废弃物、电镀镉排放的废液等，因此在重工业比较发达的城市，镉的污染较重。

2.施肥的污染　有些肥料如磷肥镉的含量较高，在施用过程中可造成农作物和环境的污染。

3.食品容器及包装材料的污染　镉是合金、釉彩、颜料和电镀层的组成成分，由这些材料制成的食品容器具，可在盛放食品特别是酸性食品时，镉移行到食品中，对人体产生危害。

（二）镉对人体健康的影响

1.毒性　镉不是人体必需的微量元素，它有较强的毒性，在机体内的半减期达10～35年。镉通过消化道吸收的仅为1%～6%，主要蓄积于肾和肝。

2.中毒症状

（1）急性中毒　镉急性中毒表现为呕吐、腹泻、头晕、多涎、意识丧失等症状。

（2）镉慢性中毒　主要表现在：对肾脏、对呼吸器官的损伤；由于钙的流失造成骨质脱钙，可引起骨骼畸形、骨折等，导致病人骨痛难忍，并在疼痛中死亡。

3.痛痛病　发生在日本富山县神通川流域的“痛痛病”是由镉污染引起的慢性中毒性疾病。神通川流域上游锌矿排出的含镉废水污染了神通川，通过灌溉农田镉进入土壤被水稻吸收，人们长期食用了这种含镉稻米，并直接饮用含镉水而引起发病。本病多见于40～60岁的绝经妇女，男性较少见。主要症状为疼痛，开始为腰背、膝关节痛，以后遍布全身。

第四节　有机溶剂

有机溶剂是一大类在生活和生产中广泛应用的有机化合物，常温下呈液态。有机溶剂包括多类物质，如链烷烃、烯烃、醇、醛、胺、酯、醚、酮、芳香烃、氢化烃、萜烯烃、卤代烃、杂环化物、含氮化合物及含硫化合物等，多数对人体有一定毒性。它存在于涂料、黏合剂、漆和清洁剂中。

化学结构相近的同类有机溶剂，其毒作用性质基本相似，如卤代烃类多是肝脏毒物，而带有醛基的有机溶剂一般均具有刺激作用。有机溶剂的基本化学结构为脂肪烃类、脂环烃类和芳香烃类(aromatic hydrocarbons，如苯、苯乙烯)，此外，有机溶剂还包括石油馏出物和混合溶剂类。在工业生产中较为常见的有机溶剂有苯、甲苯、二甲苯、溶剂汽油、二氯乙烷和四氯化碳等。

有机溶剂产生的毒害作用多样。几乎所有的有机溶剂都是原发性皮肤刺激物，对皮肤、呼吸道黏膜和眼结膜具有不同程度的刺激作用；能引起中枢神经系统的非特异性抑制、周围神经疾患和全身麻醉作用。其中有些有机溶剂可特异性地作用于周围神经系统、肺脏、心脏、肝脏、肾脏、血液系统和生殖系统，造成特殊的损害，有的甚至具有致癌或潜在的致癌作用。

一、苯

苯是一种无色、具有特殊芳香气味的液体，能与醇、醚、丙酮和四氯化碳互溶，微溶于水。苯具有易挥发、易燃的特点，其蒸气有爆炸性。经常接触苯，皮肤可因脱脂而变干燥，脱屑，有的出现过敏性湿疹。长期吸入苯能导致再生障碍性贫血。

苯在工业上用途很广，主要用作化工原料和有机溶剂，在制作香料、染料、塑料、农药、炸药、橡胶、涂料，胶水等产品中被广泛应用。

(一)污染来源

(1)煤焦油分馏或石油裂解生产苯及其同系物甲苯、二甲苯时。

(2)苯用作化工原料，如生产酚、硝基苯、香料、药物、合成纤维、塑料、染料、涂料等；苯用作溶剂及稀释剂，在制药、橡胶加工、有机合成及印刷等工业中用作溶剂。

(3)在喷漆制鞋行业中用作稀释剂。在现代生活中，住宅装潢、工艺品等制作方面作用苯，增加了上班人群接触的机会。我国苯作业工作绝大多数接触苯及其同系物甲苯和二甲苯，属混苯作业。

(二)毒性

苯属中等毒类。空气中苯浓度达 2%时，人吸入后在 5～10 min 内致死。成人摄入约 15 mL 苯可引起虚脱、支气管炎及肺炎。大量吸入苯主要引起中枢神经系统抑制作用，长期接触一定量的苯，可损害造血系统。出现血象及骨髓象异常。甚至发生再生障碍性贫血或白血病。

(三)中毒作用表现

1.急性中毒　急性苯中毒较少见，是由于短时间在通风不良的作业场所，例如，在密闭船舱、室内喷涂时吸入大量苯蒸气而引起。主要表现为中枢神经系统症状，轻者出现黏膜刺激症状，患者诉头痛、头晕、恶心、呕吐等，随后出现兴奋或酒醉状态，严重时发生昏迷、抽搐、血压下降、呼吸和循环衰竭。

2.慢性中毒　以造血系统损害为主要表现。患者常伴有头晕、头痛、乏力、失眠、记忆力减退等神经衰弱症候群的表现。造血系统损害以白细胞数减少最常见，主要为中性粒细胞减少。除数量变化，中性粒细胞中出现中毒颗粒或空泡时，示有退行性变化。此外，血小板亦出现降低，皮下及黏膜有出血倾向，中毒晚期可出现全血细胞减少，致再生障碍性贫血。苯尚可引起白血病。

3. *局部作用* 皮肤经常直接接触苯,可因脱脂而变干燥、脱屑以致皲裂,有的出现过敏性湿疹。

(四)预防

1. *以无毒或低毒的物质代替苯* 如喷漆作业中改用无苯稀料,制药工业以酒精代苯作萃取剂,印刷工业中以汽油代替苯作溶剂。用对血液系统影响不明显的甲苯、二甲苯代替作溶剂,但高浓度的甲苯、二甲苯对中枢神经的麻醉作用和黏膜刺激作用均较苯强烈。

2. *生产工艺改革* 在现今乡镇制鞋行业中用含苯80%左右的氯丁胶作黏胶剂是重度苯中毒高发的主要原因,因此改用无苯胶,改革生产方式,以达到工作人员不接触或少接触苯的目的。对喷漆业,根据具体情况采用静电喷漆、自动化淋漆、浸漆等。

3. *通风排毒* 使用苯的操作在排毒罩内进行,排出的气体要进行回收处理,以防污染大气环境。

4. *加强个人防护* 在特殊作业环境下无法降低空气中苯浓度的工作带,应教育工人加强个人防护,戴防苯口罩或使用送风式面罩。防止长时间接触也是预防有机溶剂中毒的有效手段。

二、甲苯

甲苯是有机化合物,属芳香烃,分子式为$C_6H_5CH_3$。在常温下呈液体状,无色、易燃。不溶于水,但溶于乙醇和苯的溶剂中。甲苯容易发生氯化,生成苯一氯甲烷或苯三氯甲烷,它们都是工业上很好的溶剂;甲苯容易硝化,生成对硝基甲苯或邻硝基甲苯,它们都是染料的原料;甲苯磺化,生成邻甲苯磺酸或对甲苯磺酸,它们是做染料或制糖精的原料。甲苯的蒸气与空气混合形成爆炸性物质,因此它可以制造梯恩梯(TNT)炸药。

甲苯与苯的性质很相似,是工业上应用很广的原料。但其蒸气有毒,可以通过呼吸道对人体造成危害,使用和生产时要防止它进入呼吸器官。可经吸入、食入、皮肤吸收进入人体。

(一)来源

甲苯是重要的化工原料。也是燃料的重要成分,使用甲苯的工厂、加油站,汽车尾气是主要污染源。城市空气中的甲苯,主要来自于汽油有关的排放及工业活动造成的溶剂损失和排放。贮运过程中的意外事故是甲苯的又一个污染源。进入人体的甲苯,可迅速排出体外。甲苯易挥发,在环境中比较稳定,不易发生反应。由于空气的运动,使其广泛分布在环境中。水中的甲苯可迅速挥发至大气中。

(二)健康危害

甲苯毒性小于苯,但刺激症状比苯严重,吸入可出现咽喉刺痛感、发痒和灼烧感;刺激眼黏膜,可引起流泪、发红、充血;溅在皮肤上局部可出现发红、刺痛及疱疹等。重度甲苯中毒后,或呈兴奋状:躁动不安,哭笑无常;或呈压抑状:嗜睡,木僵等,严重的会出现虚脱、昏迷。对皮肤、黏膜有刺激性,对中枢神经系统有麻醉作用。

1. *急性中毒* 短时间内吸入较高浓度本品可出现眼及上呼吸道明显的刺激症状、眼结膜及咽部充血、头晕、头痛、恶心、呕吐、胸闷、四肢无力、步态蹒跚、意识模糊。重症者可有躁动、抽搐、昏迷。

2. *慢性中毒* 长期接触可发生神经衰弱综合征,肝肿大,女工月经异常等。皮肤干燥、皲裂、皮炎。

甲苯为一级易燃物，其蒸气与空气的混合物具爆炸性。发生爆炸起火时，冒出黑烟，火焰沿地面扩散。进入现场，眼睛、咽喉会感到刺痛、流泪、发痒，并可闻到特殊的芳香气味。

三、四氯化碳

四氯化碳（CCl_4）又称四氯甲烷，为无色、易挥发、不易燃的液体。具氯仿的微甜气味，易挥发。遇火或炽热物可分解为二氧化碳、氯化氢、光气和氯气等。

（一）污染来源

四氯化碳用途广泛，以往曾用作驱虫剂、干洗剂。目前主要作为化工原料，用于制造氯氟甲烷、氯仿和多种药物；作为有机溶剂，性能良好，用于油、脂肪、蜡、橡胶、油漆、沥青及树脂的溶剂；也用作灭火剂、熏蒸剂，以及机器部件、电子零件的清洗剂等。在其生产制造及使用过程中，均可有四氯化碳的接触。

（二）对人体健康危害

高浓度 CCl_4 蒸气对黏膜有轻度刺激作用，对中枢神经系统有麻醉作用，对肝、肾有严重损害。吸入较高浓度本品蒸气，最初出现眼及上呼吸道刺激症状。随后可出现中枢神经系统抑制和胃肠道症状。较严重病例数小时或数天后出现中毒性肝肾损伤。重者甚至发生肝坏死、肝昏迷或急性肾功能衰竭。吸入极高浓度可迅速出现昏迷、抽搐，可因室颤和呼吸中枢麻痹而猝死。

（三）临床表现

1. 急性中毒　潜伏期一般为 1～3 d，也有短至数分钟者。潜伏期长短与接触剂量及侵入途径有关。经呼吸道或胃肠道吸收中毒的临床表现类似；均可出现中枢神经系统麻醉及肝、肾损害症状。

吸入中毒者常伴有眼及上呼吸道刺激症状。有时可引起肺水肿。

2. 慢性中毒　慢性中毒的报道较为少见。长期反复接触四氯化碳，可有头晕、乏力、失眠、记忆力减退、食欲不振、恶心、腹泻和腹痛等。可有肝大、肝功能异常。严重者可发展为门脉性肝硬化。少数患者发生球后视神经炎，出现视野缩小，视力减退。此外，国外还有报道可引起听力障碍、耳蜗前庭系统功能障碍及再生障碍性贫血等。皮肤长期接触，可因脱脂而出现干燥、脱屑和皲裂等。

（四）预防

生产四氯化碳的工序，要求严格密闭。使用四氯化碳的工序要充分通风。进入高浓度四氯化碳作业环境时，必须佩戴滤过式或供氧式面具。使用四氯化碳灭火器，应戴防毒面具，注意发生光气中毒的危险。普及预防知识，宣传接触者不要饮酒，禁用四氯化碳洗手或洗涤工作服。另外，要做好就业健康检查及定期健康检查，有肝、肾及器质性神经系统疾患者，不宜接触四氯化碳。

第五节　刺激性气体与粉尘

刺激性气体是工业生产中常遇到的一类有害气体，对人体，特别是对呼吸道有明显的损害，轻者为上呼吸道刺激症状，重者则致喉头水肿、喉痉挛、支气管炎、中毒性肺炎，严重时可发生肺水肿。刺激性气体大多是化学工业的重要原料和副产品，此外，在医药、冶金等行业中也经常接触到，多具有腐蚀性，生产过程中常因设备、管道被腐蚀而发生跑冒滴漏现象，或因管道、容器内压力增高而大量外逸造成中毒事故，也污染环境。

刺激性气体种类繁多，其中某些物质在常态下虽非气体，但可通过蒸发、升华及挥发后以蒸气和气体作用于机体。常见的刺激性气体有氯、氨、氢氧化物、光气、氟化氢、二氧化硫和三氧化硫等。

一、一氧化碳污染与人体健康

一氧化碳是无色、无嗅、无味的气体。燃烧时呈蓝色火焰。一氧化碳（CO）是一种对血液和神经系统毒性很强的污染物。空气中的一氧化碳（CO），通过呼吸系统，进入人体血液内，与血液中的血红蛋白（Hb）、肌肉中的肌红蛋白、含二价铁的呼吸酶结合，形成可逆性的结合物。

（一）污染来源

大气中的一氧化碳主要来源于汽车尾气及炼钢铁的焦炉、煤气发生站、采暖锅炉、民用炉灶、固体废弃物焚烧等排出的废气；从一氧化碳浓度的日变化来看，早晨与黄昏有两个高峰，与交通流量的日变化峰一致。室内一氧化碳主要来源于民用燃料的燃烧和吸烟，住室通风不好时，一氧化碳浓度更高。

（二）对健康的影响

1. 毒性　一氧化碳对人的危害，主要取决于一氧化碳的浓度和接触时间。接触者血液中HbCO的含量与空气中的一氧化碳浓度成正比关系，中毒症状则取决于血液中 HbCO 的含量。

一氧化碳是一种非蓄积性毒物，其吸收与排泄主要决定于空气中一氧化碳的分压、血液中HbCO的饱和度以及接触时间、肺通气量和接触时机体的活动状态。一氧化碳在体内不蓄积，停止接触 24 h 可完全排出。

2. 中毒症状

（1）急性中毒　与其他空气污染物不同，除职业因素外，因取暖不当造成的室内一氧化碳污染所致的一氧化碳急性中毒也经常发生。急性一氧化碳中毒以神经系统症状为主，其严重程度与血液中的 HbCO 含量有关，可分为轻度中毒（HbCO 为 10%～30%），中度中毒（HbCO 为 30%～50%），重度中毒（HbCO＞50%）。

（2）慢性中毒　影响长期接触一定浓度的一氧化碳可引起神经和心血管系统损害。

常见的是神经衰弱综合征，表现为头痛、头晕、乏力、失眠、记忆力减退、注意力不集中。也可出现自主神经功能障碍，如皮肤划痕阳性、收缩压升高和皮温改变。

对心血管系统的表现为心肌损害、心律不齐及心电图异常。流行病学调查发现，长期接触一氧化碳可导致心血管疾病的发病率和死亡率增加。

（3）影响生殖生育　有报告，母体接触高浓度一氧化碳中毒时，存活的婴儿可发生神经系统后遗症，死亡的婴儿可见脑损伤，据认为是妊娠和分娩时胎儿缺氧所致。因此，孕妇、胎儿和新生儿是一氧化碳的敏感人群。动物实验证实，母体暴露于一氧化碳可使子代出生体重降低，新生动物死亡率增高。

(三)卫生标准

我国环境空气质量二级标准规定，一氧化碳的 1 h 平均浓度限值为 10 mg/m^3，日平均浓度限值为 4 mg/ma。

二、二氧化硫

二氧化硫或称亚硫酸酐，为无色气体，有强烈刺激性气味，易溶于水而部分成为亚硫酸，亦可溶于乙醇和乙醚，能氧化成三氧化硫，是常见的工业废气和大气污染的成分。

(一)污染来源

一切含硫燃料的燃烧都能产生 SO_2。大气中的污染来源主要是含硫燃料的燃烧和采用各种含硫原料的工艺过程所造成。来源于燃料燃烧者占 80%，主要是火力发电厂。小型取暖锅炉和民用煤炉是地面低空 SO_2 污染的主要来源。各种有色金属的冶炼、石油精制、焦化、硫酸制造、硫磺精制及造纸等也是大气中 SO_2 污染的主要来源。

SO_2 在大气中可被氧化成 SO_3，还可转化为硫酸雾，最终可形成酸雨。它们都是 SO_2 的二次污染物，对健康的危害更大。

(二)二氧化硫对健康的影响

二氧化硫是窒息性气体，有腐蚀作用。它能刺激眼结膜和鼻咽等黏膜，在潮湿或有雾的空气中，能与水分结合，形成亚硫酸，并缓慢的形成硫酸，使其刺激作用加强。

二氧化硫易溶于水，吸入时易被上呼吸道和支气管黏膜的富水性黏液吸收，因而它主要作用于上呼吸道。但当空气中含有各种微粒，则可以吸附于微粒的表面而进入呼吸道深部，发生作用。如尘粒表面有亚铁、锰或钒化合物等催化剂，能使 SO_2 氧化成硫酸，而加强其作用。其他不易溶解的惰性微粒如炭末和飞灰等，则具有运载作用。

吸入含高浓度二氧化硫的空气，可引起支气管炎，极高浓度时则可发生声门水肿或肺水肿和呼吸道麻痹，甚至危及生命。低浓度二氧化硫吸入时，主要作用为使呼吸道轻度收缩，呼吸时空气流通受阻。

吸附着二氧化硫的颗粒物被认为是变态反应原，能引起支气管哮喘。二氧化硫被吸收后，可以分布到全身器官，与血液中的维生素 B_1 结合，破坏其与维生素 C 的正常结合，使体内维生素 C 失去平衡，从而影响新陈代谢和生长发育。

二氧化硫对多种植物如林木、谷物及蔬菜等均可造成损害，使之不能正常生长甚至死亡。对于各种动物如牛、马、猪、羊、犬等均可引起疾病或致死。此外它对于建筑物、桥梁及其他暴露于大气中的物体，亦有腐蚀作用。

(三)卫生标准

我国环境空气质量二级标准规定，二氧化硫的一小时平均浓度限值为 0.5 mg/m^3，日平均浓度限值为 0.160 5 mg/m^3。

(四)防制措施

(1)采用无污染或少污染的工艺技术，主要的治理技术包括排烟脱硫，高烟囱排放和燃料脱硫。

(2)国家环境保护总局制订了“二氧化硫污染控制区和酸雨控制区”的综合防治规划，包括限制高硫煤的开采和使用，削减和控制二氧化硫的排放总量。研究和开发二氧化硫污染防治技术和设备，做好二氧化硫的排污收费工作，加强环境监督管理等。

三、氮氧化合物

氮氧化物又称氧化氮，为氮与氧的化合物，包括一氧化二氮、一氧化氮、三氧化二氮、二氧化氮和五氧化二氮等，是大气中常见的污染物之一。

氮氧化物其中对大气污染最严重的为二氧化氮和一氧化氮。二氧化氮在常温下常与四氧化二氮混合存在。在高温下为二氧化氮，它是红褐色气体，有刺激性；一氧化氮为无色气体，遇氧则变成二氧化氮。

(一)污染来源

1. 燃料燃烧　大气中氮氧化物最重要的污染源是燃料燃烧和某些工业的生产过程。燃料燃烧时，进入空气中氮的一部分可与氧结合，形成一氧化氮和少量的二氧化氮。其中一氧化氮的量随火焰的温度和燃烧产物冷却的速度而变化，温度越高则一氧化氮的浓度越大，一氧化氮进入大气后和氧原子结合而形成二氧化氮。

2. 工业生产　有工业生产过程排放的氮氧化合物主要来源于硝酸制造厂、氮肥厂、炸药制造厂染料厂等。

3. 汽车尾气　汽车排放的尾气是大气中氮氧化合物污染的另一重要来源，但低速行驶时或空挡时浓度很低。喷气飞机排气中所含的氮氧化物也不可忽视。

(二)对健康的损害

1. 毒性　一氧化氮引起人中毒的资料较少，对呼吸器官的作用比二氧化氮弱得多，主要是造成实验动物血液中高铁血红蛋白含量增高，导致血液携氧能力的下降；一氧化氮还可以引起明显的神经系统症状。

二氧化氮的毒性比一氧化氮高 4～5 倍，二氧化氮急性中毒的例子常见于密封贮存青饲料的地窖内。由于青饲料的腐烂和发霉，产生大量的二氧化氮并积聚于地窖的底部，从而引起人的急性中毒，并且可以迅速导致肺水肿和死亡。也有因事故暴露于高浓度二氧化氮造成急性中毒的报道。慢性中毒主要表现为神经衰弱症候群。

二氧化氮对健康的影响主要表现在以下几个方面：

(1)对呼吸系统的影响　二氧化氮较难溶于水，故对上呼吸道和眼睛的刺激作用较小，主要作用于深部呼吸道、细支气管及肺泡。吸入高浓度的二氧化氮可以引起肺水肿，长期吸入低浓度二氧化氮可以引起慢性呼吸道和慢性支气管炎症。

(2)对血液及全身的影响　吸入的二氧化氮以亚硝酸根和硝酸根的形式进入血液，最终由尿排出。因此，二氧化氮可以造成肾脏、肝脏、心脏等其他器官的继发病变。进入血液的亚硝酸和硝酸与碱结合后可以生成盐，亚硝酸盐造成高铁血红蛋白含量升高，继而导致组织缺氧。

另外，研究表明，二氧化氮还具有致癌作用；可引起实验动物的神经行为功能改变。

2. 中毒的临床表现

(1)急性刺激　眼结膜和上呼吸道炎症；喉头痉挛和水肿；化学性气管炎、支气管炎或肺炎，化学性肺水肿；皮肤损害等。

(2)慢性影响　低浓度长期接触可见慢性结膜炎、鼻炎、支气管炎、牙齿酸蚀症，可伴发神经衰弱及消化道症状。

(3)化学性肺水肿 光气、二氧化氯、氨、氯、臭氧、氧化镉、羰基镍、溴甲烷、硫酸二甲酯、甲醛、丙烯醛等气体易引起肺水肿。其临床表现、严重程度及预后等随毒物种类、吸入剂量、个人差异、潜伏期所给予处理的不同而异。

(三)预防措施

(1)控制并减少污染 控制汽车数量,提高汽车质量,使尾气排放达标,同时控制工业污染源。

(2)监测预报 随着机动车数量的增加,氮氧化物污染已经成为我国潜在的环境卫生问题,监测和预报是制定预防对策的根据。

四、粉尘

随着我国经济的迅猛发展,煤炭、矿粉、砂灰等散料的货物贮运量不断增加,由此带来的粉尘也越来越引起人们的重视。粉尘对人体的危害,根据其理化性质、进入人体的量的不同,可引起不同的病变。如呼吸性系统疾病、局部作用、中毒作用等。

(一)对人体健康的影响

1. 尘肺 尘肺是指在生产过程中吸入生产性粉尘所引起的以肺组织纤维化为主的疾病。由于吸入粉尘的质和量的不同而产生不同程度的危害。尘肺病的种类很多,其中12种被列为职业病,它们是矽肺、煤工尘肺、石墨尘肺、碳黑尘肺、石棉肺、滑石肺、水泥肺、云母肺、陶工尘肺、铝尘肺、电焊混合尘肺、铸工尘肺。

2. 粉尘沉着症 有些金属(铁、钡、锡等)粉尘吸入后,可在肺组织中呈异物反应,并继续轻微纤维化,但对人体危害较小,脱离粉尘作业后,病变可逐渐消退。

3. 局部作用 粉尘的局部作用是指粉尘作用于呼吸道黏膜导致萎缩性病变;此外,还可形成咽炎、喉炎、气管炎等;作用于皮肤可形成粉刺、毛囊炎、脓皮病等;金属和磨料粉尘可引起角膜损伤,导致角膜感觉迟钝和角膜浑浊;沥青烟尘在日光照射下可引起光感性皮炎。

4. 中毒作用 粉尘的中毒作用是指吸入铅、砷、锰等有毒粉尘而引起的中毒现象。

(二)防尘措施

1. 改革工艺设备和工艺操作方法 采用新技术是一项彻底消除粉尘污染、搞好防尘工作的技术措施。在工艺改革中首先应当使生产过程不产生粉尘危害的治本措施,其次才是产生粉尘以后通过治理消除或减少其危害的措施。

2. 湿法防尘 这是一项简便、经济、有效的防尘措施。粉尘遇水后很容易吸收、凝聚、增重,这样可大大减少粉尘的产生及扩散,改善作业环境的空气质量。

3. 密闭尘源 将尘源有效的封闭,是防止粉尘外逸的一项有效的技术措施,它常与通风除尘技术措施配合使用。

4. 通风除尘 这是目前工业生产中应用最为普遍、效果最好的一种技术措施。通风除尘就是用通风的方法将尘源予以有效的控制,并将含尘气体抽出,经除尘器净化后排入大气,使作业区空气含尘浓度达到卫生标准的要求,并使尾气达到排放标准的要求。

5. 个人防护 对从事粉尘作业的人员通过各种防护用品(如口罩、防尘口罩、防尘面具、防尘头盔等),进一步防止粉尘的吸入,减少粉尘对人体的危害。

第六节　农药与兽药

一、农药污染与人类健康

农药是农业生产中必不可少的生产资料，又是一类常见的有害化学药品，不合理的使用将会污染环境和危害人体健康，因此，农药的污染已经成为全世界十分关注的环境问题之一。

（一）农药污染进入人体的途径

农药在生产及使用过程中，虽然可经呼吸道及皮肤侵入机体，但主要途径是通过对食品的污染或农药残留而进入人体内，占进入人体农药总量的80％～90％。

1.经呼吸道进入人体　农药在生产和使用过程中，蒸气状态、粉尘状态、雾滴状或迷雾状态的农药都可以通过呼吸道进入人体。水溶性较大或细微颗粒状农药进入人体后容易被吸收，经呼吸道吸收危险较大的农药有甲基对硫磷、甲胺磷等。

2.经农药残留进入人体　农药在生产和使用过程中导致的环境污染和食品中农药残留具有普遍性和全球性。所谓农药残留是指农药使用后残留于生物体、农副产品和环境中的农药原体、有毒代谢物、降解物和杂质的总称。

（二）农药的危害

农药在生产、加工、分装、运输、贮存、销售以及使用过程中进入人体内，从而使人的正常生理功能受到影响，引起中毒现象。农药对人体健康的危害可分为急性中毒、慢性中毒和“三致”作用。

1.急性中毒　农药经消化道、呼吸道和皮肤三条途径进入人体而引进急性中毒。急性中毒多发生于高毒农药，尤其是高毒有机磷和氨基甲酸酯农药。

2.慢性中毒　人体农药慢性中毒是指经常连续食用、吸入或皮肤接触较小量农药，使毒物进入人体后逐渐发生病变和中毒症状。此过程一般发病缓慢、病程较长，症状难以鉴别。

3.“三致”作用　“三致”作用，即致癌、致畸、致突变，它是一种特殊形式的慢性中毒。

（三）不同种类农药引起人体中毒的症状

1.有机磷农药　有机磷有强大的杀虫效果，广泛应用于农业。有机磷杀虫剂大多数为油状体，具有类似大蒜样特殊气味，遇碱性物质能迅速分解、破坏，很容易因呼吸、吞服和经皮肤接触吸收，进入人体后的有机磷农药通过血液、淋巴可很快运送至全身各个器官，以肝脏含量最多，肾、肺、骨次之，肌肉及脑组织含量较少。由于有机磷农药化学性质不稳定，在自然界极易分解，在生物体内能迅速分解解毒，在食用作物中残留时间极短，所以慢性中毒较为少见。

有机磷农药中毒多为急性，临床表现有患者首先感觉头昏、无力、精神烦躁、激动，并且恶心及多汗，不久患者眩晕，步态蹒跚，站立不稳。此时常自诉视力模糊，同时可有全身肌肉紧束感，毒性进一步发展，可产生高度眩晕和轻度意识障碍，患者腹痛，多次呕吐，肌肉震颤可先自眼睑和颜面肌肉开始，双手手指抖动，逐渐发展至全身肌肉颤动。此时患者牙关紧咬，胸部发紧，动作不协调，甚至出现肌肉抽搐等症状，气管痉挛，分泌物增多，甚至发生肺水肿，重度患者很快进入昏迷，全身抽搐，大小便失禁，如不及时抢救，可因呼吸中枢抑制或周围循环衰竭而死亡。

有机磷农药引起的中毒可因品种不同，毒性反应症状也有不同。乐果中毒症状的潜伏期长，好转后易出现反复，会突然再出现症状而导致死亡。马拉硫磷误服中毒后，病情严重，病程长，晚期也会有反复。敌敌畏经口中毒会很快出现昏迷，易发生呼吸麻痹，肺、脑水肿；经皮扶中毒者，皮肤会出现水泡和烧伤等症状。对硫磷、内吸磷中毒后对心肌损害明显，引起心肌收缩无力，低血压与循环衰竭等。

有机磷农药中毒后，对中毒病人首先要带离现场，清除污染（衣服、皮肤等）、清胃与洗肠、确保呼吸道洁净（严重时维持人工呼吸）。抗胆碱剂——阿托品是目前抢救有机磷农药中毒最有效的解毒剂，采用阿托品治疗必须早、足、快、复，但对晚期呼吸麻痹者无效。对中度及重度中毒者，同时还应使用解磷定、氯磷定或双复磷等胆碱酯酶复能剂。注意有机磷农药中毒者要禁止使用吗啡、茶碱、吩噻嗪和利血平。

2.有机氯农药中毒　有机氯类杀虫剂可分为氯化苯类（如六六六、林丹、DDT）和环戊二烯类（艾氏剂、狄氏剂、异狄氏剂、氯丹、七氯、硫丹、开蓬、毒杀芬等）。多数氯化烃类杀虫剂为白色或浅黄色晶体，工业品为棕褐色黏稠状液体，不溶或极微溶于水，而溶于多种有剂溶剂、植物油和动物脂肪中。有机氯类杀虫剂的化学稳定性高，在环境及生物体中不易降解，残留期长，易在生物体中长期逐渐积累，目前世界上大多数国家已停止使用。尽管我国已于20世纪80年代停止生产和使用，但由于有机氯农药性质稳定，持留期长，特别是DDT在土壤中的半衰期很长，因此环境与食物中仍能检出有机氯农药的残留。

有机氯农药多属低毒和中等毒，除引起人类中毒外，也有关于有机氯致癌和致畸的报道。

有机氯杀虫剂可不同程度地经肠道吸收，也可经皮肤和肺部吸收。它的排出途径以肾、肠道为主，亦可由乳腺或皮脂腺少量排出，但排出速度很慢，所以可导致慢性蓄积性中毒。

各种有机氯农药的中毒作用机制和毒性症状基本相似，主要表现为对神经系统的作用，中毒早期出现感觉性紊乱，脸和四肢感觉过敏或异常，全身不适、头昏、头痛、无力、眩晕、恶心、呕吐、运动失调、发抖以及精神错乱，有时出现肌肉震颤，经消化道引起的中毒呕吐明显，偶有腹泻；较严重时肌肉阵发性抽搐、阵发性惊厥，发作时可出现昏迷和呼吸困难；重度中毒时全身抽搐，体温升高，血压下降、心律失常、呼吸衰竭，尿少尿闭，肝脏受损等。

有机氯农药对中毒人员应清除污染，禁忌经口给动物油、植物油或脂肪，以免增进亲脂性的有机氯在胃肠内的吸收；禁忌给肾上腺素、其他类肾上腺素能的胺类或阿托品，以免增强氯化烃类引发的心肌兴奋性而可能出现的心室纤颤。

3.氨基甲酸酯类农药中毒　N-甲基氨基甲酸酯类杀虫剂大都为结晶固体，可分为N-烷基化合物（用做杀虫剂）和N-芳香基化合物（用做除草剂）2类，是20世纪40年代发现并发展起来的高效、低毒、低残留的农药。

氨基甲酸酯类是一种抑制胆碱酯酶的神经毒，急性中毒可见流涎、流泪、颤动、瞳孔缩小等胆碱酯酶的抑制症状，在低剂量轻度中毒时，可见一时性的麻醉作用，大剂量中毒时可表现深度麻痹，并有严重的呼吸困难。

中毒后如不再继续接触，一般4 h后胆碱酯酶开始复活，24 h可完全恢复正常。

对氨基甲酸酯类杀虫剂中毒人员，要彻底清除污染毒物。轻度中毒者口服或肌注阿托品，重度患者静脉注射，尽快达到阿托品化，并保持呼吸道畅通，积极防治呼吸衰竭和预防肺水肿。对脑水肿患者，限制进水量，给予甘露醇、糖皮质激素。禁忌吗啡、茶碱和利血平，只有在特殊体征时如明显低血压，才能给肾上腺素用胺类药物，单纯氨基甲酸酯中毒不能用肟类复能剂，如与有机磷混合中毒，仍以阿托品治疗为主，据病情可酌情适量应用肟类复能剂。有烦躁、惊厥症状者，可用安定，不宜用抑制呼吸的镇静药。

4. 拟除虫菊酯类农药中毒　拟除虫菊酯类农药是近年来发展较快的杀虫剂，是一类结构或生物活性类似天然除虫菊酯的仿生合成杀虫剂，拟除虫菊酯类农药降解快，具有高效、低毒、低残留等特点。

拟除虫菊酯类农药的蓄积性较弱，因此不易引起慢性中毒，急性中毒多见于误服或生产性接触。急性中毒以神经系统症状为主，主要表现为流涎、多汗、意识障碍、言语不清、反应迟钝、视物模糊、肌肉震颤、呼吸困难等，重者可致昏迷、抽搐、心动过速、瞳孔缩小、对光反射消失、大小便失禁，可因心衰和呼吸困难而死亡。拟除虫菊酯类农药对皮肤和黏膜的刺激性较大，可引起眼睛及上呼吸道的不适，亦可引起皮肤的感觉异常及迟发型变态反应。

对拟除虫菊酯类农药中毒，目前尚无特效治疗药物。发生中毒后，应立即撤离现场，清洗药剂接触部位，避免强阳光照射，用护肤剂局部涂抹，或用止痒药，切勿使病人散热，而应处于暖和的环境中。误服者应立即催吐，失去知觉者要洗胃。出现严重神经系统中毒症状时可注射异戊巴比妥；若心血管症状明显，可注射氢化可的松。若与有机磷混合中毒，则应先解决有机磷中毒，肌注阿托品，直至口感发干为止。

5. 除草剂类农药中毒　除草剂种类繁多，按其化学结构可分为苯氧羧酸类、苯甲酸类、二硝基苯胺类、脲类、氨基甲酸酯类、酚类、二苯醚类、有机磷类、联吡啶类、脂肪酸类、磺酰脲类、咪唑啉酮类、腈类、有机杂环类等许多种类型。因不同种类除草剂的化学结构不同，因而其基本特性也不一样。发挥除草功能的作用机制也不相同。除草剂的毒性与其作用机制密切相关，不同的作用机制导致急性毒性差异很大。

一般除草剂对人、畜的毒性比杀虫剂、杀鼠剂低，目前常用的除草剂多属中低毒品种，只有苯氧羧酸类、酚类、有机杂环类以及腈类中的五氯酚钠、地乐酚、杀草胺、百草枯、敌草快、燕麦枯等少数品种属中毒，二硝酚等极少属高毒。大多数除草剂对皮肤、眼睛、黏膜有一定的刺激性，可引起过敏性皮炎、眼睛刺痛、鼻黏膜辣感及上呼吸道受刺激后引起咳嗽等。因除草剂毒性低，发生中毒事故的情况较少，但经口摄入仍可引起中毒。

二、兽药污染与人类健康

实践中，在畜牧生产和兽医临床上人们常常通过口服、注射、局部涂药等方法给食品动物用药，用于防止动物疾病、促进动物生长、改善饲料的转化效率和提高畜禽繁殖性能力等。随着人们生活水平的提高，对动物性蛋白的需求不断增加，人们对肉、蛋、奶、水产品等动物性食品的卫生要求也越来越高，食品兽药残留也引起了普遍的关注。世界组织认为兽药残留将是今后食品安全性问题中最严重的问题之一。

兽药残留是指兽药的母体化合物或其代谢产物在动物产品中的残留。其造成原因是：在预防治疗疾病时滥用兽药而又不遵守休药期，任意宰杀和销售；为防止食品腐败变质或在饲料中人为地添加抗生素等。

常见兽药残留有抗生素类如合成抗菌药（磺胺药类、呋喃类、喹诺酮类等），抗寄生虫药（抗蠕虫药类、抗原虫药、杀虫药）和激素药类药物。兽药残留超标，对人类健康的危害主要表现在以下几个方面：

1. 细菌产生耐药性　食用含低剂量抗菌药物的食品，可使人体内的细菌产生相应的耐药性。当人体发生疾病时，耐药菌株感染往往会延误正常的治疗过程，给临床治疗带来一定的困难。细菌耐药性的发生发展，是抗菌药物无序滥用的结果。

容易产生耐药性的细菌主要有金黄色葡萄球菌和肠杆菌属，易导致细菌产生耐药性的抗生素有β-内酰胺类、大环内酯类、部分氨基糖苷类、四环素类和氯霉素类等。

2.菌群失调　在正常条件下，人体肠道内的菌群与人体能保持相互适应。肠道菌群包括致病菌和条件致病菌，菌群之间互相依赖、互相制约，处于平衡状态而不发生疾病。并且某些菌群能合成B族维生素和维生素K以供机体利用。当人经常食用低剂量抗菌药物残留的食品，会造成一些敏感菌受抑制，而不敏感菌则大量繁殖，导致正常菌群平衡失调，形成二重感染，造成中毒性胃肠炎和全身感染，或引起维生素缺乏症，对人体产生危害。此外还有资料表明，人患胃肠疾病数量的增多，与动物使用喹诺酮类药物导致弯曲杆菌产生耐药性有关。

3.毒性作用　链霉素对听神经有明显的毒性作用，能造成耳聋；氯霉素抑制骨髓造血功能，引起再生障碍性贫血和粒细胞缺乏症；四环素类抑制幼儿牙齿发育和骨骼生长；磺胺类药物可引起肾脏损害。

4.过敏反应和变态反应　经常食用某些含低剂量抗菌药物的食品后，能使某些易感人群出现过敏反应，主要有青霉素类、四环素类、磺胺类以及某些氨基糖苷类抗生素等。同时，也会使原来对抗药物不敏感的人受到反复刺激而致敏产生变态反应。

5."致畸、致癌、致突变"作用　如苯并咪唑类药物具有潜在的致畸性和致突变性；磺胺类药物中磺胺二甲基嘧啶能诱发人的甲状腺癌；雌激素也具有致癌作用。另外，四环素类、氨基糖苷类和B-内酰胺类等均被怀疑具有"三致"作用。

6.激素(样)作用　人经常食用含低剂量激素残留的动物源食品，或不断接触和摄入动物体内的内源性激素，可能干扰人体的激素机能，产生一系列激素样作用。国内外报道的儿童性早熟均与进食含有激素残留的食品有关。据研究发现，环境激素可通过饮水、饲料进入动物机体或直接污染动物源食品，再被人摄入后蓄积在脂肪组织内，然后通过胎盘传递给胎儿。因此，人的生殖障碍、发育异常及某些癌症如乳房癌、睾丸癌、卵巢癌等与环境激素有关。

第五章 环境物理因子与健康

人类赖以生存的自然界中的一切都处于运动中。人的整个生命过程的运动包括人体的自身运动和人体与环境的相互运动，前者是人体生存的内因，后者是人体生存的外因。人体与环境的相互运动形式中的各种物理运动形式，又称环境对人体的物理因子。环境物理因子有气象条件、噪声、辐射、振动等，对人体的作用影响着人体的生命状态，与人们生理、心理健康都有着极大关系。

第一节 气象条件（温度、湿度、气压）与健康

一、温度与人体健康

（一）温室效应（greenhouse effect）

大气中的 CO_2 和水蒸气能够吸收由地球发射的波长较长的辐射，从而对地球起到保温作用，这相同于人工温室作用，故称“温室效应”（greenhouse effect）。当地球表面大气中 CO_2 和其他具有温室效应的气体如 CH_3、N_2O、O_3、CFC（chlorofluorocarbons 氯氟烃类）等含量增加时，地表气温可能上升。

（二）城市热岛效应

随着城市化进程的加快，在城市人口密度高，建筑物密度大，布局紧凑的地方，气温最高。由于人群聚集，人类的生产和生活活动，城市的热量散发远远大于郊区，市区温度明显高于周围地区，年均温比周围乡村高 0.5～1.5℃，最大温差达 10℃左右，如 1974 年 7 月，德国柏林与周围地区最大温差为 13℃，北京为 9℃。这样城市犹如被四郊包围的热岛，形成城市热岛。气象学上把这种现象称为城市“热岛效应”。城市热岛现象正日益受到国内外环境和气象工作者的高度重视。

随着城市的迅速发展，城市热岛效应不断加强，并且已严重地威胁着人类健康。在夏季热岛效应加重了城市高温出现频率和高温灾害，以上海为例，在 7 月份上海城区极端最高气温和夜间最低气温均比郊区高 4℃以上，大于或等于 35℃的酷热高温持续日数可比郊区多 10 d 以上。据武汉中心气象台建立中暑人数的预报方程分析得出，中暑与温度和湿度有关，其中 14 时的气温是引起中暑的主要因子，将其转化为日最高气温，则当日最高气温≥37℃持续出现时，预示着将有大量的人发生中暑。据武汉气象台统计当最高气温≥37℃时，则中暑病人急剧增多。如上海市 1988 年 7 月上旬高温日 14 d，极端最高温 38.4℃，这期间市区中暑病人激增达 81 人，因高温引起死亡 193 人，肠道门诊量达 2 万人次。另外，高温也会使工作效率降低，据统计如以气温 15℃时的工作效率为 100％，则 25℃时为 92.5％，35℃时为 84.3％。

城市热岛不同季节、不同时段强度不同，其低压环流强度也不同、气压变化也不同，再加上热岛中心气温高，相对湿度低，噪声污染严重，使长期生活在热岛中心地区居民神经系统方面的损害也较为严重，神经系统患病率达 30%，主要表现为神经官能症、失眠、烦躁不安、记忆力下降、精神委靡、忧郁压抑感等。据有关资料，热岛中心居民患失眠率高于非热岛居民 2.5 倍。

（三）气温对人体健康的影响

1. 气温对人体生理代谢的影响　人是恒温动物，体温恒定在 37℃左右，而对人体健康最理想的环境为 18～20℃。人体体温是稳定的，环境温度则是多变的，为了保持机体体温与外界气温的平衡，人体依靠一系列的生理调节功能来适应外界环境，达到产热与散热环境相协调。周围环境的空气温度若超过人体适应的范围，就可以使体温调节失调，产生热平衡障碍，从而健康受到严重的损害。

高温的外界环境下，人体通过蒸发来散热，因之大量出汗，使 85%～90%的水分经汗腺排泄。平时水分的 50%～75%由肾脏排泄，高温时仅 10%～15%经由肾排出，这会使肾脏发生某种程度的机能不全。温度过高时，可引起脱水现象，容易发生肠胃炎，容易引起肾脏发生某种程度的肾机能不全，对高级神经活动的某些机能有着不良作用，还能出现热痉挛和过热症。

高温还会使高级神经活动的某些机能，如注意力、精确性、运动协调和反应速度降低，当温度在 35℃以上时，往往会出现肌肉痉挛、中暑、脱水甚至死亡等严重现象。为了预防高温对人体侵害，常利用风扇等提高空气流动速度，充分供应人体所需水分，使用空调及经常进行体育运动，以抵抗高温的侵害。

低温对人体影响的结果视其使用人体过冷的程度、作用时间、人体的状态及个人防护而不同。在低温环境下，周围血管收缩虽可以减少散热但仍不足以维持体温，这就需要增加代谢需氧量。如不能满足以上条件，则机体就会消耗体内细胞的储备，从而造成组织发生不可逆转的坏死，导致冻伤，重者可引起死亡。一般来说在冬季支气管病发病率较高。

当使人体过冷的程度很强，并且人体长时间地处于没有很好个人防护的情况下，会引起体温降低、血压下降，意识很快消失，呼吸减弱，最后由于神经中枢的麻痹而死亡。假如低温不足以引起机能的变化时，就会使人体的防御能力减弱引起感冒、肌炎、腰肌痛、脊柱神经炎、关节炎、多发性神经炎和神经痛等，也可以发生肾炎、肺炎等。0℃左右或 0℃以下的低温的局部作用，可以引起冻伤。为了预防低温对人体的伤害，要及时增加衣服，室内加温，适当地进行体力活动。

2. 全球气候变暖将对热相关死亡人数产生重大影响

（1）热浪冲击可能会导致心脏、呼吸系统疾病的发病率增加。

（2）对老人、儿童及病人，可导致热胁迫死亡率急剧上升。

（3）许多虫媒疾病属于温度敏感型，全球气候变暖将使虫媒疾病流行范围扩大。例如，气温升高将有利于疟疾传媒大量繁殖，其生存范围从热带向两极扩展，疟疾流行范围也将扩大。

（4）其他经水、食物传播的疾病也可能出现地区分布的扩展和传播时间延长。

（5）此外，气候变暖可导致全球平均降水量增加，冰雪覆盖大陆地面积缩小。因气温上升将加速大气中化学反应的进程，臭氧浓度增加，加速酸雨、酸雾的形成使大气质量更加恶化。

二、湿度与人体健康

(一)什么是湿度

水是人类赖以生存的物质基础。我们周围的空气中.总含有一定比例的水蒸气,通常我们用“相对湿度”来表示空气中所含水分的多少。如此可见,所谓湿度,就是指空气的潮湿程度,它表示当时空气中水汽含量距离饱和的程度,习惯上用相对湿度百分比来表示。

(二)空气湿度与人体健康及日常生活的关系

空气湿度与人体健康以及日常生活都有着密切的联系。在一定温度下,空气中的相对湿度越小,水分蒸发越快。在任何气温条件下,潮湿的空气对人体都是不利的。科学实验表明,在气温日变化大于3℃、气压日变化大于10 hPa、相对湿度日变化大于10%时,关节炎的发病率会显著增加。空气过于干燥或潮湿,还有利于一些微生物的繁殖和传播。同时,由于空气干燥,还促使尘土飞扬,物体干裂、生活条件恶化。

不仅如此,相对湿度与建筑、纺织、国防、运输、储藏等都有着密切关系,许多现代化工业生产、工厂车间、实验室等都需要较稳定的温度和相对湿度。过干或过湿均会影响产品的工艺和质量。

湿度还会左右流行病的发生。空气中湿度过高时,人体汗液的正常蒸发受到妨碍,使脉搏加快,心脏、血液循环系统受影响,人们普遍感到烦闷。低温低湿,则可加速机体散热,人会感到寒冷,血管收缩.人体新陈代谢降低。医学研究证明,在一般情况下,居室湿度达到45%~65%,温度在20~25℃时,人的身体、思维皆处于良好状态,无论工作、休息都可收到较好的效果,这就是健康湿度。而冬季的绝大部分时间,一般供暖温度不低于16℃,但相对湿度则大大低于健康湿度。气象资料显示,在北方地区的120个供暖日中,仅有2.5 d的时间室内湿度是达到45%~65%的,其他大部分时间的室内平均湿度低于45%。

日本早稻田大学井上宇市教授通过搜集分析近百年来世界各国流行病的相关资料后发现:白喉、流感、百日咳、脑膜炎、哮喘、支气管炎等流行病多发期及死亡率高峰期均集中在干燥的12月至次年3月。导致上述疾病的原因有两方面:其一,环境湿度过低使流感病毒和致病力强的革兰氏阳性菌繁殖速度加快,并且随粉尘扩散,引起疾病流行。其二,环境湿度过低会使人的呼吸系统抵抗力下降,诱发和加重呼吸系统疾病。由于人体鼻腔、内部呼吸道、肺部连同网状肺泡是由支撑状纤毛的黏膜覆盖,当空气湿度低于40%时,纤毛运动十分缓慢,灰尘易附着在黏膜上,刺激喉部,引起咳嗽,导致呼吸道疾病产生。

另一项资料表明,近年来过敏性皮炎、支气管哮喘、花粉病等过敏性疾病的发病率在世界范围内也呈现快速增长趋势。日本名古屋大学健康环境医学系教授须藤千春研究证实,1961—1991年30年间,过敏性疾病的发病率上升了33%以上。这些疾病高发是人们自幼年起,长期生活在湿度较低的环境里,导致机体免疫力下降造成的。因此,从某种意义上说,克服干燥就是克服流行病。

(三)湿度对特殊人群的影响

干燥的环境会导致水分过度流失,加速生命的衰老。比较明显的例子是南方妇女普遍比北方妇女显得年轻。其原因是南方气候宜人,空气湿润,因此南方女子的皮肤比较白皙,可以说,是适宜的湿度,造就了江南女子特有的细腻柔嫩的肌肤。从生理结构看,皮肤肌纤维是由大量的水溶性胶原蛋白构成，干燥使肌纤维因快速失水而收缩，环境越干燥，肌纤维绷得越紧；久而久之，肌纤维变形、断裂，皮肤就会出现不可恢复的皱纹。由于北方气候干燥，因此在冬季，生活在北方的女性就需要常用化妆品进行皮肤保湿。

空气湿度对婴幼儿的健康尤为重要。在秋冬干燥季节，医院里急性喉炎的患儿就会明显增多。该病常见于6个月至3岁的婴幼儿，如治疗不及时，会引发鼻炎、咽炎及上呼吸道感染等多种疾病。但是由于小儿喉腔狭小，喉软骨柔软，组织松弛，发炎后易肿胀发生喉阻塞；另外，小儿咳嗽功能不强，不易排出喉部及下呼吸道分泌物，会使呼吸困难加重。因此，小儿急性喉炎的病情常比成人严重，若不及时诊治，会危及生命。另据研究发现：人们在婴幼儿时期缺乏湿度，会导致成年后身体免疫力下降，引起各种疾病的高发。

（四）湿度影响生活品质

干燥的空气不仅会引发各种疾病，而且对人们的日常生活也有明显的破坏性。如家具变形、干裂、破损，木地板翘起等。研究表明，不同物品对湿度的要求是不同的。

最有利的防病、治病环境：45％～55％；

衣料、棉毛纺织品存放：40％～60％；

蔬菜、水果存放：60％～70％；

糖果、点心存放：40％～60％；

奶制品：50％～60％；

粮食：50％～70％；

计算机、通信器材：45％～60％；

家具：40％～60％。

可见，干燥的空气每一分钟都在影响着人们的正常生活。随着经济的发展和生活水平的提高，人们对室内环境的认知程度大大提高，有关部门也在积极制定“室内空气质量标准”，其中之一就是“室内湿度全年保持在40％～70％之间”。适宜的居室小气候是由温度、湿度、新风量等多种因素综合作用于人体，成为使人们感觉舒适的最佳组合。现在，温度的调节已经通过空调器做到了，而要使室内保持健康的环境湿度和足够的新风量，就需要用人工的方法将水蒸气和新鲜空气加入到空气中，这也就是加湿器以及净化器所起到的作用。

干燥对人类的不利影响还有许多，比如：静电的形成以及流感的危害等。正是因为空气湿度影响着人体健康，所以人们在日常生活中，不仅要关注温度和晴雨，也要注意空气中的湿度变化。在掌握四季变化规律的前提下（一般是春夏湿度大，秋冬湿度小），善于调节居室内的空气湿度。例如夏季阴雨天或大雾天要少开窗户，避免使室内湿度过大；而当雨过天晴、气温升高后，则要注意通风采光，使居室湿度保持在适宜范围。冬季室内取暖时，最好使用有加湿功能的增温设备，倘若没有，也可以自行加湿。比如，在室内地上洒点水或烤些潮湿的东西，以提高湿度，以便充分地为健康服务。

三、气压与人体健康

人体对气压的变化，一般都能很好适应，但某些疾病的发生发展与气压的高低有着密切的关系。如低气压就是心血管疾病死亡增加的诱发因素。低气压还会造成一系列失误行为，注意力不集中，人好像失去自我控制，不由自主打翻饭具，找不到目的物时易激动，或者无精打采，有时眼肿、头痛、皮肤肿胀、关节痛、恶心，甚至可引起轻度昏迷，不耐受噪声，动作不协调，工伤事故多等。

人体的组织细胞经常在进行氧代谢,代谢所需的氧气要从外界大气中取得,气体的压强变化,对人体有显著影响。人在高压环境下工作时,比如大于3~4个大气压,生理上便会出现一些病状,比如使人耳痛甚至鼓膜破损,出现一种氮麻醉的中毒反应,表现为表情冷漠,行动不灵活,甚至意识模糊。用压缩空气时,氧的分压也增高,不利于中枢神经系统。如果气压太低,对人体的生命活动也有很大影响。像登山运动员和飞行员,随着他们所处的位置越来越高,大气压强也越来越低,他们的身体逐步出现各种病状:先是呼吸增加,体温上升,继而出现感觉迟钝、四肢无力、头痛、呕吐、呼吸困难等症状。对飞行员来说还会出现判断力和控制力降低甚至丧失意识或死亡。

第二节 噪声与健康

现代工业、交通运输和航空事业的迅速发展促进了人类物质生活水平的提高。与此同时,也带来了噪声问题。众所周知,噪声污染是环境问题之一,对人体健康产生极大的危害,要采取一定的措施控制、防止、消除噪声,促进人们的身心健康。

我国目前对城市居民影响最大的噪声是道路交通噪声,约占各类城市噪声的40%,据全国120个城市对道路交通噪声调查,平均65%的交通干线白天的等效噪声超过70 dB。工业噪声范围约占城市面积的20%。近年来,强噪声的污染范围有向郊区的小城镇扩散的趋势。噪声的危害是多方面的。噪声可以使人听力衰退,引发多种疾病;同时,还影响人们正常的工作与生活,降低劳动生产率。

一、噪声的概念、分类及物理性质

(一)噪声的定义

通常所说的噪声是指由人为活动而不是自然现象引起的。噪声的定义有很多种,最简单的定义是:不需要的声音。为了便于开展噪声研究,有学者给噪声下定义为:噪声是令人厌恶的,不可控制的,不可预知的声音。从其定义中可以看出,噪声不仅是一种物理存在,更重要的是它的概念中包含了人的主观心理感受。

(二)噪声的分类

根据噪声的时间特性,可分为稳态、周期性起伏、无规则和脉冲噪声。根据其强度大小可分为过响声、妨碍声、不愉快声、无影响噪声。按其来源可分为交通运输、工业、建筑施工、社会生活噪声。如街道上交通车辆的发动机、喇叭的声音;大型机械化工厂、施工的工地上各种机器设备发出的响声;鞭炮声、脚步声等。从物理性质上讲,噪声是由声源做无规则的、非周期性振动而形成的。但从人的生理和心理上来讲,通常把与人们生活、工作环境不协调或不需要的声音都列入噪声范畴。所以,环境噪声不仅限于杂乱无章的声音,也包括影响旁人工作、休息、睡眠的歌声、乐器声、谈话声等。可见在现代都市中噪声是非常广泛和多样的。

(三)噪声的物理性质

噪声是声的一种,具有声波的一切特性,描述噪声的主要物理量是声强和响度。声波的平均能流密度大小称为声强,它表示声场中某点与声波行进方向垂直的单位面积上、单位时间内所传播声音的平均能量,用符号 I 表示,单位是 W/m^2。

$$I=(1/2)\omega^2 A\rho v$$

式中:ω 为声振动角频率(Hz);A 为声振动振幅;ρ 为空气密度(kg/m^3);v 为声速(m/s)。

人耳对声音强弱的反应称作响度。声强是客观量,响度是主观量。人耳感觉到声强的范围极为宽广,而听觉的灵敏度还与频率有关。在人耳能够感觉到的声音(可听声)频 20～20 000 Hz 范围内,对于每个给定的频率,要引起听觉,其声强都有上下两个极值。低于下限的声强不能引起听觉,高于上限的声强只能引起痛觉。如频率为 1 000 Hz 的声波,一般正常人听觉的最高声强为 1 W/m^2,最低声强为 10^{-12} W/m^2,两者相差 10^{12} 倍,人耳听觉不能把这一听阈内的声音由弱到强分辨出 10^{12} 个声音等级。由声学实验和心理学实验结果得知,人耳对声音强弱的反应不是和声强呈正比,而是近似与声强的对数呈正比。因此,引入声强级的概念来描述声强,并规定,频率为 1 000 Hz,刚能听到的最低声强 10^{-12} W/m^2 为声强测定的标准,用 I_0 表示。声强 I 与标准 I_0 之比的对数值定义为声强级,用符号 L(分贝)来表示,表达式为:

$$L=10\lg(I/I_0)$$

分贝(声强级另一单位贝尔的 1/10)的符号 dB。如声强 $I=10^{-12}$ W/m^2,其声强级就是 0 dB;通常相距 1 m 远谈话声的声强为(10^{-6}～10^{-5})W/m^2,其声强级为 60～70 dB;震耳炮声的声强为 10 W/m^2,声强级为 130 dB。

噪声的测量常用声级仪。声音信号通过声级仪的传声器转换成电压信号,经放大器放大后,再经过对不同频率噪声有一定衰减的计权网络,显示出分贝值。计权网络有 A、B、C 3 条,都是模拟人耳对声音的反应而设计的,其中 A 网络对高频敏感与人耳对噪声的感觉近似。因此近年来都采用 A 计权网络来测量噪声,数据为“A 声级(分贝 A)”。

二、噪声对人体健康的危害

(一)噪声对听觉的危害

声波引起空气的振动沿外耳传至鼓膜,使耳膜被迫振动,从而刺激人的听觉神经引起声音感觉。强的噪声(80 dB 以上)可引起耳部不适,使听觉发生暂时性减退,听觉敏感度降低,甚至可以导致听力损伤,损害听觉器官,发生急性外伤,引起耳膜破裂出血,使双耳变聋,医学上称为“噪声性耳聋”。据测定,多年全日工作在 90 dB(A)(相当于一辆从身旁驶过的卡车或电锯发出的声音)噪声下的工人,有很大比例出现听力损害;当噪声超过 100 dB(A)(相当于空气压缩锤或迪斯科舞厅、随身听、战斗机发出的声音),就属于人难以忍受的噪声,会造成耳鸣或耳聋;在 120 dB(A)声强下,只需 1 min,就能给人造成暂时性耳聋。人耳所能忍受的最高噪声是 120 dB(A),超过这个限度可能危害生命。

噪声对儿童(包括体内的胎儿以及刚出生的孩子)身心健康危害更大,因为儿童发育尚未成熟,各组织器官十分娇嫩脆弱,不同强度的噪声均可损伤听觉器官,使听力减退或丧失。据统计,当今世界上有 7 000 多万耳聋者,其中相当一部分是由噪声所致。

(二)噪声对非听觉生理的危害

人体长时间、反复接触过量噪声可引起神经系统、消化系统、内分泌系统功能紊乱及视觉伤害等。高噪声的工作环境,可使人出现头晕、头痛、失眠、消化功能不良、胃溃疡、记忆减退、植物神经系统和内分泌系统功能及高血压、冠心病、动脉硬化等心血管系统发病率升高等。经测量发现，90 dB(A)的噪声在短时间内就可使动脉阻力增大，使外周动脉处于收缩或痉挛状态。大量观察结果还表明，有噪声性耳聋的人血压明显偏高。在动物实验中还发现，在强噪声连续刺激下，血浆胆固醇增加，主动脉弓硬化，虹膜上有胆固醇色素沉着。这说明长期噪声刺激可导致代谢障碍和心血管系统的器质性改变。

另有试验表明：当噪声强度达到 90 dB(A)时，人的视觉细胞敏感度下降，识别弱光反应时间加长；达 95 dB(A)时，40%的人瞳孔放大，视物模糊；而噪声达 115 dB(A)时，多数人的眼球对光亮度的适应有不同程度的减弱。长时间处于噪声环境中的人很容易发生眼疲劳、眼痛、眼花和视物流泪等眼损伤现象。

(三)噪声对心理的影响

高噪声的工作环境，可使人出现恐惧、易怒、自卑甚至精神错乱。研究发现，超过 60 dB(A)的噪声可以分散人的注意力，使人心情烦躁，身体疲倦；噪声超过 85 dB(A)，会使人感到心烦意乱，无法专心地工作。在日本，曾有过因为受不了火车噪声的刺激而精神错乱，最后自杀的例子。

睡眠不好将严重影响人的健康和工作。在夜间人对噪声的感觉敏锐，噪声的干扰使人不得安宁，难以休息和入睡，令人烦恼和气愤。据调查，突然的 40 dB(A)的噪声可使 10%的人惊醒；70 dB(A)的噪声可使 60%的人惊醒。尤其是断续出现的噪声对人干扰更大，每当重复出现都会产生新的干扰感。当人辗转不能入睡时，便会心态紧张，呼吸急促，脉搏跳动加剧，大脑兴奋不止，第 2 天就会感到疲倦或四肢无力、心情烦躁，学习、工作效率降低。而对病人来说，不太严重的噪声也会妨碍休息，影响康复。

(四)噪声与认知障碍

儿童的认知能力与成人相比更不成熟，因此对于儿童，其认知能力如注意、语言、记忆等的形成与发展与噪声的关系尤为重要。

1. *噪声与注意*　慢性噪声暴露对儿童的持续注意、视觉注意、听觉分辨力可有不良影响。研究发现与来自较为安静家庭中的儿童相比，来自嘈杂家庭的儿童用更长的时间才能定位目标图形。在听力分辨力的测验中，发现生活在更低楼层且暴露于更强公路噪声的儿童比那些生活在更高楼层的儿童受到的伤害更大。

2. *噪声与语言*　有理论认为当儿童处于噪声环境中他们可能学会去掉分心刺激，随着时间推移儿童可能过度泛化这种策略，即去掉不应被排斥的刺激例如言语。这样儿童与他人的交流(包含说和听)受损，并且言语知觉与阅读能力有强的相关，这样就可能阻碍语言的获得。一个比较经典的例子是 Bronzaft 等的研究。这项研究考察了一所学校中儿童的阅读分数，其中有一半儿童所在班级处于铁路噪声的环境(69～89 db)中，另一半班级处于比较安静的一侧。持续几年的研究结果发现在有噪声一侧的儿童在阅读成绩方面落后于他们的对比组。这些儿童也抱怨说这些噪声干扰了他们，使得他们难以进行思考。接着有关部门采取措施让噪声水平降低 6～8 db。Bronzaft 第二次调查的结果显示学校两侧儿童的阅读分数处在同等的水平。另一个经典的例子是 Cohen 对生活在 4 栋高层公寓中的儿童的研究。相比于较高楼层，处于较低楼层的儿童慢性暴露于更强的公路噪声中。阅读水平的测试结果显示后者受到了更大的伤害。

3. 噪声与记忆 这方面的研究相对较少。研究提示噪声对于简单的记忆任务没有或很少有影响。如 Hyggés 比较在安静和噪声条件下的容易的和困难的记忆任务，发现仅在困难任务中对于噪声暴露敏感。

总之，噪声是人为造成的。噪声的控制主要可从声源、传播途径和接收者 3 方面考虑。首先，噪声是客观存在的，但可尽量减少噪声源。其次，利用声的吸收、反射和干涉等特性，采用吸声、消声、隔声等装置减轻噪声强度，控制噪声辐射。因工作性质不能离开噪声源的人，可采取一些防护措施，以减少噪声的接收量，把噪声降低到可容许范围。此外绿化也是消减噪声的一种好方法。

第三节 振动与健康

我们生活在一个充满振动的世界上，汽车、火车、飞机、轮船等都在不停地振动着。同时人体本身就是由一系列振动系统构成的，我们人体中的内脏、肌肉乃至细胞时时刻刻都在振动，如声带的振动，鼓膜的振动，胃肠的蠕动，肺的翕动，心脏的搏动等。可以说，人类的生命和生存都离不开振动。振动与人类生命有着密切的关系，并对人体健康可产生许多独特的作用。

一、振动概述

日常说的振动即机械振动，是指物体或物体的一部分在平衡位置附近来回做往复运动。振动能量是守恒的，它只会在各种形式的能量之间发生相互转化。由于振幅和频率的不同，所以振动的表现形式是多样的。

机械振动对人体的影响程度，一方面取决于机械振动的特性，这主要指振动的频率、强度、作用方向以及暴露时间；另一方面取决于人体本身的心理、生理反应，人对振动的敏感程度有很大差异，评价人体对振动的反应是一个较复杂的问题。

二、振动对人体的影响

（一）人体自身振动

人体很多的生理功能都是通过振动完成的，一旦这些有节律的振动被改变将会影响人们的健康。

胃肠的生理蠕动有助于食物的消化，从而保证了人体消化系统的正常运行及水液的代谢，当胃肠蠕动异常时，则会导致便秘或泄泻的发生。

肺按其固有的频率翕动，当胸膜被破坏时，外界气体顺应气压差迅速进入胸膜腔使肺受压而收缩，改变其振动频率，引起病理性呼吸，严重者可致呼吸衰竭。

心脏节律性的收缩与舒张维持血液运行，从而保证气血交换以及体内代谢的正常，但当心脏出现异常的振动，如早搏、房颤、室颤则会造成心脏的排血量减少，冠状动脉的血流量减少，最后心力衰竭或心脏骤停。

人体内脏的正常振动频率在 4～6 Hz，如肝脏一旦振动频率下降，那么就有临床研究意义了。如肝癌是由于多种因素刺激令肝细胞异常增殖，从而使肝脏局部形态及结构改变，通过这些改变必然会使肝脏的振动频率发生改变。再如微循环中的血管平滑肌处于痉挛等异常的振动时，会使人体主动脉血量减少从而导致人体发生休克现象等，可见，体内单位振动频率的改变对临床十分有意义。

(二)振动促进人体健康

各种形式的振动作用于人体,可对全身多系统产生刺激,促进机体的自身修复。古往今来,利用振动治疗疾病的手段很多。如“八段锦”中的“叩齿”动作,令上下两排牙齿互相叩碰 20～30 次,这样的振动能使牙龈的血管扩张,局部血液循环得以改善,从而达到固齿之功。

当今一些研究结果证明,弹跳运动对骨骼、肌肉、肺及血液循环系统都是一种很好的锻炼。

防治心血管系统疾病的运动方式主要是有氧运动。有氧运动对心脏的作用大致分为两种:一是可以改善心率变化;二是可以增强心肌力量。心率是反映心脏功能强弱的标志,运动对心脏功能造成的影响可以通过心率的变化来进行判断。

人体运动对循环功能的主要影响是使心输出量增加,各组织器官的血流量重新分配,特别是骨骼肌的血流量迅速增加,以满足其代谢增强时的能量供应。心脏具有一定的储备能力,平时心输出量大约只有最大输出量的 1/4,有氧运动可增大这种力量,即增大心肌力量,进而增加心输出量,从而提高人体的活动能力。另外,长期运动使机体氧利用率提高、血液循环的效率提高,心率储备增加,使心脏表现出良好的泵血功能。

振动可以促进骨形成和防止骨丢失,具有很强的成骨效应。由 NASA 资助的科学家们和国际太空生物医学研究协会在休斯顿揭露了一个迹象,轻微振动可能刺激骨生长,科学家们建议航天员可以通过每天站在一个轻微振动的平台上 10～20 min 来防止骨丢失。国际太空生物医学研究协会骨丢失计划中也已将振动是否适合太空中对抗骨丢失的研究纳入对抗措施的研究计划,可以预测振动可能是将来长期航天飞行中对抗骨丢失的一有效措施。

一定强度的重复运动有助于增加骨密度(BMD)。任何一种机械压力负荷重复作用于某一骨骼的运动,均能增加该骨的 BMD。较长时间重复进行的耐力运动或有氧运动还可能通过增加释放生长激素,促进成骨细胞功能,使肢体 BMD 增大。

适量运动可推迟消化系统的老化。中老年人的胃黏膜变薄,胃肠道的腺体和绒毛逐渐萎缩,肌组织萎缩,弹性降低,肝脏和胰腺重量减轻,功能减退。由于锻炼能使胃肠功能得到改善,弹性增强,蠕动加快,血液运动加快,肝脏和胰腺等功能均得到增强。

此外,振动对神经肌肉和神经内分泌系统有混合作用。同时,它有利于改善老年人平衡控制,提高慢性中风病人姿势稳定性,增加男性生长激素、睾酮水平,降低皮质醇浓度等。

(三)振动对人体的危害

适当的振动对健康有益,另外,不适当的振动则可危害人们的健康,被视为现代工业的污染之一。例如,剧烈的运动可引起胃肠道症状及头昏、烦躁、耳鸣等一系列症状,其机制目前尚不清楚。可能与胃肠道血流减少、胃肠道动力增加、机械性撞击增多和神经内分泌的调节改变等有关。也可能是振动频率达到界值并维持足够长的时间与人体内脏发生共振,导致消化系统疾病,但关于具体的振动频率的界值尚不能完全统一。

振动与人体的关系虽然有很多还未能解释,但应引起临床医学的关注。目前,许多物理学家、数学家、生物学家都在积极与医学家合作,探讨生命与振动的微妙关系,努力寻找外部作用于人体的振动同人体内部自身振动相互作用的机制,以确定最佳生理振动效应,使振动能更好地为人类健康服务。

第四节　辐射与健康

人类自古至今生活在一个充满辐射的自然环境中，辐射与阳光、空气、水都是人类生命的一部分。辐射无色、无味、无臭，人体无法直接感受，使得人们对于它有莫名的恐惧感。有时有关辐射安全的新闻报道接连刊登，人人几乎闻辐射色变。其时，人类在100多年前发现辐射以来，就尝试应用于许多方面，如X光透视、农产品保鲜与飞机结构检测等，都给我们带来了许多方便。人体只有接受辐射剂量超出了限值的范围，才会对健康产生影响。我们应该深入了解什么是辐射，能利用它的优点，而避开它的危险性，不再只是莫名的害怕。

一、辐射概述

人们对辐射的概念并不陌生。一般来说，辐射是指从某种物质中发射出来的波或粒子，有时也说是射线。例如，物体受热向周围介质发射热量叫做热辐射；受激原子退激时发射的紫外线或X射线叫做原子辐射；不稳定的原子核发生衰变时发射的微观粒子叫做原子核辐射，简称核辐射。核辐射粒子有的带电，有的不带电；有的重，有的轻。人们关心的主要有α辐射、β辐射、γ辐射和中子辐射等。

辐射像光一样，具有能量，它通过物质时会进行能量传递和交换，与物质发生相互作用。其中一种主要作用方式就是使物质中的原子电离或激发，称为电离。通常我们依它的能量的高低或电离物质的能力，将辐射分成电离辐射和非电离辐射两大类。

非电离辐射：指能量低，无法电离物质的辐射。例如，太阳光、灯光、红外线、微波、无线电波、雷达波等。

电离辐射：指能量高，能使物质发生电离作用的辐射。

电离辐射又区分为：

(1)粒子辐射，如α、β、中子辐射等。

(2)波的辐射，如γ辐射和X射线等。

一般所谓的辐射或放射线，都是指电离辐射而言。

那么，什么是核辐射呢？核辐射也称放射性，是以波、粒子或光子能量束形式传播的一种能量。核辐射并不仅仅存在于特定的矿石和材料中，它是无处不在的，我们身体里循环的水、空气其实都具有一定的放射性，这是自宇宙诞生之日起就存在的客观事实，是一种正常的现象。少量的辐射照射不会危及人类的健康，过量的放射性射线照射对人体会产生伤害，使人致病、致死。剂量越大，危害越大。所以辐射安全其实不是要讨论一件东西有没有放射性，而是要讨论在日常生活中有哪些物质在一定条件下具有偏高或高的放射性，并足以对人造成伤害。

核辐射主要包括α、β、γ 3种射线。α射线是氦核，β射线是电子，γ射线则是一种波长很短的电磁波。前两种射线由于穿透力弱，影响距离比较短，只要其辐射源不进入体内，影响不会太大。γ射线穿透力很强，需要周密的防护措施。

二、辐射的产生

(一)来自放射性同位素

不稳定的原子核就像脾气不好的人，需要一种发泄的渠道，以便消除他的怒气。这样的原子核就是为了回复到稳定状态，必须释放能量，而以电磁波或粒子的形态射出，这就称为辐射（俗称放射线）。

以不稳定的钴 60 为例，它先放出一个 β 粒子转变成镍 60，但此时镍 60 原子核仍不稳定，它又迅速放出两道 γ 射线，才形成稳定的镍 60 同位素。所以，一个钴 60 原子自发地衰变时，会放出一个 β 粒子和两道 γ 射线。

(二)来自产生辐射的装置

我们去医院作 X 光检查时，就是使用产生 X 射线的装置。X 光到底是怎样产生的？原来当高速运动的电子撞击重原子核时（例如钨）就会产生 X 射线，在医学上用途非常大。另外，当高能轨道的电子跳回到低能轨道，也会产生 X 射线，可应用在金属元素的定性和定量分析工作上。

(三)来自核反应

如核能发电厂、宇宙射线等。如 2011 年 3 月 11 日，日本东北部海域发生里氏 9.0 级地震并引发海啸，造成重大人员伤亡和财产损失。地震引发的海啸影响到太平洋沿岸的大部分地区。地震造成日本福岛第一核电站 1～4 号机组发生核泄漏事故，对日本及全世界都产生了巨大而深远的影响。

三、人体接受辐射的途径

人类受到来自两个方面的核辐射源的照射：天然放射性源和人工放射性源。而人体接受辐射剂量是经由体外照射和体内照射两大途径。以下简要说明：

(一)天然放射性源

环境中天然存在的放射性源：来自太空的宇宙射线；土壤及建筑材料中的天然放射性核素；食物中的钾 40；空气中的氡 222 和它的子体等。

(二)人工放射性源

当今世界人类受到辐射照射的人工放射性源主要有医疗照射、核爆炸、核动力生产和放射性同位素的应用。其中医疗照射为人工照射的主要来源，大家关心的核能发电，每年造成的辐射剂量比例极小。

不过，如因某些特殊原因导致核电站爆炸，则产生的放射性危害无法估量。所以，人类如何安全地利用核能发电，是全世界面临的重大问题。

(三)人类对辐射的接触机会

现代辐射人类接触最多的是手机、BP 机、家庭影院、音响、音像设备、电视机、电脑、消毒柜、电热水器、电冰箱、电子理疗器、健身器、电烤箱、微波炉、空调、游戏机、可视电话、对讲机、家庭带有辐射的建筑装饰和化纤织物等。化纤纺织用品的静电辐射等称为家庭的“隐形杀手”，正悄悄地损害人体细胞组织及身体各系统。城市室外高压线、变压器、寻呼台、电视台、广播电台、电脑信息网站、游戏娱乐场所、紫外线等不知不觉损害着人体各细胞和各系统。在医疗上，对于接受放射治疗的人群，射线对细胞组织、器官、皮肤及免疫功能有不同程度的损伤。

办公自动化减轻大量的人力物力，同时也给人体造成危害，如电脑、复印机、扫描仪等。从事与放射线有关的人群，如：从事放射的医务工作者、电力工作者、电焊工作者、辐射研究工作者，特别进行核工业的研究、开发和生产者，从事金、银、铜、铁、锡、锰、钒、铅等矿山开发及深度开发生产的人群，辐射对其细胞组织和各系统的危害也较大。

在自然界中，宇宙射线、地球放射性物质以及由于大气臭氧层破坏，空洞增大，太阳紫外线辐射增强，气候变暖等因素对人体的辐射危害增大。

生活中核辐射可能的来源：

对于核辐射污染，人们往往只注意到核电厂、工厂、医院里特殊设备或材料的放射性，而很少想到生活中也可能有放射源。放射性物质能通过多种途径给人体造成慢性损伤。

(1)居室　利用工业废渣做建筑材料可能造成建材中含有放射性物质，经衰变产生的放射性气体及其子体产物悬浮于室内空气中，经人体吸入即会照射人体肺组织。若长期受到照射，便易产生支气管炎和肺癌等疾病。此外，装修用的花岗岩及其他板石材料在通风不良时，也可造成居室内放射性污染加重。

(2)饮用水　我国矿泉水水源丰富，其中也有不少水源在流动过程中受到人工或天然的放射性污染。某些盲目开发的矿泉水水源就存在此类风险。因此，消费者购买矿泉水时也应注意了解其水源的辐射环境是否安全。

(3)燃煤　燃煤中常含有少量的放射性物质。研究分析表明，煤炭烟气中的放射性物质尽管含量稀少，却会随空气及烘烤的食物进入人体，经长期聚集，会造成机体的慢性损伤。因此使用燃煤时，应注意通风透气，警惕煤烟吸入体内，不要用煤炭直接烘烤食物，尤其是茶叶、烟叶、肉类和饼干等。如果必须使用，也要注意屏蔽，不要让食物与煤烟直接接触。

(4)金银首饰　经常佩戴首饰而患上的皮肤病——“首饰病”，有些可能是辐射造成的。一般来讲，除24K纯金首饰以外，其他首饰在制作过程中都会掺入少量钢、铬、镍等金属，有的首饰材质成分更加复杂，对皮肤造成伤害的可能性更大。所以，金银首饰不宜常戴，对需要常戴的首饰最好先进行放射性测定。

四、辐射与人体健康

人类生存的空间中到处充满了电磁波，包括无线电波、微波、红外线、可见光、紫外线、X射线等。不同波长和不同剂量的电磁波对人体的作用也不同，其中有积极的方面，也有消极的方面。

(一)辐射对人体的危害

人体受到一定剂量的电离辐射照射后，可以产生各种对健康有害的生物效应。谈到辐射的伤害时，我们要考虑三个条件：剂量的大小，身体受照射的部位，急性还是慢性暴露。

急性放射病是在短时间内大剂量辐射作用于人体而引起的。全身照射超过1 Gg时引起急性放射病，局部急性照射可产生局部急性损伤。如暂时性或永久性不育、白细胞暂时减少、造血障碍、皮肤溃疡、发育停滞等，急性放射损伤平时非常少见，只在从事核工业和放射治疗时，由于偶然事故而发生，或在核武器袭击下发生。

慢性放射病是在较长时间内接受一定剂量的辐射而引起的。全身长期接受超容许剂量的慢性照射可引起慢性照射病；局部接受超剂量的慢性照射可产生慢性损伤，如慢性皮肤损伤、造血障碍、生育力受损、白内障等。慢性损伤常见于放射工作职业人群，以神经衰弱综合征为主，伴有造血系统或脏器功能改变，常见白细胞减少。

放射性疾病已被定为职业病，并制定有相应的国家诊断标准。

胚胎和胎儿对辐射比较敏感。在胚胎植入前期受照，可使出生前死亡率升高；在器官形成期受照，可使畸形率升高；在胎儿期受照，小头症、智力迟钝等发育障碍的出现率增高。因此，对育龄妇女和孕妇，在防护上都有特殊的要求。

辐射可能致癌和可能造成遗传损伤。在受到照射的人群中，白血病、肺癌、甲状腺癌、乳腺癌、骨癌等各种癌症的发生率随受照射剂量增加而增高。辐射可能使生殖细胞的基因突变和染色体畸变，使受照者的后代人各种遗传疾病的发生率增高。

电离辐射对人体组织的影响有对 DNA（脱氧核糖核酸）损伤、细胞亚致死和潜在致死损伤、凋亡，减少了细胞的免疫能力和抑癌基因。使染色体畸变，细胞因丢失基因或移位，导致细胞突变，丧失繁殖能力而死亡。各系统器官发生病理变化，较大剂量照射，实质细胞明显减少，细胞再生不全，常被纤维化组织增生，如血管血细胞的增殖能力，导致外周血细胞严重缺乏，抑制淋巴细胞再生，影响集体细胞免疫与抗体生成。影响消化系统，小肠最敏感，依次是食道、结肠、直肠、口腔、小肠干细胞与增生的血细胞变化最为明显，严重的会形成溃疡。神经系统对敏感高，受照后易引起植物神经功能紊乱，产生恶心、头晕、乏力等症状，主要继发于血管损伤与血循环障碍，表现出渗出炎症或栓塞等损害。内分泌系统，大剂量照射时，垂体细胞敏感，射线使生精小管萎缩、生精停止，有的甚至会永久性不育。皮肤：受照皮肤组织释放组胺类物质，表皮下血管扩张，水肿，严重的引起水疱性皮炎，甚至坏死，出现溃疡。因循环不良、肉芽组织不活跃，易再次破损。晶状体：射线引起晶状体的不溶性蛋白增多，受照细胞产生纤维，容易发生混浊，严重的可引起白内障。骨骼：成长软骨对射线敏感、受照后软骨细胞减少，产生停滞。成骨细胞对辐射抗性较强，大剂量照射发生骨坏死、骨折与骨髓炎，骨内循环受影响。其他脏器：肺肝肾心等的间质血管改变，较实质细胞对辐射敏感。

（二）辐射的作用

电磁辐射中的红外线对人体主要是热作用，常被用来治疗一些炎症或诊断疾病，可见光中不同颜色的光对人体的作用不同，所以医学上常利用相应颜色的光来治疗不同性质的疾病。紫外线具有消炎、抑菌止痛等作用，还能帮助人体合成维生素 D_3 以预防和治疗佝偻病，但如果电磁辐射过量也会引起人体的各种病变。

各种辐射作用于机体可引起一系列的病理、生理、生化的变化和放射损伤。人体大剂量射线照射后会出现疲乏恶心、头痛、皮肤烧伤、白细胞减少、食欲不振、毛发脱落、贫血、寿命缩短等一系列症状；另一方面，又可利用射线的某些生物效应的原理来治疗如恶性肿瘤等疾病。

五、辐射防护原则

其实，自然界中存在着各种各样与人体有着密切联系的物理因子，随着人类科学进程的发展，我们一方面利用各种物理因子促进人体的健康；另一方面是防止现代化工业生产中产生的各种有害物理因子损害人体健康，另外还要加强自身锻炼以最大限度地适应环境。

必须遵守辐射防护三原则。

实践的正当性：在施行伴有辐射照射的任何实践之前，都必须经过正当性判断，确认这种实践具有正当的理由，是获得利益大于代价（包括健康损害和非健康损害的代价）。

辐射防护的最优化：应避免一切不必要的照射，在考虑到经济和社会因素的条件下，所有辐射照射都保持在合理达到的尽量低的水平。

对个人剂量的限制：用剂量限值对个人所受的照射加以限制。

六、核辐射简介

2011 年 3 月 11 日，日本当地时间 14 时 46 分，日本东北部海域发生里氏 9.0 级地震并引发海啸，造成重大人员伤亡和财产损失。地震震中位于宫城县以东太平洋海域，震源深度 20 km。东京有强烈震感。地震引发的海啸影响到太平洋沿岸的大部分地区。地震造成日本福岛第一核电站 1～4 号机组发生核泄漏事故。日本大地震引发的海啸导致福岛核电站损坏，引发核泄漏事件，再次掀起了民众对核辐射的恐惧心理。

(一)各种剂量核辐射对人体健康的危害

日常生活中我们受到的天然辐射剂量为 2～4 mSv。

一次小于 100 mSv 的辐射，临床上观测不到任何变化，视为对人体无影响。

一次 1 000～2 000 mSv，可能会引发轻度急性放射病，能够治愈。

2011 年 3 月 14 日福岛核电站正门前的辐射量为 8.217 mSv/h，相当于普通人年可被辐射量上限的约 8 倍。

日常生活中，我们坐 10 h 飞机，相当于接受 0.03 mSv 辐射。

一次 X 光胸透的辐射剂量 0.1 mSv。

一次全身 CT 扫描的辐射剂量 10 mSv。

一天抽一包烟，一年下来受到的剂量在 0.5～1 mSv。

一个人 5 年内受到辐射剂量的理论上限值为 100 mSv。

规定职业人员的年剂量最高限值为 20 mSv。

一次性遭受 4 000 mSv 可能会致死。

切尔诺贝利事故现场的工作人员受到的辐射剂量为 6 000 mSv，他们在 1 个月内相继死亡。

2011 年 4 月 26 日，由日本政府和东京电力公司组成的"事故对策统合本部"26 日首次公布了根据福岛第一核电站周边辐射剂量制作的辐射剂量图。辐射剂量图表明，由于方向不同，核电站周边地区的辐射剂量存在很大差距。比如，核电站西北地区的辐射剂量仍在增加，而西南方向的辐射剂量却很低。日本政府起初向核电站周围 3 km 之内的居民发出疏散劝告，同时要求核电站周围 3～10 km 的居民不要外出。之后，又将疏散范围扩大到核电站周围 20 km，并要求周围 20～30 km 范围内的居民室内避难。

(二)各种人群受核辐射影响排序

胎儿：细胞分裂是最快的，辐射的影响就会越明显。

儿童：受辐射较大的儿童若干年后得甲状腺癌的概率要比普通儿童高出 3～5 倍；面对辐射污染，儿童面临风险很大。因为儿童的生长更为迅速，细胞分裂也更加频繁，细胞在对损伤进行自动修复时也就有更大的几率出现错误，从而导致严重后果。在 1986 年乌克兰切尔诺贝利核电站事件发生之后，联合国世界卫生组织注意到当地的儿童患甲状腺癌的比例出现显著上升。

青少年：甲状腺功能正常，代谢活跃。

老人：甲状腺功能相对青壮年不活跃，代谢较迟缓。

(三)核辐射防护办法清单

如果被暴露在辐射范围内,立即换一套衣服和鞋子,把他们放在一个密封的塑料袋中,封闭袋口,然后采取彻底的全面的淋浴。

如果你被通知撤离,在车上保持车窗和通风口封闭,并采用车内循环空气。

如果被告知呆在室内,关闭空调和其他进气口,去地下室,除非必要,否则别用电话。

在受到辐射前或者刚受到辐射没多久,碘化钾可以帮助降低患癌症的风险。但一定要在医生指导下进行。

中国疾控中心表示,暴露于电离辐射可能会增加患癌症的风险。核事故后烟云能飘浮多远很难预测,它取决于风速和其他气象条件。在突发事件的早期和中期,隐蔽是主要防护措施之一,大多数建筑物可使建筑物内的人员吸入剂量约降低一半,隐蔽时间一般认为不应超过2 d。遭遇核辐射时应“内外兼防”:隐蔽是主要防护措施。

体外照射的防护原则:尽可能缩短被照射时间;尽可能远离放射源;注意屏蔽,利用铅板、钢板或墙壁挡住或降低照射强度。

体内照射的防护原则:避免食入、减少吸收、增加排泄、避免在污染地区逗留。

具体措施:

(1)进入空气被放射性物质污染严重的地区时,要对五官严防死守。例如,用手帕、毛巾、布料等捂住口鼻,减少放射性物质的吸入。

(2)穿戴帽子、头巾、眼镜、雨衣、手套和靴子等,有助于减少体表放射性污染。

(3)要特别注意,不要食用受到污染的水、食品等。

(4)如果事故严重,需要居民撤离污染区,应听从有关部门的命令,有组织、有秩序地撤离到安全地点。将受污染的衣服、鞋、帽等脱下存放,进行监测和处理。

(5)受到或可疑受到放射性污染的人员应清除污染,最好的方法是洗淋浴。

(四)遭受辐射后的症状

——接受中等程度的辐射将导致辐射病。它有一系列症状:

在接受辐射的几小时之内,人会出现恶心与呕吐,随后可能经历腹泻、头痛和发烧。

在最初症状之后,人体可能会在一段时间内不再显示任何症状,然而往往在几周之内,又有新的、更加严重的症状发生。

——如果接受高等程度的辐射,以上所述的所有症状都可能立即出现,并伴随着全身性的、甚至可能致命的脏器损害。

1.恶心和呕吐　恶心和呕吐是典型辐射病的最早症状。辐射剂量越多,这些症状出现越早。

2.自发性出血　放射病可引起鼻腔,口腔,牙龈和肛门出血。极易引起内部出血,甚至吐血。

3.出血性腹泻　辐射“瞄准”体内细胞迅速繁殖,刺激肠壁,严重时可引起带血腹泻。

4.皮肤脱落　暴露于辐射外的皮肤会形成水泡,变红,甚至形成开放性溃疡,皮肤脱落。

5.脱发　辐射会伤害毛囊。有时,这种脱发是永久性的。

6.严重疲劳　放射病会使人感到虚弱和不适,就像严重流感。红细胞明显减少,导致贫血。

7. *口腔溃疡*　放射病会导致口腔溃疡。此外，溃疡还可能形成在食道，胃和肠。

8. *感染*　抗感染放射性疾病的白细胞减少，细菌，病毒和真菌感染的风险提高。

如这次日本地震导致核泄漏，引发了海啸性肺炎的发生。日本地震海啸导致核泄漏，大部分患者，均因在震后吸入大量来自粉尘以及干枯淤泥的化学物质，患上了感染性肺炎或误咽性肺炎。在宫城县石卷市，肺炎患者在震后突然增多，有部分甚至已经死亡。有关专家也呼吁当地民众出门时务必佩戴口罩，并经常刷牙。

9. *严重时可能导致重大疾病*　白血病，遭遇核辐射，最先变化的是血象，白细胞会明显降低，严重者会患上白血病。

甲状腺癌。切尔诺贝利核电站发生核泄漏后，数以千计的青少年因受核辐射患甲状腺癌。

多发骨髓瘤。据调查，辐射引起的白血病病例增加的最多，其次是多发骨髓瘤。

良性和不明原因肿瘤。良性和不明原因肿瘤也有增加，只有直肠癌、胰腺癌和子宫癌病例没有增加。

(五)历史上的核事故

(1)1957 年 9 月 29 日，前苏联乌拉尔山中的秘密核工厂“车里雅宾斯克 65 号”一个装有核废料的仓库发生大爆炸，迫使苏联当局紧急撤走当地 11 000 名居民。

(2)1957 年 10 月 7 日，英国东北岸的温德斯凯尔一个核反应堆发生火灾，这次事故产生的放射性物质污染了英国全境，至少有 39 人患癌症死亡。

(3)1961 年 1 月 3 日，美国爱荷华州一座实验室里的核反应堆发生爆炸，当场炸死 3 名工人。

(4)1966 年 1 月 17 日，帕利马雷斯氢弹事故。

在西班牙海岸上空进行加油时，美国一架 B-52 轰炸机与 KC-135 加油机发生相撞。撞击之后，加油机彻底毁坏，B-52 轰炸机惨遭解体，所携带的 4 枚氢弹“逃离”破裂的机身。其中两枚氢弹的“非核武器”撞地时发生爆炸，致使约合 2 km^2 的区域被放射性钚污染。搜寻人员在地中海发现了其中一个装置。

(5)1967 年夏天，前苏联“车里雅宾斯克 65 号”用于储存核废料的“卡拉察湖”干枯，结果风将许多放射性微粒子吹往各地，当局不得不撤走了 9 000 名居民。

(6)1968 年 1 月 21 日，图勒核事故。

由于舱内起火，美国一架 B-52 轰炸机的机组人员被迫作出弃机决定，在此之前，他们本可以进行紧急迫降。B-52 轰炸机最后撞上格陵兰图勒空军基地附近的海冰，所携带的核武器破裂，致使放射性污染物大面积扩散。

(7)1970 年 12 月 18 日，加卡平地核事故。

在巴纳贝利核试验过程中，美国内华达州加卡平地地下 1 万吨级当量核装置发生爆炸，实验之后，封闭表面轴的插栓失灵，导致放射性残骸泄漏到空气中。现场的 6 名工作人员受到核辐射。

(8)1971 年 11 月 9 日，美国明尼苏达州“北方州电力公司”的一座核反应堆的废水储存设施发生超库存事件，结果导致 5 000 加仑放射性废水流入密西西比河，其中一些水甚至流入圣保罗的城市饮水系统。

(9)1979 年 3 月 28 日，美国三里岛核反应堆因为机械故障和人为的失误而使冷却水和放射性颗粒外逸，但没有人员伤亡报告。

(10)1979 年 8 月 7 日，美国田纳西州浓缩铀外泄，结果导致 1 000 人受伤。

(11)1985 年 8 月 10 日，K-431 核潜艇事故。

在符拉迪沃斯托克补充燃料过程中，E-2 级 K-431 核潜艇发生爆炸，放射性气体云进入空中。10 名水兵在这起核事故中丧命，另有 49 人遭受放射性损伤。

(12)1986 年 1 月 6 日，美国俄克拉荷马一座核电站因错误加热发生爆炸，结果造成一名工人死亡，100 人住院。

(13)1986 年 4 月 26 日，前苏联切尔诺贝利核电站发生大爆炸，其放射性云团直抵西欧，造成约 8 000 人死于辐射导致的各种疾病。1986 年 4 月 26 日，位于前苏联境内，当时被认为是最安全可靠的核电站——切尔诺贝利核电站发生大爆炸，产生的放射性云团直抵欧洲，约几千万人受到不同程度的影响，具体受害人数各方统计不一。该次事故是核电留在全世界人们心中永远的噩梦。

4 月 26 日凌晨，位于苏联乌克兰加盟共和国首府基辅以北 130 km 处的切尔诺贝利核电站发生猛烈爆炸，反应堆机房的建筑遭到毁坏，同时发生了火灾，反应堆内的放射物质大量外泄，周围环境受到严重污染，造成了核电史上迄今为止最严重的事故。

4 月 25 日，切尔诺贝利核电站第 4 号反应堆的工作人员违反操作规程连续切断反应堆的电源，使主要冷却系统停止工作。于是堆芯温度迅速升高，造成氢气过浓，以至 26 日凌晨发生猛烈爆炸，爆炸引起机房起火，浓烟使人呼吸困难，放射性物质不断外溢。30 人当场死亡，8 t 多强辐射物泄漏。核电站所在地区有 2.5 万居民，这些居民从 26 日晨开始疏散，疏散共用了 34 h。此次核泄漏事故使电站周围超过 6 万 km^2 土地受到直接污染，320 多万人受到核辐射侵害，酿成人类和平利用核能史上的一大灾难。

核电站发生事故后，大量放射尘埃污染到北欧、东西欧部分国家，瑞典、丹麦、芬兰以及欧洲共同体于 4 月 29 日向苏联提出强烈抗议。据苏联官方公布，这起事故造成的直接经济损失达 20 亿卢布(约合 29 亿美元)，如果把苏联在旅游、外贸和农业方面的损失合在一起，可能达到数千亿美元。同时，在核事故的危害下有 33 人死亡，300 多人因受到严重辐射先后被送入医院抢救，有更多的人受到不同程度的辐射污染。为了防止进一步的辐射，苏联将 28 万多人疏散到了辐射区以外。

事故发生后，原苏联政府和人民采取了一系列善后措施，清除、掩埋了大量污染物，为发生爆炸的 4 号反应堆建起了钢筋水泥“石棺”。离核电站 30 km 以内的地区被辟为隔离区，很多人称这一区域为“死亡区”。时至今日，距切尔诺贝利核电站大约 3 km 的乌克兰普里皮亚季镇，当年的繁华小镇，现在已无一人居住，堪称“鬼城”。

2011 年 4 月，切尔诺贝利核事故已经过去了整整 25 周年，当人们心中切尔诺贝利核事故留下的创伤渐渐愈合的时候，福岛核危机又一次告诉世人：核安全，永远是人类和平利用核能过程中的最重要一环。

25 年前，这座核电站 4 号机组爆炸并泄漏放射物质。如今，人们仍在设法筹集资金，以便重塑外罩，消除“石棺”破损构成的辐射污染隐患。

关于切尔诺贝利核泄漏相关的一组数字：

10倍：绿色和平组织称切尔诺贝利核泄漏危害被低估10倍；

800年：专家称消除切尔诺贝利核泄漏事故后遗症需800年；

9.3万人：20年前的切尔诺贝利核电站事故造成致癌死亡人数为9.3万人左右；

27万人：27万人因切尔诺贝利核泄漏事故患上癌症，其中致死9.3万人；

34万人：核泄漏事故发生后，前苏联立即疏散了11万多人，随后数年，又从污染严重地区搬迁了23万人，前后共疏散34万余人；

20亿人：建立在白俄罗斯国家科学院研究成果上的报告说，全球共有20亿人口受切尔诺贝利事故影响。

(14)1993年4月6日，托木斯克-7核爆炸，这起发生在西伯利亚托木斯克的核事故是硝酸清洗容器时发生爆炸导致的。爆炸致使托木斯克-7的回收处理设施释放出一个放射性气体云。

(15)1999年9月30日，东海村核事故，发生在东京东北部东海村铀回收处理设施的核事故是日本历史上最为严重的核灾难。事故发生时，工人们正在混合液体铀。

(16)2011年3月13日，福岛县政府13日发布消息称，新确认有19名从福岛第一核电站方圆3公里撤离的人员遭到核辐射，已确认遭核辐射的人数由此上升至22人。

2011年3月11日，日本东北部海域发生里氏9.0级地震并引发海啸，造成重大人员伤亡和财产损失。地震造成日本福岛第一核电站1～4号机组发生核泄漏事故。日本大地震引发的海啸导致福岛核电站损坏，引发核泄漏事件。截至目前，这次核辐射的影响还在评估之中，具体影响到的人员数字不明。但是，可以看到，日本这次地震海啸引发的核电站毁损，导致的核泄漏事件，不仅仅是影响到了日本，其对全世界都可能产生巨大而深远的影响。

第五节 光环境与健康

人们在光环境中所受到的影响主要是视觉刺激，仅从中小学教室因采光、照明条件不好，使青少年视力普遍下降的严重情况，就可见一斑。有关专家呼吁，目前在公众生活环境中普遍存在的光污染将会成为21世纪直接影响到人类健康的又一无形环境“杀手”。正常情况下，人的眼睛由于瞳孔的调节作用，对一定范围内的光辐射都能适应。但光辐射增至一定量时，将会对人的生活和生产环境以及身体健康产生不良影响，这称之为光污染。

一般来说，视环境中的光污染可分为3种：一是室外环境污染，如建筑物外墙，典型的是玻璃幕墙；二是室内视环境污染，如果内装修、室内不良的光色环境等，较典型有歌舞厅等；三是局部视环境污染，如书本纸张以及电脑等。据科学测定：一般的粉墙光反射系数值为69%～80%，镜面玻璃光反射系数为82%～88%，特别是滑的粉墙和洁白的书簿纸张的光反射系数高达90%，比草地、森林或毛面装饰物面高10倍左右。这个数值大大超过了人所能承受的适应范围。如果人长期在这种反光条件下工作或生活，视网膜会受到不同程度的损害，视力急剧下降，白内障发病率高达45%。视觉环境污染已经严重威胁到人类的健康生活和工作效率，每年给人们造成大量损失。

第六节 力学因子与健康

人体在进行行走、跑步、跳跃、下蹲、起立或乘交通工具进行前后或升降运动时，其运动速度不可能是一直不变的，而是经常遇到突然加速或减速的现象。如果加速度太大，就有可能对人体造成危害。

当人体以一定速度去碰撞较大的静止物体，例如，从高处坠落或碰撞墙壁，都会在极短的时间内使人体的碰撞部位的速度减少到零，这一过程中的附加速度的数值都是很大的，所以其碰撞力也很大，对人体的伤害也大。在碰撞速度无法改变的情况下，采用延长碰撞时间的办法，是减少负加速度从而也是减少碰撞力的一个有力措施。跳高活动中用沙和软垫延长碰撞时间作用，从而减少了碰撞力；如果跳者双足着地时，借用双膝弯曲来延长碰撞时间，从而可减少碰撞力。人在长期的生存竞争中，形成了这种保护功能。

当人体突然做向前或向后的大加速度运动时，如交通工具突然加速前行或紧急停止时，乘客的头和上身因受到惯性力的作用而向后或向前摔，当碰到某物体时，便可造成乘客的骨折、内伤和死亡事故。

当人体突然向上做加速运动时，如长时间蹲位或卧床而突然站起直立时，或在运输工具中大加速度地向上运动时，由于惯性作用，血液相对下流，上部血压减少，下部血压增加，从而使人感到头晕目眩甚至失去视觉，引起听觉灵敏度降低。如果做突然下蹲等负加速度运动时，血液当然向头部移动，严重时也会失去视觉，甚至发生视网膜和大脑出血现象。

晕船、晕车、晕空等一类的病症称为运动病，是因该类运输工具运动时刺激前庭器官而引起的，可通过改善交通工具设备，保持心情愉快消除事前恐惧心理，发病时取平卧位，服用镇静药等来预防。

一、努力营造健康型的城市物理环境

营造健康型的城市物理环境就是使声、光、热等物理环境因子对人的刺激作用调节到人们实际需要或可以容忍的程度。也就是为人们提供适宜于从事各种活动的环境条件的“舒适区”。城市物理环境涉及城市经济、社会发展、城市规划、建筑设计等诸多因素，除了政府相关部门的政策法规及管理以外，从城市规划与建筑设计角度出发，重视发挥绿化、水体等自然景观资源的生态环境效益，作为改善和提高城市物理环境质量的骨架和净化体系是切实可行的。城市建筑及地面铺装对于城市物理环境也具有重要影响，从城市规划、建筑设计等方面通过选择良好朝向、增加建筑构配件的保温隔热性能、有效利用太阳能等措施降低建筑能耗，这些对于营造良好的城市物理环境都会产生积极的影响。透水性铺装在降低地表温度、缓解城市热岛、涵养地下水源、吸声降噪、减少地面径流、减少眩光及雨水的有效利用等方面具有明显优势，改造传统不透水地面铺装，透水性地面铺装应推广应营造宜人的城市物理环境。城市人口、交通规划以及产业布局等系统外部要素对于城市生态及物理环境同样起着重要的作用。因而同时要考虑三个要素与系统外部环境之间存在的动态相关性，在上述要素与周围环境的相互联系和相互作用中认识和改善系统配置，通过调整增加系统各要素之间的有序性，以便充分发挥各要素在整个系统改善方面的功能。优化城市铺装、绿化及水体配置，充分发挥绿化、水体及铺装三个要素的综合环境效益，这直接关系到城市物理环境的质量。

创造绿色室内环境,实现绿色装修逐渐成为人们的共识。绿色室内环境主要指无污染、无公害、可持续、有助于消费者健康的室内环境。

二、未来研究趋向

随着社会的发展,人们对所处城市物理环境(热、光、声、电等)及对人体健康的关系日益重视。目前对城市物理环境研究比较多的集中于以下三方面:一是城市热环境效应;二是光环境对人体的影响;三是城市噪声的危害。此外,电磁辐射对人体健康的影响也越来越被人们所重视。

(1)从物理环境因子与人体健康关系的角度,建立人居环境定量评价指标体系。目前有关研究成果过于分散,且偏重于单一因子的医学实验分析,由于物理环境成因的多解性及选择个体的随机性,其成果远未达到临床应用水平,而建立物理环境因子与人体健康关系的评价指标体系,正是实现人居环境优化的核心内容。

(2)形成新的交叉学科——环境健康学。随着环境污染的加剧,人们愈来愈关注自身的健康问题。通过建筑环境与生物医学调查研究,建筑师和生化学家能在诸如放射性、电磁波和光污染、噪声之类的物理环境污染对人类健康的危害方面做出重要贡献。因此,建筑学家与医学、生物学专家越来越密切的合作,将会使这一领域的研究取得重大进展。

第六章　食品营养与健康

营养(nutrition)是指生物体从外界摄入食物,在体内经过消化、吸收、代谢以满足自身生理需要的必要生物学过程。膳食、营养与人们的生活息息相关,合理营养是健康的基础。良好的营养和健康状况既是社会经济发展的基础,也是社会经济发展的重要指标。

第一节　营　养　素

营养素(nutrient)是人体用以维持正常生长发育、新陈代谢和健康生活所必需的各种营养成分。人体必需的营养素有近50种,且存在于各类食品中。按传统的分类方法将其分为六大类:蛋白质、脂肪、碳水化合物、矿物质、维生素和水。其中蛋白质、脂肪和碳水化合物在食品中存在和摄入的量较大,称为宏量营养素(macronutrients),而矿物质和维生素在平衡膳食中仅需少量,故称为微量营养素(micronutrients)。此外,膳食纤维已普遍被认为是人体必需的第七类营养素。营养素有三大基本功能:提供能量、构建机体和修复组织、调节代谢以维持正常生理功能。人们在进食含有这些营养素的食品之后,机体可进一步利用它们,并用来制造许多为身体机能活动所必需的其他物质,如酶和激素等。

一、能量

(一)产能营养素和能量系数

人体不仅在活动时需要能量,在安静状态时也需要能量以维持体温、心跳、呼吸等各项基本生命活动,这些能量必须从我们每天所摄取的食物来补充。在摄取的所有营养素中,只有碳水化合物、脂肪和蛋白质能够在体内产生能量,营养学上将这3种营养素称为产能营养素。

目前营养学上能量单位常用千焦(kJ)或兆焦(MJ)来表示,但在食物成分表里至今仍未普遍采用焦耳代替卡,其换算关系为:1千卡(kcal)=4.184 kJ,1 kJ=0.239 kcal。每克碳水化合物、脂肪和蛋白质在体外燃烧时分别释放17.15 kJ(4.10 kcal)、39.54 kJ(9.45 kcal)和23.64 kJ(5.65 kcal)的能量。

碳水化合物和脂肪在体内完全氧化所产生的能量与其体外燃烧放出的能量相同,而1 g蛋白质在体内氧化释放的能量只有18.2 kJ(4.35 kcal),为体外燃烧放能的77%。这是因为体内蛋白质不能完全氧化,代谢废物中仍有尿素、尿酸等含氮有机物,它们可随尿排出体外。

食物在人体消化道内不能被完全消化吸收。正常人对碳水化合物、脂肪和蛋白质的消化率分别为98%、95%、92%,故每克产能营养素在体内氧化生成的净能量如下。

碳水化合物:17.15 kJ×98%=16.84 kJ (4 kcal)

脂肪:39.54 kJ×955=37.56 kJ (9 kcal)

蛋白质:18.2 kJ×92%=16.74 kJ (4 kcal)

营养学上将每克产能营养素在体内氧化分解后为机体供给的净能称为能量系数。食物中往往混合有多种营养素，计算时则分别按其不同营养素构成比例而求出总能量。

（二）人体能量消耗

人体每日的能量消耗主要由基础代谢、机体活动及食物特殊动力作用三方面构成。但对处于生长期的婴幼儿、青少年需要额外的能量用于机体生长发育；而孕妇要摄入更多的能量供胎儿的生长发育；哺乳期妇女则要储存能量以供泌乳。

1. 基础代谢　基础代谢（basal metabolism，BM）指维持人体基本生命活动的最低能量消耗。即在清醒、静卧、空腹（餐后 12～14 h）、精神放松、室温适宜（18～25℃）时维持呼吸、心跳、体温、循环、腺体分泌以及肌肉一定紧张度等生理过程所消耗的能量。

基础代谢率（basal metabolism rate，BMR）指单位时间内人体代谢所消耗的基础代谢能量。BMR 的单位为 $kJ/(m^2 \cdot h)$、$kJ/(kg \cdot h)$或 MJ/d 等，常用来表示基础代谢的水平，其中 m^2 表示人体体表面积，kg 指人体体重。影响 BMR 的因素有很多，主要与年龄、性别等有关，如老年人 BMR＜成年人＜儿童；女性＜男性。此外体型、种族和气候也可影响 BMR，应激状态下 BMR 可升高。

2. 各种体力活动　人们每天都从事着各种各样的体力活动，活动强度的大小、时间的长短、动作的熟练程度都影响能量的消耗，这是人体能量消耗中变动最大的一部分。体力活动一般分为职业活动、社会活动、家务活动和休闲活动，我国将一般成人体力活动分为轻体力活动、中等体力活动和重体力活动。

3. 食物特殊动力作用　人体由于摄食而引起能量消耗额外增加的现象称为食物特殊动力作用（specific dynamic action，SDA）。人体在摄食过程中，对食物中的营养素进行消化、吸收、代谢和转化等都需要额外消耗能量。食物特殊动力作用所引起的能量额外消耗约相当于总能量的 10%。不同食物的特殊动力作用因食物成分而异，例如，摄食蛋白质所引起的额外能量消耗可达其本身能量的 30%以上；脂肪最低，为 4%～5%；碳水化合物为 5%～6%。

出现食物特殊动力作用的原因目前仍不十分清楚，不少学者认为是由于营养素在体内的代谢过程耗能差异所引起的。另外，消化液的分泌，胃肠道的蠕动等消耗的能量也属于食物特殊动力作用的额外消耗。

（三）能量需要量的推算

能量需要量是指维持机体正常生理功能所需要的能量，低于这个数量将会对机体产生不利的影响。人体能量需要量的推算有以下 3 种方法。

1. 世界粮农组织按下列公式粗略计算人体每日能量需要量（kJ）

男子：每日能量需要量＝体重（kg）×192

女子：每日能量需要量＝体重（kg）×167

并按劳动强度不同分别用不同的系数进行调整，轻体力劳动、积极活动和剧烈活动的调整系数分别为 0.9、1.17 和 1.34。

2. 生活作业观察法　对调查对象进行 24 h 的跟踪观察，详细记录各项活动的持续时间，参照前面所述的各种活动的能量消耗常数，根据其体表面积即可推算出调查对象一天的能量消耗，进而确定能量需要量。观察时间越长，结果越准确。

3. 膳食摄入量与体重变化推算能量需要量　正常人的能量需要与其食欲往往相适应，此间体重保持相对稳定。如果能准确计算一定时期(≥15 d)摄入的能量，并观察体重的变化，当体重保持不变时，就表示摄入的能量与消耗的能量相等；如果体重减轻，则表示能量摄入不足，反之，则表示摄入过剩。

(四)能量来源及供应

人体能量的来源主要是碳水化合物、脂肪和蛋白质。这3类营养素在体内各有其独特的生理作用且与身体健康密切相关，特别是碳水化合物与脂肪在很大程度上可以相互转化，并具有对蛋白质的节约作用。在膳食能量摄入比例方面，目前认为碳水化合物供能占总能量的55%～65%、脂肪占20%～30%、蛋白质占11%～14%为宜。此外，三餐的能量分配要合理，一般早、中、晚餐的能量分别占一天总能量的30%、40%、30%。

二、蛋白质

蛋白质(protein)是由20多种氨基酸通过肽键连接起来的具有生命活动的生物大分子，是组成生物体一切细胞、组织的重要成分，在各种生命活动中起关键作用。正常成人体内蛋白质含量为16%～19%。蛋白质除主要含碳、氢、氧、氮4种元素外，有的蛋白质还含有硫和磷，此外在少量蛋白质中还含有铁、铜、锌、碘等微量元素。

(一)蛋白质的分类

蛋白质种类繁多，功能各异，不同研究领域有不同的分类方法。从营养学的角度可分为完全蛋白、不完全蛋白和半完全蛋白3类。

1. 完全蛋白　这类蛋白质含有人体生长所必需的各种氨基酸，且氨基酸比例接近人体需要，当仅用这种蛋白质为唯一蛋白质来源时，能促进机体健康生长。动物来源的蛋白质大多为完全蛋白，如肉类中的白蛋白、肌蛋白，蛋类中的卵白蛋白、卵磷蛋白，奶类中的酪蛋白、乳白蛋白和大豆中的大豆蛋白等。

2. 不完全蛋白　这类蛋白质缺少一种或几种人体必需的氨基酸，当仅用这种蛋白质为唯一蛋白质来源时，它不能促进机体生长，甚至不能维持生命。如动物结缔组织和皮中的胶质蛋白，玉米胶蛋白等。

3. 半完全蛋白　氨基酸的组成介于上述两种蛋白质之间，含有人体所必需的各种氨基酸，但其组成比例不平衡，当仅用这种蛋白质为唯一蛋白质来源时，能维持机体生命，但不能促进机体生长发育。如小麦、大麦中的麦胶蛋白，谷蛋白等。

(二)蛋白质的生理功能

蛋白质是组成一切器官和细胞的重要成分之一。除了提供机体部分能量外，它还参与体内的一切代谢活动，同时又是机体所需氮的唯一来源。

1. 构成机体和修复组织　人体组织中的蛋白质始终处于合成和分解的动态平衡之中。人体每天约有3%的蛋白质参与代谢，不同年龄的人其合成代谢速率不同，婴幼儿和儿童蛋白质的代谢速度最快。蛋白质是机体内所有新增组织和更新组织中的重要成分，起着构建机体和修复组织的重要作用。

2. 合成生理活性物质　机体新陈代谢所需的许多激素如胰岛素、肾上腺素、甲状腺素等都是含氮物质，这些物质的合成必须有足够的蛋白质供给；一些维生素是由氨基酸转变而来，如色氨酸可转化成烟酸；运输氧气的血红蛋白及参与一切生化反应的酶等其本质均为蛋白质。

3.调节体液和维持酸碱平衡　机体细胞内、外液的渗透压平衡是通过电解质和蛋白质调节的。当人摄入蛋白质不足时,血浆蛋白浓度降低,渗透压下降,水无法全部返回血液循环系统而积蓄在细胞间隙内,出现水肿。同时,蛋白质是两性物质,能与酸或碱进行化学反应,维持血液酸碱平衡。

4.增强免疫力　人体的免疫物质主要由白细胞、抗体、补体等构成,合成白细胞、抗体、补体需要充足的蛋白质。吞噬细胞的作用与摄入蛋白质数量有密切关系,大部分吞噬细胞来自骨髓、脾、肝、淋巴组织,体内缺乏蛋白质,这些组织显著萎缩,制造白细胞、抗体和补体的能力大为下降,使人体对疾病的免疫力降低,易于感染疾病。

5.提供能量　当碳水化合物和脂肪提供的能量不能满足机体需要,或氨基酸摄入量超过机体蛋白质更新的需要量时,部分蛋白质也可提供能能量。通常人体总能量的11%～14%由蛋白质提供。

(三)必需氨基酸和限制氨基酸

1.必需氨基酸(essential amino acid,EAA)　组成人体蛋白质的20种氨基酸中,已确定有9种为人体自身不能合成或合成速度远不能满足机体需要,必须由食物蛋白质供给,这一类氨基酸称为必需氨基酸,即赖氨酸、亮氨酸、异亮氨酸、蛋氨酸、苯丙氨酸、苏氨酸、色氨酸、缬氨酸和组氨酸。此外,半胱氨酸和酪氨酸可分别由蛋氨酸和苯丙氨酸转化而来,当膳食中半胱氨酸和酪氨酸充足时,可减少蛋氨酸和苯丙氨酸的消耗,因此人们也将这两种氨基酸称为条件必需氨基酸(conditional amino acid)。

2.限制氨基酸(limiting amino acid,LAA)　通常机体在蛋白质代谢过程中,对每种必需氨基酸的需要量和利用都处在一定的范围之内。某一种氨基酸过多或过少都会影响到另一些氨基酸的利用。所以为了满足蛋白质合成的要求,各种必需氨基酸之间应有一个适宜比例。这种氨基酸之间相互搭配的比例关系称为必需氨基酸需要量模式。将食物蛋白质中各种必需氨基酸的数量与人体氨基酸需要量模式进行比较,相对不足的氨基酸就称为限制氨基酸,而限制氨基酸中缺乏最多的称第一限制氨基酸。通常,赖氨酸是谷类蛋白质的第一限制氨基酸,蛋氨酸(含硫氨基酸)则是大多数非谷类植物蛋白质的第一限制氨基酸。

(四)蛋白质的推荐摄入量

目前世界各国对蛋白质摄入量还没有一个统一标准。我国成人蛋白质需要量按1.16 g/(kg·d)计,如成人男子每日蛋白质的推荐摄入量(RNI)为65 g,女子为55 g。按能量计算,蛋白质供能占总能量的11%～14%,其中成人为11%～12%,儿童和青少年为13%～14%,老年人为15%。通常情况下,一个健康人摄入量比推荐摄入量高2～3倍的蛋白质无不利影响。

(五)蛋白质的食物来源

动物性食品的蛋白质质量较高,其中畜、禽、肉类和鱼类蛋白质含量为16%～20%,鲜奶类为2.7%～3.8%,蛋类11%～14%。谷物中虽蛋白质含量仅为7%～10%,其生理价值也不如动物蛋白和豆类蛋白,但因我国居民每日摄入的谷类数量相对较大,因此谷物食品仍是我们重要的蛋白质来源。

三、脂类

脂类(lipid)是脂肪(fat)和类脂(lipoid)的总称,它们溶于有机溶剂而不溶于水,在人类膳食中必不可少。脂肪通常是由甘油和三分子脂肪酸组成的三酰甘油酯(甘油三酯),是膳食中产生热能最高的一种营养素。日常食用的植物油及动物脂肪的主要成分就是甘油三酯,其中植物油含较多的不饱和脂肪酸而动物脂肪则多含长链饱和脂肪酸。类脂是指那些性质类似脂肪的物质,包括磷脂、糖脂和固醇等,它们也广泛存在于动植物食品中。在营养上最重要的脂类是脂肪酸。

(一)脂类的生理功能

1.提供能量　每克脂肪在体内氧化产生 37.6 kJ 的能量,是蛋白质和碳水化合物供能的两倍多,正常情况下人体所需能量的25%～30%来自脂肪。

2.构成机体组织　皮下脂肪和包裹在脏器周围的脂肪有隔热保温、滋润皮肤、支持周围组织及减轻缓冲外力损伤,保护脏器等作用。类脂中的磷脂、胆固醇是构成生物膜不可缺少的成分,胆固醇也是合成固醇类激素的重要前体物质。

3.提供必需脂肪酸　膳食脂肪提供的必需脂肪酸参与构成组织细胞膜,尤其对线粒体和细胞膜特别重要。

4.脂溶性维生素的携带者及溶剂　脂溶性维生素多伴随脂类存在,如小麦胚芽油、玉米油、豆油、芝麻油、菜油等都含有丰富的维生素 E,鱼肝油、黄油、奶油含有较多的维生素 A 和维生素 D。另外,脂类能促进胆汁的分泌,有利于体内脂溶性维生素的消化吸收。

5.改善食品感官性状　食品含有适量油脂时,外观呈现光滑、柔软,食用时口感细腻。烹调用油能改善食品感官性状,赋予食品特殊的香味,提高食欲,并因脂类在胃中停留时间长,给人以饱腹感。

(二)必需脂肪酸及其生理功能

必需脂肪酸(essential fatty acid,EFA)是指机体生命活动不可缺少而自身又不能合成,必须由食物供给的多不饱和脂肪酸。目前认为只有亚油酸、α-亚麻酸是必需氨基酸。人体可用亚油酸为原料合成体内所需要的 n-6 系脂肪酸,如 γ-亚麻酸、花生四烯酸等;α-亚麻酸则可合成所需的 n-3 系脂肪酸,如二十碳五烯酸(EPA)和二十二碳六烯酸(DHA)。目前已知n-6系多不饱和脂肪酸不仅与降血脂关系密切,而且与生长、发育、生殖都有一定关系,而 n-3 系多不饱和脂肪酸则对脑、视网膜、皮肤和肾功能健全十分重要。

必需脂肪酸的生理功能如下:

1.组织细胞的组成成分　EFA 是细胞和线粒体膜的重要组成成分,参与磷脂的合成并以磷脂的形式出现在细胞和线粒体膜中。它们还是脑和神经组织内脂肪的重要组成成分。

2.对胆固醇代谢的影响　如果体内缺乏必需脂肪酸,胆固醇就与一些饱和脂肪酸结合,不能在体内正常运输,并可能在血管内沉积。

3.参与前列腺素合成　亚油酸(n-6)是前列腺素合成的原料,其摄入量的多少直接影响前列腺素的合成,而前列腺素对机体催产、抗早孕、改善心肺功能等有多方面的作用。

4.促进生殖及生长发育　EFA 与生殖细胞的形成及妊娠、授乳、婴儿生长有关。资料表明,体内缺乏 EFA 时,动物精子形成数量减少、泌乳困难、婴幼儿生长缓慢等,并可能出现皮肤症状如皮肤湿疹、干燥等。这些症状可通过食用含丰富亚油酸的食物得到改善。

(三)脂类的推荐摄入量

目前世界各国对脂类的摄入量还没有一个统一标准。中国居民膳食营养素参考摄入量

(2013版)建议我国居民每日膳食中由脂类供给的能量占总能量的比例，儿童和青少年为25%～30%，成人20%～30%为宜，由于目前研究资料不足以确定胆固醇增加慢性病危险的阀值摄入量，故无法确定胆固醇的可耐受最高摄入量。同时，摄入脂类中饱和脂肪酸(S)、单不饱和脂肪酸(M)和多不饱和脂肪酸(P)之间的比例，大多认为以S∶M∶P=1∶1∶1，且多不饱和脂肪酸中(n-6)∶(n-3)=(4～6)∶1为宜。

(四)脂类的食物来源

膳食中脂类的主要来源为植物油和动物脂肪。菜籽油、豆油、花生油和芝麻油等植物油中含有丰富的不饱和脂肪酸和EFA，经常食用就不会造成EFA的缺乏。动物性食物中按来源和部位不同，脂类含量和种类差异较大。脂肪组织中含有大量的饱和脂肪酸，脑、心、肝、肺中含有较多的磷脂，水产品的多不饱和脂肪酸含量较高。谷粮类、蔬菜和水果脂肪含量很少，不作为油脂的来源。

四、碳水化合物

碳水化合物(carbohydrate)是由碳、氢、氧3种元素组成的一类化合物，其中氢和氧的比例与水分子中氢和氧的比例相同，因而被称为碳水化合物，是人体能量最主要的来源。

(一)碳水化合物的分类

碳水化合物根据分子结构的繁简，碳水化合物分为糖、低聚糖(又称寡糖)和多糖三大类。具体种类及组成见表6-1。

表6-1 碳水化合物的种类及组成

分类(聚合度)	亚组	组成
糖(1～2)	单糖	葡萄糖、果糖、半乳糖
	双糖	蔗糖、麦芽糖、乳糖、海藻糖
	糖醇	山梨糖醇、木糖醇、甘露糖醇
低聚糖(3～9)		低聚异麦芽糖、蜜三糖、水苏糖、低聚果糖
多糖(≥10)	淀粉多糖	淀粉(直链淀粉、支链淀粉)、糖原
	非淀粉多糖	抗性淀粉
		膳食纤维(纤维素、半纤维素、果胶、木质素等)

(二)碳水化合物的生理功能

1. 供给能量 碳水化合物是人类获取能量最经济和最主要的来源，即使在缺氧条件下，仍能通过酵解作用，为机体提供部分能量。它不但是肌肉活动时最有效的燃料，而且是心脏、脑、红细胞和白细胞必不可少的能量来源。碳水化合物在体内消化后，主要是以葡萄糖的形式被吸收，糖原则是碳水化合物在体内的储存形式，肝脏和肌肉中含量最多。

2. 构成机体组织 碳水化合物是机体组织细胞的重要组成部分，并参与了体内重要的代谢活动。例如糖脂是细胞膜与神经组织的组成部分，糖蛋白是许多重要功能物质如酶、抗体、激素及肝素的一部分，核糖和脱氧核糖是遗传物质RNA和DNA的主要成分。

3. 保肝解毒作用 碳水化合物摄入充足时，可增加体内肝糖原的贮备，机体抵抗外来有毒物质的能力增强。此外，葡萄糖醛酸是葡萄糖代谢的氧化产物，它能与某些有毒物质结合并排出体外，起到保肝解毒作用。

4. 调节脂肪代谢　脂肪在体内代谢产生的乙酰基必须与草酰乙酸结合后才能进入三羧酸循环而被彻底氧化。草酰乙酸由葡萄糖代谢产生，当碳水化合物摄入过少时，草酰乙酸生成不足，造成脂肪代谢不完全，产生过多酮体积聚而引发酮血症，严重的可出现酸中毒。

5. 节约蛋白质作用　碳水化合物摄入充足时，机体首先利用它提供能量，可减少蛋白质作为能量的消耗，使更多的蛋白质用于组织的建造和再生。

6. 增强肠道功能　非淀粉多糖是一类不被机体小肠消化利用的多糖类物质，但能刺激肠道蠕动，增加了结肠发酵率，利于肠道健康。

7. 改善食品感官品质　食糖是食品烹调加工中不可缺少的原料，如糖和氨基化合物（氨基酸、肽和蛋白质）可以发生美拉德反应，使食品具有特殊的色泽和香味。

(三)碳水化合物的适宜摄入量

膳食中碳水化合物的摄入量主要根据民族饮食习惯、生活条件等而定，中国营养学会认为，现阶段我国居民碳水化合物所供能量占全日总能的 55%～65%为宜，小孩食用过多蔗糖、糖果又不注意口腔卫生容易发生龋齿，中老年人也应控制精糖的摄入量。

(四)碳水化合物的食物来源

碳水化合物主要存在植物食品中，谷类、根茎、豆类、水果、蔬菜等食物中糖的含量都很丰富，特别是谷类中淀粉占 70%～80%，根茎类和豆类中含量占 20%～30%，是人体碳水化合物的主要来源。某些硬果类虽含量较高，但人们平时食用量少，水果蔬菜中含糖量差别较大。动物性食品中只有肝脏和肌肉中含有糖原，乳中则含有乳糖。

五、矿物质

(一)矿物质概述

人体组织几乎含有自然界存在的各种元素，除碳、氢、氧、氮主要以有机化合物形式存在外，其他各种元素无论存在的形式如何、含量多少，统称为矿物质(mineral)或无机盐。目前发现有 20 余种矿物质是构成人体组织、保持正常生理功能所必需的。矿物质与有机营养素不同，它们既不能在人体内合成，除排泄外也不能在体内代谢过程中消失。

基于在体内的含量和膳食中的需要量不同，矿物质可分成两类。钙、磷、钾、钠、镁、氯与硫七种元素，含量在体重的 0.01%以上，人体需要量在 100 mg/d 以上，称常量元素或宏量元素(macroelement)，而低于以上数值的其他元素则称为微量元素(microelement)或痕量元素(trace element)。微量元素存在数量很少，但却很重要。FAO/IAEA/WHO 等国际组织的专家委员会按其生物学作用将微量元素分为 3 类：

(1)人体必需的微量元素共 8 种，包括碘、锌、硒、铜、钼、铬、钴和铁。

(2)人体可能的必需微量元素共 5 种，即锰、硅、硼、钒和镍。

(3)具有潜在毒性，但在低剂量时可能具有人体必需功能的元素共 8 种：氟、铅、镉、汞、砷、铝、锂和锡。

值得注意的是，所有必需元素在摄入过量时都会中毒，必需微量元素的生理作用浓度和中毒剂量间距很小。至于像铅、镉、汞等重金属元素在正常情况下分布比较恒定，通常并不对人体构成威胁。但是，当食物受到“三废”污染，或者在食品加工过程中因设备和食品添加剂的滥用等受到污染而进入食品后可引起人体中毒。

(二)矿物质的功能

1. 构成机体组织的重要成分　体内矿物质主要存在于骨骼和牙齿中，集中了99%的钙与大量的磷和镁。硫和磷还是蛋白质的组成成分。细胞中含钾较多，体液中则含钠较多。

2. 维持细胞的渗透压与机体的酸碱平衡　矿物质与蛋白质一起维持着细胞内外液一定的渗透压，对体液的潴留和移动起重要作用。此外，矿物质中由酸性、碱性离子的适当配合，和碳酸盐、磷酸盐以及蛋白质组成一定的缓冲体系可维持机体的酸碱平衡。

3. 保持神经、肌肉的兴奋性　细胞内外液中矿物质对保持神经、肌肉的兴奋性、细胞膜的通透性，以及所有细胞的正常功能有很重要的作用。如 K^+ 和 Na^+ 可提高神经肌肉的兴奋性，Ca^{2+} 和 Mg^{2+} 则可降低其兴奋性。

4. 具有机体的某些特殊生理功能　某些矿物质元素对机体的特殊生理功能有重要作用，如血红蛋白和细胞色素中的铁分别参与氧的运送和组织呼吸、生物氧化，而甲状腺中的碘用于合成甲状腺激素，促进机体分解代谢。

5. 改善食品的感官性状与营养价值　矿物质中有很多是重要的食品添加剂，对改善食品的感官质量和营养价值具有重要意义。如多种磷酸盐可增加肉制品的持水性和结着性，从而改善其感官性状。氯化钙是豆腐的凝固剂，同时还可防止果蔬制品软化。此外，儿童、老人和孕妇容易缺钙，同时儿童和孕妇还普遍容易缺铁，故常将一定的钙盐和铁盐用于食品强化以提高其营养价值。

(三)矿物质的食物来源

矿物质来源广泛，但不同食品中矿物质的含量变化很大，并与生产食品原料品种的遗传特性、农业生产的土壤、水分或动物饲料等有关。

钙的最好食物来源是乳和乳制品，小虾皮、海带、骨头汤和豆类中含钙也较多。动物性和植物性食物中磷的含量都较为丰富，磷与蛋白质共存，如肝、肾、瘦肉、蛋、奶以及干豆类、花生、坚果中的含量都很高。食物中含钾广泛，如蔬菜、水果(香蕉、柑橘中较多)、鱼类、肉类和谷类等。绿叶蔬菜、粗粮和坚果中镁含量丰富，肉类、淀粉及牛奶中镁的含量略低，而加工精制的食品及油脂中镁含量最低。膳食中铁的来源为动物肝脏、动物全血、畜禽肉类、鱼类、大豆、黑木耳、芝麻酱等，蔬菜中含铁量不高。动物性食物含锌丰富且吸收率高，如牡蛎含锌量最高，其他为畜禽肉、肝脏、蛋类、鱼及海产品、豆类，而蔬菜及水果中含量较低。动物性食品肝、肾、肉以及海产品含硒较丰富，但粮食、豆类、蔬菜及水果中硒含量受产地、地质环境的影响，高硒地区的粮食、豆类和蔬菜中硒含量较一般地区高。铬的最好来源为肉类和整粒粮食，啤酒酵母及肝脏中铬含量较高且易于吸收，膳食铬主要来源是谷类、肉类及鱼贝类。海产品含有丰富的碘，如海带、紫菜含碘量都很丰富。海鱼、对虾、干贝、海参、海盐中含碘量也较高。

六、维生素

(一)维生素概述

维生素(vitamin)是维持机体正常生理功能及细胞内特异代谢反应所必需的一类微量有机化合物。根据维生素的溶解性可将其分为脂溶性维生素和水溶性维生素两大类：脂溶性维生素包括维生素 A、维生素 D、维生素 E、维生素 K;水溶性维生素则包括 B 族维生素(维生素 B_1、维生素 B_2、维生素 PP、叶酸、维生素 B_6、维生素 B_{12}、泛酸、生物素等)和维生素 C。

(二)维生素的共同特点

虽然各类维生素的化学结构不同,生理功能各异,但它们都具有以下共同特点:

(1)维生素都是以其本体形式或可被机体利用的前体形式存在于天然食物中,但没有一种天然食物含有人体所需的全部维生素。

(2)大多数维生素不能在体内合成,也不能大量储存于组织中,必须经常由食物供给。即使某些维生素(如维生素 K、维生素 B_6)能由肠道细菌部分合成,但也不能替代从食物获得的主要途径。

(3)维生素不是构成机体组织的原料,也不提供能量,且每日生理需要量很少,但在调节物质代谢过程中却起着十分重要的作用。

(4)维生素常以辅酶或辅基的形式参与酶的功能。

(5)不少维生素具有几种结构相近、生物活性相同的化合物,如维生素 A_1 与维生素 A_2,维生素 D_2 和维生素 D_3,吡哆醇、吡哆醛和吡哆胺等。

(三)维生素的食物来源

不同种类维生素的食物来源都不尽相同。维生素 A 最好的食物来源是各种动物的肝脏,其次为蛋黄、全奶、鱼肝油、鱼卵等,而维生素 A 原的良好来源是深色蔬菜和水果,如菠菜、苜蓿、韭菜、芹菜、胡萝卜和芒果、橙子、杏等。维生素 D 主要存在于含脂肪丰富的海鱼(沙丁鱼、鲱鱼、金枪鱼等)、肝、蛋黄、奶油等动物性食品及鱼肝油制剂中。维生素 E 在自然界分布广泛,含量丰富的食品有植物油、麦胚、硬果、种子类,蛋类、鸡(鸭)肫和绿叶蔬菜中也有一定量的维生素 E。绿叶蔬菜是维生素 K 最好的食物来源,其次是豆类,奶、蛋、肉中的含量较低。维生素 B_1 的食物来源主要有谷类的谷皮和胚芽、豆类、干酵母,动物内脏、瘦肉和蛋黄中也含有一定含量。维生素 B_2 主要来源于动物性食物,肝、肾、心、蛋黄、乳类尤为丰富。尼克酸广泛存在于肝、肾、瘦肉、花生、茶叶和口蘑中。维生素 B_6 的良好来源为肉类,尤其是动物肝脏。深色绿叶蔬菜、胡萝卜、动物肝脏、蛋黄、豆类等富含叶酸。天然来源的维生素 B_{12} 都是由微生物合成的,水果、蔬菜和粮谷类食品如果未受到微生物污染一般不含维生素 B_{12},故肉类(内脏)、鱼类、贝壳类、禽蛋类及乳类是维生素 B_{12} 的日常食物来源。膳食中的维生素 C 基本上都来源于植物,蔬菜中的苦瓜、青椒、番茄及各种深色叶菜,水果中的鲜枣、柑橘、山楂、猕猴桃、刺梨等维生素 C 的含量丰富。

七、水

(一)水的概述

水(water)是人类机体赖以维持最基本生命活动的物质。一般来说,人体含水量约占体重的 2/3。人体内水的含量因年龄、性别、体型不同而不同。一般来讲,随年龄增加,水的含量下降,新生儿及胎儿的含水量比成年人高得多,随着生长和成熟会减少总体水量,女性比男性含水量低。水是身体内含量最多的物质,分布于细胞、细胞外液和身体固态的支持组织中,在代谢活跃的肌肉和内脏细胞中,水的含量较高,而在不很活跃的组织或稳定的支持组织中则含量较低。

(二)水的生理功能

水是组成体液的主要成分,对人体的正常物质代谢有重要作用。

1.细胞的重要组成成分　每种体液和组织都含有一定量的水。

2.参与体内物质代谢　水参与体内各种生化反应,如水解、水合反应等;也参与消化、吸收、呼吸、血液循环、分泌及排泄等生理过程。

3.体内重要溶剂　许多物质如单糖、氨基酸、磷脂、水溶性维生素、矿物质及体内分泌的诸多激素均需溶于水后才能发挥其生理功能。

4.运送物质　是体内运送养料和排泄废物的媒介。

5.调节体温　水的比热高于其他物质,因而吸收的热较多。人体代谢过程中产生的热量通过血液循环和体液交换,经体表皮肤或肺部呼吸来散发;同时,水具有很高的蒸发热,蒸发少量的汗即可散发大量的热,对作为恒温动物的人具有十分重要的作用。

6.润滑作用　如关节腔内的润滑液能在转动时减少摩擦,唾液能使食物便于吞咽等。

7.参与构成组织　蛋白胶体中的水直接参与构成细胞与组织,这种结合水能使组织具有一定的形态、硬度和弹性。

(三)水的需要量和来源

水的需要量受年龄、体力活动、环境温度、膳食、疾病和损伤等多方面的影响。人体所需的水主要来源于3个方面:饮用水及各类饮料、固体食物中的水分和代谢水。《中国居民膳食指南》(2016年颁布)明确指出:在温和气候条件下生活的从事轻体力活动的成年人每日最少饮水1 500～1 700 mL。水供给量按能量计每天0.24～0.36 mL/kJ。随年龄增长,水的相对需要量(即每千克体重的需水量)下降。

八、膳食纤维

(一)膳食纤维概述

膳食纤维(dietary fiber,DF)是一类不能被人体消化道分泌的消化酶所消化、且不被人体吸收利用的多糖类物质,它们主要来自植物细胞壁,且包括植物细胞中所含有的木质素。按水溶解性可将膳食纤维分为可溶性膳食纤维和不溶性膳食纤维。可溶性DF主要是植物细胞壁内的储存物质和分泌物、部分半纤维素、部分微生物多糖和合成类多糖,如果胶、魔芋多糖、瓜儿胶、阿拉伯胶等;不溶性DF包括纤维素、不溶性半纤维素和木质素,还包括抗性淀粉、一些不可消化的寡糖、美拉德反应的产物、虾、蟹等甲壳类动物表皮中所含的甲壳素、植物细胞壁的蜡质与角质和不被消化的细胞壁蛋白。

(二)膳食纤维的营养功能

1.增加饱腹感,降低对其他营养素的吸收　DF进入消化道内,在胃中吸水膨胀,增加胃的蠕动,延缓胃中内容物进入小肠的速度,也就降低了小肠对营养素的吸收速度。同时使人产生饱胀感,对糖尿病和肥胖症患者减少进食有利。

2.降低血胆固醇,预防胆结石　DF能阻碍中性脂肪和胆固醇的吸收,对饮食性高血脂症有预防作用。DF可减少胆汁酸的再吸收量,改变食物消化速度和消化道分泌物的分泌量,起到预防胆结石的作用。

3.预防糖尿病　可溶性DF的黏度能延缓葡萄糖的吸收,抑制血糖的上升,改善耐糖量。

DF还能增加组织细胞对胰岛素的敏感性，降低对胰岛素的需要量，从而对糖尿病预防具有一定效果。

4. 改变肠道菌群　进入大肠的DF能部分地、选择性地被肠内细菌分解与发酵，从而改变肠内微生物菌群的构成与代谢，诱导有益菌大量繁殖。

5. 促进排便　由于微生物的发酵作用而生成的短链脂肪酸能降低肠道pH值，不仅能促进有益菌的繁殖，而且这些物质能刺激肠黏膜，从而促进粪便排泄。

(三)膳食纤维的食物来源和供给

食物来源膳食纤维主要存在于谷、薯、豆类、蔬菜及水果中，谷物食品含膳食纤维最多。由于加工方法、食入部位及品种的不同，膳食纤维的含量也不同。粗粮、豆类高于细粮；胡萝卜、芹菜、荠菜、菠菜、韭菜等高于西红柿、茄子等；菠萝、草莓、荸荠高于香蕉、苹果等；同种蔬菜边皮含纤维量高于中心部位，同种水果果皮纤维量高于果肉。

世界卫生组织提出，成年人每日应摄入的总膳食纤维量为27～40 g。美国食品药品管理局专家提出的推荐量为成年女子每日28 g，男子每日30 g，超过50岁，则女子降至21 g，男子降至30 g。英国国家顾问委员会建议膳食纤维的摄入量为每日25～35 g。中国营养学会建议的摄入量也为25～35 g，且非水溶性膳食纤维占70%～75%，水溶性占25%～30%。

第二节　各类食品的营养价值

食品种类繁多，按其来源和性质可分为3类：植物性食品、动物性食品和用以上两大类食品为原料加工而成的加工制品。食品营养价值是指某种食品所含营养素及能量能够满足人体营养需要的程度，包括营养素的种类是否齐全，数量及其相互比例是否合理和能被人体消化吸收利用的程度。不同食品因营养素的构成不同，其营养价值也各不相同；即使同一种食品，由于品种、部位、产地和烹调加工方法的不同，其营养价值也存在一定差异。

一、谷类食品的营养价值

(一)谷类结构和营养素分布

各种谷类尽管形态、大小有所不同，但其结构基本相似。从外到内依次为谷皮、糊粉层，胚乳和胚芽，各营养成分分布不均匀。谷皮主要有纤维素、半纤维素等组成，含较高的矿物质和脂肪；糊粉层含较多的磷和丰富的B族维生素及无机盐；胚乳含大量淀粉、一定量蛋白质及少量的油脂、矿物质和维生素；胚芽中富含脂肪、蛋白质、无机盐、B族维生素和维生素E。

(二)谷类的营养成分

1. 蛋白质　含量一般在7%～16%之间，主要由谷蛋白、醇溶蛋白、白蛋白和球蛋白组成。一般谷类蛋白质以谷蛋白、醇溶蛋白为主，其谷氨酸、脯氨酸和亮氨酸含量较高，但普遍缺乏赖氨酸。为提高谷类蛋白质的营养价值，常采用赖氨酸强化和蛋白质互补的方法。

2. 碳水化合物　谷类中碳水化合物约占谷物总量的70%以上，是人类最理想的能量来源，其中主要为淀粉，此外还有糊精、果糖和葡萄糖等。淀粉有直链淀粉和支链淀粉之分，一般直链淀粉为20%～25%。研究认为，直链淀粉使血糖升高的幅度较小，籼米中含直链淀粉较多；而糯米几乎全为支链淀粉，因其黏性强，故不易消化。

3. 脂肪　谷类的油脂含量为1%～2%，主要存在于糊粉层和胚芽中。从玉米和小麦胚芽中可提取玉米和麦胚油，其80%为不饱和脂肪酸，亚油酸占60%，属优质脂肪酸，有良好的保健功能。

4. 矿物质　谷类矿物质以灰分计算，含量为1.5%～3%，大部分集中在谷皮、糊粉层和胚芽中，主要是磷、钙，多以植酸盐形式存在，但消化吸收差。

5. 维生素　谷类中维生素主要是B族维生素，如硫胺素、核黄素、尼克酸、泛酸和吡哆醇等，且集中分布在糊粉层和胚芽部。过度加工的谷物其维生素大量损失。

二、豆类及其制品的营养价值

(一)豆类的营养价值

豆类品种繁多，一般分为大豆类(黄豆、黑豆和青豆)和其他豆类(包括豌豆、蚕豆、绿豆、芸豆等)，是我国膳食中优质蛋白的重要来源。

1. 大豆的营养成分　大豆含有35%～40%的蛋白质，为一般谷粮类的4～6倍，其氨基酸组成接近人体需要，且富含谷类蛋白较为缺乏的赖氨酸，是最好的植物性优质蛋白来源。大豆含脂肪15%～20%，其中不饱和脂肪酸占85%，以亚油酸为最多，达50%以上，且富含磷脂，大豆油也是我国中药食用油。大豆含碳水化合物25%～30%，其中一半为可供利用的淀粉、阿拉伯糖、半乳聚糖和蔗糖，另一半为不能消化吸收的棉子糖和水苏糖等，被人体结肠内细菌利用后可产气，引起腹胀。此外，大豆中还含有丰富的磷、铁、钙和硫胺素、核黄素等B族维生素。

2. 大豆中的抗营养因素

(1)蛋白酶抑制剂　生豆粉中含有此种因子，可部分抑制人胰蛋白酶、糜蛋白酶、胃蛋白酶等的活性，对动物生长可产生一定影响。该因子在湿热条件下较易失去活性。

(2)胀气因子　主要是大豆中的低聚糖作用。大豆低聚糖不经消化就直接进入大肠，在肠道微生物作用下发酵产生二氧化碳、氢气及少量甲烷，造成胀气现象。但大豆低聚糖可为双歧杆菌所利用并促进其繁殖，对人体产生有利影响。

(3)植酸　大豆中的植酸可与锌、钙、镁、铁等螯合，影响矿物质吸收。

(4)皂苷和异黄酮　此两类物质有抗氧化、降低血脂和血胆固醇的作用。

(5)植物红细胞凝集素　它是一种蛋白质，可影响动物生长，加热即被破坏。

3. 其他豆类的营养成分　豌豆、蚕豆、绿豆、芸豆、豇豆、赤小豆等豆类含碳水化合物55%～60%；蛋白质20%～25%，蛋白质组成中赖氨酸丰富，但含硫氨基酸偏低；脂肪仅含0.5%～2%；微量元素、B族维生素都大大高于谷类。

(二)豆制品的营养价值

大豆优质蛋白含量高，所含脂肪的营养价值也比较高。但由于大豆中存在的一些抗营养因子，影响了大豆中各种营养素的消化与吸收，使蛋白质的消化吸收率和生物价降低，钙、铁、锌等无机盐及微量元素的吸收受到很大影响。而大豆在加工的过程中经过浸泡、加热、脱皮、碾磨等多道工序，减少了大豆中的抗营养因子，使各种营养素的利用率都得到了很大的提高。经常食用的大豆制品主要有豆腐、豆浆、豆腐干、发酵豆制品、豆芽和大豆蛋白制品(如分离蛋白质、浓缩蛋白质、组织化蛋白质和油料粕粉)等。

三、蔬菜、水果的营养价值

(一)蔬菜水果的营养成分

新鲜的蔬菜、水果水分含量一般为75%～90%以上,碳水化合物、蛋白质及脂肪的含量都很低,但含有丰富的矿物质及膳食纤维。

1.碳水化合物　包括糖、淀粉、纤维素和果胶物质。其所含种类及数量,因食物的种类和品种有很大差别。水果含糖较蔬菜多,如苹果和梨以果糖为主,葡萄、草莓以葡萄糖和果糖为主;根茎类蔬菜含较多淀粉,如土豆、藕等。蔬菜水果中所含的纤维素、半纤维素、木质素和果胶是人们膳食纤维的主要来源。

2.维生素　新鲜蔬菜水果是提供维生素C、胡萝卜素、核黄素和叶酸的重要来源。一般深绿色蔬菜维生素C含量较浅色蔬菜高,叶菜中的含量较瓜菜中高。胡萝卜素在绿色、黄色和红色蔬菜中含量较多。

3.无机盐　蔬菜水果中含有丰富的无机盐,如钾、钙、钠、镁、磷、铁、铜等,对维持机体酸碱平衡起重要作用。但要注意在烹调时要去除部分草酸,以利于无机盐的吸收。

4.芳香物质、有机酸和色素　蔬菜、水果中常含有各种芳香物质和色素,使食品具有特殊的香味和颜色,可赋予蔬菜水果良好的感官性状。芳香物质为油状挥发性物质,如苹果中含有醋酸戊酯和微量苹果油;水果中的有机酸以苹果酸、柠檬酸和酒石酸为主,还有乳酸、琥珀酸等,有机酸因水果种类、品种和成熟度不同而异;果蔬中的色素可分为吡咯色素、酚类色素、多烯色素三大类,主要有叶绿素、类胡萝卜素、花青色素等。

此外,蔬菜水果中还含有一些酶类、杀菌物质和具有特殊功能的生理活性成分。如萝卜中含有淀粉酶,生食时有助于消化;大蒜中含有植物杀菌素和含硫化合物,具有抗菌消炎、降低血清胆固醇等作用。

(二)蔬菜水果中的抗营养因子

1.皂角苷　又称皂素,具有溶血作用,主要有大豆皂角苷和茄碱两种。茄碱主要存在于茄子、马铃薯等茄科植物中,分布在表皮,食用后具有毒性,可引起喉部、口腔瘙痒和灼热感等。茄碱即使煮熟也不会被破坏。

2.草酸　草酸几乎存在于一切植物中,对食物中各种无机盐如钙、铁、锌等吸收有明显抑制作用。

3.亚硝酸盐　一些蔬菜中的硝酸盐含量比较高,施用硝态化肥会使蔬菜中的硝酸盐含量增加,蔬菜腐烂时易形成亚硝酸盐,而新鲜蔬菜若存放在潮湿和温度过高的地方也容易产生亚硝酸盐。

4.生物碱　鲜黄花菜中含有秋水仙碱,其本身无毒,但在体内可氧化生成二秋水仙碱,具有很大毒性。秋水仙碱溶于水,通过烫漂、蒸煮会减少其含量。

四、畜禽及水产食品的营养价值

(一)畜肉的营养价值

1.蛋白质　畜肉类蛋白质含量一般为10%～20%,主要为肌纤维肌蛋白质、肌浆蛋白质和结缔组织蛋白质。肌纤维肌蛋白质和肌浆蛋白质中必需氨基酸充足,在种类和比例上接近人体需要，利于消化吸收，是优质蛋白质。结缔组织蛋白富含胶原蛋白和弹性蛋白，但其必需氨基酸组成不平衡，其中色氨酸、酪氨酸、蛋氨酸含量少，蛋白质利用率低。此外，畜肉中还含有能溶于水的含氮浸出物，使肉汤具有鲜味。

2. *脂肪*　畜肉的脂肪含量为10%～30%，猪肉的脂肪含量大于牛、羊肉，其在动物体内分布也因部位不同而差异较大。畜肉类脂肪以饱和脂肪酸为主，熔点较高，主要成分为甘油三酯，还含有少量卵磷脂和游离脂肪酸。肉类中胆固醇较高，100 g肥畜肉中含胆固醇为100～200 mg，而100 g内脏及脑组织中胆固醇含量可达2 000～3000 mg。

3. *碳水化合物*　畜肉中碳水化合物含量很低，一般不超过1%，主要以糖原形式存在于肝脏和肌肉中。动物宰杀后贮存过程中由于酶的作用，糖原含量下降，乳酸含量上升，pH逐渐下降，对畜肉的风味和贮存有利。

4. *矿物质*　每100 g新鲜畜肉中矿物质含量为1 g左右，其中钙含量较低，仅为7～11 mg，铁为6～25 mg，磷为127～170 mg。畜肉是人体所需锌、铜、锰、铁等多种微量元素的良好来源，尤其是对铁的吸收均高于其他类食品。

5. *维生素*　畜肉肌肉组织和内脏器官的维生素含量差异较大，肌肉组织中B族维生素含量丰富，维生素A、维生素D含量少，而内脏，尤其是肝脏中各种维生素含量都较高。

(二)禽肉的营养价值

禽肉的营养价值与畜肉相似。禽肉蛋白质含量为20%左右，属优质蛋白，肌肉中含更多柔软结缔组织，肉质更为细腻，容易消化，同时禽肉含氮浸出物较多。禽肉中脂肪含量不一(鸡肉含脂肪不高，而肥的鸭、鹅脂肪含量可高达40%)，含有丰富的亚油酸，易于消化吸收。禽肉中钙、磷、铁的含量均高于猪、牛、羊肉，硒含量明显高于畜肉。

(三)鱼类的营养价值

鱼类蛋白质含量一般为15%～25%，易于消化吸收，其营养价值与畜肉、禽肉相似。氨基酸组成中，赖氨酸含量丰富，但色氨酸偏低。鱼类脂肪含量在0.5%～11%，大多为1%～3%，其不饱和脂肪酸高达80%，呈液态且易氧化酸败。新鲜鱼脂消化吸收率可达95%，海鱼中富含二十碳五烯酸(EPA)和二十二碳六烯酸(DHA)等多不饱和脂肪酸。鱼类中维生素也很丰富，海鱼的肝脏特别富含维生素A和维生素D，鱼肉中还含有多种B族维生素，如每100 g鳝鱼中核黄素含量为1～2 mg。鱼类矿物质含量为1%～2%，稍高于肉类，磷、钙、钠、钾、镁、氯等都较丰富，是钙的良好来源。海鱼中还特别富含碘，为0.5～1 mg/kg，而一般淡水鱼只有0.05～0.4 mg/kg。

五、奶及奶制品的营养价值

奶类是营养成分齐全、组成比例适宜、容易消化吸收的理想的天然食物。奶类主要提供优质蛋白质、脂肪、维生素A、核黄素和钙等营养成分，能满足初生婴儿生长发育的营养需要，也是体弱、年老和病人较理想的食物。在此以食用量最大的牛奶为例加以说明。

(一)牛奶的营养价值

牛奶是由水、蛋白质、乳糖、脂肪、矿物质、维生素及其他生物活性物质(如酶类、免疫抗体等)组成的复合乳胶体。鲜牛奶呈乳白色，味道温和，稍有甜味，具有特有的香味与滋味。牛奶的各种成分除脂肪外，含量均较稳定，因此脂肪含量和比重可作为评定鲜奶质量的指标。

1. 蛋白质　牛奶中的蛋白质含量为3%左右，主要有酪蛋白、乳清蛋白和乳球蛋白3种，此外还有少量的免疫球蛋白、脂肪球膜蛋白等。牛奶蛋白质中含有全部人体必需氨基酸，是一种非常经济的优质蛋白，特别是牛奶中富含赖氨酸，是谷类食物的天然互补品。

2. 脂肪　牛奶脂肪含量约为3%，属中性脂肪，呈微粒状脂肪球分散于乳浆中，易消化吸收。脂肪酸中有2/3为饱和脂肪酸，其中以肉豆蔻酸、棕榈酸、硬脂酸等为主，不饱和脂肪酸有油酸、亚油酸、亚麻酸和少量花生四烯酸，还含一定量的磷脂和胆固醇。

3. 碳水化合物　牛奶中所含的碳水化合物约为4.5%，其中99%以上为乳糖。乳糖有调节胃酸、促进胃肠蠕动、有利于钙吸收和促进消化液分泌的作用，还可促进肠道乳酸菌的繁殖，抑制腐败菌的繁殖生长。但有的人吃牛奶后发生腹胀、腹泻等，是因为肠道缺乏乳糖酶所致，称为乳糖不耐受症。

4. 无机盐　牛奶中矿物质含量为0.6%～0.7%，富含钙、磷、钾。其中钙含量尤为丰富，容易消化吸收，是人们优质钙的重要来源。牛奶中铁含量很低，仅为人奶的1/5，如以牛奶喂养婴儿，应注意铁的补充。

5. 维生素　牛奶中含有全部的脂溶性和水溶性维生素。维生素A、维生素D、维生素E、维生素K主要在乳脂中，水溶性维生素存在于非脂部分。牛奶中维生素D含量不高，作为婴儿的主要食品时可进行强化。

(二)奶制品的营养价值

1. 消毒鲜奶　奶挤出后经巴氏消毒直接饮用的称为鲜奶。巴氏消毒的方式主要包括两种：低温巴氏消毒(63℃，30 min)和高温巴氏消毒(72℃，15 s)。正确的巴氏消毒对奶的组成和性质皆无明显影响，但对热不稳定的维生素C和维生素B_1可损失20%～25%。

2. 炼乳　炼乳是一种浓缩的奶制品，由淡炼乳和甜炼乳之分。淡炼乳经过均质处理和高温杀菌，维生素B_1、赖氨酸等有少量损失。由于淡炼乳经加工处理后蛋白质凝块松软，更易消化，适合喂养婴儿和对鲜奶过敏的人群。甜炼乳是鲜奶中加约15%蔗糖后进行浓缩的炼乳，由于蔗糖含量过高，不宜喂养婴儿。

3. 奶粉　根据食用要求不同，奶粉分为全脂奶粉、脱脂奶粉和调制奶粉等。鲜奶消毒后，除去70%～80%的水分，采用喷雾干燥法，将奶粉制成雾状微粒，称为全脂奶粉。该奶粉溶解性好，对蛋白质的性质、奶的色香味及其他营养成分影响很小。脱脂奶粉的生产工艺同全脂奶粉，但原料奶经过脱脂使脂溶性维生素损失，此种奶粉的脂肪含量一般不超过3%，适合于腹泻的婴儿及要求低脂膳食的人群。调制奶粉是以牛奶为基础，按照人乳组成的模式和特点，加以调制而成，使各种营养成分的含量、种类、比例接近母乳，适合于婴儿的生理特点和需要。如改变牛奶中酪蛋白的含量和酪蛋白与乳清蛋白的比例，补充乳糖的不足，强化维生素A、维生素D、维生素B_1、维生素C、叶酸和微量元素等。

4. 酸奶　酸奶是将鲜奶加热消毒后接种选定的细菌发酵而成，常用的为嗜酸乳酸杆菌。酸奶制品营养丰富，容易消化吸收，还可刺激胃酸分泌；乳酸菌在肠道繁殖，可抑制一些腐败菌的繁殖，调整肠道菌群，防止腐败胺类对人体产生不利的影响；此外奶中的乳糖已被发酵成乳酸，适用于“乳糖不耐受症”的人群。因此，酸奶是适宜消化道功能不良、婴幼儿和老年人食用的食品。

六、蛋类的营养价值

常见的蛋类有鸡、鸭、鹅和鹌鹑等母禽所产的卵。其中产量最大，食用最普遍，食品工业中使用最广泛的是鸡蛋。

(一)蛋的结构

各种禽蛋的结构都很相似，主要由蛋壳、蛋清、蛋黄三部分组成，其中蛋壳重量占 11%，蛋清占 57%，蛋黄占 32%。蛋壳上有大小为 4～40 μm 的小气孔，表面布有一层胶质薄膜。蛋壳的颜色由白到棕色，深度因鸡的品种而异，颜色是由于卟啉的存在，与蛋的营养价值无关。蛋清包括两部分，外层为中等黏度的稀蛋清，内层包围在蛋黄周围的为角质冻样的稠蛋清。蛋黄表面包有蛋黄膜，有两条韧带将蛋黄固定在蛋的中央。

(二)蛋类的营养价值

蛋清和蛋黄分别约占总可食部的 2/3 和 1/3。蛋清中营养素主要是蛋白质，其中占比例最大的是卵清蛋白、卵黄磷蛋白和卵黄球蛋白，不但含有人体所需要的必需氨基酸，且氨基酸组成与人体组成模式接近，全蛋蛋白质几乎能被人体完全吸收利用，是食物中最理想的优质蛋白质。蛋黄含有较多的营养成分，其蛋白质主要为卵黄蛋白(属完全蛋白)，脂类呈乳融状态，其中 1/3 为卵磷脂和脑磷脂，甘油三酯中不饱和脂肪酸的含量为 57%左右，此外还含有较多的胆固醇。钙、磷和铁等无机盐多集中于蛋黄中，蛋黄中还含有维生素 A、维生素 D、维生素 B_1、维生素和 B_2 等。

(三)加工烹调对营养价值的影响

一般烹调方法，温度不超过 100℃，对蛋的营养价值影响很小，仅 B 族维生素有一些损失，如煮蛋时蛋白质变得软且松散，容易消化吸收，利用率较高。烹调过程中的加热不仅具有杀菌作用，而且具有提高其消化吸收率的作用，因为生蛋清中存在的抗生物素和抗胰蛋白酶经加热后被破坏。皮蛋制作过程中加入烧碱产生一系列化学变化，使蛋清呈暗褐色透明体，蛋黄呈褐绿色，B 族维生素可被破坏，但维生素 A、维生素 D 保存尚好。

第三节　膳食结构和合理营养

人们在维持自身健康的生命活动和从事各种劳动等过程中，都需要有足够的能量和各类营养素。合理的膳食结构是由含不同营养素的食品组成，并保持一定的膳食平衡。如果仅注重单个营养素的作用，则很难达到合理营养的要求。

一、膳食结构

膳食结构(diet structure)是指构成居民膳食中主要食物的种类、数量及其比例。总体上讲，膳食结构主要取决于人体对营养的生理需求和生产供应条件所提供食物资源的可能。良好的膳食结构通常与居民的营养状况和体质健康相联系，包括长寿，低发病率与低婴儿死亡率等。

根据动、植物性食物在膳食中所占比重及能量的摄入量，可将当今世界各国的膳食结构大体分为以下 3 种类型。

(一)"三高一低"类型

以高能量、高脂肪、高蛋白质、低膳食纤维为特点,主要见于经济发达国家。这些地区年人均占有较多粮食,有条件将其中60%～70%转化为肉、奶、禽、蛋等动物性食品消费,结果每日人均热能、蛋白质与脂肪消费过高,出现严重营养过剩,以致肥胖症、冠心病、高脂血症、高血压、糖尿病一类"文明病"显著增加。

(二)"两低一高"类型

以植物性食物为主,蛋白质和脂肪摄入不足,动物性食物缺乏,能量基本能满足需要,主要见于一些经济不发达国家。由于膳食中以植物性食物为主,有的国家尚且不足,肉、蛋、鱼、乳类也不多,居民中存在营养不良,主要是蛋白质不足,有的热能也不足,以致体质低下、健康状况不良、劳动能力降低等。

(三)合理膳食类型

相对而言,以日本模式为代表的膳食结构,既有以粮食为主食的东方膳食传统特点,也吸取了欧美国家膳食长处,加之经济发达,动物性食品资源充裕,鱼贝类摄入量较大,能量、蛋白质、脂肪摄入量基本符合营养学要求,这种食物结构比较合理。不过"文明病"也有增加趋势,动物性食品仍嫌偏高,但营养失调轻微。

二、平衡膳食

平衡膳食(balanced diet)是一个综合的概念,指膳食中所含的营养素不仅种类齐全、数量充足,而且配比适宜,既能满足机体的生理需要,又可避免因膳食构成的营养素比例不当,甚至某种营养素缺乏或过剩所引起的营养失调。即膳食所供给的营养素与身体所需的营养保持平衡,从而对促进身体健康发挥最好的作用。

平衡膳食应保证供给人体一定的能量,这对不同年龄、性别和从事不同体力活动的人可有所不同。对于不同营养素供能所占供能总量的百分比也应适当。目前认为蛋白质、脂肪和碳水化合物三者供能的理想指标分别为:蛋白质11%～14%,脂肪20%～30%,碳水化合物不应低于55%。

对于膳食中脂肪的含量,特别是饱和脂肪含量高被认为是心血管疾病发病率高的一个重要原因。但是脂肪可在不增加消化道渗透压和体积负荷的情况下提供较多的能量,满足机体需要,在膳食烹调上还具有独特的作用。至于膳食脂肪酸的构成,则以饱和脂肪酸:单不饱和脂肪酸:多不饱和脂肪酸为1:1:1最好。近年研究表明膳食脂肪尚应适当增加n-3多不饱和脂肪酸如DHA和EPA的含量,并使多不饱和脂肪酸n-6和n-3之比为(4～6):1。

合理膳食能使食物与机体达到统一和谐,这种平衡不仅表现在能量和每一种营养素必须满足机体的生理需要,还表现在能量和营养素之间及营养素相互平衡之间要有合适的比例。如各种蛋白质、必需氨基酸、脂肪酸、碳水化合物、矿物质、维生素之间的平衡,各种维生素之间的平衡,成酸性和成碱性元素之间的平衡等。合理的膳食不仅能满足人体生理上对合理营养的需要,也是反映人类生活质量的一个重要标志。

三、膳食指南

膳食指南(dietary guideline)又称膳食指导方针(dietary guideline)或膳食目标(dietary goal)，是根据营养学原则，结合本国国情提出的一组以食物为基础的，指导人们合理选择与搭配食物，以达到合理营养促进健康为目的的指导性意见。

为指导人们合理膳食的实践，通常将食物进行分类并量化指导人们进食。美国将基础食物分为四类，即乳和乳制品；肉（包括畜、禽、鱼、蛋）、干豆和坚果类；蔬菜、水果类和谷物食品四类，对食用油脂和食糖等则称作提供能量的额外食物。日本将基础食物分成六大类，其特点是将连骨吃的鱼和海藻与乳制品同列为一类，在水果、蔬菜中将黄绿色蔬菜单独另列为一类，油脂亦为一类。中国营养学会将食物分为五大类：谷薯类及水、蔬菜类和水果类、动物性食物类、奶及奶制品和大豆及坚果类、油和盐。

2016 年修订的《中国居民膳食指南》中"一般人群"膳食指南可概括为 6 条：①食物多样，谷类为主；②吃动平衡，健康体重；③多吃蔬果、奶类、大豆；④适量吃鱼、禽、蛋、瘦肉；⑤少盐少油，控糖限酒；⑥杜绝浪费，兴新食尚。

四、中国居民平衡膳食宝塔

平衡膳食宝塔是将营养素的科学术语和数字，翻译为食物种类、结构和概略定量，同时用形象的方式表达五大类食物的摄取形象化与量化，提出了一个营养上较理想的膳食模式。

中国居民平衡膳食宝塔（图 6-1）共分为 5 层，包含我们每天应吃的主要食物种类。宝塔各层位置和面积不同，在一定程度上反映出各类食物在膳食中的地位和应占的比重。

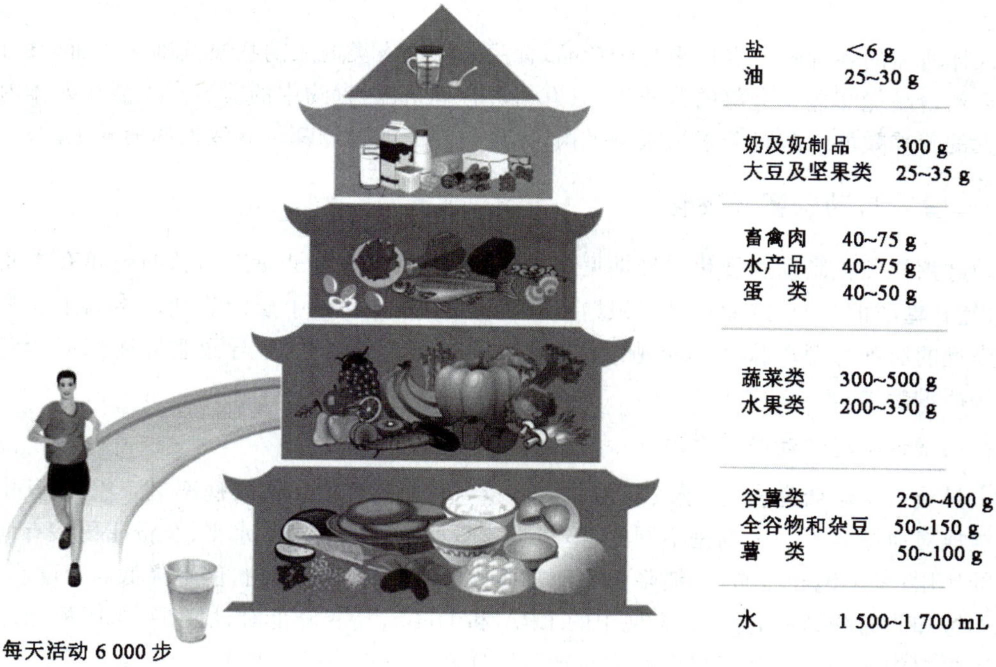

图 6-1　中国居民平衡膳食宝塔(2016)

引自：中国营养学会

第一层谷薯类及水：每人每天应摄入谷薯类 250～400 g，其中，全谷物和杂豆 50～150 g，薯类 50～100 g。水为 1 500～1 700 mL。

第二层蔬菜类和水果类：每人每天应摄入蔬菜类300～500 g，水果类200～350 g。

第三层动物性食物类：每人每天应摄入畜禽类40～75 g，水产类40～75 g，蛋类40～50 g。

第四层奶及奶制品和大豆及坚果类：每人每天应摄入相当于鲜奶300 g的奶及奶制品，大豆和坚果25～30 g。

第五层食盐和油：每人每天摄入食盐小于6 g，油25～30 g。

尽管宝塔没有建议食糖的摄入量，但从近年的膳食调查结果看，需要控制糖的摄入量，每人每天摄入不超过50 g，最好控制在25 g以下。

膳食宝塔建议的每人每日各类食物及其适宜摄入量范围适用于一般健康人，应用时要根据个人年龄、性别、体重、劳动强度、季节等情况适当调整。

此外，平衡膳食宝塔建议的各类食物摄入量是一个平均值和比例。而且应因地制宜，并注意将营养与美味相结合。日常生活无须每天都样样照着“宝塔”推荐量吃。每一类食物都有许多品种，同一类食物中不同食物可以互换，重要的是要经常遵循宝塔各层各类食物的大体比例。值得指出的是膳食平衡宝塔中所建议的乳类和豆类食物的量可能与大多数人当前的实际膳食还有一定距离，但为了改善我国居民的膳食营养状况，这是不可缺少的。应当把它看做是一个奋斗目标，努力争取，逐步达到。

第四节　营养与疾病

人体所需的各种营养素均来自于食品，食品是保证人类健康的物质基础。然而，没有任何一种天然食品能够包含全部的营养素，只有通过合理搭配，食物中的营养素才能在人体内体现出最大的营养效能。若营养素摄入不平衡，无论是缺乏或过剩都可导致疾病的发生。

一、营养与动脉粥样硬化

动脉粥样硬化是动脉硬化中最常见而重要的类型，其特点是受累动脉的内膜有类脂质的沉着，复合糖类的积聚，继而纤维组织增生和钙沉着，并有动脉中层的病变。本病主要累及大型及中型的肌弹力型动脉，以主动脉、冠状动脉及脑动脉为多见，常导致管腔闭塞或管壁破裂出血等严重后果。

(一)膳食脂类与动脉粥样硬化

大量流行病学研究表明，膳食脂肪摄入总量与动脉粥样硬化的发病率呈正相关，其中脂肪酸的组成对血脂水平的影响是不同的：饱和脂肪酸可升高血胆固醇水平；长链脂肪酸有使血脂生高的作用；单不饱和脂肪酸，能降低血清总胆固醇和低密度脂蛋白，但不降低高密度脂蛋白；而多不饱和脂肪酸，特别是n-3系列中的EPA和DHA，具有降低甘油三酯、胆固醇和增加高密度脂蛋白的作用。而高脂蛋白血症与动脉粥样硬化发病率呈正相关。

流行病学和动物实验都观察到膳食胆固醇可影响血中胆固醇水平，并增加心脑血管疾病发生的危险。而磷脂有利于胆固醇的代谢，使血液中胆固醇浓度减少，降低血液的黏稠度，避免胆固醇在血管壁沉积，有利于防治动脉粥样硬化。

(二)膳食热能、碳水化合物与动脉粥样硬化

当人体长期摄入的热能超过消耗时，多余的能量就会转化为脂肪组织，形成肥胖。肥胖者

冠心病、糖尿病和高血压的发病率较正常人高。膳食中碳水化合物摄入过多，除引起肥胖外，还可直接诱发高脂血症。

（三）膳食蛋白质与动脉粥样硬化

动物实验证明，动物性蛋白质升高血胆固醇的作用比植物性蛋白质明显。而植物大豆蛋白质则有明显降低血脂的作用。

（四）维生素与动脉粥样硬化

维生素E能降低血浆低密度脂蛋白的含量，增加高密度脂蛋白水平，具有防治心血管病的作用。维生素C参与胆固醇代谢形成胆酸的羟化反应，使血液胆固醇水平降低；维生素B_6、叶酸、维生素B_{12}、泛酸、维生素A和胡萝卜素等，在抑制体内脂质过氧化、降低血脂水平方面都具有一定的作用。

（五）无机盐、微量元素与动脉粥样硬化

镁具有降低血胆固醇，增加冠状动脉血流和保护心肌细胞完整性的功能；动物缺钙可引起血胆固醇和甘油三酯升高；铬是人体葡萄糖耐量因子的组成成分，缺乏可引起糖代谢和脂肪代谢紊乱，血清胆固醇增加，动脉受损；缺硒可引起心肌损害，促进冠心病的发展；钠被认为与高血压的发病有关，高血压是动脉粥样硬化的危险因素之一。

（六）膳食纤维与动脉粥样硬化

膳食纤维的摄入量与冠心病的发病率和死亡率呈显著负相关。

（七）其他因素

大量饮酒可引起高甘油三酯血症；饮茶有降低胆固醇在动脉壁沉积，抑制血小板凝集；大蒜和洋葱有降低血胆固醇水平，提高高密度脂蛋白的作用；香菇和木耳都有降低血胆固醇的作用。

（八）膳食调整和控制原则

控制总热能摄入，保持理想体重；限制脂肪和胆固醇的摄入；多吃植物性蛋白质，少吃甜食；保证充足的膳食纤维和维生素的摄入；饮食宜清淡、少盐；适当多吃保护性食品，少饮酒。

二、营养与糖尿病

糖尿病是一组以高血糖为特征的代谢性疾病。血糖是指血液中含有的一定浓度葡萄糖，正常人空腹血糖稳定在3.5～5.5 mmol/L。当体内胰岛素分泌缺陷或其生物学作用障碍就会引起高血糖。糖尿病患者体内长期持久的高血糖，将导致各种组织，特别是眼睛、肾脏、神经、心脏及血管的损伤、功能缺陷和衰竭。

（一）糖尿病综合调控原则

我国学者结合国内外经验，提出了糖尿病综合治疗原则，即饮食治疗、运动治疗、糖尿病的教育与心理治疗、药物治疗和病情监测。

（二）糖尿病饮食调控原则

1. 饮食调控目标　接近或达到血糖正常水平；保护胰岛β-细胞，增加胰岛素的敏感性；维持或达到理想体重；接近或达到血脂正常水平；预防和治疗急、慢性并发症；全面提高体内营养

水平，增强机体抵抗力。

2.饮食调控原则的改变　其变化趋势是脂肪摄入比例减少，碳水化合物摄入比例增加，蛋白质比例变动不大。

3.饮食调控原则

(1)合理控制总热能　体重是检验总热能摄入量是否合理控制的简便有效的指标，因此，不论是肥胖者或消瘦者均应控制体重在理想体重范围内。

(2)选用高分子碳水化合物　碳水化合物供能应占总热能的60%左右，最好选用吸收较慢的多糖，如玉米、荞麦、燕麦、莜麦、红薯等。

(3)增加可溶性膳食纤维的摄入　可选用高纤维膳食，每日膳食纤维供给量约为40 g。

(4)控制脂肪和胆固醇的摄入　每天脂肪供能占总热能的比例不高于30%。一般建议饱和脂肪酸、单不饱和脂肪酸、多不饱和脂肪酸之间的比例为1∶1∶1；每天胆固醇摄入量在300 mg以下。

(5)选用优质蛋白质　多选用大豆、兔、鱼、禽、瘦肉等食物，优质蛋白质至少占1/3。蛋白质提供的热能可占总热能的10%～20%。

(6)提供丰富的维生素和无机盐　多选用新鲜的蔬菜和水果，摄入甜水果或水果用量较大时要注意替代部分主食。

(7)食物多样　糖尿病人常用食品一般分为谷类、蔬菜、水果、大豆、奶、瘦肉、蛋、油脂等八类。每天都应吃到这八类食品，每类食品选用1～3种。

(8)合理进餐制度　糖尿病人进餐时间要定时、定量，一天可安排3～6餐。三餐比例可各占1/3，也可为1/5、2/5、2/5或其他比例。

(9)防止低血糖发生。

(10)急重症糖尿病患者的饮食摄入应在医师或营养师的严密监视下进行。

4.糖尿病食谱　常用两种方法编制食谱，即食品交换份法和营养成分计算法，也可用电脑软件进行编制。

三、营养与肥胖

体重超过标准体重10%为超重，超过20%为肥胖，超过40%为过度肥胖。成人理想体重一般为：男性标准体重(kg)＝身高(cm)－105、女性标准体重(kg)＝身高(cm)－100。目前国际上多用身体的质量指数(BMI)作为衡量体重及健康状况的标准，BMI＝体重(kg)/[身高(cm)]^2，男性BMI：20～25为正常、＜20为消瘦、＞25为肥胖；女性BMI：19～24为正常、＜19为消瘦、＞24为肥胖。需要指出的是，虽然肥胖表现为体重超过标准体重，但超重并不一定都是肥胖，机体肌肉组织和骨骼如果特别发达，重量增加也可使体重超过标准体重，但这种情况并不多见。

(一)肥胖的危害

肥胖对儿童的身心健康带来了许多不良的影响：肥胖可导致血脂浓度增加、血压增高；能导致混合型肺功能障碍；对内分泌系统与免疫系统的影响；对儿童体力智力、生长发育的影响。对于成年人，肥胖是引起高血压、糖尿病患病率增加的重要危险因素；有研究证明肥胖与胆囊病有关；极度肥胖者肺功能、内分泌和代谢功能均可常出现异常。

(二)营养与减肥

对于环境因素造成的肥胖,可以通过调整饮食结构和营养平衡、改变饮食习惯加以预防和减肥。

1.能量与减肥　有研究表明,在减肥效果中,增加热量消耗比减少热量摄取更为重要。运动能减少饥饿的感觉,并加速人体的新陈代谢,如跳舞、快步走、骑自行车每小时能消耗能量838 kJ。

2.碳水化合物与减肥　摄入低碳水化合物的膳食可使体重迅速下降,其原因是此时体内需要的能量只能从脂肪的代谢中得到满足,从而加速脂肪的消耗。因此摄入一定量的膳食纤维既能让人吃饱又不会使人发胖。

3.蛋白质与减肥　理想的减肥方法应是快速去除脂肪而又不损失肌肉中的蛋白质。故减少脂肪摄入量的同时,摄入易消化的蛋白质以满足机体的能量需求,可有效地减肥又不至于身体削弱,如多肽有可能成为蛋白质的补充物。

4.平衡营养膳食与减肥　平衡的营养膳食摄入是机体组织和器官细胞正常代谢的前提,不平衡的营养膳食将会引起一系列的代谢紊乱。因此,正确的减肥过程应以政府部门发布的膳食指导方针为参考,正确判定蛋白质、脂肪和碳水化合物的摄入比例。

四、营养与癌症

癌是机体细胞因各种致癌因素的作用所发生的无限制的、完全不受机体制约的异常增生。据统计,在引发癌症的因素中,除环境因素是很重要因素外,1/3 的癌症与膳食有关。膳食摄入物的成分、膳食习惯、营养素摄入不足、过剩或营养素间的摄入不平衡都可能与癌症发病有关。因此,在兼顾营养需要和降低癌变危险性的前提下,避免致癌物和促癌物的摄入,充分发挥抑癌物的作用,平衡膳食结构,就有可能达到膳食抗癌的目的。

(一)饮食致癌的可能机制

饮食中的致癌物或直接前体有可能启动癌变过程;促进内源性致癌物的产生;转运致癌物至其作用部位;通过其代谢作用改变了组织对致癌物的易感性;基因调控作用;膳食中缺乏抗癌成分;不良饮食习惯。

(二)食物中的致癌物质

膳食中摄入致癌物是导致癌症发生的重要原因之一。食物中的致癌物主要有以下 4 类:

1.多环芳烃类致癌物　如苯并芘、苯蒽等。食物中的有机物经过高温烹调,就有可能分解成多环芳烃类物质。用炭火烘烤富含脂肪或碳水化合物的食物就有可能产生多环芳烃类物质。

2.杂环胺类致癌物　富含蛋白质的食物(如肉、鱼等)高温分解会产生杂环胺类致癌物。这些物质是强致突变物,易引起结肠癌和乳腺癌等。

3.亚硝酸盐致癌物　用亚硝酸盐腌制过的肉中发现有亚硝胺类致癌物,如 N-亚硝基吡啶。

4.黄曲霉素类致癌物　如食品霉变产生的黄曲霉素 B 是目前发现的最强的化学致癌物质。

(三)食物中的抑癌物质

1. 多糖　膳食纤维可增加肠道内容物的体积,刺激胃肠蠕动,帮助排便,缩短肠壁与粪便中有害毒物的接触时间,改变肠道微生物的种类及数目,减少致癌物,预防肠癌发生。此外,植物多糖如枸杞多糖、香菇多糖、黑木耳多糖等生理活性物质,对抑癌、抗癌等具有很好的功效。

2. 水果和蔬菜中的抑癌物　食用新鲜的水果和蔬菜,可降低大多数患癌症的危险性。水果蔬菜中含有大量的抗氧化剂,如维生素 E、维生素 C 及 β-胡萝卜素等。维生素 E 抗癌主要与细胞膜的抗氧化作用有关,细胞膜上的维生素 E 可抵御来自细胞代谢过程中所产生的自由基的攻击,防止细胞膜上多不饱和脂肪酸的氧化,维持细胞结构的完整及细胞正常功能。维生素 C 可保护其他水溶性维生素不被氧化,促进胶原细胞的形成,使细胞与细胞间排列整齐,以对抗癌细胞的侵袭;维生素 C 能提高细胞免疫功能,具有抗辐射作用;维生素 C 还能阻止亚硝酸盐与胺类结合生成亚硝胺,减少胃癌与食道癌的发生。β-胡萝卜素和维生素 A 能捕捉破坏细胞的自由基,避免细胞的氧化功能,强化上皮细胞和正常的酶功能,刺激免疫细胞杀灭初始的癌细胞。

3. 微量元素与癌　膳食中某些微量元素对癌症的抑制作用已得到证实,如硒、碘、钼、锗、铁等。硒可防止一系列化学致癌物诱发肿瘤;碘可预防甲状腺癌;钼可降低食管癌的发病率;缺铁常与食道和胃部肿瘤有关。

五、营养与免疫功能

免疫功能是人体与疾病作斗争的自身防线,营养状况的好坏直接影响到体内免疫组织或器官的结构和机能的发挥。膳食中的蛋白质和其他各种营养素是人体免疫功能的物质基础。

(一)蛋白质与免疫功能

蛋白质是机体免疫防御功能的物质基础,当蛋白质营养不良时,其有关组织器官的结构和功能均受到不同程度的影响。蛋白质热能营养不良会明显影响胸腺及外周淋巴器官的正常结构,且这种损伤是不可逆的,一旦受损其结构和功能恢复极为缓慢;蛋白质营养不良时会影响 T 淋巴细胞的数量和功能,外周血中 T 淋巴细胞总数显著减少,对抗原诱导的增殖反应降低,另外蛋白质营养不良时上皮及黏膜组织分泌液中 SIgA 显著减少,溶菌酶水平下降,使其组织抵抗力降低,甚至可导致感染扩散。

(二)维生素与免疫功能

维生素 A 及其衍生物作为一种营养素从多方面影响免疫系统的功能。当维生素 A 缺乏时,皮肤、黏膜局部免疫力降低,淋巴器官萎缩,NK 细胞活性降低,细胞免疫反应下降时,机体对细菌、病毒、寄生虫等抗原成分产生的特异抗体明显减少;研究表明,维生素 E 在一定剂量范围内能促进免疫器官的发育和免疫细胞的分化,提高机体细胞免疫和体液免疫功能;维生素 C 能提高吞噬细胞的活性、参与免疫球蛋白的合成和促进淋巴母细胞生成和免疫因子产生,维生素 C 缺乏能使免疫功能降低。

(三)微量元素与免疫功能

研究结果表明,铁缺乏能损害免疫功能,使胸腺萎缩,T 淋巴细胞分泌减少和吞噬细胞的杀菌活性降低。值得注意的是,过量铁摄入也会导致感染的发生;锌缺乏对免疫系统的影响十分迅速而且明显，包括对免疫器官、细胞免疫、体液免疫及免疫网络的相互作用均有影响；铜也是体内很多酶的组成成分，铜缺乏时动物易受致病微生物感染且死亡率明显上升。

思　考　题

1. 何谓营养素？人类需要的营养素有哪几类？
2. 蔬菜水果中主要含有哪些营养素和抗营养因子？
3. 在豆浆、牛奶和豆奶中哪种营养价值最高？为什么？
4. 中国居民膳食指南的内容和依据是什么？
5. 依据营养与疾病的关系，谈谈合理营养的重要性。

第七章 食品卫生与健康

食品本身一般不含有有害物质或含量极少，不具有实际卫生学意义。但食品从种植、养殖到生产、加工、贮存、运输、销售、烹调直至餐桌的整个过程中的各个环节，都有可能出现某些有害因素，使食品受到污染，以致降低食品卫生质量或对人体造成不同程度的危害。

第一节 食品污染

食品污染(food pullution)，按世界卫生组织的定义“是指食物中原来含有或者加工时人为添加的生物性或化学性物质，其共同特点是对人体健康有急性或慢性的危害”。是指食品受到有害物质的污染，以致使食品的卫生质量下降或对人体健康造成不同程度的危害。广义地说，食品在生产(种植、养殖)、加工、运输、贮藏、销售、烹调等各个环节，混入、残留或产生不利于人体健康、影响其食用价值与商品价值的因素，均可称为食品污染。

一、食品污染的分类

食品污染主要来自两个方面：一是作为食品的动物、植物在生长过程中，由于呼吸或摄食、饮水而使环境污染物进入人体内并积累起来；二是食品在加工、包装、贮运、销售和烹调过程中受到污染。食品污染按污染物的性质可分为生物性污染、化学性污染和物理性污染三大类。

1. 生物性污染　生物性污染(biological pollution)指微生物、寄生虫、有毒生物组织和昆虫对食品的污染。

(1)微生物污染　食品在生产、加工、运输、贮藏、销售及食用过程中，都有可能被各种微生物所污染。污染食品的微生物包括：人畜共患传染病的病原体及以食品为传播媒介的致病菌和病毒，如炭疽杆菌、结核杆菌、布鲁氏菌、痢疾杆菌、肝炎病毒、脊髓灰质炎病毒和口蹄疫病毒等；引起食物中毒的微生物及其毒素，如沙门氏杆菌、葡萄球菌、副溶血弧菌、变形杆菌、肉毒毒素、黄曲霉毒素等；此外，还包括大量引起食品腐败变质并可作为食品受到污染标志的非致病性微生物。

(2)寄生虫污染　寄生虫和虫卵主要是通过病人、病畜的粪便间接通过水体或土壤污染食品或直接污染食品。动物性食品可能带有人畜共患寄生虫病的病原体，如旋毛虫、囊尾蚴、弓形虫、棘球蚴等，可使人发生感染。

(3)有毒生物组织污染　主要指本身含有毒素的生物组织，如甲状腺、肾上腺以及有毒鱼、贝类、毒蕈等混入食品，人们误食后引起不良反应。

(4)昆虫污染　主要包括粮食中的甲虫、螨类、蛾类以及动物食品和发酵食品中的蝇、蛆、甲虫、螨、皮蠹等。食品被污染后，感官性状不良，营养价值降低，甚至完全丧失食用价值。

2. 化学性污染　化学性污染(chemical pollution)食品化学性污染涉及范围较广，情况也较复杂。主要包括来自生产、生活和环境中的污染物，食品容器、包装材料、运输工具等接触食品时溶入食品中的有害物质；滥用食品添加剂，以及在食品加工、贮存过程中产生的物质。

（1）"三废"的污染 随着工业生产的发展，"工业三废"（废气、废水、废渣）不合理的排放，是引起大气、水体、土壤及动植物污染的主要原因。这些环境污染物可以通过呼吸、饮水直接进入人体，也可沿食物链间接进入人体。尤其需要注意的是，污染物沿食物链逐级生物富集，可以使本来浓度很低的污染物富集到危险的高浓度水平。例如，多氯联苯（PCB）是几乎不溶于水的物质，它在河水和海水中的浓度只有0.000 01～0.001 mg/L，乍看起来，这样微乎其微的物质是不可能造成什么危害的，但经过食物链富集后，其浓度可以成千上万倍地增加，在鱼体内可富集到0.01～10 mg/kg，在食鱼鸟体内可进一步富集到1.0～100 mg/kg，而且食物链越长，危害也就越明显。污染环境的化学物质种类繁多，如镉、铅、汞、砷、多氯联苯、苯并芘、二噁英、氟化物等。

（2）农药的污染 农药是指用于预防、消灭、驱除各种昆虫、啮齿动物、霉菌、病毒、杂草和其他有害动植物的的物质，以及用于植物的生长调节剂、落叶剂、贮藏剂等。农药的广泛使用，常造成食品的农药残留（是指农药的原形及其代谢物蓄积或贮存于动植物的细胞、组织或器官内）。引起食品污染的，主要是有机磷、有机汞、有机砷等农药。

（3）药物的污染 用于动物生产的药物，如抗生素、磺胺制剂、生长促进剂和各种激素制品等，可以在动物体内反应并形成残留。人类食用有药物残留的食品，将对人体健康造成影响，主要表现为变态反应与过敏反应，细菌耐药性，致癌、致畸、致突变和激素样作用。

（4）食品添加剂的污染 食品添加剂是指为改善食品的品质，增加其色、香、味，以及为防腐和加工工艺的需要而加入食品中的化学合成的或天然的物质。食品添加剂在一定范围内使用一定量对人体无害，但若滥用则会造成食品的污染，对食用者的健康造成危害。所以，各国都制定了食品添加剂的卫生标准，规定了允许使用的添加剂名称、使用范围和最大使用量。

此外，食品容器、包装材料、运输工具等接触食品时溶入食品中的有害物质，在食品加工、贮存过程中产生的物质，如酒中有害的醇类、醛类等，以及掺假、制假过程中加入的物质等也会对食品造成污染。

3. 物理性污染 主要来源于复杂的多种非化学性的杂物，虽然有的污染物可能并不威胁消费者的健康，但是严重影响了食品应有的感官性状和/或营养价值，食品质量得不到保证，主要有：

（1）来自食品产、储、运、销的污染物，如粮食收割时混入的草籽、液体食品容器池中的杂物、食品运销过程中的灰尘及苍蝇等。

（2）食品的掺假使假，如粮食中掺入的沙石、肉中注入的水、奶粉中掺入大量的糖等。

（3）食品的放射性污染，主要来自放射性物质的开采、冶炼、生产、应用及意外事故造成的污染。

二、动物性食品污染的途径

动物性食品污染的途径是多种多样的，食品生产、加工、运输、贮藏、销售等环节均可造成污染。一般将污染的途径分为内源性污染和外源性污染两大类。

（一）内源性污染

内源性污染又称第一次污染。是指食用动植物在生长发育过程中，由本身带染的生物性或从环境中吸收的化学性或放射性物质而造成的食品污染。

1.生长发育过程中的污染

①人畜共患传染病和寄生虫病的病原体的污染：人畜共患病是指“脊椎动物和人类之间自然传染的疾病”。现已查明，在目前已知的200多种动物传染病和150多种寄生虫病中，至少有160种可以自然传染给人，其中通过肉用动物及其产品传染给人的有30多种。如果动物生长发育过程中感染了这些人畜共患传染病和寄生虫病，就可能对人类造成威胁。

②动物固有的传染病和寄生虫病的病原体的污染：除人畜共患病外，食用动物还可感染其固有的一些疾病。这些疾病虽然不感染人，但由于病原体在体内的活动以及组织的病理分解，使动物体内蓄积了某些有毒物质，同时由于患病机体抵抗力减弱，使正常存在于机体中的某些微生物，尤其是沙门氏菌属细菌发生继发感染，引起人们的食物中毒或感染。

③非致病性和条件致病性微生物的污染：正常条件下，在动物机体的某些部位，如消化道、上呼吸道、泌尿生殖道及体表等，存在着一些非致病性和条件致病性微生物，当动物宰前处于不良条件下，如长途运输、过度疲劳、拥挤、饥饿等，则动物机体的抵抗力降低，这些微生物便有可能侵入肌肉、肝脏等部位，造成动物性食品的污染。

2.食物链的污染　存在于自然环境中的有毒化学物质（包括微生物毒素，如黄曲霉毒素）及放射性物质，可以通过食物链进入人体。如农药的使用，可以使农作物发生农药残留，动物食用这类饲料后又可富集，这类动物性食品可危害人体健康。

（二）外源性污染

外源性污染又称为食品加工流通过程的污染或第二次污染。即食品在生产、加工、运输、贮藏、销售等过程中的污染。常见以下几种：

1.通过水的污染　食品的生产加工的许多环节都离不开水，如果使用被生物性、化学性或放射性物质污染的水源，则会造成食品的污染。

2.通过空气的污染　自然界空气中含有大量的微生物，还可能含有工业废气等有害物质。空气中的污染物可以自然沉降或随雨滴降落在食品上，造成直接污染，也可以污染水源、土壤造成间接污染。此外，带有微生物的痰沫、鼻涕与唾液的飞沫、空气中的尘埃等也可对食品造成污染。

3.通过土壤的污染　土壤中可能存在各种致病性微生物和各种有毒的化学物质。食品在生产、加工、贮藏、运输等过程中，接触被污染的土壤，或尘土沉降于食品表面，造成食品的直接污染，或者成为水及空气的污染源而间接污染食品。

土壤、空气、水的污染是相互联系、相互影响的，污染物在三者之间相互转化，往往形成环境污染的恶性循环，从而造成污染物对食品的更严重的污染。

4.生产加工过程和流通环节的污染　食品在生产加工过程的各个环节，都有可能造成食品的污染。如食品加工器具、设备等不清洁，可以造成食品的污染；又如挤奶过程中，挤乳工人的手、挤乳用具等未经严格消毒，都有可能污染乳汁；如果直接从事食品生产的工人患有呼吸道、消化道传染病，都有可能污染食品；此外，食品添加剂的不合理使用也会造成食品污染。

从食品生产到消费者进食，期间要经过运输、贮藏、销售、烹调等环节，任何一个环节稍不注意，就会不可避免地造成污染。

5.从业人员带菌污染　从业人员的健康状态和卫生习惯对食品卫生也至关重要。正常人的体表、呼吸道、消化道、泌尿生殖道均带染一定类群和数量的微生物，尤其是当从业人员患有传染性肝炎、开放性结核、肠道传染病、化脓性皮炎等疾病时，可向体外不断排菌。可以通过加工、运输、贮藏、销售、烹调等环节将病原微生物带入食品，进而危害消费者的健康，因此，对食品加工及经营环节的从业人员，应定期进行健康检查，并搞好个人卫生。

第二节　食物中毒

食品在生产、加工、贮藏、运输、销售、烹调等环节，都有可能受到污染。人食用这类被污染的食品品所发生的疾病，称为食源性疾病（foodborne disease）。根据食品中致病因素及引发疾病性质的不同，一般将食源性疾病分为食物传染、食物中毒和“三致”（致癌、致突变、致畸形）作用。本章节主要介绍食物中毒。

食物中毒（food poisioning）系指摄入含有生物性、化学性有毒有害物质的食品或把有毒有害物质当做食品摄入后所出现的非传染性（不同于传染病）的急性、亚急性疾病。食物中毒属食源性疾病的范畴，是食源性疾病中最为常见的疾病。食物中毒既不包括因暴饮暴食而引起的急性胃肠炎、食源性肠道传染病（如伤寒）和寄生虫病（如旋毛虫），也不包括因一次大量或长期少量多次摄入某些有毒、有害物质而引起的以慢性毒害为主要特征（如致癌、致畸、致突变）的疾病。

对1997—1998年两年全国食物中毒的统计资料表明，动物性食物引起的食物中毒占食物中毒总起数的40.1%，占总人数的44.9%；植物性食物引起的食物中毒为总起数的42.4%，总人数的39.3%。从食物中毒的原因分析，微生物引起的食物中毒仍是最常见的食物中毒，占食物中毒总起数的38.5%，总人数的50.9%；其次为化学性食物中毒，占总起数的31.5%，总人数的20.9%。

食物中毒的共同特点为：潜伏期短，来势急剧，短时间内可能有大量病人同时发病；所有病人都有类似的临床表现，一般都有急性胃肠炎的症状；病人在一段时间内都食用过同样食物，一旦停止食用这种食品，发病随即停止；发病曲线呈现突然上升又迅速下降的趋势，一般无传染病流行时的余波。

一、微生物性食物中毒

微生物性食物中毒是指因食用被中毒性微生物污染的食品而引起的食物中毒。主要包括细菌性食物中毒和霉菌毒素性食物中毒。前者是指人食入被大量活的中毒性细菌或细菌毒素污染的食品所引起的食物中毒；后者是指某些霉菌如黄曲霉菌、赭曲霉菌等污染了食品，并在适宜条件下繁殖，产生毒素，摄入人体后所引起的食物中毒。我国发生的细菌性食物中毒以沙门氏菌、变形杆菌和金黄色葡萄球菌食物中毒较为常见，其次为副溶血弧菌、蜡样芽孢杆菌等食物中毒。

微生物性食物中毒的共同特点为：与饮食有关，不吃者不发病；除掉引起中毒的食品，新的患者不再发生，呈暴发性和群发性，众多人同时发病；有季节性，多发生在夏秋，6—9月为高峰期；多数呈现恶心、呕吐、腹痛、腹泻等急性胃肠炎症状，且不相互传染。

1. 沙门氏菌性食物中毒　沙门氏菌（*Salmonella*）为肠杆菌科的一个菌属，有2 000多个血清型，我国已发现100多个血清型。广泛存在于各种动物的肠道中，当机体免疫力下降时，会进入血液、内脏和肌肉组织，造成肉品的内源性污染；畜禽粪便污染食品加工场所的环境和用具，也会造成沙门氏菌的污染，引起食物中毒。食物中毒性沙门氏菌群主要包括鼠伤寒沙门氏菌、猪霍乱沙门氏菌、肠炎沙门氏菌、纽波特沙门氏菌、病牛沙门氏菌、都柏林沙门氏菌、汤普逊沙门氏菌、山夫顿沙门氏菌、鸭沙门氏菌等。

沙门氏菌食物中毒主要是由于摄入大量致病活菌造成的，菌体内毒素也起到一定的协同作用。沙门氏菌食物中毒的潜伏期为 6～12 h，最长可达 24 h，发病初期通常表现为发热、头痛、恶心、全身酸痛、面色苍白、继而出现腹痛、腹泻和呕吐，体温高达 38～40℃，大便水样或带脓血、黏液，重者出现寒战、惊厥、抽搐和昏迷等，本病发病率高，死亡率低。

2. 金黄色葡萄球菌食物中毒　葡萄球菌食物中毒是由金黄色葡萄球菌（*Staphylococcus aureus*）的肠毒素（enterotoxin）引起的，葡萄球菌通常是通过患病动物的产品以及患化脓疮的食品加工人员及环境因素引起食品污染，在适宜的条件下大量繁殖并产生肠毒素。葡萄球菌是无芽孢细菌中毒力最强的一种，在干燥的脓汁中可存活数月，湿热 80℃ 30 min 才能将其杀死，耐盐性强。肠毒素的耐热性强，食物中的肠毒素煮沸 120 min 方能破坏，故一般的消毒和烹调不能破坏。

葡萄球菌食物中毒的特征是发病突然，来势凶猛。潜伏期一般为 1～6 h，最短者为0.5 h。主要症状为流涎、恶心、呕吐，胃部不适或疼痛，继之腹泻。呕吐为多发症，为喷射状呕吐。腹泻后多见有腹痛，初为上腹部疼痛，后成全腹痛。呕吐物和便中常带有血和黏液。少数患者有头痛、肌肉痛、心跳减弱、盗汗和虚脱现象。体温不超过 38℃，病程 2 d，呈急性经过，很少有死亡，预后良好。

3. 肉毒中毒　肉毒中毒是由肉毒梭菌的外毒素引起的一种比较严重的食物中毒。主要是食品在调制、加工、运输、贮存的过程中污染了肉毒杆菌芽孢，芽孢在适宜的条件下发芽、增殖并产生毒素所造成。肉毒毒素是一种神经毒素，是目前已知化学毒物与生物毒素中毒性最强的一种，对人的致死量为 10^{-9} mg/kg 体重，毒力比氰化钾还要大 1 万倍。毒素在正常胃液中经 24h 不被破坏，但易被碱和热破坏，加热 80℃ 30 min 或煮沸 5～20 min 可破坏其毒性。

肉毒毒素是一种与神经亲和力较强的毒素，经肠道吸收后，作用于神经肌肉接头，阻止乙酰胆碱的释放，导致肌肉麻痹和神经功能不全。临床表现以中枢神经系统症状为主。肉毒中毒的潜伏期长短不一，短者 2 h，长者可达数天，一般 12～24 h。中毒早期表现为瞳孔散大、明显无力、虚弱、眩晕，继而出现视觉不清、愈来愈感到说话和吞咽困难，但意识清楚。有时呼吸困难、腹部膨大和顽固性便秘。体温一般正常，病程一般 2～3 d，也有长达 2～3 周之久的。肉毒中毒死亡率较高，可达 30％～50％。主要死于呼吸麻痹和心肌麻痹。如早期使用性特异性或多价抗血清治疗，病死率可降至 10％～15％。

4. 副溶血弧菌食物中毒　副溶血弧菌（*Vibrio parahemolyticus*）又称嗜盐杆菌、嗜盐弧菌，存在于海水和海产品中。该菌的致病菌株引起的食物中毒，位居沿海地区食物中毒之首，有明显的季节性，主要发生在 6—10 月间，引起中毒的水产品中以带鱼、墨鱼、黄花鱼、海蟹、海蜇为多。潜伏期一般为 8～20 h，最短 2 h，也可长达数天。临床表现为典型的胃肠炎：腹痛、腹泻，继而出现恶心、呕吐、头痛、发热、倦怠等。发病急促，来势凶猛，必须及时抢救。

5. 蜡样芽孢杆菌食物中毒　蜡样芽孢杆菌（*Bacillus cereus*）在自然界分布很广，在各种动植物生熟食品中都能分离到，该菌的肠毒素可引起食物中毒，肠毒素分为呕吐肠毒素和腹泻肠毒素两种，因而中毒的临床表现有呕吐型与腹泻型两种，前者于进食后 1～5 h 发生以恶心、呕吐为主的综合症状，腹泻则少见。后者与进食后 8～16 h 发生以腹痛、腹泻为主的综合症状，呕吐则少见。两型均不发热，有时混合发生，致死率较低。由于蜡样芽孢杆菌对热有一定的抵抗力，故可在熟食品中迅速繁殖产生毒素，引起食物中毒。

6.魏氏梭菌食物中毒 魏氏梭菌(*Clostridium welchii*)食物中毒多发生在夏秋季节，中毒食物以鱼、肉及其制品为多见，中毒的原因主要是热处理不充分，冷却不及时，致使细菌大量繁殖产生毒素所致。A型魏氏梭菌食物中毒，潜伏期一般为10～12 h，临床表现为典型急性胃肠炎：腹痛、腹泻，多为水样便，偶然混有黏液和血液，并伴有恶心、发热，多数在1～2 d恢复。C型魏氏梭菌引起的中毒症状较为严重，潜伏期一般2～3 h，临床症状表现为严重的下腹部疼痛，重度腹泻，便中带有血液、黏液甚至肠黏膜，并伴有呕吐。严重者发生毒血症，死亡率可达35%～40%。

7.致病性大肠杆菌食物中毒 大肠杆菌(*Colibacillus*)的食物中毒性菌株，可以通过耐热肠毒素(ST)和不耐热肠毒素(LT)引起食物中毒。主要发生于温热季节。中毒食物以熟肉、乳类、凉拌食物多见。中毒临床症状以急性胃肠炎为主，也有表现为急性菌痢的。一般在进食后12～24 h出现腹泻、呕吐，严重者呈水样便，伴发头痛、发热、腹痛，病程1～3 d。

8.变形杆菌食物中毒 变形杆菌(*Proteus*)为腐物寄生菌，在自然界广泛分布。该菌一般对人体无害，但当它在食品中大量繁殖，随食物进入人体可引起食物中毒。多发于夏秋季节，中毒食物以熟肉及内脏冷盘最为常见。中毒的临床表现主要是急性胃肠炎型，其次是过敏型。前者的潜伏期一般为3～12 h，短者仅1 h，表现为恶心、呕吐、腹痛、腹泻、发热、头痛、头晕等。腹泻多为水样便，且恶臭。病程一般为1～3 d。后者主要表现为面部和上身皮肤潮红，头晕头痛，似醉酒状，并伴有荨麻疹、血压下降、心搏过速等症状，多在12 h内恢复。

9.链球菌食物中毒 链球菌(*Streptococcus*)在自然界分布较广，引起食物中毒的主要是D群的粪链球菌(*S. faecalis*)和类粪链球菌(*S. faecium*)。该食物中毒多发生在5—11月，中毒的食物以熟肉类、乳类、冷冻食品和水产品为多。临床主要表现为上腹部不适，恶心呕吐，腹痛腹泻，偶有嗳气、头晕头痛和低烧。症状轻，病程短，1～2 d恢复正常，未见有死亡者。

10.小肠耶尔森氏菌食物中毒 小肠耶尔森氏菌(*Yersinia enterocolitica*)是近年来发现的食物中毒病原菌，中毒的临床表现比较复杂，但主要表现为急性胃肠炎。常见症状为腹痛、腹泻、发热，以及恶心、呕吐，有时伴发关节炎、结节性红斑，甚至出现败血症。腹痛多见于脐周和下腹部，部分患者呈现急性阑尾炎样回盲部疼痛。腹泻多为水样便，无黏液。腹部症状出现后，发生结节性红斑。

11.空肠弯曲菌食物中毒 空肠弯曲菌(*Campylobacter jejuni*)引起的食物中毒多见于夏秋季节。潜伏期一般为3～5 d。主要临床症状是发热、腹痛、腹泻、水样便或血腥黏液便。严重腹痛酷似阑尾炎。腹泻可持续5～7 d，多数患者1周左右即可恢复。但20%的病人有病情复发或加重，也有死亡病例。

12.椰毒假单胞菌酵米面亚种中毒 椰毒假单胞菌酵米面亚种(*Pseudomonas cocovenenans* subsp. *farinofermentans*)，简称椰酵假单胞菌，常可从引起中毒的酵米面中分离出来，因此其引起的中毒又称酵米面中毒。近年来从糯玉米、小米、黄米、高粱米、银耳及环境中也分离到此菌。米酵菌酸和毒黄素是该菌产生的两种主要毒素，其中前者是引起食物中毒和死亡的主要毒性代谢产物，肝、脑、肾等主要实质性脏器是该毒素作用的靶器官。

椰毒假单胞菌酵米面亚种食物中毒多发生在夏、秋季节，食品因潮湿、阴雨天气，贮存不当变质。主要中毒食品为发酵玉米面制品、变质鲜银耳及其他变质淀粉类(糯米、小米、高粱米和马铃薯粉等)制品。发病急,潜伏期多数为 2～24 h。主要症状为上腹部不适,恶心、呕吐(呕吐物为胃内容物,重者呈咖啡色样物),轻微腹泻、头晕、全身无力,重者出现黄疸、肝肿大、皮下出血、呕血、血尿、少尿、意识不清、烦躁不安、惊厥、抽搐、休克。一般不发热。

13. 黄曲霉毒素中毒 黄曲霉毒素(aflatoxin,AF)主要是黄曲霉(*Aspergillus fiavus*)和寄生曲霉(*A. parasiticus*)的代谢产物,主要污染粮、油及其制品。是一类化学结构基本类似的化合物,基本结构为二呋喃环和香豆素,在紫外线下都能发生荧光,根据荧光的颜色、Rf(representative fraction)值及化学结构等分别命名为 B_1、B_2、G_1、G_2、M_1、M_2、B_{2a}、G_{2a}、R_0、B_3、GM_1、P_1 等 20 余种衍生物,其中黄曲霉毒素 B_1 的毒性最强,产生量也最多,所以我国食品卫生标准中规定的黄曲霉毒素允许量系 B_1 含量。

黄曲霉毒素对热的抵抗力较强,裂解温度为 280℃,一般烹饪加工温度不能降其破坏。

(1)急性中毒 黄曲霉毒素属于剧毒,其毒性仅次于肉毒毒素。是目前已知真菌毒素中毒性最强的一种。其中以黄曲霉毒素 B_1 毒性最强,M_1 次之。其毒性作用最重要的变化在肝脏,呈现肝细胞变性、坏死、肝脏出血等。

中毒症状一般为开始胃部不适,食欲减退,腹胀,肠鸣音亢进,恶心,无力,易疲劳。

(2)慢性中毒 因少量而持续摄入黄曲霉毒素所致。主要病理变化为肝脏亚急性或慢性变性坏死,甚至发生肝硬化。

此外,黄曲霉毒素是一种强致癌物质,少量而持续摄入可引发肝癌。

14. 赭曲霉毒素食物中毒 赭曲霉毒素(Oshratoxin,OCT)的产毒菌株有赭曲霉(*Aspergillus ochraceus*)、硫色曲霉(*A. sulphureus*)、蜂蜜曲霉(*A. melleus*)及鲜绿青霉(*Penicillium viridicatum*)、普通青霉(*P. commune*)等。他们在自然界中分布广泛,多为重要的贮藏菌,可寄生于食品、粮食及饲料中并产毒。OCT 包括 A、B、C(OA、OB、OC)等几种衍生物,其化学结构类似香豆素。OCT 可污染玉米、大麦、小麦、大米、荞麦、大豆、花生、棉籽等各种食品原料及其制品,火腿,鱼制品以及饲料也有一定程度的污染。

随食品摄入体内的 OCT 在肠部被吸收,随血液循环分布于脂肪、肝、肾、脾、淋巴结、子宫等组织,还可透过胎盘屏障至胎儿。OCT 中的 AO 含量最高,而且毒性最强。且主要侵害肾脏,是一种强烈的肾脏毒,当人和畜禽持续摄入含毒食物及饲料时,不仅会出现急性症状,也可形成严重的慢性中毒、致癌、致畸等。

15. 镰刀菌毒素中毒 镰刀菌毒素主要有玉米赤霉烯酮(zearalenone)、T-2 毒素、梨孢镰刀菌素、串珠镰刀菌素、赤霉菌素等。由于镰刀菌侵染谷物的广泛性及严重性,以及该菌产生的毒素对人、畜健康的危害性,因此,镰刀菌及其毒素在国内外越来越引起人们的普遍重视。

镰刀菌毒素对人畜有强的毒害作用,如玉米赤霉烯酮,随食品摄入机体,后靶位点主要为生殖器官,还能通过胎盘屏障作用于胎儿,有雌性激素作用,主要可使畜、禽及啮齿类发生雌性激素亢进症。T-2 毒素随食品摄入机体后,主要靶器官是消化道、造血系统、心脏、脾脏、子宫、淋巴结等。能引起人食物中毒性白细胞缺乏症,内脏器官出血和骨髓造血组织坏死,表现为恶心、腹痛、呕吐和全身无力等。

16. 霉变甘蔗中毒 霉变甘蔗中毒是指食用了保存不当而霉变的甘蔗引起的急性食物中毒。发生于我国北方地区的初春季节,多见于儿童,病情常较严重甚至危及生命。霉变甘蔗分离出的产毒真菌为甘蔗节菱孢霉,其产生的毒素为 3-硝基丙酸,是一种神经毒,主要损害中枢神经系统。

潜伏期短，最短仅十几分钟，中毒症状最初表现为一时性消化道功能紊乱，恶心、呕吐、腹疼、腹泻、黑便，随后出现神经系统症状，如头昏、头痛和复视。重者可出现阵发性抽搐；抽搐时四肢强直，屈曲内旋，手呈鸡爪状，眼球向上偏向凝视，瞳孔散大，继而进入昏迷。患者可死于呼吸衰竭，幸存者则留下严重的神经系统后遗症，导致终生残废。

二、生物毒素性食物中毒

(一)河豚中毒

引起中毒的是河豚毒素(spheroidine)，毒素量因部位不同而有差异，河豚的卵巢、血液和肝脏毒性最强。河豚毒素中毒的特点为发病急速而剧烈，潜伏期 10 min 至 3 h，首先感觉手指、唇和舌刺痛，然后出现恶心、呕吐、腹泻等胃肠炎症状，并有四肢无力、发冷、口唇、指尖和肢端麻痹、眩晕，重者瞳孔及角膜反射消失，四肢肌肉麻痹、以致身体摇摆、共济失调，甚至全身麻痹、瘫痪。以致语言不清、紫绀、血压和体温下降。呼吸先迟缓浅表，后渐困难，以致呼吸麻痹，最后死于呼吸衰竭。

(二)鱼类组胺中毒

组胺中毒是一种过敏型食物中毒。不新鲜鱼含一定量组胺，容易形成组胺的鱼类有青花鱼、金枪鱼、沙丁鱼等青皮红肉的鱼。组胺中毒主要是由于组胺使毛细血管扩张和支气管收缩引起，临床特点为发病快、症状轻、恢复快，潜伏期为数分钟至数小时，主要表现为颜面部、胸部以及全身皮肤潮红和眼结膜充血等。同时还有头痛、头晕、心悸、胸闷、呼吸频数和血压下降。体温一般不升高，多在 1～2 d 内恢复。

(三)贝类中毒

贝类引起食物中毒的毒素为石房蛤毒素，属神经毒素，其毒性很强，可阻断神经和骨骼肌细胞间神经冲动的传导。中毒潜伏期为数分钟至数小时，初期唇、舌、指尖麻木，继而腿、臂、颈部麻木，然后运动失调。伴有头痛、头晕、恶心和呕吐。随病程发展，呼吸更加困难，严重者在 2～24 h 内因呼吸麻痹而死亡。

(四)甲状腺中毒

食用未摘除甲状腺的肉或误食甲状腺，可引起中毒。中毒潜伏期为 12～24 h，表现为头晕、头痛、心悸、烦躁、抽搐、恶心、呕吐、多汗，有的还见腹泻和皮肤出血。病程 2～3 d，发病率 70%～90%，死亡率为 0.16%。

(五)肾上腺中毒

误食肾上腺中毒的潜伏期为 15～30 min，表现为头晕、恶心、呕吐、腹痛、腹泻，严重者瞳孔散大、颜面苍白。

(六)肝脏和胆中毒

某些动物的肝脏和胆也可引起食物中毒，肝中毒主要是某些动物肝脏中所含的大量维生素 A 引起，表现为头痛、皮肤潮红、恶心、呕吐、腹部不适、食欲不振等症状，之后有脱皮现象，一般可自愈。动物胆中毒是由于胆汁毒素引起的，潜伏期为 5～12 h，最短为 0.5 h，初期表现恶心、呕吐、腹痛、腹泻等，之后出现黄疸、少尿、蛋白尿等肝肾损害症状，中毒者出现循环系统和神经系统症状，因中毒性休克和昏迷而死亡。

(七)毒蕈中毒

蕈类(mushroom)通常称蘑菇,属于真菌植物。在我国目前已鉴定的蕈类中,可食用蕈300多种,有毒类80多种,其中含剧毒能对人致死的有10多种。毒蕈(toxic mushroom)虽然所占比例较少,但因蕈类品种繁多,形态特征复杂以致毒蕈与可食用蕈不易区别,常因误食而中毒。一般按临床表现分为4型。

1. *胃肠型* 主要症状为剧烈恶心、呕吐、阵发性腹痛,以上腹部疼痛为主,体温不高。经过适当处理可迅速恢复,一般病程2～3 d,很少死亡。引起此型中毒的毒蕈主要为黑伞蕈属和乳菇属的某些蕈种,毒性成分可能为类树脂物质、苯酚、类甲酚、胍啶或蘑菇酸等。

2. *神经精神型* 此型的临床症状除有轻度的胃肠反应外,主要为精神神经症状,如精神兴奋或抑制、精神错乱,部分患者尚有迫害妄想、类似精神分裂症。另外,尚有明显的副交感神经兴奋症状,如流涎、流泪、大量出汗、瞳孔缩小、脉缓等。导致此型中毒毒素主要有4大类:①毒蝇碱(生物碱的一种),存在于毒蝇伞蕈、丝盖伞属及杯伞属蕈、豹斑毒伞蕈等毒蕈中;②蜡子树酸及其衍生物,存在于毒伞属的一些毒蕈中;③光盖伞素及脱磷酸光盖伞素,存在于裸盖菇属及花褶伞属蕈类;④幻觉原,主要存在于橘黄裸伞蕈中。

此型中毒用阿托品类药物及时治疗,可迅速缓解症状。病程一般1～2 d,死亡率低。

3. *溶血型* 潜伏期多为6～12 h,主要表现为恶心、呕吐、腹泻、腹痛。发病3～4 d后出现溶血性黄疸、肝脾肿大,少数病人出现血红蛋白尿。给予肾上腺皮质激素治疗可很快控制病情。一病程一般2～6 d,死亡率不高。引起此型中毒的毒草为鹿花蕈,有毒成分为鹿花蕈素,属甲基联胺化合物,有强烈的溶血作用。

4. *肝肾损害型* 此型中毒最严重,因其由不同的毒素所引起,所以临床表现十分复杂。按其病情发展一般可分为6期:①潜伏期,大多数在食毒蕈后10～24 h发病,短者为6～7 h;②胃肠炎期,患者出现恶心、呕吐、脐周围腹痛、水样便腹泻,多在1～2 d后缓解;③假愈期,胃肠炎症缓解后病人暂时无症状或仅有轻微乏力、不思饮食,而实际上毒素已逐渐进入内脏,肝脏损害已开始,轻度中毒病人肝损害不严重可由此进人恢复期;④内脏损害期,严重中毒病人在发病2～3 d后出现肝、肾、脑、心等内脏损害的症状,如可出现肝肿大、黄疸、转氨酶升高,甚至出现肝坏死、肝昏迷,肾损害症状可出现少尿、无尿或血尿、严重时可出现肾功能衰竭、尿毒症;⑤精神症状期,此期的症状主要是由于肝脏的严重损害出现肝昏迷所引起,病人主要表现烦躁不安、表情淡漠、思睡,继而出现惊厥、昏迷,甚至死亡,某些病人在胃肠炎期后很快出现精神症状,但见不到肝损害明显症状,此种情况属于中毒性脑病;⑥恢复期,经过积极治疗的病人,一般在2～3周进入恢复期,各项症状体征逐渐消失而痊愈。引起此型中毒的毒素有毒肽类、毒伞肽类、鳞柄白毒肽类、非环状肽的肝肾毒。这些毒素主要存在于毒伞属蕈、褐鳞小伞蕈及秋生盔孢伞蕈中。此类毒素为剧毒,一旦发生中毒,应及时抢救。

(八)含氰甙类食物中毒

指因食用苦杏仁、桃仁、李子仁、枇杷仁、樱桃仁、木薯等含氰甙类食物引起的食物中毒。有毒成分为氰甙,其中苦杏仁含量最高。

当果仁在口腔中咀嚼和在胃肠内进行消化时,氰甙被果仁所含的水解酶水解释放出氢氰酸,并迅速被黏膜吸收入血引起中毒。氢氰酸的氰离子可与细胞色素氧化酶中的铁离子结合,使呼吸酶失去活性,氧不能被组织细胞利用导致组织缺氧而陷于窒息状态。另外氢氰酸可直接损害延髓的呼吸中枢和血管运动中枢。

苦杏仁中毒的潜伏期短者0.5 h,长者12 h,一般1～2 h。木薯中毒的潜伏期短者2 h,长者12 h,一般为6～9 h。苦杏仁中毒时,出现口中苦涩、流涎、头晕、头痛、恶心、呕吐、心悸、四肢无力等。较重者胸闷、呼吸困难、呼吸时可嗅到苦杏仁味。严重者意识不清、呼吸微弱、昏迷、四肢冰冷,常发生尖叫,继之意识丧失、瞳孔散大、对光反射消失、牙关紧闭、全身阵发性痉挛,最后因呼吸麻痹或心跳停止而死亡,此外,亦有引起多发性神经炎的情况。木薯中毒的临床表现与苦杏仁相似。

(九)粗制棉籽油棉酚中毒

棉籽如未经蒸炒加热直接榨油,所得粗制生棉籽油即含有毒物质,食用后可引起中毒。粗制生棉籽油中有毒物质主要有棉酚、棉酚紫和棉酚绿3种,其中以游离棉酚含量最高,游离棉酚是一种毒甙,为细胞原浆毒,可损害人体肝、肾、心等实质器官及神经系统,并损害生殖系统。棉酚中毒的临床表现主要有3个方面。

(1)引起"烧热病"。长期食用粗制棉籽油,可出现皮肤潮红、烧灼难忍、口干、无汗或少汗、四肢麻木、心慌无力等症状。

(2)生殖功能障碍。男性病人睾丸损害,多数病人精液中无精子或少精;女性病人出现闭经,子宫萎缩,导致不育症。

(3)引起低血钾,出现肢体瘫痪。

三、化学性食物中毒

化学性食物中毒是指由于食用了被有毒有害化学物质污染的食品、被误认为是食品及食品添加剂或营养强化剂的有毒有害化学物质、添加了非食品级的或伪造的或禁止使用的食品添加剂和营养强化剂的食品、超量使用了食品添加剂的食品或营养素发生了化学变化的食品(如油脂酸败)等所引起的食物中毒。

(一)汞引起的食物中毒

汞及其化合物都是有毒物质,有机汞的毒性比无机汞大得多,汞的污染主要是由于汞矿及其他矿产的开采冶炼和工农业生产的广泛应用。进入人体的汞,主要来自被污染的鱼、贝类,日本鹿儿岛水俣镇1953年发生的所谓"水俣病",就是一则汞中毒事件。当时该地区鱼汞曾高达20～24 mg/kg,致使一些微生物,特别是污泥中的微生物将无机汞转化为有机汞。甲基汞进入人体后不易降解,排泄很慢,在人体中的生物半衰期为70 d,主要蓄积于肝和肾,并通过血脑屏障进入脑组织,主要损害神经系统,急性中毒时可迅速昏迷,抽搐,死亡;慢性中毒可使四肢麻木,步态不稳,语言不清,进而发展为瘫痪麻痹,耳聋眼瞎,智力丧失,精神失常。此外,甲基汞还可通过胎盘进入胎儿体内,导致畸胎率明显增高。因此,汞污染已被列为世界八大公害之一。

(二)镉引起的食物中毒

镉在工业上应用十分广泛,采矿、冶炼、合金制造、电镀、印刷、油漆、颜料、电池、陶瓷、汽车运输等工业生产排放的含镉"三废",以及含镉的农药化肥是造成镉污染的重要因素。镉的生物半衰期为40年,含镉工业废水排入水体,可使鱼、贝等水生生物受到污染,人摄入后主要在肾脏,其次在肝脏中蓄积,镉中毒主要表现为肾脏严重受损,发生肾炎和肾功能不全,出现蛋白尿、糖尿及氨基酸尿，骨质软化、疏松或变形，全身刺痛，易发生骨折。1946 年 3 月至 1968 年 5 月，日本富山县神通川流域由于镉的污染而发生“骨痛病”，发病 258 例，死亡 128 例。患病后关节和骨疼痛，有的上牙齿出现黄色镉环，由于长期卧床而发生废用性萎缩，常因并发症而死亡。镉还引起高血压、动脉粥样硬化、贫血及睾丸损伤等。

(三)铅引起的食物中毒

铅在采矿、冶炼、蓄电池、汽油、印刷涂料、焊接、陶瓷、塑料、橡胶和农药工业中广泛使用，可通过工业“三废”污染环境。铅及其化合物对人体都有一定的毒性，有机铅比无机铅毒性更大，尤其作为汽油防爆剂的四乙基铅及其同系物则毒性更大。铅在机体内的生物半衰期为 1 460 d，主要对神经系统、造血系统和消化系统有毒性作用。中毒性脑病是铅中毒的重要病症，表现为增生性脑膜炎或局部脑损伤。成年人血铅含量超过 0.8 μg/mL 时，则会出现明显的临床症状，表现为食欲不振、胃肠炎、口腔金属味、失眠、头晕、头痛、关节肌肉酸痛、腰痛、便秘、腹泻和贫血等。中毒者外貌出现“铅容”，牙齿出现“铅缘”。此外，还可导致肝硬化、动脉硬化，对心、肺、肾、生殖系统及内分泌系统均有损伤作用。

(四)砷引起的食物中毒

砷及其化合物在有色玻璃、合金、制革、染料、医药等行业广泛使用。砷的急性中毒多因误食引起，通过食物长期少量摄入砷主要引起慢性中毒，表现为感觉异常、进行性虚弱、眩晕、气短、心悸、食欲不振、呕吐、皮肤黏膜病变和多发性神经炎，颜面、四肢色素异常，称为黑皮症和白斑，心、肝、脾、肾等实质脏器发生退行性变，以及并发性溶血性贫血、黄疸等，严重时可导致中毒性肝炎、心肌麻痹而死亡。砷还可通过胎盘引起胎儿中毒。台湾西海岸曾发生的“黑足病”，就是长期饮用高砷水(达 1.2～2.0 mg/L)引起慢性中毒的结果，其实质是一种干性坏疽。

(五)多氯联苯引起的食物中毒

多氯联苯(PCB)用途广泛，化学性质极其稳定，广泛存在于自然界。长期接触多氯联苯，除引起再生障碍性贫血和致癌外，还可使遗传基因受到损害，出现畸形胎儿。它还能影响大脑功能，使记忆力减退甚至丧失。1968 年日本冈福县发生的“米糠油中毒事件”就是污染多氯联苯所致，患者出现皮肤酒刺样疮疱，并有手足麻木等症状。

(六)有机磷农药中毒

有机磷农药广泛应用于谷类、蔬菜、果树等作物的生产中。有机磷农药在土壤中的残留时间一般为数天，个别的可长达数月。有机磷农药随食物进入人体被吸收后，其分布以肝脏为最多，其次为肾、肺、骨、肌肉和脑。有机磷农药毒性作用主要在于抑制胆碱酯酶活性。急性中毒时，表现为血液胆碱酯酶活性下降，引起胆碱能神经功能紊乱，例如，出汗、肌肉震颤，严重时导致中枢神经功能障碍，出现共济失调、震颤、神经错乱、语言失常等一系列神经中毒的表现。长期接触有机磷农药可引起神经功能的损害。有机磷农药慢性中毒可以出现进行性眼外肌麻痹，眼的屈光度降低。有些有机磷农药如敌百虫、乐果、甲基对硫磷等有迟发神经毒性，即在急性中毒过程结束后第二周病人发生神经症状，主要是下肢软弱无力和运动失调，进一步发展为神经麻痹。

(七)氨基甲酸酯类农药中毒

氨基甲酸酯类多为杀虫剂，近年来应用日益广泛。常用的品种有西维因、速灭威、叶蝉散、呋喃丹等，这些农药易分解，在体内不蓄积，其中毒机理与有机磷农药相似，但易恢复，因此症状消失较快。

（八）亚硝酸盐中毒

引起中毒的原因主要有两方面。一是意外事故性中毒，是指误将亚硝酸盐（nitrite）当做食盐食用而引起中毒，或由于在食品加工过程中作为发色剂的硝酸盐或亚硝酸盐加入过量所引起的中毒。这种意外事故性中毒虽不多见，但偶尔也有中毒发生的报告。二是由于食入含有大量硝酸盐、亚硝酸盐的蔬菜或食物所致。

亚硝酸盐为强氧化剂，进入血液后可使血中低铁血红蛋白氧化成高铁血红蛋白，从而失去输送氧的功能，致使组织缺氧，出现青紫症状而中毒。误食亚硝酸盐纯品引起的中毒潜伏期很短，一般仅为10 min左右；大量食用蔬菜等引起的中毒潜伏期一般为1～3 h，甚至可长达20 h。中毒的主要症状为口唇、指甲以及全身皮肤出现青紫等组织缺氧表现。自觉症状有头晕、头痛、无力、心律快、嗜睡或烦躁不安、呼吸急促，并有恶心、呕吐、腹痛、腹泻，严重者昏迷、惊厥、大小便失禁，可因呼吸衰竭导致死亡。

（九）锌中毒

锌中毒的发生主要还是由于使用镀锌容器存放酸性食品和饮料所致。锌不溶于水，能在弱酸或果酸中溶解，致使被溶解下来的锌以有机盐的形式大量混入食品，即可引起食物中毒。

锌中毒潜伏期很短，仅数分钟至1 h。临床上主要表现为胃肠道刺激症状，如恶心、持续性呕吐、上腹部绞痛、口中烧灼感及麻辣感，伴有眩晕及全身不适。体温不升高，甚至降低。严重中毒者可因剧烈呕吐，腹泻而虚脱。病程短，几小时至1天可痊愈。

第三节　食品污染的防控

控制食品污染，一方面要控制原料的内源性污染，另一方面控制加工和流通过程中的外源性污染，保证食品的卫生质量，减少或杜绝食物传染、食物中毒和“三致”作用的发生。

一、防止原料的污染

食品的基本原料是各种食用动植物，其健康和洁净状态直接影响到动物性食品的卫生质量与安全性。

1. 建立良好的动物生活环境　从科学饲养的角度出发，对环境卫生、场圈卫生、畜舍卫生、畜体卫生以及饮水和饲料卫生等都要给予足够重视。应固定畜禽饲养基地和饲料基地，尽可能自繁自养，建立无病畜禽群体。建立卫生管理机构，健全各项卫生管理制度。

2. 消灭畜禽传染源，切断病原体的传播　开展防疫、检疫、驱虫、灭病，适时进行预防注射，创建无规定疫病区。

3. 建立良好的农作物种植环境，合理使用农药、化肥、灌溉用水等。

二、防止加工和流通过程中的污染

(1)食品加工、储存、运输和销售过程要严格遵守卫生制度，做好食具、容器和工具的消毒，避免生熟交叉污染；食品食用前充分加热以杀灭病原体和破坏毒素；在低温或通风阴凉处存放食品以控制细菌繁殖和毒素的形成。

(2)建立健全市场卫生监督检验机构,大力宣传《食品卫生法》及其他有关条例、规定和办法。

(3)食品加工人员、医院、托幼机构人员和炊事员应认真执行就业前体检和录用后定期体检制度,应经常接受食品卫生教育,养成良好的个人卫生习惯。

三、积极治理"三废",加强农药和药物的使用管理

(1)做好工业"三废"的综合治理,禁止随意排放,防止对环境的污染。同时,要积极开展环境分析和食品卫生监测工作,及时采取防止食品污染的有效措施。

(2)加强对农药生产和使用的管理,严格规定食品中农药的 MRL,禁止和限制使用高残留、剧毒农药,开展食品中农药残留的检测工作,禁止使用农药残留量超标的任何原料生产食品。

(3)加强对药物的生产和使用的管理,严格规定药物的休药期和 MRL。对兽药的生产和使用进行严格管理,对动物性食品中的药物残留进行全面检测,凡超过 MRL 的食品不允许在市场上出售和食用。

思考题

1. 何谓食品污染?食品污染的来源和途径有哪些?
2. 何谓食物中毒?食物中毒有何特点?
3. 常见的微生物性、化学性、有毒生物组织中毒各有哪些?
4. 食品污染应如何防控?

第八章 化学毒物危险度评价

第一节 概 述

随着工业化社会的发展，人类在生活和生产活动中接触和使用的外源化学物日益增多，如化工物质、食品添加剂、农药、兽药、化妆品以及医用药品等。据统计，目前登记在册的化学物质有 1 000 多万种，其中常用化学物质有 8 万种，并且每年还有 1 000 多种新化学物质问世。这些化学物质像一柄锋利的双刃剑，在给人类带来巨大利益和提供诸多方便的同时，也对人类健康和生态环境构成了既成或潜在的危害。如日本发生的因有机汞污染所致的水俣病、欧洲妇女因服用反应停引起的大量新生儿畸形、印度博帕尔农药厂剧毒物质异氰酸甲酯泄露造成 3 600 多人中毒身亡、比利时发生的畜禽类产品二噁英污染造成高达 10 亿欧元的损失等重大不幸事件令世人震惊。因此，如何预防化学物质对人类健康的危害，是发达国家和发展中国家共同面临的挑战。

有些化学物对人类是有用的，如药品中的化学物质，但在高剂量的情况下可能会损害我们的健康。因此，人们迫切地想知道，哪些化学物会对他们的健康造成危害？都有哪些危害？危害的程度有多大？这些危害是如何产生的？我们如何安全地使用化学物呢？这就需要对特定化学物质潜在的不良作用进行定性和定量的认定和评价，在此基础上制定相关的法律、法规、标准和条例对化学品实施有效的管理以保护人们的身体健康和生态环境。化学毒物危险度评价就是为满足人们的这些需求而产生的，并发展形成了一门新兴的毒理学分支学科——管理毒理学(regulatory toxicology)。

管理毒理学是将毒理学的原理、技术和研究结果应用于化学物质管理，协助政府部门制定相关法规条例和管理措施并付诸实施，以确保化学物、药品、食品等进入市场足够安全，达到保护人类健康和生态环境免遭破坏的目的。管理毒理学涉及毒理学科及管理部门立法、执法两个方面的内容，是生物医学科学"微观研究"与管理科学"宏观决策" 紧密结合的结果，两者相互支持、相互制约。一方面是将现有对外源化学物测试与研究的结果进行搜集、评价与权衡，进行综合整理，作出全面的安全评价和定性及定量的危险评定，为立法与行政部门制定管理外源化学物的法规与决策提供科学依据。如在确定一组化学物质中哪个优先上市，批准或禁止某种新化学品的生产和使用方面，毒理学安全性评价或危险度评估的结果往往起着决定性的作用。另一方面也为管理部门拟定测试程序、要求及项目内容，保证及控制测试的质量，评价结果的准则等提供科学的基准。例如，美国的《有毒物质管理法》、经济合作与发展组织(OECD) 专家组编写的《毒物毒性测试指导手册》、我国颁布的《食品安全性毒理学评价程序》、《农药安全性毒理学评价程序》、《新药(西药)毒理学研究指导原则》、《化学品毒性鉴定管理规范》和《新化学物质环境管理办法》等，针对不同类别的化学物质提出了相应的毒性鉴定要求和试验程序，规定了从事毒理学鉴定的合格实验室条件和工作准则，以保证毒理学实验数据的质量，并规定了国家对新化学物质环境管理实行生产前和进口前申报登记制度。

可见外源化学物的毒理学研究和对外源化学物的使用控制与管理已不是单纯的科学行为，业已成为政府部门的行政行为和管理行为。目前，我国行政管理部门对化学物质采用分类分级管理的办法，即对不同类别、不同毒性级别的化学物质采用不同的管理尺度，决定其能否使用及使用的范围、数量和条件。因此，确定化学物质的毒性大小与性质是首先需要解决的问题，也是进行管理的基础，在这里，毒理学安全性评价以及危险度评价是行政管理部门获得化学物质毒性资料的主要来源。

非致癌化学物质安全性评价的结果通常是用由动物实验获得的未观察到效应的剂量水平(no observed effect level，NOEL)或未观察到有害效应的剂量水平(no observed adverse effect level，NOAEL)除以安全系数来估测人的 NOAEL，并在此基础上制定人的日允许摄入量(acceptable daily intake，ADI)等安全限值。某种化学物质低于其安全限值时，即认为对人是安全的。但在 20 世纪 30 年代，人们发现致癌物和致突变物的效应表现为“零”域值，即在零以上的任何剂量都可产生效应。对于这样的物质找不到安全限值，不能用原有的化学物质管理模式进行管理，而且其中有一些物质是难以完全消除或经权衡利弊后尚需应用的。有鉴于此，发展了危险度评价的方法，提出了用“可接受危险度”和“实际安全剂量”来估计致癌物的实际危险度。美国环境保护局(Environmental Protection Agency，EPA)于 1976 年首先提出并推荐了危险度评价系统，公布了致癌物评价指南，并成立了致癌物评价小组。进入 20 世纪 80 年代后，随着毒理学和相关学科研究的深入，对化学物质危害的评定逐步由定性向定量发展。1983 年，美国国家科学研究顾问委员会(National Research Council，NRC)经过反复研究，认为危险度评价是保护公众免受化学物质的危害以及为危险管理提供重要科学依据的最合适的方法，制定并颁布了包括危害鉴定、暴露评估、剂量反应关系和危害特征分析 4 个部分在内的危险度评价程序，见图 8-1。近年来，危险度评价的方法发展得很快，不断完善，已成为许多国家对各类化学毒物进行管理的重要手段。

第二节　危险度评价

一、基本概念

(一)危险度

危险度(risk)又称风险或危险性，是指在一定条件下因接触某种水平的化学毒物所引起的有害作用的发生概率，例如，疾病发生率、损伤发生率、死亡率等。需要指出的是，化学毒物引起中毒危险度的大小与其毒性的大小是两个不同的概念，两者有着本质的区别。毒性(toxicity)是指外源化学物与机体接触或进入体内的易感部位后，能引起损害作用的相对能力，或简称为损伤生物体的能力。也可简单表述为，外源化学物在一定条件下损伤生物体的能力。一种外源化学物对机体的损害能力越大，则其毒性就越高。在一定意义上，只要达到一定的数量，任何物质对机体都具有毒性，如果低于一定数量，任何物质都不具有毒性，关键是此种物质与机体的接触量、接触途径、接触方式及物质本身的理化性质，但在大多数情况下与机体接触的数量是决定因素。有些物质的毒性极大，如肉毒杆菌毒素，极少量即可致死，但实际上人们

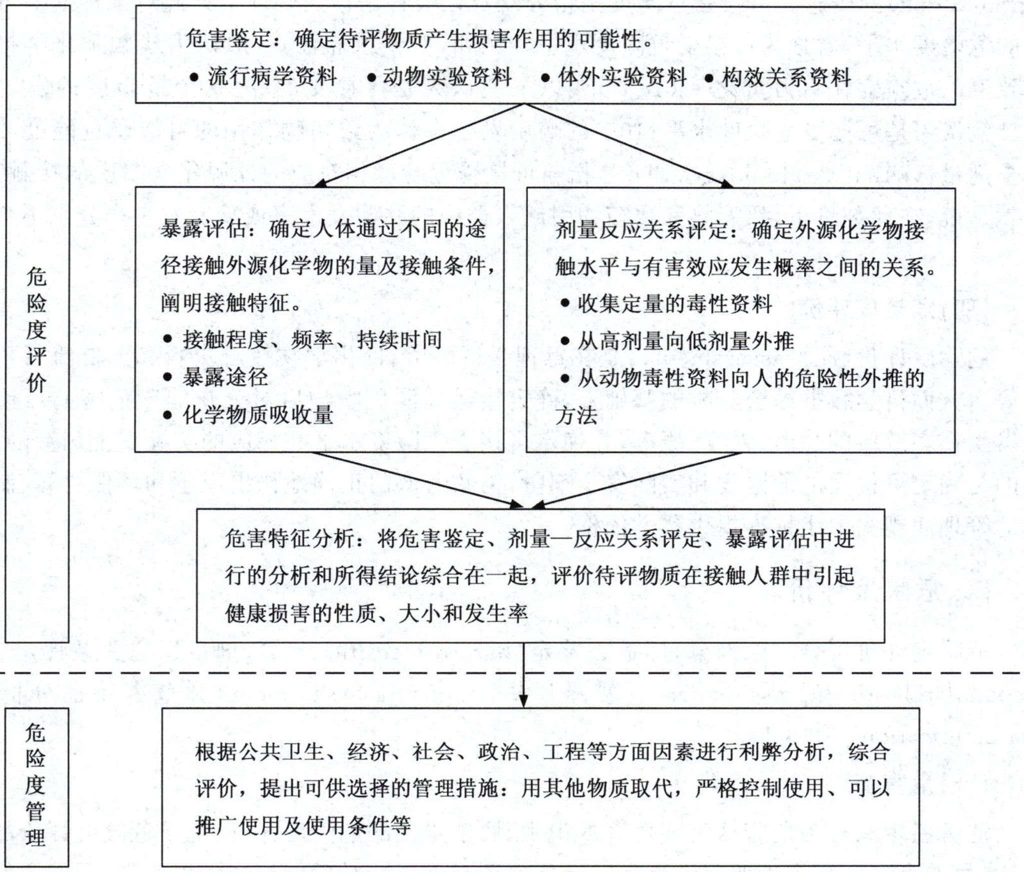

图 8-1　危险度评价程序

接触它的机会很少，故罕见中毒者。而乙醇的毒性虽然较小，却有不少中毒病例。因此，一种化学毒物引起中毒危险度的大小不仅取决于它本身的化学结构和理化性质，还取决于人们与它接触的可能性、接触剂量、吸收量、吸收速率与频率等多方面因素。

(二)安全性

安全性(safety)与危险度相反，是指化学毒物在特定条件下不引起机体出现损害效应的概率，即危险度达到可忽略的程度，称为具有安全性。外来化合物的安全性在理论上是指无危险或危险度极低，达到可以忽略的程度。但人类在日常的生活与生产过程中所从事的每一项活动都伴随一定的危险度，并不存在绝对安全或危险度为零的情况，故安全性只是相对的。受实验条件的限制和多种因素的影响，在毒理学安全性评定的实际工作中，不可能精确确定绝对安全的接触剂量。一般所指安全量是指在一定接触剂量和接触方式下，不致造成损害的剂量。

(三)可接受危险度与实际安全剂量

任何化学物质在一定条件下都可能成为毒物，在理论上只要接触剂量低于特定物质的阈值即没有危险。但实际上在多种因素的干扰下，某些化学毒物的阈值难以精确确定，或是虽然能够确定，但因为经济上的原因无法限制到绝对无危险的水平，由此提出了可接受危险度(acceptable risk)的概念。可接受危险度是指公众及社会在精神及心理学方面对某种损害可以承受的危险度水平,就称为可接受危险度水平。例如,对于致癌性,一般认为接触某化学物终生所致癌的危险度在百万分之一(10^{-6})或以下就认为是可接受的,把这个危险度的发生概率10^{-6}就认为是可接受危险度水平;10^{-3}的畸胎发生率作为致畸物作用的可接受危险度。实际安全剂量(virtually safe dose,VSD)是指与可接受危险度相对应的外源化学物质的接触剂量。也就是说,在此剂量下,致癌物和致畸物引起人群中的肿瘤发生率或畸胎发生率分别不会超过10^{-6}或10^{-3}。

(四)危险度评价

危险度评价(risk assessment):是在毒理学试验资料、化学物接触资料和人群流行病学资料等多方面科学数据综合分析的基础上,确定接触外源化学物后对公众健康危害的可能性以及发生损害效应的性质、强度、概率,并确定可接受危险度水平和相应的实际安全剂量的过程。目的是确定可接受的危险度和实际安全剂量,为政府部门正确地作出卫生和环保决策、制定相应的管理法规和卫生标准提供科学依据。

二、危险度评价

危险度评价可分为四部分,即危害鉴定(hazard identification)、剂量反应关系评定(dose-response relationship assessment)、暴露评估(exposure assessment)和危害特征分析(risk characterization)(图 8-1)。

(一)危害鉴定

危害鉴定又称为危害认定或危害的识别,属于定性的危险度评价,也是危险度评价的第一阶段,目的是确定待评外源化学物在一定条件下与人体接触后能否产生损害作用,损害作用的性质、特点和强度如何,化学物与损害效应之间有无因果关系。化学物质结构和理化性质方面的资料、动物和体外实验研究、流行病学研究、病例报告以及临床研究可提供这方面的信息,但一般以动物和体外试验的资料为依据,这是因为流行病学研究的费用昂贵,而且能够得到的数据较少。由于整体动物实验,特别是长期动物实验(如致癌实验)花费大(在美国 100 万～200 万美元)、耗时长(可长达 3～5 年),故目前更强调应用结构-活性关系(structure-activity relationship,SAR)资料和一些短期毒性实验资料,尤其是在为新产品研究开发服务、新产品的预登记(如 PMN)以及决定是否需要补充进行实验研究时,这方面的资料的应用就更加普遍。暴露于不同剂量的化学物质后,机体会出现从死亡到轻微的生化、生理或病理改变等不同程度和类型的毒性反应,在进行定性危险度评价时,应重点评价能给出最低 NOAEL 的毒性反应,但对受评化学物质的所有毒性数据都应予以考虑。

1.待评化学毒物的资料　包括受试化学物质的化学结构与理化性质方面的资料,如结构式、溶解度、稳定性、酸碱度、挥发度、纯度、杂质种类及其含量、亲电性以及能否发生化学反应或转化为毒性更强或较弱的衍生物等。这些资料一般可以通过查阅文献获得或由生产厂家提供,但有时需要经实验室检测确定。SAR 的研究对于危害鉴定可能具有重要意义,因为通过分析化学物质的结构和含有的某些特殊基团常可预测其引起危害的能力。如 N-亚硝基、芳香胺基、氨基偶氮和菲核结构等与致癌活性有着密切的关联,故对于具有这些结构的化学物质需高度重视其致癌能力的评估;与二丙基醋酸和视黄酸结构类似的化合物,可能需要详细地评价其发育毒性。但由于许多已知毒物的各种资料有限，使 SARs 仅限于几类化学物质，包括与丙戊酸、视黄酸和乙二醇醚有着类似结构的化学物，如丙戊酸衍生物的毒性与激活过氧化物酶体增殖有关。美国 EPA 主要利用 SAR 资料来及时回复有关新化学物质上市的预登记申请。

2. 毒理学试验资料　与流行病学研究资料相比，毒理学实验研究可较好地控制暴露情况、暴露对象以及效应的测定等，排除混杂干扰因素的影响，获得比较确定的受试物与机体损害效应之间的剂量-反应关系和因果关系，在此基础上评价和预测对人体造成危害的可能性。毒理学实验包括体外试验和动物实验，动物实验又分为短期毒性测试和长期慢性毒性实验。

体外实验和短期毒性测试是危害鉴定中应用较多的方法。这类试验方法的种类很多，范围很广，包括从完全在体外进行的细菌突变试验到更精细的短期试验如小鼠的皮肤涂敷研究和改良的大鼠活体肝脏-foci 测试等。体外毒理学实验主要使用哺乳动物的组织、器官和细胞，微生物、植物和非哺乳动物等各种层次的多种生物材料进行。如 EPA 的诱变指南中规定采用鼠伤寒沙门氏菌回复突变试验（Ames 试验），哺乳动物细胞、小鼠淋巴瘤 L5178Y、中国仓鼠卵巢细胞、或中国仓鼠成纤维细胞的正向突变试验，以及外周血淋巴细胞染色体畸变试验和微核试验等多种试验方法来评估化学物质的致突变性和致癌性。还有一些试验方法可以用于评估发育和生殖毒性、神经毒性和免疫系统毒性。将新的分子生物学和发育生物学实验方法用于危险度评估以及生物标志物的研究可以使我们在远比整体动物实验低得多的剂量水平，观察或检测到与诱发肿瘤有关的生物体的早期改变。

在进行动物实验研究时，要注意其暴露途径要尽可能地与人群实际的暴露相一致。同时应考虑化学物质在不同剂量下或同一剂量可能对不同的靶器官产生不同类型的毒效应。可根据已掌握的待评化学物质资料选用最敏感的实验动物，确定动物的年龄、性别、各组染毒剂量与染毒方式、染毒期限与观察指标等。通过急性毒性实验，可以确定待评物质急性毒作用的性质、特点及毒性级别；局部毒性实验，能获得待评物质对皮肤、黏膜、眼等部位的局部刺激作用和致敏作用的资料。较长时间的实验，如蓄积实验、亚慢性毒性实验和慢性毒性实验，可以反映待评物质在体内的滞留情况，寻找毒作用的靶器官并确定 NOAEL。致突变实验如骨髓细胞微核实验和显性致死实验可检测待评物质对体细胞和生殖细胞的遗传毒性；致畸实验和长期致癌实验则可评价其对胚胎的毒性及诱发机体生癌的能力。此外，代谢动力学方面的研究可以提供待评物质在体内吸收、分布、代谢和排泄方面的数据，明确时量关系，有助于阐明毒作用机制并为其他实验研究提供敏感指标。

急性毒性试验结果可用于化学物质的毒性分级，主要依靠 LD_{50} 数值的大小，但还需要考虑化学物毒性作用的靶标、机理、可逆性、后遗损害及联合毒性作用等。例如，二氧化硅的急性毒性很小，但一次较大剂量吸入后的后遗作用仍有可能很严重；除草剂百草枯的经口吸入与经皮的 LD_{50} 数值均较高，但是有严重的持续与不可逆性肺肉芽肿损害，可能致死。所以对于这些有严重不可逆后遗作用化学物的判断，仅依 LD_{50} 或 LC_{50} 分类分级尚有不足，必须考虑其他相关因素，主要是要确定评审对象的危害性质与类型，如肿瘤、先天畸形、遗传突变、神经行为损害等。

由于种属差异，由动物实验结果向人外推时存在着不确定性，实验动物的饲养环境和固有的遗传因素造成动物实验研究结果的差异可能明显小于人群中实际出现的差异等。因此动物实验有其局限性，应谨慎考虑。

总的来看，在危险度评定中这些毒理学实验测试结果的外推，以致突变和致癌性为毒理学试验终点的各种方法相对成熟。美国国家毒理学项目(NTP)用分析预测试验的结果证实,短期致突变和致癌性测试方法能较好地预测有遗传毒性的致癌物,而其他毒性终点测试结果的应用和外推尚研究不够。由于体外和短期测试方法快速、经济,并可能提供有关毒效应机制方面的信息,故危险度评价中如何设计、应用和验证短期测试的结果,就显得特别重要。某些短期试验系统中所获得的毒性机制的资料,已被应用在某些化学物的危险度评价中。如美国EPA对TCDD-Ah受体的研究等。但是,建立和验证一种新的体外或短期毒性试验方法,必须先确定它的敏感性、特异性和毒性终点的预测值,方能科学合理地应用在危险度评价过程中。

由于理想的人群流行病学资料较难获得,大部分危害鉴定是依据动物实验研究的资料,对于一些缺乏流行病学研究资料的化学物质或尚未投入市场的新型化学物质,动物实验研究的资料就成了唯一的选择。这就要求所有动物实验必须遵循标准化试验程序,按良好实验室规范(GLP)和标准化的质量保证/质量控制(QA/QC)方案实施。

3.人群流行病学调查资料 流行病学调查所发现的人群接触与化学物效应之间的阳性关系,可直接反映化学物质与机体接触后所产生的有害作用,不需要进行种属的外推,故不确定因素较少,易于确定因果关系,是危害鉴定中最有说服力的证据。可通过职业性接触人群或环境污染区居民的调查、药物毒性的临床观察、意外事故的原因追查和对志愿者的试验与检测等获得有关接触者的主观感受以及心理和精神状态方面的资料。这些资料在动物实验中是无法得到的,所以显得尤为重要。但由于流行病学研究本身的一些局限性,使其资料在危害鉴定中的实际应用中受到一定限制。首先,流行病学调查很难得到准确的暴露信息,如化学物质的种类、接触的剂量等,当混合暴露存在时,很难从中确定原因物质;其次,现有的资料往往来源于职业流行病学的研究,所得的结果有时很难用于预测一般人群的影响;另外,由于流行病学研究做出判断一般需要在发病率等有2倍以上的增加,因而对于一些发病很低的疾病,常常需要调查大样本的人群;此外,个体差异、生活方式等因素也会对流行病学研究的结果产生不同程度的影响。例如,现已证明铅在相对较低的暴露下就能对儿童的神经行为功能产生影响,以往有关铅暴露对职业人群外周神经功能影响的流行病学研究结果会低估铅暴露对儿童的影响。因此在设计流行病学研究或分析具有阳性结果的流行病学资料时,应当充分考虑个体易感性,包括遗传易感性、与年龄和性别有关的易感性以及营养状况与经济状况等。尽管如此,设计周密的人群流行病学调查资料常可为危害鉴定提供最有价值的科学依据。特别是近年来人类基因组计划的进展使分子生物学标记越来越多的应用于流行病学调查之中,把疾病与机体细胞内的分子改变紧密地联系起来,为阐明其发生机制、探索危害的因果关系提供了有效的手段。接触、效应和敏感性分子生物学标记的应用不仅大大增加了人群调查资料的可靠性,而且有助于减少人群之间、实验动物与人之间资料外推的不确定性。

致癌物的判断与分类主要依据化学物对人群作用的流行病学研究资料和实验动物的致癌试验结果,此外,该物质的理化性质和构效关系资料以及遗传毒性、非遗传毒性和毒代动力学的体外试验结果等也有重要的参考价值。WHO的国际癌症研究中心(IARC)和美国环境保护局(EPA)的基准常常被广泛接受。凡属于IARC分类标准中2B组以上的化学毒物,可以认为是致癌物。美国EPA在1986年曾根据致癌资料是否充分将化学毒物分为6级。由于该分类标准存在某些缺陷,1996年又修改为已知对人致癌、可能对人致癌和不可能对人致癌3类。另有无法进行评价的一类,包括资料不充分、资料不完整或无结论、无资料等3级。不同机构的致癌物分类有所不同，表 8-1 比较了 EPA、IARC 与欧洲经济共同体(EEC)对致癌物的分类标准。

表 8-1 EPA、IARC 与 EEC 对致癌物的分类标准

机构	分级	定义	说明
美国环境保护署(EPA)	A	人类致癌物	流行病学证据充分
	B1	很可能的人类致癌物	流行病学证据有限
	B2	很可能的人类致癌物	动物实验证据充分
	C	可能的人类致癌物	动物实验证据有限
	D	难以分级	流行病学或动物实验证据不足或很少
	E	无致癌性	无致癌证据
国际癌症研究机构(IARC)	1	人类致癌物	流行病学证据充分
	2A	很可能的人类致癌物	动物实验证据充分而流行病学证据有限
	2B	可能的人类致癌物	动物实验证据充分而流行病学证据不足或流行病学证据有限但动物实验证据不足
	3	难以分级	致癌性的证据不足
	4	无致癌性	无致癌证据
欧洲经济共同体(EEC)	1	人类致癌物	流行病学证据充分
	2	被认为可能对人致癌	动物实验证据充分
	3	可疑的致癌物	致癌性的证据不足

一般来说，一个受评化学物质在定性分析中被认为是人类致癌物或很可能的人类致癌物后，应接着对其进行剂量-反应关系评定以及危害特征分析等定量危险度评价。对于可能的人类致癌物，要根据实际情况确定是否进行定量危险度评价。

(二)剂量-反应关系评定

剂量-反应关系评定是危险度评价的定量阶段。其目的是在认定待评物质具有危害性的基础上，通过人群研究或动物实验的资料，阐明不同剂量水平的待评物质与接触群体中出现的最为敏感的关键性的有害效应发生率之间的定量关系，并由此计算出评估危险人群在某种暴露剂量下的危险度的基准值(criteria)。因为多数情况下人群接触的外源化学物(如农药、兽药和污染物)的量往往很低，而在动物毒理学试验中，为了能够检出毒性常常使用的剂量又很高。故建立由高剂量向低剂量、由动物效应向人的危险度外推的方法构成了剂量-反应关系评定的主要内容。由于将动物实验的毒理学资料外推到人存在着高剂量向低剂量外推，从短时间向长时间外推，从小样本向大样本外推，特别是存在着种属差异(动物和人对毒物的反应可能不一致；在毒物代谢动力学上也可能存在不同)这些不肯定因素，如果剂量不同，代谢方式存在不同的可能性更大，如高剂量化学物会使其正常解毒/代谢途径饱和，而产生低剂量不会产生的毒作用。因此，将动物实验毒理学资料外推时必须非常慎重。故在剂量-反应关系评定中，人群流行病学资料就成为更重要、更关键的资料，必须重视人群流行病学资料。

根据外源化学物毒作用类型不同，剂量-反应关系评定可分为有阈值化学物和无阈值化学物的剂量-反应关系评定。非致癌和非致突变物为有阈值化学物，其剂量-反应评定一般采用NOAEL法推导出参考剂量或可接受的日摄入量；致癌物为无阈值化学物，其剂量-反应评定的关键是通过一些数学模型外推低剂量范围内的剂量-反应关系，并由此推算出终生暴露于一个单位剂量的化学物质中导致的超额危险度。

1. 非致癌物的剂量反应评定　非致癌物的剂量-反应评定一般采用不确定系数法推导出可接受的安全水平（acceptable safety level，ASL）。因管理目的和内容的不同，ASL又可被不同的管理部门称作参考剂量（reference dose，RfD）、实际的安全剂量（virtually safe dose，VSD）、每日允许摄入量（acceptable daily intake，ADI）、最大容许浓度（maximum allowable concentration，MAC）或估计的人群效应阈值（estimated population threshold for human，EPT-H）等。美国EPA将RfD定义为人群（包括敏感亚群）终生暴露后不会产生可预测的有害效应的日平均暴露水平估计值。RfD的推导过程一般可分为两个步骤。首先，在充分收集现有的动物实验研究和人群流行病学研究资料的基础上，选择可用于剂量-反应评定的关键研究（critical study），从该研究中得出关键效应（critical effect）及其NOAEL或观察到该有害效应的最低剂量水平（lowest observed adverse effect level，LOAEL），将这些值除以相应的不确定系数（uncertainty factor，UF），即可计算出RfD。RfD的计算公式如下：

$$\text{RFD} = \text{NOAEL 或 LOAEL/UFs}$$

UF又叫安全系数（SF）。由于人类对多数化学物的毒性反应要比动物敏感，在把动物试验结果向人外推的过程中，存在许多不确定因素，会造成误差。尤其是以mg/kg体重表示剂量时更是如此，故在计算RfD时，应把实验动物的NOAEL或LOAEL缩小一定倍数来校正误差，确保安全。这一缩小的倍数即为UF或SF，又称为外推系数（extrapolation coefficient）或转换系数（transfer coefficient）。UF具有保守的性质，可以防止低估有阈值化学毒物对人类健康的危害。UF又可分为标准化不确定系数UFs和修正系数（modifying factor，MF）两部分。UFs包括：①人群中个体敏感性的差异带来的不确定性，一般取10倍系数[包括人群毒物动力学与毒效动力学的$10^{0.5}$（即3.2）倍差异]；②从实验动物资料外推到人的不确定性，一般取10倍系数[包括毒物动力学$10^{0.4}$（即2.5）倍与毒效动力学的$10^{0.6}$（即4）倍差异]；③从亚慢性毒性试验资料推导慢性毒性试验结果的不确定性，最大可取10倍系数；④用LOAEL代替NOAEL计算RfD时，最大可取10倍系数；⑤当用于推导的资料库不完整（如受试物种太少，缺乏生殖毒性资料等），最大可取10倍系数。尽管如此，采用安全系数并不能够保证每一个个体的绝对安全。MF取值为<10，主要考虑研究的科学性以及上面各项未能包括的不确定因素，如有无作用机制方面的资料、待测物质所致实验动物的损害作用是否与人类相等，当研究中的不确定因素可由UFs予以充分估计时，MF取值为1。

如果以上各项均取最大值10的话，其乘机将达到10^6，即100万倍，这个数字显然过大。实际上，美国EPA发表的有阈值化学毒物的RfD中，大多数UFs为2～1 000。UFs太大，说明毒性资料收集不完全，不确定因素很多，因而计算所得的RfD的精确性也差，缺乏可信度。

在许多情况下，可利用的人群流行病学资料不足或缺乏，因而用于计算RfD的关键研究常常是动物实验研究。在这些研究中使用的动物应在一定程度上代表人的实际情况或是对受评化学物质最敏感的种属。从关键研究得到的数据应能导出有害效应的增加具有统计学或生物学意义时的化学物的最低暴露水平，而且这种有害效应是化学物有害效应中最为敏感的，并且有可能在人群中实际发生。可以 RfD 作为一个参考点来估计化学物质在其他剂量时可能产生的效应。通常低于 RfD 的暴露剂量产生有害效应的可能性很小；而当暴露剂量超过 RfD 时，在人群中产生有害效应的概率就会增加。但是，不应绝对地认为低于 RfD 的剂量是可接受的或无危险的；相反，高于 RfD 的剂量也不是不可接受的或一定会产生有害效应。

为了克服以上 NOAEL 方法的局限性，近年来开始较多地应用"综合效应无作用剂量范围(henchmarkdose，BMD)"。BMD 是一个可使化学毒物有害效应的反应率稍有升高的剂量的 95%可信限下限值，该反应率可以认为确定，通常选择 5%。由 BMD 推导 RfD，较之 NOAEL 或 LOAEL 有许多优点：①它是依据剂量-反应曲线的所有数据计算获得的，而不是像 NOAEL 方法那样仅限于某一剂量，大大提高了可靠性和准确性；②应用可信限来测量和考虑变异系数因素；③应用实验范围内的各种"反应"，而不是单纯"外推"到低剂量；④不仅能像 NOAEL 那样通过剂量分组资料获得，而且可以通过连续性的计量资料获得，故应用范围更为广泛；⑤对于未直接观察到 NOAEL 的试验结果，仍可通过计算求出 BMD。

2. *致癌物的剂量-反应评定*　对于遗传毒性致癌物，一般不采用 NOAEL 乘以安全系数的方法来制定允许摄入量，因为即使在最低剂量仍然存在致癌危险性，即一次受到致癌物的攻击造成遗传物质的突变就有可能致癌。按此一次攻击模型(one hit model)理解遗传毒性致癌物就不存在阈值。但致癌物零阈值的概念在现实管理中是难以实行的，而可接受危险度的概念就成为人们的共识。对遗传毒性致癌物进行管理有两种办法；一是禁止生产和使用某些化学物质(如二溴乙烷农药、致癌性的食品添加剂等)；二是对化学物制定一种极低而可以忽略不计、对健康影响甚微或社会可以接受的危险性水平，这一办法的实施就要求对致癌物进行定量危险性评估。对无阈值化学物进行评价的关键问题是确定低剂量范围内的剂量-反应关系，在此基础上预测危险人群在特定接触水平下发生癌症的危险度。由于化学毒物的致突变和致癌作用主要靠毒理学鉴定程序来认定，在把动物实验结果应用于人时，不仅存在种属差异，而且存在高剂量向低剂量外推的问题。许多化学毒物在高、低剂量下的毒效应是不一样的。即使毒效应性质相同的化学毒物，在低剂量区的剂量-反应曲线也有不同的形式，如线性(linear)、超线性(supralinear)和次线性(sublinear)等，而毒理学研究不能提供这部分资料，只能通过数学外推模型予以估测。目前由高剂量向低剂量外推的模型有很多形式，常用的有 6 种。不同模型对同一动物实验中所得的高剂量区域数据组的拟合度都较好，但在外推低剂量时所得到的值差别较大，甚至可达几个数量级，如一次攻击模型和线性多阶段模型预测得到的危险性较高，而概率模型(probit model)预测得到的危险性较低。最常用的线性多阶段模型(linerized multistage model)虽然比一次攻击模型有很大进步，但对许多化学致癌物外推到人可能摄入的低剂量时的反应仍不是最适合的。

目前的模型大多数是以统计学为基础，而不是以生物学为基础进行评估。也就是说，目前的模型仅利用实验性肿瘤的发生率与剂量，几乎没有其他生物学资料。没有一个模型能利用实验验证，也没有对高剂量的毒性、细胞增殖与促癌或 DNA 修复等作用进行修正。由此可以认为当前在实践中使用的线性模型是对危险性的保守性估计，用线性模型做出的危险性特征描述一般以"合理的上限"或"最坏估计量"等字眼表述。许多管理机构已经认识到它们无法预测人群的接近真正的危险性。非线性模型可以部分克服线性模型所固有的保守性，采用它的先决条件就是制定可接受的危险性水平。选择可接受的危险性水平取决于每个国家危险性管理者的决策，美国 FDA 和 EPA 选用百万分之一(10^{-6})作为界限，这代表了科学界和管理者的共识。目前的趋势是发展以生理学为基础的药(毒)物代谢动力学模型(physiologically based pharmaco kinetic model，PBPK model)，这将会更多地涉及生物学现象，进而会在危险性评估中得到更多的应用。而化学致癌物的评价需要进一步发展以机制为基础的模型(mechanically based model)，即包括了毒物代谢动力学和毒效动力学两方面的模型。而以生物学为基础的剂量-反应关系模型(biologically based dose-response model，BBDR model)在致癌作用研究方面既要包括作用于细胞遗传毒性的始发作用的机制，又要包括细胞群体动力学的机制，如细胞增殖和促癌。如对于只起促癌作用的某些有机氯化合物经过细胞动力学模型计算，引起百万分之一(10^{-6})超额癌的剂量要比线性多阶段模型计算所得的剂量高 3～7 个数量级。

迄今为止尚无一个为众人公认的普遍适用的外推模型，因此，根据已有的资料情况来选择恰当的数学模型可以解决一些不确定因素，对于正确评价化学毒物的致癌危险性至关重要。如有致癌机理等方面的生物学证据，则应选用与该证据一致的模型。如果机理不明且现有的资料类型适合时，可首选多阶段模型。如有纵向研究肿瘤的资料时，可选用肿瘤出现时间模型。此外，某些致癌物如 TCDD 除了致癌作用外，还有生殖内分泌毒性等，而且剂量较致癌效应还要低，这就要发展致癌与非致癌统一的以机制为基础的危险性评估模型。

在剂量-反应关系资料的选择上，除了要求资料的数据本身有较高的可信度外，还应注意尽可能地选择人群流行病学的资料。人群资料缺乏时，可首选与人在一些生物反应如代谢等最接近的动物的实验资料。如获得这类资料较困难，可选择对该物质最敏感的种属、种系或性别的动物资料。动物实验的染毒途径应尽可能地与人的实际暴露相近，否则应对其可能产生的不确定性加以说明。如果动物的肿瘤发生是多部位的话，应按带瘤动物数计算反应率。此外，良性肿瘤如无可解释的理由也按癌瘤计算。

致癌物的危险度估计值可以单位危险度、相对应于某一危险度的环境浓度值、个体危险度以及人群危险度等方式表示。美国 EPA 的致癌物剂量-反应关系评定过程中的一个重要参数是斜率系数(slope factor)，它是指一个个体终生(70 年)暴露于某一致癌物后发生癌症的概率的 95%上限估计值，其单位为 mg/(kg・d)。此值越大，则单位剂量致癌物的致癌概率越高，故又称为致癌强度系数(carcinogenic potency index)。美国 EPA 已对数百种致癌物进行了评估，它们的致癌强度系数可从 EPA 的综合危险信息系统(integrated risk information system，IRIS)数据库中查到。其中所列的斜率系数是指零剂量时的致癌危险度可信上限与产生 1%超额危险度可信上限的剂量间直线的斜率。需要指出的是，致癌强度系数因暴露途径不同而异，选用或参考时应加以注意。

如果是以动物实验资料为基础进行外推，那么还需计算在相应剂量时人的危险度估计值。美国 EPA 采用的原则是：如果单位体表面积吸收同样剂量的话，那么不同种属对化学物质毒效应的敏感程度是一样的。由于体表面积不易测量，而它与体重的 2/3 次方成正比，因此实际上通过体表面积与体重的换算。

(三)暴露评估

外源化学物对机体的危害主要取决于吸收进入体内或到靶器官的剂量，如果不与机体接触，即使有毒也不会对人体产生危害。在明确一种外来化合物对人体可能具有损害作用及其剂量—反应(效应)关系之后，必须进一步确定人类实际接触的剂量以及实际接触情况。因此，人群的暴露评估是危险度评价的关键步骤，其目的是通过测定某一化学物进入机体的途径、范围和速率，来估计人群与环境暴露化学物的浓度和剂量，确定人体通过不同的途径接触外源化学物的总量及接触条件，为危险度评价提供可靠的接触数据或估测值。如经此阶段确认待评化学毒物与人群无接触或虽有接触但不能引起健康危害，则危险度评价可不再继续进行。

暴露评估涉及环境有害物质与接触人群两方面的研究，首先要确定化学物在各种环境介质中的浓度及人群的可能接触途径，然后估算出每种途径的接触量，再得出总的接触量。对于待评物质，要弄清它的来源、在环境中存在的总量以及在不同介质(空气、水体、土壤和食物)中的分布、转运、转化的情况和消除规律。对于接触人群，不仅要掌握人数、构成、范围等资料，而且要特别注意抽样的代表性问题，既要有一般人群，也要有特殊人群(高危险人群)的评价，对于不同接触情况的人群(例如职业性接触人群、日常生活接触人群、高度接触人群、老幼病弱等易感人群等)需要分别进行评定。接触情况中包括剂量、频度(即多次接触的时间间隔)和接触的持续时间等。根据这些资料，才能全面掌握人类实际接触情况与剂量，才能对危险度做出较为准确的估计。由于人力、物力有限，用于评定的生物监测资料一般都是来自于人群随机样本的测定结果，在此基础上估计总体人群或某些亚群的接触水平。如果样本的代表性差，会带来很大的不确定性。对于接触机会较多(如生产工人)或较为敏感(如老弱病残者)的某些亚群，在评定时应区别对待，分别进行。

对于接触量的估算，接触评定主要靠对化学物的监测资料，在缺少足够的监测资料时，需要通过有效的数学模型进行估计。人体生物材料中化学物及其代谢物的监测资料(接触生物学标志)，可用于评估机体中化学物的内暴露量，这包括：①生物组织或体液(血液、尿液、呼出气、头发、脂肪组织等)中化学物及其代谢物的浓度；②人体由于暴露化学物导致的生物效应(如烷基化血红蛋白、酶诱导的改变等)；③结合于靶分子中化学物及其代谢产物的量。生物标志物(biomarker)不仅整合了所有来源的环境暴露的信息，也反映了诸多因素(包括环境特征、生理处置的遗传学差别、年龄、性别、种族和/或生活方式等)。对于许多的环境污染物，在暴露和生物效应之间的生物学过程尚不清楚，生物标志物可以提供线索。因此，生物标志物就成为生物监测的关键，而在暴露水平和生物标志物之间建立包括毒物代谢动力学在内的相关性有利于生物标志物的选择。通过改进生物学标志物的灵敏度、特异性和对低剂量暴露的早期有害效应的可预测性，来保护易感人群。

对于食品添加剂、农药和兽药残留以及污染物的膳食摄入量的估计，需要有相应的食物消费量与这些食物中要评估的化学物浓度资料。食品添加剂、农药和兽药残留的膳食摄入量可根据规定的使用范围和使用量来估计。最简单的情况是，食品中某一添加剂含量保持恒定，原则上以最高使用量计算摄入量。但在许多情况下，食品中的量在食用前就发生了变化，如食品添加剂(如亚硝酸盐、抗坏血酸等)在食品储存过程中可能发生降解或与食品发生反应；农药残留在农产品原料加工过程中会降解或富积；食品中的兽药残留则受到动物体内代谢动力学、器官分布和停药期的影响。因此，食品中的实际水平可能远远低于最大允许使用量或残留量。因仅有部分农作物或家畜家禽使用农药和兽药，食品中有时甚至可以不含农药或兽药残留。

食品添加剂的含量可以从制造商那里获得，而包括农药和兽药残留在内的食品污染物的摄入量则要通过敏感和可靠的分析方法对代表性食品进行分析获得。

人群接触剂量的估测不仅应考虑到经由不同途径吸收时吸收系数的影响，而且还要注意一种化学毒物经由多种途径进人机体的可能性。如重金属铅既可经呼吸道吸入，又可随饮水或食物由消化道吸收，还可存在于某些化妆品中经皮肤涂抹人血。因此，要对接触情况有一个全面的了解，在对单一接触情况做认真分析的基础上，综合评定总接触量。另外，接触剂量与靶器官并非总是平行，而只有后者才能引起损害效应，故估测接触剂量时要结合健康效应进行。在这里，生物学标记的监测对于接触水平的准确评价常具有重要的意义。

(四)危害特征分析

危害特征分析是危险度评价的最后总结阶段，也是危险度管理的第一步。通过综合前三个阶段的评定结果，分析判断待评化学毒物在接触人群中引起危害的可能性大小，并对其可信程度或不确定性加以阐述，最终以文件的形式阐明该物质可能引起的公众健康问题，为政府管理机构决策提供科学依据。危害特征分析可包括对前三阶段的结果进行综合分析、危险度分析以及评定结果的书面总结等步骤。

有阈值化学物的危害特征分析可以采用高危人群总接触量估计值(estimated exposure dose，EED)与 RfD 相比较的百分数作为危险性特征的描述，如果所评价的化学物质的接触量较 RfD 小，则对人的健康危害的可能性甚小，甚至为零。如 1992 年中国总膳食研究评估，我国膳食总的来说是安全的，但 2～8 岁儿童铅的摄入量超过暂定允许摄入量的 18%，表明我国儿童已经处于铅污染的危害中；同时从大样本的儿童调查也发现血铅超过 100 μg/L 的儿童在城市已经占 40%，这也表明铅对我国儿童健康的潜在危害已经是不容忽视的问题。无阈值化学物(主要指致癌物)对人群的危险性是接触量与危害强度的综合结果，其危害特征分析包括计算超额危险度(excess risk)和超额病例数(number of excess cases)两部分内容。

食品添加剂以及农药和兽药残留采用固定的危险性水平是比较切合实际的，因为假如估计的危险性超过了规定的可接受水平，就可以禁止这些化学物的使用。但是，对于污染物[包括明令禁止使用但已经在环境中持久存在的污染物(如有机氯农药)]比较容易超过所制定的可接受水平。典型的例子，如美国和日本的二噁英 2，3，7，8-TCDD 危险性的最坏估计达到 10^{-4}，而食品中一些普遍存在的致癌物(如多环芳烃和亚硝胺等)的危险性也有可能超过 10^{-6}。

在描述危害特征时，必须认识到在危险性评估过程中每一步所涉及的不确定性。如在危害认定与剂量-反应关系评价阶段，将动物试验结果应用于人的危险度评价时，存在实验动物资料向人外推、高剂量向低剂量外推、较短染毒时间向长期持续接触外推、毒代动力学和毒效动力学资料不足等不确定因素。例如，喂养 BHA 的大鼠发生前胃肿瘤和阿斯巴甜引发小鼠神经毒性效应的结果可能不适用于人；而人体对化学物的某些高度易感性反应在动物中可能并不出现，如人对味精(谷氨酸钠)的不适反应。在接触评定阶段，由于人体可经由多个途径接触化学毒物，在一生中的不同阶段接触化学毒物的数量与种类也不相同，会给接触总量的预测带来很大的不确定性。另外，如果样本抽取的大小和代表性不合适，也会产生不确定性。对于这些不确定因素，在进行危险度评价之前就应予以充分的估计，并采取积极可靠的措施尽量将其控制到最小程度。对于无法消除的不确定因素要在报告中明确提出并进行分析讨论，使政府管理机构对评价结果的有效性能做出正确的判断，以便进行公共卫生决策。

第三节　危险度管理

危险度管理(risk management)指管理部门根据危险度评价结果，综合考虑社会发展的实际需要以及公共卫生、经济、工程、法律、政治等多方面因素，进行费用-效益(cost/benifit)分析，确定可接受的危险度，制定允许限量标准，并据此为依据制定有效的法规条例和管理措施对外源化学物进行管理，以达到保护人民群众身体健康的目的。如制定有关化学物的管理条例及化学物的各类卫生标准，限制高危险度化学品的生产使用，确定污染物的治理顺序及治理目标，提出治理方案，对治理效果进行评价，以及危害发生的应急预防和处置措施等。

在危险度管理过程中经常要进行危险—效益分析，每一个减少危险度的措施都会伴随有经费的增加，必须考虑用增加经费或影响其他方面来求得“过度安全”是否值得。对某项政策的决定，必须进行认真论证，权衡利害，综合考虑工农业生产需要、环境质量的保护和人民健康的保障等经济、社会及卫生效益，或利多弊少或利少弊多，据此可以决定取舍。例如，对于那些毒性较高，易于造成环境污染和危害人体健康，又并非工农业生产所必需(如有替代物)的化学毒物，可认为弊大于利，禁止其继续使用。而对于另一些化学毒物，如铅、汞、锰等重金属，虽然对于人体可能造成一定的危害，但由于是重要的工业原料，在国民经济建设中具有多种用途，可以产生很大的社会和经济效益，又没有其他适宜的物质可以取代，经过综合分析之后，可认为利大于弊，可以继续使用，但必须建立相应的控制和管理措施，使其对环境与健康的危害低于可接受的危险度水平。这些措施包括制定和执行特定化学毒物的卫生标准，对生活和生产环境进行监测，对接触人群进行观察监护以及为控制危害发生将要采取的工程技术措施等。

需要指出的是，在制定措施的时候，要密切结合国情，抱着科学、严谨、实事求是的态度，充分考虑社会各方面的承受能力，把危险度控制在一个合理的水平上。如国际上目前对于致癌物的危险度管理多采用“社会可接受危险度”的概念并制定相应的实际安全剂量(VSD)，而不是一味地追求“零”危险度，就是一个很好的例子。一种农药的生产使用，其有利方面是可以杀灭某些病虫害，使农作物增产；在弊的方面可由于农药的使用造成对环境的污染，引起中毒或使有关人群发病率增加。如果使用一种农药可使农作物大量增产，虽有一定危险度，但不过高，即可认为利大于弊；反之，一种农药虽有杀虫效果，但不甚明显，危险度又较高，又有其他农药可以代替，则为弊大于利。但在实际工作中还有许多较为复杂的问题，故利和弊的权衡较为复杂，存在一定难度，并非都是如此简单明确。

危险度管理是自然科学和社会科学的交叉学科，需要毒理学、医药卫生以及卫生行政管理、环境保护、工农业生产、法律、经济学、工程技术等多方面的专业技术人员共同参与，根据毒理学试验和危险度评估所提供的科学研究结果进行认真论证、权衡利弊之后再决定取舍并制定政策。

国际上与动物性食品安全有关的危险性评估由联合专家委员会(JECFA，JMPR 和 JEMRA)负责，而危险性管理由食品法典委员会(CAC)负责。CAC 制定的食品法典是防止人类免受食源性危害和保护人类健康的统一要求。虽然在技术上食品法典是非强制性的，但在国际食品贸易争端中是作为食品安全的仲裁标准。CAC 的决策过程所需要的科学技术信息由独立的专家委员会提出，包括负责食品添加剂、化学污染物和兽药残留的 WHO/FAO 食品添加剂专家联合委员会(JECFA)，针对农药残留的 WHO/FAO 农药残留联席会议(JMPR)和针对微生物危害的 WHO/FAO 微生物危险性评估专家联席会议(JEMRA)。

综上所述，危险度评价和危险度管理对于认识化学毒物的有害作用、判断其危害程度、提出防护对策、制定卫生标准、为政府机构提供决策依据以及保护人类健康和生存质量方面，正发挥着越来越大的作用。由于发展的历史不长，危险度评价和危险度管理在理论、方法和实际操作过程中还存在一些问题，还有待发展和完善。

第九章　我国毒理学安全性评价程序

毒理学(toxicology)的传统定义是研究外源化学物对生物体损害作用的科学。现代毒理学已经超越了这一简单定义，它以毒物为工具，在实验医学和治疗学的基础上，发展为研究化学、物理和生物因素对机体的损害作用、生物学机制、危险度评价和危险度管理的科学。目前毒理学主要分为描述毒理学、机制毒理学和管理毒理学3个研究领域。其中管理毒理学的主要任务根据描述毒理学和机制毒理学的研究资料进行科学决策，协助政府部门制定相关的法规条例和管理措施并付诸实施，以确保化学物、药品、食品等进入市场足够安全，达到保护人民群众身心健康的目的。近年来，发达国家和一些发展中国都先后成立了相应的管理机构并颁布了有关药品、食品、化妆品以及农药等健康相关产品的毒理学评价程序与试验项目。

第一节　毒理学安全性评价概念及意义

一、毒理学安全性评价概念

毒理学安全性评价(toxicological safety evaluation)就是通过动物试验和对人群的观察，阐明待评物质的毒性及潜在的危害，决定其能否进入市场或阐明安全使用的条件，以达到最大限度地减小其危害作用、保护人民身体健康的目的。安全性评价需按一定的程序进行，通过一系列的毒理学试验，以获得未观察到损害作用的剂量(no-observed adverse effect level, NOAEL)或观察到损害作用的最低剂量(lowest observed adverse effect level, LOAEL)。在此基础上，根据待评物质的毒作用性质、特点、剂量-反应关系及人群实际接触情况等，进行综合分析，确定安全系数(safety factor, SF)。用NOAEL或LOAEL除以SF，可以制定安全限值，即化学物的卫生标准。故毒理学安全性评价是制定卫生标准不可或缺的重要依据。

二、安全性评价程序的发展进程及意义

为了保证人类的健康、生态系统的平衡和良好的环境质量，人类早在几千年前就懂得运用法律手段来维护公共卫生以及自身的健康和安全，如公元前18世纪，古巴比伦王国第六代国王汉谟拉比颁布了著名的《汉谟拉比法典》，其中就有关于水源、空气污染、食品清洁等方面的条文。

20世纪初叶以来，化学合成工业获得了迅猛的发展，化学合成品的大量出现和广泛使用在改变了生产、生活面貌的同时，也对生态环境和人类健康产生了严重威胁，引起世界各国政府的重视。美国、法国、德国等一些国家开始了医疗卫生方面专门的立法，相继制定了有毒化学物质的卫生管理法规。第二次世界大战后，随着社会经济的发展和科学技术的进步，卫生立法得到了世界各国的重视，许多国家和组织先后制定了有毒化学品的管理法，管理毒理学(regulatory toxicology)进入了实质发展的阶段。管理毒理学将毒理学的知识技术，潜在化学

毒物的测试及研究结果应用于毒物管理，以防治人类的中毒性健康危害和环境保护，它涉及毒理学科及管理部门制定立法、执法两个方面的内容，如《有毒物质贸易法》(1969 年，瑞士)，《化学物质管理法》(1973 年，日本)，《环境污染法》(1975 年，加拿大)，《产品管理法》(1976 年，挪威)，《有毒物质管理法》(1976 年，美国)，《化学物质管理法》(1977 年，法国)，《有毒物质管理法》(1979 年，美国)，《联邦食品、药物和化妆品法案》(1979 年，美国)，《有毒物质保护法》(1980 年，德国)等。在这些法规中，都明确规定了对化学物质的毒理学安全性评价要求。1982 年，国际经济与发展合作组织(Organization of Economic Cooperation Development，OECD)为对新化学物实行统一的管理办法，制定了一整套毒理学实验指南及良好实验室规范(good laboratory practice，GLP)，提出了新化学物质投放市场前所要求申报的毒性资料的下限，作为各国间互相承认的基础。

卫生行政执法和处罚以法律法规为准绳，而毒理学安全性评价则是裁决的基础。1999 年欧洲四国发生了二噁英(dioxin)食物污染事件，包括我国在内的许多国家作出拒绝进口可疑污染食品的决定，即是以毒理学安全性评价资料为依据作出的裁决。尽管世界各国由于政治、经济、历史、文化传统的差异，所寻求的安全性和对毒理学安全性评价的要求会有所不同，各国根据各自不同时期的任务和存在的问题来制定相应的卫生法律法规进行管理，但对化学毒物进行安全性评价却是各国相应的卫生法律法规中的基本要求。

世界各国对化学物质进行毒理学安全性评价均以人类使用相对安全为前提。由于绝对的安全是不可能存在的，因此评价的依据就是人类或社会能够接受的安全性。我国对不同物质进行毒理学安全性评价中，对安全性的要求是指中华人民共和国法律法规允许下的安全，指我国社会发展到现今阶段所能接受的危险度水平。

第二节　毒理学安全性评价程序的内容

人们平时所能接触的化学物质包括工业化学品、农业化学品、食品添加剂、日用化学品、医用化学品、环境污染物等。由于各类化学物质的使用方式、接触途径和程度的不同，对其进行安全性评价的程序与内容也有所侧重。通常根据化学物质的种类和用途来选择国家标准、部委和各级政府发布的法规、规定和行业规范中相应的程序。

毒理学安全性评价遵循分阶段试验的原则。因为各毒理学试验之间是有关联的，在未完成某些试验前，则不能进行下一阶段的试验。如急性毒性试验是所有毒理学试验的基础，半数致死剂量(median lethal dose，LD_{50})是蓄积毒性试验、致畸试验、亚慢性毒性试验和某些致突变试验剂量设计的参考依据；慢性毒性试验各组剂量和观察指标的选择要参考亚慢性毒性试验的结果。此外，为尽量减少人力、物力和财力的消耗，对于试验周期短、费用低、预测价值高的试验应予以优先安排，这样可以根据前一阶段的试验结果，判断是否需要进行下一阶段的试验。如某些待评物质，在进行了部分毒理学试验后，表现的毒性轻微，即可对其作出评价；而另一些物质在某个阶段的试验中表现出很强的毒性，即可将其放弃，而不必进行以后阶段的试验。下面就我国现行的毒理学安全性评价程序的基本内容做一介绍。

一、试验前的准备

对一种外来化合物进行毒性试验前，必须事先掌握下列基本情况。

(一)掌握该化合物的有关数据

1. 化学结构式　有时可根据化合物结构对其毒性作出初步估计,如已有学者运用量子力学原理,提出了一些致癌活性与化学结构关系的理论,对推算多环芳烃等化合物的致癌活性具有一定的参考价值。

2. 组成成分和杂质　化学物中存在杂质,有时可能导致错误的评价,特别是对于低毒化学物,在动物试验中可因其中所含的杂质而增加毒性。有时还需了解在配制、储存时组成成分及性质有无变化,或在环境中可形成哪些转化产物等。

3. 理化常数　主要了解其外观、比重、沸点、熔点、水溶性、脂溶性、蒸气压、在常见溶剂中的溶解度、乳化性或混悬性、储存稳定性等。

4. 化学物的定量分析方法　这些资料可通过向有关部门了解,或查阅相关文献资料获得,必要时需由实验室测定而获得。

(二)了解生产过程中所用的原料和中间体

了解化学物质生产流程、生产过程所用的原料和中间体,可以帮助估测化学物质的毒性。

(三)了解化合物应用情况及用量

包括人体接触化合物的途径,化合物所产生的社会效益、经济效益、人群健康效益等。这些都将为毒性试验的设计和对试验结果进行综合评价及采取生产使用的安全措施提供参考。例如,对食品添加剂应掌握其加入食品中的数量;对农药应掌握施用剂量和可能在农作物的残留量;如果是环境污染物,则应掌握其在水体、空气或土壤中的含量;如果是工业毒物,则应考虑其在空气中的最大浓度。总之,对各种外来化合物都应尽量估计人体通过各种途径实际可能接触的最大剂量。

(四)试验样品的要求

作为毒性试验的样品,应是实际生产使用的或人类实际接触的产品。要求生产工艺流程和产品成分规格必须稳定,必要时对受试样品须用紫外或红外分光光度法、气相色谱法、薄层层析等方法进行分类,取得吸收光谱或色谱测试资料,以控制样品的纯度一致性。在一般情况下,应采用工业品或市售商品,而不是纯品。如需确定毒性作用是来自该化合物本身或其所含杂质,则可采用纯品和工业品分别进行比较试验。

(五)选择实验动物的要求

根据微生物的控制程度,我国将实验动物分为无菌动物(以无菌技术获得,用现有的方法检不出任何微生物的动物)、无特定病原体动物(不带有指定性的致病性微生物和寄生虫的动物即 SPF 动物)、清洁级动物(原种群为屏蔽系统中的 SPF 动物,饲养在屏蔽系统或温湿度恒定的普通设施中,其体内不带有人畜共患的传染病病原体的动物)和普通级动物(微生物、寄生虫带有情况不明确,但不能带有人畜共患的和致动物烈性传染病的病原体的动物)四类。对于毒理学试验中使用的动物,国家颁布了规范化的管理标准,规定必须使用经权威部门认证合格的实验动物。一般而言,至少应选择清洁级动物。

1. 实验动物的种属　不同种属的动物对化合物的反应可能有很大的差别,最好用两个种属的动物,一般选择啮齿类和非啮齿类,动物种类对受试化合物的代谢方式应尽可能与人类相近。进行毒理学评价时,优先考虑哺乳类的杂食动物,如大鼠是杂食动物,食性和代谢过程与人类较为接近，对许多化合物质的毒作用比较敏感，加上具有体形小，自然寿命不太长，价格便宜，易于饲养等特点，故在毒理学试验中，除特殊情况外，一般多采用大鼠。此外，小鼠、仓鼠（地鼠）、豚鼠、家兔、犬或猴也可供使用。对种属相同但品系不同的动物，同一种化合物质有时可以引发程度不同甚至性质完全不同的反应。因此，为了减少同种动物不同品系造成的差异，最好采用纯系动物（指来自同一祖先，经同窝近亲交配繁殖至少 20 代以上的动物）或第一代杂交动物（指两种纯品系动物杂交后所得的第一代杂交动物）进行实验，这些动物具有稳定的遗传特性，动物生理常数、营养需要和应激反应都比较稳定，所以对外来化合物的反应较为一致，个体差异小，重复性好。

2. 实验动物的性别、年龄与数量　除特殊要求外，一般对动物性别要求为雌雄各半，实验动物的年龄依试验的要求而各不相同，如急性毒性试验需选用成年动物，而亚慢性毒性实验则需选择幼年动物。实验动物的数量应满足统计学的要求。

二、不同阶段安全性评价的毒理学项目

安全性评价首先是对化合物质进行毒性鉴定，通过一系列的毒理学试验测试该化合物对实验动物的毒作用和其他特殊毒性作用，从而评价和预测对人体可能造成的危害。由于各类物质依照的法规不同，各阶段的试验名称也有所不同。我国现有的毒理学评价程序中，除了《化妆品安全性评价程序和方法》中将毒理学试验分为 5 个阶段（增加了人体激发斑贴试验和试用试验）进行外，农药、食品、工业化学品等与健康相关产品的毒理学安全性评价均为 4 个阶段试验。根据化学物质的种类、用途不同，试验的方法和先后顺序也不尽相同，但归纳起来，完整的毒理学评价通常可划分为以下 4 个阶段的实验研究，并结合人群资料进行。

（一）第一阶段

了解受试化合物的急性毒作用强度、性质和可能的靶器官，为急性毒性定级、进一步试验的剂量设计和毒性判定指标的选择提供依据。该阶段主要包括：

1. 急性毒性试验　测定经口、经皮、经呼吸道的急性毒性参数（主要是 LD_{50}），对化合物的毒性作出初步的估计。染毒途径的选择取决于化合物的理化性质和生产、使用过程与人体的接触途径。

2. 动物皮肤、黏膜试验　包括皮肤刺激试验、眼刺激试验和皮肤致敏试验，化妆品毒性评价还应增加皮肤光毒和光变态反应试验。凡是有可能与皮肤或眼接触的化合物质都应进行这些项目的实验。

3. 吸入刺激阈浓度试验　对呼吸道有刺激作用的外来化合物应进行本实验。

（二）第二阶段

了解多次重复接触化合物对机体健康可能造成的潜在危害，并提供靶器官和蓄积毒性等资料，为亚慢性毒性试验设计提供依据，并且初步评价受试化合物是否存在致突变性或潜在的致癌性。

1. 蓄积毒性试验　主要了解受试化合物在体内的蓄积情况。选择何种染毒途径（口、皮、呼吸道）取决于化合物的理化特性和人体的实际接触途径，同时还应注意受损靶器官的病理组织学检查。由于以死亡为指标的蓄积试验有一定的局限性，有些程序对此已不再要求，如 1994 年和 2003 年先后颁布的《食品安全性毒理学评价程序》中均无此试验，2000 年卫生部发

布的《化学品毒性鉴定管理规范》中也未将其列入,《农药安全性毒理学评价程序》也提出,当经口 LD_{50} 大于 5 g/kg 或已做过代谢试验,有半减期(biological half-life)的数据时,可免去此项试验。

2. 致突变试验　主要包括原核细胞基因突变试验和真核细胞染色体畸变试验两大类。其中原核细胞基因突变试验有 Ames 试验、大肠杆菌回变试验及 V79/HGPRT 基因突变试验;真核细胞染色体畸变试验有体细胞-骨髓微核试验、骨髓细胞染色体畸变试验、生殖细胞-睾丸细胞染色体畸变分析等。遗传毒理学主要关注的 3 类遗传学损伤即为基因突变、染色体畸变和染色体数目改变。从目前国内外食品、药品及环境保护等管理部门颁布化学物评价遗传毒性的程序来看,最常用的短期致突变试验有 Ames 试验、哺乳动物细胞体内、体外染色体畸变分析和微核试验等,这些试验的结果最终将被用来评估化学物对人类的潜在遗传毒性,且在评价时需几个试验组联合使用,以观察不同的遗传学重点。如在我国《食品安全性毒理学评价程序》(GB 15193.1—2014)中,遗传毒性试验,一般遵循原核细胞与真核细胞、体内试验与体外试验相结合的原则。根据受试物的特点和试验目的,推荐遗传毒性试验组合。组合一:细菌回复突变试验;哺乳动物红细胞微核试验或哺乳动物骨髓细胞染色体畸变试验;小鼠精原细胞或精母细胞染色体畸变试验或啮齿类动物显性致死试验。组合二:细菌回复突变试验;哺乳动物红细胞微核试验或哺乳动物骨髓细胞染色体畸变试验;体外哺乳类细胞染色体畸变试验或体外哺乳类细胞 TK 基因突变试验。其他备选遗传毒性试验:果蝇伴性隐性致死试验、体外哺乳类细胞 DNA 损伤修复(非程序性 DNA 合成)试验、体外哺乳类细胞 HGPRT 基因突变试验。结果判定原则:①组合中两项或以上试验阳性,则表示该受试物很可能具有遗传毒性和致癌作用,一般应放弃该受试物应用于食品。②组合中一项试验为阳性,则再选两项备选试验(至少一项为体内试验)。如再选的试验均为阴性,则可继续进行下一步的毒性试验;如其中一项试验阳性,则应放弃受试物用于食品。③如三项试验均为阴性,则可进行下一步的毒性试验。

(三)第三阶段

了解较长期反复接触受试化合物后对动物的毒作用性质和靶器官,评估对人体健康可能引起的潜在危害,确定 LOAEL 和 NOAEL 的估计值,并为慢性毒性试验和致癌性试验设计提供参考依据。

1. 亚慢性毒性试验　亚慢性毒性是指人或实验动物较长时间连续接触较大剂量的外来化合物所出现的中毒效应。包括 90 d 亚慢性毒性试验和致畸试验、繁殖试验,可采用同批染毒分批观察,也可根据受试化合物的性质,进行其中某一项试验。

2. 生殖试验　一般要求进行两代生殖试验,以判断外源化学物对生殖过程的有害影响。对于新药则要求进行三段生殖试验(生育能力和早期胚胎发育毒性试验、致畸敏感期毒性试验和围生期毒性试验)。

3. 代谢试验(毒物动力学试验)　代谢试验是利用数学方法研究外来化合物进入机体的生物转运和生物转化随时间变化的规律和过程,目的是了解化合物在体内的吸收、分布和排泄速度,判断有无蓄积性及在主要器官和组织中的分布。

(四)第四阶段

本阶段试验包括慢性毒性试验和致癌试验,这些试验所需时间周期长,可以考虑二者结合进行。慢性毒性是指人或实验动物长期反复接触低剂量的外来化合物所出现的中毒效应。本阶段试验目的是预测长期接触可能出现的毒作用，尤其是进行性或不可逆性毒性作用及致癌作用，确定 LOAEL 和 NOAEL，并综合上述试验的结果对受试化学物的安全性做出评价或加以一定的 SF，提出人体接触的每日允许摄入量（acceptable daily intake，ADI）和最高允许浓度（maximal allowable concentration，MAC），为判断化合物能否应用于实际提供依据。

三、人群接触资料

外源化学物的安全性评价是以毒性试验为基础的，主要依据各种动物试验的结果。基于毒理学试验资料进行的安全性评价对于防止和减少外源性化学物对人类的危害，保护人类的健康起到了很大作用。但由于实验动物与人之间、实验条件与人群接触受试物的实际情况之间存在诸多差异，将毒理学试验的结果外推到人具有不确定性。通常的解决办法是以动物试验的 NOAEL 或 LOAEL 除以适当的 SF 外推出人的 ADI 和 MAC 来制定卫生标准，以增加标准的可靠性，达到保护人类健康的目的。但人群接触资料能直接反映受试物与机体接触后所造成的损害作用，一旦确定，即具有决定性意义。人群接触资料是受试化合物对人体毒作用和致癌危险性最直接、最可靠的证据，在化合物安全性评价中具有决定性作用。这些资料的来源有不同的方式：皮肤刺激试验的数据来自于志愿者、人体中毒剂量和效应的材料来自于中毒事故的调查与记载、另外一些资料来自于人群流行病学调查，这为安全性再评价提供了更加宝贵的资料。人体资料对于评价外源化学物对人体的危害是最直接、可靠的，往往是对外源化学物安全性再评价的重要资料。需注意的是，应将人群接触资料因素分析与实验资料综合起来进行评价。

四、安全性评价中需注意的问题

化学物质的毒理学安全性评价是一项十分严肃的工作，影响毒性鉴定和安全性评价的因素很多，进行安全性评价时需要考虑多方面因素并消除相应的干扰，获得的毒性资料必须准确、真实、可靠，这样才能保证质量，科学、公正地做出评价结论。

（一）实验设计的科学性

化学物质安全性评价将毒理学知识应用于卫生科学，是科学性很强的工作，也是一项创造性的劳动，因此不能以模式化对待，必须根据受试化学物的具体情况，充分利用国内外现有的相关资料，讲求实效地进行科学的实验设计。

（二）试验方法的标准化

毒理学试验方法和操作技术的标准化是实现国际规范和实验室间数据比较的基础。化合物安全性评价结果是否可靠，取决于毒理学实验的科学性，它决定了对实验数据的科学分析和判断。如何进行毒理学科学的测试与研究，要求有严格的规范操作与评价标准。这些规范与基准必须既符合毒理科学的原理，又是良好的毒理与卫生科学研究实践的总结。因此，毒理学评价中各项试验方法力求标准化、规范化，并应有质量控制。

现行有代表性的实验设计与操作规程是良好实验室规范（GLP）和标准操作程序（standard operating procedures，SOP）。GLP 即为保证试验数据的准确、可靠，对于非临床的实验室研究在研究计划制订、实施、监督、记录及报告等各项工作的过程和条件提出的要求和指导，现已成为毒理学研究资料在国际互相认可的共同要求。GLP 对于承担化学品毒性鉴定工作的实验室的组织管理、质量监控、人员组成、实验用房、仪器设备、受试物与对照物、实验动物、实验方案、实验记录、实验结果、总结报告、资料存档等各个方面都作出了具体、明确的规定，以保证毒理学实验数据的准确可靠。SOP 指为减少实验过程中各种因素的干扰，使研究所得结果准确、可靠，而对每项具体的实际操作项目制定的操作规程。SOP 是保证实验过程规范、严格，结果准确、可信的重要手段。各实验室应结合具体情况制定自己的 SOP，以使其具有实际可操作性。每个 GLP 实验室都应对临床前研究的管理及实验实施的各个方面的每一项具体操作制定出 SOP。制定 SOP 是建立 GLP 过程中最为耗时、费力的工作，但认真地制定一套完整的 SOP 作为实验室的内部法规性文件，对于保证试验合理、有序进行，保证实验结果的准确、可靠具有重要的意义。

（三）熟悉毒理学试验方法的特点

对毒理学实验不仅要明确每项试验的目的，还应该了解试验的局限性或难以说明的问题，以便为安全性评价做出一个比较恰当的结论。每项毒理学试验都有其自身的特点和观察终点，可以反映受试物的某些毒作用，但都不能阐明其全部的毒性特征。如通过急性毒性试验可以对受试物进行毒性分级，对于毒性高的物质自然会引起我们的注意，但毒性低的不等于就没问题。有些物质的急性毒性虽然不大，但具有强蓄积性或“三致”作用等其他毒性，同样会造成严重的后果，如镇静药反应停经检测为低毒，在欧洲的妊娠妇女中广泛使用，导致了 10 000 多名短肢畸形婴儿的出生，给这些家庭和社会带来了极大的痛苦和沉重的负担，是应该永远记取的惨痛教训。

（四）评价结论的高度综合性

在考虑安全性评价结论时，对受试化合物的取舍或是否同意使用时应十分谨慎，不仅要根据毒理学试验的数据和结果，而且还应同时进行社会效益和经济效益的分析，并考虑其对环境质量和自然资源的影响，充分权衡利弊，做出合理的评价，提出禁用、限用或安全接触和使用的条件以及预防对策的建议，为政府管理部门的最后决策提供科学依据。此外，在毒理学安全性评价时，需根据受试物质的种类来选择相应的程序，不同的化合物质所选择的程序不同，一般根据化合物质的种类和用途来选择国家标准、部委和各级政府发布的法规、规定和行业规范中相应的程序。

第三节 我国现有的化学物安全评价程序

我国对化学物质的毒性鉴定及毒理学实验开始于 20 世纪 50 年代。在 50—60 年代对食品、药品等曾作过初步的法律规定，但此后一段时间进展缓慢甚至停滞不前，直到 80 年代以后才有了迅速的发展。虽然我国卫生立法起步较晚，但随着改革开放、国民经济和社会的发展，制定化学物质安全性评价体系和立法管理取得了突破性的进展。80 年代以来，我国有关部门陆续发布了一些化学物质的毒性鉴定程序和方法，这些文件具有法规性质和效力，国家也陆续颁布了有关的法律，以加强对外来化学物的管理。我国这方面的法律法规体系已初步形成并不断完善，各级卫生行政部门依法管理，成效显著，对保护环境和保障人民身体健康发挥着重要的作用。目前我国实施的主要有关法律法规及化学物安全评价程序主要有：

（1）卫生部在 1983 年发布《食品安全性毒理学评价程序（试行）》，1985 年修订后，正式公布[(85)卫防字第78号文件]并在全国范围内实施。1994年8月10日,卫生部批准通过中华人民共和国国家标准《食品安全性毒理学评价程序》(procedures for toxicological assessment on food safety)GB 15193.1—94并予以实施。1995年10月30日第八届全国人民代表大会常务委员会第16次会议通过的《中华人民共和国食品卫生法》,其中第五章即为"食品卫生标准和管理办法的制订"。2003年9月24日,卫生部和国家标准化委员会发布了第一次修订后的《食品安全性毒理学评价程序》GB 15193.1—2003,并于2004年5月1日起实施,GB 15193.1—94同时废止。2009年原卫生部启动了对2003版《食品安全性毒理学评价程序》的修订,2014年12月24日国家卫计委发布了《食品安全国家标准 食品安全性毒理学评价程序》(GB 15193.1—2014),2015年5月1日实施。该版"程序"兼顾科学性和合理性,既与国际食品毒理学评价程序接轨,又符合我国食品安全工作的实际需要。

(2)卫生部和农业部于1991年6月颁发了《农药安全性毒理学评价程序》(toxicological procedures of safety evaluation for pesticides)。此评价程序规定了对农药登记必须进行的毒理学试验项目、评价准则,为农药的毒性分级、评价农药的安全性和预测农药进入食品、环境后对人可能造成的危害,对新农药的开发、农药的安全使用具有实际指导意义,适合于在我国申请登记及需要进行安全性评价的各类农药。为配合做好农药登记,国家技术监督局于1995年8月17日发布了中华人民共和国国家标准《农药登记毒理学试验方法》(toxicological test methods of pesticides for registration)GB 15670—1995,该标准规定了农药登记毒理学的方法、条件的基本要求,并从1996年1月1日起实施。2017年7月12日国家质量监督检验检疫总局、国家标准化管理委员会联合发布了国家标准《农药登记毒理学试验方法 第1部分:总则》(GB/T 15670.1—2017),2018年2月1日正式实施。

(3)1984年9月20日在第六届全国人民代表大会常务委员会第七次会议上通过了《中华人民共和国药品管理法》,于1985年7月1日起施行。根据药品管理法有关新药审批的规定,卫生部于1985年7月1日颁布并实施的《新药审批办法》中,对药物的毒理学评价作出了具体规定。2001年第九届全国人民代表大会常务委员会第二十次会议第一次修订,2013第十二届全国人民代表大会常务委员会第六次会议第一次修正。2015年第十二届全国人民代表大会常务委员会第十四次会议进行了第二次修正,2019年第十三届全国人民代表大会常务委员会第十二次会议第二次修订。1993年7月正式颁布了由中国药学会、中国药理学会有关专家编写的《新药(西药)临床前研究指导原则》,对毒理研究的技术提出了明确的要求。

虽然我国在新药审批方面制定了新药毒理学研究指导原则,但对毒理试验全过程进行质量监督管理还不规范,新药审评中毒理试验资料的质量不高。为了提高新药安全性的质量,保证人民群众用药安全,使我国的新药安全性评价研究符合国际规范,1993年12月11日由国家科委发布了《药品非临床研究质量管理规定(试行)》(下文简称《规定》),制定自己的GLP,1994年1月1日开始试行。1996年8月6日国家科委又印发了《药品非临床研究质量管理规定(试行)》实施指南(试行)和执行情况验收检查指南(试行)。国家科委颁布的GLP在一定程度上推动了我国GLP的发展,但我国的GLP处于推行,指导和推荐阶段,并未正式执行,也没有监督检查。由于种种原因,我国的GLP未能得到很好的推广和实施,进展缓慢。1998年6月,国家药品监督管理体制进行了重大改革,成立了国家药品监督管理局,包括GLP在内的所有药品监督管理法规进行了执法主体的转移,GLP由国家药品监督管理局安全监管司研究监督处主管。在研究监督处的组织领导下,1998年10月起重新修订GLP,并于1999年10月

14日发布，1999年11月1日起施行《药品非临床研究质量管理规范（试行）》。

(4)1987年5月28日卫生部发布了国家标准《化妆品安全性评价程序和方法》(procedures and methods of safety evaluation for cosmetics)GB 7919—87，于1987年10月1日起实施。该标准适用于在我国生产和销售的一切化妆品原料和化妆品产品，具体规定了对化妆品原料和产品的安全性评价程序和有关毒性实验方法。1999年卫生部制定了《化妆品卫生规范》，2002年卫生部对此规定进行了修订，重新公布了《化妆品卫生规范》(2002年版)，并自2003年1月1日起实施，本规范规定了化妆品原料及其产品安全性评价的毒理学检测项目和要求。2007年1月，卫生部再次印发了《化妆品卫生规范》(2007年版)，决定自2007年7月1日起实施，以加强化妆品的监督管理，确保我国与国际化妆品标准的接轨。

(5)为了使保健食品健康有序地发展，依据《中华人民共和国食品卫生法》赋予的权力和职责，1996年3月15日，卫生部颁布了《保健食品管理办法》，并于1996年6月1日正式施行，这是中国第一部规范保健食品生产经营的规章，它明确了保健食品的概念，确立了保健食品的生产经营、卫生标准以及保健食品的审批、监督管理、标签、说明书及广告宣传等方方面面的规范，标志着我国的保健食品管理纳入了法制轨道。1996年7月18日卫生部同时发布了《保健食品评审技术规程》、《保健食品通用卫生要求》、《保健食品标识规定》及其附件1、2和《保健食品功能学评价程序和检验方法》。2003年卫生部颁布了修订后的《保健食品检验与评价技术规范》(2003年版)，并自5月1日起实施。此外，卫生部还相继出台了《保健食品功能学检验机构认定与管理办法》(1996年版)、《保健(功能)食品通用标准》(GB 16740—1997)等配套技术规范。2018年7月4日，国家卫健委官方网站宣布《保健食品检验与评价技术规范》(2003年版)失效。2020年10月31日，国家市场监管总局制定并发布了《保健食品及其原料安全性毒理学检验与评价技术指导原则》(2020年版)、《保健食品原料用菌种安全性检验与评价技术指导原则》(2020年版)和《保健食品理化及卫生指标检验与评价技术指导原则》(2020年版)，对保健食品安全性进行重新评价。这些技术性法规的制定与发布，进一步完善了保健食品审批与监督管理的法规体系，使得不但有法可依，而且有规可循。

(6)1987年国务院发布了《化学危险品安全管理条例》，该条例对危险化学品的安全生产、安全使用、安全流通发挥了很大作用。在此期间，我国改革开放在逐步深入，国内经济的市场化程度和参与国际经济循环的程度发生了深刻变化，同时，化学品生产、使用及流通的安全形势也出现了新情况，产生了新的管理要求。2002年3月15日修订后的《危险化学品安全管理条例》颁布施行，上述《化学危险物品安全管理条例》同时废止。为适应我国加入WTO的形势、满足与国际接轨的要求，卫生部于2000年颁布了《化学品毒性鉴定管理规范》，对于毒性鉴定机构的资质认证、职责，毒性鉴定要求与试验程序，结果的评价等均做出了明确的规定，该《规范》已于2001年6月1日起正式实施。2015年6月国家卫生和计划生育委员会公布了新修订的《化学品毒性鉴定管理规范》，并自公布之日起施行。

卫生法规是卫生行政管理部门执法的依据，而毒理学安全性评价又是制定卫生法规的重要根据与基础。尽管世界各国因各自的国情不同，制定卫生法规的原则与标准会有所差异，但对化学物质的安全性评价无一例外地成为卫生法规中的基本内容。毒理学安全性评价的程序与内容并非一成不变，而是随着社会、经济和科技的发展逐渐得以完善。如在20世纪50年代末、60年代初发生了反应停事件后，引起了人们对于化学物质发育、生殖毒性的重视，并在安全性评价程序中加强了这方面的内容。同样，出于对化学物质致突变、致癌作用认识的不断深化，建立了涉及微生物、体内和体外试验的多种方法，可以检测不同的遗传毒性终点，并在安全性评价中得到体现。

从各类国家标准、规定或管理法中可见，我国对药品、食品（含食品添加剂、食品污染物等）、农药、工业化学品、化妆品等人们在日常生活和生产中广泛接触的化学物质要求必须经过安全性评价，才能被允许投产、进入市场或进出口贸易。随着高科技时代的到来，特别是新兴生物技术的应用，可以预料在不久的将来，列入毒理学安全性评价的物质范围并不只限于化学毒物，一些新型工业生产出诸如转基因物质、生物制剂等高科技产品，完全不同于以往的化学合成品，必将给安全性评价带来新的问题。可以预言，未来毒理学安全性评价的对象和范围将更为广泛，与之相适应，毒理学的检测技术与方法也会得到不断的更新与长足的发展。

思 考 题

1. 什么是毒理学安全性评价？
2. 通常对化学物质的毒理学评价分为几个阶段？每个阶段主要试验项目有哪些？
3. 简述我国目前主要实施的化学物安全评价程序。

第二篇　动物生产与公共卫生

第十章　畜牧养殖生产的环境污染与控制

畜牧业是农业的重要组成部分，也是我国农村经济的支柱产业。我国肉、蛋产量均已居世界第一位。2009 年全国肉类产量达 7 500 万 t；禽蛋产量 2 660 万 t；奶类产量 3 650 万 t，畜牧业产值占农业总产值的比重超过 36%。同时，畜牧业也是农民增加收入的主要途径之一，2003 年，来自畜牧业的现金收入已占农民全部现金收入的 30%以上。畜牧业的快速发展带动了饲料工业、畜产品加工业、兽药、食品、制革、毛纺、畜牧机械等相关产业的发展，并吸纳了大量农村劳动力，目前，从事畜牧业生产的劳动力达 1 亿多人。2005 年与我国畜牧业生产密切相关的饲料工业、畜产品加工、兽药等产业的产值超过了 8 000 亿元。畜禽养殖担负着增加农民收入、为市场提供奶蛋肉产品等多重功能，所以发展畜禽养殖具有非常重要的意义。

环境是人类和动物赖以生存的物质基础，人和环境之间始终保持着紧密的、不可分割的联系，既相互对立、相互制约又相互依存、相互转化，从而构成对立统一的整体。畜牧养殖生产依赖于丰富的自然资源和完好的生态环境，生态系统中的空气、植物和土壤给动物生产和繁衍提供必要的物质生活条件：提供牲畜饲料、提供良好生活环境以及提供废物消纳和净化的环境空间。动物作为初级消费者，通过摄取植物而取得营养，获得能量，通过粪尿排泄物以施肥的方式将其归还给环境，但若过度养殖以至排泄物过量，超过环境的消化自净能力，就会对水体、土壤和空气造成影响。反过来，空气、水和土壤因素对动物也会产生一定的影响。社会投入可以通过封育、饲料栽培、加工、运输、饲喂，也包括棚舍和改善风、暖、光等动物管理措施来实现畜牧业生产增长与环境可持续发展。

随着我国规模化，集约化养殖生产的迅速发展，养殖场的环境保护问题日益迫切。养殖场的环境保护包括两个方面：一是保护养殖场环境免受外界的污染；二是防止养殖场对自身环境和周围环境造成污染，这对养殖场的持续、安全洁净生产有着十分重要的意义及不可短缺的作用。兽医公共卫生不仅要考虑周围环境对动物健康和畜牧业生产的影响，还必须考虑畜牧业生产对周围环境污染和破坏的问题。畜牧业所造成的环境污染不仅影响人类健康，环境污染与生态环境恶化也可成为严重影响畜牧业可持续发展的问题。降低畜牧业生产对生态环境的影响，提倡“环境保护，造福人类”，是兽医公共卫生的重要任务。

近年来，“畜牧养殖造成全球暖化”的问题引起了人们广泛的争议，从更宏观的环境角度来看，畜牧养殖生产对环境的影响问题也日益受到国际社会和各国政府的重视。因此，我国已开始倡导和推行健康养殖方式，以降低畜牧业生产过程中的“温室气体”的排放量，实现畜牧业生产的“低碳化”目标，降低畜牧业生产对生态环境的影响，进而为畜牧养殖业的可持续的发展作出贡献。这也是历史赋予兽医公共卫生工作者的重要任务。

第一节 我国畜牧养殖生产概述

一、我国畜牧养殖的生产方式

我国目前的畜禽养殖有很多种方式，归纳起来按场地和规模大小不同，可分为传统的分散的家庭式养殖畜牧业、规模化养殖（主要是规模养殖场和养殖小区）畜牧业和草原畜牧业三种方式。

（一）分散的家庭式养殖畜牧业

分散的家庭式养殖畜牧业是一家一户分散的家庭式的散养方式。改革开放以前，我国畜牧养殖生产方式主要是以千家万户分散饲养的散养为主，规模相对小，而且基本上是农牧结合。

1. 散户养殖的优点　因目前我国各地的经济社会发展水平不同，畜牧业生产方式差异较大，传统分散的、家庭式的、小规模养殖方式还普遍存在。例如，肉羊的家庭式、小规模、分散式的养殖占到 60%，奶牛和蛋鸡占到 40%。散户养殖，是目前我国主要的养殖方式。散户养殖是解决农村闲散劳动力、增加农民经济收入的重要途径，是保证农村居民肉、蛋、奶来源供给的重要途径，是农民充分利用剩余生活物质的最好途径。

2. 散户养殖的主要弊端　散户养殖在我国农村地区目前还大量存在，其对于我国的农村经济和农民生活具有重要的意义。但是由于本身生产方式的局限，散户养殖存在着许多弊端，主要表现在以下两方面：

首先，不便于统一管理和卫生防疫　散户养殖由于农户的分散，很难对其饲养的畜禽的种类、数量进行统一的登记和管理，有不便于保证疫情的统一检测与防治，这就为疫情防治带来很大的困难，当有疫情时，难于保证疫情不扩散。且对畜禽生产造成严重的影响。

其次，难于保证畜禽产品质量安全　在规模养殖场中，对喂养的畜禽的饲料可以控制，对畜禽的生长环境也可以监控，对畜禽产品进入市场也可以进行有力的检查和控制，从而可以保证畜禽产品的质量安全。但是散户养殖情况下，由于无法掌握畜禽产品的饲养和生长情况，也不便于对畜禽生产进行有效的监督，当其流向市场时，更不能保证其质量安全，这对畜禽产品市场是一个很大的潜在危害性因素。对农民自身的经济收入也会带来影响。

由于散户养殖存在上述缺陷，因此在市场竞争中会逐渐处于不利的地位。所以，能有效克服这些缺陷的规模养殖就逐渐兴起并日益壮大。

（二）规模化的养殖畜牧业

规模化养殖是指在较小的场地内，投入较多的生产资料和劳动，采用新的工艺与技术措施，进行精心管理的饲养，在有限的土地范围内生产更多的牲畜。根据国家标准《畜禽养殖业污染物排放标准》（GB 18596—2001），100 头奶牛单位（其他种类照比例换算，例如猪为 500 头）以上可算作集约化养殖场，按规模大小又分为Ⅰ级和Ⅱ级。由此可以看出，集约化畜牧业生产方式与粗放畜牧养殖业之间的不同主要体现在经济（投入）、人口（劳动）和空间（集中和分散可移动）等各种畜牧业因素的依赖程度上。

畜牧业规模化有 3 种形式，其规模化程度从低到高依次是区域规模化、畜牧小区和大规模化养殖。区域规模化即指在一定的区域内，集多个小规模养殖户（场），形成具有区域特色的大规模养殖,这是畜禽规模化生产的初级阶段。畜牧小区建设是指由一个企业或个人出资建设统一的畜禽舍,由愿意饲养的户租用进行畜禽养殖,统一饲养、管理和服务。畜牧小区建设是畜禽规模化养殖的过渡阶段。大规模化养殖是企业化或工业化的养殖形式,是畜牧养殖业发展的高级阶段,也是我国发畜牧养殖业的发展方向。

规模养殖是指饲养的数量达到一定的规模,生产经营趋向于集约化、专业化,以高投入求得高效益。规模养殖由于具有很多散户养殖不具有的优势,正逐渐成为畜禽养殖的发展趋势。

1.规模化养殖的主要优势

(1)有利于提高生产力水平,实现低成本、高效益　规模养殖与散户养殖最大的不同是其规模大,实行集约化养殖。这样,就使得畜禽养殖的生产成本大大下降,而收益则相反,可以有很大的提高。

(2)有利于有效防控畜禽疫病　规模养殖场、养殖小区的畜禽便于统一管理,对畜禽进行疫苗注射,传染病检疫等都很方便,不像散户养殖那样难以进行统一的管理。

(3)有利于保障畜禽产品的质量和安全　由于规模养殖的特殊养殖方式,对畜禽的饲料、疫苗等方面都可以控制,对畜禽产品的交易也很容易进行统一检测,可以通过市场准入的手段保证畜禽产品的质量和安全,使那些不合格的畜禽产品无法进入市场。

(4)畜群结构单一便于管理　规模化的养殖方式,畜群结构的单一性便于饲养管理和疫病防治,也有利于实施动物福利。

2.规模化养殖的主要问题　规模化养殖的发展对我国养殖业具有重要作用,它可以提高我国畜禽养殖的生产能力,提高畜禽产品的竞争力,保障畜禽产品的质量安全。但是,在发展畜禽规模养殖的同时,也会带来一系列的问题,最主要的就是生态环境方面的问题。规模养殖的发展,必然会对生态环境带来一定的影响,比如养殖小区的建立地点、畜禽粪便的堆放等,这些都会对周围的环境,如空气、水源、土壤、作物等造成污染,所以说如果不能解决好这些问题,必然会造成环境的严重污染或破坏。因此,畜禽养殖场、养殖小区应当依法保证畜禽粪便、废水及其他固体废弃物综合利用或者无害化处理设施的正常运转,保证污染物达标排放,防止环境污染。

(三)草原畜牧业

传统草原畜牧业,又称之为游牧业,以游牧方式来实现经营目的的草原畜牧业。草原畜牧业是指"以草原为生产基地,主要采取放牧方式饲养牲畜,以取得畜产品的畜牧业"(《经济大辞典·农业经济卷》)。它作为农业系统中与自然接触最为亲密的一个部门经济,主要依赖草原生态系统的自然再生产和牲畜自然再生产,并通过人类的有效管理和四季轮牧方式,达到人、牲畜与草的动态平衡。

草原畜牧业作为农业经济的重要生产部门,又作为与自然生态息息相关的产业,更应当发展成为符合生态文明要求的现代化草原畜牧业,为建设生态文明提供保障。

传统的草原畜牧业,在千百年的发展过程中,与其所处的自然生态环境相适应,与草原生态环境协调发展,实现了人与自然、畜牧业与生态环境的和谐统一性,因此从某种意义上讲草原畜牧业本身包含着许多生态产业元素,是适合生态文明建设要求的循环型、绿色生态产业。

世界各地都有草原畜牧业,不论是亚洲草原、南美的安地斯地区、欧洲的山区或者非洲,草原畜牧业大概覆盖了世界上25%的土地面积,提供了世界上10%的肉类产品,支撑着大约2亿户草原牧民和半农半牧区农户家庭。草原牧民经营着近10亿头(只)骆驼、牛和羊,除此外，还有牦牛、马、驯鹿和其他有蹄类动物(FAO,2001)。

中国的草原区是草食家畜产品的主要生产基地。据统计，内蒙古、新疆、青海、西藏、甘肃5个主要草原省区2002年的肉、蛋、奶、羊毛产量分别达到了356.08万t、77.3万t、329.79万t、18.5万t。中国35%以上的牛羊肉和80%的羊毛绒来源于草原牧区。

草原畜牧业生产方式的形成主要是对环境不确定性进行适应，这是世界上大多数草原畜牧业的一个共同点。由于草原生态系统的降雨的不确定性和稀缺，草原牧民逐步适应环境的不确定性，所以传统的粗放型畜牧业生产中，他们采取的是灵活的养殖战略，包括游牧、根据水分这种难以预测的资源状况调整畜群的数量、利用高度的社会组织和控制措施分散风险和结合资源、养殖多种家畜种类，以及生产多种畜牧业产品和服务等措施。

二、新时期我国畜牧养殖生产的特点

我国农村地区实现土地的家庭联产承包制以后，畜牧业的集约化经营的效果是使牧民可以增加经济收入、同时牲畜减少和私有化草原将缓解草原退化的问题，牧民逐步定居，转变成为畜牧业生产者。

在全球范围内，各国都是在利用这种畜牧业集约化经营的方式来促进畜牧业生产方式的转变。从我国畜牧业发展状况看，改革开放以前，畜牧业生产方式是以千家万户分散饲养的散养为主，规模相对小，而且基本上实现了农牧结合。进入20世纪80年代以来，随着国民经济发展、人民生活水平提高和膳食结构的改变，居民肉、蛋、奶的消费需求逐年增加。在政府积极推行的“菜篮子工程”的政策推动下，我国的畜牧业生产方式发生了明显的转变，主要呈现以下两个特点：

(一)是逐步从分散的家庭式养殖转向规模化产业化养殖

随着工业化和城镇化进程的加快，城乡居民生活水平不断提高，对畜产品的消费需求持续增加，进而拉动了我国畜牧业的发展。我国肉类和禽蛋总产量连续多年居于世界首位从1996—2005年的10年间，肉类和禽蛋产量的年均增长速度为3.1%和4.2%。在畜牧产品产量提高的同时，畜牧业的生产方式也发生了改变。集约化养殖场在空间分布上日益向消费地，即城郊集中。销售成本及便于加工的需要，养殖场大多建在人口稠密、交通方便的地方。许多新建的集约化养殖场大多是规模小、条件差、自有资金匮乏，配套设施不完善。小规模畜禽养殖场占我国集约化养殖场总数的70%以上，养殖场平均规模仅为猪场650头，鸡场22 000只，年饲养量在400头(一般以400头奶牛单位作为中型界限)以上的大中型奶牛场仅占奶牛场总数的5%。2005年，全国已有适度规模的畜禽养殖小区6万余个，并涌现了一大批畜产品养殖加工龙头企业和产业化经营组织。畜牧业生产逐渐向优势区域集中，生产方式也正由散养向规模化养殖转变，规模化生产已成为我国畜牧业进一步发展的方向。

从动物防疫的角度看，我国畜牧业的发展方向应该是规模养殖而不是散户养殖，因为散户养殖确实不利于实施疫病的防控，而规模养殖的监管成本较低，自身的管理也比较规范。鼓励发展规模养殖，限制甚至禁止散户养殖，可能会在某种程度上促进我国畜牧产业的发展。

随着我国畜牧业生产能力的大幅度提高，畜牧业的生产方式也发生了变革，农村传统家庭养殖户、专业养殖户和大型商业化养殖场三者成为了我国当前畜牧业生产的主体。畜牧业生产模式的区别，直接反映在畜禽饲养的规模上，不同饲养规模的养殖户在技术吸纳能力、饲料来源结构和饲养效益等方面存在着明显差异。虽然有学者认为在未来相当长的时期内，小规模分散饲养农户的主导地位不会改变，但规模化、集约化养殖必将是我国畜牧业的发展方向。现在，我国畜牧业正处于从传统计划经济下的外延型增长，向现代市场经济条件下的内涵型增长转变和从农户散养为主，向专业化、区域化和商品化饲养为主的转变阶段。

发展现代畜牧业，推进畜牧业生产方式的转变，应该从我国的国情和当地的实际出发。我国在鼓励发展现代化规模养殖的同时，也允许传统的方式在一定时期内存在，并且对分散养殖要继续在政策上和技术上给予必要的支持和必要的服务。根据《畜牧法》规定，对分散养殖将采取"政府引导、积极扶持、规范建设、强化管理"的政策，引导并帮助他们转变生产方式，逐步加快我国畜牧业规模化、集约化、标准化和产业化的建设步伐，走现代畜牧业发展道路。

(二)从传统的草原畜牧业转向现代化草原畜牧业/农牧结合

20 世纪 80 年代以来，随着经济的发展，我国农村地区实现土地的家庭联产承包制以后，畜牧业的集约化经营的效果是使牧民可以增加经济收入、同时牲畜减少和私有化草原将缓解草原退化的问题，牧民逐步定居，转变成为畜牧业生产者，畜牧养殖生产逐步从草地生态系统中逐步分离出来，部分随着猪、鸡等非草食性动物饲养量的增多，家畜生产逐步摆脱了对草地生态系统的依赖，更多地依赖农业生产系统。但是畜牧业生产仍然主要集中在农村地区。

在历史的发展进程中，传统的草原畜牧业为农业文明、工业文明的发展做出过不可磨灭的贡献，特别是草原畜牧业以及其经营主体—草原民族所创造的游牧文明，强调牧草资源的周期性循环、持续利用，提倡互助协作，树立了牢固的与自然和谐的大生态观，为今日生态文明的产生提供了思想基础和实践基础。但它发展至今日，以放牧畜牧业为生的人口已经远远超过游牧时期，也超过 80 年代，很多地方牲畜头数超越草地的承载力，草地产草量比过去下降了 30%～50%，优质牧草减少。与此同时，草原牧区成为越来越开放的经济社会系统，受到外来的影响和与外部的联系已经不能与游牧时期同日而语，与东部地区和城市收入和生活上的差距，愈来愈激发人们的致富欲望和过上更加舒适更为便捷的生活的欲望，传统草原畜牧业在过去相对封闭的系统内形成的人、草、畜之间的协调机制被削弱，加上本身特有的缺陷，已经很难满足当前经济社会发展的需要和承担生态保护的重任。

当前的草原畜牧业已经不是传统意义上的畜牧业，通过新中国成立后的 50 年的发展，它已经实现从传统向现代畜牧业的转变，但它仍然处于较低级的阶段，与高级的现代化草原畜牧业还有很大差距。

在实现传统草原畜牧业向现代化草原畜牧业发展过程中，一方面要继承游牧文明所创造的"人与自然和谐的大生态观、四季轮牧合理利用草原的朴素的生态学思想，以及共同协作节约劳动力成本、规避自然风险的组织形式"等合理成分，另一方面要在草畜平衡的基础上，通过提质增效，为市场提供数量有限但却质优畜产品，稳定牧民的收入，在草原畜牧业与生态系统良性循环的基础上，为草原生态旅游业等生态产业的发展创造良好的环境条件，促进牧区经济结构优化和经济发展，使牧民收入来源多元化，提高牧民人均纯收入，并为我国的生物多样性保护和北部生态屏障的功能的正常发挥做出贡献，实现"人口与经济、经济与自然的和谐统一"，最终实现"人的发展与自然的和谐统一"。

通过合作化和产业化等有效途径，建设传统文化与现代技术完美结合的资源持续利用型、生态友好型、科技密集型、加工增值型融为一体的，符合生态文明要求的现代化草原畜牧业。

(三)畜禽养殖业将由单纯经济增长型向经济与环保并重型转变

随着现代畜禽养殖业生产规模的不断扩大和集约化程度的不断提高，畜禽养殖业在为人类提供丰富的动物性产品的同时也向环境排放了大量粪尿和有害气体，畜禽养殖业已经成为继工业污染之后不可忽略的污染源，由此带来的环境污染问题日现突出。尤其在当前资源与环境的矛盾问题日益严重的形势下，“可持续发展”已成为畜禽养殖业健康发展的基本战略。因此，经济增长与环保并重已成为或将成为我国畜禽养殖业发展的指导思想。

另外，进入21世纪以来，随着科学技术的不断发展和人类生活水平的日益提高，我国的畜禽养殖业已由过去的数量型向质量型转变。市场上人们对“绿色食品”、“有机食品”、无污染食品和“保健食品”很青睐。因此，在养殖业生产中，要求防止环境污染，禁止使用抗生素和其他违禁药物，避免有害化学物质残留，从而生产卫生安全、无污染的食品的呼声越来越高，畜禽产品优质化已成为养殖业发展的必然趋势，绿色畜禽产品的生产必将成为畜牧业生产中的主题。

第二节 环境污染对畜牧养殖生产的危害

工业生产产生的“三废”（废气、废水、废渣），农田施用的农药、化肥，交通运输产生的粉尘、噪声，居民生活及其他的畜牧场产生的污水、垃圾、污浊空气和微生物，等等，对大气、水源和土壤造成污染，不仅对人类健康造成直接或间接的危害，同样也威胁养殖场的安全生产。

农业生产中农药的广泛长期应用，造成农作物、畜产品及野生生物中的农药残留；空气.水土壤也可能受到不同程度的污染。例如，日本过去由于大量使用有机氯农药、特别是六六六的用量很大，1970年以后调查发现大米、牛奶、鱼、蛋、肉制品及河流中均有六六六污染，人奶及人体脂肪中也检出六六六，甚至在2 000 m高的山顶积雪中也检测到了六六六的污染。

一、空气污染

大气污染物种类很多，据不完全统计目前全世界每年排入大气的污染物有六亿多吨，已经造成危害或已受到人们注意的有100多种，其中影响范围广，对人类环境威胁大的有烟尘、二氧化硫（SO_2）、二氧化氮（NO_2）、一氧化碳（CO）、碳氢化合物（HC）。烟尘和二氧化硫是产生硫酸烟雾的原料和触媒剂。NO_2、CO、HC在日光作用下形成光化学烟雾，这些次级污染物有腐蚀性和刺激性，HC中还含有致癌物质。

来自农业生产和交通运输排放的废气中，主要含有烷烃、烯烃、芳香族烃、萘、蒽、芘、CO等。碳氢化合物与CO_2在特殊地理环境条件下阳光照射下，可生成光化学烟雾，并因产生臭氧而带有强烈臭味，刺激黏膜发炎，引起肺部疾病；芳香烃、芘等还可以致癌。

污染的大气可以严重影响人和动物的健康。在低浓度空气污染物的长期作用下，可引起上呼吸道炎症、慢性支气管炎、支气管哮喘及肺气肿等疾病。另外，空气污染还会降低机体的免疫功能，使机体的抵抗力下降，从而诱发或加重多种其他疾病的发生。冠心病、动脉硬化、高血压等心血管疾病的重要致病因素之一也是空气污染。癌症，尤其是肺癌的多发，更与空气污染有密切的关系。

空气中的有害气体，主要来源于煤燃烧、化工、印染、合成纤维工业等生产过程排出的废气；还有来自居民区、其他畜牧场、屠宰场、食品加工厂、制革厂、造纸厂等的某些有毒有害的气体、恶臭、粉尘、病原微生物和噪声等污染；另外，空调、冰箱等家电排除的气体，还有汽车尾气等。大气污染易导致基因变异，麦克马斯特大学生态学专家奎因教授在观察海鸥时发现，受空气污染危害的海鸥发生基因突变的比率要远远高于没受污染的海鸥。大气污染对农业、林业、畜牧业生产的危害也十分严重。以下是几种常见的有毒有害气体对养殖生产的危害。

(一)硫氧化物(SO_x)

硫氧化物主要指二氧化硫(SO_2)和三氧化硫(SO_3)。SO_2 大多来自冶炼厂、硫酸厂等的工业废气，是一种无色、高度水溶性、有辛辣气味的刺激性气体，比空气重，比重 1.434，易溶于水生成亚硫酸，广泛用于工业，是硫矿造纸业矿物燃料燃烧的副产品，是大气中的常见污染物。凡是接触较高浓度的二氧化硫均可致病。由于二氧化硫具有刺激性，溶解性高，在上呼吸道与水接触生成硫酸和亚硫酸，而引起黏膜损伤造成临床一系列症状。可引起结膜炎、气管和支气管炎、肺水肿等，据报道，SO_2 浓度达 280～850 mg/m^3 时，仔猪出现精神委靡、增重减缓(仅为正常的 73.80%)、生长发育不良。

二氧化硫主要经呼吸道吸入，产生强烈的黏膜刺激作用，二氧化硫的浓度为 1.5 mg/m^3 时可被察觉，浓度为 1.8～3.0 mg/m^3 时，刺激鼻腔和咽喉部，稍高浓度引起明显的上呼吸道不适和持续咳嗽。急性中毒罕见，可引起与氯气中毒类似的临床症状。相对低浓度的二氧化硫(3.0～150 mg/m^3)，大部分沉积在鼻咽部和咽喉部。因为高度水溶性，接触 18～30 mg/m^3 的二氧化硫可引起严重的结膜和上呼吸道黏膜的刺激征。接触较高浓度的二氧化硫可导致喉部、气管、远端气道和肺泡的损伤，刺激黏膜分泌，引起支气管痉挛，甚至肺水肿。当浓度 $>$50 mg/m^3 时，受污染局部充血，水肿乃至腐蚀坏死，当吸入 5 000 mg/m^3 时，可立即引起反射性声门痉挛而窒息死亡。临床以黏膜刺激症状为主，重者出现呼吸困难，咳痰、紫绀以至肺水肿，昏迷或呼吸衰竭。一般情况均能治愈，中度或重度中毒者常并发呼吸道感染，肺水肿或反应性气道功能不全综合征等，留下一些远期症状。

一般植物对二氧化硫的抵抗力都比较弱，少量的二氧化硫气体就能影响植物的生长机能，发生落叶或死亡现象。在有些有色金属冶炼厂或硫酸厂的周围，由于长期受二氧化硫气体的危害，树木大都枯死。

人体接触二氧化硫后症状可分为双相反应即刻反应包括对眼睛鼻喉的刺激和烧伤并有胸部紧束感气急和干咳，表现为结膜炎、角膜烧伤、红斑样咽炎，胸部听诊可有啰音。接触高浓度的二氧化硫在数小时内可引起急性肺水肿和死亡。急性期存活的病人于中毒后 2～3 周产生第二相的呼吸系统症状，病人可因弥漫性肺浸润而呼吸衰竭，部分病人可有持续性的气流受阻。有二度和三度灼伤者病死率为 40%。

职业性急性二氧化硫中毒，是在生产劳动或其他职业活动中，短时间内接触高浓度二氧化硫气体导致的以急性呼吸系统损害为主的全身性疾病。在硫酸和硫酸盐的制造、熏蒸杀虫、石油精炼、硫化橡胶、造纸、制糖、漂白、冷冻等工业都可接触二氧化硫或三氧化硫，多由于事故而发生急性中毒。

一些大气污染物(如硫氧化物)还会溶于水中，从而对水生生物造成毒害。

在干燥大气中 SO_2 较稳定，在湿度大的空气中 SO_2 易被氧化为 SO_3，进而形成硫酸雾或酸雨，SO_2 和 SO_3 都对植物造成危害，但后者毒性相对较小。我国大气环境质量标准规定，SO_2 一次最高允许浓度(暂时性作用瞬间检测值)为 0.5 mg/m^3，日平均浓度(长期昼夜作用任意 24 h 平均值)为 0.15 mg/m^3。

(二)氮氧化物(NO_x)

大气污染中 NO_x 有多种，但主要是一氧化氮(NO)、二氧化氮(NO_2)等。NO_x 主要来自硝酸厂、氮肥厂、染料厂、电镀厂、有色金属冶炼厂、火力发电厂等的工业废气和交通运输工具排放的尾气。NO 为无色气体，遇氧生成 NO_2。NO_2 在高温下为红褐色带异臭的气体，相对比重 1.448，有强烈刺激性。

多种职业活动中接触到氮氧化物，主要作业有硝酸制造、浸洗、制药、硝化纤维、电焊、气焊以及内燃机排出的废气等。如制造硝酸或使用硝酸浸洗金属；制造硝基炸药、硝化纤维、苦味酸等硝基化合物、苯胺染料的重氮化过程以及有机物(如木屑、纸屑)接触浓硝酸时；硝基炸药的爆炸、含氮物质和硝酸燃烧；卫星发射、火箭推进所产生的气体也含有大量的氮氧化物气体。电焊、亚弧焊、气割及电弧发光时，产生的高温能使空气中氧和氮结合成氮氧化物；汽车内燃机排出的废气中也含有氮氧化物。另外，某些青饲料和谷物中含有硝酸钾，在通风不良、缺氧条件下发酵，可生成亚硝酸钾和氧，进一步亚硝酸钾变为亚硝酸，当仓内发酵温度增高时，亚硝酸分解成氮氧化物和水，造成“谷仓气体中毒”(silogas poisoning)。

氮氧化物 (nitrogen oxides)包括多种化合物，如氧化亚氮(N_2O)、一氧化氮 (NO)、二氧化氮(NO_2)、三氧化二氮 (N_2O_3)、四氧化二氮(N_2O_4)和五氧化二氮(N_2O_5)等。除二氧化氮以外，其他氮氧化物均极不稳定，遇光、湿或热变成二氧化氮及一氧化氮，一氧化氮又变为二氧化氮。因此，生产环境中常以几种氮氧化物混合气体存在，称为硝烟(气)。主要为一氧化氮和二氧化氮，并以二氧化氮为主。

一氧化氮 (NO)为无色气体，相对分子质量 30.01，熔点－163.6℃，沸点－151.5℃，蒸气压 101.31 kPa(－151.7℃)。溶于乙醇、二硫化碳，微溶于水和硫酸，水中溶解度 4.7%(20℃)。性质不稳定，在空气中易氧化成二氧化氮 ($2NO+O_2 \rightarrow 2NO_2$)。

二氧化氮 (NO_2)在 21.1℃温度时为红棕色刺鼻气体；在 21.1℃以下时呈暗褐色液体。在－11℃以下温度时为无色固体，加压液体为四氧化二氮。相对分子质量 46.01，熔点－11.2℃，沸点 21.2℃，蒸气压 101.31 kPa(21℃)，溶于碱、二硫化碳和氯仿，微溶于水。性质较稳定。

急性中毒初期仅有轻微的眼和上呼吸道症状，脱离中毒现场后，症状很快消失而常不被注意。经过 4～6 h 或更长的潜伏期后，出现肺水肿和高铁血红蛋白血症。氮氧化物的慢性作用，主要表现为神经衰弱综合征及慢性上呼吸道或支气管炎症。个别病例可导致肺部纤维化。

NO_x 溶解度较小，对黏膜损害不大，氮氧化物吸入后主要作用于深呼吸道，缓慢地溶于肺泡表面的液体和肺泡内的水蒸气中，发生化学性肺炎、肺水肿，另一方面引起缺氧、心肌损害等。轻、中度患者及时治疗可痊愈，重度大多数亦能治愈，较少病情特别重者，在极期死亡。也有中毒后遗慢性支气管炎，支气管扩张或肺纤维化等。

NO_2 能破坏肺脏的结构和支气管纤毛上皮；浓度为 35 mg/m^3 时，10 min 即可出现呼吸困难，支气管痉挛，肺气肿；高浓度 NO 120～300 mg/m^3 时，强烈刺激喉头和肺部，发生咳嗽和灼烧感，进而昏迷甚至死亡；400～1 400 mg/m^3 时，可刺激中枢神经系统，出现神经麻痹、痉挛，短时间吸入即可引起急性中毒而死。我国大气环境质量标准规定，NO_x 总量折算为 NO_2 的一次最高允许浓度为 0.15 mg/m^3。

(三)一氧化碳

一氧化碳为无色无味的气体，密度比空气略小，不溶于水，易溶于氨水等弱极性的溶剂。

一氧化碳是碳或含碳有机物不完全燃烧得来，可以在空气或氧气中燃烧变成二氧化碳，放出大量的热，火焰呈蓝色，可用作燃料。一氧化碳具有较强的还原性，在工业上常用来冶炼金属，把金属从它们的氧化物中还原出来。如 $CO+CuO=Cu+CO_2$。

由于一氧化碳是无色、无臭、无味的气体，故易于忽略而致中毒。一氧化碳易与血液中血红蛋白结合，进而破坏血红蛋白与氧气的结合，使血红蛋白失去携氧能力，机体缺氧而发生中毒。常见北方畜禽圈舍门窗密闭室内通风差的情况下，煤炉产生的煤气或液化气管道漏气或工业生产煤气以及矿井中的一氧化碳吸入而致中毒。

（四）氟化物（XF）

大气中 XF 主要有 HF、SiF_4 等，主要来自炼钢厂、铝厂、磷肥厂、玻璃厂、石化厂等。工厂排出的含氟废气除了污染农田、水源外、对畜牧业也有很大的影响。氟和氟化物易溶于水，吸入呼吸道可对黏膜产生强烈刺激而引发炎症；由消化道摄入后可迅速进入血液，与血液中的钙结合为不溶性的氟化钙（CaF_2），沉积于骨骼中，过量摄入氟可使血钙减少，为补充钙的不足，骨骼的骨质发生溶解、不断地释放钙，可起骨骼变形、牙齿钙化不全、牙釉受损（斑釉齿）等骨氟症，即氟化物中毒。CaF_2 还可抑制肾小管对磷的吸收，影响钙磷代谢；长期在多氟地区生存的人、畜，除上述中毒症状外，还表现食欲减退、体重减轻、生长发育不良。人和家畜均可患病。磷肥厂、炼铝厂和陶瓷厂等排放含氟的废气和烟尘是造成氟中的主要来源之一。还有一种是"地方性骨氟症"，由高氟的地理环境引起。

猪的急性氟中毒是由于一次性摄入大量可溶性氟化物引起的，如用氟化钠给猪驱虫用量过大等；猪的慢性氟中毒是因长期摄入含有氟化物的饮水或饲料所引起的以胃、牙齿病变为特征的中毒现象。

猪氟及氟化物中毒时，出现猪精神不振，耳根紫红色，腹部下红色，有体温升高，呼吸心跳加快，鼻腔有分泌物流出，呈现维生素 A 缺乏的症状，眼睛发炎或者双目失明。食入氟及氟化物时，猪 45 min 内即可出现中毒症状。病猪表现为胆碱能神经兴奋，大量流涎，口吐白沫；病猪兴奋不安，有的流鼻液及泪液，眼结膜高度充血，瞳孔缩小，分泌物增多，不断腹泻、磨牙、肌肉震颤，病情加重时，呼吸困难，四肢软弱行走不便，卧地不起。若不及时抢救，常会发生肺水肿而窒息死亡。

氟乙酰胺、氟乙酸钠等有机氟杀鼠药也常被动物误食引起的中毒。临诊上以发生呼吸困难、口吐白沫、兴奋不安为特征。猪常因误食被有机氟处理或被污染的植物、种子、饲料、毒饵、饮水引起中毒。也可因食入死鼠等发生二次中毒。有机氟中毒中以误食氟乙酰胺中毒的老鼠而发生中毒者为多，占鼠药中毒的 91.3%。

猪在摄入有机氟毒物后数小时发作，主要表现为中枢神经系统和循环系统机能障碍。初期狂奔乱冲，不避障碍，或跳高转圈，继而卧地痉挛、抽搐，尖声吼叫，流涎，呕吐，呼吸急促，心动过速，瞳孔散大，很快死亡。急性中毒表现突然发病，心动过速，惊恐，尖叫，向前直冲，共济失调，痉挛，倒地抽搐，呼吸迫促，呕吐，口流涎，倒地后四肢如游泳状，头向后背，数分钟至数小时死亡；稍轻者，全身肌肉震颤、昏迷，体温降低，1～2 d 死亡。耐过者，3～5 d 康复。深度中毒的猪兴奋不安，心跳加快，节律不齐，乱跳，乱撞、走路摇晃，呕吐白沫，呼吸困难，全身肌肉震颤，痉挛抽搐、角弓反张，瞳孔散大，频频排尿和排便，十几分钟后衰竭而死。

剖检病死猪可见心肌变性，心内、外膜有出血斑点。胃肠黏膜出血，胃黏膜脱落。肝、肾充血，血液凝固不全。

氟化物污染还可引起家蚕中毒，如 1982 年，浙江省杭嘉湖主要养蚕区由于工业废气污染物中的氟化物污染在春蚕生产期间发生了大面积春蚕中毒事件，有 23.5 万张蚕种受到影响，损失蚕茧 2 640 t。

家蚕氟中毒主要是砖瓦厂、水泥厂、磷肥厂、玻璃厂、马赛克厂、电厂、冶炼厂、铸造厂等排氟企业向大气排放的 HF 气体污染桑叶，黏附于叶面或侵入桑叶内部，蚕采食了受氟污染的桑叶后造成蚕体生理机能的破坏，从而引起家蚕中毒。

家蚕氟化物中毒的症状：氟化物引起家蚕中毒随桑叶的含氟量、家蚕的品种以及发育龄期气候、饲养季节等的不同而有差异，一般桑叶中的含氟量在 30 mg/kg 就会对蚕有害，且表现出中毒症状。小蚕中毒，首先表现出食欲减退，眠性推迟，龄期经过延长，继而体躯瘦小，体壁多皱，胸部萎缩，空头空身，在眠前蚕体节隆起，产生黑色环斑；群体发育显著不齐。大蚕中毒，群体发育差异较小，但中毒蚕有的节间膜隆起，形似竹节，且节间膜上出现由黑点连成的环状轮斑，有的腹部各环节出现成片状粗糙的黑褐色病斑，病斑易破，但血色正常。中毒蚕排念珠状粪或排粪困难，有的第五腹节以后呈半透明，最后全身透明，吐液而死。尸体多呈黑褐色，不易腐烂。

在人可发生急性职业性有机氟聚合物单体和热裂解物中毒，是指工业生产中吸入二氟一氯甲烷和四氟乙烯的裂解气及聚四氟乙烯和聚全氟乙丙烯的单体或热分解产物等有机氟气体所致的急性中毒性疾病。这些化合物主要引起呼吸系统损害，也可并发中毒性心肌病变及肾脏病变。有机氟聚合物的制造过程中，管道溢流，残液处理不当，加工时自控失灵，电焊、高温切割、管道检修或更换阀门、垫圈等时均 可接触其热裂解物而引起中毒。主要经呼吸道吸入，潜伏期 0.5～24 h 不等，发热、头痛、咽痛，全身关节痛，胸闷等为早期临床表现，继而可出现支气管周围炎及化学性肺炎。中毒后绝大多数患者预后良好，不留后遗症；少数重症病例可发生肺功能障碍，超声心动图和心阻抗图轻度异常。

我国大气环境质量标准规定，XF 一次最高允许浓度为 $\leqslant 0.02\ mg/m^3$，日平均浓度为 $0.007\ mg/m^3$。

（五）碳氢化合物

碳氢化合物是指仅有碳氢两种元素组成的有机化合物，又称为烃。烃按照碳骨架的形状可以分为链烃（开链脂肪烃）和环烃。碳氢化合物属于有机化合物中最简单的一类，又称为烃。链烃分为饱和的烷烃（其通式为 C_nH_{2n+2}）和不饱和烯烃（其通式为 C_nH_{2n}）和炔烃（其通式为 C_nH_{2n-2}），环烃分为饱和的环烷烃（其通式为 C_nH_{2n}）和不饱和芳香烃（芳香烃中有一类为苯的同系物其通式为 C_nH_{2n}）。按照来源和性质，人们又将分子中不含苯环的烃称为脂肪烃，分子中含有苯环的烃称为为芳香烃。碳氢化合物可以引起光化学烟雾。

烃的最重要来源是石油和天然气，以及炼焦过程中产生的煤焦油。有的烃存在于植物中，例如烟叶上的蜡、番茄和胡萝卜中的色素、天然橡胶等都是烃，蜂蜡中也含有烃。烃的最重要用途是作为交通运输和工业的动力，以及生活用的燃料，如汽油、柴油、液化石油气、沼气等；其次是作为化学工业的原料。石油化学工业所生产的烃类原料主要有乙烯、丙烯、苯、甲苯、二甲苯、丁烯、乙炔、萘等；进一步加工得到的原料有丁二烯、乙苯、异丙苯、苯乙烯、环己烷等。利用这些烃类原料再加工成各种中间产物或产物，如塑料、橡胶、纤维、去污剂、染料、药物、杀虫剂、溶剂等。烃的另一种用途是做润滑油；食用烃的细菌排泄出的蛋白质，可用作饲料。烃类的重要性可以同碳水化合物和蛋白质相比。加工应用烃类化合物的规模和深度可以反映一个国家经济和技术的发展程度。

烃的种类虽然很多，但彼此仍有一些共同的性质。大多数烃为液体或固体，分子中碳原子的数目不超过5的烃在室温(20℃)下为气体。烃在水中的溶解度很小或不溶于水。液体烃的相对密度小于1，可以浮在水面上。不同的烃往往可以互相溶解。所有的烃都能燃烧，供氧充足时，完全燃烧生成二氧化碳和水，同时放出大量的热。因此，烃是重要的能源。在供氧不充足时，烃的燃烧不完全，生成一氧化碳或碳。

石油中的烃有三种类型：烷烃、环烷烃和芳香烃。芳香烃又称芳香族碳氢化合物。一般有一个或多个具有特殊结构的六圆环(苯环)组成。最简单的芳香烃是苯、甲苯、二甲苯。

多环芳香烃又称稠环芳香烃(polycyclic aromatic hydrocarbons，PAHs)，分子中含有两个或两个以上苯环结构的化合物，是最早被认识的化学致癌物。早在1775年英国外科医生Pott就提出打扫烟囱的童工，成年后多发阴囊癌，其原因就是燃煤烟尘颗粒穿过衣服擦入阴囊皮肤所致，实际上就是煤炱中的多环芳香烃所致。多环芳香烃也是最早在动物实验中获得成功的化学致癌物。1915年日本学者Yamagiwa和Ichikawa，用煤焦油中的多环芳香烃所致。在20世纪50年代以前多环芳香烃曾被认为是最主要的致癌因素，50年代后各种不同类型的致癌物中之一类。但总的来说，它在致癌物中仍然有很重要的地位，因为至今它仍然是数量最多的一类致癌物，在总数已达1 000多种的致癌物中，多环芳香烃占了1/3以上，而且分布极广。空气、土壤、水体及植物中都有其存在，甚至在深达地层下50 m的石灰石中也分离出了3，4-苯并芘。在自然界，它主要存在于煤、石油、焦油和沥青中，也可以由含碳氢元素的化合物不完全燃烧产生。汽车、飞机及各种机动车辆所排出的废气中和香烟的烟雾中均含有多种致癌性多环芳香烃。露天焚烧(失火、烧荒)可以产生多种多环芳香烃致癌物。烟熏、烘烤及焙焦的食品均可受到多环芳香烃的污染。

PAHs广泛分布于环境中，可以在我们生活的每一个角落发现，任何有机物燃烧、加工、废弃或使用的地方都有可能产生PAHs。

由于PAHs的三致作用及其污染范围的广泛性，所以，被各国列为优先控制的环境污染物。PAHs三方面的毒性作用：一是具有一定的免疫抑制作用，二是“三致作用”，三为光致毒效应。此外，PAHs对中枢神经系统和血液(溶血)也有很强的毒性作用，带烷基侧链的PAHs对黏膜的刺激性和麻醉性极强。但越来越多的研究表明，PAHs真正的危害在于他们暴露于太阳光中的紫外线的光辐射时的光致毒效应。有试验表明，同时暴露于PAHs和紫外光的光辐射时会加速对细胞有损伤作用的自由基形成，破坏细胞膜，损伤DNA，从而引起机体细胞遗传信息发生突变。

(六)二噁英污染

二噁英具有强致癌性、生殖毒性、免疫毒性和内分泌毒性，毒性相当于氰化钾的1 000倍，国际癌症研究中心已将其列为一级致癌物。

自1999年5月27日比利时首次公布鸡肉和鸡蛋含超量致癌物二噁英以后，首先是法国、德国、荷兰等下令禁止出售从比利时进口的鸡肉、鸡蛋和其他相关食品，随后其他国家相继效仿，一时间让全球消费者为食品安全而恐慌，感到世界末日似乎要来临。在公众和舆论的巨大压力下，比国卫生大臣科拉和农业大臣班克斯坦不得不于6月1日同时辞职。

经调查，发生此次污染事件是由于比国福克斯特(Verkest)饲料公司3个饲料生产厂生产的动物性饲料(脂肪)受到严重污染造成的，为此受影响的肉鸡厂445家、猪场746家、奶牛场

393 家，他们都因为从 1 家买进了福克斯特脂肪来生产饲料的公司买进饲料的。调查发现福克斯特公司于 1999 年 1 月 18—19 日生产的脂肪受到严重污染，为慎重起见，比利时决定对 1999 年 1 月 15 日到 6 月 1 日期间生产的牛奶、肉鸡和蛋鸡都要进行检查，尚未售出的要立即撤回。比利时全年肉鸡产量约为 2 亿只，若平均算起来，意味着有将近 1 亿只鸡受到污染。

1. 二噁英及其理化特性　二噁英(Dioxins)—是燃烧天然和化学物过程中产生的有毒产物的总称。从化学上来讲，与二噁英相关的化合物有三大类：第 1 类是二噁英　化学名为 2,3,7,8-四氯二苯-对-二氧化物(TCDD)，它包括有 75 种同类物；第 2 类是呋喃环结构　化学名为 2,3,7,8-四氯二苯呋喃，它包括有 135 种同类物；第 3 类是多氯联苯(PCB)　化学名为 3,3,4,4,5,5,-六氯-二苯，它包括有 209 种同类物。在这 419 种同类物中，只有 30 种被认为具有二噁英样作用。其中毒性最强，具有“世纪之毒”之称的即是 TCDD。

从理化特性来看，二噁英是毒性极强的一类三环芳香族有机化合物，由 2 个或一个氧原子连接 2 个被氯取代的苯环，分别称为多氯二苯并二噁英和多氯二苯并呋喃。每个苯环上可以取代 1～4 个氯原子，共有 75 个 PCDD 异构体和 135 个 PCDF 异构体。此外由于多氯联苯(polychlorinated biphenyls，PCB)其结构与二噁英有些相似，其毒性也与二噁英相似。人们通常所指的二噁英是特指 2,3,7,8-四氯二苯并二噁英(tetrachloro－dibenzo－pdioxin，TCDD)。

二噁英为固体，熔点高，对热稳定(850℃以上才会被破坏)，性质非常稳定，无色无味，不溶于水，具有高度的脂溶性，易溶于脂肪及有机溶剂(如对二氯苯氯仿、甲醇、丙酮等)中，故极易累积于生物体的脂肪组织中。如 TCDD 在水中的溶解度为 7.2×10^{-9} g/L，而在对二氯苯中溶解度则为 1.4 g/L，此外二噁英对酸、碱、氧化剂稳定。由于二噁英具有稳定的化学物质，高度的亲脂性，故易于在环境中积累并通过食物链的富集作用而对动物和人造成威胁。

2. 二噁英的来源　环境中二噁英的主要来源有：①城市垃圾焚烧。由于二噁英对热非常稳定，当处理城市废物时，若废物中含有痕量二噁英则在焚烧时可将其释放入大气中，此外在焚烧垃圾时，其中的含氯前体物如聚苯乙烯、氯代苯、五氯苯酚等在适当温度(300～800℃)可通过分子内重排、自由基缩合、脱氯或其他反应生成多氯二苯并二噁英(polychlorinated dibenzo-p-dioxins，PCDD)和多氯二苯并呋喃(polychlorinated dibenzofurans，PCDF)。②在冶金工业以及造纸工业的企业等，在纸浆的生产和漂白过程中会产生二噁英，随着造纸厂的污水而排入环境。③农药杀虫剂、除草剂如 2,4,5-T 除草剂，曾在越南战争中大量用作丛林除叶剂)、某些药品(如六氯酚)及某些木材防腐剂(其中含有五氯酚)的生产过程中均会产生二噁英，它是以杂质形式存在于这些商品中，当应用这些商品时，其中的二噁英会释放入环境。

二噁英在自然环境中并不存在，但是由于人类工业活动而变得无处不在，可以在汽车尾气，燃烧的木材、肉、奶和香烟中都存在。它并不是化工厂生产的，而是某些特定化学工业以及一些造纸工业的讨厌的副产品，它还是当年美军在越战中使用的脱叶农药“橙剂”的污染物。

日常生活所用的 PVC (聚氯乙烯)塑料袋等含有氯的垃圾的燃烧也可产生二噁英，释放出来后悬浮于空气中，下雨时随着雨水落在地面或庄稼表面，植物或动物吸收后就被污染。

3. 二噁英的毒性　二噁英是公认的极毒、强致癌物，常以微小的颗粒存在于空气、土壤和水中，主要的污染源是冶金工业、垃圾焚烧，以及生产杀虫剂、除草剂、造纸的企业等。牛、猪、鸡等动物吞食二噁英后，主要分布在肝、脂肪、肾、肌肉组织、乳、汗和蛋内，人吃了受污染的肉、奶，可致激素分泌失调，影响生育、免疫力、甲状腺功能，婴儿神经系统也会受侵害。资料介绍，二噁英对于人体每日允许摄入量是每千克体重 1～4 pg(皮克)/(kg 体重·d)(1 pg 即为万亿分之一克),即一位体重 50 kg 的人,每日允许摄入量是 50～200 pg。1990 年 WHO 规定二噁英的可耐受日摄取量(TDI)为 10 pg/(kg/体重·d)。根据美国环保署(EPA)的规定,水中的含量不得超过 10^{-18} mg/kg。为安全起见,一般将二噁英和多氯联苯一起考虑为毒性等同物(Toxic Equivalents,TEQs),安全接触量为 10 pgTEQ/(kg 体重·d)。

在 75 种二噁英同类物中,有 17 种包括 TCDD 化合物的毒性较大。它们进入到人体后主要停留在机体脂肪组织内,机体对其代谢非常缓慢,消除半衰期为 8 年。二噁英的毒性极大,比氰化钾还要毒 50～100 倍。二噁英进入动物机体后对动物的主要毒性之一就是抑制免疫系统,导致对感染和癌症的抵抗力下降,类似于艾滋病毒,因此有"化学艾滋病毒"之称,二噁英是目前已知具有最强致癌作用的物质,虽然对人的致癌作用尚未有直接证据,但对啮齿类试验动物的试验证明有致癌作用。

根据对大鼠的试验,结果表明以每天 10 000～20 000 pg/kg 的剂量给药,可以导致 10%～20%的大鼠诱发癌症。由此推导,如果人类每天接触到 0.01 pg/kg 就会有很大的致癌危险:根据美国劳动职业安全和卫生研究所的 Marilyn Fingerhut 对 55 172 名经常接触二噁英的化工厂工人进行跟踪调查显示,在这 5 000 多名被跟踪调查者中,已有 265 名死于癌症,而同期不接确二噁英的人群中死于癌症的人数 230 名,两者之间有显著的差别。在被调查者中包括了 1 520 名接触二噁英 1 年以上的工人,结果有 114 人死于癌症,如果按照预计的数字应该是只有 78 人。由于目前世界上尚未肯定地确定它的致癌作用,所以人们对它的担心更多了。

小鼠试验已经证明,二噁英及其类似物可以引起腭裂、肾盂积水膨出、先天性输尿管阻塞。在大鼠的试验证明低剂量的二噁英对激素平衡有很大影响,二噁英还通过引起雄性激素缺乏,使睾丸素合成减少,影响雄性的繁育功能。已有证据表明,法国男子的精液中精子的数量在近 50 年内减少了 50%。同时可能对女子的繁育功能有重大影响,如引起子宫内膜移位。二噁英进入到人体后首先引起肝的代谢酶变化,皮肤接触后可引起严重的暗疮,当年越战美军士兵发生的怪病就与美军在越南投下的脱叶剂中的二噁英有关。因此,20 多年来,美国环保署一直在投巨资研究之。

二噁英的慢性毒性作用:二噁英是蓄积性毒物。二噁英的慢性危害远大于急性毒性的危害。Viluksela 等(1998)研究了 4 种二噁英混合物(PCDD,P5CDD,H6CDD,H7CDD)对大鼠的亚慢性毒性,结果表明二噁英长期应用可引起大鼠体重降低,死亡率增加,凝血时间延长,血小板数目减少,血中甲状腺素(T4)浓度降低。肝中乙氧基异吩恶唑酮-O-脱乙基酶(ethoxy resorufin-o-deethylase,EROD)活性升高,磷酸烯醇式丙酮酸羧基激酶活性以及色氨酸-2,3-二氧化酶的活性则显著降低。这三种酶的活性变化可作为二噁英慢性中毒的指标,而且以上这些活性变化呈剂量依赖性。二噁英还具有致畸、致突变、致癌作用及免疫毒性、生殖和发育毒性。

4.二噁英中毒的临诊症状及病理变化　二噁英异构体的毒性在各种动物间有差异,例如犬比小鼠或豚鼠能耐受高几百倍的 TCDD。但其在各种动物中毒时的临诊症状及病理变化则基本相似,主要包括对皮肤、肝脏的损害,出血及免疫抑制作用。

①皮肤 出现氯痤疮可能是人接触二噁英后最敏感的标志，在染毒后1周通常作为第一症状出现，能持续20年。最典型的是在眼下部及耳后有灰白黄色囊肿，严重时这些囊肿变化丘疹脓疱并发展到脸的其他部位、颈、躯干及肢端。有时可见色素沉着过多、多毛等症状。猴及家兔则主要表现为眼睑及眼圈水肿。

②肝脏 大鼠肝脏肿胀及坏死，肝源性酶活性发生改变，伴随这些变化，动物出现腹部不适，厌食及消化不良。

5.二噁英进入机体的途径 主要是通过食入，占90%～95%，此外，还可通过呼吸和皮肤进入人体。

空气中的二噁英主要来自各种垃圾的燃烧和汽车尾气等，在市区，二噁英的浓度一般在0.01～0.1 pg/m^3。土壤/食品中的二噁英可通过食物链进入畜禽和人体，因为农药的使用加上污染空气的沉降作用导致二噁英在土壤耕地中残留，土壤中的污染物被植物和谷物吸收，又通过畜禽富集。由于二噁英具有高度的脂溶性，进入家畜体内后极易累积于脂肪组织中，因此一般在食品中，特别是在脂肪性食品如牛奶、鱼中都有非常高的浓度存在。污染的鸡蛋主要在蛋黄中。据估计，人体接触二噁英的机会约90%来自于食品，有些地方甚至100%。此外，还可通过呼吸和皮肤进入人体。

水中的二噁英可以从空气中因下雨等天气污染水体，还有可能是直接从化学加工过程如金属回收厂和用含氯漂白剂的造纸厂污染水体。因为二噁英不溶于水，所以进入水体中的二噁英一般都被吸附在淤泥中。但是，即使如果只有万亿分之0.5($5/10^{-13}$)的浓度，也可以导致每天接触到1 000 pg，或10 pg/kg体重以上。虽然水中的量对人畜影响不大，但是污染的水体中养的鱼则可以富集二噁英。曾经有记录污染的水体中养的鱼组织中的二噁英浓度高达85 pg/g。而美国FDA规定对人没有健康影响的鱼体内二噁英浓度为25 pg/g。1999年比利时污染的鸡蛋中含有二噁英的量高达500 pg/g。

(七)汽车尾气中的3-甲基,4-硝基酚

3-甲基-4-硝基酚 (3-methyl-4-nitrophenol，PNMC)是一种新的环境雌激素，是汽车尾气的组成成分和杀虫剂杀螟松的主要降解产物，有研究发现，PNMC可以降低大鼠睾丸及副性腺的重量并且对睾丸的组织结构有损伤作用，而且睾丸曲细精管上皮厚度与直径的比值显著增加（$p<0.05$)；同时降低血清睾酮浓度（$p<0.05$)，并通过升高Bax和降低Bcl-2蛋白的表达量诱导生精细胞凋亡；此外，PNMC染毒组大鼠精子的畸形率明显高于对照组($p<0.05$)，并且随着染毒浓度的增加，精子畸形率有增加的趋势。但对大鼠血清中雌二醇浓度和睾丸组织中的雌激素受体β（ER-β）和雄激素受体（AR）的含量没有明显的影响。以上结果表明，PNMC可引起雄性动物睾丸组织结构损伤，不但能诱导生精细胞凋亡和抑制精子形成，还可诱导精子畸变。同时其对雌性小鼠生殖系统也有一定的毒性作用，如可使小鼠子宫肌层增厚、子宫内膜增生且凸凹不平，而且子宫内核增殖抗原表达量明显升高($p<0.05$)；相反，ER-β的表达量显著下降($p<0.05$)，此结果证明PNMC具有雌激素样作用；此外，PNMC还可以诱导子宫内膜嗜酸性粒细胞增生，从而影响雌性小鼠的发情周期；以上结果表明PNMC具有诱导子宫黏膜增生性损伤作用，说明PNMC对雌性动物的生殖系统也具有毒性作用。

二、水体污染

各种来源的废气、废水和废渣均可对水体造成污染，如化工、机械、冶金、印染、采矿、造纸工业废水的直接排放会对地面和地下水体造成污染，大气和土壤中的污染物可随降水（雨、雪等）和浇灌水的淋洗而污染地面和地下水体。水体污染主要可分为有机污染、生物污染、有毒有害物质污染、致癌物质污染和放射性物质污染。

（一）有机污染

造纸、皮革、屠宰生物制品、食品加工制糖、石油化工及医院废水、居民生活污水、畜牧场污水都含有较高的碳氢化合物、含氮化合物等大量的有机污染物。水中有机物浓度一般以溶解氧（DO）、化学耗氧量（COD_{Cr}）和生化需氧量（BOD_5）表示，单位均为 mg/L。

DO 是指溶解在水中的分子态氧，在常温下，天然水体的 DO 为 5～10 mg/L；COD_{Cr} 是指以强氧化剂氧化水中的还原物质（包括有机物）所消耗的氧化剂的量，折算为氧量；BOD_5 是指需氧微生物分解水中的有机物所消耗的 DO 量，一般以在 20℃条件下培养 5 d 消耗的 DOmg 数计。

水体受有机物污染后可引起水体富营养化：蓝藻大量繁殖，导致水中缺氧，鱼类大量死亡。如 20 世纪发生于日本的“水俣病”即是由汞污染引起。1952 年日本水俣湾附近渔村中，发现一些猫步态不稳，抽筋麻痹，最后跳入水中溺死，当地人谓之“自杀猫”，到 1962 年才确定“水俣病”的发生是由于环境受汞污染所致，特别是长期食用被污染的鱼和贝类引起的甲基汞慢性中毒。这是由于从水俣镇的工厂排放的氯化甲基汞污染海域，使鱼和贝类中毒造成的。继水俣镇之后 1963 年，日本新泻县又有大批自杀猫、自杀犬出现。

（二）生物性污染

天然水体中一般都不同程度地存在微生物，如被人和动物粪便、屠宰加工废弃物、生活污水和医院污水等污染后，还会有各种病原微生物，由水体污染引起的疫病传播称为“介水传染病”，如猪瘟、丹毒、口蹄疫、炭疽、布氏杆菌病、钩螺旋体等。

（三）有毒物质污染

主要来自工业废水和农药，包括无机的和有机的有毒物质。前者有铅、砷、汞、镉、镍、铜、锌、铬、铍、氟、氰化物等，可引起人和动物急性或慢性中毒和致癌，铅可引起食欲不振、头疼、腹痛、关节痛；砷可引起四肢肌肉萎缩、畸形；铅、砷、铍可以致癌，有机毒物质有酚类化合物、多氯联苯、有机氯农药、有机磷农药、合成洗涤剂、有机酸、石油、苯胺、3,4-苯并芘及其他芳香烃等，有些有机毒物可引起人和动物急性或慢性中毒，如有机磷农药；有些可致癌，如苯胺、3,4-并苯芘及其他芳香烃类物质；酚类化合物、石油等在轻度污染时对机体无直接危害，但可使水的感官性状恶化，导致水体发生恶臭、异味、泡沫、油层，并妨碍水体自净。

靠近工厂、矿区的畜牧场水体、土壤、空气容易被污染，特别是工业废水中的有害有毒物质种类很多，具有较大毒性的有铅、汞、砷、铜、氰化物、有机磷农药、氟等，当污染水源时，往往能使饮用这种水的家畜发生中毒，影响鱼类生存，有的毒物如酚类、石油等，污染水体后，使水有异臭、异味，不宜饮用，鱼肉有泥土味等. 饲料中残留某些农药，也可通过食物链进入人体，有致畸、致癌作用，对人体健康带来危害，同时也直接影响畜产品的外贸出口。

(四)放射性物质污染

天然水体放射性物质含量甚微,主要来自人为污染,其对机体的危害取决于放射性物质的种类、半衰期、放射比度、机体摄入量和时间长短等,在一般情况下,因其浓度较小,故影响缓慢,不易察觉。

三、土壤污染

(一)土壤污染的概念

土壤是指陆地表面具有肥力、能够生长植物的疏松表层,其厚度一般在 2 m 左右。各种外来的具有生理毒性的物质或过量的植物营养元素进入土壤并积累到一定程度,超过土壤本身的自净能力,而导致土壤性状变劣、质量下降和土壤中植物生理功能失调的现象称为土壤污染。土壤不但为植物生长提供机械支撑,并能为植物生长发育提供所需要的水、肥、气、热等肥力要素。近年来,由于人口急剧增长,工业迅猛发展,固体废物不断向土壤表面堆放和倾倒,有害废水不断向土壤中渗透,大气中的有害气体及飘尘也不断随雨水降落在土壤中,导致了土壤污染。凡是妨碍土壤正常功能,降低作物产量和质量,还通过粮食、蔬菜,水果等间接影响人体健康的物质,都称为土壤污染物。

土壤处于陆地生态系统中的无机界和生物界的中心,不仅在本系统内进行着能量和物质的循环,而且与水域、大气和生物之间也不断进行物质交换,一旦发生污染,三者之间就会有污染物质的相互传递。作物从土壤中吸收和积累的污染物常通过食物链传递而影响动物和人体的健康。

(二)土壤污染物的类型

土壤污染物有下列 4 类:①化学污染物:包括无机污染物和有机污染物。前者如汞、镉、铅、砷、氰化物等重金属,过量的氮、磷植物营养元素以及氧化物和硫化物等;有机污染物主要包括有机农药、酚类、石油、合成洗涤剂、3,4-苯并芘以及由城市污水、污泥,石油及其裂解产物,以及其他各类有机合成产物等。②物理污染物:指来自工厂、矿山的固体废弃物如尾矿、废石、粉煤灰和工业垃圾等。③生物污染物:指带有各种病菌的城市垃圾和由卫生设施(包括医院)排出的废水、废物以及厩肥等。城市污水、污泥及厩肥带来的有害微生物等。④放射性污染物:主要存在于核原料开采和大气层核爆炸地区,以锶和铯等在土壤中生存期长的放射性元素为主。

(三)污染物进入土壤的途径

污染物进入土壤的途径是多方面的。

1.污水灌溉　废水中携带大量污染物进入土壤,用未经处理或未达到排放标准的工业污水灌溉农田是污染物进入 土壤的主要途径,其后果是在灌溉渠系两侧形成污染带。属封闭式局限性污染。

2.酸雨和降尘　废气中含有的污染物质,特别是颗粒物,在重力作用下沉降到地面进入土壤,工业排放的 SO_2、NO 等有害气体在大气中发生反应而形成酸雨,以自然降水形式进入土壤,引起土壤酸化。冶金工业烟囱排放的金属氧化物粉尘,则在重力作用下以降尘形式进入土壤,形成以排污工厂为中心、半径为 2～3 km 范围的点状污染。

3.汽车排气　汽油中添加的防爆剂四乙基铅随废气排出污染土壤,行车频率高的公路两侧常形成明显的铅污染带。

4.固体废弃物 固体废物中的污染物直接进入土壤或其渗出液进入土壤。堆积场所土壤直接受到污染，自然条件下的二次扩散会形成更大范围的污染。

5.过量施用农药、化肥 农药、化肥的大量使用，造成土壤有机质含量下降，土壤板结，也是土壤污染的来源之一。

上述各途径中，最主要的污染途径是污水灌溉带来的土壤污染。从环保意义上讲，土壤是最主要的污染物受纳体，采矿、冶炼、化工、锅炉燃烧等产生的矿石、炉渣、灰烬含无机毒物的金属矿渣、化工生产废渣等无机废渣，生物制品、屠宰、食品加工、皮革加工过程产生的食品加工厂的废渣、动植物尸体、动物内脏及皮、毛、骨等工业有机废渣的直接倾倒，空气污染物的沉降和土壤吸附，水体污染物在土层中的渗滤和被吸附，都使各种来源的污染物进入土壤，故其污染包全了前述大气和水源的污染物。同时，土壤中的污染物亦可通过挥发、扩散、径流、渗滤等进入大气、地面和地下水源。

(四)土壤污染的危害

当土壤中含有害物质过多，超过土壤的自净能力，就会引起土壤的组成、结构和功能发生变化，土壤微生物活动受到抑制，有害物质或其分解产物在土壤中逐渐积累通过“土壤→植物→动物→人体”，或通过“土壤→水→动物→人体”间接被人体吸收，达到危害动物和人体健康的程度，就形成了土壤污染。土壤污染除导致土壤质量下降、农作物产量和品质下降外，更为严重的是土壤对污染物具有富集作用，一些毒性大的污染物，如汞、镉等富集到作物果实中，人或牲畜食用后发生中毒。如我国辽宁沈阳张士灌区由于长期引用工业废水灌溉，导致土壤和稻米中重金属镉含量超标，人畜不能食用。土壤不能再作为耕地，只能改作他用。

由于土壤与大气和地面水源相比，其透气、透光性差，自净作用也相对较弱，病原微生物生成芽孢可在土壤与大气和地面水源相比，其透气、透光性差，自净作用也相对较弱，病原微生物生成芽孢可在土壤中生存数年，一旦进入机体仍可致病。

此外，农药残留引起土壤污染后，通过食物链可造成动物源食品的农药残留，而影响食品安全。2002 年我国出口欧盟的水产品因氯霉素残留遭全面禁运造成损失 6 亿多美元；2007 年山东多宝鱼事件，损失 40 亿元。从 1997—2010 年我国农产品外贸因食品安全绿色(技术)壁垒而受阻的产品总值超过 2 000 亿美元，等等，不仅影响外贸声誉，而且也给经济带来损失。

大量人工合成的化学产品通过工、农业生产和人们日常生活应用而被广泛释放于大自然之中，众多有毒的化学物质污染了生态环境，污染了水源、土壤和大气。据不完全统计，我国农药使用量达 30 万 t(原药)，除 30%～40%被农作物吸收外，大部分剩余的农药进入了水体和土壤之中。

第三节 畜牧养殖生产对环境与健康的影响

我国是养殖大国，1999 年我国存栏数猪 4.31 亿头，占世界猪存栏的 47%；存栏牛 1.27 亿头，占世界总量的 8.4%；存栏羊 2.8 亿头，占世界总量的 15.7%；存栏家禽 41.71 亿只，占世界总量的 30%。我国已成为世界最大的肉、蛋生产国，家畜的生产规模愈来愈大，现代化、集约化程度愈来愈高，饲养密度及饲养量急剧增加。2006 年中国猪肉总产量为 5 197 万 t 占世界总产量的 50.1%，中国是世界上猪肉生产和销售大国。2008 年中国农业统计年鉴公布的数据，猪存栏数为 60 960 万头；奶牛存栏数为 1 300 万头；羊为 28 564.7 只；禽类为 120 亿羽。

高密度集约化、规模化的饲养模式是畜牧业生产的主要模式和发展潮流，但随着畜牧场规模的扩大，养殖场所带来的环境污染问题已引起了人们的关注。2006 年 FAO 的一份报告中指出畜牧业对环境的破坏相当广泛，包括空气污染、气候变化、水资源的浪费、水污染、森林砍伐、土地和土壤的破坏、物种的消亡等。

20 世纪 80 年代以来，由于“菜篮子工程”的实施，现代化养殖场大多集中在城市、工矿区，为保证居民的肉食供应做出了巨大贡献，但这些地区人口集中、土地相对较少，而城郊农业大量使用化肥，加之我国畜牧场污物排放标准等相关政策和法规还不够健全，养殖场粪污不加处理和利用地任意堆弃、排放的现象普遍存在，不可避免地导致了“畜产公害”的发生。

按粪便排泄量计算，1 头猪相当于 2 个人，而按 BOD_5 的排泄量计，则 1 头猪相当于 13 个人（或相当于 19 只鸡或 0.5 头肉牛），按我国存栏猪 4.31 亿头计，其粪便排泄量和 BOD_5 排泄量分别相当于 9 亿和 958 亿人。

养殖场对环境的污染包括恶臭、粉尘、噪声、粪便和污水，但主要是粪污处理利用不当对大气、水源和土壤造成的污染。养殖场的粪污包括粪便、垫草及其他固体废弃物，以及饲养管理、消毒、职工生活等产生的污水。养殖场粪污的污染物主要是有机物、恶臭和病原微生物。

一、养殖生产对大气的污染

养殖场产生的恶臭、粉尘和微生物排入大气后，可通过大气的气流扩散和稀释、氧化和光化学分解、沉降、降水溶解、地面植被和土壤吸附等作用而得到净化（自净），但当污染物排量超过大气的自净能力时将对人和动物造成危害。据测定，一个年产 10.8 万头的猪场，每小时可向大气排放 159 kg NH_3，14.5 kg H_2S，25.9 kg 粉尘和 15 亿个菌体，这些物质的污染半径可达 4.5～5.0 km。

（一）恶臭

养殖场恶臭除畜禽的皮肤分泌物、黏附于皮肤的污物、外激素，呼出气等产生的养殖场特有难闻气味外，主要来自粪污在堆放过程中有机物的腐败分解（特别是厌氧腐解），碳水化合物分解产生甲烷、有机酸和醇等带臭味的气体；蛋白质、脂类等分解产生氨、硫化氢、丙醇、吲哚、甲基吲哚、甲硫醇、3-甲基丁醇、粪等具有恶臭的含硫和氮的化合物。据测定，猪粪可产生 230 种恶臭物质，包括具有强烈粪臭的吡咯类（吲哚、粪臭素等）、有腐蛋刺激臭的硫化物、有腐鱼臭的胺类、有烂洋葱臭的硫醇类、有刺激臭的脂肪酸类、有不快和刺激臭的醛类、有黄油臭和金属臭的酮类、有不快臭的酚类等有机成分，此外还有氨、硫化氢等无机成分。

研究表明，畜禽养殖场中检测出的有害气体有近 200 种。奶牛、猪、鸡饲料中的 70%左右的含氮物质被排泄出来。大量的畜禽粪便如果不及时处理，在高温下，发酵和分解产生的氨气和硫化氢等臭味气体，排放到大气中，将会使臭味成倍增加。同时产生的甲基硫醇，二甲基二硫醚，甲硫醚，二甲胺及多种低级脂肪酸等有毒有害气体污染空气，造成空气中含氧量相对下降，使动物及人的免疫力下降，呼吸道疾病频发，影响畜禽产品质量。许多地区，规模化牲畜养殖场排出的粪便和粪水，由于处理不当和不及时而发酵，产生大量的氨气，连同粪中的含硫蛋白分解，产生硫化氢等臭味气体，形成恶臭。畜牧场挥发出的有害臭气对周围环境造成的空气污染，首先影响牲畜本身的生长发育；其次由于其中的含硫气体的扩散，对人的呼吸道有致病作用而影响周围居民的健康，成为许多地区人们关注的环境问题。

在畜牧场对大气的恶臭污染事件中，养殖场居各种牧场之首，日本农林水产省畜产局统计，1969—1970年畜产公害事件的水质污染、恶臭、害虫或综合污染，养殖业所占比例均最高；B、F、Pain(1994)报道，英国的畜产恶臭污染中，养猪业占57%，养鸡业占22%，养牛业占17%。

由畜禽圈舍和粪污堆场、贮池、处理设施产生并排入大气恶臭物质，除引起不快、产生厌恶感外，恶臭的大部分成分对人和动物有刺激性和毒性。吸入某些高浓度恶臭物质可引起急性中毒，但在生产条件下这种机会及少；长时间吸入低浓度恶臭物质，开始是引起反射性的呼吸抑制，呼吸变浅、变慢，肺活量减小，继而使嗅觉疲劳而改变嗅觉阈，同时也解除了保护性呼吸抑制而导致慢性中毒。氨、硫化氢、硫醇、硫醚、有机酸、酚类等恶臭物质均有刺激性和腐蚀性，可引起呼吸道炎症和眼病；脂肪簇胺、醇类、醛类、酮类、酯类等恶臭物质，对中枢神经系统均可产生强烈刺激，不同程度地引起兴奋或麻醉作用，有些(如酯类、杂环化合物等)还会损害肝脏、肾脏；此外，长时间吸入恶臭物质会改变神经内分泌功能，降低代谢机能和免疫功能，使生产力下降，发病率和死亡率升高。

(二)尘埃和微生物

由养殖场排出的大量粉尘携带数量和种类众多的微生物，并为微生物的繁殖提供了营养和庇护，增强了微生物的活力和生存时间，这些尘埃和微生物可随风传播30 km以上，从而扩大了其污染和危害范围。

尘埃污染使大气吸入颗粒物增加，恶化了猪场周围大气和环境的卫生状况，使人和动物的眼和呼吸道疾病发病率提高；微生物污染则可引起口蹄疫、猪肺疫、大肠埃希氏杆菌、真菌孢子等疫病的传播，危害人和动物的健康。

粪污中含有大量的病原微生物，不能被自净过程杀灭，可直接通过水体或通过水生动植物进行扩散和传播，危害人和动物的健康；此外，粪污中含有大量的氮磷等有机营养元素，当其进入水体的量超过水体自净能力时，会导致水体的“富营养化”。有人报道，在猪场排污口下游50 m的溪流中采水样SS达103 mg/L，BOD_5达9.5 mg/L，并检出了大肠杆菌O_{26}，有人对南方某市三个村的猪场附近河水分析表明，细菌总数高达11.35～70万个/L。

从宏观环境而言，大气中氮沉降和甲烷沉降是构成全球大气环境危害的重大因素，造成了许多地区出现了程度不同的酸雨和温室效应，由此造成的经济损失是难以估量的。据研究，甲烷气体会造成21倍于二氧化碳的温室效应；氧化亚氮会造成300多倍于二氧化碳所造成的温室效应。甲烷和氧化亚氮是反刍动物正常消化过程中的产物，通过嗳气和排泄物发酵排入大气污染空气。据计算我国牛生产中排放出的甲烷量占家养动物总排放量的73%，是甲烷、氧化亚氮的重要释放源。牲畜粪便挥发出的氨气到大气中是构成大气氮污染的重要原因。

二、养殖生产对水源的污染

养殖场排放的污水、固体粪便被降水淋洗冲刷进入自然水体，使水中悬浮固体物(SS)、COD_{Cr}、BOD_5和微生物含量升高，水体可通过稀释、扩散、沉淀、吸附、光化学分解、生物降解、生物拮抗等作用，使无机污染物减少，就会改变水体的物理、化学性状和生物群落组成，使水质变坏，使原有用途受到影响；

牲畜产生的粪、尿一般通过两个途径进入环境：一是在饲养过程中直接进入水环境；二是在堆放储存过程中因降雨和其他原因进入水体。当然，不同地区和不同的养殖场因为设施和管理状况的差异，畜禽生产过程中排放的粪尿的流失率不同。

通常情况下，如果家畜粪尿、畜产加工业污水不经处理、任意排放到水流缓慢的水体，如水库、湖泊、稻田、内海等水域，水中的水生生物，特别是藻类，获得氮、磷、钾等丰富的营养后即可大量繁殖，消耗水中的溶解氧，威胁水域的鱼类生存，用这样的污染水灌溉稻田，可引起禾苗倒伏、稻谷晚熟或不熟，甚至使水稻绝收；内海受污染后，由于藻类大量繁殖，水变浅，影响捕捞业，由于水生生物大量发育生长，溶解氧耗尽，造成植物根系腐烂，鱼虾死亡。在水底层由于有机物的厌氧分解，产生 H_2S、NH_3、硫醇等恶臭物质，使水呈黑色，这种现象称水体的"富营养化"，水体富营养化是家畜粪尿污染水体的一个重要标志。被腐败有机物污染的水体，人饮用后，易引起过敏反应。例如福建泉州马甲村一水库被鸭粪污染，水库内鸭粪沉积达数尺之厚，使水质严重恶化，昆虫滋生，人的皮肤接触这种昆虫后，即引起皮肤发生腐烂性炎症反应。又如 20 世纪 90 年代后期，福建仙游县某个村，由于制革厂污水排入河内，村民使用此水，发生皮疹，最后，农田和水稻绝收。

据测定，一个 10 万羽的养鸡场，年产鸡粪达 3 600 多 t；1 头猪年产粪尿约 2 t，如采用水冲式清粪，1 头猪的日污水排放量约 30 kg。畜牧业生产的环境污染物主要包括粪便排泄物、洗刷用具和场地消毒的污水、病死畜禽、废弃物等。动物粪便排放，导致氮、磷和其他营养物质进入地表水、地下水和沿海生态系统，致使其富营养化；污染物中还可携带 100 余种细菌和病毒，这些病原体可随灰尘进入空气，造成空气污染，随污水流入溪流、江河而污染水体；畜禽饲料中的抗生素、抗球虫药物等添加剂和促生长剂，饲料中的添加的铜、锰等微量元素，饲料原料（如菜籽饼）中的有毒有害物质等均可随粪便排出体外，造成土壤中抗生素、重金属等有害物质沉积。畜牧业造成的环境污染，不仅会损害人类健康，还可造成生物多样性丧失，引发气候变化、水土酸化以及生态系统退化。在丹麦，五十多年的畜牧业集约化生产活动扰乱了天然氮循环，导致了大量氨气向大气排放和硝酸盐对水源污染问题，地下水和地表水中的高硝酸盐含量，破坏了饮用水的水质，并导致湖泊及沿海水域富营养化对水环境造成的污染

三、养殖生产对土壤的污染

在我国，随着规模化养殖业的发展，畜牧业发展与环境保护的矛盾日益突出。据资料，2000 年我国畜禽粪便产生量已达到 19 亿 t 左右，是工业固体废物的 2.4 倍，畜禽粪便的总体土壤负荷警戒值已达 0.49（以小于 0.4 为宜）。据最近国家环保局对 23 个省市规模化畜禽养殖业污染情况调查，80％的规模化养殖场建在人口密集区域，90％的畜禽养殖场未通过环境影响评估，80％左右的畜禽养殖场没有污水处理设施，有的即使建了污水处理设施也没有正常运行。畜禽粪便、污水及废弃物任意排放，污染周围空气、水体和土壤，造成生态环境不断恶化，产生了一系列严重的环境问题。虽然国家环境保护总局先后发布了《畜禽养殖业污染防治管理办法》、《畜禽养殖业污染物排放标准》和《畜禽养殖业污染防治技术规范》，详细规定了畜禽养殖场的选址要求、场区布局与清粪工艺、畜禽粪便贮存、污水处理、固体粪肥的处理利用、饲料和饲养管理、病死畜禽尸体处理与处置、污染物监测等污染防治的基本技术要求，各地也加大了畜牧业污染的治理力度，取得了一定的效果，但畜牧业发展与环境保护的矛盾仍很突出。

畜禽粪便主要的消耗途径是作为有机肥料直接还田。根据上海农科院测定，如果用于还田，1 个标准畜禽单位的年存栏至少应有 1 亩耕地来消纳粪尿废弃物，否则会产生土地环境负担过重或者无法消纳的现象，从而产生环境影响。

畜禽粪便中含有的 N、P、K 是作物生长必不可少的营养元素。但畜禽粪便中含有大量的钠盐和钾盐，如果直接用于农田，过量的钠和钾通过反聚作用而造成某些土壤的微孔减少，使土壤的通透性降低，破坏土壤结构，危害植物。排泄物中含有铜和砷等微量元素，如果不对其粪便进行必要的处理，粪便还田后累积过量的砷对土壤造成的污染危害将显现出来，造成农产品中的含量升高，对人体造成危害。

对环境影响较大的大中型畜禽养殖场 80%集中在人口比较集中、水系较发达的东部沿海地区和诸多大城市周围，由于牲畜粪便尿的排放，北京、上海、山东、河南、广东、广西等地区土地的污染负荷已超过警戒值。

粪污不经无害化处理直接进入土壤，粪污中的蛋白质、脂肪、糖等有机质奖被土壤微生物分解，其中含氮有机物被子分解为氨、胺和硝酸盐，氨和胺可被硝化细菌氧化为亚硝酸盐和硝酸盐；糖和脂肪、类脂等含碳有机物，最终被微生物降解为 CO_2 和 H_2O，从而使土壤得到自然净化。如果污染物排量超过了土壤本身的自净能力，便会出现降解不完全和厌氧腐解，产生恶臭物质和亚硝酸盐等有害物质引起土壤的组成和性状发生改变，破坏其原有的基本功能；

同时，猪场粪污中某些高浓度成分(如铜、铁、锌、磷、抗生素等)，也会造成污染；此外，土壤虽对各种病原微生物有一定的杀灭能力，但进程较慢，且有些微生物还可生成芽孢，更增加了净化难度，故也常造成生物污染和疫病传播。前苏联曾报道，某养猪联合体的粪污在周围农田施用，在耕作层土壤中检出了变形菌群落、病原硫化大肠杆菌 O_{75} 和 O_{127}，寄生虫卵达 20 个/kg 上，在停止施用粪污 2.5 个月后，土壤中的肠道病原微生物和寄生虫卵才降至一般地区的水平；此外，土壤的污染还容易引起地下水的污染，有人测定，在用猪场污水灌溉农田 7 d 后，在灌溉区以外 50 m 处采集地下水水样，其 BOD_5 的含量由 1.2 mg/L 提高到了 19 mg/L，氨含量由 122 mg/L 提高到了 151 mg/L。

与大气污染和水污染相比较，土壤污染具有隐蔽性和滞后性。大气污染、水污染和废弃物污染等问题一般都比较直观，通过感官就能发现。而土壤污染则不同，它往往要通过对土壤样品进行分析化验和农作物的残留检测，甚至通过研究对人畜健康状况的影响才能确定。因此，土壤污染从产生污染到出现问题通常会滞后较长的时间。如日本的“痛痛病”经过了 10～20 年之后才被人们所认识。土壤污染还具有累积性，污染物质在大气和水体中，一般都比在土壤中更容易迁移。这使得污染物质在土壤中并不像在大气和水体中那样容易扩散和稀释，因此容易在土壤中不断积累而超标，同时也使土壤污染具有很强的地域性。

不可逆转性也是土壤污染的一个特点，重金属对土壤的污染基本上是一个不可逆转的过程，许多有机化学物质的污染也需要较长的时间才能降解。譬如：被某些重金属污染的土壤可能要 100～200 年时间才能够恢复。

大量人工合成的化学产品通过工、农业生产和人们日常生活应用而被广泛释放于大自然之中，众多有毒的化学物质污染了生态环境，污染了水源、土壤和大气。据不完全统计，我国农药使用量达 30 万 t(原药)，除 30%～40%被农作物吸收外，大部分剩余的农药进入了水体和土壤之中。

总之，土壤污染难治理，如果大气和水体受到污染，切断污染源之后通过稀释作用和自净化作用也有可能使污染问题不断逆转，但是积累在污染土壤中的难降解污染物则很难靠稀释作用和自净化作用来消除。土壤污染一旦发生，仅仅依靠切断污染源的方法则往往很难恢复，有时要靠换土、淋洗土壤等方法才能解决问题，其他治理技术可能见效较慢。因此，治理污染土壤通常成本较高、治理周期较长。鉴于土壤污染难于治理,而土壤污染问题的产生又具有明显的隐蔽性和滞后性等特点,因此土壤污染问题一般都不太容易受到重视。

四、养殖生产对公共卫生的影响

随着现代畜禽养殖业生产规模的不断扩大和集约化程度的不断提高,畜禽养殖业在为人类提供丰富动物性产品的同时也向环境排放了大量粪尿和有害气体,畜禽养殖业已经成为继工业污染之后不可忽略的污染源,由此带来的环境污染问题日显突出。

(一)引发畜产品污染

滥用抗生素添加剂及饲喂霉变饲料,造成畜产品的污染。抗生素饲料添加剂的广泛应用,如果不控制用量以及畜禽在屠宰前或其产品(蛋、乳)上市前未能按规定停止用药,可使抗生素在畜禽产品中残留,从而通过食物链使人体产生一定的毒性反应和过敏反应。此外,长期使用某种抗生素,可使细菌对该种抗生素产生适应或遗传物质发生突变而形成耐药细菌.耐药性的出现,使这类抗生素的疗效大大降低,或完全失效,对人、畜某些疾病的预防与治疗上造成困难.发霉饲料中的霉菌毒素如黄曲霉毒素及其代谢产物也能通过食物链,即饲料—畜、禽体及产品(奶、肉、蛋)对人体健康发生影响。经检测,动物食用黄曲霉毒素污染的饲料后,在肝、肾、肌肉、血、奶及蛋,可测出极微量的黄曲霉毒素 B_1 或其代谢产物,对人致癌的危险性很大。

(二)病源微生物污染,传播“人兽互传病”

据统计,目前已知的人畜共患病共有 250 多种,中国已证实的人兽互传病有 100 多种;人类传染病的 60%来源于动物,而 50%的动物传染病可以传染给人类。其中包括由猪、禽类、牛、羊、马等动物传染的疾病,这些人兽互传病的载体主要是家畜粪便及排泄物。目前国内很多地区,农村小规模的饲养户仍然沿用在池塘边修建猪舍、猪圈上架设鸡笼,没有根据实际情况,片面提倡鸡粪喂猪、猪粪喂鱼,并被冠以“良性循环”、“立体养殖”的模式被加以推广。

此外,畜禽舍内的微生物通过空气气流弥散,与水、尘埃相结合悬浮在空气中,形成微生物气溶胶,这些带有病源微生物的气溶胶严重危害动物和人身体健康。

有研究表明,畜禽粪便废弃物中含有 150 多种人兽互传病的潜在致病源,畜牧场所排放的污水中平均 2 mL 含 3 万个大肠杆菌和 66 万个肠球菌,沉淀池内污水中蛔虫卵和毛首线虫卵分别高达 193 和 106 个,如不对其进行适当处理,就会成为危险的传染源,造成疫病传播,影响人类健康。此外,未经处理的粪便中致病微生物在环境中能存活很长时间,甚至在田间施用后仍能生存,直接污染种植作物。Mahbub 等用 GFP 标记大肠杆菌 O157:H7,通过粪便或灌溉水进入土壤,结果发现该菌可在土壤中存活 154~196 d,并可进入植物体内污染作物可食部分,在 10 周后仍可在洋葱内检出,5 个月后仍可在胡萝卜中检出。

Nielsen 等研究认为,畜禽粪尿污染的环境可能更有利于细菌耐药性的扩散。有研究证实,养殖场排放的粪便和废水含有大量耐药细菌,这些粪便和粪水施入土壤和水体后,在一定程度上增加了耐药细菌的数量。随着污水和粪肥的使用,带有耐药基因的菌株进入环境,其抗性基因可能通过转化与转导等作用转移至人类病原菌,威胁人类健康。目前养殖场分离的大肠杆菌普遍存在对抗生素的多重耐药现象,耐药菌在动物、环境和饲养员之间可能存在扩散、传递现象。由于抗生素在动物体内需要一定的时间才能完全排出体外。由于长期使用,极易在动物体内蓄积,以致在动物性食品中残留抗生素。人食用含有抗生素残留的动物性食品后,一般不表现急性毒理作用。但长时间摄入抗生素残留的动物性食品后，则可在人体内蓄积，进而引起过敏反应、人体内部分敏感菌株产生耐药性、破坏人体肠道微生态菌群动态平衡以及损害听力和脏器。

在我国，食源性疾病是目前影响食品安全的头号问题。2008 年国家食源性疾病监测资料表明，我国食源性疾病以微生物病原为主，占 40%左右，而在食物中毒事件中，有相当数量的事件与动物源性食品有关或污染的微生物来源于动物。例如，在引起沙门氏菌中毒的食品中，约 90%是肉、蛋、奶等畜产品。此外，由于施用动物粪便肥料，也可导致蔬菜污染动物源性微生物。由于现在生吃和半生吃的食物数量和种类逐渐增多，大大地增加了食源性微生物和寄生虫感染的机会。2004 年完成的"全国人体重要寄生虫病现状调查"结果显示，我国食源性寄生虫病的发病率在局部地区明显上升，其中华支睾吸虫最为明显，囊虫、旋毛虫、弓形虫、肺吸虫的感染率在局部地区，特别是西部贫困地区仍然较高。

据 1997 年 3 月台湾报道，发生猪口蹄疫暴发性流行，主要原因是病猪的尸体随意扔入河道引起疾病的流行。因此，粪便未经无害化处理排入水中易造成传染病的介水流行，最常见的有猪丹毒、副伤寒、布氏杆菌、钩端螺旋体、炭疽等。这些疾病若传染给人，可严重地影响人类的健康。

五、养殖生产对生态环境的影响

改革开放三十多年以来，我国的畜牧业持续增长的同时，草原区的草地生态环境恶化的趋势以及农村集约化养殖造成的污染已成为众所关注的问题。

(一)畜禽养殖生产污染对生态环境的压力

我国已成为世界上最大的肉、蛋生产国，家畜的生产规模愈来愈大，现代化、集约化程度愈来愈高，饲养密度及饲养量急剧增加，畜牧养殖业也逐步从农牧业结合的模式中逐渐分离，家畜饲养及活体加工过程中产生的排泄物和废弃物，呈现出两大特点：第一是排污量大。据统计，2005 年，猪、牛、鸡三大类畜禽粪便总排放量达 30.87 亿 t，粪便中的 COD(化学需氧量)含量 7 741 万 t，是全国工业和生活污水排放 COD 的 5.07 倍。第二是污染物超标严重。根据监测结果，养殖场排放污水 COD(有机污染物指标)平均超标 53 倍，SS(悬浮物)超标 14 倍，氨氮、总磷等指标超标 20 倍以上。未经处理集中排放，超过了养殖场周边土壤和水体生态系统的自净能力，对居民生活、其他生物以及家畜自身生活环境的污染愈来愈严重，已经成为农村重要的污染源。

据测定，一个 10 万羽的养鸡场，年产鸡粪达 3 600 多 t；1 头猪年产粪尿约 2 t，如采用水冲式清粪，1 头猪的日污水排放量约 30 kg。畜牧业生产的环境污染物主要包括粪便排泄物、洗刷用具和场地消毒的污水、病死畜禽、废弃物等。动物粪便排放，导致氮、磷和其他营养物质进入地表水、地下水和沿海生态系统，致使其富营养化；污染物中还可携带 100 余种细菌和病毒，这些病原体可随灰尘进入空气，造成空气污染，随污水流入溪流、江河而污染水体；畜禽饲料中的抗生素、抗球虫药物等添加剂和促生长剂，饲料中添加的铜、锰等微量元素，饲料原料(如菜籽饼)中的有毒有害物质等均可随粪便排出体外，造成土壤中抗生素、重金属等有害物质沉积。畜牧业造成的环境污染，不仅会损害人类健康，还可造成生物多样性丧失，引发气候变化、水土酸化以及生态系统退化。在丹麦，五十多年的畜牧业集约化生产活动扰乱了天然氮循环，导致了大量氨气向大气排放和硝酸盐对水源污染问题，地下水和地表水中的高硝酸盐含量，破坏了饮用水的水质，并导致湖泊及沿海水域富营养化。

如果设定1头猪为标准畜禽单位，则根据产生粪尿中所含全氮水平折合，1头牛约合10个标准畜禽单位，15只家禽约合1个标准畜禽单位。畜禽的粪尿排泄物和废水含有大量的有机物、N、P、K、SS及致病菌等。根据国外研究资料，一头450 kg的肉牛每年总共排泄氮量为430 kg；以一个规模3 200头肉牛的养殖场为例，每年排放的氮总计约1 400 t，相当于26万人当量。一个人每年排泄的氮量约为5.4 kg，按粪便排泄量计算，1头猪相当于2个人，而按BOD_5的排泄量计，则1头猪相当于13个人（或相当于19只鸡或0.5头肉牛），按我国存栏猪4.31亿头计，其粪便排泄量和BOD_5排泄量分别相当于9亿和958亿人。

1992年日本居民对畜牧业的投诉案件中，臭气问题占63.2%，我国近年来也出现过许多类似投诉案件。2004年统计结果显示，全球每年畜牧养殖业过程中经肠道发酵和粪便排放的甲烷分别为0.86和0.18亿 t左右；每年畜禽粪便所排放的氧化亚氮约为0.04亿 t。畜牧业产生了约20%的全球温室效应气体，超过世界上所有交通运输工具排放的总量。以二氧化碳释放量衡量，畜牧业比汽车的排放量要多18%；人类活动所产生的二氧化碳、甲烷和氧化亚氮分别有9%、37%和65%来自畜牧养殖业，而甲烷和氧化亚氮的温室效应分别是二氧化碳的296和23倍。

畜禽业造成的污染负荷　随着畜禽养殖业废弃物排放量增加，由此造成的污染已经成为许多地区区域环境最大的污染源。我国畜禽粪便的总体土地负荷警戒值已经达到0.49（<0.4为宜），北京、上海、山东、河南、湖南和广东等地已经超过0.49，达到较严重的环境压力水平。

据估测，芬兰1985年全国氨的大气排放量为43 000 t，其中38 000 t约占85%来自农业，主要是牲畜粪便。同样，1992年英国（UK）氨的排放量为391 000 t，其中由畜禽养殖业排放比例占85%。由此可见畜禽养殖业对氮污染的占有份额之大。波罗的海地区许多国家农业以畜牧业为主，故其牲畜养殖密度极其粪便处理状况对大气环境质量的影响极大。

据不完全统计，1991年北京畜禽业排出的BOD量（生物需氧量，表示水污染程度）为30.7万 t，约为当年排放的工业废水和生活污水中BOD量的2倍。实际资料也可以证明，我国一些大城市畜禽养殖业粪尿排污量的人口当量已经超过3 000～4 000万人口。对北京市若干典型县区的污染调查结果显示，畜牧业的BOD负荷是这些区县的主要污染负荷，普遍达到61%～74%。据广州市环保局《1996年广州市环境状况公报》，1996年全市工业及生活废水排放总量为10.35亿 t，其中排放的COD_{Cr}总量为15.6万 t。而由畜牧业排放的COD_{Cr}量仅为总量的1.01%，但由于其污染物浓度高，污染负荷大，畜牧业废水中COD_{Cr}排放量与全市工业及生活废水COD_{Cr}排放总量比例指数高达0.67，对广州的农业生态环境和水体环境影响重大，并造成农业资源（有机养分）的严重流失与浪费。

据统计，年产肥猪1万头的生产线的猪场（按6个月出栏）每天排污量，相当于5万人的粪尿的BOD值。据中国农业环境保护协会牧业生态环境考察组报告资料，上海郊区畜年粪便已突破$1\ 200\times10^4$ t，远远超过工业废渣的排放量（663.11×10^4 t），超过全市居民生活废弃物的排放量（663.44×10^4 t）。

集约化畜禽养殖场的污染问题未引起足够重视，污染物排放在相当程度上处于放任自"流"的状态。目前，我国集约化养殖场污染治理设施的建成率不到30%，其中绝大多数还是不可能达标的简易设施。超过60%的集约化养殖场未采取干湿分离（粪便与尿、冲洗水分开）

的清洁工艺，未经发酵处理的畜禽粪含水量大、恶臭、不卫生，处理、运输、施用既不方便也不安全；加之在禽畜养殖业集约化水平不断提高的同时，果菜种植行业的产业化水平也在不断提高，养则不种植、种则不养殖成为普遍趋势，畜禽粪因此很难通过还田消纳，造成大量的畜禽粪便及冲洗混合污水直接排入自然环境，甚至经过渗透污染地下水，畜禽粪由宝变害：1970 年代，全国 34 个重点湖泊中富营养化的湖泊仅占 5%，2002 年，除偏远且流态特殊的洱海和博斯腾湖外全部处于富营养化状态，这其中养殖场污染的贡献“功不可没”；在我国农村居民中高发的钩虫病、类丹毒病等均与养殖场污染物处理不当有关，最近暴发的主要通过畜禽粪便和分泌物传播的禽流感更是预告了养殖场污染的巨大隐患。

总之，集约化畜禽养殖场的污染物在量和质上都已不亚于工业污染物，而从污染的危害、治理难度以及监管难度等方面看，集约化畜禽养殖场的污染甚至超过了工业污染。集约化畜禽养殖场的污染问题必须要引起高度警惕。

(二)养殖生产对草原生态系统的影响

草原退化、碱化和沙化、气候恶化以及严重的鼠害等一系列草原生态问题，在全国绝大多数草原均程度不同地存在着，这是人类对草原不合理利用所造成的生态恶果。虽然造成草原生态环境恶化，生态平衡遭破坏的原因有多方面，就人类的干扰作用而言，主要有①超载过牧、②不合理的开垦、工业污染、鼠害和虫害等对草原的破坏和③人类对资源的掠夺性开采（即乱采滥挖）三个方面。其中，超载过牧可以说是最主要的原因。

所谓超载过牧，就是指牲畜放牧量超过了草原生态系统生物生产的承受能力。长期以来，我国牧业生产强调以牲畜头数的总增长率或存栏头数的净增长率作为增长指标，尤其在草原畜牧业，由此导致的是牲畜头数越来越多，而每头牲畜占有的草地面积越来越少，牲畜生长速度下降，存栏时间不断延长，这又必然使载畜量上升，打破了畜草之间内在的平衡。过牧使单位面积上牲畜增多，而单位面积上可食牧草必然减少，以至牲畜不得不增大觅食范围和频次，这就加重了对草场土壤结构的物理性破坏，而这又反过来限制了牧草的生长。长时间的这种恶性循环便使草原逐渐贫瘠、退化直至沙化。据研究，美国一些州的沙漠化就是在欧洲殖民者入侵后的几百年间，由于过度放牧而造成的。所以，养殖生产对草原生态系统的影响主要就是草原退化以及由草原退化引发的一系列相关问题。

1. 草原退化　草原畜牧业的发展是牧草生产和草食牲畜生产的能量转换过程，它体现了草原生态系统、畜牧业技术系统和畜牧业经济系统之间的物质、能量、产品和价值的变换关系，其转换的形态、性质、数量、时间、空间等要素存在着一定的比例和平衡。而草原生态系统受水热条件、市场因素的制约，生态平衡非常脆弱，所以，在自然和人为因素影响下，在其背离顶级的逆向演替过程中，表现为草场的植物生产力下降、质量降级和土壤理化和生物性状恶化，以及动物产品的下降等现象。

从草原退化的情况来看，目前，我国 90%的天然草原出现不同程度的退化，其中严重退化草原近 1.8 亿 hm^2，全国退化草原的面积每年以 200 万 hm^2 的速度扩大，天然草原面积每年减少 65～70 万 hm^2。据统计，我国草地退化面积在 20 世纪 70 年代以前大约只占总面积的 10%，80 年代达 30%，90 年代已扩大到 60%以上。可见草原退化的速度是惊人的。由于退化导致草原质量不断下降。20 世纪 80 年代以来，北方主要草原分布区产草量平均下降幅度为 17.6%，下降幅度最大的荒漠草原达 40% 左右，典型草原的下降幅度在 20%左右。产草量下降幅度较大的省区主要是内蒙古、宁夏、新疆、青海和甘肃，分别达 27.6%、25.3%、24.4%、

24.6%、20.2% 。草地沙化情况。全国具有明显沙化趋势的土地面积为 31.86 万 km^2，其中以草地为主的占 68%，其次为耕地沙化占 23%，其他利用类型土地占 9%。沙化草地主要分布在内蒙古、新疆、青海、甘肃 4 省(自治区)。

以国务院发展研究中心 2007 年对国内三个不同类型的典型草原地区为例，自 20 世纪 70 年代，锡林郭勒盟草原生态环境急剧恶化。2006 年，全盟牧草覆盖度由 20 世纪 60 年代的 35.5%降为 27.2%，牧草平均高度由 40.9 cm 降为 26.1 cm，平均亩产量由 32.9 kg 减少到 21.24 kg；退化、沙化草场面积已达到 18 446 万亩，占可利用草场面积由 1984 年的 48.6%扩展到 64%；特别是西部荒漠化草原和部分典型草原约有近 5 万 km^2“寸草不生”。浑善达克沙地流动沙丘面积由 1960 年的 172 km^2 增加到 2 970 km^2，平均每年增加 70 km^2。尤其是 20 世纪 90 年代至 2002 年间，沙化趋势加剧，流动沙丘的面积每年增加 143 km^2。

由于人为和自然原因，内蒙古草原沙化、退化十分严重。据内蒙古有关业务部门掌握的情况，内蒙古全区草原退化面积占可利用草原总面积的比例由 20 世纪 60 年代的 18%扩展为 80 年代的 39%，之后这一比例以更快的速度迅猛上升，到本世纪初上升至 73.5%。过去被誉为“风吹草低现牛羊”的美丽的呼伦贝尔大草原也已经出现了“浅草才能没马蹄”的窘境。许多牧场牧草的高度由 40 多厘米降低到现在的 15 cm 左右。据 2005 年草原生态调查结果显示，呼伦贝尔市陈巴尔虎旗草原退化、沙化、盐渍化总面积占全旗草原总面积的 47%，其中退化面积占草场总面积的 38%。在甘南州及玛曲县 90%以上的天然草原也都不同程度地存在退化现象。近年的调查统计显示，全州重度、中度退化面积分别达 1 220 万亩(1 hm^2 = 15 亩)、2 040 万亩，占天然草地面积的 30%、50%。草地鼠虫害面积 1 930 万亩，占天然可利用草地面积的 47.3%。草原大面积退化导致草地生产能力大为下降。牧草高度更是由 1990 年的 40 cm 下降到现在的 10 cm。

2.草原退化对畜牧养殖的影响

(1)草场生产力导致牲畜整体生产性能下降　草原退化的标志之一是产草量的下降。据调查，全国各类草原的牧草产量普遍比 50—60 年代下降 30%～50%。如新疆乌鲁木齐县，1965 年每亩草场平均产草量 85 kg，到 1982 年已降至 53 kg，平均每年减少 1.5 kg。草原退化的标志之二是牧草质量上的变化，可食性牧草减少，毒草和杂草增加，使牧场的使用价值下降。例如，青海果洛地区，草原退化前，杂、毒草仅占全部草量的 19%～31%，退化后增加到 30%～50%，优质牧草则由 33%～51%下降到 4%～19%。

天然草原是牧区畜牧养殖业的基础，所以没有稳定的草地生产力就没有稳定优质的家畜生产。由于草地产量和质量下降，依靠天然放牧的家畜大多数时间都吃不饱、吃不好，尤其是冬春季节，天寒草枯，牲畜饥寒交迫，生产性能明显下降。据 1999 年的调查，部分草原牧区牦牛繁殖率由原来的 2 年 1 胎衰退为 3～5 年 1 胎，羊由 1 年 1 胎衰退为 2～3 年一胎，每头牦牛的净肉产量 100 多千克，羊的净肉产量为 13 kg，奶牦牛的产奶量为 50 多千克，比以前都下降了 30%左右。

(2)草地生产力季节性不平衡加大了牛羊生产经营的风险　据专家调查，锡林郭勒草原 70%的草地不宜用于打草场，只能用于放牧，其中暖季的牧草的草地面积约占牧草地面积的 45%，适宜冷季放牧利用的草地约占放牧草地面积的 24%。一般冷季放牧的草场利用时间为 6～8 个月，所以只占 24%面积的冷季草地将被家畜采食利用的时间超过全年的 50%～66%，二冷季牧场的天然草地饲草贮藏量只是暖季牧场饲草贮藏量的 65%；经过一个冬季的放牧，牛羊的掉膘率是30%；冬季草场严重不足，导致家畜夏饱、秋肥、冬瘦、春乏。据统计，我国北方牧区草原放牧成年家畜的死亡率高达4%～5%，遇到雪灾之年可能高达10%以上；每年牲畜的掉膘损失和死亡损失相当于每年提供商品肉的2～3倍。这种利用期和草地季节性生产力之间的不平衡，是限制草原畜牧业发展肉牛肉羊产业的主要因素。

(3)草地营养物质不平衡导致家畜生产极不稳定　除了季节性产草量变化之外，牧草的季节性营养变化也十分不平衡。冬春季节，牧草产量降低，营养价值也大大降低。粗蛋白质损失80%，胡萝卜素损失90%以上，粗纤维增加23%，这些主要营养成分的损失率高达40%～50%。冷季草场上枯草微量元素的含量几乎全部损失掉。冷季饲草的供给的质和量远不够家畜本身维持基本代谢和争产生产所需要的营养物质的一半。饲草料营养不足会严重影响母畜的再生能力。

(4)草地退化导致难以形成合理的畜群结构　最佳的畜群周转模式应当是与草原牧草的消长规律相一致，在牧草生长旺季多繁殖、多饲养，在枯草期应留下基础畜和后备畜，其余全部出栏，减少草地压力，增加畜牧业产出。根据专家分析，在养羊的牧区，绵羊的合理结构为繁殖母羊占整个畜群的76%，子畜繁殖成活率100%，出栏率应达到76%。由于草场退化，饲草不足，实际繁殖母羊只能占整个羊群的56%，仔畜繁殖成活率91%，出栏率只有46%。

3. 草原退化对生态环境的影响

草原退化，植被疏落，导致气候恶化，许多地方的大风日数和沙暴次数逐渐增加。气候的恶化又促进草原的退化和沙化过程。我国是世界上沙漠化受害最重的国家之一。我国北方地区沙漠化面积已近18万km^2，从20世纪50年代末到70年代末的20年间，因沙漠化已丧失了3.9万km^2的土地资源。

草原退化不仅造成草地面积的锐减、生产力下降，而且还引发草地沙漠化、水土流失、生物多样性丧失的等一系列的环境问题。

(1)水土流失严重　退化草地植被覆盖脆弱，土壤储水能力差，水土流失严重。全国水土流失已由1950年的11 600万hm^2，扩展到现在的36 700万hm^2，年流失土壤50亿t，西部地区水土流失尤为严重。青海省水土流失面积达3 340万hm^2，占全省总面积的46%，其中长江流域水土流失面积1 067万hm^2，黄河为733万hm^2，每年输入黄河的泥沙量为8 818万t，输入长江1 232万t。

(2)草地生产力下降　由于草原退化，草地第一生产力大幅度降低，草群质量下降，不可食的杂草、毒草数量不断增加。青海省20世纪80年代与50年代相比草地单位面积产量下降30%～50%，折合载畜量减少820万头。甘肃省天祝县1997年与20世纪50年代相比，产草量下降30.4%，新疆已有80%的草地出现退化，量下降30%～50%；其中37%属产草严重退化草地，产草量下降60%～80%。

(3)自然灾害频繁　沙尘暴频发是草地生态环境恶化的草地最显著的特征之一。据统计，20世纪全国造成重大经济损失的沙尘暴达几十次，70年代13次，80年代14次，90年代20次以上。2001年出现了32次扬沙和沙尘暴天气。

草地退化还可引起草地鼠虫害加重。近年来，草地鼠虫害呈严重上升趋势，发生面积大、受害范围广，危害程度重，连续爆发成灾。仅1996—2000年期间草地鼠虫害发生面积达2.04亿hm^2，成灾面积1.28亿hm^2，年平均鼠虫害发生面积比1991—1995年间增长了0.09亿hm^2。

(4)引发草原干旱　草原退化不仅造成草地面积的锐减,还可引发草原干旱的发生。如甘南草原的退化,使草原湿地面积萎缩,涵养水源能力降低,黄河补水量减少。甘南州湿地面积由20世纪90年代初的640多亩减少到目前不足190万亩。干旱缺水草场面积扩大到670多万亩,占全州天然草地面积的17%多。仅玛曲县境内就有100多眼泉水和11条黄河支流常年干涸,另有不少河流成为季节河,地下水位下降20 m,玛曲境内补给黄河的水量比80年代减少15%左右。玛曲草原对黄河"蓄水池"的水源涵养功能和黄河水量的补充作用正逐步削弱。

(5)生物多样性丧失　由于草地生态环境的恶化,造成草地生物多样性的丧失严重。如近年来,草原中生产的甘草、贝母、锁阳、肉苁蓉以及内蒙古黄芪等草地药用植物的植物产量明显下降,许多名贵草地药用植物已经濒临消失。由于生态环境的恶化以及食物的减少,大量草地野生动物被迫迁徙或者消亡,旱獭、狐狸和狼的数量大为减少,野牦牛等珍稀物种濒临灭绝。从生态系统多样性看,由于草地物种多样性的丧失会导致生态系统严重失衡。20世纪中叶平均6 km^2 草地有一只鹰、雕或者猫头鹰,这种密度基本上可以控制鼠害的发生。但现在,即使是在100 km^2 的区域范围内也见不到一只鹰、雕或者猫头鹰,这使草地鼠类泛滥成灾、啃食牧草、毁坏草皮,造成草地减产退化。

第四节　畜牧养殖生产环境污染的控制

由于畜牧业的温室气体排放在全球温室效应中的作用越来越突出,近年来,世界上有些国家通过政府政策调控为气候变化做出努力。1998—2007年,巴西的畜牧业排放减少了29%,巴西国家肉牛委员会主席赛巴斯蒂昂·科斯塔·戈德斯(Sebasti·o Costa Guedes)提出,为实现畜牧业减排效应,巴西农民已经将牲畜的平均屠宰年龄从四年缩减到两年半。这也就意味着牲畜排放的温室气体量正在下降,而每公顷牛肉的生产率也从27 kg增长到47 kg。近年来,在国际组织的支持下,我国也已经在局部地区通过投资建设沼气池改变农村猪粪便及污水管理方式,以减少农户猪粪便及污水的甲烷排放,同时利用沼气池产生的沼气替代农户炊事用燃煤,进一步减少 CO_2 排放。

2006年FAO题为《牲畜的巨大阴影:环境问题与选择》(Livestock's long shadow: environmental issues and options)的报告中比较系统地阐述了畜牧业对生态环境的巨大破坏,并且特别指出了畜牧业的温室气体排放占全球总排放的18%,比交通运输业的排放还要多。在大力提倡低碳经济的今天,畜牧业发展所造成的空气污染、气候变化、水资源的浪费、水污染、土地和土壤破坏等环境问题已成为无法回避的现实问题,解决畜牧业造成的环境问题是我们当前非常紧迫的任务。倡导低碳消费方式,适度"控制畜禽养殖数量、发展生态畜牧业"是解决问题的途径之一,如何正确处理好"畜牧业发展和环境保护"的关系,发展低碳畜牧业,是我国兽医公共卫生要严肃对待和认真思考的问题。

畜牧养殖生产环境污染的控制,目的在于既防止养殖场污染周围环境,也防止周围环境污染养殖场。合理进行养殖场的场址选择、场地规划布局和圈舍设计,制定和执行严格的卫生防疫制度,是最基本的、有效的防护措施。

一、大气污染的防控

养殖生产对大气的恶臭、粉尘和微生物污染以恶臭为主;自来周围环境对养殖场大气的污染主要是工农业生产、交通运输、居民生活产生的废弃。养殖场的大气卫生防控，一要尽量减少本场恶臭和其他污染物的产生和扩散，二是尽可能防止周围污染物对养殖场大气的污染。畜禽养殖场大气卫生防护须采取综合措施，包括合理选择养殖场场址、合理规划场地(包括给排水和绿化)和布局养殖场建筑物、合设计畜禽圈舍及其通风系统、采用科学的生产工艺、加强饲养管理和环境管理、实施严格的卫生防疫制度、粪污及时进行无害化处理和资源利用等措施。现简述以下几点：

(一)通过调整饲料营养降低畜禽粪污中有害气体的排放

应用环境营养学的理论，提高饲粮干物质消化率是减少粪便干物质排出量的有效措施。选购消化率高、营养变异小、有毒有害成分低和安全性高的饲料原料，可以在很大程度上减少有害成分在畜禽体内的积累和畜禽排泄物对环境的污染。研究证实，新型低植酸玉米中磷的可利用率高达65%～75%，是普通玉米的5倍，用低植酸玉米配制的日粮可使磷的排放降低37%。试验证明，饲粮干物质消化率由85%提高到90%，粪便干物质排出量可减少1/3。一般地说，饲粮配料的营养成分越低，消化率也越低，动物为满足其营养需要而增加采食量，排粪量也增加，故必须保障饲粮中营养成分丰富的配料占较大的比例。

1.合理调制饲料配方　根据饲料原料营养素含量的实测值进行日粮配方设计，同时注意能量蛋白平衡、氨基酸平衡、离子平衡和钙磷平衡等日粮营养平衡技术，并利用回肠真消化率准确计算动物营养需要量，选择合适饲料添加剂并适量添加，可以提高饲料利用效率进而减少排泄物中营养素的含量。

含氮有机物是恶臭的主要来源，故减少氮的排出也是重要的环境营养措施，据计算，通过蛋白质给100头猪饲喂14 t氮，其中有5.41 t会随粪尿排出而成为污染源。饲粮配合中以理想蛋白质体系(通常以赖氨酸为100%，其他氨基酸按其在体组织蛋白中的比例来配合)取代粗蛋白体系，不仅可以提高蛋白质的消化率和利用率，而且可通过添加合成氨基酸来保持必需氨基酸平衡，可以降低饲粮粗蛋白比例。研究表明，按照理想蛋白质模式，添加合成氨基酸，配制满足畜禽营养需要的蛋白质平衡日粮，可以在不影响畜禽生产性能的前提下，使日粮中的蛋白质水平降低2%～5%，从而减少氮的排放量20%～50%，粪尿氨气含量下降10%～12.5%。

Taylor等1979年的研究就证明了按理想蛋白质体系添加结晶氨基酸，将猪饲粮蛋白从17.6%降至14.5%，结果使每头生长猪(22～55 kg)节省了饲料蛋白质32.2 kg，氮排出量减少了350 g。美国近年来对多种生长猪研究结果表明，日粮中粗蛋白含量每降低1%，氮排出量减少8.4%左右。荷兰的Age Jongbloed指出，减少饲粮蛋白质2%，粪便排泄量可降低20%。

给反刍动物适量增加以优质牧草为主的粗饲料的比例，采用低淀粉日粮控制易发酵碳水化合物的摄入量，可以在不降低生产水平的前提下减少瘤胃甲烷产生量和排放量。

有研究发现，在猪日粮中使用有机形式的铜、铁、锰和锌，在不影响生长性能和饲料转化效率的情况下，还能降低重金属的排泄量。与采食无机铜、铁和锌源的日粮相比，采食有机铜、铁和锌源，并按照相应需要量的一半配制日粮，并不影响生长猪的生长性能，而且还使粪铜、铁和锌的排泄量减少了30%左右。

2.合理应用饲料添加剂　在动物饲料中添加某些添加剂，通过提高饲料的利用率，进而减少饲料中氮和磷的排放。研究和实践表明，使用各种饲料添加剂消除臭可以取得不同程度的效果。如大量的研究表明，益生素能够降低肠道内微生物的分解作用，对于减少氨基酸和碳水化合物的流失也有帮助，在仔猪阶段使用益生素的功效优于生长猪阶段。还有研究表明使用益生素后饲料利用率均得到提高，干物质和氮的排放量均下降。活菌制剂主要选用芽孢杆菌、乳酸链球菌和杆菌、双歧杆菌、酵母菌等，其作用是提高饲料转化率，减少氨、甲酚、吲哚等恶臭物质的产生，并可保持消化道微生态平衡、促进生长发育和提高生产力等作用。

酶制剂也是降低动物粪便中营养物质排放最有效的饲料添加剂之一，主要通过提高营养物质的利用率或使抗营养因子失活直接影响营养物质的排放，常用于提高动物饲料中营养物质的利用率，有报道发现，在小麦和黑麦型日粮中添加酶制剂，饲料蛋白质的回肠可消化率提高 9%。有人用蛋白酶对生大豆试验结果证实，饲料利用率提高 4.3%。当蛋白酶和用来降解非淀粉多糖的酶制剂及淀粉酶联合使用时，饲料利用率显著改善，比单一使用其中某一种酶效果都好。

此外，添加某些植物提取物也能起到降低畜禽粪便对环境造成的污染。Lisa 等通过添加不同梯度丝兰皂苷结果表明，当添加量从 1.2 g/L 增加到 3.2 g/L 时，可溶性土豆淀粉和玉米淀粉体外培养 24 h 甲烷产量分别下降 17%和 50%、18 和 52%。

20 世纪 70 年代，美国曾将北美印第安人作食物和饮料并可消除粪臭的丝兰属(*Yucca flaccida*)植物提取物用于养猪业，在 5 个系列试验中，以玉米、豆粕为基础日粮的生长和育肥猪饲粮中按 56 g/t 添加该提取物，结果日增重提高 5%，饲料转化率提高 2%，猪粪干物质减少 13%～21%，并明显减少猪舍中的氨浓度，其除臭机理是提取物中的两种含铁蛋白能结合几倍于其分子量的有害气体。美国年产饲料的 16%都添加这种提取物。

国内有研究表明，在饲料中添加丝兰属植物提取物能改善肉鸡肠道黏膜结构，促进肠黏膜的生长发育，增强小肠吸收功能，提高肉鸡的日增重和饲料转化率，降低料肉比，提高肉鸡的生长性能，试验者在饲料中按 125 mg/kg 加入丝兰属植物提取物后，在不同的生长阶段，肉鸡的生长性能(增重和料肉比)比对照组都发生了很大改善，饲喂 42 d 后，添加丝兰属植物提取物组比对照组的增重提高 6.9%，料肉比降低 11.1%；丝兰属植物提取物组比对照组对鸡舍中的氨气平均浓度降低高达 65.72%，改善饲养环境。丝兰属植物提取物还可降低肉鸡腹水症引起的死亡率 48.59%。

3. 分阶段饲养　分阶段饲养的营养措施能更好地满足猪对营养物质的需要，而不会引起过量饲喂，同时也是一种既不会影响动物的生长性能，又能降低环境污染的有效措施。研究表明，采用阶段饲养方式可更好地满足不同生长阶段猪的营养需要，有利于降低氮和磷的排放，在欧洲，将传统的一阶段饲养方式分两阶段饲养后发现，两阶段饲养时氮和磷的排出量比一阶段饲养低 6%。Lee 等曾比较研究了采用不同日粮蛋白水平的四种分阶段饲养方式对肥育猪生长的影响，结果表明三阶段饲养组氮和干物质的排出量比一阶段饲养组低 12%，而生长性能和胴体品质无显著差异。

另外，选择适宜的饲料加工调制技术可有效提高饲料消化率，而消化率每提高 1%，每千克肉产品氮损耗可减少 1.4%。有研究表明，高温蒸汽制粒可使氮的排泄量下降 22%；给动物饲喂手捏成团饲料，蛋白质消化率提高 3.7%；粉碎粒度可以改变饲料转化效率 5%～10%；制粒能提高干物质、氮和总能的消化率。

(二)生产工艺和圈舍设计

除饲养密度、饲喂和饮水方式、卫生消毒等工艺外，清粪方式和设备的合理与否，对空气质量影响最大。实行粪和尿水分离、及时清除粪污，是防止厌氧腐解产生恶臭、防止臭气在舍内蓄积的根本措施，应尽量选用干清粪工艺，或缝隙地板水冲清粪，尽量不使粪稀在舍内长时间存入(如水泡粪)。

近些年，在全国范围内普遍推广的生猪发酵床清洁养殖模式，主要是根据微生态理论和生物发酵理论，在猪舍内铺设一定厚度的有机物质垫料，同时在垫料中添加一定比例的有益微生物，利用垫料内的特殊有益微生物迅速降解、消除猪的粪尿排泄物，从而达到免冲洗猪舍并实现避免粪污随意排放的目的，发酵床垫料废弃物经无害化处理后，可制成有机肥，进行资源化高效利用。该模式特别适用于300～1 000的中小规模生猪养殖场、养殖大户及养殖小区。

(三)养殖场的绿化

绿化不仅可以改变场区面貌，改善和美化环境，还可以减少污染、净化空气。据调查，有害气体经绿化地区后，至少有25%被吸收，恶臭可减少50%，绿色植物可吸收CO_2而放出O_2，每公顷阔叶林可吸收1 000 kg CO_2，放出730 kg O_2，故可使煤烟中的或动物呼出的二氧化碳减少60%；在猪场内及其周围种植高大树木及林带，还能净化、澄清大气中的粉尘，据测定可减少35%～67%，与此同时，也减少了空气中的微生物，细菌总数可减少22%～79%，某些树木的花。叶能分泌杀菌物质，可以杀死细菌，真菌等，含有大肠杆菌的污水，若从宽30～40 m的松树林流过，细菌总数可减少为原有的1/18。

此外，树木和植被对噪声具有吸收和反向作用，可以减弱噪声的强度。树叶的密度越大，则减音的效果越显著。除上述外，绿化还可改善场区的热环境状况，夏季树木和草地可分别遮挡50%～90%和80%的太阳直接辐射，加之树木和草地的叶面蒸发量分别比非绿化地带高75倍和25～35倍，绿化地带的气温可比非绿化带低10%～20%；此外，在猪场冬季上风向植防风林，可使场区风速降低75%～80%，有效范围可达树高的10倍。

(四)掩蔽、覆盖和脱臭

使用较浓的芳香气味掩盖已经发生的恶臭，这是一种只能消除厌恶感而不能消除恶臭危害的消极方法。据介绍，在美国虽无牧场恶臭排放标准，但规定如有人对牧场恶臭提起诉讼，牧场必须承担经济赔偿，并限期治理，因此，有些牧场主设散香装置以掩恶臭对周围的影响。

用吸附性强的材料对固体粪污或污水进行表面处理或混合处理，以吸附和溶解臭气，进而使臭气在吸附材料中通过化学反应(氧化、还原等)和微生分解而脱臭。短时间堆入的粪污或厌氧堆肥的堆垛，可用塑料覆盖，等腐离后打开，既防止发酵过程臭气散发，温暖季节还可杀死蝇卵和蛆，好氧自然堆肥时可在温暖季节堆垛后立即覆盖薄膜，覆盖不少于一周可以消灭蝇蛆及蛹，然后需打开并进行翻堆充氧。

对污水处理的化粪池、沉淀池、厌氧消化池等，可在液面撒布锯末、稻壳、球状泡沫塑料，或覆盖形状、面积与液面相同的片状泡沫塑料，这些覆盖材料浮于水面，可有效阻止臭气散发，并可使臭气吸附、溶解并通过化学和微生物作用而分解，如甲基硫醇可被二甲基硫化物氧化而脱臭。Mcyer和Converse(1994)测定了各种覆盖材料用于粪污处理设备时的效果，证明可使氨释放减少70%～90%。太阳能干燥棚、快速烘干机、高温堆肥发酵塔等粪便处理设备，在处理过程中产生的臭气，凡可用管道收集排除的(包括猪舍)，均可设除臭池脱臭。

(五)除臭剂

除臭剂可为化学制剂、植物提取物、活菌制剂或酶制剂。化学制剂有甲酸、乙酸、丙酸、硫酸亚铁、硝酸等，其作用是降低粪污的 pH 值以减少 H_2S 的生产；采用过氧化氢、高锰酸钾等氧化剂，可使部分恶臭特质氧化为无臭物质，如 Ritter(1989)用(100～500)×10^{-6}的高锰酸钾或(100～125)×10^{-6}过氧化氢可有效地控制恶臭产生；用杀菌剂控制微生物活动亦可控制臭气的产生，汪植三等(1991)用漂白粉 11 号按 0.5%～2.0%的用量对猪场污水脱臭，效果较好，并使污水脱色和 COD_{Cr} 降低 70%，前述丝兰属植物提取物直接用于粪便或污水也有明显作用。

活菌制剂或酶制剂直接加入粪污可改变粪污有机质降解的生化过程而减少恶臭的生产，有不少国家研制出了多种活菌剂，如田中米实(1978)、藤尾雄策(1979)等曾分别将分离同的放线菌(*Streptomyces* 属)或好热性放线菌(*Bacillus* 属)接种于畜禽粪便中，具有良好的除臭效果；还有人从泥炭腐殖质或活性污泥中分别离出硝化菌或硫化菌，经驯化后制成菌剂，前者可有效地消除氨，后者可抑制二甲基硫化物(DMS)等产生。

二、水源污染的防控

养殖场一般都是以地下水为水源，自设供水系统，供水方式可分两种，一是各用水点分别由水源取水的分散式给水，除小规模饲养外，规模化养殖场很少采用；二是统一由水源取水，净化处理后通过配水管网送至各用水点的集中式给水。无论何种供水都必须加强水源的保护，在水源周围 100 m 以内，不得堆入废弃物，并严禁设废水渗水坑、井；还应不断加强对取水、净化、蓄水、配水和输水等设备的管理，建立行之有效的放水、清洗、消毒、检修的制度及操作规程，以保证供水质量。

对污水的处理，目前一般采用人工湿地、土壤渗漏、稳定塘以及净化沼气等以工程措施为主的处理技术，在一定程度上对控制水体污染起到了作用，但还是存在着有机物去除率低、治理效果不稳定等问题。近年来，研发出了以微生物技术为核心的污染水体生物修复技术，日益显现出其优越性和光明前景。水体生物修复技术主要包括生物调控和生物修复两种类型，是指利用植物或微生物的生命活动对水体污染物进行转移、转化或降解，从而使水体得到净化。

三、土壤污染的防控

为了控制和消除土壤的污染，首先要控制和消除土壤污染源，加强对工业“三废”的治理，合理施用化肥和农药。同时还要采取防治措施，如针对土壤污染物的种类，种植有较强吸收力的植物，降低有毒物质的含量(例如羊齿类铁角蕨属的植物能吸收土壤中的重金属)；或通过生物降解净化土壤(例如蚯蚓能降解农药、重金属等)；或施加抑制剂改变污染物质在土壤中的迁移转化方向，减少作物的吸收(例如施用石灰)，提高土壤的 pH，促使镉、汞、铜、锌等形成氢氧化物沉淀。此外，还可以通过增施有机肥、改变耕作制度、换土、深翻等手段，治理土壤污染。

(一)合理使用农药减少农药残留

合理使用农药，这不仅可以减少对土壤的污染，还能经济有效地消灭病、虫草害，发挥农药的积极效能。在生产中，不仅要控制化学农药的用量、使用范围、喷施次数和喷施时间，提高喷洒技术，还要改进农药剂型，严格限制剧毒、高残留农药的使用。应当大力推广高效低毒的农药，限制使用某些毒性大、残留期长的农药；施用农药要严格按照规定控制使用范围、执行一定间隔期，控制用量，以减少农药在作物上的残留量。对于有致癌性的农药，则应绝对禁止使用。

重视开发高效低毒、低残留的农药。应提倡综合防治，即将化学农药、生物防治（利用害虫天敌）和物理防治方法（如电离辐射使雄性绝育）等配合起来，联合或交替使用。

（二）合理施用化肥，增施有机肥

根据土壤的特性、气候状况和农作物生长发育特点，配方施肥，严格控制有毒化肥的使用范围和用量。增施有机肥，提高土壤有机质含量，可增强土壤胶体对重金属和农药的吸附能力。如褐腐酸能吸收和溶解三氯杂苯除草剂及某些农药，腐殖质能促进镉的沉淀等。同时，增加有机肥还可以改善土壤微生物的流动条件，加速生物降解过程。

（三）科学地进行污水灌溉

工业废水种类繁多，成分复杂，有些工厂排出的废水可能是无害的，但与其他工厂排出的废水混合后，就变成有毒的废水。因此在利用废水灌溉农田之前，必须按照《农田灌溉水质标准》规定的标准进行净化处理，这样既利用了污水，又避免了对土壤的污染。

（四）施用化学改良剂，采取生物改良措施

在受重金属轻度污染的土壤中施用抑制剂，可将重金属转化成为难溶的化合物，减少农作物的吸收。常用的抑制剂有石灰、碱性磷酸盐、碳酸盐和硫化物等。例如，在受镉污染的酸性、微酸性土壤中施用石灰或碱性炉灰等，可以使活性镉转化为碳酸盐或氢氧化物等难溶物，改良效果显著。因为重金属大部分为亲硫元素，所以在水田中施用绿肥、稻草等，在旱地上施用适量的硫化钠、石硫合剂等有利于重金属生成难溶的硫化物。

对于砷污染土壤，可施加 Fe_2SO_4 和 $MgCl_2$ 等生成难溶物减少砷的危害。另外，可以种植抗性作物或对某些重金属元素有富集能力的低等植物，用于小面积受污染土壤的净化。如玉米抗镉能力强，马铃薯、甜菜等抗镍能力强等。有些蕨类植物对锌、镉的富集浓度很高，例如，在被砷污染的土壤上谷类作物无法生存，但在其上生长的苔藓砷富集量可达 $1\ 250\times10^{-6}$。

防治土壤污染的首要任务是控制和消除土壤污染源，对已污染的土壤，要采取一切有效措施，清除土壤中的污染物，控制土壤污染物的迁移转化，改善农村生态环境，提高农作物的产量和品质，为广大人民群众提供优质、安全的农产品。

（五）养殖场粪污处理

养殖场粪便、污水应及时妥善处理，尽量不堆积存放；采用土地处理法消纳粪污时，须根据土地的自净能力决定消纳量，并定期对土壤有机质、微生物等进行检测；必须进行堆放时须有专用堆场，其地面须处理而防止渗滤；粪污用做肥料、养鱼或销售外运时，必须经过无害化处理；具有一定规模的养殖场必须设尸体处理设施，严禁随意丢弃病死畜禽的尸体。

四、养殖场粪便污水的无害化处理和利用

科学综合利用畜禽粪便这种既污染环境又可循环利用的特殊资源，能够收到很好的经济、社会和生态效益。在我国有广泛的适用性，同时在解决资源利用和经济、生态和环境保护等方面起到一定的推动作用。

（一）养殖场粪便污水处理利用的生态学意义

如前所述，养殖场粪污处理利用不当是造成环境污染的主要原因，而养殖场粪污含有大量的有机质和植物营养素，故又是极其宝贵的资源，经无害化处理后加以资源化利用，不仅可防

止环境污染，保障畜禽健康和安全生产，同时，对促进农牧结合、物质良性循环和生态平衡也具有重要意义，俗话说“养猪不嫌钱回头看看田”就是这个道理，何况粪污处理后作为高效有机肥出售，还可增加养殖场的经济收益。

养殖场粪便污水中含有大量的腐殖物质，是土壤肥力很好的改良剂，可以改善土壤的团粒结构，防止土壤板结，提高土壤的保水、保肥能力，减少土壤中的养分的流失。猪场粪污中的大量有机质和丰富的氮磷钾等营养元素，进行无害化处理后制作固体或液体有机肥，可施入森林、草地、池塘、农田、菜地、果园等生态系统，参与生态系统的物质循环，保持生态系统的平衡。如在农田生态系统的物质循环中，来自消费者（家畜）的粪污，进入无机环境（土壤）后，经过分解者（微生物）等的作用，转化为可给态养分和土壤肥力，供给生产者（绿色植物）利用，可为人和动物生产更多的植物产品。可见，有机肥的施用是发展有机可持续农业，促进农牧结合、实现物质良性循环和保持生态平衡的必要措施。

（二）养殖场固体粪污的处理方法

猪粪中含有大量的有机质和氮磷钾等植物必需的营养元素，但也含大量的微生物（其中包括正常的微生物群和病原微生物群）和寄生虫。因此猪粪是一种很好的有机肥，但是必须经过无害化处理消灭病原微生物和寄生虫及其卵后方可利用。

堆肥化处理方法是一种经济有效的无害化处理畜禽粪便的方法，它是一种好氧发酵处理粪便的方法。微生物分解物料中的有机质并产生 50～70℃的高温，可杀死病原微生物、寄生虫及其卵和草籽等，腐熟后的物料无臭，复杂有机物被降解为易被植物吸收的简单化合物，变成高效有机肥料。传统的堆肥为自然堆肥法，无须设备和耗能，但占地面积大、腐熟慢、效率低。

当前，对废弃物的处理原则是 4R＋1D 理论 即减量化（Reduce）、重复使用（Reuse）、再循环（Recycle）、发现新价值（Recover）、可降解（Degradable）。

（三）养殖场污水的处理方法

养殖场的污水处理应遵循如下减量化、无害化和资源化“三化原则”：

1. 减量化　首先要从养殖场生产工艺上进行改进，实现污水量和污水中污染物含量的减量化，采用用水量少的清粪工艺，干清粪工艺是实现减量化的最佳方案，并可使固体粪污的肥效得以最大限度的保存和便于其处理利用。

2. 无害化　养殖场的高浓度有机废水处理做到无害化，并不存在技术问题，但考虑到养殖场属于低效益行业的经济承受能力，以及养殖场污水中的有机质和各种养分是极其宝贵的资源，如果处理达到直接排放的标准，不仅投资大、运行费高，而且是资源的极大浪费，故应当充分利用当地的自然条件和地理优势，利用附近废弃的沟塘、滩涂，采用投资少、运行费用低的自然生物处理法，净化程度以达到利用要求为限，并须注意避免二次污染。

3. 资源化　如上所述，养殖场废水处理必须结合资源化利用，实现生产的良性循环，达到无废排放。资源化的主要途径是与农、果、菜、鱼结合加以综合利用，变废为宝，化害为利。亦可将污水净化、消毒后用于冲洗猪舍等，节约猪场用水量。

污水处理的方法可分为物理的、化学的、生物学的处理方法 3 大类，其中以物理和生物方法应用较多，化学方法由于需要使用大量的化学药剂，费用较高，且存在二次污染问题，故应尽量少用。

五、大力提倡健康养殖，保持环境的可持续发展

健康养殖(healthful aquaculture)是根据养殖对象的生物学特性、应用生理学、生态学、营养学原理来指导养殖生产的一系列的原理、技术和方法，以保护动物健康、保护人类健康、生产安全营养的畜产品为目的，最终以无公害的畜牧业生产为结果。选育优良水产养殖品种，繁育无疫病苗种，在可控养殖环境下，可循环利用资源的一种科学养殖模式，包括养殖水域环境影响的评估，养殖系统水质调控，优质饲料研制，病害的生物防治，生物多样性保护等技术关键。已达到养殖系统内部各种资源的循环利用，最大限度地减少养殖过程中废弃物的产生和对水环境的保护。在取得良好养殖效果和经济效益的同时，取得最佳环境生态效益，为人类提供优质安全的畜禽产品。

健康养殖的概念最早是在 20 世纪 90 年代中后期我国海水养殖界提出的，自我国对虾养殖业遭受白斑综合征(WSS)病毒病的严重袭击后，20 世纪 90 年代中后期国内的海水养殖界出现了“健康养殖”这一新概念。以后陆续向淡水养殖、生猪养殖和家禽养殖渗透并完善。

影响健康养殖的因素：疾病、环境污染、兽药滥用与残留、养殖管理的混乱是当前养殖中的几大问题。这些问题直接影响了养殖的生存与发展，由于环境变化，管理不当，应激等导致的亚健康问题一直是规模化养殖场中难以解决的问题。

健康养殖技术相对于传统的养殖技术与管理，包含了更广泛的内容，它不但要求有健康的养殖产品，以保证人类食品安全，而且养殖生态环境应符合养殖品种的生态学要求，养殖品种应保持相对稳定的种品质性。畜禽健康养殖是一项比较复杂的系统工程，是通过一系列工程、技术措施，实现圈舍环境良好、饲料营养充足、粪污资源化利用、疫病防治及时有效，达到牲畜本身健康、畜产品安全和环境友好的目的。

畜禽健康养殖是一个不断追求的过程，需要分阶段、分步骤、分区域、分不同品种、分轻重缓急逐步实现。近年来，迫于畜牧业发展所面临的严峻挑战，各地都在积极探索推动畜牧业持续健康发展的新路子，以健康养殖为方向出台实施了一些扶持政策，积累了不少好的经验和做法。

(一)出台扶持政策加强粪污处理和资源化利用

国内部分省区采用三种方式实现粪便的资源化利用和污水的无害化处理：第一是田园利用模式，粪便堆积发酵后用作农家肥；第二是环保模式，安装环保设施，畜禽场排放的粪污经三级沉淀、固液分离、厌氧发酵及好氧发酵等环节处理后实现达标排放；第三是沼气模式，粪便发酵制沼气，作为生活能源，沼渣制作优质有机肥。

(二)采取多种方式引导和鼓励规模化、标准化生产

一是提倡和扶持分散饲养向养殖小区集中，鼓励发展养殖大户。二是制定一系列地方养殖标准和规范，激励养殖户和小区建立养殖档案，推进规范化生产。

(三)推行农牧结合，积极发展循环畜牧业

有效实施农牧结合，既可以使畜禽粪便得到合理利用，也可以避免过量施用化肥导致的土壤板结、地力下降和环境污染。

(四)建立和完善健康养殖赖以依托的产业组织形式

部分省份鼓励和扶持养殖业的利益共同体，在提高生产规范化水平和畜产品质量安全水

平方面收效显著,农民增收也有了基本保障。

思 考 题

1. 环境污染对养殖生产有何影响?
2. 畜牧养殖生产对公共卫生有何影响?
3. 养殖生产对生态环境有何影响?
4. 针对养殖生产对大气污染的特点,试述如何防控养殖生产对大气的污染。

第十一章　畜禽环境微生物及其生物学意义

微生物是指存在于自然界中，个体微小，结构简单的低等生物。这些低等生物大多是单细胞，少数是多细胞，有些则没有细胞结构。微生物一般肉眼不能直接看见，必须借助光学显微镜或电子显微镜放大数百倍、数千倍，甚至数万倍才能观察到它们的微小结构。畜禽环境微生物则是指在畜禽养殖场所及其周围环境中存在的微生物，主要类群包括细菌、病毒、放线菌、真菌、支原体、衣原体、立克次氏体等，其中研究得最多的是细菌。畜禽环境微生物大量存在于畜禽体表、消化道及养殖场所的排泄物、垫料、污物、空气、废水和土壤中，对畜禽和饲养人员的健康造成直接威胁，也对邻近社区居民产生一定的影响。因而了解畜禽环境微生物及其生物学特点对于提高畜禽环境质量、有效保护畜禽及人类健康有着重要意义。

第一节　畜禽生态体系中的微生物

畜禽微生物主要存在于空气、土壤、水体和动物消化道等畜禽生态体系中。不同生态体系中微生物的数量、组成、活动方式各有其特点。

一、空气中的微生物

空气中微生物的主要来源，是人类的各种生产活动使空气受到污染，由于空气中存在大量微粒，可使微生物附着其上并生存下来。空气中微生物的数量，由于受到当地生产活动、季节、天气、地面状况、土壤性质等因素的影响，差异很大。一般而言，城市上空的微生物数量多于农村、草原，春、夏季多于秋、冬季。但是需要注意的是，在农村畜牧场特别是大型养殖场的空气环境中，不仅微生物的数量较多，而且还存在一定数量病原微生物或条件性病原微生物，对畜禽和当地民众健康构成潜在的威胁。

畜禽养殖场空气中的微生物大体可分3类：第一类是畜禽舍外空气中的常见微生物。如芽孢杆菌属、无色杆菌属、八叠球菌属、细球菌属、酵母菌属、真菌属等，它们在扩散过程中逐渐被稀释，致病力减弱。空气中的微生物可被雨水或降雪带到地面，亦可随风飘向很远的地方。第二类是舍内空气中的病原微生物。病原微生物随空气经呼吸道侵入畜体内的机会最多，除能引起各种呼吸道疾病外，还可经呼吸道而引起全身感染。第三类是空气变应源微生物。所谓变应源微生物是指能激发变态反应的抗原性微生物，以真菌孢子为主，如青霉属、曲霉属、根霉属、毛霉属，放线菌属等。由上述三类空气中微生物引起的疾病传播称为“气源传播”。气源传播有三条途径。一是附着在各种固态微粒上进行灰尘传播。各种病原微生物可附着在尘粒上，如清扫畜舍地面时扬起的灰尘，分发干粉饲料时飞扬的粉尘，刷拭畜体时产生的皮垢和毛屑等。以及病畜粪便干燥后形成尘粒，均能造成灰尘传播。一般刚飞扬起来的微粒，致病性较长久飘浮在空气中的微粒为强。二是存在于飞沫小滴内进行飞沫传染。家畜在打喷嚏时，从鼻腔、口腔内喷出大量的飞沫小滴，多种病原菌可以存在其中。飞沫小滴的直径大小不一，直径较大的飞沫很快降落到地面,但从喷嚏或咳嗽出来的飞沫有 90%以上的直径小于 5 μm,可以长期浮游在空气中,从而引起各种病原菌的传播。三是飞沫小核的传播。当飞沫小滴干燥后,就形成飞沫小核。飞沫小核的直径很小,一般仅为 1～2 μm。在空气中可以长期飘浮,并可随气流带到远处,引起更广泛的传播。

空气中病原微生物的存活时间,受到大气中各种理化因素如温度和湿度的影响。温度和湿度对细菌和病毒等微生物生存时间的影响随种类而异。相对湿度对微生物的影响比温度要大一些。有些病毒,如流行性感冒病毒、猪瘟病毒、传染性胃肠炎病毒等具有脂质膜,在低湿度下比较稳定;而口蹄疫病毒、肠炎病毒等没有脂质膜,在高湿度下比较稳定。但大多数细菌在低湿度和高湿度下都较稳定,而在中等湿度(相对湿度 45%～64%)时,却不稳定。细菌芽孢对外界因素的耐受性很强,几乎不受畜舍内外一般气象因素的影响。某些抵抗力较强的细菌也可以长期生存,如金黄色葡萄球菌、链球菌、结核杆菌、炭疽芽孢杆菌、破伤风梭菌、腐败梭菌、绿脓杆菌等。带有病原微生物的微粒通过飞沫,被易感畜禽吸入后,容易引起呼吸道传染病,如牛、猪的肺结核、肺炎、流行性感冒等。由于现代养殖规模越来越大,密度越来越高,动物之间密切接触,因而动物因呼吸、喷嚏、咳嗽等形成的飞沫传染在流行病学上比尘埃传染更为重要。

一般说来,畜禽舍内空气中的微生物数量多,微生物的种类也较多;舍外空气则会大幅度降低。柴同杰等(1997,1999,2001)应用 Andersen-多层级微生物收集器和 KS-92 液体喷冲器,对乳牛舍内、外空气中厌氧菌、需氧菌总数以及产气荚膜杆菌(魏氏梭菌)进行了定性定量分析(表 11-1)。结果表明,舍内空气中需氧菌含量最高,厌氧菌次之,魏氏梭菌最低。舍内环境的细菌能向舍外环境传播,舍内、外环境微生物含量的高低反映了舍内外的卫生状况。

表 11-1 乳牛舍占据时空气中需氧菌、厌氧菌以及魏氏梭菌含量的中间值

(舍内 $n=65$;舍外 $n=63$)(柴同杰,1999)

测量日期	细菌	舍内空气/(个·m^{-3})		舍外空气/(个·m^{-3})	舍外与舍内比/%
		KS-92	Anders-收集器	Anders-收集器	
1996-02-6	需氧菌	11 430	8 528	949	11.1
	厌氧菌	5 015	2 849	1 124	39.5
	魏氏梭菌	0.5	1.8	1.5	83.3
1996-02-19	需氧菌	3 123	2 291	264	11.5
	厌氧菌	1 893	2 106	264	6.1
	魏氏梭菌	0	0	1.5	0
1996-04-30	需氧菌	48 669	18 094	4 276	23.6
	厌氧菌	23 784	4 295	2 282	53.1
	魏氏梭菌	3.5	5.5	2	36.4
1996-05-06	需氧菌	3 135	2 050	297	14.5
	厌氧菌	2 487	2 098	239	11.4
	魏氏梭菌	0	0	0	0

张鹤平(2005)以一个中型养猪场和一个中型种鸡场为观测地,分别在春季、夏季、冬季定期、定点对养殖场畜禽舍、场区和场外 1 000 m(猪场)、500 m(鸡场)范围内不同距离环境空气

中的细菌含量进行了监测。研究结果表明:在养殖场内空气中的细菌含量虽然在不同季节有高低之差,但是均明显超出我国环境卫生标准。养殖场外环境中空气细菌数量虽然随着距离的延长而逐渐降低,但猪场周围至少 500 m 以外,鸡场周围至少 400 m 以外空气中细菌指数才达到卫生标准。提示养猪场应建立在远离居民区 500 m 以外,鸡场建立在远离居民区 400 m 以外才有可能符合卫生要求。

二、土壤中的微生物

土壤具备微生物生活所需的各种条件,是微生物生活和繁殖的良好环境。与厩舍周围的空气相似,畜禽养殖场附近的土壤中的微生物主要有细菌、放线菌、真菌、病毒等。土壤中的微生物多集中在土壤表层,据统计,富含腐殖质的表层土壤每克含细菌 200 万至 2 亿个。这些细菌多是非病原菌,如丝状菌、酵母菌、球菌、硝化菌及固氮菌等。土壤深层多为厌氧菌,为分解有机物所必需,对土壤自净具有重要作用。

土壤中存在微生物间的生存竞争。由于 pH、温度、湿度、营养物质等不利于病原菌生存的因素存在,使大多数进入土壤的病原菌不能长期存活。但若土壤被污染或含丰富的有基质,抵抗力较强的病原菌,就可能长期生存下来成为土壤性病原菌。如破伤风杆菌和炭疽杆菌在土壤中可存活 16～17 年以上,霍乱杆菌可生存 12 个月。土壤中非固有的病原菌,如伤寒杆菌、痢疾杆菌等在干燥环境中可生存 2 周,在湿润环境下则可生存 2～5 个月。能够形成芽孢的病原菌存活的时间更长,如炭疽芽孢可在土壤中存活数十年。

土壤污染的程度,可通过检测土壤中病原微生物、寄生虫的种类及其数量做出判断,一般只有在怀疑土壤已经成为动物的污染源时,才进行此评定。因为大肠杆菌为土壤被粪便污染的主要指标,动物疫病的病原体常随大肠杆菌一起进入土壤,所以土壤的微生物学评价一般以大肠杆菌及细菌总数表示。具体评价标准见表 11-2。

表 11-2 土壤生物学卫生指标

土壤污染情况	寄生虫/(个/kg)	细菌总数/(个/kg)	大肠杆菌价/(g/1 个大肠杆菌)
清洁	0	1	100
轻度污染	1～10		
中度污染	10～100	10	50
严重污染	1 000	100	1～2

三、水体中的微生物

水体是微生物栖息的第二个天然场所。凡江、河、湖、海、地下水等水体中均有微生物的存在。水中微生物主要来自土壤、空气、动物排泄物及尸体、生活污水等。许多土壤微生物均可见于水中。水中细菌 90% 为革兰氏阴性菌,常包括弧菌、假单孢菌、黄杆菌等。需要说明的是,水体中微生物的数量及分布常受到水体类型与层次、污染情况、季节等各种因素的影响。比如农村池塘的水体中,有机质较多,细菌数也较多。水的上层常有各种好氧性细菌生长;水底泥体则有多种厌氧菌与兼性厌氧菌生长。由于乡村池塘易受人、畜禽粪便污染,因而常常检出许多病原菌。

养殖场的水源可能含有各种各样的有害化学物质和微生物，这些不仅影响水的适口性，也对畜禽的健康和生产性能有不良影响。对水体内所含细菌特别是肠道菌的检查，可作为水受到粪便污染及其污染程度的根据。直接检查水中各种病原体，方法复杂，时间较长，即使得到阴性结果，也不能保证水质绝对安全。所以，在实际工作中，通常以检验水中的细菌菌落总数和总大肠菌群数来间接判断水质受到人畜粪便的污染情况。

细菌菌落总数是指 1 mL 水样在营养琼脂培养基中，于 37℃培养 24 h 后所生长出来的细菌菌落总数。它用于指示被检的水源受有机物污染的程度，为人、畜禽生活饮用水做卫生学评价提供依据。我国规定，人、畜禽饮用水每 1 mL 中细菌总数不超过 100 个。水中细菌总数越多，说明水体受污染越严重，同时也说明在水体中存在着有利于细菌生长繁殖的条件。

总大肠菌群数是指一群需氧及兼性厌氧的，在 37℃生长时，能使乳糖发酵，在 24 h 内产酸产气的革兰氏阴性无芽孢杆菌数量。大肠菌群是这些细菌的统称。一般用大肠菌群指数或大肠菌群值来表示。大肠菌群指数是指 1L 水中所含大肠菌群数。大肠菌群值是指含有 1 个大肠菌群细菌最小容积(mL)的水。

水体如果受到病原微生物的污染，则可通过饮水、饲料或接触的方式导致介水传染病的流行。例如炭疽、布氏杆菌病、钩端螺旋体病、结核、口蹄疫、猪瘟、禽霍乱等均可通过水为媒介而传播。由于动物特别是大动物每日需水量很多(表 11-3)，如水被致病微生物污染，轻则造成动物拉稀、腹泻等肠道疾病，重则可能造成传染病的暴发，给畜禽养殖业造成损失。因而对于可能受到病原微生物污染的水应特别注意，切勿使用。我国对各类水的卫生标准有详细的规定见表 11-4。

表 11-3 动物的需水量(摄入水平均值)

动物种类	需水量	
	L/kg 饲料干物质含量	L/(个·d)
牛	4	40～80
绵羊	3～5	3～5
泌乳猪	3	15～20
生长猪	3	3～10
马轻度负荷	2～4	40
马微负荷	2～4	60～85
犬	3～5	0.5～1.0
猫	4	0.2

表 11-4 各种水质细菌卫生标准

水样	细菌菌落数/(cfu/mL)	总大肠菌群数(MPN 法)/(个/L)	标准来源
生活饮用水	≤100	≤3	GB 5749—1985
优质饮用水	≤20	≤3	GB 17324—1998
矿泉水	≤5	0/mL	
游泳池水	≤1 000	18	
地表水(Ⅲ类)	≤10 000		GB 8987—1988
农田灌溉用水	≤10 000		GB 5084—1985

四、畜禽消化道环境中的微生物

猪、牛、家禽、兔、马、犬等动物的消化道中寄居有大量的活细菌。据 LucKey 估计，不论是家畜或是家禽，其粪便中的细菌含量在 $5\times10^9\sim5\times10^{10}$ 个/g 粪便湿重之间，占粪便湿重的40%以上。畜禽肠道微生物可分为3类，①共生性细菌：为主要菌群(>90%)，包括球菌、丙酸菌、乳酸菌及双歧杆菌等。这类细菌可以将复杂的碳水化合物（纤维素或非淀粉多糖）发酵成为乳酸或挥发性脂肪酸（如丙酸）。乳酸在肠道形成酸性环境，对其他致病菌可产生“竞争排除作用”，但乳酸堆积多也会刺激肠道蠕动，使肠道内容物排空加快。②机会性细菌：约占10%，包括无病原性的大肠杆菌、链球菌及肠球菌等。这类细菌视肠道环境而改变停留在肠道的数量及时间。③ 致病性细菌：含量极少(<0.01%)，包括梭菌、葡萄球菌、伪单胞菌、病原性大肠杆菌、曲型菌及部分真菌。这类菌群不仅具有致病性，同时它们也会消耗宿主的能量，而其发酵产物（如氨气、H_2S 等）则会对宿主产生有害作用。

（一）反刍动物消化道微生物

细菌是瘤胃中数量最多的一种微生物，在1克瘤胃内容物中，细菌数为 $10^7\sim10^{12}$ 个。瘤胃内细菌种类繁多。根据其对底物利用情况可归纳为如下几类：

(1)纤维素分解菌　这类细菌能产生纤维素酶，还可能利用纤维二糖。参与纤维分解的细菌主要有：产琥珀酸类杆菌（*Bacteroides succinogenes*），黄色瘤胃球菌（*Puminococcus flavefaciens*），白色瘤胃球菌（*R. albus*），小瘤胃杆菌（*R. parvum*）溶纤维运动杆菌（*Cillobacterium cellulosslvens*），溶纤梭菌（*Ctostyidium cellutosolvens*）。

(2)半纤维素分解菌　水解纤维素的细菌通常能利用半纤维素，但许多能利用半纤维素的细菌不能分解纤维素。分解半纤维素的细菌主要包括：丁酸弧菌属（*Butyrivibrio*），多对主螺菌（*Lachnospira multiparit*），瘤胃类杆菌（*Bacteroides ruminicola*），溶纤维丁酸弧菌（*Butyrivibrio fibrisolven*）等。

(3)淀粉分解菌　许多纤维素分解菌也具有分解淀粉的能力。分解淀粉的细菌主要有：嗜淀粉类杆菌（*Bacteroides amylophilus*），反刍新月单胞菌（*Selenomonas ruminantium*），溶淀粉琥珀酸单胞菌（*Succinimonas amylolylica*），牛链球菌（*Streptococcus bovis*）等。

(4)蛋白分解细菌　瘤胃中参与分解蛋白质的细菌主要有：丁酸弧菌属，琥珀酸弧菌属（*Succiovibri*），反刍新月单胞菌及其变种，普通类杆菌（*Bacteroides vnlgatus*）展开消化链球菌（*Peptostreptococcus evolutus*），以及螺旋体属（*Borrelia*）等。

(5)氨基酸分解菌　分解氨基酸的细菌主要有：瘤胃类杆菌，反刍新月单胞菌，溶纤维丁酸弧菌，牛链球菌，埃及消化链球菌（*Peptostreptococcus elsdenil*），嗜淀粉类杆菌。

(6)脂肪分解菌　参与分解脂肪的细菌主要有：解脂菌属中梭形梭杆菌（*Fusobacterium fusiforme*），多态梭杆菌（*F. polymorphum*），具核梭杆菌（*F. nucleafum*），小梭杆菌（*F. vescum*），甚尖梭杆菌（*F. praeacutum*），以及反刍新月单胞菌变种等。

(7)利用有机酸的瘤胃细菌 在瘤胃中能够利用有机酸的细菌主要有：分解乳酸反刍新月单胞菌（*Selenomonas ruminantium subsp. lactilytica*），产碱费氏球菌（*Veillonella alacalescens*），产气费氏球菌（*V. gazogenes*），埃氏消化链球菌，埃及巨球菌（*Megasphaera elsdenii*），琥珀酸弧菌（*Vibrio uccinogenes*），丙酸杆菌属（*Propionii bacterium* sp.），脱硫弧菌（*Desul-*

phovibrio)等。

(8)产甲烷菌　从瘤胃分离的产甲烷细菌主要有：反刍甲烷杆菌(*Methanobacterium ruminantium*)，运动甲烷杆菌(*M. mobile*)，甲酸甲烷杆菌(*M. formicicum*)，索氏甲烷杆菌(*M. soehngenii*)，甲烷单胞菌(*Methanomonas*)，甲烷八叠球菌属(*Methanosarcinasp.*)和厌氧甲烷杆菌(*M. suboxydans*)等。

(9)合成维生素的细菌　合成维生素B族是胃肠道微生物的主要功能之一。胃肠道微生物合成的维生素B族，可以满足动物的需要。由瘤胃到肠道，微生物合成维生素B的能力逐渐加强。在盲肠部位维生素B_{12}的含量最高。在胃肠道中合成的维生素B族主要包括：维生素B_1、维生素B_2、维生素B_6、维生素B_{12}、烟酸、叶酸、泛酸、生物素，以及维生素K。胃肠道中微生物合成的这些维生素数量足以保证动物的需要。

胃肠中合成维生素B族的微生物主要有大肠杆菌，丙酸杆菌，牛链球菌等；瘤胃中合成维生素B_{12}的微生物主要有反刍新月单胞菌，消化链球菌等。

合成胡萝卜素的细菌主要有形成黄色素的球菌和杆菌。球菌包括链球菌，微球菌，主要来自瘤胃，其次为小肠和盲肠，而在结肠和直肠含量较少。杆菌包括嗜海水黄杆菌(*Flavobacterium halmephilum*)，湿润黄杆菌(*F. uliginosum*)，深黄短杆菌(*Brevibacterium fulrum*)，暗褐短杆菌(*B. fuscum*)等。

(10)反刍动物肠道菌群　反刍动物肠道细菌具代表性的主要为乳酸菌，双歧杆菌和肠杆菌。其中乳酸菌常见的有：乳香链球菌(*Stre. lactis*)，嗜酸乳杆菌(*Bactacidophilum*)，保加利亚乳杆菌(*Lactobacterium bulgaricum*)，干酸乳细菌(*Lac. casei*)。

(二)猪的肠道菌群

猪是单胃动物，胃内酸性较高，加之食物能带来大量氧气，因此胃中优势菌为耐酸菌和兼性厌氧菌，以乳酸杆菌和链球菌为主，也有少量酸敏感菌和严格厌氧菌。

猪的肠道内除十二指肠细菌较少外，其他部位均分布有大量细菌，这些细菌群大致分为三类，即乳酸菌，厌氧菌和需氧菌。据报道，猪的空肠内容物每克(湿重)所含细菌数的对数值为：乳酸杆菌7.3±0.6、双歧杆菌7.2±0.7、消化球菌5.8±1.2、肠杆菌5.7±1.3、小梭菌5.5±1.4、葡萄球菌5.4±1.0、肠球菌4.9±1.5、优杆菌2.9±0.2、拟杆菌2.8±0.4、酵母菌2.1±0.4；回肠内容物每克(湿重)所含细菌数的对数值为：双歧杆菌7.6±0.8、乳酸杆菌7.4±0.6、消化球菌6.2±1.4、肠杆菌6.1±1.6、肠球菌6.0±1.1、小梭菌5.7±1.5、拟杆菌5.3±1.1、葡萄球菌5.1±0.4、优杆菌4.0±1.2、酵母菌2.4±0.8。很显然，乳酸杆菌和双歧杆菌是小肠的优势菌，其次为消化球菌、肠杆菌、小梭菌和葡萄球菌。大肠杆菌等肠道杆菌，则主要分布在肠道后部如结肠和盲肠。此外，作为肠道常在菌还有克雷伯氏菌属、变形杆菌属和柠檬酸菌属等。

据统计，成年猪的粪便总菌数在10^{10}个/g以上，并以拟杆菌，消化球菌，厌氧弯曲杆菌，真杆菌，螺旋体等厌氧菌最占优势，它们和乳杆菌共同构成猪消化道最优势菌群，其他为双歧杆菌，巨球形菌，其细菌总数在10^8～10^9个/g，而链球菌，肠杆菌科一般是10^7～10^8个/g。

(三)鸡的肠道菌群

鸡嗉囊内乳杆菌构成最优势菌群(10^9个/g)，其次为链球菌和肠杆菌。腺胃、肌胃、小肠和嗉囊内菌群类似，仅总菌数有异。盲肠内各种厌氧菌显著增殖，总菌数达10^{11}个/g，拟杆菌，真杆菌，双歧杆菌，消化链球菌，梭状芽孢杆菌等是最优势菌群，其次为乳杆菌(10^8 个/g)，链球菌和肠杆菌为 10^7～10^8 个/g。

(四)其他动物肠道菌群

1.兔　兔盲肠粪便中以拟杆菌占压倒优势，其次厌氧弯曲杆菌，消化球菌等菌数为 10^8 个/g，其他菌群出现的较少。

有报道，5～8 日龄哺乳兔肠道各部分的正常菌群的总菌数很高，达 10^8～10^9 个/g，而 3～4 周龄的兔，其空肠总菌数降到 10^2 个/g，盲肠、结肠、直肠总菌数变成 10^7～10^9 个/g。5～8 日龄以拟杆菌和大肠杆菌是优势菌群，其次，双歧杆菌只有总菌数的 1/100 左右。3～4 周龄，6.5～8 周龄兔肠道各部分均以拟杆菌占优势，乳杆菌、双歧杆菌、产气荚膜菌等由于饲料不同，检出菌数也有差异。给予固形饲料的 6.5～8 周龄的兔均检不出，而大肠杆菌变动在 10^2～10^8 个/g 范围内。

2.猫　据报道，普通环境的猫粪菌群以拟杆菌、真杆菌、链球菌、乳杆菌、梭菌等为优势菌群，其菌数为 10^{10}个/g，而双歧杆菌、大肠杆菌、产气荚膜梭菌等的菌数为 10^8 个/g，与犬相比，双歧杆菌数稍有减少，而产气荚膜梭菌呈增加状态。

也有的报道，双歧杆菌完全检不出，乳杆菌为 10^5 个/g，产气荚膜梭菌在 10^9 个/g 以上，这些不同与环境和饲料的不同有很大的影响。

3.犬　最优势菌群为拟杆菌、真杆菌、消化链球菌、链球菌、乳杆菌等，其菌数为 10^9 个/g，大肠杆菌菌数为 10^7～10^8 个/g。产气荚膜梭菌及其检出率均比人稍高，但由于饲料不同，双歧杆菌、产气荚膜梭菌的检出菌数有很大变动。Balish 等(1977)的检查也得出相似的结果。但双歧杆菌和梭菌两者常作为最优势菌出现。

据检出结果，回肠部出现 10^8 个/g 干燥重量的菌数，以拟杆菌、消化链球菌为最优势菌群。链球菌、葡萄球菌、棒状杆菌、芽孢杆菌等需氧菌的菌数为 10^7 个/g 或稍低。盲肠总菌数为 10^7 个/g 左右，比回肠稍低，拟杆菌为最优势菌。结肠为 10^{10}个/g 的高菌数，拟杆菌、消化链球菌、乳杆菌、链球菌、梭菌、真杆菌等是优势菌群。

第二节　畜禽环境微生物的特征

一般而言，畜禽环境微生物具有以下特征：

一、个体小、种类多

微生物是一类个体十分微小的生物。如畜禽环境中比例最多的细菌，其大小一般为零点几到几微米，数千个细菌首尾相连，其长度大约与一粒芝麻的长度相当，因而实验室需要借助光学显微镜才能进行观察，而病毒这种最小的微生物，则需要借助电子显微镜才能看到。

微生物种类繁多。迄今为止，我们所知道的微生物约有 10 万种，有人估计目前已知的种只占地球上实际存在的微生物总数的 20%。微生物资源是极其丰富的，但在人类生产和生活中仅开发利用了已发现微生物种数的 1%。近年来，由于分离培养方法的不断改进，陆续有新的微生物种类被发现。

二、繁殖快

在适宜的环境条件下，大多数微生物能在十几分钟至 20 min 内繁殖一代，例如畜禽环境中最常见的大肠杆菌，其繁殖一代所需的时间为 17～20 min。

由于微生物的繁殖速度很快，因而其数量可以在短时间内迅速增加。如畜禽大肠杆菌理论上可以在一昼夜内从一个个体增加到 4.7×10^{21} 个个体，经 48 h 后可产生 2.2×10^{43} 个个体。当然，由于营养消耗、黏度增大、通气困难等种种条件的限制，这种快速的繁殖只能维持几个小时，不可能无限制地繁殖下去，因此培养液中细菌的数量一般仅能达到每毫升 1～10 亿个，最多达到 100 亿。尽管如此，它的繁殖速度仍比高等生物高出约千万倍。

三、数量多、分布广

由于微生物生长繁殖速度极快，代谢强度大，因此，微生物在自然界的各种环境尤其是土壤、水体、空气中大量存在。

1. 土壤　土壤具有微生物生长繁殖所需的各种因素，因此无论从数量上还是从种类上来看，土壤中的微生物都是最多的。据统计，在 1 g 土壤中，细菌数量可达数亿个，放线菌孢子达数千万个，霉菌有数百万个，酵母菌有数十万个。

土壤中的微生物以细菌为主，数量可达数亿个，放线菌次之，另外还有真菌、螺旋体等，绝大多数为非病原菌，对人和动植物是有益的，它们在自然界的物质循环中起着重要的作用，参与大自然的物质循环，分解动物的尸体和排泄物；固定大气中的氮，供给植物利用；土壤中可分离出许多能产生抗生素的微生物。

土壤中的微生物仅有少数病原菌，它们来自人和动物体(粪、尿、痰、尸体等)。进入土壤中的病原微生物容易死亡，但是一些抵抗力较强的球菌及能形成芽孢的细菌如破伤风杆菌、气性坏疽病原菌、肉毒杆菌、炭疽杆菌等可在土壤中存活多年。

2. 水体　水体中含菌量的多少与其中有机物的含量成正比，淡水的含菌量及大肠菌群指数的高低，与该水源的饮用价值直接相关。

3. 空气　空气虽不适宜微生物生长繁殖，但其中也分布有微生物。空气中的微生物与人类和畜禽健康有密切关系。

人和动物的肠道：正常人体及动物体表面及与外界相通的腔道中，存在着许多微生物。据统计，在正常人体肠道内的细菌总数有 10 万亿到 100 万亿个之间。成年猪每克粪便所含细菌数在 100 亿个以上，而鸡盲肠内每克内容物所含各种细菌数更达 1 000 亿个以上。一般而言，这些数量庞大的微生物与人体、动物体间的关系一般表现为互生关系，但是当机体防御机能减弱，菌体着生部位改变或菌群失调时，它们会成为病原菌。

四、适应强，易变异

微生物对环境条件尤其是恶劣的“极端环境”具有惊人的适应力，这是高等生物所无法比拟的。例如，多数细菌能耐 0～－196℃的低温；在海洋深处的某些硫细菌可在 250～300℃的高温条件下正常生长；一些嗜盐细菌甚至能在饱和盐水中正常生活；产芽孢细菌和真菌孢子在干燥条件下能保藏几十年、几百年甚至上千年。耐酸碱、耐缺氧、耐毒物、抗辐射、抗静水压等特性在微生物中也极为常见。

微生物个体微小，与外界环境的接触面积大，容易受到环境条件的影响而发生性状变化（变异）。尽管个体发生变异的机会虽然不高，但群体变异较大，如一个大肠杆菌每天可繁殖73代，理论上达到 47×10^{20} 个/d，即使是千万万分之一的变异率，群体中的变异率也较高。微生物易变异，对人类有利方面，可从不良菌种诱变为优良菌种，大大提高质量、数量；不利方面，可使优良菌种退化成劣质菌株，甚至突变为一个人类不能对付的菌株。

第三节　畜禽环境微生物的耐药性

一、环境微生物耐药性的原因与现状

抗生素是细菌、真菌等微生物分泌的一类控制自身过度繁殖，维护微生态平衡的物质。目前已开发有近百种，用来抑制人、畜禽致病菌繁殖，治疗感染性疾病。由于抗生素及化学合成抗菌药物的广泛使用，全球传染病死亡人数占总死亡人数的比例，已从 19 世纪的 50%～60% 下降到 10%以下；同样，药物在畜牧业的应用，有效控制了畜禽疾病的大规模流行，降低了疾病尤其是细菌性疾病导致的死亡率，且提高了增重速度，缩短了养殖周期。然而，抗生素很快被滥用了，大多数药店和商场均可以随意购买抗生素；饲料中添加抗生素也很常见，美国生产的抗生素一半用于饲料。滥用抗生素造成的不良后果已逐渐暴露出来，不仅造成了 1970 年以后的医院中二重感染和院内感染大量增加，而且由于耐药菌株污染自然界微生态系统，1980 年后又引起一些老传染病的死灰复燃和新传染病的暴发流行，使全球传染病发病和死亡人数再度上升。同理，抗生素等药物在畜牧业的滥用，使畜禽致病菌的耐药率大大增加，疾病发生几率也不断提高，且治疗的难度越来越大，这种结果反过来又导致药物使用频率和治疗剂量的提高，进一步加速了耐药菌的产生与传播。

广泛使用广谱抗生素，使医院环境、病人体内产生了选择性压力，助长了耐药菌株的出现。抗药菌株的选择和传播因很多因素而得以强化，包括过度开处方、不良的依赖性和无控制的出售抗生素。过度开抗生素处方在许多国家中经常发生，如加拿大、委内瑞拉、美国和我国健康儿童中的大肠杆菌调查表明：多种耐药菌株在委内瑞拉和我国传播较为广泛，其原因是国家对过度开抗生素处方一直难以控制，又因社会上滥用抗生素，社区耐药菌株也在增加。如霍乱疾病，1990 年以前因防疫卫生工作加强，该病的发病保持平稳状态。其后，每年发病人数由数万例猛增至几十万例，流行范围也在扩大，且以对多种抗生素耐药的 O_{139} 新型霍乱为主。各种弧菌广泛分布在各种水源中，极易被含有耐药菌（主要是大肠杆菌）的人或动物粪便污染，传播上耐药质粒，变成致病力强的耐药菌株，多数学者认为 O_{139} 新型霍乱就是这样形成的。目前结核病发病也出现上升趋势，据估计 1995 年全球有 300 万人死于结核病。造成发病率和死亡率上升的主要原因是结核菌已严重耐药，如我国统计初始耐药率达 28.4%。现在的普遍现象是，一旦发现轻微感染迹象就接受医生抗感染治疗，或自行服用抗生素进行治疗。这大大加快了微生物耐药性产生的速度。

微生物对多种抗生素耐药已是当今的时代特征，很多细菌可对多于 10 种的抗生素产生耐药性。1955 年首先分离出多重耐药的志贺菌，后又分离出多种多重耐药菌株。多重耐药的耐甲氧西林金葡菌（MRSA）2005 年在很多地区已超过 50%。细菌的多重耐药性已成为全球性的卫生危机，给治疗带来很大困难，多重耐药菌也将成为导致医院感染的主要病原菌。医院的

耐药菌株可通过出院在家继续治疗的病人而传播到社区，病人可携带多重耐药的金葡菌和对万古霉素耐药的肠球菌等。细菌的耐药基因不仅迅速传递给下一代，且可通过多种方式传递到其他细菌，既可以发生同一种属内，也可以发生在种属间，并通过携带者在各地区和国际传播。因此，抗生素的广泛应用将会改变人类与微生物之间的微妙平衡。

二、我国畜禽环境微生物耐药性现状

抗菌药在养殖业的大量使用，随之而来的是畜禽微生物不断产生耐药性并越来越严重。国内对兽医领域畜禽微生物的耐药性缺乏有计划和系统的监测，所以，对我国畜禽微生物的耐药性情况很难做出全面准确的评价。但总的来说，由于抗菌药的滥用和不合理应用十分普遍，故耐药性是相当严重的。许多临床工作者反映抗菌药的效果比以前差，用药剂量不断加大，例如恩诺沙星在 1994 年刚在我国上市时，治疗鸡的消化系统和呼吸系统疾病一般用 25～50 mg/L 浓度饮水，效果相当好，现在用到 100 mg/L 效果也不好，有人甚至已用 200 mg/L，这虽然是临床工作者的反映，但也从一个侧面反映了耐药性的严重。近年来很多关于抗菌药耐药性的调查报告，都表明畜禽病原菌的耐药性已相当严重，如柴同杰(2003)对某鸡舍内粪便、空气和舍外环境 10 m、50 m、100 m 中的空气分离的细菌进行耐药性分析，结果表明：80％以上的金黄色葡萄球菌和链球菌对氯霉素和对苯唑青霉素耐药；粪便和舍内外环境空气中的 80％以上的大肠杆菌和沙门氏菌对氨苄青霉素、氯霉素、头孢唑啉耐药。雷连成(2005)对兽医院临床病例和养殖场患病动物分离的 146 株大肠杆菌对 17 种抗菌药的耐药率调查，发现所有的菌株都有不同程度的耐药性，最少耐药 3 种，最多耐药 15 种，平均达 7 种。

陈杖榴(2005)等调查了广东不同地区的 3 个养猪场、1 个养场鸡、1 个奶牛场、1 个屠宰场和广州市各区的代表性超市。采集猪、鸡、奶牛、饲养员、学生志愿者、市场鲜肉、加工熟肉等样本 284 份，分离大肠杆菌共 1 524 株。采用 WHO 推荐的纸片扩散法，按美国临床实验标准化委员会(NCCLS)的判定标准，测定了这些菌株对 21 种抗菌药的耐药性，分析、比较不同来源大肠杆菌对抗菌药的耐药率及多重耐药情况(表 11-5)。

该调查结果表明，从不同养殖场动物分离的大肠杆菌对 21 种抗菌药普遍存在耐药性，其中耐药率最高的为青霉素类、四环素类和磺胺药，对头孢菌素、阿米卡星、多黏菌素 B 的耐药率最低；对氟喹诺酮类的耐药菌较为普遍，其中鸡源大肠杆菌的耐药率为 40％，猪源耐药率约 25％，牛源仅 3.5％，三种动物存在显著差异，这与动物用药的强度、频率呈正相关，鸡用药多，选择压力大，耐药率高；奶牛用药少，耐药率低。相同养殖场内的动物、环境和饲养员分离的大肠杆菌对 21 种抗菌药的耐药率存在一定的差异，但总的耐药趋势分布相似，尤其从动物和环境分离的菌株，其耐药率比较接近。这种现象表明，在同一养殖场内，动物、环境和饲养员之间可能存在耐药菌的相互传递，或者大肠杆菌处于相同的药物选择压力下，筛选出相似耐药谱菌株。

刘远飞(2007)等从山东省 17 地市 48 个种鸡场及商品鸡场分离出 176 株鸡源大肠杆菌，研究了这些大肠杆菌的血清型分布及其耐药性。结果表明，在分离到的 13 个血清型中，O_{78}、O_1、O_8、O_{143} 分离率最高，分别为 13.5％，7.2％，3.2％和 3.0％。按 NCCLS 推荐的纸片扩散法测定了其对 20 种抗菌药物的敏感性。结果表明，细菌耐药性严重，且以多重耐药为主，大多数分离菌耐受四环素(93.2％)，新诺明(83.5％)，复方新诺明(78.4％)，并耐受喹诺酮类萘啶酸(89.8％)，二氟沙星(82.9％)，沙拉沙星(80.1％)，恩诺沙星(78.9％)，氧氟沙星(77.3％)，环丙沙星(76.7%)。细菌对阿米卡星、头孢噻吩、头孢噻肟、头孢曲松较为敏感,其耐药率在1.1%～18.8%之间。就多重耐药特征来看,分离的所有大肠杆菌对20种常用抗菌药物中的至少3种以上药物耐药,75%的分离菌对9种以上的抗菌药物耐药。该结果与中国其他地区的报道基本一致,这表明禽源大肠杆菌多重耐药性在全国范围内已经非常普遍。

表11-5　不同来源大肠杆菌对21种抗菌药物的耐药率　%

药物	鸡(136株)	鸡场(44株)	鸡饲养员(40株)	猪(308株)	猪场(97株)	猪饲养员(117株)	奶牛(119株)	奶牛场(45株)	奶牛饲养员(36株)
环丙沙星	39.0	27.3	22.5	24.7	18.6	16.3	3.4	2.2	2.8
诺氟沙星	37.5	27.3	22.5	25.0	17.5	16.3	3.4	2.2	5.6
恩诺沙星	41.2	27.3	25.0	24.7	16.5	16.3	3.4	2.2	2.8
洛美沙星	41.2	27.3	25.0	26.3	19.6	16.3	4.2	2.2	5.6
氨苄西林	55.9	63.6	35.0	72.4	76.3	47.9	32.0	22.2	25.0
阿莫西林	53.7	61.4	32.5	68.5	74.2	43.6	33.6	17.8	25.0
头孢氨苄	0.0	0.0	0.0	0.3	0.0	0.0	1.7	0.0	0.0
头孢唑啉	0.0	0.0	0.0	0.3	1.0	0.0	0.8	0.0	0.0
四环素	63.2	70.5	25.0	98.4	96.9	85.5	41.2	40.0	38.9
多西环素	61.0	70.5	20.0	93.5	94.8	78.6	40.3	37.8	38.9
链霉素	53.0	50.0	10.0	54.9	40.2	33.3	36.1	20.0	13.9
卡那霉素	51.5	40.9	7.5	76.3	78.4	27.4	9.2	6.7	2.8
阿米卡星	0.0	0.0	0.0	2.9	0.0	5.1	0.0	0.0	0.0
庆大霉素	24.3	20.5	15.0	24.4	21.6	15.4	14.3	13.3	8.3
新霉素	0.7	0.0	0.0	8.8	6.2	1.7	0.8	0.0	0.0
壮观霉素	0.0	0.0	2.5	27.3	25.8	6.0	0.0	0.0	0.0
氯霉素	36.8	31.8	10.0	52.3	61.9	12.8	5.9	6.7	5.6
多黏菌素B	0.7	0.0	0.0	0.3	0.0	0.0	0.0	0.0	0.0
呋喃唑酮	7.4	6.8	5.0	23.4	25.8	6.8	0.8	0.0	0.0
呋喃妥因	6.6	6.8	5.0	23.4	23.7	6.8	0.8	0.0	0.0
复方新诺明	64.7	65.9	30.0	89.6	93.8	47.0	26.9	24.2	30.6

三、畜禽环境耐药微生物向外界的传播

现代集约化养殖生产过程中,由于动物养殖密度高,一定时间内就会排出大量的粪便、气体等代谢废物,相应的,这些废物里含有较高浓度的耐药菌。这些耐药菌通过污水、空气向周围扩散,不仅导致附近养殖场发生耐药微生物感染,也会对生活在附近的人群产生潜在的威胁。研究表明,畜禽环境耐药微生物向外界的传播,气溶胶是其中的主要途径之一,也是研究得较深入一种传播途径。柴同杰(2003)等通过对鸡舍内粪便、空气和舍外环境10 m、50 m、100 m中的空气分离到的细菌鉴定,包括细菌DNA分子生物学检测及药物敏感实验以及细菌含量统计学分析(表11-6),结果表明鸡舍内环境微生物气溶胶包括耐药细菌可通过舍内外气

体交换排往鸡舍周围环境，使舍外环境在一定的范围内受到动物源性微生物污染，且影响范围大于 100 m。

表 11-6 禽舍内外气载细菌含量(n=8)

取样地点	细菌总数		大肠杆菌	
	最大值	最小值	最大值	最小值
舍内	490 000	97 000	1 300	950
舍外下风向 10 m	41 000	36 000	420	320
舍外下风向 50 m	3 700	3 000	260	170
舍外下风向 100 m	2 800	2 100	61	41
舍外下风向 200 m	3 800	1 800	46	35
舍外下风向 400 m	1 500	580	4.2	0
舍外下风向 600 m	910	600	0	0
舍外下风向 800 m	810	600	4.2	0
舍外上风向 100 m	1 100	800	4.2	0

姚美玲与柴同杰(2007)采用 Andersen-6 级撞击式和 RCS(Reuter-Centrifugal Sampler)离心式空气微生物采样器，分别对泰安市一兔场舍内及舍外下风向 10 m、50 m、100 m、200 m，以及莱芜市一种鸡场舍内及舍外下风向 10 m、50 m、100 m、200 m、400 m、600 m、800 m 处空气中的细菌总数及大肠杆菌含量、耐药性进行了 2 个工作日的测量，同时以上风向 100 m 处空气样品作为对照。结果显示，禽、兔舍内细菌总数、大肠杆菌数量、大肠杆菌耐药菌数量最高，舍外下风向的细菌总数、大肠杆菌及耐药菌数量随距离增加而降低，呈现明显的相关性(表 11-7)。表明禽、兔舍内微生物及耐药微生物均可通过气溶胶向外界传播，传播的距离与风向有很大的关系。

表 11-7 兔舍内外气载细菌含量(n=8)

取样地点	细菌总数		大肠杆菌	
	最大值	最小值	最大值	最小值
舍内	20 000	6 100	490	350
舍外下风向 10 m	7 100	2 600	74	48
舍外下风向 50 m	960	470	64	50
舍外下风向 100 m	860	470	50	29
舍外下风向 200 m	680	290	48	25
舍外上风向 100 m	500	240	0	0

四、控制畜禽细菌耐药性措施

严重的细菌耐药性已引起 WHO 等国际组织和各国政府的重视和关切，但我国兽医领域抗菌药的耐药性至今尚未引起国家有关部门的高度重视。关于如何有效控制和延缓畜禽细菌耐药性的扩散，以保证动物和人类的健康，许多专家和学者已经提出许多很好的建议以及具体的控制措施，主要包括以下几点：

1. *开展动物源细菌耐药性监测* 农业部或有关部门要建立专门机构或专门立项，立即开展动物源抗菌药耐药性全面、系统的监测工作，以统一的方法和标准在全国开展耐药性调查，掌握我国目前抗菌药耐药性的流行情况，提供系统的耐药性流行资料，有利于有关机构制定抗菌药管理的政策和措施，为临床合理使用抗菌药提供科学依据。

2. *对兽用抗菌药物实施严格管理* 我国兽医领域没有实施处方药与非处方药制度，是造成抗菌药滥用和不合理应用以致耐药性严重流行的重要原因。因此，今后必须把抗菌药列入处方药的规范管理，只有兽医师才有权使用抗菌药并保证合理应用。有人建议，耐药率超过70%的抗菌药应停止使用。必须合理用药，减少亚治疗浓度的预防性用药，严格控制一般抗菌药用作促生长添加剂。

3. *严格控制人用抗菌药物在畜禽上的应用* 目前，我国兽用抗菌药与人用医疗药物没有严格区分，有的人把刚上市的人用新药转到兽医临床使用，这是产生耐药性传递的一个重要途径，所以，各级管理部门要严格把关，不能随便批准人用抗菌药转为兽用，已批准的认为不合适的应该撤销，当前应尽量减少非兽医专用药物在畜禽上的应用。

4. *对养殖人员加强宣传和培训工作* 我国的畜、禽、水产养殖业发展很快，但从业人员素质不高，对如何科学、合理使用抗菌药缺乏应有的知识。另外，对抗菌耐药性的严重性和危害性也不了解。因此加强宣传教育和培训工作，从源头上减少耐药性产生的条件，是一项十分重要的工作。

第四节 畜禽圈舍环境微生物与动物健康

微生物在土壤、水体、空气及动物体内等环境中广泛存在。绝大多数微生物是有益的，在物质循环和能量转化中起很重要的作用，对环境保护起着不可缺少的作用，往往被人们所利用服务于环境保护和生产发展。但是环境中也存在着多种有害微生物甚至致病性微生物，它们可直接或间接危害动物和人类的健康。

一、空气中微生物传播疾病

畜禽舍内空气中微生物的数量与畜禽的饲养密度、垫料厚度、气温、湿度、气流等因素有关。在舍内通风不良情况下，饲养密度大，铺设垫料长时间未更换，而且气温高，湿度大，来自动物体内某些病原微生物排出体外而污染了空气，可成为空气传播疾病的来源，也是呼吸道传染病的重要原因。郑明球(2005)检测了鸡舍空气、饲料、饮水以及泄殖腔、喉部、鸡胚等部位大肠杆菌的数量，并以分离菌株进行致病性实验(表 11-8、表 11-9)。结果表明，致病性大肠杆菌在畜禽舍空气中大量存在，其数量高于饲料、饮水中的大肠杆菌，也高于死鸡、死胚中的大肠杆菌数，是非常重要的环境污染源。

柴同杰(1997,1999)等用 4 台 ANDERSEN-微生物空气样品收集器对犊牛舍内及周围不同距离空气需氧菌、厌氧菌总数进行了测量。结果表明距离犊牛舍 100 m 下风处，需氧菌高达 650～839 cfu/m^3，厌氧菌 160～1 034 cfu/m^3，各项均超过正常值 10～15 倍。在距离 150～250 m 下风处仍受到畜禽舍的影响，空气细菌浓度较高。但是当距离菌源 250 m 以外各处，细菌数量没有明显变化，表明不再受到牲口舍菌源的影响。

表 11-8 环境、健康鸡及病死鸡体内大肠杆菌的检测

来源	样品数	分离菌株数	分离率/%
空气	6	20	100
饲料	4	1	25
饮水	10	0	0
泄殖腔	29	20	68.9
喉部	14	5	35.7
死鸡	22	13	59
死胚	24	11	45.8

注：检测时还分离到金黄色葡萄球菌、链球菌。

表 11-9 分离菌株的致病性试验

来源	菌株数	强致病性	弱致病性	无致病性
空气	16	6	9	1
饲料	1	0	0	1
泄殖腔	4	1	1	2
喉部	20	2	6	12
死鸡	12	8	4	0
死胚	5	3	1	1

注：接种后引起 1 日龄雏鸡 50%～75%死亡为强致病性；25%以下死亡为弱致病性；没有死亡为无致病性。

柴同杰等(2001)应用扩散模式估算来自畜禽舍的微生物气溶胶向环境的扩散，结果表明，从微生物气溶胶的传播与气源性感染的角度看，实际畜禽舍排气孔高为 1～3 m 时，即较低的放射高度，在 500 m 处微生物气溶胶微粒浓度小于 50 cfu/m^3。因此，牧场之间的距离最少应保持在 500 m 以上，理论上舍与舍之间最小距离也应在 100～150 m 以上。传染病流行时为避免场内舍与舍的相互传播，中间种植灌木和小乔木，它相当于 200 m 空间的分隔，这种“活篱笆墙”将明显地减少气源性感染的威胁。但舍与舍之间实际距离应保持在 25 m 之间。

二、畜禽舍尘埃及垫料污染对畜禽的危害

畜禽舍内尘埃在空气密度大时，尘埃颗粒可阻塞动物的气管和支气管，影响其上皮纤毛的运动，破坏清除外来异物的作用。而且尘埃颗粒往往携带病毒和细菌，随时飘浮于畜禽舍空间，很容易传播到舍外而污染环境。尘埃微粒较大时，它携带病毒和细菌较多，并可保护病毒使其不易被灭活，所以较大尘埃微粒是最危险的，在传播疾病中起着重要作用。

畜禽舍内垫料(肉鸡地面饲养)也是环境污染一个重要环节，其中所含的病原微生物是动物疫病或感染来源之一，尤其是沙门氏菌和大肠杆菌等。垫料受到霉菌污染，造成垫料的霉变，如烟曲霉菌的分生孢子漂浮在畜禽舍内，雏鸡经呼吸道感染而发生曲霉菌病，可引发雏鸡大批发病死亡。垫料中污染有鸡球虫卵囊时，可导致鸡球虫病的暴发，可造成 3～5 周龄鸡大批死亡。

三、大肠杆菌污染环境对畜禽健康的影响

大肠杆菌在自然界广泛存在，包括饲料、饮水、尘埃、空气和土壤。根据对不同环境鸡场的调查表明，当鸡场环境好、鸡舍空气流通较好时，鸡舍内尘埃含量则较低，且每克尘埃含大肠杆菌数也较低，鸡群则比较健康，患病率低；相反，当鸡舍环境卫生差，鸡舍通风不良时，则尘埃含量较高，每克尘埃含大肠杆菌数可超过 $10^5 \sim 10^6$ 个。在这样环境条件下，鸡死淘率较高，且多为大肠杆菌病。有人调查正常母鸡所产蛋中，大肠杆菌的含菌率为 0.5%～0.6%；如果人工感染产蛋母鸡，它所产蛋含大肠杆菌率达 25%。由于蛋壳被大肠杆菌污染和本身带菌，在孵化后期死胚较多。大肠杆菌可通过呼吸道感染，菌毛的黏附特性是大肠杆菌在宿主的侵袭过程中起关键性作用。大肠杆菌入侵动物门户定居沉积，一是表现非特异性吸附，一部分可被宿主清除；其次，在定居部位通过黏附因子与宿主上皮细胞表面受体结合，这是特异性吸附，不易被宿主清除，也是致病的关键；第三，大肠杆菌不断增殖，在条件适宜时由组织进入血液，继而引起全身感染；第四，动物被大肠杆菌感染之后，很容易引发与其他病原体继发和混合感染而导致疫情加重，造成畜禽死亡增多。

四、土壤中微生物的污染

土壤是多种微生物居住的场所，也是微生物在自然界中最大的储藏所，绝大多数微生物在土壤中对物质的分解转化起着重要的作用，但是也有部分是致病性微生物(细菌、病毒、寄生虫等)，这些病原体是通过动物的粪便及排泄物污染土壤。不过土壤本身也是净化场所，吸附于土壤的病原体，经土壤自身的净化而失去传染力，但是排泄物及粪便含的病原体量过多，常超过土壤的自净能力，在疫病流行上产生有害的影响。

土壤受污染的来源有以下几个方面：畜禽的排泄物及粪便未经无害化处理直接排放入土壤和河流中造成环境污染；没有采取有效处理将畜禽排泄的污水直接用于农田施肥造成土壤污染。发病和死亡的畜禽未经无害化处理浅埋畜禽场内或乱抛，也是造成土壤污染主要源头；病原微生物在土壤可存活一定时间(芽孢杆菌存活时间长)，在条件适宜时，可通过不同途径感染健康畜禽；被污染土壤如遇干旱时，随风速移动将污染土壤以粉尘形式漂浮于空气中，畜禽经呼吸道而感染发病。

五、水污染

环境中水质受污染比较普遍和严重，除工业污染外，养殖业和畜禽、粪、尿及排泄污水未经处理直接排放河道中，这些污染物含有病毒和肠道细菌。水污染有 3 个共同特点，一是污染源多，来源也多，而造成广泛扩散污染；二是细菌、病毒能被所污染的水长距离携带；三是水中大部分病毒和细菌附着固体颗粒物，沉降河底，存在时间长。对养鸡场的调查发现，有些养殖户为了节约开支，在离鸡舍 3～5 m 处打井取水供鸡饮用，结果整群鸡出现腹泻，应用抗生素效果不佳。通过对井水样品培养，发现大肠杆菌数比饮用水标准超过 15 倍以上，改用洁净井水或自来水后，则群鸡腹泻率大大降低。表明鸡舍附近的地下浅层水受到了鸡粪等排泄物的污染。

六、加强管理、降低畜禽圈舍环境微生物的浓度

动物依赖于环境而生存，环境中四大要素——空气、水、土壤和食物是动物不可缺少的物质基础和生存的最基本条件。适宜的卫生环境有益于动物繁衍，增强机体的抗病机能，促进动物的健康。如果四大要素受到污染，则会破坏动物和环境的统一，直接威胁着动物的生存。因而采取相应的措施，提高畜禽圈舍环境质量就显得尤为重要。

降低动物舍内外空气中微生物的数量。主要的措施包括：动物舍内通风，安装排风设备将舍内的废气排出；空气过滤也是有效措施。可采用过滤器过滤空气，以除去带菌尘埃；厩舍环境空气消毒，用物理的或化学方法杀灭空气中的微生物，减少其浓度。物理法主要是用紫外线照射，但不适合带动物消毒。化学消毒法是采用如甲醛、乙酸、次氯酸钠等化学药剂进行喷洒、熏蒸或喷雾消毒。不过有的消毒剂不适应于带动物消毒。

提供动物合格的饮水。一般来说，畜禽养殖场的水源主要为地下浅层水和地面水。为了保证地下水的质量，打井的地方水源应充足，水质优良。由于浅井的水质往往受地面水的影响较大，因而应视周围环境的好坏决定打井的深度。当水井紧靠畜禽栏舍时，要防止渗漏的畜禽粪便及废水的污染。井水一旦被污染，由于其自身净化能力差，在短时间内其污染很难消除。地面水是指河、塘、沟里的水。同理，如果地面水来源于雨水和雪融化的水，且距工厂、养殖场较远时，一般则较安全。但当这些水有可能被天然存在于土壤里的化学物质、养殖场排泄物以及生活污水污染时，则必须对水质进行检查，以确定水的质量。如细菌菌落总数和总大肠菌群数不合格时，为了防止畜禽传染病的介水传播，可对水进行消毒处理。常用的消毒方法有两大类，即物理消毒法（如煮沸消毒、紫外线消毒）和化学消毒法。化学消毒法是应用消毒效力强、刺激性小的消毒剂杀死水中的微生物。目前畜禽养殖业应用的消毒剂种类很多，最常用的消毒剂是含氯物质，如漂白粉、二氯异氢尿酸钠等。

加大对畜禽场粪便、污水的处理。目前，国内外对粪便、污水的处理方法有很多种，根据处理的机理可以分为物理法、化学法和生物法三大类。物理法主要包括日光自然干燥、高温快速干燥、烘干膨化处理、热喷处理等，这些方法各有其优缺点。化学法主要是利用化学物质与粪便、污水中的有机物进行氧化反应。包括加热氧化和化学氧化等。加热氧化时，温度要达到65℃才能破坏臭气成分，能耗较大，较难推广。化学氧化法是采用 O_3 进行氧化，也是由于成本原因而无法广泛使用。生物法处理污粪主要是指利用微生物的作用进行污粪处理，具有成本低、发酵产物活性强、肥效高、操作简便、易于推广等优点，同时能够达到除臭、灭虫卵等目的，因此被认为是最有前途和最可行的处理方法。

另外，对规模化畜禽养殖场而言，加强动物卫生与保健，改善环境管理非常必要。例如及时清除畜禽的排泄物，合理而严格的消毒措施，严格控制人员、物资和车辆的出入，才能从根本上消除传染源，减少或避免传染病的发生。另外为避免气源性人畜共患病原体和耐药微生物对人的感染威胁，畜禽养殖场舍的位置更应考虑到与居民区的距离问题。

第十二章　动物饲料卫生与食品安全

第一节　饲料卫生学概述

根据世界卫生组织所下的定义，食品卫生是指“从食品的生产、制造到最后消费之间无论在任何步骤，都能确信食品品牌安全、完整及美好的情况”。所以广义的饲料卫生学是指研究饲料从生产、加工、储存、运输和销售的过程中出现的各种污染物及其作用机理与预防措施的学科。而一般意义上的饲料卫生学是研究饲料中可能出现的有毒有害物质对饲料卫生质量、动物甚至人的生长健康的影响及其作用机理、检测方法和预防措施的一门科学，通常也称为饲料毒物学，是现代畜禽生产的可持续发展所必不可少的一门学科。

饲料卫生学的研究任务是研究和阐明饲料中可能出现的有毒有害物质的种类、来源、含量水平、性质、对动物机体的毒性及其作用机理，研究预防措施，以提高饲料转化率，提高饲料的卫生质量，确保饲用安全，预防饲料源性疾病发生。

饲料卫生学的研究方法主要有：

1. *毒物检验*　利用化学和物理方法对进入动物体内的有毒物质进行分离、鉴定，查清毒物的类别，检测其含量，了解其化学性质。

2. *动物毒性试验*　在试验条件下采集可以毒物或初步提取物对相同动物或敏感动物进行人工复制与自然病例相同的疾病模式，通过对临床症状、病理变化的观察及相关指标的测定和毒物分析，与自然中毒病例进行比较，对中毒的诊断提供重要依据。动物毒性试验也是研究饲料毒物对生物体损害的主要手段。

3. *畜群健康调查*　为了验证动物试验的结果，需要进行畜群健康调查。根据动物试验结果和外来化合物本身的性质，选用适当的观察指标，采用流行病学的方法进行畜群调查，调查内容包括动物的发病情况（中毒发生的时间、地点、畜种、年龄、性别、发病数、死亡数及发病后的主要症状）、饲养情况（了解饲料的来源、组成及加工、贮存方法、饲喂制度、药物使用及动物接触外援化合物的情况等）以及周围环境（了解附近工厂的“三废”排放情况，主要的污染物及环境的污染状况；了解地理环境知识，如自然环境引起的地方性氟中毒、硒中毒、钼中毒等）。对已采食含有毒有害物质饲料的畜群进行流行病学的调查以对毒物的毒性作初步了解。

第二节　饲料卫生与畜禽保健及其与食品安全的关系

饲料中的各种营养物质为维持动物正常生命活动和最佳生产性能所必需。饲料是动物的食物，而动物产品是人类的食物和食品工业的原料，食品工业的产品最终也是人的食物。所以饲料是人类的间接食品，与人民生活水平和身体健康息息相关。饲料在生长（饲用植物）与生产、加工、贮存、运输等过程中可能出现某些有毒有害物质，它们对动物会带来多种危害和不良影响。轻者降低饲料的营养价值，影响动物的生长和生产性能，重者引起动物急性或慢性中毒，甚至死亡。饲料中的有毒物质有相当一部分可以通过食物链对人体健康产生有害的影响。饲料也是众多病原菌、病毒及毒素的重要传播途径，例如沙门氏菌、大肠杆菌、黄曲霉毒素等。农药、兽药、各种添加剂、激素、放射性元素等的环境污染物中；有些物质通过饲料和饲养过程能危害畜禽，它在畜产品中的残留物又对人体有害；有些物质能引起微生物产生耐药性或引起人产生过敏而带来公共卫生上的问题。环境中的有毒有害物质通过食物链进入畜禽体内被富集，再通过畜禽产品的形式进入人体，所以，人往往是终端生物富集者。因此，如不逐级控制和减少有毒有害物质对畜禽产品的污染，由畜禽产品引起的公害给人类带来的隐患将是难以估量的。因此，对饲料中的有毒有害物质，应当加以研究和重视。同时，由于现代畜牧业生产和饲料工业的发展，各种新的饲料资源以及新型饲料添加剂不断被开发出来，这都涉及饲料的卫生学问题，即饲料的安全性问题。因此，开展饲料卫生学的研究具有重要意义。

饲料卫生学的研究对象主要是饲料中可能出现的各种有毒有害物质，这些物质按照其来源大致归纳为以下3类：

1.*饲料中天然存在的有毒有害物质*　饲料植物性原料特别是非常规植物性饲料中存在许多天然有毒有害或潜在有毒有害的物质，如亚硝酸盐、生氰糖苷、红细胞凝集素、棉酚、单宁、皂甙、生物碱、草酸、植酸、硫葡萄糖苷及其代谢物。这些物质大多数是植物体的正常组成成分，是在植物体的代谢过程中，由糖类、脂肪和氨基酸等基本有机物代谢衍生出来的，属于次生代谢产物，这些天然存在的有毒有害物质以不同方式对动物生长产生不利影响乃至严重毒害作用。此外，饲料的正常或无害成分在异常情况下会转化为有毒有害的物质，如青绿饲料中的硝酸盐的贮存、调制不当时会转化为毒性较大的亚硝酸盐；马铃薯块茎在贮存不当而发芽或皮肉变紫绿时，块茎中茄碱的含量会显著增加，如果用其大量饲喂家畜时，可引起中毒。

2.*饲料中的外源性污染物*　饲料中的污染物种类繁多，包括饲料原料的污染，也包括加工过程及运输过程中的污染。按照性质分为化学性污染物和生物性污染物。化学性污染物包括各种农用化学品（化肥、农药）、化学工业品、有毒金属（如铅、砷、汞、镉、铬等）和其他有毒化学物质（如N-亚硝基化合物、多环芳烃、多氯联苯、二噁英等）。生物性污染物包括微生物、寄生虫和昆虫的污染，主要以微生物污染为主，危害较大，主要为真菌及真菌毒素、细菌及细菌毒素等。也有人把真菌毒素归属于化学污染物，霉菌毒素属于真菌毒素，是谷物和饲料上感染的霉菌进入生长末期，细胞不再分裂，初生代谢物质如蛋白质、核酸、类脂和碳水化合物等累积到一定程度后，通过一系列复杂的生物合成途径而产生的，在植物收获前、收获后和贮存、运输过程中均能发生。

3.*饲料中的人为添加物*　如饲料中添加违禁药品，常用的违禁药品包括激素类、类激素类和安眠镇定类。超范围和违规使用饲料添加剂也是目前比较突出的饲料卫生学问题，一些企业和个人不遵守规定，超范围、超限量添加，不遵守停药期的规定，导致饲料中的药物成分在畜禽产品中蓄积残留，产生耐药性，对人体健康产生不良影响，并对环境造成污染。饲料添加剂含有多量的杂质，如预混料中铅、砷、汞的含量较高，也可导致人为污染，对动物造成危害。此外，在反刍动物饲料中添加和使用动物性饲料也存在一定的“疯牛病”隐患。

上述有毒有害物质因其性质不同，可对动物造成多种危害，如降低饲料中某些营养素等的消化吸收和代谢利用率，影响动物生长和增重、影响动物的生产性能、繁殖能力等、引起急慢性中毒、引起“三致”作用等。饲料卫生学问题所引起的危害具有长期性和群发性的特点，因而对畜牧业的发展可造成严重的不良影响。

第三节　饲料中的天然有毒有害物质

一、青绿饲料中的有害物质

(一)硝酸盐(nitrate)和亚硝酸盐(nitrite)

硝酸盐对畜禽(除马属动物外)的直接毒性较小，只有在含量高时才会对消化道产生刺激作用，导致急性胃肠炎。在生产实际中多见的是饲料或饮水中的硝酸盐转变为毒性较大的亚硝酸盐而引起的动物中毒。各种畜禽均可发生亚硝酸盐中毒，常见于猪，俗称“饱潲瘟”、“跳跳病”等。

1.青绿饲料中硝酸盐和亚硝酸盐的形成及含量　硝酸盐在植物开花之前含量最高，授粉和形成果实之后则迅速降低。硝酸盐主要聚集在植物的茎中，叶中的含量较少。硝酸盐还原菌(细菌和真菌)广泛存在于自然环境和动物胃肠道中。青绿饲料中的硝酸盐还原菌在适宜的温度、水分等条件下大量繁殖，迅速将青绿饲料中的硝酸盐还原为亚硝酸盐。因此，亚硝酸盐的产生主要取决于饲料中硝酸盐的含量和硝酸盐还原菌的活力。

2.亚硝酸盐的毒性与危害

(1)亚硝酸盐的急性中毒

①急性毒性作用机理：NO_2^- 具有氧化性，摄入机体并进入血液后，可造成 Hb(Fe^{2+})→MHb(Fe^{3+})，使运氧能力下降，MHbFe^{3+} 不与氧结合，引起机体组织缺氧，使动物外观呈紫色，所以 NO_2^- 中毒的一个特征指标，就是可视黏膜和白色皮肤发绀。但是绵羊由于其体内特殊的酶系统，不会发生该反应，故绵羊对 NO_2^- 较为耐受。

其次，亚硝酸盐可直接作用于血管平滑肌，有松弛平滑肌的作用，导致血管扩张，血压下降，外周循环衰竭。

②畜禽急性中毒的临床症状：亚硝酸盐急性中毒的特征症状为：白色皮肤及可视黏膜出现紫绀；发生严重中毒的动物会出现明显的胃肠炎症状：流涎、腹痛、腹泻、呕吐；体温正常或略微下降；尿频；肌肉震颤，后肢无力，步态不稳；严重者痉挛，最终倒地死亡，剖检可见血液呈酱油色，凝固不良；组织酱油色；肺气肿；腹水、肾脏水肿。

亚硝酸盐急性中毒解救可用静脉亚甲基蓝(又称为美蓝)或甲苯胺蓝

(2)亚硝酸盐的“三致作用”　亚硝酸盐可与仲胺和酰胺形成N-亚硝基化合物，它是一种具有强烈致癌性的物质。

(3)亚硝酸盐的慢性毒性

①影响机体对碘的吸收，影响甲状腺素的合成，造成甲状腺肿大。

②可使胡萝卜素及其他还原性维生素(维生素A)氧化，并减少了维生素A在肝脏中贮存量。

③使动物发生流产、死胎或造成不育：亚硝酸盐可通过胎盘屏障，而使胎儿发生高铁血红蛋白症及缺氧，由于胎儿对缺氧症状敏感，临床上母畜虽不出现中毒症状，但胎儿已受到很大

影响；此外，亚硝酸盐还会影响母体黄体酮的合成。

④影响瘤胃内正常的代谢反应，如瘤胃内终产物的形成、菌体蛋白的形成。

3. 预防硝酸盐和亚硝酸盐危害的措施

(1)通过作物育种，筛选低硝酸盐蓄积的品种。

(2)控制饲料作物氮肥的施用量，并适当施用钼肥。

(3)注意青绿饲料的调制、饲喂及贮存的方法。

(4)提高家畜日粮中的能量水平。

(5)严格执行饲料卫生标准，控制饲料中亚硝酸盐的含量。

(二)生氰糖苷(cyanogenetic glycoside)

生氰糖苷又称氰甙、氰醇甙，是一类 α-羟腈或称氰醇的糖苷，本身不呈现毒性。但含有生氰糖苷的植物被动物采食、咀嚼后，植物组织的结构遭到破坏，在有水分和适宜的温度条件下，生氰糖苷经过与甙共存的酶的作用，水解产生氢氰酸而引起动物中毒。

1. 生氰糖苷在植物中的分布　生氰糖苷的种类很多，常见的有亚麻苦甙、百脉根甙、蜀黍甙、巢菜甙、苦杏仁甙等 5 种。

生氰糖苷在在很多饲用植物中都存在，其中常见的饲料有亚麻籽及其饼粕、木薯、橡胶籽及其饼(粉)、高粱幼苗及再生苗、某些牧草与豆类籽实。

2. 植物中生氰化合物(cyanogens)的合成及水解

(1)生氰化合物的合成　生氰化合物是由六种化合物转化形成的，即 *L*-缬氨酸、*L*-异亮氨酸、*L*-亮氨酸、*L*-酪氨酸、*L*-苯丙氨酸和环戊烯氨酸。

氨基酸→N-羟基氨基酸→醛肟→腈→α-羟腈→{生氰糖苷 / 生氰酯}

(2)生氰化合物的水解　生氰糖苷能够产生氢氰酸，该水解反应通常在 β-葡萄糖苷酶(β-glucosidase)的羟腈裂解酶(hydroxynitrile lyase)的催化下进行，这两种酶都存在于含有生氰糖苷的植物中，但是在完整的植物体内，生氰糖苷与其水解酶在空间上是隔离的，因此不会发生酶解反应。但是当植物组织受到损伤或被动物采食咀嚼破碎后，氰甙与其水解酶接触，水解反应才会迅速地进行。生氰糖苷除可进行酶解外，还可进行化学水解(图 12-1)。

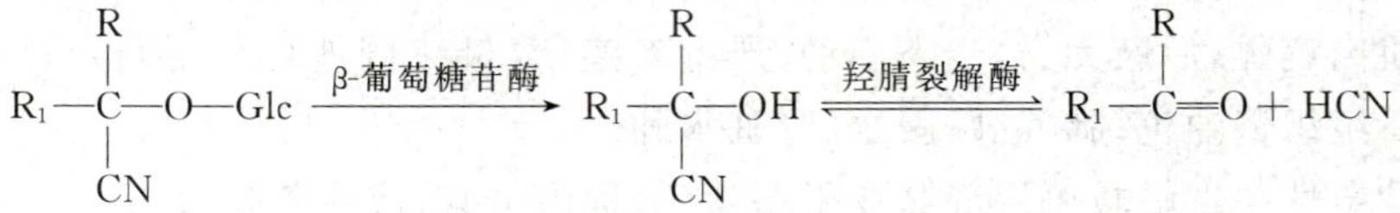

图 12-1　生氰糖苷的酶解过程

3. 生氰糖苷的毒性　正常情况下，少量的 HCN 进入体内后，在硫氰酸酶作用下，与体内的硫代硫酸盐及胱氨酸、半胱氨酸等 S-供体物作用，生成毒性较小的 SCN^-，随尿排出。CN^- 还可与 MHb 中的 Fe^{3+} 结合而失活。因此，少量的 CN^- 进入机体后并不会引起动物中毒。但是进入动物体内的 CN^- 达到一定含量就会引起中毒。不同种类的动物对氢氰酸中毒的敏感性有差异，反刍动物比单胃动物发病更快。

(1)急性中毒　氰离子(CN^-)能迅速与氧化型细胞色素氧化酶的三价铁(Fe^{3+})结合，生成非常稳定的高铁细胞色素氧化酶，使其不能转变为具有二价铁(Fe^{2+})的还原型细胞色素氧化酶，从而丧失其传递电子和激活分子氧的作用，阻止了组织对氧的吸收，形成“细胞内窒息”，导致细胞中毒性缺氧症。由于中枢神经系统对缺氧最为敏感，而且氢氰酸在类脂质中溶解度较大，容易透过血脑屏障，所以中枢神经系统首先受害，尤以呼吸中枢及血管中枢为甚。

中毒的主要症状为血液颜色鲜红，血凝较慢或不凝结；随着病程的延长，血液变为暗红色，可视黏膜发绀；动物先兴奋后抑制；呼吸困难，呼出气体有苦杏仁味；有时突然倒地，全身痉挛，快速死亡；死亡动物胃内容物散发出苦杏仁气味。

HCN 急性中毒时，可静脉注射 $NaNO_2$ 及硫代硫酸钠，同时给予硫代硫酸钠可以使 CN^- 生成毒性较小的 SCN^- 从尿中排出。

(2)慢性中毒　长期少量摄入含生氰糖苷的饲料也能引起慢性中毒，主要表现为甲状腺肿大及生长发育迟缓。是由于 CN^- 在动物体内在硫氰酸酶的催化作用下转化为硫氰酸盐(SCN^-)，SCN^- 在甲状腺腺泡细胞聚碘过程中可与 I^- 竞争，导致机体甲状腺激素的合成与分泌减少，从而使甲状腺腺泡细胞呈现增生性变化，形成甲状腺肿。甲状腺素生成不足会造成动物生长受阻。

由于 CN^- 与铁、铜离子有高度亲和力，目前已发现 CN^- 可抑制 40 多种酶的活性。其中以细胞色素氧化酶对 CN^- 最敏感。

4. 含生氰糖苷饲料的合理利用与去毒处理

(1)合理利用

①合理选择饲草，并控制饲喂量；

②某些含有生氰糖苷的植物应晒制或制成青贮料后再饲喂动物；

③配合饲料中增加碘及硫的用量。

(2)去毒处理(特殊处理)

①去皮：木薯皮中含生氰糖苷的量高；

②水浸、蒸煮。

(3)作物育种进行改良。

(三)光敏物质

光敏物质(photosensitizer)：统指一些对光不稳定，光照下可被激发，并进而在动物体内进行化学反应的物质。换言之光敏物质是指在皮肤中如果有足够的量，在光的照射下能够引起皮炎的物质，即该物质在光照下可被激活。

光敏物质中毒(photosensitization)：是动物采食了含有光敏物质的饲料经阳光照射后，可在皮肤的无色部位发生以红斑和皮炎为主要特征的中毒症状，并可能出现某些全身症状，又称为中毒性感光过敏。光敏物质中毒按照发生的原因又分为原发性、继发性和遗传性感光过敏。但是遗传性感光过敏一般不归为饲料中毒的范围。

1. 原发性感光过敏(primary photosensitization)　动物食入某些光敏物质，被消化道吸收后进入血液循环，经阳光照射在动物的无色或浅色皮肤发生严重的皮炎，称为原发性感光过敏，是感光过敏的主要类型。

毒作用机理为：当适宜波长的光照射光敏物质时，会使其处于激发态，并将能量释放出来。当被处于激发态的光敏物质释放能量回到基态时，会产生自由基，并产生一系列反应：生成组胺、局部细胞死亡、组织水肿、皮肤产生红斑或变红、水肿、产生疱疹以及剧烈的瘙痒。

一般动物在新的牧场上放牧 4～5 d 后会出现中毒症状，当更换饲草后中毒症状会停止。所有的家畜都对光敏物质敏感。

2. 继发性（肝源性）感光过敏（secondary photosensitization or hepatogenous photosensitization） 由于动物肝脏受损，造成叶绿胆紫质（phylloerythrin，又称为叶红素）代谢异常，蓄积在动物体内引起感光过敏，称为继发性感光过敏，又称为肝源性感光过敏。

叶绿胆紫质是植物中叶绿素进入动物体后的正常代谢产物，正常情况下由胆汁排出。当肝细胞受到损伤（如肝炎）或胆管发生堵塞，胆汁分泌及排泄发生障碍，致使叶绿胆紫质蓄积于体内，并随血液循环运输到皮肤，在紫外线的照射下发出荧光，引起血管和皮肤的氧化损伤。可见继发性感光过敏的发生主要是由于肝受到损伤后引起的，所以又称为肝源性感光过敏。

3. 家畜感光过敏的临床症状 动物初期表现为畏光、流泪，白色或无色皮肤出现严重的皮炎，产生红斑或变红、水肿，剧烈的瘙痒，症状在阳光照射时加重，阴雨天或阴暗处减轻。耳朵、眼皮、鼻口、脸部、乳房、阴户皮肤症状明显，白色皮肤动物的面部、颈部、背部和四肢也易发生。

4. 感光过敏的预防与处理

（1）预防 对无色或浅色皮肤的家畜，应避免饲喂光敏饲料或大量采食含双吡咯烷类生物碱及皂角苷的植物。动物采食光敏植物后，减少光照，如圈养在阴暗处，或在阴雨天或夜晚饲喂光敏植物。饲草防止蚜虫污染；尽可能将牧草晒干后饲喂动物。

（2）治疗 动物发生感光过敏尚无特效药治疗。治疗的原则是立即更换可疑饲料，避免阳光照射，应用抗过敏药及对症治疗。皮肤损伤部位每天用 0.1% 的高锰酸钾溶液清洗，抗菌药治疗和预防感染，注意驱赶动物圈舍内的飞蝇。

（四）草酸盐（oxalate）

1. 草酸盐的性质及分布 草酸（oxalic acid）又名乙二酸，是一种腐蚀性较强的酸。但是通常引起动物中毒的多为草酸盐，根据其溶解性可分为易溶性和难溶性的草酸盐。草酸盐在植物中广泛存在，如甜菜的茎叶，苋菜、菠菜等含有多量的草酸，特别是在幼嫩植物的生长叶中含量最高，其次为花、果实和种子，茎中含量较少。植物组织中的草酸盐常以可溶性钾盐或钠盐形式存在于植物细胞中。除植物外，在发霉的饲料中也有大量的草酸盐。

2. 草酸盐的毒性

（1）在消化道内未被吸收以前，可与 Ca、Zn、Fe、Mg、Cu 等元素形成不溶性化合物，降低矿物质的利用率。

（2）大量的草酸或草酸盐对消化道黏膜有一定刺激性，造成动物腹泻，甚至引起胃肠炎。

（3）可溶性草酸盐吸收入血后，可与组织和体液内的 Ca 结合，使血 Ca 下降，动物呈现低血钙症状。

（4）急性肾病及尿毒症。

（5）如果长期小剂量接触草酸盐会引起肾脏、膀胱、尿道结石。

（6）骨相的损害：猪和马的草酸盐慢性中毒常表现为纤维性骨营养不良。产蛋鸡草酸盐中毒表现为蛋壳变薄、破损率增加，部分鸡产软壳蛋，并引起孵化率下降。

3. 草酸盐中毒的预防

（1）饥饿或干渴的动物不要放牧在草酸盐含量高的植物密集的地方。

（2）在放牧的家畜日粮中供给充足的食盐和饮水。

(3)如果将草酸盐含量较高的植物饲喂给反刍动物,可通过逐渐增加饲喂量使动物逐渐获得适应。

二、豆类、谷实类及块根块茎类饲料中的有害物质

(一)蛋白酶抑制剂(enzyme inhibitor)

在植物界特别是豆科植物中,往往自然存在一些能抑制某些酶活性的物质,称为酶抑制剂或称抗酶剂(antienzymes),如蛋白酶抑制剂(protease inhibitor,PI)、淀粉酶抑制剂、精氨酸酶抑制剂、胆碱酯酶抑制剂等。其中对畜禽影响最大的是蛋白酶抑制剂。

1.蛋白酶抑制剂的性质及在作物中的分布　大豆、豌豆、蚕豆、菜豆、山黧豆、油菜籽等92种植物,特别是豆科植物,含有能抑制某些蛋白水解酶如胰蛋白酶、胃蛋白酶、糜蛋白酶等13种蛋白酶的活性的物质,称为蛋白酶抑制剂。普遍存在且具有代表性的是胰蛋白酶抑制剂(trypsin inhibitor,TI),其次为糜蛋白酶抑制剂(chymotrypsin inhibitor,CI)。在不同作物及作物的制备物中,胰蛋白酶抑制剂的活性各不相同。

2.蛋白酶抑制剂对动物的有害作用

(1)抑制动物的生长　阻止动物对蛋白质饲料的消化利用,特别是胰蛋白酶抑制剂抑制了含硫氨基酸的表观消化率,蛋白质效率降低,导致生长减缓或停止。

(2)导致胰腺肥大　在生产实践中,用生大豆饲喂牛、猪时均未见胰腺肥大,对牛等反刍动物更未见其他不良影响。而用生大豆饲喂雏鸡时,则出现胰腺肥大、生长减慢及饲料转化效率显著下降。

3.蛋白酶抑制剂的消除　可以通过热处理使其失活。一般认为湿加热法的方法较为有效。

(二)植物性红细胞凝集素(phytohemagglutinin,PHA)

1.植物性红细胞凝集素的性质及其在植物中的分布

(1)植物性红细胞凝集素的性质　植物凝集素是一种对某些糖分子具有高度亲和性的蛋白质,其中大多数是糖蛋白,糖部分的含量占4%~10%。凝集素是在细胞壁或细胞膜上与糖结合,可以改变细胞膜的生理结构,从而造成血液凝集成块、细胞的有丝分裂、或者在细胞壁发生生物化学反应。

(2)植物性红细胞凝集素的性质在植物中的分布　在大豆、蚕豆、豌豆、菜豆、花生等豆科作物及小麦、大麦、水稻、玉米等禾谷科植物中普遍存在凝集素。它主要是种子形成过程中合成并积累的。凝集素在豆科植物种子中含量较高,但是种类不同,对红细胞表面糖的结合力也不同。

2.植物性红细胞凝集素的毒性　植物性红细胞凝集素对动物的有害作用为:

(1)具有凝集动物红细胞的作用。

(2)抑制营养物质在消化道的吸收过程。

(3)使动物的生长受到抑制或停滞。

(4)对免疫系统有干扰作用。

3.饲料中植物性红细胞凝集素的消除方法

凝集素不耐热,可通过热处理将其破坏,其中以湿热处理效果最好。

(三)植酸与植酸盐

1. 植酸与植酸盐在植物中的存在　植酸是植物体磷和肌醇的主要存在形式，在植物体内，能被水解为磷酸和肌醇。

植酸在植物体中一般不以游离形式存在，几乎都是以复盐(与若干金属离子)或单盐(与1个金属离子)的形式存在，称为植酸盐(phytate)或称肌醇六磷酸盐，其中较为常见的是以钙、镁的复盐形式存在，即植酸钙镁盐或菲丁(phytin)，有时以水溶性的钾盐或钠盐的形式存在。植物中以植酸形式存在的磷称为植酸磷。在谷实类、豆类中的总磷中植酸态磷占30%～70%；糠麸类中的比例更高，有的可达80%；青绿饲料、干草、秸秆中不含植酸磷，动物性饲料中不含有植酸盐。

2. 植酸盐的抗营养作用　植酸磷的抗营养作用表现为：

(1)植物本身的磷不能被单胃动物利用。

(2)由于植酸盐对金属元素的络和作用降低了矿物元素的吸收利用率，矿物元素与植酸的络合能力依次为：$Cu^{2+}>Zn^{2+}>CO^{2+}>Mn^{2+}>Fe^{3+}>Ca^{2+}$。

(3)植酸盐也能络合蛋白质、氨基酸分子，降历了低饲料蛋白质、氨基酸的消化利用率，同时也降低了消化酶的活性。

(4)降低了淀粉、脂肪等营养物质的消化利用率。

(5)由于饲粮中的植酸磷绝大部分不能被单胃动物利用，因此随粪便排放到环境中，加剧环境污染。

3. 植酸盐的消除措施　消除之酸盐抗营养作用的最有效、最经济的方法是在饲料中添加外源性的植酸酶。目前商品化的植酸酶主要有由细菌和霉菌产生的3-植酸酶以及来源于*E. coli* 的6-植酸酶。

(四)胃肠胀气因子(flatulence factor)

1. 胃肠胀气因子的性质　人和动物摄食各种豆类子实后，可引起胃肠胀气，这与豆类子实中的某些低聚糖——水苏糖(stachyose)和棉籽糖(raffinose)有关，因此，将这类物质称为胃肠胀气因子。

2. 胃肠胀气因子有害作用的机理　胃肠胀气因子是在种子成熟阶段产生的，因此水苏糖和棉籽糖主要存在于成熟干种子中。由于人和动物消化道中无α-半乳糖苷酶，因此不能利用棉籽糖或水苏糖，但到大肠后，可被微生物发酵，产生大量二氧化碳、氢气和少量的甲烷，从而引起肠道胀气，引起绞痛、腹泻、肠鸣等。

3. 胃肠胀气因子的消除方法

(1)用水浸泡可除去一部分的低聚糖。

(2)大豆可以通过发芽来降低豆类籽实中的低聚糖的含量。

(3)饲料中添加半乳糖苷酶或者利用微生物进行分解发酵。

(4)通过作物育种培育低胃肠胀气因子含量的品种。

(五)抗维生素(antivitamine)

1. 抗维生素的作用机制

(1)化学结构与某些维生素相似，从而会竞争性的抑制某些维生素的活性；

(2)能破坏某些维生素的结构，而使其失去生理功能，主要是一些酶类，称为抗维生素因子

(antivitamine factor)。

2. 常见的抗维生素因子

(1)抗维生素 A　是一种脂氧合酶，可以破坏维生素 A 和胡萝卜素，仅存在于豆科植物中。其作用机理在于它以空气中的氧作为氧化剂，以不饱和脂肪酸作为基质，生成过氧化物，此种不稳定的过氧化物可使与其共存的维生素 A 和胡萝卜素氧化破坏。

(2)抗硫胺素(抗维生素 B_1)　又称为硫胺素酶，它能使硫胺素分子中亚甲基连接于嘧啶和噻唑基团部的分子桥，使硫胺素分解成嘧啶和噻唑，从而使硫胺素失去生理活性。

$$\text{硫胺素} \xrightarrow{\text{硫胺素酶 I + 有机碱}} \text{嘧啶-}CH_2\text{-有机碱} + \text{噻唑(广泛存在于动植物体内)}$$

$$\text{硫胺素} \xrightarrow{\text{硫胺素酶 II} + H_2O} \text{嘧啶-OH} + \text{噻唑(只见于某些微生物体内)}$$

油菜种子、蕨类植物及木贼属植物中含有硫胺素酶。某些鱼类、贝类和甲壳类动物体内含有大量硫胺素酶，可造成水鸭的维生素 B_1 的缺乏。家畜肠道微生物中也含有硫胺素酶。

(3)抗维生素 D　大豆中含有，属蛋白质，通过热处理可以防止动物佝偻病的发生，而单纯性地添加钙、磷不能克服其有害影响。

(4)抗维生素 E　生的大豆和菜豆中含有，可使动物出现维生素 E 缺乏症：肌肉营养不良、渗出性素质、肝坏死和繁殖机能紊乱。

(5)其他抗维生素

①抗维生素 V_6：亚麻种子中存在。

②抗生物素：生的鸡蛋白中存在。

③抗维生素 K：草木樨中形成的双香豆素，通过竞争性抑制，可妨碍维生素 K 的利用。

④抗维生素 B_{12}：大豆粉中存在，不耐热，可通过热加工消除。

⑤抗烟酸：在印度饲喂高粱，使犬出现“黑舌病”(black tongue)，研究表明高粱中的亮氨酸可使犬产生缺烟酸的反应。

(六)非淀粉多糖

非淀粉多糖是指位于植物性饲料原料细胞壁、细胞间质中非淀粉质的结构多糖和胶质的总称。

1. 非淀粉多糖的抗营养作用

(1)影响营养物质的消化和吸收：不溶性非淀粉多糖对营养物质有包裹作用，影响营养物质的消化吸收；可溶性的非淀粉多糖使肠液黏性增加，将营养物质的扩张性和酶的扩散性降低。

(2)饲料 NSP 可通过加速肠黏膜脱落和增加消化液的分泌量来增加内源氮的分泌。

(3)黏性食糜在后肠被排出时可带出较多的水分，使动物拉稀。

(4)日粮中的水溶性 NSP 与后肠道微生物区系相互作用，造成厌氧发酵，产生大量毒素，抑制动物生长。

2. 克服 NSP 抗营养作用的措施

(1)添加酶制剂。

(2)水处理。

(3)添加抗生素。

(4)其他方法,如日粮中添加燕麦壳。

(七)高粱单宁(tannin)

1. 单宁在高粱中的存在情况　高粱子粒中的单宁属于缩合单宁(condensed tannin),主要存在于种皮中。高粱籽粒中各部分的以种皮内含量最高,胚和胚乳内含量较低。单宁含量高低与种子色泽有明显的关系,颜色越深含量越高,因此白粒比有色粒含量低。单宁是影响高粱饲用价值的关键因素,一般来说,子粒中的单宁含量超过 0.5%时,会严重影响其饲用价值;低于 0.1%时则几乎没有影响。

2. 高粱单宁对动物的危害

(1)单宁具苦涩味,影响其适口性。

(2)单宁能与蛋白质形成不溶物,并与金属离子 Ca、Zn、Fe 等发生沉淀,从而影响蛋白质、矿物质的消化吸收;单宁还可和消化酶结合,妨碍营养物质的消化吸收。

(3)引起家畜便秘;大量的单宁对胃肠道黏膜还具有强烈的刺激与腐蚀作用,可引起出血性与溃疡性胃肠炎,发生腹痛、腹泻等。

(4)引起鸡的腿部出现异常。

(5)单宁对反刍动物的影响比较复杂:①用单宁处理处理饲料(40 g/kg DM),可以增加过瘤胃蛋白量。②单宁含量高还可降低瘤胃鼓气。③含量达到 120 g/kg 干重时可以减少羔羊体内的寄生虫的数量。

3. 防止高粱单宁危害的措施

(1)通过作物育种,培育单宁含量较低的高粱。

(2)合理利用

①控制在日粮中的比例,一般以不超过 20%为宜。

②提高饲粮中的蛋白质水平。

③提供甲基供体类饲料,以使单宁甲基化,使其发生分解代谢后排出体外。

④添加与单宁结合的物质:如吐温 80、聚乙烯基吡咯烷酮和聚乙二醇等非离子型化合物。

(3)进行脱毒处理:机械去壳;水浸蒸煮;碱处理;氨化处理。

(八)茄碱

1. 茄碱的性质及在马铃薯中的分布　茄碱是马铃薯中主要的有毒成分(solanine),它是一类生物碱,含有 α,β,γ-茄碱和 α,β,γ-卡茄碱等 6 种成分,其中,α-茄碱含量最多,是最重要的毒素。

成熟马铃薯块茎中茄碱含量极微,不致引起中毒,但绿色的未成熟的马铃薯或薯块贮存不当而发芽或皮肉变绿发紫时,块茎中茄碱的含量显著增高。茎叶及花中含毒量也较高,故用未成熟绿色块块茎、发芽、贮存变绿发紫的马铃薯以及新鲜的茎叶作为饲料大量饲喂家畜时,均可引起中毒。

2. 茄碱的毒性　茄碱在正常胃肠道很少被吸收。但当胃肠道黏膜发炎或损伤时,茄碱可被吸收。

(1)茄碱本身对胃肠道有较强的刺激性,可引起胃肠出血,这又可促进茄碱吸收;茄碱吸收入血后对神经、心、肝、肾及血液等有毒害作用。

(2)茄碱对中枢神经系统具有抑制作用,使呼吸中枢及运动中枢麻痹。

(3)对心脏有强心作用。

(4)引起红细胞溶解。

(5)抑制胆碱酯酶的活性。

(6)致畸胎作用:猪可产畸形仔猪,导致发生无脑畸形和脊柱裂。

3. 家畜马铃薯中毒的临床症状　马铃薯中毒的症状有三种类型,即神经型——以沉郁和麻痹为主要特征,见于中毒严重的家畜;胃肠型——见于中毒较强者,主要表现为流涎、呕吐、腹痛、腹泻等;皮疹型——常在口唇周围、四肢内侧、乳房、阴囊、尾根等皮肤较薄处发生湿疹,伴有溃疡性口腔炎及结膜炎,并往往兼有腹泻等症状。家畜中毒一般表现为神经型,并常兼有胃肠型。

除茄碱外,马铃薯块茎还含有胰蛋白酶、糜蛋白酶、蔗糖酶等水解酶抑制剂,植物红细胞凝聚素。马铃薯茎叶中含有较多的硝酸盐,含量可达 4.7%。

三、饼粕类和糟渣类饲料的有毒物质

(一)棉籽饼粕中的有毒物质

1. 棉籽及棉籽饼粕中的棉酚(gossypol)　棉酚主要存在于锦葵科棉属植物(*Gossypium* L.)的种子中。棉花的叶、茎和根中也含有少量的棉酚。棉籽饼粕中棉酚含量取决于棉籽中的棉酚含量及棉粕生产的加工工艺。

(1)棉酚及其衍生物的理化性质　棉籽、棉籽饼粕或棉油中含有 15 种以上的棉酚类色素或其衍生物,其中主要是棉酚,其他还有棉紫酚、棉绿酚、棉蓝酚、二氨基棉酚、棉黄素等。在这些棉酚类色素中,棉酚的毒性并不是最强的,但因其含量比其他色素高得多,所以,在评价棉籽饼粕毒性强弱时,以棉酚的含量来表示,测定时也以棉酚为主。

棉酚按其存在形式可分为游离棉酚(free gossypol,为 FG)和结合棉酚(bound gossypol,为 BG)。游离棉酚,分子中存在有活性基团(醛基和羟基),对动物具有毒性。

(2)棉酚的毒性

①棉酚是细胞、血管和神经毒物:大量 FG 进入消化道后,可刺激胃肠黏膜,引起胃肠炎,入血后能损害心、肝、肾等实质器官,因心脏损害而致心力衰竭,又会引起肺水肿和全身缺氧性变化。FG 能增强血管壁的通透性,促进血管和血细胞渗向周围组织,使受害的组织发生浆液性浸润和出血性炎症,以及发生体腔积液。FG 易溶于脂质,能在神经细胞中积累而使神经系统的机能发生紊乱。

②棉酚在体内与蛋白质、铁结合,影响蛋白质、铁的吸收以及体内某些酶的活性。

③棉酚可影响雄性动物的生殖机能,造成雄性不育:FG 能破坏动物的睾丸生精上皮,导致精子畸形、死亡甚至无精子。使繁殖能力降低,甚至造成公畜性不育。

④棉酚可影响蛋的品质:产蛋鸡饲喂棉籽饼粕时,产出的鸡蛋经一定时间贮藏后,蛋黄变为黄绿色或红褐色,有时出现斑点。铁离子与 FG 结合形成复合物,是蛋黄变色的原因。

⑤降低棉籽饼中赖氨酸的有效性:在棉籽榨油过程中由于受湿热的作用,FG 的活性羟基可与棉籽饼蛋白质中赖氨酸的 ε-氨基作用,发生美拉德反应,使赖氨酸失去效能,从而大大地降低了棉籽饼中赖氨酸的有效性。

临床上,动物 FG 急性中毒的情况较为少见,最常见的是由于长期低量饲喂所造成的慢性中毒,其临床症状为食欲减退,渴欲增进,粪便呈褐色,先便秘后拉稀,粪便恶臭并混有血液和黏液。胃、肠蠕动减弱，牛反刍减少或停止，重者出现前胃松弛和鼓气。精神沉郁，后肢无力，呼吸困难，心律不齐，胸下、腹下及四肢常有水肿。排尿次数增多，每次尿量少。

2. 环丙烯类脂肪酸(cyclopropenoid fatty acids,CPFA) 棉籽油及棉籽饼残油中有两种环丙烯类脂肪酸，即苹婆酸(sterculic acid)和锦葵酸(malvalic acid)。粗制棉油中两者的含量为1%～2%，精炼油中可降低到0.5%或者更少，锦葵酸含量比苹婆酸高。这类脂肪酸主要对蛋品品质有不良影响，可形成桃红蛋和海绵蛋。

(1)产生桃红蛋 蛋贮存后蛋清变为桃红色，原因是CPFA使卵黄膜通透性显著提高，蛋黄中的铁离子透过卵黄膜而转移到蛋清中，与伴清蛋白螯合形成红色的复合物，使蛋清变成桃红色。

(2)产生海绵蛋 饲粮中的环丙烯类脂肪酸还可使蛋黄变硬，经过加热，形成所谓的“海绵蛋”或“橡皮蛋”。

桃红蛋和海绵蛋可使种蛋的受精率和孵化率降低。

3. 棉籽及棉籽饼的去毒措施

(1)培育无腺体棉花品种。

(2)改进棉籽加工工艺与技术。

(3)棉籽饼粕的去毒处理：对棉酚含量超过0.1%的棉籽饼，尤其是土榨棉籽饼，为了保证饲用安全，应当进行去毒处理。

①化学去毒法：添加硫酸亚铁的量应按游离棉酚量的5倍计算。高棉酚日粮中加铁去毒时，Fe^{2+}最多不能超过500 mg/kg。

②热处理：煮、炒使FG变为BG，但同时也会使赖氨酸的有效性降低。

③微生物发酵去毒法：目前，国内外普遍使用的主要是添加硫酸亚铁。

(二)菜籽饼粕中的有毒物质

菜籽饼粕中的主要有害物质有硫甙、芥酸、植酸、单宁、芥子碱、非淀粉多糖。

1. 硫葡萄糖苷(glucosinolate)及其降解产物的毒性 硫甙本身无毒，只是其水解产物才有毒性。硫甙的降解产物主要有异硫氰酸酯、噁唑烷硫酮、硫氰酸酯和腈四类。

(1)异硫氰酸酯(isothiocyanate,ITC) 有辛辣味，严重菜籽饼粕的适口性，高浓度的ITC对黏膜有强烈的刺激性，长期或大量饲喂菜籽饼时可引起胃肠炎、肾炎及支气管炎，甚至肺水肿。ITC多不溶于水，有挥发性，可用加热、日晒等方法将其清除。

(2)硫氰酸酯(thiocycanate) 硫氰酸酯的SCN^-能引起甲状腺肿大，其作用机制与异硫氰酸酯相同。

(3)噁唑烷硫酮(oxazolidine,OZT) 由于各类油菜中，尤其是甘蓝型油菜中都含有带羟基的硫甙，所以OZT成为菜籽饼中的主要有毒成分。OZT的主要毒害作用是阻碍甲状腺素的合成，引起腺垂体促甲状腺素的分泌增加，导致甲状腺肿大，故被称为甲状腺肿因子或致甲状腺肿素(goitrin)。同时，还可使动物生长缓慢。对OZT的敏感性：鸭＞鸡＞猪。

(4)腈(nitrile) 酸性及较低的温度条件下酶解时会有大量的腈形成。大多数腈进入体内后体内后通过代谢能迅速析出氰离子。腈可引起细胞内窒息，但症状发展缓慢。腈可抑制动物生。腈能转化为SCN^-，使动物甲状腺肿大，腈还能引起动物的肝和肾肿大。

2. 芥子碱(sinapin)

(1)芥子碱的主要危害 有苦味，影响动物适口性，是引起菜籽饼适口性不良的主要因素；

使褐壳蛋系的蛋鸡产生腥味蛋，这种蛋中含有一种挥发性物质，经鉴定为三甲胺。

(2)芥子碱的消除　芥子碱易被碱水解，用石灰水或氨水可除去约95%的芥子碱。

3.其他有害物质　还包括单宁、植酸、非淀粉多糖。

4.菜籽及菜籽饼粕的去毒措施

(1)培育低毒品种。

(2)去毒处理。

①水浸法，醇类水溶液处理法。

②热处理：使硫甙酶失活，但会使蛋白质的利用率下降，并且，芥子碱进入肠道后，在微生物的作用下也可分解。

③化学物质处理：Na_2CO_3 碱处理；$FeSO_4$＋硫葡萄糖苷及其降解产物形成螯合物；氨处理可使氨与硫葡萄糖苷生成无毒的硫脲。

④微生物降解法：某些真菌和细菌可使硫甙降解。

⑤添加酶制剂：可以有效消除植酸及非淀粉多糖的抗营养作用。

(3)改进榨油工艺。机榨→预压浸出，可以改善蛋白质的品质。目前可对菜籽采用脱壳处理，极大地改善了菜籽饼粕的饲用价值。

(三)大豆饼中的有害物质

大豆中含有蛋白酶抑制剂、植物性红细胞凝集素、皂苷、胃肠胀气因子、植酸、抗维生素、致甲状腺肿物质、类雌激素因子等有害物质。它们大多是不耐热成分，在大豆饼的生产过程中由于加热而失去活性，从而降低或使其失去有害作用。加热不足，不能去除大豆中的不耐热的抗营养物质，会影响大豆饼粕的饲用价值；加热过度，会导致蛋白质变性，特别易使赖氨酸、精氨酸、胱氨酸等严重变性，从而使它们的消化率和生物学较之降低。因此，在生产大豆饼粕时，必须进行充分而适当的加热。

评定大豆饼粕热加工程度及饲用价值的指标常用的有脲酶活性、氮溶解指数及蛋白质溶解度。

第四节　饲料中的外源性污染物

一、霉菌毒素对饲料的污染

(一)曲霉毒素类

1.黄曲霉毒素(aflatoxin,AF)　黄曲霉毒素是由黄曲霉和寄生曲霉所产生的一类代谢产物。它对人和动物的危害特别大，为强烈致癌物质，也是最常见的霉菌毒素。黄曲霉毒素不是单一的一种物质，而是一类结构及其类似的化合物。黄曲霉毒素的基本化学结构是二呋喃环和香豆素。在自然条件下污染的饲料黄曲霉毒素主要有四种：B_1、B_2、G_1、G_2。其中以 B_1 最多，G_1 次之，B_2、G_2 很少，四种毒素常同时存在。由于黄曲霉毒素 B_1 产出数量比其他毒素多，B_1 的毒性与致癌性又最强，因此在检验饲料中黄曲霉毒素的含量及对其进行卫生评价时一般以 B_1 为主要指标。

(1)产毒菌种　黄曲霉(*Aspergillus flavus*)和寄生曲霉(*Aspergillus parasiticus*)，温特

曲霉和软毛青霉也能产生少量黄曲霉毒素。

(2)污染的饲料原料　玉米、花生、棉籽及其加工的副产品，其他谷实类、豆类以及它们的副产品、作物的秸秆等也可受到污染，但阳性率极低。我国长江沿岸及长江以南地区饲料黄曲霉毒素污染现象较严重，其中尤其以玉米及其饼粕污染较重；华北、东北和西北地区黄曲霉毒素污染较少。

(3)黄曲霉毒素的毒性　黄曲霉毒素属剧毒物质，其毒性是 CN^- 的 10 倍，As_2O_3 的 68 倍。各种动物敏感性不同：鸭雏＞火鸡雏＞鸡雏，仔猪＞犊牛＞肥育猪＞成牛＞绵羊。年幼动物、雄性动物较敏感。

①急性毒性：黄曲霉毒素的靶器官是肝脏，属肝脏毒素。一次大量摄入时，可使肝细胞坏死，肝出血，肿大，肝胆管上皮增生等。

鸭雏的肝脏急性中毒病变具有一定的特征，一次口服其中毒剂量后可出现下列症状：a. 肝实质细胞坏死：24 h 后可出现，48～72 h 病变最明显。b. 胆管上皮细胞增生：给毒后 48～72 h 最明显。因毒素剂量不同，其增生程度可有差异。c. 肝细胞脂质消失延迟：正常鸭雏孵出后，肝细胞内存积大量由卵黄囊输送来的脂质。通常在孵出后 4～5 d 内逐渐消失，而黄曲霉毒素中毒时脂质消退延迟。d. 肝出血：尤以中毒致死者更为严重。因此，鸭雏可用作黄曲霉毒素生物鉴定方法的首选试验动物，而肝胆管上皮增生是最具特征的鉴定指标。

除肝脏外，脾、胰等组织也可有病变，但不如肝脏病变明显。黄曲霉毒素对肝脏的损害，如为一次小剂量，则是可逆的，肝脏病变可以恢复。如毒素剂量过大或多次重复给予，则肝脏病变不能恢复，往往转为慢性病理过程。

②慢性毒性：持续摄入黄曲霉毒素造成的慢性毒性，在生产实践更多见。主要表现是动物生长缓慢，厌食，精神委顿。产蛋鸡、鸭可突然停止产蛋。同时，肝脏呈亚急性或慢性损害。如同时有蛋白质营养不良，也可形成肝硬化。

家畜黄曲霉菌素中毒所表现的临床症状主要有生长迟缓、饲料利用率下降、黄疸、被毛粗乱、精神抑郁、厌食、急性肝肿大、肝癌、免疫抑制。

家禽的临床表现为：法氏囊和胸腺萎缩，皮下出血，免疫反应差，抗体效价下降，对疾病易感性增高，蛋变小，蛋黄重量降低，受精率、孵化率下降，胚胎死亡增多。

③"三致"作用：黄曲霉毒素是目前所知致癌性最强的化合物，对鱼类、禽类、家畜和灵长目类动物的实验肿瘤诱导作用极大，并且能同时诱导多种癌症。长期少量摄入 AFT 可造成肝脏出现癌变。一次大量摄入时也可致癌。

黄曲霉毒素还具有致突变性和致畸性。

(4)黄曲霉毒素在动物体内的残留和公共卫生问题　黄曲霉毒素还可转移到牛奶、鸡蛋、畜禽内脏和肌肉中，可造成动物性食品污染。人们长时间食用含低浓度黄曲霉毒素的食物，会诱发肝癌、胃癌、肠癌。乳品是老年人及幼儿食品，而他们的解毒功能衰退或不健全，故乳品安全问题对他们的意义很大。

2. 赭曲霉毒素(ochratoxin，又称棕色霉毒素)

(1)产毒菌种　赭曲霉毒素是温暖地区最重要的仓储毒素，主要由赭曲霉毒素及鲜绿青霉产生。赭曲霉素在热带和亚热带地区主要由曲霉菌产生，温暖地区由青霉菌产生。赭曲霉毒素 A 在 30℃和相对湿度 95％的条件下产量最多。

(2)理化性质及结构特点　赭曲霉毒素是一类分子结构类似的化合物，有七种以上，可分为赭曲霉毒素 A、B 二组。在自然污染的饲料中，主要检出赭曲霉毒素 A，赭曲霉毒素 B 极少见。并且赭曲霉毒素 A 毒性较大。

(3)毒性

①赭曲霉毒素 A 在体内最主要的作用是抑制蛋白质的合成。

②赭曲霉毒素 A 也是一种免疫抑制剂，可降低淋巴细胞的数量，减少免疫球蛋白合成。

③赭曲霉毒素可导致中毒性肾损伤，引起肾小管上皮细胞变性、坏死、肝组织脂肪变性、透明变性和灶状坏死。

④赭曲霉毒素还具有强烈的肝毒性。

⑤赭曲霉毒素 A 影像鸡的凝血因子的合成，可增加鸡的出血倾向。

⑥赭曲霉毒素 A 还可降低鸡类胡萝卜素色素沉积，使鸡脂肪的黄色降低而影响市售品质。

⑦赭曲霉毒素 A 还具有一定的繁殖和发育毒性。

毒素剂量小时多见肾脏损害，表现多尿和消化机能紊乱。大剂量的毒素可使肝脏受损害，呈现肝功能损害。中毒畜禽常见表现为沉郁、可视黏膜出血，消化机能紊乱，生长迟缓，多尿，排尿次数增多，尿中含有蛋白。最常见的临床表现有：钙磷吸收障碍，骨骼脆弱，蛋壳钙化不全，破蛋率高，皮下出血，容易挫伤。赭曲霉毒素 A 可能有致肝、肾发生癌肿的作用。赭曲霉毒素 A 还具有遗传毒性，能增加细胞中染色体断裂的可能性。赭曲霉毒素可在动物组织中也会蓄积、残留。

(二)镰刀菌毒素类

镰刀菌毒素是镰刀菌属(*Fusarium*)和个别其他菌属霉菌所产生的有毒代谢产物的总称。镰刀菌在自然界分布广，易侵染田间农作物和贮存的粮食、饲料。镰刀菌毒素根据其化学结构可分为三类，即单端孢霉毒素、玉米赤霉烯酮和丁烯酸内酯。镰刀菌毒素和黄曲霉毒素是目前对人畜威胁最大的霉菌毒素。镰刀菌产生的毒素可引起各种动物的多种疾患，猪对 DON 和 ZEN 很敏感，家禽和牛对其则有较强的耐受力。T-2 毒素能引起乳牛、猪及家禽消化道炎症，组织器官广泛性出血；ZEN 可引起猪、牛等动物生殖机能紊乱；FB 可引起马脑白质软化症和猪肺水肿综合征；MON 可引起马脑白质软化症(霉玉米中毒)；丁烯酸内酯则能引起牛烂蹄病。这些毒素对动物的毒性作用一般表现为皮肤损伤，食欲降低，呕吐，腹泻，消化机能障碍，心血管和神经机能紊乱，血凝时间延长和出血，抗病力降低，生产性能和繁殖机能下降。

1. 单端孢霉毒素类(trichothecenes)　单端孢霉毒素，又称单端孢霉烯族化合物，包括四十余种霉菌毒素。

(1)产毒菌株　最初是由粉红单端孢霉中分离出来因此而得名，但主要产毒菌种位镰刀菌属，产毒菌种有雪腐镰刀菌、禾谷镰刀菌、梨孢镰刀菌、拟枝孢镰刀菌等。

(2)污染饲料的种类　存在于小麦、大麦、玉米等谷物籽实中。

(3)单端孢霉毒素毒性的特征　单端孢霉素类包括呕吐毒素及 T-2 毒素、蛇形毒素、烟曲霉毒素等 150 多种，是一类强有力的免疫抑制剂，能影响动物免疫细胞，降低机体免疫应答能力，所引起的典型症状是采食量降低，故统称为“拒食霉菌毒素”。单端孢霉毒素族的靶器官是肝脏和肾脏，且大都属于组织刺激因子和致炎物质，因而可直接损伤消化道黏膜。畜禽中毒后的临床症状一般表现为食欲减退或废绝，胃肠炎症和出血，呕吐，腹泻，坏死性皮炎，运动失调；血凝不良，贫血和白细胞数量减少，免疫机能降低和流产等。该毒素能明显影响食欲，故临床上急性中毒现象很少见。饲料中往往同时存在多种单端孢霉毒素，因而多种毒素协同发挥毒性作用。DON 常与 ZEA 共存于被镰刀菌污染的玉米中，可引起猪废食；T-2 毒素和 DAS 毒性作用具有相加性，两者以类似的模式阻断白细胞中蛋白质的合成；而 T-2 毒素和 DON 对有明显的协同效应。但是 DAS、T-2 毒素和 DON 等单端孢霉毒素可被消化道微生物代谢而毒性降低。

①较强的细胞毒：使分裂旺盛的骨髓细胞、胸腺细胞、肠上皮细胞细胞核崩坏，其急性毒性较强。

②使白细胞减少，人类称为食物性白细胞缺乏症。这是单端孢霉毒素的慢性毒性，此外还能阻碍动物细胞的蛋白质合成。

③致呕吐作用：使动物和人呕吐，甚至引起动物拒食。

④对皮肤有强烈刺激性：动物与人接触此类毒素或产毒菌株的培养物，可引起局部皮肤刺激、炎症，甚至坏死。故常利用这种毒性做动物涂皮试验。

(4)常见的单端孢霉素类毒素　常见的单端孢霉素类毒素有 T-2 毒素、脱氧雪腐镰刀菌烯醇(deoxynivalenol，DON)、雪腐镰刀菌烯醇(nivalenol，NIV)、镰刀菌烯酮-X(fusarenon-X)、伏马菌素(FB-2)及二乙酸蔗草镰刀菌烯醇(diacetoxyscirpenol，DAS)。

2. 玉米赤霉烯酮(又名 F-2 毒素，zearalenone，ZEN)

(1)产毒菌种及污染饲料种类　主要产毒菌种有谷禾镰刀菌，此外粉红镰刀菌、串珠镰刀菌、三线镰刀菌、木贼镰刀菌、黄色镰刀菌、黄色镰刀菌等多种镰刀菌也可产生该类毒素。产毒菌种多为田间霉菌，主要寄生植物是玉米及其加工副产品、谷物类饲料、及其他饲料中。

(2)毒性及症状　ZEN 具有雌激素作用，所以又称为雌激素因子，它是唯一由霉菌产生的植物雌激素。其强度约为雌激素的 1/10，使畜禽发生雌激素亢进症。以青年母猪最敏感，受影响的主要器官是生殖系统，它可使性未成熟的母猪外阴水肿、子宫增大、乳腺增生，甚至直肠和阴户脱出；使性成熟母猪发生生殖功能失调，引起怀孕母株流产、死胎、新生仔猪死亡和僵尸等；使泌乳母猪发情抑制、卵巢萎缩，使断乳至发情的间隔延长。

玉米赤霉烯酮中毒的临床症状包括：饲料转化率降低，器官重量发生变化，生育力下降以及行为异常。对于雌性动物，玉米赤霉烯酮会造成乳腺肿胀，阴户和阴道水肿，阴道和直肠脱垂，子宫卵巢萎缩，窝产仔数减少，流产以及不孕等症状。对雄性动物则会造成乳腺肿胀，包皮水肿，睾丸萎缩及精液质量下降。

3 丁烯酸内酯(butenolide)

(1)产毒菌种及寄生植物　主要产毒菌种是三线镰刀菌、梨孢镰刀菌、拟枝孢镰刀菌和雪腐镰刀菌。丁烯酸内酯的主要寄生植物为稻草、羊茅草。

(2)毒性及中毒症状　丁烯酸内酯属血液毒，能引起动物口腔损伤、组织出血和致死性中毒，导致牛蹄腐烂。病牛出现脚肿、烂蹄甚至脱蹄，耳尖及尾稍干性坏死。据报道，中国陕西省汉中地区的水牛和黄牛因采食霉稻草发生“蹄腿肿烂病”。病牛表现出跛行、腿肿、烂蹄甚至脱蹄，耳尖及尾梢干性坏死，国内一般将此病称为耕牛霉稻草中毒，与国外苇状羊茅烂蹄病极为相似。丁烯酸内酯对家兔涂皮可引起明显的皮肤反应。它还可有致癌的可能。

此外，丁烯酸内酯的结构有 N-乙酰氨基，可将血红蛋白变为高铁血红蛋白，使血红蛋白的正常功能受到破坏。

由于饲喂稻草以秋、冬季主要，故此病具有明显的季节性，常发生于 11 月份至翌年 4 月份，11～12月份为发病高峰，第二年3月份以后逐渐停息。

(三)霉菌毒素危害预防的措施

1. 饲料的防霉　严格控制饲料和原料的水分含量；控制饲料加工过程中的水分和温度；注意饲料产品的包装；贮存与运输；在饲料中添加防霉剂等。

2. 饲料的去毒

(1)物理脱毒法和化学脱毒法物理　有水洗法、剔除法、脱胚去毒法、溶剂提取法、加热去毒法、辐射法等；化学脱毒法是采用碱或氧化剂进行处理脱毒，可使AFT的内酯环破坏。

(2)生物法　生物去毒法主要是利用生物间的拮抗作用，抑制黄曲霉素生产菌的生长，进而减少黄曲霉素的污染；或者利用生物间的黏附作用降解、去除黄曲霉毒素。

(3)酶解法　酶的降解去毒主要利用酶的专一亲和性，高效地催化、降解黄曲霉毒素为无毒化合物或者小分子无毒物质。

(4)吸附法　在饲料中添加有机或无机吸附剂对霉菌毒素进行吸附后排出动物体外，达到脱毒的效果。

3. 营养性措施

(1)添加蛋氨酸、硒、胡萝卜素以及提高饲粮的蛋白质水平，可降低黄曲霉毒素对动物的毒性作用。

(2)添加诱导肝脏线粒体酶活性增强的物质(苯巴比妥)，可增强机体对已吸收的黄曲霉毒素的解毒作用。

4. 严格执行饲料容许量标准　见《饲料卫生标准》GB 13078。

二、常用农药对饲料的污染及其毒性

1. 有机氯杀虫剂(organochlorines pesticide)　有机氯农药是某些氯化烃类化合物的总称，是发现和应用最早的一类人工合成的杀虫剂。有机氯农药具有高度的化学、物理和生物学的稳定性，半衰期长达数年，在环境中极难分解，残留期长，造成农产品、食品和环境中残留量过高，对任何动物存在潜在的危害性，引起人们的关注。有机氯农药容进入动物机体所引起的是以神经机能紊乱为主要特征的中毒性疾病，临床症状表现为敏感性增高、兴奋不安、肌肉震颤、嗑齿、流涎、呕吐等。

有机氯农药有以苯为原料和不以苯为原料进行分类。前者有六六六(hexchlorocyclohexane，HCH；benzenehexachloride，BHC)、DDT、林丹；后者有氯丹、七氯、硫丹、毒杀酚。国内曾经普遍使用的是六六六，此外还有DDT、林丹、毒杀酚，但数量很少。

经口摄入的六六六和DDT，可被肠道吸收，除部分经粪、尿和乳汁排出外，主要蓄积在脂肪组织，其次为肝、肾、脾及脑组织。六六六和DDT对动物的急性毒性属中等毒性，大鼠经口LD_{50}为50～500 mg/kg。蓄积在脂肪组织中的有机氯杀虫剂不影响脂肪代谢，但仍保持其毒性。当体内蓄积达到一定量时，就会损害中枢神经、肝脏、甲状腺等，从而引起中毒。在饥饿、疾病造成体重下降时，蓄积在脂肪中的有机氯农药可被动员出来，产生毒性。

进入血液循环的有机氯分子可与基质中的氧活性原子作用而发生去氯的链式反应，产生不稳定的含氧化合物，然后缓慢分解形成新的活化中心(阴离子自由基)，强烈作用于周围组织，引起严重的退行性变化(组织变性、坏死)。主要损害富含脂肪的神经系统、肝、肾及心脏，它对神经系统的毒害作用的主要部位为大脑运动中枢及小脑，使其兴奋性增高，甚至引起惊厥,同时伴有大脑皮质及植物神经功能紊乱。有机氯杀虫剂蓄积在实质脏器的脂肪组织中,能影响这些器官组织细胞的氧化磷酸化过程,尤其对肝脏有较大的损害,可引起肝脏营养性失调,发生变性以至坏死。对肾、心脏等器官可促使发生营养不良性病变。

有机氯农药对皮肤和黏膜还具有一定的刺激作用,可引起皮肤炎症、增生。

有机氯杀虫剂急性中毒的特征是明显的中枢神经症状,中毒动物初期表现为强烈兴奋,肌肉震颤,随后出现阵发性及强直性痉挛,最后常因呼吸衰竭而死亡。中毒死亡的动物可见肝脏肿大,肝细胞脂肪变性和坏死。

慢性中毒主要表现为肝的损害,出现肝肿大,肝细胞变性和灶性坏死,并经常有不同程度的贫血和中枢神经系统病变。有研究表明有机氯杀虫剂具有致畸作用,此外还有致癌性,能导致乳腺癌(雌激素活性)、肝癌。

2.有机磷杀虫剂(organophosphates pesticide) 目前生产使用的至少有100余种,使用的多为高效低毒低残留的品种,尤其是我国停止使用有机氯杀虫剂以后,有机磷杀虫剂上升为最主要的一类农药。因为其在外界环境和动、植物组织中能迅速进行氧化和加水分解,稳定性较有机氯小,生物半衰期比较短。有机磷杀虫剂随品种不同,经口急性毒性的差别很大。根据大鼠经口 LD_{50} 可划分为下列三类:

(1)高毒类 对硫磷、甲基对硫磷、内吸磷、甲拌磷、乙拌磷等。

(2)中毒类 敌敌畏、二甲硫吸磷、乐果、稻丰散、倍硫磷等。

(3)低毒类 马拉硫磷、敌百虫、辛硫磷、乙酰甲胺磷等。

有机磷农药主要用于农作物杀虫剂、环境卫生灭蝇、动物驱虫及灭鼠,在保管不当,应用不慎或造成环境、饲料及水源污染时,易引起动物中毒。

与有机氯杀虫剂相比,有机磷杀虫剂在农作物中的残留甚微,残留时间也较短。

有机磷杀虫剂经机体吸收后,经血液循环输到全身各组织器官。其分布以肝脏最多,其次为肾、肺、骨等。排泄以肾脏为主,少量可随粪便排出。

有机磷杀虫剂的主要毒作用是它易与体内的乙酰胆碱酯酶(cholinesterase,ChE)的酯解部位结合,形成比较稳定的磷酰化胆碱酯酶,失去分解乙酰胆碱(acetylcholine,AC)的能力,导致内源性乙酰胆碱在体内(特别是神经元-神经元、神经元-肌肉连接的突触)大量蓄积,强烈、长时间地作用于胆碱受体,引起胆碱能神经传导功能紊乱,导致先兴奋后衰竭的一系列毒蕈碱样、烟碱样和中枢神经系统中毒症状,即胆碱能使神经持续兴奋的一系列综合征。

另外,有些有机磷农药具有迟发性神经毒(delayed neurotoxicity)作用。

3.氨基甲酸酯类杀虫剂(carbamate insectisticide)

(1)概述 氨基甲酸酯类杀虫剂是继有机氯、有机磷农药之后应用越来越广泛的一类农药,具有选择性杀虫力强、杀虫范围较宽、作用迅速、易于分解等特点,并且对哺乳动物的经口和经皮肤的毒性较小。主要品种有西维因、呋喃丹、叶蝉散、混灭威等。

(2)毒性 氨基甲酸酯类杀虫剂的毒作用与有机磷杀虫剂相似,即抑制胆碱酯酶活性,造成乙酰胆碱在体内的蓄积,出现类似胆碱能神经机能亢进的症状。症状与酶的抑制程度平行。氨基甲酸酯类化合物在立体构型上与乙酰胆碱相似,可与胆碱酯酶活性中心的负距部位和酯解部位结合,形成复合物,进一步成为氨基甲酰化酶,使其失去水解乙酰胆碱的活性。但大多数氨基甲酰化酶较磷酰化胆碱酯酶易水解,使胆碱酯酶(一般4 h)恢复原有活性。因此,这类农药属可逆性胆碱酯酶抑制剂。由于其对胆碱酯酶的抑制速度及复能速度几乎接近,而复能速度比磷酰化胆碱酯酶快，故与有机磷杀虫剂相比，其临床症状较轻，消失较快。但是其中呋喃丹与胆碱酯酶的结合不可逆，故毒性较高。一般认为氨基甲酸酯类农药没有迟发性神经症状。

据研究资料，氨基甲酸酯类因含有氨基，随饲料进入哺乳动物胃中，在酸性条件下易于饲料中亚硝酸盐类反应生成N-亚硝基化合物，酷似亚硝胺，具有强诱变性。有前致癌物之嫌，所以使其应用受到限制。

动物发生中毒应尽快注射硫酸阿托品，使胆碱酯酶活性恢复。

4. 拟除虫菊酯类杀虫剂(pyrethroids pesticide)　拟除虫菊酯，它们除保持天然除虫菊素的优点外，在杀虫毒力及对日光的稳定性方面都优于天然除虫菊，具有高效、广谱、低毒、低残留和不污染环境的特点。主要品种有溴氰菊酯(敌杀死)、氯氰菊酯、杀灭菊酯(速灭杀丁)，胺菊酯、中西除虫菊酯。

拟除虫菊酯类杀虫剂的急性毒性属中等毒性或极低毒性，但是溴氰菊酯对人、畜的毒性较高。拟除虫菊酯类农药选择性地作用于神经细胞膜，导致钠通道的改变，干扰动作电位，表现出一系列的神经系统症状。拟除虫菊酯农药对神经的刺激作用比DDT更明显。拟除虫菊酯类农药还竞争神经细胞的受体部位，改变末的三维结构，导致末的通透性改变。由于细胞膜的通透性被破坏，神经传导受到进一步抑制，也可引起神经系统以外的其他细胞、组织发生病变。

由于拟除虫菊酯类杀虫剂的施药量很小，在饲用作物上产生的残留量低，故一般不会造成危害。

5. 控制饲料中农药残留的措施

(1)制定、遵守农药生产、使用的规章制度。

①制定农药生产、使用的登记制度；

②制定农药安全使用规则，严格执行安全施药间隔期。

(2)完善饲料中农药残留量标准。饲料中已制定出：六六六、DDT、汞、砷的残留量标准。

(3)发展高效、低毒、低残留的农药。

(4)加强饲料中农药残留量的检测和采用去污处理。

三、其他有害化学物质对饲料的污染

(一)N-亚硝基化合物

1. N-亚硝基化合物(N-nitroso compound)的种类　N-亚硝基化合物(NOC)使含有NNO基的化合物，它对动物具有较强的致癌作用。按其结构可分为N-亚硝胺(nitrosamine)和N-亚硝酰胺(N-nitrosamide)两类。

2. 饲料中N-亚硝基化合物的来源

(1)工业"三废"　N-亚硝基化合物在工业生产中的应用不多，主要用于印刷、染料、橡胶、皮革等行业。因此，可经"三废"污染环境和饲料。但是由此导致的对饲料的污染较少发生。

(2)自然条件下有其他物质转化而成　饲料中天然存在的N-亚硝基化合物的含量很少，或者不存在。但是，重要的是N-亚硝基化合物可由亚硝酸和胺或酰胺在环境(包括饲料中)或动物体内化合形成。这是环境和饲料中N-亚硝基化合物的主要来源。

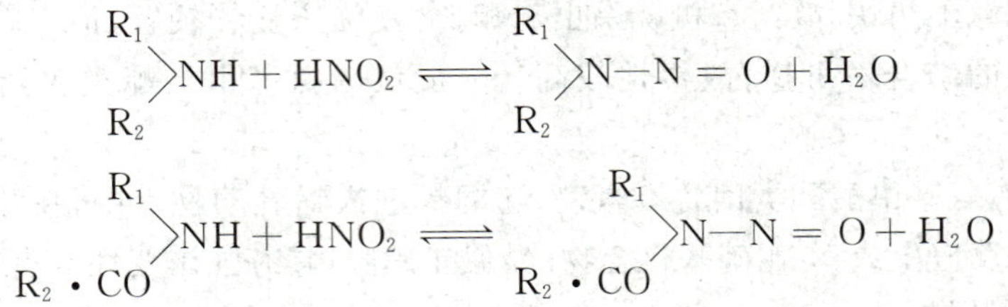

凡含有 N＝N-结构的化合物均有可能参与上述反应。除上式所列仲胺、酰胺外，伯胺、叔胺、季胺、氨基甲酸酯、胍类、氨基酸、肌酸和磷脂等，均可参与上述反应。亚硝基化剂除亚硝酸盐外，还有硝酸盐、氮氧化物等。上述物质都是是 N-亚硝基化合物的前提物质。它们可在各种饲料中出现，尤其是在不新鲜的青绿饲料及霉变腐败的饲料中出现。

饲料中天然存在的是 N-亚硝基化合物含量极微。但在某些加工或贮存不当的饲料中，有时亚硝基化合物含量较高。

N-亚硝基化合物除在自然条件下形成外，也可在动物和人体内合成。合成的主要部位是胃（合成反应在酸性条件下进行得最激烈），另外，受感染的膀胱、肠道也可合成 N-亚硝胺。

3. N-亚硝基化合物的致癌性及一般毒性

（1）致癌性　N-亚硝基化合物为强致癌物。目前已知的 200 多种亚硝基化合物中，约 80％以上都具有致癌性，但其致癌强度可相差 1 000 倍。N-亚硝基化合物致癌可通过呼吸道吸入、消化道摄入、皮下肌肉注射、皮肤接触均的动物引起肿瘤。并且具有剂量效应关系。不管是一次大剂量还是少量多次的给予动物，均可诱发癌肿。N-亚硝基化合物所诱发的肿瘤多有明显的器官亲和性，可引起胃癌、食管癌、肝癌、肠癌、膀胱癌等。

两类 N-亚硝基化合物的致癌作用的差异：N-亚硝胺是间接致癌物，需经体内活化；N-亚硝酰胺是直接致癌物，不需经体内活化。N-亚硝胺需经体内活化引起肝癌、食道癌；N-亚硝酰胺直接引起胃癌。

（2）致畸作用　通过胎盘导致子代发生肿瘤，还可引起胎儿畸形。N-亚硝酰胺对动物具有致畸作用，并存在剂量效应关系；而 N-亚硝胺的致畸作用很弱。

（3）致突变作用　N-亚硝酰胺是一类直接致突变物，而 N-亚硝胺需经哺乳动物的混合功能氧化酶系统代谢活化后才具有致突变性。N-亚硝胺类化合物的致突变性和致癌性无相关性。

（4）一般毒性　N-亚硝胺→肝，亚硝胺的急性中毒是引起肝小叶中心性坏死和出血等肝脏损害；慢性中毒是引起肝胆管增生、纤维化，肝实质细胞结节状增生和出现大核仁的巨肝细胞等变化。亚硝酰胺引起的肝中毒病变相对较轻，如肝坏死多为小叶周边性坏死。N-亚硝酰胺→引起胃的局部损伤，可能是 N-亚硝酰胺的分解产物具有直接刺激作用而引起。

（5）通过食物链危害食品健康　N-亚硝基化合物可通过乳汁排出。在被摄入后，在鸡蛋中也可检出。因此应注意饲料中 N-亚硝基化合物通过食物链而危害人体健康。

4. 预防 N-亚硝基化合物危害的预防

（1）减少前体物摄入。

（2）紫外光或阳光照射。

（3）阻断 N-亚硝基化合物在体内合成：饲料中添加维生素 C、维生素 E 及一些多酚类物质。

(4)加强管理减少 N-亚硝基化合物对饲料的污染。

(5)制定饲料中的最高限量标准。

(二)多环芳烃

多环芳烃(polycylic aromatic compounds,PAH)是指由两个或两个以上的苯环组成的芳烃,又称为多核芳烃,其中以两个邻位碳原子并联在一起的化合物成为稠环芳或稠苯芳烃。一般都具有致癌性。在研究饲料污染问题时所称多环芳烃即指稠环芳烃。具有代表性的物质为:苯并(a)芘(benzo (a)pyrene,B(a)P),其污染最广,致癌性最强。

1.饲料中的来源 B(a)P 等多环芳烃是各种燃料(煤炭、石油、木材等)的不完全燃烧过程的产物,饲料中 B(a)P 的来源主要有:

(1)工业污染

(2)饲料生产与加工过程中被污染,利用燃料对饲料进行烘干及热加工处理;油料作物种子采用的有机溶剂浸出法制油时,如果溶剂质量不符合要求,例如轻汽油常含有多量的 B(a)P,可使饼粕受到污染。

(3)某些饲料原料被苯并(a)芘污染:如石油工业基质产生的石油酵母或石油蛋白、受苯并(a)芘污染水域的水产品制成的动物性饲料等。

2.危害

(1)间接致癌物,属强烈致癌剂:苯并(a)芘可以导致皮肤癌、肺癌及胃癌。

(2)间接致突变物。

3.危害的预防

(1)防止污染 防止工业“三废”对饲料的污染;改进粮食烘干工艺,饲料加工生产过程中粮食不要与炭火燃烧物直接接触,最好选用电气烘干方法;不要在柏油路上晒谷物等;谨慎使用石油酵母。

(2)去毒 阳光、紫外线照射;利用吸附剂除去油脂类中的 B(a)P;谷实类饲料采用碾磨加工,去除麸皮。

(三)多氯联苯

多氯联苯(polychlorinated biphenyls,PCBs),又名氯化联苯,是一组由一些氯置换联苯分子中的氢原子而组成的化合物($C_{10}H_{10-n}Cl_n$)。其化学性质稳定,一旦释入环境,残留时间较长。生产和使用 BCBs 的工厂“三废”的任意排放是 PCBs 的主要污染来源。

1.毒性

(1)PCBs 在动物体内的代谢 PCBs 被机体吸收后,因其具有亲脂性,故主要蓄积在脂肪组织及各脏器中。它还可通过胎盘、母乳转入胎儿或哺乳仔畜体内。它在体内的代谢转化和排泄速度缓慢,故在动物组织中可长期存留,其代谢速率随含氯原子数的增加而降低。PCBs 或其代谢产物主要由粪便排出,尿、乳及皮脂中含量较少。

(2)PCBs 的毒性 PCBs 的中毒机理尚不十分清楚。有人认为 PCBs 能提高细胞的通透性,从而引起中毒动物泛发性水肿。PCB 对肝脏、神经系统损害的机理,亦有待进一步阐明。PCBs 对禽类也有毒害作用,症状表现为呼吸困难、腹部及皮下普遍水肿、精神不振、昏睡等,尤以雏鸡最为明显且死亡率高。产蛋鸡死亡虽少,但产蛋率下降。事故原因是配合饲料中使用的米糠油或黑油,在制造此类食用油的脱臭工艺中使用过 PCBs。因此该事故是由于饲喂被

PCBs 污染的配合饲料而引起的饲料中毒，日本人称此疾病为油症或鸡的黑油中毒。PCBs 对禽类还有致突变作用。

(3)中毒症状　PCBs 中毒表现为体重减轻、眼睑浮肿、脱毛、痤疮样皮肤损害、腹泻、共济失调、中枢神经系统抑制、全身衰竭等。病理变化可见肝细胞肿大，中央小叶区出现脂肪滴及滑面内质网增生。还可见心包积水及全身性水肿。PCB 对啮齿动物还有致癌性。

2. 危害的预防　主要应预防牧场和饲料不受 PCBs 的污染，不在被 PCBs 污染的牧场或排放 PCBs 的工厂周围放牧动物。

(四)氟化物

1. 饲料中氟的来源

(1)地质环境　我国存在自然高氟区：一类是富含氟矿石地区，如花岗岩、氟石、冰晶石、磷灰石、云母等，这些岩石是环境中氟化物的主要来源。另一类是干旱地区、盐碱地、温泉地区。

(2)工业污染　某些工矿企业(如铝厂、氟化盐厂、磷肥厂、炼钢厂、氟里昂厂、水泥厂等)排放的工业“三废”含有大量的氟，污染临近地区的土壤、水源和植物。

(3)动物长期饲喂未脱氟的饲料添加剂　如磷酸钙、天然磷灰石、骨粉等。

2. 氟的毒性与危害　动物的耐受性依次为家禽＞猪＞羊＞马和家兔＞牛。畜禽氟中毒主要是慢性中毒。其毒作用机理为：

(1)对骨骼的影响　其作用机制有三：①氟化钙的大量沉积，可使骨质硬化，密度和重量增加；而破骨细胞对骨钙的吸收，又可使骨质脱钙疏松。因而，在临床上有硬化型、疏松型和混合型等三种表现。②氟与骨盐晶体表面的羟基磷灰石作用，取代其中的羟基而形成氟磷灰石，使骨质的晶体破坏；另外，因成骨细胞和破骨细胞的活动，使新骨形成，因而造成骨皮质增厚、表面粗糙、外生骨疣和髓腔变窄等病变。③氟化物对某些酶的抑制，可阻碍钙的吸收和利用，因而影响骨的钙化。

(2)对牙齿的影响　主要损害发育期的牙齿。过量的氟使釉母细胞发育和功能受影响，阻碍牙釉质地发育和矿化，导致釉质失去正常结构，引起原发性牙釉质缺损。同时氟还可影响牙本质的钙化。因而在出牙后，牙面呈现混浊无光泽的白垩样斑点或条纹。同时因钙化不全的釉质疏松多孔，可吸附内源性和外源性色素，使色素沉着。

(3)对酶系统的影响　氟对体内许多酶都有毒性作用。一般小剂量短期作用使酶活性加强，而大剂量长期作用则会抑制酶的活性。

(4)对钙、磷代谢的影响　体内过量的氟与钙结合成氟化钙，主要沉积在骨组织中，少量沉积在肌腱、韧带等软组织中，致使血钙降低。当血钙降至 6～7 mg/kg 时，可出现缺钙综合征，发生腰腿痛、手足麻木和抽搐等。由于血钙减少，可反馈地引起甲状旁腺分泌增多，从而加速破骨细胞对骨钙的吸收，并抑制肾小管对磷的重吸收，使磷大量排出。

(5)其他有害作用　对肝脏、肾脏的、内分泌腺的损伤以及对机体的免疫毒性。

3. 氟中毒的预防

(1)控制饲料中氟的含量：对补饲的磷酸盐应尽可能脱氟。

(2)营养措施：供给充足的钙和磷；添加铝解毒。提高日粮中的蛋白质的含量。

(3)在工业污染区根本的措施是治理污染源。

第五节　饲料中的人为添加物

一、矿物质饲料的毒性问题

(一)矿物质饲料中常见的有毒元素

1. 饲料中有毒金属元素的毒性特点　饲料中的有毒金属或其化合物经消化道吸收后，随血液循环分布到全身各组织器官。多数有毒金属元素可在体内蓄积，其生物半减期一般较长。金属元素及其代谢产物主要经肾脏及肠道排泄，少数可经毛发、汗液和乳汁排出。镉、汞、铅、锌都能在肾或肝细胞内与含硫氨基酸的蛋白质结合形成金属硫蛋白。金属硫蛋白对镉、汞、铅、锌等具有调节或解毒作用。

有毒金属元素最常见的毒性作用是抑制酶系统的活性。许多有毒金属元素疑因与硫结合而与体内酶系统的巯基具有很强的亲和力。但是不同的有毒金属元素可抑制不同的巯基酶，或虽作用于同一酶但也可产生不同程度的毒作用，对其机理目前尚未完全弄清。

2. 砷　自然界中的砷多为五价砷，污染环境的砷多为三价的无机化合物。三价砷的毒性大于五价砷。无机砷的毒性大于有机砷。

某些地区由于地质条件特殊，其地下水含砷量很高，用来加工调制饲料或饮用，均会使动物增加砷的摄入。水生生物，特别是海洋生物中的贝介类，对砷具有很强的浓集能力。使用含砷量超过卫生标准的饲料添加剂或饲料加工辅助剂，均可增加饲料中砷的含量。

砷化合物经消化道吸收后，迅速随血液分布到全身，但主要蓄积在肝、肾、脾、肺、骨额、皮肤、毛发、蹄甲等组织器官中。特别是在表皮组织中能长期蓄积。进入体内的砷经代谢后主要经肾脏排出，其次由胆汁随粪便排出，少量从汗液、呼气和乳汁排出。砷从体内排出较缓慢。

砷属原浆毒，主要损害酶系统，三价砷可与体内酶蛋白分子上的巯基结合，形成稳定的复合物，使酶失去活性，从而阻碍细胞的正常呼吸和代谢，导致细胞死亡。砷引起的细胞代谢障碍首先危及最敏感的神经细胞，引起中枢神经和外周神经的功能紊乱，呈现出中毒性神经衰弱症候群及多发性神经炎。在砷的毒作用下，维生素 B_1 的不足又加重砷对神经系统的损害。

砷吸收入血后，可直接损害毛细血管，也可作用于血管舒展中枢，使血管壁平滑肌麻痹，毛细血管舒张，引起血管壁通透性改变，导致脏器严重充血，有碍组织营养过程，引起实质器官的损害。胃肠道及其他脏器受损均与此有关。

砷还是一种致畸物，它在细胞 DNA 复制过程中可从 DNA 链上取代磷酸盐而致染色体畸变，并可抑制 DNA 的正常修复过程。

砷引起的急性中毒多因误食引起，动物表现为剧烈腹泻。通过饲料长期少量摄入砷可引起慢性中毒，主要是神经系统和消化机能衰弱与扰乱。表现为神经沉郁，皮肤痛觉和触觉减退，四肢肌肉软弱无力和麻痹，消瘦，被毛粗乱无光泽，脱毛或脱蹄，食欲不振，消化不良，腹痛，持续性下痢。砷还有致癌作用。台湾某些地区水砷含量过高，引起“乌脚病”，因砷破坏毛细血管，导致其破裂，从而引起局部坏疽。

3. 铅

(1)铅污染的来源

①工业“三废”直接污染农作物及牧草。

②含铅农药污染牧草及农作物并造成饲料中少量铅的残留。

③土壤地质条件。

④汽车尾气排放。

⑤饲料加工过程中含铅容器及管道在酸性物质作用下浸溶出铅。

(2)铅对畜禽的危害

①吸收部位与损害蓄积：铅主要在十二指肠被吸收，一部分在肾脏、肠、毛发、乳汁等中排出，另一部分被肝、肾吸收，数周后在骨骼中形成不溶性的磷酸铅[$Pb_3(PO_4)_2$](体内90%～95%的铅存在于骨骼中)。铅的蓄积部位在骨骼，但危害却在其他组织，如神经组织、造血器官及肾。

②危害表现：铅对机体的很多器官系统都有毒性作用，主要损害神经系统、造血器官和肾脏。

神经系统：使大脑皮层的兴奋和抑制过程发生紊乱，从而出现皮层-内脏调节障碍，表现为神经衰弱症候群及中毒性多发性神经炎，重者可出现铅中毒性脑病。实验证明，铅能损害脑毛细血管内皮而引起脑水肿与出血。铅中毒时，还能使肌肉内的磷酸肌酸的再合成受阻，不能参与与肌肉收缩有关的能量代谢，而表现铅毒性瘫痪。

造血器官：铅能抑制Hb的合成，并有溶血的作用，即铅阻止δ-氨基-γ-酮戊二酸脱水酶，使卟胆原合成受阻。因此，铅中毒时出现贫血。目前一般认为，卟啉代谢紊乱是铅中毒机理中重要和较早的变化之一。此外铅还与红细胞结合使红细胞的脆性增加，寿命缩短。慢性铅中毒时，还可影响凝血酶活性，因而影响血凝过程。

肾：肾脏是排泄铅的主要器官，接触铅的量较多，因而铅对肾脏有一定的损害，使肾小管上皮细胞变性、坏死，出现中毒性肾病。

铅还损害机体免疫系统的功能，使抗体产生明显下降。长期摄入铅时，在齿龈边缘可看到铅线，它是由铅与牙缝中腐败产生的H_2S结合形成的PbS沉淀造成的。铅线的出现，说明食物中含有多量的铅，但不一定是铅中毒。

由饲料引起的铅中毒，多为慢性过程，主要表现为消化扰乱和神经症状，如厌食，便秘，有时便秘与腹泻交替出现，腹痛，呆滞，四肢痉挛，共济失调，消瘦，贫血等。各种动物，以马最为敏感，其次为牛、绵羊，再次为山羊，鸡和猪。幼年动物较成年动物敏感。

4.汞

(1)汞对饲料的污染　植物中都含有微量汞。在利用鱼、虾、贝等水产品作动物饲料时，要注意含汞的工业废水污染水体后通过汞的生物迁移过程而危害畜禽。鱼体中所含的汞主要是甲基汞，其比例可高达80%～100%。

(2)饲料中汞对动物的危害　饲料汞污染常见的是由有机汞引起的慢性中毒，特别是甲基汞。

汞被吸收后经血液运至全身各组织，开始时分布均匀，之后主要分布于肾脏，其次是肝、脑。汞主要经肾脏随尿排泄，约占总排出量的70%；其次经粪便排出，约占20%；此外，经汗腺、乳腺、唾液腺等也可排出少量汞。

汞离子进入机体后易于蛋白质或其他活性物质中的巯基结合，形成较稳定的硫醇盐，因而使一系列具有重要功能的含巯基活性中心的酶失去活性，从而使机体内一系列的代谢过程发生障碍。这是汞产生毒效应的基础。

汞经肾脏排泄，对肾脏有一定的损害。长期摄入汞化合物，由于汞由唾液腺排泄，形成汞的硫化物，对黏膜有刺激、腐蚀作用，可引起齿龈红肿及出血，口腔黏膜充血、上皮细胞坏死以致形成溃疡。

有机汞的毒作用机理与无机汞基本相同，但对神经系统的损害更为突出。各种有机汞化合物中以甲基汞引起的神经系统损害最为显著。长期采食甲基汞含量比较高的饲料易引起中毒。慢性甲基汞中毒主要引起严重的中枢神经系统症状，可导致不可逆的永久性损害。甲基汞还可通过胎盘进入胎儿体内，对胎儿造成损害，即先天性汞中毒，表现为胎儿发育不良、畸形、甚至发生麻痹而死亡。

(二)常见矿物质饲料中的有害物质

1. 食盐

(1)家畜食盐中毒的原因

①超量添加食盐。

②饲料混合不均匀。

③使用了食盐含量高的劣质鱼粉，而日粮配方时没有将其盐分扣除；饲喂含盐 3%～4% 的代乳或盐水可导致大多数及家禽发生试验中毒。

④限制了动物饮水。

⑤机体缺乏 Ca、维生素 E 及含硫氨基酸时可促使中毒发生。

(2)畜禽的食盐中毒　各种畜禽对食盐的敏感性依次为：猪＞禽＞马＞牛及绵羊，其中，幼畜、幼禽较成年动物敏感。机体内的水盐代谢状况对食盐的耐受量也有影响。夏季高温，机体水分大量丧失，体液减少，对食盐的耐受量降低。另外，胃肠炎、利尿等引起的机体脱水也可增加食盐中毒的风险。

①食盐中毒的机理

a. 直接刺激胃肠道而发生炎症过程，引起腹泻和胃肠道炎症，并导致机体脱水；

b. 大量高浓度的食盐进入消化道被吸收后，因渗透压的梯度关系吸收肠壁血液循环中的水分，引起严重的腹泻、脱水，进一步会导致全身血液浓缩，机体血液循环障碍，组织相应缺氧，机体的正常代谢功能紊乱。

c. 大量钠离子被吸收后，使血钠升高，破坏机体中一价阳离子与二价阳离子间的平衡，使神经应激性升高，出现神经发射活动过强的症状。单价离子的兴奋性，使神经、肌肉的兴奋性增高，因而出现肌肉痉挛性抽搐等临床症状。

d. 钠离子潴留于全身组织器官，尤其脑组织内，引起组织和脑组织水肿，颅内压升高，脑组织供氧不足，使葡萄糖氧化供能受阻。

e. 钠离子可使脑膜和脑血管引起嗜酸性粒细胞在其周围聚集浸润，形成特征性“嗜酸性粒细胞性脑膜炎”。

②食盐中毒的症状

a. 急性中毒：口渴，流涎，口腔黏膜发红，腹痛、腹泻，肌肉震颤，阵发性惊厥，运动失调，转圈运动。中毒死亡猪，脑小血管周围有大量嗜酸性白细胞浸润。

b. 慢性中毒：食欲不振，机体脱水，躯体僵硬，逐渐消瘦，贫血，还会出现异常行为。少数中毒严重的可能再 48 h 内发生死亡。猪特征性病理学变化为“嗜酸性白细胞性脑膜脑炎”。毛细血管内皮细胞肿大、增生，呈现脑灰质软化灶，此点对于慢性食盐中毒的诊断意义重大。

胃肠黏膜发炎，有出血点。

(3)食盐中毒的处理及预防

①日粮中的食盐应按规定量添加，并保证混合均匀；猪、禽占风干物质的0.5%，牛、羊等草食动物可占1%。

②制作配方时，未将原料中的食盐来源(酱渣、腌菜水、咸鱼及鱼粉)计算在内；作配方时要考虑到所有来源。

③保证畜禽充足、新鲜的饮水。

④治疗用含钠药品(氯化钠、碳酸钠、乳酸钠)等药品应严格掌握用量。

⑤对中毒畜禽应及时移开可疑饲料，并保证新鲜、充足的饮水。

2. 饲料用磷酸盐类

(1)磷酸钙(calcium phosphate)　磷酸盐类主要考虑F、As、Pb等有毒元素，其中以F为主。

(2)骨粉类(bone meal)　合格的骨粉的含氟量较低，只要杀菌消毒彻底，便可安全使用。但存在以下卫生学问题：

①钙、磷含量不稳定：由于来源不稳定，加工工艺不同，骨粉的产品品质，差异较大。

②骨粉中病原菌及农药超标。

③骨粉中的氟、砷、铅超标。

④某些劣质骨粉还存在脱脂不完全在贮存过程中出现脂肪酸败的问题。

3. 钙补充饲料

(1)石粉(calcium carbonate)　石粉用作饲料主要的卫生学问题是F、As、Pb、Hg等超标。

(2)轻质碳酸钙(calcium carbonate precipitated)　主要卫生学问题是F、As、Pb等超标。

(3)贝壳粉　贝壳粉内常掺杂砂石和泥土等杂质，使用时应注意检查。另外若贝肉未除尽，加之贮存不当，堆积日久易出现发霉、腐臭等情况。

二、动物性饲料的毒性问题

1. 畜禽加工副产品

(1)肉骨粉的卫生学问题

①脂肪酸败败，影响产品的适口性及动物产品的品质；易造成饲料的适口性及营养物质的消化率下降。

②沙门氏菌的污染问题：由于肉骨粉中蛋白质、脂肪含量都较高，易受微生物污染，尤其是沙门氏菌。

③疯牛病隐患。

(2)血粉的卫生学问题　不容易长期保存，它容易吸潮、结块、生蛆、发霉、腐败，被微生物污染。

2. 鱼粉的卫生学问题

(1)霉变(包括细菌污染)：鱼粉在高温高湿条件下易发霉，并且进而促使细菌繁殖而发生腐败。

(2)酸败：脂肪含量多的鱼粉以及鱼粉贮存不当时，其所含的高度不饱和脂肪酸极易氧化生成醛、酮、酸等物质，与NH_3等形成有色物质，使鱼粉表面形成红黄色或红褐色的油污状，具恶臭，使鱼粉的适口性和品质显著降低。

(3)食盐含量过多。

(4)引起鸡肌胃糜烂(gizzard erosion，GE)：饲喂鱼粉可引起肉用仔鸡鸡肌胃糜烂，俗称“黑色呕吐病”(简称黑吐病)。临床特征为食欲减退，精神委顿，严重贫血和消瘦，排黑褐色软便或下痢，有时还会出现黑色呕吐的现象。严重者可导致胃壁穿孔病引起出血及腹膜炎而死亡。剖检的重要病变是肌胃糜烂和溃疡，腺胃、肌胃和肠道中含有黑褐色内容物。受害鸡的生长率和饲料转化效率均下降。这是由于某些鱼粉中含有较多的组胺(histamine)和肌胃糜烂素(gizzerosine)所引起。它们可促使胃酸分泌亢进，大量胃酸进入肌胃能腐蚀肌胃角质膜使其发生糜烂和溃疡，角质膜下肌肉层出血，血液与酸作用而使胃肠内容物变成黑褐色，致使呕吐物及粪便也呈黑褐色

(5)挥发性盐基氮含量高：其含量越高，表明氨基酸被破坏的越多，特别是蛋氨酸和酪氨酸。鱼粉的营养价值受影响大。

(6)影响畜产品风味：因鱼粉中不饱和脂肪酸含量较高并具有鱼腥味，故在畜禽饲粮中使用量不可过多，否则导致畜产品异味。

(7)其他：鱼粉中可能还含有其他有害物质，如掺入皮革粉的鱼粉中铬的含量比较高；有些鱼粉中汞、DDT的含量较高。有些鱼粉中硫胺素酶含量高，大量摄入会引起硫胺素缺乏症。

3.蚕蛹粉的卫生学问题

(1)脂肪酸败　蚕蛹由于不饱和脂肪酸含量高，容易氧化酸败。

(2)影响畜产品品质　蚕蛹酸败发出的恶臭可转移到鸡蛋、猪肉和牛奶中，产生腥臭味，还可使体脂和肉带黄色，产生“黄猪肉”。

三、饲料添加剂的毒性问题

1.维生素添加剂的卫生学问题

(1)杂质问题　有毒杂质过多。存在的有毒金属杂质：Pb、As、Cd、Hg。引起动物中毒或生物学效价降低。生产中要使用饲料级添加剂。

(2)过量添加的问题　水溶性维生素易排出，不易过多中毒；脂溶性维生素排泄慢，可蓄积在体内产生中毒。

①维生素A过多：猪被毛粗乱，腹部和腿部有出血淤斑，动作受限制，无控制力，粪尿带血；雏鸡表现为食欲减退；孕畜、早期胚胎死亡，后期胎儿发育异常。

②维生素D过多：大量摄入维生素D时可促进骨质溶解，从而出现高血钙，软组织钙化，肾钙化、结石(肾小管钙化可造成尿毒症而使动物死亡)；骨变形变脆，易骨折。中毒动物还常表现食欲不振，体重减轻和腹泻，猪还可出现肌震颤和运动失调，维生素D中毒可引起死亡，死因常是由于肾小管严重钙化而产生尿毒症引起的。

2.微量元素添加剂的卫生学问题

(1)杂质问题　有毒杂质过多。存在的有毒金属杂质：Pb、As、Cd、Hg。引起动物中毒或生物学效价降低。生产中要使用饲料级添加剂。

(2)过量添加的问题

①铜过量的毒性：主要症状为溶血性贫血，血红蛋白尿，黄疸和肝损伤。绵羊和犊牛对过量铜特别敏感。

②锌过量的毒性：锌含量过高能使家畜厌食，且当摄入过量锌时，锌在消化道中的吸收率降低，同时会还造成对铁、铜的吸收不利，故可引起食欲不振，生长迟缓，贫血，血红蛋白含量降低，血清铁及体内铁贮存量减少。高锌死量还可抑制瘤胃微生物，从而引起瘤胃消化功能紊乱。断奶仔猪锌中毒可引起生长抑制，骨关节周围出血，步态僵直，并可引起死亡。

③铁过量的毒性：铁有沉淀蛋白质的作用，可引起食欲稍降、腹痛、腹泻等消化道反应。过多的铁离子及铁复合物沉积在各细胞器内或细胞浆内，可引起细胞内生化过程紊乱。铁中毒的临床症状主要为共济运动失调、肌肉痉挛性收缩及呼吸困难等。

3.抗生素添加剂　抗生素是一类由微生物（细菌、放射菌、真菌等）的发酵产生的具有抑制和杀灭其他微生物的代谢产物。目前已有多种抗生素可人工合成或半合成生产。抗生素主要功能是抑制动物肠道中有害微生物的生长与繁殖，从而控制疾病发生和保持动物体健康；促进有益微生物的生长并合成对动物体有益的营养物质；防止动物肠道壁增厚，增进动物对营养物质的消化与吸收，促进动物的生长与生产。

随着科学技术的发展，人们对环境质量及对食品安全的认识与要求越来越高，许多国家都对抗生素作为饲料添加剂作出了明确的规定和限制，一些国家禁止在畜禽饲料中使用多种抗生素和抗菌类化学制剂，防止其在畜禽产品中的残留及不良效应。寻找无（低）药残、无（低）污染，能替代抗生素的促生长物质，已成为当今动物营养学研究的重点之一。

（1）主要存在的问题

①畜产品残留问题：超量使用会在畜产品中残留，通过食物链影响人体健康，导致人过敏反应，免疫力下降。

②引起畜体内细菌对抗生素产生耐药性问题：由于长期使用抗生素添加剂，会导致微生物产生耐药性；易造成畜禽内源性或二重性感染，使动物体内的正常微生物体系失衡；使动物体的免疫功能下降，抵抗力降低。

4.其他饲料添加剂

（1）抗氧化剂　抗氧化剂主要用于含有高脂肪的饲料，以防止脂肪氧化酸败变质，也常用于含维生素的预混料中，它可防止维生素的氧化失效。乙氧基喹啉是目前应用最广泛的一种抗氧化剂，国外大量用于原料鱼粉中，其他常用的还有二丁基羟基甲苯和丁基羟基茴香醚（butyl hydroxy anisol，BHA）。目前有研究报道 BHT、BHA 有促癌作用。

（2）氨基酸　许多氨基酸在饲料中过量添加都会引起中毒，并且蛋白质含量越低越易引起中毒，其中以 Met 的过量问题最为突出。

（3）激素制剂　由于性激素使用的严重副作用，绝大多数国家已禁用性激素制剂。目前我国未批准使用激素及类激素作为饲料添加剂，并全面禁止使用 β-兴奋剂，其常见药品名有克伦特罗（clenbuterol）、沙丁胺醇（salbutamol）、西马特罗（cimaterol）及其盐、酯及制剂。此外，经常被养殖户违规使用的已烯雌酚，被报道也可能有致癌作用。

（4）风味剂　饲料风味剂（flavoring agents）主要有香料（调整饲料气味）与调味剂（调整饲料的口味）两大类。许多实验表明，饲料风味剂不仅可改善饲料适口性，增加动物采食量，而且可促进动物消化吸收，提高饲料利用率。主要卫生学问题是其中的重金属超标。

第十三章　优质安全畜禽产品生产概论

第一节　绿色食品、绿色畜禽产品的概念

一、绿色食品概念

"绿色食品"是指遵循可持续发展原则，按照特定的生产方式生产，经专门机构认定，许可使用绿色食品标志的无污染的安全、优质、营养类食品的总称。之所以称为"绿色"，是因为自然资源和生态环境是食品生产的基本条件，由于与生命、资源、环境保护相关的事物国际上通常冠之以"绿色"，为了突出这类食品出自良好的生态环境，并能给人们带来旺盛的生命活力，因此将其定名为"绿色食品"。

发展绿色食品必须遵循可持续发展的原则。从保护、改善生态环境入手，以开发无污染食品为突破口，将保护环境、发展经济、增进人们健康紧密地结合起来，促进环境、资源、经济、社会发展的良性循环。

绿色食品特定的生产方式是指按照标准生产、加工；对产品实施全程质量控制；依法对产品实行标志管理。

为了保证绿色食品产品无污染、安全、优质、营养的特性，开发绿色食品有一套较为完整的质量标准体系。

二、绿色畜产品的概念

绿色畜产品是指产地环境、生产过程和产品质量符合国家有关标准和规范的要求，经认证合格获得认证证书并允许使用无公害农产品标志的未经加工或者初加工的畜产品。可以理解为以下几个层次的内涵：

1. *产地环境、生产过程和产品质量符合国家有关标准和规范的要求*　如无公害食品鸡蛋，产地环境需符合"GB/T 18407.3—2001《农产品安全质量无公害畜禽肉产地产地环境要求》"或"NY/T 388—1999 畜禽场环境质量标准"，生产过程需符合"NY 5040—2001 无公害食品 蛋鸡饲养兽药使用准则"、"NY 5041—2001 无公害食品 蛋鸡饲养兽医防疫准则"、"NY 5042—2001 无公害食品 蛋鸡饲养饲料使用准则"、"NY/T 5043—2001 无公害食品 蛋鸡饲养管理准则"，产品质量需符合"NY 5039—2001 无公害食品 蛋鸡"。

2. *经认证合格获得产品认证证书*　农业部农产品质量安全中心根据相关标准对其生产过程、产品进行审查、审批授予了"无公害食品"称谓，获得"无公害食品"认证证书。

3. *允许使用无公害农产品标志*　目前，无公害种植业产品、渔业产品和畜产品使用同一个

图 13-1 无公害农产品的标志

标志，《无公害农产品标志管理办法》已于 2002 年 11 月 25 日由中华人民共和国农业部和国家认证认可监督管理委员会第 231 号联合公告。标志如图 13-1 所示。

4.未经加工或者初加工的畜产品　这里所说的初加工是不能使畜产品的性质发生变化或添加其他成分。无公害畜产品认证的管理部门《无公害农产品管理办法》规定，农业部门、国家质量监督检验检疫部门、国家认证认可监督管理委员会按照“三定”方案的职责和国务院有关规定，分工负责，共同做好全国无公害畜产品的管理和监督工作。

第二节　绿色畜禽产品生产的特点

无污染、安全、优质、营养是绿色畜禽产品的特征。无污染是指在绿色畜禽产品生产、加工过程中，通过严密监测、控制，防止农药残留、放射性物质、重金属、有害细菌等对畜禽产品生产各个环节的污染，以确保绿色食品产品的洁净。它把产量、质量、效益和环境结合起来，认为在不破坏资源与环境，不损害后代人利益的前提下，允许合理的化学投入。绿色畜禽产品的优质特性不仅包括产品的外表包装水平高，而且还包括内在质量水准高；畜禽产品的内在质量又包括两方面：一是内在品质优良，二是营养价值和卫生安全指标高。“安全和优质”双重质量保证，“环境与经济”双重效益。强调“产品出自最佳的生态环境”和“从土地到餐桌全程的质量控制”。绿色畜产品与普通畜产品相比有 3 个显著特点：

(1)强调畜产品出自最佳生态环境　绿色畜产品生产从原料产地的生态环境入手，通过对原料产地及其周围的生态环境因子严格监测，判定其是否具备生产绿色食品的基础条件。

(2)对畜产品实行全程质量控制　绿色畜产品生产实施“土地到餐桌”全程质量控制。通过产前环节的环境监测和原料检测；产中环节具体生产、加工操作规程的落实，以及产后环节畜产品质量、卫生指标、包装、保鲜、运输、储藏、销售控制，确保绿色畜产品的整体产品质量，并提高整个生产过程的技术含量。

(3)对畜产品依法实行标志管理　绿色畜产品标志是一个质量证明商标，属知识产权范畴，受《中华人民共和国商标法》保护。

为了一般的普通畜产品区别开，绿色畜产品由统一的标志来标识。绿色畜产品标志由特定的图形来表示。绿色畜产品标志图形由三部分构成：上方的太阳、下方的叶片和蓓蕾。标志图形为正圆形，意为保护、安全。整个图形描绘了一幅明媚阳光照耀下的和谐生机，告诉人们绿色畜产品是出自纯净、良好生态环境的安全、无污染食品，能给人们带来蓬勃的生命力。绿色食品标志还提醒人们要保护环境和防止污染，通过改善人与环境的关系，创造自然界新的和谐。

第三节　绿色畜禽产品生产的原则

为了全面提高我国农产品质量安全水平和市场竞争力，我国决定在全国范围内推进“无公害食品行动计划”。该计划以全面提高我国农产品质量安全水平为核心，以农产品质量标准体系和卫生质量监测检验体系的建设为基础，通过对农产品实施“从土地到餐桌”全过程质量安全控制，以逐步实现我国主要农产品的无公害生产、加工和消费。通过近几年研究和实践表明，发展动物无公害养殖和产品的无公害加工既是养殖业与食品加工业组织方式的创新，也是食品安全质量制度的创新。

无公害养殖含义：无公害养殖指在动物养殖过程中遵循无公害食品生产技术规范，限量使用限定的化学合成物质，采取一系列可持续发展的养殖技术，维持农业生态系统持续稳定的一种农业生产方式。在畜禽、水产、蜜蜂的无公害养殖中，产地必须得到省级农业行政主管部门的认定，获得无公害农产品产地认定证书；生产过程中必须科学合理地使用限定的兽药、饲料添加剂，禁止使用对人体和环境造成危害的化学物质。养殖的特点是标准化、规范化、无污染、无公害，其产品优质、安全。从保护、改善生态环境入手，以开发无污染食品为突破口，将保护环境、发展经济、增进人们健康紧密地结合起来，促进环境、资源、经济、社会发展的良性循环。

一、畜牧业无公害生产的环境标准

从事畜牧业无公害生产的环境要求，要按照中华人民共和国农业部发布实施的《畜禽场环境质量标准》(NY/T 388—1999) 或《农产品安全质量 无公害畜禽肉产地环境要求》(GB/T 18407.3—2001)执行。其主要内容规定了畜禽场必要的空气、生态环境质量标准以及畜禽饮用水的水质指标。对畜禽场的环境质量控制、监测、监督、管理、建设项目的评价及畜禽场环境质量的评估等作出了具体规定。同时还规定了环境质量各种参数的监测及采样点、采样办法、采样高度及采样频率的要求及分析的项目、方法、方法来源等。参见附录一《畜禽场环境质量标准》NY/T 388—1999 。

畜禽场用地应符合当地土地利用规划的要求，充分考虑畜禽放牧和饲草、饲料条件。选择地势平坦干燥、背风向阳，土质坚实、排水良好，通风、场地水源充足、未被污染和没有发生过任何传染病易于组织防疫的地方。据干线公路 1 000～3 000 m，村庄 500～1 000 m，畜产品加工厂、垃圾及污水处理场 2 000 m 以上。并在村庄下风处。畜禽场周围有围墙（围墙高大于 1.5 m）或防疫沟（宽度大于 2.0 m），并建立绿化隔离带。饲养小区要统一规划，合理布局。饲养区内不应饲养其他经济用途的动物。场内设管理和生活区、生产区、生产辅助区、畜禽粪便堆贮区和病畜禽隔离区，各区应相互隔离。管理区和生产区应处上风向，粪污处理区应处下风向。场舍不同畜种不同生长阶段进行结构设计，布局符合实行分阶段饲养方式的要求。

运送饲料、畜禽周转和工作人员行走的道路（净道）与装运粪污出场的道路（污道）应分开，并尽可能减少交叉点。污道在下风向，雨水和污水应分开。畜禽舍内的温度、湿度、气流（风速）和光照应满足不同畜种不同饲养阶段的需求，以降低畜禽发生疾病的机会。畜禽舍地面和墙壁应选用适宜材料，以便于进行彻底清洗消毒，并应具备良好的清粪排尿系统。畜禽场排污应遵循减量化、无害化和资源化的原则。

二、动物无公害养殖的水质要求

畜禽饮水水质应符合《无公害食品 畜禽饮用水水质》(NY 5027)参见附录二的规定。

该标准规定了生产无公害畜禽养殖过程中畜禽饮用水水质要求和配套的检测方法。适用对象是生产无公害食品的集约化畜禽养殖场、畜禽养殖区和放牧区的畜禽饮用水水质。

该标准规定了畜禽饮用水感官性状及一般化学指标、细菌学指标、毒理学指标、畜禽饮用水中农药限量以及各项指标的检验方法。消毒饮水设备要定期清洗。若有水塔或其他贮水设施，则应有防止污染的措施，并定期清洗和消毒。

三、无公害畜产品的生产原则

(一)无公害食品生鲜牛乳的生产指导原则

1. 无公害食品生鲜牛乳

(1)无公害食品　生鲜牛乳的概念 无公害食品生鲜牛乳是饲养环境无污染，使用无公害饲料饲养的健康奶牛产出的天然乳汁。

这一概念规定了生产无公害生鲜牛乳的四个基本条件："环境无污染"，"使用无公害饲料"，"健康母牛"，和"天然乳汁"。"环境无污染"就是指奶牛饲养场要符合《畜禽场环境质量标准》(NY/T 388)；"使用无公害饲料"就是指奶牛饲养要遵守《奶牛饲养饲料使用准则》(NY 5048)；"健康母牛"就是指要遵守《奶牛饲养兽药使用准则》(NY 5046—2001)；《奶牛饲养兽医防疫准则 》(NY 5047—2001)；"天然乳汁"就是指不掺杂使假。

(2)生鲜牛乳感观要求、理化要求、卫生要求、微生物要求应符合以下规定要求(表 13-1 至表 13-4)。

表 13-1　感官要求

项目	指　　标
色泽	呈乳白色或稍带微黄色
组织状态	呈均匀的胶态流体，无沉淀，无凝块，无肉眼可见杂质和其他异物
滋味与气味	具有新鲜牛乳固有的香味，无其他异味

表 13-2　理化要求

项　　目	指　　标
相对密度	1.028～1.032
脂肪/%≥	3.2
蛋白质/%≥	3.0
非脂乳固体/%≥	8.3
酸度/°T≤	18.0
杂质度/(mg/kg)≤	4

表 13-3　卫生要求　mg/kg

项　　目	指标
汞(以 Hg 计)≤	0.01
砷(以 As 计)≤	0.2
铅(以 Pb 计)≤	0.05
铬(以 Cr 计)≤	0.3
硝酸盐(以 $NaNO_3$ 计)≤	8.0
亚硝酸盐(以 $NaNO_2$ 计)≤	0.2

续表 13-3

项　目	指标
六六六≤	0.05
DDT≤	0.02
黄曲霉毒素 M1≤	0.02
抗生素	不得检出
马拉硫磷≤	0.1
倍硫磷≤	0.01
甲胺磷≤	0.2

表 13-4　微生物要求

项　目	指标
菌落总数/(cfu/mL)≤	500 000

(3)掺假项目　不得在生鲜牛乳中掺入碱性物质、淀粉、食盐、蔗糖等非乳物质。

2. 奶牛的引进和购入　坚持自繁自养的原则，不应从疫区引进种牛。必须引进牛只时，应从非疫区引进牛只，并有动物检疫合格证明。还要严格执行《种畜禽管理条例》的规定，并按国家标准 GB 16567—1996《种畜禽调运检疫技术规范》和 GB 16549—1996《畜禽产地检疫规范》进行检疫。牛只在装运过程中没有接触过其他偶蹄动物，运输车辆应彻底清洗消毒。牛只引入后至少隔离饲养 30～45 d，经兽医检疫部门检查确定为健康合格后，方可供繁殖使用。

3. 饲料和饲料添加剂的使用原则　饲料及添加剂的使用应符合 NY 5048《无公害食品 奶牛饲养饲料使用准则》的规定。按照产品说明书所规定的用法、用量使用。饲料贮存场地不应使用化学灭鼠药和杀鸟剂。运输饲料的工具应符合 GB/T 16764《配合饲料企业卫生规范》的要求。不应使用运输畜禽等动物的车辆运输饲料产品。饲料运输工具和装卸场地应定期清洗和消毒。运输作业应防止污染，保持包装的完整。

4. 兽药使用的使用原则　为了使牛奶达到无公害的要求，在生产过程中兽药的使用就应按照 NY 5046《无公害食品 奶牛饲养兽药使用准则》执行。奶牛饲养者应供给奶牛充足的营养。所用饲料、饲料添加剂和饮用水应符合《饲料和饲料添加剂管理条例》、NY 5048 和 NY 5027 的规定，按照 NY/T 5049 加强饲养管理，采取各种措施以减少应激，增强动物自身的免疫力。确需用兽药的，应经实验室诊断确诊后有兽医处方并在兽医的指导下再对症下药。

用于预防、治疗和诊断疾病的兽药应符合《中华人民共和国兽药典》、《中华人民共和国兽药规范》、《中华人民共和国兽用生物制品质量标准》、《兽药质量标准》、《进口兽药质量标准》和《饲料药物添加剂使用规范》的相关规定。所用兽药应来自具有《兽药生产许可证》和产品批准文号的生产企业或者具有《进口兽药许可证》的供应商。所用兽药的标签应符合《兽药管理条例》的规定；使用兽药时，还应遵循以下原则。

(1)疫苗、消毒防腐剂、用于奶牛疾病预防和治疗的中药材和中成药、微生态制剂、抗菌药、抗寄生虫药和生殖激素类药、应严格遵守规定的给药途径、使用剂量、疗程和注意事项。休药期按标准规定执行。未规定休药期的品种，应遵守肉不少于 28 d、奶废弃期不少于 7 d 的规定。

(2)抗寄生虫药外用时应注意避免污染鲜奶。

(3)慎用作用于神经系统、循环系统、呼吸系统、泌尿系统的兽药及其他兽药，禁止使用有致畸、致癌和致突变作用的兽药。农业部公告第193号(参见附录E)。

(4)禁止在饲料及饲料产品中添加未经国家畜牧兽医行政管理部门批准的《饲料药物添加剂使用规范》(中华人民共和国农业部公告[2001]第168号)以外的兽药品种,特别是影响奶牛生殖的激素类药、具有雌激素样作用的物质、催眠镇静类药和肾上腺素能药等兽药。禁止使用未经国家畜牧兽医行政管理部门批准作为兽药使用的药物和用基因工程方法生产的兽药。

(5)允许使用国家兽药管理部门批准的微生态制剂。奶牛饲养允许使用的抗菌药、抗寄生虫药和生殖激素类药符合NY 5046中附录A的规定。

5. 防疫、监测

(1)为了使奶牛不得病少得病,牛群的免疫应严格按照《中华人民共和国动物防疫法》和NY 5047《无公害食品　奶牛饲养兽医防疫准则》要求。建立严格的生物安全体系,防止奶牛发病和死亡,最大限度地减少化学药品和抗生素的使用。允许使用符合《中华人民共和国兽药典》、《中华人民共和国兽药规范》、《兽药质量标准》和《进口兽药质量标准》规定的钙、磷、硒、钾等补充药,酸碱平衡药,体液补充药,电解质补充药,血容量补充药,抗贫血药,维生素类药,吸附药,泻药,润滑剂,酸化剂,局部止血药,收敛药和助消化药。

(2)建立并保存奶牛的免疫程序记录;建立并保存患病奶牛的治疗记录,包括患病奶牛的畜号或其他标志、发病时间及症状、治疗用药的经过、治疗时间、疗程、所用药物商品名称及有效成分。

(3)牛场应依照《中华人民共和国动物防疫法》及其配套法规的要求,根据动物防疫监督机构的疫病监测计划;充分考虑当地疫病情况制定具体的监测方案,定期做好监测工作。牛场应取得动物防疫监督机构核发的《奶牛布病结核监测合格证》。动物防疫监督机构定期或不定期进行疫病监督抽查,提出处理意见,并将抽查结果报告当地畜牧兽医行政主管部门。

6. 卫生消毒

(1)消毒剂　消毒剂应选择对人、奶牛和环境比较安全、没有残留毒性,对设备没有破坏和在牛体内不应产生有害积累的消毒剂。可选用的消毒剂有石炭酸(酚)、煤酚、双酚类、次氯酸盐、有机碘混合物(碘伏)、过氧乙酸、生石灰、氢氧化钠(火碱)、高锰酸钾、硫酸铜、新洁尔灭、松油、酒精和来苏儿等。

(2)消毒方法　包括喷雾消毒;浸液消毒;紫外线消毒;喷洒消毒;热水消毒等。

(3)消毒制度　包括环境消毒;人员消毒(工作人员、外来参观者);牛舍消毒;用具消毒;带牛环境消毒;牛体消毒等。

7. 饲养管理

(1)总的管理　奶牛场不应饲养任何其他家畜家禽,并应防止周围其他畜禽进入场区。保持各生产环节的环境及用具的清洁,保证牛奶卫生。坚持刷拭牛体,防止污染乳汁。成乳牛坚持定期护蹄、修蹄和浴蹄。

(2)人员管理　牛场工作人员应定期进行健康检查,发现有传染病患者应及时调出。

(3)饲喂管理　按饲养规范饲喂,不堆槽,不空槽,不喂发霉变质和冰冻的饲料。应清除饲料中的金属异物和泥沙。保持饲槽清洁卫生。保证足够的新鲜、清洁饮水,运动场设食盐、矿物质(如矿物质舔砖等)补饲槽和饮水槽,定期清洗消毒饮水设备。

(4)挤奶管理　贮奶罐、挤奶机、输奶管道使用前后都应清洗干净,按操作规程要求放置。有乳房炎病牛不应上机挤奶,上机时临时发现的乳房炎病牛不应套杯挤奶,应转入病牛群手工挤净后治疗。牛奶出场前先自检,不合格者不应出场。机械设备应定期检查、维修和保养。

(5)灭蚊蝇、灭鼠　搞好牛舍内外环境卫生，消灭杂草和水坑等蚊蝇滋生地，定期喷洒消毒药物，或在牛场外围设诱杀点，消灭蚊蝇。定期投放灭鼠药，控制啮齿类动物。投放灭鼠药应定时、定点，及时收集死鼠和残余鼠药，做无害化处理。

(6)盛装、贮存和运输　应采取机械化挤奶、管道输送，用奶槽车运往加工厂，从挤奶产出至用于加工前不超过24 h，乳温应保持6℃以下。生鲜牛乳的盛装应采用表面光滑的不锈钢制成的桶和贮奶罐或由食品级塑料制成的存乳容器。运输时应使用奶槽车。所有的存乳和储存容器使用后应及时清洗和消毒。

8. 资料记录

(1)繁殖记录：包括发情、配种、妊检、流产、产犊和产后监护记录。

(2)兽医记录：包括疾病档案和防疫记录。

(3)育种记录：包括牛只标记和谱系及有关报表记录。

(4)生产记录：包括产奶量、乳脂率、生长发育和饲料消耗等记录。

(5)病死牛应做好淘汰记录，出售牛只应将抄写复本随牛带走，保存好原始记录。

(6)牛只个体记录应长期保存，以利于育种工作的进展。

(二)无公害食品牛肉生产的指导原则

1. 无公害食品牛肉　无公害食品牛肉应该符合农业行业标准《无公害食品　牛肉》(NY 5044—2001)的要求。它是指来自非疫区的无公害肉牛，屠宰后经兽医检疫合格的牛肉。也就是肉牛是来自按照NY 5125《肉牛饲养兽药使用准则》；NY 5126《肉牛饲养兽医防疫准则》、NY 5127《肉牛饲养饲料使用准则》、NY /T5128《肉牛饲养管理准则》生产的经过无公害产地认定了的饲养场，屠宰加工及卫生检验按NY 467和GB/T 9960规定执行经兽医检疫合格的牛肉。

(1)感官指标　感官指标应符合GB 2708规定。

(2)理化指标　理化指标应符合表13-5的要求。

表13-5　无公害牛肉理化指标

项　目	指标
解冻失水率/%≤	8
挥发性盐基氮/(mg/100 g)≤	15
汞(以Hg计)/(mg/kg)≤	按GB/T 9960
铅(以Pb计)/(mg/kg)≤	0.50
砷(以As计)/(mg/kg)≤	0.50
镉(以Cd计)/(mg/kg)≤	0.10
铬(以Cr计)/(mg/kg)≤	1.0
六六六/(mg/kg)≤	0.10
滴滴涕/(mg/kg)≤	0.10
金霉素/(mg/kg)≤	0.10
土霉素/(mg/kg)≤	0.10
磺胺类(以磺胺类总量计)/(mg/kg)≤	0.10
伊维菌素(脂肪中)/(mg/kg)≤	0.04

(3)微生物指标　微生物指标应符合表13-6规定。

表13-6　无公害牛肉微生物指标

项　目	指　标
菌落总数/(cfu/g)≤	1×10^6
大肠菌群/(MPN/100 g)≤	1×10^4
沙门氏菌	不得检出

2.牛只引进和购入　坚持自繁自养的原则，不从有牛海绵状脑病及高风险的国家和地区引进牛只、胚胎、卵。引进种牛要严格执行《种畜禽管理条例》的规定，按国家标准GB 16567—1996《种畜禽调运检疫技术规范》和GB 16549—1996《畜禽产地检疫规范》进行检疫。必须引进牛只时，应从非疫区引进牛只，并有动物检疫合格证明。

牛只在装运过程中没有接触过其他偶蹄动物，运输车辆应彻底清洗消毒。牛只引入后至少隔离饲养30 d，在此期间进行观察、检疫，确认为健康者方可合群饲养。

3.饲料和饲料添加剂　饲料和饲料添加剂的使用应符合NY 5127《无公害食品 肉牛饲养饲料使用准则》的要求。感官指标具有该品种应有的色、嗅、味和形态特征，无发霉、变质、结块及异臭、异味。有毒有害物质及微生物允许量应符合GB 13078要求。

(1)饲料　饲料原料中含有饲料添加剂的应做相应说明。非蛋白氮类饲料的用量，非蛋白氮提供的总氮含量应低于饲料中总氮含量的10%。饲料如经发酵处理，所使用的微生物制剂应是农业部允许使用的饲料添加剂品种目录中所规定的微生物品种和农业部批准的新饲料添加剂品种。不应使用除蛋、乳制品外的动物源性饲料。不应使用抗生素滤渣作肉牛饲料原料。也不能使用激素、类激素产品。

(2)饲料添加剂　饲料中使用的营养性饲料添加剂和一般饲料添加剂产品应是农业部《允许使用的饲料添加剂品种目录》中所规定的品种和取得产品批准文号的新饲料添加剂品种。饲料添加剂应是取得饲料添加剂产品生产许可证企业生产的、具有产品批准文号的产品或取得产品进口登记证的境外饲料添加剂。使用过程中严格遵守产品标签所规定的用法、用量。药物添加剂的使用应按表13-7执行，并严格执行休药期。

表13-7　肉牛饲料药物添加剂使用规范

品　名	用　量	休药期	其他注意事项
莫能菌素钠预混剂	每头每天200～360 mg(以有效成分计)	5 d	禁止与泰妙菌素、竹桃霉素并用；搅拌配料时禁止与人的皮肤、眼睛接触
杆菌肽锌预混剂	每吨饲料添加犊牛10～100 g(3月龄以下)、4～40 g(6月龄以下)(以有效成分计)	0 d	
黄霉素预混剂	肉牛每头每天30～50 mg(以有效成分计)	0 d	
盐霉素钠预混剂	每吨饲料添加10～30 g(以有效成分计)	5 d	禁止与泰妙菌素、竹桃霉素并用
硫酸黏杆菌素预混剂	犊牛每吨饲料添加5～40 g(以有效成分计)	7 d	

注：1.摘自中华人民共和国农业部公布的《饲料药物添加剂使用规范》(中华人民共和国农业部公告第168号)。
2.出口肉牛产品中药物饲料添加剂的使用按双方签订的合同进行。

(3)配合饲料、浓缩饲料、精料补充料和添加剂预混合饲料 肉牛配合饲料、浓缩饲料、精料补充料和添加剂混合饲料中不应使用违禁药物,严格执行《食品动物禁用的兽药及其他化合物清单》。产品成分分析值应符合标签中所规定的含量。

(4)饲料加工过程 按照《配合饲料企业卫生规范》(GB/T 16746—1997)执行。

4.兽药使用 肉牛饲养者应供给肉牛充足的营养,所用饲料、饲料添加剂和饮用水应符合《饲料和饲料添加剂管理条例》、NY 5127 和 NY 5027 的规定。应按照 NY/T 5128 加强饲养管理,净化和消毒饲养环境,采取各种措施以减少应激,增强动物自身的免疫力。严格按照《中华人民共和国动物防疫法》和 NY 5126 的规定进行预防,建立严格的生物安全体系,防止肉牛发病和死亡,最大限度地减少化学药品和抗生素的使用。确需使用治疗用药的,经实验室诊断确诊后再对症下药,兽药的使用应有兽医处方并在兽医指导下进行。用于预防、治疗和诊断疾病所用的兽药必须符合相关标准的规定。所用兽药必须来自具有《兽药生产许可证》和产品批准文号的生产企业,或者具有《进口兽药许可证》的供应商。所用兽药的标签必须符合《兽药管理条例》的规定。

允许使用国家畜牧兽医行政管理部门批准的微生态制剂。抗菌药和抗寄生虫药和饲料药物添加剂严格执行 NY 5125 中附录 A 的有关规定。遵守规定的作用与用途、用法与用量、休药期及其他注意事项。达不到休药期的,不应作为无公害牛肉上市。

作用于神经系统、循环系统、呼吸系统、泌尿系统的兽药要慎重使用,禁止使用《食品动物禁用的兽药及其他化合物清单》(见附录 E)中的药物。发生疾病的种牛在使用药物治疗时,在治疗期或达不到休药期的不应作为食用淘汰牛出售。禁止使用未经国家畜牧兽医行政管理部门批准的兽药和已经淘汰的兽药。

5.防疫、检疫 优先使用疫苗预防肉牛疾病,应结合当地实际情况进行疫病的预防接种。肉牛疾病预防用疫苗和治疗的中药材、中药成方制剂及规定的钙、磷、硒、钾等补充药,酸碱平衡药,体液补充药,电解质补充药,营养药,血液补充药,抗贫血药,维生素类药,吸附药,泻药,润滑剂,酸化剂,局部止血药,收敛药和助消化药均应符合《中华人民共和国兽药典》、《中华人民共和国兽药规范》、《中华人民共和国兽用生物制品质量标准》、《兽药质量标准》、《饲料药物添加剂使用规范》和《进口兽药质量标准》的相关规定。

防疫器械在防疫前后应彻底消毒。当地畜牧兽医行政管理部门应根据《中华人民共和国动物防疫法》及其配套法规的要求,结合当地实际情况,制定疫病的免疫规划。肉牛饲养场根据免疫规划制定本场的免疫程序,并认真实施,注意选择适宜的疫苗和免疫方法。

肉牛饲养场发生或怀疑发生一类疫病时,应依据《中华人民共和国动物防疫法》及时采取以下措施:立即封锁现场,驻场兽医应及时进行诊断,采集病料由权威部门确诊,并尽快向当地动物防疫监督机构报告疫情;确诊发生口蹄疫、蓝舌病、牛瘟、牛传染性胸膜肺炎时,肉牛饲养场应配合当地动物防疫管理部门,对牛群实施严格的隔离、检疫、扑杀措施;发生牛海绵状脑病时,除了对牛群实施严格的隔离、扑杀措施外,还需追踪调查病牛的亲代和子代;发生炭疽时,应焚毁病牛,并对可能的污染点彻底消毒;发生牛白血病、结核病、布鲁氏菌病时,发现蓝舌病血清学反应呈现抗体阳性,应对牛群实施清群和净化措施,全场进行彻底的清洗消毒,病死或淘汰牛的尸体必须进行无害化处理。

当地畜牧兽医行政管理部门应依照《中华人民共和国动物防疫法》及其配套法规的要求，结合当地实际情况，制定疫病监测方案。由当地动物防疫监督机构实施，肉牛饲养场应积极予以配合。肉牛饲养场常规监测的疾病至少应包括口蹄疫、蓝舌病、结核病、布鲁氏菌病。不应检出的疫病：牛瘟、牛传染性胸膜肺炎、牛海绵状脑病。除上述疫病外，还应根据当地实际情况，选择其他一些必要的疫病进行监测。根据实际情况由当地动物防疫监督机构定期或不定期对肉牛饲养场进行必要的疫病监督抽查，并将抽查结果报告当地畜牧兽医行政管理部门，必要时还应反馈给肉牛饲养场。产地检疫按 GB 16549 的要求进行，按有关兽医法规处理。

6.消毒方法及消毒制度　对饲养环境厩舍和器具定期消毒。根据消毒对象的不同，采取不同的消毒剂、消毒方法和制度。消毒方法有喷雾消毒、浸液消毒、紫外线消毒、喷洒消毒、火焰消毒、熏蒸消毒等方法。消毒对象包括环境消毒、人员消毒、牛舍消毒、用具消毒、带牛消毒。

7.管理

(1)日常管理　牛场工作人员应定期进行健康检查，有传染病者不应从事饲养工作并不得兼职其他养殖场工作。不应携带非本场的动物食品入场。

(2)饲喂管理　不喂发霉和变质的饲料、饲草。育肥牛按照饲养工艺转群时，按性别、年龄、强弱、体重大小分群，分别进行饲养。群体大小、饲养密度要适宜。观察牛群健康状态，发现问题及时处理。每天打扫牛舍卫生，保持料槽、水槽用具干净，地面清洁。使用垫草时，应定期更换，保持卫生清洁。对成年种公牛、母牛定期浴蹄和修蹄。用打耳标等方法对所有牛编号。

(3)灭鼠、灭蚊蝇、驱虫　应定期定点投放灭鼠药，及时收集死鼠和残余鼠药，并应做无害化处理。消除水坑等蚊蝇滋生地，定期喷洒消毒药物。选择高效、安全的抗寄生虫药物驱虫。

(4)病、死牛处理　对可疑病牛应隔离观察、确诊。有使用价值的病牛应隔离饲养、治疗，彻底治愈后，才能归群。牛场不应出售病、死牛。因传染病和其他需要处死的病牛，应在指定地点进行扑杀，尸体应进行无害化处理。

(5)废弃物处理　牛场污染物处理应符合《畜禽养殖业污染物排放标准》的规定。牛场废弃物应实行无害化、资源化处理原则。

8.运输　商品牛运输前，应经动物防疫监督机构根据 GB 16549 畜禽产地检疫规范及国家有关规定进行检疫，并出具检疫证明，合格者方可上市或屠宰。运输车辆在运输前和使用后应用消毒液彻底消毒。

9.资料记录　引进、购入、配种、哺乳、断奶、转群、增重、饲料消耗记录。牛群来源，种牛系谱档案和主要生产性能记录。饲料、饲草来源、配方及各种添加剂使用记录。建立并保存免疫程序记录；建立并保存全部用药的记录，治疗用药记录包括肉牛编号、发病时间及症状、药物名称(商品名、有效成分、生产单位)、给药途径、给药剂量、疗程、治疗时间等；预防或促生长混饲给药记录包括药品名称(商品名、有效成分、生产单位及批号)、给药剂量、疗程等。

疫病防治记录，如发病率、死亡率及发病死亡原因，消毒情况，无害化处理情况，实验室检查及结果，用药及免疫接种情况。出场销售记录，如肉牛去向等。所有记录应准确、可靠、完整。所有记录必须妥善保存。

（三）无公害食品猪肉生产的指导原则

1. 无公害食品 猪肉　活猪必须来自按 NY/T 5033《无公害食品　猪肉饲养管理准则》规定组织生产的养猪场，并经当地动物防疫监督机构检验合格。生猪屠宰按 GB/T 17236《生猪屠宰操作规程》和 NY 467《畜禽屠宰卫生检疫规范》规定进行，屠宰加工过程中的卫生要求符合 GB 12694《肉类加工卫生规范》的要求。

无公害猪肉的感官指标应符合表 13-8 的规定。

表 13-8　无公害猪肉感官指标

指标	鲜猪肉	冻猪肉
色泽	肌肉有光泽，红色均匀，脂肪乳白色	肌肉有光泽，红色或稍暗，脂肪白色
组织状态	纤维清晰，有坚韧性，指压后凹陷立即恢复	肉质紧密，有坚韧性，解冻后指压凹陷恢复较慢
黏度	外表湿润，不粘手	外表湿润，切面有渗出液，不粘手
气味	具有鲜猪肉固有的气味，无异味	解冻后具有鲜猪肉固有气味，无异味
煮沸后肉汤	澄清透明，脂肪团聚于表面	澄清透明或稍有浑浊，脂肪团聚于表面

理化指标应符合表 13-9 规定。

表 13-9　无公害猪肉理化指标

项　目	指　标
解冻失水率/% ≤	8
挥发性盐基氮/(mg/100 g)≤	15
汞(以 Hg 计)/(mg/kg)≤	按 GB 2707
铅(以 Pb 计)/(mg/kg)≤	0.50
砷(以 As 计)/(mg/kg)≤	0.50
镉(以 Cd 计)/(mg/kg)≤	0.10
铬(以 Cr 计)/(mg/kg)≤	1.0
六六六/(mg/kg)≤	0.10
滴滴涕/(mg/kg)≤	0.10
金霉素/(mg/kg)≤	0.10
土霉素/(mg/kg)≤	0.10
氯霉素	不得检出
磺胺类(以磺胺类总量计)/(mg/kg)≤	0.10
伊维菌素(脂肪中)/(mg/kg)≤	0.02
盐酸克伦特罗	不得检出

微生物指标应符合表 13-10 规定。

表 13-10 无公害猪肉微生物指标

项 目	指 标
菌落总数/(cfu/g) ≤	1×10^6
大肠菌群/(MPN/100 g) ≤	1×10^4
沙门氏菌	不得检出

2.种猪的引进和购入 坚持自养自繁的原则;必须引进猪只时,在引进前应调查产地是否为非疫区,并有产地检疫证明;不得从疫区引进猪只。必须要引进种猪时,应从具有种猪经营许可证的种猪场引进,并严格进行检疫。只进行育肥的生产场,引进仔猪时,应首先从达到无公害标准的猪场引进。装运前至少 3 个月内无五号病和猪瘟并且至少 30 d 内没有发生过《动物防疫法》规定的其他一、二、三类病。种猪或生产用猪必须来自无布鲁氏杆菌病猪群。

装运及运输过程中没有接触其他偶蹄动物;运输车辆应做过彻底清洗消毒。引进的猪只,至少隔离饲养 30 d,在此期间进行观察、检疫,经兽医检查确定为健康合格后,才可混群饲养。

3.设施设备

(1)建筑设施 构建厂房的建筑材料,特别是猪舍及其设备必须对猪无害,且易于清洗和消毒。安装电器时,必须符合防潮防爆等安全规定。猪舍应能保温隔热,地面和墙壁应便于清洗,并能耐酸碱等消毒药液清洗消毒。地面必须坚固、平整防滑。猪只躺卧区必须清洁舒适,易于排水,且不能对猪造成伤害。如猪舍内使用垫草,则必须洁净、干燥、无毒且经常更换。使用漏缝地板的猪舍应充分考虑猪只的体形、体重。

(2)消毒设施 猪场大门入口处要设置宽与大门相同,长等于进场大型机动车车轮一周半长的水泥结构消毒池,池内应放有消毒液。生产区门口设有更衣换鞋、消毒室或淋浴室。猪舍入口处要设置长 1 m 的消毒池,或设置消毒盆以供进入人员消毒。养猪场应备有健全的清洗消毒设施,防止疫病传播,并对养猪场及其相应设施如车辆等进行定期清洗消毒。

(3)粪便处理设施 养猪场必须设置防止渗漏且具一定容量的专用储粪设施和场所或有效的粪便和污水处理系统,猪病害肉尸及其产品应做焚烧或深埋销毁等无害化处理。

(4)兽医室 饲养场应设有与生产相适应的兽医室,并配备工作所需的仪器设备。

4.饲料的使用原则

(1)饲料原料和饲料添加剂 饲料、饲料添加剂的感官要求为色泽新鲜一致,无发酵、霉变、结块及异味、异嗅。饲料原料应产自无污染地区,其农药、重金属等有害物质含量应符合附录 D 的规定。不应使用未经无害化处理的泔水、其他畜禽副产品、制药工业副产品。新接受的饲料原料和各个批次生产的饲料产品均应保留样品。

饲料中使用的营养性饲料添加剂和一般性饲料添加剂应是中华人民共和国农业部公布的《允许使用的饲料添加剂品种目录》所规定的品种或取得试生产产品批准文号的新饲料添加剂品种。生产企业应该具备生产许可证、具有有效产品批准文号。饲料添加剂的使用应遵照饲料标签所规定的用法和用量。在无公害生猪饲料中允许使用药物饲料添加剂见表 13-11。严格执行表 13-11 停药期制度。无公害生猪饲料中不应添加氨苯砷酸、洛克沙胂等砷制剂类药物饲料添加剂。也不能直接添加兽药。饲料中禁止额外添加 β-兴奋剂、镇静剂、激素类、砷制剂。

表 13-11　允许在无公害生猪饲料中使用的药物饲料添加剂

名称	含量规格	用法与用量(1 000 kg 饲料中添加量)	停药期/d	商品名
杆菌肽锌预混剂	10%或 15%	4～40 g(4 月龄以下),以有效成分计	0	
黄霉素预混剂	4%或 8%	仔猪 10～25 g,生长、肥育猪 5 g,以有效成分计	0	富乐旺
维吉尼亚霉素预混剂	50%	20～50 g	1	速大肥
喹乙醇预混剂	5%	1 000～2 000 g,禁用于体重超过 35 kg 的猪	35	
阿美拉霉素预混剂	10%	4 月龄以内 200～400 g,4～6 月龄 100～200 g	0	效美素
盐霉素钠预混剂	5%, 6%, 10%, 12%,45%,50%	25～75 g,以有效成分计	5	优素精赛可喜
硫酸黏杆菌素预混剂	2%,4%,10%	仔猪 2～20 g,以有效成分计	7	抗敌素
牛至油预混剂	2.5%	用于预防疾病 500～700 g,用于治疗疾病 1 000～1 300 g,连用 7 d,用于促进生长 50～500 g		诺必达
杆菌肽锌、硫酸黏杆菌素预混剂	杆菌肽锌 5%+硫酸黏杆菌素 1%	2 月龄以下 2～40 g,4 月龄以下 2～20 g,以有效成分计	7	万能肥素
土霉素钙	5%,10%,20%	10～50 g(4 月龄以内),以有效成分计		
吉他霉素预混剂	2.2%,11%,55%,95%	促生长:5～55 g 防治疾病:80～330 g,连用 5～7 d,以有效成分计	7	
金霉素预混剂	10%,15%	5～75 g(4 月龄以内),以有效成分计	7	
恩拉霉素预混剂	4%,8%	2.5～20 g,以有效成分计	7	

(2)配合饲料、浓缩饲料和添加剂预混合饲料　在猪的不同生长时期和生理阶段,根据营养需求,配制不同的配合饲料。不应给肥育猪使用高铜、高锌日粮,30 kg 体重以下猪的配合饲料中铜的含量应不高于 250 mg/kg;30～60 kg 体重猪的配合饲料中铜的含量应不高于 150 mg/kg;60 kg 体重以上猪的配合饲料中铜的含量应不高于 25 mg/kg。浓缩饲料有害物质及微生物允许量和铜的含量按说明书的规定用量,折算成配合饲料中的含量计,不应超过上述规定。添加剂预混合饲料中有害物质及微生物允许量应符合表 13-12 的规定。

表 13-12　添加剂预混合饲料中有害物质及微生物允许量(按日粮中添加比例 1%计)　mg/kg

项　目	砷(以 As 计)	重金属(以 Pb 计)	沙门氏菌
仔猪、生长肥育猪微量元素预混合饲料	≤10	≤30	不得检出
仔猪、生长肥育猪复合预混合饲料/(mg/kg)	≤10	≤30	不得检出

5.兽药的使用原则　生猪疾病以预防为主,保持良好的饲养管理,尽量减少应激及疾病的发生,减少药物的使用量。必要时进行预防、治疗和诊断疾病所用的兽药必须符合《中华人民共和国兽药典》、《中华人民共和国兽药规范》、《兽药质量标准》、《兽用生物制品质量标准》、《进口兽药质量标准》和《饲料药物添加剂使用规范》的相关规定。所用兽药必须来自具有《兽药生产许可证》的生产企业,且有效的批准文号,或者具有《进口兽药许可证》的供应商。所用兽药的标签应符合《兽药管理条例》的规定。育肥后期的商品猪,尽量不使用药物,必须治疗时,根据所用药物的不同,严格执行停药期,达不到停药期的不能作为无公害生猪上市。发生疾病的种公猪、种母猪必须用药治疗时,在治疗期或达不到停药期的不能作为食用淘汰猪出售。

允许使用《中华人民共和国兽药典》二部及《中华人民共和国兽药规范》二部收载的用于生猪的兽用中药材、中药成方制剂。在临床兽医的指导下使用钙、磷、硒、钾等补充药、微生态制剂、酸碱平衡药、体液补充药、电解质补充药、营养药、血容量补充药、抗贫血药、维生素类药、吸附药、泻药、润滑剂、酸化剂、局部止血药、收敛药和助消化药。慎重使用经农业部批准的拟肾上腺素药、平喘药、抗(拟)胆碱药、肾上腺皮质激素类药和解热镇痛药。

禁止使用麻醉药、镇痛药、镇静药、激素、中枢兴奋药、化学保定药及骨骼肌松弛药。禁止使用未经国家畜牧兽医行政管理部门批准的用基因工程方法生产的兽药;未经农业部批准或已被淘汰的兽药禁止使用。无公害食品生猪饲养允许使用的抗寄生虫药和抗菌药的种类、制剂、用法与用量及停药期应符合 NY 5030 中附录 A 的规定。严格遵守规定的用法与用量及停药期。未规定停药期的品种,停药期不应少于 28 d。

6.兽医防疫

(1)免疫接种　养猪场应根据《中华人民共和国动物防疫法》及其配套法规的要求,结合当地实际情况,有选择地进行疫病的预防接种工作,并注意选择适宜的疫苗、免疫程序和免疫方法。免疫用具在免疫前后应彻底消毒。剩余或废弃的疫苗以及使用过的疫苗瓶要做无害化处理。

(2)寄生虫控制　驱虫程序应根据猪群年龄、生长阶段、用途和疾病等情况进行制定。

(3)疫病监测　养猪场必须依照《中华人民共和国动物防疫法》及其配套法规的要求,结合当地实际情况,制定详细的符合国家畜牧兽医管理部门有关规定的疫病监测和控制方案,并获得当地畜牧兽医管理部门的批准和认可,接受当地畜牧兽医管理部门的监督。养殖场必须向当地畜牧兽医管理部门和官方兽医提供连续的疫情监测信息。

常规监测疫病的种类:五号病、猪水泡病、猪瘟、猪繁殖与呼吸综合征、伪狂犬病、乙型脑炎、猪丹毒、布鲁氏菌病、结核病、猪囊尾蚴病、旋毛虫病和弓形虫病。除上述疫病外,还应根据当地实际情况,选择其他一些必要的疫病进行监测。对于上述疫病的检测,应定期进行,怀疑发病时,应尽快报告当地畜牧兽医管理部门和官方兽医,并将病料送达指定实验室确诊。根据当地实际情况由动物疫病监测机构定期或不定期进行必要的疫病监督抽查,并将抽查结果报告当地畜牧兽医行政管理部门。

养猪场发生疫病或怀疑发生疫病时,应依据《中华人民共和国动物防疫法》及时采取以下措施:驻场兽医应及时进行诊断,并尽快向当地畜牧兽医行政管理部门报告疫情。确诊发生五号病、猪水泡病时,养猪场应配合当地畜牧兽医管理部门,对猪群实施严格的隔离、扑杀措施;发生猪瘟、伪狂犬病、结核病、布鲁氏菌病、猪繁殖与呼吸综合征等疫病时,应对猪群实施清群和净化措施;全场进行彻底的清洗消毒,病死或淘汰猪的尸体进行焚烧或深埋等无害化处理。

(4)运输　运输途中,不应在疫区、城镇和集市停留、饮水和饲喂。

7. 管理制度

(1)人员管理制度　场内职工应定期进行健康检查,传染病患者不得从事养猪工作。场内兽医人员不准对外诊疗猪及其他动物的疾病,猪场配种人员不准对外开展猪的配种工作。生产人员进入生产区时应淋浴消毒,更换衣鞋。工作人员必须穿戴工作服,工作服应保持清洁,定期消毒。工作人员不可经常回家,重返工作岗位时应淋浴消毒。非生产人员一般不允许进入生产区。特殊情况下,非生产人员需经淋浴消毒,更换防护服后方可入场,并遵守场内的一切防疫制度。

(2)卫生消毒制度　养殖场应建立消毒制度,定期开展场内外环境消毒、畜禽体表消毒、饮用水消毒;消毒剂要选择对人和猪安全、没有残留、低毒、高效、对设备没有破坏、不会在猪体内产生有害积累的消毒剂。

养猪场应该建立切实可行的消毒制度:①猪舍周围环境每 2～3 周用 2%火碱消毒或撒生石灰 1 次;场周围及场内污水池、排粪坑、下水道出口,每月用漂白粉消毒 1 次。②在大门口、猪舍入口设消毒池,注意定期更换消毒液。进出车辆经过门口消毒池消毒。③工作人员应淋浴消毒。进入生产区净道和猪舍要经过洗澡、更衣、紫外线消毒。严格控制外来人员。必须进入生产区时,要洗澡,更换场区工作服和工作鞋,并遵守场内防疫制度,按指定路线行走。④每批猪只调出后,要彻底清扫干净,用高压水枪冲洗,然后进行喷雾消毒或熏蒸消毒。⑤定期对保温箱、补料槽、饲料车、料箱、针管等进行消毒,可用 0.1%新洁尔灭或 0.2%～0.5%过氧乙酸消毒,然后在密闭的室内进行熏蒸。⑥定期进行带猪消毒,有利于减少环境中的病原微生物。可用于带猪消毒的消毒药有 0.1%新洁尔灭、0.3%过氧乙酸和 0.1%次氯酸钠。⑦商品猪上市前,应经兽医卫生检疫部门进行检疫,并出具检疫证明,合格者方可上市屠宰。

8. 无害化处理

(1)需要淘汰、处死的可疑病猪,应采取不会把血液和浸出物散播的方法进行扑杀,传染病猪尸体应进行焚烧或坑埋等无害化处理具体方法见附录 I。猪场不得出售病猪、死猪。有治疗价值的病猪应隔离饲养,由兽医进行诊治。

(2)猪场废弃物处理实行减量化、无害化、资源化原则。粪便经堆积发酵后应作农业用肥。猪场污水应经发酵、沉淀后才能作为液体肥使用。

(3)养猪场的污水、污物处理应按照附录 J 的要求,防止污染环境。环境卫生质量应达到规定的要求。

9. 记录　猪场应建立档案室,将各个岗位的记录资料定期归档。各岗位认真做好日常生产记录。记录内容包括引种、配种、产仔、哺乳、断奶、转群、饲料消耗等;种猪要有来源、特征、主要生产性能记录;做好饲料来源、配方及各种添加剂使用情况的记录;兽医人员应做好免疫程序记录、用药、发病、死亡、无害化处理情况、实验室检查及其结果和治疗情况记录。每批出场的猪应有出场猪号、销售地记录,以备查询。资料应尽可能长期保存,所有记录应在清群后保存 2 年以上。

(四)无公害食品兔肉生产的指导原则

1. 无公害食品 兔肉　肉兔饲养过程中,严格遵守 NY/T 5133、NY 5132、NY 5131 和 NY 5130 准则,屠宰加工后,经兽医卫生检疫检验合格,符合 NY 5129 各项规定指标要求的兔肉。

无公害食品兔肉的感官指标、理化指标、微生物指标符合表 13-13 至表 13-15 的要求。

表 13-13　无公害兔肉感官指标

项　目	指　标
色泽	肌肉呈浅粉红色,有光泽,脂肪呈乳白色或淡黄色
组织状态	肌肉致密,有弹性,指压后凹陷立即恢复,表面微干,不粘手
气味	具有鲜兔肉固有的气味,无异味
煮沸后肉汤	澄清透明,脂肪团聚于表面,具有鲜兔肉固有的香味
肉眼可见异物	不得检出

表 13-14　无公害兔肉理化指标

项　目	指　标
挥发性盐基氮/(mg/100 g)	≤15
汞(以 Hg 计)/(mg/kg)	≤0.05
铅(以 Pb 计)/(mg/kg)	≤0.10
砷(以 As 计)/(mg/kg)	≤0.50
镉(以 Cd 计)/(mg/kg)	≤0.10
铬(以 Cr 计)/(mg/kg)	≤1.0
六六六/(mg/kg)	≤0.20
滴滴涕/(mg/kg)	≤0.20
敌百虫/(mg/kg)	≤0.10
金霉素/(mg/kg)	≤0.10
土霉素/(mg/kg)	≤0.10
四环素/(mg/kg)	≤0.10
氯霉素/(mg/kg)	不得检出
呋喃唑酮/(mg/kg)	不得检出
磺胺类(以磺胺类总量计)/(mg/kg)	≤0.10
氯羟吡啶/(mg/kg)	≤0.01

表 13-15　无公害兔肉微生物指标

项　目	指　标
菌落总数/(cfu/g)	$\leqslant 5\times10^5$
大肠杆菌/(MPN/100 g)	$\leqslant 1\times10^3$
沙门氏菌	不得检出
志贺氏菌	不得检出
金黄色葡萄球菌	不得检出
溶血性链球菌	不得检出

2.引种　肉兔饲养场坚持自繁自养的原则。必须引进兔只时,应从健康种兔场引进,在引种时应经产地检疫并持有动物检疫合格证明。生产商品肉兔的种兔应来自有种兔生产经营许

可证的种兔场，种兔应生长发育正常，健康无病。引进兔只后，要及时报告动物防疫监督机构进行检疫，并隔离30 d，确认兔体健康方可合群饲养。自繁自养的兔场，父母代兔要进行定期的检疫。不应从疫区引进种兔。兔只在起运前，车辆和运兔笼具要彻底清洗消毒，并持有动物及动物产品运载工具消毒证明。

3. 设施设备　兔舍建筑应符合卫生要求，内墙表面光滑平整，地面和墙壁便于清洗，并耐酸、碱等消毒液，兔舍建筑能保温隔热。按兔体型大小和使用目的配置不同型号的饲养笼。兔笼底网设计应防止脚皮炎发生。

4. 饲料使用　兔用饲料及饲料添加剂应该符合 NY 5123 的规定。所用精、粗及青绿饲料均应产自无污染地区，青绿饲料、干粗饲料应清洁、无污染、无毒，不应发霉、结块、结冰、变质。鲜喂的青绿饲料应晾干表面水分。肉兔饲料中禁用各种抗生素滤渣。

饲料添加剂产品应是农业部允许使用的饲料添加剂品种目录中所规定的品种和取得产品批准文号的新饲料添加剂品种（表 13-16）。

表 13-16　允许用于肉兔饲料药物添加剂的品种和使用规定

名称	含量规格/%	用法与用量（1 000 kg 配合饲料中添加本品量）/g	作用与用途	休药期/d
盐酸氯苯胍	10	1 000～1 500	用于防治兔球虫病	7
氯羟吡啶	25	800	用于防治兔球虫病	5

5. 兽药使用　加强饲养管理，采取各种措施以减少应激，增强动物自身的免疫力。应严格按照国家有关规定，最大限度地减少化学药品和抗生素的使用。必须使用兽药进行肉兔疾病的预防和治疗时，应在兽医指导下进行，并经诊断确诊疾病和致病菌的种类后，再选择对症药品，避免滥用药物。所用兽药应符合有关规定。

肉兔饲养允许使用的抗菌药、抗寄生虫按照 NY 5130 附录 A 执行，使用中应严格遵守规定的作用与用途、用法用量及停药期。

6. 兽医防疫　免疫接种应根据《中华人民共和国动物防疫法》及其配套法规的要求，结合当地实际情况，制定肉兔饲养场疫病的预防接种规划和制订疫病监测方案。肉兔饲养场根据规划制定免疫程序，并认真实施。由动物防疫监督机构实施监测方案，要注意选择和使用适宜的疫苗、免疫程序和免疫方法。防疫器械在防疫前后应消毒处理。商品兔上市前，应经兽医卫生检疫部门进行检疫，并出具检疫证明，合格者方可上市屠宰。

7. 管理制度

（1）人员管理　饲养员应身体健康，无人畜共患病，并定期进行健康检查，有传染病者不得从事养殖工作。工作人员进入生产区必须消毒，并更换衣鞋。工作服应保持清洁，定期消毒，非生产人员未经批准，不应进入生产区。特殊情况下，非生产人员经严格消毒，更换防护服后方可入场，并遵守场内的一切防疫制度。保持生产区的安静。

（2）卫生消毒　毒剂应选择对人和兔安全，对设备没有破坏性，没有残留毒性的消毒剂。按规定对环境、人员、兔舍、兔笼、用具等进行消毒。

8. 无害化处理　兔场废弃物处理应实行减量化、无害化、资源化原则。兔粪及产仔箱垫料应经过堆肥发酵后，方可作为肥料。兔舍污水应经发酵、沉淀后才能作为液体肥使用。兔场不应出售病兔、死兔。病兔应隔离饲养，由兽医进行诊治。传染病致死的兔尸或因病扑杀的死兔应按国家标准要求进行焚烧或坑埋等无害化处理。养兔场的污水、污物处理应符合附录J的要求，防止污染环境。环境卫生质量应达到规定的要求。

9.记录　兔场应建立档案室，将各个环节的记录资料定期归档。所有记录应准确、可靠、完整。生产记录，包括兔只来源地、配种日期、产仔日期、产仔数、断奶日期、断奶数、出栏数、兔只发往目的地等。种兔系谱、生产性能记录。各阶段使用的饲料配方及添加剂成分记录和饲料消耗情况。免疫、用药、消毒、发病、治疗、实验室检查及其结果、死亡率及发病死亡原因、无害化处理情况记录。所有记录必须妥善保存，应最少保留3年。

(五)无公害食品鸡肉生产的指导原则

1.无公害鸡肉的质量要求(表13-17至表13-19)　屠宰前的活鸡应来自非疫区，其饲养过程符合NY 5035、NY 5036、NY 5037和NY/T 5038的要求，并经检疫、检验合格。

表13-17　无公害鸡肉感官指标

项　目	指　　标
眼球	眼球饱满、平坦或稍凹陷
色泽	皮肤有光泽、肌肉切面有光泽，并有该禽固有色泽
黏度	外表微干或微湿润、不粘手
弹性	有弹性，肌肉指压后的凹陷立即恢复
气味	具有该禽固有的气味
煮沸后肉汤	透明澄清、脂肪团聚于表面，具有该禽固有的香味

注：冻禽应解冻后观察，指标也应符合以上要求。

表13-18　无公害鸡肉理化指标

项　　目	指标
解冻失水率/%	≤8
挥发性盐基氮/(mg/100 g)	≤15
汞(以Hg计)/(mg/kg)	≤0.05
铅(以Pb计)/(mg/kg)	≤0.50
砷(以As计)/(mg/kg)	≤0.50
氯羟吡啶 /(mg/kg)	≤0.10
滴滴涕/(mg/kg)	≤0.10
六六六/(mg/kg)	≤0.10
金霉素/(mg/kg)	≤1
土霉素/(mg/kg)	≤0.10
呋喃唑酮/(mg/kg)	≤0.10
磺胺类(以磺胺类总量计)/(mg/kg)	≤0.10

表 13-19　无公害鸡肉微生物指标

项　目	指标
菌落总数/(cfu/g)	$\leqslant 5\times10^5$
大肠菌群/(MPN/ 100 g)	$\leqslant 1\times10^5$
沙门氏菌	不得检出

2. 引种　雏鸡应来自有种鸡生产许可证，而且无鸡白痢、新城疫、禽流感、支原体、禽结核、白血病的种鸡场，或由该类场提供种蛋所生产的经过产地检疫的健康雏鸡。全场的所有鸡只应来源于同一种鸡场。

3. 饲料和饲料添加剂　饲料和饲料添加剂的使用符合 NY 5037 肉鸡饲养饲料使用准则的规定。饲料添加剂应是《允许使用的饲料添加剂品种目录》见附录 C 所规定的品种，或取得生产产品批准文号的新饲料添加剂品种。药物饲料添加剂的使用应按照《药物饲料添加剂使用规范》执行。氨苯砷酸和洛克沙胂不应用做肉鸡饲料添加剂。

4. 兽药的使用　饲养者应供给肉鸡适度的营养，加强饲养管理，采取各种措施减少应激，增强机体自身的免疫力，做好预防，防止发病和死亡，及时淘汰病鸡，最大限度地减少化学药品的使用。必须使用兽药进行鸡病的预防和治疗时，应符合 NY 5035 肉鸡饲养兽药使用准则、NY 5036 肉鸡饲养兽医防疫准则的规定。

允许在兽医指导下使用抗生药和抗寄生虫药，应严格遵守规定的作用与用途、给药途径、使用剂量、疗程和休药期。规定休药期的药物应停药 28 d 后再屠宰供食用。

允许使用的药物饲料添加剂、治疗用药参见 NY 5035。禁止使用会对环境造成严重污染的兽药。限制使用某些人畜共用药，主要是青霉素类和喹诺酮类的一些药物。肉鸡的防疫、检疫、监测遵照 NY 5036 执行。

5. 疫病预防　新建肉鸡饲养场不可位于传统的新城疫和高致病性禽流感疫区内。应具备良好的防鼠、防虫和防鸟设备。

(1)免疫接种　肉鸡场应根据《中华人民共和国动物防疫法》及其配套法规的要求，结合当地实际情况，有选择地进行疫病的预防接种工作，并注意选择适宜的疫苗、免疫程序和免疫方法。

(2)疫病监测　肉鸡场应依照《中华人民共和国动物防疫法》及其配套法规的要求，结合当地实际情况，制订疫病监测方案。肉鸡场常规监测的疾病至少应包括：高致病性禽流感、鸡新城疫、鸡白痢与伤寒。除上述疫病外，还应根据当地实际情况，选择其他一些必要的疫病进行监测。根据当地实际情况由动物疫病监测机构定期或不定期进行必要的疫病监督抽查，并将抽查结果报告当地畜牧兽医行政管理部门。

(3)疫病控制和扑灭　肉鸡场发生疫病或怀疑发生疫病时，应依据《中华人民共和国动物防疫法》及时采取以下措施：①驻场兽医应及时进行诊断，并尽快向当地畜牧兽医行政管理部门报告疫情。②确诊发生高致病性禽流感时，肉鸡场应配合当地畜牧兽医管理部门，对鸡群实施严格的隔离、扑杀措施；发生鸡新城疫、禽结核病等疫病时，应对鸡群实施清群和净化措施；全场进行彻底的清洗消毒，病死或淘汰鸡的尸体按 GB 16548 进行无害化处理，消毒按 GB/T 16569 进行。

6.管理制度　肉鸡饲养应坚持“全进全出”原则。引进鸡只应来自同一种鸡场的鸡苗经隔离观察和检疫，确认无传染病后方可饲养。每批肉鸡出栏后应实施清洗、消毒措施。

可采用地面散养和离地饲养（网上平养和笼养），地面平养选择刨花或稻壳作垫料，垫料要求一定要干燥、无霉变、不应有病原菌和真菌类微生物群落。控制鸟和鼠进入鸡舍。

采用自由饮水，水中可以添加葡萄糖、电解质和多维类添加剂。自由采食和定期饲喂均可。饲料中可以拌入多种维生素类添加剂。强调上市前 7 d，饲喂不含任何药物及药物添加剂的饲料，一定要严格执行停药期。

肉鸡出栏前 6～8 h 停喂饲料，但可以自由饮水。出售前要做产地检疫，检疫合格肉鸡可以上市，不合格肉鸡进行无害化处理。

工作人员应定期进行体检，取得健康合格证方可上岗。工作人员进入生产区应消毒并穿戴洁净工作服；鸡场应尽量做到“谢绝参观”，特定情况下，参观人员在淋浴和消毒后穿戴保护服才可进入。

7.运输　商品鸡运输前，应经动物防疫监督机构根据畜禽产地检疫规范及国家有关规定进行检疫，并出具检疫证明，合格者方可上市或屠宰。运输车辆在运输前和使用后应用消毒液彻底消毒。运输途中，不应在城镇和集市停留、饮水和饲喂。

8.无害化处理

(1)病、死鸡处理　对可疑病鸡应隔离观察、确诊。有使用价值的病鸡应隔离饲养、治疗，彻底治愈后，才能归群。因传染病和其他需要处死的病鸡，应在指定地点进行扑杀，尸体应进行无害化处理。

(2)废弃物处理　使用垫料的饲养场，采取肉鸡出栏后一次性清理垫料，饲养过程中垫料过湿要及时清出，网上饲养户应及时清理粪便。清出的垫料和粪便在固定地点进行高温堆肥处理，堆肥池应为混凝土结构，并有房顶。粪便经堆积发酵后再作农业用肥。

9.生产记录　每群肉鸡都应建立生产记录档案，包括进雏日期、进雏数量、雏鸡来源、饲养员；每日的生产记录包括：日期、肉鸡日龄、死亡数、发病死亡原因、存栏数、温度、湿度、免疫记录、消毒记录、用药记录、喂料量，鸡群健康状况，出售日期，数量和购买单位。所有记录应清群后保存 2 年以上。

(六)无公害鸡蛋的生产

1.无公害鸡蛋质量标准　鸡蛋来自按 NY/T 5043 要求组织生产的养鸡场，其感官为蛋壳清洁完整，灯光透视时，整个蛋呈橘黄色至橙黄色，蛋黄不见或略见阴影。打开后蛋黄凸起、完整、有韧性，蛋黄（白）澄清、透明、稀稠分明。无异味。理化指标、微生物指标分别符合表 13-20、表 13-21 的要求。

2.引种　商品代雏鸡应来自通过有关部门验收的父母代种鸡场或专业孵化厂。雏鸡不能带鸡白痢、霉形体、禽白血病等蛋传疾病要严格控制。不得从疫区购买雏鸡。

3.饲料和饲料添加剂　尽量保持饲料新鲜，防止饲料霉变。饲料和饲料添加剂的使用应按照 NY 5042 的要求执行，使用时应遵照产品标签所规定的用法、用量使用。

表 13-20　无公害鸡蛋理化指标

项　　目	指标
汞(Hg)/(mg/kg)	≤0.03
铅(Pb)/(mg/kg)	≤0.1
砷(As)/(mg/kg)	≤0.5
铬(Cr)/(mg/kg)	≤1.0
镉(Cd)/(mg/kg)	≤0.05
六六六/(mg/kg)	≤0.2
滴滴涕/(mg/kg)	≤0.2
金霉素(chlortetracycline)/(mg/kg)	≤1
土霉素(oxytetracyline)/(mg/kg)	≤0.1
磺胺类(以磺胺类总量计)/(mg/kg)	≤0.1
呋喃唑酮/(mg/kg)	≤0.1

表 13-21　无公害鸡蛋微生物指标

项　　目	指标
菌落总数	$\leqslant 5\times10^{4}$
大肠菌群	≤100
致病菌(沙门氏菌、志贺适菌、葡萄球菌、溶血性链球菌)	不得检出

4.兽药使用　加强饲养管理，采取各种措施以减少应激，增强动物自身的免疫力。应按照《中华人民共和国动物防疫法》和有关规定对蛋鸡进行免疫，建立严格的生物安全体系，防止蛋鸡发病及发病和死亡，最大限度地减少化学药品和抗生素的使用。蛋鸡以预防为主，必要时经准确诊断后用药。在对蛋鸡进行预防、治疗和诊断疾病时所用的兽药、疫苗必须符合 NY 5040、NY 5041 有关规定。并严格遵守规定的作用与用途、用法与用量、休药期及其他注意事项。未规定休药期的药物，应停药 28 d 再屠宰供食用，但不应少于 7 d。产蛋期在兽医指导下使用治疗药，弃蛋期内所产鸡蛋不得供人类食用。

5.防疫、检疫和监测　防疫器械在防疫前后应彻底消毒。蛋鸡场应根据《中华人民共和国动物防疫法》及其配套法规的要求，结合当地实际情况，有选择地进行疫病的预防接种工作和制订疫病监测方案。注意选择适宜的疫苗、免疫程序和免疫方法。检疫应按照国家法律法规的规定进行。蛋鸡场常规监测的疫病时至少应包括：高致病性禽流感、鸡新城疫、禽结核病、禽白血病、鸡白痢与伤寒。除上述疫病外，还应根据当地实际情况，选择其他一些必要的疫病进行监测。

根据当地实际情况由疫病监测机构定期或不定期进行必要的疫病监督抽查，并将抽查结果报告当地畜牧兽医管理部门。

6.管理　蛋鸡场按照 NY/T 5043 组织生产。雏鸡、成年鸡分开饲养。还应具备良好的防鼠、防虫和防鸟措施。设备应具备良好的卫生条件并适合卫生检测。鸡舍内的温度、湿度环境应满足鸡不同阶段的需求，以降低鸡群发病的机会。蛋鸡采取全进全出制度，至少每栋鸡舍饲养同一日龄的同一批鸡。

饲养员应定期进行健全检查,无传染病。集蛋人员集蛋前要洗手消毒。

饮水系统不能漏水,以免弄湿垫料或粪便。盛放鸡蛋的蛋箱或蛋托应经过消毒。集蛋时将破蛋、砂皮蛋、软蛋、特大蛋、特小蛋单独存放,不作为鲜蛋销售,可用于蛋品加工。鸡蛋在鸡舍内暴露时间越短越好,从鸡蛋产出到蛋库保存不得超过 2 h。鸡蛋收集后立即用福尔马林熏蒸消毒,消毒后送蛋库保存。定期投放灭鼠药,控制啮齿类动物。投放鼠药要定时、定点,及时收集死鼠和残余鼠药并做无害化处理。

卫生消毒按照 NY/T 5043 规定的消毒剂、消毒方法进行环境消毒、人员消毒、鸡舍消毒、用具消毒和带鸡消毒。消毒剂要选择对人和鸡安全、对设备没有破坏性、没有残毒性、消毒剂的任一成分都不会在肉或蛋里产生有害积累。

7. 鸡蛋包装运输　鸡蛋可用一次性纸蛋盘或塑料蛋盘盛放。盛放鸡蛋的用具使用前应经过消毒。纸蛋托盘放鸡蛋应用纸箱包装,每箱 10 盘或 12 盘。纸箱可重复使用,使用前要用福尔马林熏蒸消毒。运送鸡蛋的车辆应使用封闭货车或集装箱,不得让鸡蛋直接暴露在空气中运输。车辆事先要用消毒液彻底消毒。

8. 病、死禽及废弃物的无害化处理　鸡场废弃物应实行无害化、资源化处理原则。鸡场废弃物经无害化处理后可以作为农业用肥。处理方法有堆积生物热处理法、鸡粪干燥处理法。鸡场废弃物经无害化处理后不得作为其他动物的饲料。孵化厂的副产品无精蛋不得作为鲜蛋销售,可以作为加工用蛋。孵化厂的副产品死精蛋可以用于加工动物饲料,不得作为人类食品加工用蛋。

9. 生产记录　每批鸡蛋要有完整的记录资料。记录内容应包括引种、饲料、用药、免疫、发病和治疗情况、饲养日记,资料保存期 2 年。

(七)无公害食品肉羊生产的指导原则

1. 无公害食品羊肉

(1)无公害食品羊肉的原料　屠宰前的活羊应来自非疫区,其饲养规程符合 NY 5148、NY 5149、NY 5150、NY/T 5151 的要求,屠宰加工应符合 GB 996l 规定,并经检疫检验合格。也就是按照这四个农业行业标准组织饲养的肉羊屠宰后经检疫合格的羊肉还要符合 NY 5147 所有指标。进口羊肉应有中华人民共和国卫生检疫部门检疫合格证明,未通过检疫的产品不得进口。

(2)感官指标　感官指标应符合表 13-22 规定。

表 13-22　无公害食品羊肉感官指标

项　目	指　标
色泽	肌肉呈红色,有光泽,脂肪呈白色或淡黄色
组织状态	肌纤维致密,有韧性,富有弹性
黏度	外表微干或有风干膜,切面湿润、不粘手
气味	具有羊肉固有气味,无异味
煮沸后肉汤	澄清透明,脂肪团聚于表面,具羊肉固有的香味
肉眼可见异物	不应检出

(3)理化指标　理化指标应符合表 13-23 规定。

表 13-23　无公害羊肉理化指标

项　　目	指标
挥发性盐基氮/(mg/100 g)	≤15
汞(以 Hg 计)/(mg/kg)	≤0.05
铅(以 Pb 计)/(mg/kg)	≤0.10
砷(以 As 计)/(mg/kg)	≤0.50
铬(以 Cr 计)/(mg/kg)	≤1.0
镉(以 Cd 计)/(mg/kg)	≤0.10
滴滴涕/(mg/kg)	≤0.20
六六六/(mg/kg)	≤0.20
金霉素/(mg/kg)	≤0.10
土霉素/(mg/kg)	≤0.10
四环素/(mg/kg)	≤0.10
磺胺类(以磺胺类总量计)/(mg/kg)	≤0.10

(4)微生物指标 微生物指标应符合表 13-24 规定。

表 13-24　无公害羊肉的微生物指标

项　　目	指标
菌落总数/(cfu/g)	$\leqslant 5\times10^5$
大肠菌群/(MPN/100 g)	$\leqslant 1\times10^3$
沙门氏菌	不应检出
志贺氏菌	不应检出
金黄色葡萄球菌	不应检出
溶血性链球菌	不应检出

2. 羊只引进和购入　引进种羊要严格执行《种畜禽管理条例》的规定，按 GB 16549 进行检疫(见附录 H)。不从有痒病或牛海绵状脑病及高风险的国家和地区引进羊只、胚胎、卵。坚持自繁自养的原则，必须引进羊只时，应从非疫区引进，并有动物检疫合格证明。羊只在装运过程中没有接触过其他偶蹄动物，运输车辆应彻底清洗消毒。引入后至少隔离饲养 30 d，在此期间进行观察、检疫，确认为健康者方可合群饲养。

3. 饲料和饲料添加剂的使用原则　所用饲料和饲料添加剂应该符合 NY 5150 无公害食品肉羊饲养饲料使用准则。所有产品应具有该品种应有的色、嗅、味和形态特征，无发霉、变质、结块及异嗅、异味。其卫生指标应符合要求。

饲料原料中不能使用除蛋、乳制品外的动物源性饲料。不应使用抗生素滤渣。

饲料添加剂应是取得批准文号的新饲料添加剂品种。饲料添加剂生产企业具有生产许可证和产品批准文号的产品。药物饲料添加剂使用应遵守《饲料药物添加剂使用规范》。不得添加违禁药物。

4.兽药使用原则　肉羊使用的兽药要符合 NY 5148 的要求。必要时进行预防、治疗和诊断疾病所用的兽药必须符合国家的相关规定。允许使用国家有关规定用于羊的兽用中药材、中药成方制剂、微生态制剂、抗生药和抗寄生虫药。严格遵守规定的作用与用途、用法与用量及休药期的规定。

按有关规定禁止使用未经批准的兽药和已经淘汰的兽药。以及《食品动物禁用的兽药及其他化合物清单》中的药物。肉羊育肥后期使用药物治疗时，应根据所用药物执行休药期。达不到休药期的，不应作为无公害肉羊上市。发生疾病的种羊在使用药物治疗时，在治疗期或达不到休药期的不应作为食用淘汰羊出售。

5.防疫、检疫、监测　严格按照《中华人民共和国动物防疫法》和相关规定进行免疫，使用符合《中华人民共和国兽用生物制品质量标准》、《进口兽药质量标准》的疫苗预防肉羊疫病。

当地畜牧兽医行政管理部门应根据《中华人民共和国动物防疫法》及其配套法规的要求，结合当地实际情况，制订疫病的免疫规划和监测方案。肉羊饲养场根据免疫规划制定本场的免疫程序，并认真实施，注意选择适宜的疫苗和免疫方法。当地动物防疫监督机构实施监测，饲养场应积极予以配合。

肉羊饲养场发生以下疫病时，应依据《中华人民共和国动物防疫法》及时采取相应措施。检疫按国家有关规定执行。

6.卫生消毒　允许使用消毒预防剂对饲养环境厩舍和器具进行消毒。对羊舍消毒、带羊环境消毒、羊场道路和周围以及进入场区的车辆消毒。进入的工作人员、工作服胶靴、分娩栏、补料槽、饲料车、料桶等饲养用具和器械按规定消毒方法和消毒制度消毒。

7.饲养管理　肉羊场的饲养管理按照 NY/T 5151 要求执行。按性别、年龄、生长阶段设计羊舍，实行分阶段饲养、集中育肥的饲养工艺。饲养区内不应饲养其他经济用途动物。

工作人员遵守场内的规章制度，不对外兼职，定期进行健康检查。防止周围其他动物进入场区，定期定点投放灭鼠药，定期喷洒消毒药物，消除水坑等蚊蝇滋生地。

8.运输　商品羊运输前，应经动物防疫监督机构根据畜禽产地检疫规范及国家有关规定进行检疫，并出具检疫证明，合格者方可上市或屠宰。运输车辆在运输前和使用后应用消毒液彻底消毒。运输途中，不应在城镇和集市停留、饮水和饲喂。

9.病、死羊、废弃物处理　对可疑病羊应隔离观察、确诊。有使用价值的病羊应隔离饲养、治疗，彻底治愈后，才能归群。因传染病和其他需要处死的病羊，应在指定地点进行扑杀，尸体应进行无害化处理。羊场不应出售病羊、死羊。

羊场污染物排放应符合附录J的规定。羊场废弃物应实行无害化、资源化的处理原则。

10.资料记录　所有记录应准确、可靠、完整。包括羊群来源，种羊系谱档案和主要生产性能记录、购入、配种、产羔、哺乳、断奶、转群、增重；饲料消耗记录，饲料、饲草来源、配方及各种添加剂使用记录；免疫程序记录、发病率、死亡率及发病死亡原因，消毒情况等疫病防治记录，全部用药的记录；出场销售记录；无害化处理记录。上述有关资料应长期保存，最少保留3年。

第十四章　动物保护与福利

第一节　动物保护与福利的概念及范畴

一、动物保护及福利的概念

(一)概念

动物是地球上生物类群的主要组成部分,动物对于环境生态平衡、生物多样性必不可少,是地球生态圈中与人类具有同等的存在价值。动物有情感和权益,许多动物的这种权益的得失和情感的满足决定于人或环境条件,动物利益和情感的伤害能够为人类直接或间接地感知的。动物福利及保护(Animal Welfare and Protection)包括除人以外的脊椎动物和某些能感觉疼痛的无脊椎动物,首先指家畜、家禽、水产动物和野生动物的个体和种群维持良好的生计,减少和避免动物身体损害,疾病折磨和精神痛苦,维护种质资源和品种的繁衍,保持生物多样性和环境生态平衡。

根据动物的生活形式以及与人类的关系,可将动物分为两大类,一类生活在自然界如森林、海洋、湖泊、沼泽、江河等,它们能够自己寻找食物和选择宿住环境,称野生动物;另一类是人类基于各种目的而人工饲养的动物如经济动物、娱乐、陪伴动物。具体把动物分为六类:野生动物、农牧渔场动物、工作使役动物、陪伴动物、竞技娱乐动物、实验动物。其中,牧场动物和陪伴动物与人们关系最密切。动物福利概念的提出,首先针对牧场动物。

福利一词首先应用于人类,是随着社会的发展,由劳动工会为职工谋利益提出的概念,但是已经使用多年。针对在职或退休职工劳动保护、待遇等,其内容随着社会进步不断丰富,开始是企事业单位给职工发放劳保用品之类,后扩展到有规律的体检、健身活动或组织旅游等;当前,有些企事业甚至把请专业的心理咨询师为员工服务,调整心理活动,减轻思想负担,成为时尚的福利活动。动物福利随着时代进步也赋予了新的内容。当前,动物福利赋予了许多内容如使役动物的疗养、退休制度;家畜的保健活动等。

(二)动物保护及福利的内涵

动物福利概括起来就是让动物在康乐的状态下生活。为此,人们应当采取适应不同种类动物需要的外部条件。动物康乐(animal well-being)即健康与快乐,本质上是动物有机体及心理与其环境维持协调的状态。动物康乐有其丰富的内涵,不但指身体健康,而且也要心理健康,精神愉快:包括无疾病,无行为异常,无心理紧张、负担、恐惧、压抑、痛苦和折磨等感觉。要求饲(驯)养人员、畜主或任何与动物打交道人员做到:

(1)保持动物健康,满足动物体生理的、社会的及行为的需要。

(2)在动物不同的生长或生产阶段和在不同饲养体系中,理解关心动物避免其痛苦是人们的责任。

(3)在家畜、家禽、水产动物以及野生动物的饲养管理中,必须以合理的管理,使动物机体每日的活动达到理想的平衡状态。

(三)生理和心理福利及其目标

根据福利的概念,完善的动物福利包括生理福利(physical welfare)和心理福利(mental welfare)两个方面。生理福利包括合理的营养和疾病防制;心理福利即满足其心灵的需要,无压抑、紧张与恐惧,生活在自然祥和的气氛之中,维持良好的行为。

保障动物的生活需要,保持各类动物的康乐即健康快乐是首要的。健康是动物保护及福利的核心内容和目标。为此,动物保健及福利的一切措施都与其保护密不可分。根据动物的种类,给其提供适宜于不同动物生理、心理需要的生活环境,建立适宜的饲养卫生环境;满足合理的饲料营养需要;免疫接种,控制疾病;保持动物物种的繁殖延续,有序地保持一定动物种群的数量规模,保持不同动物种群的适当平衡,特别针对濒临灭绝的动物品种,包括家畜家禽地方品种和野生动物品种。达到保护自然生态平衡,人类与自然环境的和谐发展。这是地球生态环境的需要,也是人类社会文明发展的必然结果。

(四)动物福利及保护学科的双重性

动物福利(animal welfare)是20世纪60~70年代提出的,目前已经初步形成了一门新的学科体系。动物福利是一门集动物行为学、动物生态学、动物生理学、兽医学、动物饲养学、动物环境卫生学等学科为一体的交叉复合学科。它也属于社会管理科学的范畴,涉及社会道德、伦理学、法学等内容。但以上述自然科学知识为基础,是一门具有双重属性的学科。它的自然科学属性是指认识动物机体生理、心理活动规律及行为特征,明确不同动物的生理及心理需要及特点,认识动物体与环境之间的相互影响与作用的关系,首先环境因素对动物体的影响。

(五)动物福利的判断标准

动物福利有3个判断标准:

1. 自然生活标准　意指各类动物的生活接近自然状态,能够自如地表现其正常行为,不被过分限制。集约化密集的畜禽饲养对动物的自然生活限制太强,自由运动、交际甚至休息受到影响,改变了动物的行为,是违反动物福利的主要方面。

2. 生物机能标准　动物的成活率高或达到应有的指标,身体健康,正常施展或发挥遗传赋予的生产性能,生物机能正常展现。

3. 情感状态标准　减少或避免动物的紧张、不安、压抑、负担、恐惧、折磨甚至疼痛,增加和保障动物的舒适、快乐和满足。

二、动物福利及保护的目的、意义

(一)目的

动物福利及保护有三个主要目的:保持动物的健康(health);避免、预防和减轻动物痛苦,避免折磨;保持动物品种的繁衍。前两者称为动物的康乐。

(二)意义

1. 经济效益　畜、禽、水产动物的福利与经济效益紧密相关。实践证明,日常畜禽生产中,严格和精细的饲养管理，在饲料营养、环境卫生、疫病防疫等方面达到要求，动物健康，减少发病与死亡，本身就是效益。并能够保障其生产性能的发挥，实现集约化畜禽生产的高效益。目前，我国一些专业化集约化牧场发病率、死淘率很高，其效益可以想象。多年来，由于动物卫生保健工作的失误，禽流感等传染病的爆发流行，使我国肉鸡出口受到打击。2001 年冬季韩国在进口上海的肉鸡中检测到禽流感病毒抗体，进而判定产品来自疫区。因而，进行了严厉制裁。按照动物运输和屠宰规定，猪运到屠宰厂后，应当提供合适的住所，避免应激因素，减少白肌肉的出现率。白肌肉是肌肉组织的病理变化，其营养和风味都发生改变，质量降低，影响销售。显然，如果不能保障上述福利规定，就会造成经济损失。

2. 生态效益　动物的生态效应是显而易见的。动物是相对于植物的生物。动物不能以光合作用来生存，只能靠摄入植物或捕食其他动物获得营养。一般认为，最早的动物是在 4.5 亿～5 亿年前出现的。海绵动物门出现比较早，海绵动物有不同种类的细胞，但是细胞不能分化为不同功能的组织器官。通过不断的演化，动物也经历了从单细胞到多细胞，从水生到陆生，从简单到复杂的过程。

动物是生态系统里面的一个组成部分，它们属于消费者，消化植物和动物成分以及微生物，向外界排出碳、氮、磷等化合物。它们的遗体会被微生物分解成为无机物，再次进入基本元素的循环。动物的行为同时也塑造了生物圈的形态。

历史上，往往由于生态链的一个环节缺失，而造成虫害、鸟害泛滥的事实很多。生态平衡对于环境、农业、林业都非常重要。

有益昆虫对农作物病害的生物防护作用早被人们熟知和利用，瓢虫能够在植物上捕食蚜虫、介壳虫、粉虱、叶螨等。

屎壳郎由于它们的习性是不太被人们喜欢的动物，但是，正是因为它们处理、消化和分解粪便的能力，对环境生态维护非常必要。几十年前，澳大利亚生态学家来到中国，把一批屎壳郎请去解决生态问题，使被牛粪遮压得秃斑点点的辽阔草原恢复了生机。为此，澳大利亚政府向援澳屎壳郎颁发了生态保护集体荣誉金质奖章。一时间，屎壳郎家族名扬海外，风光无限。"事实胜于雄辩！屎壳郎家族臭名昭著的时代一去不复返了"。

不管野生动物还是家畜、家禽或水产鱼虾均有生态效益。保护生物的多样性是地球生态的必然要求。大自然含有丰富的生物基因，是最宝贵和丰富的基因库，随着生物科技的进步，人们将能够更多地研究它们，进而更深刻地认识自然与生命本质，能够造福人类。几十年来，由于工业化进程，二氧化碳的大量排放，环境污染或侵害的加剧使地球上动物种类与数量急剧下降。由于人们追求一时的经济收益，引入外国的畜禽品种，取代了本地品种，严重干扰了我国地方品种资源的多样性，造成了一些品种的灭绝或减少（表 14-1，表 14-2）。

表 14-1　中国主要生物类群的濒危物种数目（据张训蒲等，2000）

类群	物种总数	濒危物种数	濒危物种所占比率/%
哺乳类	499	94	18.8
鸟类	1 186	183	15.4
爬行类	376	17	4.5
两栖类	279	7	3.5
小计	5 144	398	7.7

表 14-2 我国消失与将消失的地方畜禽品种(据马月辉等,2000)

	名 称	所在地
已消失的品种	塘脚牛	上海
	阳坝牛	甘肃
	高台牛	甘肃
	枣北大尾羊	湖北
	项城猪	河南
	深县猪	河北
	太平鸡	甘肃
	临洮鸡	甘肃
	武威斗鸡	甘肃
	九斤黄	江苏
将消失的品种	河西猪	甘肃
	八眉猪	甘肃
	通城猪	湖北
	鄂北黑猪	湖北
	五指山猪	海南
	静宁鸡	甘肃
	北京油鸡	北京
	北京中蜂	

3.社会效益 从伦理学、管理学和动物保健的角度出发,动物福利具有以下特征:

(1)善意地对待和理性地使用动物。

(2)动物管理和生产的目标应符合实际条件。

(3)提供医疗服务,完善动物保健,控制动物免受健康问题困扰。

(4)饲养生态管理。动物福利研究领域包括动物机体与环境的平衡关系,环境因素对动物机体的影响。

动物福利学科要求人们明确动物的生理、心理和行为的需要,根据不同动物种类,理性地满足其要求。

但是,对患有烈性传染病的动物,因为它们能够传染给其他动物,应当及时从大群中分离出来,采取隔离措施,或按照动物疫病防控法规予以烧毁、深埋;尤其患有人兽共患病的动物,对环境和公共卫生都形成威胁,应当及时地毫不迟疑地销毁,以彻底清除病原体,扑灭疫情。例如,高致病性禽流感鸡群、疯牛病牛群、口蹄疫畜群等。

对于自然疫源性动物或传染病病原的传播媒介动物,要进行限制其繁殖甚至将其杀灭。例如牧场的除五害:苍蝇、蚊子、老鼠、臭虫、蟑螂,是妇孺皆知的事情。因为,它们往往侵袭人和动物,糟蹋粮草,传播疫病。

旱鼠和黄鼠是鼠疫的宿主动物,应当毫不留情地将其消灭干净。果子狸等野生动物是SARS等病毒的携带者,应当禁止狩猎并且远离这类动物,更不能随便宰杀食用。

第二节　动物保护、福利与人类健康的关系

人类离不开动物，畜牧生产在社会经济中占有重要的比例，越来越多地护佑陪伴动物进入家庭，一些生产力不发达的地区仍靠畜力耕作。但是，动物栖息地如山岭、湿地、草原等不断收到人类生产活动的侵袭，自然生态环境遭到破坏，使动物的活动空间受到威胁；家畜、家禽与野生动物不规则的接触，加快了病原微生物的变异，甚至毒力增强；任意捕获，兜售或食用野生动物导致更加恶劣的效果。许多动物传染病病原体跨越了在动物间传染的界限，由动物传染给人，成为人兽共患病，造成的危害之重，前所未有；其发展趋势令人担忧。

合理的动物饲养方式，与动物行为相适合的生活环境，优质的饲料或食物保障和提高了动物的生活质量，并能确保动物在健康的状况下生产，经济效益和产品质量也带来保障。动物保健直接或间接地减少或避免了对环境和人类的健康与福利的威胁。然而，滥用动物添加剂、抗生素或保健药物可使动物产品中的药物、残留超标，从而以食物形式进入人体，损害消费者健康。

(一)人兽共患疾病概念

人兽共患病(zoonoses)是指脊椎动物与人类之间自然传播的疾病和感染疾病，即“人和脊椎动物由共同病原体引起的，又在流行病学上有关联的疾病”。它是由病毒、细菌、衣原体、立克次体、支原体、螺旋体、真菌、原虫和蠕虫等生物性病原体所引起的各种疾病的总称。既包括动物传给人类的疾病，也包括人类传染给动物的疾病。大量研究表明新出现的各种感染性疾病，越来越呈现出人畜共患和人禽共患的关系。目前已被发现的人畜共患疾病约有200余种，其中包括寄生虫病100种，人类有1/3以上的传染病是与动物共患的。常见的如狂犬病、结核病、血吸虫病、艾滋病、重症急性呼吸综合征(SARS)和高致病性禽流感等。

有资料表明在过去1 500种人类已知的病原中，有50％成为人兽共患病的致病因素，而新近出现的疾病其中75％可以人兽共患。

新发感染性疾病是指近期被发现的或由新出现的病原体引起的、发病率或扩散面在近期突然增加的感染性疾病。近期产生变异的疾病也归入了这一类。

(二)人兽共患病流行病学

1.病原　人类的动物源性疾病主要有自然疫源性疾病和经济疫源性疾病，后者即家养动物与人共患病。这些共患病的传染源保存在自然疫源地中或保存在经济疫源地中。

(1)家养动物与人共患病的病原　家养动物与人共患病的病原有细菌、病毒、寄生虫、蛋白感染因子(prion-protein，PrPSC)、医学小体等。不同的病原在人畜体内会导致不同的疾病。目前发现的人兽共患疾病有两百多种，其中最为常见的有细菌性共患病有炭疽、结核杆菌病、布氏杆菌病、大肠杆菌病、沙门菌病、巴氏杆菌病等。

医学小体(立克次体、柯克体、东方体、埃立克体、衣原体等)引起的共患病有查非埃立克体病、鼠型斑疹伤寒、斑点热、Q热、恙虫病、鹦鹉热等。

病毒性共患病有痘病毒病、狂犬病、轮状病毒病、诺沃克病毒病、新德比斯病毒病、基孔肯雅病、西门立克病毒病、罗斯河病毒病、盖塔病毒感染、鹭山病毒感染、东方马脑炎、西方马脑炎、委内瑞拉马脑炎、流行性乙型脑炎、肾综合征出血热等。

寄生虫性共患病有包虫病、旋毛虫病、弓形体病、隐孢子虫病、小袋纤毛虫病、肝片形吸虫病、双腔吸虫病、阔盘吸虫病、血吸虫病、牛囊虫病、牛吸吮线虫病、华枝睾吸虫病、肺吸虫病、绦虫病、后睾吸虫病等。

(2)野生动物与人新发感染性疾病的病原　新发感染性疾病的病原主要是新的病毒和类病毒因子。

新病毒和类病毒因子可分为三类:一类是生物不断进化发展中所形成的新病毒,如香港的H5N1流感病毒或猪的呼吸道冠状病毒(PRCV);二类是指原来就已存在但当前才发现的病毒,如最近引起SARS的新型冠状病毒以及猪圆环病毒或尼帕病毒等。另外,还有许多致病性没有被认知到的病毒,也可能成为新发感染性疾病的传染源。

2.人兽共患病的流行病学

(1)传染源及其传播途径　家畜、家禽和陪伴护佑动物与人的关系密切,接触频繁,以它们或它们的排泄物为传染源的疾病可以通过各种途径传播给人类。

(2)宿主动物及疾病流行　人类的动物源性传染病,不以人类为寄生载体,它们的宿主是野生的或家养的动物,或是节肢动物和昆虫,或是适于它们生长和滋生的外界环境。但由于人类的生产活动,尤其是集约化规模化饲养经济动物,破坏了疫源地的生境,改变了宿主动物的生存方式,病原微生物通过第二宿主扩散,或者通过人类的贸易和旅游广泛而迅速地进入人类社会,从而给人类造成重大的传染病疫情。

3.野生动物与人兽共患病　从20世纪80年代中期以来,动物源性的人兽共患病流行呈现逐渐频繁的趋势,进入20世纪后的短短几年里,非典(SARS)、禽流感、猪链球菌病袭击人类,不仅给畜牧业造成了重大的经济损失,而且给生命健康带来很大威胁,成千上万的人被来自动物的病原微生物感染发病,甚至死亡。

动物福利得不到保障,人类的健康和利益也难以实现。2002年冬到2003年夏在我国广州、北京等地暴发非典型性肺炎即严重急性呼吸道综合征(severe scute respiratory syndrome,SARS),SARS病毒的传染性之强是少见的。全国临床诊断病例5 327例,治愈4 959例,死亡349例。不仅如此,国家为控制该传染病流行不惜动用一切人力物力,其全民动员抗御传染危害,采取的隔离、检查检验措施耗费了难以计数的费用。只在北京市非典疫情造成经济总量减少,损失32.4亿元,影响全年增速1%。痛定思痛,追寻SARS暴发的根源,流行病学调查认识到,该病毒起源于果子狸等野生动物,由于人们任意狩猎、扑杀和食用动物造成感染的。这是又一野蛮掠夺自然资源,动物保护受到破坏,给公共安全造成威胁,对人类的福利造成损害的事例。

实际上,市场上许多野生动物来源不明,来路不正,多属于违法狩猎或捕获,更未经过检疫就上了餐桌,有的动物带有某种少见的病原体、寄生虫等。所以,吃野味还隐藏着许多健康风险。食物安全是健康的首要问题,当前在我国,要大大提倡吃的规范、卫生与节俭。

我国科学家从蝙蝠、猴、果子狸和蛇等数种野生动物体内检测到冠状病毒基因,已测出的病毒基因序列与SARS病毒基因序列完全一致。从前野生动物可能已多次引起新型人兽共患病的出现,但是可能因为传播范围不广而未能引起人们的重视——在大规模感染前,患者或已死去,或已痊愈。然而,在现代社会,随着通信和交通的高度发达,国际社会间贸易和人员交流更频繁,使传染病传播与扩散加快了。

(三)人兽共患疾病预防与控制

多年来,起源于动物的人兽共患病不断出现,危害公共卫生和居民健康,从根本上控制这类传染病的暴发流行,必须做好动物的免疫,动物保护与检疫,动物福利和生态保护工作,从源头上减少或避免这类传染病的发生。然后,须做好人群防护工作。

首先要注重动物保健,确保动物福利。对各类动物包括伴侣动物必须有计划地进行预防接种,控制疫病发生;维持生态平衡,维护野生动物的生存空间,不随意捕猎或食用野生动物。

还要注重人群防护,增强防范意识。与动物接触频繁的人,特别要注意防止感染上病毒或病菌。在被怀疑患人畜共患疾病的动物咬伤时,要立即求医救治。人类生活区要远离动物饲养区,伴侣动物爱好者的居住区与家畜区要间隔一定距离。人与伴侣动物要亲密有“间”,保持一定的卫生“距离”。注意饮食卫生,对于动物食品提倡熟食,少吃生或半生动物食品;倡导健康的生活方式,逐渐控制和消除食用野生动物的陋习。在人畜共患疾病多发季节,提前接种乙脑疫苗、流行性出血热等疫苗。

第三节　动物福利的评价与影响因素

一、动物福利的判断标准

动物福利有下列判断标准:

(1)自然生活标准　意指各类动物的生活接近自然状态,能够自如地表现其正常行为,不被过分限制。集约化密集的畜禽饲养对动物的自然生活限制太强,自由运动、交际甚至休息受到影响,改变了动物的行为,是违反动物福利的主要方面。

(2)生物机能标准　动物的成活率高或达到应有的指标,身体健康,正常施展或发挥遗传赋予的生产性能,生物机能正常展现。

(3)情感状态标准　减少或避免动物的紧张、不安、压抑、负担、恐惧、折磨甚至疼痛,增加和保障动物的舒适、快乐和满足。

(4)生产性能标准　动物心理上安乐、不惧怕、不紧张、不枯燥、无压抑感等情况下,其正常行为得以表达,才能发挥其最大的生产性能和繁殖性能。如果出现福利问题,动物就不能正常发育或繁殖,严重时将缩短寿命。动物在适应环境过程时的反应,在不同的情况下会有不同的表现形式。比如不表现临床症状和反常行为时,有可能会发生生理变化;个体生长良好,但表现出行为反常。因此在评估动物福利时,要区分造成生产性能下降的原因。

二、动物福利的影响因素

(一)思想观念

思想观念决定着人们的行为,观念落后是阻碍动物保护及福利的重要因素。而经济状况、文化教育程度决定了人们的观念。所以从根本上讲,人类社会的发展与进步对于动物福利及保护事业发展起决定作用。拿畜禽运输为例,根据 1995 年 8 月 29 日德国颁布的家畜运输法规,动物运输对车辆和方式都做出了相应的要求。不能随便采取某种方式,要根据动物的种类采取相应的运输方式。运输过程的福利原则是减少紧张、恐惧和疲劳。动物在运输状态下机体负荷增大，表现为肌肉紧张。动物在运动着的车辆上受到强大的离心力和推力作用，为了保持机体平衡，必须靠部分肌肉的收缩站立或保持一个姿势。运输过程避免不合理的装卸，急促驱赶，不能合群的畜禽一起装车，栅栏不足，不合理拴捆，太拥挤，不合适的运输车辆，通气不够等。减少动物的不适、疼痛、不安全感、恐惧等。然而，在我国许多农村畜禽集贸市场，有农户直接将猪崽拴在自行车上运回家，在路途小猪的应激、难受、疼痛不难想象；农村许多家禽收购商，把收买的鸡鸭倒挂在自行车上，走千家万户，行程数里，动物的反抗只能通过翅膀呼扇和尖叫来表示。当事者根本没考虑到动物的不适和生命的摧残。可能也没条件提供更好的运输工具是客观原因。遗憾的是，许多人已经默认了这样的运输方式。

(二)文化习俗

世界各国甚至在一个国家不同民族之间，文化习俗有很大差异，对待动物的态度和做法很不相同，原因是在不同文化背景下有不同的理解、观点或养成的习俗。

伊斯兰教教徒认为“猪是一种食腐动物，它什么都吃，包括腐肉和粪便”，所以，“猪对于教徒是不洁的”，他们从不吃猪肉，吃清真食物，表示对真主的诚心。究其原因与《古兰经》16章115节“他只禁止你们吃自死物、血液、猪肉，以及诵非真主之名而屠宰者……”。回族兄弟不仅不吃猪肉，也不饲养猪，并且忌讳提到与猪有关的词语或相似音，甚至把姓朱的改为姓黑，因而山东回族朱黑两家不分。然而，在中国汉族和世界大多数国家的国民非常喜欢吃猪肉，猪的食性杂较易饲养，猪肉味道鲜美，所以提倡“大养其猪”。我国的猪肉产量世界第一，多年来猪肉在所有肉类中占65%～70%之间。一些欧洲人把猪作为富裕发财的象征，同时又骂某人笨或坏时贬低为“猪”；印度教信徒把牛视为神，对牛格外的尊重和赏识，从不虐待歧视。而西班牙牛在斗牛场成为斗牛士搏杀的对象。文化风俗的不同又截然不同的对待动物的方式。

(三)福利的偏差认识

谈到动物福利问题，有人认为，给以充足的食物、饲料和饮水，保障动物营养水平，就达到了动物福利要求了。这种认识是片面的，并且是不深入的。保障动物的营养，避免饥饿只是福利的一个方面。除此之外，还有其生存环境，动物的心理感受，行为的展现以及精神享受等。

有的同行概括集约化畜禽饲养的特征时指出，让动物生活在小空间，少运动，减少能量消耗，减少管理人员和设施的开支，达到低投入高产出的目的。显然，这种饲养方式忽视了动物的其他需要，最大的问题时没考虑动物的生存环境及空间的需要。将大量的动物聚集在一个有限的空间内，密度大，影响到动物正常行为，进而干扰其生理功能。比如，在一个普通蛋鸡笼养4～6只鸡，鸡只的转体运动就很困难；一些养猪场也是这样，一个猪圈猪太多，平均占有面积$<1\ m^2$，造成动物运动、睡眠、交际等行为受到阻碍，生理代谢也受阻，生产性能难以发挥，还容易得病。

动物的福利除了满足动物营养需求外，还要提供合理的清洁的环境，使其能够舒畅地生活，发挥或施展相应的行为如运动、睡眠、交际、玩耍、探查等行为，尤为重要。

(四)影响动物福利直接和间接因素

在动物生产中，对影响动物福利直接或间接的因素可归纳为3方面：

(1)管理人员的知识水平与技能。

(2)饲养管理质量。

(3)畜禽舍设备技术条件。

其中前者是第一位的，即饲养管理人员的素质起决定作用。他们的素质取决于责任心和知识技术水平。饲养管理质量主要指：

(1)饲料或食物和饮水的质量，以及饲喂给水的频率。

(2)群体的规模与密度。

(3)牧场和动物舍饲养卫生措施、环境生态和生物安全措施的效果，控制动物传染病暴发流行的免疫接种保护效果。

(4)设施设备的质量和运转状态，使用状况。

(5)应对紧急情况的预案和能力，主要针对烈性传染病的暴发流行。

第四节　动物福利的经济评估

动物福利及保护措施对于有机或绿色养殖非常必需，也符合时代对畜牧业的进步要求和世人的呼声。动物福利不仅保障了动物的健康饲养，改善了动物的生活状况，而且，也能够提高养殖效益，改善生态环境，保障产品质量。

一、保障福利已经成为新时期畜牧业生产的杠杆

动物福利在欧美许多发达国家早已成为大众话题，人们动物保护及福利的意识很强，因而，许多民间动物保护组织相继成立，成千上万的人热心于动物保护事业。《动物福利学》也已经从动物科学、动物医学和动物行为学中分离出来，成为独立的学科，其研究的对象亦越来越广。任何生产管理方式的改变，都需要人力物力的投入。人们通常认为动物福利会提高生产成本，这也成为人们反对或不接受动物福利的主要理由。然而，其结果和实质并非如此。动物福利水平改善需要在设施、设备等方面予以投资，但是由于改善了动物的生存和健康状况，使用的药物甚至疫苗的种类和数量减少，他们的发病率、死淘率下降，产品的药物残留和病原微生物污染的几率降低，质量和安全性提高带来的经济、社会和生态效益远比其投入高，显然能够给养殖经营者带来更大的回报。产品将会得到国内外市场的信任，有效地避开绿色贸易壁垒保护，给牧业极大的推动作用，能够使牧业长期稳定的发展。

总之，动物福利措施是养殖业的一场革命，也是畜牧业科学技术进步的体现，它将推动提高饲养管理水平，提高经济、生态和社会效益，低投入高回报，提高动物源性食品质量和安全性。

改革开放尤其实行社会主义市场经济以来，我国的畜牧业经济进入了快速发展时期，科技水平不断提高，产品结构不断改善，市场供应充足，产品质量安全水平不断提高。2006 年 7 月起施行的《中华人民共和国畜牧法》对畜禽饲养管理、产品质量安全、动物福利等也作出了新要求。《畜牧法》在总则、畜禽养殖和畜禽交易与运输等方面都对动物福利作出了规定，要求畜牧业生产经营者改善畜禽繁育、饲养、运输的条件和环境，提供适当的繁殖条件和生存、生长环境，运输中应采取措施保护畜禽安全，并为运输的畜禽提供必要的空间和饲喂饮水条件。说明我国在发展畜牧业经济的同时，已经考虑到动物福利。

随着对集约化畜牧生产的弊端认识的深入，人们对这种生产方式的合理性重新审视，同时试图解决各类生产性问题。但未来畜牧生产的演变仍然要吸取集约生产模式的优点，同时要考虑克服现有的问题。发展畜牧业经济首先要在生产方式不变的前提下，提高管理水平，适当

解决生产中出现的某些问题，如合理地控制饲养密度及保证良好的通风效率，可以提高蛋鸡的整体健康水平，增强机体的抗病力，从而减少对抗生素的依赖，这不仅节省饲料成本，还可提高产蛋量及饲料转化率。畜牧生产的潜力可以通过提高动物机体的免疫力而得到发挥，完全依赖在饲料中添加药物的做法本身就反映管理水平的低下。提高管理水平要考虑条件，例如对鸡群饲养密度的要求，寒冷的冬季不同于炎热的夏季，存在许多技术环节的问题。如果掌握不好，管理水平无法提高，就会出现福利性及生产性问题。规模较大、集约化程度较高的牧场应该追求工艺的规范化、管理的程序化及操作的准确化，从提高整体的管理水平入手，提高生产力水平。实际上，不注重管理水平，集约化生产的真正优势很难发挥。

早在20世纪70年代末有人就探索，可替代蛋鸡笼养的生产模式是在舍饲的基础上，结合散放，地面铺厚垫料并设产蛋箱。这样虽然增加了投入，生产力水平并不下降，同时改善了动物的健康和福利状况。然后是在畜牧业生产活动方式上要采用生态养殖模式。目前北欧等国养殖猪有的已采用这种模式。这种生产体系考虑了动物对生态环境的需求，能够给动物提供比较宽阔的活动空间；并设有避护场所及采食区，最大限度地满足动物的生物习性。可以说这是一种典型的"福利型"生产模式。虽然这种模式的生产率及饲料转化率要比集约舍饲模式低，但由于这种养殖场的设施都是临时性的，也不需要过多的机械设备，所以投资也低。养殖场可以随时搬迁，不存在污染环境的问题，也不会出现象集约生产中空气质量恶化的问题。动物的健康状况好，机体的免疫能力强，一般饲料中不需添加任何抗生素类药物，生产出的产品基本符合"绿色食品"的要求，就是产品价格略高，消费者也愿意接受。其优点在于减少了在集约生产过程中出现的诸多管理问题，改善了动物福利。其缺点是饲料转化率较低，不适合大范围应用，商品量有限。

二、动物福利与畜产品品质

动物福利是当前饲养管理的重要方面，在动物生产的整个过程中，福利条件达不到要求，不仅给动物的健康和生产性能导致损害，而且造成畜产品质量的下降，举例如下：

1. 白肌肉(PSE)　白肌肉(PSE)的产生与动物的基因组成有一定的关系，但主要是由于屠宰前短时间的、剧烈的应激造成的，这种肉多见于猪肉。形成原因是动物运到屠宰厂后，没得到充分的静养休息，或在卸车、围栏存养、击晕操作等人为因素都会造成动物产生短期应激，这些应激会使肌肉中发生一系列的生化反应，尤其是肌肉中的糖原会迅速降解，屠宰后肌肉变得苍白且呈明显的酸性。白肌肉味道改变，适口性降低。积极的预防是从动物福利着手，动物运到后，给予一定的时间休息，给一个热淋浴；改善运输条件，减少应激，保证饮水充足；屠宰过程避免疼痛，胴体的冷却也要快等措施。

2. DFD肉　DFD肉是指暗褐色质地坚硬和表面干燥的肌肉。这种肉多见于牛羊肉，猪肉和禽肉也会出现。与正常的肉相比，显得更黑、干燥、硬，适口性差，颜色不好，难于被消费者接受。DFD肉形成的主要原因是由于长时间、低强度的应激源刺激，使肌糖原消耗多，产生乳酸减少；宰前剧烈的肌肉活动，导致肌糖原急剧减少；生活环境突变，引起神经质肉畜的兴奋性增高，肾上腺分泌过多，促进糖酵解速度加快，导致宰前糖原含量急剧下降；因饥饿或营养不良引起长期肌糖原贮备不足。预防DFD肉的产生，应给动物创造较适宜的小气候环境和改善饲养管理是预防应激的有效措施，如防止舍温过高或过低，减少贼风、高浓度有害气体的刺激，以及频繁转群、拥挤、驱打等容易使动物产生应激反应的因素。严格操作规程，保证日粮平衡等。

当应激发生时，使用一些如镇静类药物：氯丙嗪、利血平、安定等；激素类：如肾上腺皮质激素；维生素类：如电解多维、维生素B族、维生素C等；微量元素硒，有机酸如琥珀酸、苹果酸等药物，治疗和缓解应激反应。

第五节　动物福利的实施与应用

（一）善待动物是基本要求

动物保护的通俗做法是善待动物。我们的祖先形象地形容“牛马比君子”，意指动物对其生活环境条件有与人同样的感受，对待动物应与对待人一样和善。这要求人们端正认识，第一，动物是生态环境中重要组成部分，不可缺少，是人类的伙伴，不是人类的附属品。飞禽、走兽、鱼、虾的生活习性与领域要求不同，是生物多样性的必然要求；第二，世人公认，人们允许理性地、有条件地利用某种动物。农用耕畜为人们提供了劳动力；家畜、家禽、水产鱼虾养殖用于经济目的，提供人们肉、蛋、奶、皮和毛等；骑乘动物、园养动物、杂技动物服务于人们的娱乐；户养陪伴护佑动物给家人带来快乐和温馨，更多体现了人类的朋友角色。但是，不能因为动物为人类的使用与服务而蔑视和虐待动物。相反从伦理、道德的层面讲，更应该珍惜爱护它们。

一个经济动物就是在屠宰前按一条生命对待，屠宰时避免痛苦。事实证明，在家畜家禽水产动物养殖过程中，凡是动物福利得到保障，动物的权益得到尊重，精心护养的群生产效率高，经济收益大。相反，往往疫病流行，健康状况差，生产效益低。

维护环境，关爱生命是人类社会文明进步的表现与需要，应当成为人们的口号，使其深入人心，妇孺皆知。

（二）卫生与保健是福利的核心

在牧场动物生产中，经济效益是由群的健康状况决定的。在集约化畜禽饲养规模越大、越密集，群的健康对生产效益的影响越强。群的健康状况下降，不仅直接引起看得见的畜禽发病死亡，而且通过功效抑制，生产效率降低即非直接畜禽丧失的影响，导致更大的经济损失。如通过潜伏感染或亚临床症状导致功效下降，往往不易被观察到，难以引起人们的重视。

从环境生态的角度观察，符合下列标准判断畜禽群为健康：

(1)生产过程与再生产过程连续无干扰，处在一个高水平上。

(2)畜禽健康通过相应的饲养条件来保障，并无行为障碍。

(3)企业经济指标没因动物健康障碍、疫病或死亡或功效抑制而改变。

(4)畜产品（肉、奶、蛋、毛等）适合于消费者对质量的要求，无毒、无害、无残留、无污染。

(5)畜产品不损坏人类的健康，不存在潜在地健康威胁。

作为群疾患被看做病原体引起的疾病，首先是动物传染病，感染性因素疾病，人兽共患病，寄生虫病，饲养引起的消化障碍，代谢与营养缺乏性疾病，中毒，生殖障碍，饲养引起的疾病和功效抑制（蹄病、受伤、行为障碍）。在此，为使群疾患得以合理概括，强调了环境导致的功效抑制以及行为障碍。

几乎所有的群疾患都是由于动物⇔环境相互关系的平衡打破后引起，因此，通过有规律的动物环境卫生分析，找到并建立一个良好、稳定的环境的管理方法。畜禽舍环境的卫生分析，就是群的健康诊断，它与执行牧场动物卫生标准同样重要，它是集约化畜禽饲养动物保健的基础。

在生产实践中,动物卫生状况差,是导致大多数畜禽群健康危害,功效损失和动物死亡的原因。这纯粹是卫生管理的失误。这些往往由于管理人员素质不高,工作不周造成。因此,在低经济效益时,应该进行分析研究管理原因。各级畜牧兽医管理机构的"动物卫生服务部门"应重视这种关系。图 14-1、图 14-2 显示这种关系的模式。

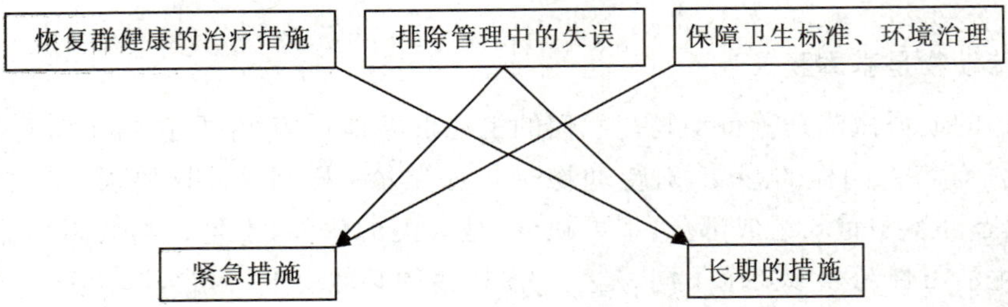

图 14-1 畜牧场生产中排除障碍的路径模式(柴同杰,2007)

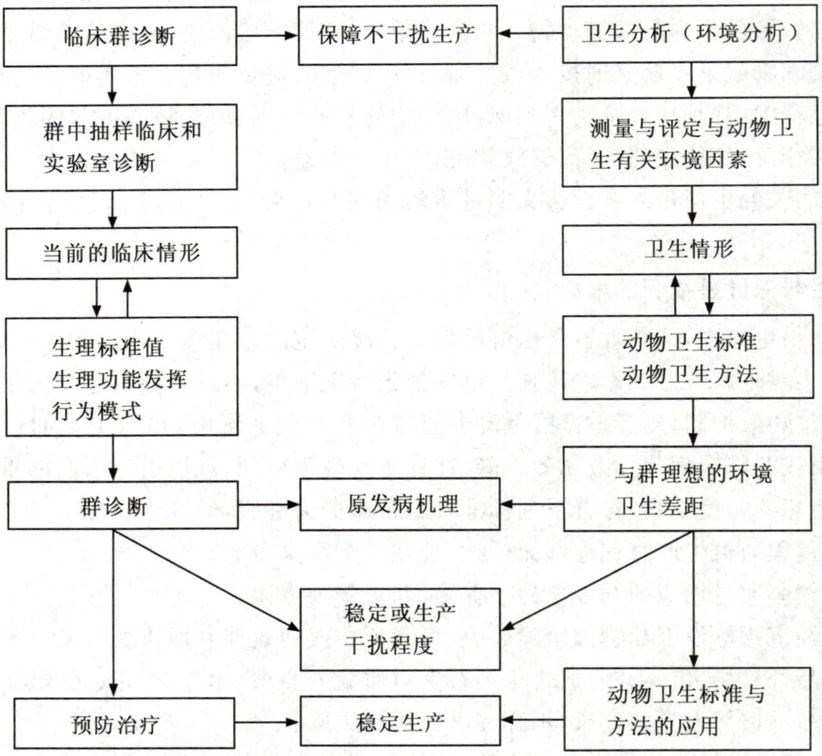

图 14-2 群临床诊断与卫生分析的相互关系(柴同杰,2007)

动物卫生健康管理服务部门独立地对它应着管的畜禽群进行技术指导,他们有义务通过诊断分析动物卫生、饲养管理情形形成每一个牧场防预方案,推广有效经验。规模大的畜牧场与委托的兽医应订立"畜群监护协议",在此应包括上述措施。特别是集约化、规模化程度高的牧场,如蛋鸡场或育肥猪场,这样的管理协议必不可少,卫生监护是兽医的日常工作。如果他们没能注意观察群的保健情况，就会导致持续的损失。

群疾病的第一个信号就是圈舍卫生或饲养的失误的指示。

（三）疫病控制是福利的重要措施

健康保护是福利的关键内容，而疾病的预防对于动物健康显得十分必要。

对畜、禽和水产动物来讲，满足下列条件称作健康：

（1）机体物质代谢过程须与饲养环境协调一致。

（2）在一定的饲养环境条件下形成了与之相适应的稳定的功效。

（3）对不同饲养环境有很高的适应性。

（4）来自动物或动物源性食品不能损害人的健康，如肉，乳、蛋无污染或携带病原微生物，无有害物质和药物残留。因此，动物健康不局限于无临床症状，为了评定，规定下列项目。

（1）形态学标准　不存在与动物育种目标的差异，无变形、畸形与溃烂。

（2）行为学标准　运动行为、采食行为和非条件反射等维持行为得以正常表现。无行为异常或障碍。

（3）免疫学标准　与其效能相适应的免疫系统。

（4）对人的健康无潜在威胁　无病原微生物、有害物质和药物残留。

（5）繁殖的潜能　无菌毒繁殖。

（6）生长潜能　发育匀称正常。

（7）功效潜能　遗传决定的功效得以充分发挥，如生长速度、泌乳、产蛋量等。

有计划有针对地免疫接种疫苗是非常有效的措施，这些已经得到广大从业人员的认可。疫苗接种具有成本低，无毒副作用，效力强等优点。多年来，对畜牧业影响重大的烈性传染病如口蹄疫、新城疫、禽流感、猪瘟等，给养殖业造成了重大损失。根据不同动物，针对一些传染病有计划的免疫是控制疫病，动物保健的首要措施，也对安全稳定生产十分必要。家畜、家禽以及水产动物病原体既有病毒、细菌，也有真菌，常见的猪的传染病达到16种、牛近30种、马10余种、家禽20多种，鱼病十几种。

几十年来，我国的水产养殖得到了巨大发展，所取得的成就国人称为中国的“阿波罗计划”。但是，目前水产动物饲养由于水环境污染等问题，鱼病流行也相当突出。所以，国家“十一五”“863”高科技计划单列多项课题，围绕水产动物的保健和疫病控制问题，如近海滩涂养殖重要病原菌高效疫苗的研制。

（四）提供合理的营养是福利的重要保障

为了保障动物维持生命本身的生理活动和健康、生长繁殖和生产的需要，首先应当保证给动物提供足够的饲料或食物。然后，根据不同动物的消化生理特点制定不同的营养配方。家畜、家禽、水产动物与野生动物的营养需要不同，家畜中使役家畜和经济畜的营养要求不同，种畜禽与商品畜禽、公畜与母畜、母畜与幼畜、母禽与幼禽的营养代谢亦不尽相同。所以，根据动物种类制备饲料配方才是合适的。一般饲料中营养成分应当包括能量、蛋白质、矿物质、维生素、粗纤维等。

（五）理性地满足生理需要，维持动物行为

维持行为是动物遗传的一个重要部分，采食行为、运动行为、性行为和非条件反射是主要行为。其中包括休息、反射、采食、身体护理、运动、探查、统治和社会交往行为。这些行为正常情况下可能有规律地表现出来，也可能根据年龄条件等因素展现出来，也可能某种行为根据健康状况而被代替。

动物身体护理行为表现为舔毛、擦拭、修饰、排便、排泄和寻找舒适环境，借此达到保持体表卫生清洁，舒适安逸和展现生理功能。所以，首先不仅不影响或阻止他们的上述活动，而且，还要提供便利的条件。

休息行为表现为每日打盹、安静休息、闭目养神和睡眠，休息的姿势因动物种类而异，需要一个基本空间，借此达到体力的恢复以及神经体液的平衡。为此，应当提供安静、舒适或悠闲的环境条件，保障足够的空间。

运动行为表现四肢活动、位置、玩耍、伸展与姿势的改变，借此达到保持骨骼肌肉的协调，全身平衡和舒展的需要。为此，应当提供合适的位置和相应的场所。

交往行为表现为与同类、人或异类的身体的接触、语言的交流及其他信号交换。其效果达到社会化，同类群和亲属群形成同类的紧密联系，交流，抚养，依赖，保护或爱护关系。

领域行为是最基本行为之一，他要求基本的生活空间，并且保护领地，维持领域，以便实现获得营养、活动空间、避所以及防卫等。不管野生动物还是家畜家禽程度不同地都有领域行为。集约化动物养殖应当特别注意照顾动物的领域行为，提供合理的生活空间，尤其笼养家禽。

探查行为表现为通过视、听、嗅和触觉，条件反射的或本能的检查，搜寻，探索。动物从中也表现出学习能力，总结过程与经验，从而得到感官的满足和学习所需要的技能，接受可变的刺激。人们专门利用动物如犬的灵敏而高超的探查行为用于侦破案件。

(六)适应动物种类的饲养方法

国际上，近半个多世纪形成的集约化规模化畜禽养殖模式，最大的特点就是饲养密度增大，机械化程度提高，人工环境控制。场主的目标是，实现以较少的人力、饲料和设备的投入获得最大的经济效益。但是，这种饲养方式对动物而言，带有很大的强制性，拒绝了动物散养时的自由采食、运动、宿住和交际。动物的密集饲养改变了环境生态。舍饲动物对人的依赖性比散养更大了，因为它们自己对生活环境没有选择的条件。如果人工环境不适应他的生理需要或者对其健康造成危害，他的生产性能不仅难以实现，而且还会患病甚至死亡。因为，环境因素影响到动物体的神经体液调节，当机体本身调节难以适应环境时，得病在所难免。动物往往对不适的或变化了的环境产生应激，严重的应激从而造成植物神经和体液调节紊乱，机体内环境包括胃肠道、呼吸道以及泌尿生殖器官微生态平衡失调，造成病原或机会病原微生物的入侵感染。

单纯强调眼前的经济效益，忽视动物的生存感觉，最终造成适得其反的后果。在荷兰对集约化生猪生产调查研究时，通过监控设备观察到母猪群养体系中，在采食过程中一半以上的猪阴部咬伤，分析得出，咬伤现象多为畜舍设计不合理引起。

调查研究证明，各种各样的应激是集约化动物生产过程中的主要问题。对此，欧美一些国家的动物保护法制定了有针对的条款，重视圈舍养动物的权益。并在动物保护法基础上，动物饲养法更细致地规定了对某一类动物的饲养标准，如 2001 年 10 月 25 日德国颁布了《动物保护——畜禽饲养规定》，这是专门对生产动物性产品的动物养殖过程中保护的规定。

适应动物的饲养，建立在对不同动物生物学特性认识的基础上，是指人工饲养条件对动物的机体功能和重要的行为方式没有产生阻碍或不利影响，没有过度要求动物的适应力，无疼痛、无负担和无损害产生。在欧洲一些国家，正准备根据动物类别建立相应的圈舍系统制度，并对其实行检验和发放许可证。对动物圈舍系统评估，除了动物的功效和健康标准外，动物行为状况是特别强调的指标。集约化畜禽、水产动物养殖条件下大批量动物饲养，其圈舍系统人为的或客观的技术失误如供料供水设备损坏、水循环受阻、排污、通风设备失灵等，往往给动物带来很大的困苦或灾难，动物群健康就难以保障。

第十五章　实验动物与公共卫生

第一节　实验动物在生物医学中的作用和地位

一、实验动物的定义

1988 年，经国务院批准，原国家科委颁布的《实验动物管理条例》给出的实验动物(laboratory animal)定义为：经人工饲育，对其携带的微生物实行控制，遗传背景明确或来源清楚的，用于科研、教学、生产、检定以及其他科学实验的动物。

实验动物学是现代科学发展中新崛起的一门新兴的、独立的、综合性的基础学科。它广泛地涉及许多学科的领域，与生物学、畜牧兽医学、遗传学、营养学、生理学、微生物学、寄生虫学、外科学、机械工程学、环境卫生学、建筑学等学科密切相关，并且已成为一门具有自身体系的独立学科。实验动物科学是研究实验动物和动物实验的一门新兴学科。概括来说，所谓实验动物学(laboratory animal sciences)就是研究如何培育符合要求的标准化实验动物和研究精确可靠的实验方法，使动物接受处理后，能获得重复性和较强的敏感性，较一致的反应性的生物学科。

二、实验动物的特点

根据实验动物的定义和科学研究的要求，实验动物具有以下特点：

(一)经过人工培育，遗传背景清楚

未经人工培育(如野生动物)或不同遗传背景的实验动物其遗传物质有较大差异，表现出不同的生物学特性，因而对实验处理的反应也不尽相同，这样可能会影响实验结果的准确性和可靠性。因此实验动物必须是经过人工培育，使其遗传特性均一，背景明确。只有这样，才能保证实验动物对实验处理反应的一致性和实验结果的可靠性。根据实验动物的遗传学特点，将实验动物分为近交系(inbred strain)、封闭群(closed hybrid colony)和杂交群(hybrid colony)。

(二)质量实行控制

实验动物在生产过程中和动物实验过程中的质量也直接影响实验结果的可靠性，因此，无论是在实验动物生产繁育过程中还是在动物实验过程中，必须对实验动物质量即其携带的微生物和寄生虫实行控制。根据对实验动物微生物和寄生虫的控制程度，我国目前将实验动物划分为 4 个等级：普通级动物(conventional animal,CV)；清洁级动物(clean animal,CL)；无特定病原体动物(specific pathogen free animal,SPF)；无菌动物(germ free animal,GF)，其中包

括悉生动物(gnotobiotics animal,GN)。

(三)环境实行控制

为保证实验动物质量,实验动物必须饲养于达到一定要求的环境中,即要对实验动物的环境实行控制。实验动物生产繁育设施以及动物实验设施环境的优劣,直接影响实验动物质量和动物实验结果。不同等级的实验动物必须饲养于与之相适应的环境设施中。目前我国按国标(GB 14925—2001)将实验动物环境设施分为 3 类:普通环境、屏障环境和隔离环境。

(四)应用范围明确

实验动物是用于科学研究、教学、生产、检定以及其他科学实验的动物,其应用领域广泛,包括医学、药学、产品质量检验、生物制品、轻工业、食品工业、农业、畜牧兽医、环保、国防、航空航天乃至实验动物科学本身等。在研究人类生命现象方面,实验动物作为人类的"替身"和"活的精密仪器",为科学发展、人类的生存和健康服务。

三、实验动物与其他动物的区别

实验动物与试验用动物和其他动物不同,一般来说,凡是以研究、实验、教育、药品生产等为目的而使用的动物通称为实验用动物(animal for research),包括实验动物、野生动物、经济动物、观赏动物等。

实验动物:是专门供医学、药学、生物学、兽医学等领域的科研、教学、医疗、检定、诊断、生物制品的需要而驯养、繁殖、育成的动物。其遗传背景清楚、质量和环境实行控制。

经济动物(economical animal):是指作为人类社会生活需要(肉、乳、蛋、皮毛用等)而驯养、培育、繁殖生产的动物。

野生动物(wild animal):是指作为人类需要从自然界捕获的未经人工繁殖饲养的动物。

观赏动物(exhibiting animal):是指供人类玩赏(宠物)和游人玩赏而饲养的动物,如犬、猫等。

由于经济动物、野生动物以及观赏动物与实验动物相比其生物学特性、遗传背景、质量控制和环境控制等都有一定的不确定性,因此应用这些动物进行科学实验其结果往往出现较大误差而降低实验结果的准确性和可靠性。所以在科学实验中经济动物、野生动物以及观赏动物要慎用。

实验动物、野生动物、经济动物、伴侣动物的区别见表 15-1。

表 15-1　各类动物的区别

动物	人工培育	繁殖	遗传背景	物种来源	微生物寄生虫	用途
实验动物	严格	人工	明确	明确	人工控制	科学实验
野生动物	未经	自然	不明确	不明确	自然选择	生态保护
经济动物	一定程度	人工	一般	一般	一般	发展经济
观赏动物	一定程度	人工	一般	一般	一般	观赏

四、实验动物在生物医学中的地位及作用

实验动物是生命科学研究的基础和重要支撑条件。目前,几乎所有的生命科学领域的科

研、教学、生产、检定、安全评价和成果评定都离不开实验动物,实验动物被称为“活的仪器”,有着不可替代的作用。在现代科学的带动下,实验动物学已发展成为一门综合性的新兴学科,其发展和应用程度被作为衡量一个国家、一个地区、一个部门或行业,特别是生物医学发展水平的重要标志。

21 世纪将是高科技激烈竞争的年代,现代医学及生物高科技已成为时代竞争的热点和制高点,因此,实验动物科学备受重视。发达国家每年都投入大量资金,以促进实验动物学的发展。实验动物在科学研究中占有重要地位,如美国生物科学课题投资的 40%涉及实验动物,60%的生物学课题需要实验动物。美国肿瘤研究中心,每年的研究经费为 2.2 亿美元,而需要利用实验动物进行研究的课题占 1.4 亿美元。有人统计,我国生物医学科研课题的 60%以上需要实验动物。由此可见实验动物在科学研究中所占的重要位置。

(一)生物医学乃至生命科学的发展离不开实验动物

回顾生物医学发展的历史不难发现,许多具有里程碑式的或划时代的研究成果,往往与实验动物及动物实验密切相关。生理学家巴甫洛夫曾经指出,“没有对活动物进行实验和观察,人们就无法认识有机世界的各种规律,这是无可争辩的”,“整个医学,只有经过实验的火焰,才能成为它所应当成为的东西”,“只有通过实验,医学才能获得最后的胜利” 。这些论点,已经并且正在被医学发展的历程所证实。

16、17 世纪开创了实验医学,近代医学才逐渐发展起来。17 世纪初期威廉·哈维(William Harvey)和斯蒂芬·哈尔(Stephen Hale)用蛙、犬、蛇、鱼、蟹等动物进行了血液循环的研究,第一次证明循环系统是一个密闭的系统,把动物实验提高到成为一门科学的水平,为生理学创建了实验方法及性质。随后动物实验在医学各个领域中的广泛应用,实验医学得到了更快的发展。如 1878 年,德国科学家科赫通过对牛、羊疾病的研究,发现了结核杆菌,指出了细菌与疾病的关系。1880 年,法国微生物学家巴斯德(Louis Pasteur)在家禽霍乱病的研究中首先用人工致弱的巴氏杆菌,制造出禽霍乱疫苗,到 1885 年他又成功地研制出狂犬病弱毒疫苗,开辟了传染与免疫的新领域。1914 年,日本人山极和市川用沥青长期涂抹家兔耳朵,成功地诱发出皮肤癌,进一步的研究发现沥青中的 3,4-苯并芘是化学诱癌物,从而证实了化学物质的诱癌作用。从此,许多化学物质都相继被证实可以诱发动物的肿瘤,为肿瘤病因的化学因素提供了更多的证据,使人们充分认识到化学致癌因素在人类恶性肿瘤的病因中占有极重要的地位。法国生理学家里基特通过动物实验发现了过敏的本质是抗原抗体反应,从而推动了变态性疾病的研究。还有如法国的克罗德·班纳(C. Bernard)、麦仁地(Majendie)的生理学药理学实验、德国的斯奈登(S. Chleiden)和斯旺(Schwann)的细胞观察、维尔啸(R. Virchow)的细胞病理学。他们应用实验动物进行动物实验,其基本的基础医学研究为今日临床医学奠定了基础,做出了决定性的贡献。

特别是 19 世纪 50 年代后发展了近交系、突变系、杂交群动物、SPF 动物、无菌动物、悉生动物等后,实验动物在医学研究中应用更加深入广泛,为推动现代生物医学的发展发挥了重大的作用,开辟了广阔的前景。

1909 年美国 Jackson 实验室 Little 教授首次采用近交方法,培育出 DBA 纯系小鼠;1943 年美国 J. A. Reynier 博士研制成功第一台金属隔离器,并培育出无菌大鼠;1962—1969 年间英国 Crist 医师发现并培育出裸鼠;目前,免疫缺陷动物的研究进展迅速,其培育及应用已从小型啮齿类动物扩展到马、牛等大型哺乳类动物,从单一细胞缺陷的无胸腺裸小鼠扩展到 T、

B细胞联合免疫缺陷的SCID小鼠以及T、B、NK细胞三联免疫缺陷小鼠，从自发突变的先天性免疫缺陷到后天获得性免疫缺陷，并广泛应用于肿瘤学、免疫学、遗传学、微生物学以及临床医学等各个领域，具有鲜明人类疾病模型特征的动物品系尚有自发性高血压(SHR)大鼠，癫痫大鼠、白内障小鼠、糖尿病小鼠等数以百种。基因敲除、转基因等使其研究进入新领域。同时，用人类遗传疾病基因转移形成的转基因动物可出现与人类相似的遗传疾病。通过以上品种品系实验动物的应用，极大地推动了现代生物医学地发展，为解读生命奥秘、促进人类健康作出了巨大的贡献。

根据国际上有的部门统计，世界上生物医学研究论文的60%以上是采用实验动物来进行的，半数左右的诺贝尔医学奖项目成果的取得离不开实验动物。以实验性科学为主的学科如生理学、病理生理学、药理学等绝大部分论文是使用实验动物来完成的。由此可见，离开实验动物和动物实验，很难设想生物医学的发展。由此可见，近代生物医学与现代生物医学的发展，始终离不开实验动物。

(二)实验动物已成为支撑生命科学发展的要素

人们经过长期实践总结出支撑生命科学发展的四大要素，即AERI：A是实验动物(animal)，E是设备(equipment)，R是试剂(reagent)，I是信息(information)。当今由于科学技术的发展，要获得高、精、尖的仪器设备，纯度高的试剂，必要的文献信息，已是容易办到的事。随着生命科学的发展，实验动物也得到了重视。

在发达国家如美国、日本等国，都专门设立了为发展实验动物，提高实验动物质量的独立研究机构。在许多综合性大学、医学院、兽医学院、研究所和许多进行动物实验研究的单位，都设有规模相当大，水平相当高，设施和环境条件现代化的实验动物中心，进行着实验动物和动物实验的科学研究工作。其中，美国NIH实验动物资源中心和杰克逊实验室，是世界上最大的遗传保种和遗传研究中心，仅NIH实验动物资源中心就维持着250多种近交系大小鼠，不同背景的无胸腺裸鼠有20多种。根据研究的不同需要，共培育着2 607种实验动物。目前国际著名的实验动物基地主要有：美国杰克逊实验室投资1.2亿美元用于实验动物设施的完善，保存了数千动物种类、品系；日本熊本大学投资40亿日元建立实验动物资源中心，保存了2 000多个品系；加拿大投资6 700万元加币建造36 576 m^2 的鼠类动物资源中心，目标是成为世界生物医药的研发中心。

实验动物科学条件已成为衡量一个国家，一个地区，一个单位的科学水平现代化的标志，是世界各国间和国内的学术交流，成果比较的科学标准；已普遍受到世界各国政府和各地方政府的重视和各专业学科专家们的关注。

但由于我国实验动物科学的发展起步晚，与通行的国际实验动物质量标准还有一定差距，造成的沉痛教训已经不少。如由于实验动物质量不标准，动物实验的敏感性、重复性差，致使动物浪费严重，科研论文的科学性及可信性降低，在国际学术界得不到公认，生物制剂、药品的安全性有效性评价试验得不到承认，影响出口。在中国加入世界贸易组织后，形势变得更加严峻。

最近十几年，我国也已经认识到实验动物对生命科学的促进作用，实验动物水平有了较大的提高，在国家科技部的领导和支持下，先后建立了国家啮齿类实验动物种子中心、国家啮齿类实验动物种子中心上海分中心、国家遗传工程小鼠资源库、国家实验小型猪种质资源中心、国家实验兔、实验猴、实验犬、实验用禽基地，基本满足了生命科学研究对实验动物的需要。实验动物质量得到了很大提高，实验动物环境设施得到很大改善。另外各省市也根据需要，纷纷建立实验动物公共服务平台，如上海市科委投资近2亿元建立上海实验动物公共服务平台，另外江苏、浙江等省也分别建立的实验动物或动物实验公共服务平台，通过这些平台建立，为生命科学研究提供了很好的支撑条件，极大地促进了当地科技进步和经济发展。

（三）实验动物在许多领域得到了广泛应用

1. *生命科学研究方面* 生命科学中，人类的健康和福利研究离不开应用实验动物。在对人的各种生理现象和病理机制及疾病的防治研究中，实验动物是人的替难者。譬如，癌症是威胁人类健康的最大疾病，由于在肿瘤的移植、免疫、治疗等研究中使用了裸鼠、悉生动物和无菌动物，对各种恶性肿瘤的致癌原因，尤其是化学致癌物质、病毒致癌、肿瘤的病毒、免疫、治疗等方面和研究有了极大的进展，计划生育研究有相当大的工作是在动物身上作的。各种疾病，如高血压、动脉硬化、心脏病等发病、治疗与痊愈的机制及其生理、生化、病理、免疫等各方面的机理，都经过动物实验加以阐明或证实。有许多课题的研究离开了实验动物就寸步难行。目前，对于生物学的研究已进入分子水平，而这一领域大部分研究材料也是来自实验动物。

2. *制药及生物制品方面* 新的药品必须通过大量的动物实验来进行严格的安全性有效性评价，其中包括动物急性、亚急性及慢性试验，三致试验(致畸、致癌、致突变)，包括以啮齿动物、犬或猴等不同进化程度的动物进行试验，证明对人体安全可靠后，方能报有关部门审批，申请生产批号。药品在正常生产过程中，产品也要通过动物实验进行安全性检验，以保证产品的安全性。如1962年，西德某药厂生产一种反应停(thalidomide)，推广给孕妇使用，结果在若干年内发现畸胎发生率增高，究其原因就是与孕妇服用 Thalidomide 有关。

实验动物不仅是生物制品安全性有效性评价的必不可少的工具，也是其生产的原料，如牛体制备牛痘苗，猴肾制备小儿麻痹症疫苗、以地鼠肾制备乙脑及狂犬疫苗，以 SPF 鸡胚制备麻疹疫苗以及以兔生产各种免疫血清、马体制备白喉、破伤风或气性坏疽等血清等。

3. *化学工业和重工业方面* 化工等工业的劳动卫生措施，特别是各种职业性中毒(如铅、苯、汞、锰、砂、酸、一氧化碳、有机化合物等)的防治方法，在重工业上，对有害物的鉴定和防治都必须选用实验动物进行各种动物实验后才能确定。

4. *畜牧科学方面* 兽药的研发和鉴定、兽医生物制品的安全性检验、效力检验等，都要使用标准化的实验动物。特别是在畜禽传染病的研究工作中，常需要有合格的实验动物进行实验。如1981年，我国某兽医生物制品厂生产的猪瘟疫苗混有猪瘟强毒，结果注射后引起大批猪死亡，造成国家经济的很大损失，其原因是由于制苗所用的仔猪带毒，而安全检验用的动物数量和质量又不符合要求所引起的。目前在兽医科学研究上，实验动物必须符合要求。目前大多数禽用生物制品是用 SPF 鸡胚制备的，使用 SPF 鸡胚制备的生物制品，其质量得到了保证。

5. *农业科学方面* 新的优良品种的确立除要做物理的、化学的分析以外，利用实验动物进行生物学的鉴定是十分重要和有意义的。化学肥料、农药的残毒检测，粮食、经济作物品质的优劣等，最后也还是要通过利用实验动物来确定。

化肥和农药是提高农业生产的重要材料，由于未经严格的动物实验而发生的问题很多。在合成的多种新农药化合物中，真正能通过动物试验对人体和动物没有危害的只占1/30 000，其余都因发现对人的健康有危害而禁用。20世纪70年代，我国从瑞士某公司进口杀虫脒的生产流水线，但就是因为忽略了动物的安全性试验而造成了很大损失。因为投产后，才从国外知道消息，杀虫脒能致癌，国外已经不用。由此可见，用实验动物进行的安全性试验对农药、化肥等生产极为重要。

6. *健康相关产品方面* 与人们健康密切相关的吃穿用的健康相关产品，包括化妆品、消毒产品、涉水产品，还有保健食品等，上市销售，都要求必须先经国家指定的机构采用实验动物进行安全性试验，以证明其对人体无急慢性毒性，且无致癌、致畸、致突变作用，才能供应市场。

7. *环境保护方面* 在环境保护，包括废物的、气体的、光辐射的、声干扰的、电磁辐射的等各方面的研究中，实验动物都是监测的前哨和研究防治措施的标样。

8. *国防、航空航天、军事科学方面* 各种武器杀伤效果，化学、辐射、细菌、激光武器的效果和防护，以及在宇宙、航天科学试验中，实验动物都作为人类的替身而取得有价值的科学数据。如我国的“神舟五号”宇宙飞船遨游太空之前，就用实验动物进行了大量的科学实验。在宇宙飞船首次遨游太空时，代替人类受试作生理试验的是实验动物。通过动物实验，研究人体在太空条件下，失重、辐射和天空环境因素对机体生理状态的影响。在核武器爆炸的试验中，实验动物被预先放置在爆炸现场，以观察光辐射、冲击波和电离辐射对生物机体的损伤，此外，在战伤外科的研究中，在防军事毒剂和细菌武器损伤的研究中，实验动物均被用来代替人类作为战争中的受难者，从而研究对各种战伤的有效防治措施。

9. *国际贸易方面* 进出口商品检疫、检验离不开标准化的实验动物，在进出口商品的检疫、检验过程中使用的实验动物标准必须与国际接轨，否则会直接影响着对外贸易的数量、质量和信誉。

10. *其他方面* 如在实验动物科学本身研究方面，实验动物对生物科学的微观领域，都进行了更为深入的探索，例如，在遗传学、生殖生理学等的科学以及实用技术方面，小鼠基因组与人类基因组的对比研究等等，都不断取得突破。

在教学方面，实验动物是在生命科学探索过程中最基本的教学用动物。如在动物学课程方面，要用蟾蜍、鱼、鸡、兔等作为实验动物；实验兔是生理学教学中必不可少的实验动物；外科学教学中常用犬作教学用动物等等。

另外实验动物还在交通、建筑、海洋、石油等方面具有广泛的应用。

第二节 实验动物福利及动物实验的3R原则

一、实验动物福利

（一）实验动物福利的概念

实验动物福利是指实验动物在肉体与心理上处于健康、康乐以及舒适的状态。它包括实验动物繁育以及动物实验过程中的动物福利。

目前，世界各国都存在不同程度的动物保护、动物福利的思想。很多国家开展了不少市民运动，并获得了普遍支持，如目前欧美等一些国家如英国、德国等都通过了动物福利法，但“动物福利”已经成为中国法制化建设中需要引起重视的新问题。近年，我国研究人员的意识确实发生了变化。既能抵抗禁止动物实验，又能理解动物福利的主张、改善动物的饲育条件，努力使用最少数量的动物，十分注重减轻动物痛苦，做到人道、科学地进行动物实验。

(二)实验动物福利的基本内容

按照国际公认标准,动物被分为农场动物、实验动物、伴侣动物、工作动物、娱乐动物和野生动物六类。实验动物福利的基本出发点是让实验动物在健康快乐的状态下生存,所谓健康快乐,是指实验动物不仅在身体上要求健康,还要求动物在心理上快乐,其标准为动物“身心愉快”的感受状态,包括无任何疾病、无行为异常、无心理紧张压抑和痛苦等。而这种状态可以通过测量评定,如可以测量动物受伤或生病的迹象,对疼痛的反应,由于压抑等原因造成的行为异常以及恐慌对动物的影响等等。实验动物福利更加强调保证动物健康快乐的外部条件,诸如实验动物环境设施条件等。

实验动物福利的基本内容即满足实验动物的需求,实验动物的需求主要表现在以下三个方面:维持生命需要、维持健康需要及维持舒适需要。这三方面的需要决定了实验动物的生活质量。实验动物作为一种生命形式,同人类一样既有基本生存需要,又有心理需要,而如果不能满足实验动物的这些需要会造成动物的生理和心理方面的异常,从而影响动物的身心健康。而实验动物作为“活的精密仪器”、“人类的替身”,为人类的健康服务,更应满足其身心健康需求。

因此,目前国家动物福利一致认同,实验动物在任何条件下享有以下五大自由:享有不受饥渴的自由;享有生活舒适的自由;享有不受痛苦伤害和疾病威胁的自由;享有生活无恐惧和悲伤感的自由;享有表达天性的自由。因此,所有实验动物福利措施的实施均需以保障实验动物享有上述五大自由为基本原则。

(三)实验动物福利与动物实验的对立统一

近年,动物福利运动或称为动物权利运动,风起云涌,已发展成为社会性、政治性团体,类似人权组织或环保组织。值得一提的是,1975年由彼得·辛格出版的《动物解放》一书,将动物拥有权利的概念广植人心,掀起了动物福利运动的新高潮。动物解放运动人士认为,动物和人一样,有智慧、有思维、有喜怒哀乐、有痛感、有恐惧感,应该给予人类一样生存权,不能滥杀无辜,动物应该被解放。

20世纪后期,有些地方已被迫停止用犬猫做实验,有些地方限制动物房建设,有些设施被捣毁,甚至有科学家因此而被起诉。但后来动物保护主义者由合法斗争转为非法斗争。捣毁实验室、放生动物、焚烧档案、威胁科学家,现在美国有几千个动物保护组织,激进的如解放动物阵线也有多个,最后发展成为“动物解放运动”。动物解放运动提倡:完全禁止用动物进行科学实验;提倡素食;禁食野味;禁用畜产品(皮革、裘皮、羊毛);禁止笼养鸡、工厂化养猪;禁止马戏团野蛮训练;禁止活体取药(熊胆汁、鹿茸)。

但科学界认为,为了人类的福祉、人类蓄养动物,为了救活更多的人还是应该使用实验动物进行动物实验。还是应该吃肉、穿羊毛来完成食物链,人是动物但也不是动物,有伦理界限。而且科技界也同动物保护主义提出“善待动物”的要求,具体包括:给予动物以舒适的居住环境;给予动物以足够营养的饲料、清洁饮水;给予需要的动物以镇静剂、麻醉剂;给予动物人道处死、施行安死术;温和保定、善良抚慰,减少应激反应等。

由此可见,人类饲养并使用实验动物进行动物实验和实验动物福利是相互对立统一的两个方面。如果同动物解放运动人士的主张那样,动物福利过高,会给生产者和使用者带来过分的负担,造成浪费,因此,从这个意义上讲,动物福利并不是一味地保护动物,解放动物,而是在使用实验动物的同时考虑实验动物的福利状况，给实验动物创造一个舒适的环境，而且反对使用极端的手段和方式进行动物实验。

（四）欧美及日本实验动物福利现状与问题

实验动物对人类的健康具有重大的贡献，但是如果漫无科学目的或者反复盲目地进行动物实验，就会给动物的身体造成莫大的痛苦，故应尽可能地减少活体动物实验，更有必要寻求代替实验方法。对必须进行的动物实验要有明确的规定和限制，将实验动物的痛苦减少到最低程度。

欧盟的86/609命令制定了实验动物照料食宿的最低标准，并规定所有在实验中使用的动物都应保证适宜的住所环境，运动时间，自由，食物水以及适合于健康与福利的照料，保证所有实验动物能享受其肉体及精神权利。

欧美各国提倡禁止动物实验分为动物权运动（Animal Right Movement）和动物福利运动（Animal Welfare Movement）两个组织。提倡动物权运动的组织认为所有的动物有权和“人类一样生存”，人类无权侵犯动物权利，站在绝对反对动物实验的立场动物权论者以追求废止动物实验为目的，促进禁止动物实验的立法，诉讼研究者，侵入研究室进行破坏，解放实验动物，对研究者及其家属进行威吓。而动物福利运动组织认为反对所有不人道的动物实验，采取动物实验是必要的立场。一直致力于实验动物福利的建设。

日本虽然没有发生像欧美那样的过激反对运动，但是受欧美影响的一部分日本动物保护团体对研究机关、研究人员、实验动物从业人员以及从事动物实验的部门进行各种骚扰、胁迫、利用宣传机器进行歪曲事实的宣传等各种阻碍活动，已使用犬、猫、猴等中型动物的动物实验工作受到了严重的影响。

随着生命科学的快速发展，各国政府逐渐认识到动物实验对科技发展和本国经济的重要性，如英国是世界上最大的药物出口地，1%的人口，5%的科学家，9%的论文，12%的论文被引用。如果离开动物实验，很难设想能有这样的成绩。因此，科学界和公众也开始支持动物实验同时保证实验动物福利。

（五）我国实验动物福利现状

中国对动物福利的概念引进较晚。1988年，原国家科委颁布的《实验动物管理条例》并没有关于动物福利的具体内容，只是要求爱护动物，不能虐待动物。2004年，有关“动物福利”的内容才第一次出现在报送国家科技部审批的《实验动物管理条例》（修订稿）中。在《实验动物管理条例》中增加的动物福利条款包括：从事实验的工作人员必须爱护动物，禁止伤害、虐待动物；在符合科学原则的情况下，开展动物替代方法研究；在不影响实验结果的情况下，采取有效措施避免给动物造成不必要的不安、痛苦和伤害；实验结束后采取最少痛苦的方法处置动物。这是将动物福利首次写入中国国家法规。

2006年9月30日，科技部发布了《关于善待实验动物的指导性意见》，提出善待实验动物，是指在饲养管理和使用实验动物过程中，要采取有效措施，使实验动物免遭不必要的伤害、饥渴、不适、惊恐、折磨、疾病和疼痛，保证动物能够实现自然行动，受到良好的管理和照料，为其提供清洁、舒适的生活环境，提供充足的、保证健康的食物、饮水，避免和减轻疼痛和痛苦等。提出了在实验动物饲养管理过程、应用过程和运输过程中善待实验动物的具体要求，以及善待实验动物的相关措施，并提出善待实验动物包括倡导“减少、替代、优化”的“3R”原则。这是我国对实验动物福利比较全面的阐述和解释。另外地方政府也先后出台了相关实验动物福利的措施，如北京市2006年1月1日实施的《北京市实验动物福利伦理审查指南》就对实验动物的福利伦理审查作了具体的规定。

随着实验动物福利概念的深入人心和国民素质的不断提高，很多有条件的单位为生命科学献身的实验动物立碑，上海交通大学医学院实验动物科学部是最早为实验动物立碑的单位，其碑文为“魂归自然，功留人间”，以铭记实验动物为人类医学事业做出的巨大贡献。另外中国科学院上海实验动物中心、武汉大学实验动物中心、江苏省开放性动物实验中心等单位均有实验动物纪念碑，被认为是东方文明道德的灿烂的明珠。

二、动物实验的3R原则

(一)3R理论的提出

实验动物作为人的“替身”接受各种实验，是科技发展史上的一大进步，但随着科技的发展，使得生物科学研究领域中实验动物的使用量大增，引起了动物保护人士和公众的关注。但是在目前的情况下，完全不进行动物实验又是不现实的，因此需要在人类利益与实验动物利益之间找到相对的平衡。在动物内在价值越来越受到尊重的今天，符合伦理学法则的3R原则的提出，也是事物发展的必然。

1954年，动物福利大学联合会(U-FAW)Charles Hume教授制定了一项有关动物实验人道主义技术的科学研究计划，这项计划具体由免疫学家Peter Medawar(诺贝尔奖获得者)、英国Lane Petter、美国Christine Sttevens、英国动物学家Russell、英国微生物学家Burch共同参与这项工作。Russell和Burch于1959年发表了《实验技术的人道主义法则》，首次完整提出科学研究中动物实验3R原则，即用其他方法替代(replacement)动物实验，减少(reduction)动物使用的数量，优化(refinement)实验过程减轻动物痛苦。

1978年，David Smyth教授出版了《动物实验的替代》一书，用“替代”(alternatives)这个名次对3R下了定义。随着体外实验技术的进步和发展，为实践3R原则提供了空间和条件。3R的内容和观念正受到各国政府和科学界的高度重视，3R正成为一个新兴的研究领域，其研究成果也得到广泛的开展和应用。

(二)3R的含义及应用概况

3R是Reduction、Replacement和Refinement的简称。

1. Reduction(减少)　是指在保证获取一定数量与精确度的数据信息的前提下，减少动物的使用量。如可以通过使用适合的动物品种、品系和高质量的实验动物，改进实验设计、规范实验动物操作程序等，达到动物使用数量的减少。实践中减少的应用主要有：

(1)使用高质量动物　随着实验动物等级质量的提高，其对动物实验处理的反应也就更加一致，得出的结论就更加可靠。因此在提高实验动物质量后，可通过适当减少实验动物数量来达到实验目的。但是只能以质量代替数量，绝不可以数量代替质量，求救于统计学。

(2)合用动物　通过合理计划安排，通过合用动物也可以达到减少实验动物用量的目的。例如可以将处死动物送外科手术室进行手术演示实验，病理解剖同时提供组织或器官等等。

(3)使用低等动物　如用鱼类等低等的脊椎动物代替高等的脊椎动物，在毒理学、肿瘤学、基因突变筛选、血液等器官疾病方面的研究取得了很大的进展，应用数量急剧增加。如培育出的斑马鱼近交系大量用于基因突变筛选和发育缺陷的研究，剑尾鱼在毒理学研究中的应用，大大减少了高等脊椎动物在这些领域的使用量。

(4)改进统计学设计、共享研究数据　少量动物也可得出更多数据，可以充分利用电脑统计软件，推理演绎出更多结果。同时实验数据共享非常重要，在进行动物实验之前，必须对动物实验数据收集分析，没有必要重复以前做过而没有多少科学价值的研究。目前很多关于动物实验和3R研究的很多方面的数据库都已经建立起来，非常容易得到相关的信息。掌握这些信息，可使研究者在研究过程中少走弯路，同时也可减少不必要的动物浪费，从而达到减少动物用量的目的。

2. Replacement(替代)　替代原意是指应用无知觉材料的科学方法替代活的有知觉的脊椎动物的方法，其含义是任何的科学方法，只要是使用非生物材料或无知觉的低等动物(如无脊椎动物)材料来代替使用活的脊椎动物的方法都属于替代。其范围包括组织学、胚胎学、细胞学或计算机等方法取代整体动物实验，以低级动物代替高级动物等。

(1)体外技术　体外技术是目前最重要的一类替代动物实验的方法。体外方法包括对细胞器、细胞、组织和器官的研究。现代组织培养技术能在体外进行器官重建，如将不同皮肤组分分离，用细胞培养技术得到大量皮肤细胞，将细胞接种合适基质，可重建三维结构的皮肤，用于代替对皮肤进行腐蚀和放射照射筛选的动物实验。

(2)低等生物替代高等动物　使用低等的生命形式，如细菌、真菌线形动物、昆虫或软体动物来替代高等动物。如在检测化合物可能引起癌症的致突变性质时，采用细菌做的Ames试验；酵母被广泛地用来作为特定基因表达地载体；转基因植物有时也适合用来进行疫苗生产；鲎试验检查热源来替代用兔进行药物热源试验等等。

(3)免疫学技术　免疫学技术在诊断试验、疫苗质量控制以及基础免疫学研究方面尤其有用。如用体外发酵系统或空心纤维系统培养杂交瘤细胞生产单克隆抗体正替代用动物体内生产单克隆抗体的过程。

(4)物理-化学方法　有些物理-化学方法是生物医学研究的替代方法的重要组成部分。如使用高压液相色谱(HPLC)技术测定激素制剂的效价，用于代替使用动物模型测定激素的效价。目前HPLC在有些国家被官方指定为测定激素效价必须采用的技术。

(5)计算机和数学模型　如开发新药时，利用计算机技术设计新药的结构和性质，也称计算机辅助药物设计或理性药物设计。通过计算机辅助药物设计技术，对药物希望生物活性的初步筛选后，真正用来做动物实验的化合物就减少了许多。

在生物有机体内发生的许多过程能够用数学方程式来表示，即这些过程能够建立数学模型。如药物动力学模型，能在有机体生理学参数、药物的物理化学特性、药物可能代谢基础上预测药物在体内的吸收、分布、代谢和排泄，此方法还可预测药物作用的体内靶组织和药物可能的药效和毒性。

3. Refinement(优化)　优化是指在必须使用动物时，要尽量减少非人道程序的影响范围和程度。从动物人道主义去理解，饲养方式、方法符合动物习性。使用动物做实验时，尽量减少动物痛苦，在处死时采用安乐死等。

(1)尽量减少对动物的侵袭　尽量不要惊动动物，要温和接近动物、保定动物，保证不引起应激反应。例如使用监控设备观察动物活动。另外使用遥测技术可以从自由运动的动物身上连续观测到许多参数，动物身上可以装上能发射电波的测量装置，通过无线电装置接收数据，可用于测定体温、血压、心率、心电图等。这种技术减少了动物用量和痛苦，是一个很好的方法。

(2)改良优化仪器设备　如对遥控给药、取样、采血、开刀、示范教学等的仪器设备进行改良，可大大减少动物的痛苦。

(3)控制疼痛　如美国动物福利法规定：课题主持人必须设法减少动物痛苦，征询兽医意见，使用麻醉剂。在欧、美等发达国家，一个动物实验设计方案要经过实验动物管理委员会或伦理审查委员会的审批才得以实施，主要内容必须包括：充分阐明实验的必要性，并证明没有任何其他方法可以取代该动物实验；充分阐明实验的合理性，即所用的实验动物种类、品系、数量、性别、日龄等都是科学合理的，能用小动物进行实验就不能选用选用大动物实验，用 10 只能完成实验就不用 11 只；明确实验过程可能给动物造成的疼痛、痛苦有多大，有些国家制定有疼痛等级的评分标准。

(4)妥善安置“退役”动物　对进行完动物实验的动物要进行妥善安置。如果是用非人灵长类动物做实验，对实验完成后退役的动物必须有妥善的安置措施。如 1999 年美国在佛罗里达州的沙漠上建造了一所具有相当舒适度的设施，将十几年来研究退役的上百只的大猩猩放在那里“颐养天年”。

(三)3R 技术应用展望

开发组织培养、计算机技术、免疫学技术和物理、化学等方法作为对动物实验的替代，已经取得较快的进展。如通过在人类组织中应用基因芯片技术，可以得到关于疾病相关基因的知识，在这个研究领域就可以部分地避免使用动物。预计将来动物实验仍然是不可缺少的，但动物实验的目的可能要发生变化，其目的可能由最初的直接研究转向对体外试验数据的验证上，同时强调的一点是，生物医学研究中最终的验证研究要在人身上进行。

因此，很难预测 3R 技术会对将来实验动物的使用有何重大影响，或许通过对 3R 技术研究的不断深入，用于解决科学问题以及其他领域所使用的实验动物数量会越来越少。另外，动物实验替代方法产生一个怪圈：替代方法本身仍然需要动物实验来进行验证，这也许就是动物实验与 3R 技术的对立统一。

第三节　常用实验动物重要疾病及公共卫生学意义

一、实验动物传染病与公共卫生

在实验动物的体表、体内以及饲养环境中存在着种类繁多的微生物和寄生虫。这些微生物和寄生虫对实验动物可以是致病性的、条件致病性的和非条件致病性的，有些还可能是人兽共患病的病原体。

实验动物已经在生物、医药、化工、农业、畜牧、环保、军工外贸、商检、宇航等科学领域得到广泛应用。实验动物作为人工饲养繁育并应用的动物，与人的接触最为密切，因此，实验动物的人兽共患病对人的危害较大，并导致比较严重的公共卫生安全问题，其公共卫生学意义不容忽视。

由于目前我国实验动物总体质量不高，由于种种原因，在动物实验中还经常使用普通级实验动物。目前我国的普通级实验动物饲养在较为开放的饲养环境中，经常可能有携带病原体的各种媒介昆虫及野鼠进入，导致把各种病原体传染(感染)实验动物。例如，淋巴细胞性脉络丛脑膜炎、肾综合征出血热、钩端螺旋体病、旋毛虫、弓形虫病等。另外，还有一些疾病如恙虫病、鼠疫、伤寒等传染病则由各种媒介昆虫传播，这些疾病都可通过各种途径传染给实验动物，再通过实验动物传染给人。Features 曾报道，由于接触实验用地鼠，15 位实验者感染流感样淋巴细胞性脉络丛脑膜炎，病人表现腮腺炎，脑膜炎和单侧睾丸炎的症状。西德曾在参与生物研究的工作人员中发生淋巴脉络丛脑膜炎的小范围流行；美国(1973)一名实验者在使用地鼠研究癌症实验中感染淋巴细胞性脉络丛脑膜炎。1970—1984 年间，日本 22 所医学教育单位的 126 名实验人员因与实验用鼠接触而感染肾综合征出血热，1 人死亡。另外其他常见的人兽共患病如狂犬病(犬、猫、鼠等)，Q 热(牛、羊等)、棘球绦虫(犬)等在普通级实验动物中的带菌(毒)(虫)率也很高。

在很多生命科学研究实验中，不得不使用非人灵长类动物，而目前各种实验中使用的灵长类动物大多是野生的或经短期人工繁殖驯化的，其遗传背景、体内微生物携带状况不甚明确，而且灵长类动物携带人兽共患病病原的种类较多，对人类的威胁也最大。如 1976 年前西德某生物研究所在将从乌干达引进的绿猴的肾细胞进行体外培养时，31 名实验者发生不明原因的发热疾病，后从患者血液中分离出马尔堡病毒。还有 B 病毒在猕猴属 Macaca 猴类神经细胞中潜伏，在寒冷、运输或实验等刺激条件时口腔黏膜出现病变，病毒混进唾液里，当人受到咬伤时就会遭受感染而产生鞘髓膜炎、脑炎以至死亡。B 病毒在我国云南猴中的带毒率达到 60%。另外还有灵长类动物感染埃博拉病毒、结核杆菌等人兽共患病病原体，对人的威胁也相当大，其公共卫生学意义更加重要。

二、实验动物常见的人兽共患病

上面提到，实验动物可能携带感染人的病原体，根据病原的不同，对人体健康产生不同的危害。表 15-2 列出了实验动物主要的人兽共患病种类、传播动物及对人的健康危害程度。

表 15-2　实验动物主要的人兽共患病

实验动物种类	人兽共患病	人的严重程度
小鼠、大鼠	沙门氏菌病	+
	淋巴细胞性脉络丛脑膜炎	+++
	流行性出血热	+++
	脑炎心肌炎	++
	鼠咬热	+
豚鼠	钩端螺旋体病	++
	假结核	+
兔	野兔病	++
	土拉伦菌	+

续表 15-2

实验动物种类	人兽共患病	人的严重程度
猫	弓形体病	++
	结核	++
	猫抓病	+
	白癣	+
犬	狂犬病	+++
	钩端螺旋体病	++
	结核	++
	犬蛔虫病	+
	布氏杆菌病	++
猴	结核	++
	病毒性肝炎	++
	马尔保病	+++
	沙门氏菌病	+
	细菌性痢疾	++
	B病毒感染症	+++
	疟疾	++
	雅巴病及塔纳痘	+
	麻疹	+
	阿米巴痢疾	++
	SV40	+
	狂犬病	+++
鸡	禽流感	+++
	鹦鹉病	+
牛、羊、猪	旋转病	++
	Q热	+
	炭疽	+
	结核	++
	布氏杆菌病	++
	李斯特氏杆菌病	+
	传染性脓包性皮炎	+
	白癣	+
	水疱性口腔炎	+
	猪丹毒	++
	钩端螺旋体病	+

以下介绍几种主要的对人的健康危害程度较大的实验动物人兽共患病。

(一)流行性出血热

流行性出血热是由流行性出血热病毒(epidemic hemorrhagic fever virus,EHFV)引起的主要发生于大鼠的烈性传染病,也是一种人兽共患的自然疫源性传染病,因其具有发热、出血、肾损害三大主要特征又称肾综合征出血热(hemorrhagic fever with renal syndrome,HFRS)。实验大鼠、小鼠、兔、猫等动物常为阴性感染,健康带毒,但人被感染即可引起发病,主要特征为高热、出血性肾脏损伤。

1.病原　流行性出血热病毒在分类上属布尼病毒科、汉坦病毒属。病毒的核酸为单股负链RNA,可在非洲绿猴肾细胞上培养,一般消毒剂如来苏儿、新洁尔灭等能灭活病毒。病毒对热的抵抗力较弱,60℃ 1 h可将其灭活,且病毒对紫外线敏感。

2.流行病学　本病流行较广,主要分布于欧亚两大洲。鼠类是主要传染源。黑线姬鼠是亚洲地区的主要传染源,欧洲棕背鼠是欧洲地区的主要传染源。在国内农村的主要传染源是黑线姬鼠和褐家鼠。东北林区的主要传染源是大林姬鼠。城市的主要传染源是褐家鼠,实验动物室的主要传染源是大鼠。传播途径可能有虫媒传播和动物源传播,人类主要是由于接触带病毒的宿主动物及其排泄物而受感染。本病的传播可通过多种途径,如呼吸道传播、消化道传播、接触传播等。人类对本病毒并非普遍易感,感染后发病与否与感染病毒的型别有关。本病多见于青壮年,儿童发病者极少见。

3.临床症状　潜伏期一般为2周,人类感染典型病例具有三大主症,即发热、出血和肾脏损害。临床经过分为发热期、低血压休克期、水尿期、多尿期和恢复期。病毒感染造成病毒血症以及全身毛细血管和小血管损伤,引起高热、寒战、乏力、全身酸痛、皮肤和黏膜出现出血点或出血斑,重者还可有腔道或各脏器出血、肾脏损害出现血尿、蛋白尿,电解质紊乱,严重者导致死亡。大鼠感染后一般无临床症状,也不发生死亡。

4.病理变化　大鼠感染多无病理变化。乳小鼠、乳长爪沙鼠等的实验感染可见病变组织广泛性充血、出血、渗出、变性和坏死。其中肺、肾出血、充血严重,肾、肝、脑等变性、坏死严重。人感染主要病变为全身小血管(包括小动脉,小静脉和毛细血管)的广泛性损害,血管壁内皮细胞肿胀、变性,重者管壁可发生纤维蛋白样坏死和破裂等,内脏毛细血管高度扩张,淤血,管腔内可见血栓形成,引起各组织、器官的充血、出血、变性,甚至坏死,肾脏、脑垂体前叶、肾上腺皮质、右心房内膜、皮肤等处病变尤为显著。

5.诊断　一般根据临床症状和病理变化可作出初步诊断。确诊需进行病毒分离鉴定和血清学检查,一般用间接免疫荧光试验检查抗原,用酶联免疫吸附试验(ELISA)检查抗体,空斑减少中和试验检查中和抗体等。

6.防治

(1)采取综合性预防措施

①加强监测:对大小鼠群定期检查,发现感染鼠及时处理。

②灭鼠、防鼠:是预防本病关键的措施。

③加强实验室管理:防止饲料、垫料等被野鼠排泄物污染。

④加强防护:实验人员与鼠接触或进入动物设施应注意防护,防止被鼠咬伤,同时实验人员定期查体。

⑤疫苗接种。

(2)怀疑感染后的处理措施　实验人员如发现不明原因发热(39～40℃)、被老鼠咬伤,破损皮肤、接触过鼠污染的器物等，应及时就诊，就地治疗。确诊后，及时采取必要和适当的治疗措施进行治疗。

(二)淋巴细胞性脉络丛脑膜炎

淋巴细胞性脉络丛脑膜炎是由淋巴细胞性脉络丛脑膜炎病毒(lymphocytic choriomeningtis virus，LCMV)引起的一种急性传染病，也是人和动物共患病的一种地方性传染病。主要侵害中枢神经系统，呈现脑脊髓炎的症状。

1. 病原　淋巴细胞性脉络丛脑膜炎病毒属于嵌沙样病毒科、嵌沙样病毒属。病毒粒子呈圆形或多形性，病毒通过出芽方式成熟，病毒颗粒内部含有一个至数个颗粒样核糖体。病毒可在小鼠、地鼠、猴、牛等多种动物和人的细胞培养中生长。

2. 流行病学　本病为一种人和多种动物共患病，如小鼠、大鼠、豚鼠、仓鼠、犬、猴、鸡、马、兔等均易感。只有持续感染的小家鼠和急性感染的金黄地鼠才能传播病毒，这类动物常常终生感染沙粒病毒，并从其尿、粪、精液及鼻咽分泌物中排出病毒。人类通常由暴露于污染的尘埃或食物而被感染。据报道，节肢动物(如蚊、蜱、臭虫、虱等)可在实验条件下传播本病，但自然条件下能否传播尚未证实。污染的尘埃可能是本病的传播媒介。

3. 临床症状　其临床症状主要表现为以下 3 种情况：

(1)大脑型　呆滞、昏睡、被毛粗乱、眼睛半闭，弓背、消瘦，有时结膜炎和面部水肿。肢体痉挛性收缩，后肢强直、头部震颤。人感染发病呈脑脊髓炎症状。

(2)内脏型　主要表现皮毛粗乱、结膜炎、消瘦、腹水、昏睡而死 。

(3)迟发型　主要感染 9～12 月龄鼠，主要表现为被毛粗乱、弓背、体重减轻、行动异常、尿蛋白、行动异常发育不良，生长缓慢。

4. 病理变化　主要表现胸腹腔积液，肺出血水肿、肝脂肪样病变，脾脏肿大，脉络丛和脑膜受损，并有淋巴细胞浸润。迟发型主要表现肾小球和脑的脉络丛受到损害。

5. 诊断　根据临床症状和病理变化可作出初步诊断。确诊需进行病毒分离鉴定和血清学诊断。动物实验可取患病动物的肝、脑。脾、肺等病料制成悬液，对实验鼠脑内注射，观察。血清学诊断可采用免疫荧光试验、玻片免疫酶法、酶联免疫吸附试验或免疫粘连血凝试验等方法检测抗体，其中以酶联免疫吸附试验最为常用。

6. 防治　消灭野鼠和吸血昆虫，坚持卫生消毒制度，加强饲养管理，定期检疫、监测、净化，注意工作人员的自身保护。人感染后应及时确诊和治疗，目前尚无特效疗法，治疗以在整个病程中缓解症状为主。

(三)狂犬病

狂犬病是迄今为止人类病死率最高的急性传染病，又称疯狗病或恐水症，是由狂犬病病毒(rabies virus)引起的急性直接接触性为主的人兽共患病。其主要特征为侵害中枢神经系统，临床出现为特有的恐水、怕风、兴奋、咽肌痉挛、流涎、进行性瘫痪，最后因呼吸、循环衰竭而死亡。

1. 病原　狂犬病病毒属弹状病毒科、狂犬病病毒属。病毒粒子呈枪弹状或炮弹状。存在于自然状况下的狂犬病病毒称为“街毒”，实验室连续继代培养而且具有固定特性的病毒则称“固定毒”，病毒可在小鼠、大鼠等脑组织及地鼠肾、猪肾细胞上培养。病毒对酸、碱、石炭酸、新洁尔灭、甲醛、升汞等消毒药敏感。

2. 流行病学　几乎所有的温血动物都可以感染狂犬病，最易感的动物包括狐、犬、郊狼、豺、狼、袋鼠等。在亚洲和非洲，犬是主要的传染源，猫也可以传染狂犬病，而在欧美发达国家，野生动物是主要的传染源。一年四季均可发病，春季发病率稍高。传播途径主要是被患病动物，尤其是被病犬咬伤所致。人群普遍易感。

3. 临床症状　潜伏期 2～8 周，最短 4 d，最长可达数年至数十年，人有 38 年才发病的。病程分 3 期，即前驱期、兴奋期和麻痹期。前驱期病犬精神沉郁，喜藏暗处，行为反常，瞳孔放大，反射功能亢进，喜吃异物，吞咽障碍，后躯软弱；兴奋期病犬狂躁不安，喜攻击，反射紊乱，喉肌麻痹；麻痹期病犬消瘦，张口垂舌，行走摇晃，衰竭、呼吸麻痹而亡。

4. 病理变化　肉眼常无特征性病变，胃内常有非食性异物，胃黏膜充血、出血或溃疡，特征性病变为大脑海马、大脑皮质、小脑和延脑等部位神经细胞的胞浆内可见界限明显、圆形或卵圆形的嗜酸性包涵体，即内基氏小体。神经细胞变性、坏死，血管周围有明显的"袖套"现象和神经胶质细胞增生，在白质和灰质中可见神经胶质小结。

5. 诊断　可根据临床症状结合咬伤病史作出初步诊断，确诊需进行实验室检查、病理诊断、生物学试验、免疫荧光试验等。

6. 防治　了解当地疫情，严禁从疫区购进。加强动物管理，引进犬要免疫。发现病犬，及时捕杀，可疑犬也要捕杀。接种狂犬病疫苗进行预防。人一旦被动物咬伤或抓伤，及时正确预防处理伤口能有效预防狂犬病，及时彻底的清洗伤口并全程足量接种疫苗与正确使用抗血清的治疗。

（四）猴 B 病毒病

猴 B 病毒病是由猴 B 病毒（Simian B Virus）又称疱疹病毒引起的人和猴共患的传染病。猴是 B 病毒的自然宿主，感染后多半无症状，有时有口腔炎，在唇、舌黏膜上出现小疱疹、溃疡等。人感染后可出现脑脊髓炎等严重中枢神经症状，病死率很高，无特效疗法。

1. 病原　B 病毒属疱疹病毒科、甲型疱疹病毒亚科，核酸为双股 DNA。只有一个血清型，抗原性稳定，与人的单纯疱疹病毒（HSV-1、HSV-2）具有密切的抗原关系。病毒可在原代猴、兔、猪、犬肾细胞及 Vero 细胞、Hela 细胞上良好繁殖，其中以兔肾细胞最为易感，可在鸡胚绒毛尿囊膜上生长形成痘斑。

2. 流行病学　自然宿主为恒河猴四，另外食蟹猴、台湾猴、日本猕猴等也有自然发病的报道，实验动物家兔和 21 日龄以内的乳鼠也可感染发病。不同年龄、性别的猴均可感染。性交是主要的传播途径。

3. 临床症状　猴感染 B 病毒后，初期在舌表面和口腔黏膜与皮肤交界处的唇缘可见小疱疹，最后形成表面有纤维素性坏死痂皮，7～14 d 自愈。鼻内常有少许黏液或脓性分泌物，常并发结膜炎和腹泻。人感染后主要表现上行性脊髓炎和脑脊髓炎，病初被咬局部疼痛、发红、肿胀、出现疱疹，有渗出物，随后出现脑炎等全身症状，最终麻痹而死。

4. 病理变化　病变主要发生于舌和口腔部位，如出现疱疹，溃疡，形成痂皮等。疱疹部位的上皮细胞可见空泡变性和坏死，并可见核内包涵体。在多核的上皮细胞、巨噬细胞以及血管内皮细胞均可见嗜酸性的核内包涵体。

5. 诊断　根据临床特征和病理变化可作出初步诊断，确诊需进行实验室检查。需要强调的是，B 病毒属于生物安全 3 级病原，故有关 B 病毒的实验室诊断工作必须在 P3 实验室内进行。实验室检查主要包括病毒分离和鉴定，即采取病料接种兔肾细胞，电镜观察病毒形态，免疫荧光技术检查病毒抗原。另外可用中和试验检查B病毒相关抗体。

6.防治　应以自繁为主,定期检疫,淘汰抗体阳性猴,逐步建立无B病毒猴群。对野外捕获的猴,应严格隔离检疫,确认无B病毒后感染后方可用于实验。实验人员被猴抓伤后要立即用肥皂水洗净伤口,再用碘酒消毒,病人观察3周,如发现有可疑的B病毒患猴出现,要及时捕杀。

(五)结核分枝杆菌病

结核分枝杆菌病是由结核分枝杆菌(*Mycobacterinm tuberculosis*)引起的人和动物共患的细菌性疾病,感染后形成结核病,猴、犬、豚鼠、兔与猫等均可感染,但以猴发病率最高。

1.病原　结核杆菌的形态细长、微弯,两端钝圆,常呈分枝状排列。结核杆菌用苯胺类染色后,不易为酸性脱色剂脱色,所以,又称它为抗酸杆菌。结核杆菌可分为四型:人型、牛型、马型和鼠型。对猴和人有致病力者主要是人型,其次为牛型,感染马型者甚少。结核杆菌的抵抗力较强,在室内阴暗潮湿处能存活半年不耐湿热耐干热,因此干热灭菌时温度要高、时间要长。5%～12%来苏水接触2～12 h,70%酒精接触2 min均可杀死结核杆菌。结核杆菌的耐药性强,故抗结核药物需长期使用。

2.流行病学　结核病人及患结核病的动物为本病的传染源,尤其是开放性结核患者,能通过多种途径向外散播病原。猕猴可经消化道及呼吸道感染,被患病动物排出的痰液、粪、尿等常含有大量结核杆菌,这些排泄物污染尘埃,成为主要的传播媒介。

3.临床症状　患病实验动物常咳嗽、消瘦、后期呼吸困难,听诊有啰音,X线透视可见明显的结核阴影,皮肤产生结核性结节,淋巴结、骨、肠、肾等器官常被累及形成器官结核,淋巴结不同部位有不同程度的肿大。慢性结核病可达数年之久。人感染主要的全身症状有疲乏、食欲减退、低烧、盗汗等,主要呼吸系症状有咳嗽、咳痰、数量不等的咯血,胸痛常与病变波及胸膜有关。

4.病理变化　急性结核病常见脾脏、肝脏、肠、肾脏、肾上腺和淋巴结等器官内可见到结核病灶。组织学特征是病变的局部现象不明显,只有很微弱的巨噬细胞反应。慢性结核常常以支气管淋巴结核和脊椎结核的形式慢慢地发生。在病变部位可以见到钙化,很强的巨噬细胞反应和明显的纤维化。

5.诊断　对可疑动物进行X线透视,确诊需进行实验室诊断,包括镜检和细菌分离培养、结核菌素试验、血清学诊断等。

6.治疗　实验动物定期进行监测,对结核菌素检测阳性的实验动物立即捕杀淘汰,对实验动物接种卡介苗。工作人员定期进行健康检查,带菌者调离工作岗位。人感染后要及时确诊,及早制定治疗方案,本着早期、联合、全程、规律、适量的治疗原则制定化疗方案。服药期满,通过临床症状、结核菌检查、胸部X线检查合格,且停药后痰液培养无结核菌方为治愈。

三、防止实验动物威胁公共卫生安全的基本措施

实验动物作为与人类接触最密切的动物种类之一,其携带的人兽共患病病原体也能感染人类,对人类的公共卫生安全也构成了较大的威胁。因此,为防止在实验动物生产繁育过程和动物实验过程中威胁公共卫生安全,应采取行之有效的措施。

(一)加强对实验动物的管理

1988年发布的《实验动物管理条例》是我国最早的关于实验动物管理的法规,规定了国家

实行实验动物的质量监督和质量合格认证制度，定期对实验动物进行质量监测。实验动物分为四级：一级，普通动物；二级，清洁动物；三级，无特定病原体动物；四级，无菌动物。对不同等级的实验动物，应当按照相应的微生物控制标准进行管理。1997 年国家科委和国家技术监督局发布了《实验动物质量管理办法》，规定实验动物生产和使用，实行许可证制度，随后建立了实验动物质量检测机构，分国家和省两级管理，即国家实验动物质量检测中心和省级实验动物质量检测站。

自实行实验动物许可证制度以来，实验动物管理逐步走上了规范化的道路。目前全国半数以上的实验动物环境设施为屏障环境，半数以上的实验动物等级质量为 SPF 级。实验动物质量有了很大提高。

但实验动物对公共卫生安全的威胁不可忽视，尤其对普通级实验动物的生产和使用更要引起重视。对于野生的猴类，需要按照严格的程序进行检疫，即使是一般性实验，也应在感染动物饲养实验室里，按照感染实验的标准进行实验。如果不得不使用非标准化的实验动物时，也应进行隔离，并按照感染实验的标准进行实验。另外还有教学用的实验动物，目前很多大学使用的教学用实验动物连普通级都达不到，这也是公共卫生安全较大的隐患，必须加强对教学用实验动物的管理力度。

在发达国家，一般的科研实验都要求使用 SPF 动物，这不仅可以获得准确的动物实验结果，同时 SPF 动物其携带的微生物和寄生虫控制严格，可以有效地避免人兽共患病的发生。因此加强对实验动物的管理，提高实验动物的等级质量，严格控制实验动物携带的微生物和寄生虫，是防止实验动物威胁公共卫生安全主要的措施之一。

（二）控制实验动物和动物实验环境

对于实验动物生产繁育设施和一般动物实验设施，提高实验动物环境设施等级是防止外界病原体感染实验动物的有效途径。如屏障环境，进入屏障环境的空气需要经初效、中效、高效三级过滤，同时对设施内的人流、物流、动物流向都实施控制。这样通过控制环境可以在最大程度上保护实验动物不受感染，从而防止了实验动物对人的威胁。

而对于感染性实验动物设施来讲，控制实验环境具有更重要的意义。防止感染事故的根本在于将病原体封闭在一定的空间内，防止其与实验者接触，称为物理封闭。物理封闭包括一级隔离和二级隔离。一级隔离是指将病原体与实验者隔离，二级隔离是指防止周围人的感染和向外界污染。做好一级隔离和二级隔离，可将人的危险降至最低。这就要求感染性实验动物设施在建筑设计、空气调节及灭菌、动物饲养笼器具、实验仪器设备、灭菌消毒措施等实行严格控制，以防生物安全事故的发生。

（三）加强动物实验的规范化

动物实验人员必须对病原微生物、实验动物、环境设施及各种仪器设备的性能特点有充分的认识和掌握，选择可靠的实验手段，制定可行的方案，同时具备熟练的操作技能，即加强动物实验的规范化，这也是防止生物安全事故发生的必要条件。

加强动物实验的规范化应制定程序化的操作规范（SOP），严格按规范进行操作，如实验前后的洗手消毒、实验台面的消毒、实验过程的具体操作、媒介昆虫的预防、笼具及污物的灭菌、动物的保定、离开前的消毒处理、个人防护方式方法、剖检动物等等都有严格的程序，严格按程序进行。目前我国有多家动物实验单位都已经实施 GLP。

(四)加强职业道德教育

人类饲养实验动物,进行动物实验,其根本目的是探索生命规律,保障人类健康,造福人类,因此加强实验动物从业人员及管理者的责任感和职业道德修养至关重要。作为从事生命科学研究的工作者应该清楚,进行动物实验、进行科学研究的目的是造福人类,而不是给人类安全带来威胁,在任何实验中都要把人的安全放在首位。

综上所述,只要科学合理地设计动物实验,考虑动物福利。使用优质标准化地实验动物、控制实验动物与动物实验环境、由具有渊博知识、职业道德素质高、操作规范、技能熟练地实验者进行实验,可以将实验动物对人类的威胁降到最低,甚至可以杜绝公共卫生安全事故的发生。

思 考 题

1. 简述实验动物的概念及特点。
2. 简述 3R 的含义及发展方向。
3. 危害较严重的人和实验动物互传病有哪些?

第十六章　伴侣动物与公共卫生

第一节　伴侣动物与人类健康

随着人们生活水平的日益提高，饲养伴侣动物已成为越来越多的人们生活中不可或缺的一部分。对于现代人来讲，饲养伴侣动物不仅仅是一种时尚，更多的是因为这些小狗、小猫等可爱的伙伴给他们带来了生活的乐趣，增加了家庭的凝聚力，同时也培养了人们的爱心。

至今为止，人类驯养动物已经有近 7 000 年的历史，最初始于驯养猫来消灭对人类有害的动物，但这种驯养直到 18 世纪后期才开始逐渐普及。随着驯养程度的加深，人与动物之间的信赖程度逐步提高，有些动物也逐渐演变为深受人们喜爱的伴侣动物。在人们饲养的伴侣动物中，犬和猫占有主要的比例，如果说猫因其可爱和乖巧为人们所喜爱，而犬则是因其对主人无限的忠诚和真挚的情感颇受人们的钟爱。在竞争日常激烈的社会里，人们经常会感觉身心疲惫，然而回到家里与自已的小动物在一起时，则可以完全放松自己。自人类开始饲养动物作为伴侣以来，无数的事实及科学家的论证都证明宠物能够给人们带来一系列的好处。人与宠物之间的相互作用已成为日益重要的研究课题，而最近澳大利亚、德国等地的科学家的研究也充分证明了宠物对人体健康的积极作用。

但是，随着越来越多的伴侣动物进入千家万户，人类健康与伴侣动物共患疾病的问题日益突出。有些动物所患的疾病对人的危害越来越严重，在卫生部每年公布的全国重点传染病疫情中，狂犬病的死亡人数和病死率都是比较靠前的。动物传染给人的疾病，不仅是危害人类健康，有时甚至造成社会灾难，影响社会发展。据有关资料介绍，目前已知 200 多种动物传染病和 150 多种寄生虫病中，至少 200 多种以上可以传染给人类。许多西方国家由于养猫的数量大增，使人感染弓形虫病越来越多，有的地区高达 80％以上；美国人饲养的冈比亚大鼠，已经造成了猴痘病毒的传播。伴侣动物与人类共患疾病对人类健康的威胁，已经引起了人们的重视。

伴侣动物与人类的共患病可分成五大类。第一，由病毒引起的共患疾病。这类疾病一般无特效疗法，只能对症治疗。有些病毒性疾病对人类的危害严重，可造成死亡。如狂犬病，其传染源是犬，其次是猫，还有许多野生动物。狂犬病毒可以感染人、犬、猫等温血动物。疯犬唾液中含有病毒，一旦被狂犬咬伤，极易引起发病。狂犬病毒往往侵袭神经组织，导致神志紊乱，窒息而亡。如猴痘病毒，主要寄生在猴子身上，有时其他宠物也可携带，一旦感染人类，可以发生热性传染病，皮肤和黏膜上形成特殊的丘疹，迅速发展为水疱和脓疱，类似天花。病毒性人畜共患疾病的种类繁多，较难诊治，预防起来也较困难，是目前威胁人类健康的重大难题。第二，由立克次氏体、衣原体等引起的共患疾病。立克次氏体、衣原体是较病毒形体大、较细菌小的一种致病性微生物，抗菌药物可以杀灭。如鹦鹉热又称"鸟疫"，是由鹦鹉热衣原体所致的人畜共患疾病，家中饲养鹦鹉等鸟类应该十分注意，人感染鹦鹉热衣原体会出现发热和肺炎。第三，由细菌引起的共患疾病。其病原细菌可以利用外界营养进行繁殖，能够用一般显微镜观察到，抗菌药物可以控制其病情的发生、发展。如结核病不仅可以由人类之间相互传播，也可能由犬、猫等动物传染给人类，人类或动物可以通过痰液和唾液排出大量结核杆菌，被这些液体污染的空气尘埃就成为传播结核的媒介。第四，由真菌引起的共患疾病。真菌是一种比细菌更进化了的微生物，能用抗真菌药物控制，但人与宠物一旦感染这类疾病，根治较为困难，如皮肤真菌病(癣)、曲霉菌、放线菌、隐球菌病等。第五，由寄生虫引起的共患疾病。这是一类较为复杂的人与宠物共患疾病，主要包括原虫、吸虫、线虫、绦虫以及昆虫等，由于其病原不同，其形体、传播途径、寄生的对象、发病症状等均有所不同，一般可被杀虫药物杀灭，如弓形虫、血吸虫、旋毛虫、绦虫等。

第二节　伴侣动物发展概况

对于人们生活中不可缺少的伴侣动物也称之为宠物，是与人们密切沟通、生活在一起的可相互交流感情的动物。宠物的种类包括犬、猫、龟、鸟、虫、兔、鱼、蜥蜴、鼠、观赏猪等。我国养宠物的人超过 1 000 万人。北京、上海、广州、重庆和武汉已经成为我国五大“宠物城市”。就犬的拥有量来说，北京登记注册的宠物犬有 55 万只(2007)。1994 年北京出台了限制养犬措施到现在已有十多年历史，养犬正慢慢步入正轨。目前宠物的养殖除了数量大规模增加以外，宠物的品种也日益增多。

1. 宠物犬　犬的品种除去过去的京叭，现在扩展到日本尖嘴狐狸狗、蝴蝶犬、腊肠犬、鹿狗、博美、吉娃娃、可卡犬等小型犬和德国黑背、藏獒、苏格兰牧羊犬、圣伯纳犬、萨摩耶犬、大白熊犬、阿富汗犬等大型犬。

2. 宠物猫　城市里养猫和爱猫有与日俱增的趋势。首先猫有先天的捕鼠的威严，其次，猫有柔美可爱的外貌、活泼好动的性格和人亲昵的温情。猫有纯种猫和杂种猫之分，当今家养猫是由野生猫通过人类长期饲养异地流动杂交和驯化而成。常养的品种有狸花猫、山东狮子猫、云猫、波斯猫等长毛猫，还有短毛猫如暹罗猫、英国短毛猫、日本短毛猫，卷毛猫如柯尼斯猫，无毛猫有加拿大无毛猫等。

3. 养鸟　养鸟就是养人工繁育鸟，保护一切野生鸟，这样就保护了生态平衡，保护了环境。由于养鸟还增加了收益，经济利益可以提高。养鸟的种类有金丝雀(玉鸟)、珍珠鸟、白文鸟、灰文鸟、七彩文鸟、牡丹鹦鹉、虎皮鹦鹉等。在给鸟儿喂食的过程中，看者鸟儿跳来跳去，梳理着美丽的羽毛，听着鸟儿婉转的鸣唱，你是不是有一种回到大自然的感觉，使人心旷神怡。

4. 养鱼　主要有金鱼和热带鱼。常见的热带鱼如神仙、斑马、银鲨、黑裙鱼、孔雀鱼、红绿灯等，金鱼品种有：龙睛、狮子头、水泡眼、珍珠、蝶尾、铁包金等

5. 养兔　作为伴侣动物的兔品中有安哥拉兔、青紫兰兔、荷兰兔、喜马拉雅兔、荷兰小型兔、新西兰兔、獭兔、长耳兔等。

6. 养龟　有陆龟和水龟两大类。陆龟中的凹甲陆龟、四爪陆龟、四眼陆龟，水龟中的红耳龟、鳄龟等都可以作为宠物人工饲养。

7. 养虫　常见作为宠物养殖的昆虫有蟋蟀、黑铃、草铃、小纺织娘、油葫芦、金钟、金铃子、石铃子、蝈蝈、蝉、金龟子等。还有的养殖天牛、叩头虫、萤火虫、碧伟蜓、豆娘、螳螂、青蝗、蝴

蝶、蛾等。

8. 养蜥蜴　主要有树蜥和林蜥。

9. 养鼠　主要有荷兰鼠、白鼠、松鼠、姬鼠等。

10. 养猪　主要有荷兰猪、小白猪、香猪、小毛猪等。

每一种宠物都可给人们带来不同的欢乐。在养宠物的同时，重视各种疾病的防治，进行防疫和消毒，提高人们的生活质量。

第三节　伴侣动物医疗保健原则

伴侣动物饲养者由于缺乏基本的营养知识、卫生防疫知识和疾病防治知识，加之对伴侣动物的过度宠爱，从而导致伴侣动物抗病力下降，很易患病，既造成了经济上的开支，又很容易引发一些人兽共患病的传播，对人类健康构成威胁。对于伴侣动物饲养者来说，从多个方面了解伴侣动物的医疗保健原则，减少伴侣动物疾病的发生，避免人兽共患病对人类造成危害具有重要意义。伴侣动物的医疗保健应该主要从以下几个方面入手。

（一）加强伴侣动物的运动，增强其抗病力

多数饲养者由于对伴侣动物溺爱过度，在家抱在怀里，出门坐车，动物很少有运动的机会；还有少数饲养的犬由于犬类饲养许可证、免疫证等证书不全或没有，害怕被公安、检疫、卫生防疫部门抓住处罚，而又不敢将犬带至户外活动；绝大多数伴侣动物饲养者因为这方面的知识缺乏或忽视了运动的作用；极少数饲养者虚荣心作怪，认为让犬走路有失主人身份。正确的方法应该是坚持让宠物每天适量运动。一般都是随主人散步、逛街。有条件的地方可以让宠物跑步运动。

（二）防寒保暖，预防感冒

感冒是伴侣动物最常见的一种疾病，特别是在春秋气候多变季节最易发病，而且多数是由主人造成的，一些饲养者特别爱清洁，给伴侣动物洗澡频繁，而又没有采取相应的保暖措施，结果造成感冒。正确的方法是：坚持让动物运动，增强其抗病力；遇到天气变化，注意防寒保暖；冬天洗澡要注意保暖，洗完后要及时用电吹风将毛吹干，必要时用伤风胶囊、速效感冒冲剂等药物预防。出现感冒症状要尽早治疗。

（三）合理营养，增强伴侣动物体质

猫、犬都是一种以肉食为主的杂食动物，与其他动物一样都需要蛋白质、碳水化合物、脂肪、维生素、无机盐和水六大营养要素，缺一不可。因此在饲养猫、犬时要考虑饲料的营养成分和营养价值。但有些饲养者由于缺乏营养知识，在饲养猫、犬时往往只注意供给肉、鸡蛋、心、肝、肺等蛋白质饲料，而忽视其他营养要素的供给，结果使动物出现消化不良、腹泻或便秘，正确的方法是按照不同的动物、不同的生长发育阶段，合理配料，科学饲养，有条件的可直接买猫、犬全价料。

（四）讲究卫生、防止消化道疾病

俗话说："病从口入"，伴侣动物很易患消化道疾病，特别是夏季更易发病。防止病从口入要注意：对伴侣动物进行严格调教和训练，没有主人的允许不准乱吃乱舔；不喂腐败变质的饲料；保持猫碗、犬碗的清洁，坚持每天清洗，夏天最好每餐清洗；猫窝、犬床经常晒太阳、消毒；喂

料定时定量，不让动物暴饮暴食；出现下痢及时治疗。

(五)防止人、伴侣动物共患病

人、伴侣动物的共患病很多，主要有狂犬病、结核病、布氏杆菌病、破伤风、弯曲菌病、癣菌病、蛔虫病等。主要的预防措施有：伴侣动物坚持预防接种，如狂犬病；开展检疫，如布氏杆菌病；严重患共患病的动物要坚持淘汰，如开放性的结核病；一般的共患病要隔离治疗；结核病患者坚决不要饲养动物；购买动物要注意调查其病史及其家系的病史；对于一些皮肤病，应加强预防，选用一些专用灭虫止痒浴露。不随意使用低劣的洗涤剂，以防引起不良反应。

第四节　伴侣动物重要疾病及公共卫生学意义

一、狂犬病

狂犬病(rabies)，又名恐水症(hydrophobia)，俗称疯狗病，是由狂犬病病毒引起犬、人及其他温血动物共患的一种急性接触性传染病。临床以不同形式的兴奋、狂躁、流涎和意识丧失，终因局部或全身麻痹而死亡为主要特征。

(一)病原

狂犬病的病原体是弹状病毒科狂犬病病毒属的狂犬病病毒(rabies virus)。完整的狂犬病病毒呈子弹形，长度为 200 nm 左右，直径为 70 nm 左右。整个病毒由最外层的脂质双分子层外膜、结构蛋白外壳和负载遗传信息的 RNA 分子构成。目前普遍认为狂犬病病毒有四个不同的血清型。狂犬病病毒抵抗力非常弱，在表面活性剂、甲醛、升汞、酸碱环境下会很快死去，并且对热和紫外线极其敏感。

(二)流行病学特点

本病分布广泛。患病的与带毒的伴侣动物及其他动物是本病的主要传染源，蝙蝠唾液腺也可带狂犬病病毒，在传播本病方面起着重要的作用。人、各种家畜、禽类及野生哺乳动物对本病都有易感性。没有年龄、性别差异，一般春夏比秋冬多发。

狂犬病病毒主要存在于患病动物组织及脊髓中。病犬的唾液腺和唾液中也有大量病毒，并随唾液向体外排出。病犬出现临床症状前的 10～15 d 至症状消失后的 6～7 个月内，唾液中都可含有病毒，因此，当动物或人被病犬咬伤后，就可感染发病。有些外表健康的犬、猫，其唾液中也可含有病毒，当它们舔人或其他动物，或与人生活在一起时，也可使人感染发病。除此之外，很多野生动物，如狼、狐、鹿、蝙蝠等感染本病后，不仅可发病死亡，而且还可扩大传播。如有些品种的蝙蝠，感染狂犬病病毒后，它们经常袭击人畜，使之感染发病。呼吸道分泌物及尿液污染的空气，也可引起人畜的呼吸道感染。野生动物可因扒食病尸而经消化道感染。狂犬病原本是动物的一种传染病，在多种脊椎动物中发生周期性的流行，仅在偶然的情况下才会从动物传染给人，人通常不能连续传播该病，因而不能维持该病毒的循环。从早期的零星记载中可见，本病在亚洲、欧洲或非洲已经以固定的形式存在了至少几千年，而近 1 000 多年来有关狂犬病的记载则越来越详细。

(三)症状

潜伏期长短不一，与咬伤部位(距中枢神经的远近)和程度、唾液中所含病毒的数量等有关。最短 8 d,长的可达数月或 1 年以上。犬猫平均 20～60 d,人为 30～60 d。犬典型的狂犬病分为前驱期(沉郁期)、狂暴期(兴奋期)、麻痹期。

(1)前驱期　病犬精神沉郁,喜藏暗处,举动反常,不听呼唤。瞳孔散大,反射机能亢进,稍有刺激便极易兴奋。异嗜,好食碎石、泥土、木片等异物。不久发生吞咽障碍,唾液增多,后躯软弱。伤处发痒,常以舌舐局部。前驱期一般为 1～2 d。

(2)狂暴期　病犬狂暴不安,攻击人畜或咬伤自身。有的犬无目的地奔走,甚至一昼夜奔走百余里,且多半不归。由于咽喉肌麻痹,吠声变得嘶哑。此外,下颌下垂,吞咽困难,唾液增多。狂暴的发作往往与沉郁交替出现。病犬疲劳卧地不动,但不久又站起,表现出一种特殊的斜视,见水表情惶恐,神志紧张。狂暴期一般为 3～4 d。

(3)麻痹期　病犬消瘦,精神高度沉郁,咽喉肌麻痹后,下颌肌、舌肌、眼肌也发生不全麻痹。病犬张口、垂舌、斜视,从口中流出带泡沫的唾液。不久,后躯麻痹,行走摇晃,尾巴垂于两腿之间,常倒卧在地。最后因全身衰竭和呼吸麻痹而死亡。麻痹期一般为 1～2 d。

整个病程 6～8 d,少数病例可延至 10 d。除上述典型经过的以外,也有兴奋期短的,甚至由前驱期直接转为麻痹期,称之为沉郁型狂犬病。经 2～4 d 死亡。现时流行的狂犬病,以非典型病例为主,表现典型经过的很少。

猫狂犬病病程与犬相似。病猫常藏匿,不断鸣叫,刺激之则表现出攻击行为。病的后期,后肢发生麻痹,猫以狂暴型较多。

(四)病理变化

大体解剖无特征变化。濒死动物表现痛苦状,消瘦,脱水,头、体表面和四肢有外伤。死于狂犬病的犬,胃空虚,存有毛发、石块等异物。胃黏膜充血、出血、糜烂。肠道和呼吸道呈现急性卡他性炎症变化。脑软膜血管扩张充血,轻度水肿,脑灰质和白质小血管充血,并伴有点状出血。

组织病理学变化表现为非化脓性脑炎和神经炎。在大脑海马回、大脑皮质、小脑和延脑等部位神经细胞的胞浆中可见界限明显、圆形或卵圆形嗜酸性包涵体,即内基氏小体。脑软膜、灰白质毛细血管充血、出血,轻度水肿。神经细胞变性、坏死,血管周围有明显的“管套”现象和神经胶质细胞增生。在白质和灰质中可见神经胶质小结(即 Babes 氏结节)。

(五)诊断

临床诊断比较困难。如果患病动物出现典型的病程,则结合病史可作出初步诊断,但是因为患狂犬病的犬,早在出现症状前 1～2 周内即已从唾液中排出病毒,所以当动物或人被可疑病犬咬伤后,应及早对可疑病犬作出确诊,以便对被咬伤的人或动物进行必要的治疗,否则将延误时间,影响疗效,为此应将可疑的病犬拘禁观察或扑杀,进行实验室诊断。实验室诊断包括下列内容:

1. 病理组织学检查　脑触片法是迅速而经济的方法,将出现脑炎症状的患病动物捕杀,取大脑海马角或小脑作触片,用含碱性复红加美蓝的 Seller 氏染液染色、镜检,内基氏小体呈淡紫色。

2. 荧光抗体法　是一种迅速而特异性很强的诊断方法。联合国世界卫生组织曾推荐,许多国家也已广泛应用。取可疑病脑组织或唾液腺制成冰冻切片或触片,用荧光抗体染色,在荧光显微镜下观察,胞浆内出现黄绿色荧光颗粒者即为阳性。

3.小鼠接种法　是准确可靠的方法，但耗时较长，需观察3周才能作出诊断结果，方法是取脑病料制成乳剂，用30日龄的小鼠(3日龄以内的乳鼠更敏感)经脑内接种，如有狂犬病病毒，则在接种后1～2周内小鼠出现麻痹症状与脑膜脑炎变化，或者于接种3 d捕杀小鼠，取脑制触片，用荧光抗体法检查，如此可以缩短诊断时间。

近年来研究开发出ELISA检测抗原或抗体的技术，是狂犬病免疫诊断中很有前途的检测方法。应用基因探针位点杂交技术检测实验感染小鼠中枢神经系统中的狂犬病病毒的RNA，也取得了进展。

(六)检疫处理

确诊为狂犬病时，迅速隔离病畜，上报疫情。采取不放血的方法扑杀病畜和被病畜咬伤的动物，焚烧或深埋病尸和扑杀动物尸体，不得剥皮或食用。可疑患病动物隔离观察14 d，可疑感染动物的观察期至少持续3个月。被污染的环境、畜舍、用具等进行彻底消毒。

(七)防治措施

野生动物是狂犬病的自然宿主，对其唯一可行的防治原则是减少已证实的媒介动物的群体数量，并避免这些动物与实验动物和人的接触。

从世界范围来讲，由犬传播给人类的狂犬病数量居第1位，其次是猫。在控制犬的狂犬病方面，有两种方法已证实十分成功。即对有主家犬和军犬、警犬、实验用犬进行疫苗接种，同时取缔无主犬和游荡犬。乌拉圭已40年无狂犬病发生，成功的经验是感染地区90%以上的犬进行了疫苗接种。

狂犬病的疫苗接种分为2类。对犬等动物，主要进行预防接种；对人则是在被疯狗或其他动物咬伤后做紧急接种(暴露后接种)，争取在病毒进入中枢神经系统以前，就使机体产生较强的主动免疫性，从而防止发病。对于经常接触犬、猫和野兽，具有较感染危险的兽医或其他人员，也应考虑进行预防性接种。

目前我国犬用狂犬病疫苗有3种，即aG株原代仓鼠肾弱毒佐剂疫苗、羊脑弱毒活疫苗或灭活疫苗以及Flury病毒LEP的BHK-21细胞培养弱毒疫苗。3种疫苗的免疫期均在1年以上，在控制传染媒介(犬)，降低人群被咬伤后的狂犬病感染率和死亡率方面都有积极作用。

中国兽药监察所曾从美国引入狂犬病ERA弱毒株，在BHK-21细胞和原代猪肾细胞上可良好增殖。用ERA毒株所制疫苗用于牛、羊、犬和家兔，肌注，经证实是安全的。在犬免疫7 d后抗体呈阳性，21 d后血清中和抗体水平接近狂犬病鸡胚低代毒的免疫水平。此外，该疫苗可口服免疫，对狂犬病的预防提供了新的手段。

狂犬病是一种人兽共患的烈性传染病，主要构成对人的威胁。对患病动物应立即扑杀，不宜治疗，尸体必须烧掉或深埋。

对特殊职业者(兽医和犬猫饲养者等)定期进行狂犬病疫苗接种。对被患病动物咬伤的人员，应尽快就医，及时消毒处理伤口、接种疫苗。

二、猫抓病

猫抓病是一种人兽共患病，主要感染的动物包括猫、犬、人以及其他动物。在国外对这种人兽共患病是非常重视的。主要通过猫对人的搔、抓、舔咬等通过猫的唾液直接传播给人；另外这种传染病也可以通过跳蚤传播给人。

（一）病原

猫抓病最早由 Parinaud 于 1889 年首次报道。随后，Verhoeff（1913 年）从猫抓病患者的结膜切片中发现一种丝样微生物，当时认为其病原体为立克次体。Wear 等于 1983 年从猫抓病患者的病变淋巴结、皮肤组织或结膜组织中分离到病原体，并命名为罗卡利马体（Rochalimaea），后又重新命名为巴尔通体。迄今发现导致猫抓病的巴尔通体有 2 种亚型，即 B. henselae 和 B. quintana。它是一种革兰阴性杆菌。

（二）流行病学

据报道，全球每年猫抓病发病数超过 4 万例，以青少年及儿童多见。自 1951 年，Greer 和 Keefer 首次报道猫抓病以来，猫抓病一直被认为是一种感染性疾病，但其病原学的探究却经历了数十年，直到 1983 年 Wear 等人在猫抓病患者的淋巴结中首次证实其病原体是一种多形性、革兰阴性、嗜银性小杆菌。1993 年 Dolan 等人最先从具有临床症状的猫抓病患者淋巴结中分离出 *B. henselae*。以后一系列研究进一步表明猫抓病的真正致病菌是 *B. henselae*。猫特别是小猫为本病的主要传染源。猫的带菌率相当高，有报道宠物猫的感染率达 40%。人通常是在被猫抓伤、咬伤或与其亲密接触后而感染的。确切的感染机制不明确，推测病原体是随猫的跳蚤的粪便侵入人体破损的皮肤，然后经淋巴管到达区域淋巴结，引起炎症反应。

（三）症状

在被感染猫抓伤或咬伤后 3～14 d 出现。抓或咬伤处红肿，但无脓，形成水疱，破损，在 1～3 周干燥愈合，发病 2 周内，附近的淋巴结肿胀，常有发热、疲乏、食欲不振、软弱、寒战、全身酸痛等。

猫抓病常常有被猫抓咬或密切接触猫的病史，主要全身表现有低热、头痛、寒战、全身乏力、不适、厌食、恶心或呕吐等。由于猫抓病属于一种自限性疾病，多数患者不需治疗，仅有少数患者发生淋巴结外转移，引起全身病变，偶可出现血小板减少性紫癜、骨髓炎、心内膜炎、脑炎、脑膜炎或脑动脉炎，此种情况更常见于艾滋病或其他免疫功能低下者。

猫抓病还可引起眼部病变，主要表现有视神经视网膜炎、结膜炎或视网膜血管炎症等，主要症状有眼前一过性黑影或中心视力下降，也有少数患者不出现视力障碍。

（四）诊断

诊断猫抓病主要依据其典型的皮肤、淋巴结或眼部临床表现、有被猫抓伤或咬伤史和实验室特殊检查方法。目前常用的实验室方法有病原体培养分离、血清抗体测定和皮肤试验，现简介如下。

1. *病原学方法* 采集可疑患者肿胀的皮肤、淋巴结或结膜活检标本，用 Warthin-Starry 银染法可查见巴尔通体。

2. *间接荧光抗体试验* 是诊断猫抓病的最常用血清学方法，敏感性可达 95%。

3. *酶联免疫吸附试验* 酶免疫技术的敏感性要高于间接荧光抗体试验，由于这 2 种方法均可测定 IgM 抗体，因而可用于早期诊断。

4. *聚合酶链反应技术* 是近年来新兴的一种分子生物学方法，可通过快速测定巴尔通体 DNA 而确诊。

5. *皮肤试验* 取猫抓病患者的化脓性淋巴结病变组织中的灭菌稀释脓液，给可疑患者皮内注射，48 h 后观察患者注射点皮肤的红肿情况来判定患者的感染情况。但对于早期感染

(4 周内)患者的阳性诊断率较低,另外初次感染数年后仍可保持阳性结果。

此外还应进行相应的临床及实验室检查来除外其他感染性病因,如结核病、莱姆病、类肉瘤病或梅毒等。

(五)治疗

通常不严重,多数病例在 2～3 个月内,不给药物也能恢复。对较严重或复发性感染可就医,或给予药物治疗。多数研究证明早期应用抗生素可缩短炎症病程、加快视力恢复。常用抗生素有强力霉素 100 mg,每日 3 次,治疗 3～4 周;环丙沙星 500 mg,每日 2 次,治疗 3～4 周;林可霉素 600 mg,每日 4 次,治疗 4 周;米诺四环素(minocycline)、四环素、红霉素、利福平和磺胺类药物对治疗猫抓病也有一定疗效。由于巴尔通体对上述抗生素敏感,对于可疑眼病患者给予抗生素治疗,可取得一定疗效。由于多数文献报道应用抗生素少于 2 周者易使病变复发,因此治疗时间应大于 4 周以上。

皮质类固醇药物 在炎症急性期,不论是否合用抗生素,应用皮质类固醇药物均可减轻炎症反应和缩短病程。但多数学者对皮质类固醇药物在猫抓病中的的作用持怀疑态度。因此,有关各种药物对猫抓病的疗效尚有待于进一步随机化临床研究。

(六)防制措施

减少接触猫,防止被猫抓或咬。如被抓咬,应迅速清创用碘酊或莫匹罗星软膏涂搽局部,并对抓伤处附近淋巴结勤加观察。严重者即就医。限制宠物猫接触病原,如限制外出等。

猫抓病多发生于儿童及青年人,秋冬季多见,病人几乎皆有被猫抓伤或咬伤的病史。

三、弓形虫病

弓形虫病(Toxoplasmosis)又称弓浆虫病或弓形体病,是由龚地弓形虫(*Toxoplasma gondii*)引起人和多种动物共患的一种原虫病。在家畜和人群中广泛传播。呈世界性分布,我国多数地区也有本病的发生和流行。本病不但影响畜牧业发展,也对人类健康带来严重威胁。

(一)病原体

龚地弓形虫属弓形虫科(Toxoplasmatinae)弓形虫属(*Toxoplasma*)。其发育过程有滋养体、速殖子、缓殖子、裂殖子、配子体和卵囊等多种形态。滋养体呈弓形、新月形或香蕉形,一端稍尖,一端钝圆,大小(4～7) μm×(1.5～5) μm。姬姆萨或瑞氏染色后胞浆呈蓝色,胞核呈紫红色、位于虫体中央,在核与尖端之间有染成浅红色的颗粒称副核体。包囊呈圆形或卵圆形,直径为 5～100 μm,内含缓殖子,可寄生于任何器官,以脑、心脏和骨骼肌多见。卵囊呈圆形或椭圆形,大小(11～14) μm×(7～11) μm,孢子化后,含 2 个孢子囊,每个孢子囊内含 4 个子孢子。

不同发育期弓形虫的抵抗力不同。滋养体对高温和消毒剂较敏感,但对低温有一定抵抗力,在－2～ －8℃可存活 56 d。包囊的抵抗力较强,在冰冻状态下可存活 35 d,4℃存活 68 d,胃液内存活 3 h,但包囊不耐干燥和高温,56℃ 10～15 min 即可杀死。卵囊对外界环境、酸、碱和常用消毒剂的抵抗力很强,在室温下可存活 3 个月,但对热的抵抗力较弱,80℃ 1 min 即失活。

(二)生活史

弓形虫在不同发育阶段有五种形态:滋养体和包囊在人、多种哺乳动物以及家禽等中间宿主体内出现;裂殖体、配子体和卵囊则在终末宿主-猫体内出现,卵囊见于猫粪中。猫吞食了弓形虫的滋养体、包囊和卵囊后感染,在肠道内发育产生卵囊并随粪便排出体外,在适宜的条件下发育为感染性卵囊。中间宿主食入污染有感染性卵囊的食物或饮水后被感染,滋养体存在于急性病例的细胞内和胸腹腔的渗出液中,包囊见于慢性病例的脑、眼、骨、骨骼肌和心肌中。

人类感染本病主要是摄食未煮熟的含有滋养体、包囊的肉类或被卵囊污染的食物或饮水等;屠宰场工人也可通过接触病肉、脏器经皮肤、黏膜的创伤感染。人感染弓形虫病后,多数呈隐性感染,少数为急性感染,如出现发热、倦怠、肌肉疼痛、头痛、皮疹、颈部淋巴结肿胀等症状,甚至出现脑炎、心肌炎、肺炎症状等。孕妇感染后可引起胎儿发育异常或流产、死胎。

(三)流行病学

易感宿主广泛,约有 45 种哺乳动物,70 多种鸟类及 5 种冷血动物对本病易感,包括猫、猪、牛、羊、马、犬、兔、骆驼、鸡等畜禽和狐狸、野猪等野生动物。家畜中猪、牛、羊和犬最易感。人普遍易感。猫科动物为弓形虫的终末宿主和本病的重要传染源,患病期动物的唾液、鼻液、粪尿、眼分泌物等及脏器和血液,都可能含有速殖子而具有传染性。含包囊或滋养体的动物肉更具有传染性。人和动物也可经胎盘垂直感染。

弓形虫可经口、皮肤、黏膜及胎盘等途径侵入动物体内。猫因摄入含弓形虫缓殖子、包囊的动物脑和肌肉等感染。人和动物多因食入含有包囊的生肉或半生肉及被卵囊污染的食物或饮水而感染。猫也可成为中间宿主。

(四)临床症状

多数弓形虫病病例为隐性感染,无临床症状。幼犬感染较普遍,而且较严重,成年犬也可感染发病致死。病犬精神沉郁,食欲不振或拒食,咳嗽,呼吸困难,眼和鼻有分泌物,可视黏膜苍白,体温升高,有的病例发生剧烈的出血性腹泻,少数病例剧烈呕吐,有的病例可出现麻痹和其他神经症状。怀孕母犬感染弓形虫可出现流产或早产,所产仔犬排稀便、呼吸困难和运动失调等症状。血液学检查:急性病例,红细胞、白细胞减少,中性粒细胞增多。个别病例中性粒细胞减少和单核细胞增多;慢性病例白细胞总数增加,主要为嗜中性粒白细胞增多,血小板减少,但无出血倾向。

猫弓形虫病急性病例厌食、嗜睡、高热、呼吸急促和咳嗽,有些病例出现呕吐、腹泻、过敏等症状。怀孕母猫感染弓形虫也可出现流产或早产。有的病例出现神经症状。慢性弓形体病是一种时常复发的疾病。血液学检查,白细胞减少,核明显左移。

(五)病理变化

眼观病变 以各器官广泛的点状出血和坏死灶最为常见。肝肿大质硬,表面散在出血点和针尖大至黄豆大的灰白色坏死灶;胆囊黏膜表面有轻度出血和坏死灶;肺水肿,间质增宽,表面有出血点和灰白色病灶;全身淋巴结呈髓样肿胀,切面多汁,散在出血点和灰白或灰黄色坏死灶,淋巴结被膜及周围组织常有胶冻状浸润,尤以肠系膜淋巴结最为显著肿大;脾不肿大,被膜下有出血点及坏死灶。肾呈土黄色,表面和切面有出血点或坏死灶;胃黏膜稍肿胀、充血,肠黏膜充血,并有出血点出血斑。膀胱黏膜有小出血点。胸腔、腹腔及心包有积液。

组织学病变 可见局灶性坏死性肝炎和淋巴结炎、非化脓性脑炎和脑膜炎、肺水肿和间质性肺炎等。在肝坏死灶周围、肺泡上皮细胞和单核细胞的胞浆内、淋巴结窦内皮细胞和单核细胞的胞浆内常可见有单个、成双或 3～6 个不等数量的弓形虫,呈圆形、卵圆形或新月形等不同形状。

(六)实验室检验

无特征性临床症状、病理变化和流行病学。其症状和剖检与很多疾病相似,故不能作为确诊的依据,必须经实验室检验查出病原体或特异性抗体进行确诊。

直接检查虫体 取可疑病畜胸、腹水或死后病畜的脏器、组织制备涂片、压片或切片,姬姆萨染色后镜检弓形虫滋养体。也可用病畜脏器切片经免疫酶染色或荧光抗体染色,观察虫体。

集虫法检查虫体 取可疑病畜组织液或血液、死畜脏器等病料研碎,加 10 倍生理盐水纱布滤过,滤液 500 r/min 离心 3 min,取上清液再 1 500 r/min 离心 10 min,取沉淀物涂片姬姆萨染色镜检,观察弓形虫滋养体。

动物接种检查虫体 取可疑病畜肺、肝、淋巴结等病料研碎,加 10 倍生理盐水(含青链霉素各 500～1 000 U/mL)腹腔接种小鼠。接种后观察 20 d,若小鼠出现被毛粗乱,呼吸促迫等症状或死亡,剖检取其脏器、组织和体液制成涂片、压片或切片,姬姆萨染色后镜检虫体。如对小鼠盲传有利于提高检出率。

血清学诊断 检查可疑病畜血清抗体可用间接血凝试验、间接荧光抗体法、补体结合试验、酶联免疫吸附试验等。

分子生物学诊断 用 PCR、DNA 探针技术进行弓形虫病检测,特异性强、灵敏度高。

(七)防疫措施

由于人和许多种动物都能感染弓形虫病,感染来源广泛,而且滋养体,包囊和卵囊都具有感染性,可以通过多种途径感染,因此应采取多方面严格措施,才能有效预防本病的发生和流行。具体措施包括:加强对家畜、家禽、实验动物、伴侣动物、经济动物和野生动物的检疫,发现阳性或可疑动物应及时隔离处理;禁止猫进入畜场,防止猫粪便污染饲料和饮水;消灭土壤和各种物体上的卵囊可用 55℃以上的热水或 0.5%氨水冲洗;消灭畜场内的甲虫、蚯蚓和苍蝇,以防传播卵囊;禁止用屠宰废物和厨房垃圾、洗肉水喂猪,以防猪吃到患病和带虫动物体内的滋养体和包囊而感染;严格处理流产胎儿及排泄物,严格消毒流产场地;应注意畜场卫生,及时清理动物粪便,定期进行圈舍消毒。

目前尚无成功疫苗。弓形虫病弱毒活疫苗、亚单位疫苗等,处于试验研究之中。

四、钩端螺旋体病

钩端螺旋体病是由钩端螺旋体感染引起的人和多种动物的一种共患传染病。犬钩端螺旋体有两种病型:传染性黄疸和犬伤寒。

(一)病原

钩端螺旋体非常纤细,长 6～20 μm,宽 0.1 μm,螺旋弯曲旋宽 0.2～0.3 μm,螺距 0.3～0.5 μm,一端或两端可弯转呈钩状,无鞭毛,但能运动。革兰氏染色阴性。出血性黄疸钩端螺旋体引起犬的传染性黄疸,犬钩端螺旋体能引起犬伤寒及传染性黄疸。

(二)流行病学

犬传染性黄疸型:鼠类是本病主要疫源。在温暖季节多发,主要是犬采食了被鼠尿等污染的饲料或饮水而经口感染,也可经黏膜感染,特别是眼结膜。本病多为散发,主要侵害幼犬。

犬伤寒性:病犬和健康带菌犬是主要传染病,病原随排泄物排出体外,污染周围环境。犬经黏膜或受伤的皮肤等途径感染，雄犬的发病率较高。

（三）症状

本病潜伏期为2～20 d。患犬精神不振，食欲减少，呕吐，体质虚弱，四肢乏力，短期体温升高。若病程进一步发展，口腔黏膜潮红出血，甚至形成溃疡或坏死，呼出的气体恶臭难闻。急性病例常出现腹泻，粪便带血，但有时出现便秘，血尿、少尿或无尿等症状，肾脏严重受损，出现尿毒症，黄疸多出现于发病的第四天，黏膜呈黄疸，病犬消瘦，全身十分虚弱，心跳紊乱，一般在出现黄疸后3～5 d死亡。但个别病例无黄疸。

慢性病例症状较轻，消化道出现规律性功能紊乱，转化为恶病质者较少。

（四）病理变化

剖检能发现黄疸，皮下组织黄疸，并常有坏死灶，浆膜和黏膜出血。肝脏肿大，呈黄褐色或红褐色。肾脏肿大，表面有灰白色灰色灶，有时可见出血点。淋巴结发生浆液性卡他性或增生性淋巴结炎，肿大。心肌脆弱，呈红色，切面横纹消逝，间或有奶黄色条纹。胃肠黏膜水肿、出血，呈黑色。

（五）诊断

根据临床症状、流行病学及剖检变化，可作出初步诊断，确诊需进行实验室检查。采用暗视野活体检查或染色检查进行病原检查，若阳性可确诊。也可采用血清学检查，常用凝集溶解试验和补体结合试验。另外，PCR技术用于钩端螺旋体病的早期诊断。

（六）防治

预防应避免犬与病犬或被鼠类污染的食物及水源接触。对犬舍定期消毒，严格控制隔离患病犬及带菌犬。作好灭鼠工作，以减少该病的传播机会。定期对犬进行疫苗接种。该病对公共卫生安全构成威胁，接触患犬的人员要严格遵守个人卫生规则，采取适当的预防措施。

对病犬可用链霉素、强力霉素等抗菌素进行治疗。对出现肾病者，应及时进行输液疗法。若出现尿毒症，应进行血液透析。为维护心脏功能，应给予强心剂。

五、沙门氏菌病

沙门氏菌病是由沙门氏菌属细菌感染引起的人及动物共患疾病的总称，以败血症和肠炎为主要特征，也可引起流产。犬沙门氏菌不常见，但其携带多种血清型的沙门氏菌，能够污染周围环境。

（一）病原

沙门氏菌是肠杆菌科中的一个大属，包括约2 000个血清型，除鸡白痢和鸡伤寒沙门氏菌外，其余均有鞭毛，能运动，不形成芽孢及荚膜，为需氧菌或兼性厌氧菌，革兰氏染色阴性。菌体培养的最适温度为37℃，最适pH值为7.4～7.6，在普通琼脂培养基上培养24 h，形成中等大小的菌落，呈圆形，光滑隆起，湿润，半通明。

沙门氏菌有较强的抵抗力。在外界各种条件下，可生存数周至数月。于60℃ 1 h，70℃ 20 min，75℃ 5 min，可灭活该菌。沙门氏菌对常用消毒剂敏感。许多沙门氏菌能产生毒素，并且肠炎沙门氏菌、鼠伤寒沙门氏菌和猪霍乱沙门氏菌等所产生的毒素耐热，于75℃ 1 h仍有毒力，易使人和动物发生食物中毒。

(二)流行病学

引起犬发病的沙门氏菌有鼠伤寒沙门氏菌、肠炎沙门氏菌、亚力桑那沙门氏菌及猪霍乱沙门氏菌,其中鼠伤寒沙门氏菌最常见。

沙门氏菌在自然界广泛存在,并且在外界环境中存活时间较长,病犬、健康带毒犬、其他患畜(禽)、被污染的饲料、饮水、饲具等是主要的传染病。该病主要经消化道感染,也可经呼吸道感染。各种年龄品种的犬均可感染,没有明显的季节性,受年龄、营养状况、应激等因素影响较大。

(三)症状

沙门氏菌病的临床表现受感染细菌的数量、机体的免疫状况、有无继发症或并发症等因素影响较大。病犬主要表现为胃肠炎、菌血症及内毒素血症。

多数胃肠炎病例潜伏期为3~5 d,并且多为急性过程,以幼犬和老龄犬较为严重。病初体温升高达40~41.1℃,精神沉郁,食欲不振或拒食,呕吐,腹泻,粪便呈水样或黏液样,有时粪便带血。若病程较长,则体重减轻,虚弱脱水,可视黏膜苍白,并可出现休克。

严重感染病例大多出现菌血症和内毒素血症,幼犬及机体免疫力低的犬症状较为明显。有的病例出现神经症状,反射亢奋,失明,抽搐,或后肢瘫痪,甚至死亡。在菌血症期,细菌可转移侵害其他脏器并引起相应的症状。细菌侵害肺部时,出现肺炎症状,咳嗽,呼吸困难,甚者鼻出血。怀孕母犬感染沙门氏菌可发生流产、死胎、产弱子等症状。

多数急性感染的病例在3~4周恢复,个别病例出现慢性腹泻或间歇性腹泻。康复犬可带菌达6个月以上。

(四)病理变化

病犬消瘦,脱水,可视黏膜苍白。胃黏膜淤血或出血,水肿,肠黏膜卡他性炎症,严重者肠黏膜大面积坏死脱落,在十二指肠出现溃疡。肠系膜淋巴结肿大,呈灰色或灰红色,柔软,切面多汁。

急性病例肝脏肿大2~3倍,呈暗红色或土黄色,亚急性和慢性病例,肝脏呈不均匀的土黄色。脾脏肿大,质脆,呈暗红色或暗褐色,切面多汁。肾脏稍肿大,被膜下有出血点。膀胱黏膜有少量出血点。脑实质水肿,侧脑室有大量液体。

病理组织学检查,以纤维素性及纤维素性化脓性肺炎、坏死性肝炎及化脓性脑膜炎为特征,并可在肝、肺、脾及淋巴结等器官内发现沙门氏菌。

(五)诊断

可根据流行病学、临床症状及病理学特征对本病作出初步诊断。细菌的分离鉴定是沙门氏菌病的最可靠的方法。另外,也可用血清学方法检查。在临床上,应注意与犬细小病毒感染或冠状病毒感染的鉴别诊断。

(六)防治

平常注意饲养管理,注重犬舍卫生,定期消毒,注意灭鼠灭蝇,防止健康犬与其他沙门氏菌病畜或带菌者接触。对病犬或疑似感染犬进行隔离观察和治疗。禁止饲喂具有传染性的肉、蛋、乳类食物。

给予病犬易消化的流质食物。对脱水者,静脉注射5%葡萄糖生理盐水或复方氯化钠注射液，或用口服补液盐进行灌肠。清肠止酵保护肠黏膜，可用0.1%高锰酸钾溶液或活性炭和次硝酸铋混悬液进行深部灌肠。应用抗菌素进行抗菌疗法，可选用庆大霉素、恩诺杀星、盐酸多西环素等。对心衰者，可注射0.5%强尔心1～2 mL。制止出血，可选用止血敏、维生素K等。

六、皮肤真菌病

皮肤真菌病是指寄生于犬等多种动物被毛、皮肤、爪等组织中的真菌引起的各种皮肤疾病的总称。临床上以皮肤上出现界限明显的脱毛圆斑，有渗出液、鳞屑或痂等为主要特征。本病为人兽共患病，又称为"癣"。

(一)病原

引起皮肤真菌病是由一群形态、生理、抗原性密切的真菌引起，有毛癣菌属、小孢子菌属和表皮癣菌属的成员，其中20余个种能够感染人和动物，引起犬皮肤真菌病的真菌主要有犬小孢子菌、石膏样小孢子菌和须毛癣菌等。犬小孢子菌和须毛癣菌属亲动物型真菌，主要侵害动物；石膏样小孢子菌是亲土壤型真菌，多数腐生于土壤中，但也可感染人和动物。皮肤真菌对外界的抵抗力很强。犬小孢子菌能在干燥环境中存活13个月，有些真菌甚至存活可达5～7年。

(二)流行病学

季节气候、年龄、性成熟及营养状况等因素对犬皮肤真菌的流行和发病率影响较大。炎热潮湿气候发病率比寒冷干燥季节高。皮肤真菌的主要通过接触传染。犬、猫是犬小孢子菌的主要传染源，被毛、皮屑及被污染的环境也可成为传染源。易感动物直接或间接接触被感染动物或毛发而感染发病。石膏样小孢子菌主要存在土壤中，在野外活动时间较长的动物较为易感，并且病变主要见于与土壤接触多的部位。啮齿动物是须毛癣菌的主要传染源，犬主要与啮齿动物接触而感染。

(三)症状

犬皮肤真菌病主要表现脱毛，病变皮肤有界限明显的局灶性或多灶性斑块，呈圆形、椭圆形、无规则形状或弥漫状，并形成鳞屑。常在病犬的面部、耳朵、背部、四肢、趾爪等部位发病。病变的严重程度不一，幼龄动物和免疫机能低下的动物病变严重，病程长。病原菌的种类及其毒力对病变的严重程度有较大的影响。石膏样小孢子菌和须(发)毛癣菌的慢性感染病例，有时会出现大面积皮肤损伤，多见于脸部和四肢，毛囊破裂，形成结节性病变，呈红斑状隆起，伴有鳞屑，有的形成结痂，可在痂下继发细菌感染而化脓的，称为"脓癣"。真菌本身也能引起小脓疱及分泌物。痂皮下的圆形皮损呈蜂窝状，有许多小的渗出孔。严重的炎症和化脓的皮损区，不利于真菌的生长蔓延，在一定程度上可限制病变的发展，在发病过程中皮损区的中央有部分真菌死亡，病变皮肤恢复正常，若毛囊未被继发感染的细菌破坏，仍可长出新毛。

皮肤真菌病康复的动物，对同种病原性真菌具有一定的抵抗力。另外，皮肤真菌病又是一种限性疾病，有的患病动物在1～3个月内，未经医治而临床症状逐渐减轻或自愈。一般地，急性感染病程为14～28 d，若未进行及时治疗则转为慢性，病程持续数月，甚至可达数年。

(四)诊断

根据病史、流行病学、临床症状、病理变化、实验室检验和真菌培养鉴定等，可作出诊断。

伍氏灯(Wood's lamp)检查:在暗室里用伍氏灯照射病犬的脱毛、皮屑或动物皮损区,犬小孢子菌感染可出现蓝绿色荧光,而石膏样小孢子菌感染很少见到荧光,须毛癣菌感染无荧光出现。伍氏灯检查只能作为一种筛选手段,不能进行确诊。

病原检验:从病变皮肤边缘采集被毛或皮屑,置于载玻片上,滴加几滴10%～20%氢氧化钾溶液,覆以盖玻片,作用30 min或在弱火焰上微热,待样品透明后,进行镜检。犬小孢子菌感染,可观察到呈菱形、壁厚、带刺、多分隔的大分生孢子。石膏样小孢子菌感染,镜下可见呈椭圆形、壁薄、带刺、含有达6个分隔的大分生孢子。须毛癣菌感染,镜下可看到毛干外呈链状的分生孢子。

真菌培养:将病料接种沙氏葡萄糖琼脂培养基上,置25℃进行培养。培养3～4 d后,犬小孢子菌菌落呈白色或浅黄色,培养7～14 d后有羊毛状菌丝生成,表面呈浅黄色绒毛状,中间有粉末状菌丝,背面呈橘黄色为其特征。石膏样小孢子菌菌落生长快,呈浅黄色到黄棕色,表面平坦至颗粒状结构,背面呈浅黄色到黄棕色。须毛癣菌亲动物型的菌落,呈白色到淡黄色,表面平坦呈粉末状,背面呈棕色到黄棕色,也可能为深红色。

动物接种:选择兔、猫或犬等易感动物,将接种处被毛剪掉、洗净,用砂纸轻轻擦,使局部皮肤快出血为止,然后将病料抹在被擦皮肤上,使之感染。几天后就出现阳性反应,病变部出现发炎、脱毛和结痂等。

(五)防治

对病犬进行及时治疗,常采用下列治疗方法。

外用药物疗法 选择刺激性小、对角质浸透力以及抑制真菌作用强的药物。可选用克霉唑软膏、咪康唑软膏和癣净等药物进行局部治疗。用前将患部及其周围剪毛洗净,去除皮屑和结痂等污物,然后再涂抹软膏,2～3次/d,直至痊愈。

1. *内服药物疗法* 对慢性重剧的皮肤真菌病,需在外用药物治疗的基础上,进行内服药物治疗。可用于内服的药物有灰黄霉素和酮康唑等。灰黄霉素,每天30～40 mg/kg体重,拌食,连用4周左右。服药期间增饲脂肪性食物,可促进药物的吸收。妊娠动物禁忌口服灰黄霉素,否则可引起胎儿畸形。酮康唑每天10 mg/kg体重,分三次口服,连用2～8周。

2. *预防* 目前尚无有效措施预防本病的发生,常采用综合性防治措施。加强饲养管理,饲喂动物营养丰富且均衡的食物,增强动物机体对真菌的抵抗力。平时应对动物进行定期检疫,一旦发现犬患有真菌病,立即对病犬进行隔离治疗,并用煤酚皂、次氯酸钠等溶液对饲具及被污染的环境进行严格消毒杀菌。对新引进的动物,应进行隔离(一般为30 d),进行检疫,检测阴性后,方能解除隔离。在确诊患病动物后,兽医工作人员应向畜主宣传、讲解,让其了解该病对公共卫生的危害及如何防止散播传染。接触患病动物的人,应特别注意防护。对患真菌病的人员,应及时进行治疗,以免散播并传染给其他动物。

第十七章　水生动物与公共卫生

水产动物性食品营养丰富、味道鲜美，并且具有低脂肪、高蛋白、营养平衡性好的特点，是人类食物中动物性蛋白的主要来源之一，现已成为风靡全球的健康食品。水产动物性食品包括鱼类、贝壳类、甲壳类和海兽类，按生长水域的性质不同可分为海水产和淡水产两大类。

第一节　水生动物发展概况

一、概况

我国水产养殖有悠久的历史。贝类是水产养殖业发展最早的种类，5 万年前人类便开始利用贝类作为食物，3 000 年前利用贝壳作货币。养鱼的记录是从 3 000 多年前的殷末周初就有，至公元前 5 世纪的春秋战国时代，陶朱公范蠡根据当时的养鱼经验编写了世界上第一部养鱼著作《养鱼经》。距今 2 100 年前(汉代)养鲤业有了进一步发展，开始利用稻田和大型淡水水域养鱼。公元 618—907 年(唐代)开始饲养草鱼、青鱼、鲢、鳙(四大家鱼)，至 960 年(宋代)四大家鱼养殖业已有较大发展。我国的海水贝类(牡蛎等)养殖始于 2 000 多年前(西汉)，而 400 多年前我国南方地区就开始甲壳类的养殖，如养殖虾蟹类。公元 1 536 年(明朝)已开展河蚌育珠生产。我国的海水养殖业最早是牡蛎和各种蛤类。

20 世纪 50 年代以后，人工繁殖鲢鱼、鳙鱼、草鱼、青鱼相继获得成功，从根本上解决了“四大家鱼”鱼苗供应问题，为其他水产养殖动物的人工繁殖技术奠定了基础。海水养殖经历了以藻类、对虾、扇贝养殖为代表的 3 次大发展过程，以海水鱼类养殖为代表的第 4 次浪潮正在兴起。我国人民经过长期的实践，不断地积累了丰富的技术经验。我国已成为世界上唯一养殖产量超过捕捞产量的国家。我国水产品总产量以及人工养殖量已连续几年居世界第一，2005 年，全国水产品总产量已达 5 102 万 t，其中养殖产量为 3 393 万 t。在养殖产量中。海水养殖产量为 1 385 万 t，内陆养殖产量为 2 008 万 t。我国海产品中较为常见而具经济意义的鱼类有 200 多种，其中黄鱼、带鱼最为著称，鲷鱼、白姑鱼、鳐、鲨、鳗、鲻、鲈、鲚等捕获量亦较多。淡水鱼类经济价值较大的约 50 种，其中不仅鲢鱼、鳙鱼、青鱼、草鱼闻名世界，鲫鱼、鲤鱼、鳊鱼、鲟鱼、鳝鱼、鲶鱼等也极著称。除鱼类外，甲壳纲中的毛虾、对虾、黄虾和多种海白虾、海红虾都是我国产量较多的虾类。此外，我国还盛产各种贝类，如蚶、蛤、蛏、牡蛎、贻贝以及黄蚬、河蚌、螺蛳等。

随着改革开放的不断深入，人民生活水平的不断提高，人们对水产品的要求已从数量型逐步向质量型转变。特别是我国加入世贸组织以后，国际市场对水产品的质量安全要求越来越严格，甚至到了苛刻的地步。为了突破绿色壁垒，提高我国水产品的国际市场竞争力，增加渔民收入，加快绿色水产品的生产已势在必行。为了保证水产食品的卫生质量，保障消费者的食用安全和健康，对其生产加工过程进行卫生监督，对产品的卫生质量实施检验，是必须进行的一项十分重要的工作。

二、我国水产养殖的自然资源条件

1. 我国养殖水域资源概况　我国海岸线约 1.8×10^4 km，沿岸有近百条河流入海，年均径流量约 1.8×10^{12} m^3，随流注入大量有机物和营养盐；10 m 等深线以内的浅海面积 7.8×10^6 km^2，水深 10～15 m 的面积 4.3×10^6 km^2，其中适宜养殖鱼类、虾蟹类、贝类、藻类的面积约 1.4×10^6 km^2。淡水总面积约 1.8×10^7 km^2，其中可供养殖水面约 5.7×10^6 km^2。低洼和盐碱荒地约 2×10^7 km^2，其中可开发养殖的面积约 3×10^6 km^2；稻田面积约 2.8×10^7 km^2，可以养鱼的稻田 6.7×10^6 km^2。我国还有一定数量的冷热泉水，可供养殖冷水鱼和热带鱼虾类。

2. 养殖种类　世界水产养殖种类 270 多种(1996 年)，其中鱼类 151 种、虾蟹类 39 种、贝类 72 种、两栖类与爬行类 10 余种。我国水产养殖种类近百种，其中鱼类 60 余种、贝类 10 余种、藻类 10 余种、两栖类与爬行类近 10 种。淡水养殖鱼类中草食性与杂食性短食物链的鲤科鱼类占 80%以上，尤其是浮游生物食性的鲢、鳙产量占淡水养殖总产量的 40%以上。

三、水产养殖科技成就

新中国成立以来，全国水产养殖科学技术取得巨大的成就，在鱼类、虾蟹类、贝类与藻类养殖领域中广泛深入开展了应用基础理论和养殖技术研究，取得了一系列的重大科技成果。主要表现在以下几个方面：

1. 淡水鱼类种质资源及保存技术　我国从 20 世纪 80 年代开始对淡水主要养殖鱼类种质资源进行研究，初步查明长江、珠江、黑龙江三水系鲢、鳙、草鱼种群间存在明显的遗传和生长差异。确立了 10 种淡水鱼种质鉴定技术。提出了在人工生态和低温、超低温条件下保存鱼类种质资源技术，建立了草鱼、青鱼、鲢、鳙和团头鲂种质资源天然生态库，14 种淡水鱼类种质资源人工生态库、10 种不同的淡水鱼类精液冷冻保存库和淡水鱼类种质资源数据库人工智能信息系统。20 世纪 90 年代以来，为了保持优良养殖种类种质资源和扩大其覆盖率，促进水产养殖业持续健康发展，我国兴建了 20 个鱼类、2 个中华绒螯蟹、2 个中华鳖、2 个藻类(海带、紫菜)，计 26 个国家级水产原种、良种场。

2. 水产生物遗传育种　基本查明我国养殖水产类染色体数目与组型。在杂交选育育种、人工诱导多倍体、体细胞育种、基因转移育种、构建部分水产生物体的基因文等方面取得重大成就。

3. 水产生物的引种与移植驯化　我国是世界上引种最多的国家之一。据不完全统计，自 20 世纪 60 年代以来，已引进鱼类 40 余种、虾类 8 种、贝类 8 种、藻类 10 余种，有的已形成产业化规模。

4. 鱼类养殖应用基础理论与综合技术　包括鱼类生殖生理与人工繁殖技术、鱼苗、鱼种生物学及其培养技术、养鱼池生态学与食用鱼养殖技术、稻田养鱼生态系与综合技术、冰下水体生态系与鱼类安全越冬技术、鱼类养殖种类结构与养殖方式、内陆大型水域鱼类增养殖应用基础理论与综合技术、虾蟹类养殖应用基础理论与综合技术、贝类与棘皮动物养殖应用基础理论与综合技术、水产养殖动物病害应用基础理论与防治技术等全方位、多层次取得成效。

5. 法律法规 多年来，我国以渔业可持续发展为目标，颁发数十项鼓励产业发展和保护渔业资源的政策措施，突出抓好产业结构调整，质量监督管理，压缩捕捞强度，实行科技进步和综合执法。1995年东海和黄海实施全面伏季休渔；1999年南海伏季休渔：2000年修改渔业法；2001年开始每年持续发布“中国渔业生态环境状况公报”，颁布“水产苗种管理办法”、“水产原良种场生产管理规范”、“海、淡水无公害养殖用水水质标准”、“无公害养殖技术规范”（40余个）；2002年开始实施长江流域春季禁渔，颁布“无公害食品、渔用药物使用准则”和完善水域滩涂养殖证制度试行方案，农业部下发了《关于加强水产养殖用药管理工作的通知》，农业部、国家质检总局下发的《水产品药物残留专项整治计划》；2003年颁布“水产养殖质量安全管理规定”和“关于严厉打击非法捕捉和经营利用水生野生动物行为的紧急通知”，出现了依法治渔和以法兴渔的新局面。

第二节 水生动物养殖环境的污染与控制

一、水生动物养殖环境的污染

由于我们所赖以生存的陆地、海洋、江湖等大环境的不断恶化，水产品受到的危害巨大，这些危害既有微生物的、化学的、生物的，也有寄生虫及农药污染等。危害和影响水产品的食用安全的质量因素主要有以下几个方面：

1. 微生物 主要指来自鱼贝类固有的微生物病源菌，以加工过程中外来污染的方式带大病菌，如大肠菌群、条件致病性微生物（金黄色葡萄球菌等）、致病性微生物（沙门氏菌等）。各种致病菌及病毒影响水产品的食用安全。

2. 寄生虫 主要有线虫、绦虫、吸虫等，当生食水产品时，寄生虫对人体健康具有潜在的危险。

3. 生物毒素 有大量的生物毒素存在于水产品中，食用含有生物毒素的水产品或某些有毒鱼种，能引发食物中毒，严重者可导致死亡。

4. 各类化学物质 由于养殖水域被各类化学污染物污染，养殖过程中又盲目使用各种药物、激素及添加剂等，再加上水生生物有较强的生物富积作用，使得水产品成为许多有害物的载体，最终进入人体，危害人类的健康。

随着渔业养殖生产规模的日益扩大和集约化程度的不断提高，加上养殖中间环节操作的不尽合理性，水产养殖疫病时有发生，导致水产品质量下降，水产品质量检测、疫病监管还远远落后于渔业生产发展步伐。市场销售的水产品在质量检测及渔场饲养过程中所用饲料、药物等方面大部分未得到有效及时的监管，一旦人鱼共患疫病及含有禁用药物残留的水产品流入市场，将对消费者的身体造成危害。再者，水产养殖疫病一旦发生而没有及时发现或得到有效遏制，会造成渔业的巨大经济损失，对渔业发展也会带来毁灭性的打击。造成上述问题重要原因在于：①重视程度不太够。未把水产品质量安全与大宗肉食品（如猪肉、牛肉、禽蛋等）检疫列在同等重要位置去对待。②水产品质量监管体系不健全，市级水产部门缺乏专门的机构和人员及必要的检测化验设备。③养殖户缺乏渔业绿色健康养殖技术，对水产品质量意识观念淡薄。

二、水生动物养殖环境的控制

1.从源头抓起,保证水产养殖产品质量的监督控制　首先,生产优质的水产养殖产品,必须从源头抓起,包括苗种、饲料、鱼药、水质的质量监督和管理,要建立一个完整的质量保证体系。水产品养殖生产要实行生产许可制度,使生产单位按照国家颁布的有关法律、法规和标准生产符合质量要求的产品。其次,产品上市或进入加工厂前,还应经质量检验机构进行质量和药物残留检测,并提供经水产质量检验部门开出的质量证明和产品产地证明,合格后才允许上市或进入加工厂。

2.采取有效措施,全面提高水产养殖生产者的产品质量安全意识　针对目前水产养殖业分散生产的特点,且渔民安全用药、科学养殖意识淡薄的现状,广泛开展确保水产品安全的宣传教育和培训,组织水产专业技术人员开展绿色健康养殖等有关技术的培训,加强水产养殖生产过程用药的指导和监督,以提高养殖生产者的科学知识水平和质量安全意识。

3.渔药残留的控制　就目前威胁水产品安全的各种主客观因素而言,渔药残留是首当其冲,因此渔药残留的控制也就显得格外重要。

渔药是指为提高水产养殖产量,用以预防、控制和治疗水产动物病、虫、害,促进养殖品种健康生长以及改善养殖水体环境所使用的物质。渔物残留是指在水生动物养殖过程中,为防病、治病而使用的药物在生物体内产生积累或代谢不完全,以致仍有部分或少量甚至微量药物成分存在于水生动、植物体内的现象。国际上比较重视的残留药物有抗生素类、磺胺类、呋喃类、喹喏酮类、激素类和转基因类药物等。

随着我国养殖业的迅速发展,病害日趋严重,渔药一方面担负着确保养殖生产稳定、持续发展的重任,另一方面滥用或误用渔药可能造成食品污染、降低食品的安全及导致耐药病原体的引起世界是各国的高度重视,因此加强渔药生产、经营、使用的严格、科学、规范管理是我国水产业目前和今后相当一段时期的主要工作内容和重要任务。渔药使用基本要求如下。

①渔用药物使用后应以不危害人类健康和不破坏水域生态环境为基本原则。

②渔用药物必须是具有兽药生产许可证的正规兽药生产企业生产,且取得产品批准文号或者我国具有进口兽药登记许可证的合法进口渔药。

③推广生产和使用毒性低、副作用小和用量低的渔用药物。

④渔药必须容易分解或降解,其分解或降解的产物基本上是无害的或者很容易通过其他动物转换,从而在水产养殖对象的肌体组织或水域环境中消失,避免药物在养殖对象的组织中或生产环境中积累。

⑤渔用药物在鱼体内半衰期短,体内消除快和标记残留量低。

⑥剂型设计合理,给药方便,质量稳定,疗效确切,经济实用。

第三节　无公害水产与绿色水产

为了确保我国水产业持续稳定健康发展,提高水产品质量,保障消费者食用安全,增加水产品在国内外两大市场的占有份额,我国政府高度重视无公害食品生产,农业部先后颁布了《全面推进“无公害食品行动计划”的实施意见》、《食品动物禁用兽药及其化合物清单》、《水产品药物残留专项整治计划》、《兽药生产质量管理规范》以及有关无公害食品标准等系列政策、法规文件和标准。与发达国家比较，我国的无公害生产尚属刚刚起步阶段，而作为我国水产品主要出口市场的欧盟、美国、加拿大等国家和地区，早已把水产品质量保证体系(HACCP)纳入其法律体系并强制执行。因此，只有规范我国水产生产操作规范，狠抓产品质量关，使其成为合格的无公害产品，才能扩大对外贸易，使水产业更好地融入国际经济大循环之中。

一、无公害水产

1.无公害水产品　无公害水产品是指经省级以上农业行政主管部门认证，并允许使用无公害水产品标志的水产生产产品。其认证主要内容为产品无污染，农药和重金属等均不超过国家规定的标准。

2.无公害水产生产　无公害水产生产是指对水产品的生产整个过程实行严格监管，即实行从池边(水域)到餐桌的全程监控，确保生产在良好生态环境条件下进行的同时，生产过程中的饲料、肥料、添加剂、药物等投入品符合国家相关规定，产品不受农药、重金属等有毒有害物质的污染，或将其控制在安全允许范围内。无公害水产生产是无公害食品生产的重要组成，其目的是确保产品的质量卫生安全，避免生产过程对生态环境造成干扰和破坏，避免生产产品对消费者产生危及健康的副作用。也就是说，全程监控的特点是对生产的环境、投入品等方面实行质量安全监督管理，克服传统生产中谋求单一经济效益的弊端，将社会、经济、生态三大效益列为同等重要位置。

3.认定的批准机构　无公害产地认定的批准机构是省一级农业主管部门，无公害产品认证的批准单位为国家农业主管部门。与无公害产品(食品)相关联的是绿色食品和有机食品，这三类食品的关系像一座金字塔，无公害产品是塔基，绿色食品是塔的中间，而有机食品是塔尖，即从塔基开始，越往塔尖越要求严格。绿色食品的认定机构是中国绿色食品发展中心，有机食品的认证机构为国家有机食品发展中心。

二、绿色水产品

1.绿色水产品的概念　绿色水产品是没有受到污染及没有化学品残留的水产品，以及不带有害物质的水产加工品，不但表现在水产品生产领域，而且还要求在水产品流通以及消费领域都是绿色的健康的。绿色水产品是从水环境起始，包括了饲料、药物、生态环境、食品工程多环节的综合复杂的质量控制过程。开发绿色水产品，抓住生产经营的各个环节，生产出数量众多、品质优良、受国内外消费者欢迎的绿色水产品，是未来水产品的发展方向。

2.绿色水产品的分类

(1)AA级绿色水产品　系指生产地的环境质量符合NY/r1391的要求，生产过程中不使用化学合成的肥料、农药、兽药、饲料添加剂、食品添加剂和其他有害于环境和人类身体健康的物质，按有机生产方式生产，产品质量符合绿色食品产品标准，经专门机构认定，许可使用AA级绿色食品标志的产品，这是最高级别的绿色水产品概念。

(2)A级绿色食品　系指生产地的环境质量符合NY/1391要求，生产过程中严格按照绿色食品生产资料使用准则和生产操作规程要求，限量使用限定的化学合成生产资料，产品质量符合绿色食品产品标准，经专门机构认定，许可使用A级绿色食品标志的产品，这是目前最常见的绿色水产品。

3.绿色水产品的铸点　绿色水产品是为了确保人类健康，杜绝水产品遭受污染，进而危害人体健康而设立品质监测的一种高级水产品。与普通水产品相比，绿色水产品有显著特点：

（1）生产条件 水产品的生产条件包括水、种、肥、饵、大气环境等及其生长过程符合无公害标准。绿色水产品在生产过程中对渔药、食品添加剂、产地环境等都有严格的要求，强调产品出自最佳生态环境。

（2）卫生标准及控制 从初级产品一直到人们餐桌的整个过程都符合绿色水产品的要求。产品的生产、加工、包装、运输、储藏过程符合严格的卫生标准，对产品实施“从产地到餐桌”全程质量控制。

（3）检测与标识 最终产品须由指定的国家级专门监测机构进行检测，对产品依法实行统一的标志管理。为了与一般的普通食品区别开，绿色食品由统一的标志来标识。绿色食品标志由特定的图形来表示。绿色食品标志图形由三部分构成：上方的太阳、下方的叶片和蓓蕾。标志图形为正圆形，意为保护、安全。整个图形描绘了一幅明媚阳光照耀下的和谐生机，告诉人们绿色食品是出自纯净、良好生态环境的安全、无污染食品，能给人们带来蓬勃的生命力。绿色食品标志还提醒人们要保护环境和防止污染，通过改善人与环境的关系，创造自然界新的和谐。

（4）绿色通道 如采用绿色商品储运系统，实行绿色的商品定价，运用绿色的产品标识，进行绿色促销宣传，建立绿色专营商店等等。绿色流通过程，是保证从生产过程开始的绿色化得以最终实现其使用价值和自身价值。同时，通过流通过程中的绿色化宣传及引导，也能够在市场中树立绿色观念，引导绿色消费，从而进一步促进环境保护和社会进步。

第四节 水生动物重要疾病及公共卫生学意义

一、水生动物疾病的特点及预防控制

1.水生动物的病原特性 水生动物传染病最大的特点是病原体在水中较空气中容易存活、传播和扩散，同时，区域性的缺氧以及污染时常发生，因此，水生动物极容易受到水环境恶化的影响引发传染病。水生动物的病原体具有高度的变异性，在良好的环境条件下，许多致病菌营腐生生活，不会致病，如疮疖病的病原体在污染的池水中可以找到，水霉菌在水中更是随处皆是。但在环境条件不利于宿主生活时，病原体就会由腐生生活转变为寄生生活，引起疾病。这类病原生物叫做条件病原生物。

2.传染来源 传染来源可分为原始来源和次生性来源。原始来源如有病生物、带菌（病毒等）者、因传染病而死的尸体。次生性来源是受原始来源沾染的物质，有病的动物可以借接触和排泄将大量的传染源散布到周围水体中去传染健康动物，并把周围环境包括养殖工具变作传染病的次生性来源。带菌者是传染病的原始来源，许多病鱼痊愈之后，仍继续保存和排泄病原体。许多种病原生物能在病死的动物尸体上生存并在一定时间内保持其毒力。某些传染性病原体，还可以营腐生生活。池塘的底部，有淤泥沉积，其中含有大量不定型的有机质残屑，给微生物的发展创造了有利条件，许多病原体及其胞囊、虫卵也存在于其中。

3.水生动物疾病传播的途径 接触传染是疾病最普通的传染方法。直接接触传染是有病动物或带病者与健康动物混养在同一池塘因相互接触而发生传染；通过接触被病原生物沾染的养鱼与捕鱼工具而传染患病的称间接接触。如吃鱼的鸟类也是疾病的传播者，鸟嘴和爪子

上沾染了病原生物，鸟类到处飞翔，是远距离疾病传播的主要途径之一。鸟类还是鱼类某些寄生虫的终宿主，如双线绦虫和复口吸虫的成虫就寄生在鸥等鸟类肠中，它们排出的粪便带有虫卵，被水蚤或锥实螺吞食后最后感染鱼类，另外，寄生虫的成虫也只有在终宿主鸟类肠道中才能发育成熟。

4.疾病的预防 对水生动物的疾病应采取“以防为主，防重于治”的方针。包括修建合乎卫生要求的养殖场、杀死寄生虫中间宿主和传播动物、检疫、避免运输带病的动物等。

(1)建设合乎卫生要求的养殖场 养殖场使用的水源，要预先进行调查，只有在不会产生草鱼出血病、鳃霉病、锚头蚤等严重疾病时才能采用。

(2)运输前的检疫 从另一国家、地区运输活鱼、受精卵、虾和其他水生生物时，只有充分证明起运水体或养殖场绝对不会产生疾病时方可允许。在起运前对运输动物要进行检查，必要时应进行细菌和病毒的实验。运输容器应该消毒，沿途暂养或换水都要从没有流行病感染的水体中汲取。

(3)扑灭寄生虫的中间宿主和带病原生物的动物 螺类、小甲壳动物，常作为鱼类蠕虫病的中间宿主，鱼蛭是鱼类锥体虫病的中间宿主，各类带菌动物包括不感染疾病的小型杂鱼，它们都是疾病的传染媒介，可以在池塘消毒时杀灭它们。

(4)防止养殖动物遭受创伤 在养殖操作中应尽量小心，不要把动物弄伤。必要时可用MS-222等麻醉剂麻醉，以免在运输时挣扎受伤。

(5)提高动物的抗病能力 要创建免疫群体，在动物中特别在疫病发生后挑选健康无病的动物作为亲体用，这样逐代选择，就可获得天然免疫的群体。现在已制出草鱼出血病的灭活疫苗，可以借以创立后天免疫鱼群。对鱼来说，逐条注射的办法过于麻烦，最近各地试用的疫苗悬浮液洗浴的方法可能是推广水生动物疫苗使用的希望。因为水生动物在扦捕、运输过程难免身体会受到一点损伤，这就为疫苗的应用带来了方便。但目前洗浴法效果不理想，需要改进。

(6)消灭传染来源 尸体带有大量病原生物，尸体处理可以在距养殖场所较远的干燥地方深深掩埋。

二、常见的水生动物疾病

(一)水生动物病毒性疾病

1.鲤春病毒(spring viraemia of carp virus，SVCV)

【流行情况】SVC是鲤鱼的一种主要疾病，病毒(svcv)主要感染养殖1龄以上的鲤鱼，常在春季水温上升到11～17℃时暴发，病毒宿主范围主要是鲤形目，但也会感染银汉鱼目(Atheriformes)、鲑形目和甲壳纲的动物。该病主要流行于欧洲。病毒可以隐藏在粪便、尿液和性腺分泌液中，通过水、接触和携带病毒的动物传播。

【病原】SVCV大小为(60～90) nm×(90～180) nm，基因组大小11 019 bp，病毒基因组编码5个结构蛋白，基因顺序和典型的弹状病毒基因组相同，不含NV蛋白。本病毒不耐酸、碱和热，在pH值7～10中稳定。病毒在含2%的血清培养液中稳定，冷冻干燥可长时间保存。病毒的内核衣壳包含一个RNA蛋白复合物。VSCV只有一个血清型，存在有不同毒力的分离株。

【临床症状及病理】病鱼体色发黑、反应迟钝、失去平衡、侧游、皮肤和肌肉有出血斑点、肛门腹部肿胀、腹腔内有腹水、造血组织坏死。病毒增殖部位是毛细血管内皮细胞，造血组织和肾元细胞。被感染的鱼由于盐水平衡的破坏而致死。在感染期，肝、肾、脾鳃、脑髓有很高的病毒含量。

【诊断】诊断方法主要有用 EPC 和 FtM 细胞在 20℃分离，用中和实验、免疫检测和分子生物学技术进行确定。

2. 草鱼呼肠孤病毒(GCRV)与草鱼出血病

【流行情况】GCRV 是中国分离的第一株鱼类病毒，主要引起淡水养殖品种草鱼在育种阶段发生出血症，死亡率高达 90%以上，在我国草鱼养殖地均有发生，给水产养殖业造成巨大损失。主要危害草鱼。发病时水温在 20～33℃。从感染到发病需 4～15 d。GCRV 除感染草鱼外，还能感染青鱼、麦穗鱼和鲢等。

【病原】(hemorrhage disease of grass carp GCRV)GCRV 的完整病毒粒子呈现立体对称的正二十面体的球形颗粒，双层衣壳组成即外衣壳和内衣壳，无囊膜。成熟病毒颗粒直径约 71 nm，病毒核心直径约 50 nm。对氯仿、乙醚等有机溶剂不敏感，在 pH 3～10 范围内较稳定。它对温度也有一定的稳定性，在 56℃钝化 30 min 仍具有一定感染性，但反复冻融会对病毒感染力有较大影响。

【临床症状及病理】主要症状是病鱼体内、外各器官和组织表现斑点状或块状充血、出血，根据发病程度不同，有的以肠出血为主，有的以肌肉出血为主，有的以体表出血为主，也有全身各器官和组织都出血的。

【诊断】初步诊断根据流行情况及出现的症状，需要通过细胞培养、电镜观察、免疫学检测(ELISA)和分子生物学技术(RT-PCR)来确诊。RT-PCR 技术是目前检测 GCHV 最灵敏而特异的方法，对草鱼出血病的早期诊断和预防，及抗病育种都具有重要意义。

3. 传染性胰腺坏死病毒(IPNV)

【流行情况】此病广泛流行于欧、美、日本、朝鲜等国家。我国东北、山东、山西、甘肃、台湾等省都有发现。主要危害 1 g 以上至 8 周龄的幼鱼，尤其 1～2 周龄的鱼发病率最高。水温在 10℃左右时最易发病。敏感宿主主要是鲑科鱼类，但也感染鲑科以外的淡水和海水鱼类。本病主要由亲鱼垂直传染，亲鱼的卵和粪便都可含有病毒。水平传染是鱼粪和分泌物进入水中，通过鳃和消化道感染。

【病原】该病毒简称 IPNV(infectious pancreatic neerosis)。病毒颗粒为正二十面体，无囊膜，由 92 个衣壳粒组成含两个片段的 RNA，在鱼类 RNA 病毒中是最小的。IPNV 完整病毒颗粒直径 50～75 nm。有 4 种主要结构多肽。其中 VP2 为糖蛋白，是衣壳蛋白的主要成分，VP2 和 VP3 都具有免疫原性，且 VP3 的免疫原性更强。根据抗原的差异，目前将 IPNV 分为两个血清组，A 组有 9 个血清型，B 组只有一个血清型。病毒对环境因素抵抗力极强，是已知鱼类病毒中最稳定的。在 50%甘油中存活 2.5 年，4℃水中存活 5～6 个月，4℃干燥环境中毒力可维持 4 周以上。3%福尔马林、2%烧碱、有机碘可迅速灭活病毒。

【临床症状及病理】病鱼游动异常、剧烈转圈，最后衰竭死亡。病鱼体色发暗、腹部膨胀、眼球突出、皮下出血，死亡率在 10%～90%。解剖可见胃和前肠中有黏液，常见出血斑点。最明显的特征是胰腺组织坏死。

【诊断】临床诊断容易与 VHSV 和 IHNV 引起的病混淆，因此需借助于细胞分离、免疫学和分子生物学方法进行确定。该病毒引起的疾病是必须向 OIE 申报的疾病之一。

4. 锦鲤疱疹病毒(koi herpes virus,KHV)

【流行情况】KHV是近几年鉴定出来的锦鲤致死病原,是一种新发现的烈性水生动物疱疹病毒。1998年在以色列暴发过一场严重的锦鲤病毒病,2004年在印度尼西亚也暴发类似疾病,相同疾病在英国、美国、欧洲以及亚洲其他国家和地区都曾暴发过。最近在我国养殖的锦鲤体内也发现类似病毒。

【病原】病毒的最适生活温度为18～22℃,病毒能在鱼体内长期潜伏,只能在源自原始宿主的细胞即锦鲤鳍细胞(KF-1)中生长,在锦鲤鳍细胞中最适生长温度为15～25℃。

【临床症状及病理】该病发病快,致死率高达100%,而且所有龄期的鱼都对该病毒敏感。发病的鱼在初期(3～4 d)出现活动无力、打转,皮肤和鳃颜色变浅,然后出现鳍肿胀,有的出现腹部肿大、鳃流血、大量分泌黏液等症状,症状出现后4 d,鱼开始死亡。在病鱼的鳃、皮肤、肾、脾、肝和消化系统有明显的病灶,鳃上皮细胞出现明显的不同程度的肿胀和肥大,次级鳃丝出现融合现象。感染的细胞出现细胞核肿胀、染色体边缘化,有些细胞还出现包涵体。

【诊断】目前发现KHV只感染锦鲤和鲤鱼,水温是重要的暴发因素,易引起发病的水温为23～28℃。

5. 对虾白斑综合征病毒(white spot syndrome virus,WSSV)

【流行情况】1993年以来,一种被称为"暴发性对虾流行病"的病毒病在我国、日本、泰国、朝鲜等太平洋地区的对虾养殖国家流行,给对虾业造成严重的经济损失。该病毒的临床症状表现在被病毒感染的对虾甲壳上出现白斑沉淀,因此被暂时命名为对虾白斑综合征病毒。成为对对虾养殖业危害最大的病毒之一。此病在虾池中主要是水平感染,但在亲虾、虾苗和虾卵中也可检出这种病毒,说明有垂直感染的可能性。

【病原】病原为白斑症病毒(WSSV)或称中国对虾杆状病毒(penaeus chinensis baccdovirus,PCBV),俗称暴发性流行病。该病毒是杆形的无包涵体病毒,完整的病毒粒子大小为450 nm×150 nm,具囊膜,杆状。在超微切片中观察到的病毒粒子的囊膜为6～7 nm厚的三层膜结构。WSSV经乙醚和56℃处理30 min失活,在含有活性氧的水中,WSSV的感染活性降低。

【临床症状及病理】被病毒感染的对虾通常表现出厌食、活动量减弱、甲壳上出现白色斑点、沉入虾池底部等症状,而且在3～8 d内出现80%～100%的死亡率。该病毒感染结缔组织细胞和消化器官以外的上皮组织细胞。病毒含量最多的部位是甲壳皮下组织和鳃的上皮组织,其次是各器官的结缔组织。被感染的细胞细胞核肿大,用H&E染色可以清楚地在光学显微镜下观察到着色深的肿大细胞核。

6. 肝胰腺细小病毒(hepatopancreatic parvoviurs,HPV)

【流行情况】对虾肝胰腺细小病毒可以感染养殖和野生的众多虾品种,包括海水生活的对虾,在淡水中生活的对虾等。此病在幼虾期可引起大量死亡,在成虾养殖期,虾体瘦弱,出现慢性死亡。也常与细菌混合感染,死亡现象加剧。

【病原】从中国对虾分离的病毒粒子直径为22 nm、无囊膜的二十面体,含线状单链DNA。病毒仅有一个结构蛋白,相对分子质量为54 000,病毒基因组长度为5 kb。

【临床症状及病理】感染HPV的病虾生长缓慢、厌食,停留在岸边浅水处,反应迟钝,肌肉浑浊,体色变深,体表布满黑色斑点及其他附着物。鳃和体表附着共栖生物,易继发细菌性疾病,肝胰脏萎缩、坏死。其传播途径以垂直传播为主。

(二)水生动物细菌性疾病

1. 细菌性出血败血症(bacterial septicemia)

【流行情况】该病于20世纪80年代末在我国广大淡水鱼养殖地区出现暴发流行,危害多种养殖鱼类,是我国养鱼史上危害鱼种类最多、流行地区最广、流行季节最长、造成的损失最大的一种急性传染病。本病的发生与鱼类放养密度过大、饵料营养价值差、水质不良(氨氮、亚硝酸氮偏高)、防病措施不力有很大关系。

【病原】该病的主要病原为气单胞菌已为国内大多数学者所接受。从病鱼分离到的气单胞菌菌株,为革兰氏阴性,菌体呈短杆状,极生单鞭毛。在TYE及营养肉汤琼脂上呈淡黄褐色,无色素。在血琼脂上呈典型的溶血;氧化酶阳性,接触酶阳性,精氨酸双水解酶、赖氨酸脱羧酶阳性,鸟氨酸脱羧酶阴性,发酵葡萄糖产酸产气,不发酵肌醇,V.P反应阳性,M.R试验阴性,水解七叶灵、阿拉伯糖、水杨苷等,半乳糖苷酶阳性;对弧菌抑制剂O/129不敏感,符合典型的嗜水气单胞菌特性。

【症状及病理】疾病早期及急性感染时,病鱼可出现上下颌、口腔、鳃盖、眼睛、鳍基及鱼体两侧轻度充血,肠内有少量食物。典型病症病鱼出现体表严重充血及内出血;眼球突出,眼眶周围充血(鲢、鳙鱼更明显);肛门红肿,腹部膨大,腹腔内积有淡黄色透明腹水,或红色浑浊腹水;鳃、肝、肾的颜色均较淡,呈花斑状;肝脏、脾脏、肾脏肿大,脾呈紫黑色;胆囊肿大,肠系膜、肠壁充血,无食物,有的出现肠腔积水或气泡。部分病鱼还有鳞片竖起、肌肉充血、鳔壁后室充血等症状。症状可因病程长短、病鱼种类及年龄不同表现出多样化,大量急性死亡时,有时可出现少无明显症状的死亡,人工感染及自然发病中均可出现。

【诊断】疾病早期病鱼口腔、颌、鳃盖及鱼体两侧轻度充血,严重时鱼体体表严重充血,眼眶、鳍基及鳃盖充血、眼球突出、肛门红肿等症状,部分鱼可出现腹部膨大,轻压腹部,可从肛门流出黄色或血性腹水。解剖可发现肝、脾、肾、胆囊肿大充血,鲫肝脏可因严重病变而呈糜烂状,肠道因产气而呈空泡状,大部分鱼可见严重的肌肉充血。部分急性死亡鱼有时无明显的症状。致病菌的培养和诊断。无菌解剖病鱼,用接种针取肾、血液或肌肉,于培养基上划线分离,25℃以上(室温即可)培养24 h,可见菌落生长。嗜水气单胞菌等在营养琼脂和TSA上生长良好,可形成直径1～5 mm的圆形乳白色、光滑湿润微凸菌落。在R-S鉴别培养基上可形成黄色无黑色中心的菌落,部分气单胞菌可在TCBS上生长,形成黄色菌落。

2. 细菌性肠炎(bacterial enteritis)

【流行情况】该病是我国养殖鱼类最严重的病害之一,全国各养殖地区均有发生。占所有气单胞菌引起的疾病之首。本病主要危害草鱼、青鱼,鲤鱼也有少量发生。从鱼种至成鱼都可受害,常与细菌性烂鳃病、赤皮病并发,这种情况在草鱼中更为明显,俗称草鱼三病,使得发病率、死亡率均极高。死亡率高可达50%左右,严重时可高达90%以上。通常水温在18℃以上开始流行,水温25～30℃出现流行高峰,发病高峰出现在8～10月份。

【病原】目前比较一致认为,该病的病原是豚鼠气单胞菌(*A. carvia*),又称为肠型点状气单胞菌或点状气单胞菌,代表菌株是58-20-XX,为革兰氏阴性短杆菌,端生单鞭毛,无芽孢。在营养琼脂上菌落呈圆形,能产生褐色色素。其他性状还有氧化酶、触酶阳性,发酵葡萄糖产酸产气或产酸不产气,对弧菌抑制剂(0/129)。采用在RS选择培养基作筛选性分离,典型菌落呈黄色。

【症状及病理】患病鱼可离群独游、游动缓慢、体色发黑、食欲减退以至完全不吃食等。疾病早期肠壁局部充血发炎，肠腔内没有食物或仅在肠后段有少量食物，肠道黏液较多；疾病后期全肠呈红色，肠壁的弹性差，肠内没有食物，有淡黄色黏液，肛门红肿。2 龄以上大鱼，严重时还可出现腹部膨大，腹腔内积有淡黄色腹水，腹壁有红斑，整个肠壁因淤血而呈紫红色，肠道内黏液很多，甚至病鱼从头部拎起后，即可见黄色黏液从肛门流出。

【诊断】根据上述症状特别是肠壁的病变，可初步诊断为肠炎病，其与其他有类似病征的疾病区别如下。

①出血病和肠炎一样，肠道也发红出血，但肠炎病肠道内充满黄色液体，有时轻压病鱼腹部，就有黏液流出，而出血病无此症状；出血病全身肌肉出血，而肠炎一般仅腹壁出血。

②赤皮病主要是体表皮肤充血、出血、溃烂、鳞片脱落，肠炎则无此症状。

③从肠炎病鱼的肝、肾、血液中能分离出肠炎点状气单胞菌。

3. 细菌性烂鳃病(bacterial gill-rot disease)

【流行情况】烂鳃病是近年来我国淡水鱼类养殖的主要病害，主要发病季节为 8～10 月份，该病在我国主要危害草鱼和青鱼。该病从鱼种到成鱼都可感染。感染源为病鱼，通过水和塘泥传播，流行水温为 15～30℃，水温越高病情越严重，致死时间也越短。而且该病往往与草鱼肠炎、赤皮病共同发生，使病情更为加重。

【病原】该病的病原为柱状屈桡杆菌(*Flezibacter columnaris*)，属纤维黏菌科(Cytophagaceae)。该菌菌体细长，两端钝圆，长短不一致，一般弯曲，革兰氏阴性。无鞭毛，通常做滑行运动或摇晃颤动。在琼脂平板上菌落呈扩散型，边缘不整，由淡黄色逐渐变为金黄色。最适培养温度 28℃，在含 0.6％NaCl 的培养基不生长；好气，不分解琼脂、纤维素和几丁质，G＋C 为 35.3％。

【症状】患病鱼体色发黑，头部更为明显，并出现游动缓慢、呼吸困难、食欲减退。严重的病鱼离群独游水面，对外界刺激失去反应。通常发病缓慢，病程较长者，鱼体消瘦。病鱼可见鳃盖内表面的皮肤往往充血发炎，中间部分常糜烂成一圆形或不规则形的透明小窗，俗称“开天窗”。鳃上的黏液增多，鳃丝肿胀，鳃的某些部位因局部缺血而呈淡红色、灰白色甚至因局部淤血而呈紫红色，出现小出血点；严重时，鳃小片坏死脱落，鳃丝末端缺损，鳃丝软骨外露；在病变鳃丝的周围可附着坏死脱落细胞黏液、柱状屈桡杆菌和水体杂物，呈淡黄色。鳍的边缘色泽常变淡，呈“镶边”状。

【诊断】肉眼诊断。①肉眼观察可见鱼体发黑、鳃丝肿胀、黏液增多、鳃丝末端腐烂缺损、软骨外露等病症，用显微镜检查未见大量寄生虫或真菌寄生，可初步确定为细菌性烂鳃病；②显微镜检查：取鳃黏液或取少量病灶处鳃丝置于载玻片上，加上 2～3 滴无菌水，用盖玻片压片，放置 20～30 min 后，在显微镜下有大量细长、滑行的杆菌，有些菌体聚集成柱状，即可进一步诊断为细菌性烂鳃病。

致病菌的培养和诊断：可挑取病灶及鳃丝部位进行细菌分离，严重的病鱼也可从内脏分离到病原菌。用于屈桡杆菌选择性分离的常用培养基是 CA 培养基和 TYE 培养基。

4. 赤皮病(red-skin disease)

【流行情况】该病是草鱼、青鱼鱼种和成鱼的主要疾病之一，各地都有发现，常与烂鳃病、肠炎并发，全年可见。受伤鱼易患此病。在我国主要发生于 5～9 月份以及鱼种放养或捕捞、运输后，北方地区则在越冬后容易暴发本病流行。通常认为荧光假单胞菌是条件致病菌，鱼的体表完整无损时，病原菌无法侵入鱼的皮肤内，捕捞、运输、放养等可使鱼体表面受机械损伤，另外体表寄生虫寄生也可使病原菌乘虚而入引起发病。

【病原】该病的病原菌通常认为荧光假单胞菌(*Pseudomonas fluorescens*)。菌体短杆状,两端圆形,革兰氏阴性,大小为0.7 μm×0.4 μm,单个或2个相连;有动力,极端1～3根鞭毛;无芽孢,菌体染色均匀。在营养琼脂上可形成圆形灰白色菌落,培养20 h后可产生绿色或黄绿色的色素,弥漫培养基,紫外灯下可见荧光,是该菌的重要鉴别特性。肉汤培养可形成菌膜,24 h后,培养基表层产生色素。可使兔血琼脂产生典型的B溶血。此菌为氧化型,生产需氧,为与气单胞菌、弧菌的主要区别。典型分离株可发酵利用阿拉伯糖、木糖、甘露醇等,不利用乳糖、甘露醇、麦芽糖、蔗糖;不产生靛基质,V.P试验阴性,枸橼酸盐利用阳性,不还原硝酸盐,不产硫化氢。最适生长温度为26～30℃。

【症状】鱼体部分或大部发炎,出血;上、下颌发炎,充血;鳍条末端腐烂;鳍膜破裂。俗称“蛀鳍”。病鱼头部颜色明显变深、体表出血发炎,鳞片脱落,尤以鱼体两侧及腹部最为明显;病鱼常伴发烂鳃或肠炎,肠道无食物,肠壁充血发炎,肠腔中充满黏液。病鱼上、下颌及鳃盖也充血发炎,鳃盖内表面的皮肤常被腐蚀成一圆形或不规则形的透明小窗。

【诊断】肉眼诊断。根据体表症状及流行情况可进行初步诊断。致病菌的培养和诊断,采用营养琼脂分离培养病原菌,如分离到荧光假单胞菌,可确诊疾病。

5. 草鱼烂尾病(tail-rot disease of grass carp)

【流行情况】草鱼尾柄病是草鱼鱼种阶段的一种常见病,可发生于生产性鱼池中或是实验室水族箱内,在鱼体受伤或寄生虫感染及鱼体抵抗力下降、水质恶化时较易发生,严重时会产生疾病暴发。

【病原】该病又称为草鱼尾柄病(peduncle disease of grass carp),其病原菌为温和气单胞菌(*A. sobria*),为革兰氏阴性短杆菌,极端单鞭毛,有动力,在血平板上可产生典型的B型溶血。最适培养温度28℃左右。这类致病菌,本身毒力都不强,属于条件致病菌,通常在鱼体抵抗力下降、受伤以及环境条件恶化下引起疾病。

【症状】病鱼游动缓慢、食欲减退或停止摄食,鱼体失去平衡,头部朝下,鱼体与水面垂直,病鱼逐渐消瘦而死。尾部鳞片脱落、发炎,有时还继发水霉感染;有的病鱼鳍基充血、鳍条末端蛀蚀、蛀鳍等;严重时尾柄肌肉溃烂,甚至整个尾部烂掉,烂尾病由此得名。

【诊断】肉眼诊断。本病可根据症状做出初步诊断。致病菌的培养和诊断。病原菌的分离培养可确诊疾病。

6. 打印病(stigmatosis)

【流行情况】该病是鲢、鳙鱼的主要病害之一,全国各养殖区均有发生。一年四季以夏、秋两季最为常见。患病鱼多为鱼种、成鱼和亲鱼,感染率高,严重时可达80%以上。该病病程较长,虽一般不引起病鱼急性大批死亡,但严重影响鱼的生长、商品价值及亲鱼催情产卵。

【病原】该病又名腐皮病(putrid-skin disease),是由气单胞菌引起的疾病。该菌为革兰氏阴性,端生单鞭毛,兼性需氧,氧化酶及细胞色素氧化酶阳性;发酵葡萄糖、乳糖、麦芽糖、甘露醇、蔗糖、半乳糖、糊精、丙三醇、甘露糖产酸产气,不发酵木糖、菊淀粉、肌醇、山梨醇、卫矛醇等。可产生靛基质,V.P试验阳性,柠檬酸盐利用试验阳性;还原硝酸盐,分解尿素,产生H_2S。最适生长温度为28℃左右。

【症状】病灶主要发生在背鳍和腹鳍后躯干部分及腹部两侧,少数出现在鱼体前部,患病部位出现圆形、椭圆形红斑,似鱼体表加盖红色印章,故称打印病;随后病灶处鳞片脱落,坏死表皮腐烂，露出白色真皮；病灶内周缘鳞片埋入坏死表皮内，皮肤充血发炎，形成鲜明的轮廓，病灶直径逐渐扩大和加深，形成溃疡。严重时可露出骨骼或内脏，病鱼游动缓慢，食欲减退，衰竭而死。

【诊断】肉眼诊断。可根据体表症状、病理变化及流行情况做出初步诊断，也可配合镜检，观察病灶处是否有大量运动性杆菌。致病菌的培养和诊断。可采用营养琼脂或RS选择性培养基用于气单胞菌的分离，如长出黄色气单胞菌特征菌落，则可确诊。

7. 罗非鱼溃疡综合征(ulcer disease of tilapia)

【流行情况】该病主要发生在工厂化高密度养殖及越冬期间罗非鱼及亲鱼，通常在饲养管理不良、养殖密度太高、水温变化大、水质恶化等原因引起鱼体抵抗力降低时才会发生，严重时发病池感染率可达50%以上。由于嗜水气单胞菌在水体中普遍存在，一般被认为是条件致病菌。

【病原】该病病原为嗜水气单胞菌(*A. hydrophila*)，短杆菌，革兰氏阴性，端生单鞭毛，氧化酶、触酶阳性，发酵葡萄糖产酸产气，主要生化性状有：发酵半乳糖、果糖、麦芽糖、蔗糖、甘露糖、甘露醇、阿拉伯糖，水解淀粉、七叶苷，不发酵肌醇、乳糖、卫茅醇、山梨醇、肌醇，V.P阳性，吲哚试验阴性，还原硝酸盐，不分解尿素，液化明胶，精氨酸脱羧酶阳性，赖氨酸脱羧酶阴性，6%NaCl营养肉汤不生长。

【症状与病理】发病早期，体表病灶充血、鳞片松动并逐渐脱落，病灶逐渐形成血红色斑状凹陷，严重时可烂及骨骼。病灶可出现在头部、鳃盖、躯干及鳍条等处，无特定部位，严重时病鱼上多达60多个病灶。肝呈褐色，胆囊可肿大5倍左右，呈墨绿色。

【诊断】肉眼诊断。根据症状、病理变化及流行情况进行初步诊断。致病菌的培养和诊断。采用营养琼脂或RS选择性培养基，从中分离到气单胞菌或嗜水气单胞菌，可以确诊。

8. 鳗烂尾病(tail-rot disease of eel)

【流行情况】该病是危害鳗鲡的主要疾病，在我国东南沿海各省养殖场都有流行。主要发生于夏季高温季节，一般认为该病为鳗鲡尾部受伤后经皮肤接触感染，鳗鱼规格选择、搬运操作或频繁使用化学药品，都可造成鳗鲡皮肤损伤引发疾病，此外，鳗鱼黏液脱落时也容易引发烂尾病。

【病原】我国学者从烂尾病中分离到豚鼠气单胞菌(*A. cavaei*)，原称点状气单胞菌(*A. punctata*)，为革兰氏阴性短杆菌，端生单鞭毛，在TSA、营养琼脂平板形成圆形光滑的乳白色菌落；不产生色素，最适生长温度为26～37℃，在4%食盐中不能生长。是条件致病菌。

【症状与病理变化】疾病早期，病鳗鳍外缘、尾柄处可看到黄色或黄白色的黏性物质，随后尾鳍及尾柄处出现充血、发炎、糜烂，严重时尾鳍烂掉，尾柄处肌肉出血、溃烂，骨骼外露，病鳗死亡。在水温较低的春秋季，常继发水霉感染。

【诊断】肉眼诊断。根据症状及流行情况进行初步诊断。致病菌的培养和诊断。鉴于对病原菌有不同的报道，分离鉴定病原菌并非必需。可采用营养琼脂或RS培养基分离气单胞菌，任何一种致病菌分离阳性都可确诊。

9. 中华鳖红脖子病(red neck disease of soft-shelled turtles)

【流行情况】近年来，红脖子病仍然是中华鳖养殖中危害极大的重要疾病。该病在我国每年主要发生于3～6月份，温室发病期可延长到10～12月份，一般在水温低于30℃下发生，主要危害体重在500 g左右的成鳖。本病通常发生在越冬期后，一般认为甲鱼经过越冬期后，体质消耗较大，抵抗力下降，引起水体中的嗜水气单胞菌侵入体内，引起感染。病原菌主要来自带菌甲鱼、污染水体等，也可能通过消化道。

【病原】本病又称甲鱼红斑病(red speckle disease of solt-shelled turtle)或甲鱼气单胞菌病、其病原体是嗜水气单胞菌(*A. hydrophilia*)，属弧菌科，气单胞菌属。为革兰氏阴性短杆菌，极端单鞭毛，可在营养琼脂、TSA等培养基上生长，形成乳白色菌落，从甲鱼上分离的嗜水气单胞菌氧化酶、触酶阳性，可在血琼脂平板上产生典型的B溶血，其主要生化性状与鱼体分离的嗜水气单胞菌相同。

【症状与病理变化】患病甲鱼首先对外界应激敏感性降低，运动迟缓，不吃食，喜欢钻入泥中，随后颈部充血，腹甲部出现红斑，渐渐糜烂成烂斑，口、鼻、舌尖发红，有的眼睛失明，从口、鼻流出血水，爬上岸死亡。解剖检查，可见食管、胃、肠的黏膜明显充血、出血；肝脏肿胀、质脆易碎，有的表面形成灰白色、针尖大坏死灶，脾脏肿大。

【诊断】肉眼诊断。可根据发病甲鱼的症状、流行情况及病理变化，做出初步诊断。致病菌的培养和诊断。可采用营养琼脂或RS培养基进行病原菌分离，初步鉴定为气单胞菌后可基本确诊。种的鉴定并非必需。

10. 中华鳖红底板病(red abdominal shell disease of soft-shelled turtles)

【流行情况】近年来，该病仍然是危害我国中华鳖养殖业的主要疾病之一。其中危害较为严重的有山西、浙江、江西、安徽、广东、四川等省。该病主要危害成鳖、亲鳖。本病发病率可达20%～40%，死亡率达10%～25%。该病流行温度是20～30℃，一般每年越冬之后(4月中旬)开始发病，5～6月份是发病高峰季节。

【病原】本病又称赤斑病、红斑病，腹甲红肿病、红腹甲病等。气单胞菌(*Aeromonas* sp.)是重要的病原，菌株特性为：革兰氏阴性短杆菌，极端单鞭毛，可在营养琼脂、TSA等培养基上生长，形成乳白色菌落，从甲鱼上分离的嗜水气单胞菌氧化酶、触酶阳性，可在血琼脂平板上产生典型的B溶血，其主要生化性状与鱼体分离的嗜水气单胞菌相同。

【症状与病理变化】病鳖主要表现为腹部出血性红斑，严重时溃烂，露出骨甲板，背甲失去光泽，有不规则沟纹，严重时出现糜烂状增生物、溃烂出血，口、鼻发炎出血，咽部红肿。解剖可见肝呈紫黑色，严重淤血，肾脏血清扩张出血，肠道发炎充血，内无食。病鳖停食，反应迟钝，躺在塘边、食台或晒台，一般2～3 d即可死亡。

【诊断】肉眼诊断。可根据底板有红色斑块、溃烂等外部症状做出初步判断。致病菌的培养和诊断。取濒死病鳖肝、肾等器官，用营养琼脂或RS培养基进行病原菌分离纯化，由革兰氏染色阴性短杆菌，氧化酶、触酶阳性等，可初步确定是否由气单胞菌引起。

(三)水生动物真菌病

1. 水霉病(saprolegniasis)，又称肤霉病(dermatomycosis)

【流行情况】水霉病在国内外水产动物养殖地区都有流行，水霉对温度的适应范围很广，在5～26℃均可生长繁殖，各种淡水鱼类均可感染水霉病，凡是受伤的淡水鱼类均可被感染，而未受伤的则一律不受感染。

【病原】此病的病原体已知有10多种，其中最常见的是水霉科(Saprolegniaceae)中水霉属(*Sarolegnia*)和绵霉属(*Achlya*)两个属的种类。水霉、绵霉的繁殖适温13～18℃。水霉在pH 6.4～8.0能够生长繁殖，在pH 5.6以下生长完全受抑制，水霉、绵霉的生长繁殖最适pH 7.2。葡萄糖是最好的碳源；在含蛋白胨或任何一种氨基酸的培养基上生长良好。水霉菌对盐度的反应很敏感,万分之四以上的食盐水溶液可抑制水霉的生长。

【症状及病理变化】疾病早期,肉眼看不出有什么异常的症状,随着病情的发展,肉眼可看到灰白色棉毛状的外菌丝,故俗称白毛病。霉菌寄生部位周围皮肤溃烂,水霉菌丝可穿入肌肉,靠近结缔组织,以后由于菌丝体黏附藻类或污泥使鱼体负担过重,游动迟缓,食欲减退,最后瘦弱而死;水霉感染幼鱼的头部时,菌丝会侵入幼鱼的脑、心脏、血管、肝脏及其他主要器官,造成极大的危害。

【诊断】用肉眼观察,根据症状即可做出初步诊断。必要时可用显微镜检查,如果有水霉菌丝体的存在,可进行确诊。如要鉴定水霉的种类,则必须利用真菌培养基进行人工培养,观察其藏卵器及雄器的形状、大小及生长的部位等。

2. 鳃霉病(branchiomycosis)

【流行情况】鳃霉病通过菌丝体产生的孢子进行传播。以广东等南方养殖场最为严重,鲮鱼苗最敏感,发病率可达70%~80%,死亡率高达90%以上。流行季节为5~10月,而以5~7月为甚。一般在有机质含量高的浑浊池塘最易发病,死亡率也高。

【病原】鳃霉(*Branchiomyces* spp.),属水霉目(Saprolegniales)。在我国,寄生于草鱼鳃上的是一种鳃丝较粗直,菌丝直径为20~25 μm,分枝很少,仅在鳃小片组织中生长。寄生在青鱼、鲮、鳙等鳃上的菌丝较细,直径为6.6~21.6 μm,分枝很多,常弯曲呈网状。

【症状及病理变化】患病鱼鳃瓣呈粉红色或青灰色,鳃小片肿大、粘连,伴有点状充血、淤血或出血现象。病鱼呼吸困难,游动缓慢,从发病到死亡仅1~2 d。病情严重时鱼高度贫血,整个鱼体呈青灰色。感染鳃霉急性型的病鱼,出现病情后几天内大量死亡,表现为鳃出血,部分鳃丝颜色苍白;慢性型发病的病鱼,死亡率稍低,坏死的鳃丝部分腐烂脱落,鳃丝贫血,呈苍白色。

【诊断】用肉眼观察鱼的鳃部,如发现上述症状则进行显微镜检查。剪少许鳃丝制片在显微镜下观察。当发现鳃上有大量分枝状菌丝寄生时即可做出诊断。

3. 镰刀菌病

【流行情况】美国的加州对虾对此病最敏感,感染率有时高达100%,死亡率有时高达90%,其次是蓝对虾和万氏对虾对镰刀菌敏感。但斑节对虾对镰刀菌具有高度的抵抗力。在我国主要是危害越冬的中国对虾亲虾,常并发细菌感染,可引起越冬亲虾大批死亡。

【病原】镰刀菌(*Fusarium*)属于半知菌门(Deuteromycota)半知菌纲(Deuteromycete)丛梗孢目(Moniliales)瘤座孢科(Tuberculariaceae)。镰刀菌在真菌培养琼脂上的菌落呈圆形,平坦,中央微微隆起,最初为白色棉花状,随着菌落的生长,在菌落的中心出现褐色素。菌落表面有许多水滴,镜检这些水滴可看到许多分生孢子。

【症状及病理变化】被寄生处的组织有黑色素沉淀而呈黑色。危害的对象不同,其症状也有所不同,日本对虾的鳃部寄生镰刀菌后,引起鳃丝组织坏死变黑,而中国对虾的鳃部感染了镰刀菌,有的鳃丝变黑,有的鳃丝虽然充满了真菌的大分生孢子和菌丝,鳃丝不变黑。虾体活动能力大为下降,静卧于池底,最终死亡。黑色素沉淀是对虾组织被真菌破坏后的保护性反应。镰刀菌寄生处,除了对组织造成严重破坏以外,还能产生真菌毒素,使宿主中毒。

【诊断】从病灶处取受损害的组织做成新鲜浸片,用显微镜检查,发现有大量镰刀菌的菌丝及镰刀形的大分生孢子时,有时在显微镜下直接看到菌丝,看不到大分生孢子时,可用真菌培养基(例如PSA培养基,即土豆蔗糖琼脂培养基,但需加入青霉素和链霉素或庆大霉素少许,以抑制细菌的生长)培养后,形成大、小分生孢子,并产生褐色、黄棕色、红色或紫色色素,即可诊断。

(四)水生动物寄生虫病

1. 波豆虫病(Ichthyobodiasis),又称口丝虫病(costiasis)

【流行情况】该病是世界性鱼病,我国从南至北均有流行。水温4～30℃均能发病,但飘游鱼波豆虫的繁殖适温是12～25℃,因此一般流行于春秋两季,两广地区以冬末春初最流行。该病对鱼苗、鱼种危害最为严重,危害各种温水及冷水性淡水鱼,尤以鲤鱼和鲮鱼的鱼苗为严重。发病后2～3 d病鱼即开始大量死亡。2足龄以上的大鱼,一般不引起死亡。

【病原】飘游鱼波豆虫(*Ichthyobodo necatrix*),属动基体目,波豆科。虫体自由游动时呈圆形,背面隆起,腹面凹陷I固着时背腹侧扁,虫体侧面观呈梨形、卵形;侧腹面观,略似汤匙。偏于侧面的一边有一鞭毛沟,斜向伸展达体长的2/3,鞭毛沟的前端有1个由2颗基粒组成的生毛体,由此长出2根鞭毛,沿鞭毛沟伸向体后而游离。虫体用2根鞭毛作为附着的胞器,插入寄主的皮肤或鳃组织中。虫体大小为(5.5～11.5) μm×(3.1～8.6) μm。虫体形状大小与鱼的红细胞近似,在显微镜下要注意与红细胞相区别。

【症状及病理变化】病原体寄生于鱼体鳃、体表及鳍条。病鱼早期无明显症状,大量寄生时,体表及鳃黏液分泌增加,形成灰白色或淡蓝色的膜。病鱼离群独游,食欲减退,甚至于不吃食,呼吸困难而死。寄生处充血,发炎、糜烂、细菌继发性感染后溃烂。鳃小片相互粘连,呼吸频率加快,鳃盖张开。

【诊断】结合症状及流行情况,还必须用显微镜进行检查,如发现有大量鱼波豆虫寄生,即可做出诊断。

2. 隐鞭虫病(cryptobiasis)

【流行情况】鳃隐鞭虫主要寄生在鱼的鳃上。全国各地均有发生,对夏花草鱼种特别敏感,严重时会引起大批死亡,以7～9月份最为严重。在冬季,鲢、鳙鱼的鳃弓上常有大量鳃隐鞭虫寄生,但对鱼没什么危害。而虫体离开该寄主后,可以在水中生活1～2 d,即有可能从一个寄主转移到另一个寄主。

【病原】隐鞭虫(*Cryptobia* spp.)属动基体目波豆科(Bodonidae)。我国危害较大的有鳃隐鞭虫(*C. branchialis*)及颤动隐鞭虫(*C. agitata*)两种。该虫的传播途径可能是由带虫寄主而传染的。

【症状及病理变化】患鳃隐鞭虫及颤动隐鞭虫的病鱼,早期没有明显的症状,当病情严重时,病鱼呼吸困难,游动缓慢,鱼体发黑,吃食减少,鳃或皮肤上有大量黏液。患病早期鳃小片的毛细血管轻度充血、渗出,鳃丝轻度肿胀,黏液细胞增生,分泌亢进。当严重感染时可引起病鱼溶血,而且鳃丝的软骨膜也发生肿胀、玻璃样变,以致坏死;鳃弓上的横纹肌纤维肿胀、横纹消失、玻璃样变,以致坏死。

【诊断】取病鱼鳃丝或血液置于载玻片上,制成涂片,在高倍镜下见到不断摆动的虫体即可诊断。

3. 斜管虫病(chilodonelliasis)

【流行情况】该病流行于春、秋季节,水温15～20℃时,当水质恶劣,鱼体衰弱时,引起鱼大批死亡。对温水性及冷水性淡水鱼都可造成危害,主要危害鱼苗、鱼种。斜管虫对鳜鱼、淡水白鲳、鳗鲡、罗非鱼、长吻鮠、胡子鲇等名优鱼类都很敏感。对成鱼阶段的鳜危害不大,而苗种阶段的鳜鱼往往因斜管虫的大量寄生而导致鱼体组织损伤后，继发其他传染性疾病而死亡。

【病原】鲤斜管虫(*Chilodonella cyprini*)属管口目(Cyrtophorida)斜管科(Chilodonellidae)斜管虫属(*Chilodonella*)。虫体侧面观背面隆起，腹面平坦，前部较薄，后部较厚。从腹面看，近似卵形，但左右两边不甚对称。腹面两边共有几条长短不一的纤毛线，左边9条，右边7条。虫体用横二分裂和接合生殖进行繁殖。繁殖适温为12～18℃。

【症状及病理变化】鲤斜管虫寄生在淡水鱼的鳃及皮肤上，少量寄生时对寄主危害不大，大量寄生时可引起皮肤及鳃上产生大量黏液，鳃充血，被虫体寄生处组织破坏。鱼体与实物摩擦，表皮发炎，坏死脱落，呼吸困难而死。

【诊断】斜管虫身体比小瓜虫小得多，肉眼看不见，也没有白点等症状表现。它还往往和鳃隐鞭虫、小瓜虫、车轮虫、三代虫、指环虫等许多种病同时并发，必须用显微镜进行诊断。

4. 瓣体虫病(petalosomasis)

【流行情况】此病是一种海水鱼病，流行于夏季，几乎每年都有发生，在广东、广西、福建、浙江等省及自治区均有流行。主要危害红点石斑鱼、青石斑、真鲷、勒氏笛鲷、大黄鱼等。在高密度流水养殖及网箱养鱼中更为多见，此病蔓延迅速，感染率和死亡率均很高。

【病原】石斑瓣体虫(*Petalosoma epinephelis*)属管口目斜管虫科瓣体虫属。虫体侧面观，背部隆起，腹面平坦，前部较薄，后部较厚；虫体腹面观呈椭圆形或卵形。虫体的腹面中部和前部有纵列的32～36条纤毛线，每条纤毛线的长短不同，左侧的12～14条比右侧的12～14条短得多，其中最右侧的6条最长。虫体背面无纤毛。石斑瓣体虫行横分裂无性繁殖。

【症状及病理变化】石斑瓣体虫寄生在鱼体体表和鳃上，鱼体受刺激后分泌大量黏液，寄生处出现许多大小不一的白斑，病情严重时白斑连成一片，俗称白斑病。病鱼游泳无力，独自浮游于水面，呼吸困难，病死的鱼胸鳍向前方伸直，几乎贴近于鳃盖。

【诊断】刮取体表黏液和剪下少许鳃丝做成水浸片进行镜检，看到虫体即可确诊。

5. 车轮虫病(trichodiniasis)

【流行情况】车轮虫寄生在多种淡水鱼及海水鱼的体表、鳃、鼻孔、膀胱和输尿管等处。是海水、淡水鱼类最常见的寄生原虫病；一年四季都可发病，但其适宜繁殖温度为20～28℃，4～7月份为主要流行季节；以直接接触而传播。

【病原】能引起车轮虫病的车轮虫有10多种，属缘毛目(Peritrichida)壶形科(Urceolarridae)/车轮虫属(*Trichodine* spp.)和小车轮虫属(*Trichodinella* spp.)。

【症状及病理变化】当大量寄生时，可引起体表、鳃黏液增多，鱼游动缓慢，因呼吸困难而死。饲养10多天的淡水鱼苗，体表被大量车轮虫寄生时，鱼苗成群围绕池边狂游，呈“跑马”症状。由于车轮虫在鳃及体表各处不断爬动，损伤上皮细胞，上皮细胞和黏液细胞增生，鳃上的毛细血管充血、渗出，鳃上皮组织坏死、崩解。

【诊断】剪取少量鳃丝或从鳃上、体表刮取少许黏液，置于载玻片上，加1滴清洁水制成水封片，在显微镜下若看到数量较多的虫体，可诊断为车轮虫病。如仅仅看到少量虫体，不能诊断为车轮虫病。

6. 固着类纤毛虫病(sessilinasis)

【流行情况】固着类纤毛虫病的分布是世界性的，在我国沿海各地都有发生，且很常见，危害海、淡水中养殖的各种虾、蟹的卵、幼体、成体和鱼苗、鱼种及鳖、牛蛙等，其中尤以对虾、蟹的幼体的危害为大。当水中有机质含量多时最易发生，在水中溶氧较低时，可引起大批死亡，残存的商品价值也大大降低。其传播是靠端毛轮幼虫进行的。

【病原】病原属于缘毛目(Peritrichida)/固着亚目(Sesslina)的许多种类,故又叫缘毛类纤毛虫病(perithrichasis)。最常见的为聚缩虫(*Zoothamnium* spp.)、累枝虫(*Epistylis* spp.),其次为钟虫(*Vorticella* spp.)、拟单缩虫(*Pseudocarchesium* spp.)、单缩虫(*Carchesium* spp.)及杯体虫(*Apiosoma* spp.)等。

【症状及病理变化】虫体附着在蟹体表、附肢上,大量附生时如棉絮状。病蟹反应迟钝,行动缓慢,呼吸困难,幼蟹发育缓慢,不能蜕皮,严重者死亡。虫体附着在对虾的体表和附肢的甲壳上以及成虾的鳃上。感染严重的虾,鳃丝上布满了虫体,肉眼看去鳃部变黑,也称为黑鳃。

【诊断】从外观症状基本可以初诊,但确诊必须剪取一点鳃丝或从身体刮取一些附着物做成水浸片,在显微镜下看到虫体。幼体可用整体做成水浸片进行镜检。

7. 球虫病

【流行情况】艾美虫病不仅地区分布广泛,而且大部分淡水鱼、海水鱼都有寄生,种类也很多。被侵害的可从鱼苗、鱼种到成鱼。它们寄生的器官,主要是肠管,其次为肾、肝、胆囊、性腺等都有发现。

【病原】艾美虫属(*Eimeria*)中的许多代表,我国报道的已有20多种。常见种类有青鱼艾美球虫(*Eimeria mylopharyngodoni*)、鲤艾美虫(*E. carpelli*)和草鱼艾美球虫(*E. ctenopharyrgodni*)等。

【症状及病理变化】少量寄生时,青鱼没有明显病状;大量寄生时可引起病鱼消瘦、贫血、食欲减退、游动缓慢、鱼体发黑、腹部略为膨大;剖开鱼腹,可见前肠比正常的粗2~3倍,在肠壁上形成灰白色的瘤,瘤的周围附近的寄主组织,表现溃烂,产生灰白色的脓液。病鱼的肠内壁腐烂穿孔、充血、鳃瓣贫血,失去鲜红的颜色,呈粉红色。

【诊断】根据症状及流行情况进行初步诊断。用显微镜进行确诊。

(五)人鱼共患寄生虫病

1. 吸虫病　复殖吸虫(digenea)是鱼类常见的寄生虫。吸虫都营寄生生活,中间宿主有腹足类、瓣鳃类、鱼类、多毛类,甲壳动物和水生昆虫等。其中一部分直接引起水产动物发病,有些则以水产动物为中间宿主,危害人类健康。如华支睾吸虫(*Clonorchis sinensis*)等,多种淡水鱼是其第2中间宿主。其囊蚴寄生在鱼、虾体内,而成虫寄生在人及哺乳动物的肝脏、胆管内,引发肝脏疾病。人食入未熟的含囊蚴的鱼肉便可感染。

2. 绦虫病　绦虫(tapeworm)都营内寄生生活,虫体一般呈带状,附着器官(吸盘、吸沟、吸槽等)集中在头部,虫卵随终宿主的粪便排入水中,孵出六钩幼虫,被镖水蚤吞食,并在其体内发育成原尾幼虫,当鱼类吞食了带幼虫的镖水蚤后,原尾幼虫从鱼肠进入腹腔,吸收体腔的消化液发育成大型的裂头幼虫,有时数量很多,使病鱼无法平衡,漂浮水面,极易被水鸟捕获。裂头幼虫在水鸟肠中,经24~36 h即发育成熟。如果终宿主是鱼类,则绦虫的成虫在鱼肠中成熟产卵,如草鱼的九江头槽绦虫。绦虫绝大多数寄生于脊椎动物的消化道和体腔内。以水产动物为中间寄主危害人类健康的主要是阔节裂头绦虫(*Diphyllobothrium latum*)。该虫长达3~4 m,节片可有3 000~4 000个。人若食入生的或未煮熟的被裂头蚴感染的鱼即被感染,引起贫血、肠道和胆管堵塞、神经紊乱、运动失调等。

3. 线虫病　线虫(nematode)种类很多,有独立生活的,有半寄生的,有寄生的,淡水、海水、土壤都存在。寄生于脊椎动物、无脊椎动物、植物的各种器官和组织,淡水鱼、海水鱼都有。

寄生的线虫，有的不需中间宿主，有的需要中间宿主，有的在自然界发育一段时间才进入宿主。线虫为雌雄异体，大部分营自由生活，另一部分可寄生在各种动物、植物以及人体内。其中异尖线虫属（*Anisakis*）和对盲囊线虫属（*Contracaeumm*）的一些种的第三期幼虫寄生于多种海水鱼类的肌肉、肠系膜、胃、肠、肝及腹腔中，人类因食入含有第三期幼虫的鱼肉或鱼内脏而受感染，并引起胃糜烂性溃疡，肠壁增厚导致肠狭窄和肠梗阻。幼虫还可移行至消化道以外的脏器中，当虫体被肉芽组织包绕形成肿块时，往往被疑为恶性肿瘤。另外，棘颚口线虫（*Gnathostoma spinigerum*，）的第二中间宿主为淡水鱼（乌鳢、泥鳅、黄鳝等），当蛙、蛇、鸡、猪等吞食了被感染的鱼后，其体内的幼虫不能进一步发育而成为转续宿主。人常通过食生鱼片或未熟的转续宿主而受感染，引起皮肤幼虫移行症和内脏幼虫移行症。如进入脊髓和脑可引起嗜酸性粒细胞增多性脑脊髓炎，严重者可致死亡。

（六）病死鱼的处理

对人鱼共患疾病应严格执行检验检疫制度并按有关规定处理。其他鱼病轻症者除去病变部位后经高温处理后供食用。严重感染者不可食用。患溃疡、肿瘤的鱼类，均不得作食用，应作工业用或销毁。

对于复殖吸虫感染的鱼，程度轻的，食用前须经高温处理；感染严重的不能食用。患阔节裂头蚴病的鱼一般不准食用。被线虫轻度感染的鱼经煮熟或－20℃冷冻 24 h 后再食用；感染严重的不宜食用。

思　考　题

1. 无公害水产品与绿色水产品的特点是什么？
2. 简述水生动物疾病的特点。
3. 如何有效预防和控制水生动物疾病的发生？

第十八章　野生动物及濒危动物的环境保护

第一节　保护野生动物的意义

野生动物是大自然的重要组成部分，是人类的朋友；它们不仅对维持整个生态平衡起着举足轻重的作用，还具有巨大的经济价值和科研价值。人类的生存离不开野生动物，保护野生动物就是保护人类自己！

一、保护野生动物对保护维持生态平衡的重要意义

野生动物是自然界中的重要成员，它们在食物链及生态平衡中所起到的重要地位大家有目共睹。由于环境的恶化，人类的乱捕滥猎，各种野生动物的生存正在面临着各种各样的威胁。近100年，物种灭绝的速度已超过了自然灭绝速度的100倍，现在每天都有100多种生物从地球上消失。我国也已经有10多种哺乳类动物灭绝，还有20多种珍稀野生动物面临着灭绝。如果这些野生动物灭绝，那么生物链就会中断，整个生态平衡将遭受的是毁灭性的打击。可想而知，那时人类也将无法生存，地球将会一片沉寂！

二、保护野生动物对保护生物多样性的重要意义

所谓的生物多样性就是地球上所有的生物——植物、动物和微生物及其所构成的综合体。它包括遗传多样性、物种多样性和生态系统多样性三个组成部分。生物多样性保护可以影响一个国家、一个地区乃至全球的发展和促进经济的繁荣，因此保护生物多样性已引起了国际社会广泛关注，成为全球环境问题关注的热点。生物资源支撑着人类的生存和发展，并且使人们能够适应环境和需求的变化，生物多样性是一个地区内生物基因、物种和生态系统多样性的总和。据联合国环境规划署估计，全球大约有500万种到3 000万种生物，目前人类已描述过的生物有140多万种，利用的仅150种左右。人类食物的90%是来自被驯化和培育的20多种动植物。生物资源是人类财富的巨大宝库。

如果我们不能及时有效地采取措施保护野生动物，尤其是濒危野生动物，那么宝贵的基因资源将一去不返；可爱的野性生灵将不复存在；庞大的生态系统也许会突然崩溃；在地球上，放眼望去，看到只有人类自己的可悲局面。

三、保护野生动物对人类工作生活的重要意义

(一)野生动物的药用价值

野生动物是我国许多动物药的来源。我国有许多传统药取自野生动物，可入药的野生动物达千种以上，例如鹿茸、麝香、羚羊角、五灵脂、海马等都是名贵的中药材。随着科学研究的

深入，不少动物的药用价值将被发现并应用到临床上。资料显示，国外已研究发现500多种海洋动物可入药提取抗癌药物，还有许多海洋无脊椎动物可以入药，用于高血压、心脏病等疾病的防治。

许多野生动物还是医学研究和疫苗生产的重要材料，如猕猴即是重要的实验动物，又是生产小儿麻痹疫苗唯一可用的动物。由于我国有了这种动物，才使千百万儿童免得小儿麻痹症。

（二）野生动物的观赏价值

我国优越的自然地理条件，适合多种野生动物的生长、繁殖。我国的国家自然公园及野生动物保护区为这些野生动物提供了较好的庇护场所。在许多大城市如北京、深圳等地，都有条件设施很好的野生动物园。各种野生动物以它们的千姿百态，绚丽多彩点缀着祖国山川的美丽，供广大民众观赏。

（三）野生动物的科研价值

野生动物在漫长进化过程中，形成了许多适应环境的特性，而在视觉、听觉、嗅觉等感觉器官上特别发达，因此形成一套独特的导航、定位、识别、计算、生物合成和能量转化系统。通过研究这些野生动物独特的系统功能来服务人类，就产生了一门新生学科——动物仿生学。仿生学是研究生物系统的结构特性、能量转换和信息过程，并用所获得的生物知识去改造或创新仪器、机器和工艺的学科，至今已获得了很大发展，取得了许多成绩。

2004年9月29日美国的野生动物保护协会（Wildlife Conservation Society，WCS）“同一个世界，同一个健康”项目组于美国纽约曼哈顿召开的国际研讨会上提出了“同一个世界，同一个健康”为主题的“曼哈顿原则”，动员全世界的专家学者策划一个与威胁地球生命的疾病作斗争的方案，构建一个沟通多学科合作与全球一体化的世界公共卫生的桥梁。来自世界各地的卫生专家汇聚于纽约曼哈顿，讨论已存在的和潜在的人、家畜和野生动物群的疾病问题。与会专家一致认为战胜威胁地球生命疾病的首要办法就是国际间、多学科的大协作、大联合。会议就建立一个全球整体互动预防流行性或地方流行性疾病，维持让人类受益的完整的生态平衡，向各国领袖、各社会阶层、全球健康协会组织、科研机构提出了12条建议，这12条建议是：①认识人类、家畜、野生动物健康与威胁着人类、人类食物供给和经济发展的疾病及生物多样性的紧密关系，生物多样性是维持健康环境、发挥生态系统作用所必需的，也是我们所需要的；②认识水土利用的决策对健康有着重要意义，如果我们对这个关系没有清醒的认识，生态系统作用的改变、疾病出现和传播的方式变化都将不可避免；③把野生动物健康科学作为全球疾病预防、检测、监测、控制和消除不可缺的组成部分；④认识人类健康计划可对环境保护发挥极大的推进作用；⑤制订实用的、全面的和有前瞻性的预防、检测、监测、控制和消除新发病和再发疾病方案，该方案应充分考虑到动物种群间复杂的相互联系；⑥在制订应对传染病威胁解决办法时，寻求人类需求（包括那些与家畜健康有关的）和生物多样性保护观的高度统一；⑦减少和更好地管制活野生动物和肉品的国际贸易，这不仅为了保护野生动物群，也是为了减少疾病传播、种群间的传染和产生新的病原宿主关系，在对公共卫生、农业和保护影响方面，这种全球贸易的成本是巨大的；⑧限制为了疾病控制而大量屠杀自由生活的野生动物群种，只有在多学科、国际性和科学性的认同下，确认某野生动物群对人类健康、食品安全或野生动物卫生本身等有重大而紧急威胁情况下才可以这样做；⑨针对威胁人类、家畜和野生动物健康的新发和复发疾病的严峻性增加对全球人和动物健康基础建设，加强全球人和动物监测、扑灭能力建设，信息及时共享；⑩在政府间、当地人民、私人机构和公共机构之间建立合作关系，以应对全球健康和生物多样性保护问题；⑪提供足够的资源和支持全球野生动物健康监测网络，以便疾病信息作为新发和复发疾病威胁的早期预报系统在公共健康和家畜养殖区共享；⑫在教育、唤醒世人警惕和影响政策进程方面加大投入，让人们深深地认识到健康和生态完整的密切关系，使我们的星球更加健康。

曼哈顿原则提出的“同一个世界，同一个健康”理念把健康放入发展与生态两大主题之中，呼吁人医和兽医合作共同保护地球人类和动物尤其是野生动物的生命健康。“曼哈顿原则”向全世界吹响了野生动物保护的号角，为我们搞好野生动物的保护工作指明了方向。

第二节　我国野生动物的种类与分布

我国位于全球最大的陆地——欧亚大陆的东岸和全球最大的海洋——太平洋的西岸，疆域辽阔，地形复杂，地理位置优越。我国气候带跨越寒温带和热带，包括了多种气候类型，为野生动物提供了各自适宜的生存环境。季风在一年内的交替与进退，对我国自然地理环境的形成及地域差异起着重要的作用，这也是许多野生动物生态季节性现象产生的重要背景。我国的野生动物分布的种类十分丰富，仅陆生脊椎动物就有 2 000 多种。野生动物的分布现状受到古生物历史变迁、自然条件和人类活动等众多因素的影响。在动物分类系统中，只有基本单位——“种”具有客观的标准。因而，种的分布是客观存在的。一地的动物区系，即有许多分类上明确的和分布上相互重叠的种所组成。

一、两栖纲

现存两栖动物有无足目、有尾目和无尾目三大类。无足目全世界有 6 科 34 属 162 种，我国仅有 1 种，有尾目全世界共计有 8 科 60 余属 350 余种，我国有 3 科 11 属 33 种。无尾目全世界有 30 余科 300 余属 3 500 余种，我国有 7 科 28 属 240 种。我国两栖类共计约有 435 种。

(一)无足目

无足目亦称蚓螈目，仅有一科鱼螈科(Ichthyophidae)分布于热带非洲、中美、南美洲、亚洲，大体以南北回归线为其南北限，以中美、南美的种类为多。在我国早年 Mell(1992)曾报道在广东罗浮山有双带鱼螈(*Ichthyophis glutinosus*)。杨大同(1984)将获自云南西双版纳的鱼螈定名为版纳鱼蚓(*Ichthyophis bannanica*)。至今，在我国广西十万大山(温业棠 1983)、广东鼎湖山(潘炯华等 1985b)发现的鱼螈，均被认为是版纳鱼螈(费梁等 1990)。版纳鱼螈在我国的分布表明此科动物的北限与热带北界大致相符。

(二)有尾目

有尾目两栖动物只有少数种类产于亚洲。我国产有隐鳃鲵科(Cryptobranchdiae)、小鲵科(Hynobiidae)和蝾螈科(Salamandridae)。世界范围内，这 3 科的种类都很少。

隐鳃鲵科在我国只有一种，即大鲵，是世界现存最大的两栖动物。其自然分布北起山西、陕西，南达广西，西自青海通天河流域，东至滨海大部分地区，跨越古北、东洋两界，主要产在季风区内。小鲵科在我国有 7 属 15～16 种。在我国境内本科动物跨越古北东洋两大界。蝾螈科动物在我国仅分布于东洋界，与在世界其他地区，北美、欧洲及其附近与日本等地只见于新北界与古北界的现象有别。蝾螈科主要分布于中亚热带至南亚热带。

(三)无尾目

无尾两栖类，世界共有20余科。我国有7个科，以锄足蟾科(Pelobatidae)所占的比例最高。盘舌蟾科(Discoglossidae)居次，蛙科(Ranidae)比例不高，但种类最多。作为热带代表科的树蛙科和姬蛙科的种数或比例，高于蟾蜍科和雨蛙科。雨蛙科在我国种类比例最小。

盘舌蟾科在我国有5个种，同属铃蟾属。此科分布大多不连续，集中在季风区，从亚热带山地向北伸至文带北缘。在横断山中南段的两个种，它们分布在海拔1 900～2 500 m以上较高的地方。分布区相对最大的是分布在北方的东方铃蟾。锄足蟾科在我国有8属60余种，除个别种类亦见于我国境外邻近地区，绝大多数为我国西南地区特有。齿蟾和齿突蟾的分布中心在横断山区。角蟾(*Megophrus*)、掌突蟾(*Leptolalax*)、短腿蟾(*Brachytarsophrys*)和拟角蟾(*Ophryophryne*)各属均为广布于东洋界属，除极少数的种类亦可见于中南半岛或国境外喜马拉雅山南翼，其他均为我国所特有。蟾蜍科在我国有2属，蟾蜍属(*Bufo*)和厚蹼蟾属(*Pelophryme*)。蟾蜍属是本科中最大的属，在我国分布有东部季风区型、东洋型、东北-华北型、喜马拉雅-横断山型、岛屿型。绿蟾蜍(*B. virids*)分布在新疆与西藏西部。达纳特蟾蜍(*B. danatensis*)分布在新疆西部和蒙古西部。我国蛙科一般分为12属90余种。在分布上，属于喜马拉雅-横断山型的种最多，有31种。其次为南中国型，约有29种。属于东洋型的较少，有12种。岛屿特有的有6种。北方的几个类型(东北型、北方型、华北-东北型)共只有5种。中亚型有3种。高地型有2种。季风区型有2种。树蛙科在我国已知6属50种，分布完全限于亚热带以南地区，以南中国型种类最多，此外，还有东洋型、喜马拉雅-横短山系交汇区型、横断山型、岛屿型。姬蛙科我国有4属14种，有一半的种类在分布上属东洋型。

二、爬行纲

世界现存爬行动物有龟鳖目、喙头目、蜥蜴目、蛇目和鳄目五大类，除新西兰特产的喙头目外，在我国均有分布。

(一)龟鳖目

龟鳖目世界产有10科，我国有6科，即平胸龟科(Platysternidae)、陆龟科(Testudinidae)、龟科(Emydidae)、海龟科(Cheloniidae)、棱皮龟科(Dermochelyidae)及鳖科(Trionychidae)，几乎全产于南方，只在鳖科中有一种是广布季风区的种类。龟鳖类动物在我国分布明显集中于热带和南亚热带，但以西部即北部湾附近包括海南在内最多。

(二)蜥蜴目

世界产有20科，我国有8科，其中4个大科，即分布于东洋界与干旱区的鬣蜥科(Agamidae)、壁虎科(Gekkonidae)，分布于东洋界的石龙子科(Scincidae)，全国均有分布的蜥蜴科(Lacertidae)。其他4科，即分布于热带-南亚热带为主的双足蜥科(Dibamidae)，分布于热带、亚热带的蛇蜥科(Anguidae)，南亚特有的鳄蜥科(Shinisauridae)和分布于热带的巨蜥科(Varanidae)。

(三)蛇目

世界蛇目现存各科，除少数分类上认为属新大陆特有的科外，在我国均有，共计8科。其中，盲蛇科(Typhilopidae)在我国有3属4种，分布在热带至亚热带；瘰鳞蛇科(Acrochordidae)在我国有 1 属 1 种，分布于热带；闪鳞蛇科(Xenopeltidae)在我国有 1 属 2 种，分布于热带至中亚热带；尾筒蛇科(Uropeltidae)在我国有 1 属 1 种，分布于热带；蟒蛇科(Boidae)在我国有 2 属 3 种，分布于热带至温带；游蛇科(Colubridae)有 36 属 144 种，主要分布于东部季风区；眼镜蛇科(Elapidae)有 4 属 7 种，主要分布在长江以南；蝰蛇科(Viperidae)有 5 属 20 余种，分布较广泛。

(四)鳄目

鳄目有 2 科 4 属 25 种左右。我国现存鳄类只有扬子鳄(*Alligator sinensis*)1 种。历史时期扬子鳄在我国曾有广泛分布，主要在华中区的长江中下游沿岸及太湖周围，现在只残存在安徽南部、江苏南部和浙江北部。

三、鸟纲

世界鸟类有 27 目、177 科，我国产有 21 目、81 科。现将它们在世界与我国的分布及科、属、种数比较于表 18-1。

表 18-1 世界与中国鸟类(科)分布比较

科	世界分布	属	种	中国分布	属	种
潜鸟目						
潜鸟科	北半球寒温带	1	5	东南部沿海	1	3
䴙䴘目						
䴙䴘科	北半球寒带以外广布	5	20	青藏高原腹地以外全国各地	1	5
鹱形目						
信天翁科	世界温带海洋	2	13	东南部海域	1	2
鹱科	北半球寒带以外海洋	11	66	东南部海域	4	7
海燕科	世界性海燕	8	20	东南部沿海	1	2
鹈形目						
鹲科	世界热带海洋	1	3	东南部海域	1	3
鹈鹕科	主要分布在亚洲、非洲、北美、澳洲热带至温带	1	8	部分地区分布	1	2
鲣鸟科	世界热带-温带海洋	2	9	东南海域	1	2
鸬鹚科	北半球寒以外广布	3	23	全国广布	1	5
军舰鸟科	世界热带海洋	1	5	南部海域为主	1	3
鹳形目						
鹭科	北半球寒带以外世界广布	17	61	青藏腹心地区外分布	10	20
鹳科	北半球寒带以外世界广布	6	17	青藏高原外分布	3	4
鹮科	出北半球寒带与寒温带广布	20	33	西部地区外分布	5	6
雁形目						
鸭科	除南美北部与非洲西北广泛分布	42	144	全国分布	19	46
隼形目(鹰形目)						
鹰科	除北极圈外世界性分布	62	218	全国分布	21	47
隼科	格陵兰外世界广布	10	60	全国分布	2	12

续表 18-1

科	世界分布	属	种	中国分布	属	种
鸡形目						
松鸡科	北半球寒温带至温带	11	19	北方和西部高原	5	8
雉科	东半球热带至温带	57	185	全国广布	21	50
鹤形目						
鹤科	寒带外全球分布	4	15	全国可见	2	8
秧鸡科	寒带外全球分布	17	122	干旱以外广布	9	17
鸨科	旧大陆与澳洲	20	24	干旱区为主	1	3
鸻形目						
雉鸻科	大部分环球热带分布	6	8	长江以南	2	2
彩鹬科	东半球热带为主	2	2	季风区分布	1	1
蛎鹬科	全球，但断裂分布	1	7	季风区分布	1	1
鸻科	全球广布	6	64	全境广布	3	13
鹬科	广布，主在北方繁殖	21	82	青藏腹心地区外广布	14	38
反嘴鹬科	全球广布	3	13	全国分布	3	3
瓣蹼鹬科	北方繁殖南方越冬	1	3	我国旅鸟	1	2
石鸻科	环球热带为主	2	9	南方局部分布	1	1
燕鸻科	旧大陆为主	5	16	我国季风区分布	1	2
鸥形目						
贼鸥科	两极繁殖，暖海越冬	2	5	东北地区(旅鸟)	1	1
鸥科	全球广布	17	89	全国分布	10	32
剪嘴鸥科	环球热带为主	1	3	南部海岸	1	1
海雀科	北半球寒温带	13	22	东部海岸	3	3
鸽形目						
沙鸡科	旧大陆分布	2	16	西北部分布	2	3
鸠鸽科	全球广布	41	197	全国分布	8	31
鹦形目						
鹦鹉科	环球热带为主	58	260	主要分布在热带	2	6
鹃形目						
杜鹃科	全球广布	38	127	主要分布于季风区	7	17
鸮形目						
草鸮科	几乎全球广布	2	12	南方分布	2	3
鸱鸮科	全球广布	28	134	全国分布	11	24
夜鹰目						
蟆口鸱科	东洋界-澳洲界分布	2	13	西南地区局部	1	1
夜鹰科	几乎全球广布	20	75	季风区为主	2	6
雨燕目						
雨燕科	几乎全球广布	18	84	季风区为主	4	8
凤头雨燕科	东洋界分布	1	4	热带局部分布	1	1

续表 18-1

科	世界分布	属	种	中国分布	属	种
咬鹃目						
咬鹃科	全球热带为主	8	37	热带-南亚热带分布	1	3
佛法僧目						
翠鸟科	全球广布	14	91	季风区为主	5	11
蜂虎科	东半球热带至暖温带	3	24	季风区南部	2	6
佛法僧科	东半球暖温地区	2	11	季风区为主	2	3
戴胜科	旧大陆分布	1	1	全国广泛分布	1	1
犀鸟科	旧大陆热带	12	46	热带	4	4
鴷形目						
须鴷科	全球热带为主	13	81	热带为主	1	8
啄木鸟科	澳洲外各个大洲	26	204	全国分布	13	29
雀形目						
阔嘴鸟科	旧大陆热带	8	14	热带分布	2	2
八色鸫科	东半球热带	17	55	热带分布	2	8
百灵科	北半球温带为主	19	80	东方为主	6	12
燕科	全球广布	7	77	全国分布	4	10
鹡鸰科	几乎全球分布	5	54	全国分布	3	15
山椒鸟科	东半球热带为主	9	72	东洋界为主	4	10
鹎科	旧大陆分布	14	120	东洋界分布	4	20
和平鸟科	东洋界分布	3	14	热带-南亚热带分布	3	6
太平鸟科	全球分布(北半球为主)	4	8	北方分布	1	2
伯劳科	全球热带至寒温带	13	81	青藏高原北部外广布	1	10
黄鹂科	东半球热带至温带	2	28	季风区与局部	1	5
卷尾科	东半球暖温地区	2	20	季风区分布	1	7
鸦科	几乎全球分布	25	112	全国广布	11	28
河乌科	澳大利亚以外各大洲山地	1	5	全国分布	1	2
鹪鹩科	世界分布,主要在西半球	14	60	季风区为主	1	1
岩鹨科	欧亚大陆北部为主	1	12	西部山地为主	1	9
鹟科	世界广布	257	1 421	全国广布	74	334
山雀科	旧大陆及北美热带至温带为主	4	48	青藏高原腹心外广布	4	21
旋木雀科	北半球为主	2	6	喜马拉雅-横断山区为主	1	4
攀雀科	全世界分布(北半球为主)	3	10	北方与西南山区	2	2
啄花雀科	东洋界、澳洲界分布	7	58	东洋界分布	1	6
太阳鸟科	旧大陆热带为主	4	117	东洋界分布	4	12
锈眼鸟科	旧大陆热带为主	11	84	季风区分布	1	3
文鸟科	东半球广布	22	155	全国广布	6	18
雀科	澳大利亚外各大洲分布	21	164	全国广布	21	85

引自:张荣祖.中国动物地理.北京:科学出版社。

四、兽纲

世界兽类有 21 目 130 科，我国有 15 目 50 科，除海兽外，它们在世界与我国的分布概述如下表(表 18-2)

表 18-2　世界与中国兽类(陆栖科别)分布比较

科	世界分布	属	种	中国分布	属	种
食虫科						
刺猬科	旧大陆中温带至热带广布	8	19	中温带至热带	5	7
鼩鼱科	旧大陆及中、北美广布	20	220	热带至寒温带	9	32
鼹科	北半球温带为主	12	31	热带至中温带	7	11
攀鼩目						
树鼩科	东南亚热带为主	5	16	热带至南亚热带西部为主	1	1
翼手目						
狐蝠科	东半球热带、亚热带	44	162	热带至南亚热带西部为主	6	8
鞘尾蝠科	环球热带至亚热带为主	13	49	热带至南亚热带西部	1	1
假吸血蝠科	东半球热带为主	4	5	热带至亚热带	1	1
菊头蝠科	东半球热带至亚热带为主	1	64	热带至暖温带	1	12
犬吻蝠科	环球热带至温带	12	89	热带至中温带	1	2
蝙蝠科	除某些小岛、南北极外广布	40	约 350	全国广布	17	60
蝙蝠亚科	分布全球	35	约 304	全国广布	13	49
长翼蝠科	东半球热带至温带	1	10	热带至亚热带为主	1	2
管鼻亚蝠科	东洋界为主	2	16	季风区分布	2	7
彩蝠亚科	东半球热带至亚热带	2	20	热带至中亚热带	1	2
灵长目						
懒猴科	东洋界分布	8	15	西部热带	1	2
猴科	旧大陆热带、亚热带为主	14	80	热带至亚热带为主	4	13
长臂猿科	东洋界和非洲热带	4	10	西部热带	1	4
食肉目						
犬科	除格陵兰中部、马达加斯加岛和东南亚某些岛屿与澳大利亚无自然分布外世界广布	10	35	除海南、台湾及其他沿海岛屿无自然分布外全国广布	4	6
熊科	欧亚大陆与北美特有	6	8	全国分布，包括海南、台湾	3	4
熊猫科	中国特有	2	2	喜马拉雅-横断山区及其附近山地	2	2
鼬科	除澳大利亚、伊里安岛东南亚某些岛屿、马达加斯加、撒哈拉中部和格陵兰大部分地区外广布	23	64	全国广布，包括海南、台湾	9	20
灵猫科	东洋界与非洲热带至亚热带	35	72	热带至暖温带	9	11
猫科	欧、亚、非、美洲大陆及在南亚部分岛屿热带至寒温带广布	4	36	全国广布	3	13

续表 18-2

科	世界分布	属	种	中国分布	属	种
长鼻目						
象科	非洲、东南亚热带	2	2	热带西部	1	1
奇蹄目						
马科	非洲、中亚	1	6(7)	干旱地区青藏高原	1	2
偶蹄目						
猪科	美洲(中南美为主)、非(除撒哈拉)、亚洲(除寒温带及阿拉伯)	5	8	除青藏高原、内蒙古地区外广布	1	1
骆驼科	南美、南部非洲、中亚	3	4	干旱地区	1	1
鼷鹿科	东洋界热带、中西非			西部热带	1	1
麝科	亚洲东部	1	5	季风区、青藏高原东南部	1	5
鹿科	美洲、欧亚广布，西非与北非	13	38	全国广布	9	16
牛科	亚洲与非洲广布，北美与欧洲部分地区	44	127	全国广布	12	19
鳞甲目						
穿山甲科	南非与东洋界	1	7	热带至中亚热带	1	2
啮齿目						
松鼠科	欧亚(除寒带)、非洲(除西部)广布	47	254	全国广布	18	45
河狸科	北美及欧洲温带为主	1	2	新疆局部地区	1	1
鼠科	世界广布	221(225)	1 160	全国广布	35(39)	108
仓鼠亚科	欧洲、亚洲北部为主	6	16	热带与亚热带以外	4	10
鼢鼠亚科	中国北方、西伯利亚部分地区	1	6	黄土高原地区及其周边地区	1	5
猪尾鼠亚科	印度西南与中国南方为主	2	2	季风区亚热带以南	1	1
竹鼠亚科	东洋界、东非	3	6	季风区亚热带以南	2	4
田鼠亚科	北半球温带至寒温带为主	18	约 119	全国广布	11	43
沙鼠亚科	非洲与亚洲中西部	15	75	西北干旱地区	3	7
鼠亚科	东北球分布	74(78)	约 402	全国广布	11	43
睡鼠科	非洲、欧洲与亚洲北部(森林地区为主)	8	20	天山与四川局部地区	2	2
林跳鼠科	北半球温带为主	4	17	温带山地为主	2	3
跳鼠科	北非与中亚(荒漠-草原)	10	30	西北干旱地区	6	10
豪猪科	非洲、中亚与南亚	4	11	季风区热带至亚热带	2	3
兔形目						
鼠兔科	亚洲中北部、北美西部(山地为主)	1	26	青藏高原、中温带山地为主	1	23
兔科	美洲、非洲、欧洲、亚洲除东南亚某些岛屿外广布	9	47	全国广布	1	9

引自：张荣祖.中国动物地理.北京：科学出版社。

第三节 我国野生动物生存现状

一、我国野生动物的生物多样性

我国是世界野生动物种类分布最丰富的国家之一，但现在已经很多种野生动物处于濒危或接近濒危状态，其中《国家重点保护动物名录》公布的珍稀濒危野生动物 405 种。我国地域辽阔，具有多种自然环境和气候条件，动植物资源丰富，根据中国生物多样性公约保护计划的数据，我国有陆生野生动物中数 2 340 种，其中哺乳类动物有 499 种、鸟类 1 186 种，爬行类动物 376 种，两栖类动物 279 种，分别占世界同类动物种类的 12.5％、13.1％、6.0％、7.0％。

由于我国还是亚洲古代生物进化和分化中心，加之我国在第四纪以来，并未遭受像欧亚大陆北部那样广泛的大陆冰川覆盖，这些都为特有属、种的发展和保存创造了条件，使得目前在中国境内存在大量的古老的（古特有属种）和新产生的（新特有种）特有种类。据统计，仅分布在中国的特有哺乳类占我国哺乳类的 18.9％，著名的如有活化石之称的大熊猫（*Ailuropoda melanoleuca*）和白鳍豚（*Lipotes vexillifer*），金丝猴（*Rhinopithecus* spp），藏羚羊（*Pantholops ho-dgsonii*）等；特有鸟类占我国鸟类的 7.88％。如朱鹮（*Nipponia Nippon*），黑颈鹤（*Grus nigrioollis*），中华秋沙鸭（*Mergus squamnatus*），褐马鸡（*Crossoptilon mantchuricum*）等；特有爬行动物占我国爬行类的 6.65％，如扬子鳄（*Alligator sinensis*），广西瑶山鳄蜥（*Shinisaurus crocodilunus*）等；特有两栖类占我国两栖类的 10.56％，如大鲵（*Andrias davianus*），版纳鱼螈等。

二、我国野生动物生境现状

我国幅员辽阔，自然条件和地形十分复杂，有山脉、高原、平原、草原、荒漠、森林、还有 18 000 多 m 长的连绵不断的海岸线及难以计数的沼泽、河流、湖泊和岛屿，为各种各样的动物提供了优越的繁殖和栖息场所。

我国森林覆盖率约为 14％，各气候带森林和各种类型的森林为野生动物提供了丰富多样的栖息地，在其中栖息着多种多样的野生动物。中国森林的野生动物资源极其丰富，估计有 1 800 余种，其中珍贵的有驼鹿（*Aloes alces*），雪兔（*Lepus timidus*），东北虎（*Panthera tigris altais*），紫貂（*Martes zibellina*），白唇鹿（*Cervus albirostris*），大熊猫（*Ailuropoda melanoleuca*），金丝猴（*Rhinopitheous*），野牛（*Bos gaurus*），长臂猿（*Hylobates* spp.），野象（*Elephas maximus*）等，森林的鸟类、爬行类、两栖类也是十分丰富多样的如朱鹮（*Nipponia nippon*）、黑颈鹤（*Grus nigricollis*）、黄腹角雉（*Tragopan caboti*）、扬子鳄（*Alligator sinensis*）等。我国现有各类草原约 3.6×10^8 hm^2，分布在西北、东北及内蒙古和西藏，仅出现在内蒙古草原的脊椎动物就有 551 种，其中哺乳动物 65 种，鸟类 295 种，爬行类 21 种，两栖类 8 种。我国是世界上拥有湿地类型最多的国家之一，湿地面积约 6.9×10^7 hm^2，其中天然湿地约 2.5×10^7 hm^2。各类湿地为各种水禽提供了繁殖和越冬的场所，为很多迁徙鸟类提供了中转站和栖息地，为兽类和两栖类提供了家园。我国还拥有广袤的荒漠和半荒漠地区，是荒漠动物生存的理想场所。

我国气候类型多种多样，具有绝大多数动物生长的气候条件，既有寒温带气候的动物类群，又有热带亚热带气候的动物类群，同时我国还是世界上仅有的两个拥有两种不同特色动物地理群的国家之一，野生动物种类十分丰富。

三、我国野生动物濒危程度及原因

在世界受危动物中我国受危的兽类有128种，占我国兽类的25.6%，鸟类183种，占我国鸟类的14.6%；爬行类96种，占我国爬行类的24.6%；两栖类29种，占我国两栖类的10.4%。已经在中国绝迹的动物著名的有野马（*Equns prezwalskii*），新疆虎（*Panthera tigris lecoqi*），豚鹿（*Cervus poricnus*），白臂叶猴（*Pygathrix nemaeus*），麋鹿（*Elaphrus davidianus*），高鼻羚羊（*Saiga tatarica*）等。分布区大大缩小、正处于绝灭边缘的有兽类54种，如东北虎（*Panthera tigris altaica*），华南虎（*Panthera tigris nybulosa*），雪豹（*Panthera uncia*），台湾云豹（*Neofelis nebulosa*），叶猴（*Presbytis*），长臂猿（*Hylobates* spp.），海南坡路（*Cervus eldihainanus*）等，它们的分布区逐步萎缩，种群数量急剧下降；鸟类23种，如朱鹮（*Nipponia nippon*），白鹳（*Ciconia ciconia*）等；爬行类50种，如扬子鳄（*Alligator sinensis*），海龟（*Chelonia mydas*）等；两栖类15种，如大鲵（*Andrias davidianus*），中国小鲵（*Hynobius keysrlingii*）等（表18-3）。

表18-3 中国野生动物受危的程度及种数

类别	野生绝迹	国内绝迹	濒危	易危	稀有	其他
两栖类 Amphibia	2	0	14	8	4	1
爬行类 Reptilia	5	2	50	13	8	18
鸟类 Aves	0	2	23	50	75	33
哺乳动物 Mammalia	3	2	54	46	20	3

每种动物对生活环境的要求是不同的。但任何一种动物的生存都离不开食物、水和隐蔽条件三个基本要素，食物和水为动物提供能量。隐蔽则为动物提供生理、繁殖和生存所需要的环境。

适合于野生动物生存的生活环境是多种多样的，对于绝大多数的野生动物而言，无人类活动影响的天然环境才是最适合于它们生存的美好家园。野生动物受危的原因，既有自然的原因，又有人为的因素，而人类的经济活动是造成今天野生动物受危的最根本的原因。其中过度捕猎和生境破坏是对野生动物影响最大的因素。

（一）过度捕猎

过度的捕猎对野生动物的危害是非常大的，由于有些地方高价收购野生皮毛动物的皮毛，使得紫貂（*Martes zibellina*），水獭（*Lutra* spp.）狐（*Vulpes* spp.）等到处遭到捕杀，数量日渐稀少。进入20世纪80年代以后，我国对野生动物的狩猎量和贸易量不断增加，全国已经形成或明或暗的野生动物交易市场，其中不乏国家重点保护野生动物。据统计，仅野鸟我国每年的出口就达200万只以上，而国内贸易量则肯定远在其上，野外已很少能见到珍贵的鸟类。近年来国内外不法分子互相勾结，非法偷猎国家重点保护的一些珍稀野生动物，进行走私，使这些珍稀野生动物受到巨大的捕杀压力，面临灭顶之灾给，给我国野生动物的保护事业造成极大的破坏。

(二)生境破坏

随着人口的不断增加,人们的经济活动范围不断扩大,从而不断蚕食野生动物的生存空间,并使其大范围地遭受到不同程度的破坏。

1.生境的退化和丧失 乱砍滥伐使我国的森林面积大幅度减少,森林覆盖率从5 000年前的35%下降到目前的14%,而程度不同的毁林现象在全国范围内尚未得到根治。过度放牧使我国蒙古草原退化或者沙漠化的进度加快,对于湿地的开垦和改造,使湿地面积不断减少,仅在新疆,50年来湿地面积就减少了50%以上。

2.生境的断裂 由于森林的不断采伐,农田的不断开垦,野生动物的栖息地破碎为不连续的小区,片断化过程不断加剧,栖息地"岛屿"不断缩小。如大熊猫种群现已被割裂在四川、甘肃和陕西境内的6块孤岛状生境内,栖息地分离、破碎将大熊猫种群分离切割成24个亚群体,而每个群体内的数量最多不超过50只,少的只有10余只,造成近亲繁殖的机会增多,种群内基因交流的机会很少,致使遗传狭窄,造成遗传力下降,种群面临直接威胁。

四、我国对野生动物的保护

(一)对物种的保护

为保护和繁育濒危珍稀野生动物,20多年来,我国已相继建立了14处野生动物救护繁育中心。经过科研人员多年的努力,大熊猫(*Ailuropoda melandeuca*)的数量已稳定在1 500只以上,其中人工繁殖近60只;麋鹿(*Elaphrus davidianus*)已发展到800头左右;野马(*Equns prezwalskii*)达到200余匹,2001年开始在新疆进行野外放养试验;朱鹮(*Nipponia nippon*)从最初的7只增加到500余只,并且已在异地试养繁殖成功,野外放养工作也取得了很大进展;扬子鳄(*Alligator sinensis*)现已进入商品开发利用阶段。

(二)对野生动物生活环境的保护

自1956年我国建立第一批自然保护区以来,我国已建立各类自然保护区近1 757处,总面积约19.9亿亩占国土面积的13.2%(截至2003年底),其中森林和野生动物种类保护区600余处,湿地自然保护区274余处,有21处被列入国际重要湿地目录,总面积达3.03×10^6 hm^2(截至2001年底)。

我国与世界野生动物基金会合作实施的大熊猫栖息地工程将斥巨资在四川,陕西,甘肃建立超过400 km^2的保护区,使大熊猫分布区连成几大片,并建立保护走廊带,将保护区连成网络,为大熊猫的生存和繁衍积极创造良好的环境。最近几年,我国实施的天然林保护工程和退耕还林政策,充分反映了我国政府保护生态环境的决心和力度,也给野生动物的保护事业带来了福音。

(三)对野生动物的法律保护

自20世纪50年代以来我国已颁布了多项。有关野生动物保护的法律和行政法规,1989年正式颁布实施《中华人民共和国野生动物保护法》,同时公布了《国家重点保护野生动物名录》,标志着我国野生动物保护进入了一个新的时期,达到了一个新的高度。围绕着这一法律,从中央到地方又相继制定了30余个配套的行政法规和规章,各省、自治区、直辖市也陆续制定了地方性野生动物实施办法及地方野生动物保护名录。2001年,国家林业总局又公布了《有重要经济价值和科学研究价值的野生动物名录》,使我国野生动物的保护更趋于全面。新的

《刑法》还专门规定了对危害野生动物行为的刑事处罚，这些法律和法规的实施，正在和将对我国野生动物的保护发挥积极的影响和作用。

第四节 生物入侵

外来入侵物种正在世界范围内破坏着生态系统的结构和功能，成为导致原生物种衰竭、生物多样性减少的重要原因。随着全球经济一体化步伐加快，国内外贸易往来越来越频繁，生物入侵的概率也大大增加。生物入侵已成为当今世界范围的生态学现象。近年来，人们开始广泛关注外来入侵物种及其对生物物种多样性的影响。外来入侵物种的影响是十分广泛的，受入侵物种影响的国家和地区将付出巨大的生态和经济代价。我国是世界生物多样性最丰富的国家之一，保护好生物多样性不仅对中国经济的持续发展具有重要意义，而且对于促进全球的环境保护和人类社会进步也会产生深远影响。本节重点就生物入侵的概念、我国的入侵物种、产生的途径、危害及防治措施进行了阐述。

一、什么是生物入侵

(一)生物入侵的概念

土著种(native species)，也称为本地种，指在其过去或现在的自然分布区域内的扩散潜力范围内(即物种自然分布，或无直接间接引入或不需要人类干预能够存活繁衍的范围)的物种、亚种或更低级的分类群，包括这些物种能生存和繁殖的任何部分，如配子和繁殖体。

外来种(alien species)是相对于土著种而言，指出现在其过去或现在的自然分布范围以外的物种、亚种或更低级的分类群，包括这些物种能生存和繁殖的任何部分，如配子和繁殖体。

外来入侵种(invasive alien species)，即入侵物种，是指通过人类有意无意的活动引入的一个非本源地的物种，在当地的自然或人造生态系统中形成自我维持与再生的能力，给当地的生态系统或地理结构造成了明显的损害或影响。外来入侵种是相对于生态系统而言的，存在于生态系统动植物协同进化系统之外，与该系统的原有物种之间没有形成复杂的种间关系。

并不是所有的外来种都会引起灾难，外来种的引入通常会产生两方面的效应：一方面是有益的正效应，一个有利物种的引进会丰富本地生物在基因、物种和生态三方面的多样性，同时给当地带来一定的经济效益并起到美学方面的作用；另一方面，外来物种常以一种特殊而隐藏的生物污染形式表现出来，而产生有害的负面影响，许多外来种常以不可预测和不可逆转的后果繁殖并蔓延，一旦形成种群，这些外来物种就可能成为永久性的问题。

生物入侵(biological invasion)，也叫生态入侵，就是指外来入侵种对当地生态系统、生物多样性和人类的生产活动造成明显影响和损害的现象。如具有重要经济价值的肉食性鱼类河鲈，引入新疆南部的博斯腾湖后，由于避开其他凶猛性鱼类对其种群的控制，大量繁殖并吞食其他鱼类，导致该湖特有的名贵鱼类——扁吻鱼和原来生活在湖中的其他鱼类绝迹。

(二)生物入侵过程

并不是所有的外来种都是入侵种，入侵种也不是引入后立即就显示其危害性。生物入侵的过程也就是其由外来种转化为入侵种并逐步显示其危害性的过程。一般可分为 4 个时期。

1. 侵入(引入和逃逸期)　外来物种被有意或无意的引入到以前没有这个物种的分布的区

域，即进入新的生态系统。该时期物种特别脆弱，容易清除。在引入地环境因素和生物因素共同作用下，外来种的命运有两种：一种是外来种不能适应当地的环境，或受到乡土种（即土著种）的排斥，不能自我维持一定的种群；另一种情况则是外来种能适应新的环境，在当地建立了可自我维持的种群，进入下一个发展阶段。

2.定居（种群建立期） 外来物种形成野化种群，能够生长、发育并进行了繁殖，至少完成了一个世代。但此时种群数量仍然很少，不构成威胁。

3.适应（停滞期） 外来物种经过一定时间对当地气候、环境的适应，开始有一定的种群数量，但是通常并不会马上大面积扩散，这时表现为“停滞”状态。停滞期持续的时间长短因物种和当时的地理和生态条件而有很大的不同。有些物种要经过几十年才显示出入侵性。

4.扩展（扩散期） 当外来物种形成了适宜于本地气候和环境的繁殖机制，具备了与本地物种竞争的强大能力，当地又缺乏控制该物种种群数量的生态调节机制的时候，该物种就大肆传播蔓延，形成“生态”暴发，并导致生态和经济危害。外来种经此过程形成入侵种。若定居成功的外来种只是停留在引入地而没有扩散到相邻的地区，当地的群落外貌通常不会有显著改观，生态系统的功能也保持相对的稳定，这样的外来种就不能称为入侵种。

在外来种演变为入侵种的过程中有如下3个重要特征：

（1）外来种演变为入侵种的比例较小；

（2）由外来种演变为入侵种可能是一个相当长的过程；

（3）人类的耕作和生产管理通常促进了外来种的居留。

（三）影响外来种入侵的因素

1.入侵种的生物学特点 外来物种的生物学特性对其是否能成为入侵种的影响机制复杂，至今入侵种与非入侵种之间的绝对差异特征仍不确定。而且，外来物种入侵的成功性也依赖于被传播物种的“机遇”，即需要在一个恰当的时间、以一定的数量和形式到达一个恰当的地点。但一般，能够造成生物灾害的外来入侵种还是具有一些共性，在成功入侵物种中通常具有以下的基本特点：

（1）遗传学特性 入侵种群具有明显的“奠基效应”，即少数个体对入侵种的建立起到奠基作用。与原产地种群相比，入侵种遗传多样性降低，个体之间共享的基因增多，可以减少种群内的竞争或攻击，使种群的生存和繁殖能力有很大提高。入侵种具有很强的表型和可塑性，即相同的基因型在不同的环境条件下表型表达发生改变。

（2）生态适应能力强 通常成功的入侵种具有对环境较强的适应能力，可以在多种生态系统中生存，其中许多物种可以跨越热带、亚热带和温带地区，有的可以在极端条件下或环境营养不良条件下生存，或以某种方式度过干旱、低温、污染等不利时期，一旦条件适合就开始大量滋生。

（3）繁殖能力强 通常入侵种都有很强的繁殖能力，能产生大量的后代或繁殖世代周期较短，种子传播能力强，特别是有些入侵植物具有很强的无性繁殖能力。

2.被入侵生态系统的特点

（1）新栖息地的生存条件 一般，新栖息地生存条件良好，有充足的阳光、水分、营养物质和适宜的气候条件等，缺乏或存在较少的天敌生物，适合外来种群的生存。然而，一些土壤养分水平较低、有毒物质含量高、种子库较小的地区也有利于耐受性强的外来物种入侵。生物多样性低、营养极少、受突发的自然干扰如火灾、地震等的生态系统对外来生物的抵抗性小，也容易被入侵。

(2)人类活动　人类进入生态系统的频率与外来物种入侵的机会存在相关性,人类频繁的进入、有意无意的引种过程及其他活动,如严重的渔猎和家畜的放牧等提高了生物入侵的可能性。

二、我国外来入侵动物的种类构成及来源地分析

据调查,我国外来入侵动物有76种,其中无脊椎动物58种,两栖爬行类3种,鱼类10种,哺乳类5种,其中包括鼠科(Muridae)、海狸科(Myocastoridae)等。

在76种外来入侵动物中,来自美洲的外来入侵动物有44种,占中国外来入侵动物总种数的57.9%,来源于欧洲的外来入侵动物有21种,占我国外来入侵动物总种数的27.6%,来自非洲和亚洲的各有9种。这与美洲动物较能适应中国的生境等原因有关。

三、生物入侵的途径

许多物种的地理分布范围被主要的环境和气候屏障所限而难以散布。地理隔离导致世界上每个主要地区的进化方式都经历不同的路线,演化出各自的生物区系。但人类通过在世界范围内传送物种从根本上改变了物种的分布格局,打破了自然界建立的相对稳定的生态系统。人类活动和自然力量将生物体由本源地带到了非本源地。生物入侵的途径多种多样,但综合起来可分为以下3类:

1.自然入侵　这是一种物种的自然分布区域扩展的结果。人类的活动和动物食物结构、迁徙路线的变化会对物种的自然扩散作用产生一定的影响。

2.人类活动无意间带入　在所有人类活动的地方都存在生物入侵。在人类改变了的环境中,物种会建立起新的传播途径。具体可分为三种引入方式:

(1)随人类的交通工具引入;

(2)随国际贸易货物和引种带入;

(3)旅游者带入。

3.人为有意引入　处于提高经济效益、观赏性和生物防治等目的,人们在世界范围内进行着广泛的物种交流。这些新品种在带给人类生活一定利益的同时,因管理不善或事前缺乏相应的评估而后来变成入侵种。

需要说明的是,有的入侵生物并不是只通过一种途径传入,可能有两种或多种途径交叉传入;在时间上并非只有一次传入,可能是两次或多次传入。还有些外来种几个物种共同入侵。这些都增大了外来生物入侵的可能性。

四、生物入侵的影响

(一)对乡土种遗传的影响

1.生物入侵造成基因漂变和丢失　生物入侵导致某些土著种群数量骤减,削弱了当地的遗传多样性。如有些入侵种可以迅速改变新栖息地的环境,如湿度、土壤理化性质和覆盖度以及地表植被状况等,土著种由于缺乏必要的食物或生存环境而而数量减少,造成基因漂变;地区特有种和濒危种等灭绝,导致基因丢失。同时一些入侵种可以直接捕食土著种或与其竞争,使土著种濒临灭绝,导致基因丢失。

生物入侵对岛屿或类似岛屿生境中物种的影响更是致命的。因为孤立的岛屿具有独特的

生态环境和物种区系，并通过水域(或其他地理障碍)与大陆形成地理隔离。岛上物种种类少，种群间竞争微弱，一旦遭遇外来种入侵，则直接面临灭绝的危险。如18世纪人们将猫、马、牛、山羊、鼠类和鸟类引入夏威夷后，使本地10多种鸟类灭绝，后来引入猫鼬对付鼠类，不料猫鼬将岛上不会飞的秧鸡全部消灭。

2.外来入侵对土著中的基因污染　外来种到达新环境后可能与本地的近缘种杂交，造成土著种的遗传基因被“稀释”或遗传同化。这可能产生两种结果：一是产生一种新的有杂交优势的杂交体基因型，可能会排挤其土著近缘种，或大量的基因渗透，导致土著种名存实亡；另一种情况是产生不育的杂合体，与土著种竞争资源，对于濒危种来说是浪费配子，降低其遗传概率。如100多年前将 *Cervus nippon* 从英国引入到日本后与本地鹿 *C. elephaus* 杂交后，导致后者在一些地区濒临灭绝。

(二)生物入侵对物种多样性的影响

生物入侵是继生态环境破坏之后的一个导致生物多样性丧失的主要原因。由于生物入侵导致的灭绝爬行类、鱼类、哺乳类和鸟类分别占其灭绝类群总数的40%、30%、20%和22%。

外来入侵种可以通过在竞争中取胜使土著种的数量锐减。有些攻击性很强的入侵种，可以直接捕食土著种成体和幼体，或吞噬扼杀其未发育的卵，直接对土著种构成威胁。有些入侵种通过破坏本地的植被影响土著动物，导致动物的物种组成发生变化。同时，生物入侵可能导致当地物种多样性的组成发生变化。有些入侵种可能改变原有物种之间的动态平衡，从而使某种资源在生境中重新分配，这可能进一步导致当地一些特有种和竞争实力很弱的物种数量急剧减少，甚至灭绝。

(三)生物入侵对社会经济的影响

生物入侵每年都给被入侵地区造成巨大的经济损失，包括害虫防治、对农业的危害等直接经济损失和其破坏少数民族地区聚居地特殊的动植物资源和特色生态系统而造成的生态系统服务功能降低甚至丧失、民族文化和特有的生活方式受到威胁等间接经济损失。间接经济损失是直接经济损失的10多倍。

(四)生物入侵对人类的影响

一些肉食性动物的入侵可能直接威胁到人类自身的生命安全。如食人鲳。此外，一些外来入侵种可能携带病原体或寄生虫，导致入侵地盛行病害和虫害。如麝鼠传播野兔热，极易威胁周围人群的健康。

五、生物入侵的防治

生物入侵对生态环境、生态系统和人类社会经济的发展构成严重的威胁，其生态代价是造成本地物种多样性的改变和生态系统稳定性的消失，经济代价是耕地杂草滋生，降低作物产量，水域入侵者损害渔业的收入，并构成更严重的间接经济损失。生物入侵一旦成功，就很难彻底清除，因此，真正实现对生物入侵的控制，除了对已入侵生物的处理外更需要有力的预防措施，双管齐下，才能取得比较好的效果。

(一)生物入侵的防治方法

1.生物入侵的防治

(1)加强立法　建立针对外来种的专项法规和条例，加强和完善我国的动植物和卫生检疫法律、法规，建立专门的引种制度，有根据地设置技术壁垒，保护国家的生态安全不受侵犯。

(2)全面考察，小心引种　建立外来种防御体系和早期的预警系统，实现外来入侵种资料的网络化和国际化，国家各地区要及时提供外来新种的记录和分布情况，并对其是否具有入侵性作出快速反应。必须把无意引种的风险降至最低。有意引种只能在获得有关组织和权威机构的授权后进行，授权过程必须给予生物多样性的考虑(生态系统、物种、基因组)，进行全面评估。在考虑外来物种的问题时，除否有足够的理由认为此项引种是无害的，否则都应该被视为可能有害。只有在没有任何乡土种能够达到引种所要达到的目的时，才可以考虑引入外来物种。在采取行动，特别是预防措施时，必须把脆弱的生态系统列为优先处理对象，尤其当重要的生物多样性价值正面临威胁时。脆弱的生态系统包括：岛屿和其他隔离的生态系统，如湖泊和其他淡水生态系统、云雾林、沿海生境和山地生态系统。

(3)加强宣传　通过积极宣传外来入侵种的危害和防范措施，提高公众的防范意识。

(4)加强研究　组织各学科专家共同研究可能入侵的生物种类及其分布现状，并对其风险进行分析和评价，提出切实可行的控制技术与对策。跟踪国外有害生物发生发展动态，确定防范重点，制定防范规划。对已入侵生物，积极研究其防治方法和可利用途径，变害为利。设立专门的研究基地，开展相关方面的野外研究工作。设立专门的检疫机构，发展快速检疫技术。

2. *生物入侵的清除和控制*　对于以入侵的外来物种，必须采取行之有效的方法对其进行控制和清除，最大可能地降低其对本土生态和经济的影响。主要有以下手段：

(1)人工防治　依靠人力捕捉外来昆虫或拔除、打捞外来植物，或利用机械设备来防治外来物种，利用黑光灯诱捕有害昆虫等。适用于入侵之初或停滞阶段，但对沉入水底或土壤的生物则不适用。对于高繁殖力的生物需要年年防治，并妥善处理其残体，因此耗资巨大。

(2)生境管理控制　根据入侵种的特征，适当采取火烧、放牧、土地深翻、水淹、排水、增加地表覆盖物或改变入侵地土壤利用方式等方法控制、清除入侵种。

(3)天敌引种(生物防治)　根据生态学原理，由入侵物种原产地引进天敌防治外来入侵物种危害。其突出特点是对环境安全、经济合算、效果持久。但天敌引种存在一定的风险性，引种不当可能危及到目标物和其他生物，再次沦为入侵种。

(4)化学农药防治　化学农药具有效果迅速、使用方便、易于大面积推广的特点。但化学农药在消灭目标物的同时，也消灭了大量本地有益物种，并导致外来生物形成抗体，往往形成恶性循环；同时造成当地的环境污染，通过富集作用对食物链上端的动物和人类产生严重危害。现在这种方法的使用逐渐减少。

(5)综合治理　控制和清除外来种要因地、因物制宜，考虑安全、经济、效果等各个方面和各种方法的有缺点，以生物防治优先，将生物、化学、人工、生境管理等结合应用，取长补短，达到综合有效的治理效果。

(二)我国防治生物入侵的现状

我国在外来种防治方面有成绩，但也存在缺陷。我国的天敌引种工作开展比较成功，曾先后两次引进澳大利亚瓢虫防治吹绵蚧壳虫，后来引进日光蜂防治苹果绵蚜，都取得了较好的效果；同时开展引种方面的研究，逐步健全引种法规，确保引种的安全性。但防治生物入侵方面也存在以下不足：

(1)对生物入侵的防范工作尚没有明确的法律依据；

(2)缺乏统一、高效的动植物引种管理机制；

(3)入侵种研究的技术方法和手段落后，缺乏必要的系统研究和早期局经检测体系，国内专职检疫和防治人员缺少培训，整体素质有待提高；

(4)全社会对外来生物入侵管理与控制的意识还不够。

我国的生物入侵防治，任重而道远，需要立法、科研和大众宣传与协作等多方的共同努力，携手防治外来生物入侵，御“敌”于本地之外。

第五节 环境激素对野生动物的影响

近年来，由于人造化学产品的使用，一些有害化学品正在不断蔓延，威胁着全球野生动物的生存及健康，这些有害化学物质有一个共同的名字——环境激素。环境激素(endocrine disrupting chemicals)是指由于人类的生产和生活而产生并释放到环境中，且在环境中持久存在的，通过直接或间接的方式在动物和人体内蓄积，能与激素受体结合起激素样作用，引起内分泌紊乱，使生殖机能失常的化学物质，也称为“环境荷尔蒙”。由于它是外部环境进入人体，并产生类似人体激素的作用，所以又称其为“外因性内分泌干扰物质”。

1977 年，日本学者提出“环境激素 ”这个词，但没有引起广泛的注意。1996 年，美国环境记者戴安·达玛诺斯在西方首先提出“环境激素 ”这个名词。此后，环境激素这个名词引起各国的关注。

环境激素问题一经提出，立即得到许多国家政府和有关国际组织的高度重视，被视为像臭氧层被破坏、全球气候变暖一样的世界范围的重大环境问题。日本环境厅发表“环境激素战略规划公告”，对今后的方针政策作了综述。美国国家环保局和美国国家环境保健科学研究所已经成为美国环境激素研究的中枢机构，于 1998 年开始实施内分泌干扰物筛选计划，对年产量超过 4.5 万 t 的 15 000 种化学品进行调查。1998 年完成简易试验法的预分析筛选，2003 年以后进行特定环境激素的动物实验。欧洲各国也普遍建立政府行为的研究中心，实施环境激素的研究计划。一些国际组织成立了环境激素专门委员会。联合国协同化学品安全国际规划署(IPCS)和联合国经济合作与开发组织 (OECD)的专家委员会联合成立了环境激素专家委员会。1998 年，欧洲议会以压倒多数通过从欧洲市场逐步淘汰干扰激素的化学品，501 名议员中仅有 4 人反对。欧共体已经禁止生产和销售用聚氯乙烯(PVC)制造的儿童玩具。

环境激素问题已经成为国际上环境科学领域中的热门研究课题。发达国家以巨大的投入，研究环境激素的种类、污染途径、主要污染源、生态危害、分子作用机理、污染控制和防治对策。我国环境科学界也在酝酿组织重大研究课题，开展环境激素研究。

一、环境激素的种类

1997 年世界野生动物基金会公布的环境激素有 68 种，被怀疑为环境激素的化合物有 150 多种。现在，世界上已合成出 2 000 万种化学品，每年还有新合成的化学物质 10 万种，经常使用的有 7 万～8 万种，我国能生产 3.7 万种。这些化学物质在使用过程中无可避免地要进入环境中去，污染环境。至现在为止，已经有滴滴涕、氯丹、汞、镉、酞酸酯、垃圾焚烧场排出的剧毒物质二噁英、苯己烯、氯联苯、石棉以及防止海藻和贻贝附着在船底上的三丁锡、三苯锡等 70 多种有害物质被认定是环境激素类物质。它们的分类如表 18-4 所示。

表 18-4 世界野生动物基金会(WWF)提出的环境激素分类表

类别	环境激素名称		CAS 标号
	英文名称	中文名称	
工业有机化合物	Benzopyren	苯并(*a*)芘	50-32-8
	Benzophenone	二苯酮	119-61-9
	Bisphenol-A	双酚 A (2,2-双酚基丙烷)	80-05-7
	n-Butyl benzene	正丁苯	104-51-8
	Butyl benzyl phthalate (BBP)	酞酸丁苄酯(邻苯二甲酸丁苄酯)	85-68-7
	2,4-Dichlo rophenol	2,4-二氯苯酚	120-83-2
	Dicyclohexylphthalate (DCHP)	酞酸二环己酯(邻苯二甲酸二环己酯)	84-61-7
	Diethyl phthalate (DEP)	酞酸二乙酯(邻苯二甲酸二乙酯)	84-66-2
	Diethylhexyl adipate (DEHA)	己二酸二(2-乙基己基)酯	103-23-1
	Diethylhexyl phthalate (DEHP)	酞酸二(2-乙基己基)酯 (邻苯二甲酸二(2-乙基己基)酯)	117-81-7
	Dihexyl phthalate (DHP)	酞酸二己酯(邻苯二甲酸二己酯)	84-75-3
	Di-*n*-butyl phthalate (DBP)	酞酸二正丁酯(邻苯二甲酸二正丁酯)	84-74-2
	Di-*n*-pentyl phthalate (DPP)	酞酸二正戊酯(邻苯二甲酸二正戊酯)	131-18-0
	Dipropyl phthalate (DprP)	酞酸二丙酯(邻苯二甲酸二丙酯)	131-16-8
	Octachlorostyrene	八氯苯乙烯	29082-74-4
	p-Nitrotoluene	对硝基甲苯	99-99-0
	PCBs	多氯联苯类	1336-36-3
	Pentachlorophenol (PCP)	五氯苯酚	87-86-5
	Tributyltinoxide	三丁基氧化锡	56-35-9
	2,3,7,8-TCDD	2,3,7,8-四氯二噁英	1746-01-6
杀真菌剂	Benomyl	苯菌灵(苯来特)	17804-35-
	Hexachlorobenzene	六氯(代)苯	118-74-1
	Mancozeb	代森锰锌	8018-01-7
	Maneb	代森锰	12427-38-2
	Metiram	代森联	9006-42-2
	Zineb	代森锌	12122-67-7
	Ziram	福美锌(锌来特、什来特)	137-30-4
除草剂	Alachlor	甲草胺(杂草索、澳特拉索)	15972-60-8
	Amitrole	杀草强(氨三唑)	61-82-5
	Atrazine	阿特拉津(莠去津)	1912-24-9
	2,4-D	2,4-滴 (2,4-二氯苯氧乙酸)	94-75-7
	Metribuzin	嗪草酮(赛克津、赛克嗪)	21087-64-9
	Nitrofen(NIP)	除草醚	1836-75-5
	2,4,5-T	2,4,5-涕(2,4,5-三氯苯氧)	93-76-5
	Trifluralin	氟乐灵(茄科宁)	1582-09-8

续表 18-4

类别	环境激素名称		CAS 标号
	英文名称	中文名称	
杀虫剂	β-BHC	β-六氯化苯(β-六六六)	319-85-7
	Carbaryl	西维因(胺甲萘)	63-25-2
	Chlordane	氯丹(八氯)	57-74-9
	Cypermethrin	氯氰菊酯(灭百可、安绿宝、兴棉宝)	52315-07-8
	Dicofol	三氯杀螨醇(开乐散、螨净)	115-32-2
	Dieldrin	狄氏剂	60-57-1
	Endosulfan	硫丹	115-29-7
	Esfenvalerate	高氰戊菊酯	66230-04-4
	Fenvalerate	氰戊菊酯(速灭杀丁、戊酸氰醚酯、杀灭菊酯)	51630-58-1
	Heptachlor	七氯(七氯化茚)	76-44-8
	Heptachlor epoxide	七氯环氧化物	1024-57-3
	Kelthane	开乐散	115-32-2
	Kepone	开蓬	143-50-0
	Lindane(γ-BHC)	林丹(γ-六六六)	58-89-9
	Malathion	马拉硫磷(马拉松、马拉赛昂、四零四九)	121-75-5
	Methomyl	灭多虫(乙肪威、甲氨叉威)	16752-77-5
	Methoxychlor	甲氧滴滴涕	72-43-5
	Mires	灭蚁灵	2385-85-5
	Oxychlordane		27304-13-8
	p,*p*′-DDD	对,对′-滴滴滴(对,对′-二氯二苯基-二氯乙烷)	72-5-8
	p,*p*′-DDE	对,对′-滴滴伊(对,对′-二氯二苯基-二氯乙烯)	72-55-9
	p,*p*′-DDT	对,对′滴滴涕(对,对′-二氯二苯基-三氯乙烷)	50-29-3
	Parathion(ethyl)	乙基对硫磷(一六零五)	56-38-2
	Permethrin	苄氯菊酯	52645-53-1
	Pyrethroids(synthetic)	拟除虫菊酯类	NA
	Toxaphene	毒杀酚(氯化莰)	8001-35-2
	trans-Nonachlor	反式九氯	39765-80-5
	Vinclozolin	乙烯菌核利	50471-44-8
金属	Cadmium	镉	7440-43-9
	Lead	铅	7439-92-1
	Mercury	汞	7439-97-6
杀线虫剂	1,2-Dibromo-3-chloropropane(DBCP)	1,2-二溴-3-氯丙烷	96-12-8
	Aldicarb	涕灭威(丁醛肪威)	116-06-3

二、环境激素对野生动物的影响

20世纪70年代以来，化学合成物对生物的危害，尤其是对生物雄性生殖系统的危害开始有所报道。最早发现一些鱼类的生殖器官始终不能发育成熟，雌雄同体率增多，雄性退化，种群退化等，致使这些鱼类处于濒危灭绝状态。研究证明，水环境污染物可对鱼的生殖活动产生严重影响：使雄鱼的精子数量下降，生殖能力降低；使雌鱼的卵黄磷蛋白水平和卵重量下降，卵母细胞畸形率增加受精成功率下降，使胚胎发育迟缓，胚胎死亡率增高。1998年，Folin等几个生物学家研究瑞典几个湖中的鲈鱼后发现，其中有一个湖中的20%的鲈鱼存在不正常的卵巢，其特征是有无孔的畸形卵黄卵母细胞。生活在波罗的海地区造纸厂排放口附近的鲈鱼群营养不良，幼鱼畸形率和致死率高，性腺发育水平低下和卵巢畸形率高。此处的石斑鱼以及芬兰海岸的石斑鱼也表现出严重的性腺缺陷如雌雄同体。波希尼亚海湾的淡水鳕在1987—1990年间卵巢不成熟的比率高达93%～100%。

青蛙、蟾蜍等两栖类动物在数量和种类上急剧减少的现象也引起人们的高度重视。两栖类动物作为一个古老的动物类群在地球上已经生活2亿～3亿年了，但是在最近几十年来就有2/3之多的物种灭绝或趋于灭绝且现存种群中个体的数量也急剧减少。两栖类动物部分物种灭绝的原因是多方面的：栖息地的大规模减少；臭氧层的破坏变薄导致紫外线辐射增强；细菌引起各种疾病等，但是环境中的化学物质污染也是一个重要原因。在美国明尼苏达州一些地方可经常发现无肢、缺肢或多肢，脸部残缺不全的畸形青蛙，在其他州亦有这种情况。分析其原因极有可能是受到驱蚊剂的影响所致，驱蚊剂作用于蛙的生殖腺等引起后代畸变。国外一些环境研究专家不无忧心地对此表示自己的各种见解，其共同点是：青蛙等两栖动物的灭绝要引起人类社会的极大关注，其重要性不仅仅是保护青蛙等物种，因为青蛙的今天有可能就是人类的明天。美国国家自然历史博物馆荣·海尔先生说："现在几乎所有的两栖类动物研究人员都深信，青蛙生存状态的衰退明显预示着，一些不同寻常甚至是灾难的事情正在我们这个地球上静静地发生着。"

1999年，Willigham等用8种具有雌激素样作用的化合物：Aroclor1242、DDE、绿丹等物质，对温度决定性别的海龟在产生雄性的温度条件下，采用佛罗里达州的Apopka湖中短文鳄体内检测到的相关化合物的浓度进行染毒。染毒方式有化合物单个使用、8种或单个化合物与雌二醇一起使用。结果发现，单独使用可导致明显性反转的化合物有反九氯和正九氯杀虫剂及氯丹。当8种化合物与雌二醇一起使用时也可致明显的性反转。另外一个有关环境激素导致性反转的最有名的例子是佛罗里达州的一个湖鳄鱼的变异。自从DDT泄漏进入该湖后，鳄鱼数量急剧减少，而且雄性鳄鱼的阴茎普遍变小，雌性卵不成熟。调查结果显示，鳄鱼血肿的激素浓度异常，即DDT的激素样作用使鳄鱼的内分泌功能紊乱，从而影响正常的性成熟。

1999年，McCarty等对纽约哈德逊河流域的树燕进行了研究。该地区是被PCB严重污染的区域。他们发现PCB使树燕在繁殖季节筑巢行为受损。树燕筑巢质量是繁殖成功的重要因素。由此可以肯定树燕的筑巢行为反常是因为PCB干扰内分泌功能所致。同年，Clark等发现曾有22对新泽西秃鹫一度仅剩一对。秃鹫数量下降可反映美国有机氯化合物污染的一种趋势，DDT的激素样效应导致秃鹫生殖失败。尽管经过挽救使秃鹫的数量达到了14对，但一些在Delaware湾排污设施附近的秃鹫仍有生殖失常现象：其蛋中的氯化杀虫剂和PCB

的水平特别高。另外，DDT 特别是它的代谢产物 DDE 已导致猛禽的繁殖受损，如波罗的海的白尾海鹰已近灭绝，这是因为该物种体内的 DDT 水平过高。另外，研究发现 DDT 等农药会使鸟类的卵壳变薄，从而影响鸟类的孵化，致使鸟类数量下降。

持久性有机污染物如 DDT 和 PCB 等在高等肉食动物体内蓄积已达到相当高的水平。如波罗的海有 3 种海豹由于体内的蓄积 DDT 导致生殖能力降低。西班牙地中海沿岸斑纹海豚在 1990—1992 年间由于高剂量的 PCB 污染出现卵巢黄体化囊肿而使生殖能力降低，导致其数量急剧减少。近几十年来，荷兰瓦登海域的海豹数量急剧减少，主要原因是受到 PCB 的影响，海豹的生殖能力大幅度减少，而且免疫功能减弱，很容易染上各种疾病。

1999 年，Hany 等用 Aroclor 1254 和人乳中所检测到的 PCB 在 Long-Evans 大鼠交配前 50 d 对其染毒，发现子代雄鼠出生第 1 天下丘脑视前区的芳香化酶活性降低，成年后睾丸重量降低，血清睾酮浓度下降，说明 Aroclor 1254 对大鼠有持续雌性化效应。成年雄鼠则表现为嗜好甜食的雌性行为，表明 PCB 在围产期抑制芳香化酶活性从而导致大鼠雌性化。该试验结果还表明用人乳中所检测到的 PCB 处理母体的雌性化效应比 Aroclor 1254 要强。

(一)环境激素对内分泌系统的影响

环境激素作用于生物体的生殖腺，影响性激素的分泌在雄性生殖系统中，由于生精细胞的快速分裂繁殖使得睾丸对环境毒物非常敏感，金属铅、镉和许多农药都对睾丸有较强的毒性作用；在雌性生殖系统中，环境激素可以影响卵巢内卵泡的发育和成熟、性激素的合成与释放。有机氯农药对生殖机能的影响主要表现在使鸟类产蛋数目减少，蛋壳变薄和胚胎不易发育；对哺乳动物大鼠的影响是损害精子和使大鼠的受孕和生殖能力明显降低。

4-壬基苯酚能与雌激素受体结合，显示出雌激素亢进，1-二甲胺乙氧基苯基-1，2- 苯基-1-丁烯与雌激素受体结合后显示出拮抗作用，每日每公斤体重 4 mg 剂量 o，p-DDT，可引起狗的肾上腺皮质萎缩和细胞退化，烷基酚类化合物可以阻止雌二醇与雌激素受体结合，并能够将雌激素受体上已结合的激素取代下来，从苯乙烯塑料试管中游离出来的壬基苯酚可以诱导人的雌激素敏感型乳腺癌 MCF-7 增生，虹鳟鱼的体外生物评估证实 4-辛基苯酚、2，4，5-T、2，4-D、苯乙烯等均具有雌激素活性。

环境激素作用于生物体的肝脏、肾脏。肝脏和肾脏拥有代谢和排泄各种激素的酶催化系统，它们的功能决定了激素在体内的半衰期。环境毒物通过影响肝肾代谢功能，改变体内的激素水平。如有机磷、有机氯农药可以诱导肝脏甾醇羟化酶、微粒体酶，从而加速内源性激素的代谢和排泄。此外，有机氯农药对其他一些酶也有一定的影响，动物实验和日本的“米糠油事件”还证实多氯联苯(PCB)能通过胎盘屏障进入胎儿体内，而且胎儿肝和肾中的 PCB 含量常常高于母体相同组织中的含量。

(二)环境激素对神经系统的影响

对生物体的神经系统产生毒害，从而影响大脑皮层、下丘脑、脑垂体等对激素分泌的调节作用，导致激素合成、释放、传输异常，如有机磷农药进入动物体后，即与体内的胆碱酯酶结合，形成比较稳定的磷酰化胆碱酯酶，使胆碱酯酶失去活性，丧失对乙酰胆碱的分解能力，造成体内乙酰胆碱的积蓄，引起神经传导生理功能的紊乱，出现一系列中毒症状。

日本学者岩田久人等对海豚“集体自杀”进行了研究，检测出海豚尸体中含有三丁基锡和三苯基锡等有机锡。这些化学物质是一种船底涂料和渔网防腐剂，鲸和海豚喜欢追逐海船，容易中毒。中毒后，海豚的神经细胞受到损害，失去了辨别方向的能力，盲目冲上海滩，其他海豚跟进，结果在海滩搁浅，无法回到大海，从而表现为“集体自杀”。

(三)环境激素对免疫系统的影响

机体对进入体内的异物具有识别、杀灭、清除能力，从而维持机体内环境的稳定，但是人的免疫系统在环境激素的长期作用之下，会发生免疫失调和病理反应。如铅、汞可使机体产生过敏性皮炎，一些杀虫剂可引起免疫性溶血性贫血。p,p′-DDT 对兔的实验显示：机体白细胞的吞噬活性和抗体的形成均明显下降。

(四)环境激素的生物富集

生物富集是指生物体从周围环境中蓄积某种元素或难分解化合物，从而使该物质浓度超过环境中浓度的现象，富集的程度可以用富集系数来表示。由于环境激素具有高亲脂性和脂溶性，很容易通过食物链富集。在生态系统的同一食物链上，这些难分解化合物在机体内的浓度会随着营养级的提高而逐步增大，使进入环境中的毒物即使极微量，也会使生物尤其是处于高位营养级的生物受到毒害。如 DDT 和狄氏剂等农药，性质稳定，脂溶性很强，被摄入动物体内后即蓄积在脂肪组织中，很难分解排泄，在美国图尔湖的研究显示：DDT 在水鸟小辟(*Colymbsruflcollis poggei*)脂肪中的浓度竟比湖水高出 76 万倍。并且环境激素都能强烈地吸附于颗粒上，通过河流、雨、雪、生物将污染大面积扩散。

(五)环境激素可能的作用机理

环境激素的作用机理大致概括为以下几个方面：①与受体直接结合。②与生物体内激素竞争靶细胞上的受体。③阻碍天然激素与受体的结合。④影响内分泌系统与其他系统的调控作用。⑤协同作用。其具体过程如下。

在细胞膜上有各种各样的受体，其化学本质是具有活性的蛋白质，如糖蛋白、脂蛋白等，与配体通过可逆性地结合和释放来运送物质，通常情况下配体与受体的结合是高度专一的，并且从三个方面来调控细胞的生理、生化过程：调节细胞膜上离子通道的活性；调控酶的活性；释放中介体。而各种人合成的化学物质其分子结构或某些基团和某些配体的结构很相似，这些物质进入生物体后往往会和受体发生竞争性结合，而且这种结合往往其可逆性是很小的，一旦和受体结合就难以释放分开，从而使某些物质运转和代谢发生变化甚至终止。进而影响生物体内的调节机制，引起物质代谢紊乱，从而进一步加剧了环境激素对机体的破坏。

三、环境激素污染的防治工作

控制和防治环境激素污染的根本对策是不向环境释放化学物质。但实际上是不可能做到的。为此，我们可以考虑利用用生物方法治理环境污染。这是安全而彻底消除污染物的手段。

在环境有机激素中，化学农药类占所有环境激素种类的 63%。加强农药进入环境后的监测工作，尽快淘汰已被国际公约中列为禁用或限用的农药品种，甚至完全淘汰化学合成农药。我们积极研究新型生物农药，研发防害能力强的高产农作物，倡导生态农业，实现无公害化生产，是治理化学农药类环境激素污染的重要途径。

环境有机激素污染的工业来源包括塑料、纺织、橡胶、胶合剂、油漆、皮革、洗涤剂、汽车、有色金属、电镀、电池、石油冶炼及药物等行业。对这些工业造成的环境激素污染的治理，首先仍然是严格要求达标排放。对已经造成的污染除可以运用水解、光分解、氧化-还原等方法降解外，还可考虑运用生物技术进行环境修复，并且保证不会造成二次污染。

对环境重金属激素来说，首先应杜绝来自电镀工业废水、塑料、电池、电子等工业排放废水的污染，它们是锡、铅、汞等环境激素的重要来源。在监测管理上，应要求这些工业废水排放严格达标。实际上，分离、回收这些工业废水中的重金属，既能保护生态环境，又可变废为宝。对已经遭受环境重金属污染的土壤，我们可以采取这些复合修复技术，即利用生物（微生物、植物）对重金属的超强吸收能力，从而达到较好的治理效果。

当然这项工作依靠某一单方面的力量并不能很好地完成，它需要全社会的共同努力。我们应该加强环境教育和宣传，使公众了解环境激素的真面目，呼吁整个社会参与到这项庞大的工程中来，从而达到防治环境激素的目的。

第三篇　生物安全与疫病防控

第十九章 生物安全的公共卫生意义

第一节 生物安全概述

生物安全是针对病原微生物或具有潜在危害的重组DNA等生物危险直接或间接给人或动物带来影响或损伤提出的一种概念。现代生物技术的发展已经可以使动物、植物、微生物甚至人的基因进行相互转移，转基因生物已经突破了传统的界、门的概念，具有普通物种不具备的优势特征，若释放到环境，会改变物种间的竞争关系，破坏原有自然生态平衡，导致生物多样性的丧失。研究和监测表明，转基因生物可能对生物多样性、生态环境和人体健康产生多方面的负面影响。除了转基因生物具有的潜在危害外，病原微生物给人和动物带来的生物危害已越来越严重。2003年流行的严重急性呼吸综合征(SARS)向人类敲响了生物危害的警钟，不但给人们的健康和生命安全带来严重的威胁，也集中暴露了长期忽视公共卫生问题带来的隐患。

生物危害时刻都会出现在我们的身边。第一，传染病流行的危害日益严重，已成为全球死亡病因之首。近20年来全球新发传染病30多种，而且多数是病毒病，一些原来不存在于我国的传染病可能通过人群流动或非常规方式传入。通过变异，原有的病原体获得了更高的抗药性或毒性，给传染病的预防、治疗和控制带来很大的危害。第二，生物恐怖已构成现实威胁。"9·11"事件后，美国收到的炭疽邮件引起了美国乃至全球的恐慌。由于生物恐怖袭击具有很大的隐蔽性和欺骗性，在潜伏期难以发现，因而更难防范和控制。第三，生物意外事故随时可能发生。由于科研、教学及民用生产等需要，许多单位拥有和使用各种微生物菌种。如不加以特殊防护，生物意外事故随时可能发生。SARS发生后，全球共出现了3起SARS病毒的实验室泄漏事件。因此，提高对生物安全的认识，完善我国应对生物危害的体系，加强应急反应能力刻不容缓。

国际上针对生物危害的防御已进行了大量的工作，总体发展趋势如下：第一，将生物危害防御纳入国家安全战略和国防教育。美国、英国、意大利、日本、韩国、捷克等国家相继组建了国家分级管理的生物危害防御体系。第二，将大量高新技术应用于生物危害防御和应急反应中。应用远距离、大范围的侦察报警(2.5～40 km)装置和各种侦察报警车，加之适用于不同场合和用途的快速检测技术、试剂和仪器设备，已能做到在15 min内现场完成8～12种生物战剂的检测。第三，注重相关信息支持系统和实用技术平台的建立。由于生物危害防护涉及微生物学、免疫学、分子生物学、生物信息学、流行病学、传染病学等多个学科，以及计算机、信息、通信、传感器等多项技术，因此，各国均以建立多学科技术集成的平台和体系作为保证其在该领域处于领先水平的前提。第四，加强基础设施建设，保持防御生物危害研究持续发展。生物危害特别是生物恐怖病原均属烈性传染病病原体，其操作需要高等级生物安全实验室（BSL-3级和BSL-4级）。因此，拥有合适数量的高等级生物安全实验室是生物危害防御和应急处置的必备条件。美国、法国、瑞典、中国台湾等国家和地区都拥有BSL-4级生物安全实验室。

生物安全关乎人和动物的健康和生命。本章涉及的生物安全概念主要与病原微生物带来的生物危害有关。

一、生物安全术语与定义

生物安全（biosafety，BS）：防止发生病原体或毒素无意中暴露及意外释放的防护原则、技术以及实践。

生物安全保障（laboratory biosecurity）：单位和个人为防止病原体或毒素丢失、被窃、滥用、转移或有意释放而采取的安全措施。

生物安全水平（biosafety level，BSL），是在过去物理防护基础上赋予现代新技术的防护水平，是度量生物安全的等级，目前分为四级，即BSL-1（P1）、BSL-2（P2）、BSL-3（P3）和BSL-4（P4），其中BSL-4等级最高，也最安全。

生物因子（biological agents）：一切微生物和生物活性物质。

病原体（pathogens）：可使人、动物或植物致病的生物因子。

动物（animal）：生物安全涉及的动物是指家畜家禽和人工饲养、合法捕获的动物。

兽医微生物（veterinary microorganisms）：一切能引起动物传染病或人畜共患病的细菌、病毒和真菌等病原体。

人畜共患病（zoonosis）：可以由动物传播给人并引起人类发病的传染性疾病。

外来病（exotic diseases）：在国外存在或流行的，但在国内尚未证实存在或已消灭的动物疫病。

危害废弃物（hazardous waste）：有潜在生物危险、可燃、易燃、腐蚀、有毒、放射和起破坏作用的对人及环境有害的一切废弃物。

气溶胶（aerosols）：悬浮于气体介质中的固态或液态微小粒子（粒径一般为0.001～100 μm）形成的相对稳定的分散体系。

高效空气过滤器（high efficiency particulate air filter，HEPA）：在额定风量下，对粒径大于等于0.3 μm的粒子捕集效率在99.97%以上及气流阻力在245 Pa以下的空气过滤器。

安全罩（safety hood）：置于实验室工作台或仪器设备上的负压排风罩，以减少实验室工作者的暴露危险，排风经高效过滤。

缓冲间（buffer room）：设置在清洁区、半污染区和污染区相临两区之间的缓冲密闭室，具有通风系统，其两个门具有互锁功能，且不能同时处于开启状态。

实验室分区（laboratory area）：按照生物因子污染概率的大小，实验室可进行合理的分区。

气锁（air lock）：气压可调节的气密室，用于连接气压不同的两个相邻区域，其两个门具有互锁功能，不能同时处于开启状态。在实验室中用作特殊通道。

定向气流（directional airflow）：在气压低于外环境大气压的实验室中，从污染概率小且相对压力高处向污染概率高且相对压力低处受控制流动的气流。

化学通风橱(chemical hood):是通过管道直接排出操作化学药品时所产生的有害或挥发性气体、气溶胶和微粒的通风装置。

生物安全柜(biosafety cabinet,BSC):处理危险性微生物时所用的箱形负压空气净化安全设备。

物理防护设备(physical containment device):是用于防止病原微生物逸出和对操作者实施防护的物理或机械设备。

一级屏障(primary barrier):是操作者和被操作对象之间的隔离,也称一级隔离。如生物安全柜、个体防护装备等。

二级屏障(secondary barrier):是生物安全实验室和外部环境的隔离,也称二级隔离。

生物安全实验室(biosafety laboratory):通过防护屏障和配套管理措施,达到生物安全要求的生物实验室和动物实验室。

兽医实验室(veterinary laboratory):一切从事兽医病原微生物、寄生虫研究与使用,以及兽医临床诊疗和疫病检疫监测的实验室。

实验室生物安全防护(biosafety containment of laboratories):实验室工作人员在处理病原微生物、含有病原微生物的实验材料或寄生虫时,为确保实验对象不对人和动物造成生物伤害,确保周围环境不受其污染,在实验室和动物实验室的设计与建造、使用个体防护装置、严格遵守标准化的工作及操作程序和规程等方面所采取的综合防护措施。

微生物危害评估(hazard assessment of microbes):对病原微生物或寄生虫可能给人、动物和环境带来的危害所进行的评估。

二、生物安全设备

(一)负压柔性薄膜隔离装置

负压柔性薄膜隔离装置是一种对生物学危害性材料提供最佳防护的基本防护装置。该装置可以装在移动架上,将工作空间用透明聚氯乙烯(PVC)完全包裹起来悬挂在钢架结构上,并使隔离装置的内压始终维持在低于大气压的水平。该装置入口处的空气要经一个 HEPA 过滤器过滤,而出口处的空气则要通过两个 HEPA 过滤器过滤,因此不必再用管道将空气排到建筑物外面。该隔离装置可以配备培养箱、显微镜和实验室仪器,例如离心机、动物笼具、加热设备等。实验物品可以通过进样和取样口运入或运出隔离装置,而不影响其微生物学安全性。操作时戴套袖外加一次性手套。要安装压力计来检测隔离装置内的压力。在常规的生物安全柜不能或不适合安装或维护的现场,可以采用柔性薄膜隔离装置来进行高危险生物体(危险度 3 级或 4 级)的操作。

(二)生物安全柜

生物安全柜是为操作原代培养物、菌毒株以及诊断性标本等具有感染性的实验材料时,用来保护操作者本人、实验室环境以及实验材料,使其避免暴露于上述操作过程中可能产生的感染性气溶胶和溅出物而设计的。在对琼脂板划线接种、用吸管接种细胞培养瓶、采用多道加样器将感染性试剂的混悬液转移到微量培养板中、对感染性物质进行匀浆及涡旋振荡、对感染性液体进行离心以及进行动物操作时,都可能产生感染性气溶胶。由于肉眼无法看到直径小于

5 μm 的气溶胶以及直径为 5～100 μm 的微小液滴，因此实验室工作人员通常意识不到有这样大小的颗粒在生成，并可能吸入或交叉污染工作台面的材料。正确使用生物安全柜可以有效减少由于气溶胶暴露所造成的实验室感染以及培养物交叉污染。

生物安全柜的 HEPA 过滤器能够有效地截留所有已知传染因子。将经 HEPA 过滤的空气输送到工作台面上，可保护工作台面上的物品不受污染；经 HEPA 过滤后从安全柜中排出的是完全不含微生物的空气。超净工作台不属于生物安全柜，也不能应用于生物安全操作。

根据生物安全柜的安全等级，可分为Ⅰ级、Ⅱ级和Ⅲ级。

1. **Ⅰ级生物安全柜**（class Ⅰ biosafety cabinet） 图 19-1 为Ⅰ级生物安全柜的原理图。Ⅰ级生物安全柜至少装置一个高效空气过滤器对排气进行净化，工作时柜正面玻璃推拉窗打开一半，上部为观察窗，下部为操作窗口。外部空气由操作窗吸进，而不可能由操作窗口逸出。安全柜内的空气可以通过 HEPA 过滤器排除。HEPA 过滤器可以装在生物安全柜的压力排风系统里，也可以装在建筑物的排风系统里。工作状态时保证工作人员不受侵害，但不保证实验对象不受污染。

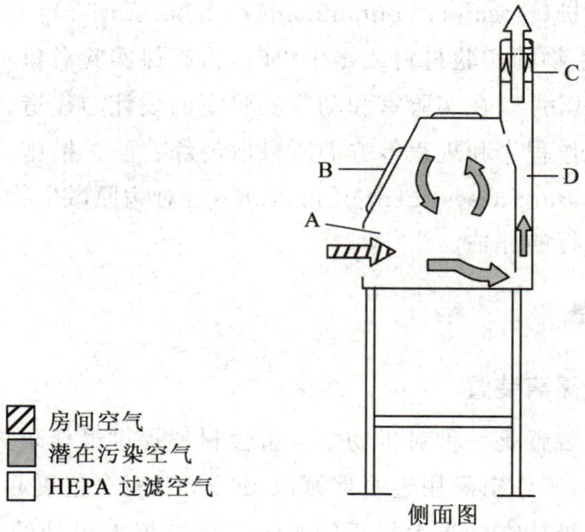

图 19-1 Ⅰ级生物安全柜原理图

A. 前开口；B. 窗口；C. 排风 HEPA 过滤器；D. 压力排风系统

2. **Ⅱ级生物安全柜**（class Ⅱ biosafety cabinet） 在应用细胞和组织培养物进行病毒繁殖或培养时，未经灭菌的房间空气通过工作台面是不符合要求的。Ⅱ级生物安全柜至少装置一个高效空气过滤器对排气进行净化，工作空间为经高效过滤器净化的无涡流的单向流空气。工作时柜正面玻璃推拉窗打开一半，上部为观察窗，下部为操作窗。外部空气由操作窗吸进，而不可能由操作窗口逸出。安全柜需要有与建筑物排风系统相连接的排风接口。工作状态下遵守操作规程时既保证工作人员不受侵害，又保证实验对象不受污染。Ⅱ级生物安全柜有四种不同的类型（分别为 A1、A2、B1 和 B2 型）。Ⅱ级生物安全柜可用于操作危险度 2 级和 3 级的感染性物质。在使用正压防护服的条件下，Ⅱ级生物安全柜也可用于操作危险度 4 级的感染性物质。图 19-2 和图 19-3 是Ⅱ级生物安全柜的原理图。

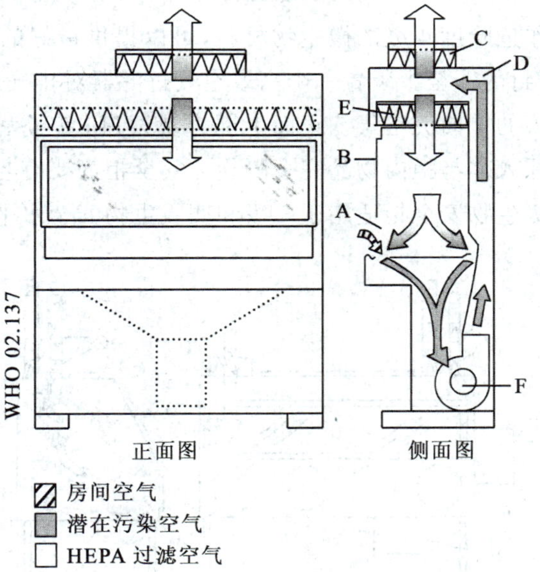

图 19-2　Ⅱ级 A1 型生物安全柜原理图

A. 前开口；B. 窗口；C. 排风 HEPA 过滤器；D. 后面的压力排风系统；E. 供风 HEPA 过滤器；F. 风机

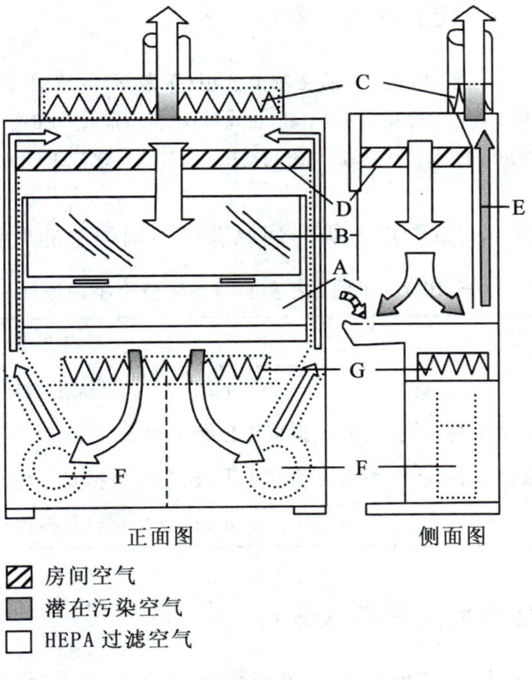

图 19-3　Ⅱ级 B1 型生物安全柜原理图

A. 前开口；B. 窗口；C. 排风 HEPA 过滤器；D. 供风 HEPA 过滤器；E. 负压压力排风系统；F. 风机；G. 送风 HEPA 过滤器

3. Ⅲ级生物安全柜(class Ⅲ biosafety cabinet) 图 19-4 为Ⅲ级生物安全柜的原理图。Ⅲ级生物安全柜用于操作危险度 4 级的微生物材料,可以提供最好的个体防护。Ⅲ级生物安全柜的所有接口都是“密封的”,至少装置一个高效空气过滤器对排气进行净化,工作空间为经高效过滤器净化的无涡流的单向流空气。正面上部为观察窗,下部为手套箱式操作口。箱内对外界保持负压。可确保人体与柜内物品完全隔绝。安全柜需要有与独立的建筑物排风系统相连接的排风接口。Ⅲ级生物安全柜适用于三级和四级生物安全水平的实验室。

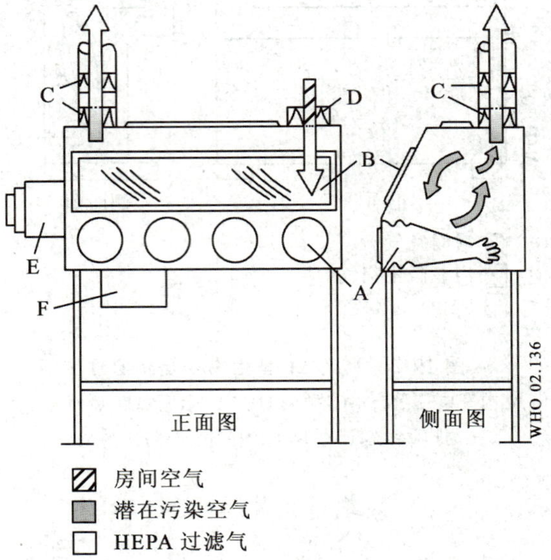

图 19-4 Ⅲ级生物安全柜(手套箱)示意图

A. 用于连接等臂长手套的舱孔;B. 窗口;C. 两个排风 HEPA 过滤器;
D. 送风 HEPA 过滤器;E. 双开门高压灭菌器或传递箱;F. 化学浸泡槽

实际操作中,应根据不同危险度等级的病原选择不同类型的生物安全柜,见表 19-1。

表 19-1 不同保护类型及生物安全柜的选择

保护类型	生物安全柜的选择
个体防护,针对危险度 1～3 级微生物	Ⅰ级、Ⅱ级、Ⅲ级生物安全柜
个体防护,针对危险度 4 级微生物,手套箱型实验室	Ⅲ级生物安全柜
个体防护,针对危险度 4 级微生物,防护服型实验室	Ⅰ级、Ⅱ级生物安全柜
实验对象保护	Ⅱ级生物安全柜,柜内气流是层流的Ⅲ级生物安全柜

三、感染性微生物的危险度等级分类

生物安全工作的核心是危险度评估。可以借助许多方法来对某一个特定的操作程序或实验进行危险度评估,其中最重要的是专业判断。进行微生物危险度评估最有用的工具之一就是列出微生物的危险度等级。

(一)病原微生物的国际分类

世界卫生组织(WHO)根据感染性微生物对个体和群体的危害程度将其分为4级。

1. 危险度1级(低个体危害,低群体危害)　危险度1级的病原指不会导致健康工作者和动物致病的细菌、真菌、病毒和寄生虫等生物因子。

2. 危险度2级(中等个体危害,有限群体危害)　危险度2级的病原体能引起人或动物发病,但一般情况下对健康工作者、群体、家畜或环境不会引起严重危害。实验室暴露也许会引起严重感染,但对感染具备有效的预防和治疗措施,并且疾病传播的风险有限。

3. 危险度3级(高个体危害,低群体危害)　危险度3级的病原体能引起人或动物严重疾病,或造成严重经济损失,但通常不能因偶然接触而在个体间传播,并且对感染有有效的预防和治疗措施。

4. 危险度4级(高个体危害,高群体危害)　危险度4级的病原体通常能引起人或动物非常严重的疾病,并且很容易发生个体之间的直接或间接传播,对感染一般没有有效地预防和治疗措施。

对于特定的微生物来讲,在进行危险度评估时仅仅参考其危险度等级是远远不够的。微生物的传播方式和宿主范围可能会受到当地人群已有的免疫水平、宿主群体的密度和流动、适宜媒介的存在以及环境卫生水平等因素的影响。如果当地不具备应用疫苗或抗血清进行特定疾病的预防措施,或没有合适的抗生素、抗病毒药物和化学治疗药物的治疗措施,特定微生物的危险度会更高。

(二)病原微生物的国内分类

国家根据病原微生物的传染性、感染后对个体或者群体的危害程度,将病原微生物分为四类,其中第一类、第二类病原微生物统称为高致病性病原微生物。

1. 第一类病原微生物　第一类病原微生物是指能够引起人类或者动物非常严重疾病的微生物,以及我国尚未发现或者已经宣布消灭的微生物。一类动物病原微生物包括口蹄疫病毒、高致病性禽流感病毒、猪水泡病病毒、非洲猪瘟病毒、非洲马瘟病毒、牛瘟病毒、小反刍兽疫病毒、牛传染性胸膜肺炎丝状支原体、牛海绵状脑病病原、痒病病原。

2. 第二类病原微生物　第二类病原微生物是指能够引起人类或者动物严重疾病,比较容易直接或者间接在人与人、动物与人、动物与动物间传播的微生物。二类动物病原微生物包括猪瘟病毒、鸡新城疫病毒、狂犬病病毒、绵羊痘/山羊痘病毒、蓝舌病病毒、兔病毒性出血症病毒、炭疽芽孢杆菌、布氏杆菌。

3. 第三类病原微生物　第三类病原微生物是指能够引起人类或者动物疾病,但一般情况下对人、动物或者环境不构成严重危害,传播风险有限,实验室感染后很少引起严重疾病,并且具备有效治疗和预防措施的微生物。

三类动物病原微生物包括以下几类:

(1)多种动物共患病病原微生物　低致病性流感病毒、伪狂犬病病毒、破伤风梭菌、气肿疽梭菌、结核分枝杆菌、副结核分枝杆菌、致病性大肠杆菌、沙门氏菌、巴氏杆菌、致病性链球菌、李氏杆菌、产气荚膜梭菌、嗜水气单胞菌、肉毒梭状芽孢杆菌、腐败梭菌和致病性梭菌、鹦鹉热衣原体、放线菌、钩端螺旋体。

(2)牛病病原微生物　牛恶性卡他热病毒、牛白血病病毒、牛流行热病毒、牛传染性鼻气管炎病毒、牛病毒性腹泻/黏膜病病毒、牛生殖器弯曲杆菌、日本血吸虫。

(3)绵羊和山羊病病原微生物　山羊关节炎/脑脊髓炎病毒、梅迪/维斯纳病病毒、传染性脓疱皮炎病毒。

(4)猪病病原微生物　日本脑炎病毒、猪繁殖与呼吸综合征病毒、猪细小病毒、猪圆环病毒、猪流行性腹泻病毒、猪传染性胃肠炎病毒、猪丹毒杆菌、猪支气管败血波氏杆菌、猪胸膜肺炎放线杆菌、副猪嗜血杆菌、猪肺炎支原体、猪密螺旋体。

(5)马病病原微生物　马传染性贫血病毒、马动脉炎病毒、马病毒性流产病毒、马鼻炎病毒、鼻疽假单胞菌、类鼻疽假单胞菌、假皮疽组织胞浆菌、溃疡性淋巴管炎假结核棒状杆菌。

(6)禽病病原微生物　鸭瘟病毒、鸭病毒性肝炎病毒、小鹅瘟病毒、鸡传染性法氏囊病病毒、鸡马立克氏病病毒、禽白血病/肉瘤病毒、禽网状内皮组织增殖病病毒、鸡传染性贫血病毒、鸡传染性喉气管炎病毒、鸡传染性支气管炎病毒、鸡减蛋综合征病毒、禽痘病毒、鸡病毒性关节炎病毒、禽传染性脑脊髓炎病毒、副鸡嗜血杆菌、鸡毒支原体、鸡球虫。

(7)兔病病原微生物　兔黏液瘤病病毒、野兔热土拉杆菌、兔支气管败血波氏杆菌、兔球虫。

(8)其他动物病病原微生物　犬瘟热病毒、犬细小病毒、犬腺病毒、犬冠状病毒、犬副流感病毒、猫泛白细胞减少综合征病毒、水貂阿留申病病毒、水貂病毒性肠炎病毒。

4. 第四类病原微生物　第四类病原微生物是指在通常情况下不会引起人类或者动物疾病的微生物。四类动物病原微生物是指危险性小、致病力低、实验室感染机会少的兽用生物制品、疫苗生产用的各种弱毒病原微生物以及不属于第一、二、三类的各种低毒力的病原微生物。

四、生物危害标志及使用

通过微生物危害评估确定操作的微生物应在哪一级的生物安全防护实验室中进行操作，必要时应使用生物危害标志(图 19-5)。

图 19-5　张贴于实验室门上的生物危害警告标志

注：标志为红色，文字为黑色

在处理危险度 2 级的微生物时，在实验室入口的明显位置必须粘贴标有危险级别的生物危害标志。在处理危险度 3 级及以上级别生物安全实验室所在的建筑物入口、实验室入口及操作间均必须粘贴标有危害级别的生物危害标志，同时应标明正在操作的病原微生物种类。凡是盛装生物危害物质的容器、运输工具、进行生物危险物质操作的仪器和专用设备等都必须粘贴标有相应危害级别的生物危害标志。

第二节 生物安全实验室分类及要求

依据生物安全水平的等级及从事的病原微生物的危害程度，目前国内外从事生物危险的生物安全实验室分为生物安全水平一级、二级、三级和四级实验室，即 BSL-1(P1)实验室、BSL-2(P2)实验室、BSL-3(P3)实验室和 BSL-4(P4)实验室；相应地，对病原微生物开展动物生物学试验研究的动物生物安全水平(animal biosafety level，ABSL)实验室也分为四个等级，即 ABSL-1 实验室、ABSL-2 实验室、ABSL-3 实验室和 ABSL-4 实验室。

BSL-1 和 BSL-2 实验室为基础实验室，BSL-3 实验室为防护实验室，BSL-4 实验室为最高防护实验室。根据操作不同危险度等级微生物所需的实验室设计特点、建筑构造、防护设施、仪器、操作以及操作程序来决定实验室的生物安全水平。表 19-2 叙述了与不同危险度等级相对应的各危险度等级微生物所要求的实验室生物安全水平。

表 19-2 与微生物危险度等级相对应的生物安全水平、操作和设备

危险度等级	生物安全水平	实验室类型	实验室操作	安全设施
1 级	BSL-1	基础教学、研究	GMT	不需要；开放实验台
2 级	BSL-2	初级卫生服务；诊断、研究	GMT 加防护服、生物危害标志	开放实验台，此外需 BSC 用于防护可能生成的气溶胶
3 级	BSL-3	特殊的诊断、研究	在 BSL-2 水平上增加特殊防护服、进入制度、定向气流	BSC 和/或所有基本设备
4 级	BSL-4	危险病原体研究	在 BSL-3 水平上增加气锁入口、出口淋浴、污染物品的特殊处理	Ⅲ级 BSC 或Ⅱ级 BSC、正压服、双开门高压灭菌器、经过滤的空气

BSC：生物安全柜；GMT：微生物学操作技术规范。

在实验室工作中，应根据危险度评估结果将微生物因子归入某一生物安全水平，但还应考虑操作程序。例如，归入危险度 2 级的微生物因子，进行安全工作通常需要二级生物安全水平的设施、仪器、操作和规程，但若实验中会产生高浓度的气溶胶时，应选用可对实验场所内的气溶胶实施更高级别防护的三级生物安全水平。

一、生物安全实验室一级(BSL-1)

BSL-1 适合于非常熟悉的病原，该病原不会经常引发健康成人疾病，对实验人员和环境潜在危险小。实验室没有必要和建筑物中的一般行走区分开。一般按照标准的微生物操作，在开放的实验台面上开展工作。不要求、一般也不使用特殊的遏制设备和设施。实验人员在实验程序方面受过特殊训练，由受过微生物学或相关科学一般训练的科学工作者监督实验。针对兽医微生物的 BSL-1 适合于所有一、二、三类动物疫病的不涉及活病原的血清学检测以及疫苗用新城疫、猪瘟等弱毒株的实验室诊断、病原的分离、鉴定及动物实验等及相关试验研究和操作。

一级生物安全水平实验室的设计实例见图 19-6。

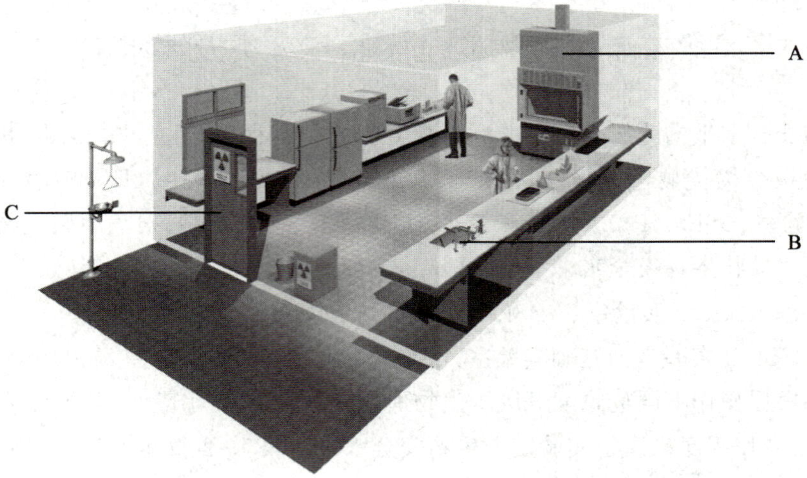

图 19-6 典型的一级生物安全水平实验室(WHO,2004)

A. 通风橱;B. 洗手池;C. 控制进入的门

(一)BSL-1 实验室生物安全设备(一级屏障)

应穿戴实验服、实验袍或实验制服,防止便服被污染或弄脏;如果手部皮肤破损或起疹时应戴上手套;操作中遇到可能有微生物或其他有毒害物质飞溅出来时,应佩戴保护性眼罩。在开放的实验台面上即可开展工作。

(二)BSL-1 实验室设施(二级屏障)

实验室没有必要和建筑物的一般行走区分开。实验室应该有控制进入的门,并应配备一个洗手池;实验室的设计应便于清洁,不铺地毯和垫子;工作台面不漏水、耐酸碱和中等热度、抗化学物质的腐蚀;实验室器具安放稳妥,器具之间的间距应便于清扫;如果实验室有向外开放的窗户,应安装防蚊蝇的纱窗。

二、生物安全实验室二级(BSL-2)

进入 BSL-2 实验室操作的实验室工作人员要经过特殊培训并且在资深工作人员的指导下工作。操作感染性气溶胶或溅出物的特定操作程序需在生物安全柜或其他具有物理防护功能的设备中进行。BSL-1 实验室的要求同样在 BSL-2 实验室适用。

二级生物安全水平实验室的设计实例见图 19-7。

(一)BSL-2 实验室生物安全设备(一级屏障)

在实验室工作时要穿戴实验室专用的防护服、防护袍或制服,离开实验室到非实验区域时要脱下防护服并留在实验室里。所有的防护服可以在实验室处理也可以由专门部门洗熨,决不能带回家。

当用手接触具有潜在感染性的物质、污染的表面或设备时,必须戴手套,必要时可以戴两副手套。操作感染性物质后应取下手套并加以处理。处理后的手套不能再进行冲洗、使用或接触“干净”的表面(键盘、电话等),尤其不能在实验室外再使用。实验室应准备替换用的粉末胶乳手套。脱下手套后应立即洗手。

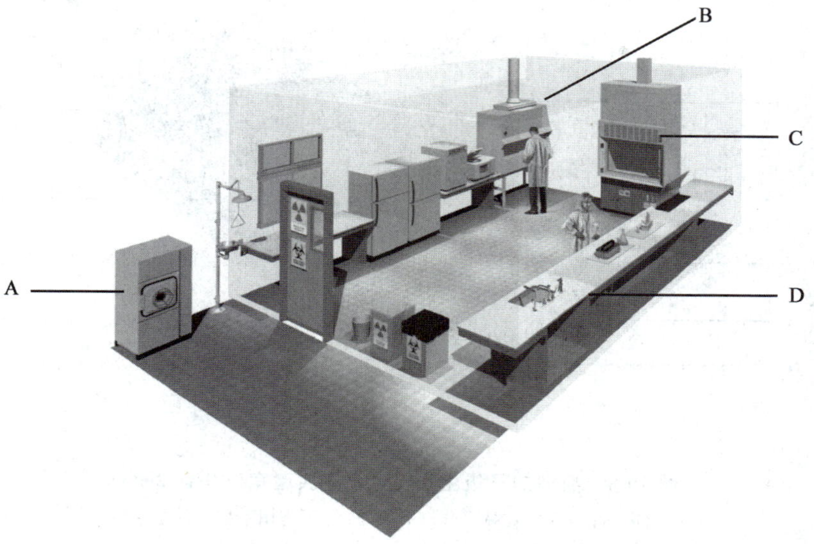

图 19-7　典型的二级生物安全水平实验室(WHO,2004)

A. 高压灭菌锅;B. 生物安全柜;C. 通风橱;D. 洗手池

离心、研磨、剧烈振荡或混匀、超声破碎、打开装有感染性物质的容器、动物的鼻腔内接种、从动物或胚胎中收集感染性组织等操作均可能产生感染性气溶胶或飞溅物,应在二级生物安全柜内进行。当必须在生物安全柜外操作感染性微生物时,要佩戴面目防护装置,如面罩、面具、护目镜等,以防止感染性物质或有害物质飞溅到脸上。

(二)BSL-2 实验室设施(二级屏障)

实验室无须隔离,但新建实验室的选址要远离公共场所。实验室房间必须有可锁住的门,并在靠近实验室的位置配备高压灭菌器或清除污染的工具。要有洗手和洗眼装置。

生物安全柜要放在远离走动比较频繁的实验室区域、门户以及其他具潜在破坏性的设备处,以维持生物安全柜的气流参数。实验室虽然不需要特殊的通风换气,但应配有机械通风换气系统,用于提供不需要循环到实验室外的内向气流。

三、生物安全实验室三级(BSL-3)

三级生物安全水平的防护实验室是为处理危险度 3 级微生物和大容量或高浓度的、具有高度气溶胶扩散危险的危险度 2 级微生物的工作而设计的。三级生物安全实验室应在国家或有关卫生主管部门登记或列入名单。三级生物安全水平实验室的设计实例见图 19-8。

(一)BSL-3 实验室生物安全设备(一级屏障)

在 BSL-3 实验室中选择设备的原则,与 BSL-2 实验室一样,但所有和感染性物质有关的操作均需在生物安全柜或基本防护设施中进行。有些离心机或设备(如用于感染性细胞的分选仪器)可能需要在局部另外安装带有 HEPA 过滤器的排风系统以达到有效的防护效果。

实验室必须配备防护性实验服如前面密合或全套式实验袍、可擦洗式实验服或全封闭式实验服、乳胶手套、防护装置(如呼吸机、面罩等)和物理防护装置(如安全离心杯或封闭式转子),防护性实验服不能在实验室外穿戴。

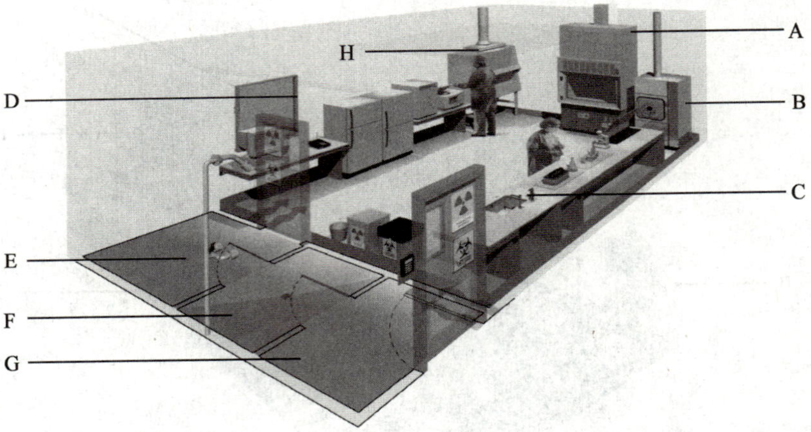

图 19-8 典型的三级生物安全水平实验室(WHO,2004)

A. 通风橱;B. 双扉式高压蒸汽灭菌器;C. 不需用手控制的洗手池;
D. 传递窗;E. 半污染区;F. 淋浴间;G. 清洁区;H. 生物安全柜

(二)BSL-3 实验室的设计和设施(二级屏障)

在 BSL-1 和 BSL-2 水平的设计和设施基础上,三级生物安全水平实验室的设计还应达到以下要求:

1. *建筑结构和平面布局* 实验室应与同一建筑内自由活动区域分隔开,具体可将实验室置于走廊的盲端,或设隔离区和隔离门,或经缓冲间(即双门通过间或二级生物安全水平的基础实验室)进入。缓冲间是一个在实验室和邻近空间保持压差的专门区域,其中应设有分别放置洁净衣服和脏衣服的设施,而且也可能需要有淋浴设施。实验室由清洁区(包括登记处、BSL-3 控制室及第一更衣室)、半污染区(包括准备间、第二更衣室及相应的缓冲间及物品紫外线照射消毒区)和污染区(包括 BSL-3 生物安全柜,离心机、动物饲养室、动物解剖室等)组成,污染区和半污染区间设缓冲间、传递窗,传递窗内设物理消毒装置,半污染区设紧急撤离使用的安全门。缓冲间的门可自动关闭且互锁,以确保某一时间只有一扇门是开着的。应当配备能击碎的面板供紧急撤离时使用。实验室应有安全通道和紧急出口,并有明显标识。

2. *密闭性和内表面* 实验室的墙面、地面和天花板必须防水、耐腐蚀,并易于清洁。所有表面的开口(如管道通过处)必须密封以便于清除房间污染。需建造空气管道通风系统以进行气体消毒。窗户应关闭、密封、防碎。一切设施、设备外表无毛刺、无锐利棱角。

3. *消毒灭菌设施* 必须安装双扉式高压蒸汽灭菌器,安装在半污染区与洗刷室之间。灭菌器的两个门应互为连锁,灭菌器应满足生物安全灭菌要求。污染区、半污染区的房间或传递窗内可安装紫外灯。室内应配备人工或自动消毒器具(如消毒喷雾器、臭氧消毒器)并备有足够的消毒剂。实验室的紫外灯使用满 500 h 必须进行消毒效能测试,以后每 100 h 测试一次,发现不合格者立即更换。

4. *空气净化* 必须建立可使空气定向流动的可控通风系统。气流方向始终保证由清洁区流向污染区,由低污染区流向高污染区。供气需经 HEPA 过滤,排出的气体必须经过至少两级 HEPA 过滤排放,不允许在任何区域循环使用。所有的 HEPA 过滤器必须安装成可以进行气体消毒和检测的方式。生物安全柜的安装位置应远离人员活动区,且避开门和通风系统的交叉区。

5. 水的净化处理　供水管必须安装防逆流装置。真空管道应采用装有液体消毒剂的防气阀和 HEPA 过滤器进行保护。不外排的所有废水均须收集并高压处理。洁净区域的下水可直接排入公共下水道。

6. 污染物和废弃物处理　感染性废弃物要放在专用的防止污染扩散或可消毒的容器里，以便消毒或高压灭菌处理。

7. 清洁　在每个出口附近安装不需用手控制的洗手池。

8. 电力供应　有可靠和充分的电力供应及紧急照明，有备用的发电机以供应必要的设备，如空调系统、警铃、灯光、进出控制和生物安全设备的工作。

9. 通信　实验室内外应有适合的通信联系设施(电话、传真、计算机等)，进行无纸化操作。

10. 实验室监控系统　应对实验室各种状态及设施全面设置监控报警点，构成完善的实验室安全报警系统。

四、生物安全实验室四级(BSL-4)

四级生物安全水平的最高防护实验室是为进行与危险度 4 级微生物相关的工作而设计的。BSL-4 针对的兽医微生物，除 BSL-3 涉及的病原外，还包括一部分外来病(如裂谷热病毒、尼帕病毒、埃博拉病毒)的病原。

BSL-4 级实验室有安全柜型实验室和防护服实验室两种模式。安全柜型实验室内所有病原体的处理均在三级生物安全柜内进行；防护服型实验室内的实验人员着防护服。BSL-4 级实验室可以采取任一种模式或将两者联合应用。假如联合应用，应遵守各自的所有规定。

(一)BSL-4 实验室安全设备(一级屏障)

实验室的工作区内，所有的操作均限于在三级生物安全柜内进行，或在二级生物安全柜内，并辅以一套正压供气防护服。BSL-4 级实验室具有特殊的工程和设计特色，以防止微生物扩散至环境中。

(二)BSL-4 实验室的设施(二级屏障)

在 BSL-3 的基础上，BSL-4 实验室还应为单独建筑或隔离的独立区域，有供气系统、排气系统、真空系统及消毒系统。

1. 基本防护　必须配备由下列之一或几种组合而成的、有效的基本防护系统。

(1)Ⅲ级生物安全柜型实验室　在进入有Ⅲ级生物安全柜的房间前，要先通过至少有两道门的通道。在该类实验室结构中，由Ⅲ级生物安全柜来提供基本防护。实验室必须配备带有内外更衣间的个人淋浴室。对于不能从更衣室携带进出安全柜型实验室的材料、物品，应通过双门结构的高压灭菌器或熏蒸室送入，只有在外门安全锁闭后，实验室内的工作人员才可以打开内门取出物品。高压灭菌器或熏蒸室的门采用互锁结构，除非高压灭菌器运行了一个灭菌循环，或已清除熏蒸室的污染，否则外门不能打开。

(2)防护服型实验室　自带呼吸设备的防护服型实验室，在设计和设施上与配备Ⅲ级生物安全柜的四级生物安全水平实验室有明显不同。防护服型实验室的房间布局设计成人员可以由更衣室和清洁区直接进入操作感染性物质的区域。必须配备清除防护服污染的淋浴室，以

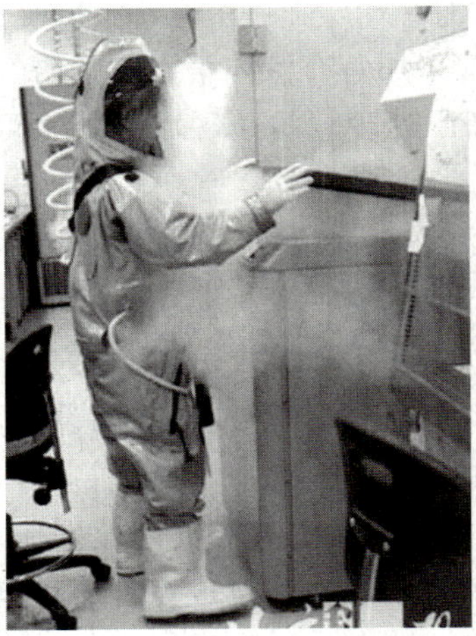
图 19-9 穿着防护服的工作人员

供人员离开实验室时使用。还需另外配备有内外更衣室的独立的个人淋浴室。进入实验室的人员需穿着一套正压的、供气经 HEPA 过滤的连身防护服。防护服的空气必须由双倍用气量的独立气源系统供给，以备紧急情况下使用。人员通过装有密封门的气锁室进入防护服型实验室。必须为在防护服型实验室内工作的人员安装适当的报警系统，以备发生机械系统或空气供给故障时使用。图 19-9 为穿防护服的工作人员在工作。

2. 进入控制　四级生物安全水平的最高防护实验室必须位于独立的建筑内，或是在一个安全可靠的建筑中明确划分出的区域内。人员或物品的进出必须经过气锁室。人员进入时，需更换全部衣服，而离开时，在穿上自己的日常服装前应淋浴。

3. 通风系统控制　设施内应保持负压。供风和排风均需经 HEPA 过滤。Ⅲ级安全柜型实验室和防护服型实验室的通风系统有显著差异。

(1)Ⅲ级安全柜型实验室　通入Ⅲ级生物安全柜的气体可以来自室内，并经过安装在生物安全柜上的 HEPA 过滤器，或者由供风系统直接提供。从Ⅲ级生物安全柜内排出的气体在排到室外前需经两个 HEPA 过滤器过滤。工作中，安全柜内相对于周围环境应始终保持负压。应为安全柜型实验室安装专用的直排式通风系统。

(2)防护服型实验室　需要配备专用的房间供风和排风系统。通风系统中的供风和排风部分相互平衡，以在实验室内产生由最小危险区流向最大潜在危险区的定向气流。应配备更强的排风扇，以确保设施内始终处于负压。必须监测防护服型实验室内部不同区域之间及实验室与毗连区域间的压力差。必须监测通风系统中供风和排风部分的气流，同时安装适宜的控制系统，以防止防护服型实验室压力上升。供风经 HEPA 过滤后输送至防护服型实验室、用于清除污染的浴室以及用于清除污染的气锁室或传递室内。防护服型实验室的排风必须通过两个串联的 HEPA 过滤器过滤后释放至室外，或者在经过两个 HEPA 过滤器过滤后循环使用，但仅限于防护服型实验室内。如果选择在防护服型实验室内循环使用空气，那么在操作中要极度谨慎，必须要考虑所进行研究的类型、在防护服型实验室中所使用的仪器、化学品及材料，以及研究中所使用动物的种类。所有的 HEPA 过滤器必须每年进行检查、认证。HEPA 过滤器支架的设计使得过滤器在拆除前可以原地清除污染。也可以将过滤器装入密封的、气密的原装容器中以备随后进行灭菌或焚烧处理。

4. 污水的净化消毒　所有源自防护服型实验室、用于清除污染的传递间、用于清除污染的浴室或Ⅲ级生物安全柜的污水，在最终排往下水道之前，必须经过净化消毒处理。首选高压灭菌法。污水在排出前，还需将 pH 值调至中性。个人淋浴室和卫生间的污水可以不经任何处理直接排到下水道中。

5. 废弃物和用过物品的灭菌　实验室内必须配备双门、传递型高压灭菌器。对于不能进行蒸汽灭菌的仪器、物品，应提供浸泡池、熏蒸室或其他消毒装置进行消毒。

第三节　生物安全实验室的规范化管理

规范的微生物学操作技术是实验室安全的基础，操作者应严格按照实验室安全操作手册进行操作，操作技术应力求规范。

一、BSL-1 实验室

进入 BSL-1 实验室的工作人员要通过实验室操作程序的特殊培训，并由一位受过微生物学及相关科学一般培训的实验室工作人员监督管理。BSL-1 实验室的规范化管理条例如下：

（一）基本防护

在实验室工作时，任何时候都必须穿着连体衣、隔离服或工作服。操作潜在危险物和摘下手套后要洗手，离开实验室之前也要洗手。

（二）进入控制

实验室的门应处于关闭；实验室正在操作组织和标本时，实验室主任应限制人员进入；进入动物房应当经过特别批准；儿童不允许进入实验室工作区域；与实验室工作无关的动物不得带入实验室。

（三）日常行为规范

严禁穿着实验室防护服离开实验室去餐厅、办公室、图书馆、员工休息室和卫生间等；不得在实验室内穿露脚趾的鞋子；工作区内禁止吃东西、喝水、抽烟、操作隐形眼镜、使用化妆品及储存食物；在实验室戴隐形眼镜的人员应佩戴护目镜和防护面具；食物要储存在工作区外的专用柜子或冰箱里；在实验室内用过的防护服不得和日常服装放在同一柜子内。

（四）微生物操作规范

严格禁止用嘴吸移液管，要使用机械吸液装置；所有的实验操作步骤尽可能小心，减少气溶胶或飞溅物的形成；工作日结束后，应实行终末消毒处理，如有任何潜在危险物溅出时，工作台表面应立即净化消毒处理；所有培养基、保存物和其他系统管理的废弃物，在处理之前应使用经审定批准的净化方法（如高压灭菌法）进行净化处理。

（五）废弃物处理

实验室中很少有污染材料需要真正清除出实验室或销毁。大多数的玻璃器皿、仪器以及实验服都可以重复或再使用。皮下注射针头用过后不应再重复使用。

废弃物处理的首要原则是所有感染性材料必须在实验室内清除污染、高压灭菌或焚烧。高压蒸汽灭菌是清除污染时的首选方法。污染性锐器，如皮下注射用针头、手术刀、刀子及破碎玻璃应收集在带盖的不易刺破的容器内，有潜在感染性的材料应放置在防渗漏的容器中，进行高压灭菌。高压灭菌后，物品可以放在运输容器中运送至焚烧炉。即使经过灭菌，实验室的废弃物也尽量不丢弃到垃圾场。如果实验室中配有焚烧炉，则可以免去高压灭菌。

（六）健康和医学检测

在一级生物安全水平操作的微生物不太可能引起人类疾病或兽医学意义的动物疾病。但理想的做法是，所有实验室工作人员应进行上岗前的体检，并记录其病史。疾病和实验室意外事故应迅速报告，所有工作人员都应意识到应用规范的实验室操作技术的重要性。

（七）培训

人为的失误和不规范的操作会极大地影响所采取的安全措施对实验室人员的防护效果。因此，不断地进行安全措施方面的在职培训是非常必要的。应该让实验室人员了解以下危害。①进行接种环移菌、打开培养物、采集血液标本、离心等操作时产生的气溶胶。②处理标本、涂片以及培养物时，通过手指间接食入。③注射器刺伤皮肤。④动物咬伤、抓伤工作人员。⑤血液及感染性材料。

二、BSL-2 实验室

BSL-2 实验室标准操作准则除遵守 BSL-1 实验室的标准操作外，还应遵循以下特殊操作准则。

（一）进入控制

实验室入口处要贴有生物危害标识，标识内容包括使用的病原微生物、生物安全级别、是否需要免疫接种、研究者的名字和电话号码等；在实验室中必须穿戴个人防护装备，从实验室出去必须办理相应手续。正在操作有流感病毒或其他感染性的生物因子时，限制人员进入实验室。

（二）医学预防与检测

实验室工作人员录用前或上岗前必须进行体检，并有个人病史记录。实验室管理人员要保存工作人员的疾病和缺勤记录。根据实验室所操作的生物因子或实验室内潜在的生物因子，实验室人员应接受相应的免疫接种或检测，必要时收集保存实验室工作人员的正常基线血清标本或定期采集血清标本。

（三）安全培训

实验室人员每年应进行实验室安全方面的培训，如潜在危害性、保护暴露者必要的注意事项以及暴露评估程序。实验室人员必须接受年度最新的补充培训，了解操作规程和政策的变化。

（四）防污染措施

进行非肠道注射、静脉切开术、从动物或试剂瓶抽取液体时，针头、注射器或其他尖锐物品应局限在实验室使用；破碎的玻璃制品不能用手直接接触，必须用机械手段如刷子、簸箕、钳子或镊子等取走；盛装污染的针头、尖锐设备和破碎玻璃的容器在处理之前应按照相关规定先进行消毒处理；体液培养物、组织、标本或具潜在感染性的废弃物应放在带盖子的容器内，以防止在收集、处理、保存、运送过程中发生泄漏；实验室设备和工作台面在处理完感染性标本后，应该用有效的消毒剂进行常规消毒处理；需要维修或打包装运送的污染设备在搬运出实验室之前必须遵照相关规定进行净化处理；操作中因为溢出或其他意外事故造成了对感染性物质的明显暴露，应立即报告实验室主任，相关人员应接受适当的医疗评估、监测和治疗，记录资料应存档。

三、BSL-3 实验室

在 BSL-1 和 BSL-2 基础实验室的操作规范基础上，生物安全三级水平的操作规范还应遵循以下原则：

(一)进入控制

实验室入口门上张贴生物危害警告标志，注明生物安全级别以及实验室负责人姓名，并说明进入该区域的所有特殊条件，如免疫接种状况。未接受有效的免疫接种(和实验室中处理或将要处理的病原有关的)的人员及免疫缺陷人员不得入内。进入 BSL-3 实验室前，实验人员应备足实验所需的各种器材、试剂、消毒剂和实验动物，物品进入物流通道前应再次核对品种数量，一次带入，尽量避免中途增加、补充。实验中发现不得不增补器材用品时，人员和物品的进入严格执行人、物分开定向流通，严禁交叉。从 BSL-3 实验室进入 ABSL-3 实验室及从 ABSL-3 实验室返回 BSL-3 实验室时都必须经过第二更衣室通道，按规定程序更换隔离服和第二层防护服。

(二)个人防护

实验室防护服必须是正面不开口的或反背式的隔离衣、清洁服、连体服、带帽的隔离衣，必要时穿着鞋套或专用鞋。前系扣式的标准实验服不适用，因为不能完全罩住前臂。实验室防护服不能在实验室外穿着，且必须在清除污染后再清洗。

(三)防污染措施

不允许在开放的实验台上及在开放的设施中开展工作。所有的实验、检测操作都必须在指定区域内进行，涉及感染性物质的操作必须在生物安全柜内进行，生物安全柜使用前后均应用紫外灯照射 30 min。

1.实验动物操作　动物接种、采血、处死、解剖应当在负压动物饲养箱内进行。实验动物放在负压饲养箱内饲养，每天至少观察 1～2 次，做好观察记录。每隔两天更换一次垫料，换下的垫料应使用化学消毒剂浸泡，然后送灭菌室进行压力蒸汽灭菌处理。观察和更换垫料操作前应在乳胶手套外加戴线手套，操作时要注意防止被动物抓咬。

2.实验器材　应避免使用玻璃制品和锐器，不得不使用玻璃制品和锐器时，应通过镊子等工具夹取，尽量避免直接用手接触。操作液体材料时，要使用吸液球或机械移样器吸取液体，且动作应准确、轻柔，避免产生气溶胶或滴溅。必须使用螺口可密闭的离心管或试管进行离心，操作时应先在生物安全柜内装入待离心的液体，平衡后拧紧离心管螺盖，用酒精棉球擦拭离心管外部，进行表面消毒后，放置离心机内离心。离心及使用仪器设备都必须及时如实地填写使用登记。

3.废弃物处理　实验遗弃的生物标本、培养液以及接触感染性物质的培养瓶、乳钵、试管、吸头、吸管等器材应分别收集在盛有消毒剂的容器内；动物解剖器材、针头等利器应置于盛有消毒剂的耐扎容器内；废弃物应收集在专用垃圾袋中。待试验完毕，将上述垃圾袋及容器密闭，并进行外表消毒，集中于带盖的污物桶内，送至压力蒸汽灭菌室指定位置，待压力蒸汽灭菌。

4.菌毒种管理　菌毒种的使用严格执行菌毒种有关管理规定，责任人签订责任书，做到双人双锁保管。

(四)健康和医学监测

在 BSL-1 和 BSL-2 健康和医学监测内容的基础上，三级生物安全水平的防护实验室还要强制实验室内工作的所有人员进行医学检查，建立详细的病史记录和针对具体职业的体检报告。临床检查合格后，给受检者配发一个随时携带的医疗联系卡，注明持卡者所在实验室的联系方式、医生的联系方式及其工作环境中存在的病原。

四、生物安全实验室四级(BSL-4)

除按照三级生物安全水平的规范操作外，还应遵循以下规范：

(一)进入控制

人员的进入由实验室主管、生物危险控制官员或负责实验室设备安全的人员进行管理。有关人员进入实验室前，应明确潜在危险性，并进行适当的安全防护指导以确保其安全。只有那些必须在实验室或单个实验室房间进行操作的人员或辅助人员才允许进入。易受感染或感染后会造成极其严重后果的人员(如免疫缺陷或免疫抑制患者)，以及儿童、孕妇等均不得进入实验室或动物室。允许进入的人员应遵守规定以及入、出室的程序。所有进入实验室的人员都要签名登记，记录出入实验室的日期和时间。实行双人工作制，任何情况下严禁任何人单独在实验室内工作。这一点在防护服型四级生物安全水平实验室中工作时尤其重要。

实验室入口应安装上锁的安全门。如果在实验室或动物室中有传染性物质或受染动物存在时，应在所有进门处张贴危险警告标志以及通用生物危险标识，标明所使用的病原体、实验室主管的姓名和联系电话，并且标明进入实验室的具体要求(如需免疫接种或戴防护面具等)。在四级生物安全水平的最高防护实验室中的工作人员与实验室外面的支持人员之间，必须建立常规情况和紧急情况下的联系方法。

(二)个人防护

在进入实验室之前以及离开实验室时，要求更换全部衣服和鞋子。便服应脱在外更衣室。应给所有进入实验室的人员提供完整的实验室服装(包括内衣、短裤、衬衣或套头衫、鞋、手套等)。当准备离开实验室进入冲洗间前，要在内更衣室脱去实验室服装。脏衣服在送洗衣房前应高压灭菌。实验人员只能经淋浴间和更衣室出入实验室，每次离开实验室前都应进行消毒性淋浴。只有在紧急情况下，才能通过气压过渡间(风淋室)出入实验室。

(三)防污染措施

1. 物品进出　室内所需材料和用品应通过双层门的高压灭菌仓、熏蒸消毒仓或气压过渡间送入。这些双门设备在每次使用前后均应适当消毒。关好外门后，室内的工作人员再打开内门取出所送入的物品。取完物品后再将内门关好。从三级安全柜或BSL-4级实验室移出具活性或保持完整状态的生物材料时，必须先转移到防碎封口的初级容器中，然后再将其装入防碎封口的二级容器中，并且通过专门为此而设计的消毒浸泡罐、熏蒸消毒室或密封过渡间再移出室外。除了必须保持生物学活性或完整状态的生物材料，任何材料在移出BSL-4级实验室前必须经过高压灭菌或消毒。

2. 实验器材　使用锐器应特别谨慎，参照BSL-3的操作。可能被高温或蒸汽损害的设备和器材，必须在密闭室或专为此而设计的小室中用气体熏蒸法进行消毒。设备在送去维修前应进行消毒。

3. 应急处理　发生传染性物质扩散事故时，应由专业人员进行消毒、收集和清洁。应制定并张贴扩散后的处理程序。在进行BSL-4级水平病原体操作前，所有实验室人员应熟练掌握标准和特殊微生物学操作规程，以及本实验室所需进行的特定操作。工作人员要接受人员受伤或疾病状态下紧急撤离程序的培训。

(四)档案管理

制定一套实验室报告系统，报告内容为实验室事故、病原体暴露和人员缺席、对潜在实验室相关性疾病的监测等情况。将这些情况记录后存档。

(五)医学预防与检测

应对实验人员进行实验室相关疾病的检疫、隔离和治疗。对实验室人员进行有针对性的免疫接种。对实验室或高危人员进行基准血清样本收集并保存，并依据所处理病原体的种类，定期进行血清样本的阶段性收集及检测。

思　考　题

1.生物安全实验室设计和建设的基本原则是什么？

2.微生物危害的分级标准是什么？介绍我国对兽医微生物的危害分级情况。

3.生物安全水平分为几级？各级有什么特点？

第二十章　有害生物的防控

第一节　概　　述

一、有害生物及其公共卫生学意义

1. 有害生物的概念　有害生物(pest)是指在一定条件下，对人类的生活、生产甚至生存产生危害的生物。狭义上仅指动物，如人们常说的“四害”等，广义上包括动物、植物、寄生虫、微生物乃至病毒。

2. 有害生物的分类　从有害生物的概念可以看出，狭义的有害生物主要包括危害、骚扰人类的有害节肢动物、啮齿动物等，根据其危害可以大致分为以下几类：

(1)可以传播疾病的有害生物　也称病媒生物(vector)。这类生物携带致病因子，致病因子能在其体内增殖，并传播给人，使人患病，如蚊类、蚤类、鼠类等。

(2)骚扰、刺叮人类的有害生物　可引起人类不安，并可通过体表携带、传播病原体，如蝇类、蟑螂、臭虫等。

(3)危害建筑和建筑材料的有害生物　如白蚁、木材甲虫等。

(4)仓储有害生物　这类害虫在储存的原粮或制成品中生存、繁衍，窃取、污染储存的食物，如面粉甲虫、谷物蛀虫等。

(5)纺织品害虫　此类害虫蛀蚀地毯、棉制品、纸张等，如地毯甲虫、衣物蛀虫等。

(6)其他有害生物　如蜈蚣、蝎子等，偶尔进入人类居住场所，引起居民不安，也可列入有害生物之列。

二、有害生物的危害

概括来讲，有害生物的危害主要表现在以下几个方面：

(一)传播疾病

常见的传播疾病的有害生物有：蚊、蝇、鼠、蟑螂、臭虫、虱子、跳蚤、蚂蚁、蜱、螨，另外还有蠓、蚋、虻、白蛉等。其传播的重要疾病有：鼠疫、肾综合征出血热、疟疾、乙型脑炎、淋巴丝虫病、流行性斑疹伤寒、地方性斑疹伤寒、莱姆病、登革热和登革出血热、钩端螺旋体病、恙虫病、西尼罗病毒病等。另外，苍蝇、蟑螂、蚂蚁等在传播肠道传染病如霍乱、伤寒、痢疾等过程中具有重要意义。

在人类与有害生物共生的历史进程中，有害生物曾多次造成瘟疫，夺去了千百万人的生命。如鼠类传播鼠疫、出血热等57种细菌、病毒。鼠类传播的鼠疫，历史上有过三次世界性大流行，夺走了3亿多人的生命，远远超过世界上历次战争死亡人数的总和。鼠类传播的有肾综合征出血热还没有特殊治疗办法，不少人至今“谈鼠色变”。在鼠疫停止流行30年后，1994年在印度又突然死灰复燃，发生病例876例，病死54人，使得成千上万的人逃离家园，印度的直接经济损失在100亿美元以上，令世界为之震惊。

蚊子传播疟疾，使一些地方成为“瘴疠之地”，某些城镇居民全部死亡。蚊子传播的登革热曾使一些城市瘫痪。乙型脑炎也是由蚊子传播的严重疾病。这三种严重疾病近年来又在一些地方重新肆虐人类。西尼罗河脑炎也是由蚊子传播的、死亡率很高的新传染病。美国在2002年出现了“西尼罗河”病毒大规模蔓延。病毒扩散到44个州，导致4 000多人受到感染，274人死亡。此病毒主要由鸟类携带，经蚊子传播给人。世界卫生组织(WHO)每天还在向全球公布疫情，提醒人们不要放松警惕。

统计数据显示，在中国每年的传染病发病总数中，由有害生物(媒介生物)引起的自然疫源性疾病发病数占5%～10%，但死亡率占传染病总死亡率的比例却高达30%～40%。因此，有害生物对公共卫生的威胁不容忽视。

(二)影响人类生活

有害生物不仅可以传播疾病，还可影响人类生活。老鼠、苍蝇、蟑螂、蚂蚁到处乱窜，骚扰人类正常生活；苍蝇等有边吃边拉的习惯，污染食品，污染环境，食用它们接触过的食品，会引发食源性疾病；螨、虱、跳蚤等寄生于人体，可引起过敏性疾病；蚊子吸血影响人类休息，引起感染过敏等症状。这些有害生物的出现使人产生不舒服的感觉，影响人们的正常休息，降低工作效率。

(三)造成经济损失

有害生物除传播疾病以及影响人类生活外，还可造成经济损失。据20世纪80年代估计，老鼠每年糟蹋的粮食可以养活3亿人，所造成的损失相当于25个最穷国家的国内生产总值。老鼠是啮齿动物，若不磨牙，就会死亡。它们咬坏衣物家具，咬断电线，造成短路，甚至引起火灾。在美国，不明原因的火灾中，有1/4可能是老鼠造成的。另外，其他有害生物也可通过各种途径给工业、农业、旅游、电讯、水利、仓储、文物等造成破坏，危害相当严重，造成严重的经济损失。

三、有害生物综合治理

(一)有害生物防治措施

所谓有害生物防治，就是针对危害人类健康、骚扰人类生活的有害昆虫、动物进行综合治理，通过干预和改变有害生物生存的外部环境，辅以生物天敌和化学药品的作用，实现有效控制。目前对有害生物的防治措施主要有以下几个方面：

1. 物理防治　主要指用器械、工具的方法捕获或杀灭有害生物。例如，用鼠夹、鼠笼、黏鼠胶等 捕获老鼠，用“电猫”电击毙老鼠；用捕蝇笼、粘蝇纸捕获苍蝇，用蝇拍击打苍蝇；用紫外线灯诱捕或电击蚊蝇；用捕蟑瓶(盒)诱捕蟑螂等。这种措施只适用于有害生物数量较少的地点，如居室等，但应注意，所捕获的有害生物应及时清理以免污染环境。

2. 化学防治　主要指用化学药剂毒杀有害生物。主要包括以下几个方面：

(1)毒饵　制成各种毒饵，引诱有害生物盗食，经消化道摄入中毒致死，例如，灭鼠毒饵、灭蝇毒饵、灭蟑毒饵、灭白蚁毒饵等。适用于分散、数量少、不宜喷洒水剂的地方，注意投饵时远离食品。

(2)熏蒸剂 是化学药剂以气态的方式经有害生物的呼吸道吸入而中毒致死，例如，磷化铝、氯化苦熏蒸灭鼠，某些化学杀虫剂以气溶胶或烟雾方式熏杀有害昆虫等。适用于封闭严的场所，但要注意明火，注意有人报警。

(3)喷洒剂或粉剂 是化学药剂与有害生物体表直接接触，透过体壁进入体内而使其中毒致死，例如，杀虫剂通过涂刷、滞留喷洒在有害昆虫经常活动或停歇的物体表面，有害昆虫直接接触就可能中毒致死，或将杀虫剂作空间喷洒，使得飞行中的有害昆虫体表沾染杀虫剂而致死等。适用一般情况下的场所。此外，利用某些有害生物有刺吸家畜血液的习性，将化学药剂涂刷在家畜体表而吸收分布于全身体液中，一旦有害生物刺吸家畜血液，即可中毒死亡。此外，有害生物对化学药剂具有适应机制，特别是在滥用化学药剂的情况下，容易产生具有抗性的生物种群。

3. 生物防治

(1)利用食物链 是指某种生物可捕食某种有害生物，例如大家所熟悉的猫、蛇、黄鼬、鹰类捕食老鼠，鱼类、鸟类、青蛙、蝙蝠、蜻蜓捕食有害昆虫等。

(2)利用微生物或其代谢产物 是指某些微生物或其代谢产物对某种有害生物具有毒杀致死作用，例如，苏云金杆菌对鳞翅目幼虫有毒杀作用，球形芽孢杆菌对蚊蚴有杀灭作用，蟑螂病毒 pfDNV 对蟑螂有杀灭作用，肉毒毒素 C 对人畜无毒而对老鼠有特异性的毒性等。

21 世纪生物科学技术将会出现突飞猛进的发展，通过基因重组，细胞工程技术，将会产生更多更有效的新型“生物杀虫剂”。另外通过化学、辐照或遗传工程的方法，培养大量人工绝育的有害生物，将其释放到自然环境中，与自然环境中的有害生物交配而不繁殖后代，从而控制环境有害生物的数量。例如，棉酚为雄鼠的化学绝育剂，可使雄鼠不育，而合成雌激素 BDH10131 为雌鼠不育剂，一次给药一年不育。

4. 生态防治 任何一种生物的种群数量取决于其生态环境条件，即环境的种群容纳量。有害生物的生态防治方法，是指通过改变(恶化或消除)有害生物生存繁殖所依赖的生态环境条件，降低其环境容纳量，从而减少或控制某种环境有害生物。

例如，鼠类种群数量取决于食源、栖息活动、繁殖场所的条件，通过硬化地面，堵塞鼠洞，严密门窗，保存好粮食和食物使鼠难以盗食，就可以减少鼠的数量。有机垃圾和粪便既是蝇类的食物也是其繁殖场所，使垃圾、粪便的储存、运输密闭化，就可以极大地减少蝇类的数量。蚊虫发育过程中卵、孑孓和蛹均离不开水，翻缸倒罐消除小型容器积水，填平积水坑、疏通沟渠使之不积水，均可减少蚊虫的数量。厨房内水池、案板周围的缝隙往往成为蟑螂的栖息繁殖场所，将这些孔洞、缝隙填平，就可减少蟑螂的藏身之地，控制其繁殖数量。

5. 文化防治 文化防治包括法规、政府组织、社区参与和健康教育。这四个方面是综合防治不可忽视的重要部分。1997 年世界卫生组织再版的《重要媒介生物的化学防治方法》一书指出：“对于几种媒介生物来说，减少其来源的环境卫生和健康教育是防治的基础方法。从理论上看这是根本的防治方法，其他的方法只能作为辅助方法而不能取代它”。近几年来，尤为强调以社区为基础开展媒介生物疾病防治的重要性。只有群众更深入地了解有害生物的生物学、生态学和防治方法，才能更有效地控制有害生物，因此健康教育是不可缺少的。

(二)有害生物综合治理

在自然界中，任何一个可以生存下来的物种，它对生态系都有着积极的作用。本无“有害”

和“有益”区分，只是后来随着人类活动的频繁，有些生物的活动对人类产生了较大影响，才以人的利益为准绳，将生物物种区分为“有害”与“有益”。

有害生物对人类危害严重，轻则骚扰影响休息，重则引发火灾，水灾或引起瘟疫流行，危害经济。为了减轻其危害，人类采取了很多措施，但收效很差。近几十年来随着科技进步，出现了许多有效杀灭环境有害生物的新药剂、新器械，在杀灭和控制环境有害生物、减少传染病方面取得了一定成效。

但从生态学原理上说，我们是不能将有害生物消灭的，同时在经济上也是不允许的、办不到的。完全消灭掉有害生物是绝对防治论。人们理性地思考有害生物防治的基本思想是人们既不能灭绝有害生物，也不能任由有害生物横行，过分杀灭和不加控制都会引发一些生态、环境和经济问题。因此，应强调相对防治，是指采取种种措施将有害生物所致损失约束在容许的限度内，即与有害生物和平共处，这就是相对防治的理论。从有害生物威胁公共卫生角度来看，我们不可能把可以传染疾病的有害生物物种全部消灭，但我们可以把它控制到不足以危害我们的水平，这是我们比较理性的一种措施。

从以上分析来看，有害生物综合治理应遵循以下几个原则：

(1)以生态系统为管理单位；

(2)允许有害生物在一定的低密度水平存在；

(3)允许利用自然控制因素；

(4)任何措施都可能产生预料不到的或不令人满意的后果；

(5)重视文化防治，包括法规、政府组织、社区参与和健康教育。

只有充分理解了有害生物综合治理的思想，遵循以上几个原则，结合实施有效的有害生物防治措施，才能将有害生物控制在不足以威胁人类健康和影响人类生活的水平。

第二节 病媒节肢动物的危害及防治

一、蚊的危害及防治

(一)危害

具有公共卫生学意义的蚊的种类主要有：淡色库蚊(*Culex pipiens pallens*)和致倦库蚊(*Culex pipiens quinquefasciatus*)、白纹伊蚊(*Aedes albopictus*)、埃及伊蚊(*Aedes aegypti*)以及中华按蚊(*Anophe les sinensis*)。

蚊是最重要的卫生害虫。它们不仅刺吸人血，骚扰人们生活和工作，而且传播多种严重的疾病。因此蚊虫一直是国内外卫生害虫防治的重要对象。经济发达的国家对此更为重视，如美国除了有全国性的美国蚊虫防治协会，还有州级协会促进这项工作。

由蚊传播的疾病统称蚊媒病。蚊传播的较重要的病毒病有死亡率较高的黄热病、东马脑炎、西马脑炎等近百种人畜疾病。目前在北美较严重的蚊传疾病是西尼罗病毒脑炎。全世界每年有3亿人患疟疾，其中90%在非洲。WHO报告登革热(出血热)近10年来显著增加，全世界每年登革热(出血热)514 139人，死亡率为1%～20%。

我国流行的蚊媒病有四类：疟疾、淋巴丝虫病、流行性乙型脑炎和登革热(或登革出血热)四类。前三类疾病经过长期的防治发病率已大大下降，但仍然是我国危害人民健康的重要疾病。登革热更值得重视，1945 年登革热在汉口等地大流行，1980 年到 1986 年，我国海南、广东、广西等地曾发生过两次登革热大流行，发病人数超过 57 万，死亡 367 人。由于没有疫苗和特效药治疗该疾病，要预防和防止它的发生和流行，主要依靠防治其媒介蚊虫。

淡色库蚊和致倦库蚊是斑氏丝虫及乙型脑炎的传播媒介。埃及伊蚊和白纹伊蚊可以传播登革热。而疟疾是由按蚊(如中华按蚊)传播的。

我国进行有害生物治理处理蚊虫的原因一方面是由于蚊能够传播疾病，另一方面是因为它骚扰人们的生活，影响人们的生活质量。

(二)防治

1. 防治原则和要点　坚持以环境防制为本、治本为主、标本兼治的原则。

(1)查清蚊种与滋生场所　可从成蚊和蚊幼虫的外形确定蚊种。尽管灭蚊一般是要控制所有种类的吸血蚊虫，但还是需要通过调查了解蚊种构成情况，以便采取针对主要有害蚊种的防治措施。要仔细进行蚊类滋生地的现场调查，调查一处登记一处。现场调查不仅针对室外所有积水的池塘、水沟、水坑、窨井、水池、消防水桶、废轮胎、化粪池、地下室、坛罐、破缸、罐头盒等，而且要注意室内的假山、花瓶、泡菜坛、冰箱接水盘等。不要遗漏一处可能滋生蚊类的室内外积水处。

此外，还要调查成蚊停歇场所，有些蚊虫为内栖性蚊种，室内房间尤其是杂物间、厨房、地下室、防空洞等均应作现场调查记录。

(2)确定综合防治方案　蚊类综合防治方案既针对蚊幼滋生地，也针对成蚊。根据滋生地调查结果，确定每处滋生地处理的措施，如清除、疏通、填平、加盖、养鱼、投放杀幼虫药剂等。室内蚊类防治应首选生态的、物理的措施。

根据蚊类栖息调查结果，确定室内滞留喷洒处理的部位。若对窗帘进行滞留喷洒，需选用不损织物不着色可洗净的药剂。如果蚊类密度较高，可考虑选择空间处理(超低容量喷雾或热烟雾机)杀灭成蚊，迅速降低蚊类密度。因此，需拟定各种处理措施的作业程序，明确各种措施的处理周期。

(3)合理用药，减少环境污染　蚊类滋生地能清除的尽可能清除，如清除破缸、瓶、罐；能治理的尽量治理，如填平积水坑，疏通积水沟，铲除塘边杂草；能加盖的尽量严密加盖，如水缸、消防桶、水池；能泼洒机油覆盖水面的，尽量泼洒机油，如地下室水等；能养鱼的尽量养鱼食蚊蚴，如水塘、水沟、浇花储水池等。使用生物或化学杀蚊蚴剂是最后的选择手段，不论何种药剂不仅要花钱，而且灭蚴剂有一定的效期，要定期重复处理。

蚊类经常停歇的部位，可用长效卫生杀虫剂作滞留喷洒处理，尽可能减少用药造成的环境污染和抗性产生。在蚊类密度很高、或可能发生蚊媒传染病的情况下，可用超低容量喷雾或热烟雾作空间处理杀灭成蚊。

(4)定期检查，巩固防治效果　要对蚊类滋生地进行定期检查，除检查原有的滋生地控制效果之外，还要查看有无新的滋生地产生。要根据具体情况调整防治措施。

2. 防治方法

(1)杀灭蚊蚴　药物灭蚊蚴应首先考虑生物制剂，如昆虫生长调节剂(LGRs)、苏云金杆菌(Bt)和球形芽孢杆菌(Bs)等，其次可考虑选用化学灭蚊蚴剂，药剂杀灭是灭蚊蚴的最后选择手段。对施用灭蚊蚴剂的水体要定期检查，定期补施药剂，持续保持水体不滋生蚊蚴。

(2)室内滞留喷洒　并不是要将室内所有墙壁表面作特效卫生杀虫剂滞留喷洒处理，滞留喷洒的部位只限于蚊类经常栖歇的部位。有些蚊种栖息在天花板或墙壁的下半部或上半部，有些在家具背面，有些在走廊或屋檐，有些在积水容器周边，有些常停歇在蚊帐、帘帷上，需要现场观察确定施药部位。窗户常是蚊类出进室内的必经通道，对窗帘作滞留喷洒处理是必要的。采用特效安全的卫生杀虫剂浸泡蚊帐，可视为一种特殊的滞留处理，效果常常很好，因为蚊类吸食人血前后均在蚊帐上停歇。

作滞留喷洒的化学杀虫剂，必须对人畜安全、有较长的滞留持效，对蚊类的驱避性要低，蚊类对药物敏感，并且不影响美观，不损坏物品。这些化学杀虫剂，常常加工成不同剂型、不同浓度的商品。选用这些杀虫剂时，必须注意其剂型和浓度。乳油、可湿性粉剂和悬浮剂(也称胶悬剂，英文简称为 EC)等，均可选作滞留喷洒使用。

影响滞留喷洒效果的常见因素有：杀虫剂种类与媒介昆虫对杀虫剂的敏感性、拒避性不同；施药剂量影响滞留喷洒效果；受药面的吸水性、光洁度等物理特性影响施药剂量。实施滞留喷洒，一定要依据防治对象的栖息、停歇、取食、取水等行为特征，将药物施在关键的部位，并且施药量要足。只有这样，才能取得事半功倍的效果。

(3)空间喷洒　可选用适合的杀虫剂作超低容量喷雾或热烟雾空间处理，杀灭成蚊。烟雾剂、热烟雾等主要用于那些进入不便，难以喷洒的场所，如下水道、防空洞以及越冬蚊栖息场所，如土洞、地窖等场所。可采用手提式或车载式超低容量器械开展室外空间处理。施药还应当与靶虫种的活动一致，杀灭按蚊或库蚊通常在清晨或黄昏施药，杀灭某些伊蚊在白天施药更合适。施药时户内应有人停留，如果在户外喷药，则要打开门窗。

蚊类对杀虫剂的敏感性、杀虫剂使用量、雾滴大小和渗入室内，均对这种方法的效果起决定作用。杀虫剂对室内的渗透取决于房屋结构、喷雾期间门窗是否打开，以及在车载式施药时街区的形状及车辆的行走线路。

(4)生物防治

①天敌：对不能通过环境治理的积水，可放养柳条鱼、中华斗鱼、黄颡鱼、鲤鱼、青鱼、草鱼等鱼类。

②激素：应用保幼激和脱皮激素影响蚊虫的生长、变态、生殖和代谢等生理活动来达到杀灭作用。

(三)预防措施

大环境中的蚊类不可能灭绝，但在室内创造无蚊的环境是完全可能的。首先应该清除各种容器中的积水，防止蚊类滋生；安装纱门纱窗阻止蚊类飞入；车间、仓库、公共场所出入口最好安装风帘(一定要在有害生物防治专业人员指导下安装)，如果安装塑料条帘，效果可能要差一些；室内在专业人员指导下安装灭蚊灯。采取以上措施，不用药物或少用药物也能达到防治蚊类的目的。

二、蝇的危害及防治

(一)危害

蝇类是我们最熟悉、也是最主要的卫生害虫。滋生活动于人居住处四周、与人关系密切的蝇种，在科学上被称为住区蝇种，包括家蝇、市蝇、厩腐蝇等 18 种。其中家蝇、大头金蝇、丝光绿蝇 3 种是最常见、也是最重要的蝇种。蝇对人的危害主要表现在以下几个方面：

1. 机械性传播疾病　机械性传播疾病是蝇类传播病原体的主要方式。蝇类的体表多毛，足部爪垫能分泌黏液，喜在人或畜的粪尿、痰、呕吐物以及尸体等处爬行觅食，极容易附着大量的病原体，又常在人体、食物、餐饮具上停留，蝇类停落时有搓足和刷身的习性，而且边吃、边吐、边拉，因此成为人类疾病病原体的主要机械性传播者。蝇类能机械性携带传递多种病原体，目前已证实蝇类能携带的细菌有 100 多种，原虫约 30 种，病毒 20 种。蝇类传播的疾病及传染源如下：

消化道疾病：痢疾、伤寒、霍乱、肠道蠕虫、原虫病等，其传染源为人粪。呼吸道疾病：如肺结核，传染源为痰液和粪便。眼病：沙眼、眼结膜炎，传染源为眼分泌物。皮肤病：细菌性皮炎、雅司病，传染源为皮肤患处的分泌物。神经系统疾病：如脊髓灰质炎，传染源为口鼻分泌物和粪便。

机械性传染的疾病中以消化道疾病最为常见，主要发生在夏秋季节，重要传播蝇种为家蝇、大头金蝇等。

2. 引起蝇蛆症　蝇类幼期寄生于人、畜活体组织或腔道而引起蝇蛆症，其危害很大，尤其是对畜牧业。按寄生的不同种类、部位和程度可分为偶然性蝇蛆症、半特异性蝇蛆症和特异性蝇蛆症。

3. 骚扰吸血　吸血蝇有螯蝇、角蝇、血蝇。主要危害家畜，吸血骚扰可使产肉和产奶量大幅下降，还造成家畜之间的疾病传播，给畜牧业带来严重经济损失。家蝇对人的骚扰也比较明显，如在人们休息或午睡时，有一两只家蝇在脸上、手上或腿上爬行，使人不得安宁。随着我国社会和经济的快速发展，人们对环境和生活质量都有了更高的要求。因此，蝇类防治工作越来越受到人们的关注。

(二)防治

1. 防治原则及要点

(1)搞好环境卫生　密闭储存垃圾粪便垃圾、粪便是蝇类的主要滋生物。要对每一处滋生地进行调查登记，并提出改造方案。尽可能使垃圾、粪便的保存密闭化，从而减少蝇类滋生繁殖。

(2)杀灭蝇蛆　用杀幼虫的方法防治蝇类有缺点，由于滋生蝇类的介质常常是变动的，因而不论使用生物还是化学杀幼虫药剂，都需要定期施药。幼虫接触低剂量的杀虫剂，还会诱导抗性产生，杀幼虫药剂还可能伤害幼虫的自然捕食者。昆虫生长调节剂(IGRs)、敌百虫，倍硫磷、杀螟松、马拉硫磷等，均可用于灭蛆。

(3)采用多种方法杀灭成蝇　杀灭成蝇的方法很多，要根据具体情况采用不同方法。

2. 防治措施

(1)滞留喷洒　滞留喷洒比其他处理方法更易造成抗性产生，一般不推荐大量使用长效拟除虫菊酯作滞留喷洒。但是在蝇类经常停歇的地方如垃圾、厕所、畜舍等局部地方，可以重点使用。喷药量要根据物表的吸水性、粗糙度而定，一般为 150 mL/m^2，不易吸水的物表每平方米要减少 50～100 mL，易吸水的要增加 50～100 mL。处理周期视杀虫剂持效期、剂量、当地蝇类抗性而定。适于滞留喷洒的拟除虫菊酯杀虫剂，一般有持续 2 个月以上的效期。施药时不可污染水源、食物，不要喷到动物身上，不要让动物舔食。非卫生杀虫剂不能在室内使用。

(2)毒饵　将胃毒作用强的杀虫剂与蝇类喜食的糖、鱼杂、发酵粉等诱饵混合制成毒饵，放在蝇类聚集较多的地方，例如，家禽饲养场、奶牛场、食品加工厂周围，可有效杀灭成蝇。0.2%～0.5%敌百虫、0.1%敌敌畏、0.05%倍硫磷等均可选用。必须3～5 d更换一次毒饵放置地点。要注意防止儿童误食，防止污染食物和饮水。

(3)毒蝇绳　将具有特效的杀虫剂、食糖(或蜂蜜)以一定比例混匀，浸泡在绳索上晾干，悬挂在蝇类易停歇的地方，可有效杀灭蝇类。此种方法利用了蝇类的生活习性，可视为一种特殊的滞留喷洒方式。悬挂毒蝇绳的数量视现场条件而定。

(4)空间喷洒　空间喷洒是迅速降低室外蝇密度最有效的方法。较小剂量气雾杀虫剂，可杀死接触雾滴的成蝇。但这种方式没有残效，而且幼虫和蛹都没有受到影响。

室内直接处理住房、厨房、旅馆、商店、养禽场及动物舍。室外处理蝇类夜间栖息地、垃圾堆、娱乐场、市场、食品工业区、垃圾容器及垃圾车。室内喷洒推荐使用水剂或脱臭煤油剂型等危险性比较小的杀虫剂。用增效醚增效的拟除虫菊酯类杀虫剂作超低容量喷雾及热烟雾喷洒，在室外灭蝇非常有效。室内处理用手动喷雾器、手提式超低容量喷雾器或热烟雾机。清早是处理蝇类的最佳时间，此时蝇类聚集在它们的夜间栖息地，且温度较低。过了这段时间后蝇类已扩散，杀虫剂气雾可被温度上升高的气流带走。要根据不同的场所确定不同的灭蝇周期以保证灭蝇效果。室内处理时必须保护水和食物，要避免对人群和动物直接喷洒。

3.防蝇措施　认识蝇类危害，了解蝇类生活习性，采取有针对性的措施防止蝇类侵害。室内在专业人员指导下安装灭蝇灯或防蝇罩，加强食品卫生知识和宣传。强化城镇公共厕所卫生管理，加大农村改厕工作力度，最大限度减少甚至消除蝇类滋生场所。

三、蟑螂的危害及防治

(一)危害

具有公共卫生学意义的蟑螂的种类主要有：美洲大蠊(*Periplaneta americana*)、黑胸大蠊(*Periplaneta fuliginosa*)和德国小蠊(*Blattella germanica*)。

蟑螂的医学重要性日益受到重视。它们携带能致病的细菌、病毒、原虫、真菌以及寄生蠕虫的卵，并且可作为多种蠕虫的中间宿主。

蟑螂已被证明携带约40种对脊椎动物致病的细菌，重要的如引起麻风的麻风分枝杆菌，引起痢疾的志贺氏痢疾杆菌，引起小儿腹泻的志贺氏副痢疾杆菌，引起疮疖的金黄色葡萄球菌，引起尿道感染的绿脓杆菌，引起泌尿生殖道和肠道感染的大肠杆菌，引起肠道病和胃炎的多种沙门氏菌如乙型伤寒沙门氏菌、伤寒沙门氏菌等。此外，蟑螂尚可携带引起食物中毒的多种致病菌，除了上述的绿脓杆菌、大肠杆菌等外，还有产气荚膜梭状芽孢杆菌、粪链球菌等。

此外，蟑螂尚可人工感染导致亚洲霍乱、肺炎、白喉、鼻疽、炭疽、结核等病的细菌以及大肠杆菌 O_{157} 等。蟑螂可携带蛔虫、十二指肠钩口线虫、牛肉绦虫、蛲虫、鞭虫等多种虫卵。它们还可以作为念珠棘虫、长膜壳绦虫、美丽筒线虫、东方筒线虫等的中间宿主。蟑螂也可携带多种原虫，其中有4种对人或动物有致病性，如痢疾阿米巴包囊、蓝氏贾第鞭毛虫包囊等。

我国各地对蟑螂体内外带菌和携带寄生虫卵情况进行了不少调查，例如，南京市曾从医院、病人厨房、饭店、旅馆、浴室和居民家的厨房捕获的246只美洲大蠊和黑胸大蠊中，检出痢疾杆菌、沙门氏菌、蛔虫卵、蠕虫卵、原虫等。

实验研究已确定，蟑螂能携带、保持并排出病毒，包括柯萨奇病毒、脊髓灰质炎病毒等。有人在南京从医院病房、食堂、旅店、酱品厂和居民厨房采得的238只蟑螂中，分离出病毒83株之多，其中包括脊髓灰质炎病毒8株。有人认为蟑螂或可传播肝炎病毒。

蟑螂可携带真菌。我国在江苏南京和南通，也曾在室内捕获的蟑螂中分离出多种真菌，包括大量黄曲霉菌。虽然蟑螂携带多种病原体，但一般认为属于机械性传播媒介。由于它们的侵害面广、食性杂，既可在垃圾、厕所、盥洗室等场所活动，又可在食品上取食，因而它们引起肠道病和寄生虫卵的传播不容忽视。此外蟑螂体液和粪便引起过敏的事例也有报道。

另外，工厂产品、店中商品以及家中食物等都可因蟑螂咬食和污损造成经济损失。也有因蟑螂侵害而导致通信设备、电脑等故障，造成事故。国外有人称蟑螂为“电脑害虫”。

(二)防治

1.防治原则及要点

(1)调查蟑螂种类、栖息场所和密度　室内蟑螂都属夜行性昆虫，见光即四处逃窜。白天躲藏在孔、洞、缝隙中休息，晚上出来觅食。白天检查时要用手电筒照射观察孔、洞、缝中有无蟑螂。常用捕蟑盒粘捕蟑螂，或用捕蟑瓶诱捕蟑螂，将盒(或瓶)放置一夜，次日晨回收作分类计数，可确定其种类构成和密度。

(2)确定综合防治方案　根据上述调查制定综合防治方案，确定药物杀灭方法(滞留喷洒、毒饵、热烟雾熏杀等)，清除蟑螂栖息繁殖场所(堵洞填缝的部位)、清除卵鞘(因为药物不能杀死卵鞘，只有仔细检查予以清除)等措施。明确各种措施的实施步骤。

(3)防止食品污染　用药时要小心，以免污染食物。为安全起见，粉剂不应放于厨房。一些剂型能污染织物、墙纸、地板、瓷砖或其他房屋建筑材料。特殊环境如动物园或宠物店的防治，应避免使用滞留喷洒或粉剂，也可尽可能地限制使用刷子在墙面上涂刷杀虫剂。

(4)定期检查，巩固防治效果

2.防治措施

(1)滞留喷洒　滞留喷洒为药物灭蟑螂最常用的方法，但是切忌滥用。滞留喷洒灭蟑螂，主要将药液喷入蟑螂栖息的孔洞、缝隙内，可将喷雾器喷头调成线状喷洒。如住房、办公室、库房，尤其是水池下的孔洞、缝隙往往是蟑螂群居的巢穴。此外，木器家具的缝隙外也是蟑螂栖息之处，可作滞留喷洒。蟑螂对水的需求甚于对食物的需求，尤其在气温高的夏季，要对水源实行封锁式滞留喷洒，如水池、水沟的周围。通常，在0.3～0.5 m的喷洒区内，杀虫剂的用量要求为4 L/100 m(直线测量)。可湿性粉剂、乳剂或可流动的浓缩液均是可选择的剂型，而微胶囊剂——一种新型水剂，更适用于蟑螂栖息藏身之处，用少量即可见效，而且对哺乳动物毒性低，有较长的滞留效果。

(2)毒饵　毒饵灭蟑螂简便、经济，为常用方法，尤其在不宜采用杀虫剂喷洒的精密仪器室、微机房、配电房等。毒饵灭蟑螂作用时间要长一些，不能迅速降低蟑螂密度。在夏季蟑螂不耐渴，还可制成毒水灭蟑螂。投毒饵前尽量藏好食品，清除垃圾，以滞留喷洒“封锁”水源，可增加蟑螂取食毒饵次数，提高灭效。

配制毒饵常用的杀虫剂有：乙酰甲胺磷、敌百虫、残杀威、毒死蜱以及硼酸等饵料常用的有新鲜面包、玉米粉、炒面粉、红糖、蜂蜜、牛奶、麻油等。毒饵可加工成片剂、颗粒剂、糊剂、凝胶、水剂和蜡块。目前已有很多商品毒饵供应。投放毒饵应“点多、量少、面广”，以增加蟑螂取食机会。每克毒饵投放4～5个点。每天检查毒饵，发现消耗及时增加。宜将毒饵放在小瓶盖中定点投放，或使用毒饵盒、蟑螂屋等。

(3)粘捕盒(瓶)　粘捕盒(瓶)既可杀灭蟑螂，又可用来测定蟑螂密度。粘捕盒由一张黏胶纸板(9 cm×6 cm)和一只纸盒构成,已有成品市售。使用时将黏胶板表面的保护膜撕掉,在中央放新鲜面包作诱饵,然后放在蟑螂经常活动的地方。粘捕瓶可自己动手制作,用一广口瓶,内放少许诱饵(面包屑、红糖等),瓶口内壁抹一圈凡士林或香油,放在蟑螂经常活动的地方,用纸板搭一条通往瓶口的“引桥”,蟑螂经“引桥”爬入瓶内就很难逃出。此外,还可用牛皮纸做成一个向内的纸漏斗,漏斗口直径 1 cm,将纸漏斗边缘用橡皮筋扎牢在瓶口。装漏斗前先放新鲜面包,将瓶侧放在蟑螂出没之处,蟑螂爬入就不能脱逃。粘捕、诱捕蟑螂的方法安全、简便易行,可在不适合用药的场所使用。

(4)热烟雾　居民住宅垃圾楼道、下水道是蟑螂栖息繁殖的重要场所,这些环境中常常隐藏很多蟑螂,又很难杀灭。有时滞留喷洒后要及时将隐藏在孔、缝中的蟑螂驱出,增加蟑螂接触药剂机会,提高杀灭速度。在上述情况下可选用热烟雾方法。热烟雾法不仅具有直接杀灭作用,还具有强烈的驱赶作用。在使用热烟雾之前,先将蟑螂可能逃逸的地方作滞留喷洒处理,使出逃的蟑螂可接触足量的杀虫剂,再用热烟雾机对躲藏蟑螂的孔、缝、垃圾道口、下水道口喷洒烟雾杀灭驱赶蟑螂。

3. 预防措施　蟑螂预防主要采取保护好食物、水源的措施,搞好清洁卫生,能堵的孔洞、缝隙要及时堵上,不能堵的则要定期采取物理或化学方法处理。如收藏好食物和动物饲料,对散落和残存的食物、用过的餐具、泔脚等及时清除。保持环境整洁,清除垃圾、杂物。及时修复破损的房屋和设施,抹缝堵洞,消除滋生条件。住宅、宾馆、医院等建筑物的墙壁、地板、门框的洞缝要完全封闭。搬迁贮存食品、饮料的纸箱、家具及其他容器、行李等要仔细检查清理。

四、蚤、虱类的危害及防治

(一)危害

蚤和虱都是具有公共卫生学意义的卫生害虫,对人和动物危害较大的蚤的种类主要有人蚤(*Pulex irritans*)、猫栉首蚤(*Ctenocephalides felis*)和印鼠客蚤(*Xenopsylla cheopis*),其中印鼠客蚤还是最重要的鼠疫媒介之一。

蚤虱类的危害主要表现为直接危害和间接危害两个方面。

1. 直接危害　人蚤、猫栉首蚤和印鼠客蚤等在刺叮人时不仅产生刺激和引起疼痛,而且刺叮后局部皮肤常出现不同程度的过敏反应。由于跳蚤有昼夜多次吸血习性,即使个别跳蚤上身也会使人寝食不安。某些蚤类还可寄生于人皮下组织,危害更大。当家畜、宠物被大量寄生蚤刺叮吸血时,不仅会因为骚扰使它们坐卧不安影响其生长发育,更会引起动物贫血症。同样当虱叮刺吸血时,将唾液注入皮内可使人产生显著的皮肤反应,患者搔、抓导致 继发性感染形成脓疮。

2. 间接危害　跳蚤对人类最大的危害是其作为媒介传播人畜疾病。曾经在历史上发生过三次世界性大流行而死亡上亿人、并被恐惧地称作黑死病的鼠疫,就是由蚤将鼠疫杆菌通过刺叮传播给人类的。人被媒介蚤吸血感染鼠疫后,鼠疫病人可经肺部通过呼吸通道感染他人而进一步引发肺鼠疫的流行。鼠源性斑疹伤寒也称地方性斑疹伤寒,病原体为莫氏立克次体,印鼠客蚤是其最重要的传播媒介。此病近几年来在河南、辽宁和云南等省部分地区都曾有过暴发流行。此外,跳蚤还可以传播野兔热、绦虫病等,危害人类健康。虱吸血还可传播各种流行病,体虱被认为是传播流行性斑疹伤寒、虱传回归热和战壕热的主要媒介。这些疾病的流行通常与战争或自然灾害有关，因为此时卫生水准下降及人群相对集中，利于虱子传播疾病。

（二）防治

1. 文化防治

首先向居民宣传蚤类的危害，在养犬、猫等宠物的家庭，搞好居室卫生，尤其是卧室卫生是灭蚤的有效措施。宠物应经常使用灭蚤洗涤剂洗浴，定期做杀虫处理，家中经常洗涤被褥，加强室内日晒通风、保持干燥，都有助于防止蚤类滋生。人虱散播通过人与人直接或间接接触引起。因此，首先必须向群众进行健康教育，做好预防。注意个人卫生，如勤更衣、勤洗澡、勤换洗被褥和勤洗发等，这是预防虱类侵害的基本措施。

2. 环境防治　改变室内外环境，使之不利于蚤类滋生。建筑物设置防鼠设施，防止鼠类、野猫等进入。清除所有蚤类可能滋生的场所。在房间内，蚤类白天在缝隙中以及地毯、床上用品上栖息。若房间被完全清扫，或用吸尘器彻底吸过，蚤类就不会成群出现。吸尘袋中的灰尘应立即处理，以免其中的蚤卵、蛹等再次危害。

3. 物理防治　虱类是人体专性寄生虫，对环境温度敏感，因而可以采取热烫、冷冻方法灭虱。对内衣、被单等不怕湿热的衣物，可以在60℃水中煮 30 min 进行灭虱。寒冷地区可将内衣、被褥等翻过来挂在室外，经过一昼夜即可将虱冻死。

4. 化学防治　在进行蚤类防治前，应首先加强个人防护，以防蚤类叮咬。施工人员应穿长袖上衣与长裤，裤角、袖口扎紧，颈部围以毛布，上衣塞入裤腰并用皮带扎紧，裸露皮肤可涂擦各种驱避剂。处理场所如果蚤类密度较高时，可以先由外向内喷，以免工作人员遭叮咬。最有效的灭蚤类方法是用杀虫粉剂处理，也可用滞留喷洒方法。推荐药品为毒死蜱、残杀威、氯菊酯、氯氰菊酯、溴氰菊酯等，药物使用浓度详见各产品说明。在灭蚤的同时，应当开展灭鼠活动，以杜绝蚤类的宿主。

在紧急条件下，如战争、自然灾害后，如果发生虱类大传播，必须对高危人群全部做灭虱处理。目前可使用粉剂或乳剂来灭虱，粉剂有 1%马拉硫磷、1%残杀威、0.5%胺菊酯等。使用时将粉剂撒在颈部的暴露处、袖口上及裤腰后周边。0.04%的氯菊酯乳剂用来喷洒处理内衣，100～150 mL/套，24 h 可基本杀死虱子，并有 25 d 长效。

五、蜱、螨类的危害及防治

（一）危害

蜱、螨均属节肢动物门蛛形纲(Arachnida)，特征是身体头、胸、腹愈合在一起，无触角，无翅，仅有单眼或眼退化，成虫有足 4 对。蜱、螨种类繁多，分布极广，其中很多种类寄生于人类、动物和植物，与人关系密切。寄生于人体的蜱、螨通过刺叮吸食人血，引起皮肤过敏，并传播森林脑炎、出血热、斑点热、回归热和恙虫病等，严重危害人类健康。与有害生物防治有关的常见蜱、螨有寄螨目(Parasitiformes)的硬蜱、软蜱和革螨，真螨目(Acariformes)中的恙螨、尘螨等。

（二）防治

1. 文化防治　硬蜱主要分布在野外，如森林、牧场、山地等，进入有蜱地区施工或旅游应重视防蜱，加强个人防护，着长袜、长靴、防护帽，外露部位涂布驱避剂。离开时相互检查，勿将蜱带出疫区。软蜱多栖息于家畜的圈舍、野生动物的洞穴、鸟巢及人居的缝隙中，因此平时应保持室内及家禽、家畜圈舍卫生，防止鼠类滋生。进入恙螨和革螨的流行区，也要采取个人防护，尽量少接触杂草。尘螨的预防主要靠保持室内清洁干燥，勤洗勤晒衣被。

2. 环境防治　草原牧区采取牧场轮换制，并进行鼠类防治工作，可以使牧地滋生的蜱找不到宿主而大量死亡。房屋周围及通道两旁应及时清除杂草、枯叶以减少蜱、螨滋生。野外宿营应选干燥、向阳、鼠类活动少的高坡地。用杂草作铺垫，应先晒干并做杀虫处理。家禽、家畜厩舍内应堵塞所有缝隙与孔洞，清除杂物，减少蜱滋生。

3. 化学防治　当室内外蜱、螨密度高而对人严重骚扰时，应及时采取滞留喷洒方法控制蜱、螨。适于杀蜱、螨的药剂有 0.5%毒死蜱、1%残杀威、0.25%氯菊酯、0.1%氯氰菊酯等，乳剂、可湿性粉剂都可以。室内主要处理地板、木制家具和墙壁的缝隙、宠物家畜及其窝巢。室外处理花园、休闲草地、营地和小径旁。至少应连续处理 2 次，间隔 10 d。室内如条件许可，还可采用烟剂熏杀，灭蜱螨效果良好。

第三节　鼠类的危害及防治

一、对人类危害较大的鼠的主要种类

（一）褐家鼠(Rattus norvegicus)

别名：大家鼠、沟鼠、挪威鼠。

是最常见一种家鼠。体形粗大，体长 120～220 mm，体重 60～350 g。褐家鼠是家、野两栖鼠种，栖息地非常广泛，主要栖息于住宅墙根屋角、厨房、畜圈、厕所、垃圾堆、下水道以及随着季节和作物的成长迁居到附近的耕地、菜地、沟边、路旁、河堤上。其掘土挖洞能力强。活动多在夜间，每夜外出吃食两次。警惕性高，对环境中新出现的物体有明显的回避行为，因此，在人类干扰较少的地方，布放毒饵或投放捕鼠器灭鼠，常收效甚微。所以先投放无毒前饵或投放慢性灭鼠剂，可收到理想灭效。

食性很杂，喜食多汁而含脂高的食物。在住宅区主要盗食粮食作各种食品，也吃垃圾、粪便。在野外主要以各种成熟的作物为食。能为害水稻、花生、番芋、荸荠、蔬菜、甘蔗等多种作物。会游泳，从水稻播种起就在秧田食稻种，随后危害嫩秧植株，孕穗期为害最烈。也吃小鱼、小虾、小蟹、昆虫等。对饥渴的耐力较差，故取食较频繁。

褐家鼠

分布很广，属于世界性分布的鼠类，凡是有人类居住的场所几乎都有它的踪迹，往往可以随各种交通工具而扩散。我国各省、市自治区均有分布，是危害最大的一种家鼠。

（二）黄胸鼠(Rattus flavipectus)

别名：黄腹鼠、尾鼠、屋顶鼠。

体形中等，体长 140～180 mm，体重 60～180 g。一年四季繁殖，每年可产 3～4 窝，每胎平均 5～7 仔，最多达 16 只，怀孕期与哺乳期与褐家鼠相似。出生后的幼鼠约 3 个月性成熟，生态寿命约 1 年多。

黄胸鼠善攀登，多匿居于建筑物的上层及裂缝间。在粗糙面上能直攀而上，还可沿铁丝、

电缆而行。夜间活动，黄昏和黎明前为两个活动高峰，但白天有时也出现，在室外有时也能捕到，行为习性与褐家鼠相似，都有明显的新物反应。食性较广，但以植物性食物为主，含水量较高的食物对其有更强的诱惑力。

黄胸鼠

(三)小家鼠(Mus musculus)

别名：小鼠、小老鼠、小耗子。

体形较小，体长一般 60～90 mm，体重 15～20 g。口鼻长而尖。栖息于住宅、厨房、仓库、厨柜、箱盒、抽屉、地板或杂物堆中，在野外多居住在农田的田埂上，或居住区附近的柴草堆内。昼夜都活动，最活跃的时间是晚上，多在地面沿墙根和家具旁边行动。奔跑迅速，攀登能力强。体型小，可随家具、杂物和交通工具等迁入远处。繁殖能力很强，在生活条件适宜的情况下，一年四季均可繁殖。怀孕期约 20 d，产后马上又能交配受孕。春、秋各有一次繁殖高峰，一般年产 6～8 胎，每胎产仔鼠 6～8 只。仔鼠 2～3 个月性成熟后即可繁殖。

小家鼠食性杂，人所吃的东西以及田间的各种谷类作物，几乎无不爱吃。较喜食各种种子，尤其喜吃小粒谷物种子。在野外也吃草叶、草籽和少量昆虫。它取食的特点是时断时续，场所不固定，经常来往于食物和栖息处之间。因此，在鼠活动范围内若用毒饵灭鼠，则投放毒饵应采取堆多量少的原则。小家鼠对环境中出现的新物无回避行为，喜接近新发现的目标，因此用鼠夹及鼠笼容易捕杀。

小家鼠

小家鼠是世界性分布的一种家栖鼠。在我国各省、市、自治区城乡均有发现。危害农林业、食品和衣物等十分严重，是城市、农村防治的主要对象。

(四)黑线姬鼠(Apldemus agrarius)

别名：田姬鼠

体形比小家鼠大，体长 65～125 mm，尾长等于或短于体长。背毛棕褐色，中央有一条黑色或深色纵纹。广泛生活于平原、丘陵、山地、湖洼，以平原农业区较多，有些草原森林边缘和采伐地也能见到。喜栖居于向阳潮湿、近水的旱田、田埂、堤边、土丘、杂草丛及柴草垛中。主要在夜间活动，清晨和黄昏活动最为频繁。没有冬眠习惯，可随自然条件和食物来源而迁移。放水或大雨后田中积水时，向田埂集中，多雨季节，向地势较高处转移。夏季天气炎热，作物生长茂盛，隐蔽条件良好，多不挖洞筑巢，随食源而流动。入秋后，天气转冷，多筑巢以避寒和产仔。繁殖期较长，3～10 月均可怀孕。在我国东北地区，主要在夏季繁殖；在中部、南部，每年有春、秋两个繁殖高峰季节。一般每年 5～6 胎，每胎产仔鼠 5～8 只。寿命一年半左右。

黑线姬鼠食性较杂，主要吃植物种子、青苗、根、茎以及少量昆虫等。喜食水稻、麦类、豆类、高粱、番芋、花生。也能危害树苗。在春天播种后，就开始危害青苗，秋收后，又钻到收割后的粮食堆下，大量糟蹋粮食。

黑线姬鼠的分布从平原到山区，从农田到林区都有。主要分布在安徽、山东、山西、河南、江苏、江西、浙江、河北、四川、吉林、辽宁、黑龙江等地。

(五)黑线仓鼠(Cricetulus barabensis)

别名:小仓鼠、花背仓鼠、纹背仓鼠

成年鼠一般体长 30 cm 左右,体重 30～40 g。体型较小,体肥壮。吻钝、耳圆、腮部有颊囊。背毛黄褐色,脊背中央有一黑色条纹。吻侧、腹面及四肢下部均为灰白色,与背部毛色分界明显。四肢短,尾短还不到体长的 1/4。

栖于草原、半荒漠、农田、山坡等处,偶尔进入室内。喜独居。日夜都活动,清晨和黄昏活动最为频繁。活动范围较小,多在数 10 m 以内。没有冬眠习惯,但冬季较少出洞。主要靠嘴内左右各一颊囊搬运粮食贮入洞内越冬。在条件适宜的情况下,一年四季均能繁殖。每年 4—5 月、8—9 月各有一个繁殖高峰;一般每年 4～5 胎,每胎产仔鼠 5～8 只。

黑线仓鼠食性较杂,喜食粮油作物的种子和幼苗,造成播种期后农田严重缺苗断垄。对小麦、黄豆、绿豆、豌豆、玉米、高粱、花生等农作物危害较严重。

黑线仓鼠的分布以平原和低山区为主,主要分布在山东、山西、安徽、河南、陕西、河北、甘肃、黑龙江、辽宁、吉林等省。

二、危害

(一)对人民身体健康的危害

鼠类对人类最大的危害主要是对流行病的传染作用。鼠类可以直接把病菌传给人,或通过体外寄生虫间接传给人,起传播媒介和保菌作用。由鼠类传播的疾病主要有鼠疫、钩端螺旋体病、狂犬病、鼠咬热、流行性出血热等 30 多种疾病,其中最厉害的是鼠疫,是历史上最可怕的瘟疫。人间鼠疫有 1 500 年的历史,公元 1 世纪埃及、叙利亚就有记载,历史上鼠疫有过 3 次大流行:6 世纪东罗马帝国第一次大流行,流行时间长达 50 年,死亡 1 亿人;14 世纪在欧洲第 2 次大流行,死亡 2 500 万人,占当时欧洲人口的 1/4;18 世纪末 19 世纪初,第三次大流行,死亡 4 000 万人。

在鼠传疾病中,现在危害最大的为肾综合征出血热。20 世纪 50 年代至 80 年代,发病和病死人数急剧上升,到 90 年代初仍维持在较高水平,病死率虽有下降,但发病人数仍居高不下。钩端螺旋体病具有多宿主性,其中与鼠有关者占相当大的比例,年发病人数不低于肾综合征出血热,但由于波动大,突然出现的强流行可造成很大的损失。

(二)对人民日常生活的危害

经常活动于室内的鼠类,如褐家鼠、黄胸鼠、小家鼠,由于盗食与啮咬活动,对人民的日常生活带来很大的危害。一是盗食和糟蹋室内贮存的粮食。二是咬坏家具、衣物、包装物等,有时还咬坏书籍、账目、票证等。三是对房屋的损害,房前屋后鼠洞处处可见,尤其以木质结构房屋受害更为普遍,严重者造成房屋倒塌,直接威胁着人民的生命安全。此外老鼠咬伤儿童、老人等也常有报道。

(三)对农业的危害

鼠类对农业生产的危害是有目共睹的。“老鼠过街,人人喊打”,这是全世界人们对老鼠深恶痛绝的具体写照。据联合国粮农组织(FAO)的资料统计(1975),全世界的农业因鼠害造成的损失,其价值约 170 亿美元,等于世界全部作物产值的 20%左右,超过由于病害造成损失的 12%或虫害造成损失的 14%或草害造成损失的 9%。每年粮食损失约 3 300 万 t,可供 1 000

万人口的大城市用20年。我国自20世纪70年代以来，农田鼠害发生也十分严重，据统计，1982—1990年全国农田鼠害发生面积达2.35亿 hm^2，每年鼠害发生面积一般超过2 000万 hm^2，田间鼠密度一般在10%，严重田块达60%以上，特别是稻区和经济作物区危害十分严重，全国每年损失粮食达150亿 kg。

(四)对林业和畜牧业的危害

森林鼠害主要表现为危害人造幼林，全国66.7万 hm^2 人工林受到严重危害，不少林区株受害率达80%，死亡率达20%以上。在林区，鼠类主要盗食树种、树籽、啃坏幼苗、林木嫩枝、嫩芽及树皮，咬断树根等，严重危害树木生长和森林更新，造成严重的经济损失。

鼠类对畜牧业的危害也十分严重。我国北方草原面积2.87亿 hm^2，其中，可利用的草原2.2亿 hm^2。据报道，一般每667 m^2 有鼠洞176～229个，草原破坏率达40%～60%，牧草损失50%～70%。同时，鼠类咬死咬伤家畜家禽的事例屡见不鲜。

(五)对食品行业、工业等方面的危害

鼠类凭借锐利坚硬的牙齿，无所不咬，软的如纸张、衣物等，硬的如建筑材料、地下电缆、电线等，都是啃咬的对象。危害的主要方式：啃咬电缆绝缘材料，或窜入变压器中，引起短路甚至引发火灾；走近高压线时，由于强磁场感应，会击穿、烧毁电器设备。由于咬坏、咬断电线，造成短路，甚至引起火灾的现象也时有发生。因此，对食品行业、工业建设、铁路、交通、邮电等方面的破坏更为严重。城市不明原因的火灾中有1/4是由于老鼠咬断电缆造成的。1997年，洪都拉斯曾报道一所医院因为老鼠咬断电线而停电，使得14名靠医疗设备维持生命的病人命丧黄泉。

三、防治

(一)鼠类防治的基本原则和要点

1. 加强领导、大力宣传、发动群众，既要效果好，又要确保安全

2. 调查掌握鼠性鼠情，针对具体情况进行灭鼠　通常用夹夜法和粉迹法确定其密度、分布和种群构成。生境条件调查应实地查找包括屋顶、墙、地下室、下水道、管道、室外花坛及杂物堆等宜于鼠类栖息活动的场所，特别是鼠类进入室内的通道。生境调查能为灭鼠尤其是防鼠措施提供基本资料，要做详细调查记录。

3. 确保人、畜和宠物安全，防止环境污染　使用灭鼠药物尤其是急性灭鼠剂，必须确保人、畜和宠物的安全。灭鼠毒饵投放应做到下述几点：按规定量投饵于鼠道上或鼠类经常出没场所，使儿童、禽畜和宠物无法取食；投放点做详细记录，灭鼠后要回收残饵和死鼠；不要用常见食品做诱饵以免误食中毒；应尽可能不用急性灭鼠剂灭鼠。灭鼠作业者在配制、投放、回收毒饵时要戴手套，操作后要彻底洗手。要储备解毒剂，救治可能中毒的人畜。熏蒸灭鼠剂使用时也很危险，操作者必须通过严格的技术培训和考核。药物灭鼠要注意减少对环境的污染，还要注意防止中毒死鼠造成二次中毒事故的发生。

4. 采取综合防制措施，做好防鼠及灭鼠工作　根据上述调查制定防治方案，确定灭鼠方法(工具捕杀、急性灭鼠剂毒杀、慢性抗凝血灭鼠剂毒杀、熏蒸剂熏杀等)、防鼠部位(门、窗、孔、洞等)及应采取的环境治理措施(清除鼠类易隐蔽的杂物等)，明确各种措施实施的步骤。要与客户详细说明方案以及需要其配合的事项。

5.坚持反复灭鼠，不断巩固和扩大灭鼠成果　在治理环境减少鼠类栖息藏身之地以及落实防鼠措施的基础上，通常设置固定的毒饵站、毒饵盒，内置慢性抗凝血灭鼠剂毒饵，供残存鼠和入侵鼠盗食，作为长期巩固的措施。如果以局部控制鼠害为目的，开始每周必须检查补充毒饵一次，其后每月检查更换补充。每次检查须做详细记录。每季应做一次粉迹法鼠密度调查。

（二）主要灭鼠措施

现有的灭鼠方法，大体可分为器械法、药物法、生物法和生态法四大类。从本病疫区灭鼠的要求衡量，药物法中的毒饵灭鼠应用最广，而生态法中的各项防鼠措施对于降低人群发病率十分重要；各类方法应取长补短，综合利用。

1.器械灭鼠法

（1）常用灭鼠器械

①鼠夹：应用最广的捕鼠器型号很多。常以木板或铁板为主体，架以铁丝环，利用弹簧钠丝的弹压作用，夹住触动诱饵钩的鼠类。捕鼠时，应根据捕获对象的大小，确定鼠夹型号。捕褐家鼠宜用大型，捕黑线姬鼠可用中型。若用大型夹捕小家鼠，宜在铁丝环中间加一根铁丝。有诱饵板的鼠夹，使用时也可不用诱饵，而将诱饵板置于鼠道上。

②鼠笼：是常用的捕活鼠工具，多用铁丝编制，也可用木板钉制或使用竹筒。笼为长方形或圆形。铁丝笼的网眼应小于 0.5 cm。鼠笼的捕获率较低；但有的捕鼠笼可连续捕鼠，适于鼠类密集的场所使用。

③三角闸：闸体用竹、木或粗铁丝制成，以竹弓或弹簧等作为击发动力。较常见的木闸用法是：将闸棍往上拉起，顶紧竹弓，闸棍活动端连接的小木棍支在竖横梁铁钉上，用小木棍另一端连接的木别棍，别住游离木别棍，即可捕鼠。

④压板：将绳缚在木柱或树干上，另一端套住小木棍，小木棍的另一端被横绑在石板上的小绳拉住。食饵缚在靠近小木棍处的麻绳上。鼠把食饵一拉，石板即压下。

⑤电子猫：型号很多，都是高压（1 000 V 以上）电网，但电流甚小。使用时，将电线布放在鼠类必经或常到之处，电线离地面 1～3 cm，必须拉紧。布网后专人值班，在电子猫发出击中的光、电信号时，立即捕捉昏迷中的老鼠，妥善处理。为了安全，应严禁直接从照明或动力电源上自行拉裸线捕鼠。

⑥粘鼠板：将高分子聚合物或其他黏性强的胶体涂在纸板上，布放在鼠类活动处，可将踏上粘鼠板的老鼠粘住。

捕鼠器的种类还有很多，但无论哪种，都应该适合主要捕杀对象的生态特点和工作要求，要提高针对性。

（2）捕鼠器械的使用方法　对于需用诱饵的捕鼠器，应选用新鲜诱饵，使用当地易得而鼠类又急需或已习惯的诱饵，并定期更新。捕鼠器需放在鼠类经常活动或觅食的地方，有的还必须放在洞中。在室内布放时，如沿墙布放，应将笼口或夹端面向墙根使呈直角。为了克服家鼠新物反应，也可上饵而不支起，待鼠适应后再支好捕鼠器。

为提高捕鼠效果，降低剩余鼠密度，应集中较多的捕鼠器同时布放，甚至选择多种诱饵，任鼠选食。在连续数天捕不到鼠时，宜将捕鼠器撤走。切忌长期空放。

捕鼠器应在鼠的活动高峰前布放。若无碍于非靶动物，也可连续布放，定期检查。必要时适当伪装捕鼠器。但从提高效果考虑，捕鼠器在捕到鼠后不应清洗，更不宜用难闻的消毒剂。如从消毒的角度考虑应该消毒，则尽量用无味的消毒方法，否则影响捕鼠器的灵敏度（如高温处理鼠夹会损坏弹簧)。

2. *熏蒸灭鼠法* 熏蒸灭鼠法有两种类型:其一是一般的化学熏蒸剂;另一种是烟剂,只用于野外。

(1)磷化铝 本品出厂时多已加工成灰绿色药片,每片3 g。使用时打开容器,取出药片迅速投入鼠洞,立即堵紧洞口。磷化铝和洞内空气中的水蒸气或土壤中的水分相遇,立即分解放出磷化氢而发挥作用。一般鼠洞只需一片磷化铝。磷化钙遇水蒸气放出磷化氢,亦有强力灭鼠作用,可按磷化铝的用法使用。

(2)氯化苦 本品为无色油状液体,有强烈刺激性。比重大于水,易溶于乙醚、乙醇等,难溶于水。用时将其倒在载体(如干牛粪、旧棉花、细沙、干草束等)上,投入洞内,堵紧即可。一般每洞3~5 mL。

(3)烟剂 一般由助燃剂、燃料以及主药等成分组成。常用20%~30%的硝酸钠为助燃剂,以锯末、煤粉、牛粪末等为燃料,外加主药。也可用助燃剂加烯料而不另加主药。因燃烧后可产生大量二氧化碳和一氧化碳,使鼠窒息而死。使用时,清除洞道内浮土,点燃烟剂,迅速投入洞内,堵紧洞口即可。一般每洞投20~30 g。制造和使用烟剂时必须严格控制火灾。点燃烟剂的引信,可按爆竹引信的配方制作,以香、朽木或向日葵秆等引火。

3. *药物灭鼠法*

(1)常用灭鼠药 目前使用的肠道灭鼠药有急性和慢性两大类。只需服药一次可奏效的为急性灭鼠剂,或速效药;需连续几天乳药效果才显著为慢性灭鼠剂,或缓效药。慢性药因效果好,对非靶动物安全而使用甚广。而且根据国家规定,只能使用本国有关部门已经批准注册的灭鼠剂,使用明令禁用的或未经批准的毒鼠药均属非法。

①急性灭鼠药

磷化锌:本品为灰黑色粉末,有蒜味,溶于水,有亲油性。干燥时稳定,但受潮后缓慢分解,遇无机强酸则迅速反应,放出磷化氢气体。它主要作用于神经系统,破坏代谢。鼠中毒后食欲减退,活动减少,常常后肢麻痹而后死亡。它作用快,是速效药。磷化锌对各种鼠的口服LD_{50}在20~50 mg/kg之间,对不同动物毒力的差异不大,禽类稍敏感。它一般不会透过皮肤吸收,亦不易积蓄中毒和引起耐药性。因其气味特殊,易招致拒食,不宜连续使用。

毒鼠磷:为白色粉末或结晶,难溶于水,微溶于苯和乙醇,易溶于二氯甲烷。纯品无明显气味,在干燥状态下比较稳定。它进入鼠体后,抑制神经组织和红细胞内的胆碱酯酶,导致乙酰胆碱过分积聚,使平滑肌兴奋,心血管抑制,腺体分泌增加,瞳孔缩小,心率增加,血压上升。它对多种鼠的LD_{50}在10~20 mg/kg之间,但对鸡却高达1 800 mg/kg。它对敏感动物能经皮肤吸收,其作用有10 h左右的潜伏期,但发病后迅速死亡。有蓄积中毒作用,二次中毒的危险性低于磷化锌。对鼠的适口性较好,毒性个体差异小,较难引起拒食和耐药性。效果一般良好。其类似物溴代毒鼠磷在理化性质、毒理作用、灭鼠效能等方面均和毒鼠磷相近。

其他曾用于灭鼠的急性药,如氟乙酰胺、毒鼠强等已被明令禁用,其他未获批准的药物也不应使用。

②慢性灭鼠药

杀鼠灵:为白色或无色结晶,难溶于水,但易溶于碱液而成钠盐。无臭无味。它是典型的慢性药,其毒力和服药次数相关。服药一次,只有在剂量相当大时才能致死,多次服药时,则虽各次服药总量远低于一次服药的致量,亦能致死鼠类。它破坏鼠类血液的凝固能力,并损伤毛细血管，引起内出血，以致贫血、失血，终致死亡。它作用慢，服药 4～6 d 为死亡高峰，少数死于 20 d 后，加大剂量并不能相应地加速死亡。

敌鼠钠：为土黄色结晶或粉末，纯品无臭无味，溶于乙醇、丙酮，稍溶于沸水，稳定。敌鼠亦为黄色，不溶于水。它的毒理作用和杀鼠基本相同。敌鼠钠对鼠的毒力强于杀鼠灵，尤其是急性和慢性毒力之差，远小于杀鼠灵。故投饵次数可减少。但其适口性不及杀鼠灵。敌鼠钠对鸡、鸭、牛、羊的毒力较小，对猫、兔、犬较大，对人的毒力亦较强，不如杀鼠灵安全。

杀鼠迷：本品为略带乳黄色的结晶或粉末，无臭无味，不溶于水，微溶于苯和乙醚，溶于丙酮和乙醇，比较稳定。其毒理作用和杀鼠灵类似，但对杀鼠灵的抗药鼠仍有较好的杀死作用。杀鼠迷的毒力强于杀鼠灵，有效谱广，家野鼠均适用。其适口性好，效果也好，但对禽类不太安全。

氯敌鼠：本品为黄色针状结晶或粉末，无味，不溶于水，溶于丙酮和乙醚等，在植物油中也有一定的溶解度。比较稳定。毒理作用和杀鼠灵类似，但毒力更强，急性和慢性毒力之差更小。因急性毒力强，可减少投药次数，适用于野外。它对人、畜比较安全，对鼠适口性较好。常用其油溶液配成毒饵。

以上四种慢性药均被视为第一代抗凝血灭鼠剂。下列慢性药则为第二代产品：

溴敌隆：为白色结晶或粉末，无臭无味，几乎不溶于水，溶于丙酮、乙醇，比较稳定。其主要作用和杀鼠灵类似，但能消灭已对杀鼠灵产生抗性的老鼠。它的毒力强，尤其是急性毒力甚强，故可减少投饵次数，作用速度仍与第一代药物相近。可用于家鼠和野鼠。它适口性好，对猫、犬、猪的威胁不太大，但家禽对它敏感。

大隆：本品为黄白色粉末，无臭无味，不溶于水，溶于丙酮、乙醇等，性质稳定。它的作用和杀鼠灵类似，但能消灭对杀鼠灵抗药的老鼠。大隆急、慢性毒力均很强，差别小，灭鼠靶谱广，适口性好，可减少投饵次数。由于急性毒力强，对禽、畜危险性也有所增加。

杀它仗：为白色粉末，毒性作用和生物活性均和大隆类似，可有效地消灭抗药鼠。它急、慢性毒力强，适口性好，可采用间断投饵法以节省毒饵。对猫、鸡较安全。

(2)诱饵和添加剂　诱饵是否为鼠喜食，直接关系灭鼠效果。目前使用较多的诱饵有以下几类：①整粒谷物或其碎片，如小麦、大米、荞麦、高粱、小米、碎玉米等。这类诱饵主要用沾附法或浸泡法加入灭鼠药。谷物应新鲜，不可用多年陈粮。②粮食粉，如玉米面、面粉等，主要用于制作混合毒饵。在粮食粉中也可加入鱼粉等，以提高适口性。此类诱饵亦应保持新鲜。③压缩颗粒，多种粉末按一定比例混合，压成条状颗粒，常可用作诱饵。④瓜菜或水果，如白薯、胡萝卜、西瓜皮、黄瓜和苹果等，主要用于沾附毒饵，现配现用。⑤粮食粉加蜡：粮食粉混匀后倒入熔化的蜡中制成蜡块毒饵，用于潮湿处。

为了提高诱饵的适口性，除保持新鲜外，尚可加入 1%～3% 的植物油，或 0.5% 的盐加 0.1% 的味精，3%～5% 的糖或 0.1% 的糖精，少量鱼粉，少量奶粉等，以提高鼠的摄食量。

配制毒饵所用的其他添加剂，如警告色，也要用鼠类能接受者。同时，为避免误食，不宜使用食品中常用的颜色。

(3)毒饵的配制　疫区灭鼠时，除集中使用可靠的商品毒饵外，自配毒饵应从以下三个方面严格要求：①灭鼠药、诱饵、沾着剂等必须符合标准。不用含量不足、杂质太多的灭鼠药，不用不新鲜或鼠类不爱吃的诱饵，不用影响适口性的添加剂。②拌饵要均匀，使灭鼠药均匀地与诱饵混合。使用浓度低的灭鼠药时，应先将灭鼠药制成母粉或母液，再与诱饵相混。③灭鼠药的浓度要适中，对慢性药来说，提高浓度并不能相应提高奏效速度。

最常用的毒饵配制方法为沾附法、混匀法和加蜡成形法三种。

①沾附法：谷物毒饵常用沾附法配制。例如：配制2%磷化锌小麦毒饵时，取小麦，扬去尘土，清除石块、麦秸等杂物，称10 kg放在拌种器内，倒入植物油200 g。转动拌种器，使药物均匀地沾附在小麦上，加植物油50～100 g，再转动片刻即成。

②混匀法：颗粒毒饵常用混匀法配制。例如，配制0.025%敌鼠钠颗粒毒饵时，先将药制成0.5%母粉，和粉状诱饵混匀，再加适量水（一般为诱饵重的55%～65%），和成湿面，用机械（搅肉机或颗粒饲料机）挤压成条，切段，晾干或烘干后使用。

③加蜡成形法：用于潮湿处的蜡块毒饵常用加蜡成形法配制。例如，配制0.01%溴敌隆蜡块毒饵，可按沾附法或混匀法先将溴敌隆和诱饵混匀成0.015 4%的浓度，然后，将相当于溴敌隆和诱饵总量35%的蜡块熔化，倒入已加药的诱饵，拌匀，倒入模具中冷却，凝固后即可使用。

毒饵配制后，应分装在有明显标志的专用包装里，注明品名、主要成分及含量、用途及用量、生产日期及单位、地址等。勿利用其他物品的包装。

(4)毒饵的投放　毒饵的投放，应由受过培训的人员进行。划片承包，责任到人。具体的布放方法要因地制宜，针对鼠类的活动特点。常用的投饵方法有：

①按洞投饵：对于洞穴明显的野鼠和北方农村土质住宅的家鼠适用。此法可保证鼠类与毒饵相遇。毒饵投入洞内或投在洞外离洞口约10 cm处。在野外应躲开洞口浮土，防止毒饵被埋。急性毒饵每洞0.5～1.0 g，第一代慢性药20～30 g，第二代慢性药5～10 g。在鼠多洞少场合，投量酌增。

②按鼠迹投放：大部分地区的家鼠洞口不易找到，但活动场所容易确定，可按此法布放毒饵。有的野鼠洞口不明显，但主要活动场所可知，亦可按本法投放。毒饵投放量应略高于按洞投放；投毒饵堆数视鼠密度而定。对于小家鼠，堆数应增加，但每堆毒饵量可减少。用本法投毒饵的效果，和投毒饵者的专业水平与对鼠情的了解密切相关。

③等距投放：主要适于开阔地区消灭野鼠，在大仓库、大车间灭家鼠也可使用。在野外，按棋盘格方式，每行或每列各隔一定距离放毒饵一堆，行距和列距不一定相等，一般为5～10 m或20 m。在室内，沿墙根每10 m或20 m投毒饵一堆。每份毒饵的重量和按洞投放相近。

④匀放饵：本法适于野外鼠密度高时使用，可利用机械或飞机投饵。本法工效高，但耗量较大。

⑤条带投饵：用于灭野鼠，每隔一定距离，按播种形式直线或曲线撒布毒饵。急性药投量在1.0～1.5 g/m，慢性药为1.5～3.0 g/m。条间距离随鼠种而定，一般宽于20 m。在农田区，可按田埂布放。

⑥毒饵包和毒饵盒：用小塑料袋密封包装谷物或颗粒毒饵，整包投放，可在鼠咬破包装以前，防潮防虫。无论室内、外，在潮湿或多雨季节均可以采用。在重点疫区，可推广毒饵盒或投饵站。毒饵盒可就地取材，其设计和构造因时因鼠而异。用木板、纤维板、砖块、土坯以及纸盒、竹筒、罐头瓶、空心砖等均可。

除毒饵外，肠道灭鼠药尚可制成毒水、毒粉或毒糊使用。

4.生物灭鼠法　用于灭鼠的生物，既包括各种鼠的天敌，又包括鼠类的致病微生物和寄生虫；后者易引起免疫，效果不佳，很少应用。世界卫生组织对微生物灭鼠基本上持否定态度。

对天敌在疫区灭鼠中的评价，与一般灭鼠不同。从家猫来说，只能使鼠密度下降1/3到1/2，由于鼠密度高，猫又能拖运疫鼠及其体外寄生虫，增加了人群染病机会；猫本身又能带毒和从尿中排毒，故疫区不应提倡养猫。对于野生天敌中的鹰、蛇等，则应尽力保护，禁止捕猎，尽可能为其提供栖息场所，必要时为其补充食物，减少其二次中毒的机会。但是，由于天敌数量远少于鼠类，而且其捕鼠活动是细水长流型的，不能在短期内迅速降低鼠密度。因而，单靠天敌灭鼠是达不到防病要求的，它只能作为辅助手段。

（三）防鼠措施

积极宣传鼠类危害及常用的防鼠灭鼠方法，加强环境整治，清除杂草，平整硬化地面，消除鼠类赖以生存的环境条件。对于室内鼠类防治，防鼠措施应该重于化学防治。常用的措施有：管理好粮食、食品、家禽饲料、水源、粪便等；封闭建筑物与外界相通的所有孔洞；建筑物的通风孔、排水孔应安装网眼，规格为1.3 cm×1.3 cm的防鼠网；房门下沿与地面的缝隙不得大于0.6 cm；饭厅、仓库、食品储藏室门下部30 cm处加钉0.75 mm的镀锌（不锈钢）铁皮，仓库应另设60 cm高的防鼠板；垃圾应投放密闭的垃圾箱内，日产日清；增加城乡绿地面积，为鼠类天敌提供更多的栖息环境。

思　考　题

1. 简述有害生物的概念及种类。
2. 常见的病媒节肢动物及其防治原则有哪些？
3. 鼠对人类健康的威胁表现在哪些方面？灭鼠的主要措施有哪些？

第二十一章 传染病的预防控制

第一节 传染病概述

一、传染病的概念

由病原微生物，如细菌、病毒、立克次体、支原体、真菌等引起，具有一定的潜伏期和临床表现，并具有传染性的疾病称为传染病。传染病和普通性疾病最大的不同是具有传染性，也就是动物中发生传染病以后，开始可能只出现少数病例，但随着发病时间的延长，动物中会有越来越多的新的病例出现，有的甚至整个动物群都发病；但如果发生的是普通性疾病，一般只有个别的病例出现。传染病都是由病原微生物引起的，一种病原微生物通常对应地引起一种传染病。如猪瘟病毒侵入健康猪，能引起发烧、厌食、皮肤出血等固有的临床症状，并能不断地传染给其他猪，发生相同症状的疾病。

二、传染病的发生与发展

(一)传染病的发生

病原微生物侵入动物机体，在一定部位定居、生长繁殖，引起机体产生一系列病理反应的过程称为传染，或感染。构成传染过程必须具备三个因素，即病原体、动物机体和它们所处的环境。但是传染过程并不一定发展成传染病，这不仅取决于病原微生物的毒力、数量和侵入途径，还取决于动物机体对病原微生物的易感性。在多数情况下，动物机体的条件不适合侵入的病原微生物的生长繁殖，或者动物机体迅速动员自身的防御力量将侵入的病原微生物消灭，从而不出现可见的病理变化和临床症状，这种状态叫做抗传染免疫。只有在动物机体防御能力不足，或病原微生物毒力强、数量多时，病原微生物才可在动物体内生长繁殖，并对机体造成损害，表现为一定的临床症状，即发生了传染病。

在传染过程中，病原微生物与动物机体在一定的环境条件影响下，不断相互作用和相互斗争，表现出以下五种结果，同时这些结果也是可以进行动态的变化。

1.病原微生物被消灭或排出体外　当病原微生物侵入机体后，动物机体动员机体所有的防御力量，使病原微生物处于不利于自身生长、繁殖和生存的环境条件，病原微生物在侵袭部位或动物体内即被消灭，或从呼吸道、消化道、泌尿生殖道排出体外。这些综合性的防御力量来自机体的非特异性免疫。

2.病原微生物携带状态　包括带毒状态、带菌状态和带虫状态，是指病原微生物侵入动物机体后，停留在入侵部位或侵入较远的组织器官继续生长繁殖，而动物体不呈现任何的疾病状态，但携带并排出病原微生物，成为传染病流行期间的传染源。

3. 隐性感染　又称亚临床感染，是指动物机体被病原微生物侵袭后，不出现或仅出现不明显的临床症状，但通过检测，动物机体对病原微生物产生了特异性免疫反应，隐性感染对防止传染病的扩散有积极的意义。

4. 潜伏性感染　在传染过程中，动物机体与病原微生物在相互作用的过程中保持暂时的平衡状态，动物机体不出现疾病的表现。一旦动物防御机能降低，平衡即遭到破坏，原来潜伏的病原微生物即生长繁殖，并引起传染病，如结核病和慢病毒感染。

5. 显性感染　由于动物机体防御能力和病原微生物致病力的力量对比，以及环境因素的作用，可呈现急性、慢性等各种类型的传染病，其结局可能是痊愈、死亡或慢性化。

(二)传染病的发展

传染病的发展过程具有一定的规律性，即阶段性，从一个阶段到另一个阶段。每一个传染病从发生、发展直至死亡，可以分为如下4个阶段。

1. 潜伏期　由病原微生物侵入动物机体并进行繁殖时起，直到疾病的临诊症状开始出现为止，这段时间称为潜伏期。由于动物品种、年龄或个体的易感性不同，病原微生物的种类、数量、毒力和侵入途径、部位等不同，不同传染病的潜伏期长短不同，同一种传染病的潜伏期长短也有一定的变动范围。一般来说，急性传染病的潜伏期差异范围较小；慢性传染病以及症状不很显著的传染病潜伏期差异较大。同一种传染病潜伏期短促时，疾病经过常较严重；反之，潜伏期延长时，病程较轻微。如炭疽的潜伏期最长为14 d，最短仅为数小时，平均为2～3 d；猪瘟的潜伏期最长为21 d，最短为2 d，平均为5～8 d。从流行病学的观点看来，处于潜伏期中的动物之所以值得注意，因为它们可能成为疾病的传染源。

2. 前驱期　在潜伏期之后，至疾病主要症状出现之前的这段时间，称为前驱期。前驱期是疾病的征兆阶段，其特点是临诊症状开始表现出来，但该病的特征性症状仍不明显。从多数传染病来说，这个时期仅可察觉出一般的症状，如体温升高、食欲减退、精神异常等，根据这些症状很难确诊疾病。各种传染病和各个病例的前驱期长短不一，通常只有数小时至数天。有些传染病发病急骤，常常缺乏任何前驱症状，如猪细小病毒病，猪突然流产。

3. 症状明显(发病)期　前驱期以后，即进入发病期，病情由轻转重，传染病的特征性症状或主要症状逐步明显地表现出来，这是疾病发展到高峰的阶段。这个阶段因为很多有代表性的特征性症状相继出现，在疾病诊断上比较容易识别。

4. 转归期(恢复期)　疾病进一步发展为转归期。病原微生物和动物机体这一对矛盾，在传染过程中依据一定条件，各向着其相反的方向转化。如果病原微生物的致病性能增强，或动物体的抵抗力减退，则传染过程以动物死亡为转归。如果动物机体的抵抗力得到改进和增强，则动物便逐步恢复健康，表现为临床症状逐渐消退，体内的病理变化逐渐减弱，正常的生理机能逐步恢复。动物机体在一定时期保留免疫学特征，在一定时间内还有带菌(毒)排菌(毒)现象存在，但最后病原体可逐步被消灭清除。

三、传染病的流行过程与流行特征

传染病不仅在动物个体发生，而且能从动物个体感染发病到动物群体发病。传染病在动物群中发生、传播和终止的过程，就是传染病的流行过程。传染病流行过程，就是病原微生物从传染源排出，经过一定的传播途径(如呼吸道、消化道或血液)，传入另一易感动物体内形成新的传染，并不断传播直至终止的过程。因此传染病的流行过程，必须具备传染源、传播途径和易感动物三个必要环节。三者连接起来，就构成传染病的流行链条。只有当这个链条完整时，传染病的流行才有发生的可能。构成这个链条的三个条件之中，缺少任何一个，传染病的流行都不可能发生，这是动物传染病的流行规律。

(一)流行过程的基本环节

1. 传染源　传染源是动物机体内有病原微生物生存繁殖，并能不断向外界排出病原体的动物。包括患病动物和病原携带者。患传染病的动物在发病期间能排出大量毒力强的病原体，传染性很强，是主要的传染源。如急性猪瘟、高致病性禽流感等。但这些患病动物临床症状明显，易于发现和隔离处理。而那些临床症状不典型的患病动物不易发现，也是危险的传染源。病原携带者是指无任何临床症状，但携带并排出病原微生物的动物人，由于缺乏临床症状，不易被发现，可能成为重要的传染源。病原携带者一般分为潜伏期病原携带者、病后病原携带者和健康病原携带者三种。因此消灭病原携带者是动物传染病防控工作中艰巨而重要的任务之一。

2. 传播途径　传播途径是指病原体由传染源排出后，经过一定的方式侵入其他易感动物所经过的途径。在传播方式上，可分为直接接触传播和间接接触传播。

直接接触传播是指在没有任何外界传播媒介参与下，传染源和健康动物以直接接触方式传播。具有一定代表性的疾病是狂犬病，通过患病动物直接咬伤，将病毒带入易感动物发病。通过直接接触传播的动物传染病，流行特点是具有明显的连锁性，很容易控制，一般不会造成广泛流行。

间接接触传播是指在外界因素的参与下，病原体通过传播媒介使易感动物发生传染的方式。传播媒介有两类：一类为生物，称为媒介者；另一类为无生命的物体，称为媒介物。大多数传染病通过间接接触方式传播。间接接触传播一般通过如下途径。

经空气传播：这是呼吸道传染病的主要传播方式。如猪气喘病、牛肺疫、鸡传染性支气管炎。患病动物呼吸道内存有大量病原体，随飞沫散布于空气中，大滴的飞沫落地，被健康易感动物吸入后，即发生传染，称为飞沫传播。经空气飞沫传播的传染病流行特点是传播迅速，发病率迅速升高，多数有明显的季节性，一般以冬春季节多发，发病与饲养密集程度有关。

经饲料饮水传播：这是一种最常见的传播方式，从传染源排出的病原体污染饲料、牧草、饮水，被健康动物采食后，引起传染。

经土壤传播：有些病原体进入土壤后，能生存较长时间，当易感动物接触土壤时，可发生传染，如炭疽、破伤风梭菌，在土壤中能形成芽孢，具有很强的抵抗力。

经媒介动物传播：媒介动物包括节肢动物和某些野生动物。节肢动物有蚊、蠓、家蝇等，野生动物有鼠类、狼、蝙蝠等，主要通过机械性和生物性方式传播，即在媒介体内不繁殖或繁殖后传播。如鼠类传播布氏杆菌病、机械性传播猪瘟等。

经人员传播：饲养人员、兽医人员以及直接接触传染源的人员，有可能机械性传播病原体。

经用具传播：病原体可通过污染的饲养管理用具、栏舍、洗刷用具、诊疗器械、工作服等传播。

尽管传播途径复杂多样，但病原体在动物体内的传播方式只有三种，即水平传播、垂直传播和Z型传播。

水平传播是指病原体通过上述直接接触或间接接触方式在不同动物群之间或同一群体内不同个体之间以水平形式横向平行传播。

垂直传播是指病原体通过胎盘或产道从母体传染给其后代的传播方式，如怀孕母猪感染猪蓝耳病、伪狂犬病、猪瘟等疾病以后，常常造成流产、产死胎、产弱仔或产出的仔猪发生相同的疾病。感染大肠杆菌母猪生下的仔猪往往发生仔猪黄白痢。动物白血病还可通过初乳传播。

Z型传播是指水平传播与垂直传播交替出现的一种传播方式。

3.易感动物群　易感动物群是指一群动物作为一个整体对某种传染病病原体容易感受。动物群中如果有一定数量对某种病原体缺乏足够的抵抗力、就容易被感染，当病原体侵入时，可引起某种传染病在动物群中的流行。例如，在未接种过猪蓝耳病疫苗的母猪群中，猪对猪蓝耳病病毒有易感性，一旦有猪蓝耳病病毒侵入，猪就会发生蓝耳病。

动物群对某种传染病的易感性与群中含有易感动物的数量成正比，而动物个体易感性，取决于它的饲养条件和免疫状态。如果有良好的饲养管理条件，并及时进行预防接种，可增强正常抵抗力和对某些特定传染病的特异性免疫力，降低动物群的易感性。反之，若饲养管理条件不良，又未及时进行预防接种，则会降低群体正常抵抗力，也缺乏特异性免疫力，这种动物群的易感性就高。此外，群体的免疫状态与其年龄和是否自然接触过某病原体有密切关系。在一般情况下，幼龄动物较成年动物抗病力低，如仔猪黄白痢、红痢等病主要发生在幼龄猪。但也有些传染病主要发生于性成熟后的动物，如布鲁氏菌病。

(二)流行过程的特征

传染病的流行过程是病原体通过一定的传播途径，不断更迭其宿主的过程。这一过程保持着时间和空间的连续性，又受到复杂的自然因素和社会因素的影响，因此流行过程表现为如下特点。

1.流行形式　即流行强度，是指疾病在某一地区一定时期内存在的数量变化，以及疾病之间联系程度的标志。描述疾病流行形式的术语有大流行、流行、地方性流行和散发流行。

①大流行：大流行指散布范围广，发病数目多，群体中受害动物比例大的流行，可波及几个国家甚至几个大洲。例如，历史上发生的口蹄疫大流行，以及近年来发生的高致病性禽流感大流行。

②流行：流行是指某种传染病或普通病发生到超过预料的异常水平。一般发病数量多，并且在短时间内传播到较大的范围和地区。例如猪瘟、口蹄疫、猪流感等。

③地方性流行：地方性流行是某些传染病在某些地区动物群中以通常的、相对稳定的频率发生或者这些传染病在动物群体中发生的时间和空间分布具有一定的规律性，因此地方流行性传染病是可以预测的。一般地方流行性传染病发病数量较多，但传播范围不广，常局限于一定的地区内。例如猪丹毒、猪肺疫和猪喘气病等。通常是由于该地区存在某些有利于疾病发生的条件，例如饲养条件较差、土壤和水源有病原体污染，以及有带菌(毒)动物和活的传播媒介存在等。

④散发流行：散发流行是指某些传染病无规律和偶然性发生，通常局限于部分地区。一般发病数量不多，并且在一个较长的时期内都是以零星病例的形式出现，如放线菌病、破伤风病等。

2.时间分布　季节性　某些传染病经常在一定季节发生，或在一定季节出现发病率显著上升的现象，称为传染病流行的季节性。根据季节性表现程度的不同，分为如下种类：

①严格季节性：疾病仅集中在一年中的某个季节或某些月份，其他季节或月份不发病。如

日本乙型脑炎，只发生在夏秋季节。

②明显季节性：某些传染病虽然全年均可发生，但在某个季节或某些月份发病率明显升高。如马传染性贫血。

③无明显季节性：某些传染病一年四季均可发生，从发病的数量对比来看，无明显的季节或月份差异。如结核病。

传染病表现为季节性主要有以下几个方面原因。

①季节对病原体在外界环境中存在和散发的影响：夏季气温高，日照时间长，这对那些抵抗力较弱的病原体在外界环境的存活是不利的。炎热的气候和强烈的日光暴晒，可使散布在自然界中的一些病毒很快失去活力，如猪流感病毒。因此，猪流感在气温较高的夏、秋季节发病率明显低于寒冷的冬春季节。

②季节对活传播媒介的影响：夏秋炎热季节，蝇蚊、虻类等吸血昆虫大量滋生，活动频繁，凡是由它们传播的疾病都较易发生，如猪乙型脑炎等疾病主要在蚊、蝇活动频繁的季节发生和流行。

③季节对家畜活动和抵抗力的影响：冬春寒冷季节，为了节省采暖成本，常常采取增加饲养密度的办法，常常造成空气质量污浊，环境差，动物抵抗力下降，更加容易感染疾病。而且，畜舍中家畜聚集，接触机会增多，为呼吸道传染病的发生和传播提供了便利条件。因此，动物在寒冷季节更加容易发生疾病，尤其是呼吸道疾病，如猪气喘病等。

周期性：某些传染病在一次流行后，有规律地经过一定间隔期，再次出现流行。这种发病率呈现周期性的上升和下降的现象，称为传染病的周期性。如口蹄疫。

上述传染病的季节性和周期性，是在没有任何因素影响下的一种自然规律现象。如果采取合适的综合性防疫措施，就可以改变或制止它的发生。

3. 地区分布　某些传染病由于受生态环境的影响（如地理条件、气温、雨水、植被、传播媒介等），常局限于一定地理范围内发生，称为地方性传染病。如钩端螺旋体病多见于我国南方丛林、稻田地带等。

第二节　传染病的诊断

一、临床诊断

临床诊断是传染病诊断中最基本、最简便易行的方法。对某些具有特征性症状的典型病例，通过临床诊断一般可以确诊。但是临床诊断具有一定的局限性，对于非典型病例则难于确诊。因此在临床诊断时，要收集发病动物群所有的临床表现，进行综合分析判断，同时应注意类症鉴别。

二、流行病学诊断

流行病学诊断在传染病的诊断中占有重要的地位。流行病学诊断与临床诊断也是密切相关的，将二者联系在一起称为流行病学与临床诊断。流行病学诊断一般是在临床诊断过程中进行的。一般需要调查如下问题：

1. 了解传染病流行概况　发病的时间、地点、传播情况、目前疫情分布；疫区内各种动物的数量和分布情况，发病动物的种类、数量、年龄、性别；发病率、死亡率和病死率；初步判定流行趋势和流行形式。

2.调查传染源　过去是否发生类似疫情，是否经过确诊，流行情况如何，采取何种防治措施，效果如何。发病动物来源如何，从何地引进，引入地有无类似疫情。

3.调查传播途径和方式　动物饲养管理、使役和放牧情况，饲料供应情况，动物流动、收购、兽医卫生防疫情况，运输检疫、市场检疫情况，流行地区气候、交通、植被和媒介分布和活动情况等。

三、病理学诊断

大多数传染病具有不同程度的特殊病理变化，所以病理学诊断具有很大价值。尸体剖检必须在动物死后立即进行。

四、病原学诊断

病原学诊断是传染病最重要的诊断方法，在进行病原学诊断时，必须注意病料的正确采集和送检。常用的病原学诊断方法有细菌分离培养和鉴定、病毒分离培养鉴定、动物接种试验等。

五、血清学诊断

血清学诊断是利用抗原和抗体特异性结合的免疫学反应进行诊断的一种常用的特异诊断方法。可以用已知的抗原来检测被检动物血清中的特异抗体，也可以用已知抗体来检测被检材料中的抗原。血清学诊断广泛应用于传染病的诊断、疫情检测和免疫检测。血清学诊断包括有沉淀试验、琼脂扩散试验、免疫电泳试验、凝集试验、血凝试验、补体结合试验、中和试验、酶联免疫吸附试验等。

第三节　传染病的治疗

发生传染病以后，应根据传染病的类型不同，按照《动物防疫法》的规定进行相应的处理。对于可治疗的疾病应积极采取治疗措施，以尽可能地减少经济损失。尤其对于珍惜和濒危动物，更应尽力治疗。传染病治疗的目的，不仅是促进患病动物的康复，还有助于传染源的控制。因此，必须坚持治疗、护理与消毒并重，一般治疗、对症治疗与特效治疗并重的综合治疗原则。在治疗方法上，一般采取综合性治疗方案。既要考虑针对病原体，消除其致病作用，又要根据患病畜禽的临床症状，采用药物缓解症状，帮助增强抵抗力，调整和恢复生理机能。治疗必须及早进行，不能拖延时间，以免造成更大的损失。

一、针对病原体的治疗方法

1.特异性疗法　应用针对某种传染病的高免血清、康复动物血清或全血等特异性生物制剂进行治疗，使用异种动物制备高免血清时，应注意防止过敏反应。

2.抗生素疗法　抗生素是治疗细菌性传染病的主要药物，在抗生素的治疗应用中，应注意以下问题：

(1)选择对疾病敏感的抗生素用于治疗。

(2)考虑治疗用量、疗程、给药途径、不良反应、经济价值等问题。

(3)注意联合用药和抗生素的配伍与禁忌。

(4)禁止滥用抗生素。

大剂量、重复使用抗生素和同时使用多种抗菌和抗病毒药物,是一些兽医技术人员在临床生产中经常应用的手段,不仅造成巨大的药物浪费,增加养殖企业经济负担,还会造成病原菌的耐药性。

3.*化学合成药物疗法* 化学合成药物主要有磺胺类药物、抗菌增效剂、抗病毒药物等。磺胺类药物具有抗菌谱广、性质稳定、价格便宜等优点,可抑制大多数革兰氏阳性菌和部分革兰氏阴性菌;抗菌增效剂是一类新的广谱抗菌药,与磺胺药或某些抗生素同时使用,可显著增加疗效。

已试用的抗病毒药物有三氮唑核苷(病毒唑)、吗啉胍(病毒灵)等,有一定的预防效果,但治疗效果普遍不佳。抗病毒中药有板蓝根、大青叶、青蒿等。

4.*微生态平衡疗法* 在正常情况下,动物胃肠道内的各类正常细菌,处于相互协调和相互制约状态,保持一定的平衡(菌群平衡)。科学家利用微生态平衡理论,制成了许多微生态制剂,治疗肠道疾病,获得了满意的结果。目前我国生产的微生态制剂有促菌生、乳康生、调痢生和益生素等,其主要细菌种类是蜡样芽孢杆菌、乳酸杆菌和双歧杆菌等,对治疗肠道疾病,有很好的疗效,无任何毒副作用。但在内服微生态制剂时,禁止使用抗菌药物,否则影响药物治疗效果。

二、针对动物机体的疗法

针对动物机体的疗法包括合理的营养、足量维生素、增强体质、提高免疫功能、维持水和电解质平衡等必要措施。

1.*加强护理* 在治疗期间,应有专人管理,畜舍必须冬暖夏凉,通风良好,清洁干燥,及时清扫,随时消毒,防止患病动物互相接触;同时给以新鲜易消化的青绿饲料(如青草、白菜、萝卜等),供给充足的饮水。

2.*对症治疗* 根据症状进行对症治疗,如使用强心、利尿、清泻、退热、止泻、止咳、平喘、防止酸中毒等药物,可减缓症状,促进动物生理机能恢复。

第四节 传染病的预防控制

一、传染病的控制措施

传染源、传播途径和易感动物是传染病得以流行的三个基本环节,缺一不可。因此,为了预防和扑灭传染病,应针对以上三个环节采取综合防制措施,才能取得较好的效果。

首先,要防止传染源进入未发生传染病的地区和养殖场。没有传染源,传染病就不可能发生。隔离和检疫,都可以有效地阻止传染源进入未发病地区和养殖场。因此,在进行贸易和引种时,一定要进行严格检疫和隔离,才能确保将病原体阻挡在养殖场或本地区之外。

第二,切断传播途径,是有效控制传染病的另一个关键。任何一种传染病,都有一定的传播途径，才能够在畜群中流行。在养殖场的日常生产管理中，要注意兽医卫生和消毒工作。对患病动物进行隔离，对粪便进行生物热处理，对养殖场和畜舍进行定期消毒和紧急消毒、杀虫和灭鼠等，都是用于切断传染病传播途径较为理想的方式。

第三，要提高动物群对疾病的抵抗力，减少易感群的数量。动物群中易感群的数量越少，就越不容易发生疾病。要做到这一点，必须注意两个方面：一是加强饲养管理，如给予新鲜、全价的饲料，清洁、卫生的饮水和适当的饲养密度和良好的通风，提高动物的体质，增强对疾病的抵抗能力；二是根据传染病的流行情况，设计科学、合理的免疫程序，对一些有疫苗可以应用的传染病进行计划免疫接种（如猪瘟、口蹄疫等），增强动物群对某些特定传染病的特异性抵抗能力。对于一些细菌性疾病，也可以选用敏感的药物进行预防性投药，都可以取得较好的防病效果，减少传染病的发生。

二、发生传染病后的应急处理措施

养殖场应该做好传染病发生以后的处理措施，以便在疾病发生时，更好的控制病情，减少经济损失。

1. 及时发现和诊断　兽医技术人员应每日仔细观察动物群的饮食和精神状态，及时发现患病动物，尽快做出诊断。怀疑是传染病时，应送实验室做化验，以便更好地制定防治措施。如果确诊为烈性传染病，如口蹄疫时，应立即上报疫情，并通知邻近养殖场做好预防工作。

2. 隔离和封锁　及时隔离病畜和易感畜禽，防止和减少疾病传播给健康动物。当发现新的传染病或口蹄疫等急性、烈性传染病时，应立即向当地兽医主管部门报告，由兽医主管部门划定疫点和疫区范围，对养殖场进行封锁。限制养殖场人员和动物的流动及贸易，直至疫情平息，无新病例出现，大消毒后方可解除封锁。

3. 强化消毒　疫情发生以后，应以发病畜舍为重点，对所有可能污染的物品、器具、圈舍、过道等进行紧急消毒。严重病畜和死畜尸体经过无害化处理后，用做它用，或将其焚烧和深埋。

4. 预防和治疗　病畜确诊之后，应立即采取有效的预防和治疗措施，迅速控制和扑灭疫情。对有疫苗可以应用的传染病，应用疫苗对假定健康群进行紧急预防接种。同时采取有效措施治疗患病动物。

三、传染病的预防措施

1. 建立健全动物的兽医卫生防疫制度　搞好环境卫生与动物舍、运动场、饲料、饮水以及饲养管理用具的卫生管理。做好消毒、灭蚊蝇、灭鼠、粪尿无害化处理等工作。对动物尸体要严格处理。禁止动物群与外人或外单位的动物接触。

2. 加强动物群的饲养管理　科学饲养、合理生产，增强动物的一般抵抗力。坚持“自繁自养”的原则，防止疫病的传入。必须引入动物时，应购自非疫区，并做好产地检疫。新引入的动物要隔离观察，确认健康后方可混群饲养。

3. 认真实行计划免疫　定期进行预防接种，使其做到全年化、计划化。为此，必须根据本地区常发传染病的种类和目前疫病流行情况，制定切实可行的不同动物的免疫程序，按免疫程序进行预防接种，使动物群中从新生到屠宰或淘汰的动物都可获得特异抵抗力，降低对传染病的易感性，以保证全群免疫和常年免疫。为保证免疫质量，还要特别注意科学地保存、运送和使用疫(菌)苗。

4.坚持做好检疫工作　国境(口岸)检疫、产地检疫、运输检疫、集市检疫和屠宰检疫等,及时了解疫情动态,及时发现患病动物,及时消灭传染源。

5.积极开展流行病学调查工作　畜牧兽医行政部门要开展疫情调查和研究工作,每年年初要研究上年度疫病的发病、死亡统计及疫情分布情况,制定本年度的防疫计划,并组织好友邻地区的联防。同时对主要疫病要进行疫情监测和调查,以观察其动态及地区分布。

第五节　国家突发重大动物疫情应急预案

本节内容是根据2005年11月16日国务院第113次常务会议通过、2005年11月18日公布的中华人民共和国国务院第450号令《重大动物疫情应急条例》和《国家突发重大动物疫情应急预案》内容改写而成的。

一、概述

(一)重大动物疫情的概念及其分级

重大动物疫情是指陆生、水生动物突然发生的重大疫病,且迅速传播,导致动物发病率或者死亡率高,给养殖业生产安全造成严重危害,或者可能对人民身体健康与生命安全造成危害的,具有重要经济社会影响和公共卫生意义的事件。

根据突发重大动物疫情的性质、危害程度、涉及范围,将突发重大动物疫情划分为特别重大(Ⅰ级)、重大(Ⅱ级)、较大(Ⅲ级)和一般(Ⅳ级)四级。

(二)应急预案制订的目的及其依据

制定国家突发重大动物疫情应急预案的目的是为了及时、有效地预防、控制和扑灭突发重大动物疫情,最大程度地减轻突发重大动物疫情对畜牧业及公众健康造成的危害,保持经济持续稳定健康发展,保障人民身体健康安全。国家突发重大动物疫情应急预案制订是依据《中华人民共和国动物防疫法》、《中华人民共和国进出境动植物检疫法》和《国家突发公共事件总体应急预案》制定的。

(三)应急预案适用范围和工作原则

《国家突发重大动物疫情应急预案》适用于突然发生,造成或者可能造成畜牧业生产严重损失和社会公众健康严重损害的重大动物疫情的应急处理工作。本应急预案的工作原则如下:

第一,统一领导,分级管理。各级人民政府统一领导和指挥突发重大动物疫情应急处理工作;疫情应急处理工作实行属地管理;地方各级人民政府负责扑灭本行政区域内的突发重大动物疫情,各有关部门按照预案规定,在各自的职责范围内做好疫情应急处理的有关工作。根据突发重大动物疫情的范围、性质和危害程度,对突发重大动物疫情实行分级管理。

第二,快速反应,高效运转。各级人民政府和兽医行政管理部门要依照有关法律、法规,建立和完善突发重大动物疫情应急体系、应急反应机制和应急处置制度,提高突发重大动物疫情应急处理能力;发生突发重大动物疫情时,各级人民政府要迅速作出反应,采取果断措施,及时控制和扑灭突发重大动物疫情。

第三，预防为主，群防群控。贯彻预防为主的方针，加强防疫知识的宣传，提高全社会防范突发重大动物疫情的意识；落实各项防范措施，做好人员、技术、物资和设备的应急储备工作，并根据需要定期开展技术培训和应急演练；开展疫情监测和预警预报，对各类可能引发突发重大动物疫情的情况要及时分析、预警，做到疫情早发现、快行动、严处理。突发重大动物疫情应急处理工作要依靠群众，全民防疫，动员一切资源，做到群防群控。

二、应急组织体系及职责

(一)应急指挥机构

农业部在国务院统一领导下，负责组织、协调全国突发重大动物疫情应急处理工作。

县级以上地方人民政府兽医行政管理部门在本级人民政府统一领导下，负责组织、协调本行政区域内突发重大动物疫情应急处理工作。

国务院和县级以上地方人民政府根据本级人民政府兽医行政管理部门的建议和实际工作需要，决定是否成立全国和地方应急指挥部。

1. 全国突发重大动物疫情应急指挥部的职责　国务院主管领导担任全国突发重大动物疫情应急指挥部总指挥，国务院办公厅负责同志、农业部部长担任副总指挥，全国突发重大动物疫情应急指挥部负责对特别重大突发动物疫情应急处理的统一领导、统一指挥，作出处理突发重大动物疫情的重大决策。指挥部成员单位根据突发重大动物疫情的性质和应急处理的需要确定。

指挥部下设办公室，设在农业部。负责按照指挥部要求，具体制定防治政策，部署扑灭重大动物疫情工作，并督促各地各有关部门按要求落实各项防治措施。

2. 省级突发重大动物疫情应急指挥部的职责　省级突发重大动物疫情应急指挥部由省级人民政府有关部门组成，省级人民政府主管领导担任总指挥。省级突发重大动物疫情应急指挥部统一负责对本行政区域内突发重大动物疫情应急处理的指挥，作出处理本行政区域内突发重大动物疫情的决策，决定要采取的措施。

(二)日常管理机构

农业部负责全国突发重大动物疫情应急处理的日常管理工作。

省级人民政府兽医行政管理部门负责本行政区域内突发重大动物疫情应急的协调、管理工作。市(地)级、县级人民政府兽医行政管理部门负责本行政区域内突发重大动物疫情应急处置的日常管理工作。

(三)专家委员会

农业部和省级人民政府兽医行政管理部门组建突发重大动物疫情专家委员会。市(地)级和县级人民政府兽医行政管理部门可根据需要，组建突发重大动物疫情应急处理专家委员会。

(四)应急处理机构

1. 动物防疫监督机构　主要负责突发重大动物疫情报告，现场流行病学调查，开展现场临床诊断和实验室检测，加强疫病监测，对封锁、隔离、紧急免疫、扑杀、无害化处理、消毒等措施的实施进行指导、落实和监督。

2. 出入境检验检疫机构　负责加强对出入境动物及动物产品的检验检疫、疫情报告、消毒处理、流行病学调查和宣传教育等。

三、突发重大动物疫情的监测、预警与报告

（一）监测

国家建立突发重大动物疫情监测、报告网络体系。农业部和地方各级人民政府兽医行政管理部门要加强对监测工作的管理和监督，保证监测质量。

（二）预警

各级人民政府兽医行政管理部门根据动物防疫监督机构提供的监测信息，按照重大动物疫情的发生、发展规律和特点，分析其危害程度、可能的发展趋势，及时做出相应级别的预警，依次用红色、橙色、黄色和蓝色表示特别严重、严重、较重和一般四个预警级别。

（三）报告

任何单位和个人有权向各级人民政府及其有关部门报告突发重大动物疫情及其隐患，有权向上级政府部门举报不履行或者不按照规定履行突发重大动物疫情应急处理职责的部门、单位及个人。

1. 责任报告单位和责任报告人

(1)责任报告单位

①县级以上地方人民政府所属动物防疫监督机构。

②各动物疫病国家参考实验室和相关科研院校。

③出入境检验检疫机构。

④兽医行政管理部门。

⑤县级以上地方人民政府。

⑥有关动物饲养、经营和动物产品生产、经营的单位，各类动物诊疗机构等相关单位。

(2)责任报告人　执行职务的各级动物防疫监督机构、出入境检验检疫机构的兽医人员；各类动物诊疗机构的兽医；饲养、经营动物和生产、经营动物产品的人员。

2. 报告形式　各级动物防疫监督机构应按国家有关规定报告疫情；其他责任报告单位和个人以电话或书面形式报告。

3. 报告时限和程序　发现可疑动物疫情时，必须立即向当地县（市）动物防疫监督机构报告。县（市）动物防疫监督机构接到报告后，应当立即赶赴现场诊断，必要时可请省级动物防疫监督机构派人协助进行诊断，认定为疑似重大动物疫情的，应当在 2 h 内将疫情逐级报至省级动物防疫监督机构，并同时报所在地人民政府兽医行政管理部门。省级动物防疫监督机构应当在接到报告后 1 h 内，向省级兽医行政管理部门和农业部报告。省级兽医行政管理部门应当在接到报告后的 1 h 内报省级人民政府。特别重大、重大动物疫情发生后，省级人民政府、农业部应当在 4 h 内向国务院报告。

认定为疑似重大动物疫情的应立即按要求采集病料样品送省级动物防疫监督机构实验室确诊，省级动物防疫监督机构不能确诊的，送国家参考实验室确诊。确诊结果应立即报农业部，并抄送省级兽医行政管理部门。

4. 报告内容　疫情报告的内容包括疫情发生的时间、地点、发病的动物种类和品种、动物来源、临床症状、发病数量、死亡数量、是否有人员感染、已采取的控制措施、疫情报告的单位和个人、联系方式等。

四、突发重大动物疫情的应急响应和终止

(一)应急响应的原则

发生突发重大动物疫情时，事发地的县级、市（地）级、省级人民政府及其有关部门按照分级响应的原则作出应急响应。同时，要遵循突发重大动物疫情发生发展的客观规律，结合实际情况和预防控制工作的需要，及时调整预警和响应级别。要根据不同动物疫病的性质和特点，注重分析疫情的发展趋势，对势态和影响不断扩大的疫情，应及时升级预警和响应级别；对范围局限、不会进一步扩散的疫情，应相应降低响应级别，及时撤销预警。

突发重大动物疫情应急处理应采取边调查、边处理、边核实的方式，有效控制疫情发展。

未发生突发重大动物疫情的地方，当地人民政府兽医行政管理部门接到疫情通报后，要组织做好人员、物资等应急准备工作，采取必要的预防控制措施，防止突发重大动物疫情在本行政区域内发生，并服从上一级人民政府兽医行政管理部门的统一指挥，支援突发重大动物疫情发生地的应急处理工作。

(二)应急响应

根据突发重大动物疫情的级别不同，应急响应的程序和措施也不同。

1. 特别重大突发动物疫情（Ⅰ级）的应急响应

确认特别重大突发动物疫情后，按程序启动本预案。

(1)县级以上地方各级人民政府

a. 组织协调有关部门参与突发重大动物疫情的处理。

b. 根据突发重大动物疫情处理需要，调集本行政区域内各类人员、物资、交通工具和相关设施、设备参加应急处理工作。

c. 发布封锁令，对疫区实施封锁。

d. 在本行政区域内采取限制或者停止动物及动物产品交易、扑杀染疫或相关动物，临时征用房屋、场所、交通工具；封闭被动物疫病病原体污染的公共饮用水源等紧急措施。

e. 组织铁路、交通、民航、质检等部门依法在交通站点设置临时动物防疫监督检查站，对进出疫区、出入境的交通工具进行检查和消毒。

f. 按国家规定做好信息发布工作。

g. 组织乡镇、街道、社区以及居委会、村委会，开展群防群控。

h. 组织有关部门保障商品供应，平抑物价，严厉打击造谣传谣、制假售假等违法犯罪和扰乱社会治安的行为，维护社会稳定。

必要时，可请求中央予以支持，保证应急处理工作顺利进行。

(2)兽医行政管理部门

a. 组织动物防疫监督机构开展突发重大动物疫情的调查与处理；划定疫点、疫区、受威胁区。

b. 组织突发重大动物疫情专家委员会对突发重大动物疫情进行评估，提出启动突发重大动物疫情应急响应的级别。

c. 根据需要组织开展紧急免疫和预防用药。

d. 县级以上人民政府兽医行政管理部门负责对本行政区域内应急处理工作的督导和

检查。

e.对新发现的动物疫病，及时按照国家规定，开展有关技术标准和规范的培训工作。

f.有针对性地开展动物防疫知识宣教，提高群众防控意识和自我防护能力。

g.组织专家对突发重大动物疫情的处理情况进行综合评估。

(3)动物防疫监督机构

a.县级以上动物防疫监督机构做好突发重大动物疫情的信息收集、报告与分析工作。

b.组织疫病诊断和流行病学调查。

c.按规定采集病料，送省级实验室或国家参考实验室确诊。

d.承担突发重大动物疫情应急处理人员的技术培训。

(4)出入境检验检疫机构

a.境外发生重大动物疫情时，会同有关部门停止从疫区国家或地区输入相关动物及其产品；加强对来自疫区运输工具的检疫和防疫消毒；参与打击非法走私入境动物或动物产品等违法活动。

b.境内发生重大动物疫情时，加强出口货物的查验，会同有关部门停止疫区和受威胁区的相关动物及其产品的出口；暂停使用位于疫区内的依法设立的出入境相关动物临时隔离检疫场。

c.出入境检验检疫工作中发现重大动物疫情或者疑似重大动物疫情时，立即向当地兽医行政管理部门报告，并协助当地动物防疫监督机构做好疫情控制和扑灭工作。

2.重大突发动物疫情(Ⅱ级)的应急响应

确认重大突发动物疫情后，按程序启动省级疫情应急响应机制。

(1)省级人民政府　省级人民政府根据省级人民政府兽医行政管理部门的建议，启动应急预案，统一领导和指挥本行政区域内突发重大动物疫情应急处理工作。组织有关部门和人员扑疫；紧急调集各种应急处理物资、交通工具和相关设施设备；发布或督导发布封锁令，对疫区实施封锁；依法设置临时动物防疫监督检查站查堵疫源；限制或停止动物及动物产品交易、扑杀染疫或相关动物；封锁被动物疫源污染的公共饮用水源等；按国家规定做好信息发布工作；组织乡镇、街道、社区及居委会、村委会，开展群防群控；组织有关部门保障商品供应，平抑物价，维护社会稳定。必要时，可请求中央予以支持，保证应急处理工作顺利进行。

(2)省级人民政府兽医行政管理部门　重大突发动物疫情确认后，向农业部报告疫情。必要时，提出省级人民政府启动应急预案的建议。同时，迅速组织有关单位开展疫情应急处置工作。组织开展突发重大动物疫情的调查与处理；划定疫点、疫区、受威胁区；组织对突发重大动物疫情应急处理的评估；负责对本行政区域内应急处理工作的督导和检查；开展有关技术培训工作；有针对性地开展动物防疫知识宣教，提高群众防控意识和自我防护能力。

(3)省级以下地方人民政府　疫情发生地人民政府及有关部门在省级人民政府或省级突发重大动物疫情应急指挥部的统一指挥下，按照要求认真履行职责，落实有关控制措施。具体组织实施突发重大动物疫情应急处理工作。

(4)农业部　加强对省级兽医行政管理部门应急处理突发重大动物疫情工作的督导，根据需要组织有关专家协助疫情应急处置；并及时向有关省份通报情况。必要时，建议国务院协调有关部门给予必要的技术和物资支持。

3.较大突发动物疫情(Ⅲ级)的应急响应

(1)市(地)级人民政府　市(地)级人民政府根据本级人民政府兽医行政管理部门的建议,启动应急预案,采取相应的综合应急措施。必要时,可向上级人民政府申请资金、物资和技术援助。

(2)市(地)级人民政府兽医行政管理部门　对较大突发动物疫情进行确认,并按照规定向当地人民政府、省级兽医行政管理部门和农业部报告调查处理情况。

(3)省级人民政府兽医行政管理部门　省级兽医行政管理部门要加强对疫情发生地疫情应急处理工作的督导,及时组织专家对地方疫情应急处理工作提供技术指导和支持,并向本省有关地区发出通报,及时采取预防控制措施,防止疫情扩散蔓延。

4.一般突发动物疫情(Ⅳ级)的应急响应

县级地方人民政府根据本级人民政府兽医行政管理部门的建议,启动应急预案,组织有关部门开展疫情应急处置工作。

县级人民政府兽医行政管理部门对一般突发重大动物疫情进行确认,并按照规定向本级人民政府和上一级兽医行政管理部门报告。

市(地)级人民政府兽医行政管理部门应组织专家对疫情应急处理进行技术指导。

省级人民政府兽医行政管理部门应根据需要提供技术支持。

5.非突发重大动物疫情发生地区的应急响应

应根据发生疫情地区的疫情性质、特点、发生区域和发展趋势,分析本地区受波及的可能性和程度,重点做好以下工作:

(1)密切保持与疫情发生地的联系,及时获取相关信息。

(2)组织做好本区域应急处理所需的人员与物资准备。

(3)开展对养殖、运输、屠宰和市场环节的动物疫情监测和防控工作,防止疫病的发生、传入和扩散。

(4)开展动物防疫知识宣传,提高公众防护能力和意识。

(5)按规定做好公路、铁路、航空、水运交通的检疫监督工作。

(三)应急处理

在2005年11月16日国务院第113次常务会议通过、2005年11月18日公布的中华人民共和国国务院第450号令《重大动物疫情应急条例》第四章中,明确规定了重大动物疫情发生后从中央到地方各级主管部门的应急响应责权,本条例指出:

重大动物疫情发生后,国务院和有关地方人民政府设立的重大动物疫情应急指挥部统一领导、指挥重大动物疫情应急工作。

重大动物疫情发生后,县级以上地方人民政府兽医主管部门应当立即划定疫点、疫区和受威胁区,调查疫源,向本级人民政府提出启动重大动物疫情应急指挥系统、应急预案和对疫区实行封锁的建议,有关人民政府应当立即作出决定。疫点、疫区和受威胁区的范围应当按照不同动物疫病病种及其流行特点和危害程度划定,具体划定标准由国务院兽医主管部门制定。

国家对重大动物疫情应急处理实行分级管理,按照应急预案确定的疫情等级,由有关人民政府采取相应的应急控制措施。

1.对疫点应当采取下列措施

(1)扑杀并销毁染疫动物和易感染的动物及其产品。

(2)对病死的动物、动物排泄物、被污染饲料、垫料、污水进行无害化处理。

(3)对被污染的物品、用具、动物圈舍、场地进行严格消毒。

2.对疫区应当采取下列措施

(1)在疫区周围设置警示标志，在出入疫区的交通路口设置临时动物检疫消毒站，对出入的人员和车辆进行消毒。

(2)扑杀并销毁染疫和疑似染疫动物及其同群动物，销毁染疫和疑似染疫的动物产品，对其他易感染的动物实行圈养或者在指定地点放养，役用动物限制在疫区内使役。

(3)对易感染的动物进行监测，并按照国务院兽医主管部门的规定实施紧急免疫接种，必要时对易感染的动物进行扑杀。

(4)关闭动物及动物产品交易市场，禁止动物进出疫区和动物产品运出疫区。

(5)对动物圈舍、动物排泄物、垫料、污水和其他可能受污染的物品、场地，进行消毒或者无害化处理。

3.对受威胁区应当采取下列措施

(1)对易感染的动物进行监测。

(2)对易感染的动物根据需要实施紧急免疫接种。

(四)应急处理人员的安全防护

要确保参与疫情应急处理人员的安全。针对不同的重大动物疫病，特别是一些重大人畜共患病，应急处理人员还应采取特殊的防护措施。

(五)突发重大动物疫情应急响应的终止

突发重大动物疫情应急响应的终止需符合以下条件：疫区内所有的动物及其产品按规定处理后，经过该疫病的至少一个最长潜伏期无新的病例出现。

特别重大突发动物疫情由农业部对疫情控制情况进行评估，提出终止应急措施的建议，按程序报批宣布。

重大突发动物疫情由省级人民政府兽医行政管理部门对疫情控制情况进行评估，提出终止应急措施的建议，按程序报批宣布，并向农业部报告。

较大突发动物疫情由市(地)级人民政府兽医行政管理部门对疫情控制情况进行评估，提出终止应急措施的建议，按程序报批宣布，并向省级人民政府兽医行政管理部门报告。

一般突发动物疫情，由县级人民政府兽医行政管理部门对疫情控制情况进行评估，提出终止应急措施的建议，按程序报批宣布，并向上一级和省级人民政府兽医行政管理部门报告。

上级人民政府兽医行政管理部门及时组织专家对突发重大动物疫情应急措施终止的评估提供技术指导和支持。

第二十二章　消毒技术及无害化处理

第一节　概　　述

一、消毒的概念

消毒是指用物理的、化学的和生物的方法杀灭物体中及环境中的病原微生物。而对非病原微生物及其芽孢(真菌)孢子并不严格要求全部杀死。其目的是预防和防止疾病的传播和蔓延。

下列一些相关概念在实际工作中常常易于与消毒相混淆,需注意区分。

灭菌:指杀死物体及环境中一切微生物。这里说的“一切微生物”包括病原微生物和非病原微生物及其芽孢、霉菌孢子等,经灭菌后,在物体表面、内部均无任何活的微生物存在。

防腐:是指阻止或抑制微生物的生长繁殖叫做防腐或抑菌。

抑菌作用:是指抑制或阻碍微生物生长繁殖的作用。

杀菌作用:即能使菌体致死的作用。

抗菌作用:抗菌作用包括抑菌作用和杀菌作用。某些药物具有杀灭病毒的能力,称为抗病毒作用。

无菌法:无菌系指没有活的微生物。无菌法系指在实际操作过程中防止任何微生物进入动物机体或物体的方法。以无菌法操作时称为无菌技术或无菌操作。

无害化:指不仅消灭病原微生物,而且还要消灭病原微生物分泌排出的有生物活性的毒素,同时消除其对人和动物具有危害作用的其他化学物质。

过滤除菌:是指液体或空气通过过滤作用除去其中所存在的细菌。

消毒剂或杀菌剂:即用于消毒的化学药品。

防腐剂:是用于防腐的化学药品,又称为抑菌剂。一般常用的消毒剂在低浓度时就能起到防腐剂的作用。

二、消毒的分类

根据环境对微生物作用的方式和消毒的手段不同,消毒方法可分为物理消毒法、化学消毒法及生物消毒法三大类。在养殖生产中,常常根据消毒的目的不同,将消毒分为如下三种类型:

(一)预防消毒

预防消毒又称定期消毒,是为了预防传染病的发生,对畜禽圈舍、畜禽场环境、用具、饮水等所进行的常规的定期消毒工作。预防消毒是畜禽场的常规工作之一,是预防畜禽传染病的重要措施之一。

(二)紧急消毒

在疫情发生期间,对畜禽场、圈舍、排泄物、分泌物及污染的场所、用具等及时进行的消毒。其目的是为了消灭由传染源排泄在外界环境中的病原体,切断传播途径,防止传染病的扩散蔓延,把传染病控制在最小范围。

(三)终末消毒

发生传染病以后,待全部病畜禽处理完毕,即当畜禽全群痊愈或最后一只病畜禽死亡后,经过2周再没有新的病例发生,在疫区解除封锁之前,为了消灭疫区内可能残留的病原体所进行的全面彻底的大消毒。

三、消毒的公共卫生学意义

病原体的存在,是人类和动物健康及畜禽生产的大敌。而要消灭和根除病原体,必不可少的办法就是消毒。消毒是指采用物理的、化学的和生物的方法将病原微生物消灭于外环境中,使其无害化,以切断传染病的传播途径,阻断传染病的播散,从而达到保护人类和动物健康的目的。消毒主要目的在于消灭传染源,切断传染病的传播途径。

消毒是兽医卫生防疫工作中的一项重要工作,是预防和扑灭传染病的最重要的措施。在集约化养殖业迅速发展的今天,消毒工作更显得突出重要。它已成为畜禽生产过程中必不可少的环节之一。了解和掌握有关消毒的知识和技能应该作为畜牧兽医工作者和有关畜禽场管理人员、屠宰加工企业管理人员必须具备的知识素质之一。

(一)消毒是预防传染病、保障养殖生产健康发展的必要措施之一

在传染病的预防与控制工作中,卫生防疫工作者需要对传染病流行过程的三个环节即传染源、传播途径、易感动物采取综合性措施,并根据传染病发生的特点对主导环节采取有效措施来预防和控制传染病。消毒与病媒防治工作就是切断传播途径、消灭传染源的主要措施。病原微生物可通过不同的途径传染给动物,而引起传染病的发生。呼吸道传染病如口蹄疫、禽流感、流行性感冒、猪瘟、鸡瘟、支原体肺炎、链球菌病、腺病毒感染、猪肺疫、肺结核、流行性脑脊髓膜炎等,主要是通过空气和飞沫传播。病原携带者在鸣叫、咳嗽、打喷嚏时将病原体排入空气中,并可污染环境物体表面。对污染的室内空气和物体表面进行消毒可以起到明显预防此类疾病的作用。经粪-口途径传播的肠道传染病,如细菌性痢疾、霍乱和副霍乱、伤寒、副伤寒以及其他沙门氏菌感染、大肠杆菌病、细菌性食物中毒、脊髓灰质炎、甲型和戊型病毒性肝炎、肠结核病、阿米巴痢疾、疯牛病及其他某些肠道寄生虫病等,主要是通过饮水、饲料、饲具、用具以及媒介动物的活动传播的。因此,搞好环境卫生和饮水、饲料的消毒,杀灭老鼠、蟑螂、蝇类等病媒生物,在预防肠道传染病上有重要意义。因此,做好平时的预防消毒,对畜禽圈舍、畜禽场环境、用具、饮水、饲料等进行常规的定期消毒,可有效地防制上述传染病的发生。

(二)消毒是控制和扑灭传染病必不可少的措施之一

在疫情发生期间,当暴发传染病后,针对其传染源的治疗方案及对易感动物的免疫保护作用常常是滞后的,如疫苗注射,最快也需要1周才会生效。并且疫苗对环境中的病原微生物也无能为力。而此时,对疫点采取紧急隔离封锁消毒措施,对畜禽场、圈舍、排泄物、分泌物及污染的场所、用具等及时实施消毒,则可有效地消灭由传染源排泄在外界环境中的病原体,同时,

对疫区的交通要道、运输车辆等进行消毒，可及时切断病原的传播途径，减缓疫情的扩散蔓延和传播，把传染病控制在最小范围，以尽快控制和扑灭疫情。

(三)消毒是控制和扑灭新的不明原因的传染病最有力的措施

从社会预防医学和公共卫生学的角度来看，消毒工作也是防止和减少人畜共患传染病的发生和蔓延，保障人类环境卫生、身体健康的重要环节之一。尤其是对新发生的、以前未明确的感染引起的能造成地方或全球公共卫生问题的新传染性疾病。由于人们对新传染病和不明原因传染病因认识的不足、片面性，针对其传染源的治疗方案及对易感人群的免疫保护往往是滞后，为防治疾病迅速蔓延，只能通过消毒来有效切断传播途径，才能阻止疫情迅速发展。如在抗击SARS和防治禽流感和口蹄疫的斗争中，消毒隔离与杀灭病媒生物的工作，起到了至关重要的作用。

(四)应对突发的自然灾害

自古以来即有"大灾之后必有大疫"之说，这是由于灾害发生后自然环境遭受破坏，居民生活秩序失常，医疗机构遭受破坏等原因所致。如在地震、水灾等发生时，病媒害虫纷纷出动，洪水泛滥可能将土壤深层的病原微生物翻腾出来，造成环境污染。所以，灾期和灾后常容易暴发呼吸道传染病、肠道疾病、虫媒疾病等。这时，必须抓好饮食卫生，做好食品和饮水消毒，开展消毒灭鼠害工作。针对生态破坏和灾民密集，人畜粪便、垃圾不能及时处理而导致的昆虫繁殖、鼠类大批迁移等问题，应大力开展消毒、杀虫、灭鼠工作，以控制肠道、虫媒及动物传染病流行。

(五)用于一些重大工程项目的环境卫生

一些重大工程项目，尤其是水利工程建设项目，如三峡工程等，大型环境改造，人们在新的地区修山筑路，开垦土地，兴办水电，破坏了原有的生态环境系统，这样人们就不断地进入未适应的新的生态环境中，建立起新的居民点，而在新的生态环境中往往潜在着人畜互传病的病原体，形成某种互传病的自然疫源，当人们进入疫源地就可能会暴发某种自然疫源性疾病的流行，或自然疫源地、传染源(贮存宿主)及媒介生物迁移至人类居住环境而造成的传染病发生。因此，对重大工程项目进行卫生学调查，监测病媒生物疾病，开展大范围消毒、杀虫、灭鼠是极为重要的。

由此可见，消毒与病媒防制在切断传染病传播途径中具有最直接的意义，在各种突发事件中，对人们的恐慌和社会动荡会起到重要的稳定作用，也是对政府工作领导成效的肯定。

(六)用于食品工业和制药工业的消毒保鲜和保质

在医药生产、食品加工等行业的生产过程中，消毒是必不可少的程序之一。如在药品生产中，消毒工作的效果直接影响药品的质量与安全。在食品生产加工过程中，尤其是深加工食品的生产过程，消毒工作更是必不可少的环节。

四、消毒的注意事项

消毒是兽医卫生防疫工作中的一项重要工作，是预防和扑灭传染病的最重要的措施。但是若消毒方法不当，例如，消毒剂的选择不当、消毒液的浓度不足、操作程序不合理，等等，即使是实施了消毒也不可能达到消毒的目的，这样疫情不仅不能得到及时地控制，还可能会向更大范围蔓延扩散。根据消毒的方法、消毒的性质不同，消毒设备也有不同的种类。消毒工作中，由于消毒方法的种类很多,要根据具体的消毒对象的特点和消毒要求确定。消毒过程中,除了了解上述内容以及选择适当的消毒剂外,还要了解进行消毒时采用的设备是否适当以及操作中的注意事项等。

(一)选择消毒、灭菌方法的原则和注意事项

选择消毒方法时应根据消毒物品的性质、特性,应注意掌握以下原则:即消毒效果确实可靠;保护被消毒物品即消毒对象不受损坏;消毒方法易于发挥作用。具体应注意如下几点:

1. *注意保护消毒对象不受损坏* 凡是人及动物接触到的物品都可能成为消毒的对象,这些形形色色的物品在性质、形状、结构上均具有各自的特点,因此在日常消毒工作中如何选择一种最适宜的消毒方式,必须要慎重考虑上述的因素。具体应注意如下:

(1)对不耐高温的物品(塑料、橡胶、内窥镜等)可用低温热力消毒方法;对怕热、忌湿和贵重的物品如羊毛毡、皮毛等,应选择甲醛或环氧乙烷等进行熏蒸消毒灭菌。而不能用高压蒸汽灭菌或干热灭菌。

(2)对耐高温、耐湿的物品和器材(玻璃、金属、油类等),可选用湿热或干热消毒灭菌。

(3)对金属器械的消毒,应选择对金属基本无腐蚀性的消毒灭菌剂如戊二醛等浸泡灭菌。

(4)对物体表面消毒时,应考虑被消毒物品的表面性质,对光滑的表面应采用紫外线消毒器近距离照射,或采用液体消毒剂擦拭;对多孔材料表面可采用喷雾消毒法。

2. *在选择消毒剂时要了解杀菌因子的杀菌效力* 因为不同的消毒剂其杀菌能力是不同的,这主要取决于其穿透力的强弱。穿透力强的物理因子有电离辐射、微波,化学因子有环氧乙烷、戊二醛等;穿透力较弱的有紫外线、甲醛等。另外,不同的消毒剂其杀菌谱亦有不同,在选用时必须要加以考虑。

3. *在选择消毒剂时,要对污染的微生物种类和数量有一个初步估计,并据此决定所用消毒剂的种类和浓度* 因为不同微生物对消毒因子有不同的抵抗力,同一种微生物,污染量越多、污染越严重,对消毒因子的抵抗力也越大,达到消毒所需要消毒剂的浓度也就越大。因此,在日常选择使用消毒剂时,除考虑消毒剂本身的杀菌效力外,还应注意其浓度与作用时间的关系。以达到合理使用,安全有效,事半功倍的目的。

(二)选择理想消毒药的原则

在消毒剂的选择上,应该本着以人为本,保护环境的宗旨,以对病原有高效的杀灭作用,对人和动物无毒或低毒,并且不会或极少对环境造成残留为原则,理想的消毒药应该具有如下优点:

(1)有强大的杀菌力,穿透力强,作用迅速,奏效。

(2)性质稳定,易溶于水、不易被氧化分解,不易燃易爆,便于贮存。

(3)对金属、木材、塑料制品等没有腐蚀损坏作用。

(4)杀菌作用不受或少受有机物(如血液、坏死组织、粪便、渗出液等)存在的影响。

(5)使用方便,价格低廉,对人及动物无毒害作用。

(6)在环境中易于降解,不会或极少对环境造成残留。

(三)消毒人员的自身防护

无论采取哪种消毒方式,都要注意消毒人员的自身防护。

(1)首先要严格遵守操作规程和注意事项,其次要注意消毒人员以及消毒区域内其他人员的防护。

(2)应根据消毒方法的原理和操作规程有针对性地采取防护措施。例如,进行喷雾消毒和熏蒸消毒时应穿上防护服,戴上眼镜、口罩,熏蒸消毒时应密闭门窗,消毒人员应离开房间;进行紫外线直接的照射消毒,室内人员都应该离开,避免直接照射。

(3)根据消毒方法的原理和操作规程有针对性地选择防护用品　常用的个人防护用品可以参照国家标准进行选购,防护服应配帽子、口罩、鞋套。防护服应满足下列要求:

①防水:防水是对防护服的最基本要求。好的防护服面料在 1 m^2 的防水气布料薄膜上有 14 亿个微细孔,一滴水珠比这些微细孔大 2 万倍,因此水珠不能穿过薄膜层而润湿布料,不会被浸湿,可保证操作中的防水效果。

②耐酸碱:因为消毒液常常含有一定的酸性或碱性,所以防护服面料应具有防酸碱的特性,可使服装在消毒中耐腐蚀。工作完毕或离开疫区时,用消毒液高压喷淋、洗涤消毒,达到安全防疫的效果。

③透气性好:防护服的面料微孔直径应大于汗液分子 700～800 倍,汗气可以从容穿透面料,即使在工作量大、体液蒸发较大时感到干爽舒适。如果防护服的面料透气性能不好,则易于造成消毒人员憋气捂汗,影响健康。目前先进的防护服已经在市面上存在,选购时可按照上述标准,参照防 SARS 时采用的标准。

④防寒、挡风、保暖:防护服应具有一定的防寒、挡风、保暖作用,尤其是冬季用的防护服。防护服面料极小的微细孔应呈不规则排列,可阻挡冷风及寒气的侵入。

第二节　消毒方法及其原理

根据环境对微生物作用的方式和消毒的手段不同,消毒方法主要分为物理消毒法、化学消毒法及生物消毒法 3 大类。此外,辐射消毒法、激光灭菌法也在实践中应用。

一、物理消毒法

物理消毒法是较常用、简便且较经济的方法,包括机械清扫、洗刷及通风换气;日光(紫外线)照射、干燥;烘箱内干热消毒;煮沸、流通蒸汽和高压蒸汽湿热消毒;火焰焚烧等。滤过除菌、超声波、激光、X 射线消毒等也属物理消毒法。

(一)机械清扫、洗刷及通风换气

以清扫、冲洗、洗擦等手段达到清除病原体的目的,是最常用的一种消毒方法,也是日常的卫生工作之一。机械清除并不能杀灭病原体。所以,此法只能作为消毒工作中的一个辅助环节,不能作为一种可靠的方法来利用,必须结合其他消毒方法同时使用。如发生传染病,特别是烈性传染病时,需与其他消毒方法共同施行,并且必须先用消毒药物消毒后,再采用机械清除。

通风换气也是机械清除消毒的一种。在有疫情发生时,尤其是经呼吸道传染的疾病发生时,畜禽圈舍排出的空气中可能含有病原微生物。但是这种污气的排出会威胁或传染相邻的畜禽群,需要经过消毒处理才能排放。

(二)日光(紫外线)照射、干燥消毒法

1. 日光照晒消毒　是指将需消毒的物品放在日光下暴晒,利用阳光光谱中的紫外线、灼热

以及干燥作用使病原微生物灭活而达到消毒的目的。此法较适用于畜禽圈舍的垫草、用具等的消毒，对被污染的土壤、牧场、场地表层的消毒均具有重要意义。

直射日光有强烈的杀菌作用，是天然的杀菌因素。许多微生物在日光直射下，数分钟到几小时就可被杀死，如结核菌、沙门氏菌、布氏杆菌等经日光照射很快就死亡，炭疽杆菌的芽孢在日光照射下 20 h 死亡。但日光的杀菌效力因时、因地及微生物所处的环境不同而异，空气中水分含量的多少、环境温度的高低以及微生物本身抵抗力的强弱均对日光的杀菌作用有影响。如烟尘严重污染的空气、玻璃及有机物的存在均可减弱日光的杀菌作用。

紫外线对微生物的作用主要有两个方面：一方面它可以改变细菌及其代谢产物的某些分子基团，使其酶、毒素等灭活；另一方面，紫外线能使细胞变性，进而引起菌体蛋白质和酶代谢障碍而导致微生物变异或死亡。紫外线对不同的微生物灭活所需的照射量不同。病毒对紫外线的抵抗力更大一些。需氧芽孢杆菌的芽孢对紫外线的抵抗力比其繁殖体要高许多倍。

日光的杀菌作用在不同的光谱部位，杀菌效力有所不同。可见光、红外线对微生物作用较弱，而紫外线则具有较强大的杀菌力。紫外线波长为 136～400 nm，其中波长 200～320 nm 段部分具有杀菌作用，而以 253～266 nm 段的杀菌力最强。实验室常用的紫外线杀菌灯的杀菌作用仅限于被照射物的表面，这是因为紫外线的穿透力很弱，即使是很薄的玻璃也不能透过。因此，紫外线杀菌灯一般适用于微生物实验室、无菌操作室、手术室、种蛋室等空间消毒，有时可用于不能用高温或化学药品消毒的器械、物品的消毒。

2. 干燥消毒　水分是微生物赖以生存的必备条件之一。在缺水的环境中，微生物的新陈代谢发生障碍，可引起菌体蛋白质等细胞结构发生变性，同时由于盐类浓度的增高而逐渐导致死亡。干燥可抑制微生物的生长繁殖，甚至导致微生物死亡。所以，在生产实际中常用干燥的方法保存草料、谷类、鱼、肉、皮张等。在畜牧生产中，青干草的保存就是利用干燥的作用，将新割的青绿植物水分迅速蒸发，当水分减少到 25%时，堆垛打捆，直至水分减少至 12%～16%。这种青干草可较长期地保存，而不致霉败腐烂。此外，谷物的含水量在 14%以下，温度不高于 30℃时，不利于微生物的生长繁殖，可长期保存。而若温度升高到 30℃以上，湿度超过 17%或者温度虽然较低(即在 10℃左右)，但湿度高于 19%时，霉菌等微生物就易于生长，使谷物和饲料霉败，产生霉菌毒素。

(三)紫外线灯照射消毒

紫外线灯(低压汞灯)可进行空气及物体表面的消毒。

1. 紫外线灯的工作基本原理　通过紫外线对微生物进行一定时间的照射，用以维持细菌或病毒生命的核蛋白核酸分子因大量吸收紫外线而发生变性，从而破坏了其生理活性，使其吸收的能量达到致死量，细菌或病毒便大量死亡。紫外线杀菌效率与其能量的波长有关，一般能量在波长为 250～260 nm 范围内的紫外线杀菌效率最高。

热阴极低压汞灯用钨制成双螺旋灯丝，涂上碳酸盐混合物，通电后发热的电极使碳酸盐混合物分解，产生相应的氧化物，并发射电子，电子轰击灯管内的汞蒸汽原子，使其激发产生波长为 253.7 nm 的紫外线。国内消毒用紫外线灯光的波长绝大多数在 253.7 nm 左右。有较强的杀灭微生物的作用，普通紫外线灯管由于照射时辐射部分 184.9 nm 波长的紫外线，故可产生臭氧，也称有臭氧紫外线灯。而低臭氧紫外线灯，由于灯管玻璃中含有可吸收波长小于 200 nm 紫外线的氧化钛，所以产生的臭氧量很小。高臭氧紫外线灯在照射时可辐射较大比例 184.9 nm 波长的紫外线，所以产生较高浓度的臭氧。目前市售的紫外线灯有多种形式，如直管形、H形、U形等，功率从数瓦到数十瓦不等，使用寿命在3 000 h左右。

2.紫外线灯使用方法

(1)移动式照射　将紫外线灯管装于活动式灯架上，适于不需要经常进行消毒或不便于安装紫外线灯管的场所。消毒效果依据照射强度不同而异，如达到足够的辐射度值，同样可获得较好的消毒效果。

(2)固定式照射　将紫外线灯悬挂、固定在天花板或墙壁上，向下或侧向照射。该方式多用于需要经常进行空气消毒的场所，如兽医室、进场大门消毒室等。一般在无人状态下，房间内每立方米空间所装紫外线灯管的功率达到2～2.5 W时，照射1 h以上，可达到一定的消毒效果。有人时应加强对人的防护，照射强度小于1 W/m^3，每2 h间隔1 h或40 min间隔1 h。

空气消毒时，许多环境因素会影响消毒效果，如空气的湿度和尘埃能吸收UV，如空气尘粒为800～900个/m^{3}时，杀菌效果将降低20%～30%，因此在湿度较高和粉尘较多时，应适当增加UV的照射强度和剂量。

3.紫外灯照射消毒的注意事项

(1)消毒时，应关闭门窗。一般情况下人员应该离开房间，不要直接暴露与紫外线下，以免伤害眼睛和皮肤。消毒后待臭氧分解后再进入。

(2)使用时，不要频繁开闭紫外线灯，以延长紫外线灯的使用寿命。

(3)选用合适反光罩，增强紫外线灯光的辐照强度。注意保持灯管的清洁，定期清洁灯管。

(四)高温灭菌法或热力杀菌法

高温对微生物有明显的致死作用。所以，应用高温进行灭菌消毒是比较确实可靠而且也是最常用的物理消毒法。高温灭菌可分为干热灭菌法和湿热灭菌法两类。

1.高温杀菌原理及影响高温杀菌作用的因素

高温杀菌的原理，主要是由于高温加热，使微生物的蛋白质和核酸结构中的氢键受到破坏，使菌体蛋白质、核酸发生变性凝固，以至菌体死亡。影响高温杀菌作用的因素主要有如下几个方面：

(1)微生物的类型　由于不同的微生物对热的抵抗力不同，所以杀灭不同的微生物需要不同的温度。如无芽孢细菌、真菌和细菌的繁殖体以及病毒对热力抵抗力较弱，一般在60～70℃下短时间内即可死亡；细菌的芽孢和真菌的孢子均比其繁殖体耐高温，细菌芽孢常常可耐受较长时间的煮沸，肉毒梭菌芽孢能耐受6 h的煮沸，破伤风杆菌芽孢能耐受3 h的煮沸。

(2)细菌的菌龄及发育时的温度　在对数生长期的细菌对热的抵抗力相对较小，老龄菌的抵抗力较大。一般在最适温度下形成的芽孢比其在最高或最低温度下产生的芽孢抵抗高温的能力要大。如肉毒梭菌在24～37℃范围内，随着培养温度的升高，其芽孢对热的抵抗力逐渐加强，但在41℃时所形成的芽孢对热的抵抗力较37℃时形成芽孢的抵抗力为低。

(3)细菌的浓度　繁殖体和芽孢在加热时，并不是在同一时间内全部被杀灭。一般来说，细菌的浓度越大，杀死最后一个细菌所需的时间也越长。

(4)介质的特性　在一定的范围内，作为介质的水，其含量越多，杀菌所需的温度越低，这是由于水分具有良好的导热性能，能促进加热时菌体蛋白质的凝固，使细菌死亡。芽孢之所以耐热，其主要原因是由于它含水分比繁殖体要少。若在水中加入2%～4%的石炭酸，可增强杀菌力。细菌在非水的介质中比水作为介质时对热的抵抗力大。在干热空气条件下，杀菌所需温度要高，时间要长。在浓糖和盐溶液中细菌脱水，对热的抵抗力增强。

(5)加热的温度和时间　许多无芽孢杆菌(如伤寒杆菌、结核杆菌等)在62～63℃下,20～30 min死亡。大多数病原微生物的繁殖体在60～70℃于30 min内死亡,70℃时10～15 min死亡。一般细菌的繁殖体在100℃下数分钟内死亡。

2.热力杀菌法或称高温灭菌法

(1)干热灭菌法　包括火焰灭菌和热空气灭菌两种。

热空气灭菌法:即在干燥的情况下,利用热空气灭菌的方法。用于热空气灭菌的设备为电热鼓风干燥箱。此法适用于干燥的玻璃器皿,如烧杯、烧瓶、吸管、试管、离心管、培养皿、玻璃注射器、针头、滑石粉、凡士林及液体石蜡等的灭菌。在干热的情况下,由于热的穿透力较低,灭菌时间较湿热法长。干热灭菌时,一般细菌的繁殖体在100℃经1.5 h才能被杀死,芽孢则需140℃ 3 h才能被杀死。真菌的孢子100～115℃ 1.5 h才能杀死。干热灭菌法是在特别的电热干烤箱内进行的。灭菌时,将待灭菌的物品放入烘烤箱内,使温度逐渐上升到160℃维持2 h,可以杀死全部细菌及其芽孢。

火焰灭菌法或焚烧消毒法:直接以火焰灼烧,可立即杀死存在于消毒对象的全部病原微生物。在实验室主要用于接种针、玻璃棒、试管口、玻片等可以灼烧的物品消毒。酒精火焰喷灯消毒也是一种焚烧消毒法,常用于圈舍内的料盘、笼具等金属工具的消毒,对于发生过严重传染病的圈舍内的垫草、粪便、病死畜禽尸体、死胚及胚壳以及其他无利用价值的物品应烧毁处理。这是一种最为彻底的消毒方法。

实际工作中常用的火焰灭菌设备有火焰专用型和喷雾火焰兼用型两种。火焰专用型灭菌设备的特点是使用轻便,适用于大型机种无法操作之地方;易于携带,适宜室内外,小及中型面积处理,方便快捷;操作容易,打气,按电门,即可发动,按气门钮,即可停止;采用全不锈钢,机件坚固耐用。

喷雾火焰兼用型除上述特点外,还有节省药剂,可根据被使用的场所和目的,用旋转式药剂开关来调节药量;节省人工费用,用1台烟雾消毒器能达到10台手压式喷雾器的作业效率;消毒器喷出的直径5～30 μm的小粒子形成雾状浸透在每个角落,可达到最大的消毒效果。

(2)湿热灭菌法　是灭菌效力较强的消毒方法。应用较为广泛。常用的湿热灭菌法有如下几种:

①消毒锅——煮沸消毒　是利用沸水的高温作用杀灭病原体。这是一种较为简单易行、经济有效的消毒方法,此法杀菌能力比较强、效果可靠,是最古老的消毒方法之一。常用于玻璃器皿、针头、金属器械如手术刀剪等、棉织品如工作服、帽等物品的消毒。煮沸消毒时,要求水沸腾温度达到100℃,10～20 min可以杀死所有细菌的繁殖体,真菌、病毒(除朊病毒外)等。而细菌芽孢需要的时间比较长,要15～30 min,有的须要几个小时才能杀灭。若在水中加入0.5%～1%的肥皂或碱或1%的碳酸钠,使溶液中pH偏碱性,以至物品上的污物易于溶解,同时还可提高沸点,增强杀菌力。水中若加入2%～5%的石炭酸,能增强消毒效果,经15 min的煮沸可杀死炭疽杆菌的芽孢。应用本法消毒时,要掌握消毒时间,一般以水沸腾时算起,煮沸20 min左右,对于寄生虫性的病原体,消毒时间应加长。

煮沸消毒时应注意:应清洗被消毒物品后再煮沸消毒;除玻璃制品外,其他消毒物品应在水沸腾后加入;被消毒物品应完全浸于水中,一般不超过消毒锅总容量的3/4;消毒时间从水沸腾后计算;消毒过程中如中途加入物品,需待水煮沸后重新计算时间;棉织品的消毒应适当搅拌;消毒注射器材时,针筒、针头等应拆开分放;经煮沸灭菌的物品,“无菌”有效期不超过

6 h;一些塑料制品等不能煮沸消毒。

②流通蒸汽灭菌法 此法是利用蒸笼或流通蒸汽灭菌器进行灭菌。一般在100℃加热30 min,可杀死细菌的繁殖体,但不能杀死芽孢和霉菌孢子,因此,常在100℃加热30 min灭菌后,将消毒物品置于室温下,待其芽孢萌发,第二天,第三天再用同样的方法进行处理和消毒。这样连续3 d 3次处理,即可保证杀死全部细菌及其芽孢。这种连续流通蒸汽汽灭菌的方法,称为间歇灭菌法。此消毒方法常用于易被高温破坏的物品如鸡蛋培养基、血清培养基、牛乳培养基、糖培养基等的灭菌。若为了不破坏血清等,还可用较低一点温度(70℃)加热1 h,连续6次,也可达到灭菌的目的。

(五)高压蒸汽消毒法

1.原理 是通过高热水蒸气的高温使病原体丧失活性。此法是一种应用较为广泛,效果确实可靠的消毒方法。因为热蒸汽穿透力强,物品受热快,而且在高压的情况下,水的沸点增高。在通常情况下,即1个大气压下水的沸点是100℃,压力越大,水的沸点越高。高压灭菌器就是根据这个原理,达到在短时间内完全灭菌的效果,一般用的高压灭菌器是以1.02 kg/cm^2(15磅/英寸^2)的压力,在121.3℃下维持20～30 min,这样可以保证杀死全部细菌及其芽孢。玻璃、纱布、金属器械、培养基、橡胶用品、生理盐水、缓冲液、针具等均可采用此法灭菌。

在使用高压灭菌器进行灭菌时,当压力上升到0.14～0.21 kg/cm^2(2或3磅/英寸^2,不得超过5磅/英寸^2)时,需缓缓打开气门,排出灭菌器内的冷空气,然后再关上气门,使器内的压力再度升高,按操作规程进行灭菌。否则,若冷空气未排净,即使压力达到规定数值,但器内温度却实际达不到要求,会影响灭菌的效果。另外,还要注意灭菌的物品不要互相挤压过紧,以保证蒸汽通畅,使所有物品的温度均匀上升,才能达到彻底灭菌的目的。

2.操作方法 在容器内盛水约3 L(如为电热式则加水至覆盖底部电热管);将要消毒物品连同盛物桶一起放入灭菌器内,将盖子上的排气软管插于铝桶内壁的方管中;盖好盖子,拧紧螺丝;加热,在水沸腾后10～15 min,打开排气阀门,放出冷空气,待冷气放完关闭排气阀门,使压力逐渐上升至设定值,维持预定时间,停止加热,待压力降至常压时,排气后即可取出被消毒物品;若消毒液体时,则应慢慢冷却,以防止因减压过快造成液体的猛烈沸腾而冲出瓶外,甚至造成玻璃瓶破裂。

3.高压蒸汽灭菌的注意事项

(1)消毒物品的预处理 当消毒物品应先进行洗涤,再用高压灭菌。

(2)压力蒸汽灭菌器内空气应充分排除 如果压力蒸汽灭菌器内空气不能完全排除,此时尽管压力表可能已显示达到灭菌压力,但被消毒物品内部温度低、外部温度高,蒸汽的温度达不到要求,导致灭菌失败。所以空气一定要完全排除掉。

(3)灭菌时间应合理计算 压力蒸汽灭菌的时间,应由灭菌器内达到要求温度时开始计算,至灭菌完成时为止。灭菌时间一般包括以下3个部分:热力穿透时间、微生物热死亡时间、安全时间。热穿透时间即从消毒器内达到灭菌温度至消毒物品中心部分达到灭菌温度所需时间,与物品的性质、包装方法、体积大小、放置状况、灭菌器内空气残留情况等因素有关。微生物热死亡时间即杀灭微生物所需时间,一般用杀灭嗜热脂肪杆菌芽孢的时间来表示,115℃为30 min,121℃为12 min,132℃为2 min。安全时间一般为微生物热死亡时间的一半。一般下排式压力蒸汽灭菌器总共所需灭菌时间是115℃为30 min,121℃为20 min,126℃为10 min。

此处的温度是根据灭菌器上的压力表所示的压力数来确定的。当压力表显示 15 磅/英寸^2，灭菌器内温度为 121℃；20 磅/英寸^2，为 126℃。

(4)消毒物品的包装不能过大　以利于蒸汽的流通，使蒸汽易于穿透物品的内部，使物品内部达到灭菌温度。另外，消毒物品的体积不超过消毒器容积的 85%；消毒物品的放置应合理，物品之间应保留适当的空间利于蒸汽的流通，一般垂直放置消毒物品可提高消毒效果。

(5)加热速度不能太快　加热速度过快，使温度很快达到要求温度，而物体内部尚未达到(物品内部达到所需温度需要较长时间)，致使在预定的消毒时间内达不到灭菌要求。

(6)注意安全操作　由于要产生高压，所以安全操作非常重要。高压灭菌前应先检查灭菌器是否处于良好的工作状态，尤其是安全阀是否良好；加热必须均匀，开启或关闭送气阀时动作应轻缓；加热和送气前应检查门或盖子是否关紧；灭菌完毕后减压不可过快。

(六)巴氏消毒法

此法常用于啤酒、葡萄酒、鲜牛奶等食品的消毒。此消毒方法可以杀死食品中的病原菌和其他细菌繁殖体，如结核杆菌、沙门氏菌、布氏杆菌等，又不损失食品的营养物质。如常用的牛奶消毒法，在 61～63℃加热 30 min(低温长时间巴氏消毒法)，或 71～72℃加热 15 s(高温短时间巴氏消毒法)，然后迅速冷却至 10℃左右，这可使牛奶中细菌总数减少 90%以上，并杀死其中的全部病原菌。

另外，还有一种超高温巴氏灭菌法，是利用一种热交换式的金属板或管道，其内温度控制在 132℃以上，被消毒物品经过此管道，1～2 s 走完全程，而后迅速冷却。这种消毒方法目前正广泛应用于奶牛场的鲜牛奶消毒。

二、化学消毒法

(一)化学消毒法的分类

细菌等微生物的形态、生长、繁殖、致病力、抗原性等特性都受外界化学因素的影响。各种化学物质对微生物的影响是不相同的，有的可促进微生物的生长繁殖，有的可阻碍微生物的新陈代谢的某些环节而呈现抑菌作用，有的使菌体蛋白质变性或凝固而呈现杀菌作用，即使是同一种化学物质，由于其浓度、作用时的环境温度、作用时间的长短及作用对象等的不同，或呈现抑菌作用，或呈现杀菌作用。化学消毒法就是利用化学消毒剂对微生物的毒性作用这一原理，对消毒物品用消毒剂进行清洗、浸泡、喷洒、熏蒸，以达到杀灭病原体的目的。化学消毒法包括如下几种方法：

1. 浸洗或清洗消毒法　如接种或打针时，对注射局部用酒精棉球、碘酒擦拭即属此消毒法。在发生了传染病后，对圈舍的地面，墙裙用消毒药液清洗也属于这种消毒法。

2. 浸泡消毒法　是将被消毒物品浸泡于消毒药液中。此法常用于医疗、剖检器械的消毒。此外，在动物体表感染寄生虫等时，采用杀虫剂或其他药剂进行药浴也是一种浸泡消毒法。

3. 喷洒消毒法　是消毒中较常用的有效消毒方法。消毒时将配好的消毒药液装入喷雾器内，对畜禽圈舍、地面、墙壁、用具、放牧地、车、船以及畜禽产品等进行喷雾消毒。喷雾消毒的药液均匀散布，可用于发生传染病时的消毒或平时的定期消毒。

4. 熏蒸消毒法　是利用某些化学消毒剂易于挥发，或是两种化学制剂起反应时产生的气体对环境中的空气及物体进行消毒的方法。如过氧乙酸气体消毒法、甲醛熏蒸消毒法即属此类消毒法。

(二)化学消毒防腐药的作用机理

通常说来,消毒剂是指能迅速杀灭病原微生物生长繁殖的药物。但消毒药和防腐药二者之间并没有严格的界限,消毒药在低浓度时仅能抑菌,而防腐药在高浓度时也可能有杀菌作用。因此,一般总称为消毒防腐药。根据消毒防腐药的杀菌或抑菌作用机理不同,归纳起来有如下三种:

1.使病原体蛋白变性、发生沉淀 大部分消毒防腐药都是通过这一原理而起作用,其作用特点是无选择性,可损害一切活性物质,属于原浆毒,可杀菌但又可破坏宿主组织,如酚类、醇类、醛类等,此类药仅适用于环境消毒。

2.干扰病原体的重要酶系统,影响菌体代谢 有些消毒防腐剂通过氧化还原反应损害细菌酶的活性基因,或因化学结构与代谢物相似,竞争或非竞争地同酶结合,抑制酶的活性,引起菌体死亡。如重金属盐类、氧化剂和卤素类消毒药即属此类。

3.增加菌体细胞膜的通透性 某些消毒防腐剂能降低病原体的表面张力,增加菌体胞浆膜的通透性,引起重要的酶和营养物质漏失,水渗入菌体,使菌体破裂或溶解,如目前广泛使用的双链季铵盐类消毒药即属于此类。

(三)影响化学消毒效果的因素

1.化学消毒剂的性质 各种化学消毒剂,由于其本身的化学特性和化学结构不同,故而其对微生物的作用方式也各不相同,所以,各类消毒剂的消毒效果也不一致。

2.消毒剂的浓度 在一定的范围内,化学消毒剂的浓度越大,其对微生物的毒性作用也越强。但这并不意味着浓度加倍,杀菌力也随之增加1倍。有些消毒剂,稀浓度时对细菌无作用,当浓度增加到一定程度时,可刺激细菌生长,再把消毒剂浓度提高时,可抑制细菌生长,只有将消毒液浓度增高到有杀菌作用时,才能将细菌杀死。如70%酒精的杀菌作用比100%的纯酒精强。

3.微生物的种类 由于微生物本身的形态结构及代谢方式等生物学特性的不同,其对化学消毒剂所表现的反应也不同。如革兰氏阳性细菌的等电点比革兰氏阴性菌低,所以,在一定的pH下所带的负电荷较多,容易与带正电荷的离子结合。故革兰氏阳性菌较易与碱性染料的阳离子、重金属盐类的阳离子及去污剂结合而被灭活。细菌的芽孢因有较厚的芽孢壁和多层芽孢膜,结构坚实,消毒剂不易渗透进去,所以,芽孢对消毒剂的抵抗力比其繁殖体要强得多。

4.温度及时间 许多消毒剂在较高温度下消毒效果较低温度下好。温度升高可以增强消毒剂的杀菌能力,并能缩短消毒时间。当温度增加10℃,酚类的消毒速度增加8倍以上,石炭酸则增加5~8倍。在其他条件都一定的情况下,作用时间越长,消毒效果越好,消毒剂杀灭细菌所需时间的长短取决于消毒剂的种类、浓度及其杀菌速度,同时也与细菌的种类、数量和所处的环境有关。

5.湿度 在熏蒸消毒时,湿度可作为一个环境因素影响消毒效果。用过氧乙酸及甲醛熏蒸消毒时,相对湿度以60%~80%为最好。湿度太低,则消毒效果不良。

6.酸碱度(pH) 许多消毒剂的消毒效果均受消毒环境pH的影响。如碘制剂、酸类、来苏儿等阴离子消毒剂,在酸性环境中杀菌作用增强;而阳离子消毒剂如新洁尔灭等,在碱性环境中杀菌力增强。另外，pH也影响消毒剂的电离度，一般来说，未电离的分子，较易通过细菌的细胞膜，杀菌效果较好。

7. *有机物的存在*　当微生物所处的环境中有有机物如粪便、痰液、脓汁、血液及其他排泄物存在时，由于消毒剂首先与这些有机物结合，而大大减少与微生物作用的机会，同时，这些有机物的存在，对微生物也具有机械的保护作用，结果使消毒剂的杀菌作用大为降低。所以，在消毒皮肤及创口时，要先洗净，再行消毒。对于痰液、粪便、畜禽圈舍的消毒应选用受有机物影响较小的消毒药物。同时应适当提高消毒剂的浓度，延长消毒时间，方可达到良好的消毒效果。

(四)消毒防腐剂的种类及其用途

消毒防腐剂的种类很多，根据其化学特性不同分为如下11类：酚类、醇类、醛类、酸类、碱类、氯制剂、氧化剂、碘制剂、染料类、重金属盐类、表面活性剂等。现分述如下：

1. *酚类*　包括苯酚、煤酚、复合酚、六氯酚等。它们能使病原微生物的蛋白质变性、沉淀而起杀菌作用，能杀死一般细菌。复合酚能杀灭芽孢、病毒和真菌。

(1)苯酚　又名酚、石炭酸，为无色针状结晶或白色晶块，有特异的臭味，能溶于水、酒精、甘油、脂肪油等。苯酚为原浆毒，可使菌体蛋白变性而发挥杀菌作用。可杀灭细菌繁殖体、真菌，对芽孢、病毒无效。通常用其2%～5%的水溶液处理污物、用具和外科器械，并可用于消毒车辆、墙壁、运动场及畜禽圈舍。因本品有特殊臭味，故不适于肉、蛋的运输车辆及贮藏肉蛋的仓库消毒。苯酚忌与碘、溴、高锰酸钾、过氧化氢等配伍应用。不宜用于创伤、皮肤的消毒。苯酚的制剂有固体酚与液体酚两种，固体酚在热水浴中溶化后加水8%～10%即成液体酚。

(2)煤酚　又名甲酚，是对、邻、间位三种甲基酚异构体的混合物，无色或淡黄色澄清液体，有类似苯酚的臭味。煤酚的杀菌作用比苯酚强3倍，而毒性较小，能杀灭细菌的繁殖体，对结核杆菌、真菌有一定的作用，可杀灭亲脂性病毒，但对亲水性病毒无效，对芽孢的灭活作用也较差。煤酚的水溶性较差，仅能制成1.75%的水溶液。煤酚皂溶液(来苏儿)是含50%煤酚的肥皂溶液，为黏稠的棕色液体，加水稀释后呈乳白色液体。来苏儿是实际工作中常用的消毒剂。于手术前洗手及皮肤消毒(2%)、器械、物品消毒(3%～5%)及畜圈舍、畜禽排泄物等的消毒(5%～10%)。

(3)复合酚　商品名为农乐、消毒灵、菌毒敌等，在国外称农福，为酚(含41%～49%)和醋酸(含22%～26%)的混合物。本品为深红色黏稠液体，有特殊臭味，易溶于水。本品是一种广谱、高效的消毒剂，可杀灭细菌、霉菌和病毒，对多种寄生虫卵亦有杀灭作用。复合酚主要用于畜禽圈舍、栏、笼具、饲养场地、排泄物等的消毒。施药一次，药效可维持7 d。常用的喷洒浓度为0.35%～1%。对严重污染的环境，可适当增加浓度与喷洒次数。使用时，稀释水温不宜低于8℃，禁止与碱性药物或其他消毒药液混用。

2. *醇类*　醇类被广泛用作消毒剂。醇类的杀菌力主要是由于它的脱水作用，使菌体蛋白质凝固和变性。其分子量大的，杀菌力较强，丁醇的杀菌力大于丙醇，丙醇的杀菌力大于乙醇。无水酒精杀菌力很低，加水稀释成70%(质量)或77%(体积)的酒精杀菌最好，本品主要用于皮肤及器械消毒。

3. *醛类*　醛类杀菌作用大于醇类，其中甲醛的作用最强。

(1)甲醛　在室温下为无色液体，易溶于水，其40%的水溶液称为福尔马林。甲醛在气态或液态下，均能凝固蛋白和溶解类脂，并能与蛋白质的氨基结合而使蛋白变性，因而具有强大的广谱杀菌作用。对细菌繁殖体、芽孢、真菌和病毒均有效。2%福尔马林用于器械消毒,消毒时是将器械置于药液中浸泡 1～2 h,10%甲醛溶液可以处理排泄物,消毒圈舍、装具、皮毛、仓库、实验室、衣物、图书、器械等。房舍消毒常用甲醛熏蒸消毒法。房舍、仓库的简易气体消毒法是每立方米空间需 15～20 mL 福尔马林,加等量水,加热蒸发。也可加氧化剂高锰酸钾进行蒸发,则消毒效果更好。根据不同的消毒要求,用药浓度分为三级:一级浓度是指每立方米空间,用甲醛溶液(即福尔马林)14 mL,高锰酸钾 7 g;上述两药品的用量均增加 1 倍,消毒空间仍为 1 m^3,即为二级浓度;在 2 级基础上,每立方米消毒空间用福尔马林 42 mL,高锰酸钾 21 g 则为三级浓度。配药时要注意先将高锰酸钾加入容器中,再加福尔马林。容器不能用金属制品,同时容器须深大。其容积应比药液用量大 10 倍以上。消毒时密闭门窗,7 h 后打开门窗。用甲醛熏蒸消毒后,为消除甲醛的刺激性,可再用浓氨水(2～5 mL/m^3)加热蒸发,使变成无刺激性的六甲烯胺。杀芽孢每立方米需 250 mL 福尔马林。

熏蒸消毒必须有较高的室温和相对湿度,一般室温应不低于 15℃,相对湿度为 60%～80%,这样可增加细菌表面可溶性甲醛,呈现较强的抗菌活性。

甲醛很容易聚合,凝成固体薄层吸附在各种物品的表面。聚合物不溶于水,无杀菌活性,因此,甲醛气体消毒穿透力较差,不易透入物品深部发挥灭菌作用,有滞留性,消毒后不易扩散掉,即使时隔数天或用水冲洗也不易散失是其缺点。另外,福尔马林长期贮存或水分蒸发,会产生白色的多聚甲醛沉淀,多聚甲醛无消毒作用,需加热才能解聚,仓库等房舍消毒也可用多聚甲醛,每立方米空间 3～5 g,加热 100℃可蒸发为甲醛气体,密闭 10 h。

(2)多聚甲醛 又名多聚甲醛,为甲醛的聚合物,具有甲醛的臭味,系白色疏松粉末,不溶或难溶于水,溶于稀碱或稀酸溶液。聚甲醛本身无杀菌作用,在室温下缓慢解聚,放出甲醛,加热至 80～100℃时产生大量甲醛气体,呈现强大的杀菌作用。本品使用方便,但要求温度在 18℃以上;湿度 80%～90%,最小不低于 70%;浓度大于 3 mg/L。若水蒸气不足以使甲醛溶解时,易形成多聚甲醛粉末留于物体表面。一般按每立方米用量 3～5 g,消毒 10 h。

(3)戊二醛 是酸性水溶液,常用其 2%溶液。若用 0.3%碳酸氢钠作缓冲剂,使其 pH 值调整至 7.5～8.5,杀菌作用显著增强,但溶液不稳定,常温下只能保存 2 周。2%碱性戊二醛溶液在 10 min 内可杀死多种病毒和结核杆菌,3～4 h 内杀死芽孢,且不受有机物存在的影响,刺激性也较弱。本品常用于医疗器塑料及橡胶的气管插管、探测导管。内窥镜及体温计等的浸泡消毒。本品抗菌谱广、杀菌快而且可靠。但其价格贵且稳定性差是其不足之处。

4. 酸类 酸的杀菌作用在于高浓度的 H^+ 能使菌体蛋白质变性和水解,低浓度的 H^+ 可以改变细菌体表蛋白两性物质的离解度,抑制细胞膜的通透性,影响细菌的吸收、排泄、代谢和生长。H^+ 还可与其他阳离子在菌体表现竞争性吸附,妨碍细菌的正常活动。有机酸离解度小,但与同等离解度的无机酸相比,抗菌作用比无机酸强。

(1)无机酸 无机酸中盐酸和硫酸具有强大的杀菌和杀芽孢作用,0.01 mol/L 的盐酸或 0.005 mol/L 的硫酸在 40 min 内能杀死大肠杆菌,温度提高,杀菌作用增强,但是它们是原浆毒,对活组织有强烈的刺激和腐蚀作用,且能损坏纺织物品和木质用具,腐蚀金属,应用受到限制,实用中有时以 0.5 mol/L 的硫酸处理排泄物、痰液等。30 min 可杀死痰液中多数结核菌。盐酸在实用中常用来消毒污染炭疽芽孢的皮张,为了提高盐酸的杀芽孢作用,可在 2%盐酸中加食盐 15%,加温到 30℃,将皮张浸在此溶液内,消毒 40 h。加食盐的目的,除了增强杀菌作用外,还可减少皮革因受酸的作用而膨胀,降低质量。消毒完毕后可将皮张浸入 1.5%～2%

烧碱溶液或3%碳酸氢钠溶液中浸1.5～2 h,以中和酸,然后以清水冲洗。

(2)有机酸　有机酸中如苯甲酸、山梨酸不仅有微弱的杀菌和抑菌作用,而且有抗霉菌作用,毒性很低,并且无味,可作为食品保存剂。

乳酸和醋酸具有杀菌和抑菌作用,不同浓度的乳酸对伤寒杆菌、大肠杆菌、葡萄球菌和链球菌分别呈有杀菌和抑菌作用,其蒸汽与喷雾尤有杀菌和杀病毒作用,适于作空气消毒,能杀灭流感、流脑病毒及某些革兰氏阳性菌。乳酸蒸汽消毒按每100 m^3 6～12 mL的用量,加水稀释成20%浓度,放在器皿中加热蒸发,消毒时密闭门窗。蒸发完后30～90 min应通风排气。乳酸蒸汽亦可用来消毒仓库霉菌,每1 000 m^3 空间用100 mL,加水100～200 mL,加热蒸发。乳酸蒸汽消毒的优点是价廉,毒性低;缺点是杀菌力不够强。有时可用食醋来代替乳酸用于空气消毒。每立方米10 mL的用量,加1～2倍水稀释,加热蒸发。食醋熏蒸消毒在畜舍内也可进行,畜禽不需移出室外,但消毒效果不如乳酸。

利用草酸和甲酸(蚁酸)消毒时,可用其溶液,也可以汽溶胶的形式,来消毒口蹄疫和其他传染病的房舍。

5.碱类　用于消毒的碱类制剂有苛性钠、苛性钾、石灰、草木灰、苏打和碳酸钾。碱类消毒作用强度取决于碱溶液中OH^-浓度,浓度越高,杀菌力越强。碱对病毒有强大的杀灭作用,可用于许多病毒性传染病的消毒,也有较强的杀菌作用,对革兰氏阴性菌比对阳性菌有效。高浓度碱液亦可杀灭芽孢。碱类消毒作用的机理主要是由于OH^-能水解蛋白质和核酸,使细菌酶系统和细胞结构受损害,同时碱还能抑制细菌的正常代谢机能,分解菌体中的糖类,使菌体失活。碱能腐蚀有机组织,操作时注意不要用手接触,需佩戴防护眼镜、手套和操作服,如不慎将碱液溅到皮肤上或眼里,应迅速用大量清水冲洗。碱有皂化去垢作用,对木质、金属用具没有酸那样严重的腐蚀作用。而且无臭无味,所以,除用于一般场所的消毒外,还可用于食品加工厂的消毒。但碱液对铝制用品、油漆漆面和纤维织物有损坏作用,用时应注意。此外,碱剂易潮解,而使体积增大胀裂容器。因而,碱剂应贮存于密闭的铁制容器中,注意防潮。

6.卤素类　卤素和易放出卤素的化合物均有强大的杀菌能力。卤素对细菌原生质及其他结构成分有高度的亲和力,易渗入细胞与菌体原浆蛋白的氨基或其他基团相结合(卤化作用),使有机物分解或丧失功能呈现杀菌作用。在卤素中,氟、氯的杀菌力最强,依次为溴、碘。但氟和溴一般不用做消毒药。

(1)氯与含氯化合物　氯(Cl_2)是气体,有强大的杀菌作用。氯遇到水以后,可生成盐酸和次氯酸,而次氯酸又可放出活性氯,并产生盐酸和初生态氧。次氯酸也很易于进入细胞内而发挥杀菌作用。水中含有2 μL/L浓度的氯即可杀死大肠杆菌、痢疾杆菌、亲脂性病毒、阿米巴原虫。通常是以液态氯加入水中,达0.1～0.2 μL/L的浓度作饮水或游泳池的水质消毒。

由于氯是气体,其水溶液不稳定,故杀菌作用不持久,使用也不方便。通常情况下一般多使用能释放出游离氯的含氯化合物。以含氯化合物制成的含氯消毒剂,目前在市场上应用很广泛。

所谓含氯消毒剂是指在消毒剂中起作用的是那些含氯的离子、自由基、分子等,该类消毒剂称为含氯消毒剂。含氯消毒剂大多是高效、广谱的杀菌剂。其种类主要包括液氯、漂白粉、漂粉精、次氯酸钠(钙)、氯胺、二氧化氯、二氯异腈尿酸(钠)(优氯净)、三氯异腈尿酸(钠)(强氯精)等。

(2)碘与碘制剂　碘有很强的消毒作用,可杀死细菌、芽孢、霉菌和病毒及原虫等。其作用机理是碘可氧化细菌原浆蛋白的活性基,并与蛋白质的氨基酸结合而使其变性。碘为灰黑色、有金光泽的薄片状结晶,极难溶于水,能溶于乙醇。碘在水中主要以分子 I_2 的形式发挥作用。碘的 0.005%浓度在 1 min 内能杀死大部分致病菌,杀死芽孢约需 15 min。其抗金黄色葡萄球菌的作用比氯强。碘在酸性环境中杀菌力较强,在碱性环境及有机物存在时,其杀菌作用减弱。碘的制剂有碘酒(碘配)、碘甘油、络合碘(碘伏)。

7.氧化剂　氧化剂是一类含不稳定的结合态氧的化合物,遇有机物或酶即放出初生态氧,破坏菌体的活性基因而呈杀菌作用;其作用原理可通过三个方面来实现,首先,氧化剂直接与菌体或蛋白酶中的氨基、羧基等发生反应而损伤细胞结构,或使细菌蛋白酶中的-SH 基氧化变为-S-S-基而抑制代谢机能,引起细菌死亡;第二可通过氧化作用破坏细菌代谢系统,使代谢失去平衡而致细菌死亡;另外,通过氧化反应,加速代谢过程,损害细菌的生长过程,而使细菌死亡。常用于消毒的氧化剂有高锰酸钾和过氧乙酸。

(1)高锰酸钾　为暗紫色斜方形的结晶或结晶性粉末。为强氧化剂,遇有机物或加热、加酸或碱均能放出初生态氧,起氧化作用,呈现杀菌、除臭、解毒作用,因为无游离态氧放出,故作用时不产生气泡。高锰酸钾在氧化反应后,被还原形成的二氧化锰可与蛋白结合成蛋白盐类复合物,故在低浓度下有收敛作用。高浓度时则有刺激和腐蚀作用。

高锰酸钾易溶于水,其水溶液呈粉红色至紫红色。0.1%的高锰酸钾溶液能杀死多数繁殖型细菌,2%～5%溶液在 24 h 内能杀死多数繁殖型细菌,2%～5%溶液在 24 h 内杀死芽孢,在酸性溶液中,它的杀菌作用增强。如含 1%高锰酸钾和 1.1%盐酸的水溶液能在 30 s 内杀灭炭疽芽孢。高锰酸钾水溶液常用于消毒皮肤和黏膜创面,1%溶液可用于毒蛇咬伤的局部清洗等。另外由于高锰酸钾常与福尔马林混合作空气熏蒸消毒。

(2)过氧乙酸　又名过醋酸。也是一种强氧化剂。纯品为无色透明液体,易溶于水,性质不稳定,易挥发。有刺激性气味,并带有醋酸味。高浓度的过氧乙酸溶液遇热 60℃以上即强烈分解,能引起爆炸,25%以下的低浓度溶液无此危险。所以,市面上所售产品一般为 20%浓度,盛装于塑料瓶中,需密闭避光贮放在低温处(3～4℃),有效期为半年,稀释后的溶液只能保持药效 3～7 d,故应现用现配。液体的配制应以实际含量计算。如欲配 0.6%的过氧乙酸 1 000 mL,可在 995 mL 水中加 20%的过氧乙酸 5 mL 即成。

若市面上无成品出售时,可用冰醋酸自由配制。方法如下:30%过氧化氢 1 份,加冰醋酸 4 份,再加入上述两者容量总和的 1%的浓硫酸搅拌混匀后放置室温下 2～3 d,即制成了过氧乙酸,其浓度为 30%～40%。过氧乙酸具有高效、速效和广谱杀菌作用。对细菌、病毒、霉菌和芽孢均有效,对组织有刺激性、腐蚀性。0.05%～0.5%溶液 2～5 min 可杀死金黄色葡萄球菌、沙门氏菌、大肠杆菌等一般细菌,1%溶液 10 min 可杀死芽孢,1%溶液 1 min 可杀死牛的毛皮癣菌;而且在低温下也仍具有杀菌和杀芽孢能力。

过氧乙酸对人、畜无害,所以,可用于食品厂及食品的消毒。0.5%溶液可用做畜禽圈舍、饲槽、车辆等的喷雾消毒;用 0.04%～0.296%溶液用于浸泡消毒耐酸塑料、玻璃搪瓷和橡胶制品等。用 5%溶液按每立方米 2.5 mL 喷雾作密闭的实验室、无菌室、圈舍、仓库、屠宰加工车间等的空气消毒。0.396%溶液按 30 mL/m^3,用于带鸡消毒。另外,还可用本品作室内的熏蒸消毒,一般每立方米用 1～3 g,稀释成 3%～5%溶液,加热熏蒸,室内相对湿度要在 60%～80%,若湿度达不到此数值,可采用喷水的办法来增加湿度,密封门窗,熏蒸 1～2 h。

本品能腐蚀多种金属,并对有色棉织品有漂白作用,喷雾时消毒人员应戴防护眼镜、手套和口罩操作，防止灼伤黏膜组织。

8. *表面活性剂* 又称除污剂或清洁剂。这类药物能降低表面张力，改变两种液体（通常为水和油）之间的表面张力，有利于乳化而除去油污，起清洁作用；另一方面，表面活性剂能吸附于细菌表面，改变菌体细胞膜的通透性，使菌体内的酶、辅酶和中间代谢产物逸出，使细菌的呼吸及糖酵解过程受阻，菌体蛋白变性，因而呈现杀菌作用。据表面活性部分的离子成分不同，表面活性剂可分为阴离子表面活性剂，阳离子表面活性剂及不游离的表面活性剂 3 种。阳离子表面活性剂的杀菌效力可被有机物及阴离子表面活性剂如肥皂等所降低或抵消。所以，阴离子和阳离子表面活性剂不能混合或同时应用。

常用的表面活性剂有如下几种：新洁尔灭、洗必泰又称双氯苯胍乙烷或氯苯胍亭、杜灭芬和消毒净。

9. *挥发性烷化剂* 化学活性很强，在常温常压下易挥发成气体，其烷基能取代细菌细胞的氨基、巯基、羟基和羧基的不稳定氢原子，发生烷化作用，使细胞的蛋白质、酶、核酸等变性或功能改变而呈现杀菌作用，能杀死繁殖型细菌、霉菌、病毒和芽孢。而且与其他消毒药不同，对芽孢的杀灭效力与对繁殖型相似，此外，对仓库害虫及其卵也有毒杀作用，它们主要用作气体消毒。常用的挥发性烷化剂有环氧乙烷和 β-丙内酯。

三、生物消毒法

生物消毒是利用自然界广泛存在的微生物在氧化分解污物（如垫草、粪便等）中的有机物时所产生的大量热能来杀死病原体。如堆肥发酵法即属此。在粪便和土壤中有大量的嗜热菌、噬菌体及其他抗菌物质，嗜热菌可以在高温下发育，其最低温界为 35℃，适温为 50～60℃，高温限为 70～80℃。在堆肥内开始阶段由于一般嗜热菌的发育，使堆肥内的温度高到 30～35℃，此后嗜热菌便发育而将堆肥的温度逐渐提高到 60～75℃，在此温度下大多数病毒及除芽孢以外的病原菌、寄生虫幼虫和虫卵在几天到 3～6 周内死亡，粪便、垫料采用此法比较经济，消毒后不失其作为肥料的价值，生物消毒方法有许多，在畜禽生产中常用的有地面泥封堆肥发酵法、地上台式堆肥发酵法及坑式堆肥发酵法等。

（一）地面泥封堆肥法

堆肥地点应选择在距离畜禽圈舍、水池、水井较远处进行。挖一宽 3 m、两侧深 25 cm 向中央稍倾斜的浅坑，坑的长度据粪便的多少而定。沿两侧挖一宽、深各 25～30 cm 的小沟，用以消灭蝇蛆。沿坑的长轴在中央挖一宽、深各 50 cm 的沟。坑底用黏土夯实。用小树枝条或小圆棍横架覆盖于中央沟上，以便空气可通入。沟的两端冬天关闭，夏天打开。在坑底铺一层厚 30～40 cm 的干草或非传染病的畜禽粪便。然后将要消毒的传染病粪便堆积于其上。粪便堆放时要疏松，掺 10％马粪或稻草。干粪须加水浸湿、冬天应加热水。粪堆高 1.2 m。粪堆好后，在粪堆的外表面，覆盖一层厚 10 cm 的稻草或杂草，然后再在草外面封盖一层 10 cm 厚的泥土。这样堆放 1（夏天）～3（冬天）个月后即达消毒目的。

（二）坑式堆肥发酵法

在适当的场所设粪便堆放坑池若干个，坑、池的数量和大小视粪便的多少而定。坑池的内壁最好用水泥或坚实的黏土筑成。堆肥前，在坑底垫一层稻草或其他秸秆，然后再堆放待消毒的粪便，上方再堆一层稻草之类的东西，或健康畜禽粪便，堆好后表面加约 10 cm 厚的土或草泥一层。粪便堆放发酵 1～3 个月即达目的。若堆粪时，粪便过于干燥，应加水浇湿，以便其迅速发酵；另外，在有生产沼气的地方，可把堆肥发酵与生产沼气结合在一起。值得注意的是，生物发酵消毒法不能杀灭芽孢。因此，若粪便中含有炭疽、气肿疽等芽孢杆菌，则以焚毁或加有效化学药品处理。

四、消毒效果的检查

经过上述各种消毒方法消毒后，需要对消毒效果进行检查。检查的方法和要点如下：

1. 清洁程度的检查　检查车间地面、墙壁、设备及圈舍场地清扫的情况，要求做到干净、卫生、无死角。

2. 消毒药剂正确性的检查　查看消毒工作记录，了解选用消毒药剂的种类、浓度及其用量。检查消毒药液的浓度时，可从剩余的消毒药液中取样进行化学检查。要求选用的消毒药剂高效、低毒，浓度和用量必须适宜。

3. 消毒对象的细菌学检查　消毒以后的地面、墙角及设备，随机划区（10 cm×10 cm）数块，用消毒的湿棉签，擦拭 1～2 min 后，将棉签置于 30 mL 中和剂或生理盐水中浸泡 5～10 min，然后送化验室检验菌落总数、大肠菌群和沙门氏菌。根据检查结果，评定消毒效果。

4. 粪便消毒效果的检查

（1）测温法用装有金属套管的温度计，测量发酵粪便的温度，根据粪便在规定时间内达到的温度来评定消毒效果。当粪便生物发热达 60～70℃时，经过 1～2 昼夜，可以使其中的巴氏杆菌、布氏杆菌、沙门氏杆菌及口蹄疫病毒死亡；经过 24 h 可以杀灭猪丹毒杆菌；经 12 h 能杀死猪瘟病毒。

（2）细菌学检查按常规方法检查，要求不得检出致病菌。

第三节　消毒技术及操作程序

一、实验室玻璃器皿的消毒

实验室使用的玻璃器皿，尤其是用于微生物实验的玻璃器皿必须经清洗消毒后方可使用。在购置时应注意其规格和质量。选购时应以中性为宜，而且能耐受多次高热灭菌。无论是新购入或是用过的玻璃器皿在消毒前必须先经过清洗包装等处理，由于用途不同，对玻璃器皿清洗消毒的要求也不一样。下面分述如下：

（一）用于组织及细胞培养的玻璃器皿的清洗及消毒

1. 清洗　用于组织或细胞培养的玻璃器皿（如培养瓶、三角烧瓶、移液管、吸管等），不论是已用过的还是新购进的均须先经清洗液浸泡 20 h（也可用稀硫酸浸泡），然后取出用自来水浸泡 4～6 h，再用自来水冲洗 10 次以上，或用流水冲洗 10 min 左右，最后用蒸馏水冲洗 6 次或用双蒸馏水冲洗 3 次。放入温箱中干燥。

2. 包装　清洗干燥后的玻璃器皿需经包装后方可消毒，以防消毒后被杂菌污染。培养瓶在塞好软木塞后，外面用牛皮纸包裹；吸管和移液管包扎前应先在上管口塞入少量普通棉花（不宜太紧或太松），而后用麻纸包扎，装入玻璃筒内消毒；试管以 4～6 支为一组，用方形牛皮纸包裹在一起进行消毒；青霉素小瓶，可直接放入铝饭盒内消毒。

3.消毒　包装好的玻璃器皿，均采用干热灭菌法，160℃下维持1.5 h左右。消毒后的器皿，应在一周内使用，过期使用应重新消毒。

翻口橡皮塞的清洗是采用肥皂水煮沸20 min后，用流水冲洗10次，再以蒸馏水冲洗2次，而后浸泡于双蒸馏水中备用。临用前煮沸消毒15 min，亦可取出晾干包装，经高压灭菌消毒后使用。

(二)普通用途的玻璃器皿的清洗与消毒

1.清洗前的预处理　新购入的玻璃器皿常附有游离碱质，不可直接使用，应先在1%～2%盐酸溶液中浸泡数小时，以中和其碱质，然后再用肥皂水及清水刷洗以除去遗留的酸质。

使用过的玻璃器皿，若被病原微生物污染过，在洗涤前必须进行严密的消毒。其方法如下：

吸管载玻片、盖玻片等可浸泡于5%石炭酸，2%～3%来苏儿或0.1%升汞中48 h。若其中有炭疽材料时，还应在升汞溶液中加入盐酸使其含量为3%。浸泡吸管的玻璃筒底部应垫上棉花，以防投入吸管时管尖破裂。

一般玻璃器皿如试管、烧杯、烧瓶、平皿等均可放入高压消毒器内在15磅(103.4 kPa)压力下消毒20～30 min。盛有固体培养基或涂有油脂(如液体石蜡或凡士林等)的玻璃器皿应于消毒后，随即趁热将内容物倒净，用温水冲洗，再以5%肥皂水煮沸5 min，然后以清水反复冲洗数次，倒立使之干燥。

2.洗涤、干燥　将经预处理过的玻璃器皿浸泡于水中，用毛刷或试管刷擦上肥皂，刷去油脂和污垢，然后用自来水冲洗数次，最后用蒸馏水冲洗。经清水冲洗后，若发现玻璃器皿上还有油未洗干净时，可置于1%～5%苏打溶液或5%肥皂水中煮沸0.5 h，再用毛刷刷去油脂和污垢，最好用清水或蒸馏水冲洗干净。

吸管不容易洗涤，洗刷时应小心，绝不可急躁粗鲁。具体操作如下：吸管从消毒中取出后，先用细铁丝取出管口的棉寒，若棉塞太紧不易取出时，可将铁丝尖端压扁，插入棉塞与管壁之间，轻轻地转动即可将棉塞拉出。然后，将吸管浸泡于5%热肥皂水中，缠纱布或棉花少许于细铁丝尖端上，用以刷洗管内的油脂和污垢。铁丝尖端的纱布或棉花应随时更换。经上述刷洗后，再用一根橡皮管，一端接冲洗球，一端接吸管的尖端，在流动的自来水中反复冲洗数次，最后依此法用蒸馏水冲洗数次，倒立于垫有纱布的铜丝筐或玻璃筒或干净的搪瓷盆中干燥。

洗净的玻璃器皿通常倒插于干燥架上，让其自然干燥，必要时还可放到温箱或50℃左右干燥箱中，加速其干燥。温度不宜太高，以免器皿破裂。干燥后用干净的纱布或毛巾拭去干后的水迹，再做进一步的处理。

3.包装　清洗干燥的玻璃器皿在消毒之前，须分开包装妥当，以免消毒后又为杂菌污染。

吸管的包装：先将吸管口塞入少许棉花，以防使用时将病原微生物吸入口中，同时又可滤过口中吹出的空气。塞入的棉花应松紧适宜。塞好棉花后，将吸管一一分别用纸包裹，再用麻纸或报纸每10支包成一束，包裹时吸管的口端应位于包扎纸的折叠端。包裹好后置于金属盒内直接进行消毒。

平皿、青霉素瓶等，用无油质的纸将其单个或数个包成一包，置于金属盒内或直接进行消毒。

一般的玻璃器皿如试管、烧杯、三角瓶等包装前应先做好大小、长短、深浅、松紧均需适合的棉塞或纱布棉塞，将试管或三角瓶口塞好，外面再用纸张包好，烧杯可直接用纸张包扎。制作棉塞最好选择纤维长的新棉花，不能用脱脂棉。制作时据试管或瓶口的大小取适量棉花，分成数层，互相重叠，使其纤维纵横交错，然后折叠卷紧，做成长4～5 cm的棉塞。棉塞做好后应慢慢旋转塞入，塞入部分和露出部分的长度大约相等，棉塞的大小、长短、深浅、松紧均需合适，勿过深、过紧或太浅太松，以试管棉塞易于拔出，手提棉塞略加摇晃却不至从管中脱落为佳。

4.消毒　上述包装好的玻璃器皿放入干热灭菌器内干热消毒，于160～180℃下1～2 h。也可采用高压消毒法，在103.4 kPa(15磅)压力下，20～30 min。

玻片、盖片的处理：用过的载玻片和盖玻片需分别浸泡于2%来苏儿或5%石炭酸溶液中消毒48 h，然后在5%肥皂水中煮沸30 min，再用清水冲洗干净后，拭干保存，或浸于95%酒精中备用。

二、畜禽养殖场地及圈舍的消毒

(一)畜禽养殖场地的消毒

场地的消毒据场地被污染的情况不同，处理方式也不同。一般情况下，平时的预防消毒应经常清扫，保持场地的清洁卫生、定期用一般性的消毒药喷洒即可。若发生了疫情，场地被细菌芽孢污染后，应首先用1%漂白粉溶液或其他对芽孢有效的消毒药液喷洒，然后将表土挖起一层撒上干漂白粉，与土混合后将此表土深埋，这样重复一次即可，对于其他传染病所污染的地方，如为水泥地，则应用消毒液仔细刷洗；若系泥地，可将地面深翻30 cm左右，撒上干漂白粉，按每平方米面积3～5 kg，然后以水湿润、压平。

(二)畜禽圈舍的消毒

圈舍的消毒，包括定期预防消毒和发生传染病时的临时消毒。预防消毒一般每半个月或一个月消毒一次，以防止传染病的发生。临时消毒则应及时彻底。在消毒之前，先应将圈舍彻底清扫，若发生了人、畜共患的传染病，如猪丹毒、炭疽等，清扫之前应用有效消毒药物喷洒后再打扫、清理，以免病原微生物随尘土飞扬造成更大的污染。清扫时要把笼架、饲槽洗刷干净，将垫草、垃圾、剩料和粪便等清理出去，打扫干净，然后用消毒药进行冲洗或喷雾消毒。若发生了传染病，则应选择对该种传染病病原有效的消毒剂。

如圈舍的消毒具体做法如下：

1.清扫　畜/禽全部出舍后，将粪便、垫料顶棚上的尘埃与蜘蛛网等清扫出圈舍，可移动的设备和用具也要搬出圈舍，在指定的地点暴晒、清洗和消毒。

2.焚烧　圈舍清扫后，用火焰喷射器对圈舍的墙壁、地面、笼具等不怕燃烧的物品进行火焰消毒，特别是残存的羽毛、皮屑和粪便。

3.水洗　对圈舍的墙壁、地面、笼具，特别是屋顶木梁柁架等，用高压水枪彻底冲洗干净，做到无垃圾和粪迹。

4.消毒药物的喷洒　待圈舍地面水干后，喷洒消毒药，常用的消毒药有0.3%过氧乙酸等，注意角落及物体的背面，喷洒药液以每平方米地面1.5～1.8 L。

5.甲醛熏蒸　关闭门窗和风机，按每立方米空间使用甲醛42 mL、高锰酸钾21 g对圈舍进行甲醛蒸汽消毒。

6.有条件的养殖场，经上述消毒后，将圈舍闲置2～3周，再接动物入舍内

此外，要经常保持圈舍的卫生，饲养员要穿戴圈舍专用的工作服、帽和靴，经圈舍的消毒池

进入圈舍。每天要清扫圈舍的走道和工作间，防止尘埃飞扬，在清扫前可预先喷洒水和消毒药液。工作人员在接触鸡、蛋和饲料前，要用消毒药液洗手消毒。坚持圈舍的水槽和蛋网的消毒，每天消毒1～2次。有条件的鸡场可每日进行清粪。

坚持带鸡消毒，每周2～3次，发生疫情时，每日消毒1次。

(三)种鸡场孵化阶段防疫消毒

种蛋通过母鸡的泄殖腔排出体外后，蛋壳表面很容易被粪便中的细菌污染。被污染的种蛋如不及时收集，在圈舍内将被继续污染。为了保证种蛋和雏鸡质量，必须严格消毒制度，做到以下几点：

(1)种蛋必须及时收集，有条件的每0.5 h收集一次，每天至少集蛋5～6次。收集的种蛋及时送入孵化厅消毒。

(2)做到脏蛋不进孵化厅，也不能水洗后送入孵化厅。

(3)坚持孵化中的4次(刚产下的种蛋、入孵当天、入孵19胚龄落盘后、出雏50%左右时)消毒。

(4)选蛋、雏鸡鉴别和疫苗接种人员，在开始工作前和完成一盘蛋或一盒雏鸡选蛋工作后，还须用消毒药液洗手消毒一次。

(5)孵化器和出雏器用后，将蛋盘和出雏盘取出，放入消毒液内浸泡消毒洗净，然后将孵化器和出雏器内外用高压清水冲洗干净，再用消毒液喷洒消毒。

(6)蛋盘和雏箱等用具不得逆转使用，用过的雏鸡盒、鉴别器具、车辆等，须经消毒后再用。种蛋预选室、蛋壳和孵化厅各车间，每日用清水冲洗干净后，再用消毒液喷洒消毒一次。

(7)种蛋入孵前应进行清洗，将破壳蛋、畸形蛋和被污染蛋全部清除，出雏结束后，把病残、死雏、毛蛋和蛋壳分别装入塑料袋，封口运出场外。随即将出雏室、出雏器及雏盒等清扫冲洗干净，再用福尔马林熏蒸消毒。

(8)雏鸡须用本厅专用车辆运送，在回厅时车辆应冲洗消毒。外单位车辆接雏须停在大厅门外，由本厅人员将雏送出大门外装车运走，送雏盒不得返还使用。

(9)非工作人员不得进入孵化厅，工作人员必须更衣洗澡，换本厅消毒过的工作服和靴、帽，经消毒池进入孵化厅。消毒池内消毒液要及时更换，经常保持有效。

此外，孵化废弃物必须经消毒和无害化处理。如孵化中的羽毛进入收集器内经消毒液消毒后方可排放。死胚、蛋壳和死亡的雏鸡装入塑料袋中密封运出孵化场，或者焚烧，或者和病死鸡一起，经热喷膨化技术处理。

(四)养蜂设备卫生和消毒要求

OIE(国际兽疫局)规定，出口国兽医行政管理部门在本国为养蜂设备使用消毒剂及其相应的方法需遵循如下原则：

(1)在蜂场，认为有可能被蜂传染病污染的养蜂设备，必须采取卫生措施，保证杀灭病原。

(2)在各种情况下，卫生措施都应包括先清洗、刮洗，然后根据有关疾病进行卫生消毒。

(3)在选择使用消毒程序时，还必须考虑设备种类(蜂箱、小蜂箱、蜂房、摇蜂机、小设备、处理或储存器具)。

(4)被污染的设备不能采取上述卫生措施时，必须销毁，最好是焚烧。状况不良的设备，尤其是蜂箱，以及瓦螨病、美洲幼虫腐臭病或欧洲幼虫腐臭病感染的幼蜂，必须焚烧销毁。

(5)卫生消毒用的消毒剂及方法必须是:兽医当局认为有效,对设备不会产生影响,不得对蜜蜂健康及蜂产品质量产生威胁。

(6)当没有进行这些程序时,产品应与蜜蜂隔开,并不得与养蜂设备及产品有任何接触。

(7)任何时候,以消毒过的清洁卫生的养蜂设备和消毒的废水不得与蜜蜂接触,应排入下水道或废弃井中。

三、水产养殖生产中常用的消毒方法

(一)OIE 推荐的渔场消毒方法

根据被消毒材料的大小、类型、性质以及消毒地点选择消毒程序。除工作人员皮肤和鱼卵要用非腐蚀性药物进行消毒外,其他需要消毒的还有含纤维或纺织物的表面(衣服、网)、硬表面(塑料、水泥)或渗透性材料(地表、沙砾)。对渗透性材料的消毒很难,所需时间也较长。

化学消毒中,应注意人员防护。首先,使用非渗透性的衣服、长筒靴、眼镜及帽子,以保护皮肤和眼睛,避免接触危险物。使用面罩保护呼吸道。消毒完毕后,要充分洗手,才能饮食。化学消毒剂必须按使用说明妥善保存,以保持药效;必须存放在安全的地方,不得对人或动物构成直接或间接的危害。

1. 养殖设施、设备和用具的消毒程序

(1)彻底清除淤泥(养殖池)和污物(用具),充分冲洗干净。

(2)按下表中的基本使用条件和方法选择适宜的消毒方法或药物。

(3)按标准的时间,达到确实的消毒效果后,对化学消毒后的残留液进行中和或无害化处理。

2. 养殖动物的药浴或带动物全池泼洒消毒的程序

(1)根据对养殖对象常规检查的结果,有针对性地选择药物。

(2)根据养殖的品种、养殖水体的 pH、温度、盐度、有机物浓度和水的硬度等具体情况确定药物的剂量。

(3)根据养殖水体的确切大小计算要使用的总量。

(4)按商品说明书或专业资料,进行用药。特别是对池形不规则或池深不均一的水体,要根据具体情况使药物浓度均匀。

(5)用药后,要保证水体的供氧充分(开增氧机或充气设备 4～6 h),并密切观察动物的活动情况(6～12 h)。

(6)如果可能,在达到防治效果后对用药后的残留进行无害化处理。

尽可能对养殖动物进行药浴,一方面是为了减少用药成本;另一方面是为了减少对环境的污染。特别是养殖动物在转池、网箱养殖时使用较方便。对必须要带动物全池消毒,如果供水充分,应在保证养殖动物安全的前提下应先尽最大可能的降低养殖池的水位,再进行消毒。

(二)国内常用的消毒方法

1. 药物净塘法

(1)首先,进行清淤和冲洗。

(2)对鱼、鳖池,常用药有生石灰和漂白粉二者选一即可,不能同时应用。以半干塘净塘的效果好。具体方法是,池底放 20～30 cm 水,将药投入其中,然后用潜水泵接上相应水龙带和消防枪头，将池壁冲刷 3 遍。生石灰的用量为每亩 100～200 kg；漂白粉用量为每亩 25～50 kg。一般 96 h 后可抽净水后晒池 3～5 d，重新加干净水放鱼。

(3)虾池在进行(2)处理前，用 10 g/m^3 的茶籽饼灭野杂鱼，然后在进行(2)处理。

2. 饵料的消毒　对常规的配合饵料，因经过加工熟化，没有必要做消毒处理。但对一些鲜活饵料应做消毒处理。如水草(如浮萍等)用饱和食盐水浸泡 20 min；动物性活饵料(如齿虫、轧虫、小杂鱼等)用 2 mg/L 二氧化氯(现用现配)泡 5～10 min，也可用浓盐水洗。

3. 用具消毒　为防止病原由工具传播，各种网具、桶、雨靴，下水衣均应做消毒处理。常用 50 mg/L 高锰酸钾或饱食盐水浸 30 min 以上，然后太阳下晒干备用。

4. 食场消毒　在疾病的流行期应定期用相对安全的药物对食场作消毒。用药浓度可以较治疗浓度稍高，根据食场大小定总用药量。

5. 药浴　具体办法是(鱼蛭除外)：在鱼池中用不渗水的塑料布、帆布等铺折成水槽，并量好所加的水，放好相应药品按具体要求时间做药浴。浴后拆去四角支持，连鱼带水放入池中以减少鱼体受伤。

药浴常用的药品和方法：

(1)高锰酸钾 10～20 mg/L，时间为 30～20 min，可杀体表及鳃上细菌、原虫(孢子虫及形成胞囊的原虫除处)和单殖吸虫等。

(2)漂白粉及其同类药，有效氯 30%的漂白粉 10～20 mg/L，时间为 30～10 min。其同类药按有效氯换算。杀体表及鳃上细菌。

(3)漂白粉和硫酸铜合剂药浴漂白粉 10 mg/L 和硫酸 8 mg/L，药浴 30～10 min，可杀灭细菌和形成胞囊及孢子以外的原虫。

还有许多其他的药品亦可用。可参看有关说明。

在做药浴时需注意注意下列事项：

①应保证药浴的鱼不发生缺氧，有条件的可以人工供氧或减少药浴的密度。

②药液应现配现用。浴一批换一批药，以防药液浓度下降影响效果。

③药浴时间应根据药浓度，水温高低，水产动物的耐受能力而灵活掌握，在耐受允许条件下应尽量时间长点。

四、集贸市场及运输工具的消毒

(一)集贸市场的消毒

集贸市场的消毒(包括出售肉品等畜禽产品的场所货架器具、畜禽交易集散地的消毒工作)是防疫的一个重要环节。每天散集后，都应进行彻底清扫。粪便、垃圾须经发酵处理、畜禽集散地的地面、圈栏、饲槽、拴牲畜的木桩、敞棚等应每隔 3～4 d 消毒 1 次；出售肉品的案板、刀具等应每天用 82℃以上的热水洗刷消毒。

集市上若发生烈性传染病时，应立即停止畜禽和畜禽产品交易，封锁集市，隔离病畜禽。同时进行临时大消毒。大消毒工作应在当地畜禽检疫站的兽医人员监督指导下进行。首先将病死畜或其产品的地点及被污染的地方进行消毒，再挖除 10 cm 深的表土，做第二次喷洒消毒，而后填进新土再消毒一次。挖出的土经消毒后送到发酵坑内。消毒药应选用对所发生的疫病病原杀灭力最强的药物。

(二)运输工具的消毒

凡载运过屠畜及其产品的车船和其他运输工具，按规定都应进行消毒，以防止病原的散布。对运输途中未发生传染病的运输工具清扫后用60～70℃的热水冲洗消毒即可。对装运过由不形成芽孢的病原菌感染引起的一般性传染病畜及其产品的运输工具，清扫后用4%的氢氧化钠溶液或0.1%的碘溶液洗涤消毒，清除的粪污应进行生物热消毒。对装运过由形成芽孢的病原菌感染引起的恶性传染病畜及其产品的车船，先用4%福尔马林溶液喷洒，然后清扫，再用4%的福尔马林溶液喷洒消毒，1 m^2 需消毒药液0.5 kg。保持半小时后再用热水仔细冲洗，最后再用上述药液喷洒消毒，1 m^2 用量为1.0 kg。清除的粪便焚烧销毁。

处理的程序是：先清扫粪便、残渣及污物，然后用热水自车厢内顶棚开始，渐及车厢内外各部直至洗水不呈粪黄色为止，洗刷后进行消毒。若为发生过恶性传染病的车船，应先用有效消毒药液喷洒消毒后再彻底清扫。清除污物后再用消毒药消毒。二次消毒之间隔时间为0.5 h。最后一次消毒2～4 h后，用热水洗刷后再行使用。

没发生过传染病车船内的粪便，不经处理可直接作肥料；发生过一般传染病车船内的粪便，须经发酵处理后再利用；发生过恶性传染病车船内的粪便，须经发酵处理后再利用；发生过恶性传染病车船内的粪便，应集中烧毁。

五、屠宰加工企业的消毒

屠宰加工企业是肉品生产的主要场所。由于屠宰的畜禽来源广泛，健康状况复杂。因此，屠宰加工企业的消毒工作是保证肉品质量，防止畜禽疾病扩散的必不可少的环节；另一方面，从社会预防医学和公共卫生学的角度来看，兽医消毒工作也是防止和减少人畜共患传染病的发生和蔓延，保障人类环境卫生、身体健康的重要环节之一。尤其当发现病畜后，应根据病原体传播途径，凡是与病畜及其产品接触过的东西，都必须消毒。如与病畜接触过的工具、饲槽，病畜通过的道路、停留过的圈舍，生产车间的地面、墙裙、设备、用具、病畜的分泌物、排泄物、胴体及血污，工作人员的刀具、工作服、手套、胶靴等均应严格用有效消毒药消毒。

(一)屠宰加工生产车间的消毒

屠宰加工企业各生产车间的消毒，按卫生条例规定有经常性消毒和临时性消毒两种。

1.经常性消毒　是指在日常清洁扫除的基础上所进行的定期大消毒，每日工作完毕，必须将全部生产地面、墙裙、通道、排污沟、台桌、设备、用具、工作服、手套、围裙、胶靴等彻底洗刷干净，并用83℃热水或化学消毒剂进行消毒。

按规定，每周末进行一次大消毒。在彻底扫除、洗刷的基础上，对生产地面、墙裙和主要设备用1%～2%的氢氧化钠(煤碱)溶液或2%～4%的次氯酸钠溶液进行喷洒消毒，保持1～4 h后，用水冲洗。这些消毒剂对病毒性传染病的消毒效果好，且经济实用，如在1%氢氧化钠溶液中加入5%～10%食盐时，不仅能在短时间内杀灭猪瘟病毒、猪丹毒杆菌、猪巴氏杆菌等病原体，还可提高对炭疽杆菌的杀灭能力，并且具有去油除污作用。例如，器械可用83℃热水消毒或0.015%的碘溶液消毒。0.002 5%的碘溶液无刺激，无气味，无染色性，具有较强的清洗效力，可用于工作人员洗手消毒。工作人员人手也可用于75%酒精擦拭消毒。胶鞋、围裙等橡胶制品，用2%～5%的福尔马林溶液进行擦拭消毒，工作服、口罩、手套等应煮沸消毒。

2.临时性消毒　是在生产车间发现炭疽等恶性传染病或其他疫病的情况下进行的以消灭

特定传染性病原为目的的消毒。它在控制疫情、防止肉品污染上是必不可少的措施。具体做法要根据疫病的具体性质采用相应的有效消毒药剂，同时药品的有效剂量和消毒时间均要考虑消毒的范围和对被污染的部分和物件情况。如对病毒性疾病的消毒，多采用3%的氢氧化钠溶液喷洒消毒；对能形成芽孢的细菌如炭疽杆菌，应用10%的氢氧化钠热水溶液或10%～20%的漂白粉溶液进行消毒，也可用2%的戊二醛溶液进行消毒。消毒的范围和对象，应根据污染的情况来决定。消毒时药品的浓度、剂量、消毒时间等必须准确。

(二)发现炭疽后的卫生消毒及防制措施

(1)宰后发现炭疽时，应立即停止生产，封锁现场，工作人员不得任意走动，避免扩大污染。同时对患畜进行会诊和细菌学检查，并画出污染范围加以控制。其同群牲畜应按《肉品卫生检验试行规程》中的第二章"宰前检验及处理"的有关规定处理。

(2)为了防止病原菌的扩散，应将所有未与炭疽畜肉接触的肉尸和内脏迅速由车间内运走。将患畜和羊定被污染的肉尸及其产品，分别装入不漏水的容器内，加盖后移出车间至指定地点。所有被污染的血液集中装入铁桶移出车间。

(3)随即对现场进行彻底消毒。屠宰车间的地面、设备和离地2 m以内的墙壁，所有被炭疽病畜停留或经过的畜圈和场院，20%的漂白粉溶液(漂白粉应含有25%的有效氯，澄清的溶液应含有5%以上的有效氯，每平方米用1 kg溶液)或10%火碱溶液，或5%甲醛溶液，或0.1%升汞溶液消毒。清除所有的粪便和污物并焚毁之。金属器械和用具应用0.5%碱水在有盖锅内煮沸30 min。工作人员应进行消毒。必须注意，所有消毒工作应于屠宰后6 h之内完成。

(4)凡与炭疽病畜或病畜肉接触过的人员，必须接受卫生防护。

(5)当发现炭疽时，只有在保证消灭传染源的一切措施实行之后，方能恢复屠宰。在未达到充分消毒、清扫和洗刷之前不得继续屠宰。

(三)冷库的消毒

冷库是进行肉品冷冻加工和贮存冻肉的场所，极易被微生物污染，尤其易于滋生霉菌，所以必须定期对冷库进行除霉消毒。

冷库的消毒有两种情况：一是在发生疫情时的临时消毒；二是在业务淡季所进行的定期消毒。每年1～2次。临时消毒一般是在库内肉品搬空后，采用不升温，在低温条件下进行消毒。可用过氧乙酸加33%的甲醛熏蒸消毒，也可用福尔马林(一二级浓度)熏蒸消毒。

定期消毒应事先做好计划，做好准备工作。消毒前先将库房内的食品全部搬空，升高温度，用机械方法消除地面、墙壁、顶板上的污物和排管上的冰霜，在霉菌生长的地方应用刮刀或刷子仔细清除。还要准备好足够的消毒药物、工具、容器以及消毒人员的防护用品。

冷库消毒时所用的消毒药物不能使用剧毒、有气味的药物。冷库常用的消毒药有如下几种：

1. 福尔马林　应用其蒸汽消毒库房，有效浓度为1～3 mg/m³，相对空气湿度需60%～80%。在低温冷库，采用每立方米空间用15～25 mL甲醛；加入用沸水稀释成10%～20%的高锰酸钾，置于铝锅中，任其自然发热蒸发。也可将定量的福尔马林装在密闭铁桶内放在库外，在铁桶上面接一橡皮管通至库房内，然后在铁桶下面加热，使福尔马林蒸汽通过橡皮管进入库房。

2.漂白粉　用含有效氯0.3%～0.4%的水溶液喷洒，或与石灰混合粉刷墙面。也可用2%～4%的次氯酸钠溶液，加入2%的碳酸钠，喷洒库房。

3.乳酸　按每平方米库房空间3～5 mL粗制乳酸，加水1～2倍，放在瓷盘内，置于酒精灯上加热蒸汽消毒，也可用柠檬酸蒸汽消毒，它对口蹄疫病毒的杀灭效果良好。

4.氯化苯甲烃铵　杀菌除霉效果显著，并有去臭作用。可用30%石灰、10%氯化苯甲烃铵和5%食盐的水溶液混合喷洒墙壁。

5.羟基联苯酸钠　用于库房严重发霉时，用2%羟基联苯酸钠溶液喷洒墙壁或者在刷白混合剂内加入2%的羟基苯酸钠后涂刷墙壁。注意不能与漂白粉相混，否则易使墙壁变成褐红色。乙内酰脲具有良好的除霉效果。用0.1%溶液喷雾，按每平方米0.1 kg的用量喷雾。

6.过氧乙酸　具有一定的杀菌除霉效果，用5%～10%的过氧乙酸水溶液，按每立方米空间0.25～0.5 mL电热熏蒸或超低容量喷雾器喷雾。喷雾时应戴防护面具。用于低温冷库时可用乙二醇和乙醇有机溶剂防冻。

7.用硫酸铜2份，钾明矾1份混合，将混合物1份加9份水溶解，再加7份石灰粉刷墙壁可防霉菌污染，注意，石灰应临用时加。

除上述药物外，季铵盐、丙酸盐等也可用做冷库的杀菌除霉。紫外线有时也具有杀菌除霉作用。

应该注意的是在使用漂白粉、乳酸、福尔马林、次氯酸钠等消毒冷库时，应将库门紧闭。作用一定的时间后，再打开库门，通风换气，以驱散消毒药的气味。用福尔马林消毒时，消毒完毕后可用一盆氨水放在库内用以吸收残留的福尔马林气味。

六、水的消毒

水消毒包括饮用水的消毒及污水无害化处理两种情况。本小节只介绍饮用水的消毒。

饮用水的消毒，可采用煮沸或紫外线照射等物理消毒法。大量的饮水消毒一般用漂白粉、过氧乙酸等化学消毒法，也可用碘酒进行消毒。对浑浊的水，一般在消毒前先进行净化，即经滤过或用明矾、硫酸铝沉淀后，再用漂白粉等消毒。

滤过：少量用水可用漏斗，在滤孔上放置棉花和滤纸，将水滤过到容器里，除掉大部分固形成分。也可用木或铁制的箱子，在箱底分层放置沙、碎石、木炭等，靠箱底外部安一龙头，水经滤过流出。此两种方法因容器小不能大量供应用水。

沉淀：应用的药物有明矾和硫酸铝。这两种药本身并无杀菌力，但加入水后与水中碳酸盐结合，水解为氢氧化铝的胶状沉淀，可吸附水中大部分悬浮物和细菌，同时沉淀下来，就可以得到较清洁的水。药液的用量根据水的混浊度而定，通常为10^{-5}。

经沉淀和滤过后的清水，可用漂白粉消毒，即每1 000 L水中加氯0.5 kg。若漂白粉所含活性氯为25%时，则需要加漂白粉2～4 g。

七、饲养管理人员及器械消毒

在畜禽场工作的人员包括饲养管理人员和防疫员及其工作器械常会被污染。因此，在工作结束后，尤其在场内发生疫病、处理工作完毕时，必须经消毒后方可离开现场，以免引起病原在更大范围内扩散。消毒方法如下：将穿戴的工作服、帽及器械浸泡于有效化学消毒液中，工作人员的手及皮肤裸露部位用消毒液擦洗、浸泡一定时间后，再用清水清洗掉消毒药液。对于接触过烈性传染病如炭疽的工作人员可采用有效抗菌素预防治疗。平时的消毒可采用消毒药液喷洒法，不需浸泡。直接将消毒液喷洒于工作服、帽上；工作人员的手及皮肤裸露处以及器械物品可用蘸有消毒液的纱布擦拭，而后再用水清洗。

食品厂、肉联厂、牛奶场的加工设备、桶瓶等都要根据情况采用消毒液喷雾、拭洗等办法消毒。

第四节　动物生产废弃物(排泄物)的无害化处理

一、粪便、垫料及其他污物的无害化处理

养殖生产过程中废弃物的无害化处理是目前集约化、工厂化养殖中面临的重大环境问题，处理不好，养殖生产过程中废弃物将会对自身兽医防疫体系构成很大威胁，同时也会对周围环境造成严重污染，正逐渐成为制约养殖业发展的主要因素。

据介绍，1 g感染禽流感的鸡粪含有足以感染100万只鸡的病毒，此外，球虫卵囊、芽孢杆菌、传染性腔上囊炎病毒(IBDV)、马立克氏病病毒(MDV)等都具有较强的外界抵抗力和传播性。这些都是导致养殖生产过程中疾病连绵不断地发生的原因。对养殖生产过程中的粪便污染的治理必须要采取综合措施，首先要充分认识到治理污染的重要性，家畜的健康和安全生产乃至经济效益同环境的清洁卫生是成正相关的。一个粪污横流、臭气四溢、蝇蛆蚊虫泛滥的养殖场即使投入再多的药物和疫苗，也难保证安全平稳的生产节奏。只有清洁卫生的饲养环境同兽医防疫体系，营养体系，日常饲养管理体系密切结合，才能获取最大的经济效益。因此，企业要妥善处理粪便，这主要从合理规划牧场、用做肥料等方面进行。首先畜牧场进行废弃物处理时要有合理的规划，否则不仅会影响日后的生产，还会使畜牧场的环境恶化，或者为保护环境付出较高的代价。目前国家环境保护总局于2001年3月20日发布了《畜禽养殖污染防治管理办法》规定，县级以上人民政府环境保护行政主管部门在拟订本辖区的环境保护规划时，应根据本地实际情况，对畜禽养殖污染防治状况进行调查和评价，并将污染防治纳入环境保护规划中，新建改建的畜牧场必须按建设项目的环境保护法律、法规的规定，进行环境影响评价，办理有关审批手续。而且必须有畜禽废渣综合利用方案和措施。并进行现场验收，同时进行排污申报登记，排放的污染物不得超过国家或地方的排放规定。在畜牧场规划布局中，要根据自身实力，建立因地制宜的畜禽粪便处理设施。废弃物的处理一般位于畜牧场的下风向，与生产区之间要有隔离带，规模较大的畜牧场可建立粪便加工厂，用畜禽粪便制取有机复合肥，通过粪便的再利用提高畜牧场的经济效益。对小型畜牧场，主要是建造投资较小的化粪池，发酵池，或尝试农牧结合、农菜结合等多种模式处理粪便。

由于实行全进全出制，养殖生产过程中的废弃物主要包括以下两个方面：畜禽粪尿与废弃的垫料等混合物以及病死畜禽。

(一)畜禽粪便及其他废弃物

猪日粮中氮和磷的利用率分别约40%和30%，有1/2以上的氮和2/3以上的磷随粪尿排出体外。鸡粪中氮磷含量几乎相等，钾稍低，其中氮素以尿酸盐的形态为主，尿酸盐不能直接为作物吸收，且对作物根系生长有害，因此必须腐熟后才能施用，尿酸态氮易分解，如保管不当，经2个月几乎要损失50%，而且禽类粪便在腐熟中产生高温，属热性肥料，腐熟后多做

追肥。

1. 堆肥腐熟处理 腐熟堆肥是利用好气微生物，控制其活动的水分，酸碱度、碳氮比，空气，温度等各种环境条件，使之能分解家畜粪便及垫草中各种有机物，并使之达到矿质化和腐殖化的过程。此法可释放出速效性养分并造成高温环境，能杀菌、杀寄生虫卵等，最终能使土壤直接得到一种无害的腐殖质类的肥料，通常其施用量比新鲜粪尿多 4～5 倍。

粪便堆肥腐熟的方法有坑式及平地两种，坑式堆肥是我国北方传统的积肥方式，采用此种方式积肥要经常向圈里加垫料，以吸收粪尿中水分及其分解过程中产生的氨；一般粪与垫料的比例以 1∶(3～4)为宜。平地堆腐是将家畜粪便及垫料等清除至舍外单独设置的堆肥场地上，平地分层堆积，使粪堆内部进行好气分解，为此，必须控制好堆肥的条件。

粪肥腐熟过程要经过生粪—半腐熟—腐熟—过劲四个阶段，即粪肥中有机物质在微生物作用下进行矿质化和腐殖化的过程。矿质化是微生物将有机质变成无机养分的过程，也就是有速效养分的释放，腐殖化则是有机物再合成腐殖质的过程，也即是粪肥熟化的标志。粪肥腐熟过程中微生物群落多而复杂，以好气腐生菌占多数，不同家畜粪便的微生物群落有较大的差异，猪粪以氮化细菌多，有机磷分解菌次之，反硝化菌和纤维分解菌较少，硝化细菌更少，马，牛粪亦不同，马粪中含大量高温纤维素分解菌，牛粪则没有，因此，马粪是热性肥料，牛粪则是凉性肥料。各种家畜粪肥种类不同，但所含有机物主要是碳水化合物和含氮化合物，它们的分解过程如下：

(1)碳水化合物 在有氧条件下，大部分分解为二氧化碳和水，并释放大量热能，而在无氧条件下，则大部分分解成甲烷、有机酸和各种醇类，并有少量二氧化碳。

(2)含氮化合物 主要是蛋白质在酶作用下分解成多肽、酰胺、氨基酸，氨基酸分解时产生氨，在有氧条件下进一步经硝化细菌氧化成硝酸，此作用都发生在堆肥的外层，于是使粪肥达矿质化，在堆肥内部由于水分过多或压紧形成局部厌氧条件，几乎没有硝酸盐产生，有机质变成腐殖质。所以此时粪肥既有大量速效氮被释放，能闻到臭味，又有腐烂黑色的腐殖质，这表明粪肥已腐熟，其腐熟度比较高。家畜尿中的含氮物质主要为尿素，尿酸等，其中以尿素分解速度最快，2 d 即可完全分解，尿酸次之，马尿酸最慢，24 d 只分解其全氮的 23%。

一般说来，粪便堆腐初期，温度由低向高发展。低于 50℃为中温阶段，堆肥内以中温微生物为主，主要分解水溶性有机物和蛋白质等含氮化合物。堆肥温度高于 50℃时为高温阶段，此时以高温好热纤维素分解菌分解半纤维素，纤维素等复杂碳水化合物为主。高温期后，堆肥温度下降到 50℃以下，以中温微生物为主，腐殖化过程占优势，含氮化合物继续进行氨化作用，这时应采取盖土、泥封等保肥措施，防止养分损失。

腐熟堆肥初期应保持好气环境，加速粪肥的氨化、硝化作用进行，后期使堆内部分产生嫌气条件，以利于提高腐殖化和氨的保存。堆肥温度由低—中—高，在 65℃时纤维素、半纤维素分解最烈，如在堆肥中加入一定比例马粪，可加速有机质腐熟，水分保持在 40%较适宜。如粪肥料太少或水分超过 75%，或在冷季节，温度偏低，分解作用非常缓慢。一般堆肥的酸碱度不用调节，鲜牛粪的 pH 为 7 左右，腐熟变化初期升到 9.5 左右，腐熟完成后又回降到 7.5 左右。

堆肥中微生物的生长需要有碳，其蛋白质的合成需要有氮，适宜的堆肥物料碳氮比为(26～35)∶1。碳氮比大于 35，则分解效率低，需时长，低于 26，则过剩氮会转变成氨逸散于大气而损失。各种畜类的碳氮比大致为：猪粪(7.14～13.4)∶1，羊粪为 12.3∶1，牛粪为 21.5∶1。

我国利用腐熟堆肥法处理家畜粪尿非常普遍，并有很丰富的经验，所使用的通气方法比较简便易行，例如，将玉米秸捆或带小孔的竹竿在堆肥过程中插入粪堆，以保持好气发酵的环境。经 4～5 d 即可使堆肥内温度升高至 60～70℃，两周即可达均匀分解，充分腐熟的目的。近些年，我国已普遍推广粪便与磷肥混合堆肥的方法。这种方法首先有增磷作用，其次有保磷及保氮作用（表 22-1）。

表 22-1　高温堆肥法卫生评价标准

编号	项目	卫生标准
1	堆肥湿度	最高堆温达 50～55℃或以上持续 5～7 d
2	蛔虫卵死亡率	95%～100%
3	大肠菌值	10^{-2}～10^{-1}
4	苍蝇	有效地控制苍蝇滋生

粪便经腐熟处理后，其无害化程度通常用二项指标来评定：①肥料质量。外观呈暗褐色，松软无臭。如测定其中总氮、磷、钾的含量，肥效好的，速效氮有所增加，总氮和磷、钾不应过多减少；②卫生指标。首先是观察苍蝇滋生情况，如成蝇的密度、蝇蛆死亡率和蝇蛹羽化率，其次是大肠杆菌值及蛔虫卵死亡率，此外尚需定期检查堆肥的温度。

2. *用畜禽粪便生产高效有机复合肥料的开发*　家畜粪便富含 N、P、K 及多种微量元素，但畜粪含水量大、施用不方便，养分含量不平衡、农作物利用效率低。随着我国畜牧业规模化、集约化饲养水平的提高，家畜粪便的污染日益严重，而目前农作物大量使用化肥，造成土壤板结，盐碱化程度提高，有机质含量下降，而利用家畜粪便生产的高效有机复合肥料，适应了农业的可持续发展和绿色产品的要求，同时为畜牧业生产提高了附加值和经济效益。可根据当地土壤中 N、P、K 等多种微量元素的含量，以及不同植物在不同时期的营养需要，添加适当的补充成分，生产全价有机复合肥料，其工艺流程见图 22-1。

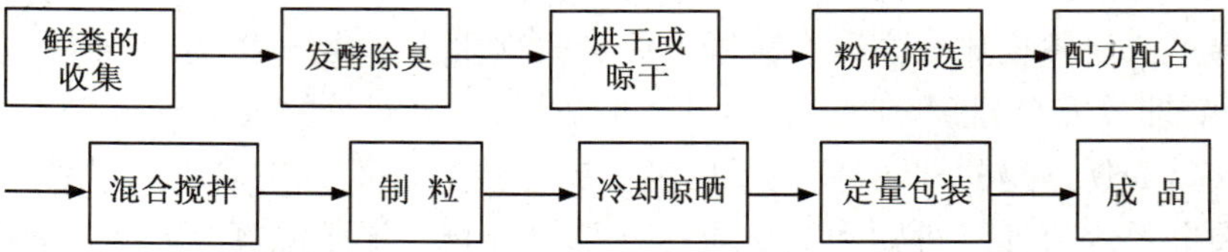

图 22-1　高效有机复合肥料工艺流程

（1）干燥　可采用机械烘干，高温 320℃瞬间干燥，如果温度过高会增加氮的损失，温度过低会延长烘干时间，不利于配合，因此以 320℃氮损失最少，也可自然晾晒干燥。

（2）粉碎　以 5～6 mm 网筛粉碎最好。过细易造成堵机，过粗不利于配合。

（3）配合生产全价配方复合肥应根据以下几点综合考虑添加物的用量：

①根据各种上作物及花卉的需用肥特性配合。

②根据土壤及其理化特性配合。

③根据各种有机无机肥料的特性配合。

④根据作物所需微量元素的特性配合。

⑤根据作物不同生长阶段及生育期配合。

⑥微生物肥料的配合。

⑦根据各种肥料的黏合度及色泽配合。

(4)混合搅拌可采用双轴立式或卧式搅拌机，搅拌时间 2′30″或按机组要求进行，转速为 60～70 r/min。

(5)制粒　目前常采用的制粒方法主要有以下 3 种：挤压制粒、双辊制粒和圆盘制粒。制粒的关键是控制加水量和均匀度，以物料的干湿和尿素加量的多少而定，3 种制粒方法一般加水量在 4%～5%，水加量过多，制粒速度快，硬度差，粹料多，成形度不好。加水量过少，影响制粒速度或无法制粒。

(6)冷却或晾晒　冷却应采用逆风式冷却，以提高冷却效果，也可采用自然晾晒。

3. 粪便的生物能利用——制取沼气　沼气是农作物秸秆、杂草和人畜粪便等有机质在厌氧条件下经微生物分解所产生的一种以甲烷为主的可燃性气体，利用畜禽粪生产沼气需要一定的投资，其次是保证一定的条件。

(1)要保持无氧环境，厌氧发酵是甲烷微生物新陈代谢的先决条件。

(2)原料必须进行预处理，秸秆要铡短，与粪便要合理搭配，C∶H 比例以 25∶1 时产气量最大。

(3)沼气液的酸碱度以中性为适宜。可用 pH 值试纸测定，以鸡粪为主的发酵容易酸化，偏酸时用石灰水或草木灰中和。

(4)温度对沼气的发酵影响较大，35℃是沼气菌发酵的最佳温度。

(5)沼气发酵启动时最好有 30%的接种物，每隔 6～10 d 进出料 1 次，先出料后进料。

粪便发酵分解后，约 60%的碳素转变为沼气，而氮素损失很小，且转化为速效养分，因而肥效高，一般固形物经发酵后还剩 50%，这种废液呈黑黏稠状，无臭味，不招苍蝇，施与农田肥效良好，沼渣中尚含有植物生长素类物质，可使农作物和果树增产，沼渣可做花肥，做食用菌培养料，增产效果较好。

必须注意的是，生物热消毒法虽然对粪便消毒很好，可以杀灭许多种传染性病原，但对于发生一类传染病时所产生的粪便及其他污物，必须进行焚烧处理。

4. 土地还原法　把畜禽粪便直接施入农田。但是此法只适用于健康畜禽产生的粪便，粪便利用此法做肥料时还应注意必须将粪便施入土壤后再经过翻耕，使鲜粪尿在土壤中分解才不会造成污染和散发恶臭。一般经过 3～5 d 后，是微生物活动最旺时期，两周后有机质才能分解，因此一定要避开这段时间才能播种。

5. 干燥法　养殖生产过程中的粪便，可以通过粪便加工厂利用高温将湿粪加热或烘干，使水分迅速减少，有自然干燥和机械干燥。自然干燥就是每天将收集的粪便(一般为干法清粪工艺)及时地放置在晒粪场晒干，筛去杂质，捣碎后装袋。可长期保存，但此法虽简便易受天气影响。机械干燥法一般来说当今使用的方法主要有微波干燥法、热喷炉法、转炉式干燥法、自走搅拌机干燥法等，一般干燥前要先将粪便摊开晾晒，使水分降至 30%～40%，而后再干燥处理。如配合固液分离机，将含水量高的粪便送入固液分离装置，可提高粪便处理效率，不受天气影响和少占场地。

(二)粪便的消毒的注意事项

粪便的消毒有焚烧法、掩埋法、化学消毒法及生物热消毒法。其中生物热消毒法是对粪便最有效的消毒方法。所以，粪便的消毒多采用此法。常用的生物热消毒法有地面泥封堆肥发酵法、地上台式堆肥发酵法及坑式堆肥发酵消毒法。采用生物热消毒应注意如下几点：

①堆料内不能只堆放粪便，还应堆放垫草、稻草之类的含有机质丰富的东西，以保证堆料中有足够的有机质，作为微生物活动的物质基础；

②堆料应疏松、切忌夯压，以保证堆内有足够的空气；

③堆料的干湿度要适当，含水量应在50%～70%；

④堆肥时间要足够，等腐熟后方可截肥，一般好气堆肥，在夏季需1个月左右，冬季需2～3个月方达腐熟。被结核杆菌污染的粪便，应堆放6个月之久另外，在鸡场里，鸡粪经过消毒处理加工后可作为牛、猪和鱼的饲料。

必须注意的是，生物热消毒法虽然对粪便消毒很好，可以杀灭许多种传染性病原如口蹄疫病毒、布氏杆菌、猪瘟病毒、猪丹毒病毒等，但对于炭疽、气肿疽病畜粪便，只能焚烧或经有效的消毒液化学消毒后深埋。

二、屠宰加工企业污水的无害化处理

(一)水质的性状评价指标的意义及国家污水排放指标

天然水水质是否符合卫生要求，是否被污染以及污染的来源、性质和程度如何，可根据以下水质的性状指标的检测结果作出评价，判断其对人体健康可能造成的危害。

1.物理性状　根据天然水的物理性状指标的测定结果，可判断水质的感官好坏，也可以说明水质是否受到污染。

(1)水温　温度是水的一个重要的物理特性，它可影响到水中生物、水体自净和人类对水的利用。地面水的温度随季节和气候条件而有不同程度的变化，而且水温的变化总是落后于大气温度的变化，其变化范围在0.1～30℃之间。地下水的温度则比较恒定。当大量工业含热废水进入地面水时可造成热污染，导致溶解氧降低，危害水生生物的生长与繁殖。地下水温度如突然发生变化，可能是地面水大量渗入所致。我国规定农灌水不超过35℃。

(2)颜色　洁净水是无色的。天然水经常呈现的各种颜色是自然环境中有机物的分解过程和所含无机物造成的，最常见的是天然有机物的分解产生的有机络合物的颜色。我国规定，当工业废水及生活污水排入地面水体后，下游最近用水点不得呈现工业废水和生活污水所特有的颜色。

(3)臭和味　臭和味有时不易截然分开。洁净水无臭气和异味。天然水中臭和味的主要来源有：①水生动物或微生物的繁殖和衰亡；②有机物的腐败分解；③溶解的气体如硫化氢等；④溶解的矿物盐或混入的泥土。我国规定，当工业废水及生活污水排入地面水体后，下游最近用水点不得呈现工业废水和生活污水所特有的味、异臭及异味。

(4)悬浮物(suspended solids，SS)　悬浮固体物质是水中含有的不溶性物质，包括淤泥、黏土、有机物、微生物等细微的悬浮物质，直径一般大于100 μm。污水中的悬浮物质，能够影响污水的透明度，从而降低水生植物的光合作用。我国污水排放标准规定：污水排入地面水体后，下游最近用水点水面，不得出现较明显的油膜和浮沫。允许排放浓度为500 mg/L。

(5)浑浊度　水浑浊度是指悬浮于水中的胶体颗粒产生的散射现象，表示水中悬浮物和胶体物对光线透过时的阻碍程度。浑浊度主要取决于胶体颗粒的种类、大小、形状和折射指数，而与水中悬浮物含量的关系较小。浑浊度的标准单位是以1 L水中含有相当于1 mg标准白陶土/硅藻土(二氧化硅)形成的浑浊状况，作为1个浑浊度单位，简称1度。

浑浊现象常用来判断水是否遭受污染的一个表观特征，地面水的浑浊是由水中含泥沙、黏土、有机物等造成的，河水因流经地区的土壤和地质条件不同，浑浊度可能有较大差别，不同季节的河水，其浑浊程度也可有较大差别。地下水一般较清澈，若水中含有二价铁盐，与空气接触后就会产生氢氧化铁，使水成为棕黄色浑浊状态。必须强调的是，不浑浊的水不一定未受污染。

2.化学性状指标 水质的化学性状复杂，因而采用较多的评价批标，以阐明水质的化学性质及受污染的状况。

(1)pH值 pH值是重要的污染指标之一。天然水的pH值一般在7.2～8.5之间。当水体受大量有机物污染时，有机物因氧化分解产生游离二氧化碳，可使水的pH值降低。当大量酸性或碱性废水排入水体时，水的pH值可发生明显变化。我国约200多km^2的广大地区有酸雨发生，可能会造成湖泊等水体的酸化，值得高度重视。最高允许排入浓度为6～9；农灌水为5.5～8.5；渔业水域水质(淡水)为6.5～8.5。

(2)总固体 是指水样在一定温度下缓慢蒸发至干后的残留物总量，包括水中的溶解性固体和悬浮性固体。由有机物、无机物和各种生物体组成。总固体愈少、水愈清洁。当水受当水受污染时，其总固体增加。

(3)硬度 硬度指溶于水中钙、镁盐类的总含量，以$CaCO_3$(mg/L)表示。水的硬度一般分为碳酸盐硬度(钙、镁的重碳酸盐和碳酸盐)和非碳酸盐硬度(钙、镁的硫酸盐、氯化物等)。也可分为暂时硬度和永久硬度。水经煮沸后能去除的那部分硬度称暂时硬度，水煮沸时，水中重碳酸盐分解形成碳酸盐而沉淀，但由于钙、镁的碳酸盐并非完全沉淀，故暂时硬度往往小于碳酸盐硬度。永久硬度指水煮沸后不能去除的硬度。

(4)含氮化合物 包括有机氮、蛋白氮、氨氮、亚硝酸盐和硝酸盐氮。有机氮是有机含氮化合物的总称。蛋白氮是指已经分解成较简单的有机氮。此二者主要来源于动植物，如动物粪便、植物腐败、藻类和原生动物等。当水中有机氮和蛋白氮显著增高时，说明水体新近受到明显的有机性污染。

(5)溶解氧 溶解氧(dissolved oxygen，DO)指溶解在水中的氧含量。其含量与空气中的氧分压，水温有关。一般而言，同一地区空气中的氧分压变化甚微，故水温是主要的影响因素，水温愈低，水中溶解氧含量愈高。清洁地面水的溶解氧含量接近饱和状态。水层越深，溶解氧含量通常愈低，尤其是湖、库等静止水体更为明显。当水中有大量藻类植物生长时，其光合作用释出的氧，可使水中溶解氧呈过饱和状态。当有机物污染水体或藻类大量死亡时，水中溶解氧可被消耗，若消耗氧的速度大于空气中的氧通过水面溶入水体的复氧速度，则水中溶解氧持续降低，进而使水体处于厌氧状态，此时水中厌氧微生物殖，有机物发生腐败分解，使水发臭发黑。因此，溶解氧含量可作为评价水体受有机性污染及其自净程度的间接指标。因此，测定水中溶解氧可以反映水的污染程度。即水污染越严重，溶解氧含量越低。我国的河流、湖泊、水库水的溶解氧含量多高于4 mg/L，有的可达6～8 mg/L。当水中溶解氧小于3～4 mg/L时，鱼类就难以生存。

(6)化学耗氧量 化学耗氧量(chemical oxygen demand，COD)指在一定条件下，用强氧化剂如高锰酸钾或铬酸钾等氧化水中有机污染物和一些还原物质(有机物、亚硝酸盐、亚铁盐、硫化物等)所消耗氧的量。它是测定水体中有机物含量的间接指标，代表水体中可被氧化的有机物和还原性无机物的总量。化学耗氧量的测定方法简便快速，但不能反映有机污染物的化学稳定性及其在水中降解的实际情况，因为有机物的降解主要靠水中微生物的作用。化学耗氧量的单位为 mg/L，一般多用生铬酸钾作氧化剂，所测得的化学耗氧量用 COD_{cr} 表示。最高允许排放浓度为 100 mg/L。

(7)生化需氧量　生化需氧量(biochemical oxygen demand，BOD)指水中有机污物在有氧条件下被需氧微生物分解时消耗的溶解氧量。水中有机物愈多，生化需氧量愈高。生物氧化过程与水温有关，在一定范围内，温度愈高，生物氧化作用愈强烈，完全分解有机物所需时间愈短。其剂量单位以百万分率即每升中的毫克数(mg/L)表示。但有机物氧化过程很复杂，全部完成这一过程需要相当长时间，为使生化需氧量测定值具有可比性，在实际工作中规定以20℃培养 5 d 后，1 L 水中减少的溶解氧量为 5 d 生化需氧量(BOD_5^{20})。它是评价水体污染状况的一项重要指标。清洁水生化需要氧量一般小于 1 mg/L。我国规定：工业污水排出口 BOD_5 最高允许值为 60 mg/L，排入地面水后，不得使地面水 BOD_5 超过 4 mg/L。

(8)氯化物　天然水中均含有氯化物，其含量各地有所不同，当水源流经含氯化物的地层、受生活污水污染，或受海潮影响等均可使水中氯化物含量增加。同一区域水体内氯化物含量是相对稳定的，当水中氯化物含量突然增高时，表明水有可能受到人畜粪便、生活污水或工业废水的污染。农灌水对非盐碱土农田不超过 300 mg/L。

(9)硫酸盐　天然水中均含有硫酸盐，其含量主要受地质条件的影响。水中硫酸盐含量突然增加，表明水可能受生活污水、工业废水或硫、酸铵化肥等污染。污水中的蛋白质分解时会产生硫化氢之类的硫化物。硫化物是耗氧物质，能降低水中溶解氧，妨碍水生生物的生命活动。硫化氢的存在是水发出异臭的重要原因，最高允许排放浓度为 1 mg/L。

(10)总有机碳和总需氧量　总有机碳(total organic carbon，TOC)是指水中全部有机物的含碳量，它只能相对表示水中有机物的含量，单位为 mg/L，是评价水体有机需氧污染程度的综合性指标之一，但不能说明有机污染的性质。总需氧量(total oxygen demand，TOD)是指一升水中还原物质(有机物和无机物)在一定条件下氧化时所消耗氧的毫升数，是评定水体被污染程度的一个重要指标，其数值愈大，污染愈严重。由于目前生化需氧量测定时间长，不能迅速反映水体被需氧有机物污染的程度，因此，TOC 和 TOD 的检测有可能取代生化需氧量的测定方法，实现对其测定的快速自动化。

(11)有害物质　主要指水体中重金属和难分解的有机物，如汞、镉、砷、铬、铅、酚、氰化物、有机氯和多氯联苯等。有害物质的来源除少量如汞、砷等可能与地层有关外，主要受工业废水的污染。随着工业生产的发展，工业废水排入水体的有害物质种类和数量将不断增加。

3. 微物学性状指标　天然水常含有多种微生物。受人畜类粪便、生活污水或工业废水污染时，水中细菌可大量增加，所以细菌学检查特别是粪便指示菌检查，可作为水体受粪便污染的直接指标，在水质的卫生学评价中具有重要意义。在实际工作中，检查水中细菌总数和大肠菌群数可间接评价水质污染情况。结合水质理化检验结果，判断水质对人群健康的安全性。

(1)细菌总数　指 1 mL 水在普通琼脂培养基中经 37℃ 培养 24 h 后生长的细菌菌落数。它可以反映水体受生物性污染的程度，水体污染愈严重，水的细菌总数愈多。但是实验条件下，这种在人工培养基上生长的细菌数，只能说明在这种条件下适宜生长的细菌数，不能表示水中所有的细菌数，更不能指出有无病菌存在。因此细菌总数只能作为被生物性污染的参考指标。

(2)总大肠菌群　是指一群需氧及兼性厌氧的在 37℃生长时能使乳糖发酵、在 24 h 内产酸产气的革兰氏阴性无芽孢杆菌。大肠菌群细菌不是单一的某一种属细菌，而是性状相似的一群细菌。人体肠道内存在大量的大肠菌群细菌，其他温血动物如牛、羊、犬等的肠道内也存在大量的大肠菌群细菌，在土壤、水等自然环境中也可存在大肠菌群细菌。由于人粪便中存在大量的大肠菌群细菌，因此，这种细菌可作为粪便污染水体的指示菌。

近年来的研究表明，某些肠道病毒对氯的抵抗力往往比大肠菌群细菌强，有时水质的大肠菌群数虽已符合规定要求，但仍可检出病毒。因此应用大肠菌群作指村表示水质在微生物学上的安全性已显不足。尽管如此，大肠菌群仍为一和较多优点的粪便污染指示菌，迄今尚未找到可替代大肠菌群作为指示菌群作为指示菌的细菌。

生活污水和一些生产污水，尤其肉类生产污水含有大量细菌，其中可能还含有危害人体健康的病原菌、病毒、寄生虫卵。如用这些未经处理的污水灌溉农田易使这些病原扩散传播。因此，这类污水必须经过处理和严格消毒，彻底消灭病原体后，方准排入地面水体。

（二）屠宰加工污水的处理方法

1. *屠宰污水的特点* 肉联厂的废水来自屠宰加工、牲畜饲养场、肉制品和副产品加工以及日常生活用水，其中以屠宰污水为主，其特点如下：

（1）含污物多。废水中含有屠宰加工过程中抛弃的血、毛、脂肪、碎肉以及从胃肠中冲洗出来的饲料和粪便等大量的有机物和悬浮物，其 BOD_5 为 500～1 800 mg/L，比国家规定的液水排放标准高 83～300 倍。屠宰加工废水属于高浓度的有机废水。

（2）流量大。一般屠宰一头猪平均用水量为 290～320 kg，若日宰 3 000～5 000 头生猪，其污水量可达 1 000～1 600 t。

（3）具有较高的水温和不良气味，而且易腐败。

这种污水如不经处理，任意排放，将污染江、河、湖、海和地下水，直接影响工业用水和城市居民生活用水的质量，甚至造成疫病传播，危害人、畜健康。

养殖加工生产过程中产生的污水也应进行无害化处理，特别是屠宰加工产生的污水，因其中含污物较多，属高浓度的有机废水。又具有较高的水温和不良气味，而且易腐败。这种污水如不经处理，任意排放，将污染江、河、湖、海和地下水，直接影响工业用水和城市居民生活用水的质量，甚至造成疫病传播，危害人、畜健康。

屠宰污水的处理，按其作用原理分为物理处理法（机械处理法）、化学处理法和生物处理法 3 种。按其处理的程度分为一级、二级、三级处理。按其处理程序，通常分为机械处理和生物处理两道程序。

一般健康养殖场的污水来自畜禽舍的冲洗清洁用水，以及浪费的饮用水等。这些废水也应该按照国家污水处理的相关法规进行处理，确认无害后再排放到指定的管道中。下面仅就屠宰场的污水处理进行阐述。

2. *屠宰加工污水的预处理（初级处理或一级处理）* 所谓预处理是针对二级处理来说的，是在污水排放到处理系统前所进行的处理，所以，也称为一级处理或初级处理。预处理主要是去除可沉淀或上浮的悬浮固体物，从而减轻二级处理的负荷。最常用的预处理手段是筛滤、隔油、沉淀等机械处理方法。如用金属筛板、平行金属栅条筛板或金属丝编织的筛网，作为排水系统的沟盖，来阻留脂肪、组织块、羽毛及其他悬浮固体碎屑等较大的物体。经过筛滤处理的污水，再经过沉淀池（一次沉淀池或初级沉淀池）进行沉淀，然后进入生物处理阶段。

这种初级处理方法比较简单，成本低，适用于排污量不大的小型屠宰加工厂。将污水经筛滤、隔油等去除大的组织碎屑后，经过数个沉淀池，在每个沉淀池中停留数小时，使粪便、沉渣和污泥经过数次沉淀，最后经消毒后排入下水系统。

3.屠宰污水的生物处理法　污水生物处理法是利用自然界的大量微生物（主要是细菌）氧化分解有机物的能力，除去废水中呈胶体状态的有机污染物质，使其转化为稳定，无害的低分子水溶性物质、低分子气体和无机盐。根据微生物作用的不同，生物处理法又分为好氧生物处理法（如活性污泥法、土壤灌溉法）和厌氧生物处理法。前者是在有氧的条件下，借助于好氧菌和兼性厌氧菌的作用来净化废水的方法，大部分污水的生物处理都属于好气处理。如活性污泥法，"生物过滤法"、"生物转盘法"，后者是在无氧条件下，借助于厌氧菌的作用来净化废水的方法，如厌氧消化法。

（1）活性污泥法　活性污泥法是以活性污泥为主体的一种好氧生物处理法。

①活性污泥法处理污水的作用原理：活性污泥是由大量繁殖的微生物群体，包括细菌、原生动物、藻类等，并吸附有有机物和无机物的絮状微粒所组成。活性污泥法是通过曝气充氧向废水中注入空气，在一定时间内，使空气和含有大量微生物群体的絮状活性污泥与废水中底物（有机污染物）紧密接触，发生凝聚、吸附、氧化分解和沉淀的作用过程，达到去除废水中有机物，使水得到净化的目的。

②活性污泥系统：活性污泥系统的主要设备是曝气池和沉淀池。经过上述预处理的污水与来自最后沉淀池中按比例（约为进水流量的30%）返回的沉淀污泥一同进入曝气池，借助机械搅拌器或加压鼓风机对污水进行搅拌混合，或经射流管射流，使活性污泥中微生物得到充足氧气，并在混合液中保持悬浮状态，与污水充分接触。经过5～48 h的曝气处理后，混合液进入最后沉淀池（二次沉淀池）沉淀。上清液经氯化消毒后作为净化水排出；沉积的污泥按比例返回曝气池，剩余污泥即可作农田肥料。

（2）厌氧消化法污水处理系统　一般称为污水厌氧消化。其基本组成有铁篦、沉沙池（沉井）、除脂槽、双层生物发酵池及药物消毒池5部分。铁篦、沉沙池及除脂槽等装置是屠宰污水的预处理装置，用于除去污水中的毛、骨、组织碎屑、污沙、油脂及其他有待生物处理的物质。

双层生物发酵池分上、下两层。上层是沉淀池，下层为厌氧发酵池，又称"消化池"。经脱脂后的污水引入上层的沉淀槽内。污水在沉淀槽中停留时，直径在0.000 1 cm悬浮物和胃肠道寄生虫卵沉淀。沉淀物通过槽底的斜缝，进入下层的消化池。此时污水中的厌氧菌，将沉淀物进行充分的腐败分解，一部分变为液体，一部分变为气体，最后只剩下25%～30%的胶状污泥。

（3）生物转盘法污水处理系统　是一种通过盘面转动，交替地与污水和空气相接触，使污水净化的处理方法，是属于用生物膜处理污水的方法之一。此方法运行简便，能根据不同目的调节接触时间，耗电量少，适用于小规模的污水处理。

（4）土地灌溉法污水处理系统　本法是通过土地灌溉进行污水处理的方法。也是一种最古老的污水处理方法，有地表灌溉法和过滤灌溉法两种。多用于城市生活污水的处理。若用于屠宰污水的处理，应将污水进行消毒处理和再行灌溉处理。

土地灌溉法　又称生物滤田法。它是将经过隔油、隔渣、筛滤等机械处理后的污水排入一定面积的滤田中，当污水渗入土层时，污水中的某些需氧菌即附着在土壤微粒的表面，逐渐形成一层薄膜，它能吸附污水中的悬浮物，形成所谓活性污泥，使有机悬浮物在需氧菌的作用下被氧化、分解而成为无机物；同时也有机械滤除污物的作用。

土壤灌溉法是以土壤生物对有机物进行好氧分解为主，因此，土壤中必须经常保持足够的氧。这就要求土质应有良好的通气性。同时,要注意防止由污水悬浮物所导致的土壤空隙堵塞现象。为解决这一问题,必须对污水进行预处理过滤。

(5)沉淀发酵池连续交替处理法 用于小型肉联厂或屠宰站(点)的污水处理。是在厂外一定距离并排修建 2～4 个沉淀发酵池,进行定期交替使用。甲池污水、污物流满后,再用乙池和丙池及丁池。待甲池达到消毒时间后(一般冬季需 1 个月,夏季 10 d 左右),清池除肥后备用,这样循环使用即能达到无害化要求。

(6)多层框架式过滤处理法 屠宰场,屠宰站(点)日宰 10～40 头猪,每天屠宰污水排放量为 1～4 t。为了不使漂浮物进入滤池,可在污水出口处装置网板,阻留污水中的固体物,作为过滤污水的前道装置。整个污水处理装置由污水沉淀池、Ⅰ级过滤池、Ⅱ级过滤池、滤液积贮池几个部分组成。

污水沉淀池:主要作用是屠宰污水通过栅栏网板流入该池,经过短时间沉淀,把一些悬浮物沉淀在池底。

Ⅰ级过滤池:主要流程是由污水沉淀池通过沉淀后,上层污水经过废水提升泵扬程,再经管道进入Ⅰ级过滤池处理。Ⅰ级处理第一部分由三层九只框架装添滤料组成;第二部分是具有规定结构的过滤层。

Ⅱ级过滤池:主要是污水通过Ⅰ级过滤池,经多孔的管子进入装有滤料的Ⅱ级过滤池。

滤液积贮排放池:主要用于存放经过两次过滤的污水,并通过开放阀门流入河道或农田。

4.屠宰污水的消毒处理 经过生物处理后的污水一般还含有大量的菌类,特别是屠宰污水含有大量的病原菌,需经药物处理后,方可排出。

常用的方法是氯化消毒,将液态氯转变为气体,通入消毒池,可杀死 99%以上的有害细菌。

三、病畜禽肉尸的无害化处理

(一)销毁

确认为炭疽、鼻疽、牛瘟、牛肺疫、恶性水肿、气肿疽、狂犬病、羊快疫、羊肠毒血症、肉毒梭菌中毒症、羊猝狙、马流行性淋巴管炎、马传染性贫血病、马鼻腔肺炎、马鼻气管炎、蓝舌病、非洲猪瘟、猪瘟、口蹄疫、猪传染性水疱病、猪密螺旋体痢疾、急性猪丹毒、牛鼻气管炎、黏膜病、钩端螺旋体(已黄染肉尸)、李氏杆菌病、布鲁氏菌病、鸡新城疫、马立克氏病、鸡瘟(禽流感)、小鹅瘟、鸭瘟、兔病毒性出血症、野兔热、兔产气荚膜梭菌病等传染病和恶性肿瘤或两个器官发现肿瘤的病畜、禽整个尸体;从其他患病畜禽各部分分割下来的病变部分和内脏都需要经过销毁处理。

销毁时应采用密闭的容器运送尸体。销毁方法有两种:湿法化制和焚毁。湿法化制是指将整个尸体投入湿化机内进行化制(熬制工业用油)。焚毁是将整个尸体或割除下来的病变部分和内脏投入焚化炉中烧毁炭化。

(二)化制

病变严重、肌肉发生退行性变化的除上述传染病以外的其他传染病、中毒性疾病、囊虫病、旋毛虫病及自行死亡或不明原因死亡的畜禽整个尸体和内脏应采用化制的方法进行无害处理。

(三)深埋

过去,一般均主张对病畜禽尸体和其产品进行深埋处理,但是值得引起注意的是深埋带来的隐患也可能是无穷的。一方面,深埋的尸体有可能在自然环境(洪水冲刷、地震等)或者人为(挖掘等)的因素影响下,暴露在土壤表面,使得一些抵抗能力强的细菌或病毒等病原有机会重新回到地表,再次感染人、畜、禽等。另一方面,深埋的病尸体内的病原微生物可能会通过渗透作用而污染地下水。此外,即使深埋地点不受到任何外在因素的破坏而暴露,但其上面生长的植物可能会通过广泛伸展的根茎的生长把深埋在地下的病原再次带上地表。所以,作者认为,为确保病原微生物彻底无害化,对病畜禽的尸体的处理最好不要采用深埋的方法。

(四)高温处理

猪肺疫、猪溶血性链球菌病、猪副伤寒、结核病、副结核病、禽霍乱、传染性法氏囊病、鸡传染性支气管炎、鸡传染性喉气管炎、羊痘、山羊关节炎脑炎、绵羊梅迪/维斯那病、弓形虫病、梨形虫病、维虫病等病畜的肉尸和内脏,必须经高温处理。另外,对患传染病的畜禽的同群畜禽以及怀疑被其污染的肉尸和内脏也应进行高温处理。

(1)高压蒸煮法　把肉尸切成重不超过 2 kg、厚不超过 8 cm 的肉块,放在密闭的高压锅内,在 112 kPa 压力下蒸煮 1.5～2 h。

(2)一般煮沸法　把肉尸切成重不超过 2 kg、厚不超过 8 cm 的肉块,放在普通锅内煮沸 2～2.5 h(从水沸腾时算起)。

四、病畜禽产品的无害化处理

(一)血液

1.漂白粉消毒法　确认为炭疽、鼻疽、牛瘟、牛肺疫、恶性水肿、气肿疽、狂犬病、羊快疫、羊肠毒血症、肉毒梭菌中毒症、羊猝狙、马流行性淋巴管炎、马传染性贫血病、马鼻腔肺炎、马鼻气管炎、蓝舌病、非洲猪瘟、猪瘟、口蹄疫、猪传染性水疱病、猪密螺旋体痢疾、急性猪丹毒、牛鼻气管炎、黏膜病、钩端螺旋体(已黄染肉尸)、李氏杆菌病、布鲁氏菌病、鸡新城疫、马立克氏病、鸡瘟(禽流感)、小鹅瘟、鸭瘟、兔病毒性出血症、野兔热、兔产气荚膜梭菌病等传染病和恶性肿瘤或两个器官发现肿瘤的病畜禽以及血液寄生虫病病畜禽的血液处理可采用此法。

处理方法是将 1 份漂白粉加入 4 份血液中充分搅匀,放置 24 h 后在专设废弃物掩埋的地点掩埋。

2.高温处理法　患猪肺疫、猪溶血性链球菌病、猪副伤寒、结核病、副结核病、禽霍乱、传染性法氏囊病、鸡传染性支气管炎、鸡传染性喉气管炎、羊痘、山羊关节炎脑炎、绵羊梅迪/维斯那病、弓形虫病、梨形虫病、锥虫病等病畜禽的血液处理可采用此法。

处理方法是将已凝固的血液切划成豆腐方块,放入沸水中烧煮,至血块深部呈黑红色并成蜂窝状时为止。放凉后在专设废弃物掩埋的地点掩埋。

(二)皮毛的消毒

皮毛的消毒是控制和消灭炭疽的重要措施之一,也是控制其他传染病皮毛安全无害的最有效的手段。凡调进的皮、毛在出厂前都必须进行严格的消毒。皮毛的消毒方法应按所患传染病病原的抵抗力来考虑,做到既要杀灭病原,又不损坏皮毛。

常用的消毒方法有如下几种:

1. *福尔马林蒸汽消毒法* 本法适用于怀疑被炭疽芽孢污染的皮毛及各种病畜的皮毛和被污染的干皮张、毛、羽和绒。一般在密闭的房间里进行。消毒室总容积不超过 10 m^3，消毒室温度应在50℃左右，湿度调节在70%～90%，按加热蒸发甲醛溶液 80～300 mL/m^3 的量通入甲醛气体，用药封闭 24 h。本法的缺点是对皮毛组织有一定的损伤。

2. *环氧乙烷气体熏蒸消毒法* 此法是国内外普遍使用的一种消毒法。适用于怀疑被炭疽杆菌、口蹄疫、沙门氏菌、布鲁氏菌污染的干皮张、毛、羽和绒。此方法简便易行，可用于大批量消毒生产皮张，省时、省力，适用于病皮、健皮。环氧乙烷穿透力和扩散力很强。可杀灭细菌及芽孢、真菌、病毒等病原体。消毒方法是将皮毛放置在密闭的消毒库或特制的聚氯乙烯密闭篷幕内，码成垛型，但高度不超过 2 m，各行之间保持适当距离，以利于气体穿透和人员操作。然后按 400～700 g/m^3 的用量导入环氧乙烷，对炭疽芽孢污染的物品，用药量为 0.8～1.7 kg/m^3。篷内湿度为30%～50%，温度为25～40℃，熏蒸 24～48 h。消毒结束后，打开封口，通风 1 h。

此法消毒对皮毛的质量无影响，故一般较大的肉联厂或皮毛加工厂多采用此法消毒皮毛。本法只用于生干皮的消毒。

3. *盐酸食盐溶液消毒法* 本法是一种操作简便、成本低廉、效果较好的消毒方法，被鼻疽、牛瘟、牛肺疫、恶性水肿、气肿疽、狂犬病、羊快疫、羊肠毒血症、肉毒梭菌中毒症、羊猝狙、马流行性淋巴管炎、马传染性贫血病、马鼻腔肺炎、马鼻气管炎、蓝舌病、非洲猪瘟、猪瘟、口蹄疫、猪传染性水疱病、猪密螺旋体痢疾、急性猪丹毒、牛鼻气管炎、黏膜病、钩端螺旋体(已黄染肉尸)、李氏杆菌病、布鲁氏菌病、鸡新城疫、马立克氏病、鸡瘟(禽流感)、小鹅瘟、鸭瘟、兔病毒性出血症、野兔热、兔产气荚膜梭菌病等传染病污染的皮毛和一般病畜皮毛的消毒可用此法。

具体方法是：将 2.5%盐酸溶液和 15%食盐水溶液等量混合，然后将皮张浸泡在此溶液中，并使液温保持在30℃左右，浸泡 40 h，皮张与消毒液之比为 1∶10(m/V)。浸泡后捞出沥干，放入 2%氢氧化钠溶液中，以中和皮张上的酸，再用水冲洗后晾干。也可按 100 mL 25%食盐水溶液中加入 1 单位盐酸的比例配制消毒液，在15℃条件下浸泡 48 h，皮张与消毒液之比为 1∶4。浸泡后捞出沥干，再放入 1%氢氧化钠溶液中浸泡，以中和皮张上的酸，再用水冲洗后晾干。

此消毒法的缺点是浓度不易掌握，浓度高时易损伤皮张。

4. *^{60}Co 辐射消毒法* 适用于可疑污染任何病原微生物的珍贵皮毛的消毒，剂量为250 rad(拉德)。

5. *过氧乙酸浸泡消毒法* 适用于怀疑污染任何病原微生物的畜禽的新鲜皮、盐湿皮、毛、羽和绒的消毒。方法是将待消毒的皮、毛、羽和绒浸入新鲜配制的 2%过氧乙酸溶液中，溶液须高于物品面 10 cm。浸泡 30 min 后捞出，用水冲洗后晾干。

6. *碱盐液浸泡消毒* 用于被炭疽、鼻疽、牛瘟、牛肺疫、恶性水肿、气肿疽、狂犬病、羊快疫、羊肠毒血症、肉毒梭菌中毒症、羊猝狙、马流行性淋巴管炎、马传染性贫血病、马鼻腔肺炎、马鼻气管炎、蓝舌病、非洲猪瘟、猪瘟、口蹄疫、猪传染性水疱病、猪密螺旋体痢疾、急性猪丹毒、牛鼻气管炎、黏膜病、钩端螺旋体(已黄染肉尸)、李氏杆菌病、布鲁氏菌病、鸡新城疫、鸡马立克氏病、鸡瘟(禽流感)、小鹅瘟、鸭瘟、兔病毒性出血症、野兔热、兔产气荚膜梭菌病等传染病污染的皮毛消毒。消毒时将病皮浸入 5%碱盐液(饱和盐水内加烧碱)，室温(17～20℃)浸泡 24 h，并随时加以搅拌，然后取出挂起，待碱盐液流净，放入 5%盐酸液内浸泡，使皮上的酸碱中和，捞出，用水冲洗后晾干即可。

7. *石灰乳浸泡消毒* 该法用于口蹄疫和螨病病皮的消毒。配制消毒液时将1份生石灰加1份水制成熟石灰，再用水配成10%或5%混悬液，即石灰乳。消毒口蹄疫病皮时，石灰乳的浓度为10%，浸泡2 h后取出晾干；螨病病皮的消毒所需石灰乳的浓度为5%，浸泡12 h后取出晾干。

8. *盐腌消毒* 该法用于布鲁氏菌病病皮的消毒。消毒时将相当于皮重15%的食盐均匀撒于皮的表面。一般毛皮腌制2个月，胎儿毛皮腌制3个月。

（三）骨、蹄、角的消毒

对杂骨的消毒，一般在堆积杂骨场的场地进行，对待运的杂骨则进行散装消毒方法有浸泡法、高压蒸煮法及喷洒消毒法等。

1. *过氧乙酸浸泡消毒法* 本法适用于怀疑污染任何病原微生物畜禽的骨、蹄、角。方法是将待消毒的骨、蹄、角浸入0.3%过氧乙酸溶液中，溶液须高于物品面10 cm，浸泡30 min后捞出，用水冲洗后晾干。

2. *高压蒸煮消毒法* 本法适用于怀疑污染炭疽杆菌、口蹄疫、沙门氏菌、布鲁氏菌污染的骨、蹄和角。方法是将骨、蹄和角放入高压锅内，蒸煮至骨脱胶或脱脂时为止。

3. *甲醛水溶液浸泡消毒法* 本法适用于可疑污染一般病原微生物的骨、蹄和角。方法是将待消毒的骨、蹄、角浸入新鲜配制的1%甲醛溶液中30 h后捞出，用水冲洗后晾干。

4. *喷洒消毒法* 本法用于未消毒的骨、蹄和角的外包装。消毒时，先将骨、蹄和角堆积20～30 cm厚，用含有效氯3%～5%的漂白粉溶液或3%～5%的来苏儿溶液或4%克辽林溶液进行喷雾消毒。也可用新鲜配制的0.3%过氧乙酸溶液。夏季可在消毒液中加0.3%～0.5%的敌敌畏，以杀灭其内的蝇蛆害虫。消毒后待药液干后即可包装调运。

第五节 发生一类传染病后疫区的防疫消毒措施

一、相关概念

根据动物疫病对养殖业生产和人体健康的危害程度，《中华人民共和国动物防疫法》规定一类传染病是指对人畜危害严重、需要采取紧急、严厉的强制预防、控制、扑灭措施的疾病。1999年中华人民共和国农业部第96号公告中公布的一类动物疫病有：口蹄疫、猪水泡病、猪瘟、非洲猪瘟、非洲马瘟、牛瘟、牛传染性胸膜肺炎、牛海绵状脑病、痒病、蓝舌病、小反刍兽疫、绵羊痘和山羊痘、禽流行性感冒（高致病性禽流感）、鸡新城疫。

OIE（国际兽疫局）在《国际动物卫生法典2002》中规定的A类疫病有：口蹄疫（Foot and mouth disease）、水疱性口炎（Vesicular stomatitis）、猪水疱病（Swine vesicular disease）、牛瘟（Rinderpest）、牛传染性胸膜肺炎（Contagious bovine pleuropneumonia）、结节性皮肤病（Lumpy skin disease）、裂谷热（Rift valley fever）、非洲马瘟（African horse sickness）、非洲猪瘟（African swine fever）、古典猪瘟（Classical swine fever）、蓝舌病（Bluetongue）、小反刍兽疫（Peste des petits ruminants）、绵羊痘和山羊痘（Sheep pox and goat pox）、高致病性禽流感（Highly pathogenic avian influenza）、新城疫（Newcastle disease）。

1. *我国尚未发现的动物疫病* 是指疯牛病、非洲猪瘟、非洲马瘟等在其他国家和地区已经发现，在我国尚未发生过的动物疫病。

2. 我国已消灭的动物疫病　是指牛瘟、牛肺疫等在我国曾发生过，但已扑灭净化的动物疫病。

3. 暴发　是指一定区域，短时间内发生波及范围广泛、出现大量患病动物或死亡病例，其发病率远远超过常年的发病水平。

以疫点为中心的一定范围内的区域划定为疫区，疫区划分时注意考虑当地的饲养环境、天然屏障（如河流、山脉）和交通等因素。

4. 疫点（epidemic spot ）　指经国家指定的检测部门检测确诊为发生了一类传染病疫情的养殖场/户、养殖小区或其他有关的屠宰加工、经营单位；如为农村散养，则应将病畜禽所在的自然村划为疫点。

5. 疫区（epidemic area/district）　指以疫点为中心的一定范围内的区域划定为疫区，疫区划分时注意考虑当地的饲养环境、天然屏障（如河流、山脉）和交通等因素。一般指以疫点为中心，半径 3 km 范围内的区域。

6. 受威胁区（menaced area/district）　指疫区外一定范围内的区域划定为受威胁区。一般指疫区外延 5 km 范围内的区域。

7. 消毒（disinfection）　是指用物理的（包括清扫和清洗）、化学的和生物的方法杀灭病畜禽体及其环境中的致病性病原体。而对非病原微生物及其芽孢（真菌）孢子并不严格要求全部杀死。其目的是预防和防止一类传染病的传播和蔓延。

8. 无害化（bio-safety disposal）　用物理、化学或生物学等方法处理病畜禽及其产品和其附属物品，不仅消灭病原微生物，而且要消灭它分泌排出的有生物活性的毒素，同时消除对人畜具有危害的化学物质。

9. 销毁（destroy）　将病畜禽尸体及其产品或其附属物进行焚烧火化等处理，以彻底消灭它们所携带的病原体。

10. 预防消毒（preventive disinfection/regular disinfection）　又称定期消毒，是为了预防一类传染病的发生，对养殖场、养殖环境、用具、饮水等所进行的常规的定期消毒工作。

11. 紧急防疫消毒（emergency disinfection for epidemic prevention/concurrent disinfection）　在一类传染病疫情发生后至解除封锁前或在疫情稳定后的一段时间内，对养殖场、畜禽的排泄物、分泌物及其污染的场所、用具等及时进行的防疫消毒措施。其目的是为了消灭由传染源排泄在外界环境中的病原体，切断传播途径，防止一类传染病的扩散蔓延，把传染病控制在最小范围并就地消灭。

12. 终末消毒（terminal disinfection）　发生一类传染病以后，待全部病畜禽及疫区范围内所有可疑畜禽经无害化处理完毕，经过 3 周再没有新的病例发生，在疫区解除封锁之前，为了消灭疫区内可能残留的一类传染病病原体所进行的全面彻底的大消毒。

13. 清扫、清洗工具（cleaning and washing implement）　用于清除疫区污染物的扫帚、叉子、铲子、铁锹、密封运输车辆和冲洗用水管。

14. 消毒设备（disinfectent equipment）　用于消毒的喷雾器、火焰喷射枪、消毒液容器、消毒车辆等。

15. 消毒剂（disinfectant）　用于消毒的化学药品。常用的消毒剂有：甲醛、高锰酸钾、漂白粉、过氧乙酸、氢氧化钠、二氧化氯、次氯酸钠、生石灰和双季胺盐类等。

16. 消毒液（disinfectent solution） 用上述消毒剂加水配制的对高致病性禽流感病毒有杀灭作用的化学溶液。

17. 防护装备（safeguard） 专用于现场消毒人员防护穿戴的防护服、口罩、胶靴、手套、护目镜等。

二、疫点的消毒

疫点消毒是对发生疫情的养殖场/户等的消毒。分为紧急防疫消毒和终末消毒两种。

1. 疫点的紧急防疫消毒 养殖场的清理和消毒可以按下列步骤进行：

首先选用刺激性小的消毒药如0.3%二氧化氯或0.3%过氧乙酸等溶液在病畜圈舍内进行喷雾消毒，然后采用不放血的方法将病畜禽集中扑杀并清理出圈舍。接着再用上述消毒液将病畜圈舍再普遍喷洒一遍，以免病原微生物随尘土飞扬造成更大的污染。消毒过程为：

(1)清理圈舍 彻底将圈舍内的污物、粪便、垫料、剩余饲料等各种污物清理干净，将顶棚上的尘埃与蜘蛛网等清扫出圈舍，集中堆放到指定的地点，以便统一销毁作无害化处理。可移动的设备和用具也要搬出圈舍，集中堆放到指定的地点清洗、消毒后，暴晒。污染场地如为水泥地，则应用消毒液仔细刷洗；若系泥地，可先撒上干漂白粉后，将地面深翻 30 cm 左右，再撒上干漂白粉，漂白粉用量按 3～5 kg/m^2，然后以水湿润、压平。污染场地若为土地，应首先用1%漂白粉溶液或 3%～5%热氢氧化钠消毒药液喷洒，然后挖除 10 cm 深的表土后，再做第二次喷洒消毒，而后填进新土再喷洒消毒一次。挖出的土撒上干漂白粉消毒后用密封运输工具运送到发酵坑内作无害化处理。

(2)焚烧 圈舍清扫后，用火焰喷射器对圈舍 2 m 以下的墙裙、地面、笼具等不怕燃烧的物品进行火焰消毒，特别是残存的皮毛、皮屑和粪便。

①冲洗：对圈舍的墙壁、地面、笼具，特别是屋顶木梁柁架等，用高压水枪彻底冲洗干净，做到无垃圾和粪迹。

②喷洒消毒药物：待圈舍地面水干后，用消毒液对地面和墙壁进行喷雾、喷洒等消毒，注意角落及物体的背面，喷洒药液以每平方米地面 1.5～1.8 L。

③熏蒸消毒：关闭门窗和风机，用甲醛或过氧乙酸密闭熏蒸，7 h 后打开门窗。按每立方米空间使用 40%甲醛溶液(即福尔马林)42 mL、高锰酸钾 21 g 对圈舍进行甲醛蒸汽消毒。

疫情发生 1 周内应每日喷雾或喷洒消毒 2 次，以后每周 1 次。经上述消毒后，将圈舍闲置至解除疫区封锁时再经终末消毒后，方可再接新的畜禽入舍。

养殖场内的金属设施设备的消毒，采取火焰、熏蒸等方式消毒。器械用具用 0.3%二氧化氯溶液浸泡消毒 2 h。对养殖场内圈舍外场区各种道路和可能污染的场地要重点消毒，可使用 3～5%氢氧化钠溶液或 0.3%二氧化氯溶液每日喷洒消毒 1～2 次。养殖场内的饲料、垫料、粪便等污物应随病畜禽尸体一起置于指定地点堆积密封作焚烧无害化处理。疫点消毒时所产生的污水应集中进行消毒无害化处理后，方可排放。也可直接在污水沟里投撒生石灰或漂白粉进行消毒。

疫点内办公区、饲养人员的宿舍、公共食堂、道路等场所，应每日喷洒消毒 1～2 次。

疫点内场区出入口的消毒池内应保持有足量的 3%氢氧化钠消毒液，每天更换一次。

2. 疫点的终末消毒 在解除封锁前疫区全场(户、小区)还应进行一次彻底消毒。消毒的方法基本与紧急防疫消毒相同。用消毒药喷洒 2～3 遍。有条件的可进行消毒效果检测。

在疫区从事养殖生产、屠宰加工、产品运销、疫区防疫消毒以及其他与病畜禽有接触的工作人员在工作结束后，尤其在场内发生疫情时、处理工作完毕，必须经消毒后方可离开现场，以免引起病原在更大范围内扩散。所用衣物用消毒剂浸泡后清洗干净，其他物品都要用适当的方式进行消毒。消毒方法如下：将穿戴的工作服、帽、手套、胶靴及器械浸泡于有效化学消毒液中，工作人员的手及皮肤裸露部位用消毒液擦洗、浸泡一定时间后，再用清水清洗掉消毒药液。平时的消毒可采用消毒药液喷洒法，不需浸泡。直接将消毒液喷洒于工作服、帽上；工作人员的手及皮肤裸露处以及器械物品可用蘸有消毒液的纱布擦拭，而后再用水清洗。

三、道路消毒

疫情发生后，应在疫区周围各级各类道路路口设立消毒站，对所有过往的车辆及可能污染的场地进行全面消毒。疫区污染的场地和公路消毒方法与疫点养殖场的场地、道路消毒采用相同方法。

四、交通运输车辆的消毒

出入疫点、疫区的交通要道设立临时性消毒点，对出入人员、运输工具及有关物品进行消毒。疫区内所有可能被污染的运载工具如车厢、船只、用具等必须在兽医人员监督指导下进行严格消毒。消毒处理场所应设在指定地点，以防疫病的散布。车辆的外面、内部及所有角落和缝隙都应用冲洗消毒，不得留死角。运输工具的消毒程序如下：

(1)清扫：将车厢或船只在途中积聚的粪便、剩余残饲料及污物清扫干净，堆放到指定地点。

(2)清洗：用 80℃以上的热水清洗车厢，清洗时自车厢内顶棚开始，渐及车厢内外各部，直至洗出的水不呈粪黄色为止。

(3)喷洒消毒液：用 3%热氢氧化钠喷洒消毒等。车船内的用具物品也同时加以清洗、消毒。在消毒后 2～4 h 用热水洗刷后再行使用。

(4)若确定为装载过一类传染病的病畜禽的运输工具，其车厢或船只应先喷洒一遍消毒药后，再清扫除污。而且都应经过 2 次以上的消毒，并在每次消毒后再用热水清洗，两次间隔时间为 30 min。在最后一次消毒 2～4 h 后，用热水洗刷，再行使用。

(5)车体消毒重点在车轮和车体表面，应选择无腐蚀性的有效消毒药物对车轮及车体表面进行严格彻底的消毒，消毒药的用量应比在圈舍的消毒药量大 1 倍以上。从车辆上清理下来的垃圾和粪便应集中烧毁作无害化处理。

五、畜禽集贸市场的消毒

疫区的集贸市场在疫情确定后，应立即停止畜禽及其产品交易，封锁集市，清除、隔离和销毁病畜禽。同时应在当地畜禽检疫站的兽医人员监督指导下对出售的畜禽产品及其产品的存放场所货架器具、畜禽交易集散地点进行紧急防疫大消毒。首先将病死畜禽或其产品的所在地的地面、笼具、饲槽、敞棚及其他被污染的地方进行喷洒消毒，清洗后，再喷洒消毒一次；出售肉品的案板、刀具等用 82℃以上的热水洗刷后，再用消毒液喷洒消毒；刮擦和清洗笼具等所有与病畜禽接触过的物品，喷洒消毒；用密封的运输工具将饲料和粪便等污物运致指定的地点作焚烧等无害化处理。所产生的污水也参照前面讲述的方法进行无害化处理。

六、疫区屠宰加工厂的消毒

屠宰车间的紧急防疫消毒 在发生一类传染病时，疫区的屠宰加工厂(场)应立即停止生产加工，将所有畜禽产品清理移出车间，集中于指定的地点按规定进行无害化处理。对车间的地面及各工作台面、设备、用具及墙裙等用先用82℃热水清洗后，用3%热氢氧化钠或4%次氯酸钠溶液喷洒消毒，保持1～4 h后，再用清水冲洗。当车间内油污大时可采用在3%氢氧化钠溶液中加入5%～10%食盐配成的溶液进行喷洒消毒。

若屠宰加工厂(场)为疫点，则应用消毒液进行2次以上的喷洒消毒，并适当加大消毒液的浓度。

屠宰加工工具和相关器械可用85℃热水消毒或0.015%的碘溶液或0.3%的二氧化氯浸泡消毒30 min以上。

候宰区与病畜禽接触过的工具、饲槽，病畜禽通过的道路、停留过的笼舍的地面、墙裙、用具等均应进行彻底清洗消毒，消毒与车间的方法相同。厂区道路及运载工具等的消毒同上述方法。

屠宰加工厂(场)内所有畜禽及其产品或病畜禽的胴体、血污、病畜禽的分泌物、排泄物、残存的饲料、垫料等各种废弃污物都应在指定地点进行焚烧等无害化处理。以上消毒过程中所产生的污水也必须经无害化处理后方可排放。

在疫区被封锁期间，屠宰加工厂(场)不得投入生产。必须在疫区解除封锁、厂(场)区进行了终末消毒后，方可再投入屠宰加工生产。

七、散养户的消毒程序

散养户养殖场地和圈舍消毒技术要求：

(1)扑杀畜禽后，场地必须清洗消毒。

(2)在进行清洗消毒之前要穿戴好防护衣物。

(3)圈舍中的粪便应彻底清除，院子里散落的粪便应当收集，并做堆积密封发酵或焚烧处理。

(4)清理堆积粪便时应先淋水后再清理，以免扬起粪尘。

(5)用消毒剂彻底消毒场地和圈舍，用过的个人防护物品如手套、塑料袋和口罩等应彻底销毁。

(6)可重复使用的物品须用去污剂清洗2次，确保干净。能消毒的要进行消毒处理。

(7)将工作人员扑杀畜禽时穿过的衣服，用70℃以上的热水浸泡5 min以上，再用肥皂水洗涤，在太阳下曝晒。

(8)处理污物后要洗手、更衣、洗澡。

八、受威胁地区的预防性消毒

应加强受一类传染病威胁区的预防消毒工作，养殖场、畜禽产品集贸市场、畜禽产品加工厂、交通运输工具等各种与畜禽流通相关的场所都应加强预防消毒工作，应适当增加日常消毒工作的次数和密度。养殖场场区及其道路应每日进行喷洒消毒2次，用0.2%过氧乙酸按30 mL/m^3。每日进行1次带鸡消毒。

第二十三章　人兽互传病概论

第一节　人兽互传病概述

人兽共病(Zoonosis)一词源于希腊文 zoon(意为动物)与 nosis(意为疾病)。指由动物直接传播给人的疾病。19 世纪德国病理学家 Rudolf Virchow 第一次提出人类感染的动物疫病(zoonosis)这一名词。尔后这一概念被修正为“由任何家养的和野生的脊椎动物传染给人或由人传染给动物的所有人类的传染病”。1959 年,世界卫生组织(WHO)与粮农组织(FAO)联合成立的人兽共患病专家委员会(The Expert Committee on Zoonoses),对人兽共患病所下的定义为在脊椎动物和人之间自然地传播的疾病和感染(Those diseases and infections which are naturally transmitted between vertebrate animals and man)。

从生物进化和人类历史的发展方面来讲,可以说人兽互传病很早就存在了,诸如鼠疫、结核病、狂犬病、旋毛虫病等,古书都有记载,而且都起源于低等动物,后来才适应(感染)于高等动物和人,

Theobald Smith(1868—1930)曾经指出“疟原虫的宿主最先是昆虫(蚊虫),因为在它的体内发生了最重要的孢子增殖”。后来,Bruce-Chatt 在其“灵长动物的疟疾发展史”一书中发展了这个观点。灵长动物的起源可以追溯到 2 000 万年前,人类的历史约有 200 万年,昆虫的起源约 20 000 万年。Bruce-Chatt 认为疟原虫最早可能是在蚊虫肠道中发育,以后适应于灵长动物,而且在新宿主体内成为一种病原体。用这种进化的观点可以说明很多类似的人兽互传病的起源。

但是,在 18 世纪以前,人类对人兽互传病的来龙去脉是不清楚的,直到显微镜发明之后和对病原体的整个发育史了解之后才有所认识。特别值得提出的是 19 世纪后期发现了软体动物——螺蛳是很多种寄生虫的中间宿主和发现了节肢动物作为虫媒传播丝虫病、疟疾、黄热病、伤寒等,这两个发现大大地促进了人类对许多人兽互传病的研究和认识,使人兽互传病成为医学、兽医学的一门综合性学科。

在 20 世纪 50 年代以前虽然发现了一些动物的疫病可以传染给人,可是并未引起各个国家的重视,同时普遍认为人兽互传病主要发生在文化、经济落后的国家,发生在穷乡僻壤的地区和森林地带。

50 年代以后,由于科学文化的发展迅速,交通工具不断改善,国际间交往日趋频繁,人们接触动物的机会增多,在大城市和发达的国家都发现了人兽互传病,不但病例增多,而且种类也逐渐增多。

在 50 年代初在联合国下属的世界粮农组织和世界卫生组织成立了“人兽互传病专家委员

会”,协助一些国家和地区建立相应的机构,对一些重要的人兽互传病进行调查研究。我国也成立了“中国微生物学会人兽共患疾病病原专业委员会”70 年代以来由于对弓形虫病、肉孢子虫病、幼虫移行症以及一些原虫病的研究取得了很大的进展,引起了医学卫生界、兽医界、生物－生态学界的广泛注意和兴趣,对人兽互传病也因之更加重视起来。

人兽互传病对社会的发展,国家的富强,民族的兴衰均有直接关系。从历史上看,世界上曾发生过 3 次鼠疫大流行,

第一次发生在 542—594 年间,从埃及蔓延到整个欧洲,大批人口死亡,并导致了拜占庭帝国的覆灭;

第二次发生在 1346—1349 年间,使欧洲死亡人数达 2 500 万,相当于当时欧洲总人口的 1/4,给中世纪的欧洲社会以严重的打击;

第三次发生于 1894 年从我国和印度传至世界许多地方,造成大批人口死亡。目前,鼠疫已被控制,但局部地区,甚至像美国等发达国家也还有少数散发病例,因此,决不能放松警惕。

新中国成立前在我国长江流域流行的日本裂体吸虫(血吸虫)病曾使大批人畜遭受死亡,很多乡村呈现十室九空的凄惨景象,人们记忆犹新。新中国成立以后,人民政府特别重视日本裂体吸虫病的防制,在国务院下设立了专门的“血防委员会”,经过医卫界、兽医界及其他各界科技人员和人民群众的努力,此病基本上已被控制,但现在有的地区仍出现阳性病人和病畜,因此也不能掉以轻心。

人兽互传病对国民经济的损失和畜牧业的发展影响是很大的。以家畜为主的人兽互传病,不仅影响到畜力、能源、畜产品的利用减少,同时还严重地威胁着人、畜的生命与健康。以猪囊虫来讲,根据不少屠宰场的统计,有 10％～30％的屠宰猪是囊虫猪,若全国精确统计,其数目是庞大的,每年直接的经济损失可达亿万元以上。此外,如棘球蚴病、旋毛虫病等在牧区和某些少数民族地区时有发生,对人畜造成严重的危害。

研究人兽互传病的目的在于防制人和动物间的互相传染,重点是预防人从动物感染。在目前人兽互传病种类日益增多的情况下,世界各国应在世界卫生组织的协助下,设立专门的研究机构和防治机构,首先要进行普查,查明各个地区病原体的种类和流行病学特点。由于很多种人兽互传病呈现隐性感染或无症状感染,因此在进行调查时能发现隐性宿主是最重要的,这就要拥有较精确的检测手段和方法。

又由于人兽互传病病原体的宿主种类很多,范围很广,两栖类、爬行类、鱼类、禽类、哺乳类等脊椎动物中都有其特定的病原体,这些动物所处的自然环境各不相同,很复杂,因此在进行流行病学调查时须要组织有医学、兽医学、微生物学、寄生虫学、生物学、生态学、环境保护学诸方面的专家和技术人员组成的综合调查组才能完成任务。

第二节　人兽互传病病原和分类

目前全世界已证实的人兽互传病 250 多种,其中有 100 多种是公共卫生上重要的疾病,严重地威胁着人畜的健康。

人兽互传病的病原:人兽互传病的病原是生物界的一些有致病性的有机体(病原体),按它们在生物界的属性分有:①病毒;②立克次氏体;③衣原体;④螺旋体;⑤细菌;⑥霉菌;⑦寄生

虫。前六种病原体引起的疾病统称为人兽互传传染病；由寄生虫引起的称为人兽互传寄生虫病。

对其按一定规律进行分类，是人们认识、控制、预防和消灭疾病的前提，但其分类目前尚无统一标准。根据病原体的生物属性、生活史、宿主的性质和按人兽共患病的危害或分布范围的大小等方面的不同，可对人兽共患病进行分类，现将几种分类方法分别简述如下。

(一)按病原不同分类

(1)由病毒引起的人兽互传病：口蹄疫、流行性感冒、狂犬病、流行性乙型脑炎等约50种。

(2)由立克次氏体和衣原体引起的人兽互传病：已知有北亚蜱媒、斑疹热、鹦鹉热、Q热等10种左右。

(3)由霉菌引起的人兽互传病已知有放线菌病。曲霉菌病。隐球菌病等10余种。

(4)由细菌引起的人兽互传病有炭疽。布鲁士病、鼻疽、结核病、丹毒等20余种。

(5)由寄生虫引起的人兽互传病病原种类比较多，按寄生虫的生物属性来分类，尚可分为：

①由吸虫引起的人兽互传病如裂体吸虫病，枝睾吸虫。并殖吸虫病。姜片吸虫病。肝片形吸虫病等10余种。

②由绦虫引起的人兽互传病如棘球蚴病、裂头绦虫膜壳绦虫病等10余种。

③由线虫引起的人兽互传病如蛔虫病、钩虫病、旋毛虫病、幼虫移行症等约20种。

④由节肢动物引起的人兽互传病已知有蝇蛆病、五口虫病(即舌形虫病)、螨病等数种。

⑤由原生动物引起的人兽互传病有利什曼病、锥虫病、弓形虫病等约10种。

人兽互传病病原体类型及相关疾病举例见表23-1。

表23-1 人兽互传病病原体类型及相关疾病

类型	举例
节肢动物	疥螨病、传播媒介
细菌	炭疽、布鲁氏菌病、结核病
真菌	隐球菌病、癣病
寄生虫	蛔虫、弓形体
朊病毒	疯牛病、克雅氏病
原虫	弓形虫、隐孢子虫病
立克次体	Q热
病毒	埃博拉病、狂犬病、禽流感、口蹄疫

(二)按照流行病学特征分类

1.按照病原体的储存宿主性质分类

(1)动物源性人兽共患病(zooanthroponoses) 病原体的储存宿主主要是动物，通常在动物中传播，偶尔感染人类。人类感染后成为死角宿主，继续传播的机会很少。如狂犬病、旋毛虫病、鼠疫、布氏杆菌病、棘球蚴病和马脑炎等。

(2)人源性人兽共患病(anthropozoonoses) 亦称人传兽互传病。病原体的储存宿主是人，通常在人间传播，偶尔感染动物。动物感染后往往成为死角宿主，失去继续传播的机会，如人型结核病、阿米巴痢疾等。感染溶组织阿米巴原虫的犬不能排出有感染力的包囊，只能排出无感染能力的滋养体。

(3)互传人兽互传病(amphixenoses) 人和动物都是病原体的储存宿主。在自然条件下，病原体可以在人间、动物间及人与动物间相互传染，人和动物互为传染源。如结核病、日本血吸虫病、炭疽、钩端螺旋体病等。

(4)真性人兽共患病(eeuzoonoses) 指病原体的生活史需在人和动物体内完成的互传病，缺一不可。如：猪带绦虫病及猪囊尾蚴病及牛囊尾蚴病等。

2.依传播方式和病原体的生活史分类

(1)直接传播性人兽共患病(direct zoonoses) 指通过直接接触或间接接触(通过媒介物或媒介昆虫机械性传递)而传播的人兽共患病。其病原体在传播过程中很少或没有增殖和无重要的发育变化。如狂犬病、口蹄疫、流行性感冒、结核病、布氏杆菌病等。

(2)循环性(固生性)人兽互传病 (cyclozoonoses) 指病原体完成其生活史需要两种或多种脊椎动物宿主，但不需要无脊椎动物参与的人兽共患病。又可分：

①真性循环人兽互传病，与前述真人兽互传病是相同的，指病原体的生活史必须有人的参与才能完成，人类的参与有一定的偶然性，如猪带绦虫病、牛带绦虫病。

②非真性循环人兽互传病，指病原体完成其生活史不一定要人的参与也能完成，如棘球蚴病。

(3)媒介性(后生性)人兽互传病(metazoonoses) 指病原体的生活史必须有脊椎动物和无脊椎动物的共同参与才能完成的人兽共患病。无脊椎动物作为传播媒介，病原体侵入其体内后需要经过一定的潜伏阶段，在体内完成必需的发育阶段或增殖到一定数量，才能传播给另一易感脊椎动物，病原体在其体内继续发育完成其整个发育过程。如黄热病、病毒性脑炎、登革热、鼠疫、裂体吸虫病、枝睾吸虫病(表 23-1)。

(4)污染性人兽互传病(腐生性人兽互传病)(saprozoonoses) 指病原体在传播过程中需要一种脊椎动物宿主和一种非动物性的滋生地或基质(有机物、泥土和植物等)才能完成感染的人兽共患病。病原体在非生物基质上繁殖或进行一定阶段的发育后，经皮肤或呼吸道传染给脊椎动物宿主。如肝片吸虫病、气性坏疽、破伤风、钩虫病和组织浆菌病等。

第三节 影响人兽互传病的因素

人兽互传病流行的因素是复杂而多方面的。病原体、人和易感动物是流行的三个主要环节，缺一不可，但这三个环节中以人的因素最为重要，因为人的一切活动，如从事生产建设、饮食习惯、宗教信仰娱乐等都与流行有关，现举其主要因素论述之。

一、人类从事生产建设的影响

由于人口的增加，社会的发展和改善人民生活的需要，人类正在而且将继续利用迄今尚未开发的地区和自然资源。人们在新的地区修山筑路，开垦土地，兴办水电，这样人们就不断地进入未适应的新的生态环境中，建立起新的居民点，而在新的生态环境中往往潜在着人兽互传病的病原体，形成某种互传病的自然疫源，当人们进入疫源地就会暴发某种互传病的流行。近年来发现的梨形虫病(piroplamosis)、猴疟原虫和动物锥虫的人体感染可以认为是由于生态环境的变化而引起的。

再如，为大规模水利资源开发而修建大型水坝、水库和灌溉区划，通常可增加与水有关的人兽互传寄生虫病(如裂体吸虫病、并殖吸虫病、肝片形吸虫病、麦地拉龙线虫病等)的危险性。埃及在尼罗河上游修建阿斯旺水坝引起了尼罗河沿岸埃及裂体吸史病蔓延就是很好的说明。因此，在制订任何一项经济发展规划时，应当征求流行病学家、生态学家、环境保护学家的意见，以便将某些有损于人类健康的人兽互传病的危险性减少到最低限度。

二、人与动物之间接触的影响

与人接触的动物种类很多，有野生动物、家畜、家禽、实验动物和与人共处的动物(syanthropicanimals)等，这些动物的动态变化(群体结构、群体密度、摄食方式、与人接触等)对人兽互传病的流行都有影响。我国人与动物关系的变化，在很大程度上是由宠物的快速发展引起的。尤其是在我国城镇化建设快速发展、生活水平不断提高的过程中，宠物越来越多地进入到人们的日常生活之中。宠物是从畜牧业家养动物中逐渐分离出来、与人类接触更密切的特殊动物，是与主人朝夕相处的生活伴侣。

三、人的饮食习惯和宗教习俗等的影响

在人兽互传寄生虫病的传播过程中，通过食物和饮水传播给人的情况很多，而有些进食习惯又增加了感染的机会和危险性。例如在我国广东珠江三角洲一带的居民喜食半生的鱼片，因此感染华枝睾吸虫病的机会较多。华枝睾吸虫病在日本、朝鲜、东南亚各国也有流行，其原因也是由于当地居民有生食鱼肉的习惯。又如云南的一些少数民族地区和东北朝鲜族居住地区的居民喜食半生的猪肉、野猪肉、犬肉而感染旋毛虫，急性发作的情况时有发生。在我国，新疆人喜欢吃生肉，因此包虫病的发病率较高。

人兽互传病的流行与宗教习俗也有关，例如肯尼亚西北部的图加纳牧民是世界上感染细粒棘球蚴最严重的一组人群，他们与犬的关系很密切，按照他们的宗教习俗，死人要让犬吃掉，这样，棘球蚴的感染和传播就得以循环下去。又如黎巴嫩的阿拉伯穆斯林感染棘球蚴的危险性低于阿拉伯基督教徒，因为穆斯林认为犬是不清净的动物，因而养犬者不多，感染棘球蚴的机会显然比基督教徒少。

四、环境污染的影响

影响人兽互传寄生虫病流行的环境因素：主要是水源。土壤和植物。因为很多病原体散布在这些环境之中。成为重要的传染源。饲养动物的饲养场、屠宰场、动物尸体处理工厂所排出的大量动物废弃物(血、粪、尿、毛、皮等)是污染环境、散布病原的主要因素。对人兽互传寄生虫病来说，粪便污染是影响流行的主要因素。

第四节 常见人兽互传传染病简介

一、炭疽(Anthrax)

(一)疾病简介

1.疾病性质 炭疽是由炭疽杆菌引起的一种急性,散发性或地方流行性人兽共患病。其病理变化特点是败血症变化、脾显著肿大、皮下和浆膜下结缔组织出血性胶样浸润,血液凝固不全,呈煤焦油样。历史上该病曾给人畜造成过巨大的危害。据估计目前世界上平均每年发生炭疽人仍达2万~10万,发生家畜炭疽病例数更多。本病广泛分布于世界各地。

2.病原及流行病学 炭疽杆菌为致病菌中最大的一种,长5~10 μm,宽1~3 μm,有荚膜,无鞭毛,不运动,革兰氏染色阳性。在人和动物体内,单在或连成短链(图23-1),培养物中菌体则成长链,形如竹节。本菌在体内不形成芽孢,在体外于适宜条件下(12~42℃)可形成芽孢。芽孢呈圆形或卵圆形,位于菌体中央或略偏向一端。炭疽杆菌芽孢具有很强的抵抗力,在干燥的状态下可存活12年以上,于冰冻情况下可存活4年,干热140℃,3 h方可杀死。即使已死亡多年的朽尸,也可成为传染源。

本菌对外界环境的抵抗力不强,与一般非芽孢菌相似。但炭疽芽孢的抵抗力很强,在干燥状态下可存活12年以上,于冰冻状态下可存活4年,干热140℃ 3 h,高压15 lb(120℃)15~30 min或煮沸30 min可将其杀死。1∶2 500碘液、30%氢氧化钠、0.5%过醋酸10 min,20%漂白粉20 min,3%过氧化氢1 h,2%~5%高锰酸钾24 h可将其杀死。

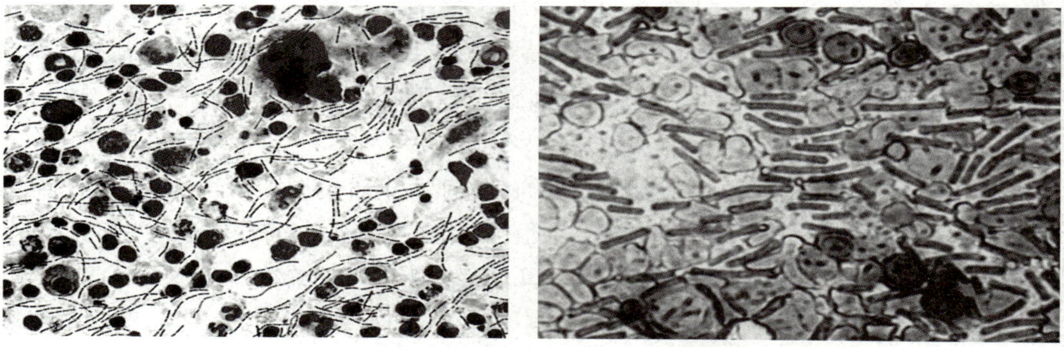

图23-1 小鼠炭疽血图片,左为美蓝染色,右为荚膜染色(佘锐萍)

3.易感动物 人和多种动物对本病易感。动物中以草食动物最为易感,其次为肉食兽。猪有一定的抵抗力,常限于局部感染,取慢性经过。野鼠中鼬特别敏感。鸟内中只有鸵鸟最易感。鱼和青蛙也有易感性。实验动物中以小白鼠、豚鼠、家兔、猴等易感。

4.人及动物的感染方式 患病动物及其污染物为主要传染源。经消化道感染是传染肠炭疽的主要途径。动物常因采食污染的饲料、饮水或在污染的牧地放牧时受到感染。人则因食用病畜的肉、奶或通过污染的食物、饮水而感染。还可因剥宰病畜,加工皮毛,或接触污染的渠水、土地或被病畜咬伤等通过皮肤黏膜感染。动物被带菌的吸血昆虫叮咬时也可感染本病。在通风不良的皮毛加工厂还可发生呼吸道感染。炭疽因感染方式不同,临床表现各异,但通常情况下各症状都会在 7 d 以内表现出来。

(二)症状

1. 牛(潜伏期 1～5 d) 分为最急性型、急性型及亚急性型。

(1)最急性型 发病急剧,表现为突然倒卧,呼吸困难,发绀,全身战栗,心悸亢进,濒死期天然孔出血,常于数小时内死亡。

(2)急性型 主要表现为发热、精神沉郁、食欲减退或废绝,反刍减弱或停止,呼吸困难,黏膜发绀或有小出血点。初期便秘,后腹泻、腹痛,便血,尿呈暗红色,孕牛流产。濒死期体温急剧下降,呼吸极度困难,出现痉挛样症状,发抖,多于 1～2 d 内死亡。

(3)亚急性型 症状与急性相似,但病程较长,2～5 d,病情较缓和。多于体表各部以及直肠、口腔黏膜等处发生炭疽痈,初期硬固,有热痛,以后热痛消失,可发生坏死,形成溃疡。

2. 羊(潜伏期 1～5 d) 多为最急性型,突然眩晕,摇摆,磨牙,全身痉挛,天然孔出血,很快倒地死亡。

3. 马(潜伏期 1～5 d) 常为急性或亚急性经过。除有急性热性病的症状外,咽喉部、颈部、胸前、肩胛、肩前、腹下等处发生炭疽痈,并常有腹痛,剧烈的疝痛症状,常误疑为肠变位,但不胀气。急性病例常于 1～3 d 内死亡。亚急性病畜可活 1 周或更长。

4. 猪(潜伏期 1～5 d) 猪对炭疽的抵抗力较其他动物为强,因此,局部症状较明显,以咽型炭疽最为常见,表现为咽喉部和附近淋巴结明显肿胀,体温升高,精神委顿,食欲不振。严重时黏膜发绀,呼吸困难,最后窒息死亡。但有不少病例,临床症状不显,只在屠宰后才发现病变。肠炭疽常伴发有消化道症状,如便秘或腹泻,呕吐、便血等。

5. 人 皮肤炭疽:绝大多数(95%左右)炭疽感染是由于人接触染菌的动物皮毛、皮革或毛织品,尤其是山羊毛,病菌侵入皮肤表面的伤口或擦破处而造成感染。皮肤炭疽开始表现为类似蚊虫叮咬的小疱,但是 1～2 d 之后则成疱疹状,然后破溃形成溃疡,溃疡直径为 1～3 cm,并且中间有黑色的坏死区域,周围会出现淋巴结肿胀。在没有接受任何治疗的皮肤炭疽患者中,死亡率约为 20%,如诊治及时,几乎不会有死亡的情况发生。

肺炭疽:主要症状与感冒相似,感染几天以后,病人出现严重的呼吸困难和中风。肺炭疽常可致死。

肠炭疽:肠炭疽主要是由于进食带菌肉类所致,以急性肠道感染为特征。主要症状为恶心、厌食、呕吐和发热,重者腹痛、吐血和有严重的水样便。肠炭疽的致死率为 25%～60%。

(三)病理变化

1. 猪炭疽的病理变化 猪炭疽一般为局部型,据上海市食品公司调查,以头颈部发病率最高,占 87.2%,肠炭疽占 8.8%,败血型仅占 3.1%。

(1)咽炭疽 下颌淋巴结肿大或不肿大,切面有粉红色的局限性病灶,多汁,发亮,病健部界限分明;淋巴结周围有浆液性或浆液出血性浸润。病久的,病灶切面致密发亮,发脆,呈一致的红砖色,有散在的坏死灶;有时陈旧病灶之间混有新病灶,使切面颜色不一致,病灶的大小和数目不等,其周围有结缔组织包围,常在多数病灶之间存在有完全正常的淋巴组织。化脓菌侵入时继发脓肿,脓肿大小不一,外围有结缔组织包围。扁桃体表面有黄色伪膜,伪膜下组织有表在性坏死。

(2)肠炭疽 主要发生于小肠。病初可见小肠黏膜的集合淋巴结呈暗红色,周围黏膜充血；久之，则融合扩大呈黑花色。肠管变厚变硬，呈胶管状；肠浆膜，初期有出血性变化，以后形成纤维素膜；肠系膜淋巴结具有炭疽过程的一般变化；肠系膜胶样水肿，血管怒张、充血。有时肠炭疽只在某一肠系膜淋巴结有出血性变化或肠系膜胶样水肿，而肠管无变化。

(3)肺炭疽　肺组织可见一个或数个暗红色坚实结节，主要发生于膈叶，病变为纤维素性出血性炎，切面呈樱桃红色，似山楂糕样。胸腔有胶样渗出液。支气管淋巴结有出血性坏死性炎症变化。

(4)脾炭疽　脾组织的色泽正常，亦无肿胀，仅在其表面有若干出血性梗死，呈黑色突出于表面，质地坚硬，切面为黑红色或砖红色并杂有黑灰色病灶。

(5)败血型炭疽　颌下、腮、咽、颈线背侧、支气管、肠系膜等多数淋巴结肿大出血，咽喉水肿，扁桃体坏死，并有放血不全等现象。

猪炭疽时，脾脏不一定肿胀，即使是败血型炭疽，脾肿胀也不是必有的现象，这是与草食兽不同的。

2. 牛炭疽的病理变化　败血型炭疽　皮下组织胶样浸润，全身淋巴结充血、肿大和出血，色暗红或紫黑色，切面致密。脾肿大 3～5 倍，甚至破裂，脾髓呈黑红色，质软如半凝固血液。其他实质器官及胴体各部均可见多发性出血灶。

头部局部慢性炭疽　下颌(或咽后)淋巴结剧烈肿大，柔软松弛，切面呈樱桃红色，淋巴结周围有胶样出血性水肿。

初期痈型炭疽　皮下结缔组织有黄色胶样浸润或散在的混有血液的胶样水肿；在浸润或水肿部位集聚淋巴的淋巴结显著增大，切面致密，呈鲜红色或黄色，并有暗红色溢血点，常由淋巴结边缘向中心呈放射状排列，淋巴结周围水肿。如果病变淋巴结的淋巴细胞不直接输入淋巴导管，而通过其他淋巴结时，则通过的淋巴结也有同样病变，但程度较轻。肉尸的其他淋巴结正常。肾有时稍充血。其他脏器多正常。

3. 羊炭疽的病理变化　痈型炭疽　皮下结缔组织有黄色胶样浸润，病变部附近的淋巴结肿大出血，呈黄色、暗红色或紫黑色，切面致密。脾肿大，脾髓呈黑红色，质软如半凝的血液。肠黏膜肿胀，呈黑红色并有小出血点。

(四)诊断

宰后确诊炭疽主要靠显微镜检查，它是检查炭疽比较准确而迅速的方法。有条件时，也可同时进行细菌学检验和沉淀反应，作为辅助诊断。

当遇到疑为炭疽的肉尸时，应立即封锁现场，并采取防疫措施。然后迅速采取病灶水肿部(水肿液)、耳朵、病变淋巴结、脾脏(对已剖开的尸体)装入不漏水的容器内严密封好，送实验室检验。

炭疽杆菌(尸体材料)的涂片标本观察：水肿液做涂片，脾或淋巴结做成触片或压片，自然干燥后在火焰上固定，用美蓝或瑞氏染色，镜检。

注意　局部慢性炭疽的病变组织中炭疽菌往往很少，尤其是猪的慢性炭疽，不但菌数少且还往往发生菌型变异，炭疽杆菌呈无关节的长丝状，逗号或膨胀成粗大不正的棒状，荚膜不完整或完全看不见。所以可疑时，至少要检查 10 片，进行全面仔细的观察。

总之，不论何型炭疽，病变明显与否，如有炭疽可疑时，均须采取病变淋巴结、炭疽痈或脾髓等进行细菌学检查，有条件时再做细菌培养、动物接种、沉淀反应(Ascoli 氏反应)或荧光抗体法，加以确诊。此外对炭疽芽孢也可用凝集反应、乳胶凝集反应进行快速诊断，几分钟之内可得出结果。

(五)发现炭疽后的卫生防护措施

(1)宰后发现炭疽时，应立即停止生产，封锁现场，工作人员不得任意走动，避免扩大污染。同时对患畜进行会诊和细菌学检查，并画出污染范围加以控制。其同群牲畜应按《肉品卫生试行规程》中的第2章“宰前检验及处理”的有关规定处理。

(2)为了防止病原菌的扩散，应将所有未与炭疽畜肉接触的肉尸和内脏迅速由车间内运走。将患畜和划定被污染的肉尸及其产品，分别装入不漏水的容器内，加盖后移出车间至指定地点。所有被污染的血液集中装入铁桶移出车间。

(3)随即对现场进行彻底消毒。屠宰车间的地面、设备和离地2 m以内的壁，所有被炭疽病畜停留或经过的畜圈和场院，应用20%漂白粉溶液(漂白粉应含25%的有效氯，澄清的溶液应含有5%以上的有效氯，每平方米用1 kg溶液)，或10%火碱溶液，或5%甲醛溶液，或0.1%升汞溶液消毒。清除所有的粪便和污物并焚毁之，金属器械和用具应用0.5%碱水在有盖锅内煮沸30 min。工作人员应进行消毒。必须注意，所有消毒工作应于宰后6 h内完成。

(4)凡与炭疽病禽畜肉接触过的人员，必须接受卫生防护。

(5)当发现炭疽时，只有在保证消灭传染源的一切措施实行之后，才能恢复屠宰。在未达到充分消毒、清扫和洗刷之前不得继续屠宰。

(六)防制

(1)在疫区或常发地区，每年对易感动物进行预防注射。加强检疫和大力宣传有关本病的危害性及其防治方法，特别是告诫广大畜主不可剖检和死于炭疽病的动物。对已确诊的患病动物，一般不予治疗，而应严格按规定销毁。

(2)发生本病时，应尽快申报疫情，划定疫点、疫区，采取隔离封锁等措施。对患病动物要隔离治疗，禁止患病动物的流动，对发病动物群要逐一测温，凡体温升高的可疑患病动物可用青霉素等抗生素或抗炭疽血清注射，两者同时注射效果更佳，受威胁区假定健康动物做紧急预防接种，逐日观察至2周。

(3)死尸天然孔及切开处应用浸泡过消毒液的棉花或纱布堵塞，连同粪便、垫草一起焚烧，尸体可就地深埋，病死动物躺过的地面应除去表土15～20 cm，并与20%漂白粉混合深埋。畜舍及用具场地均应彻底消毒。

(4)禁止疫区内动物交易和输出动物产品及草料。禁止食用患病动物的乳、肉。当达到本病解除封锁的条件要求时，再解除封锁。

二、结核病(Tuberculosis)

(一)疾病简介

1.疾病性质　结核病是结核分枝杆菌(*Mycobacterium tuberculosis*)引起的人和畜禽共患的一种慢性传染病。其特点是在多种组织器官形成肉芽肿和干酪样钙化结节。本病广泛分布于世界各地。

2.病原　结核分枝杆菌(结核杆菌)按其来源和致病力的不同，可分为牛型、人型和禽型。这三型结核杆菌均可以感染人畜，是人畜共患病的病原。此外，还有鼠型和冷血动物型，对人畜无致病性。

3. 易感动物　结核病是由结核分枝杆菌引起的一种常见的、多发的、人和畜禽共患的传染病。其特点是在多种组织器官形成肉芽肿和干酪样钙化结节。结核分枝杆菌分人型、牛型和禽型，各型除对相应的人和牛，禽敏感外，还可相互感染。如人可因喝了带菌的生牛奶而感染牛型结核，引起肠结核；牛饮用了被人痰液污染的池水可感染人型结核。猪对三型结核菌都有易感性。

人型结核菌是直的或微弯的细长杆菌，单在或平行相聚排列，多为棍棒状，间有分枝状。牛型结核菌比人型菌短粗，且着色不均。禽型结核菌短而小，表现为多形性。

4. 人及动物的感染方式　结核病患畜(禽)是本病的传染源，特别是向体外排菌的开放性结核病畜(禽)是主要的传染源。

感染途径主要经呼吸道、消化道感染，此外，还可经皮肤、黏膜、生殖器等途径感染，但少见。人主要经呼吸道感染。

人的牛型结核感染主要是通过饮用生乳引起，尤其是儿童常因喝牛乳被感染而患肠结核。虽然食入病畜肉而致病的危险较小，但是如果忽视严格的兽医卫生检验和可靠的预防，其威胁仍旧是严重的。

据报道发现全身淋巴结有结核病变病禽，从肌肉中能分离出结核杆菌的占 62.2%，一处或几处有病变者，有 8%～10%可从肌肉中分离出结核杆菌。这说明结核杆菌可以通过血液和淋巴系统转移至肌肉中和脏器中，因此食用带有结核杆菌的肉就存在着潜在的危害。

(二)症状

结核病患畜的生前症状随患病器官的不同而异，共同的表现是：全身渐进性消瘦和贫血，尤其患牛最为明显。肺结核时，患畜常发出干的咳嗽，呼吸迫促，呼吸音粗历并伴发啰音或摩擦音，特别在早上牵出运动时尤为明显。乳房结核时，乳房淋巴结肿大，呈局限性或弥漫性硬结，触摸无热无痛，泌乳量减少，乳汁变稀薄，严重时泌乳停止。肠结核时，其特征是便秘与下痢交替出现，或呈持续性下痢。颌下、肩前、腹股沟等体表淋巴结结核时，淋巴结肿大发硬，无热痛。

总之，在宰前检验如发现有结核病可疑时，可进行结核菌素点眼或皮内注射，加以诊断。

猪结核，多表现为淋巴结核。常见于下颌淋巴结、咽淋巴结和颌淋巴结，可形成拳头大不热不痛的硬块，表面凸凹不平，与周围皮肤粘连。硬结化脓后，可长期排出脓汁和干酪样物质。猪也可发生内脏结核。

(三)病理变化

1. 增生性结节型　包括：增生性结核结节及渗出性结核结节两种类型。

(1)增生性结核结节　为最常见的一种病变，其特点是在组织、器官，特别是在肺组织内形成粟粒大至豌豆大，灰白色、半透明的坚实结节；经时较久，结节中心往往发生干酪样坏死或钙化，故此时结节在眼观上由灰白色转为灰黄色浑浊，周边由于结缔组织增生和淋巴细胞浸润而形成包膜，孤立散发或密发，有蒂。发生于胸膜、腹膜、心外膜等浆膜结核多属此类，即珍珠肿。

(2)渗出性结核结节　较少见。当机体抵抗力弱时，结核杆菌侵入组织，引起局部组织充血、渗出，表现为有多量浆液、纤维蛋白，同时各种游走细胞渗出，呈灶状积聚。细胞主要为单核白细胞、淋巴细胞和少量中性粒细胞，因为灶内增生过程微弱，所以上皮样细胞较少。渗出性结节比较坚实，切面呈黄白色干酪样坏死，病灶周围有明显的炎性水肿。

2.渗出性炎症　病变特征是:发炎局部有较多的纤维蛋白和白细胞渗出,很快和原有组织一起发生干酪性坏死。因此,眼观病变较坚实,切面干燥,呈黄白色或灰白色干酪化。咳出干酪样坏死物后,形成肺空洞。

局部性结核是个别器官,如:肺、前躯淋巴结、肋膜、腹膜或胸腹腔的个别淋巴结的结核。

全身性结核是指结核分枝杆菌经由大循环转移到了肾、肺、乳房、骨骼和躯体多数淋巴结,使胸腹腔的脏器或前后躯不同部位的淋巴结,同时呈现结核病变。注意肝结核不一定是全身结核。粟粒性结核无疑是全身化的表现形式。

(四)诊断

在动物出现进行性消瘦、咳嗽、慢性乳房炎、顽固性下痢、体表淋巴结慢性肿胀等临诊症状时,可作为初步诊断的依据。但结合流行病学、临诊症状、病理变化、结核菌素试验、细菌学试验等才能进行确诊。

1.血清学诊断　没有实际意义。

2.细菌学诊断　本法对开放性结核病的诊断具有实际意义。采取患病动物的病灶、痰、尿粪、乳及其他分泌物,做抹片检查、分离培养和动物接种试验。采用免疫荧光抗体技术检查病料,具有快速、准确、检出率高等优点。

3.结核菌素试验　最为常用。包括提纯结核菌素(PPD)和老结核菌素(OT)诊断方法。

(1)老结核菌素诊断法　我国现行乳牛结核病检疫规程规定,应以结核菌素皮内注射法和点眼法同时进行。每次检疫各做2次,两种方法中的任何一种是阳性反应者,即判定为结核菌素阳性反应牛。

(2)PPD法　诊断牛时,将牛分枝杆菌提纯菌素用蒸馏水稀释成10万IU/mL,颈侧中部上1/3处皮内注射0.1 mL。

4.聚合酶链式反应(PCR)　也可用于牛结核的诊断,由于特异性和灵敏度高,应该具有很好的应用前景。

(五)防制

采取加强检疫、隔离、淘汰、防止疾病传入,净化污染群等综合性防疫措施。

(1)引进动物时,严格隔离检疫,PPD试验阴性方可混群。

(2)净化污染牛群　在检疫的基础上,淘汰变态反应牛,特别是奶牛。

(3)严格的消毒措施　每年进行2～4次预防性消毒,每次检出阳性牛后都要进行一次彻底的大消毒。

(4)防制人结核病的主要措施是早发现,严格隔离,彻底治疗。牛奶应充分煮沸后再用。婴儿普通接种卡介苗。

三、鼻疽(Mallens)

(一)疾病简介

1.疾病性质　鼻疽是由鼻疽杆菌(*Pseudomonas mallei*)引起的马属动物的一种传染病,因此又名马鼻疽。人也可感染发病,病变以在鼻腔、肺脏、皮肤及其他器官中形成特异性的鼻疽结节、溃疡和瘢痕为特征。

本病广泛流行于世界各国,但近几十年来,有些国家已消灭了本病。在我国有些地区,本病已得到了基本控制。某些国家将此病列为应报告的法定兽疫之一。

2.病原　鼻疽杆菌为革兰氏阴性、中等大杆菌,不形成芽孢、荚膜,无运动性。菌体着色不均,浓淡相间,呈颗粒状。一般色素都能着染,但着色力不强,如以石炭酸复红液或碱性美蓝液着染时,能染出颗粒状特征。

本菌对外界因素的抵抗力不强,在腐败物和水中能生存2～3周,在潮湿的厩床上可生存半个月到一个月,在鼻液中可生存2周,在尿中40 h就死亡。干燥1～2周即死亡,煮沸几分钟就可以杀死。3%来苏儿及1%氢氧化钠等消毒液都能将其杀死。

3.易感动物　鼻疽马是本病的传染源,尤其是开放性鼻疽病马更为危险。马、骡、驴对本病易感,骡、驴感染后常呈急性经过。骆驼、犬、猫等家养动物有感染本病的报道。

4.人及动物的感染方式　本病可因健畜与病畜混合饲养、饮水或互相啃咬,经消化道感染;或经损伤的皮肤、黏膜而传染;也可经呼吸道传染。

人可经损伤的皮肤、黏膜感染。人在饲养、治疗、护理、屠宰病畜及处理病畜尸体时,病原菌经损伤的皮肤和黏膜进入人体而引起感染。人和家畜也可经呼吸道感染,病畜咳嗽、打喷嚏时,可传播带菌气溶胶,人也可以在清理病畜排泄物及实验室时不慎吸入病菌而感染。

(二)症状

鼻疽根据病程的长短,分为急性鼻疽和慢性鼻疽;据病变所在部位及临床表现不同而有肺鼻疽、鼻腔鼻疽和皮肤鼻疽之分。

1.肺鼻疽　有干性而无力的咳嗽,呼吸困难,躯体消瘦,肺部听诊有啰音。

2.鼻腔鼻疽　一侧或两侧鼻孔流出浆液性、黏液性或黄色脓性鼻液,有时带血液并有臭味。鼻腔黏膜潮红;黏膜上,尤其是鼻中膈黏膜上出现小米粒至高粱粒大的小结节,呈灰白色或黄白色,边缘潮红。结节破溃后形成大小不等、深浅不一、边缘隆起的溃疡,溃疡愈合后留有星芒状瘢痕,严重时可使鼻中膈穿孔。呼吸困难,发出鼾鸣。颌下淋巴结肿大,开始热痛,能移动,后变为无痛,不能移动。

3.皮肤鼻疽　主要发生于四肢、胸侧及腹下等处皮肤上或皮下组织,尤以后肢多见。病变处可见黄豆大至鸡蛋大的结节,结节破溃后形成溃疡,流出灰黄色或混有血液的黏稠脓汁。结节和溃疡附近的淋巴结肿大,淋巴管粗硬呈串珠状。病肢常在发生结节的同时出现皮下水肿、皮肤肥厚,皮下组织增生,使后肢变粗形成所谓"橡皮腿",而发生运动障碍,出现跛行。公畜并发睾丸炎。此外,急性鼻疽的病马除上述各自特征外,还通常呈弛张热,精神沉郁,消瘦易疲劳,后期出现浮肿。

如宰前凭临症难以确诊时,要施行鼻疽菌素点眼试验或补体结合反应试验以确诊。具有鼻疽临床症状,点眼试验阳性反应的马匹,一律禁止放血屠宰。

(三)病理变化

主要根据鼻疽的特征性病变作判断,即鼻腔黏膜、皮肤、肺及肝、脾等器官出现趋于破溃的特异性结节和溃疡。鼻腔及皮肤的溃疡瘢痕前已述,肺鼻疽结节的特点是:

在肺实质内有粟粒至小豆大结节,新生者为灰色胶状透明,中央部呈灰黄色,质坚韧,周围有暗红晕;陈旧者呈灰白色,常发生钙化或干酪化,周围有结缔组织包围,结节通常略高于肺胸膜表面。若继发化脓感染,可形成鼻疽性肺脓肿,甚至空洞。

(四)诊断

(1)临诊诊断开放性鼻疽具有特异的鼻疽临诊症状,一般通过临诊检查即可确诊。当发现鼻腔或皮肤有鼻疽结节或溃疡时,通常可诊断为开放性鼻疽马。为了慎重起见,可用鼻疽菌素点眼,呈阳性反应时,即可最后确诊。

(2)变态反应诊断马匹感染鼻疽后2～3周呈现阳性反应,以后随着病程发展,反应逐渐增强。鼻疽病马保持变态反应的时间较长,有的可达8～10年,甚至终生。因此,在鼻疽诊断、检疫和流行病学调查上是一种必不可少的手段。变态反应检查中有鼻疽菌素点眼法、眼睑皮内注射法、颈侧皮内注射法及皮下热反应法。我国多采用鼻疽菌素点眼法。鼻疽菌素点眼反应操作简便易行,特异性及检出率均较高,无论对急性、开放性还是慢性鼻疽马,都有较高的诊断价值,适合于大批马、骡的检疫,尤其是以5～6 d的间隔反复点眼时,检出率更高。

(3)血清学诊断包括补体结合试验、酶联免疫吸附试验、间接血凝试验、对流免疫电泳及荧光抗体试验等。

(4)病理解剖学诊断是本病有价值的诊断方法,但解剖时必须做好人员防护工作。主要根据各脏器、淋巴结、鼻腔黏膜及皮肤等的鼻疽结节、溃疡和疤痕而进行诊断,还应注意与寄生虫性结节鉴别。

(5)鉴别诊断　必须与流行性淋巴管炎、马腺疫、鼻炎及颌窦炎等进行鉴别。

(五)防制

目前对鼻疽尚无有效菌苗,为了迅速消灭本病,必须抓好控制和消灭传染源这一主要环节,及早检出病马,严格处理病马,切断传播途径,加强饲养管理,采取养、检、隔、处、消等综合性防疫措施。

(1)患该病的病畜不得加工,应采用不放血的方法扑杀。

(2)患畜屠体、内脏血液和皮张全部作工业用或销毁。

(3)怀疑被鼻疽污染的肉尸及内脏,高温处理后出场,皮张及骨骼经消毒后利用。

四、布鲁氏菌病(Brucellosis)

(一)疾病简介

1.疾病性质　布鲁氏菌病简称布病,是由布鲁氏菌(*Brucella*)引起的人畜共患的一种传染病。临床上以流产、子宫炎、睾丸炎、附睾炎、腱鞘炎、关节炎为主要特征。

2.病原体　布鲁氏菌属有六个种,各个种与生物型菌株之间,形态及染色特性等方面无明显的差别。布鲁氏菌的抵抗力和其他不产生芽孢的细菌相似。例如,巴氏灭菌法10～15 min杀死,0.1%升汞数分钟,1%来苏儿或2%福尔马林或5%生石灰乳15 min,而直射日光需要0.5～4 h。在布片上室温干燥5 d,在干燥土壤内37 d死亡,在冷暗处,在胎儿体内可活6个月。

3.易感动物　家畜中以牛、羊、猪最易感。人对牛型、羊型、猪型布鲁氏菌均易感,但以羊型布鲁氏菌感染的症状较重,猪型次之,牛型最轻。本病的传染源是病畜及带菌动物(包括野生动物),但最危险的是受感染的妊娠母畜。本病的主要传播途径是消化道,即摄取被病原体污染的饲料与饮水而感染。另外,也可经皮肤感染。

4.人和动物感染的方式　人类主要经皮肤(尤其是损伤皮肤)、黏膜和眼结膜感染;加工皮毛等企业的职工还可通过飞沫、尘埃经呼吸道感染；接产、饮用病畜生乳或制品、食用未经煮透的病畜肉等均都能感染。

本病传染性极强，因此，屠宰加工、检验布氏杆菌病畜时，应采取防护措施。

（二）症状

平时无明显症状。

（1）孕畜可发生流产。流产之前，乳房、阴户肿大，阴道黏膜充血，严重时在阴道黏膜上可见隆起的淡红色小结节，此为特征性的布鲁氏杆菌结节；阴道流出污秽分泌物，可出现死胎；有时可见布鲁氏杆菌性关节炎。

（2）公畜发生睾丸炎、附睾炎，阴茎红肿，也可见红色小结节。马通常不发生流产，主要表现为髫甲部脓肿。脓肿破溃后流出黄色黏稠液体，含有纤维凝块，后期形成瘘管。

（三）病理变化

牛、羊可见子宫炎、阴道炎、睾丸炎、附睾炎、关节炎、化脓性关节炎、长骨髓蓄脓。

母猪可见阴道炎、子宫化脓性坏死性炎；子宫黏膜上有粟粒状布病结节。怀孕母猪还可见多种死胎。公猪可见化脓性关节炎，有的骨关节形成瘘管，腰、荐部锥体与锥间软骨发生化脓性炎。

确诊须用脓汁涂片，作沙黄-孔雀绿染色液染色镜检，布鲁氏杆菌呈蓝色，背景及其他菌呈红色。

（四）诊断

根据流行病学资料，流产，胎衣病变，胎衣不下及不育等做出初步诊断。确认须通过实验室诊断。

取胎儿、胎盘等病料，直接镜检或接种于含 10%马血清的马丁琼脂斜面，进行细菌学检查。牛可用血清凝集试验和补体结合试验；山羊、绵羊群可采用变态反应方法。

（五）防制

（1）发现症状或宰后发现病变的，其肉尸和内脏应经有效高温处理，或腌制 60 d 后出厂。但生殖器官及乳房须作工业用或销毁，毛皮盐渍 60 d 后出厂，胎儿毛皮盐渍 3 个月后出厂。内分泌腺和血液不得作药用及食用。

（2）血清学诊断为阳性而无症状，宰后检验无病变的牲畜，其生殖器官及乳房作工业用或销毁。公牛、阉牛及猪的肉尸和内脏不受限制出厂；母牛、羊的肉尸和内脏应经有效高温处理后出厂。

卫生防护 牲畜、畜肉、皮毛接触多的人员应做好预防接种工作，操作时注意加强个人防护。布鲁氏菌病畜居留的场所和生产加工地面，在进行机械清除后，要进行消毒、清洗。

五、口蹄疫（Foot and mouth disease）

（一）疾病简介

1. *疾病性质* 口蹄疫俗称口疮、蹄癀，是由口蹄疫病毒（Foot and mouth disease virus）引起的急性发热性传染病。临床上以口腔黏膜、蹄部和乳房皮肤发生水疱和溃疡为主要特征。口蹄疫俗称口疮、蹄癀，是由口蹄疫病毒引起的急性热性传染病，主要侵害偶蹄兽（牛、羊、猪），具有高度接触传染性，临床上以口腔黏膜、蹄部和乳房皮肤发生水泡和溃疡为主要特征。人也可感染。本病在自然条件下常呈流行性或大流行性发生，使防止工作复杂化。一旦暴发流行常造成巨大的经济损失，发病率可高达 100%。新生幼畜感染的死亡率极高。所以口蹄疫是世界各国最重视的家畜疫病之一。

本病主要经消化道和呼吸道感染，也可经损伤的皮肤和黏膜感染。牲畜的流动，畜产品的运输等均能扩散本病。而且空气也是一种重要的传播因素，病毒可随风散播到 50～100 kg 以外的地方。因为口蹄疫病毒主要侵害口腔黏膜和蹄部皮肤，引起口腔黏膜及蹄部皮肤破溃，发生口蹄疮，故称为"口蹄疫"。

2. *病原* 本病病原为微核糖核酸病毒科(Picornaviridae)、口疮病毒属(Aphthovirus)的口蹄疫病毒(FMDV)。病毒粒子直径为 20～30 nm。口蹄疫病毒有 7 个血清型，呈圆形或六角形(图 23-2)。即 A、O、C、SAT1、SAT2、SAT3(南非 1，2，3 型)及 Asia1(亚洲 1 型)。每个血清型又包含若干个亚型，其中 A 型有 32 个、O 型 11 个、C 型 5 个、南非 1 型 7 个、南非 2 型和亚洲型各 3 个，南非 3 型 4 个。该病毒不仅在各型之间几乎没有相互交叉的免疫性，同血清型的各亚型之间也仅仅有部分的交叉免疫性。口蹄疫病毒在实验室里、流行过程中及经过免疫的动物体均容易发生变异，因此常有新的亚型出现。据最新报道，口蹄疫的亚型已经增加至 80 多个，在病畜水疱皮内及其淋巴液中含毒量最多。在水疱发展过程中，病毒进入血流，分布到全身各种组织和体液。在发热期血液内的病毒含量最高，退热后在奶、尿、口涎、眼泪、粪便等都含有一定量的病毒。病毒的致病力很强，1 g 新鲜的病牛舌皮，捣成糊状，作 10^{-7}～10^{-8} 稀释后取 1 mL 接种健牛舌面还能致病。

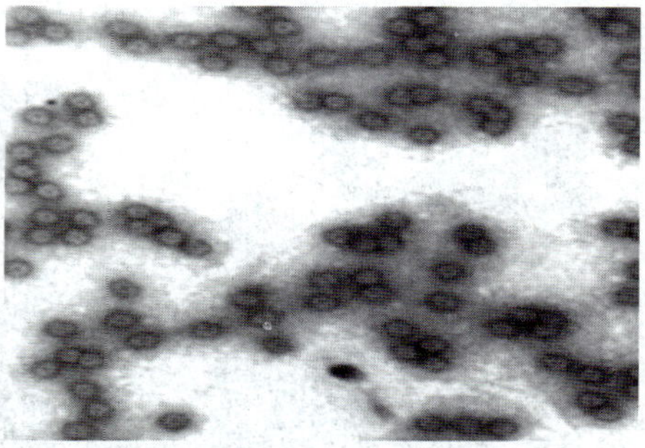

图 23-2 口蹄疫病毒

3. *易感动物* 本病主要侵害偶蹄兽，具有高度接触传染性。主要经消化道和呼吸道感染，也可经损伤的皮肤和黏膜感染。牲畜的流动，畜产品的运输等均能扩散本病。事实证明，病毒能随风散播到 50～100 km 以外的地方，因此，空气也是一种重要的传播因素。本病在自然条件下，常呈流行性/大流行性发生，使场上工作更复杂化。当暴发流行时，可造成巨大的经济损失，所以口蹄疫成为世界各国最重视的家畜疫病之一。

4. *人和动物的感染方式* 人因饲养病畜、接触病畜患部、饮食病畜生乳或未经充分消毒病畜乳及乳制品而被感染。小儿有较高的易感性，感染后常发生胃肠炎。

食品企业在收购屠宰时要注意检疫和疫情调查，凡是进入屠宰加工企业的病畜，哪怕是仅有体温反应者，均应迅速屠宰，并做好宰后安全防疫措施，勿使屠宰加工地点成为传播本病的疫源地。

(二)临床症状

病畜毒初期出现体温升高，精神沉郁，在口腔上下齿龈、舌唇面、鼻镜及蹄部出现圆形小水疱，随后水疱融合增大或连成片，水疱破溃后，体温随之下降，水疱内液体初期为透明淡黄色，继而变为混浊，水疱破溃后露出鲜红色浅平的糜烂斑。由于口腔疼痛，因而不愿采食。又因为蹄趾疼痛而呈现跛行。幼龄动物常呈急性或最急性经过，可能不出现水疱症状而死于肠炎和心肌炎。

人感染口蹄疫病毒后，也主要表现口腔黏膜、手、足、皮肤发生水疱和溃烂。全身反应可见有发热、头痛、咽喉疼痛、全身衰弱等。一般数日即可自愈。

人很少自然感染发病，常因饲养病畜。接触病畜患部或饮食了病畜的生乳或未经充分消毒的病畜乳及乳制品而感染，小儿有较高的易感性，感染后常发生胃肠炎。

(三)病理变化

口蹄疫的主要症状是口腔黏膜舌面和蹄部皮肤发生特征性水疱。水疱呈圆形凸，约蚕豆大至核桃大，内含清亮液体，初透明，后呈淡黄色。水疱破溃后，留下红色浅平的糜烂区(图23-3，图23-4)。水疱可见于舌背、唇内侧、齿龈及蹄冠、趾间，有的也出现在乳房、阴门、阴囊等处。因此，病畜常表现运步困难、跛行，重者蹄部溃烂，蹄壳脱落。全身症状则表现为体温升高，精神委顿等。幼畜常呈急性胃肠卡他症状。

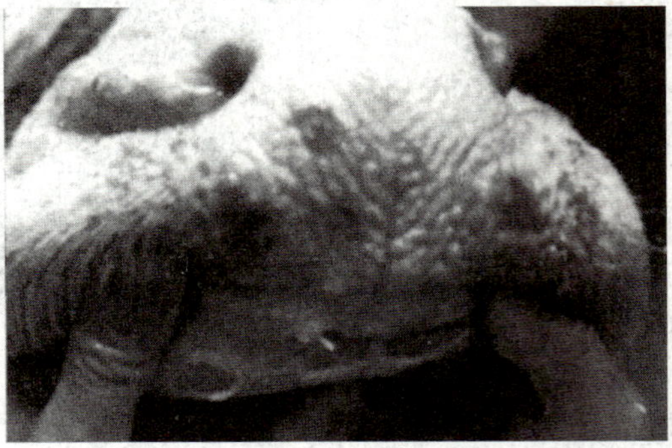

图 23-3　牛口蹄疫口腔黏膜破溃、糜烂

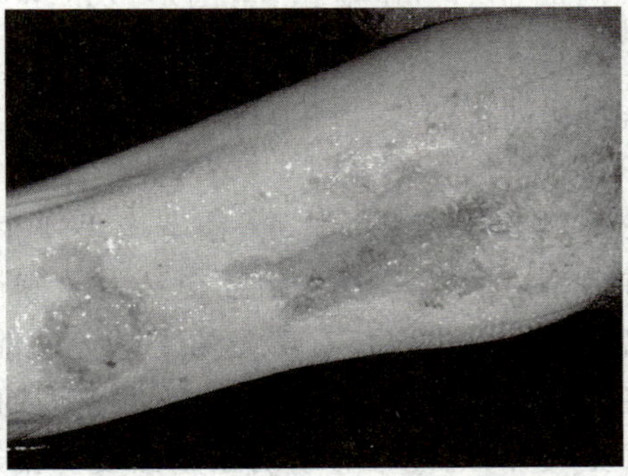

图 23-4　牛口蹄疫舌面黏膜破溃、糜烂

宰后病变较不明显，应结合宰前检查综合判定。牛屠宰后应仔细检查瘤胃黏膜，尤其是部分常见的浅平、暗褐色烂斑或圆形溃疡；胃肠黏膜呈程度不同的出血性卡他性炎；心肌纤维脂肪变性，故心肌柔软扩张。在恶性病例，左心室壁和室中膈心肌往往发生明显的脂肪变性与坏死，其切面常见灰白色或淡黄色斑点和条纹，形似虎皮斑纹，故称之为“虎斑心”(类似病变有时也见于胸、肩及股部的骨骼肌以及膈肌与舌肌，但病变多呈灶状)。

(四)诊断

根据疾病的流行特点和临床表现及口蹄疮的病变及病死动物剖检可见大腿肌肉坏死，心肌变性，似水煮过，切面为灰白色与淡黄色条纹相间的虎斑纹(虎斑心)，即可初步诊断为本病，确诊需取病料送化验室定型。

(五)防制

平时注意加强检疫，严密监视疫情动态，不要从疫区引进动物及易感染动物的畜产品。疫区或受威胁区应定期注射疫苗。要加强饲养管理，改善环境卫生，增强动物抵抗力。发病后应上报有关部门，隔离封锁疫点、销毁死尸，全场彻底消毒，禁止动物流通，全群淘汰。

工作人员做好自身防护、注意消毒和防止外伤，非工作人员不许与病毒接触，以防感染和散毒。消毒可用氢氧化钠或过氧乙酸溶液。

(六)鉴别诊断

病畜如有口蹄疫特征性口腔、蹄部等病变，本病的诊断通常不困难。但当疾病经过不典型或病变不完全时，往往与下列诸病相混淆。

传染性水疱性口炎、猪传染性水疱病、牛恶性卡他热。

(1)传染性水疱性口炎，其特征是在牛口腔、舌面发生不大的水疱，且易愈合，马属动物易感染，故不同于口蹄疫。

(2)猪传染性水疱病的症状颇似口蹄疫，但不感染牛、羊，且主要发生于生猪集中的屠宰加工企业的饲养场和中转站仓库。故大体可与之相区别。

(3)牛恶性卡他热，其与口蹄疫相同点是在口腔黏膜上有糜烂，但恶性卡他热在鼻腔黏膜和鼻镜上有坏死过程，在其发生之前并不形成水疱。恶性卡他热可见角膜浑浊，而口蹄疫则无此病变。

在诊断时不仅要适当估量其流行情况，如感染动物的种类，蔓延范围及传播速度等，必要时还应进行动物接种或血清学试验以确诊。

六、狂犬病(Rabies)

(一)疾病简介

1. *疾病性质*　狂犬病又名恐水症，俗称疯狗病，是由狂犬病病毒(Rabiesvirus)引起一种急性传染病。临床上以狂躁、恐水为主要特征。本病广泛分布于世界各地。近年来不少国家采取疫苗接种及综合防制措施，已宣布消灭了本病，但也有复发的报告。目前，我国多数省、市、自治区都有狂犬病发生，且有上升趋势。在我国，由各种传染病引起的死亡病例中，狂犬病的死亡率占居首位。

2. *病原特点*　狂犬病病毒属于弹状病毒科(Rhabdoviridae)、狂犬病病毒属(Lyssavirus)的狂犬病病毒(Rabies virus，RABV)。RABV是一种RNA病毒，病毒粒子呈子弹形或试管状(图23-5)，大小为180 nm×(75～80) nm，是由3个同心层构成的囊膜和被其包围着的核蛋白衣壳所构成，囊膜的最外层包含着由糖蛋白构成的纤突(spikes)，此突起具有抗原性，能刺激机体产生中和抗体。

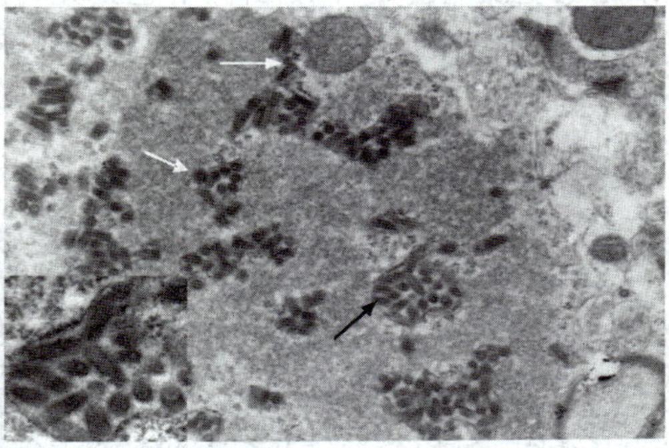

图23-5　人工感染狂犬病实验小鼠脑组织中病毒包涵体内病毒粒子，呈圆形或子弹状(↑)。左下角为局部病毒粒子放大图相(佘锐萍)

本病毒对酸、碱、酚、福尔马林、升汞等消毒药物敏感。1%～2%肥皂水、43%～70%酒精、丙酮、乙醚都能使之灭活，70℃ 15 min、100℃ 2 min及紫外线和X线均能杀灭本病毒，在50%甘油中可保存数月至1年，在冷冻状态下可保存1年以上，冻干可长期保存。

3. *易感动物*　本病可以感染所有的温血动物，包括人。主要传染源为臭鼬、狐、狼、猫、蝙蝠和貂类等野生动物。野生动物咬伤家犬，使其感染并传播本病。因此，病犬是人和家畜的传染源。

4. *人和动物感染的方式*　本病主要经被病兽咬伤的伤口感染。病兽的唾液中含有大量病毒，病毒经咬伤的伤口进入机体。病毒也可经黏膜侵入机体，如眼结合膜沾染病兽的唾液、血液、尿和乳汁时也可以引起感染。本病还可经呼吸道和消化道感染。已有因吸入蝙蝠群聚居穴中的空气而引起感染的报告。通过消化道感染本病的实验已获得成功。

(二)症状

可根据被咬伤的病史,以及特征的临床症状进行诊断。主要表现是吞咽困难、唾液增多、兴奋性增高和异常狂暴,如摇尾、顿足、嘶鸣、哞叫,攻击其他动物和人。有的则表现沉郁,喜卧暗处,最后麻痹而死。

(三)病理变化

动物尸体消瘦,被毛粗乱,因采食硬锐的物体,常引起口腔、舌黏膜、齿龈发生出血、破损形成糜烂和溃疡,食道、胃黏膜也见充血、出血或溃疡,胃内缺少食物,但常有金属、毛发、塑料品、石块、泥土、碎玻璃等异物。脑膜和脑实质见充血和点状出血。

病理组织学检查见脑膜、脑实质血管扩张、充血、出血和轻度水肿,血管周围淋巴细胞、单核细胞浸润形成管套现象。神经元变性、坏死,小胶质细胞灶性或弥漫性浸润,并可形成胶质结节,称之为狂犬病结节(又称为 Babes 结节)。最具症病意义的病变是神经元胞浆内的 Negri 小体,这种小体主要分布在大脑皮层和海马回的锥体细胞,小脑普倾野氏细胞以及基底核、脊神经核、交感神经节等处神经细胞的胞浆内。光镜下,小体直径为 2～8 μm,圆形或椭圆形,在受到感染的细胞浆内可见一个或几个不等。它可以完全位于胞浆中,也可部分地位于神经细胞轴突或树突中,此时形状变长。小体用 H-E 染色效果不佳,如果脑组织块以 Zenker 氏液固定,切片用 Schleifstein 改良的 Wilhite 染色,或用 Williams 改良的 Van Gieson 法染色,则细胞浆呈淡蓝色,小体为鲜紫红色,周围有一狭窄的亮晕,而红细胞则呈浅黄色,易于观察和区别。病犬的 Negri 小体最易在海马的神经元内检出,检出率达 70%～90%;牛的最易在普金野氏细胞内检出,检出率约 70%。Negri 小体是神经细胞胞浆内 RABV 的复制部位。电镜下可见神经纤维髓鞘肿胀、溶解空化(图 23-6)。

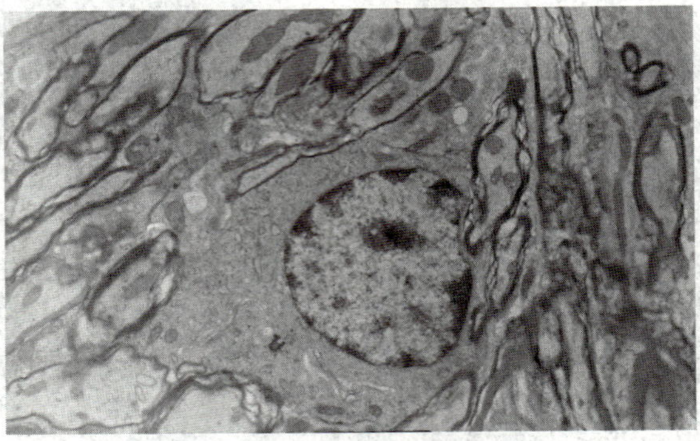

图 23-6 人工感染实验狂犬病病毒小鼠脑组织,神经髓鞘肿胀、溶解空化(余锐萍)

唾液腺腺上皮细胞变性,间质内见淋巴细胞、单核细胞、浆细胞浸润,用免疫荧光技术检查在腺泡和腺管内显示病毒粒子积聚。

人的狂犬病病理变化肉眼观察可见脑血管充血和脑水肿。组织病理学可见除血管充血和血管周围淋巴细胞浸润外,可见神经细胞变性,并见有小胶质细胞增生和噬神经细胞作用。这种炎症反应以基底核、中脑和第四脑室底部，特别是延脑等处最严重。内基氏小体具有征病意义，多见于海马的锥体细胞层，也见于小脑的蒲肯野细胞和大脑皮层的锥体细胞内，一个细胞内可有一个或多个内基氏小体。无特殊病变。可见肉尸消瘦，有时胃里见有多种异物，如木片、石头、破布、鬃毛等。胃黏膜呈出血性炎。病理组织学检查，可于大脑海马角或小脑、延髓等中枢神经细胞的胞浆内发现特异的狂犬病包涵体，Negri 氏小体（内基氏小体）。

（四）诊断

1. 内基氏小体的检测　内基氏小体是本病最具特征的诊断依据，呈圆形或椭圆形，直径 3～10 μm，最常见于感染者海马及小脑普尔金组织的神经细胞内，系病毒的集落。

2. 荧光抗体检测（FAT）　应用荧光显微镜对脑组织进行直接荧光抗体检测（FAT），它是应用免疫检测方法检测病毒的核蛋白。

3. 反转录聚合酶链式　扩增反应（RT-PCR）可应用于检测所有狂犬病病毒 RNA 的存在与否。应用于检测所有狂犬病病毒的嵌套引物可有效地应用于检测低水平的病毒 RNA，特别是检测包括唾液样品在内的非损伤性的样品。

4. 病毒的分离　通常对可疑组织的均质悬液或唾液样品进行狂犬病组织培养（RTCIT）或鼠脑内接种试验（MIT）来完成的。

（五）防制

（1）强加宣传教育，普及防制狂犬病的知识，提倡城镇居民不养犬

（2）加强动物检疫，控制传染源

（3）对所有犬、猫进行狂犬病疫苗预防接种

（4）及时处理伤口。人一旦被可疑动物咬伤或抓伤，应立即采取积极措施对伤口进行局部处理，同时进行疫苗免疫接种以防止发病。有资料表明，及时而正确的处理措施可使发病率下降 50%。伤口的局部处理应在伤后立即进行，即使伤后已数小时，局部处理仍应按规定进行。

七、痘病（Pox，Variola）

（一）疾病简介

疾病性质　痘病是由痘病毒（Poxvirus）引起的急性、热性、接触性传染病。其特征是在皮肤和某些部位的黏膜上发生特殊的丘疹和疱疹。典型病例发病过程是初期为丘疹，后变为水疱，再变为脓疱，脓疱干燥结痂后，痂皮脱落自愈。

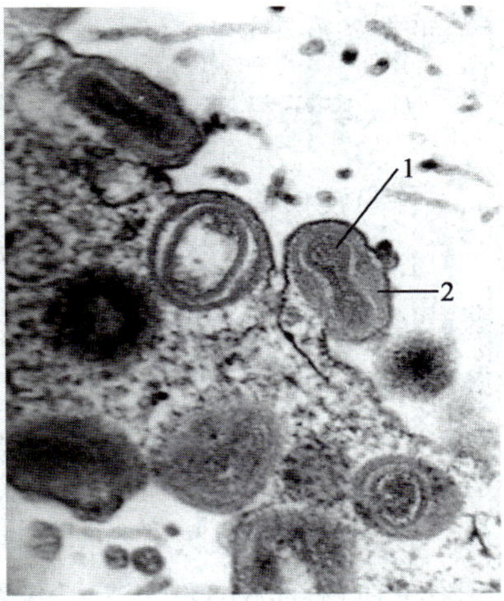

图 23-7　鸽痘病毒粒子

1. 核体；2. 侧体（余锐萍）

1. 病原特性　痘病毒属于痘病毒科（poxviridae）、脊椎动物痘病毒亚科（poxvirinae），该亚科现有 8 个属，各属成员对动物的致病作用有明显的不同，但它们在态、构造、化学成分和抗原性方面差异不明显。痘病毒属 DNA 病毒，有囊膜，在电镜下呈长砖形或卵圆形的粒子，大小为（170～250）nm×（300～325）nm，该病毒由核体、侧体（lateral bodies）和囊膜构成，双股 DNA 位于核中心。痘病毒在细胞浆内繁殖，并形成胞浆内包涵体（图 23-7）。痘病毒对热、直射阳光、碱和大多数常用消毒药均较敏感，如 58℃ 5 min

即可杀死病毒。但能耐干燥,在干燥的痂皮中能存活 6～8 周。

各种哺乳动物的痘病毒有其固有的宿主,一般不出现交叉感染。在各种痘病中以绵羊痘、山羊痘、禽痘较为多见,且危害较大,而猪痘、牛痘和马痘较少发生。

2. *易感动物* 在畜禽中,绵羊痘、猪痘、鸡痘较为常见,也较严重;山羊痘、牛痘、马痘很少发生。人也有易感性。牛痘可以传染给人,但仅引起局部病变,类似人的天花预防接种反应,并不引起与人痘疮相同的疾病。除马痘、猪痘可由牛痘病毒传染外,其他家畜家禽的痘疮,在一般情况下,不能互相传染。

3. *人和动物感染的方式* 人感染牛痘与职业有关,病人多为挤奶工人或病牛管理人员。

(二)症状

牛痘、山羊痘多发生于乳房;马痘多见于系部(蹄弯),或表现为脓疮性口炎形式;猪痘多在皮肤。

猪痘 痘疹主要分布于鼻吻、眼睑、四肢内侧、腹部、背部和体侧皮肤。典型病变为:1～3 cm 直径的圆形丘疹,乳白色隆起,周围有淡红色晕。随后因坏死,中央干燥呈黄褐色,稍凹陷,最后形成污秽的痂皮。

(三)病变

除了皮肤病变外,有时猪的口腔、咽、鼻、气管及胃等黏膜也能见到痘疹病变;绵羊的呼吸道黏膜有出血性炎症,咽及第一胃有时也有痘疹或溃疡。如并发脓毒血症或败血症时,其皮下组织呈浆液性浸润,浆膜有点状出血,淋巴结肿胀。肺有圆形灰白色结节,肝和肾也可能有类似变化。

(四)诊断

根据临床症状、病理变化和流行特点可对典型病例做出诊断。非典型病例可在实验室用病原学、血清学诊断技术确诊。

(五)防制

平时做好卫生消毒、保持畜(禽)舍通风换气。定期做好羊群、鸡群免疫接种。加强饲养管理,羊群冬春季适当补饲,注意防寒过冬。

八、李氏杆菌病(Listeriosis)

(一)疾病简介

1. *疾病性质* 李氏杆菌病是由产单核细胞李氏杆菌(*Listeria monocytogenes*)引起的人和家畜、家禽、啮齿类动物共患的散发性传染病。人、畜感染的临床表现复杂,主要表现为脑膜脑炎、败血症、单核细胞增多;家禽和啮齿动物感染后主要表现为坏死性肝炎、心肌炎等。

本病广泛分布于世界各地,其传播途径尚不十分清楚,一般认为自然感染可能是通过消化道、呼吸道、眼结膜及损伤的皮肤,也可由母体直接传给胎儿。

2. *病原* 产单核细胞李氏杆菌为革兰氏阳性小杆菌。菌体两端钝圆,稍有弯曲。在抹片中多单在,有时两个排成“V”行或互相并列。大小为(0.4～0.5) μm×(0.5～2) μm,无芽孢,无荚膜,有周毛,能运动。不抗酸。最适生长温度为 30～37℃,4℃中也能缓慢生长。本菌的生存能力较强,可在低温下生长,能抵抗 20%的 NaCl,对热的耐受性比大多数无芽孢杆菌强,常规巴氏消毒法不能杀灭，65℃经 30～40 min 方可杀灭。一般消毒药都易使之灭活。2.5%石炭酸、70%酒精 5 min、2.5%氢氧化钠、2.5%福尔马林 20 min 可杀死此菌。对青霉素有抵抗力，对链霉素、四环素、氯霉素和磺胺类药物敏感。

3. 易感动物　自然发病多见于绵羊、猪、家兔，牛、山羊次之，马、犬、猫很少；在家禽中，以鸡、火鸡、鹅较多，鸭较少。许多野兽、野禽、啮齿动物特别是鼠类都易感染，且常为本菌的贮存宿主。

4. 人和动物的感染方式　自然感染可能是通过消化道、呼吸道、眼结膜以及皮肤损伤。饲料和水可能是主要的传染媒介。冬季缺乏青饲料，天气骤变，内寄生虫或沙门氏菌感染，均可成为诱因。

(二)症状

感染畜群多数呈隐性感染，有一部分可能明显发病，表现为急性败血症，或中枢神经系统的炎症。体温升高，食欲下降，精神沉郁，口吐白沫，目光呆滞，乱撞乱碰或转圈，卧地，四肢做游泳动作，张口流涎等，孕畜可能流产。

(三)病理变化

常不见特殊的肉眼病变。生前有神经症状者，可见脑膜、脑实质充血、炎症和水肿，脑脊液增多，稍浑浊。

病理组织学镜检可见脑软膜、脑干后部，尤其桥脑、延髓和脊髓的血管充血，血管周围有以单核细胞为主的细胞浸润。

败血症病例，可在肝、脾和心肌见到小点状坏死或多发性脓肿及皮下黄染。

(四)诊断

本病很难与其他脑炎相区别，最后确诊除组织学检查外，必须结合细菌学检查。

(五)防制

平时需驱除鼠类和其他啮齿动物，驱除外寄生虫，不要从有病地区引入动物。发病时应实施隔离、消毒、治疗等措施。

在患病动物的饲养或剖检尸体时，应注意自身防护。患病动物的肉及其产品需经无害化处理后才能利用。平时应注意饮食卫生，防止被污染的蔬菜或乳肉蛋而感染。

九、沙门氏杆菌病(Salmonellosis)

(一)疾病简介

1. 疾病性质　沙门氏杆菌病是指由各种类型的沙门氏杆菌(*Salmonella*)引起的人和动物的一类疾病的总称。对人、畜、尤其是幼畜幼年危害严重。临诊上多表现为败血症和肠炎，也可使怀孕母畜发生流产。

2. 病原　沙门氏杆菌为革兰氏阴性杆菌，不产生芽孢，亦无荚膜。一般长 1～3 μm，宽 0.4～0.6 μm，间有形成短丝状体。本菌对外界环境因素的抵抗力较强，在干燥的环境经 4 个月不死，在污染的水中能存活 4 个月以上，在粪便和土壤中能存活 10 个月，在 10%～19%氯化钠的腌肉中 75 d 不死。直射阳光能迅速杀死，加热 60℃ 20 min 即死。本菌对化学消毒剂的抵抗力不强，常用消毒药，如 1%苯酚、2%火碱、0.1%高锰酸钾、0.5%过氧乙酸均可很快将其杀死。

3.易感动物　人、多种畜禽和野生动物对本菌均有易感性。感染后发病与否与人畜机体的抵抗力及感染细菌的数量有关。

4.人和动物的感染方式　畜禽沙门氏杆菌病多因饲用被污染的饲料、饮水，经消化道感染，也可经交配或胎盘传染。带菌畜禽受各种因素影响，导致抵抗力降低时，体内菌群失调，可促使本病发生。

人的沙门氏杆菌病主要因食入被污染的食品(蛋、肉、鱼、海产品、奶、奶制品)等。饮水，经消化道感染。也可经动物源性药品、昆虫(蝇、蚤、蟑螂等)传播。

沙门氏杆菌感染，不仅能使畜禽遭受损失，而且生前感染本病的动物，其肉尸和内脏由于感染程度和保存条件不同，可带有不同数量的沙门氏菌，所以极易引起食物中毒的暴发。因此，在屠宰加工、肉品卫生管理中，加强对沙门氏菌的检查，是预防食物中毒的一项重点工作。兽医卫检人员不能有所忽视。

(二)症状

急性(败血型)，高热、迟钝、虚弱、绝食、腹泻。牛羊：便血；驹：除上述症状外，还可见肺炎。

慢性(肠炎型)，长期腹泻，粪便带黏液或假膜甚至血液，并有恶臭。除猪外，牛、羊、马等孕畜发生流产。公马及成年马则为睾丸炎或鬐甲、前胸、阴囊，关节脓肿。

(三)病理变化

猪：急性主要表现为败血症的变化，全身淤血、胃肠卡他，末梢发青紫，肾可见针尖大出血点。慢性型突出的是肠炎变化，多见于盲肠、回肠，有时也波及结肠。典型的变化为分散的或融合成片的溃疡，表面覆盖纤维蛋白性坏死性假膜(伪膜性肠炎)。脾常肿大，肠系膜淋巴结发生髓样肿胀及坏死，部分成干酪样变。肺有支气管肺炎；肝有时可见坏死性结节或增生性结节。

牛：急性主要表现为出血性胃肠炎，尤其多见于小肠，浆膜、黏膜点状出血，脾增生肿大，肠系膜和纵膈淋巴结肿胀、出血。慢性型肝肿胀柔软，并常有灰白色坏死结节，肺有炎症及小灶性坏死。有时跗关节及肘关节亦有炎症变化。

马主要表现为流产。胎儿水肿。胎膜可见出血点/坏死。

(四)诊断

根据流行病学、临诊症状和病理变化，只能做出初步诊断，确诊需做沙门氏菌的分离和鉴定。近年来，单克隆抗体技术和酶联免疫吸附试验已用来进行本病的快速诊断。

动物感染沙门氏菌后的隐性带菌和慢性无临诊症状经过较为多见，检出这部分患病动物，是防制本病的重要一环。目前实践中常用血清学方法对马副伤寒、鸡白痢进行血清学诊断。对马副伤寒，可采取马血清做试管凝集试验；对鸡白痢，可采取鸡的血液或血清做平板凝集试验。

猪副伤寒除少数急性败血型经过外，多表现为亚急性和慢性，与亚急性和慢性猪瘟相似，应注意区别。

(五)防制

防制本病应加强饲养管理，消除发病诱因，保持饲料和饮水的清洁、卫生。采用添加抗生素的饲料添加剂，不仅有预防作用，还可促进动物的生长发育。目前国内已研制出猪、牛和马的副伤寒菌苗，必要时可选择使用。根据不少地方的经验，应用自本场(群)或当地分离的菌株，制成单价灭活苗，常能收到良好的预防效果。对禽沙门氏菌病，目前国外已使用禽副伤寒病菌苗，不过在禽类防制本病仍必须严格贯彻消毒、隔离、检疫、药物预防等一系列综合性防制措施；对有病鸡群，应定期反复用凝集试验进行检疫，将阳性鸡及可疑鸡全部淘汰，使鸡群净化。

十、猪丹毒(Swine Erysipelas)

(一)疾病简介

1.疾病性质 猪丹毒是由猪丹毒杆菌(*Erysipelothrix rhusiopathiae*)引起的一种急性或慢性热性传染病。急性者通常呈高度发热的败血症经过，或伴有特征性皮疹。慢性经过多表现为非化脓性关节炎和疣状心内膜炎。本病主要发生于猪(不同年龄的猪均能感染，但以3～12月龄架子猪发病率最高)，人也可感染发病。

2.病原 猪丹毒杆菌是一种革兰氏阳性菌，在陈旧的培养物中具有明显的形成长丝的倾向，老龄的培养物常被染成革兰氏阴性。在多数情况下呈细长的小杆状，正直或稍弯，大小(0.2～0.4)μm×(0.8～2.5)μm，以单个或短链状存在。有时可见到球状或棒状，不形成芽孢，无运动性。

猪丹毒杆菌虽然不形成芽孢，但对外界不良的环境却有很强的抵抗力，能耐干燥，动物组织内的细菌在露天条件下可存活几个月，在4～8℃条件下可存活5个月以上，对盐腌、火熏有很强的抵抗力，在火腿中可存活几个月。猪丹毒杆菌对热较为敏感，肉汤培养物于50℃经15 min及70℃5 min即可杀死。1%的臭药水、1%的漂白粉、5%的烧碱、10%的生石灰乳及含2%烧碱的3%生石灰混合液等消毒药品，均可在5～10 min内杀灭本菌。但对0.2%的石炭酸，0.5%的砷化钾、0.001%的结晶紫有抵抗力。

3.易感动物 人感染猪丹毒杆菌的疾病称“类丹毒”病，是从事畜牧、兽医、饲养、屠宰、食品加工、饲料加工、渔业等工作人员的常见职业病。

4.人和动物感染的方式 本病的传染源为病猪和带病猪，其他畜、禽、野鸟和鱼类也可以带菌而成为本病的传染源。猪丹毒杆菌一般通过损伤的皮肤或黏膜侵入人体，引起发病；另外，也可通过食肉感染。凡经食肉引起感染的病例多因吃入带有猪丹毒杆菌而未经彻底灭菌的腊肠、香肠、火腿、盐腌肉、未煮透的大块肉；或因在烹调过程中造成熟肉交叉污染而引起。因此，此病在公共卫生上是具有重要影响的人畜共患病。

(二)症状

1.急性败血型 体温升高达42℃以上，呈稽留热，在耳、腹及腿内侧的皮肤出现红斑，红斑的大小和形状不一，指压时褪色，指去复原。

2.亚急性疹块型 在颈、肩、胸、腹背及四肢等处皮肤出现疹块，疹块比周围正常皮肤略隆起，有明显的界限，大小不等，多是方形、棱形、圆形或不规则形；疹块的色泽最初为苍白色，以后变为鲜红色或紫色，或是边缘红色而中心苍白色，触摸时比正常的皮肤为硬。

3.慢性心内膜炎型 一般由急性或亚急性猪丹毒或隐性感染而来，单独发生的较少。主要表现为四肢关节(特别是腕关节、跗关节、髋关节)的浆液性纤维素性关节炎；发生疣状心内膜炎时，听诊有心脏杂音。有的皮肤成片坏死而脱落，也有整个耳壳或尾巴全部脱落的。

(三)病理变化

胃和十二指肠表现为急性卡他性或出血性炎症。眼观可见胃底部和十二指肠潮红、肿胀，严重者黏膜发生弥漫性出血和小点出血，表面有多量黏液。

全身淋巴结肿胀，呈弥漫性潮红或紫红色，切面隆突、多汁，常伴发斑点状出血。肾浊肿，暗红色，并可见点状出血。

脾肿大，樱桃红色，切面白髓周围有颜色深于红髓的圆形红晕，即"白髓周围红晕"(死后宜速切速看)，可作为急性猪丹毒病理解剖学诊断的重要依据之一。

皮肤出现典型疹块，疹块特点与生前无差别。

疣性心内膜炎主要发生于二尖瓣，其次是主动脉瓣，三尖瓣与肺动脉瓣。眼观在心瓣膜的心向血流面，有大量灰白色的血栓性增生物，表面高低不平，外观似花椰菜样，牢固地附着于瓣膜上，不易剥离。瓣膜的增生物可引起瓣膜孔狭窄或闭锁不全，继而导致心肌肥大，心脏扩张等代偿性变化。

(四)诊断

在本病的诊断中，疹块型和慢性型根据病变特点不难与其他传染病相区别。唯败血型猪丹毒应注意与猪瘟、猪巴氏杆菌病及炭疽等相鉴别。

败血型猪丹毒与猪瘟的鉴别：

1. 皮肤红斑　猪瘟为出血斑点指压不褪色；猪丹毒为充血性红斑，指压褪色。此外败血型猪丹毒更有表现为全身皮肤发红者，而猪瘟则无。

淋巴结变化：猪瘟为包膜下髓窦及小梁沿线出血，切面呈大理石样花纹；猪丹毒主要是充血和水肿变化，呈紫红色，伴发斑点状出血。

2. 肾脏变化　猪瘟时肾多呈贫血状态，密发点状出血；猪丹毒的肾常因淤血而呈暗红色，肿大，散发点状出血。

3. 脾脏变化　猪瘟脾脏肿大不明显，常于脾边缘只有暗红色出血性梗死灶；猪丹毒脾肿大呈樱桃红色，不见梗死灶，切面在脾白髓周围现红晕。

4. 胃肠变化　猪瘟的病变主要在大肠，小肠的变化轻微，表现为大肠黏膜的轮层状溃疡；而猪丹毒的病变在胃和十二指肠，表现为急性出血性卡他性炎。

(五)防制

预防接种是防制本病最有效的办法。每年春秋或冬夏二季定期进行预防注射，仔猪免疫因可能受到母源抗体干扰，应于断乳后进行，以后每隔 6 个月免疫 1 次。

平时应搞好猪圈和环境卫生，地面及饲养管理用具经常用热碱水或石灰乳等消毒剂消毒。猪粪、垫草集中堆肥。对发病猪群应及早确诊，及时隔离病猪；对病死猪及内脏等下水进行高温处理；控制猪场内及周边鼠类、猫、犬等；尽量不从外地引进新猪，新购进猪必须观察 30 d，慢性病猪应及早淘汰。

类丹毒是一种职业病，多发生于兽医、屠宰加工人员及渔民等。因此，在处理和加工操作中，必须注意防护和消毒，以防感染。人在皮肤损伤时如果接触猪丹毒杆菌易被感染，感染部位多发生于指部或手部，感染部位肿胀、发硬、暗红、灼热、疼痛，但不化感染脓，肿胀可向周围扩大，甚至波及手的全部。常伴有腋窝淋巴结肿胀，间或还发生败血症、关节炎和心内膜炎，甚至肢端坏死。若用青霉素可治愈。

十一、钩端螺旋体病(Leptospirosis)

(一)疾病简介

1.疾病性质　钩端螺旋体病简称钩体病，是由致病性钩端螺旋体(*Leptospria*)引起的一种重要的人畜共患急性传染病。

本病分布于世界各地，以热带和亚热带地区多见。我国已有25个省、市发生本病，以南方和西南各省流行较为严重。

2.病原体　钩端螺旋体很纤细，中央有一根轴丝，长6～30 μm，宽0.1 μm，螺旋从一端盘绕至另一端，整齐而细密，螺宽0.2～0.3 μm，螺距0.3～0.5 μm，因而看不清楚；在暗视野检查时，常似细小的珠链状。革兰氏法不易着色，常用姬姆萨染色和镀银法染色。此螺旋体不仅一端或两端可弯转呈钩状，且可绕长轴旋转和摆动，进行很活泼的运动，使整个菌体可弯成C、S、O等多种形状。

钩端螺旋体在一般的水田、池塘、沼泽里及淤泥中可以生存数月或更长，这在本病的传播上有重要意义。但适宜的酸碱度为pH 7.0～7.6，超出此范围以外，对酸和过碱均甚敏感，故在水呈酸性或过碱的地区，其危害亦大受限制。加热至50℃10 min即可致死，但对冷冻的抵抗力较强，在－70℃下使培养物速冻，可保持毒力数年。干燥和直射能使其迅速死亡。一般常用消毒剂的常用浓度均易将之杀死。

3.易感动物　人和几乎所有的温血动物都有不同程度的易感性，在家畜中主要发生于猪，牛、犬、马、羊次之。本病主要经皮肤、黏膜(尤其是损伤的皮肤和黏膜)及消化道感染，也可通过交配、人工授精和在菌血症期间通过吸血昆虫如蜱、虻、蝇等传播。

4.人和动物的感染方式　人多通过接触被本菌污染的水源、土壤或食用被本菌污染的食物、饮水而感染；也可因接触带菌畜禽的分泌物、排泄物、血液、内脏而感染。

人钩体病分为稻田型和洪水型两型。我国南方以稻田型流行为主，主要传染源为鼠类，多发生于夏秋之交的水稻收割期间，以8—9月为高峰，在双季稻地区可有两个高峰。我国北方多呈洪水型暴发流行，主要传染源为猪，其发病高峰往往与洪水高峰一致。南方各省遇有洪水爆发时，也发生洪水型暴发流行。发病以青壮年居多，农民、渔民、牧民及屠宰工人发病较多。

(二)症状

急性病例主要呈现短期发热、贫血、肌肉震颤、厌食、黄疸、出血性素质、血红蛋白尿、少尿或尿频、流产、黏膜和皮肤坏死。

大多数病畜都呈隐性感染，尤其牛、羊、马临症不明显。

(三)病理变化

黄疸：皮下组织、黏膜、骨骼、肌肉、胸膜、腹膜及内脏黄染。

皮肤出血坏死：腹壁、四肢内侧的皮肤呈局部性斑点状或大片融合性的出血斑，病程长者发生坏死。

肝脏：肿大，呈黄褐色或土黄色，质地松软脆弱，切面无光泽，部分地区甚至呈糜烂状。

肾脏：贫血及间质性肾炎。肾表面散布多量粟粒至黄豆大(0.1～1 cm)的略呈圆形的灰白色病灶，有的稍突出于表面，有的则稍下陷。切面见这些病灶多集中于皮质，也有延伸至髓质的。慢性病例肾脏固缩硬化，表面呈凹凸不平的颗粒状，被膜不易剥离。切面皮质变窄，与髓质分界不明，呈现肾萎缩现象。

脾脏：中度肿大。血液稀薄凝固不良。

（四）诊断

钩端螺旋体病单凭宰前临症和宰后病变难于确诊，只有结合病理组织学、微生物学和血清学诊断进行综合分析方能确诊。

此病应注意与黄脂猪、阻塞性黄疸及黄曲霉素中毒相区别，因此，必要时应做病料涂片急性暗视野检查。

钩端螺旋体暗视野活体检查法：

1. 检样的采集及处理　发病初期采取血液，后期采取尿液；屠宰后的屠体主要采取膀胱内尿液及肾脏，亦可采取肝、脾、肾、肾上腺等；如有神经症状，可采取脑脊髓液。

血样处理：先以 1 000 r/min，离心 10 min，取上清血浆放入另一试管中，再用 3 000～4 000 r/min 离心 1 h，弃去上清液，取沉淀物检查。

尿液处理方法同血液。

脏器悬液：将采取的脏器检样制成 10％的悬液，先以 1 000 r/min 离心 10 min，吸取上清液，以 3 000～4 000 r/min 离心 1 h，检查沉淀物。

脑脊髓液：以 3 000～4 000 r/min 离心沉淀 1 h，检查沉淀物。

2. 镜检　取经上述处理的血浆。尿液。脑脊液或脏器悬液 1 滴，滴于洁净的载玻片上，盖以盖玻片后，置于暗视野显微镜下观察。钩端螺旋体在暗视野显微镜下为细长、两端弯曲呈钩状的螺旋体，并且有活泼的运动性。

（五）防制

（1）处于急性期并发热和表现高度衰弱的病畜，不准屠宰。

（2）宰后病变明显，肉尸呈黄色并在一昼夜内不能消失者，肉尸及内脏作工业用或销毁。

（3）宰后未见黄疸，病变轻微，放置一昼夜后病变基本消失或仅留痕迹者，肉尸及内脏高温处理后出场，肝脏则应废弃。

（4）皮张用浸渍法加工或盐腌或保持干燥状态，2 个月后送皮革厂。

（5）处理钩端螺旋体病畜及其产品时，必须加强个人防护措施，尤其在处理被尿污染的废弃物时，更应加倍小心。

十二、衣原体及其相关疾病（Chlamydiosis）

（一）病原特点

1. 衣原体（*Chlamydia*）　是一种革兰氏染色阴性的细菌，它属于裂殖菌纲衣原体目衣原体科。小而不能游动。直径 300～350 nm，可以用姬姆萨（Giemsa）染色或姬曼列茨（Gimenez）染色等方式进行辅助鉴别。衣原体为专性细胞内寄生物，于脊椎动物，偶尔也能在节肢动物体内分离到。衣原体同时具有 DNA、RNA 和核糖体，有细胞壁，生殖方式以二分裂为主。但是与真正的细菌不同的是它们的细胞壁内没有肽葡聚糖，并且不能产生自己所需的 ATP，它们需要利用宿主的 ATP，因此又称它们为“能量寄生物”。

衣原体不耐热，60℃，10 min 就会消除其感染性。但是，低温对它们无影响，用冷冻干燥法可以保存多年。衣原体是一种能够引起人类和动物共患性疾病的一种病原体，对苯酚、福尔马林和乙醚都敏感。其他抗生素比如青霉素、D-环丝氨酸，由于能够抑制细胞壁的合成，可以导致形态学缺陷的细胞产生。四环素类和大环内酯类蛋白质合成抑制剂能有效的在体内、体外防止衣原体的繁殖。

衣原体的感染态为原生小体（elementarybody，EB），不运动，直径 0.4 μm，球形，有硬的细胞壁，易于姬姆萨（Giemsa）和姬曼列茨（Gimenez）染色。当原生小体袭击宿主细胞后，在宿主细胞体内增大成为网状体（'reticulate' body，RB），网状体细胞壁薄，球形，无感染性，直径 1～1.5 μm，通过反复的二分裂法可以在宿主体内增殖成为一个微菌落。子代细胞然后分化成较小的、厚壁的，有感染性的原生小体，当宿主细胞破裂时再感染新的细胞。但是，这种繁殖循环的现象只在宿主细胞内发生，胞外不能形成繁殖循环。

2. 国际委员会将衣原体分为 4 类　沙眼衣原体（*Chlamydia trachomatis*），鹦鹉热衣原体（*C. psittaci*），肺炎型衣原体（*C. pneμmoniae*），反刍动物衣原体（*C. pecorμm*）。*Chlamydia trachomatis* 有 3 个变种分别称为 TRIC（引起沙眼和包含体结膜炎），LGV（引起性病淋巴肉芽肿），MoPn（引起鼠类肺炎，最近也从猪身上分离到了相似的微生物）。沙眼衣原体变种有 A-K 共 14 种血清型，LGV 变种至少有 L1、L2 和 L3 三种。经典的沙眼是由于 A、Ba、B、C 型引起的，包含体结膜炎和生殖道感染是由 D-K 型引起的。

C. psittaci 能够感染哺乳动物和鸟类，但是也有一些能够感染哺乳动物的类型被重新归类为 *C. pecorμm*。*C. pneμmoniae* 能够感染人和动物，有报道说人的菌株有一些变异。从血清型的角度上说，*C. pneμmoniae* 和冠心病、动脉粥样硬化以及类肉瘤病之间有一定的联系。

3. 衣原体在细胞内的繁殖循环　衣原体一旦和宿主细胞接触后，它的生活史就在宿主细胞内开始进行，主要可以归纳为以下 3 步：

（1）一种具有电子致密类核的感染性小颗粒，即原生小体由寄生细胞吞噬，包被在由寄主细胞膜形成的小囊内。它在寄主的胞浆内通过抑制溶酶体的溶菌作用而逃避机体的降解。

（2）然后在囊内原生小体脱去它的致密 DNA 核，被改组成网状体，网状体的大小是原生小体的 3～5 倍，并且不含电子致密类核物质。网状体不能产生 ATP，需要利用寄主的 ATP。

（3）网状体通过二分裂方式进行繁殖。经过 18～20 h 的 DNA 浓缩后，在囊内形成新的原生小体，这些原生小体在细胞发生自溶时被释放。但是究竟原生小体的释放是自溶的原因还是结果还不清楚。释放出的颗粒又去感染其他寄主细胞。

（二）衣原体相关疾病

衣原体既能产生群体抗原又能产生特异的抗原。衣原体引起的动物和人类的疾病都是急性传染性的。目前临床上常见的由衣原体引起的疾病主要有以下几种类型：

1. 衣原体性肺炎　肺炎型衣原体可以存在于上皮细胞、巨噬细胞、内皮细胞和某些平滑肌细胞内，还具有在单核细胞、上皮细胞内繁殖的能力，能够引起动物和人的肺炎、咽炎、支气管炎、耳炎、窦炎。肺炎型衣原体引起的肺炎仅次于肺炎链球菌和嗜血杆菌型流感引起的肺炎。肺炎型衣原体不仅能够引起急性呼吸道感染，而且使肺炎复发率升高。

2. 鹦鹉热　1879 年，最初是由 Ritter 报告了该病，主要症状表现为高热、头痛、寒战。鹦鹉热衣原体可以感染 17 种哺乳动物及 140 余种禽类。这种疾病通常不会在人与人之间传染，人类的感染是通过接触禽类的排泄物或者渗出物传播。最普遍的形式就是通过吸入干燥排泄物的微粒感染。鸟类通常表现的症状是腹泻、羽毛粗乱、呼吸道疾病、普遍粪便不成形。鸽子是衣原体最经常的宿主，衣原体在鸽群中长期存在主要是母鸽和雏鸽之间的循环。在没有并发或继发症的病鸽，剖检可发现肝、脾肿胀，气囊肥厚，胃肠道充血、出血。隐性感染的老龄鸽子若复发，可见肝脏肿大，严重充血，实质弥散，有针头大坏死灶，脾脏异常肿大，被膜破裂、内出血。

3. 沙眼及包含体结膜炎　沙眼是当今世界致盲率最高的疾病。由于眼睛上皮细胞感染衣原体导致沙眼发生。1956 年，我国学者汤凡如分离沙眼衣原体获得成功。沙眼最普遍的症状是慢性角质结膜炎，包含体结膜炎引起的是一种急性化脓性结膜炎。目前分离到的沙眼衣原体血清型有 15 个。沙眼能引起角膜瘢痕组织的形成，虽不具有致死性，但是致盲率很高。感染方式主要是接触毛巾或者通过手指将病菌从一只眼睛带入另一只眼睛。苍蝇有可能也携带致病菌。在热带的一些地方，大多数儿童从两岁前就感染了该病。

4. 性病淋巴肉芽肿　这是一种由衣原体引起的人类的接触性感染的性病。主要发生在热带及近热带地区。最普遍的症状是腹股沟腺炎的病灶。慢性症状为直肠炎，可以引起直肠狭窄，肛门和阴道瘘管脓肿。在发病的过程中出现全身症状，发热、头痛、发冷。

5. 猫抓热　主要也是由于猫接触了混有衣原体的禽类排泄物引起。猫可能感染，但是并不表现明显症状。目前的报道主要存在于有猫抓史的人身上。病人被猫抓过，自愈后发病，表现为皮肤有小脓疱，或形成溃疡。局部疼痛，化脓、肿胀隆起。精神倦怠，恶寒，发热，四肢末端出现红斑。严重的会出现其他并发症，比如淋巴结肿胀，及心包肺膜炎症等疾病。

(三)诊断

1. 病料涂片染色　用 Giemsa 染色，可见 EB 呈现红色，RB 呈蓝紫色。用 Stamp 氏法染色，结果是在淡绿色背景的衬托下，衣原体呈现鲜红色。碘染色(Rice)法时，低倍下，沙眼衣原体的包涵体由于含有糖原而呈现棕褐色，鹦鹉热衣原体的包涵体由于不含有糖原不被着色。电镜下，可以见到圆形或卵圆形颗粒，中央核心电子密度大，是 EB；个体较大，中央核心电子密度低的为 RB。

2. 分离培养　衣原体能够用鸡胚或其他组织培养。主要是染色检测包涵体或者原生小体。细胞培养不利的一方面是必须有可以被检测的器官，这就要求采样后要及时送到实验室，运输媒介要合适，不能混有青霉素，保持 4℃或者液氮冷冻。

3. 抗原监测　荧光抗体染色可以检测原始小体，ELISA 可以检测衣原体的抗原。

4. 抗体检测　微量免疫荧光实验和衣原体补体结合实验(CF)。

5. 核酸检测　一些衣原体感染时，分离培养是不可行的，所以只能检测抗原或者是核酸。用 DNA 或 mRNA 探针，或者用 TMA、PCR 或者 LCR 扩增基因片段检测被感染细胞。这些技术能够增强衣原体感染的可检测性，并且这些技术不仅适用于衣原体并发感染也适用于非并发感染。

TMA 法是一种恒温扩增核酸的方法，需要 RNA 逆转录酶和 RNA 聚合酶。在理论上可以把靶基因扩增 109 倍。将特异化学荧光标记的 DNA 探针与 RNA 扩增产物进行杂交保护实验后检测出荧光即可判断结果。

LCR 是将 ^{32}P 标记的寡核苷酸掺入反应体系，对扩增产物进行凝胶电泳后进行放射自显影。也可以使用市售的试剂盒 LCx，对扩增产物进行微粒酶免疫法检测。LCR 与 PCR 有相同的敏感性，且没有 PCR 的非特意扩增，可检测出 EB，而不与其他型 EB 或 RB 起交叉反应。

3SR(自我持续序列复制)法对 16sRNA 的扩增最敏感；Qβ 复制酶技术基于 RNA 扩增的方法，由于衣原体内有多量 RNA 拷贝，所以敏感性和特异性都较高。

6. 血清学　尤其是对于呼吸道感染，已经应用了血清学检测。为了检测种间特异或者血清型特异的抗体，可以使用微量免疫荧光法检测来自各种衣原体株的抗原。

（四）防控

积极进行该病的预防，消灭害虫、啮齿类有害动物，防止将病原输入。人类与动物接触时要注意进行必要的防护，防止带病动物向人的传播。

发生本病后，要及时隔离病畜，给予积极的治疗，对周围环境进行彻底的清扫消毒。有必要实行全进全出制，发病动物所在的群体如果必要应该进行全群淘汰。有关人员要减少流动，防止疾病扩散，对相关人员的健康状况进行监测。根据衣原体的生物学特性，常用消毒药就可以起消毒作用。

禁止从疫区引进动物。对于引进动物的区域卫生情况要进行调查，了解当地的发病情况，确保安全。

对于饲养宠物的人，一定要注意卫生，不要被动物咬伤、抓伤，发生抓咬后，要及时请医生进行正确处理，防止继发疾病。

第五节　人兽互传寄生虫病

一、弓形虫病

弓形虫病(toxoplasmosis)又弓形体病，是由刚地弓形虫(*Toxoplasma gondii*)寄生于人、畜、野生动物、鸟类及一些冷血动物的体内所致的一种人畜共患病。

弓形虫病呈世界性分布，温暖潮湿地区人群感染率较寒冷干燥地区高。人和动物感染率较高，世界人口中有1/4为血清阳性，个别地区人群感染率高达90%，尤其是人体免疫缺陷病毒(HIV)感染者和艾滋病(AIDS)患者等免疫功能低下者可继发感染弓形虫病。先天感染可致胎儿畸形和死亡。我国除青海、西藏外，其他省、市、自治区均有人畜感染的报道，人群感染率为0.33%～47.3%，每年有8万～10万名新生儿感染弓形虫病。本病不但威胁人类健康，亦严重影响畜牧业发展，在国内流行区食用动物感染率高达50%。

（一）病原

刚地弓形虫(*Toxoplasma gondii*)属于孢子虫纲(Sporozoa)、真球虫目(Eucoccida)、弓形虫科(Toxoplasmatidae)、弓形虫属(*Toxoplasma*)。发育过程中有速殖子、缓殖子、卵囊等多种形态。速殖子(*tachyzoite*)是弓形虫的快速繁殖阶段，呈弓形、新月形或香蕉形，一端稍尖，一端钝圆，大小为(4～7) μm×(1.5～5) μm。姬氏或瑞氏染色后胞浆呈蓝色，胞核呈紫红色，位于虫体中央，在核与尖端之间有染成浅红色的颗粒称副核体。包囊(cyst)呈圆形或卵圆形，直径为5～100 μm，囊内含缓殖子(bradyzoite)，可寄生于任何器官，其中以脑、心脏和骨骼肌最多见。卵囊(oocyst)呈圆形或椭圆形，大小为(11～14) μm×(7～11) μm，孢子化后，含2个孢子囊，每个孢子囊内含4个子孢子(sporozoite)。

（二）生活史

猫为弓形虫的终末宿主，其他动物为中间宿主。卵囊被人、畜等中间宿主吞食，子孢子在肠内逸出并侵入肠壁血管或淋巴管扩散至全身有核细胞繁殖，形成众多的速殖子，引起动物发病。随着宿主抵抗力的增强,速殖子转入脑和肌肉等组织寄生,发育速度减慢,形成包囊,包囊内含有许多缓殖子。

猫吞食了弓形虫包囊,缓殖子侵入小肠上皮细胞,进行球虫样发育和繁殖,形成卵囊,随宿主粪便排出体外。卵囊在外界成为孢子化卵囊。弓形虫在猫体内也可以进行如同在其他中间宿主体内相似的发育,形成大量速殖子。

(三)流行病学

猫科动物为弓形虫的终末宿主和弓形虫病的重要传染源,含包囊或速殖子的动物肉也可成为传染源。人可经胎盘垂直传播。

人多因食入被卵囊污染的食物或饮水、或含有包囊的生肉或未煮熟的肉而感染,也有食用弓形虫病动物的生乳或生蛋后感染的报道。猫因摄入含弓形虫包囊的动物脑和肌肉等组织而感染。

有200多种动物可以感染弓形虫,包括猫、猪、牛、羊、马、犬、兔、骆驼、鸡等畜禽和猩猩、狼、狐狸、野猪、熊等野生动物。人群普遍易感,胎儿和婴儿易感性比成人高,免疫功能缺陷或免疫受损患者比正常人更易感。

不同发育期的弓形虫的抵抗力不同。速殖子对高温和消毒剂较敏感,但对低温有一定抵抗力,在−2～−8℃可存活56 d。包囊的抵抗力较强,在冰冻状态下可存活35 d,4℃存活68 d,胃液内存活3 h,但包囊不耐干燥和高温,56℃加热10～15 min即可被杀死。卵囊对外界环境、酸、碱和常用消毒剂的抵抗力很强,在室温下可存活3个月,但对热的抵抗力较弱,80℃加热1 min可丧失活力。

农村人口感染率高于城镇人口,成人高于儿童。动物饲养员、屠宰加工人员、兽医、弓形虫实验室工作人员等人群较一般人群感染率高。人体弓形虫感染与生活习惯、生活条件、接触猫科动物、食用含包囊的畜禽产品或被卵囊污染的食品等因素有关。

(四)症状与病理变化

1.人　人体被寄生时多为隐性感染,但抵抗力弱时可出现严重症状,主要侵害脑、淋巴结和眼等器官。急性感染期可表现淋巴结炎、脑炎、心肌炎、肺炎、肠炎、肝炎、骨骼肌炎、扁桃体炎、脉管炎、胎盘炎、贫血、视网膜脉络膜炎等表现。患者有发热、头痛、乏力、肌肉疼痛和淋巴结肿大等症状,肌肉疼痛相当严重,可持续1个月或更久。弓形虫能引起孕妇流产、早产、死产或胎儿畸形。怀孕早期感染对胎儿的损害更大,可引起视力降低或失明,中枢神经系统受损,严重感染者出现肝脏肿大、惊厥、脑积水和脑损害等。

2.动物

(1)猪　猪对本病较为易感,以仔猪症状较为严重。急性发作时可见高热稽留、精神沉郁、食欲减退或废绝、便秘或腹泻、呕吐、呼吸困难、咳嗽、肌肉强直、体表淋巴结肿大、耳部和腹下有淤血斑或较大面积发绀。孕猪发生流产或死产。慢性感染的猪生长缓慢。

(2)羊　羊多呈隐性感染。发病时常有神经症状,转圈运动、发热、鼻漏等症状,后期出现昏迷、呼吸困难。孕羊流产。

(3)牛　感染后体温升高,呼吸困难,咳嗽,初便秘后腹泻,淋巴结肿大,体表有紫斑。

(4)犬　犬的症状类似犬瘟热,幼犬表现有发热、精神委靡、厌食、咳嗽、呼吸困难,重者便血、麻痹。孕犬流产或早产。

动物的病变主要有肠系膜淋巴结、胃淋巴结、颌下淋巴结及腹股沟淋巴结肿大、硬结，质地较脆，切面呈砖红色或灰红色，有浆液渗出。急性型的全身淋巴结髓样肿胀，切面多汁，呈灰白色；肺水肿，有出血斑和白色坏死点；肝脏变硬，浊肿，有坏死点；肾表面和切面有少量点状出血。

（五）诊断

根据流行病学特点和症状可做出初步诊断，确诊须做下列实验室检查。

1. *病原检查* 取急性感染期病人或动物的组织液或血液离心，用沉淀物涂片，姬氏染液染色后镜检，观察弓形虫滋养体。组织切片经免疫酶或荧光染色后，观察特异性反应也可用于弓形虫检查。此外，可通过动物接种或细胞培养检查滋养体。

2. *免疫学诊断* 用于弓形虫病诊断的免疫学方法有间接血凝试验（IHA）、间接免疫荧光抗体试验（IFA）、酶联免疫吸附试验（ELISA）、免疫酶染色试验（ELST）、染色试验（DT）、补体结合试验等。

3. *分子生物学方法* 目前，国内外已将聚合酶链反应（PCR）、DNA 探针技术用于弓形虫病的检测，灵敏度高。

（六）防控措施

1. *治疗* 复方新诺明、磺胺嘧啶、乙胺嘧啶、螺旋霉素等药物对病人、病畜或带虫者有一定疗效。

2. 预防

（1）切断传染源 加强对人、家畜、家禽、实验动物、伴侣动物、经济动物和野生动物的弓形虫病的检测，一旦发现阳性或可疑者应及时隔离治疗。

（2）加强肉品检验和管理 强化畜禽屠宰加工中弓形虫检验，发现病畜或其胴体和副产品必须予以销毁。在肉类的加工中应充分烧熟煮透，以杀灭肉中包囊。

（3）积极开展宣传教育 注意个人饮食卫生，不食生肉、生蛋和未消毒的乳；孕妇不接触猫。

（4）加强粪便管理 防止猫粪便污染环境、食品、饮水和餐具等。

二、利什曼病

利什曼病是由杜氏利什曼原虫（*Leishmania donovani*）寄生于人、犬和部分野生动物而引起的人畜共患病。利什曼病呈世界性分布，在亚洲、非洲、欧洲和拉丁美洲等 100 多个国家和地区均有流行。据 WHO 估计，全球病人数 1 万～200 万，每年新感染病例 150 万～200 万，其中皮肤型 100 万～150 万，内脏型 50 万，被 WHO 列为危害人类最为严重的 6 种热带病之一。在我国，利什曼病曾是危害最为严重的五大寄生虫病之一，流行于长江以北，涉及 16 个省、市、自治区。自 1958 年以后，主要流行区（华北、华东）已基本消灭此病，但近些年来，部分地区出现少数散发病人，新疆、甘肃、四川等省区出现了明显的回升。根据报道，1990—1998 年间，出现病人 2 000 多例，值得重视。除了杜氏利什曼原虫引起黑热病以外，国外尚有多种类型的利什曼原虫引起各种类型的利什曼病。

（一）病原

杜氏利什曼原虫属动基体目（Kinetoplastida）、锥虫科（Trypanosomatidae）、利什曼属

(*Leishmania*),为单核吞噬细胞内的专性寄生虫,可发现于皮肤、脾、肝、骨髓、淋巴结、黏膜等处的巨噬细胞和其他网状内皮系统细胞中,也可发现于血液白细胞和大单核细胞中。其生活史需经脊椎动物和节肢动物两个不同宿主,原虫的形态亦随之而异。在我国,杜氏利什曼指名亚种(*L. donovani donovani*)为我国黄淮等平原的人源型黑热病病原;杜氏利什曼原虫婴儿亚种(*L. donovani infantum*),可引起婴儿利什曼病和犬利什曼病,分布在我国的新疆、甘肃、四川等西北地区。两种虫体形态基本相似。

在人和哺乳动物内为无鞭毛体(amastigote),在单核巨噬细胞内呈圆形或卵圆形,约为(2.9~5.7) μm×(1.8~4) μm。染色后,细胞胞浆呈淡蓝色,细胞核和动基体为紫红色,在高倍油镜下可见紫红色的细胞核和动基体,并于动基体旁有一点状的基体和从基体发出的一条鞭毛轴丝。

节肢动物白蛉体内为前鞭毛体(promastigote),虫体狭长呈纺锤形,大小(14~20) μm×(1.5~3.5) μm,前端有一根鞭毛,染色后,可见中部有核,动基体位于前端。

(二)生活史

利什曼原虫的传播媒介为白蛉(*Phlebotomus*)。虫体的生长和繁殖必须依靠两种宿主来完成。当雌性白蛉叮咬患者或感染动物时,含无鞭毛体的巨噬细胞被吸入白蛉胃内,巨噬细胞被消化,虫体释出。经 24 h,无鞭毛体变为卵圆形,鞭毛开始伸出体外,发育为早期前鞭毛体。48 h后,发育为粗短前鞭毛体或梭形前鞭毛体。3~4 d后,出现大量成熟前鞭毛体,活动力明显加强。在数量剧增的同时,虫体逐渐向白蛉前胃、食管和咽部移动。1 周后具有感染力的前鞭毛体大量聚积于白蛉口腔及喙部。当白蛉叮咬健康人群或动物时,前鞭毛体即随白蛉分泌液进入机体。前鞭毛体随分泌液进入人或动物皮下组织后,一部分虫体被多核粒细胞吞噬消灭,一部分虫体在巨噬细胞内失去鞭毛,虫体变圆,转变为无鞭毛体。无鞭毛体在细胞内以简单二分裂方式大量繁殖,最终使细胞破裂。释放出的无鞭毛体又被其他巨噬细胞吞噬,重复上述繁殖过程。

(三)流行病学

病人、感染犬以及部分野生动物是本病的传染源。主要通过白蛉叮咬而传播。在我国,已经证明的利什曼原虫传播媒介有 4 种,分别是中华白蛉(*Ph. chinensis*)、长管白蛉(*Ph. longiductus*)、吴氏白蛉(*Ph. wui*)和亚历山大白蛉(*Ph. alexandri*)。其中,中华白蛉是我国黑热病的主要传播媒介,吸血对象较多,包括人、各种牲畜和野生动物。长管白蛉分布于天山南北,具有亲人的习性,是新疆南部黑热病的传播媒介。吴氏白蛉是我国西北地区荒漠内最常见的蛉种,属野生野栖,主要吸取野生动物血液,兼嗜人血。亚历山大白蛉已经被证明主要分布于新疆吐鲁番、温宿和内蒙古阿拉善右旗等砾石戈壁地带以及甘肃酒泉的黑山湖荒漠内。

一般而言,人群普遍易感。人对利什曼原虫的易感性随年龄增长而降低。婴幼儿和新进入疫区的外来人员易感。病愈患者对再感染有较长时间的免疫力。经特效药物治愈的患者可终身免疫,一般不会再感染。犬对利什曼原虫较易感,感染后可以出现一定的临床症状。野生动物对利什曼原虫的易感性因种类而易。啮齿类动物和有袋类动物感染后出现一定的临床症状。其中地鼠、小家鼠、亚洲花鼠最易感,石松鼠、沙鼠、猴、狼、黑家鼠次之,豚鼠、兔、猫、山羊、牛、猪以及冷血动物等有抵抗力,不易感染。

根据不同地区的流行病学特点,我国黑热病大致可分为 3 种不同类型。

(1)人源型或称平原型　分布在鲁南、苏北、皖北、豫东、湖北以及陕西关中和新疆喀什三角洲等平原地区，病原体为杜氏利什曼指名亚种，主要是人的疾病，犬类很少感染，病人为主要传染源。患者大都是年龄较大的儿童和青少年，婴儿很少感染，成人得病比较多见。传播媒介为家栖型中华白蛉和近家栖的长管白蛉。

(2)犬源型或称山丘型　分布在甘肃、青海、宁夏、川北、陕北、豫西、冀东北、辽宁和北京市郊等山丘地区，病原体为杜氏利什曼原虫婴儿亚种。主要是犬的疾病，人的感染大都来自病犬，比较散在。患者多数是10岁以下的儿童，婴儿的发病率较高，成人很少感染。传播媒介为野栖型中华白蛉。

(3)自然疫源型或称荒漠型　分布在新疆和内蒙古的荒漠地区，病原体为杜氏利什曼原虫婴儿亚种。其传染来源为某些野生动物宿主。患者主要是附近的居民和进入荒漠的移民，多数是婴幼儿。传播媒介为野生野栖的吴氏白蛉和亚历山大白蛉。

(四)症状与病理变化

1.人　潜伏期一般为3～6个月，最短仅10 d左右，最长的达9年之久。主要症状为发热、贫血、进行性肝、脾肿大、淋巴结肿大、鼻衄及齿龈出血。晚期则有消瘦、精神委靡、头发失去光泽及脱落，面部萎黄及色素沉着，腹壁浅表静脉曲张，下肢浮肿等。实验室检查血细胞减少，血小板减少，肝、肾功能损害以及白蛋白、球蛋白比例倒置等。如不治疗，很少自愈。常并发其他疾病而死亡。

皮肤型黑热病在面、四肢或躯干部有皮肤结节、丘疹和红斑、偶见褪色斑，白细胞计数可增至10 000/mm^2，嗜酸性粒细胞常在5%以上。

淋巴结型黑热病在颈、耳后、腋窝、腹股沟或滑车上的淋巴结肿大如花生米至蚕豆般大小，较浅，可移动。肝、脾不肿大，嗜酸性粒细胞增多。

2.动物　犬感染利什曼原虫数月后出现临床症状，表现为贫血、消瘦、衰弱，口角及眼睑发生溃烂，开始由于眼睛周围脱毛形成特殊的"眼镜"，后体毛大量脱落。慢性病例则见全身皮屑性湿疹和被毛脱落。

无鞭毛体在巨噬细胞内繁殖，使巨噬细胞大量破坏和增生。巨噬细胞增生主要见于脾、肝、淋巴结、骨髓等器官。浆细胞也大量增生。细胞增生是脾、肝、淋巴结肿大的基本原因，其中脾肿大最为常见，出现率在95%以上。后期则因网状纤维结缔组织增生而变硬。患者血浆内清蛋白量减少，球蛋白量增加，出现清蛋白、球蛋白比例倒置。球蛋白中IgG滴度升高。血液中红细胞、白细胞及血小板都减少。

(五)诊断

根据流行病学和症状表现可做出初步诊断，确诊主要依靠在血、骨髓或脾的涂抹片中及其他病料中检查到利什曼原虫。

1.病原检查

(1)涂片法　以骨髓、淋巴结或脾穿刺物作涂片、染色，镜检。骨髓穿刺最为常用，原虫检出率为80%～90%。淋巴结穿刺应选取表浅、肿大者，检出率为46%～87%。脾穿刺检出率较高，可达90.6%～99.3%，但不安全，少用。

(2)培养法　将上述穿刺物接种于NNN培养基，置22～25℃温箱内。经一周，镜检培养物，发现运动活泼的前鞭毛体即为阳性。

(3)动物接种法　穿刺物接种于易感动物(如地鼠、BALB/c 小鼠等),1～2 个月后取肝、脾作印片或涂片,瑞氏染液染色,镜检。发现虫体即可确诊。

(4)皮肤活组织检查　在皮肤结节处用消毒针头刺破皮肤,取少许组织液,或用手术刀刮取少许组织作涂片,染色,镜检。

2. 免疫学检查

(1)检测血清抗体　可用酶联免疫吸附试验(ELISA)、间接血凝试验(IHA)、对流免疫电泳(CIE)、间接荧光试验(IF)、直接凝集试验等。此类方法阳性率高,假阳性率也较高。近年来,用分子生物学方法获得纯抗原,降低了假阳性率。

(2)检测血清循环抗原　主要有单克隆抗体抗原斑点试验(McAb－AST)。该法阳性率高,敏感性、特异性、重复性均较好,仅需微量血清即可,还可用于疗效评价。

3. 分子生物学方法　近年来,用聚合酶链反应(PCR)及 DNA 探针技术检测黑热病取得较好的效果,敏感性、特异性高,但操作较复杂,未能普遍推广。

(六)防控措施

1. 治疗　首选低毒高效的葡萄糖酸锑钠,疗效可达 97.4%。抗锑病人可用戊脘脒(pentamidine)、二脒替(stilbamidine)、羟脒替(hydroxystilbamidine isothionate)等。

2. 预防

(1)健康教育　在流行区进行黑热病宣传宣传教育,提高居民自我保护意识与能力。

(2)消灭病犬　在黑热病流行区,应对犬进行黑热病普查,发现病犬及时扑杀。在病犬较多的地区,动员群众少养或不养家犬,扑杀野犬。

(3)灭蛉　在仍有黑热病流行的地区,应于白蛉出现初期,用杀虫剂喷洒住屋和宿舍。查见病人后,用杀虫剂喷洒病家及其四周半径 15 m 内的住屋和畜舍,以消灭白蛉。

(4)防蛉　使用蚊帐、蚊香、野艾烟熏等。装置细孔纱门、窗。夜间在荒漠地带野外工作的人员,应在身体裸露部位涂驱避剂,不露宿。

国外已经研制成功犬利什曼原虫疫苗,取得了一定的效果。

三、隐孢子虫病

隐孢子虫病(cryptosporidiosis)是由隐孢子虫属(*Cryptosporidium*)的多种隐孢子虫感染多种动物和人而引起的人畜共患寄生虫病。隐孢子虫寄生于黏膜上皮细胞表面,主要引起哺乳动物和人消化道疾病,还可引起禽类呼吸道疾病。主要危害免疫功能低下的动物和人,例如艾滋病人、癌症病人等,对幼年动物的危害也较大。目前隐孢子虫病已被美国列为 6 大腹泻病之一,1993 年美国 CDC 又把该病列入美国三大主要暴发性疾病。隐孢子虫病不仅具有重要公共卫生意义,而且给养殖业造成巨大的经济损失,已经引起国际、国内医学界和兽医学界的广泛关注。

(一)病原

隐孢子虫(*Cryptosporidium* spp.)属于原生动物门(Protozoa)、孢子虫纲(Sporozoea)、真球虫目(Eucoccida)、隐孢子虫科(Cryptosporididae)、隐孢子虫属(*Cryptosporidium*)。迄今为止,有数十种隐孢子虫报道,但有些虫种没有得到确认,已经得到确认的虫种见表 23-2。

表 23-2　隐孢子虫有效种

种类	卵囊平均大小/μm	主要宿主	次要宿主
小鼠隐孢子虫 *C. muris*	7.23×5.62	啮齿动物、双峰驼	人、蹄兔、野生白山羊
安氏隐孢子虫 *C. andersoni*		牛、双峰驼	绵羊
小隐孢子虫 *C. parvum*	5.0×4.5	牛、绵羊、山羊、人	鹿、鼠、猪
人隐孢子虫 *C. hominis*		人、猴	儒艮、绵羊
魏氏隐孢子虫 *C. wrairi*		豚鼠	
猫隐孢子虫 *C. felis*		猫	人、牛
犬隐孢子虫 *C. canis*		犬	人
火鸡隐孢子虫 *C. meleagridis*	4.72×4.01	火鸡、人	鹦鹉
贝氏隐孢子虫 *C. baileyi*	6.3×5.1	鸡、火鸡	澳洲鹦鹉、鹌鹑、鸵鸟、鸭
鸡隐孢子虫 *C. galli*		鸣雀，鸡，松雀	
蛇隐孢子虫 *C. serpentis*		蛇、蜥蜴	
蜥蛇隐孢子虫 *C. saurophilum*		蜥蜴	蛇
摩氏隐孢子虫 *C. molnari*		鱼	
猪隐孢子虫 *C. suis*		猪	
牛隐孢子虫 *C. bovis*		成年牛	

不同种隐孢子虫的形态和发育过程相似，发育过程包括卵囊、子孢子、裂殖体、裂殖子、滋养体和配子体、配子等多种形式。

卵囊呈圆形或椭圆形，内含 4 个裸露子孢子。成熟卵囊有厚壁和薄壁两种类型。不同种隐孢子虫卵囊的大小不同，直径一般不超过 10 μm。粪便中见到的是厚壁型卵囊。

子孢子和裂殖子均呈香蕉形，一般宽不足 2 μm，长可达 10 μm 以上。

(二)生活史

隐孢子虫寄生于宿主细胞的消化道和呼吸道上皮细胞膜与细胞质之间形成的带虫空泡内。生活史过程主要包括裂殖生殖、配子生殖和孢子生殖。全部发育过程均在带虫空泡内完成。孢子化卵囊是唯一的外生性阶段，而且粪便中见到的均为厚壁型卵囊，有坚韧的卵囊壁，内含 4 个裸露的子孢子，随粪便排出体外。

卵囊被适宜的宿主摄入，卵囊壁破裂，子孢子释出并侵入胃肠道或呼吸道上皮细胞。子孢子发育为滋养体，滋养体经过核的复分裂(即裂殖生殖)，发育为裂殖体，裂殖体内含多个裂殖子。成熟裂殖体破裂，释放出的裂殖子重新侵入新的上皮细胞，不同种隐孢子虫发育过程的裂殖生殖世代不同。最后一代裂殖生殖释放出的裂殖子侵入上皮细胞后即进入有性生殖(即配子生殖)阶段，最后一代裂殖子侵入后分化为小配子体或大配子体。小配子体进行复分裂后形成多个雄性小配子(小配子)；大配子体继续发育成大配子。大、小配子结合形成合子，合子进一步发育为卵囊，卵囊在原位孢子化形成含 4 个子孢子的孢子化卵囊。隐孢子虫的卵囊呈 2 种形态，即薄壁卵囊和厚壁卵囊。薄壁型卵囊在体内自行裂解，子孢子释出后重新侵入宿主上皮细胞，造成宿主自身感染。厚壁型卵囊随粪便或呼吸道分泌物排出体外，感染其他宿主。

(三)流行病学

患病和带虫动物以及人不断地向外界排出的厚壁型卵囊,是动物和人隐孢子虫病的感染来源。卵囊对外界环境有很强的抵抗力。小球隐孢子虫卵囊在20℃放置6个月后多数卵囊仍有感染性,卵囊放置25℃和30℃还可保持3个月的感染性;高温可使活性迅速丧失,71.7℃仅几秒钟即可杀死卵囊。干燥也会严重降低卵囊活性,干燥2 h后仅3%的卵囊还有活性,4 h后能够杀死100%卵囊。卵囊对大多数消毒剂有明显的抵抗力,只有50%以上的氨水和30%以上的福尔马林作用30 min才能杀死隐孢子虫卵囊。

人和动物往往通过被污染的食物和饮水感染隐孢子虫。一般经口感染,也可以经空气传播。水源污染是造成隐孢子虫病暴发流行的重要原因,目前已有美国、英国等国家报告因饮用水被污染造成居民隐孢子虫病的暴发性流行。

隐孢子虫的宿主范围很广,已知可寄生于150多种哺乳、30多种鸟、淡水鱼、海鱼以及57种爬行动物。人也是多种隐孢子虫的宿主,尤其是幼龄儿童和免疫抑制病人;家畜中常见报道的动物种类有奶牛、黄牛、水牛、猪、绵羊、山羊、马以及宠物犬、猫;禽类常见报道的有鸡、鸭、鹅、火鸡、鹌鹑、鸽子、珍珠鸡,野生动物和野生禽类均有较多报道。

隐孢子虫不具有很明显的宿主特异性。多种隐孢子虫都是数种动物和人共患的,但一般以某一种或几种宿主为主要宿主。对人危害最大的是人隐孢子虫和小隐孢子虫。

一般动物都有自己最易感的虫种。各种隐孢子虫的致病性不同,如我国牛最易感染安氏隐孢子虫,但对牛致病性最强的是小隐孢子虫;禽类一般以贝氏隐孢子虫感染最为普遍;鹌鹑既感染火鸡隐孢子虫又感染贝氏隐孢子虫。

隐孢子虫病呈全球分布。世界各地均已有隐孢子虫病的报道。据报道,欧洲和北美发达国家健康人群粪便隐孢子虫卵囊阳性率为1%~3%,亚洲发展中国家为5%,非洲则高达10%。而腹泻病人粪便卵囊阳性率可达3%~10%。儿童粪便中带虫率较高,腹泻儿童更高。

隐孢子虫是一种机会性肠道病原体,是艾滋病病人最常见的继发感染病原。癌症病人和其他免疫低下患者的隐孢子虫感染率明显高于正常人群。

(四)症状与病理变化

1.人　人隐孢子虫病的典型症状和常见症状就是腹泻。粪便水样,可能带有黏液,一般很少出现带血粪便。肠蠕动增强,蠕动次数增加,引起失重和严重脱水。有报道称病人肠蠕动多达每分钟71次,每天失水可达12~17 L,其他常见症状还包括发热、胃痉挛、恶心和呕吐。偶尔可见头疼、衰弱、疲劳、肌痛和厌食等症状。

机体的免疫反应状态影响感染的严重程度和持续时间。对于正常人群,隐孢子虫病是一种自限性疾病,绝大多数免疫功能正常者只表现出温和到中度的急性肠炎。但绝大多数无免疫应答病人或免疫力低下者感染隐孢子虫后,则表现出中度到重度的慢性肠炎,持续时间与免疫损伤时间一样长,如果炎症消退,上皮细胞再生,则肠炎恢复;否则肠炎持续发生并可威胁生命安全。

2.动物　哺乳动物隐孢子虫病一般表现出消化道症状,禽类的贝氏隐孢子虫既可以寄生于消化道上皮细胞又可寄生于呼吸道上皮细胞,因此临床上可表现出消化道和呼吸道症状。不同种动物隐孢子虫病的临床表现有所不同。

(1)家禽　禽类隐孢子虫病表现出呼吸道、肠道或肾脏的症状。隐孢子虫常与肠道病毒和细菌并发感染和发病,临床症状主要是腹泻。呼吸道症状包括咳嗽、喷嚏、呼吸困难和啰音。雀类、丛林鸟类和鸡有时可见泌尿系统症状,肾脏苍白和肿大。

(2)牛 犊牛隐孢子虫病最早见于4日龄犊牛,最显著症状见于未断奶犊牛。主要症状为腹泻、昏睡、食欲不振、发热、脱水、体况较差等。自然感染犊牛腹泻粪样中高峰期克粪便卵囊数量(OPG)高达10^5~10^7。常并发或继发肠道病毒感染,加重消化道症状。

此外虫体还可寄生于皱胃,主要发生于青年牛和成年牛,导致奶牛产奶量显著降低,但一般不出现明显腹泻。粪便中卵囊可持续排出几个月。

哺乳动物和人隐孢子虫病的主要病理变化在肠道。小肠绒毛萎缩、融合,表面上皮细胞转生为低柱状或立方型细胞,肠细胞变性或脱落,微绒毛变短。隐窝扩张,内含坏死组织碎片或死淋巴细胞。单核细胞、嗜中性细胞浸润固有层。

禽隐孢子虫病可表现呼吸道、肠道和肾脏的病理变化。可见气管、鼻窦和鼻腔有过量黏液,气囊可能有分泌物。组织学观察感染上皮细胞肥大、增生,有巨噬细胞、异嗜细胞、淋巴细胞和浆细胞浸润。纤毛减少或脱落,微绒毛分叉、变钝或萎缩。肠道病变主要表现为小肠和盲肠膨胀,肠腔内充满黏液和气体。显微病变包括绒毛萎缩和融合、以及隐窝增生。出现炎性细胞浸润。肾脏肉眼可见的病变是集合管、集合小管,远端曲小管和输尿管肥大和增生,显微镜下可见炎性细胞浸润。

(五)诊断

动物和人的隐孢子虫感染一般无明显症状,诊断往往依靠实验室检查。

1.病原检查

(1)卵囊检查 主要从患者和动物的粪便、呕吐物或痰液中查找卵囊。一般采取集卵法。有多种漂浮液都可用于隐孢子虫卵囊的浮集,目前常用的是饱和蔗糖溶液漂浮法和甲醛—醋酸乙酯沉淀法。然后将收集的卵囊直接镜检或染色镜检。

(2)涂片检查 主要是黏膜直接涂片法和涂片染色法。该方法是从新鲜动物尸体的相应部位刮取黏膜组织,加适量生理盐水制成涂片,直接在显微镜下观察或染色后进行显微观察。染色方法很多,以改良齐-尼氏染色法的效果较好。

(3)组织切片检查 从新鲜尸体上直接取相应器官(小肠、呼吸道和泄殖腔等)的黏膜组织,用常规方法进行固定、切片和HE染色。在黏膜的上皮细胞表层微绒毛边缘查找虫体。

2.免疫学检查 已经有多种免疫学方法用于隐孢子虫的检测,包括酶联免疫吸附试验(ELISA)、蛋白印迹技术(Western blotting)、流式细胞术(FCM)和点化学发光检测技术(electrochemiluminescence assays)等。

3.分子生物学技术 目前常用的主要是核酸分子杂交技术和PCR技术等。

(六)防控措施

1.治疗 尚无理想的药物治疗隐孢子虫病。只能通过加强卫生措施和提高机体免疫力来控制本病的发生。

2.预防 动物和人粪便无害化处理,防止隐孢子虫卵囊污染人和动物的饮用水源;禁止免疫抑制病人、儿童等易感人群与任何湖水、溪水接触;注意个人卫生,防止与动物的密切接触感染隐孢子虫;加强对易感人群的监测和检查。加强疫苗的研制。

目前我国新出台的生活饮用水卫生标准(GB 5749—2005代替GB 5749—1985)中已将隐

孢子虫检测列入检验项目之中。

四、贾第虫病

贾第虫病(giardiasis)是由贾第属(*Giardia*)的各种贾第虫寄生于人和动物肠道引起的人畜共患病。该虫寄生于小肠,偶尔寄生在胆道和胆囊,患者主要症状为腹泻。本虫被认为是腹泻的常见病因之一。

(一)病原

贾第虫属于动鞭毛纲(Zoomastigophorea)、双滴虫目(Diplomonadida)、六鞭科(Hexamitidae)、贾第属(*Giardia*)。本属原虫形态很相似,但具有宿主特异性。根据不同的宿主分为不同的种,如牛贾第虫(*G. bovis*)、山羊贾第虫(*G. caprae*)、犬贾第虫(*G. canis*)、蓝氏贾第虫(*G. lamblia*)等。蓝氏贾第虫感染人。虫体有滋养体和包囊两种形态。滋养体形如对切的半个梨形,前半部呈圆形,后部逐渐变尖,长 9~20 μm,宽 5~10 μm。腹面扁平,背面隆突,腹面有两个吸盘。有两个核,4 对鞭毛,按位置分别称为前、中、腹、尾鞭毛。体中部尚有一对中体(median rods)。包囊呈卵圆形,长 9~13 μm,宽 7~9 μm,虫体可在包囊中增殖,因此可见囊内有 2 个核或 4 个核,少数有更多的核。

(二)生活史

贾第虫的包囊被人或动物吞食,到十二指肠后脱囊形成滋养体。寄生在十二指肠和空肠上段,偶尔也可进入胆囊。靠体表摄取营养,以纵二分裂法繁殖。当肠内干燥或排至结肠后,滋养体即变为包囊,并在囊内分裂或复分裂,随宿主粪便排至外界。一般在正常粪便中只能查到包囊,在腹泻粪便中可查到滋养体。

(三)流行病学

患病的人或动物排出的包囊污染食物和饮用水是重要的传染源。贾第虫包囊对外界抵抗力强,坚韧的囊壁可防止虫体免受化学和物理因素(如外环境温度、干燥和氯气消毒剂等)的影响。在冰水里可存活数月;0.5%氯化消毒水内可存活 2~3 d。在蝇类肠道内存活 24 h;在粪便中活力可维持 10 d 以上。50℃可杀死包囊,在 37℃水中包囊存活率低,在 21℃和 8℃自来水中分别可存活 20 d 和 5 周。加氯消毒饮水和游泳池水均不能杀死包囊,而 2.5%(0.17 mol/L)苯酚可杀死包囊。

本病通过食入包囊污染的食物和饮用污染的饮水而传播。

蓝氏贾第虫呈世界分布,经济不发达和环境卫生差的地区人群感染率高,儿童感染率高于成年人。免疫缺陷、HIV 感染者、丙种球蛋白缺乏、胃切除胃酸减少和胰腺病患者易患贾第虫病。在流行区,海狸、麝香鼠、犬和羊等为蓝氏贾第虫的保虫宿主,其中海狸每天可排出数百万包囊,可持续数月之久。

本病具散发感染和暴发流行的特点。散发感染来自污染的食物,以及接触感染者和宠物,暴发流行主要发生于水源污染和儿童集体生活区。污水泄漏,或饮水处理不当容易造成暴发流行,最经典的例子是美国科罗拉多州 Aspen 滑雪胜地,下水道与自来水管相通,造成 11%滑雪者感染,在 59 名感染者中有 56 人出现临床症状。

(四)症状与病理变化

人和动物感染本虫后,其症状基本相同,但在不同宿主间,感染过程可能差异很大。

1. 人　分为无症状感染(50%)、急性贾第虫病和慢性贾第虫病。可呈现全身症状，胃肠道症状和胆囊、胆道症状之类。全身症状为失眠、神经兴奋性增高，头痛、眩晕、乏力、眼发黑、出汗；由于长期腹泻导致贫血，发育不良，体重下降，此类症状儿童常见。胃肠道症状以腹泻、腹痛、腹胀、厌食等多见。本虫寄生于胆管系统，呈现上腹部疼痛，食欲不振、发热、肝肿大等症状。

2. 动物　据报道，犬、猫、大鼠、小鼠、牛、羊、猿猴和人均可感染发病。在犬以1岁以内幼犬症状比较明显，呈现伴有黏液和脂肪的腹泻、厌食，精神不振和生长迟缓等症状，严重者可导致死亡。猫的主要症状为体重减轻，排稀松黏液样粪便，粪便中含有分解和未分解的脂肪组织。

主要病理变化为肠黏膜的破坏。实验动物长爪沙鼠小肠病变为卡他性炎症。本虫寄生于胆管系统，可引起胆囊炎或胆管炎。

(五)诊断

根据临床症状以粪便检查发现贾第虫包囊或滋养体确诊。

1. 病原检查　因每天排包囊量差异很大，故应隔日多次收集粪便检查。

(1)滋养体检查

①生理盐水涂片：稀便可查到滋养体。滋养体对外界抵抗力低，取样后需立即送检。

②十二指肠液检查：用肠检胶囊法阳性率高，特别是对早期感染。

(2)包囊检查　包囊出现在成形粪便中，可用碘液染色法、醛-醚沉淀或饱和硫酸锌漂浮法，均可提高检出率。

2. 免疫学诊断

(1)检查抗原　ELISA 试验和对流免疫电泳试验等。

(2)检查抗体　IFA 和 ELISA 试验等，可采用滋养体或包囊抗原，查患者血清中抗体。

(六)防控措施

1. 治疗　最常用的治疗药物为甲硝唑、替硝唑(tinidazole)和阿的平(mepacrine hydrochloride)。

2. 预防　控制贾第虫感染和流行，主要从公共卫生和个人防护两个方面进行。处理好人和动物的粪便；避免人和动物接触；发现病人及患病动物及时治疗；搞好环境卫生和消灭苍蝇和蟑螂。

五、日本血吸虫病

日本血吸虫病(schistosomiasis japonica)也称日本分体吸虫病。病原为日本分体吸虫，也称日本血吸虫，主要感染人和牛、羊、猪、犬、啮齿类及一些野生动物，寄生于门静脉和肠系膜静脉内，是一种危害严重的人畜共患寄生虫病。

本病广泛流行于亚洲的中国、日本、菲律宾、印度尼西亚。不论何种性别、年龄和种族，人类对日本分体吸虫皆有易感性。血吸虫病在我国的流行历史可追溯到2000年前。20世纪70年代，我国分别在湖北江陵和湖南长沙两地出土的西汉古尸(肝脏、肠道)中查到了分体吸虫虫卵。新中国成立之初，血吸虫病流行区遍及我国长江流域及以南的江苏、浙江、安徽、江西、湖南、湖北、四川、云南、福建、广东、广西及上海等12个省、自治区、直辖市。经过50多年的有效防治，我国大部分流行区已消灭或控制了血吸虫病。至 2003 年，未控制流行的尚有 7 个省，主要分布在水位难以控制的江湖洲滩地区（湖南、湖北、江西、安徽、江苏 5 省）和人口稀少、经济欠发达、环境复杂的大山区（四川、云南两省）。尚有 84 万多病人，形势依然严峻。

（一）病原

日本分体吸虫（*Schistosoma japonicum*）属分体科（Schistosomatidae）、分体属（*Schistosoma*）。日本分体吸虫雌雄异体。寄生时呈雌雄合抱状态。虫体呈长圆柱状，外观线状。体表有细棘。口、腹吸盘各一个。口吸盘在体前端。腹吸盘较大，具有粗而短的柄，距口吸盘近。缺咽。食道长，两旁有食道腺。肠管分支，至虫体后 1/3 处联合为单盲管。

雄虫呈乳白色，粗短，体长 9.5～22 mm。自腹吸盘后方至虫体后端，体两侧向腹面卷起形成抱雌沟。睾丸为 6～8 个，多为 7 个，呈线状排列。生殖孔位于腹吸盘的后方。

雌虫呈暗褐色，体形细长，长 12～26 mm。卵巢呈椭圆形，位于虫体中部偏后两肠管之间。卵模位于卵巢前方。子宫前行达于腹吸盘后方，内含虫卵。卵黄腺呈分枝状，位于虫体后 1/4 部。雌虫常位于雄虫的抱雌沟内，成对寄生。

虫卵呈椭圆形，大小为（70～100）μm×（50～65）μm，淡黄色，卵壳较薄，无盖，侧方有一小刺，内含毛蚴。

（二）生活史

日本分体吸虫生活史需要中间宿主，在我国为湖北钉螺（*Oncomelenia hupensis*）。

成虫寄生于门静脉和肠系膜静脉内。虫卵产于小静脉中，一条雌虫每天可以产虫卵 1 000 个左右。产出的虫卵一部分随血流进入其他脏器，不能排出体外，沉积在局部组织中，特别是肝脏中；另一部分沉积在肠壁小静脉中并形成结节。初产期的虫卵内含有 1 个受精卵细胞及约 20 个卵黄细胞，经约 11 d 发育为成熟虫卵，内含一个毛蚴。由于卵内毛蚴分泌溶细胞物质，导致肠黏膜坏死、破溃，虫卵随破溃组织进入肠腔，随粪便排至外界。不能随粪便排出体外的虫卵在宿主组织内的寿命大概只有 20～21 d，逐渐变性死亡。

排至外界环境中的成熟虫卵有较强的抵抗力，经 28℃ 12 d，仍有 3.2%的虫卵生存，经 8℃ 120 d，77%的虫卵可以存活。温度升高或降低可以促进虫卵死亡。一些化学药品，如碳酸氢铵、石灰氮、生石灰等可以迅速杀灭虫卵。虫卵在水中于适宜的条件下孵出毛蚴。如温度在 25～30℃，pH 7.4～7.8 时，经几个小时即可孵出毛蚴。毛蚴呈梨形，平均大小为 90 μm×35 μm，周身披有纤毛，在水中活泼游动，遇到钉螺，即借助头腺分泌物的溶蛋白酶作用，进入钉螺体内，继续发育。如果毛蚴未遇到钉螺，一般在孵出后 1～2 d 内自行死亡。

毛蚴进入钉螺体内进行无性繁殖。脱去纤毛，形成母胞蚴，5 周后，母胞蚴内形成长条形的子胞蚴。子胞蚴内进一步形成尾蚴，尾蚴成熟后离开子胞蚴，逸出螺体。一个毛蚴在钉螺体内经无性繁殖后，可以形成数万条尾蚴。毛蚴在钉螺体内发育成尾蚴所需要的时间与温度有密切关系，如在 25～30℃时，经 3 个月后大部分钉螺体内已有成熟尾蚴。尾蚴在外界环境中的存活时间也与温度有密切关系，27℃时最长可以存活 48 h。游于水中的尾蚴，遇到终末宿主即经皮肤进入其体内。终末宿主在饮水或吃草时吞食尾蚴可经口腔黏膜感染。也可经胎盘感染。尾蚴侵入终末宿主皮肤，变为童虫，经小血管或淋巴管随血流经右心、肺、体循环到达肠系膜小静脉寄生，发育为成虫。尾蚴自侵入到发育为成虫产卵所需的时间因动物种类不同而有差异，人体内一般为 24 d。日本分体吸虫成虫在宿主体内一般能活 3～5 年，人体内为 4.5

年，在黄牛体内能活10年以上。

(三)流行病学

人、畜和野生动物等终末宿主因排出日本分体吸虫虫卵而成为传染源，其中以人、牛、羊、猪、犬及野鼠为主要传染源。

游于水中的尾蚴，遇到终末宿主即经皮肤进入其体内。终末宿主在饮水或吃草时吞食尾蚴可经口腔黏膜感染。孕妇或怀孕的母畜也可经胎盘感染胎儿。

血吸虫病的易感动物有40种之多，除人外，有8种家畜，包括黄牛、水牛、羊、猫、猪、犬及马属动物等，还有30多种野生动物，包括家鼠、褐家鼠、田鼠、松鼠、貉、狐、野猪、刺猬、金钱豹等。家畜以耕牛、野生动物以褐家鼠的感染率为最高。黄牛的感染率和感染强度一般均高于水牛。黄牛年龄越大，阳性率也越高；水牛的感染率随着年龄的增长有降低的趋势，水牛还有自愈现象。

本病流行需三个主要条件，即虫卵能落入水中并孵出毛蚴，有适宜的钉螺供毛蚴寄生发育，尾蚴能遇上并钻入终宿主(人、畜)的体内发育。

在我国，日本分体吸虫的唯一中间宿主是湖北钉螺。国内调查资料显示，凡是有血吸虫病流行的地方，必定有钉螺的滋生。没有钉螺的地方，虽然可以有本病患者(输入型患者)，但不能在当地传播开来。我国有钉螺分布的地区主要有江苏、浙江、安徽、江西、湖南、湖北、四川、云南、福建、广东、广西及上海等12个省、自治区、直辖市。当地感染率的高低与钉螺的分布、密度及感染螺的多少有密切关系。该螺是一种小型螺，螺壳呈褐色或淡黄色，螺壳有6～8个螺旋(右旋)，一般以7个螺旋为最多。壳口呈卵圆形，周缘完整，略向外翻。钉螺能适应水、陆两种环境生活。气候温和、土壤肥沃、阴暗潮湿、杂草丛生的地方是其良好的滋生地，以腐败的植物为食物。钉螺的寿命一般为1～2年。钉螺主要在春季产卵，螺卵分布于近水线的潮湿泥面上，并在水中和潮湿的泥面上孵化。在自然界，幼螺出现的高峰时间多在温暖多雨的4～6月。

日本分体吸虫一年四季均可感染，但以春夏季感染机会最多，冬季感染机会较少。春季雨水多，气温适宜，钉螺最为活跃。此时，人们生产繁忙，下水机会增多，感染机会亦多。夏季气温高，下水人数远多于其他季节，如在河、湖水中游泳、洗澡以及参加抗洪抢险等，急性感染多有发生。秋季温度虽然适宜钉螺生活，但雨量较春夏季为少，田中亦多干涸，感染机会也相对减少。

各年龄组群均可感染日本分体吸虫，但各年龄组感染有异。一般流行区，5岁以下幼儿与自然界疫水接触较少，感染率较低。5岁以上儿童渐渐在河、沟、湖边戏水，则感染率迅速上升。10岁以上逐渐参加劳动，同时戏水游泳亦多，故感染率上升更快。成人积极投入生产，经常与疫水接触，故感染曲线高峰往往在青壮年时期。壮年至50岁，感染维持相当高的水平后，有下降的趋势。

性别对血吸虫病感染并无区别。各地男女感染率的差异是因为两性生产劳动方式及生活习惯不同而造成的。在一般流行区，女性感染率往往低于男性。但在某些水乡和大山区的少数民族区，由于妇女在生活上或生产上接触疫水的机会多于男性，因而感染率偏高。

不同职业患者中，农民比例最大。长期活动于水上的渔、船民感染率最高。从事打草、捕鱼捞虾、打鱼苗、插秧、耕田、推舟、护堤以及放牧劳动者有较高的感染率。

(四)症状与病理变化

1.人　人感染日本分体吸虫后，根据患者的感染度、免疫状态、营养状况、治疗是否及时等因素不同而异。一般分为急性、慢性和晚期3期。

(1)急性血吸虫病　常发生于对日本分体吸虫感染无免疫力的初次感染者。但少数慢性甚至晚期患者在大量尾蚴侵入后亦可发生。潜伏期长短不一，大多数患者于感染后5～8周出现症状。少数病例潜伏期短于25 d，最短者为14 d。患者均有明显的疫水接触史。接触疫水后不久，部分患者局部出现丘疹或荨麻疹，称尾蚴性皮炎，是尾蚴侵入皮肤所引起。数小时至2～3 d后丘疹、痒感消失。当雌虫开始大量产卵时，少数患者出现以发热为主的急性变态反应性症状，常在接触疫水后1～2个月出现，除发热外，伴有腹痛、腹泻、肝脾肿大及嗜酸性粒细胞增多，粪便检查血吸虫卵或毛蚴孵化结果阳性。然后病情逐步转向慢性期。

(2)慢性血吸虫病　在流行区，90%的病人为慢性血吸虫病，此时，多数患者无明显症状和不适，也可能不定期处于亚临床状态，表现腹泻、粪中带有黏液及脓血、肝脾肿大、贫血和消瘦等。一般在感染后5年左右，部分重感染患者开始发生晚期病变。

(3)晚期血吸虫病　可分为巨脾、腹水及侏儒三型。一个病人可兼有两种或两种以上表现。在临床上常见是以肝脾肿大、腹水、门脉高压，以及因侧支循环形成所致的食管下端及胃底静脉曲张为主的综合征。可并发上消化道出血，肝性昏迷等严重症状而致死。儿童和青少年如感染严重，使垂体前叶功能减退，及其他因素可影响生长发育和生殖而致侏儒症。因肝纤维化病变在晚期常是不可逆的，并且对治疗反应甚差，晚期血吸虫病人较难以治愈。

2.动物　家畜感染日本分体吸虫后，临床表现与家畜种类、年龄大小、感染轻重、免疫状态以及饲养管理有密切关系。一般是黄牛的症状较水牛明显，犊牛的症状较成年牛明显。黄牛或水牛牛犊大量感染日本分体吸虫尾蚴时，常呈现急性经过，首先是食量减少、精神委靡、行动迟缓、甚至呆立不动。体温升高，呈不规则间歇热，继而消化不良，腹泻或便血，消瘦，发育迟缓，贫血，严重时全身衰竭而死。若有较好的饲养管理条件，病畜可逐渐转为慢性，但可反复发作。母牛则不孕或发生流产。胎儿期感染日本分体吸虫的犊牛，症状尤为明显。多于娩出后不久死亡。其中存活的犊牛，生长发育障碍，成为"侏儒牛"。

家畜少量感染日本分体吸虫时，一般不出现明显症状，但能排出虫卵，传播疾病。

血吸虫病的基本病变是由虫卵沉着在组织中所引起的虫卵结节。虫卵结节分急性和慢性两种。急性由成熟活虫卵引起，结节中央为虫卵，周围聚积大量嗜酸性粒细胞，并有坏死，称为嗜酸性脓肿。脓肿外围有新生肉芽组织与各种细胞浸润。急性虫卵结节形成10 d左右，卵内毛蚴死亡，虫卵破裂或钙化，围绕类上皮细胞、异物巨细胞和淋巴细胞，以后肉芽组织长入结节内部，并逐渐被类上皮细胞所代替，形成慢性虫卵结节。最后结节发生纤维化。

病变主要出现于肠道、肝脏(图23-8)、脾脏等脏器中。异位寄生者可以引起肺、脑等其他器官以肉芽肿为主的相应病变。

(五)诊断

1.人　人血吸虫病的诊断应根据流行病资料、临床症状、免疫学检查和病原学检查等综合进行。

(1)流行病学资料　在流行区有疫水接触史者均有感染的可能，患者籍贯、职业伴有疫水接触史对诊断有参考价值。

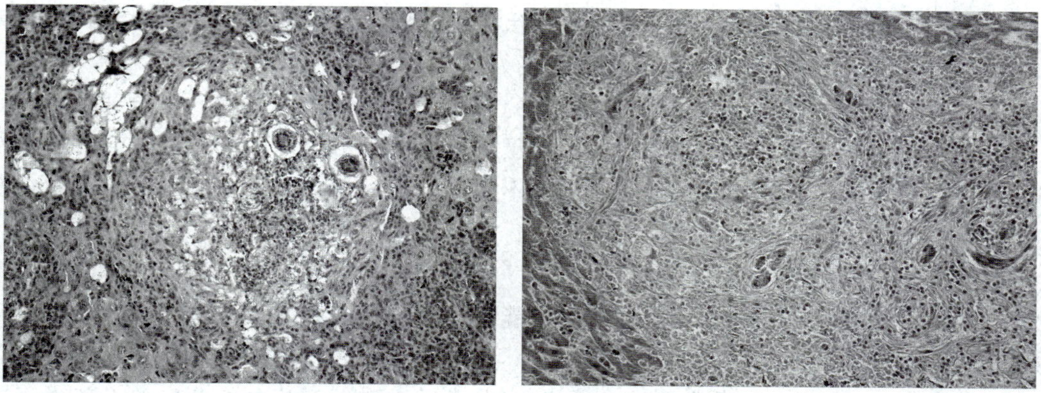

图 23-8　小鼠人工感染血吸虫肝脏组织病理图像。左图为感染早期；右图为感染后期

（2）临床症状　急性血吸虫病有尾蚴皮炎史、发热、荨麻疹、肝肿大与压痛、腹泻、血中嗜酸性粒细胞显著增多，结合流行病学资料易于诊断。

（3）免疫学检查　用于血吸虫病诊断的免疫学方法较多，常用的有环卵沉淀试验（COPT）、间接血球凝集试验（IHA）、酶联免疫吸附试验（ELISA）、胶体染料试纸条法（DDIA）等。由于血清学方法存在诸多不确定因素，一般不用于效果评价，有辅助诊断价值。

①环卵沉淀试验：感染后 7～12 d 出现反应，阳性率达 95％以上，具有早期诊断价值。

②间接血凝试验：采用日本分体吸虫卵抗原致敏红细胞测定病人血清中的抗体，明显凝集者为阳性，特异性与敏感性高，阳性率在 90％以上，观察结果快，用血量少及操作简便，本试验与肺吸虫有交叉反应。

③酶联免疫吸附试验：以纯化成虫或虫卵抗原与过氧化物酶或碱性磷酸酶结合，测定病人血清或尿中的吸虫抗体，敏感性及特异性高，阳性率在 95％以上，操作简便，适用于大规模现场使用。

④胶体染料试纸条法：该试纸条法与肺、肝吸虫病人血清有部分交叉反应，检测时应加注意。该方法有市售试剂盒。试剂盒在 4℃可保存 6 个月。

（4）病原学检查　目前在人群查病时运用的病原学方法是粪便检查法，主要有尼龙袋集卵孵化法和改良加藤厚涂片法。在粪便中发现虫卵或毛蚴即可确诊。

除此之外，还应注意与其他一些疾病的鉴别诊断。

2. 动物　目前有关家畜血吸虫病的诊断，推荐方法为病原学诊断（粪便毛蚴孵化法）和血清学诊断（间接血凝试验）。

（1）粪便毛蚴孵化法　清晨从家畜直肠中采取粪样或采取新排出的粪便，淘洗后直接镜检粪便沉渣或进行毛蚴孵化，发现虫卵或毛蚴即可确诊。检查时所用水的 pH 6.8～7.2，无水虫和化学物质污染（包括氯气）。采粪季节宜于春秋两季，其次是夏季，不宜于冬季。

（2）间接血凝试验　被检血清 10 倍和 20 倍稀释孔出现（＋）以上凝集现象时，判为阳性。

（六）防控措施

1. 治疗　目前，人和家畜的血吸虫病治疗药物推荐的为吡喹酮。

（1）人　各期血吸虫病及伴有一般加杂症的血吸虫病患者均适用于治疗。

慢性血吸虫病患者及血清学阳性者，除药物禁忌症外，均可采用吡喹酮进行治疗。急性血吸虫病患者应住院对症治疗，同时采用吡喹酮治疗。吡喹酮的副作用一般轻而短暂，多数无需处理，少数患者可出现明显副作用，应及时正确处理。

(2)动物　凡用血清学或病原学方法查出的阳性畜，经健康检查除列为缓治或不治的病畜外，均应进行治疗。怀孕6个月以上和哺乳期母牛以及3月龄以内的犊牛可缓治。有急性传染病、心血管疾病或其他严重疾病的牛缓治或不治或建议淘汰。年老体弱丧失劳力或生产能力的病牛建议淘汰。

吡喹酮一次口服疗法治疗家畜血吸虫病，一般无副反应或轻微反应。一般轻微反应不需特殊处理，少数病例特别是老弱病畜或奶牛可能出现奶产量下降等反应，应加强观察，采用对症疗法，即可康复。

2.预防　由于血吸虫病危害严重，我国政府非常重视有关该病的综合防治。新中国成立以来，根据疫情的变化，采用了不同的综合治理策略。在20世纪50年代，主要采用治疗为主的策略。1960—1985年采取预防为主，因地制宜消灭钉螺的综合措施。1986年以后，采取以化疗为主的疾病控制策略，辅以易感地带灭螺和健康教育综合措施。有条件的地方，以阻断传播为目标。近年来，由于疫情出现了扩大的趋势，2006年5月1日起，国家颁布并实施《血吸虫病防治条例》，标志着我国有关血吸虫病防治进入了一个新阶段。目前，我国有关血吸虫病综合防治的策略是："国家对血吸虫病防治实行预防为主的方针，坚持防治结合、分类管理、综合治理、联防联控，人与家畜同步防治，重点加强对传染源的管理。"为了贯彻《条例》的实施，中国疾病预防控制中心发布了《血吸虫病预防控制工作规范》。《条例》强调，处于同一水系或者同一相对独立地理环境的血吸虫病防治地区，各地方人民政府应当开展血吸虫病联防联控，组织有关部门和机构同步实施血吸虫病防治措施。

(1)钉螺调查　目的是掌握钉螺分布范围和特点，了解钉螺和感染性钉螺的密度。湖沼地区的滩地，逐块调查。垸内和水网地区，沿灌溉水系，按干、支、斗、农、毛渠及田块的顺序进行调查。山丘地区，从源头到下游，从湿地到水系，追查有螺水系的源头和末尾。与钉螺分布环境相毗邻的地区以及在与有螺水系直接相通的地区，从有钉螺分布地区引进植物、水生物的场所，以及停靠来自有螺地区船泊的码头、船坞等可能有钉螺扩散的环境，开展螺情监测调查。

(2)钉螺控制　主要通过对钉螺的控制，降低感染性钉螺密度或消除感染性钉螺，减轻或消除对人、畜的危害。

①药物灭螺：推荐药物为氯硝柳胺乙醇胺盐可湿性粉剂和4%氯硝柳胺乙醇胺盐粉剂。灭螺时优先杀灭村庄附近、人和家畜接触频繁的易感环境的钉螺；水系和灌溉渠道应先上游后下游，以防止钉螺向下游地区扩散。重点区域应反复杀灭。

②环境改造灭螺：结合农业、水利、林业等部门工程建设项目，改变钉螺滋生环境，控制和消灭钉螺。可采用水改旱、水旱轮作、沟渠硬化、蓄水养殖、有螺洲滩翻耕种植等农业灭螺措施和河流治理、节水灌溉、渠道硬化、抬滩降滩、小流域治理、涵闸改造、修建阻螺设施等水利灭螺措施以及退耕还林、兴林抑螺、湿地保护等林业灭螺措施。

(3)人群病情调查　目的是发现血吸虫病人和感染者，掌握病情动态变化。要求按流行村的疫情分类确定查病范围和对象，实施人群整群查病。

(4)人群化疗　目的在于有效控制和消除传染源。化疗的对象是高危人群(指经常接触疫水者和在流行区水域作业的渔民、船民和在有钉螺分布的洲滩放牧的人群等)、急性感染病例发生时与疫水接触者和各类流行村中人群查病阳性者。国家对农民免费提供抗血吸虫基本预防药物，对经济困难农民的血吸虫病治疗费用予以减免。

(5)家畜查治和管理　目的是交流人群和家畜疫情信息，为开展人、畜同步查治，管理、控制和消除传染源提供依据。要求人、畜同步查治，以流行村或村民组为单位连片实施。

(6)健康教育　目的是普及血吸虫病防治知识，增强人群的防病意识，提高人群参与防治血吸虫病的意识和接受检查、治疗的依从性。教育的主要内容有相关的法律、法规和政策，防治策略和措施；血吸虫病的危害和传播途径；当地的血吸虫病流行状况和易感环境；预防控制血吸虫病的基本知识以及血吸虫病的主要症状、体征和治疗方法。

(7)危险因素的控制

①粪便管理：目的是无害化处理人畜粪便，杀灭血吸虫卵。粪渣、沼渣等，按规程堆放，至少保持 5 d 的发酵处理。厕所贮粪池不渗、不漏，粪便必须按规定清出并进行无害化处理。禁止在水体周边建造厕所，禁止厕所污水直接排入水体。在自然灾害与其他特殊需要时，可在粪液、粪渣中直接加入足量的生石灰、漂白粉或含氯消毒剂进行应急消毒处理。

②个人防护：在接触疫水作业前，将防护剂涂擦于身体接触疫水的暴露部位；持续接触疫水超过药物有效时间时应再次涂擦药物。接触疫水时使用长筒胶靴、尼龙防护裤、手套等防护用具。口服青蒿琥酯和蒿甲醚，能够有效杀灭体内血吸虫童虫，阻断血吸虫卵对人体的损害，达到预防的目的。

(8)疫情监测　目的是通过调查、收集监测点疫情信息，分析疫情动态，预测疫情趋势，为拟订血吸虫病防治计划、对策和评价防治效果提供依据。检测的主要内容有人群病情，家畜病情，钉螺分布以及相关因素。

(9)突发疫情应急处理　我国制订并发布了血吸虫病突发疫情应急处理预案，主要有突发疫情报告、突发疫情分级响应程序、应急组织、紧急处置和保障措施等。

六、华支睾吸虫病

华支睾吸虫病(clonorchiasis)是由华支睾吸虫寄生于人、犬、猫、猪等肝脏胆囊及胆管内引起的人畜共患病，可导致肝脏肿大并导致其他肝病变。该病呈世界性分布。我国流行地区很广，福建、广东、广西、江苏、浙江、湖南、湖北、山东、河南、河北、四川等地均曾有报道。近年来，我国华支睾吸虫感染率有上升的趋势。卫生部 2001—2004 年的调查结果显示，流行省(区、市)华支睾吸虫感染率为 2.40%，全国感染率比 1990 年第一次全国调查的结果上升了 75%，其中广东、广西、吉林 3 省(区)分别上升了 182%、164%和 630%。

(一)病原

华支睾吸虫(*Clonorchis sinensis*)属后睾科(Opisthorchiidae)、支睾属(*Clonorchis*)。虫体扁平呈叶状，前端稍尖，后端较钝，体表平滑，大小为(10～25) mm×(3～5) mm。口吸盘大于腹吸盘。两条盲肠直达虫体后端。两个分支的睾丸，前后排列在虫体的后 1/3 部位。从睾丸各发出一条输出管，在虫体的中部，两管汇合为输精管，其膨大部形成贮精囊，末端为射精管，开口于雄性生殖孔，通入生殖腔。卵巢分叶，位于睾丸之前。受精囊椭圆形，位于睾丸与卵巢之间。劳氏管细长，开口在虫体的背面。输卵管的远端为卵模，周围为梅氏腺，均位在睾丸之前。卵黄腺排列在虫体中部两侧，由许多细颗粒组成，左右卵黄管汇合为一个卵黄囊。子宫从卵模开始，弯曲至虫体的前半部，内充满黄褐色的虫卵。雌雄生殖孔开口在生殖腔内，位于腹吸盘的前方。排泄囊呈"S"形，弯曲，在虫体的后部。

虫卵甚小,平均为 29 μm×17 μm,形似电灯泡,上端有卵盖,后端有一小凸突起,内含毛蚴。

(二)生活史

华支睾吸虫的发育过程,需 2 个中间宿主,第一中间宿主是淡水螺,我国有三种,即纹沼螺(*Parafossalurus striatulus*)、长角涵螺(*Alocinma longicornis*)及赤豆螺(*Bithynia fuchsianus*)。第二中间宿主是多种淡水鱼和虾,我国有草鱼(*Ctenopharyngodon idellus*),青鱼(*Mylopharynogodon pieceus*),土鲮鱼(*Labeo collaris*)和麦穗鱼(*Pseudoarsbora parva*)以及细足米虾(*caridina nilotica gracilipes*),巨掌沼虾(*Macrobrachium superbum*)等。

成虫寄生在人、犬、猫和猪等的胆管内,所产虫卵随粪便排出,为中间宿主淡水螺吞 食,在螺的消化道内孵出毛蚴。毛蚴进入螺蛳的淋巴系统,发育为胞蚴、雷蚴和尾蚴。成熟尾蚴离开螺体游于水中。从淡水螺吞吃虫卵至成熟尾蚴离开螺体,共需 100 d 左右。尾蚴在水中遇到适宜的第 2 中间宿主,即钻入其肌肉内,形成囊蚴。人、犬、猫和猪等由于吞吃含有囊蚴的生鱼虾或未煮熟的鱼肉或虾而遭到感染。童虫逆胆汁流向经总胆管到达胆管发育为成虫。幼虫在终末宿主体内经 1 个月后发育为成虫。成虫寿命 15~20 年。

(三)流行病学

感染的人和动物均为传染源。能够感染华支睾吸虫的动物除了犬、猫和猪外,还有狐狸、野猫、獾、水獭以及鼠类等多种。这些动物均可排出虫卵而成为传染源。

食入含有囊蚴的第二中间宿主是感染主要途径。人多因生吃或吃不熟而含有囊蚴的鱼肉而感染。广东一些地区嗜食生鱼粥、鱼球及蒸鱼等,由于鱼肉中的囊蚴未被杀死而受感染,以成人的感染率为高。而河南、四川及山东等地则多因吃烧烤或晒干的小鱼而受感染,以小孩的感染率较高。南京、江苏、浙江等地,有人因嗜食醋鱼与生切鱼片等而受感染。犬、猫多因食生鱼而感染。猪的感染系因用鱼虾作为猪饲料而感染。

除人外,华支睾吸虫感染的动物种类很多,包括犬、猫、猪、狐狸、野猫、獾、水獭、貂、黄鼬、水灵猫、豹猫、家兔以及多种鼠类。

在我国,人的华支睾吸虫病经宣传教育和防治之后,已大大减少,而动物的感染率明显高于人。如北京、上海、湖北和浙江等地,人的感染率不高,而猫、犬的感染率高达 70%~80%。在四川省进行猪粪便检查时发现,虫卵阳性率达 3.7%~19.5%。猪饲喂生鱼者,阳性率为 50%,不饲鱼者为 7.4%。猪放养者,感染率为 55.6%,圈养者为 7.3%,这是因为放养猪下沟塘边觅食鱼虾。河南省某县检查猪肝 34 只,有华支睾吸虫的 12 只,感染率为 35.3%。流行地区的粪便如未经处理即倒入塘内,即使鱼和螺受到感染。有的地区在鱼塘边建厕所,或将猪舍盖在塘边,含大量虫卵的人畜粪便直接进入塘内,促进本病的流行。华支睾吸虫的中间宿主特异性不强。除池塘内的草鱼、青鱼、鲤鱼、土鲮鱼等 39 种鲤科鱼可以感染外,水沟或稻田内的各种小鱼虾均可供作第二中间宿主。生食鱼、虾等是造成本病流行的重要原因。

(四)症状与病理变化

1.人　华支睾吸虫病的临床症状轻重悬殊很大,轻者常毫无症状。一般病例大多呈消瘦、倦怠乏力、食欲减退、腹泻(时断时续,或成慢性)、腹痛、腹部饱胀等慢性消化道症状。60%以上的病人有肝肿大,部分病人出现浮肿、夜盲以及不规则发热,重度感染者除上述症状外,可出现全身浮肿、腹水、脾大、贫血等类似肝硬变的症状,或营养不良、生长停滞等发育障碍的症状。

少数病例一次大量感染，可出现寒颤、高热、肝区疼痛以及轻度黄疸、血转氨酶升高等症状。

2.动物 多数动物为隐性感染，临床症状不明显。严重感染时，主要表现为消化不良、下痢、贫血、水肿、消瘦，甚至腹水。

虫体寄生于动物的胆管和胆囊内，因机械性的刺激，引起胆管和胆囊发炎，管壁增厚，消化机能受影响。虫体分泌毒素，引起贫血、消瘦和水肿。大量寄生时，虫体阻塞胆管，使胆汁分泌障碍，并出现黄疸现象。寄生时间久之后，肝脏结缔组织增生，肝细胞变性萎缩，毛细胆管栓塞形成，引起肝硬化。

（五）诊断

根据流行病学、病原检查和免疫学方法综合进行诊断。

1.病原检查 作粪便检查寻找虫卵。检查方法以浮卵法为佳，离心浮卵法检出率最高。

2.免疫学检查 免疫学方法在临床辅助诊断和疫区流行病学调查中占有一定的地位，其中酶联免疫吸附实验具有高度敏感性和特异性，阳性符合率达88%以上，目前，已研制成快速诊断试剂盒，适合基层卫生单位和现场调查使用。

（六）防控措施

1.治疗 主要药物有吡喹酮、丙硫咪唑和六氯对二甲苯等，均有较好的疗效。

2.预防 应采取综合措施。

(1)对流行区的人、猪、犬和猫有计划地分期分批开展普查，治疗查出的病人和患病动物，控制传染源。军犬应定期进行粪便检查，发现患者即进行治疗。

(2)广泛深入开展卫生宣教，充分利用电视、广播、宣传手册、现场解答等方式让人们了解本病的感染方式和传播途径以及危害性。建立自我保健意识和能力，自觉改变不良习惯，不吃半生不熟的鱼、虾，避免感染。

(3)结合乡镇建设规划，修建无害化厕所，逐步取代简易厕所。杜绝在水源、塘边、渠岸建厕围圈，防止粪便入水。

(4)在疫区禁止以生的或未煮熟的鱼、虾喂养动物。

七、片形吸虫病

片形吸虫病是由片形属的肝片形吸虫(*Fasciola hepatica*)和大片形吸虫(*Fasciola gigantica*)引起，主要感染黄牛、水牛、绵羊、山羊、骆驼、鹿等反刍动物，人以及猪、马、兔也可以感染。虫体寄生于肝脏的胆管内，能引起肝炎和胆管炎，并伴有全身性中毒现象和营养障碍，危害相当严重，尤其对幼畜和绵羊，可引起大批死亡。在其慢性病程中，使动物瘦弱，发育障碍，耕牛耕作能力下降，乳牛产奶量减少，毛、肉产量减少和质量下降，病肝成为废弃物，给畜牧业经济带来巨大损失。人感染率不高，多为散在发生，但分布范围遍及世界各地。我国首例病人报告于1921年，随后在东北、内蒙古、山东、江西、湖北、北京、贵州、广西、广东等地具有病例报道。到目前为止，我国共发现200多例。2004—2006年，我国最少报道了5例，其中4例来自云南，1例来自福建，病人为旅港学者。

（一）病原

肝片形吸虫(*Fasciola hepatica*)和大片形吸虫属片形科(Fasciolidae)、片形属(*Fasciola*)。肝片形吸虫背腹扁平，外观呈树叶状，活时为棕红色，固定后变为灰白色。大小为(21～41) mm×

(9～14) mm，体表被有小的皮棘，棘尖锐利。虫体前端有一呈三角形的锥状突，在其底部有1对“肩”。肩部以后逐渐变窄。口吸盘呈圆形，直径约1.0 mm，位于锥状突的前端。腹吸盘较口吸盘稍大，位于其稍后方。生殖孔位于口、腹吸盘之间。消化系统由口吸盘底部的口孔开始，下接咽和食道及两条具有盲端的肠管。肠管有许多外侧枝，内侧枝少而短。雄性生殖器官包括两个多分枝的睾丸，前后排列于虫体的中后部，每个睾丸各有一根输出管，两条输出管上行汇合成一条输精管，进入雄茎囊，囊内有贮精囊和射精管，其末端为雄茎，通过生殖孔伸出体外，在贮精囊和雄茎之间有前列腺口。雌性生殖器官有一个鹿角状的卵巢，位于腹吸盘后的右侧。输卵管与卵模相通，卵模位于睾丸前的体中央，卵膜周围有梅氏腺。曲折重叠的子宫位于卵膜和腹吸盘之间，内充满虫卵，一端与卵膜相通，另一端通向生殖孔。卵黄腺由许多褐色颗粒组成，分布于体两侧，与肠管重叠。左右两侧的卵黄腺通过卵黄腺管横向中央，汇合成一个卵黄囊与卵模相通。无受精囊。体后端中央处有纵行的排泄管。

虫卵较大，(133～157) μm×(74～91) μm。呈长卵圆形，黄色或黄褐色，前端较窄，后端较钝，常有小的粗隆。卵盖不明显，卵壳薄而光滑，半透明，分两层。卵内充满卵黄细胞和一个胚细胞。

大片形吸虫与肝片形吸虫在形态上很相似。虫体呈长叶状，大小为(25～75) mm×(5～12) mm，体长与宽之比约为5∶1。虫体两侧缘较平行，后端钝圆。“肩”部不明显。腹吸盘较口吸盘约大1.5倍。肠管和睾丸的分枝更多且复杂。虫卵为黄褐色，长卵圆形，大小为(150～190) μm×(75～90) μm。

(二)生活史

片形吸虫的发育需要淡水螺作为它的中间宿主。其中间宿主为椎实螺科的淡水螺，我国已经证实的有5种，即小土蜗螺(*Galba pervia*)、斯氏萝卜螺(*Radix swinhoei*)、截口土蜗(*Galba truncatula*)、耳萝卜螺(*Radix auricularia*)和青海萝卜螺(*Radix cucunorica*)。大片形吸虫的主要中间宿主为耳萝卜螺，不少地区还证实小土窝螺也可作其中间宿主。

成虫寄生于宿主肝脏胆管内，产出虫卵随胆汁入肠腔，经粪便排出体外。虫卵在适宜的温度(25～26℃)、氧气和水分及光线条件下，经11～12 d孵出毛蚴。毛蚴游动于水中，遇到适宜的中间宿主即钻入其体内。毛蚴在外界环境中，通常只能生存6～36 h。毛蚴在螺体内，经无性繁殖发育为孢蚴、雷蚴和尾蚴几个发育阶段，其发育期的长短与外界温度、湿度与营养条件有关，如温度适宜，在22～28℃时需经35～38 d，从螺体逸出尾蚴；但条件不适宜，则发育为两代雷蚴，在螺体发育的时间更长。侵入螺体内一个毛蚴，经无性繁殖，最后可产生百个到数百个尾蚴。尾蚴游动于水中，经3～5 min便脱掉尾部，以其成囊细胞分泌的分泌物将体部覆盖，黏附于水生植物的茎叶上或浮游于水中而成囊蚴。牛、羊、人等吞食含囊蚴的水或草而遭感染。囊蚴于十二指肠脱囊而出，童虫穿过肠壁进入腹腔，后经肝包膜钻入肝脏。在肝实质中的童虫，经移行后到达胆管，发育为成虫。也有人认为童虫也可经肠系膜静脉或经总胆管而进入肝脏。潜隐期需2～3个月。成虫可存活3～5年。

(三)流行病学

患畜和带虫者不断地向外界排出大量虫卵，污染环境，成为本病的感染源。食入或饮入囊蚴是片形吸虫感染的主要途径。动物长时间地停留在狭小而潮湿的牧地上放牧时最易遭受严重的感染，舍饲的动物也可因用从低洼、潮湿牧地割来的牧草而受感染。

片形吸虫的易感宿主范围较广，主要有黄牛、水牛、牦牛、绵羊、山羊、鹿、骆驼等反刍动物，人、猪、马、驴、兔及一些野生动物亦可感染，但较少见。实验动物以大鼠最易感染。

片形吸虫系世界性分布，也是我国分布最广泛、危害最严重的寄生虫之一。遍及全国31个省、市和自治区，但多呈地区性流行。大片形吸虫主要分布于热带或亚热带地区，在我国多见于南方诸省、区，如福建、广东、广西、江西、江苏、浙江、湖南、湖北及云南等。本病在多雨年份，特别在久旱逢雨的温暖季节可促使其暴发和流行。动物的感染，在我国北方地区多发生在气候温暖、雨量较多的夏、秋季节，而在南方地区，由于雨水充沛、温暖季节较长，因而感染季节也较长，不仅在夏、秋季节，而且在冬季也可感染。

温度、水和淡水螺是片形吸虫病流行的重要因素。虫卵的发育，毛蚴和尾蚴的游动以及淡水螺的存活与繁殖都与温度和水有直接的关系。因此，肝片形吸虫病的发生和流行及其季节动态是与各地区的具体地理气候条件有密切关系。试验证明25～30℃时虫卵发育最适宜，经8～12 d即可孵出毛蚴。在潮湿无光照的粪堆中可存活8个月以上。含毛蚴的虫卵在新鲜水和光线的刺激下可大量孵出毛蚴。尾蚴在27～29℃的温度下和在新鲜水的刺激下从螺体内可大量逸出。33℃时则停止逸出。囊蚴对外界因素的抵抗力较强，尤其在潮湿的环境中可存活数月而不死，如在湿草上贮藏8个月的囊蚴仍可感染豚鼠。

小土窝螺在池塘、缓流小溪的岸边、低洼牧地的小水湾、沼泽草地、房舍和畜舍附近的污水沟边常群栖成堆。春末、夏、秋季节，气候温暖，雨水充沛时极为活跃，大量繁殖，数目剧增。幼螺耐低温、干涸和饥饿，经常藏匿在潮湿的淤泥中或植物的茎叶上可存活一年以上，并可越冬。螺体内肝片形吸虫的各幼虫期也可随螺的越冬而越冬。

(四)症状与病理变化

1.人　主要症状是发热、出汗、乏力、食欲减退、厌油腻、恶心、呕吐、腹痛、腹泻、消瘦、贫血、浮肿等。一般为不规则热，午后加重，严重者呈弛张高热，可达40℃以上，往往有寒颤。腹痛部位不定，多在脐周，最后固定在右上腹，有时剧痛。肝片吸虫进入胆道后，可使胆道阻塞与扩张，有时出现黄疸。虫数增多时，胆道上皮因发生糜烂，使虫体复回到肝组织去，形成脓肿。病初肝大不明显，以后发生进行性肝肿大，左叶尤为显著，压痛明显。严重时有肝硬变。病初即可出现腹水，一般为渗出性液体，极易误诊为结核性腹膜炎，但腹水中有嗜酸粒细胞增高。由于异位感染的部位不同，可出现相应的症状，如肺部感染，有轻咳、少痰、胸痛等呼吸道症状，甚至有气胸或胸腔积液。X线检查可见肺内炎症改变。

2.动物　轻度感染往往不表现症状，感染数量多时(牛约250条成虫，羊约50条成虫)则表现症状，但幼畜即使轻度感染也可能表现症状。根据病期一般可分为急性型和慢性型两种类型。

(1)羊　绵羊最敏感，最常发生，死亡率也高。

急性型(童虫移行期)：在短时间内吞食大量(2 000个以上)囊蚴后2～6周时发病。多发于夏末、秋季及初冬季节，病势猛，使患畜突然倒毙。病初表现体温升高，精神沉郁，食欲减退，衰弱易疲劳，离群落后，迅速发生贫血，叩诊肝区半浊音界扩大，压痛敏感，腹水，严重者在几天内死亡。

慢性型(成虫胆管寄生期)：吞食中等量(200～500个)囊蚴后4～5个月时发生，多见于冬末初春季节，此类型较多见，其特点是逐渐消瘦、贫血和低白蛋白血症，导致患畜高度消瘦，黏膜苍白，被毛粗乱，易脱落，眼睑、颌下及胸下水肿和腹水。母羊乳汁稀薄、妊娠羊往往流产，终因恶病质而死亡。有的可拖延至次年天气转暖，饲料改善后逐步恢复。

(2)牛　多呈慢性经过，犊牛症状明显、成年牛一般不明显。如果感染严重，营养状况欠佳，也可能引起死亡。患畜逐渐消瘦、被毛粗乱、易脱落、食欲减退、反刍异常、继而出现周期性瘤胃膨胀或前胃弛缓、下痢、贫血、水肿、母牛不孕或流产。乳牛产奶量减少和质量下降，如不及时治疗，终因恶病质而死亡。

片形吸虫的致病作用和病理变化常依其发育阶段而有不同的表现，并且和感染的数量有关。当一次感染大量囊蚴时，童虫在向肝实质内移行过程中，可机械地损伤和破坏肠壁、肝包膜和肝实质及微血管，引起炎症和出血，此时肝脏肿大，肝包膜上有纤维素沉积，出血，肝实质内有暗红色虫道，虫道内有凝血块和幼小的虫体。导致急性肝炎和内出血，腹腔中有带血色的液体和腹膜炎变化，是本病急性死亡的原因。

虫体进入胆管后，由于虫体长期的机械性刺激和代谢产物的毒性物质作用，引起慢性胆管炎、慢性肝炎和贫血现象。早期肝脏肿大，以后萎缩硬化，小叶间结缔组织增生。寄生多时，引起胆管扩张，增厚，变粗甚至堵塞；胆汁停滞而引起黄疸。胆管如绳索样凸出于肝脏表面，胆管内壁有盐类(磷酸钙和磷酸镁)沉积，使内膜粗糙，胆囊肿大，多见于牛。在牛肺组织内可找到由虫体所致的结节，内含暗褐色半液状物质或1～2条虫体。虫体的代谢产物可扰乱中枢神经系统，使其体温升高，贫血，全身性中毒现象。侵害血管时，使管壁通透性增高，易于渗出。从而发生稀血症和水肿，肝片形吸虫是以食血为主，可成为慢性病例营养障碍、贫血和消瘦原因之一。

此外，童虫移行时从肠道带进微生物如诺维氏梭菌，引起传染性坏死性肝炎，使病势加剧。

(五)诊断

根据症状、流行病学资料、粪便检查和死后剖检等进行综合判定。

1.粪便检查　粪便检查发现虫卵即可确诊。粪便检查可用反复水洗沉淀法或尼龙绢袋集卵法。只见少数虫卵而无症状出现，只能视为“带虫现象”。急性病例时，在粪便中找不到虫卵，此时可用免疫学方法和血液生化检查进行辅助诊断。

2.剖检　适用于动物疾病的诊断。剖检时，急性病例可在腹腔和肝实质中发现童虫及幼小虫体；慢性病则可在胆管内检获成虫。

3.免疫学诊断　主要方法有皮内变态反应、间接血凝试验和酶联免疫吸附试验等对于急性病例和流行病学调查有重要作用。

4.血液生化检查　在急性病例时，由于童虫损伤肝实质细胞，使谷氨酸脱氢酶(GDH)升高；慢性病例时，成虫损伤胆管上皮细胞，使 γ-谷氨酰转肽酶(γ-GT)上升，持续时间可长达9个月之久。有助于病例的确诊。

(六)防控措施

1.治疗

(1)人　本病不经治疗，轻症能自愈，重症可死亡。确诊后，经有效药物治疗，症状很快好转，但胆汁中虫卵消失或成虫完全杀灭并不容易。首选药物为硫双二氯酚(别丁)，最为有效，毒性较小。也可选用其他抗吸虫药物。吡喹酮即使在大剂量下对肝片吸虫病似仍无效。

(2)动物　治疗片形吸虫病的药物较多，各地可根据药源和具体情况加以选用。

①硝氯酚，适用于慢性病例，对童虫无效。

②丙硫咪唑，为广谱驱虫药，对成虫有良效。

③羟氯柳胺，对成虫有高效。

④硫双二氯酚(别丁)，对成虫有效，但使用后有较强的泻下作用。

2. 预防　应根据流行病学特点，采取综合防治措施。

(1)动物定期驱虫　驱虫的时间和次数可根据流行区的具体情况而定。在我国北方地区，每年应进行两次驱虫：一次在冬季；另一次在春季。南方因终年放牧，每年可进行 3 次驱虫。急性病例可随时驱虫。在同一牧地放牧的动物最好同时都驱虫，尽量减少感染源。

(2)做好家畜粪便无害化处理防治污染　特别是驱虫后的粪便应堆积发酵产热以杀灭虫卵。

(3)消灭中间宿主　灭螺是预防片形吸虫病的重要措施。可结合农田水利建设，草场改良，填平无用的低洼水潭等措施，以改变螺的滋生条件。此外，还可用化学药物灭螺，如施用 1∶50 000 的硫酸铜，2.5 mg/L 的血防 67 及 20%的氯水均可达到灭螺的效果。如牧地面积不大，亦可饲养家鸭，消灭中间宿主。

(4)加强饲养卫生管理　选择在高燥处放牧；动物的饮水最好用自来水、井水或流动的河水，并保持水源清洁，以防感染。从流行区运来的牧草须经处理后，再饲喂舍饲的动物。

(5)人养成良好的生活卫生习惯　不喝生水，不吃生菜等。

八、猪带绦虫病和猪囊尾蚴病

猪带绦虫病和猪囊尾蚴病分别是由猪带绦虫和猪囊尾蚴引起。猪带绦虫又名有钩绦虫或链状带绦虫，成虫寄生于人的小肠；其幼虫为猪囊尾蚴，又名猪囊虫，主要寄生于猪、野猪和人等的肌肉以及器官组织内，引起囊尾蚴病。猪带绦虫和猪囊尾蚴主要在人和猪之间感染和流行，不仅严重影响养猪业的发展，给畜牧业造成巨大的经济损失，而且给人类健康造成严重威胁。本病呈世界性分布，主要发生于中非、南非、拉丁美洲和亚洲等欠发达国家和地区。在我国，目前已有多个省、市、区报道本病的发生，尤以东北、华北及西南等地更为严重。20 世纪 50 年代，我国农业发展纲要中即称要限期消灭该病，但目前国内仍有该病发生的报道，一直受到广泛关注。

(一)病原

猪带绦虫(*Taenia solium*)隶属于绦虫纲(Cestoidea)、圆叶目(Cyclophyllidea)、带科(Taeniidae)、带属(*Taenia*)。猪带绦虫为大型绦虫，成虫全长 2～5 m，最长可达 8 m。整个虫体由一串链体组成，约有 800～1 000 个节片。头节小，球形，直径约 1 mm，头节上有 4 个吸盘和 1 个顶突，顶突上 25～50 个小钩，分内、外两圈交替排列。颈节窄短，直径约为头节的一半，长 5～10 mm。幼节短而宽，成节近方形，孕节长大于宽。每一个成熟节片内含有一套雌、雄生殖系统。睾丸 150～300 个，分散于节片的背侧，由睾丸输出管汇合为输精管，再汇合形成阴茎，以雄茎开口于生殖孔。雌性生殖器官主要包括卵巢、卵模、卵黄腺、子宫、受精囊和阴道，卵巢由两个大侧叶和一个副叶组成；子宫位于节片的中央，为一棒状盲管；卵黄腺位于节片的后缘。所有雌性器官均以管道通向卵模。雌、雄生殖器官分别开口于位于节片侧缘中央的生殖孔。孕节长约为宽的 2 倍，节内其他器官均已退化，只剩下发达的子宫，子宫每侧有 7～12 个侧枝，侧枝还分出数个次生枝，呈树枝状，内充满虫卵。每一孕节含虫卵 3 万～5 万个。

猪囊尾蚴(*Cysticercus cellulosae*)的外观呈椭圆形囊泡状，大小为(6～10) mm×5 mm，囊

内充满液体，囊壁是一层薄膜，壁上有一个圆形粟粒大的乳白色小结，其内有一内陷的头节(图 23-9 至图 23-11)。

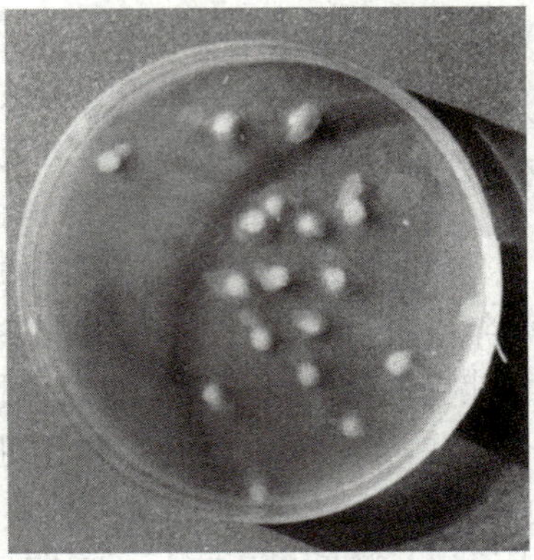

图 23-9 猪囊尾蚴囊泡(佘锐萍)

(二)生活史

猪带绦虫成虫只寄生于人的小肠腔中，孕节脱落后随人的粪便排出外界。当虫卵或孕节被中间宿主(猪或人)吞食后进入消化道，在消化液的作用下卵壳破裂，六钩蚴逸出，钻入肠黏膜的血管或淋巴管内，随血流被带到猪体全身的肌肉、组织和器官中。在那里逐渐发育成一个充满液体的囊泡体，大约两个月后，发育为成熟囊尾蚴；当人食入含有感染性囊尾蚴的猪肉时，囊尾蚴在胃肠消化液的作用下，其外围的包囊组织被消化，囊尾蚴头节伸出，附着于肠壁，继续发育，感染后 2～3 个月发育为成熟的猪带绦虫。猪带绦虫可在人的小肠内存活数年、数十年，有人认为可活 25 年以上。一般一个人只寄生一条，偶见有数条猪带绦虫寄生者。

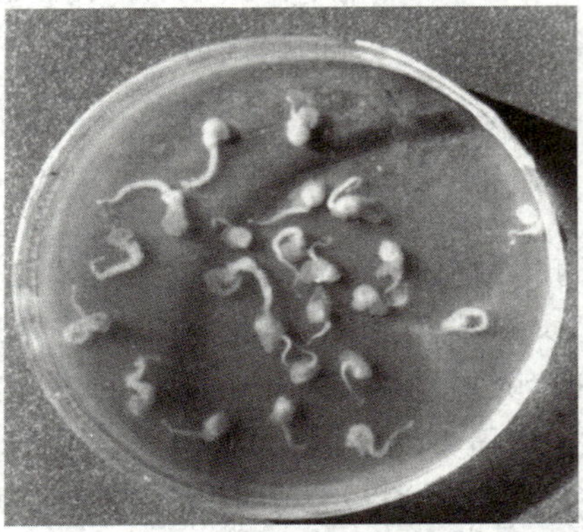

图 23-10 猪囊尾蚴经胆汁生理盐水孵化后，头节外伸，似绿豆芽(佘锐萍)

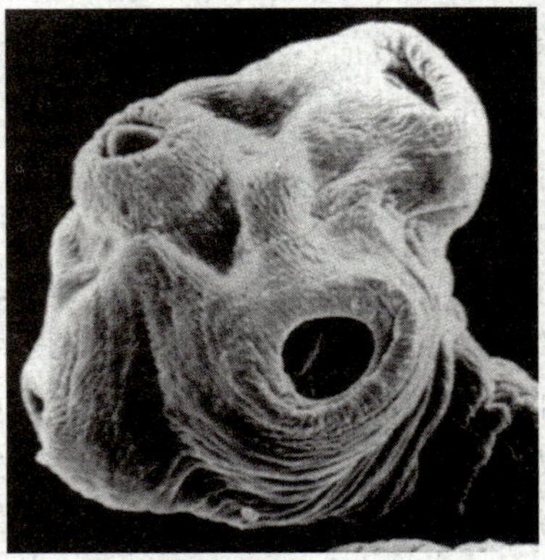

图 23-11 猪囊尾蚴头节扫描电镜图像(佘锐萍)

(三)流行病学

猪感染囊尾蚴的唯一来源是感染有猪带绦虫的人。寄生有猪带绦虫的人粪便不断地向外界排出孕节和虫卵，患者可持续排孕节和虫卵数年、数十年。

人感染猪囊尾蚴可通过两个途径。一是食入了猪带绦虫的虫卵和孕节，主要是因为猪带绦虫的虫卵污染人的手、蔬菜和食物，被误食后而受感染；二是猪带绦虫患者的内源性感染。小肠中猪带绦虫脱落的孕节在胃肠逆蠕动时上行到胃，在胃蛋白酶等作用下，孕节内的虫卵破裂释放出六钩蚴，六钩蚴侵入肠壁血管，进入血液循环，到全身肌肉和脏器中发育为囊尾蚴。

人感染猪带绦虫成虫主要与饮食卫生习惯以及肉品烹调的方法密切相关。生食猪肉、烹调时间过短、蒸煮时间不够以及生、熟食品制作用具混用等是引起人的感染的主要原因。

人是猪带绦虫的唯一终末宿主，寄生于人的小肠。囊尾蚴主要感染猪和人，野猪、猫、犬、牛、骆驼等动物也可感染囊尾蚴，也就是说，猪、野猪、犬、猫等多种动物和人都可以作为中间宿主。

猪囊尾蚴病呈全球性分布，其流行与当地居民的饮食习惯、经济文化发展状况、生活水平等多方面因素密切相关。目前主要流行于经济、文化落后的地区，如亚、非、拉的一些发展中国家和地区。在我国26个省、市、自治区曾有报道，随着人们生活水平的提高，近年来已很少发生流行性感染，病例数也呈明显下降。一般呈散发，或个别发生。主要发生于喜食生肉的少数民族地区和人粪便管理不当地区的散养猪。如我国东北地区使用连茅圈，是导致该地区人和猪发生囊虫病的主要原因。但近几年在经济发达地区也有个别人发生猪带绦虫病和囊尾蚴病，可能与近年来人口流动频繁有关。

(四)症状与病理变化

1.人　人的猪带绦虫病成虫寄生于人的小肠时，一般无明显症状。但有不少患者表现衰弱无力，胃酸减少，头痛、神经过敏，注意力不集中，劳动能力下降，失眠、头晕等。儿童患者则发育迟缓。个别病例出现机体营养不良、肠壁破损、肠破裂、肠炎、腹膜炎等相应的消化道症状。

人囊尾蚴病的严重程度取决于囊尾蚴的寄生部位。囊尾蚴可寄生于脑脊髓、眼、骨骼肌、心肌、肺、肠系膜、胸腺和皮下组织等，引起相应的囊尾蚴病，其危害情况常因囊尾蚴感染的数量与寄生部位而异，从无明显症状至引起猝死不等。寄生于脑时，可引起癫痫发作，间或有头痛，眩晕，恶心，呕吐，记忆力减退和消失，严重的可致死。寄生于眼内可导致视力减弱，甚至失明；寄生于肌肉皮下组织中，使局部肌肉酸痛无力。

2.动物　猪患囊尾蚴病一般无明显症状。严重感染时妨碍猪的生长发育，呈现营养不良、贫血、水肿、衰竭等一系列症状，尤其是影响幼龄猪的生长。重度感染时可见猪胸廓深陷入肩胛之间，前肢僵硬，发音嘶哑和呼吸困难。大量寄生于猪脑时可引起严重的神经紊乱，特别是鼻部的触痛，强制运动，癫痫，视觉障碍和急性脑炎，有时突然死亡。

人和猪囊尾蚴病的危害是一致的，但一般对人的危害明显大于对猪的危害。囊尾蚴寄生引起的致病作用包括六钩蚴移行期和囊蚴寄生期。六钩蚴移行可引起组织损伤。囊尾蚴寄生期的致病作用取决于囊尾蚴寄生部位和数量，尤其是寄生部位，当寄生于脑时，由于机械性挤压和毒素作用会破坏大脑的组织结构，引起相应的神经症状，严重者可引起死亡。寄生在眼部时，会引发视力障碍，严重者导致失明。寄生于皮下和肌肉组织时，一般无明显症状，数量多时可引起肌肉酸痛、运动障碍等。

由于猪带绦虫是大型绦虫，而且虫体表面的钩、刺等可机械刺激寄生处的肠黏膜，所以当人体寄生有猪带绦虫时，也会引起相应的致病作用。其表现出的致病作用主要表现为：虫体大量夺取人体营养；虫体的吸盘、小钩以及体表的机械作用引起肠壁损伤；继发感染其他病原；绦虫绕成团导致肠腔阻塞。此外，虫体新陈代谢过程中排出有毒有害物质还会引起患者消化和神经方面的症状。

(五)诊断

1.*人猪带绦虫病*　确诊依靠检查患者粪便。在粪便中检查到虫卵或节片时，显微镜下观察即可确诊。

2.*人囊尾蚴病*　根据临床症状结合病史资料进行初步诊断。一般患者同时患有猪带绦虫病，应进行粪便检查，看是否有猪带绦虫节片。

临床检查可见寄生于皮下的囊尾蚴往往患部皮肤隆起，呈圆形或椭圆形黄豆大的结节，指压有弹性并能滑动，手术取出结节作活检，见到囊尾蚴的形态特征，即可确诊。寄生于深层肌肉、内脏以及脑内的囊尾蚴，在患者的临床检查的基础上，进行免疫学检测与CT检查。

目前已经有多种免疫学检测方法用于囊虫病的辅助诊断。如皮内试验、间接血球凝集试验、乳胶凝集试验、补体结合试验、间接荧光抗体试验、酶联免疫吸附试验等均可获得较好结果，但容易出现与其他绦虫蚴病的交叉反应。

3. *猪囊尾蚴病* 猪囊尾蚴病的生前诊断比较困难。严重感染的猪，临床上可能出现一些症状，但不具有诊断意义。

近年来发展起来的血清学诊断方法，如酶联免疫吸附试验（ELISA）和间接血球凝集试验（IHA），检出率可达90%以上，但仍难排除与细颈囊尾蚴和棘球蚴的交叉反应，一般用于流行病学的调查。

尸体剖检，在心肌、咬肌等多发部位发现猪囊尾蚴便可确诊（图23-12，图23-13 ）。现行的肉眼肉检法检出率有50%～60%，轻度感染者仍有漏检。

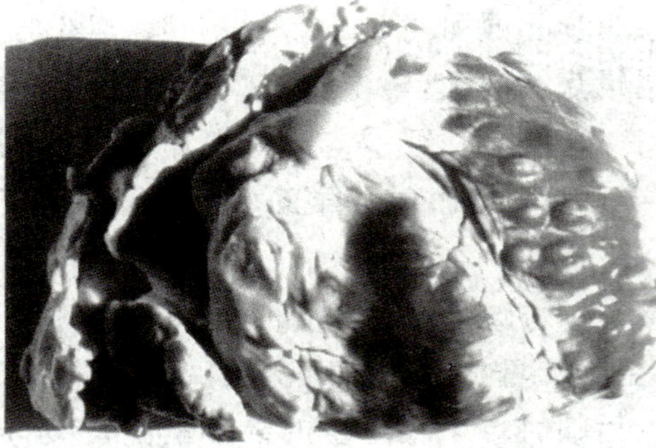

图23-12 猪囊尾蚴病心肌外观，囊尾蚴呈半透明的囊泡或米粒状，突出于心肌表面（余锐萍）

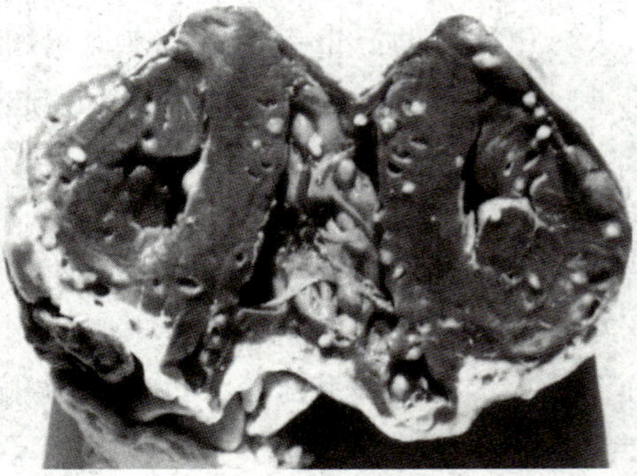

图23-13 猪囊尾蚴病心肌切面观（余锐萍）

猪囊虫病主要发生于散养猪，对于集约化饲养猪基本不需要考虑囊虫病的问题。

（六）防控措施

1. *治疗* 多种驱绦虫药都可有效驱除人体内的猪带绦虫。

（1）人猪带绦虫病 可用氯硝柳胺（灭绦灵）、硫双二氯酚（别丁）、吡喹酮等。

收集所有粪便，仔细检查排出的虫体有无头节；若无头节排出，说明还未完全排出。排出的粪便应深埋或烧毁，防止散布病原。

（2）人囊尾蚴病 可用吡喹酮、丙硫咪唑等。需在医生指导下服用。

（3）猪囊尾蚴病 生前诊断较困难，所以报道较少。可选用吡喹酮、复方吡喹酮和丙硫咪唑等药物进行治疗。

2. *预防* 采取综合性防治措施。

（1）加强肉品卫生检验，大力推广定点屠宰，集中检疫。阳性猪肉应严格按照国家规定进行无害化处理，严防流入消费者手中。

（2）查治病人。对阳性病人及时驱虫治疗，驱虫后的粪便进行无害化处理。

（3）加强人的粪便管理和改善猪饲养管理方法。做到人有厕所，猪有圈，彻底杜绝连茅圈。

（4）加强科普教育，使人们了解猪囊虫病的传播途径和危害，自觉预防猪囊虫病。改变不良生活习惯，注意个人卫生，不吃生的或半生的猪肉。

九、棘球蚴病

棘球蚴病(echinococcosis)是棘球属绦虫的中绦期幼虫棘球蚴(*Echinococcus*)寄生于多种哺乳动物和人引起的人畜共患寄生虫病，俗称包虫病(hydatidosis)。棘球蚴寄生于牛、羊、猪、马、骆驼、多种野生动物以及人的肝、肺及其他多种脏器内，造成萎缩和功能障碍等一系列严重疾患，严重危害人畜健康，可引起人和动物的死亡。在各种动物中，绵羊最易感。呈世界性分布，是全球性的公共卫生和经济问题。我国20多个省区有报道，但以新疆等西北牧区最为严重，其他地区一般都是散发。

(一)病原

棘球绦虫属于扁形动物门(Plătyhelminthes)、绦虫纲(Cestoida)、圆叶目(Cyclophyllidea)、带科(Taeniidae)、棘球属(*Echinococcus*)。目前公认的棘球绦虫有4种：细粒棘球绦虫(*E. granulosus*)；多房棘球绦虫(*E. multilocularis*)；少节棘球绦虫(*E. oligarthrus*)；福氏棘球绦虫(*E. vogeli*)。我国棘球绦虫只有前两种，并以细粒棘球绦虫为主。

细粒棘球绦虫成虫为小型绦虫，长仅2～7 mm，由头节和3～4个节片组成。头节上有4个吸盘顶突上有36～40个小钩。成节内含有一套雌雄同体的生殖器官，有睾丸35～55个，生殖孔位于节片侧缘的后半部。孕节的长度远大于宽度，约占虫体长度的一半，子宫侧枝12～15对，充满虫卵。虫卵大小为(32～36) μm×(25～30) μm。

细粒棘球蚴包囊状构造，内含液体。棘球蚴的形状常因寄生部位不同而有变化，一般近似球形，直径约为5～10 cm，但有的可达30 cm以上。棘球蚴的囊壁分两层：外层为乳白色的角质层，内为胚层，又称生发层，前者是由后者分泌而成。胚层向囊腔芽生出成群的细胞，这些细胞空腔化后形成一个小囊，并长出一个小蒂与胚层相连；在囊内壁上生成数量不等的原头蚴，此小囊称为育囊或生发囊。育囊可生长在胚层上或者脱落下来漂浮在囊腔的囊液中。母囊内还可生成与母囊结构相同的子囊，子囊内也可生长出孙囊，与母囊一样亦可长出育囊和原头蚴。有的棘球蚴还能向外衍生子囊，称外生性子囊。原头蚴上有小钩和吸盘，具有感染性。不具有原头蚴的胚囊称为不育囊。游离于囊液中的育囊、不育囊、原头蚴统称为棘球砂(hydatid sand)。

多房棘球绦虫成虫虫体很小，与细粒棘球绦虫相似，长1.2～4.5 mm，由2～6个节片组成。头节上有吸盘，顶突上有小钩14～34个。成节内含睾丸14～35个，生殖孔开口与侧缘的前半部。孕节内子宫呈带状，无侧枝。虫卵大小为(30～38) μm×(29～34) μm。

多房棘球蚴又称泡球蚴(*Alveococcus*)，为圆形的小囊泡，大小由豌豆到核桃大，被膜薄，半透明，由角质层和生发层组成，呈灰白色，囊内有原头蚴，含胶状物。泡球蚴是由无数个小的囊泡聚集而成。

(二)生活史

犬、狼、狐狸等为细粒棘球绦虫的终末宿主。虫体寄生于犬、狼、狐狸的小肠。虫卵和孕节随终末宿主的粪便排出体外，中间宿主羊、牛等动物通过吞食被污染的饲草、饲料和饮水中的虫卵遭受感染(人常是通过被污染的食物或饮水或误食手上粘有的虫卵而遭受感染)，虫卵内的六钩蚴在消化道孵出，钻入肠壁，随血流或淋巴散布到体内各处，以肝脏和肺脏最常见。约经6～12个月可发育成感染性棘球蚴。犬等终末宿主吞食了含有棘球蚴的脏器和组织遭受感染,虫体寄生于小肠,经40～50 d发育为细粒棘球绦虫。成虫在犬等体内的寿命为5～6个月。多房棘球蚴寄生于啮齿类动物的肝脏,狐狸、犬等吞食含有棘球蚴的肝脏后经30～33 d发育为成虫,成虫的寿命为3～3.5个月。

(三)流行病学

犬和犬科的多种动物都是终末宿主和传染源。中间宿主绵羊、山羊、牛等多种动物和人的感染多因与犬、狐狸的直接或间接接触。中间宿主经口感染虫卵,或因吞食被虫卵污染的水、饲草、饲料、食物、蔬菜等而感染,猎人在处理和加工狐狸、狼等的皮毛过程中,易遭受感染。犬或犬科其他动物主要是食入了带有棘球蚴的动物内脏器官和组织而感染棘球绦虫。

绵羊、山羊、牛、猪等多种家畜或野生动物都是较敏感的中间宿主,绵羊最为易感,人也是敏感的中间宿主。寄生于中间宿主的内脏器官中,尤其多寄生于肝和肺。

细粒棘球蚴病为世界性分布,我国大面积流行棘球蚴病,以牧区为多。迄今为止,已在23个省、市、自治区人、畜间发现原发性棘球蚴病,发病面积占全国总面积的86.9%。现有资料表明,我国棘球蚴病为典型的家养动物循环型,即病原循环于有蹄家畜和家、牧犬之间。绵羊是畜间棘球蚴病重点,为棘球蚴最适宜中间畜主,但流行区内其他有蹄家畜马、驴、骡、黄牛、牦牛、水牛、骆驼、山羊和猪等也有不同程度的感染。该病严重流行于我国西部广大农牧区,高发面积达到420万 km^2,约占全国总面积的40%。青海、西藏、甘肃、宁夏、新疆、内蒙古自治区西部、四川甘孜、阿坝两个藏族自治州和木里藏族自治县、云南迪庆藏族自治州以及陕西西北部都是重病区,受害居民约5 000万,占全国人口5%;易感家畜存栏约1亿头(只),其中70%以上为绵羊,形成我国广大草原畜牧业地带一种特有的地方病。

高发区内,发病人数居高不下,年平均手术病例超过4 000例;畜间棘球蚴病,特别是绵羊平均感染率50%以上;家、牧犬细粒棘球绦虫平均感染率约15%。上述数据均超过WHO确定的高发区指标。

据调查,我国疫区因本病一般每只病羊少增重2 kg,肝脏废弃率8%～25%,肺脏废弃率10%～28%。以绵羊每年20%进入屠宰年龄计算,上述损失每年每头为人民币10元以上。全国仅绵羊棘球蚴病估计损失羊肉6万～8万 t,加上脏器废弃,估计损失人民币5亿元以上。

多房棘球蚴在新疆、青海、宁夏、内蒙古、四川和西藏等地亦有发生,宁夏为多发区。

虫卵对外界环境的抵抗力较强,可以耐低温和高温,对化学物质亦有相当的抵抗力,但直射阳光易使之致死。

(四)症状与病理变化

1.人　对人的危害明显。多以慢性消耗为主,往往使患者丧失劳动能力,常需要手术治疗。

2.*动物*　绵羊对细粒棘球蚴敏感,死亡率较高,严重者表现为消瘦、被毛逆立、脱毛、咳嗽、倒地不起。其他动物感染严重时,也可出现类似症状。各种动物都可因棘球蚴破裂产生严重的过敏反应,突然死亡。剖检可见,受感染的肝、肺等器官有粟粒大到足球大,甚至更大的棘球蚴寄生。

成虫对犬等的致病作用不明显,一般无明显的临床症状。

棘球蚴对人和动物的致病作用表现为机械性压迫、夺取营养、毒素作用及过敏反应等。症状的轻重取决于棘球蚴的大小、寄生的部位及数量。棘球蚴多寄生于动物的肝脏和肺脏。寄生于肝脏导致消化失调，肝区压痛明显，出现黄疸、腹水（图 23-14）。寄生于肺脏时会出现咳嗽、喘息和呼吸困难。代谢产物被吸收后，使周围组织发生炎症和全身过敏反应，严重者可致死。

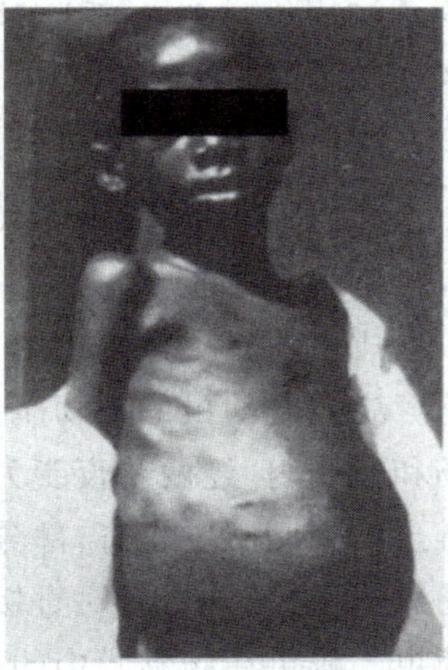

图 23-14　一个非洲男孩的肝患有包虫病（Vanek 摄）

（五）诊断要点

1. *人棘球蚴病*　应在了解病史的基础上对可疑病例通过 X 射线、超声波以及 CT 等现代化仪器设备进行生前诊断。

2. *动物棘球蚴病*　生前诊断比较困难。根据流行病学资料和临床症状，采用皮内变态反应、间接血球凝集试验（IHA）和酶联免疫吸附试验（ELISA）等方法对动物和人的棘球蚴病有较高的检出率。对动物尸体剖检时，在肝、肺等处发现棘球蚴可以确诊。生前可用 X 射线和超声波辅助诊断。犬棘球绦虫病通过粪便检查，检出孕节及虫卵即可做出诊断。

（六）防控措施

1. *治疗*　要在早期诊断的基础上尽早用药，可取得较好的效果。对绵羊棘球蚴病可用丙硫咪唑治疗。吡喹酮也有较好的疗效。

人的棘球蚴病主要通过外科手术摘除，也可用吡喹酮和丙硫咪唑等药物进行保守治疗。

2. *预防*

（1）禁止用感染棘球蚴的动物肝、肺等组织器官喂犬。

（2）对牧场上的野犬、狼、狐狸进行监控，可以试行定期在野生动物聚居地投药。

（3）对犬应定期驱虫，可用吡喹酮、甲苯咪唑或氢溴酸槟榔碱。驱虫后的犬粪，需进行无害化处理，以杀灭其中的虫卵。

（4）保持畜舍、饲草、饲料和饮水卫生，防止犬粪污染。

（5）定点屠宰，加强检疫，防止感染有棘球蚴的动物组织和器官流入市场。

（6）加强科普宣传，注意个人卫生，在人与犬等动物接触或加工狼、狐狸等毛皮时，防止误食孕节和虫卵。

十、旋毛虫病

旋毛虫病（trichinosis）是由旋毛虫（*Trichinella spiralis*）感染引起的一种人兽共患寄生虫病。成虫寄生于小肠，称为肠旋毛虫；幼虫寄生于横纹肌，称肌旋毛虫。人、猪、犬、猫、鼠类、狐狸、狼、野猪等多种哺乳动物均可感染。人旋毛虫病可引起人的死亡。感染来源于摄食了生的或未煮熟的含旋毛虫包囊的猪肉或其他动物肉，该病是肉品卫生检验项目之一。

（一）病原

旋毛虫属于毛尾目（Trichurata）、毛形科（Trichinellidae）、毛形属（*Trichinella*）。成虫细小，呈线形，白色，肉眼几乎难以辨认。虫体愈向前端愈细，较粗的后部占虫体一半稍多。前部为食道部，食道的前端无食道腺围绕，其后的全部长度均由一列相连的食道腺细胞所包裹。较粗的后部包含着肠管和生殖器官。生殖器官为单管型。雄虫大小为（1.4～1.6）mm×

(0.04～0.05) mm，尾端有泄殖孔，其外侧为一对呈耳状悬垂的交配叶，内侧有2对小乳突，无交合刺。雌虫的大小为(3～4) mm×0.06 mm。阴门位于虫体前部(食道部)的中央。胎生。

刚产出的幼虫呈圆柱状，长为80～120 μm；到感染后第30 d，幼虫长大到1 mm，宽35 μm。幼虫在感染后第17～20天开始卷曲盘绕起来。

(二)生活史

成虫与幼虫寄生于同一宿主，宿主感染时，先为终末宿主，后变为中间宿主。宿主因摄食了含有包囊幼虫的动物肌肉而受感染，包囊在宿主胃内被溶解，释出幼虫，之后幼虫到十二指肠和空肠内，经两昼夜变为性成熟的肠旋毛虫。交配多在黏膜内进行，交配后不久，雄虫死去，雌虫钻入肠腺中发育，部分到黏膜下的淋巴间隙中发育。雌虫于感染后7～10 d，开始产幼虫，幼虫产于黏膜中，有时直接产于淋巴管或肠绒毛的乳糜管中。一条雌虫可产1 000～10 000条幼虫。雌虫在肠黏膜中的寿命不超过6周。雌虫所产幼虫，经肠系膜淋巴结进入胸导管，再到右心，经肺转入体循环，随血流被带至全身各处，但只有进入横纹肌纤维内的才能进一步发育。幼虫在活动量较大的肋间肌、膈肌、嚼肌中较多。血液中出现大量幼虫是在感染后第12天。刚产出的幼虫呈圆柱状，长为80～120 μm，它们在到达肌纤维后开始发育；到感染后第30天，幼虫长大到1 mm，宽35 μm。幼虫在感染后第17～20天开始卷曲盘绕起来。包囊是从感染后第21天开始，到第7～8周完全形成。包囊内的幼虫似螺蛳椎状盘绕，充分发育了的幼虫，通常有2.5个盘转(图23-15)，此时幼虫已具感染性，并有雌雄之别；幼虫前端尖细，向后逐渐变宽，后端稍窄，后部体内包含着肠管、睾丸或卵巢，尾端钝。包囊是由于幼虫的机械性和化学性刺激作用于肌纤维，引起肿胀和肌纤维膜增生而形成的。开始包囊很小，最后可长达0.25～0.5 mm，肉眼可见。包囊呈梭形，其长轴与肌纤维平行，有两层壁，其中一般含一条幼虫，但有的可达6～7条。约6个月后包囊壁增厚，囊内发生钙化，钙化先从两端开始，以后达于整个囊体。包囊钙化并不意味着囊内幼虫的死亡，除非钙化波及幼虫自身。钙化包囊内的幼虫虽未死亡，但其感染力大大降低。在包囊的外周可见明显的炎症反应(图23-16)。包囊幼虫的生存时间，随个体的不同，可能由数年至25年。

图23-15　猪肌旋毛虫压片镜检图像(余锐萍)

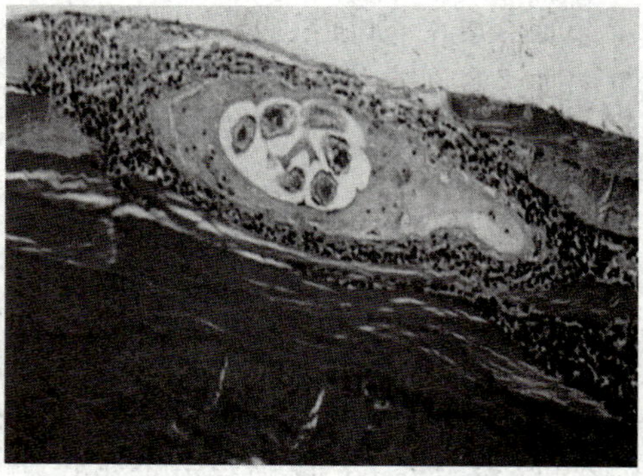

图23-16　猪肌旋毛虫结节石蜡切片HE染色图像，包囊形成和嗜酸性粒细胞浸润(余锐萍)

(三)流行病学

传染源主要是猪、犬、猫、鼠，其次是野猪、狐、狼和熊等野生动物，其中猪是人类旋毛虫病的主要传染源。

猪感染旋毛虫主要是由于吞食了老鼠。鼠为杂食，且常互相残食，一旦旋毛虫侵入鼠群就会长期地在鼠群中保持平行感染。因此鼠是猪旋毛虫病的主要感染来源。对于放牧猪，某些动物的尸体，蝇蛆、步行虫，以至某些动物排出的含有未被消化肌纤维和幼虫包囊的粪便物质都能成为猪的感染源。另外，用生的废肉屑和含有生肉屑的泔水喂猪也可以引起旋毛虫病的流行。

犬的活动范围广，吃到动物尸体的机会比猪大得多，对动物粪便的嗜食性也比猪强烈，因此许多地区犬旋毛虫的感染率比猪高许多倍。哈尔滨的犬有 50%感染旋毛虫，而猪的感染率不到 0.1%。

人感染旋毛虫多与生吃猪肉和食用腌制与烧烤不当的猪肉制品有关。云南西部和南部的食谱中，有生皮、剁生、酸肉等食品，做法虽不同，但均系生肉或未全熟，食用这种食品，自然容易感染旋毛虫病。西藏有喜食生肉和开锅肉的习惯都容易感染旋毛虫。所以这两个地区常因聚餐而集体暴发本病。在国外，特别是欧美，旋毛虫病的感染与流行也均和食用生猪肉及其制品或其他含有旋毛虫幼虫包囊的野生动物肉有关。此外，切过生肉的菜刀、砧板均可能偶尔黏附有旋毛虫的包囊，亦可能污染食品，造成感染。

旋毛虫病分布于世界各地，宿主主要包括人、猪、鼠、犬、猫、熊、狐、狼、貂和黄鼠等，几乎所有哺乳动物，甚至某些昆虫均能感染旋毛虫，因此旋毛虫病的流行存在着广大的自然疫源性。并且青壮年多见，男性多于女性。

旋毛虫病宿主范围广泛，流行于世界各地。多种野生动物和家养动物，甚至许多海洋动物、甲壳动物都能感染并传播本病。由于这些动物互相捕食或新感染旋毛虫宿主排出的粪便(内含成虫和幼虫)污染了食物，便可能成为其他动物的感染来源。加之旋毛虫在不良因素下的抵抗力很强，肉类的不同加工方法，大都不足以完全杀死肌旋毛虫。低温 −12℃ 可存活 57 d。盐渍和烟熏只能杀死肉类表层包囊里的幼虫，而深层的可存活一年以上。高温达 70℃ 左右，才能杀死包囊里的幼虫。在腐败的肉尸里的旋毛虫能活 100 d 以上，因此鼠类或其他动物的腐败的尸体，可相当长期地保存旋毛虫的感染力，这种腐肉也成了感染源。

(四)症状与病理变化

1.人　人感染旋毛虫症状显著，但与感染强度和人身体强弱不同有关。人的旋毛虫病可分为由成虫引起的肠型和由幼虫引起的肌型两种。成虫侵入黏膜时，引起肠炎，严重时有带血性腹泻。感染后第 15 天左右，幼虫进入肌肉，出现肌型症状，其特征为急性肌炎，发热和肌肉疼痛；同时出现吞咽、咀嚼、行走和呼吸困难；脸特别是眼睑水肿，食欲不振，显著消瘦。大部分患者感染轻微，不显症状；严重感染时多因呼吸肌麻痹，心肌及其他脏器的病变和毒素的刺激等而引起死亡。轻症者，肌肉中幼虫形成包囊，急性和全身症状消失，但肌肉疼痛可持续数月之久。

2.动物　旋毛虫对猪和其他野生动物的致病力轻微，往往不显症状。实验感染证实肉食兽可死于旋毛虫病。

肠旋毛虫侵入黏膜时病变包括肠炎，黏膜增厚，水肿，黏液增多和淤斑性出血。幼虫进入肌肉病变主要见于横纹肌，偶尔发生于肺、脑等处。肌旋毛虫的致病作用主要是肌肉的变化，如肌细胞横纹消失、萎缩、肌纤维膜增厚等。

(五)诊断

症状表现无特异性，单靠症状无法确诊。

1.病原检查　对怀疑猪、犬、猫等动物生前感染旋毛虫时，可剪一小块舌肌进行压片检查。猪旋毛虫常在宰后检出。方法为肉眼和镜检相结合检查膈肌，常用肌肉压片法和消化法。即当发现肌纤维间有细小白点时，撕去肌膜，剪下麦粒大小的肉样 24 块，放于两玻片间压薄，低倍镜下观察有无包囊，但在感染早期及轻度感染时不易检出。胃液消化法检查幼虫更为确切。

2.免疫学诊断　可利用间接血凝及酶联免疫吸附试验等作为生前诊断手段。

(六)防控措施

1.治疗　动物旋毛虫病由于生前诊断困难，治疗方法研究的较少。目前治疗旋毛虫病的药物有丙硫咪唑及甲苯咪唑。

2.预防　旋毛虫病的流行与食生肉的习惯以及生猪的饲养方式有关。因此流行地区，猪只不可放牧，不用生的废肉屑和泔水喂猪，开展灭鼠工作。加强肉品卫生检验，发现病肉按肉品检验规程处理。加强宣传，改变不良的饮食习惯，不食生肉。

十一、广州管圆线虫病

广州管圆线虫病又名嗜酸性粒细胞增多性脑膜脑炎或脑膜炎，是广州管圆线虫（*Angiostrongylus cantonensis*）第 4 期和第 5 期幼虫寄生于人体中枢神经系统而引起的疾病。广州管圆线虫的成虫寄生于家鼠及褐家鼠等鼠类的肺部。人感染后幼虫寄生于人的脑脊液中，引起头痛、发热、颈部强硬、面神经瘫痪等症状，严重者可致痴呆，甚至死亡。该病广泛分布于热带、亚热带地区，全球已报告确诊和疑似病例达 3 000 余例。近年来，我国大陆沿海地区不断出现现症病例和疑似病例，且在部分地区引起暴发。特别是 2006 年 5～8 月间，北京发生了所谓“福寿螺”事件，导致食用凉拌螺肉者暴发广州管圆线虫病，医院共报告 160 例确诊病例，造成了严重的公共卫生事件。

(一)病原

广州管圆线虫属管圆科（Angiostrongylidae）、管圆属（*Angiostrongylus*）。成虫线状，两端略细，角皮透明光滑，具微细环状横纹。头端钝圆，头顶中央有一小圆口，口周有环状的唇，外有感觉乳突两圈，每圈 6 个。在内圈 2 个侧乳突外缘各有一个头感器开口。食管棍棒状，肛孔开口于虫体末端。雄虫体长 11～26 mm，宽 0.21～0.53 mm，尾端略向腹面弯曲。交合伞对称，肾形，内有辐肋支撑。背肋甚短小，外背肋、3 支侧肋及腹肋较发达，腹肋先为 1 支，到末端 1/3 处才分为侧腹肋及腹腹肋。泄殖腔开口位于交合伞内面中央，交合刺 2 根，等长，具横纹。雌虫体长 17～45 mm，宽 0.3～0.66 mm，尾端呈斜锥形，阴门开口于肛孔之前。子宫双管型，白色，与充满血液的肠管缠绕成红（或黑褐）白相间，颇为醒目。在显微镜下，可见到子宫内的单细胞虫卵。

第 3 期幼虫为无色透明，大小(449±40) μm×(28±3) μm，头部稍圆，尾部末端骤然变细，食管、肠管、排泄孔、生殖原基及肛孔均易看到。

虫卵为无色透明，椭圆形，大小为(64.2～82.1) μm×(33.8～48.3) μm，从鼠肺血液中收集的虫卵，可见卵内从单细胞至幼虫的各个发育阶段。

(二)生活史

广州管圆线虫发育过程中需要中间宿主。国内已经发现的广州管圆线虫中间宿主的种类有螺类，如福寿螺、褐云玛瑙螺等；蛞蝓类，如足襞蛞蝓、双线嗜黏液蛞蝓等；蜗牛类，同型巴蜗牛、短梨巴蜗牛等。蛙、蟾蜍、淡水虾、蟹和猪等可作为广州管圆线虫的转续宿主。

成虫寄生于终末宿主黑家鼠、褐家鼠及多种野鼠等动物肺内，偶见于右心。雌虫在肺脏产卵，虫卵产出后在肺毛细血管内发育成熟，并孵出第1期幼虫，幼虫穿破毛细血管进入肺泡，沿呼吸道移行至咽喉部，再吞入消化道，然后随宿主粪便排出体外。第1期幼虫在体外潮湿或有水的环境中可存活3周，但不耐干燥。当幼虫被吞入或主动侵入中间宿主螺蛳或蛞蝓体内后，即可进入中间宿主肺及其他内脏、肌肉等处，在适宜温度(25～26℃)，约经1周蜕皮成为第2期幼虫，2周后经第2次蜕皮，发育成第3期(感染性)幼虫。鼠类等终末宿主因吞入含有第3期幼虫的中间宿主、转续宿主以及被幼虫污染的食物而感染。第3期幼虫在终宿主的消化道内，穿肠壁进入血循环，经肝、肺、左心至身体各部器官，但多数幼虫沿颈总动脉到达脑部。在感染后4～6 d和7～9 d先后在脑部经2次蜕皮发育为幼龄成虫。幼龄成虫大多于感染后24～30 d经静脉回到肺动脉，继续发育至成虫。雌虫多在感染35 d才能成熟。一般在感染后42～45 d在粪便内即可找到第1期幼虫。一条雌虫平均每天可产卵约15 000个。

人是广州管圆线虫的非正常宿主，虫体在人体的移行大致上与在鼠类相同，幼虫侵入后主要停留在中枢神经系统，自患者的大脑髓质，脑桥、小脑和软脑膜曾发现幼虫。但如幼虫进入肺部，也可在肺血管内完成发育。台湾省曾报告从人肺检获成虫，而且雌虫子宫内含虫卵。

(三)流行病学

虽然该病是一种人兽共患病，但由于幼虫在人体内很难发育为成虫，因此，人作为传染源的意义不大。广州管圆线虫成虫可以感染数十种哺乳动物，包括啮齿类、犬类、猫类与食虫类，以鼠类为多见。因此，这些哺乳动物均为其传染源。

经口传染是广州管圆线虫病的主要感染途径。其感染方式有：生食或半生食陆地蜗牛和淡水蜗牛；幼虫污染食物或手；生食有蜗牛或含有感染期幼虫的蔬菜；吞食蟾蜍、蛙等；生食或半生食淡水虾、蟹、鱼等转续宿主；饮用了污染的水。用蛙、蟾蜍肉敷贴疮疡疾患等也可感染。多数人都是因为食用了未煮熟的或者生的含有感染期幼虫的螺而感染。此外，饮用被污染的水也有可能被感染。

广州管圆线虫成虫可以寄生于几十种哺乳动物，包括啮齿类、犬类、猫类与食虫类，其中主要是啮齿类，尤其是鼠类，国内外均以褐家鼠和家鼠较普遍，此外有白腹巨鼠、黄毛鼠、屋顶鼠、板齿鼠和蛛猴等。人虽然不是广州管圆线虫的正常宿主，但对虫体感染敏感，危害严重。

本病分布于热带、亚热带地区，约从南纬23°到北纬23°。已有确诊病例报告的国家和地区有泰国、马来西亚、越南、中国、日本、夏威夷、新赫布里底群岛等。曾报告发现病例但未经病原确诊的有：柬埔寨、老挝、菲律宾、印度、澳大利亚、波利尼西亚、古巴和太平洋8个岛屿。全球已报告确诊和疑似病例达3 000余例。此外还有几个国家仅从动物体内发现虫体。1945年，我国台湾省首次报道人的病例。过去，该病在我国大陆极为罕见，直至1996年才报道4例确诊病例。但近年来，我国大陆沿海地区不断出现现症病例和疑似病例，且在部分地区引起暴发。1997年以来，浙江温州市、福建长乐市、福州市、辽宁盘锦市以及台湾高雄市先后出现人感染暴发。特别是2006年5～8月间，北京发生了所谓"福寿螺"事件，导致凉拌螺肉食用者暴发广州管圆线虫病，医院共报告160例确诊病例，造成了严重的公共卫生事件。国内所有爆发事件中，均与食用螺有关。

(四)症状与病理变化

人感染该病后，潜伏期一般为3～36 d。少数患者在进食螺肉数小时即有腹痛、恶心，有些病人的首发症状为发热、打喷嚏等类似感冒的症状，个别病人出现皮肤斑丘疹或者荨麻疹，持续数天消失。由于虫体寄生在人的脑脊液中，临床症状主要为急性剧烈头痛，曾报道约99%的患者因此入院；其次为恶心、呕吐、低到中度发热及颈项强直。呕吐多为喷射状。少数患者可出现面瘫及感觉异常，如麻木、烧灼感等。严重病例可有瘫痪、嗜睡、昏迷，甚至死亡。个别患者出现精神病症状。

广州管圆线虫病眼部的症状主要为眼痛和视力减弱，个别有流泪。检查可见患者患侧眼睑痉挛、睫状体充血、视力减弱，有的仅存在对光感觉反应，只能看见手在移动。在眼前房、后房或视网膜可见活动的虫体。出血和视网膜分离是视网膜管圆线虫病的严重合并症。

人是广州管圆线虫的非正常宿主。幼虫侵入后，在人体内移行，侵犯中枢神经系统，病变集中在脑组织，除大脑及脑膜外，还包括小脑、脑干及脊髓等处。主要病变为充血、出血、脑组织损伤及巨噬细胞、淋巴细胞、浆细胞和嗜酸性粒细胞聚集形成的肉芽肿性炎症反应。患者发生嗜酸性粒细胞增多性脑膜脑炎或脑膜炎，以脑脊液中嗜酸性粒细胞显著升高为特征。

（五）诊断

应根据病史、症状、病原学检查等进行综合诊断。

1.病史　有接触或吞食未煮熟的中间宿主或转续宿主史。

2.症状与体征　头痛、恶心、呕吐、嗜睡、面瘫及感觉异常，低或中度发热及颈项强直。

3.脑脊液检查　压力升高，外观混浊或乳白色，血象大幅度上升，其中嗜酸性粒细胞超过10%，多数在20%～70%之间。

4.病原学检查　脑脊液镜检找到第4期或第5期幼虫。方法是将脑脊液离心沉淀后吸取沉渣涂片镜检。

5.免疫诊断　常用的有皮内试验、酶联免疫吸附试验等。其中酶联免疫吸附试验发病后半个月即可检出抗体，早期诊断的敏感性为94.12%，特异性为82.35%，有很大的临床应用价值，可用于疫区人群的血清流行病学调查。另有报道用成虫冷冻切片免疫酶染色法检测虫体抗体，或以间接荧光抗体试验检测血清抗体，均有较好的辅助诊断作用。

（六）防控措施

1.治疗　阿苯达唑（丙硫米唑）和左旋咪唑具有杀虫效果。缓解头痛可服用阿司匹林，也可腰穿放脑脊液。眼广州管圆线虫病可手术取出虫体。广州管圆线虫病具有自愈性，转归较好。

2.预防　控制此病的关键是预防。

（1）开展健康宣传教育让人们知道它的传播途径和危害，自觉改变生吃或半生吃水产品的不良饮食习惯。不要食用生鲜或者未经彻底加热的螺、鱼、虾、蟹和其他水产品，以避免感染食源性寄生虫病，尤其是福寿螺。在吃之前要做好清洁工作，高温煮熟，才能保证吃得安全。

（2）生吃蔬菜要洗净，不喝生水。

（3）灭鼠，对预防本病有重要意义，因为鼠类是广州管圆线虫的正常终末宿主。

（4）从事螺肉加工的工人、厨师等人员要做好防护工作。

（5）灭螺是预防本病的一项重要措施。广州管圆线虫的主要中间宿主福寿螺，又名大瓶螺，原产于南美洲亚马逊河流域，由巴西华侨引进中国台湾，20世纪80年代后传入广东。一直以来，国家都将福寿螺列为具有危害性的外来物种之一，并不提倡和鼓励发展福寿螺养殖业。有关部门多年来一直在积极探索福寿螺的防治方法和控制措施。在危害较重的地区,可采用化学灭螺、养鸭食螺等方式进行防治。要控制福寿螺的人工养殖,尤其是禁止将其散放到田间。

十二、异尖线虫病(anisakiasis)

异尖线虫病(anisakiasis)是由异尖科线虫的第3期幼虫误入人的胃、肠壁或肠外组织而引起的人畜共患寄生虫病。异尖线虫的成虫寄生于鲸类、海狗和海豹等海洋哺乳类动物的胃和小肠内,若干种的第3期幼虫寄生于许多海鱼体内。人因误食海鱼体内的幼虫而感染。1959年在荷兰首次发现人感染异尖线虫的病例,此后日本、荷兰、英国、法国、德国以及太平洋地区等20多个国家有本病病例报告。其中日本已报道人体病例14 000余例。我国尚无人体感染的报道,但在进口的海鱼中不断发现异尖线虫,其危害性不容忽视。

(一)病原

异尖线虫属异尖科(Anisakidae)。已经证明,能侵袭寄主而引起感染的病原主要有异尖线虫(*Anisakis* spp.)Ⅰ型和Ⅱ型幼虫、海豹线虫(*Terranova* spp.)A型幼虫和对盲肠线虫(*Contracaecum* spp.)Ⅴ型幼虫。异尖线虫幼虫虫体呈无色微透明,胃部呈白色,在水中动如蚯蚓状;体长12.5～33 mm,虫体两端较细尤以头端为甚。头部为融合的唇块,唇瓣尚未分化,腹侧有一明显的钻齿,其腹侧稍后二亚腹唇之间为排泄管开口。表皮3层,无翼,体壁肌层较厚,食管和肠管之间有一胃室。肠管为发达而厚的圆柱状上皮构成,细胞核规则而整齐地排列于基底部,内腔呈"Y"形。可以通过它们的唇、外侧索和尾部将各种区分。成虫之间的差异较大,对人的感染较少。

(二)生活史

成虫长3～15 cm,寄生于海洋哺乳类动物(海豚、鲸类)或鳍足类动物(海狮、海豹)消化道中。雌虫产卵于在海水中,在5～7℃的温度下,虫卵孵化并发育成自由生活的第一期幼虫,被磷虾等第一中间宿主吞入后,在其体内发育为第三期非感染性幼虫,第二中间宿主海鱼,如鲱鱼、黑线鳕、鲐鱼、鲑和狗鱼等,食入带虫的第一中间宿主后,幼虫在鱼的肌肉、肝脏、卵巢、睾丸等处形成包囊并转化为感染性幼虫。被终末宿主吞食后,即在胃黏膜上逐渐发育成第四期幼虫和成虫。人吃生的或半生的鱼肉时遭受感染。

(三)流行病学

含有感染性幼虫的海鱼为异尖线虫病的传染源。经口吃进感染性幼虫是人感染异尖线虫病的传播途径。生吃、半生吃含活异尖线虫幼虫的海鱼(如鲐鱼、小黄鱼、带鱼等)和海产软体动物(如墨鱼)而引起感染。如吃腌海鱼,或吃生拌海鱼片、鱼肝、鱼子或乌贼作佐酒佳肴,也可获得感染。

成虫感染海洋哺乳动物,幼虫感染多种海鱼,人不是异尖线虫的适宜宿主,但幼虫可寄生于人体消化道各部位。

日本、荷兰、英国、法国、德国以及太平洋地区等20多个国家有本病病例报告。其中日本已报道人体病例14 000余例。主要是这些国家居民喜吃腌海鱼,或喜吃生拌海鱼片、鱼肝、鱼子或乌贼作佐酒佳肴,由此获得感染,使本病成为一种海洋自然疫源性疾病。在我国尽管病例报道很少,但在国内市售海鱼中,发现鲐鱼、小黄鱼、带鱼等小型鱼体肌肉或器官组织内的异尖线虫幼虫感染率高达100%,感染强度高达401条/尾鱼;从东海和黄海获得的30种鱼和两种软体动物发现带幼虫率为84%。可见我国人群感染异尖线虫病的潜在危险性很大。

(四)症状与病理变化

人不是异尖线虫的适宜宿主,但幼虫可寄生于人体消化道各部位,亦可引起内脏幼虫移行症。人体感染后,轻者仅有胃肠不适,重者表现为在进食后数小时上腹部突发剧痛伴恶心、呕吐、腹泻等症状,纤维胃镜可见胃黏膜水肿、出血、糜烂、溃疡,晚期患者可见胃肠壁上有肿瘤样物,病理特点是以黏膜下层为中心的伴有大量嗜酸性粒细胞浸润的脓肿或瘤样肿物,肿物内可见虫体断片、角皮或肠管等。除在胃肠外,虫体可在腹腔、泌尿系统、皮下组织等处形成肿物。鱼类感染本病不表现出临诊症状。

异尖线虫引起的病理反应是一种超敏反应。于发病1~4 d之间,黏膜糜烂,黏膜下层为中心的肠壁高度水肿,嗜酸性细胞大量浸润,虫体钻入部位出血,淋巴管扩张,伴发静脉炎。之后虫体周围形成明显的脓肿,在其周围尚可见蜂窝组织炎,以嗜酸性粒细胞浸润为主,可见巨噬细胞、淋巴细胞、虫体的角皮轮廓、肌层及明显的肌纤维,最外侧为少量的内芽组织。此后,肌纤维模糊不清,脓肿区逐渐缩小,肉芽组织明显增生,多数虫体崩解,只残留部分角质层,嗜酸性粒细胞浸润减少,而虫体周围有少量嗜酸性粒细胞,异物巨噬细胞浸润,外层以大量淋巴细胞浸润为主。最后肉芽组织增生明显,胶质细胞,异物巨噬细胞增多,嗜酸性细胞减少。

(五)诊断要点

诊断本病依据从胃内检获幼虫。虫体多在胃大弯侧发现。用体外培养的幼虫分泌排泄物作抗原检测患者血清中特异性抗体,是本病的重要辅助诊断方法。

(六)防控措施

预防此病应改变生吃海鱼的习惯。治疗主要是手术切除或用内窥镜取除虫体。

第六节 新发现的人兽互传病

2004年5月,世界卫生组织(WHO)、联合国粮农组织(FAO)和国际兽疫局在日内瓦举行的新发现人兽互传病磋商会上,将新发现人兽互传病(emerging zoonotic diseases)定义为"新发现、新变异或以前流行过但发病率升高、流行区域扩大、宿主或媒介范围扩大的人兽互传病(A zoonosis that is newly recognized or newly evolved, or that has occurred previously but shows an increase in incidence or expansion in geographical, host or vector range)。新发现人兽互传病对人类健康和经济发展具有潜在的巨大影响,其危害还有不断增强的趋势。

一、牛海绵状脑病(Bovine spongiform encephalopathy)

(一)疾病简介

1. 疾病性质　牛海绵状脑病(Bovine spongiform encephalopathy,BSE)俗称"疯牛病"(Mad cow disease,MCD),是由朊病毒引起的牛的一种神经性、渐进性、致死性疾病。其临床特征是潜伏期长、精神失常、共济失调,感觉过敏;和组织病理学特征是死后大脑呈海绵状空泡变性。本病发病缓慢,最终死亡。该病自1985年4月首次在英国发现以来,至今已在许多国家都有发现。本病因可能危害人类健康而受到世界各国的高度关注,OIE将其列为B类疫病。

2.病原学　BSE 的病原是一种无核酸的蛋白性侵染颗粒(Proteinaceous infectious particle),它是由正常宿主神经细胞表面的一种糖蛋白(PrPc),在翻译后发生某些修饰而形成的异常蛋白质(PrPsc),PrPc 和 PrPsc 一级结构相同而二级结构不同,前者能被蛋白水解酶水解而后者不能。在病毒分类上将其归入亚病毒因子。朊病毒除了能引起牛海绵状脑病以外,还能引起人的库鲁病(kuru)、克雅氏病(CJD)、及动物中的羊瘙痒症、貂的传染性脑病等。

3.易感动物　牛、大羚羊以及瞪羚、白羚、金牛羚、弯月角羚和美欧野牛等。易感性与品种、性别、遗传等因素无关。发病以 4～6 岁牛多见,2 岁以下的病牛罕见,6 岁以上牛发病率明显减少。奶牛因饲养时间比肉牛长,且肉骨粉用量大而发病率高。家猫、虎、豹、狮等猫科动物也易感。

4.人和动物的感染方式　BSE 发生流行需以下两个要素:①本国存在大量绵羊且有痒病流行或从国外进口了被 TSEs(传染性海绵状脑病)污染的动物产品;②用反刍动物肉骨粉喂牛。

(二)症状

BSE 的病程一般为 14～90 d,潜伏期长达 4～5 年。这种病多发生在 4 岁左右的成年牛身上。精神、行为异常。表现为不安、恐惧、狂暴、神志恍惚、磨牙等,当有人靠近或追逼时往往出现攻击性行为。运动障碍主要表现为共济失调、颤抖或倒下。感觉障碍最常见的是对触摸、声音和光过度敏感,这是 BSE 病牛很重要的临床诊断特征。用手触摸或用钝器触压牛的颈部肋部,病牛会异常紧张颤抖,用扫帚轻碰后蹄,也会出现紧张的踢腿反应;病牛听到敲击金属器械的声音,会出现震惊和颤抖反应;病牛在黑暗环境中,对突然打开的灯光,出现惊吓和颤抖反应。多数病牛食欲正常,体重减轻,产奶量减少,体温偏高,呼吸频率增加。病情常日益严重,病程多为 1～4 个月,少数长达 12 个月。病牛最后死亡或被扑杀。

(三)病理变化

牛海绵状脑病无明显的眼观病变。典型的组织病理学集中在中枢神经系统。以双边对称的神经空泡具有重要的诊断价值,这包括灰质神经纤维网出现微泡即海绵状变化(图 23-17,图 23-18)。星型细胞肥大常伴随于空泡的形成。有时可见大脑淀粉样病变,但不多见。

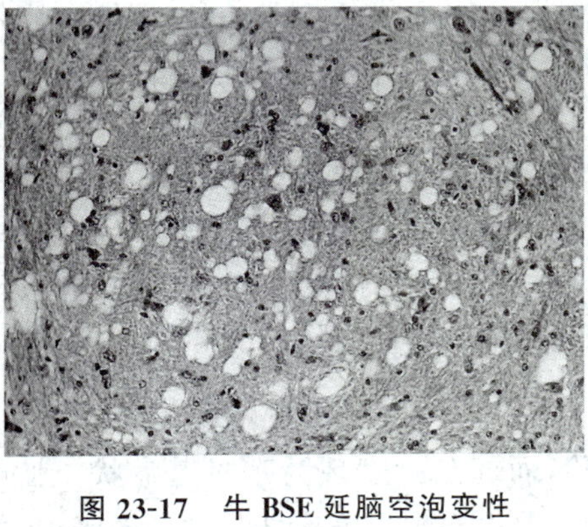

图 23-17　牛 BSE 延脑空泡变性

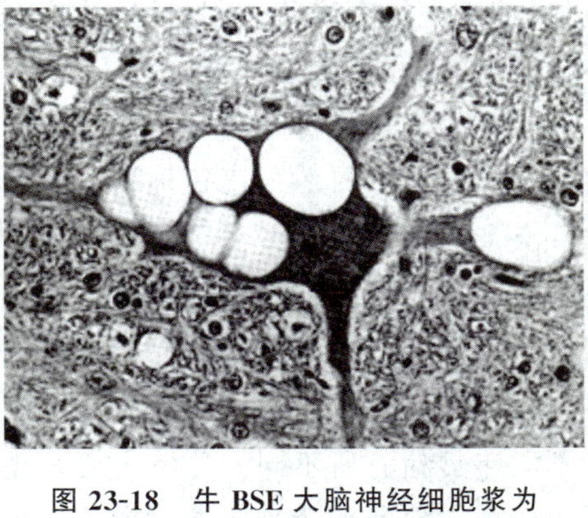

图 23-18　牛 BSE 大脑神经细胞浆为大小不一的空泡占据

(引自 Thomas Carlyle Jones,1997)

(四)诊断

根据临床症状只能做出疑似诊断,确诊需进一步做实验室诊断。

1.病原检查　用感染牛或其他动物的脑组织通过非胃肠道途径接种小鼠。因潜伏期至少300 d,而使该方法无实际诊断意义。

2.脑组织病理学检查　以病牛脑干核的神经元空泡化和海绵状变化的出现为检查依据。

3.电镜检查　检测痒病相关纤维蛋白类似物(SAF)。

4.鉴别诊断　有机磷农药中毒(有明显的中毒史,发病突然,病情短);低镁血症、神经性酮病(可通过血液生化检查和治疗性诊断确诊);李氏杆菌感染引起的脑病(病程短,有季节性,冬春多发,脑组织大量单核细胞浸润);狂犬病(有狂犬咬伤史,病程短、脑组织有内基氏小体);伪狂犬病(通过抗体检查即可确诊);脑灰质软化或脑皮质坏死、脑内肿瘤、脑内寄生虫病等(通过脑部大体解剖即可区别)。

(五)防制

本病尚无有效疗法。应采取以下措施,减少 TSE 病原在动物中的传播。

①根据 OIE《陆生动物卫生法典》的建议,建立 BSE 的持续监测和强制报告制度。

②禁止用反刍动物源性饲料饲喂反刍动物。

③禁止从 BSE 发病国或高风险国进口活牛、牛胚胎和精液、脂肪、MBM(肉骨粉)或含 MBM 的饲料、牛肉、牛内脏及有关制品。

④我国尚未发现该病,应加强国境检疫,严防传人。一旦发现可疑病牛,立即隔离并报告当地动物防疫监督机构,力争尽早确诊。确诊后扑杀所有病牛和可疑病牛,甚至整个牛群,尸体焚毁或深埋。根据流行病学调查结果进一步采取措施。

二、尼帕病毒病(Nipah disease)

(一)疾病简介

1.疾病性质　尼帕病毒病(Nipah disease)是 1998 年在马来西亚森美兰州首次发现的一种严重危害猪和人类的病毒性人畜共患病。

2.病原体　尼帕病毒(亦称立百病毒)为副黏病毒科 RNA 病毒,病毒颗粒由套膜和核衣壳组成,核衣壳被套膜所包围,呈螺旋形,含核糖核酸,直径 18 nm,长 1 nm。该病毒在体外相当不稳定,对热和消毒药物抵抗力不强,加热 56℃ 30 min 即被破坏,用肥皂等清洁剂和一般消毒剂很容易灭该病毒在 Veto、BHK、PS 细胞系中生长良好。

3.易感动物　自然宿主包括猪、人、马、山羊、猫、鼠类,八哥、掠鸟等也可带毒。

4.人和动物的感染方式　人群之间传播在立百病毒感染人的途径中,猪起了关键作用。病人主要是通过伤口,与猪的分泌液、排泄物以及呼出气体等的直接接触而受感染,所以大多数病例是养猪从业人员,尚未见有人因进食猪肉或猪肉产品而受感染的报道。

(二)症状

不同年龄猪有所不同。母猪主要表现为神经症状,而商品猪表现为呼吸道症状。临床上患猪的病情十分温和。有些养猪场虽然有许多猪感染,但不表现出临床症状。一般来说,发病率高,死亡率低(<5%),潜伏期是 7～14 d。

人潜伏期大约 1～3 周。临床症状与日本脑炎相似,一般神经症状。尼帕病患者的特征症状是颈部和腹部痉挛，这是其他脑炎中所没有的。

临床症状有的较为温和，有的则很严重，包括不同程度的发热和头痛，持续 3～14 d，少数病例会出现呼吸道症状，部分病人在 24～48 h 内出现嗜睡、意识混乱、痉挛、颤抖，几天后发展到昏迷不醒，有的需借助呼吸机呼吸，大多数病人会在昏睡中死亡。大约有一半的感染者出现昏迷，而耐过的昏迷患者苏醒后都会出现脑损。部分病人无临床症状但血清学检测呈阳性反应。

（三）病理变化

人以多器官发生血管炎，并伴随内皮细胞感染。感染的内皮细胞会转变为多核的巨细胞、有些细胞则碎裂或脱落而进入血管腔内。感染的器官以中枢神经系统为主，在大脑皮层与脑干可见弥漫性的血管炎，病变可深入实质组织，造成实质组织的坏死。感染的神经元与实质组织细胞内可见嗜酸性质内包涵体。

感染猪病变以呼吸系统为主。中到重度病变，伴随广泛性出血的间质性肺炎，肺内血管的内皮细胞有细胞融合的现象。肺脏、肾脏与脑等器官发生有类纤维素性坏死、出血、单核细胞浸润，有时形成血栓的广泛性血管炎。

（四）诊断

1. 病毒分离　立百病毒能在 Vero 细胞株（ATCC，CCL81）进行培养，并很快造成细胞融合而形成多核巨细胞。

2. 免疫组化染色　用高免血清进行。感染人脑组织常呈强阳性，肺、心、脾、肾也会出现较弱的染色。感染猪只呼吸道管腔内的细胞碎片均可染出立百病毒的抗原。

3. RT-PCR　常用立百病毒磷蛋白基因扩增引物进行，该位点在多种副黏病毒中均为保守序列。

4. ELISA　目前已能利用经伽马射线不活化处理的立百病毒抗原，以酵素免疫分析的原理检测血清中的抗立百病毒 IgM 与 IgG。

（五）防制

封锁感染猪场，捕杀病猪和疑似感染猪及其同群猪，深埋处理。烧毁猪舍，并对感染猪场进行全面、彻底的消毒后铲平。以消灭或减少传染源；同时禁止疫区猪只移运，防止疫情的蔓延。对猪、马等易感动物，以及养猪从业人员和与猪密切接触的人群进行紧急免疫接种。

广泛灭蚊，清除积水，以消灭蚊子滋生地也是防止病原传播的重要措施。

三、禽流感（Avian influenza）

（一）疾病简介

1. 疾病性质　禽流感（Avian influenza，AI）是禽流行性感冒的简称。是由 A 型禽流行性感冒病毒引起的一种禽类（家禽和野禽）传染病。禽流感病毒感染后可以表现为轻度的呼吸道症状、消化道症状，死亡率较低；或表现为较严重的全身性、出血性、败血性症状，死亡率较高。这种症状上的不同，主要是由禽流感的毒型决定的。根据禽流感致病性的不同，可以将禽流感分为高致病性禽流感、低致病性禽流感和无致病性禽流感。最近国内外由 H5N1 血清型引起的禽流感称高致病性禽流感，发病率和死亡率都很高，危害巨大。

2. 病原　流感病毒（Influenza Virus），属于正黏病毒科流感病毒属，为 RNA 病毒。典型的病毒粒子呈球形，有囊膜。流感病毒分为A、B、C 3型，A型和B型流感病毒粒子的囊膜上有两种微粒：一种是血凝素（HA），能凝集马、驴、猪、羊、牛、鸡、鸽、豚鼠和人的红细胞，另一种是神经氨酸酶（NA），当病毒成熟时可水解细胞表面受体特异性糖蛋白末端的N-乙酰基神经氨酸。C型流感病毒的囊膜上只有一种微粒（HEF）。

A、B型流感病毒表面抗原为HA和NA，而A型流感病毒的HA和NA容易变异，已知HA有16个亚类（H1～H16），NA有9个亚类（N1～N9），它们之间的不同组成，使A型流感病毒有许多亚型，各亚型之间无交互免疫力，而B型流感病毒的HA和NA则不易变异，无亚类之分。HA和NA都有免疫原性，血凝抑制抗体能阻止病毒的血凝作用，并中和病毒的传染性；NA抗体能干扰细胞内病毒的释放，抑制流感病毒的复制，有抗流感病毒感染的作用。

流感病毒对外界抵抗力较弱，不耐热，不耐酸和乙醚，对紫外线、甲醛和常用消毒剂很敏有感。但对干燥和低温的抵抗力强，在70℃稳定，冻干可保存数年。

3. *易感动物*　家禽中以鸡、火鸡最为易感，鸭、鹅和其他水禽的易感性较低，鸽的自然发病不常见。某些野禽也能感染。

4. *人和动物的感染方式*　病畜是主要的传染源，康复动物和隐性感染者，在一定时间内也可带毒排毒。

在禽类，病毒可从呼吸道、结膜和粪便中排出，因此，禽类的传播方式，除空气飞沫外，还可能与接触了被病毒污染的物品有关。

本病多发生于天气骤变的晚秋、早春以及寒冷的冬季。外界环境的改变、营养不良和内外寄生虫侵袭都能促进病的发生和流行。本病发病率高而死亡低，但鸡受到强毒感染时，病死率很高。

（二）症状

潜伏期很短，通常为3～5 d。急性病例体温迅速升高（达41.5℃以上），拒食，病鸡很快陷于昏睡状态。冠与肉髯肿胀、发绀，呈紫色，有时有散在的黄色坏死点。头、颈及眼睑出现水肿，眼结膜潮红，有分泌物。呼吸困难，鼻有黏液性分泌物。趾及跖部角质鳞片出血。排黄白或黄绿色稀粪。蛋鸡产蛋量明显降低，产软壳蛋。病程往往很短，常于症状出现后数小时内死亡，病死率有时接近100％。死前不久，体温常降到常温以下。

（三）病理变化

剖检可见颜面部皮下水肿，呈胶冻状。全身浆膜、黏膜出血。胸部肌肉、胸骨内面胸膜、心冠脂肪及腹壁脂肪上有散在小出血点；输卵管水肿、增厚，内有蛋清样物，卵子充血、出血、变形；腺胃乳头出血；跗关节处的鳞片出血。

除由A型病毒的H5和H7亚型中的强毒感染引起高度致死性疾病外，其他亚型多引起轻微的呼吸道症状，病死率低，或取隐性经过。

（四）诊断

根据病的流行特点、临诊表现和病理变化可做出初诊。确诊应进行实验室诊断。

从20世纪90年代中期起，我国在禽流感的流行病学、诊断、免疫防治及基础研究等方面做了大量的工作并取得了多项研究结果。禽流感诊断技术方面，已建立：①琼脂扩散（AGP）诊断技术。②亚型分型技术。③病毒分子诊断技术。而病毒的致病性必须通过人工静脉接种无特定病原鸡（SPF鸡）来最后确定。在动物发热初期采取新鲜鼻液，或用灭菌棉棒擦拭鼻咽部分泌物，立即接种于孵化 9～11 d 的鸡胚尿囊腔或羊膜腔内。培养 5 d 后，收获尿囊液或羊水做血凝试验。阳性则证明有病毒繁殖，再以此材料做补体结合试验鉴定型，通过血凝抑制试验鉴定亚型。RT-PCR 技术已成功用于禽流感及其亚型的诊断。实际工作中，常用的方法还是血凝和血凝抑制实验。

高致病性禽流感的诊断根据农业部《关于印发〈高致病性禽流感防治技术规范〉等 7 个重大动物疫病防治技术规范的通知》进行。

在临床上应注意禽流感与鸡新城疫、禽霍乱的区别。

(五)防制

对禽流感的预防必须采用综合性预防措施。养殖场远离居民区、集贸市场、交通要道以及其他动物生产场所和相关设施等；不从疫区引进种蛋和种禽；对过往车辆以及场区周围的环境、孵化厅、孵化器、鸡舍笼具，工作人员的衣帽和鞋等进行严格的消毒；采取全进全出的饲养模式，杜绝鸟类与家禽的接触；在养殖场中应专门设置供给工作人员出入的通道，对工作人员及其常规防护物品应进行可靠的清洗及消毒；严禁一切外来人员进入或参观动物养殖场区。在受高致病性流感威胁的地区应在当地兽医卫生管理部门的指导下进行疫苗的免疫接种，定期进行血清学监测以保证疫苗的免疫预防效果确实可靠。

农业部已将高致病性禽流感列入我国一类动物疫病病种名录。目前，我国已规定在高致病禽流感受威胁区对敏感禽类实施紧急强制免疫接种。我国哈尔滨兽医研究所已成功研制出禽流感(H5，H7)疫苗，有灭活苗和弱毒活苗两种。动物通过接种或自然感染后，虽可获得对同一亚型的短期免疫力，但不能抵抗其他亚型的感染，因为亚型之间无交叉免疫力。在自然界 A 型流感病毒的亚型众多，而且可能经常发生变异，对猪禽来说，依靠少数几个亚型的疫苗往往不能奏效。因此，一般性的兽医卫生措施仍是目前防制本病的主要手段。

当发生低致病性禽流感时，在严格隔离的情况下，可以给予对症治疗的方法，缓解病情。同时，给予抗生素类或磺胺类药物进行治疗。

当发生高致病性禽流感时，因发病急、发病和死亡率很高，目前尚无好的治疗办法。在国家制定的《重大动物疫情应急条例》和《高致病性禽流感应急预案》中，对高致病性禽流感的预防、控制、扑灭等都制定了严格的措施和程序。包括：疫情报告、疫情诊断、疫点疫区的隔离封锁、扑杀、消毒、紧急免疫接种、紧急应急体系、经费的来源和保证等。一旦发生疫情，国家启动紧急应急系统。这样，可以尽快扑灭疫情，消灭传染源，减少经济损失，是扑灭禽流感的有效手段之一，应该坚决执行。

对污染的禽舍必须先用去污剂清洗以除去污物，再用次氯酸钠溶液消毒，最后用福尔马林和高锰酸钾熏蒸消毒。铁制笼具也可采用火焰消毒。由于粪便中含病毒量很高，因此在处理时要特别注意。粪便和垫料应通过掩埋方法来进行处理，对处理粪便和垫料所使用的工具要用火碱水或其他消毒剂浸泡消毒。

四、艾滋病(Acquired immunodeficiency syndrome)

(一)疾病简介

1. 疾病性质　艾滋病是一种由艾滋病病毒(Human immunodeficiency virus，简称 HIV，即人类免疫缺陷病毒)侵入人体后破坏人体免疫功能，使人体发生多种不可治愈的感染和肿瘤,最后导致被感染者死亡的一种严重传染病。艾滋病起源于非洲,后由移民带入美国。目前,全世界共有艾滋病病毒携带者和患者4990万,主要在发展中国家,其中非洲约3700万。

HIV感染者从感染初期算起,要经过数年、甚至长达10年或更长的潜伏期后才会发展成艾滋病病人。艾滋病病人因抵抗能力极度下降会出现多种感染,如带状孢疹、口腔霉菌感染、肺结核,特殊病原微生物引起的肠炎、肺炎、脑炎等,后期常常发生恶性肿瘤,直至因长期消耗,全身衰竭而死亡,病死率几乎高达100%。艾滋病严重地威胁着人类的生存,已引起WHO及各国政府的高度重视,人员及经费投入惊人。

虽然全世界众多医学研究人员付出了巨大的努力,但至今尚未研制出根治艾滋病的特效药物,也没有可用于预防的有效疫苗。目前,这种被称为“超级癌症”的疾病已被我国列入乙类法定传染病,并被列为国境卫生监测传染病之一。

2.病原体　HIV呈袋状球形,直径约150 nm,包膜由一薄层类脂质构成,它具有抗原性。HIV以核糖核酸(RNA)为其遗传方式,而人类细胞是以脱氧核糖核酸(DNA)为遗传方式。病毒侵入人体之后,可以感染T和B淋巴细胞、单核细胞、巨噬细胞、朗格罕细胞以及脑、脊髓和周围神经细胞。专家认为神经组织可作为病毒储存的地方,由此产生病毒,并不断侵犯其他T细胞。HIV在一种逆转录酶的作用下,它可以融合于人体细胞的染色体DNA中,并进行复制、分裂、繁殖,也可以按它自己特有的遗传方式来复制,最终导致细胞的死亡。还可以在受其感染的细胞染色体内长期潜伏,暂时不发病。它能引起终身感染,随时可以在受感染的人身上引起疾病。

HIV存在于病人的体液当中,包括精液、血浆、血清、脊髓液、唾液、眼泪、尿、乳汁和阴道分泌物等,但血液、精液、阴道分泌物等3项是主要的感染途径,一旦它离开人体,HIV会很快死亡。

3.易感动物　人、非洲青猴、猩猩、猫、免等都是该病毒的保存宿主。

4.人和动物的感染方式　艾滋病人和HIV感染者是主要的传染源。传播途径主要包括性接触、血液和母婴3种。此外,皮肤破损处接触也可传播。

猫免疫缺损病毒主要有3种传染途径:一是动物间的撕咬攻击;二是动物们共享食物;三是由母体直接传染给幼子。因为侵病毒属病毒的种属特异性都很强,因此,猫的免疫性缺损病毒不会感染人。

(二)症状

人类 艾滋病病人的症状主要表现为乏力、持续发热、盗汗、进行性消瘦、慢性腹泻或出现卡波济氏肉瘤、勃克氏淋巴肉瘤、非何杰金氏淋巴肉瘤等,有的还继发卡氏肺袍子虫病、隐抱子虫感染。

从感染HIV到发病有一个完整的自然过程,临床上将这个过程分为4期:

1.急性感染期、潜伏期、艾滋病前期、典型艾滋病期　急性感染期病人出现发热、皮疹、淋巴结肿大、还会发生乏力、出汗、恶心、呕吐、腹泻、咽炎等。有的还出现急性无菌性脑膜炎,表现为头痛、神经性症状和脑膜刺激症。症状常较轻微,容易被忽略。当这种发热等周身不适症状出现后5周左右,血清HIV抗体可呈现阳性反应。

2.潜伏期　感染者可以没有任何临床症状,但潜伏期病毒在持续繁殖,具有强烈的破坏作用。潜伏期指的是从感染HIV开始,到出现艾滋病临床症状和体征的时间。艾滋病的平均潜伏期,现在认为是2～10年,这对早期发现病人及预防都造成很大困难。

3. *艾滋病前期*　潜伏期后开始出现与艾滋病有关的症状和体征，直至发展成典型的艾滋病的一段时间。这时，病人已具备了艾滋病的最基本特点，即细胞免疫缺陷，只是症状较轻而已。主要的临床表现有：浅表淋巴结肿大；全身不适，肌肉疼痛等症状；各种特殊性或复发性的非致命性感染。

4. *典型的艾滋病期*　常具有3个基本特点：即严重的细胞免疫缺陷；发生各种致命性机会性感染；发生各种恶性肿瘤。艾滋病发展到最后，免疫功能全面崩溃，病人出现各种严重的综合病症，直至死亡。艾滋病晚期并肺孢子虫肺炎、口腔真菌感染、剥脱性皮炎患者。

动物　20世纪80年代发现了猫、山羊、牛、马等的免疫缺损病毒，它们和人的艾滋病病毒同属于反转录病毒科慢病毒属，其感染机制基本类似，都是攻击机体的免疫系统。从症状上来看，其他动物发病症状和人类艾滋病有所不同，但猫和人类较为类似，急性症状表现为发烧、淋巴结肿大、腹泻等，慢性则表现为一些慢性呼吸道疾病和严重的神经性疾病等。潜伏期一般长达数年甚至十年之久，有的甚至终身潜伏不发病，是研究人类艾滋病的良好模型动物。

据科学家统计，近20年来，免疫缺损病毒病已经成为非洲狮数目锐减的主要原因之一。

(三)病理变化

由于有复杂的继发感染，AIDS的病理变化也呈多种多样。常见卡氏肺孢子虫性肺炎。肺泡内充满泡沫状液体及大量卡氏肺孢子虫，肺泡壁变性坏死，肺间质内有大量淋巴细胞和浆细胞浸润。胸腔积液等。局灶性或弥漫性系膜增殖性肾小球肾炎、急性肾小管坏死、肾小管萎缩及局灶性间质性肾炎等。粒细胞及血小板减少、贫血。肌酶异常，肌肉活检血管周围、肌束膜或间质有炎性细胞浸润。

(四)诊断

1. *酶联免疫吸附试验*　这是一种颜色反应试验。就是用制备完整的HIV颗粒(抗原)与感染者血清中的HIV抗体结合，然后再使之与特殊的化学试剂产生颜色反应。这种方法简单方便、易操作、较灵敏，能检出少量的HIV抗体，通常用作初步筛检试验。

2. *蛋白印迹试验*　这种方法对HIV抗体有较高的特异性，不需活病毒作抗原，可用于排除假阳性。

3. *免疫荧光法*　是用固定的HIV感染的细胞抗原与病人血清中的抗体相结合，加荧光标记的抗人IgG或IgM，在荧光显微镜下检测，典型弥漫性脑浆荧光为阳性。此方法敏感性、特异性较高，在病危人群中检测较常用，其缺点是必须有HIV的淋巴细胞培养物。

4. *PCR法*　此方法检测HIV的核糖核酸来确定被检者是否感染HIV。

只有HIV抗体阳性和蛋白印迹实验或病毒核糖核酸检测阳性才能确诊为艾滋病病人。

(五)防制

艾滋病是一种病死率极高的严重传染病。至今为止，世界上还没有研制出能彻底治愈艾滋病的药物和有效预防HIV的疫苗。

(1)洁身自爱，遵守性道德是预防艾滋病的根本方法 严格地说，每个人都有可能感染艾滋病病毒，只不过有些人感染的危险性很大，而另外一些人感染的可能性较小或很小。感染的危险程度主要决定于人们自己的行为。资料表明，性病患者卖淫或嫖娼，静脉吸毒者共用注射器，与多个性伴侣发生肛交，以及卖血为生等行为更容易感染HIV。

(2)正确使用避孕套不仅能避孕，还能减少感染艾滋病、性病的危险。

(3)及时、规范的治疗性病可大大降低感染 HIV 的可能。

(4)避免不必要的输血和注射,进行穿破皮肤的行为时保证用具经过严格的消毒。

(5)戒断毒品,不共用注射器注射毒品。

(6)避免母婴传播。

(7)及时接受 HIV 与 HIV 抗体检测 根据我国《艾滋病监测管理的若干规定》,国家对检测结果的保密问题有明文规定,即"任何单位和个人不得歧视艾滋病病人、病毒感染者和其家属。不得将病人和感染者的姓名、住址等有关情况公布或传播"。目前 HIV 抗体检测已成为常规检测项目。当怀疑自己可能感染了病毒时,应尽早去省、市级疾病控制机构、各大医院、各地血站或血液中心做检测。检测的结果若为阳性,应在 3～6 个月后再去复查,如抗体检测再次呈阳性反应,表明这个人已经被 HIV 感染。

五、莱姆病(Lyme disease)

(一)疾病简介

1. *疾病性质* 莱姆病又称疏螺旋体病(Borreliosis),是伯氏疏螺旋体引起人和多种动物的一种蜱传性自然疫源性传染病。该病的临床特征是发热、皮肤损伤、关节炎、脑炎和心肌炎等。莱姆病于 1974 年首次发现于美国康涅狄格州莱姆(Lyme)镇,现已广泛存在于欧美国家,并由吸血昆虫传染给动物和人。我国黑龙江省于 1986 年首次发现该病,至今经证实已有 18 个省区是莱姆病的自然疫源地。

2. *病原* 伯氏疏螺旋体呈细长螺旋状,长 4～30 μm,直径 0.18～0.25 μm,有 3～12 个大而疏的螺旋,螺距为 2.1～2.4 μm。螺旋体长度与人工培养时间及培养基营养成分含量密切相关。有左旋的,也有右旋的。体对外界抵抗力不强。巴氏消毒法、高温、脱水或常用消毒剂都可将其杀死。

3. *易感动物* 牛、马、犬、猫、羊、鹿、浣熊、兔、鼠类和鸟类对该病均有易感性,人也容易感染。

4. *人和动物的感染方式* 蜱是主要的传播媒介,包括硬蜱属、血蜱属、花蜱属、革蜱属、扇头蜱属等的一些成员都可携带该病的病原。在蜱污染严重的地区,多种动物都呈现抗体阳性并且具有较高的阳性率。健康动物直接接触患病动物时,该病流行具有明显的季节性,一般多见于 6～9 月份。

(二)症状和病理变化

临床症状和病理变化潜伏期 3～22 d。牛 病初体温升高、跛行、肌肉强直;继而出现腹泻、脱水和消瘦以及多发性关节炎、关节肿胀,四肢远端肿胀、局部皮肤呈粉红色,关节和蹄部疼痛敏感;个别病牛可能有心肌炎、静脉炎、肾炎或肺炎的表现。乳房部位可能出现红斑。病牛体重下降,奶牛产奶量下降;孕牛可发生流产,呈散发或地方流行性。

马 发病时可见低热不退,可能大量出汗,触摸蜱叮咬部位高度敏感,被蜱叮咬的四肢常表现为疼痛和轻度肿胀,局部容易脱毛和出现皮肤脱落,四肢僵硬不愿走动。有些病马出现脑炎症状,表现为嗜眠,行动异常,头颈倾斜,尾巴弛缓、麻痹,吞咽困难,不能久立一处。常无目标地运动。孕马流产或死胎。

犬 发热,食欲不振,嗜眠;随后出现多发性关节炎,关节肿胀、疼痛,病犬跛行;局部淋巴结肿大，心肌炎和赘生性心内膜炎；肾功能紊乱，常表现为氮血症、蛋白尿、圆柱尿、脓尿和血尿；部分病犬可能有脑炎症状，有时也可见到结膜炎和全眼球炎。

猫　表现为疲劳、厌食、跛行和关节异常等变化。

（三）诊断

1. *伯氏疏螺旋体的培养*　病料中的螺旋体培养过去一直认为是莱姆病实验室诊断的标准方法。但由于病人活检组织中活的疏螺旋体数量很少，过程既费时又易污染，同时培养的阴性结果并不能说明一定是未感染伯氏疏螺旋体。

2. *血清学检测*　血清学诊断是实验室诊断莱姆病最常用的方法，1982 年 Burdorferi 通过从肩突硬蜱分离出疏螺旋体，研制成功了间接免疫荧光分析方法（IFA）来检测血清中的抗体。ELISA 比 IFA 敏感，但假阳性反应仍存在。

IgG 免疫印迹反应已用来证实整个细胞可溶性抗原 ELISA 的结果。在免疫印迹中使用卵白蛋白作为阻断剂，鞭毛 IgM 反应具有特异性，而在莱姆病病人血清中很少发现 OSPA 和 OSPB 的抗体。

3. *聚合酶链反应技术*　已应用于检测蜱体和啮齿类动物及狗的伯氏疏螺旋体。伯氏疏螺旋体 DNA 已经从皮肤活检组织、尿、血清、滑液和脑脊液中检测出来。疏螺旋体 DNA 存在于关节炎病人的尿和血清中，一般认为尿和血清是伯氏疏螺旋体 DNA 检测的主要来源。

（四）防控

目前尚无菌苗用于预防该病，应在加强兽医卫生措施的基础上控制该病，非疫区应通过加强动物检疫防止引入带菌动物、患病动物或传入带菌蜱；受本病威胁的地区要定期进行灭蜱措施和动物检疫，发现病例及时采取适当的处理措施。

疫区应根据各种蜱的生物学特性和出没规律，采取必要的措施杀灭环境和动物体表的蜱，防止动物进入有蜱隐匿的灌木丛等区域，同时要采取保护性措施防止动物被蜱叮咬；患病动物应及时隔离治疗以减少疫病造成的损失，感染或死亡的动物尸体应经严格的无害化处理。

六、嗜水气单胞菌病（*Aeromonas hydrophila* infection）

（一）疾病简介

1. *疾病性质*　由嗜水气单胞菌（*Aeromonas hydrophila*，AH）引起人类、动物的多种疾病，如急性肠胃炎、败血症、脓毒症、脑膜炎、霍乱样腹泻、食物中毒等，给机体造成了相当大的危害。20 世纪 80 年代末以来，在我国淡水养殖业大规模流行嗜水气单胞菌败血症，造成极大经济损失。近些年来嗜水气单胞菌感染人和动物的报道日渐增多，其危害性越来越被人们所认识，它已成为一种新的人兽共患病。国内已有因毛皮动物感染引起接触人员感染的病例报告，以及潜水摸鱼者受感染引起死亡的报告。

2. *病原*　嗜水气单胞菌（*Aeromonas hydrophila*，AH）为类弧菌科气单胞菌属（*Aeromonas*）细菌，形态呈穿梭状，有 3 种类型，一类为头部呈长轴六角形，层部细长，结构简单；二类头部呈等轴六角形，尾部细长；三类头部呈等轴六角形，但尾部极短而不明显（图 23-19）。有菌毛和鞭毛，但无夹膜及芽胞，也无包涵体。革兰氏染色阴性小杆菌，兼性厌氧，运动活泼。在 SS 及 HE 平板上长成湿润、不发酵乳糖圆形，大小 0.5～2.0 mm 的菌落，其表面突起、光滑、周边整齐。在营养琼脂平板上长成湿润的中等大小菌落，在血平板上长成湿润、灰白色、不透明、β溶血的菌落。该菌具有较强的属的特异性。

3.易感动物　鱼虾等冷血动物为本菌的主要自然宿主，其中还包括鱼类、两栖类、爬行类及哺乳类动物，为人类和动物感染的主要来源。

4.人和动物的感染方式　病人和病畜也可成为传染源。经伤口感染或食用被污染的畜产品、水产品和饮用被污染的水，都可经消化道感染。关于嗜水气单胞菌的侵染途径，有的学者认为该菌是外观健康的水生动物肠道内正常菌群，因环境因素改变致使该菌在肠道大量滋生而引起发病。

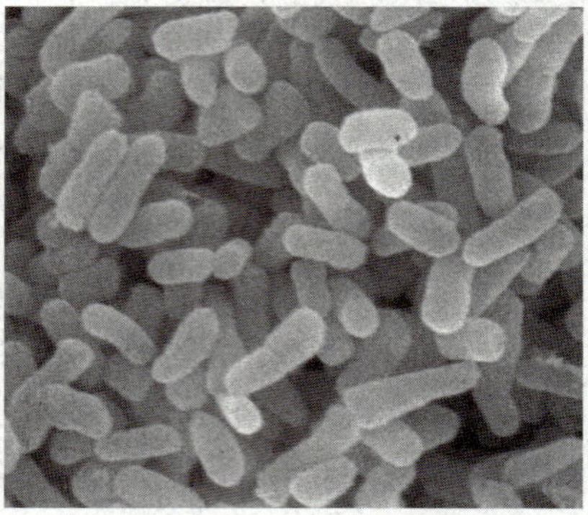

图 23-19　嗜水气单胞菌扫描电镜图像(余锐萍)

(二)症状

1.鱼及其他水生动物　几乎所有的水生动物均可感染此病。鱼和鳖等冷血动物感染后可发生体表皮肤出血、肌肉溃烂、坏死，引起所谓的“打印病”、“白点病”、“烂尾病”、“疖疮病”、“溃烂病”和“红脖子病”等；有的引起细菌性肠炎和细菌性败血症。

病鱼早期对刺激反应迟钝，采食下降，体表无明显异变。中期，病鱼浮头严重，采食停止，倦怠，不愿游动，体表见有出血，眼球外突，腹部胀大。后期，鱼体表色泽变淡至苍白，在水面不规则地旋转，最后沉入池底而死亡。病程可持续 10 d 以上。人工感染鲫鱼 48 h 即可出现体表症状，感染 5 d 可引起 1/4 的鱼死亡，5 d 后死亡数下降，总死亡率可达 35%。自然感染时死亡率随养殖密度、水质情况而不同，若养殖密度减小、水质情况好转，则死亡率低；若水质情况恶化，则死亡率就高，严重时死亡率可达 70%～80%，甚至更高。

2.猪　猪因饮用养鱼塘内的污水而受感染发病。病初体温升高到 40.5～42℃，食欲减少，饮水增加，精神委靡，呆立，排黄绿色稀粪。后期表现食欲废绝，眼角有脓性分泌物，眼结膜充血和黄染，在耳后、背、腹、四肢内侧及耳后等处皮肤有大面积紫红色斑块。心跳加快，呼吸迫促，步态不稳，嗜睡，高度消瘦，卧地不起。强迫行走时，后躯摆动。初期排黄绿色便，后期排血便，频频腹泻，尾根及肛门周围黏附着黄绿色或红色粪便。多数病猪临死前间歇性抽搐、惊叫、口流红色浆液性血样液体。

3.貂　貂患急性败血型后，突然发病，抽搐，惊叫，几个小时即可致死。多数患肠炎型，表现不愿吃食或拒食，眼结膜充血和黄染，眼角有分泌物，发烧，水样或血样便，孕畜流产。

4.肉食动物患病与犬瘟热、犬细小病毒病相类似。

5.人类　经伤口感染，可引起蜂窝织炎、溃烂、坏死；经口感染主要引起腹痛、腹泻，免疫功能低下；机体严重损伤者可引起败血症。大多表现散发性急性胃肠炎。有恶心、呕吐、腹痛、腹泻，部分患者伴发热。大便呈水样便，每日 3～9 次。极少数出现血便，主要发生在 2～3 个月年龄的婴儿。约 23%带黏液便。病程 3～6 个月。儿童病期较成人为短，平均 19 d，成人 42 d，少数在 1 年以上，成为慢性患者。

(三)病理变化

1.鱼及其他水生动物　早期可见体表鳞片间有充血，特别是夹于鳃盖后背鳍下的三角区常见明显充血。胃及小肠前段可见有食物，黏膜充血，肛门充血发红。肝胰脏淤血，散在少数灰白色坏死点，脾脏轻度淤血肿大(图 23-20)。肾脏病变不明显。中期，主要表现是胃肠黏膜

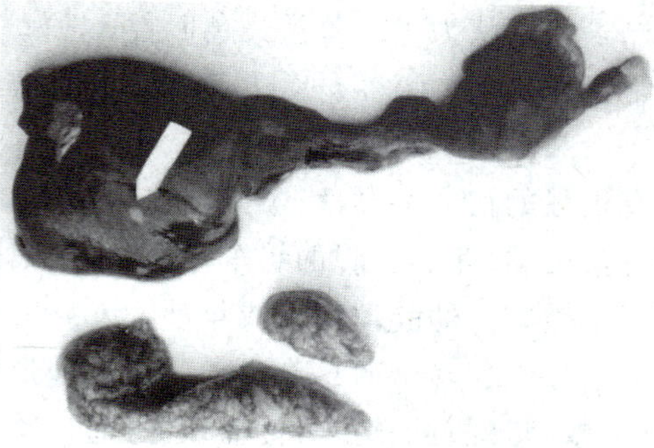

图 23-20　罗飞鱼嗜水气单胞菌病肝脏、脾脏坏死（余锐萍）

弥漫性出血。肝胰脏土黄色，质脆易碎，散见灰白色坏死灶。脾脏明显淤血肿大，少数可见小点坏死灶。心肌、肾脏淤血肿大。后期，特征性变化是胃肠黏膜严重出血，呈红布样。肝胰脏出现严重的脂肪变性，质脆易碎，并见大片灰白色坏死灶。脾脏弥散大小不一的灰白色坏死灶，使整个脾脏外观呈现红白相间的花斑样外观。

2.猪　剖检变化可见腹腔有大量红色积液；肠系膜淋巴结肿大，出血；肠道弥漫性出血，纤维素性渗出，黏膜坏死并脱落，严重者肠腔充满坏死组织与渗出物；胃黏膜出血，尤以幽门部和胃底部严重；肝脏呈紫红色，其表面布满小米粒或黄豆粒大小的白色坏死灶；胆汁稀少色淡；脾脏肿大，髓质软化如泥；肺表面光亮，有大小不等的淤血、出血斑点，部分肉变，气管内有淡红色泡沫样液体，管壁充血；肾表面和皮质部呈点状出血；心肌松软、色淡、心室积血，外表被一层纤维素性渗出物包裹，心包膜粘连。

3.人类　主要表现为腹泻和蜂窝织炎。腹泻是人类致病报道中最多见的，主要表现为恶心、腹痛、腹泻、水样便等症状。细菌性腹膜炎及败血症，临床表现以中高度发热最常见，且多伴有寒颤。外伤性眼炎、中耳炎、伤口或烧伤感染。化疗患者继发嗜水气单胞菌时可致两下肢大面积溃烂。也有报道肝硬化患者继发的气单胞菌属感染。

（四）诊断

腹泻患者粪便嗜水气单胞菌培养阳性即可确诊。有的腹泻患者一般肠道致病菌培养阴性，应考虑有嗜水气单胞菌引起的可能性进一步进行多次培养。患者恢复期血清中出现相应抗体有助确诊。

（五）防制

嗜水气单胞菌主要经水传播，应避免接触污水。鱼类在体表皮肤上会有一些寄生虫、病毒、细菌，在养鱼的水里也会有一些病原体存在，人们在给鱼喂食或换水时，如果皮肤上有破损，很容易被感染上疾病。所以在给鱼喂食或换水时最好戴上手套。

七、附红细胞体病（Eperythrozoonosis）

（一）疾病简介

1.疾病性质　附红细胞体（*Eperythrozoon*），是寄生于人及动物的红细胞表面、血浆及骨髓的一种单细胞原核生物，是人兽共患传染病附红细胞体病的病原。动物感染附红细胞体后，多数呈隐性经过或慢性经过，但由于受环境等应激因素的影响或继发其他疾病，临床症状表现明显，常以发热、贫血和黄疸为特征，故又称为黄疸性贫血病、红皮病等。自 1950 年确定猪的黄疸性贫血是由附红细胞体引起以来，现已遍布世界各地，我国现有多个省份已有发生。

2.病原　附红体根据 16S rRNA 序列的分析认为应归属于柔膜体纲支原体属。附红体随其寄生宿主的不同以及在同一宿主中不同的生长阶段，其形态差异极为显著。猪附红体一般呈环形。马附红体则以环状为常见，也有杆状、球状。兔附红体以卵圆形为多见。绵羊附红体以点状杆状为主。革兰染色阴性，姬姆萨染色呈紫红色，瑞氏染色为蓝紫色。人工培养困难，常用敏感动物培养。对干燥和化学药物比较敏感。

3.*易感动物* 鼠类、绵羊、山羊、牛、猪、犬、猫、鸟类、骆马(美洲驼)和人等。附红细胞体具有很强的宿主特异性，不同动物所感染的附红细胞体也不一样，一般感染牛的附红细胞体不能感染山羊、鹿和去脾的绵羊；绵羊附红细胞体只要感染一个红细胞就能使绵羊得病，而山羊却很不敏感。幼龄动物较成年动物发病率和死亡率高。

4.*人和动物的感染方式* 病畜和带菌动物是本病的主要传染源。本病可以通过吸血昆虫(如蚊、蛰蝇、虱、蠓等)传播；也可通过胎盘垂直传播及交配传播；另外，污染的注射针头、手术器械，仔猪剪尾、断牙、打耳号等，也可促进感染发病。

动物感染附红细胞体后，隐性感染率高，可达95%，应激因素如饲养管理不良、毒素(物)、药物、环境应激、病原混合感染、分娩、密集饲养等，造成机体抵抗力下降，可使隐性感染动物发病，甚至大批发生，症状加重，本病易复发。夏秋或雨水季节，高温湿热、吸血昆虫滋生时多发生。

(二)症状

不同种类、日龄的动物差异较大。潜伏期2～45 d之间。病程长短不一，短者几天，长者数年，但多继发其他疾病，而导致病情加重，甚至死亡。

幼畜多表现为败血症变化。病初体温升高可达40.8～41.5℃，皮肤及可视黏膜苍白、黄疸或发红，肢端发紫或呈暗红色，呼吸困难，体质虚弱，走路摇晃，发病后1至数日死亡，或者自然恢复但生长较慢。病程稍长者表现消瘦，贫血，有时皮肤可出现淤血斑、出血点并有荨麻疹型变态反应。该病的病死率依据幼畜的抵抗力不同有高有低。

母畜表现产前高热(40～41.7℃)，厌食，产后乳房炎、乳汁减少或无乳，缺乏母性行为，外阴水肿，个别还出现流产、死胎、产弱胎现象。停止授乳的母畜黏膜苍白，发情率降低、不发情或屡配不孕。对于公畜可导致精液品质下降，人工授精的配种率降低。

(三)病理变化

皮肤苍白、黏膜浆膜黄染，血液稀薄呈水样，血凝时间延长。皮下脂肪和腹腔内脂肪颜色发黄。病初肝脏肿大，脂肪变性呈淡黄色，胆囊肿大，充满浓稠的胆汁，随病情发展，肝有实质性炎性变化和坏死，呈斑驳状。脾脏病初常因淤血和出血而肿大、变软，后期则因脾小体减少而发生萎缩。心肌变性，心内、外膜有出血点。全身淋巴结不同程度肿大，偶见出血。肾肿，皮质有点状出血。长骨的红骨髓增生。

(四)诊断

1.*病原学检测方法* 常用的方法有：血液压片镜检、血液涂片染色镜检、浓集法镜检和电镜观察，其中临床上常用的方法是压片镜检和染色镜检。其优点是简便快速，但缺点是有时检出率偏低，并且不能排除人为和环境因素的影响，容易误诊，难以反映动物附红细胞体感染的真实情况。电镜观察包括扫描电镜和投射电镜观察，可以进一步研究附红细胞体的形态、结构及被感染的红细胞的形态、与红细胞的作用等，但不适合作为临床诊断方法。

2.*血清学检测方法* 在诊断方面已报道了免疫荧光抗体试验(IFAT)、补体结合试验(CFY)、间接血凝试验(IHA)、酶联免疫吸附试验(ELISA)等方法。但这些方法多只是实验室尝试性方法，因为附红细胞体病的抗体变化起伏较大，由于附红细胞体目前尚无成熟的体外培养方法，难以获得大量原始抗原从而阻碍了血清学方法应用。

3. 分子生物学检测方法 鉴于上述各种方法有一定局限性，近年来分子生物学检测方法逐渐得到重视和应用。目前对附红体基因组所知甚少，近几年来只是对其中的16S rRNA基因有较多的了解，因此用于附红体检测的主要技术是基因探针和聚合酶链式反应（PCR）以及以二者为基础的改进技术，但分子生物学诊断已显示更好的前景。

（五）防制

预防本病要采取综合性措施，尤其要驱除媒介昆虫。驱除体内外寄生虫，从而提高机体的抵抗力；做好针头、注射器的消毒，同时应消除一切应激因素。此外，将四环素族药物混于饲料中，定期饲喂，可较好地预防本病的发生。

发病后要进行群防群治与个别治疗相结合，首先将患病动物与健康动物隔离，在治疗患病动物的同时对整群动物进行药物预防，目前常用的比较有效的药物有新九一四、苯胺亚砷酸、苯胺亚砷酸钠、土霉素、金霉素、阿散酸等。但一般首选的药物为九一四和四环素。

在发病初期，一般只需使用长效土霉素、阿散酸、新砷凡纳明等杀附红细胞体的药物；在发病中、后期的治疗过程中，对贫血明显的动物，应给予铁制剂。同时，结合解热镇痛、补液、纠酸、提高机体抵抗力等综合措施。

第七节 有潜在威胁的人兽互传病

一、新城疫（Newcastle disease）

（一）疾病简介

1. 疾病性质 鸡新城疫是由鸡新城疫病毒（Newcastle disease virus，NDV）引起的一种急性传染病。主要危害鸡和火鸡，患鸡常呈败血经过，以呼吸困难、下痢、神经机能紊乱、黏膜和浆膜出血为主要特征。人偶尔也可以感染发病。

2. 病原 NDV属副粘病毒科（Paramyxoviridae）副粘病毒亚科（Paramyxovirinae）腮腺炎病毒属（Rubulavirus）。成熟病毒粒子的直径约为100～250 nm，有囊膜的病毒粒子通常呈圆形，但常因囊膜破损而形态不规则，显现出多形性。囊膜表面有纤突，具有血凝素（HA）和神经氨酸酶（NA）活性。NDV的核酸由单股负链RNA组成，全长15 186 bp，分子质量约 5×10^6 ku。病毒颗粒在蔗糖中的浮密度为1.18～1.20 g/mL，其基因组共编码六种结构蛋白，分别为L、HN、F、NP、P、M蛋白。

根据毒株毒力强弱将其分为强毒株（速发型）、中毒力株（中发型）、弱毒力株（缓发型）和无毒力株4种类型。NDV对理化因素的抵抗力较强，能在自然界中顽强生存。

3. 易感动物 NDV几乎对所有禽类易感，但对不同宿主的致病性存在较大差异，可因感染的病毒株、宿主种类、年龄、免疫状态、其他病原感染、环境条件、感染途径及感染剂量而不同。鸡、火鸡、珍珠鸡、鹌鹑及野鸡对本病都较易感，其中以鸡最易感。啮齿类动物可自然感染，许多实验动物可实验感染病毒。人类也能感染NDV，可引起急性结膜炎，主要发生于禽类加工厂工人、兽医和实验室工作人员，多在接触病毒或处理病禽时所感染。

4. 人与易感动物感染的途径 本病通过健禽直接接触病禽或间接摄入被病禽呼吸道分泌

物、粪便污染的垫料、饲料或饮水而传播。活禽运输是传播的主要方式,野鸟及赛鸽也是疾病传播的重要途径。垂直传播对新城疫的流行作用不大。

(二)症状

新城疫自然感染的潜伏期一般为2~15 d,平均5~6 d。出现临诊症状的快慢不仅与病毒株有关,还与宿主种类、年龄、免疫状态、其他病原的共同感染、环境应激、群体应激、感染途径及感染剂量等因素有关。为此,国际上将其分为以下4个致病型:

1. 嗜内脏速发型(viscerotropic velogenic ND,VVND) 发病突然,鸡常在出现症状前死亡。病鸡初期精神沉郁,呼吸增加,虚弱,死前衰竭,一般于4~8 d内死亡。常见眼周围及头部水肿,严重腹泻,粪便带绿色、有时染血。病的最初期能存活下来的鸡出现阵发性痉挛,肌肉震颤,颈部扭转,角弓反张。其他中枢神经表现为面部麻痹,偶然翅膀麻痹,死亡率通常在90%以上。

2. 嗜神经速发型(neurotropic velogenic ND,NVND) 各种日龄的鸡均易感,表现明显的神经症状。临症见突然发病,传播迅速。可见明显的呼吸困难、咳嗽和气喘。有时常发出"咯咯"声或怪叫声,继之呈昏睡状态。食欲下降,不愿走动,垂头缩颈,产蛋量下降或停止。1~2 d内或稍后出现神经症状,腿或翅膀麻痹,颈部扭转,呈现"观星姿势"(图23-21)。

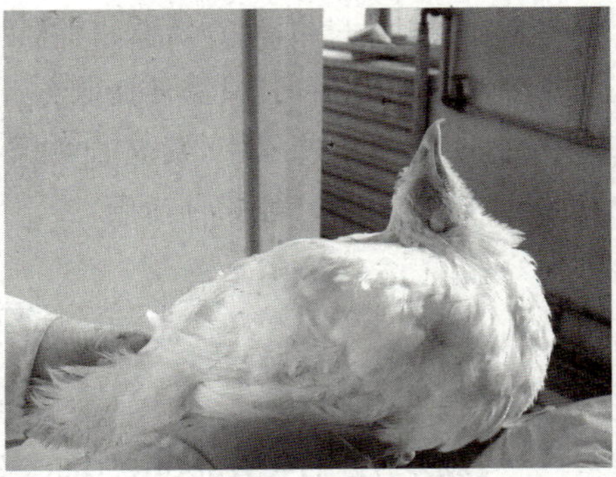

图23-21 ND人工感染SPF鸡典型的"观星姿势"(佘锐萍)

3. 中发型新城疫(mesogenic ND) 主要表现为成年鸡的急性呼吸系统症状,以咳嗽为特征,但极少喘气。病鸡食欲下降,产蛋量下降并可能停止产蛋。中止产蛋可能延续1~3周,蛋的质量也受影响。

4. 缓发型新城疫(lentogenic ND) 一般不引起成年鸡发病,由毒力较弱的毒株引起,鸡呈现一种轻度的或无症状的呼吸道感染,各种年龄的鸡感染后很少死亡,但在小鸡并发其他疾病感染时,死亡率可达30%。

(三)病理变化

感染鸡的病理变化和受侵害的器官与毒株、致病型、宿主及其他因素有关。典型性新城疫的变化包括腺胃乳头突起肿大,尤其是腺胃与肌胃或食道与腺胃交界处最为明显;嗉囊内充满稀薄的带恶臭的液体;腺胃乳头肿大、出血(图23-22);小肠淋巴集结及盲肠扁桃体肿大、出血、坏死、溃疡(图23-23);法氏囊肿大、出血。非典型新城疫则很少见到上述变化,通常是泄殖腔黏膜和盲肠扁桃体出血。

(四)诊断

急性新城疫的初步诊断通常根据病史、临床症状和尸体剖检即可作出。但温和性的新城疫很可能与其他呼吸道疾病或能引起神经症状的疾病混淆,所以通常还需进行病毒分离鉴定或血清学诊断。血清学试验包括HA和HI试验、中和试验、荧光抗体技术和ELISA试验。病毒分离时,须通过致病性试验,鉴别毒株毒力的强弱,如鸡胚最小致死量的平均死亡时间(MDT)、1日龄鸡脑内接种致病指数(ICPI)、6周龄鸡静脉内接种致病指数(IVPI)等。

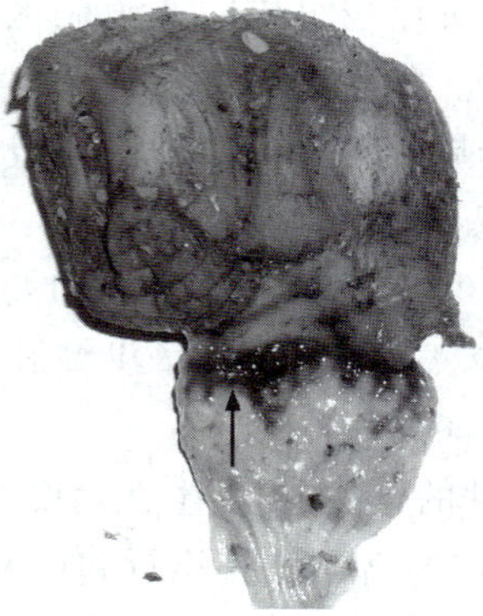

图 23-22 ND 人工感染 SPF 鸡腺胃黏膜出血(佘锐萍)

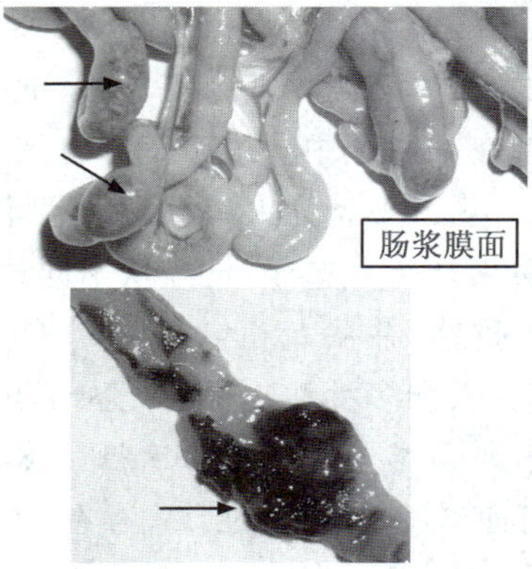

图 23-23 ND 人工感染 SPF 鸡肠道黏膜局灶性溃疡(佘锐萍)

(五)防制

(1)对可疑鸡使用。ND 疫苗或蛋黄/血清抗体紧急接种。

(2)隔离感染鸡只。

(3)划定封锁区域。

(4)严格消毒鸡舍、活动场地和炼油厂。

(5)在接种疫苗后,定期检查新城疫抗体效价。

(6)禁止从新城疫疫区购进家禽或家禽肉制品。

二、戊型肝炎(Hepatitis E)

(一)疾病简介

1. 疾病性质 戊型肝炎(HE,简称戊肝)是一种经肠道传播的自限性传染性疾病。1983 年,前苏联科学家 Balayan 首次应用免疫电镜技术从一名志愿受试者粪便中观察到直径为 27~30 nm 的病毒样颗粒,并成功将其传染至一位志愿者和猕猴体内引起典型的肝炎症状,从而证实该病毒为一种新型的非甲非乙型肝炎病毒。随后,该病毒陆续被其他科学家所证实。1989 年在东京国际会议上正式将非甲非乙型肝炎病毒命名为戊型肝炎。该病流行范围遍及世界各国,患病人口近百万。大的暴发流行主要发生在欠发达、卫生条件差的发展中国家和地区,以印度恒河流域、非洲尼罗河流域为最大流行区域;其次在中亚地区;非洲中部也十分普遍。中国也是 HE 高发区,全国戊型肝炎流行率在 7%~20%之间。

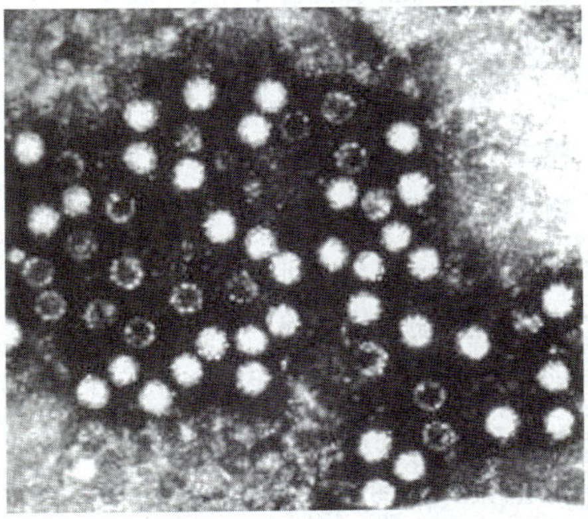

图 23-24 电镜下的 HEV 病毒粒子

2. 病原 戊型肝炎病毒(HEV)属戊型肝炎病毒科(Family Hepeviridae),戊型肝炎病毒属(Genus Hepevirus)直径在 27~34 nm 之间(图 23-24);对 pH 稳定,不耐高盐;HEV 颗粒显现凹型或六棱体样亚单位结构。HEV 为单股正链 RNA 病毒,长度约 7.2 kb,由三个相互重叠的 ORF 组成。5′端有帽子结构,接着是一段 28 核苷酸残基的非编码片段。3′末端为由 65～75 个核苷酸组成的非编码区以及 150～200 nt 的 poly A 尾。基因 1-3 型 ORF3 与 ORF1 和 ORF2 都有部分重叠，基因 4 型则 ORF3 完全包括在 ORF2 中。由于基因组高度变异，可分为 5 个基因型(Genotype)：1 型和 2 型仅发现于人，3 型和 4 型为人兽共患，5 型仅发现于禽类。但仅有 1 个血清型。

3. 易感动物　迄今，已经从不同地区的猪、羊、鼠、鸡、牛、鹿、犬、猫等动物和人体内检测到抗-HEV 抗体，并从人和猪、鸡等动物体内分离出了 HEV 病毒株，证实了戊型肝炎是人畜共患性疾病，人和多种动物都可能为 HEV 的宿主。

4. 人与易感动物感染的途径　戊型肝炎虽然呈全球性的，但主要发生在发展中国家，在发达国家 HEV 多以散发的形式存在。HEV 主要通过粪-口途径传播，有流行和散发两种形式。流行性戊型肝炎多为饮用污染的水源引起的，而散发性病例传染源并不十分清楚。一般认为戊型肝炎患者、隐性感染者以及感染 HEV 的动物是该病的主要传染源。HEV 主要经过以下几种方式进行传播：

(1)水源污染传播，是造成大规模流行的主要传播途径。

(2)食物污染传播，食物在生产和加工过程中被 HEV 污染引起戊肝的传播。

(3)有报道表明也可经血液等非肠道途径传播。

(二)症状

人 潜伏期 2～9 周。人感染 HEV 可分为临床型和亚临床型。临床型感染多发生于 15～40 岁的青壮年，包括急性黄疸型、急性无黄疸型和暴发病例。主要症状与甲型肝炎相似。孕妇特别妊娠后期感染 HEV 易发展暴发性肝炎，死亡率可达 20%。亚临床型多发于儿童，一般不表现症状，也没有黄疸的表现。

急性期症状包括黄疸、厌食、腹痛、恶心、呕吐、发热和瘙痒。黄疸为急性病毒性肝炎的主要症状，可能表现为皮肤黄染、巩膜黄染、黑尿等。根据症状和体征，戊型肝炎不能与急性肝炎的其他类型区别。HEV 经消化道进入宿主体内，主要在肝细胞内复制，通过胆汁进入肠道，从粪便排出。在粪便排出期间，可有病毒血症。

猪感染 HEV 后，无明显临床症状。

(三)病理变化

人：由于戊型肝炎是自限性疾病，只有少数病情严重的患者进行活检，因此关于戊型肝炎组织学变化的报道不多。从非肝硬化患者中观察到的病变与其他病毒性肝炎相似。汇管区周围被大量炎性细胞(淋巴细胞、嗜酸性粒细胞、浆细胞等)浸润；肝细胞排列紊乱；中度或严重的胆小管炎，胆管周围有炎性细胞浸润；肝细胞空泡变性，脂肪变性；肝细胞局灶性坏死等。孕妇感染 HEV，病情严重，特别是怀孕后期，易发生肝功能衰竭。妊娠妇女暴发性戊型肝炎的发病机制还不清楚，可能与其对内毒素敏感和枯否细胞损伤有关。

猪：感染猪肉眼可见肝脏和淋巴结轻或重度肿大。组织病理学观察可见肝细胞严重空泡变性、肿胀、坏死，有炎性细胞浸润。窦状隙中枯否细胞浸润。Deus 等对自然感染猪进行了一项前瞻性研究，将感染猪肝脏中的病变分为二期。Ⅰ期病变主要为汇管区淋巴细胞浸润或散在性浸润，轻度多发性病灶；Ⅱ期病变表现汇管区中度或严重的淋巴细胞浸润，实质中有单核细胞集聚。不同年龄猪病灶不一，12～15 周龄猪主要表现为中度肝炎(Ⅱ期)(图 23-25)。

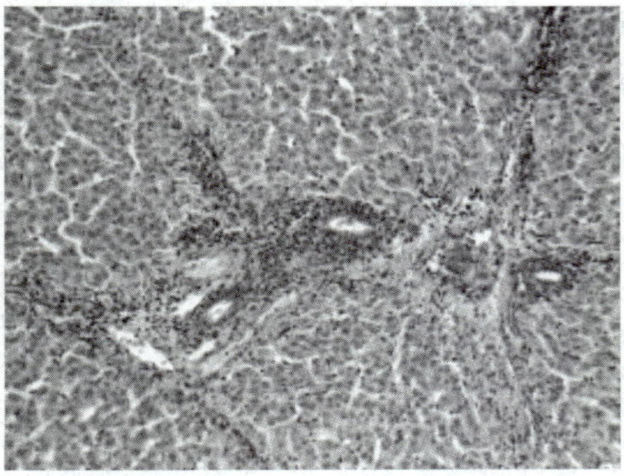

图 23-25　猪戊型肝炎肝脏汇管区，胆管增生，淋巴细胞团块状浸润

(四)诊断

目前，有几种方法可用于对 HE 进行诊断，包括免疫电镜法(IEM)、荧光抗体阻断实验、聚合酶链式反应 PCR、酶联免疫吸附实验(EIA)和免疫层析检测技术。在这些方法中，酶联免疫吸附实验(EIA)和免疫层析检测技术可以方便的检测 IgM 和(或)抗 HEV IgG，这两种方法是比较简易经济的诊断途径，可以作为一种常规检测方法来进行抗体检查。

(1)免疫电子显微镜　用患者恢复期血清做抗体，检测急性期患者的粪便及胆汁中病毒抗原；或用已知病毒检测患者血清中相应的抗体。但由于粪便排毒持续时间较短，HEV 在体外环境中不稳定，而且 IEM 灵敏性较差，重复性差，又需要特殊的设备条件和专门的技术人员，故未能广泛开展。

(2)免疫荧光法　检测肝组织中戊肝病毒抗原。Krawczyhski 等报告 IFA 技术的灵敏性和特异性分别为 93.33%和 96.55%。IFA 技术在戊肝急性期和急性期前肝活检 HEV 抗原检出率最高，而当血清转氨酶开高至峰值时，其灵敏性则下降。目前，IEM 和 IFA 的使用很局限，只有当需要鉴定粪便中的病毒样颗粒时和细胞中的病毒特异性抗原定位时才使用。

(3)ELISA 目前国内外均有检测人用、猪用的 IgG，IgM ELISA 检测试剂盒　可用于血清流行病学调查或临床诊断。

(4)逆转录聚合酶链反应法(RT-PCR)和套式逆转录聚合酶链反应(RT-nPCR)　检测胆汁、血清和粪便中戊肝病毒核糖核酸(HEV RNA)。RT-nPCR 法是目前检测病毒 RNA 的常用方法，有很高的敏感度和特异性。

(五)防制

1. 预防措施　目前还没有戊型疫苗用于临床预防。应大力开展宣传教育，搞好环境与饮食卫生，切断传播途径。HEV 主要是通过被污染的水源扩散，所以在戊型肝炎流行地区，有效地改善水质将是控制 HEV 扩散的关键。国内外大量的调查发现，职业暴露人群的感染率均高于普通人群，因此，职业接触猪的饲养员、兽医、屠宰人员等工作中应加强自身防护。在去戊型肝炎流行的地方旅行时，要特别注意个人卫生。怀孕期间的妇女要加强营养，避免接触 HE 患者。

2. 对病人要实施隔离　从发病之日起隔离 3 周，对其排出的粪便、分泌物要做好消毒；对接触者要严密观察 45 d，进行 ALT 和尿胆红素检查。流行期间要做好消毒工作，管好饮用水源，不饮生水。注意饮食卫生，消灭苍蝇。对流行区的病人要给予支持疗法，防止重型肝炎的发生。

3. 控制动物群中 HEV 的流行　猪、鹿、马等动物中均有 HEV 的流行，以猪群中的流行最为普遍，给人群戊肝的控制带来很大难度。有效控制动物群中 HEV 的流行是控制人群中 HEV 感染的关键。

4. 加强检疫　而猪群作为戊型肝炎的潜在传染源，却普遍存在 HEV 感染。食用这些未经彻底加热的猪肝后很可能造成人的感染。这些猪肝流入市场后，将对公共卫生安全构成潜在的威胁。应深入评价猪肝脏中的感染 HEV 对消费人群造成的潜在威胁，尽早开展屠宰过程中的 HEV 检疫，防止携带 HEV 的猪将病原传播给人。

三、星状病毒病(Astrovirus infection)

(一)疾病简介

1. *疾病性质星状病毒科*(Astroviridae) 早在 1975 年即用电镜在儿童粪中发现了星状病毒，此后相继在各种幼龄动物发现，一般引致自限性腹泻。但鸭的星状病毒例外，有很强的致病性，可引起肝炎。

2. *病原* 星状病毒根据宿主不同可分为若干种，每种又有若干血清型。如人星状病毒有 7 个血清型，牛有 3 个型，绵羊、猪、大、猫及鸭各有 1 个型。病毒颗粒无囊膜，直径 28～30 nm，二十面体对称。五角或六角星状(图 23-26，23-27)，基因组为单股正链 RNA，6.8 kb。RNA 有传染性。病毒对热处理稳定，能抵抗 50℃1 h，60℃5 min。

3. *易感动物* 星状病毒的分布遍及全世界，且感染率非常高，它既可感染人，也可感染牛、羊、猪、猫、犬、鹿、火鸡、鸭、鼠等多种动物。

4. *人和动物的感染方式* 星状病毒经粪-口途径传播，并可经污染的饲料及水源传播。在人类，主要感染儿童(5 岁以下儿童的抗体阳性率达 70%)，其特征是引起胃肠炎和腹泻，并常呈暴发性流行。Shimizu 等(1990)报道星状病毒在猪群中普遍存在，而且常同冠状病毒、杯状病毒、轮状病毒及其他肠道病毒混合感染，引起猪急性胃肠炎。

免疫性可持续数年，对同源病毒可产生再次应答。大多数年龄较大的动物均可获得一定的免疫保护。

(二)症状

星状病毒在多种动物引致自限性胃肠炎，有的可能为亚临床感染。不同种类的动物在密切接触的情况下，只在一种动物发生腹泻，显示病毒有宿主特异性。潜伏期一般 1～4 d，水样腹泻持续 1～4 d，往往伴有呕吐。鸭星状病毒例外，6 周龄以内的雏鸭发生急性致死性肝炎，死亡率高达 50%。麂子感染后发病常呈现急性经过，死亡率较高。

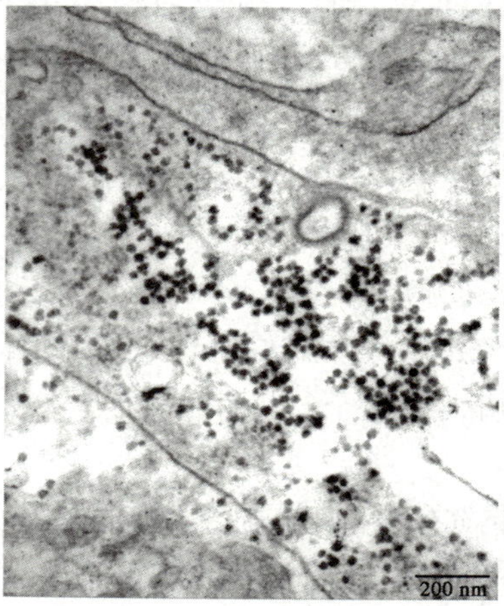

图 23-26 星状病毒感染黄麂肝脏中的星状病毒粒子

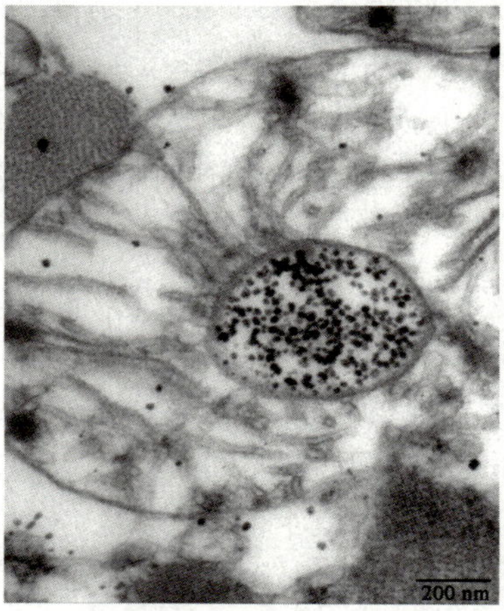

图 23-27 星状病毒感染黄麂心肌线粒体中的星状病毒粒子

(三)病理变化

实验感染表明,羔羊星状病毒损害肠绒毛顶端 2/3 的肠细胞,导致绒毛萎缩及肠腺细胞肥大。犊牛星状病毒感染特异的 M 细胞及淋巴集结顶部的绒毛。鸭星状病毒引致肝炎伴有广泛的肝细胞坏死,并可在肝细胞见有大量病毒颗粒。黄麂感染后病理变化主要表现有实质器官和胃肠道广泛出血,胸腔积有含血的液体;组织病理学变化可见出血性坏死性肠炎和出血性坏死性肝炎;超薄切片观察,在心肌、肝脏、脾脏和肺脏的实质细胞胞浆中均可见一致的星状病毒粒子。

(四)诊断

(1)电镜检查　由于星状病毒在细胞培养中增殖困难,所以粪便样品的直接电镜检查是星状病毒诊断的常用方法。

(2)分离病毒　由于星状病毒在细胞培养物中的培养比较困难,而且多数星状病毒在细胞培养物中不产生细胞病变,所以本病毒不容易分离。

(3)免疫荧光技术　对细胞培养物或组织切片中的星状病毒可用免疫荧光试验检查。

(4)从腹泻的粪便中直接分离星状病毒 RNA:采用 RT-PCR 扩增病毒 RNA,该方法特异、敏感,并可用于不同血清型的鉴定和序列分析。

(五)防制

目前,还没有研制出有效的疫苗,也没有有效的治疗药物。本病的防制主要依靠一般的消毒和隔离措施。

第四篇　兽医公共卫生与健康实验指导

实验一　环境空气卫生检测
实验二　空气中微生物（细菌）的检测
实验三　水污染指标的测定
实验四　土壤中有害物质的检测
实验五　饮用水的卫生检测
实验六　消毒实验
实验七　畜禽养殖场环境卫生调查
实验八　参观实习（8学时）

实验一　环境空气卫生检测

一、空气采样方法

(一)实验目的

为了确定空气中有害物质的性质和含量,必须先将空气样品收集起来,以供分析。由于有害物质的空气中的形态不同,因而必须选用相应的采样器材和方法。

(二)采样器材

常用的采样器材包括3个部分:即装有吸收液或吸附剂的采样器、采气动力装置和气体流量计。

1.采样器　根据有害物质的空气中存在状态不同,采用不同类型的采样器。

(1)气泡吸收管　用于采集气态物质,有小型和大型两种。外管下部缩窄,使吸收液的液柱增高,以增加空气与吸收液的接触;上部膨大,可避免吸收液在采样时溅出,小型可装3 mL吸收液,采样速度一般为0.3 L/min;大型装5～10 mL吸收液,采样速度一般为0.5 L/min。

(2)玻砂吸收管　吸收管底部有一片玻砂烧结的滤板,空气通过滤板时在吸收液中形成大量微细气泡,使被测物质吸收更完全。可装5～10 mL吸收液,采样速度一般为0.5～1 L/min。U形玻砂吸收管还可用于雾郑州市烟装物质的采集。

(3)撞击式采样瓶　可装5～10 mL吸收液,采样速度一般为3～5 L/min。由于气液冲入瓶底的速度很快,可使粉尘冲击到瓶底而被阻留于吸收液中。主要用于粉尘状物质的采样。

(4)滤低(或滤膜)采样夹　可装1～2张滤膜,采样速度一般为5～10 L/min,主要用于烟状和粉尘状物质的采样。

2.采气动力　使空气进入采样器时,需要采气动力。常用的采气动力及其使用方法如下。

(1)定量抽气唧筒或注射器　用橡皮管将其与采样器相连后,即可抽气采样。适用于采气量较小以及无电源场所的采样。

(2)双瓶抽气装置　用橡皮管将高位瓶与吸收管相连后,打开螺旋夹放水即可抽气采样。适用于采气量较大,采样速度较慢(2 L/min以下的流量)、无电源或需防爆场所的采样。

(3)电动抽气机　常用的电动抽气机有吸尘机、刮板泵、金鱼鼓气泵、薄膜泵等亦可使用于低流速长的时间的采样。

使用电动抽气机时,必须同时装腔作势有测量空气流量(即单位时间内空气流过的体积)用的气体流量计,以便采气体积。

3.气体流量计　使用电动抽气机和压缩空气吸引器采样时,需要串联气体流量计来使锥形管内上升。气流到某一定流量时,转子即悬浮于一定的高度。空气流速越快,转子上升越高。在连接进气口与流量计的橡皮管上装一螺丝夹,即可调节和控制流速。

4.专用采样器　有气体采样器和粉尘采样器两种类弄。均由装吸收液或吸附剂的采样器、微型采气动力和转子流量计组合而成。例如CD-1型、GS-1型和W501型气体采样器,鞍劳D-4、DK-60B型、WA72型粉尘采样器等。

(三)采样方法

用吸收管采集有害气体或蒸气时,取吸收管2只,气管加入所需的吸收液后,标时管号,用橡皮管将其串联;另用橡皮管将吸收管出气口与采气动力相连接,按所要求的速度采气,记录采气体积。如用电抽气机为采样动力时,则在电抽气机与吸收管之间接上一只流量计,以便控制气体流量和计算采气体积。连接的顺序为:采样器—流量计—采样动力。开动电抽气机后,迅速调整螺旋夹,使转子稳定在要求的流量刻度上,同时记录采样时间、采样地点、采样时的气温、气压,以便计算和换算采气体积。

(四)注意事项

1. 采样地点　根据测定目的选择采样地点。为了阐明职工接触有害物质的情况,应在经常操作和活动地点呼吸带进行采样:如果操作地点不固定,有时还需手持采样器随作业职工走动采样。为了查明有害物质的影响范围,还需要有害物质发生源的不同方向、不同距离,特别是发生源的下风向及其左右范围、走廊、办公室以及邻近地点进行采样。为了评价通风排毒装置的效果,应在使用和停止通风时分别在操作地点呼吸带进行采样的作对比。有时还需要在有害物质的排出口等地点采样。

2. 采样时间　采样时间的选择取决于有害物质的排出情况。有害物质的排出是连续的微量时,需要持续较长时间的采样。有毒物质的排出是间断性的,如在加料、出料时,则需要在此时间内完成采样。还可在有害物质排出前、排出后以及排出的当时分别采样,了解其在空气中浓度变化的规律。

3. 采样前　必须检查整套采样设备的连接是否正确,并检查有无漏气。

4. 采样时　必须做好详细采样记录,包括样品编号,采样时间(年、月、日、时),采样地点(厂矿、车间、工段、班组名称,采样位置与有害物质发生源的距离以及上下风向等),采气体积或采气速度和时间,生产操作情况,防护措施及其使用情况,采样者姓名等。

5. 采样后　必须实际采气体积换算成标准状态下的体积。换算公式如下:

$$V_0 = V_t \times \frac{T_0}{273+t} \times \frac{P}{P_0}$$

式中:V_0——标准状态下的采气体积;

V_t——采样的地点气温为 t℃时的采气体积;

P——采样地点的气压,kPa;

t——采样地点的气温,℃。

二、空气中二氧化硫浓度测定

SO_2 是一种主要的空气污染物,其测定方法主要有分光光度法、电化学分析法、紫外荧光法等,本实验采用甲醛缓冲溶液吸收-盐酸副玫瑰苯胺法和/或四氯汞钾吸收-盐酸副玫瑰苯胺分光光度法测定环境空气中 SO_2 含量。

(一)甲醛缓冲溶液吸收-盐酸副玫瑰苯胺法

1. 实验目的　掌握甲醛缓冲溶液吸收-盐酸副玫瑰苯胺比色法测定大气中二氧化硫的分析方法和操作技术。

2. 实验原理　二氧化硫被甲醛缓冲溶液吸收后,生成稳定的羟甲基磺酸加成化合物,加碱后又释放 SO_2,SO_2 与盐酸副玫瑰苯胺作用,生成紫红色络合物,根据颜色深浅,比色测定。

主要干扰物为氮氧化物、臭氧及某些重金属元素。加氨基磺酸钠溶液可消除氮氧化物的干扰;采样后放置 20 min 可使臭氧自行分解;加入磷酸及环已烷乙二胺四乙酸二钠盐(CD-TA)后,10 mL 吸收液中含 10 μg 二价锰不干扰测定。

本法检测限为 0.30 μg/10 mL(按吸光度 0.01 相应的二氧化硫含量计),10 mL 样品溶液中含二氧化硫 0.3～0.6 μg 时,符合比尔定律。测定范围为 6～277 $\mu g/m^3$。

3.仪器

(1)吸收管,多孔玻板吸收管。

(2)GS-3 交直流两用大气采样器:流量范围 0～1.50 L/min。

(3)分光光度计。

4.试剂

(1)蒸馏水　25℃时电导率小于 1.0 μS/cm,pH6.0～7.2。检验方法如下:

在具塞锥形瓶中,加入 500 mL 蒸馏水,然后再加 1 mL 浓硫酸,再加入 0.2 mL 浓度为 0.316 g/L 的高锰酸钾溶液,加塞,摇匀,在室温条件下放置 1 h,如高锰酸钾不褪色,则认为蒸馏水符合要求,否则应重新蒸馏。重新蒸馏时,每升蒸馏水加入 1 g 高锰酸钾及 1 g 氢氧化钡,在全玻璃蒸馏器中蒸馏。重蒸馏后的水,再作检验,直至合格蒸馏水。

(2)甲醛吸收液(甲醛缓冲溶液)

①0.5 mol/L Na_2-CDTA 溶液:称取 1.82 g 环已烷乙二胺四乙酸(CDTA),溶于 10 mL 1 moL/L NaOH 溶液中,用水稀释至 100 mL,贮于冰箱中备用。

吸收液贮备液:量取 5.5 mL 37%的甲醛,2.04 g 邻苯二甲酸氢钾及 20.00 mL 0.05 mL/L 的。

②Na_2-CDTA 溶液:用水稀释至 100.0 mL(用容量瓶稀释)贮于冰箱中备用。

③甲醛吸收液:使用时,将吸收液贮备液用水稀释 100 倍。

(3)0.3%氨基磺酸钠溶液　称取 0.30 g 氨基磺酸钠,加入 3.0 mL 1mol/g NaOH 溶液,用水稀释至 100 mL。

(4)1.0 mol/L NaOH 溶液　称取 4.0 g NaOH,溶于 100 mL 水中。

(5)二氧化硫标准溶液　称取 0.2 g 亚硫酸钠溶于 200 mL 新煮沸后冷却的水中。此溶液每毫升含有 320～400 μg 二氧化硫。由于此溶液不稳定,配置后就标定,以防浓度下降。

标定方法:

取两个 500 mL 碘量瓶 A,B 分别加入 50.00 mL(0.01 mol/L 1/2 I_2)碘溶液。在 A 瓶内加入 25 mL 水,在 B 瓶内加入 25.00 mL 上述二氧化硫标准溶液,塞上瓶塞。置于处 5 min,用 0.010 0 mol/L 硫代硫酸钠溶液滴至浅黄色,加入 5 mL 新配制的 0.25%淀粉指示剂后,继续滴定至蓝色刚消失。

$$SO_2(\mu g/mL)=(A-B)\cdot H\cdot 32\cdot 1\,000/25.00$$

式中:A——空白滴定所用硫代硫酸钠溶液体积,mL;

B——样品滴定所用硫代硫酸钠溶液体积,mL;

H——硫代硫酸钠溶液的摩尔浓度;

32——1/2 SO_2 的摩尔浓度。

标定算出准确的二氧化硫浓度后,立即用吸收液稀释成 1.00 mL 含 4.0 μg 二氧化硫的标准溶液。此溶液贮于冰箱,1 周内浓度不变。

(6)盐酸副玫瑰苯胺的提纯　将正丁醇和 1 mol/L 盐液溶液各 500 mL，放在一大分液漏斗中摇匀，使其互溶达平衡。称 0.1 g 对品红于小烧杯中，加 50 mL 平衡过的 1 mol/L 盐酸溶液，搅拌，放置，待其完全溶解后，转入 250 mL 分液漏斗，加 100 mL 平衡过的正丁醇抽取，将下层含有对品红的盐酸溶液转入另一分液漏斗。每次用 50 mL 重复抽提 5 次，保留水相，弃去溶有紫色不纯物的有机相。最后将水相滤入 50 mL 容量瓶中，并用 1 mol/L 盐酸溶液至标线。此对品红储备液应是淡黄色的。目前市售的对品红质量不够好，不能做到完全提纯，即经多次抽提，仍有不纯物进入有机相，但必须使提纯后的对品红储备液应符合下列条件。

①吸取 1.00 mL 提纯后的对品红储备液于 100 mL 容量瓶中，用水稀释至标线，取此稀释液 5.00 mL 与 50 mL 容量瓶中，加 5.00 mL 1 mol/L 醋酸钠-醋酸缓冲溶液，用水稀释至标线，1 h 后，在波长 540 μm 处应有最大吸收峰。

②试剂空白值对温度敏感：按本操作法绘制标准曲线时，在 22℃，使用 1 cm 比色皿，试剂空白液的吸光度不超过 0.050。

③当对品红试剂是纯的，用不同浓度的二氧化硫标准溶液，用 1 cm 比色皿，在波长 548 nm 下测吸光度，所得标准曲线的斜率应为 0.030 加减 0.002 吸光度/μg SO_2。

(7)0.016％盐酸副玫瑰苯胺使用液　吸取 20.00 mL 0.2％提纯的盐酸副玫瑰苯胺溶液于 250 mL 容量瓶中，加 200 mL 6 mol/L 磷酸，用水稀释至标线，至少放置 24 h 方可使用。此溶液可稳定 4 个月以上。

(8)1 mol/L 盐酸溶液。

(9)6 mol/L 磷酸：量取 82 mL 浓磷酸(85％)，用水稀释至 200 mL。

(10)1 mol/L 醋酸-醋酸钠缓冲溶液：溶解 13.61 g 醋酸钠于水中，转入 100 mL 容量瓶，加 5.7 mL 冰醋酸，用水稀释至标线，此溶液 pH 值为 4.69。

(11)0.01 mol/L 碘溶液的配制：称取 1.3 g 碘和 2 g 碘化钾置于小研钵或小烧杯中，加入少许水，研磨或搅拌至碘全部溶解后，定量转入 500 mL 棕色容量瓶中，加水稀释至刻度，盖紧玻璃塞，摇匀后放置过夜后再进行标定。

5.采样　用一个内装 5 mL 甲醛吸收液的多孔玻板吸收管，以 0.6 L/min 流量，采样 10～20 L(大约采集 20 min)，采样时应避光，注意保持采样的温度应在 23～29℃。

采样前检查采样装置连接是否正确，有无漏气现象，如在启动真空泵时，用手堵住进气口，转子流量计的浮子回零表示不漏气。转子流量计需定期校正。记录采样时温度和大气压，用于换算标准状况(0℃，101.325 kPa)下的体积。

6.实验步骤

(1)标准曲线的绘制　取 7 支 25 mL 比色管，按下表绘制标准色列：

管号	0	1	2	3	4	5	6
SO_2 标准溶液(4.0 μg/mL)/mL	0.00	0.50	1.00	2.00	5.00	8.00	10.00
甲醛吸收液/mL	10.00	9.50	9.00	8.00	5.00	2.00	0.00
SO_2 含量/μg	0.00	0.50	1.00	2.00	5.00	8.00	10.00

在以上各管中加入 0.50 mL 0.6％氨基磺酸钠溶液，0.50 mL 1.5 mol/L NaOH 溶液，避免将溶液沾污在磨口上，迅速加入 1.00 mL 0.05％盐酸副玫瑰苯胺使用液，盖好塞子，摇匀。在(20±2) ℃显色 15 min。用 1 cm 比色皿，于波长 577 nm 处，以水为参比，测定吸光度。

用最小二乘法计算标准曲线的回归方程式：

$$Y=bX+a$$

式中：Y——标准溶液吸光度；

X——二氧化硫含量，μg；

b——回归方程的斜率；

a——回归方程的截距。

要求标准曲线斜率在(0.032±0.002)吸光度/(μg SO_2 · 15 mL)范围内，截距应<0.050吸光度，其变动范围应<0.008。如果斜率达不到要求，应当重新标定溶液和检验盐酸副玫瑰苯胺质量。将符合以上要求的各条标准曲线的每个点测定值取平均值，用最小二乘法计算平均值的回归方程式：$Y=bX+a$，以斜率 b 的倒数为样品测定的校正因子 B_S，单位为吸光度 μg SO_2/15 mL。

以截距 a，斜率 b，$X=4.0$ μg SO_2/15 mL 代入

$$Y=bX+a$$

所得的吸光度值(Y_A)，即通过($X=0, Y=a$)和($X=4.0, Y_A$)两点作校正曲线。

(2)样品的测定　如样品溶液有浑浊物，应离心分离除去。

将样品溶液移入 25 mL 比色管中，用少量吸收液冲洗吸收管，使样品溶液总体积为 5 mL，摇匀，放置 20 min，使臭氧分解，加 5 mL 甲醛吸收液，加 1.00 mL 0.3%氨基磺酸钠溶液，摇匀，放置 10 min 以去除氮氧化物的干扰，然后加入 1.00 mL 1.0 mol/L NaOH 溶液，避免将溶液沾污在磨口上，迅速加入 3.00 mL 0.016%盐酸副玫瑰苯胺使用液，盖好塞子，摇匀。在(20±2)℃显色 15 min。用 1 cm 比色皿，于波长 577 nm 处，以水为参比，测定吸光度。

7. 数据处理

$$二氧化硫浓度(\mu g/m^3)=(A_S-A_0)\cdot B_S\cdot 10^3\cdot L_1/V_S L_2$$

式中：A_S——样品溶液的吸光度；

A_0——试剂空白溶液吸光度；

B_S——校正因子，μgSO_2/(吸光度 · 15 mL)；

V_S——换算成标准状况下的采样体积，L；

L_1——标准溶液总体积，mL；

L_2——分析测定时所取样品溶液体积，mL。

8. 注意事项

(1)温度对显色影响，温度越高，空白值越大；温度高时发色快，褪色也快，所以应使用恒温水浴控制显色温度，并根据室温决定显色温度和时间。绘制标准曲线和测定样品时的温度差不超过±2℃。

(2)如购买到已提纯过的对品红储备液或固体，则提纯操作可省去。

(3)此操作程序中关键的一步是标准液和样品溶液加入碱后，应立即加入盐酸副玫瑰苯胺溶液。

(4)因六价铬能使紫红色络合物褪色，产生负干扰，故应避免用硫酸——铬酸洗液洗涤玻璃器皿，如已用硫酸-铬酸洗液洗涤过，则需用(1+1)盐酸溶液浸洗，再用水充分洗涤，以将六

价铬洗净。

(5)用过的比色管及比色皿应及时用酸洗净,否则红色很难洗净。比色管用(1+4)盐酸溶液洗,比色皿用(1+4)盐酸及1/3体积95%乙醇混合液洗涤。

(二)四氯汞钾吸收——盐酸副玫瑰苯胺分光光度法

1.实验目的

(1)熟练使用大气采样器采集气态和蒸汽态污染物的方法。

(2)掌握盐酸副玫瑰苯胺分光光度法测定空气中SO_2的方法。

2.实验原理 用氯化钾(KCl)和氯化汞($HgCl_2$)配制成四氯汞钾溶液,气样中的二氧化硫用该溶液吸收,生成稳定的二氯亚硫酸盐络合物,该络合物再与甲醛和盐酸副玫瑰苯胺作用,生成紫色络合物,其颜色深浅与SO_2含量成正比,用分光光度法测定,最大吸收波长在575 nm。其反应式如下:

$$HgCl_2 + 2KCl = K_2[HgCl_4]$$

$$[HgCl_4]^{2-} + SO_2 + H_2O = [HgCl_2SO_3]^{2-} + 2H^+ + 2Cl^-$$

$$[HgCl_2SO_3]^{2-} + HCHO + 2H^+ = HgCl_2 + \underset{\text{羟基甲基磺酸}}{HOCH_2SO_3H}$$

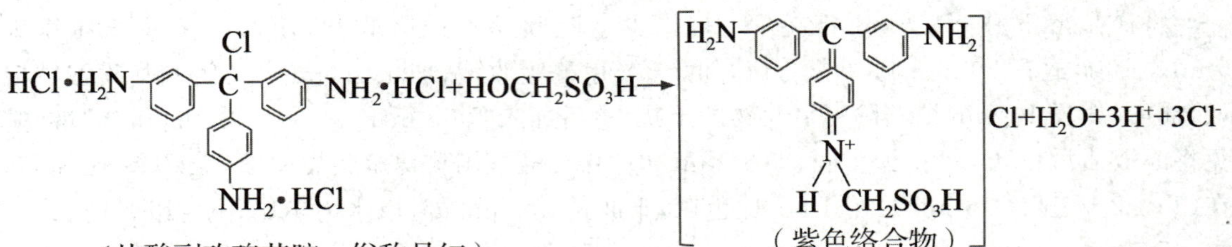

(盐酸副玫瑰苯胺,俗称品红) (紫色络合物)

主要干扰物为氮氧化物、臭氧及某些重金属元素。加入氨磺酸钠溶液可消除氮氧化物的干扰;采样后放置一段时间可使臭氧自行分解;加入磷酸及环乙二胺四乙酸二钠盐可以消除或减少某些金属离子的干扰。10 mL样品溶液中含50 μg钙、镁、铁、镍、镉、铜、锌等离子时,不干扰测定。

3.仪器

(1)多孔玻板吸收管。

(2)具塞比色管10 mL。

(3)大气采样器,流量范围为0~1 L/min。

(4)分光光度计。

4.试剂

(1)0.04 mol/L四氯汞钾吸收液 称取10.9 g氯化汞($HgCl_2$),6.0氯化钾和0.070 g乙二胺四乙酸二钠盐(EDTA-Na_2),溶解于水,稀释至1 000 mL。此溶液在密闭容器中贮存,可稳定6个月。如发现有沉淀,不能再用。

(2)2.0 g/L甲醛溶液 称取36%~38%甲醛溶液1.1 mL,用水稀释至200 mL,临用现配。

(3)6.0 g/L氨基碳酸铵溶液 称取0.60 g氨基磺酸铵($H_2NSO_3NH_4$),溶解于100 mL

水中，临用现配。

(4)0.10 mol/L 碘贮备液　称取 12.7 g 碘于烧杯中，加入 40 g 碘化钾和 25 mL 水，搅拌至全部溶解后，用水稀释至 1 000 mL，贮于棕色试剂瓶中。

(5)0.010 mol/L 碘使用液　量取 50 mL 碘贮备液，用水稀释至 500 mL，贮于棕色试剂瓶中。

(6)2 g/L 淀粉指示剂　称取 0.20 g 可溶性淀粉，用少量水调成糊状，倒入 100 mL 沸水中，继续煮沸直至溶液澄清，冷却后贮于试剂瓶中。

(7)0.100 0 mol/L 碘酸钾标准溶液　称取 3.566 8 g 碘酸钾（KIO30，优级纯，110℃烘干 2 h），溶解于水，移入 1 000 mL 容量瓶中，用水稀释至标线。

(8)1.2 mol/L 盐酸溶液　量取 100 mL 浓盐酸，用水稀释至 1 000 mL。

(9)硫代硫酸钠贮备液（$cNa_2S_2O_3 \approx 0.1$ mol/L）　称取 25 g 硫代硫酸钠（$Na_2S_2O_3 \cdot 5H_2O$），溶解于 1 000 mL 新煮沸并已冷却的水中，加 0.20 g 无水碳酸钠，贮于棕色瓶中，放置 1 周后标定其浓度。若溶液呈现浑浊时，应该过滤。

标定方法：吸取碘酸钾标准溶液 25.00 mL，置于 250 mL 碘量瓶中，加 70 mL 新煮沸并已冷却的水，加 1.0 g 碘化钾，振荡至完全溶解，再加 1.2 mol/L 盐酸溶液 10.0 mL，立即盖好瓶塞，混匀。在暗处放置 5 min 后，用硫代硫酸钠溶液滴定至淡黄色，加淀粉指示剂 5 mL，继续滴定至蓝色刚好消失。按下式计算硫代硫酸钠溶液的浓度：

$$c=\frac{25.00\times 0.100\,0}{V}$$

式中：c——硫代硫酸钠溶液浓度(mol/L)；

V——消耗硫代硫酸钠溶液的体积(mL)。

(10)硫代硫酸钠标准溶液　取 50.00 mL 硫代硫酸钠贮备液于 500 mL 容量瓶中，用新煮沸并已冷却的水稀释至标线，计算其准确浓度。

(11)亚硫酸钠标准溶液　称取 0.20 g 亚硫酸钠（Na_2SO_3）及 0.10 g 乙二胺四乙酸二钠，将其溶解于 200 mL 新煮沸并已冷却的水中，轻轻摇匀（避免振荡，以防充氧）。放置 2～3 h 后标定。此溶液每毫升相当于含 320～400 μg 二氧化硫。

标定方法：取四个 250 mL 碘量瓶（A1、A2、B1、B2），分别加入 0.010 mol/L，碘溶液 50.00 mL。在 A1、A2 瓶内各加 25 mL 水，在 B1 瓶内加入 25.00 mL 亚硫酸钠标准溶液，盖好瓶塞。立即吸取 2.00 mL 亚硫酸钠标准溶液于已加有 40～50 mL 四氯汞钾溶液的 100 mL 容量瓶中，使其生成稳定的二氯亚硫酸盐络合物。再吸取 25.00 mL 亚硫酸钠标准溶液于 B2 瓶内，盖好瓶塞。然后用四氯汞钾吸收液将 100 mL 容量瓶中的溶液稀释至标线。

A1、A2、B1、B2 四瓶于暗处放置 5 min 后，用 0.01 mol/L 硫代硫酸钠标准溶液滴定至浅黄色，加 5 mL 淀粉指示剂，继续滴定至蓝色刚好退去。平行滴定所用硫代硫酸钠溶液体积之差应不大于 0.05 mL。所配 100 mL 容量瓶中的亚硫酸钠标准溶液相当于二氧化硫的浓度由下式计算：

$$SO_2(\mu g/mL)=\frac{(V_0-V)\times c\times 32.02\times 1\,000}{25.00}\times\frac{2.00}{100}$$

式中：V_0——滴定 A 瓶时所用硫代硫酸钠标准溶液体积的平均值，mL；

V——滴定B瓶时所用硫代硫酸钠标准溶液体积的平均值,mL;

c——硫代硫酸钠标准溶液的准确浓度,mol/L;

32.02——相当于1 mol/L硫代硫酸钠溶液的二氧化硫(1/2 SO_2)的质量,mg。

根据以上计算的二氧化硫标准溶液的浓度,再用四氯汞钾吸收液稀释成每毫升含2.0 μg二氧化硫的标准溶液,此溶液用于绘制标准曲线。在冰箱中存放,可稳定20 d。

(12)0.2%盐酸副玫瑰苯胺(PRA,即对品红)贮备液　称取0.20 g经提纯的盐酸副玫瑰苯胺,溶解于100 mL,1.0 mol/L盐酸溶液中。

(13)0.016%盐酸副玫瑰苯胺使用液　吸取0.2%盐酸副玫瑰苯胺贮备液20.00 mL,于250 mL,容量瓶中,加3 mol/L磷酸溶液200 mL,用水稀释至标线。至少放置24 h方可使用。存于暗处,可稳定9个月。

(14)3 mol/L磷酸溶液　量取41 mL 85%浓磷酸,用水稀释至200 mL。

5.测定步骤

(1)标准曲线的绘制　取8支10 mL具塞比色管,按表所列参数配制标准色列。

加入溶液	色列管编号							
	0	1	2	3	4	5	6	7
2.0 μg/L亚硫酸钠标准溶液/mL	0	0.60	1.00	1.40	1.60	1.80	2.20	2.70
四氯汞钾吸收液/mL	5.00	4.40	4.00	3.60	3.40	3.20	2.80	2.30
二氧化硫含量/μg	0	1.2	2.0	2.8	3.2	3.6	4.4	5.4

在以上各管中加入6.0 g/L氨基磺酸铵溶液0.50 mL,摇匀。再加2.0 g/L甲醛溶液0.50 mL及0.016%盐酸副玫瑰苯胺使用液1.50 mL,摇匀。当室温为15～20℃时,显色30 min,室温为20～25℃时,显色20 min,室温为25～30℃时,显色15 min。用1 cm比色皿,于575 nm波长处,以水为参比,测定吸光度。以吸光度对二氧化硫含量(μg)绘制标准曲线。

(2)采样　用内装5 mL四氯汞钾吸收液的多孔玻璃吸收管以0.5 L/min流量采样10～20 L。

(3)样品测定　样品浑浊时,应离心分离除去。采样后样品放置20 min,以使臭氧分解。

将吸收管中的吸收液全部移入10 mL具塞比色管内,用少量水洗涤吸收管,洗涤液并入具塞比色管中,使总体积为5 mL。加6 g/L氨基磺酸铵溶液0.50 mL,摇匀,放置10 min,以除去臭氧化物的干扰。以下步骤同标准曲线的绘制。

6.计算

$$\text{二氧化硫}(SO_2,\text{mg/m}^3)=\frac{W}{V_n}\times\frac{V_t}{V_a}$$

式中:W——测定时所取样品溶液中二氧化硫含量(由标准曲线查知),μg;

V_t——样品溶液总体积,mL;

V_a——测定时所取样品溶液体积,mL;

V_n——标准状态下的采样体积,L。

7.注意事项

(1)温度对显色影响较大,温度越高,空白值越大。温度高时显色快,褪色也快,最好用恒温水浴控制显色温度。

(2)对品红试剂必须提纯后方可使用，否则，其中所含杂质会引起试剂空白值增高，使方法灵敏度降低。已有经提纯合格的 0.2%对品红溶液出售。

(3)六价铬能使紫红色络合物褪色，产生负干扰，故应避免用硫酸－铬酸洗液洗涤所用玻璃器皿，若已用此洗液洗过，则需用(1+1)盐酸溶液浸洗，再用水充分洗涤。

(4)用过的具塞比色管及比色皿应及时用酸洗涤，否则红色难于洗净。具塞比色管用(1+4)盐酸溶液洗涤，比色皿用(1+4)盐酸加 1/3 体积乙醇混合液洗涤。

(5)四氯汞钾溶液为剧毒试剂，使用时应小心，如溅到皮肤上，立即用水冲洗。使用过的废液要集中回收处理，以免污染环境。

三、圈舍中氨浓度的测定

1. 目的　测定圈舍中氨浓度，为圈舍环境控制提供依据。

2. 原理及参考标准　本方法参考《公共场所空气中氨测定方法》(GB/T 18204.25—2000)中靛酚蓝分光光度法，是具有司法仲裁效力的标准方法。通过大型气泡吸收管将圈舍空气中的氨吸收到稀硫酸中，在亚硝基氰化钠及次氯酸钠存在下，与水杨酸生产蓝绿色的靛酚蓝染料，根据着色深浅，比色定量。

3. 试剂和材料　本法所用的试剂均为分析纯，水为无氨蒸馏水。

(1)无氨蒸馏水　在普通蒸馏水中，加少量高锰酸钾至浅紫红色，再加少量氢氧化钠溶液至碱性。蒸馏，取其中间蒸馏部分的水，加少量硫酸溶液呈微酸性，再蒸馏一次。

(2)吸收液[$c(H_2SO_4)=0.005\ mol/L$]：量取 2.8 mL 浓硫酸加入水中，并稀释至 1 L。临用时再稀释 10 倍。

(3)水杨酸溶液(50 g/L)　称取 10.0 g 水杨酸[$C_6H_4(OH)COOH$]和 10.0 g 柠檬酸钠($Na_3C_6O_7 \cdot 2H_2O$)，再加 55 mL 氢氧化钠[$c(NaOH)=2\ mol/L$]，用水稀释至 200 mL。此试剂稍有黄色，室温下可稳定 1 个月。

(4)亚硝基铁氰化钠溶液(10 g/L)　称取 1.0 g 亚硝基铁氰化钠[$Na_2Fe(CN)_5NO_2H_2O$]，溶于 100 mL 水中。贮于冰箱中可稳定 1 个月。

(5)次氯酸钠溶液[$c(NaClO)=0.05\ mol/L$]；取 1 mL 次酸钠试剂原液，用碘量法标定其浓度(标定方法见附录 B)。然后用氢氧化钠溶液[$c(NaOH)=2\ mol/L$]稀释成 0.05 mol/L 的溶液。贮于冰箱中可保存 2 个月。

(6)氨标准溶液

①标准贮备液：称取 0.314 2 g 经 105℃干燥 1 h 的氯化铵(NH_4Cl)，用少量水溶解，移入 100 mL 容量瓶中，用吸收液(2)稀释至刻度。此液 1.00 mL 含 1.00 mg 氨。

②标准工作液：临用时，将标准贮备液①用吸收液稀释成 1.00 mL 含 1.00 μg 氨。

4. 仪器、设备

(1)大型气泡吸收管　有 10 mL 刻度线，见图 1，出

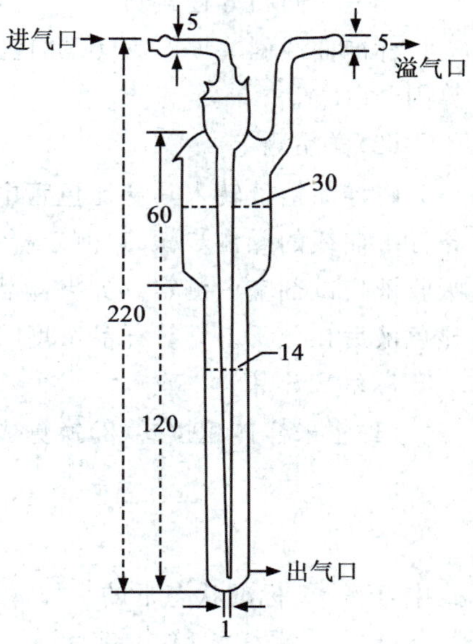

图 1　大型气泡吸收管(单位：mm)

气口内径为 1 mm，与管底距离应为 3～5 mm。

(2)空气采样器　流量范围 0～2 L/min，流量稳定。使用前后，用皂膜流量计校准采样系统的流量，误差应小于±5％。

(3)具塞比色管　10 mL。

(4)分光光度计　可测波长为 697.5 nm，狭缝小于 20 nm。

5. 采样　用一个内装 10 mL 吸收液的大型气泡吸收管，以 0.5 L/min 流量，采气 5 L，及时记录采样点的温度及大气压力。采样后，样品在室温下保存，于 24 h 内分析。

6. 分析步骤　取 10 mL 具塞比色管 7 支，按下表制备标准系列管。

(1)制作标准曲线

项目	管号						
	0	1	2	3	4	5	6
标准工作液/mL	0	0.50	1.00	3.00	5.00	7.00	10.00
吸收液/mL	10.00	9.50	9.00	7.00	5.00	3.00	0
氨含量/μg	0	0.50	1.00	3.00	5.00	7.00	10.00

在各管中加入 0.50 mL 水杨酸溶液，再加入 0.10 mL 亚硝基铁氰化钠和 0.10 mL 次氯酸钠溶液，混匀，室温下放置 1 h。用 1 cm 比色皿，于波长 697.5 nm 处，以水作参比，测定各管液的吸收度。以氨含量(μg)作横坐标，吸光度为纵坐标，绘制标准曲线，并用最小二乘法计算校准曲线的斜率，截距及回归方程(1)。

$$Y=bX+a \tag{1}$$

式中：Y——标准溶液的吸光度；

X——氨含量，μg；

a——回归方程式的截距；

b——回归方程式斜率。

标准曲线斜率 b 应为(0.081±0.003)吸光度/μg 氨。以斜率的倒数作为样品测定时的计算因子(B_S)。

(2)样品测定

将样品溶液转入具塞比色管中，用少量的水洗吸收管，合并，使总体积为 10 mL。再按制备标准曲线的操作步骤(1)测定样品的吸光度。在每批样品测定的同时，用 10 mL 未采样的吸收液作试剂空白测定。如果样品溶液吸光度超过标准曲线范围，则可用试剂空白稀释样品显色液后在分析。计算样品浓度时，要考虑样品溶液的稀释倍数。

7. 结果计算

(1)将采样体积按式(2)换算成标准状态下的采样体积：

$$V_0=V_t\times\frac{T_0}{273+t}\times\frac{P}{P_0} \tag{2}$$

式中：V_0——标准状态下的采样体积，L；

V_t___ 采样体积，由采样流量乘以采样时间而得，L；

T_0——标准状态下的绝对温度，273 K；

P_0——标准状态下的大气压力，101.3 kPa；

P——采样时的大气压力，kPa；

t——采样时的空气温度，℃。

(2)空气中氨浓度按式(3)计算：

$$c(NH_3)=\frac{(A-A_0)B_S}{V_0} \tag{3}$$

式中：c——空气中氨浓度，mg/m^3；

A——样品溶液的吸光度；

A_0——空白溶液的吸光度；

B_S——计算因子，μg/吸光度；

V_0——标准状态下的采样体积，L。

8.测定范围、精密度的准确度

(1)测定范围 测定范围为10 mL样品溶液中含0.5～10 μg氨。按本法规定的条件采样10 min，样品可测浓度范围为0.01～2 mg/m^3。

(2)灵敏度 10 mL吸收液中含有1 μg的氨，吸光度为0.081±0.003。

(3)检测下限 检测下限为0.5 μg/10 mL，若采样体积为5 L时，最低检出浓度为0.01 mg/m^3。

(4)干扰和排除 对已知的各种干扰物，本法已采取有效措施进行排除，常见的Ca^{2+}、Mg^{2+}、Fe^{2+}、Mn^{2+}等多种阳离子已被柠檬酸钠络合；2 μg以上的苯胺有干扰，H_2S允许量为30 μg。

(5)方法的精密度 当样品中氨含量为1.0，5.0，10.0 μg/10 mL时，其变异系数为3.1%、2.9%、1.0%，平均相对偏差为2.5%。

(6)方法的精确度 样品溶液加入1.0，3.0，5.0，7.0 μg/L的氨时，其回收率为95%～109%，平均回收率为100.0%。

实验二 空气中微生物(细菌)的检测

空气中细菌数量的多少可直接反映空气受微生物污染程度。目前空气中微生物采样方法有自然沉降法、气流冲击法和滤过法。一般最常用微孔滤膜采样。本实验采用自然沉降法。

一、菌落总数测定

测定1 m^{3}空气中在普通琼脂培养皿上、37℃或22℃、24 h培养出来的菌落数，即为细菌总数。

自然沉降法是测定20～30 min自然沉降的空气中，在直径为9 cm的普通琼脂培养皿上、37℃或24 h培养出来的菌落数，即为细菌总数。

1.仪器 恒温箱：(36±1)℃。

空气细菌采样设备、无菌滤膜孔径0.45 μm、冰箱、镊子等。

2.试剂 琼脂培养基，其成分为：蛋白胨10 g，牛肉膏3 g，氯化钠12～15 g，加蒸馏水

1 000 mL。

将上述成分除琼脂外加热溶解于蒸馏水中，校正 pH 至 7.2～7.4；加入琼脂，加热，使琼脂融化，分装。于 121℃高压灭菌 15 min，倾皿备用。

3.采样　将采样器置于采样点，装入一张无菌滤膜，旋紧。启动抽气泵，以 20～25 L/min 的流量采样 1～2 min，记录流量及采样时间。

自然沉降法是将培养皿平放于采样点，揭去培养皿盖，敞开培养皿，让空气自然沉降到培养基上，20～30 min 后，合上培养皿盖。采样完毕。

4.细菌培养　用无菌镊子将滤膜取下，平铺于琼脂培养基上，滤膜与培养之间不可有气泡，置于 37℃或 22℃培养箱中，培养 24 h，计数滤膜上所生长的菌落数。

自然沉降法是将上步采好样的培养皿置于 37℃或 22℃培养箱中，培养 24 h，取出培养基，计数培养基上所生长的菌落数。

5.计算　根据滤膜上所生长的菌落数，换算成 1 m^3 空气中所含的细菌总数。换算公式如下：

$$C=N\times\frac{1\ 000}{LT}$$

式中：C——1 m^3 空气中所含的细菌总数；

N——滤膜上生长的菌落总数；

L——采样流量(L/min)；

T——采样时间(min)。

6.注意事项

(1)采样时应将人员活动减少至最低限度。

(2)采样人应身着工作服、工作帽、口罩，接触滤膜时要戴灭菌的医用橡胶手套操作，防止工作人员对样品的污染。

(3)采样量应视室内空气污染程度而定，每张 47 mm 直径滤膜上生长的菌落总数在 20～200 个范围内时，统计学可靠性最高。

为便于观察菌落，可在培养基中按最终浓度为 $1/10^5$ 加入 TTC(2,3,5-氯化三苯基四氮唑，又称红四氮唑)，含有脱氢酶的细菌可生成红色的菌落，便于计数。

二、溶血性链球菌测定

1.原理　空气中链球菌污染的程度与呼吸道传染病的发病率有明显的关系，空气中链球菌的存在与否及数量多少，反映了室内空气污染的程度。

链球菌在普通培养基上生长不良，需在有血液、血清的培养基上孵育，并可根据在血平板上的溶血状况分为甲、乙、丙三型，乙型溶血型链球菌与人类疾病关系最大。

2.仪器

(1)显微镜。

(2)载玻片。

(3)其他仪器和设备同前。

3.试剂

(1)革兰染色用试剂。

(2)血琼脂平板:牛肉膏 5 g,蛋白胨 10 g,氯化钠 5 g,琼脂 12～15 g,羊血(马血)50 mL,蒸馏水 1 000 mL。

将血液以外的各成分溶于 1 000 mL 蒸馏水中,调 pH 为 7.3～7.4,121℃高压蒸汽灭菌 15 min,待其冷至 50℃,加入脱去纤维的羊(马)血液,充分混合(不要产生气泡),倾皿备用。

4.采样 一般地说,空气洁净时,采样量应不少于 100 L。污染严重时则按细菌总数的采样量即可。

自然沉降法采样方法同细菌总数测定方法 3。

5.操作步骤 细菌培养采用无菌操作下取滤膜,平铺于血琼脂平板上,于 37℃ 24 h 培养。自然沉降法是将上步采好样的培养皿置于 37℃或 22℃培养箱中,培养 24 h,取出血平板培养基,在血平板上选择带有草绿色溶血环、透明溶环及不带溶血环的灰白色小菌落的黄型可疑菌落进行革兰染色。凡经革兰染色证实为阳性且其菌体形态为圆形或卵圆形呈链状排列的,即为链球菌而计数。

6.计算 方法同前。换算成 1 m^3 空气中链球菌数。

实验三 水污染指标的测定

实验目的:通过实验操作,掌握水样的采集、保存和化学分析基本技能,为选择水源和评定水质打好基础。

一、水样的采集和保存

(一)水样的采集

水样的选择首先要有代表性,选点要合理。采集方法、次数、深度、时间等,均应由分析目的而定。供物理、化学检验用所采集的水样应有代表性和不改变其理化特性。水样量根据欲测项目多少而不同,一般采集 2～3 L 水样,即可满足理化分析的需要。

采水容器可用 1～2 L 的无色硬质玻璃瓶或乙烯塑料瓶。一般应有磨口瓶塞。水样瓶应事先洗净、晾干备用。供细菌学检验的水样瓶应用灭菌的磨口瓶塞细口瓶。测定微量金属离子的水样,则以塑料瓶为佳。

采水样时,应先将采样容器用水样冲洗 2～3 次,然后再将水样收集于瓶中。采集自来水或具有抽水机设备的井水时,应先放水数分钟,使积存在水管中的水充分流出后,再将水样收集于瓶中。

采集井水、江、河、湖水时,可将采样器浸入水中,使水样采集器的瓶口位于水面下 20～50 cm,拉开采集器的瓶塞,采入水样。贴上编号,备检。

如河水水面较宽或水较深,应在不同地点和深度分别采集水样,以具有代表性。

供细菌学检验的水样,应按无菌操作手续进行,避免受外界微生物所污染。采集已加氯消毒的水样做细菌检验时,水样瓶在未消毒前,按每 500 mL 水样加 2 mL1.5%的硫代硫酸钠作为脱氯剂,以除去水样中的余氯。

(二)水样的保存

水样采集后应尽快检验。有些项目应于采样当场进行测定。有些项目则需加入适当的保存剂(如加酸保存可防止金属形成沉淀),或在低温保存(可减慢化学反应速率)。

水样采集后,应尽速化检验用的水样,未受污染的水保存时间不超过 72 h,轻微污染的水 48 h,污染较重的水应在 12 h 内化验。实验报告中,应记录水样的保存时间。水温、pH、浑浊度、臭味、耗氧量、挥发性酚、氰化物等项目,应立即分析,否则,需冷藏保存。

现将本实验各个分析项目的水样保存方法列于表 1 中。

表 1 水样保存方法

项 目	保 存 方 法
pH	最好现场测定,必要时于 4℃保存,6 h 内测定
总硬度	必要时加入硝酸至 pH<2
氯化物	7 d 内测定
氨氮、硝酸盐氮	每升水样加入 0.8 mL 硫酸,4℃保存,24 h 内测定
亚硝酸盐氮	4℃保存,尽快测定
耗氧量	尽快测定,或加硫酸至 pH<2,7 d 内测定
生化需氧量	立即测定,或 4℃保存,6 h 内测定
溶解氧	现场加固定剂 4~8 h 内测定
余氧	现场测定
氟化物	4℃保存
砷	加硝酸至 pH<2
铬(六价)	尽快测定

用于细菌学检验的水样,一般从取样到检验不超过 4 h,若条件不允许时,可在冰箱中保存,但也不应超过 12 h。

二、耗氧量的测定酸性高锰酸钾容量法

(一)原理

水样在酸性条件下,用高锰酸钾将还原性物质氧化;剩余的高锰酸钾用过量的草酸还原;过剩的草酸再用高锰酸钾逆滴定。根据消耗高锰酸钾的量来计算水的耗氧量。

$$2KMnO_4 + 5H_2C_2O_4 + 3H_2SO_4 \longrightarrow K_2SO_4 + 10CO_2 + 8H_2O$$

(二)试剂

1. 1∶3 硫酸溶液 将 1 份浓硫酸加至 3 份蒸馏水中,煮沸,滴加高锰酸钾溶液至硫酸溶液保持微红色。

2. 0.100 0 mol/L 草酸溶液 称取 6.303 2 g 分析纯草酸($H_2C_2O_4 \cdot 2H_2O$)溶于少量蒸馏水中并稀释至 1 000 mL,置暗处保存。

3. 0.010 0 mol/L 草酸溶液 将 0.100 0 mol/L 草酸溶液准确稀释 10 倍,置冰箱中保存。

4. 0.100 0 mol/L 高锰酸钾溶液 称取 3.3 g 分析纯高锰酸钾,溶于少量蒸馏水中,并稀

释至1 L，煮沸15 min，静置2 d以上，然后小心用虹吸管将清液移入棕色瓶内，置暗处保存，并按下述方法标定浓度：

(1)取10.0 mL高锰酸钾溶液，置于150 mL瓶内，加入40 mL蒸馏水及2.5 mL 1∶3硫酸溶液。加热煮沸10 min。

(2)取下瓶，迅速自滴定管加入15 mL 0.100 0 mol/L草酸标准溶液，再立即滴加高锰酸钾溶液，不断振荡，直至发生微红色为止，不必记录用量。

(3)将瓶继续加热煮沸，加入10.0 mL 0.100 0 mol/L草酸标准溶液，迅速用高锰酸钾溶液滴定至微红色为止，记录用量。计算高锰酸钾溶液的准确当量浓度。

(4)校正高锰酸钾溶液的浓度为0.100 0 mol/L。

(5)0.100 0 N高锰酸钾溶液　将0.100 0 mol/L高锰酸钾溶液准确稀释10倍。

(三)方法

(1)测定前须先处理瓶。向250 mL瓶内加入50 mL清水，再加入1 mL 1∶3硫酸及少量高锰酸钾溶液，加热煮沸数分钟，溶液应保持微红色，将溶液倾出，并用少量蒸馏水将瓶洗数次。

(2)取100 mL混匀的水样(或根据其中有机物含量取适量水样，以蒸馏水稀释至100 mL)置于处理过的瓶中，加入5 mL 1∶3硫酸溶液，用滴定管加入10.0 mL 0.010 0 mol/L高锰酸钾溶液，并加入数粒玻璃珠。

(3)将瓶均匀加热、从开始沸腾计时，准确煮沸10 min。如加热过程中红色明显减退，须将水样稀释重做。

(4)取下瓶，趁热自滴定管加入10.0 mL 0.010 0 mol/L草酸溶液，充分振摇，使红色褪尽。

(5)再于白色背景上，自滴定管加入0.010 0 mol/L高锰酸钾溶液，至溶液呈微红色即为终点，记录用量(V_1，mL)。V_1超过5 min时，就右边取少量水样用蒸馏水稀释重做。

(6)向滴定至终点的水样中，趁热(70～80℃)加入10.0 mL 0.010 0 mol/L草酸溶液，立即用0.010 0 mol/L高锰酸钾溶液滴定至微红色，记录用量(V_2，mL)。如高锰酸钾溶液浓度是准确的0.010 0 mol/L，滴定时用量应为10.0 mL，滞则，可求一校正系数(K)：

$$K=10/V_2$$

(7)如水样用蒸馏水稀释，则另取100 mL蒸馏水，同上述步骤滴定，记录高锰酸钾溶液消耗量(V_0，mL)。

(四)计算

$$\text{耗氧量}(O_2,\text{mg/L})=[(10+V_1)K-10]\times0.08\times1\,000/100=[(10+V_1)K-10]\times0.8$$

0.08～1 mL 0.010 0 mol/L高锰酸钾溶液所相当氧的毫克数。

如水样用蒸馏水稀释，则采用下列公式计算水样的耗氧量：

$$\text{耗氧量}(O_2\ \text{mg/L})=\{[(10+V_1)K-10]-[(10+V_0)K-10]R\}\times0.08\times1\,000/\text{水样体积(mL)}$$

式中：R——稀释水样时蒸馏水在100 mL体积内所占的比例。

例如将25 mL水样用蒸馏水稀释至100 mL则：$R=(100-25)/100=0.75$

［附注］本实验必须严格遵守操作步骤和实验条件，如按顺序加入试剂，准确掌握煮沸时间等。

三、溶解氧的测定

水中溶解氧的测定可用碘量法及膜电极法。前法比较准确，后法比较简便、快速，适用于现场测定。

（一）碘量法

1.原理　向水样中加入硫酸锰及碱性布什化钾，则水样中溶解的氧将低价锰氧化为高价锰。在硫酸性条件下，高价锰氧化碘离子而释出碘，用硫代硫酸钠溶液滴定释出的碘，即可计算出溶解氧含量。

亚铁、硫化物及有机物质对此法均有干扰。遇此情况，可在采样时先用高锰酸钾在酸性条件下将水样中的还原物质氧化，并用草酸除去过量的高锰酸钾。

2.器材　250 mL溶解氧采样瓶（或用250 mL玻璃试剂瓶），250 mL碘量瓶，滴定管。

3.试剂

（1）硫酸锰或氯化锰溶液，称取48 g硫酸锰（$MnSO_4 \cdot 4H_2O$）或40 g $MnSO_4 \cdot 2H_2O$或36.4 $MnSO_4 \cdot H_2O$或40 g氯化锰（$MnCl_2 \cdot 2H_2O$），溶于蒸馏水中，过滤后稀释至100 mL。

（2）碱性磺化钾溶液，称取50 g氢氧化钠及15 g碘化钾，溶于蒸馏水中，并稀释至100 mL。静置1～2 d，倾出上层澄清液备用。

（3）浓硫酸。

（4）高锰酸钾溶液，称取6.3 g高锰酸钾，溶于蒸馏水中，并稀释至1 L。

（5）2%草酸钾溶液，称取2 g草酸钾（$K_2C_2O_4 \cdot H_2O$）溶于蒸馏水中，并稀释至100 mL。

（6）0.5%淀粉溶液，将0.5 g可溶性淀粉用少量蒸馏水水调成糊状，再加刚煮沸的蒸馏水至100 mL。冷却后加入0.1 g水杨酸或0.4 g氯化锌保存。

（7）0.012 5 mol/L硫代硫酸钠标准溶液　将经过标定的硫代硫酸钠溶液用适量蒸馏水稀释至0.012 5 mol/L。

硫代硫酸钠溶液的标定方法如下：称取25 g硫代硫酸钠，溶于1 L煮沸放冷的蒸馏水中，此溶液浓度约为0.5 mol/L。加入0.4 g氢氧化钠或0.2 g无水碳酸钠以防分解。贮存于棕色瓶中，可保存数月。

另取碘酸钾（KIO_3），在105℃下烘烤1 h，置于硅胶干燥器中冷却30 min。准确称取2份，各约0.15 g，分别置于250 mL碘量瓶中。各加100 mL蒸馏水，使碘酸钾溶解，再各加3 g磺化钾及10 mL冰醋酸，在暗处静置5 min。用待标定的硫代硫酸钠溶液滴定，至溶液呈淡黄色时，加入1 mL 0.5%淀粉溶液，继续滴定至恰使蓝色褪去为止，记录用量。按下列公式算出此硫代硫酸钠溶液的当量浓度。

$$\text{硫代硫酸钠溶液的当量浓度(mol/L)}=\text{碘酸钾重量(g)}\times 1\,000/\text{硫代硫酸钠溶液用量(mL)}\times 35.669/2$$

以两次的平均值表示结果。

4.水样的采集和保存　测定溶解氧的水样，应用溶解氧瓶（或250 mL玻璃塞试剂瓶）单独采集。取样时先将瓶用水样冲洗3次，多然后采水样充满至瓶口，慢慢盖上瓶塞，注意勿使瓶塞下面留有气泡。

采样后立即加入 2 mL 硫酸锰或氯化锰溶液。加剂时应将吸管的末端插至瓶中，然后慢慢上提，再按同法加入 2 mL 碱性布什化钾溶液。盖好瓶塞，注意勿使瓶塞下面产生气泡。将瓶颠倒数次，此时将有黄到棕色沉淀物形成。水样应于 4～8 h 内分析。当水样中含有亚铁或某些有机物时，采样后先往瓶中加入 0.7 mL 浓硫酸及 1 mL 高锰酸钾溶液。盖紧瓶塞，颠倒混合，放置 15 min。在此期间如紫色褪去。应随时补加高锰酸钾溶液。直至此红色保持不褪为止。过剩的高锰酸钾溶液用草酸溶液还原，至紫红色刚刚褪去为止。然后再按上述方法加入硫酸锰和碱性碘化钾溶液。

采集水样时，应同时测定水的温度以便根据测定结果，按表 2 计算溶解氧的饱和百分率。

表 2　1 013 hPa 大气压力下，空气中含氧 20.9%时，不同温度下氧在淡水中的溶解氧

水温/℃	溶解氧/(mL/L)	水温/℃	溶解氧/(mL/L)
0	14.62	21	8.99
1	14.23	22	8.83
2	13.84	23	8.68
3	13.43	24	8.53
4	13.13	25	8.38
5	12.80	26	8.22
6	12.48	27	8.07
7	12.17	28	7.92
8	11.87	29	7.77
9	11.59	30	7.63
10	11.33	31	7.50
11	11.08	32	7.40
12	10.83	33	7.30
13	10.60	34	7.20
14	10.37	35	7.10
15	10.15	36	7.00
16	9.95	37	6.90
17	9.74	38	6.80
18	9.54	39	6.70
19	9.35	40	6.60
20	9.17		

如气压改变，可按下列公式计算溶解氧含量：

$$S'=S\times P/1\,013$$

式中：S'——大气压力为 P 时氧的溶解度；

S——1 013 hPa 大气压力下氧的溶解度；

P——大气压力，hPa。

5. 测定步骤

(1)将现场带回的水样瓶重新加以振荡，等沉淀物尚未完全沉至瓶底时，加入 2 mL 浓硫酸，盖好瓶塞，摇匀至沉淀物全部溶解为止。

(2)吸取 100 mL 经过上述处理的水样，注入 250 mL 碘量瓶中，用 0.025 mol/L 硫代硫酸钠标准溶液滴定，至溶液呈淡黄色时，加入 1 mL 0.5%淀粉溶液，再继续滴定至蓝色褪尽为止，记录用量(V, mL)。

6. 计算　溶解氧(O_2, mL/L)＝$V\times0.0250\times16/2000\times1000\times1000/100=2V$

溶解氧饱和百分率(%)＝水样的溶解氧含量(mL/L)/

[采样时的水温下，氧在水中的浓度(mL/L)]×100

(二)膜电极法

1. 原理　水中溶解氧透过测氧电极控头的薄膜时，通过测定氧被还原的自发电池的电动势，或在固定分解电压下氧的扩散电流，得到水中溶解氧浓度(分压)与电位或电脑的线性关系。在测氧仪上直接读出水中溶解氧的浓度值。由于溶解氧电极是用透气性膜与水隔开的，温度的变化能改变薄膜的透气性膜与水隔开的，温度的变化能改变薄膜的透气性，使电极灵敏度发生变化，因此必须同时测定水温和进行温度补偿。膜电仍法测定溶解氧的仪器包括测氧和测温两部分。

2. 仪器　溶解氧测定仪。

3. 操作步骤　根据仪器说明书操作。

实验四　土壤中有害物质的检测

一、土壤中菌落总数测定——稀释平板法

稀释平板法是测定土壤中活的微生物数量最常用的一种方法。该方法操作简便，而且可以同时从土壤中分离获取较多种类的微生物，并进行计数。

1. 基本原理　本方法基于如下假设，即当已知质量的土壤在适量溶液中搅拌时，微生物与土粒分开，这些分开的微生物细胞在营养琼脂平板上生长成为分散的菌落，根据菌落数换算得单位质量土壤中微生物的数量。土壤中微物的数量很多，因此必须取少量样品制成土壤悬液，然后稀释，使发育在培养皿中的菌落可以很好地分散开来，以便于计数和移植。

2. 仪器　高压蒸汽灭菌器、干热灭菌箱、1/100 感量的电子天平(感量 0.01 g)、恒温箱(28～30℃)、超净工作台、电炉、天平、冰箱、放大镜或菌落计数器、pH 计或精密 pH 试纸、三角瓶、量筒、试管、灭菌平皿(直径 9 cm)、灭菌刻度吸管(10 mL, 2 mL, 1 mL)、酒精灯。

3. 试剂和培养基

(1)营养琼脂培养基　蛋白胨 10 g，牛肉膏 3 g，氯化钠 5 g，琼脂 15～20 g，蒸馏水 1 000 mL。

将上述各成分混合，加热溶解，调整 pH 为 7.4～7.6，过滤(如杂质多时过滤)分装，121℃、15 lb 高压 20 min 灭菌。倾注约 15 mL 于灭菌平皿内，制成营养琼脂平板。

(2)马丁氏培养基　蛋白胨 5 g，葡萄糖 10 g，磷酸氢二钾 1 g，七水硫酸镁 0.5 g，琼脂 18 g，蒸馏水 1 000 mL。

将上述各成分混合，加热溶解，分装，121℃、15 lb 高压 20 min 灭菌。倾注平板前，每 1 000 mL 培养基加过滤除菌的 1%孟加拉红(rose bengal)水溶液 3.3 mL 和过滤除菌的 1%

链霉素液 3 mL，混匀后，倾注约 15 mL 于灭菌平皿内。

(3)改良高氏Ⅰ号培养基　可溶性淀粉 20 g，硝酸钾 1 g，磷酸氢二钾 0.5 g，七水硫酸镁 0.5 g，七水硫酸亚铁 0.01 g，氯化钠 0.5 g，琼脂 18 g，蒸馏水 1 000 mL。

先将淀粉先加少量冷水调成糊状后，再加入沸水中。然后将各成分依次加入混合，加热溶解，调整 pH 为 7.2～7.4，过滤(如杂质多时过滤)分装，121℃、15 lb 高压 20 min 灭菌。临用时每 1 000 mL 培养基加 3%重铬酸钾溶液 3.3 mL，混匀后倾注约 15 mL 于灭菌平皿内。

4. 操作步骤

(1)用电子天平称取 10 g 土样加入盛有 100 mL 无菌水的 500 mL 三角瓶中。同时称取待测土样 10～11 g(记下准确质量)，经 105℃烘干 8 h，置于干燥器中，待冷却后称重，按下式计算土壤含水量(%)。

$$土壤含水量(\%)=(湿土重-干土重)/湿土重\times 100$$

(2)将盛有 10 g 土样和 100 mL 无菌水的三角瓶放在振荡机上振荡 10 min，使土样均匀地分散在稀释液中成为土壤悬液。

(3)土壤分散后，吸取 1 mL 土壤悬液到 9 mL 稀释液中(或吸 5 mL 到 45 mL 稀释液中)，依次按 10 倍法稀释，通常稀释到 10^{-6}。所用的吸管在每次吸取悬液时，在稀释中反复吸入吹出悬液 3～5 次，以减少因管壁吸附而造成的误差，并使悬液进一步分散。

(4)根据各类微生物在土壤中的数量多少选择经过适当稀释的悬液接种。一般真菌采用的稀释度为 10^{-3}～10^{-1}，放线菌为 10^{-5}～10^{-3}，细菌为 10^{-6}～10^{-4}，每一稀释度必须重复 3～5 次，重复越多，越准确。

(5)土壤悬液接种

刮刀法　先于灭菌培养皿巾倾注 18 mL 左右选择性培养基。凝固后，用 1 mL 无菌吸管于琼脂表面加 0.05 mL(相当于 1/20 mL)，或用无菌移液枪吸 50 μL 一定稀释度的土壤悬液，然后立即用玻璃刮刀将悬液均匀地涂抹于琼脂表面。

混菌法　吸取 1 mL 悬液于直径为 9 cm 的灭菌培养皿中，然后倾注已熔化并冷至 45℃的选择性培养基约 15 mL 与培养皿中的土悬液充分混匀。待凝固后倒置保温培养。

(6)接种了土壤悬液的培养皿。待培养基凝固后倒置于 28～30℃恒温箱中培养一定时间(细菌 2～3 d，真菌 3～5 d，放线菌 5～7 d)后取出，细菌和放线菌选取出现菌落数在 20～200 的培养皿，真菌选菌落数在 10～100 的培养皿。被扩散性细菌或真菌菌落占据琼脂表面 15%的培养皿应该剔除。因为它们抑制了其他菌落的正常发育，从而造成试验误差。

5. 结果计算

用刮刀法接种的计算方法：

$$每克干土中菌数=菌落平均数\times 稀释倍数\times 20/干土所占百分比$$

用混菌法接种的计算方法：

$$每克干土中菌数=菌落平均数\times 稀释倍数/干土所占百分比$$

通常以 CFU(colony for ming unit)/g 干土表示。

6. 注意事项

(1)用同一支吸管接种同一样本不同稀释度的悬液于培养皿时，应从高稀释度开始，然后依次接种较低稀释度的悬液。

(2)分离细菌时,为了避免由于某些细菌菌落扩散造成误差。倒皿时培养基温度不宜太高或待倒入的培养基凝固后,将培养皿微启。倒置于60～70℃烘箱中15～20 min,待琼脂表面冷凝水烘干或隔夜平板经检查确认无菌后,用同法涂抹土壤悬液。

(3)分离芽孢杆菌时,应事先将样品中无芽孢细菌杀死。所以要预先选取适当稀释度的土壤悬液于75～80℃水浴中煮15 min,然后再按上述方法涂抹于琼脂表面。

(4)稀释平板法可因下列原因造成误差,因而对土壤中实际存在的微生物数量可能估计过低:①土壤悬液中有的菌成群聚集在一起或附在土粒上未被分散,因此在平板上形成的菌落数比实际菌数低;②稀释液可能杀死某些微生物;③有的孢子在这种条件下不能发芽,因而不能发育成肉眼可见的菌落;④有的细胞在操作过程中被吸附在管壁上;⑤培养基和培养条件有较高的选择性,以致相当一部分微生物不能正常发育形成菌落。

(5)稀释平板法并不是对所有的微生物类群都同样适用,一般来说,这个方法最适用于菌体大小和重量都差不多的类群,如细菌和酵母。放线菌和真菌因菌体的不同部分的大小和质量相差较大,如菌丝、孢子和其他孢子器等质量大小均有较大差异。严格来说,用此法所得苗落多数从孢于发育而来,而且与菌丝发育而成的菌落不能区分。

(6)用此法时干扰结果的因素较多,因此各个实验室对操作程序的每一细节都应有自己的规定,以便于结果之间的相互比较。

二、土壤中致病菌(肉毒梭菌和产气荚膜梭菌)的检测

兽医公共卫生中涉及的能在环境土壤中存活的致病菌不少,主要包括芽孢杆菌属(如炭疽芽孢杆菌、蜡状芽孢杆菌)、梭菌属(如产气荚膜梭菌、肉毒梭菌、破伤风梭菌等)、气单胞菌属、假单胞菌属(如鼻疽杆菌、铜绿假单胞菌等)、不动杆菌属、蛭弧菌属、李氏杆菌属(如产单核细胞李氏杆菌)、分支杆菌属(如结核分支杆菌等)的成员,以及某些支原体。

(一)肉毒梭菌及其毒素检测

1.设备和材料

冰箱(0～4℃)、恒温培养箱(30±1)℃、(35±1)℃、(36±1)℃)离心机(3 000 r/min)、显微镜((10×)～(100×))、相差显微镜、均质器或灭菌乳钵、架盘药物天平(0～500 g,精确至0.5 g)厌氧培养装置(常温催化除氧式或碱性焦性没石子酸除氧式)、灭菌吸管[1 mL(具0.01 mL刻度)、10 mL(具0.1 mL刻度)]、灭菌平皿(直径90 mm)、灭菌锥形瓶(500 mL)、灭菌注射器(1 mL)小白鼠(12～15 g)。

2.培养基和试剂

(1)庖肉培养基

牛肉浸液1 000 mL、蛋白胨30 g、酵母膏5 g、磷酸二氢钠5 g、葡萄糖3 g、可溶性淀粉2 g、碎肉渣适量、pH7.8。

称取新鲜除脂肪和筋膜的碎牛肉500 g,加蒸馏水1 000 mL和1 mol/L氢氧化钠溶液25 mL,搅拌煮沸15 min,充分冷却,除去表层脂肪,澄清,过滤,加水补足至1 000 mL。加入除碎肉渣外的各种成分,校正pH。

碎肉渣经水洗后晾至半干,分装15 mm×150 mm试管2～3 cm高,每管加入还原铁粉0.1～0.2 g或铁屑少许。将上述液体培养基分装至每管内超过肉渣表面约1 cm。上面覆盖

融化的凡士林或液体石蜡 0.3 cm。121℃高压灭菌 15 min。

(2)卵黄琼脂培养基

肉浸液 1 000 mL、蛋白胨 15 g、氯化钠 5 g、琼脂 25～30 g、pH7.5。

制备基础培养基，分装每瓶 100 mL，121℃高压灭菌 15 min。临用时加热熔化琼脂，冷至 50℃，每瓶内加入 50%葡萄糖水溶液 2 mL 和 50%卵黄盐水悬液 10～15 mL，摇匀，倾注平板。

(3)明胶磷酸盐缓冲液

明胶 2 g、磷酸氢二钠 4 g、蒸馏水 1 000 mL、pH6.2。

加热溶解，校正 pH，121℃高压灭菌 15 min。

(4)肉毒分型抗毒诊断血清。

(5)胰酶：活力 1∶250。

(6)革兰氏染色液

①结晶紫染色液：结晶紫 1 g、95%乙醇 20 mL、1%草酸铵水溶液 80 mL。

将结晶紫溶解于乙醇中，然后与草酸铵溶液混合。

②革兰氏碘液：碘 1 g、碘化钾 2 g、蒸馏水 300 mL。

将碘与碘化钾先进行混合，加入蒸馏水少许，充分振摇，待完全溶解后，再加蒸馏水至 300 mL。

③沙黄复染液：沙黄 0.25 g、95%乙醇 10 mL、蒸馏水 90 mL。

将沙黄溶解于乙醇中，然后用蒸馏水稀释。

3.检验程序　肉毒梭菌及肉毒毒素检验程序见图 2。

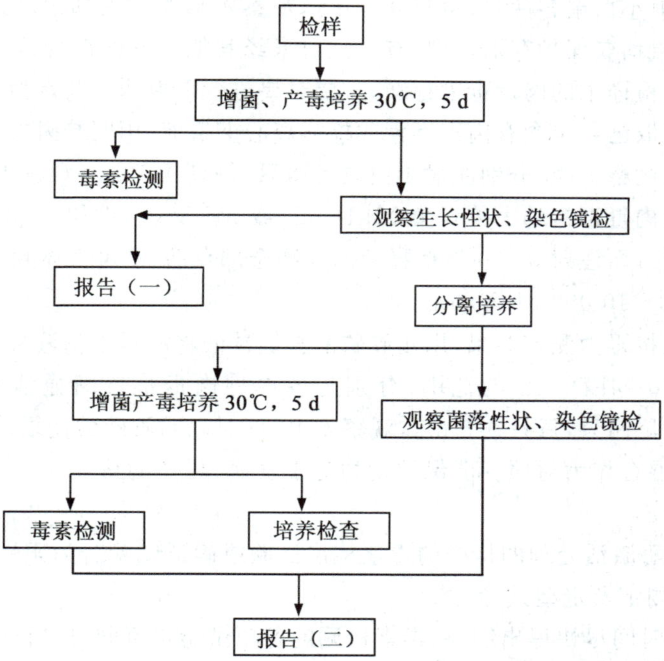

图 2　肉毒梭菌及肉毒毒素检验程序

注 1：报告(一)　检样中含有某型肉毒毒素。

注 2：报告(二)　由检样中分离的菌株为某型肉毒梭菌。

如上述所示，检样经均质处理后及时接种培养，进行增菌、产毒，同时进行毒素检测试验。毒素检测试验结果可证明检样中有无肉毒梭菌以及有何型肉毒梭菌存在。

为其他特殊目的的而欲获纯菌株，可用增菌产毒培养物进行分离培养，对所得纯菌株进行形态、培养特性等观察及毒素检测，其结果可证明所得纯菌为何型肉毒梭菌。

4. 操作步骤

(1)肉毒毒素检测

液状检样可直接离心，固体或半流动检样需加适量(例如等量、倍量或 5 倍量、10 倍量)明胶磷酸盐缓冲液，浸泡、研碎，然后离心，取上清液进行检测。

另取一部分上清液，调 pH6.2，每 9 份加 10%胰酶(活力 1∶250)水溶液 1 份，混匀，不断轻轻搅动，37℃作用 60 min，进行检测。

肉毒毒素检测以小白鼠腹腔法注射法为标准方法。

①检出试验：取上述离心上清液及其胰酶激活处理液分别注射小白鼠各 3 只，每只 0.5 mL，观察 4 d。注射液中若有肉毒毒素存在，小白鼠一般多在注射后 24 h 内发病、死亡。主要症状为竖毛、四肢瘫痪，呼吸困难，吸收呈风箱式，腰部凹陷，宛若蜂腰，最终死于呼吸麻痹。

如遇小树猝死以至症状不明显时，则可将注射液做适当稀释，重做试验。

②确证试验：不论上清液或其胰酶激活处理液，凡能致小鼠发病、死亡者，取样分成三份进行试验，一份加等量多型混合肉毒抗毒诊断血清，混匀，37℃作用 30 min，一份加等量明胶磷酸盐缓冲液，混匀，煮沸 10 min；一份加等量明胶磷酸盐缓冲液，混匀即可，不做其他处理。三份混合液分别注射小白鼠各两只，每只 0.5 mL，观察 4 d，若注射加诊断血清与煮沸加热的两份混合液的小白鼠均获保护存活，而唯有只注射未经其他处理的混合液的小白鼠以特有的症状死亡，则可判定检样中的肉毒毒素存在，必要时要进行毒力测定及定型试验。

③毒力测定：取已判定含有肉毒毒素的检样离心上清液，用明胶磷酸盐缓冲液做成 50 倍、500 倍及 5 000 倍的稀释液，分别注射小白鼠各两只，每只 0.5 mL，观察 4 d。根据动物死亡情况，计算检样所含肉毒毒素的大体毒力 MLD/mL 或 MLD/g。例如：5 倍、50 倍及 500 倍的稀释致动物全部死亡，而注射 5 000 倍稀释液的动物全部存活，则可大体判定检样上清液所含毒素的毒力为 1 000～10 000 MLD/mL。

④定型试验：按毒力测定结果，用明胶磷酸盐缓冲液将检样上清液稀释至所含毒素的毒力大体在 10～1 000 MLD/mL 的范围，分别与各单型肉毒抗诊断血清等量混匀，37℃作用 30 min，各注射小鼠两只，每只 0.5 mL，观察 4 d。同时以明胶磷酸盐缓冲液代替诊断血清，与稀释毒素液等量混合作为对照。能保护动物免于发病、死亡的诊断血清型即为检样所含肉毒毒素的型别。

注 1：未经胰酶激活处理的检样的毒素检出试验或确证试验若为阳性结果，则胰酶激活处理液可省略毒力测定及定型试验。

注 2：为争取时间尽快得出结果，毒素检测的各项试验也可同时进行。

注 3：根据具体条件和可能性，定型试验可酌情先省略 C、D、E、F 及 G 型。

注 4：进行确证及定型等中和试验时，检样的稀释应参照所用肉毒诊断血清的效价。

注 5：试验动物的观察可按阳性结果的出现随时结束，以缩短观察时间；唯有出现阴性结果时，应保留充分的观察时间。

(2)肉毒梭菌检出(增菌产毒培养试验)

取庖肉培养基3支,煮沸10～15 min,做如下处理:

(a)第一支:急速冷却,接种检样均质液1～2 mL;

(b)第二支:冷却至60℃,接种检样,继续于60℃保温10 min,急速冷却。

(c)第三支:接种检样,继续煮沸加热10 min,急速冷却。

以上接种物于30℃培养5 d,若无生长,可再培养10 d。培养到期,若有生长,取培养液离心,以其上清液进行毒素检测试验,方法同(1),阳性结果证明检样中有肉毒梭菌存在。

(3)分离培养　选取经毒素检测试验证实含有肉毒梭菌的前述增菌产毒培养物(必要时可重复一次适宜的加热处理)接种卵黄琼脂平板,35℃厌氧培养48 h。肉毒梭菌在卵黄琼脂平板上生长时,菌落及周围培养基表面覆盖着特有的虹彩样(或珍珠层样)薄层,但G型菌无此现象。

根据菌落形态及菌体形态挑取可疑菌落,接种庖肉培养基,于30℃培养5 d,进行毒素检测及培养特性检查确证试验。

①毒素检测:试验方法同(1)

②培养特性检查

接种卵黄琼脂平板,分成两份,分别在35℃的需氧和厌氧条件下培养48 h,观察生长情况及菌落形态。肉毒梭菌只有在厌氧条件下才能在卵黄琼脂平板上生长并形成具有上述特征的菌落,而在需氧条件下则不生长。

(二)产气荚膜梭菌检验

1.设备和材料

冰箱(0～4℃)、恒温培养箱(36±1℃)、恒温水浴锅(46±1℃)、显微镜((10×)～(100×))、均质器或灭菌乳钵、厌氧培养装置(常温催化除氧式或碱性焦性没石子酸除氧式)、灭菌吸管[1 mL(具0.01 mL刻度)、10 mL(具0.1 mL刻度)]、厌氧试管(16 mm×160 mm)、灭菌平皿(直径90 mm)、灭菌锥形瓶(500 mL)。

2.培养基和试剂

(1)疱肉培养基

牛肉浸液1 000 mL、蛋白胨30 g、酵母膏5 g、磷酸二氢钠5 g、葡萄糖3 g、可溶性淀粉2 g、碎肉渣适量、pH7.8。

称取新鲜除脂肪和筋膜的碎牛肉500 g,加蒸馏水1 000 mL和1 mol/L氢氧化钠溶液25 mL,搅拌煮沸15 min,充分冷却,除去表层脂肪,澄清,过滤,加水补足至1 000 mL。加入除碎肉渣外的各种成分,校正pH。

碎肉渣经水洗后晾至半干,分装15 mm×150 mm试管2～3 cm高,每管加入还原铁粉0.1～0.2 g或铁屑少许。将上述液体培养基分装至每管内超过肉渣表面约1 cm。上面覆盖融化的凡士林或液体石蜡0.3 cm。121℃高压灭菌15 min。

(2)亚硫酸盐-多黏菌素-磺胺嘧啶琼脂(SPS)

胰酶消化酪蛋白胨15 g、酵母膏10 g、柠檬酸铁铵0.7～1.0 g、琼脂15 g、蒸馏水1 000 mL、10%亚硫酸钠水溶液(新配)5 mL、0.12%多黏菌素B硫酸盐水溶液10 mL、1.2%磺胺嘧啶钠水溶液10 mL。

前面五种成分配合后加热溶解,校正pH分装每瓶1 000 mL、121℃高压灭菌15 min。临用时加热融化琼脂，冷至50℃。按比例加入后三种溶液，摇匀，倾注平板。

(3)液体硫乙醇酸盐培养基(FT)

胰酶消化酪蛋白胨15 g、酵母膏5 g、*L*-胱氨酸0.5 g、葡萄糖5 g、琼脂0.75 g、氯化钠2.5 g、硫乙醇酸钠0.5 g、刃天青0.001 g、蒸馏水1 000 mL、pH7.1。

煮沸溶解，冷却后校正pH，分装试管，每管10 mL，121℃高压灭菌10 min，以驱除培养基中溶解的氧气，迅速冷却。

动力-硝酸盐培养基

①动力-硝酸盐培养基(A法)

蛋白胨5 g、牛肉膏3 g、硝酸钾1 g、琼脂3 g、蒸馏水1 000 mL、pH7.0。

加热溶解，校正pH。分装试管，每管10 mL，121℃高压灭菌15 min。

②动力-硝酸盐培养基(B法)

蛋白胨5 g、牛肉膏3 g、硝酸钾5 g、磷酸氢二钠2.5 g、半乳糖5 g、甘油5 g、琼脂3 g、蒸馏水1 000 mL、pH7.4。

将以上各成分混合，加热溶解，校正pH。分装试管，121℃高压灭菌15 min。

(4)含铁牛奶培养基

新鲜全脂牛奶1 000 mL、硫酸亚铁1 g、蒸馏水50 mL。

将硫酸亚铁溶解于蒸馏水中，不断搅拌，缓慢地加入于1 000 mL牛奶中。分装试管，每管10 mL，121℃高压灭菌15 min。本培养基必须新鲜制备。

(5)卵黄琼脂培养基

肉浸液1 000 mL、蛋白胨15 g、氯化钠5 g、琼脂25～30 g、pH7.5。

制备基础培养基，分装每瓶100 mL，121℃高压灭菌15 min。临用时加热熔化琼脂，冷至50℃，每瓶内加入50％葡萄糖水溶液2 mL和50％卵黄盐水悬液10～15 mL，摇匀，倾注平板。

(6)0.1％蛋白胨水

蛋白胨1 g、蒸馏水1 000 mL。

溶解蛋白胨于蒸馏水中，校正pH至7.0，121℃高压灭菌15 min。

(7)硝酸盐还原试剂

硝酸钾0.2 g、蛋白胨5 g、蒸馏水1 000 mL。

溶解，校正pH，分装试管，每管约5 mL，121℃高压灭菌15 min。

(8)革兰氏染色液

①结晶紫染色液

结晶紫1 g、95％乙醇20 mL、1％草酸铵水溶液80 mL。

将结晶紫溶解于乙醇中，然后与草酸铵溶液混合。

②革兰氏碘液

碘1 g、碘化钾2 g、蒸馏水300 mL。

将碘与碘化钾先进行混合，加入蒸馏水少许，充分振摇，待完全溶解后，再加蒸馏水至300 mL。

③沙黄复染液

沙黄0.25 g、95％乙醇10 mL、蒸馏水90 mL。

将沙黄溶解于乙醇中，然后用蒸馏水稀释。

3.检验程序　见图3。

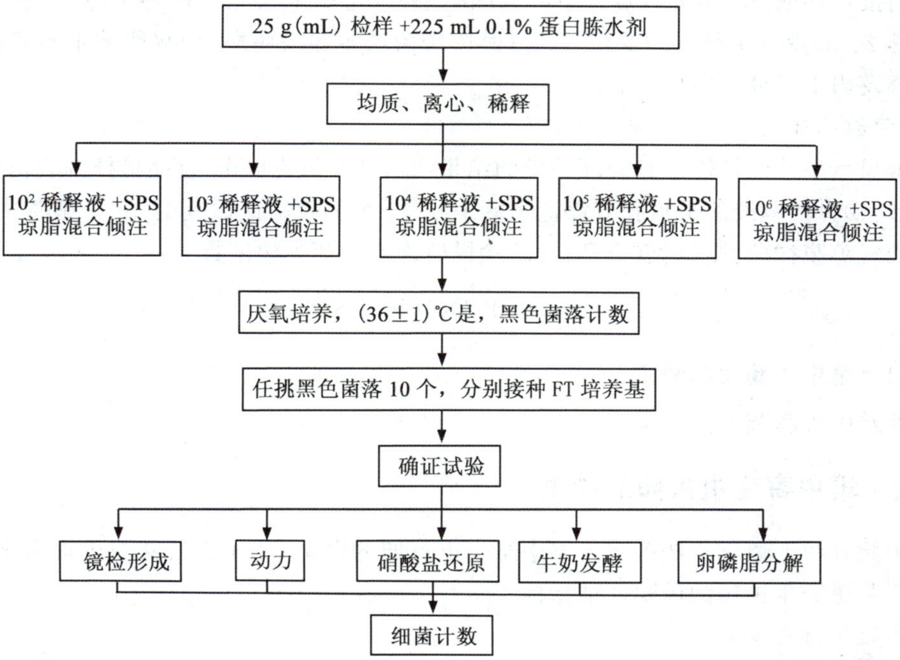

图3　检验程序

4.操作步骤

(1)活菌计数培养

①按无菌操作称取食品检样25 g(mL)放入均质器中，加0.1%蛋白胨水225 mL，低速搅动1～2 min，使之均质化，作为1∶10稀释液。

②以上述1∶10稀释的均质液按1 mL加0.1%蛋白胨水9 mL做成10^{-2}～10^{-6}的系列稀释液。

③吸取各稀释液1 mL分别放入两个灭菌平皿内。每个平皿浇注约50℃的SPS琼脂15～20 mL，仔细转动平皿，使稀释液和琼脂充分混匀。

④上述琼脂平板凝固后，倒置于厌氧培养装置内，与(36±1)℃培养24 h。

⑤选取长有30～300个黑色菌落的平板，计数黑色菌落。

(2)确证试验

①由平板上任取10个黑色菌落，分别按种FT培养基，于(36±1)℃培养18～24 h。

②用上述培养液涂片，革兰氏染色镜检。产气荚膜梭菌为革兰氏阳性粗大杆菌，其耐热株可能形成卵形芽孢，位于菌体中央或近端，其宽度一般不大于菌体。

③用接种环(针)穿刺接种动力-硝酸盐培养基，于(36±1)℃培养24 h，观察接种线的生长情况，判断有无动力。然后，滴加甲萘胺液和对氨基苯磺酸液各0.5 mL，观察硝酸盐是否被还原。产气荚膜梭菌无动力，能将硝酸盐还原为亚硝酸盐。

④取生长旺盛的FT培养液1 mL接种于含铁牛乳培养基，在46℃水域中培养2 h后观察有无“暴烈发酵”现象，5 h内不发酵者为阴性。产生荚膜梭菌发酵乳糖，凝固酪蛋白并大量产

气，呈“暴烈发酵”现象，但培养基不变黑。

⑤用接种环取 FT 培养液点种于卵黄琼脂平板（每张平板至少接种 10 点），于(36±1)℃厌氧培养 24 h，观察接种点的变化。产气荚膜梭菌产生卵磷脂酶，分解卵黄中的卵磷脂，接种段的底部及周围形成乳白色的混浊带。

(3)菌数计算

根据黑色菌落的计数①和确证试验的结果(2)，计算每克(mL)食品检样的含菌数。

例如：10^{-4}稀释液的平板长有黑色菌落 100 个，而供做确证试验的 10 个菌落中有 7 个被确证为产气荚膜梭菌，则每克（毫升）食品检样所含产气荚膜梭菌数为：

$$100\times0.7\times10^{4}=7\times10$$

(三)土壤中大肠菌群测定

同饮水中大肠菌群的测定。

三、土壤中寄生虫虫卵的检测

1. 实验目的　通过本法确定土壤中寄生虫虫卵的含量，从而为公共卫生提供土壤环境相关的人畜共患寄生虫病的风险评估指标。

2. 实验器材与试剂

(1)土壤取样用挖掘器具及盛放容器。

(2)从 40 目至 200 目的不同孔径的不锈钢筛网。

(3)天平，精确度为 0.1 g。

(4)100 mL 烧杯、量筒、玻璃棒和吸管。

(5)饱和食盐水，将 400 g 食用盐放入 1 L 自来水中加热煮沸，然后自然冷却至室温所得的溶液。

(6)硫代硫酸钠溶液，将 1 750 g 硫代硫酸钠溶于 1 L 水中。

(7)麦克马斯特计数板，为上海兽医研究所研制的改良型计数板。

3. 实验步骤

(1)土壤样品采集，从待测点采集样品时要注意取样时的土层深度、取样面积和取样量。一般同一采样点需采集 3 份样品。

(2)土样样品处理，在实验室将土壤样品搅拌均匀，必要时可借助 40 目筛网进行过滤，以除去小石块、碎玻璃等坚硬物体。

(3)称取 2 g 样品，放入烧杯中，加入 60 mL 饱和食盐水后搅拌均匀，同时用吸管吸取混悬液充入麦克马斯特计数板左右两个计数池内。

(4)将计数板放置于显微镜载物台上静止 2～3 min 后进行计数。计数方法为：从一个计数池的一个角开始，累计 100 个小方格中虫卵的数量，然后将左右两个计数池的虫卵总数相加，计算得到每克土壤样品中的虫卵数。计算公式如下：

$$每克样品虫卵数=(左计数池虫卵数+右计数池虫卵数)\times100$$

注：a. 计数时只计压左边线和下边线的虫卵；

b. 如果需要评估虫卵活力，则只计含有胞质或感染性幼虫的虫卵；

c.如果每个小方格中虫卵数量大于10个，则需要将步骤(3)中的混悬液用饱和盐水稀释后再进行充池计数(进行每克样品虫卵数计算时，则需再乘以稀释倍数)。

d.吸虫虫卵由于密度较大，进行其检测时需要使用硫代硫酸钠溶液来漂浮虫。

土壤生物性污染的评价指标及卫生分级值见表3。

表3　土壤卫生状况评价指标

卫生状况	大肠菌群值/g	产气荚膜梭菌值/g	蛔虫卵/(个/kg)
洁净	>1.0	>0.1	0
轻度污染	1.0～0.01	0.1～0.001	<10
中度污染	0.01～0.001	0.001～0.000 1	10～100
重度污染	<0.001	<0.000 1	>100

实验五　饮用水的卫生检测

实验目的：通过实验操作，掌握饮用水理化检验、饮用水的消毒效果检测和细菌污染情况的检测方法，了解和掌握饮用水卫生指标的评定标准。

一、饮用水理化检验

(一)主要物理性状检验

1.水温　应在采样现场测定，并记录当时的气温。将棒状的水银温度计，插入水面下20～30 cm处，3～5 min后取出立即读数。如需将水样取出测定水温时，水样体积不少于1 L，并应在水样取出后立即测定。

2.透明度

(1)肉眼观察法　将500 mL水样倒入白色瓷杯内，凡能清澈见底者为"透明水"；凡稍见悬浮物，但仍可清楚见到杯底者为"轻度混浊水"；凡悬浮物较多，不能看到杯底者则为"混浊水"，此法简便，但只用为粗略的估计。

(2)透明度测定器法　将水样倒入透明度测定器内至30 cm处，于测定器下面放铅字符号(符号大小相当标准近视力表第三排符号之大小)，或报纸一条(6号宋体)置于光线充足处(避免直射阳光)，用眼由透明度测定器垂直向下看，若下面字样笔画能看清晰，则为水样透明度在30 cm以上；若字体笔画模糊，则缓慢放出水样直至字体笔画能看清为止，记录水柱度高(cm)，即为该水样的透明度。<10 cm为非常混浊的水；10～20 cm为混浊水；20～30 cm是轻度混浊水；>30 cm透明的水。

3.颜色　可将水样直接列入白色瓷碗内详细观察其颜色。如水混浊时，可先静置澄清或离心后取上清液观察。水的颜色一般以无色、淡钠色、黄色、深黄色、棕黄色等表示。

4.气味　取新鲜水样50～100 mL置于三角烧瓶内，瓶口塞好，振荡后打开瓶塞立即嗅其气味；然后再将瓶塞盖好，将水样加热至沸，打开瓶塞，振荡后再嗅其气味。水的气味一般可用无臭、泥土气味、霉气味、腥气味等表示。

5.味道　量取少量水样，经过加热煮沸后，放口中其味道，可用无味、稍苦味、稍咸味、酸味、涩味等表示。如怀疑水含有剧毒类物质时，则不宜直接用口尝试。

(二)主要化学性状检验

1. pH 值的测定　可采用玻璃电极法和 pH 试纸法。

(1)玻璃电极法

[原理] 以玻璃电极和甘汞电极为两极，在 25℃时，每相差 1 个 pH 单位，产生 59.1 mV 的电位差，在仪器上直接以 pH 的读数表示。温度差异在仪器上有补偿装置。

[仪器] pH 电位计(包括玻璃电极和饱和甘汞电极)。

[试剂] 下列标准液均需用新煮并放冷的蒸馏水配制。配成的溶液应贮存在聚乙烯瓶或硬质玻璃瓶内。此类溶液可以稳定 1～2 个月。

①pH 标准液甲：称取 10.21 g 在 105℃烘干 2 h 的苯二甲酸氢钾($KHC_8H_4O_4$)，溶于蒸馏水中，并稀释至 1 000 mL。此溶液的 pH 值在 20℃时为 4.00。

②pH 标准液乙：称取 3.40 g 在 105℃烘干 2 h 的磷酸二氢钾(KH_2PO_4)和 3.55 g 磷酸氢二钠(Na_2HPO_4)，溶于蒸馏水中，并稀释至 1 000 mL。此溶液的 pH 值在 20℃时为 6.88。

③pH 标准液丙：称取 3.81 g 硼酸钠($Na_2B_4O_7 \cdot 10H_2O$)，溶于蒸馏水中，并稀释至 1 000 mL。此溶液的 pH 值在 20℃时为 9.22。

以上三种标准液的 pH 值随温度而稍有差异，见表 4。

表 4　不同温度时 pH 标准液的准确值

温度/℃	pH 标准液		
	标准溶液甲	标准溶液乙	标准溶液丙
0	4.00	6.98	9.46
5	4.00	6.95	9.40
10	4.00	6.92	9.33
15	4.00	6.90	9.28
20	4.00	6.88	9.22
25	4.01	6.86	9.18
30	4.02	6.85	9.14
35	4.02	6.84	9.10
40	4.04	6.84	9.07

[操作步骤] 按照仪器说明书操作。玻璃电极在使用前应放入蒸馏水中浸泡 24 h，用时要充分冲洗。测定时先用 pH 标准液校正仪器刻度，然后用洗瓶以蒸馏水缓缓淋洗两电极，再以水样淋洗 3 次以上，然后测定水样，直接从仪器上读出 pH 值。

(2)pH 试纸法

即用广泛 pH 试纸检验，将试纸浸入水样片刻，取出后与标准色列比色，则立即可读出水样的 pH 值。

[试剂] 广泛 pH 试纸(pH 范围 1～12)或精密 pH 试纸(pH 范围 5.5～9.0)。

[操作步骤] 取 pH 试纸一条，于水样中浸湿，取出后与标准色板比色，记录相应的 pH 值。此法简易方便，但准确度较差。

2.总硬度

乙二胺四乙酸二钠容量法：本法测定的总硬度是钙、镁离子的总量，并折合成氧化钙计算。

[原理] 乙二胺四乙酸二钠(EDTA-Na_2)在 pH10 的条件下与水中钙、镁离子生成十分稳定的无色可溶性络合物。指示剂铬黑 T 则能与钙、镁离子生成紫红色络合物，但它不如 EDTA-Na_2 与钙、镁离子形成的络合物稳定。当水样中加入铬黑 T 指示剂后，水样中钙、镁离子与铬黑 T 生成紫红色络合物，而后用 EDTA-Na_2 滴定到终点时 EDTA-Na_2。能夺取与铬黑 T 结合的钙、镁离子，使铬黑 T 游离出来，此时溶液即由紫红色变成蓝色。

金属离子铁、铜、铝、锰、镉等对测定有干扰作用，可加入硫化钠及盐酸羟胺等消除干扰。

[器材] 50 mL 量筒 1 个，100 mL 三色烧瓶 1 个；50 mL 滴定管 1 支；1 mL 吸管 1 支；小药匙 1 个。

[试剂]

(1)缓冲溶液(pH10)

a. 称取 16.9 g 氯化铵，溶于 143 mL 浓氢氧化铵中；

b. 取取 0.8 g 硫酸镁($MgSO_4 \cdot 7H_2O$)及 1.1 g 乙二胺四乙酸二钠，溶于 50 mL 蒸馏水中，加入 2 mL 上述氯化氨-氢氧化铵溶液、5 滴铬黑 T 指示剂，用 EDTA-Na_2 溶液滴定溶液由紫红色变为蓝色。

合并(a)液及(b)液，并用蒸馏水稀释至 250 mL。

(2)铬黑 T 指示剂，称取 0.5 g 铬黑 T，溶于 10 mL 缓冲溶液中，用 95% 乙醇稀释至 1 000 mL，置于冰箱中保存，指批示剂可稳定 1 个月。

用下法配制的固体指示剂可较长期保存：称取 0.5 g 铬黑 T，加 100 g 氯化钠或氯化钾，研磨均匀，贮于棕色瓶内，密塞备用。

(3)0.01 mol/L 乙二胺四乙酸二钠($Na_2H_2C_{10}H_{12}O_8N_2 \cdot 2H_2O$)，溶于蒸馏水中，并稀释至 1 L，按下述方法标定其准确浓度：

a. 锌标准溶液。准确称取 0.6～0.8 g 锌粒，溶于 1∶1 盐酸中，置于水浴上温热至完全溶解。移入容量瓶，用蒸馏水稀释至 1 000 mL。

锌标准溶液的摩尔浓度(mol/L)＝锌的重量(g)/65.37

b. 吸取 25.0 mL 锌标准溶液于 150 mL 锥形瓶中，加入 25 mL 蒸馏水，加氨水调节溶液至近中性，再加 2 mL 缓冲溶液及 5 滴铬黑 T 指示剂，用 EDTA-Na_2 溶液滴定，当溶液由紫红色变为蓝色时，即表示到达终点。

EDTA-Na_2 溶液的摩尔浓度(mol/L)＝锌标准液的摩浓度×锌标准溶液体积(mL)/EDTA-Na_2 溶液体积(mL)

c. 校正 EDTA-Na_2 溶液的摩浓度为 0.010 0 mol/L。

(4)5% 硫化钠溶液，称取 5.0 g 硫化钠($NaS \cdot 9H_2O$)，溶于蒸馏水中，并稀释至 100 mL。

(5)1% 盐酸羟胺溶液，称取 1.0 g 盐酸羟胺($NH_2OH \cdot HCl$)，溶于蒸馏水中，并稀释至 100 mL。

[操作步骤]

(1)吸取 50.0 mL 水样(若硬度大，可少以水样用蒸馏水稀释至 50 mL)，置于 150 mL 锥形瓶中。

(2)加入 1～2 mL 缓冲液及 5 滴铬黑 T 批示剂(或 1 小固体指示剂),立即用 EDTA-Na_2 标准溶液滴定,边滴定边充分振摇,于溶液由紫红色变为蓝色时即为终点。

(3)若水样中含有干扰离子使滴定的颜色发暗或终点颜色变化不清晰时,应重新吸取 50.0 mL 水样,加入 1 mL 5%硫化钠溶液及 0.5 mL 1%盐酸羟胺溶液,然后再按步骤(2)进行振作。

[计算]

总硬度(CaO, mL/L)=EDTA-Na_2 标准溶液用量(mL)×0.560 8/水样体积(mL)×1 000

式中:0.560 8～0.010 0 EDTA-Na_2 标准溶液 1 mL 相当于 CaO 毫克数。

[说明]

(1)滴定时,pH 值越偏碱(pH9.7～11),终点越敏锐,但可促使碳酸钙及氢氧化镁沉淀,从而造成滴定误差,因此先用 pH10 为滴定的 pH 条件。

(2)配制缓冲溶液的步骤 b 是为了加入铬合性的 EDTA-Mg,使某些含镁较低的水样滴定终点更敏锐。如果备有市售 EDTA-Mg 试剂,则可直接取 1.25 g EDTA-Mg,配入 250 mL 缓冲溶液中。

(3)水样硬度大于 14 度时,在碱性溶液中容易发生钙、镁盐沉淀,不易辨别终点。遇此情况,可适当少取水样,而后用蒸馏水稀释。

二、饮用水的消毒及水消毒相关指标的检测及评价

为使水质符合细菌学的卫生标准,防止介水传染病的传播,确保饮水安全,水经沉淀、过滤后,还必须进行消毒。消毒的方法,有煮沸、紫外线照射、超声波法,另外还可用消毒剂消毒,如氯、臭氧、高锰酸钾、溴、碘等氧化剂。但最常用的是氯化消毒法(chlorination)。氯化消毒常用的漂白粉[Ca(OCl)Cl]、漂白粉精[$Ca(OCl)_2$]及氯胺(NH_2Cl $NHCl_2$)其消毒的效果,常用余氯量来评价。接触消毒剂 30 min 后,游离性余氯不得不低于 0.3 mg/L。集中式给水,出厂水应符合上述要求外,管网末梢水不低于 0.05 mg/L。

氯化消毒法是目前广泛应用的饮水消毒方法。饮水氯化消毒时有关的检验指标有:漂白粉中有效氯含量、水的加氯量、水中余氯含量等。

本实验的目的是通过实验操作,掌握饮水氯化消毒时有关指标的检验技术,以便为实施饮水消毒工作提供必要的依据。

(一)水中漂白粉加入量的测定

1.方法一

(1)原理　一定量的漂白粉加入水中,经过一事实上的时间达到消毒效果后,使其在水中仍存在有适当的余氯(0.3 mg/L)。为此,可先取一定体积的水样数份,分别加入不同量的已知浓度的漂白粉稀释液,30 min 后,观察余氯,取其余氯最适合(0.3 mg/L)的水样,计算出漂白粉的加入量。本法较简便实用,不需事先测定漂白粉的有效氯的含量。漂白粉中有效氯含量在 15%以上时,即可用本法测定加入量。

(2)器材　白瓷碗(或烧杯)5 个,能容纳 100 mL 水样者;100 mL 量筒 2 个;研钵 1;5 mL 吸管 1;玻棒 1 根。

(3)试剂　漂白粉(有效氯含量在 15%以上)。

(4)操作步骤

①配制 0.01%漂白粉溶液。称取 1 g 漂白粉置于研钵中,加蒸馏水少许,研磨后倒入 100 mL 量筒内,再加蒸馏水稀释至 100 mL。此溶液 1 mL=0.1 mg 漂白粉。

②将 5 个白瓷碗(或烧杯)依次排列好,每碗(或杯)中入 100 mL 水样。

③用吸管吸取 0.01%漂白粉溶液 0.5、1.0、1.5、2.0、2.5 mL,分别依次加入以上各杯中。以上各杯中所含漂白粉量分别为 0.5、1.0、1.5、2.0、2.5 mL/L。用玻棒搅拌均匀,静置 30 min。

④30 min 后,用测定余氯方法(淀粉碘化钾法或甲土立丁法)测定各杯中余氯含量(见余氯测定法)。选择余氯在 0.3 mg/L 左右的一杯,计算此杯中的漂白粉加入量,即为消毒水样所需的加入量。如以上各杯都不含余氯,说明水的需要量较大,所加的漂白粉量尚不够,应按比例再依次加大 0.01%漂白粉液的量,重复上述实验,找到有适宜余氯时为止。

(5)计算 水样漂白粉加入量(mg/L)=相当于余氯 0、0.5、1.0、1.5、2.0、2.5 m 0.3 mg/L 的一杯中所加入 0.01%漂白粉溶液的毫升数。例如第 3 杯所呈现的余氯相当于 0.3 mL/L 时,则该水样的漂白粉加入量即为 1.5 mL/L。

2.方法二

[原理] 向水样中加入不同量的有效氯溶液,经 30 min 后,测定水中的余氯,找出余氯在 0.3~0.5 mg/L 范围内的水样,从事先所加有效氯量计算出加氯量。

[器材] 250 mL 有玻璃塞的锥形瓶,50 mL 比色管。

[试剂]

(1)有效氯标准溶液配制

a.1%左右有效氯溶液。称取适量已知有效氯量的漂白粉,加少量蒸馏水调成糊状,再加蒸馏水稀释至 200 mL 迅速过滤一次。

b.有硫代硫酸钠标准溶液测定 1%左右有效氯溶液的准确浓度。测定方法参阅"漂白粉中有效氯含量测定"。

c.根据计算结果,吸取适量的 1%左右有效氯溶液,用需氯量为零的蒸馏水稀释至 100 mL,配成准确的 0.10%有效氯标准溶液(此溶液含有 1 000 mg/L 有效氯)。此溶液易于分解,必须每次使用时重新测定 1%左右有效氯溶液的浓度再加以稀释配制。

(2)需氯量为零的蒸馏水 如果实验室的蒸馏水不含氨及亚硝酸盐,取蒸馏水煮沸 5 min 冷却后,就可以作为需氯量为零的蒸馏水。

最好取蒸馏水 3 L 放于 5 L 蒸馏水瓶中,加入 0.2~0.3 mL 1%有效氯溶液;盖紧玻璃塞,用力振荡,放置过夜。第二天将蒸馏水曝于日光下直接照射,利用日光破坏水中的余氯。隔相当时间后,取水样用邻联甲苯胺溶液检验,直至水中氯完全被分解为止。

(3)邻联甲苯胺溶液(同"水中余氯的测定")

[操作步骤]

(1)取 6 个 250 mL 有玻璃塞的锥形瓶(或烧杯),编好号数,分别加入 200 mL 水样;然后分别依次加入 0.10%有效氯标准溶液 0.1,0.2,0.5,0.6,0.8,1.0 mL;摇匀,记录时间(加氯溶液时,每瓶应相隔 2~3 min,以便有充分时间测定其余氯)。

(2)静置 30 min 后,从上述各瓶中各取出 50 mL 水样放于加有 2.5 mL 邻联甲苯胺溶液的比色管中,混合均匀后,测定各瓶的余氯含量(参阅"水中余氯的测定")。

(3)选择余氯在 0.3~0.5 mg/L 的一瓶作为标准,计算加氯量。

［计算］

$$加氯量(Cl_2, mL/L)=有效氯溶液用量\times 1/200\times 1\ 000$$
$$=有效氯溶液用量\times 5$$

式中：1——0.1％有效氯溶液 1 mL 含 1 mg Cl_2；

200——水样体积。

(二)余氯测定

1.邻联甲苯胺比色法(甲土立丁法)

(1)原理：水中余氯与邻甲苯胺作用产生黄色的联苯醌化合物，根据其颜色的深浅进行比色定量。

(2)器材：余氯比色测定器 1 个；10 mL 刻度小试管 3 支；1 mL 吸管 2 支。或 50 mL 比色管(具塞)六孔比色架一套。

［试剂］

(1)永久性余氯比色溶液的配制(表 5)

a.磷酸盐缓冲贮备溶液　将无水磷酸氢二钠和无水磷酸二氢钾置于 105℃烘箱内 2 h，冷却后，分别称取 22.86 g 和 46.14 g。将此两种试剂共溶于蒸馏水中，并稀释至 1 000 mL，至少静置 4 d，使其中胶状杂质凝聚沉淀，过滤。

b.磷酸盐缓冲使用溶液　吸取 200.0 mL 磷酸盐缓冲贮备溶液，加蒸馏水稀释至 1 000 mL，此溶液的 pH 值为 6.45。

c.重铬酸钾-铬酸钾溶液　称取干燥的 0.155 0 g 重铬酸钾及 0.465 0 g 铬酸钾，溶于磷酸盐缓冲使用溶液中，并稀释至 1 000 mL。此溶液所产生的颜色相当于 1 mg/L 余氯与邻联甲苯胺所产生的颜色。

d.0.01～1.0 mg/L 永久性余氯标准比色管的配制方法　按表 5 所列数量，吸取重铬酸钾—铬酸钾溶液，分别注入 50 mL 具塞比色管中，用磷酸盐缓冲使用溶液稀释至 50 mL 刻度。避免日光照射，可保存 6 个月。

(2)邻联甲苯胺溶液　称取 1 g 邻联甲苯胺，溶于 5 mL 20％(容积/容积)盐酸中，将其调成糊状，加入 150～200 mL 蒸馏水使其完全溶解，置于量筒中，补加水至 505 mL，最后加入 20％(*V*/*V*)盐酸 495 mL，盛于棕色瓶内，在室温下保存，可使用 6 个月。

表 5　永久性余氯标准比色溶液的配制　　mg/L

余氯	重铬酸钾-铬酸钾溶液	余氯	重铬酸钾-铬酸钾溶液
0.01	0.5	0.50	25.0
0.03	1.5	0.60	30.0
0.05	2.5	0.70	35.0
0.10	5.0	0.80	40.0
0.20	10.0	0.90	45.0
0.30	15.0	1.00	50.0
0.40	20.0		

［操作］

(1)取 50 mL 比色管 1 支，先放入 2.5 mL 邻联甲苯胺溶液，再加入澄清水样 50 mL，混合均匀(水样的温度最好为 15～20℃,如低于此值,应先将水样在温水浴中使温度提高到 15～20℃)。

(2)置于暗处,在 5 min 以内,将其与永久性余氯标准色列进行比色。

(3)如余氯浓度很高,会产生橘黄色。若水样碱度过高而余氯浓度较低时,将产生淡绿色或淡蓝色,此时可多加 1 邻联甲苯胺溶液,即产生正常的淡黄色。

(4)如水样浑浊或色度较高,则应另取 3 支比色管,一管加蒸馏水,其他二管加水样(但不加邻联甲苯胺溶液),用六孔比色架进行比色。

[附注]

(1)瓶中含有悬浮性质时,应该用离心法去除。

(2)如配成的邻联甲苯胺溶液具有淡黄色,则不宜使用。此时,可于每升溶液加入 1 g 左右活性炭,并加热煮沸 2～3 min,放置过夜后再进行过滤即可脱色。

附:井水消毒操作步骤

(1)井水量的测定

a. 测定水深　用系有生物的绳子慢慢沉到井底,然后提起,测量湿绳子的长度即为水深。

b. 测量水井水面的直径。

c. 计算水量。

井水量(m^3)=3.14×(水面直径(m)/2)^2×水深(m)

(2)漂白粉用量计算

$$漂白粉用量(g)=井水量\times加氯量/漂白粉有效氯含量$$

例如使用有效氯含量为 25%的漂白粉,加氯量为 2 mL/L,欲消毒的井水量为 4 m^3,则:

$$漂白粉用量(g)=4\times1\,000\times2\times1/1\,000/0.25=32$$

(3)加漂白粉进行井水消毒　按计算结果,将需投加的漂白粉放在碗内,加入少量水调成糊状,再加少量水冲稀,静置待残渣沉淀后,取上清液倒入井内,并搅动井水使之混匀。30 min 后,取水样测定余氯,如果合适,即可取用。

井水遭污染后,消毒时漂白粉加入量应增加 3～4 倍。加入后先用井水洗井壁,再封闭半天后使用。以后按一般剂量时行经常性消毒。

2. *淀粉碘化钾法*　本法较为简便,可用作定性或粗略定量。用 100 mL 水样,加入 2 滴淀粉碘化钾溶液(10%碘化钾溶液中加入适量的淀粉溶液)。如水样中有的余氯存在,可将碘化钾氧化析出碘,碘与演粉呈现蓝色反应,根据蓝色反就原深浅来估计氯的含量,一般呈天蓝色反应时,余氯含量约为 0.2～0.4 mg/L。

(三)漂白粉中有效氯含量测定

1. *碘量法*

[原理] 漂白粉在酸性溶液中与碘化钾起氧化作用而释出碘,再用硫代硫酸钠标准溶液来滴定碘,然后根据硫代硫酸钠标准溶液的用量来计算出漂白粉中有的有效氯含量。

$$KI+CH_3COOH=CH_3COOK+HI$$

$$2HI+Ca(OCl)Cl=CaCl_2+H_2O+I_2$$

$$I_2+2Na_2S_2O_3=2NaI+Na_4S_4O_6$$

[器材] 250 mL 三色烧瓶 1 个,100 mL 量筒 1 个,5 mL 吸管 1 支,10 mL 吸管 1 支,碱性滴管 1 支;小药匙 1 个;研钵 1 个。

[试剂] 包括 1%漂白粉溶液;1∶3 的稀盐酸;结晶碘化钾;1%淀 粉溶液;0.7%硫代硫酸钠标准溶液(1 mL=有效氯 1 mg)。

(1)0.050 0 mol/L 硫代硫酸钠标准溶液,称取 25 g 分析纯硫代硫酸钠,溶于 1 L 煮沸放冷的蒸馏水中,此溶液浓度约为 0.1 mol/L,加入 0.4 g 氢氧化钠或 0.2 g 无水碳酸钠,以防分解,贮存于棕色瓶内,可保存数月。

硫代硫酸钠标准溶液浓度标定的方法,见溶解氧的测定实验。

将经过标定的硫代硫酸钠标准溶液用适量蒸馏水稀释至 0.050 0 mol/L。

(2)0.5%淀粉溶液,称取 0.5 g 可溶性淀粉,用少量蒸馏水调成糊状,在不断搅拌下加刚煮沸的蒸馏水至 100 mL。临用时配制。

(3)碘化钾。

(4)冰醋酸。

[操作步骤]

(1)将具有代表性的漂白粉样品用研钵磨碎后,准确称取 0.71 g,置于烧杯内。

(2)加 5 mL 左右蒸馏水,用玻璃棒拌成糊状,再加蒸馏水使成悬浮液,倾入 100 mL 溶量瓶中,用蒸馏水冲洗烧杯 3 次,一并倾入容量瓶中,加蒸馏水至刻度,振荡混合均匀。

(3)取 250 mL 碘量瓶,加入 0.75 g 碘化钾及 80 mL 蒸馏水,待溶解后,再加入 2 mL 冰醋酸。

(4)由容量瓶中吸取 25 mL 样品悬浮液,放入上述碘量瓶中(此时溶液即成棕黄色),振荡均匀,静置 5 min。

(5)用 0.05 mol/L 硫代硫酸钠标准溶液滴定,不断振摇,至溶液变为淡黄色时,加入 1 mL 0.5% 淀粉溶液,继续滴定至蓝色刚褪为止,记录用量。

[计算]

$$有效氯(Cl_2,\%)=V\times 0.050\,0\times 70.91/2\,000\times 100/25\times 100/0.17$$

式中:V 为 0.050 0 mol/L 硫代硫酸钠标准溶液用量(mL)。

因此,硫代硫酸钠标准溶液的用量,即直接代表该漂白粉所含有效氯的百分数。

2.快速测定法(蓝墨水法)

[原理] 蓝墨水能为有效氯所漂白,所以可根据消耗蓝墨水体积,推算出漂白粉在有效氯的含量。

[器材] 白瓷皿。

[试剂] 市售蓝墨水,只要未掺水和没有沉淀,各种版号均可。

[操作步骤] 取 0.5 g 混合均匀的漂白粉样品于玻璃瓶中,加入 10 mL 清洁水,连续摇动 1 min(约摇 200 次),静置 5 min,倾出上清液,摇匀,用吸管吸出 38 滴于白瓷皿中。洗净并擦干吸漂白粉溶液的吸管,再吸蓝墨水,滴加于白瓷甲骨文中,搅拌,直至出现蓝绿色不褪为止。记录蓝墨水所消耗的滴数,即为该漂白粉中有效氯的百分数。

测定漂白粉中有效氯的方法同上,但只要吸取样品 20 滴。计算有效氯百分数时,将所消耗墨水滴数乘 2 倍,即得。

[附注]

(1)漂白粉中有效氯含量过少(<10%),用蓝墨水滴定会出现污紫色,终点不明显,可重新吸取漂白粉上清液,加1∶1盐酸1滴,再测。

(2)本法误差较大,在无其他检验条件时,可作粗略测定。

三、饮水中菌落总数的测定:平皿计数法

参考标准见《生活饮用水标准检验方法　微生物指标》(GB/T 5750.12—2006)。

1.定义

菌落总数(standard plate-count bacteria):水样在营养琼脂上有氧条件下37℃培养48 h后,所得1 mL水样所含菌落的总数。

2.仪器

高压蒸汽灭菌器、干热灭菌箱、培养箱((36±1)℃)、电炉、天平、冰箱、放大镜或菌落计数器、pH计或精密pH试纸、三角瓶、量筒、试管、灭菌平皿(直径9 cm)、灭菌刻度吸管(10 mL,2 mL,1 mL)、酒精灯。

3.培养基和试剂

(1)营养琼脂培养基

①蛋白胨10 g,牛肉膏3 g,氯化钠5 g,琼脂15～20 g,蒸馏水1 000 mL。

将上述各成分混合,加热溶解,调整pH为7.4～7.6,过滤(如杂质多时过滤)分装,121℃、15 lb高压20 min灭菌。倾注约15 mL于灭菌平皿内,制成营养琼脂平板。

②10%(m/m)硫代硫酸钠溶液。

③10%(m/m)硫代硫酸钠溶液,121℃高压灭菌20 min。

4.操作步骤

(1)采样瓶的要求和预处理:用于微生物分析的采样瓶要无酸、无碱、无毒的玻璃容器。采样瓶在灭菌前加入足量的10%(m/m)硫代硫酸钠溶液。一般情况下125 mL的采样瓶加0.1 mL,加完后121℃高压灭菌20 min。

(2)水样的稀释:以无菌操作方法吸取1 mL充分混匀的水样,注入盛有9 mL灭菌生理盐水的试管中,混匀成10^{-1}稀释液。依次为10^{-1}、10^{-2}、10^{-3}、10^{-4}、10^{-5}、10^{-6}、10^{-7}、10^{-8}、10^{-9}、10^{-10}、10^{-11}、10^{-12}。

(3)用灭菌吸管吸取混合均匀的水样或相应浓度的稀释液1 mL,注入灭菌平皿内,倾注约15 mL已融化并冷却到45℃左右的营养琼脂培养基,并立即旋摇平皿,使水样与培养基充分混匀。每次检验时,另取1 mL注入另一灭菌平皿内作平行接种。同时另用一个平皿只倾注营养琼脂培养基作为空白对照。待琼脂凝固后翻转平皿,置(36±1)℃恒温箱内培养48 h。

5.菌落计数方法　先用肉眼观察,点数菌落数,然后再用放大5～10倍的放大镜检查,以防遗漏。记下各平皿的菌落数后,求出同一稀释度各平皿生长的平均菌落数。若平皿中有连成片的菌落或花点样菌落蔓延生长时,该平皿不宜计数。若片状菌落不到平皿的一半,而其余一半中菌落分布又很均匀时,则可将此半个平皿菌落计数后乘以2,所得结果代表全皿菌落数。

6.菌落数报告方式

(1)首先选择平均菌落数在30～300之间的稀释度进行计数,若只有一个稀释度的平均菌

落数符合此规范，则将该菌落数乘以稀释倍数报告(见表6中实例1)。

(2)若有两个稀释度，其平均菌落数均在30～300之间，则由两菌落总数之比值来决定，若其比值小于或等于2，应报告其平均数(如表6中实例2)。若大于2，则报告其中稀释度较低的平皿菌落数总数(见表6中实例4)。

(3)若所有稀释度的平均菌落数均大于300，则应按稀释度最高的平均菌落数乘以稀释倍数报告之(见表6中实例5)。

(4)若所有稀释度的平均菌落数均小于30，则应按稀释度最低的平均菌落数乘以稀释倍数报告之(见表6中实例6)。

(5)若所有稀释度的平均菌落数均不在30～300之间，其中一个稀释度的平均菌落数均大于300，而相邻的另一个稀释度平均菌落数小于30，则以接近30或300的平均菌落数乘以稀释倍数报告之(见表6中实例7)。

(6)若所有的稀释度均无菌生长，报告数为每毫升小于1 CFU。

(7)如果所有平板上都菌落密布，不要用“多不可计”报告，而应在稀释度最大的平板上，任意数其2个平板1 cm^2中的菌落数，除2求出1 cm^2内平均菌落数，乘以皿底面积63.6 cm^2，再乘以其稀释倍数作报告。

(8)菌落计数的报告：菌落数在100以内时，按实有数值报告之。大于100时，采用二位有效数字，在二位有效数字后面的数值，应以四舍五入法计算。为了缩短数字后面零的个数，可用10的指数来表示(表6)。

表6　细菌计数结果及报告方式

例次	不同稀释度平均菌落数			两稀释度菌数之比	菌落总数(cfu/mL)	报告方式(cfu/mL)
	10^{-1}	10^{-2}	10^{-3}			
1	1 365	164	20	—	16 400	1.6×10^4
2	2 760	295	46	1.6	37 750	3.8×10^4
3	2 890	271	60	2.2	27 100	2.7×10^4
4	150	30	8	2	1 500	1.5×10^3
5	多不可计	1 650	513	—	513 000	5.1×10^5
6	27	11	5	—	270	2.7×10^2
7	多不可计	305	12	—	30 500	3.1×10^4

四、饮水中大肠菌群的测定——多管发酵法

(一)总大肠菌群

1. 总大肠菌群

总大肠菌群指一群在37℃培养24 h能发酵乳糖、产酸产气、需氧和兼性厌氧的革兰氏阴性无芽孢杆菌。

2. 培养基与试剂

(1)乳糖蛋白胨培养液

蛋白胨10 g，牛肉膏3 g，乳糖5 g，氯化钠5 g，溴甲酚紫乙醇溶液(16 g/L)1 mL，蒸馏水1 000 mL。

将蛋白胨、牛肉膏、乳糖及氯化钠溶于蒸馏水中，调整 pH 为 7.2～7.4，再加入 1 mL 16 g/L 的溴甲酚紫乙醇溶液，充分混匀，分装于装有倒管的试管中，68.95 kPa(115℃，10 lb)高温灭菌 20 min，贮存于冷暗处备用。

(2)二倍浓缩乳糖蛋白胨培养液

按上述乳糖蛋白胨培养液，除蒸馏水外，其他成分量加倍。

(3)伊红美蓝培养基

蛋白胨 10 g，乳糖 10 g，磷酸氢二钾 2 g，琼脂 20～30 g，蒸馏水 1 000 mL，伊红水溶液(20 g/L)20 mL，美蓝水溶液(5 g/L)13 mL。

将蛋白胨、磷酸盐和琼脂溶解于蒸馏水中，校正 pH 为 7.2，加入乳糖，混匀后分装，以 68.95 kPa(115℃，10 lb)高压灭菌 20 min。临用时加热融化琼脂，冷至 50～55℃，加入伊红和美蓝溶液，混匀，倾注平皿。

(4)革兰氏染色液

①结晶紫染色液：结晶紫 1 g，乙醇(95%，体积分数)20 mL，草酸铵水溶液(10 g/L)80 mL。

将结晶紫溶于乙醇中，然后与草酸铵溶液混合。

注：结晶紫不可用龙胆紫代替，前者是纯品，后者不是单一成分，易出现假阳性。结晶紫溶液放置过久会产生沉淀，不能再用。

②革兰氏碘液：碘 1 g，碘化钾 2 g，蒸馏水 300 mL。

将碘和碘化钾先进行混合，加入蒸馏水少许，充分振摇，待完全溶解后，再加蒸馏水。

③脱色剂：乙醇(95%，体积分数)。

④沙黄复染液：沙黄 0.25 g，乙醇(95%，体积分数)10 mL，蒸馏水 90 mL。

将沙黄溶解于乙醇中，待完全溶解后加入蒸馏水。

⑤染色法

a. 将培养 18～24 h 的培养物涂片。

b. 将涂片在火焰上固定后，滴加结晶紫染色液，染 1 min，水洗。

c. 滴加革兰氏碘液，作用 1 min，水洗。

d. 滴加脱色剂，摇动玻片，直至无紫色脱落为止，约 30 s，水洗。

e. 滴加复染剂，复染 1 min，水洗，待干，镜检。

3. 仪器　培养箱((36±1)℃)、冰箱(0～4℃)、天平、显微镜、平皿(直径为 9 cm)、试管、分度吸管(1 mL，10 mL)、锥形瓶、小倒管、载玻片。

4. 检验步骤

(1)乳糖发酵试验

①取 10 mL 水样接种到 10 mL 双料乳糖蛋白胨培养液中，取 1 mL 水样接种到 10 mL 单料乳糖蛋白胨培养液中，另取 1 mL 水样注入 9 mL 灭菌生理盐水中，混匀后吸取 1 mL(即 0.1 mL 水样)注入 10 mL 单料乳糖蛋白胨培养液中，每一稀释度接种 5 管。

对已处理过的出厂自来水，需经常检验或每天检验一次的，可直接接种 5 份 10 mL 水样双料培养基，每份接种 10 mL 水样。

②检验水源水样，如污染较严重，应加大稀释度，可接种 1，0.1，0.01 mL 甚至 0.1，0.01，0.001 mL，每个稀释度接种 5 管，每个水样共接种 15 管。接种 1 mL 以下水样时，必须作 10

倍递增稀释后，取 1 mL 接种，每递增稀释一次，换用 1 支 1 mL 灭菌刻度吸管。

③将接种管置(36±1)℃培养箱内，培养(24±2) h，如所有乳糖蛋白胨培养管都不产气产酸，则可报告为总大肠菌群阴性，如有产酸产气者，则按下列步骤进行。

(2)分离培养

将产酸产气的发酵管分别转种在伊红美蓝琼脂平板上，于 36±1℃培养箱内培养 18～24 h，观察菌落形态，挑取符合下列特征的菌落作革兰氏染色、镜检和证实试验。

深紫黑色、具有金属光泽的菌落；

紫黑色、不带或略带金属光泽的菌落；

淡紫红色、中心较深的菌落。

(4)证实试验

经上述染色镜检为革兰氏阴性无芽孢杆菌，同时接种乳糖蛋白胨培养液，置(36±1)℃培养箱中培养(24±2) h，有产酸产气者，即证实有总大肠菌群存在。

5.结果报告　根据证实为总大肠菌群阳性的管数，查 MPN(most probable number，最可能数)检索表，报告每 100 mL 水样中的总大肠菌群最可能数(MPN)值。5 管法结果见表 7，15 管法结果见表 8.稀释样品查表后所得结果应乘稀释倍数。如所有乳糖发酵管均阴性时，可报告总大肠菌群未检出。

表 7　用 5 份水 10 mL 水样时各种阳性和阴性结果组合时的最可能数(MPN)

5 个 10 mL 管中阳性管数	最可能数(MPN)
0	＜2.2
1	2.2
2	5.1
3	9.2
4	16.0
5	＞16

表 8　总大肠菌群 MPN 检索表

(总接种量 55.5 mL，其中 5 份 10 mL 水样，5 份 1 mL 水样，5 份 0.1 mL 水样)

接种量/mL			总大肠菌群/(MPN/100 mL)	接种量/mL			总大肠菌群/(MPN/100 mL)
10	1	0.1		10	1	0.1	
0	0	0	＜2	1	0	0	2
0	0	1	2	1	0	1	4
0	0	2	4	1	0	2	6
0	0	3	5	1	0	3	8
0	0	4	7	1	0	4	10
0	0	5	9	1	0	5	12
0	1	0	2	1	1	0	4
0	1	1	4	1	1	1	6
0	1	2	5	1	1	2	8
0	1	3	7	1	1	3	10
0	1	4	9	1	1	4	12
0	1	5	11	1	1	5	14

续表 8

接种量/mL			总大肠菌群/（MPN/100 mL）	接种量/mL			总大肠菌群/（MPN/100 mL）
10	1	0.1		10	1	0.1	
0	2	0	4	1	2	0	6
0	2	1	6	1	2	1	8
0	2	2	7	1	2	2	10
0	2	3	9	1	2	3	12
0	2	4	11	1	2	4	15
0	2	5	13	1	2	5	17
0	3	0	6	1	3	0	8
0	3	1	7	1	3	1	10
0	3	2	9	1	3	2	12
0	3	3	11	1	3	3	15
0	3	4	13	1	3	4	17
0	3	5	15	1	3	5	19
0	4	0	8	1	4	0	11
0	4	1	9	1	4	1	13
0	4	2	11	1	4	2	15
0	4	3	13	1	4	3	17
0	4	4	15	1	4	4	19
0	4	5	17	1	4	5	22
0	5	0	9	1	5	0	13
0	5	1	11	1	5	1	15
0	5	2	13	1	5	2	17
0	5	3	15	1	5	3	19
0	5	4	17	1	5	4	22
0	5	5	19	1	5	5	24
2	0	0	5	3	0	0	8
2	0	1	7	3	0	1	11
2	0	2	9	3	0	2	13
2	0	3	12	3	0	3	16
2	0	4	14	3	0	4	20
2	0	5	16	3	0	5	23
2	1	0	7	3	1	0	11
2	1	1	9	3	1	1	14
2	1	2	12	3	1	2	17
2	1	3	14	3	1	3	20
2	1	4	17	3	1	4	23
2	1	5	19	3	1	5	27
2	2	0	9	3	2	0	14
2	2	1	12	3	2	1	17
2	2	2	14	3	2	2	20
2	2	3	17	3	2	3	24
2	2	4	19	3	2	4	27
2	2	5	22	3	2	5	31

续表 8

接种量/mL			总大肠菌群/(MPN/100 mL)	接种量/mL			总大肠菌群/(MPN/100 mL)
10	1	0.1		10	1	0.1	
2	3	0	12	3	3	0	17
2	3	1	14	3	3	1	21
2	3	2	17	3	3	2	24
2	3	3	20	3	3	3	28
2	3	4	22	3	3	4	32
2	3	5	25	3	3	5	36
2	4	0	15	3	4	0	21
2	4	1	17	3	4	1	24
2	4	2	20	3	4	2	28
2	4	3	23	3	4	3	32
2	4	4	25	3	4	4	36
2	4	5	28	3	4	5	40
2	5	0	17	3	5	0	25
2	5	1	20	3	5	1	29
2	5	2	23	3	5	2	32
2	5	3	26	3	5	3	37
2	5	4	29	3	5	4	41
2	5	5	32	3	5	5	45
4	0	0	13	5	0	0	23
4	0	1	17	5	0	1	31
4	0	2	21	5	0	2	43
4	0	3	25	5	0	3	58
4	0	4	30	5	0	4	76
4	0	5	36	5	0	5	95
4	1	0	17	5	1	0	33
4	1	1	21	5	1	1	46
4	1	2	26	5	1	2	63
4	1	3	31	5	1	3	84
4	1	4	36	5	1	4	110
4	1	5	42	5	1	5	130
4	2	0	22	5	2	0	49
4	2	1	26	5	2	1	70
4	2	2	32	5	2	2	94
4	2	3	38	5	2	3	120
4	2	4	44	5	2	4	150
4	2	5	50	5	2	5	180
4	3	0	27	5	3	0	79
4	3	1	33	5	3	1	110
4	3	2	39	5	3	2	140
4	3	3	45	5	3	3	180
4	3	4	52	5	3	4	210
4	3	5	59	5	3	5	250

续表 8

接种量/mL			总大肠菌群/(MPN/100 mL)	接种量/mL			总大肠菌群/(MPN/100 mL)
10	1	0.1		10	1	0.1	
4	4	0	34	5	4	0	130
4	4	1	40	5	4	1	170
4	4	2	47	5	4	2	220
4	4	3	54	5	4	3	280
4	4	4	62	5	4	4	350
4	4	5	69	5	4	5	430
4	5	0	41	5	5	0	240
4	5	1	48	5	5	1	350
4	5	2	56	5	5	2	540
4	5	3	64	5	5	3	920
4	5	4	72	5	5	4	1 600
4	5	5	81	5	5	5	>1 600

(二)耐热大肠菌群

1. 耐热大肠菌群　用提高培养温度的方法将自然环境中的大肠杆菌与粪便中的大肠菌群区分开，在 44.5℃仍然生长的大肠菌群，称为耐热大肠菌群。

2. 培养基与试剂

(1)EC 培养基　胰蛋白胨 20 g，乳糖 5 g，3 号胆盐或混合胆盐 1.5 g，磷酸氢二钾 4 g，磷酸二氢钾 1.5 g，氯化钠 5 g，蒸馏水 1 000 mL。

将上述成分溶解到蒸馏水，分装到带倒管的试管中，115℃，高压蒸汽灭菌 20 min，最终 pH 为 6.9±0.2。

(2)伊红美蓝琼脂

蛋白胨 10 g，乳糖 10 g，磷酸氢二钾 2 g，琼脂 20～30 g，蒸馏水 1 000 mL，伊红水溶液(20 g/L)20 mL，美蓝水溶液(5 g/L)13 mL。

将蛋白胨、磷酸盐和琼脂溶解于蒸馏水中，校正 pH 为 7.2，加入乳糖，混匀后分装，以 68.95 kPa(115℃，10 lb)高压灭菌 20 min。临用时加热融化琼脂，冷至 50～55℃，加入伊红和美蓝溶液，混匀，倾注平皿。

3. 仪器　恒温水浴或隔水式恒温培养箱(44.5±0.5℃)、其他仪器同总大肠菌群多管发酵法。

4. 检验步骤　自总大肠杆菌乳糖发酵试验中的阳性管(产酸产气)中取 1 滴转种于 EC 培养基中，放置 44.5℃培养(24±2) h，如所用管均不产气，则可报告为阴性；如有产气者，转种于伊红美蓝琼脂平板上，放置 44.5℃培养 18～24 h，凡平板上有典型菌落者，则证实为耐热大肠菌群阳性。

5. 结果报告　根据证实为耐热大肠菌群的阳性管数，查最可能数(MPN)检索表，报告每 100 mL 水样中耐热大肠菌群的最可能数(MPN)值。

实验六　消毒实验
——消毒液的配制和消毒效果的检测

实验目的：通过本实验检测项目的学习，了解并掌握空气消毒效果和物体表面消毒效果的检测方法和检测结果评定。要求学生掌握消毒效果基本检测项目和操作技术。

消毒效果的检测包括清洁程度的检查、消毒药剂使用的检查和消毒对象的细菌学检查。

一、清洁程度的检查

消毒完毕后，检查环境、运动场、圈舍、车间地面、墙壁、设备等地的清扫情况。

检查指标：干净、卫生、不留死角。

二、消毒药物使用的检查

定期查看消毒工作记录，检查消毒药物的种类、浓度、使用浓度、使用方法，必要时可从剩余的消毒药液中取样进行化学药物浓度的测定。

检测指标：选用消毒药物高效、低毒；使用浓度、用量合适；使用程序和使用方法合理。

三、消毒对象的细菌学检查

(一)空气消毒效果的检测

1. 器材和试剂

恒温培养箱，平皿，营养琼脂培养基，显微镜，载玻片，染色液

2. 操作方法(自然沉降法)

一般应选择在消毒处理完成之后的时间段。按预定计划定期、定时对空气进行样品的采集，注意在采样前，应关好门窗，在无人走动的情况下，静止 10 min 后，进行采样。采样后送化验室进行菌落总数的检测。

(1)采样皿制作　将灭菌后的普通营养琼脂培养基熔化后，冷却至 45～50℃，倒入无菌培养皿内，每个培养皿 15～20 mL。室温下冷却凝固后，倒置于 37℃温箱内培养 24 h，挑选无菌生长的培养皿使用。

(2)采样点的选择　圈舍或居室面积小于 15 m^2 的密闭间，只在室中央设 1 个点；面积小于 30 m^2 的房间，在房间的对角线上选取内、中、外 3 点；面积大于 30 m^2 的房间内设 5 个点，即房间的四个角和室中央各设一点；面积更大的场所可在相应的方位上适当增加采样点。采样高度一般为 1.2～1.5 m，四周各点距墙 0.5～1.0 m。

(3)采样时间　根据消毒前及消毒后不同时间段进行采样。

(4)采样培养皿的放置　将采样培养皿编号后，放置于相应的采样点上，然后根据室内实际布局，由内向外，按次序打开采样培养皿。将培养皿盖扣放在采样培养皿端口边缘，严禁将盖口朝上，使其直接暴露于空气中，这样会影响采样结果。

(5)采样　应根据所暴露环境的实际情况决定。越洁净的地方采样暴露时间越长，以期得到更准确的结果。普通场所暴露 5～30 min，一般采用 15 min。污染严重的地方，如动物的圈舍等，暴露 5 min 即可。并注意消毒前后暴露时间的一致。

(6)培养和结果计算 待采样结束后,将培养皿盖好,反转,放于37℃温箱中培养24～48 h,按常规方法,观察记录培养皿上菌落数量(CFU)。

3.消毒效果的评价

(1)细菌总数 根据不同场所空气细菌总数的国家卫生标准来判定消毒是否合格。

(2)杀灭率

杀灭率=(消毒前细菌菌落数－消毒后细菌菌落数)/消毒前菌落数×100%

(二)物体表面消毒效果的检测

1.器材和试剂

恒温培养箱,平皿,营养琼脂培养基,显微镜,玻片,染色液。

2.操作方法(棉拭子法)

(1)消毒前采样 在被检物体采样面积小于100 cm^2 时,取全部物体表面,当采样面积大于100 cm^2 时,连续采集4个样品,面积合计为100 cm^2。用5 cm×5 cm的标准无菌规格板,放在被检物体表面,将无菌棉拭子在含有无菌生理盐水试管中浸湿,并在管壁上挤干,对无菌规格板框定的物体表面涂抹采样,来回均匀擦10次,并随之转动棉拭子。采样完毕后,将棉拭子放在装有一定量灭菌生理盐水的试管管口,剪去与手接触的部位,其余的棉拭子留在试管内,充分振荡混匀后,立即送检。对于门把手等不规划物体表面,按实际面积,用棉拭子直接涂擦采样。

(2)消毒后采样 在消毒结束后,与在消毒前同一物体表面附近类似部位进行采样。采样液中含有与化学消毒剂相对应的中和剂,采样与消毒前一致。将消毒前后样本尽快送检,进行细菌培养计数以及致病菌与相关指标菌的分离与鉴定。细菌总数检测采用菌落计数法,致病菌的检测主要检测金黄色葡萄球菌、大肠杆菌和沙门氏菌等。具体方法参见上述章节。

3.消毒效果的评价

(1)细菌总数

(a)小型物体表面:用细菌总数(CFU/个)来表示。

细菌总数=平板上菌落平均数×稀释倍数。

(b)面积大于100 cm^2 物体表面:用细菌总数(CFU/cm^2)表示。

细菌总数=(培养皿上菌落平均数×稀释倍数)/采样面积。

(2)杀灭率

杀灭率=(消毒前菌落平均数－消毒后菌落平均数)/消毒前菌落平均数×100%。

附:常用消毒液配制

(一)5%标准漂白粉溶液

(1)含有效氯20%漂白粉5 g,加水100 mL,搅匀即得;若加入半量氯化铵,硫酸铵和硝酸铵后,杀菌作用增强,又称漂白粉活性溶液。

(2)5%漂白粉精液:取100 mL水加5片(每片含0.1 g)漂白粉精片即得。

配成后,应于24 h内使用,否则效果大大降低。

(二)过氧乙酸溶液

1.0.04%过氧乙酸溶液 20%过氧乙酸2 mL加蒸馏水998 mL,混匀即得。

2.0.2%过氧乙酸溶液　20%过氧乙酸10 mL加蒸馏水990 mL,混匀即得。

3.0.5%过氧乙酸溶液　20%过氧乙酸25 mL加蒸馏水975 mL,混匀即得。

(三)煤酚皂溶液

1.2%煤酚皂溶液　取4 mL市售50%溶液,加蒸馏水96 mL,即得2%的溶液100 mL。

2.5%煤酚皂溶液　取10 mL 50%溶液,加蒸馏水90 mL,混匀即得5%煤酚皂溶液100 mL。

(四)新洁尔灭溶液

1.0.1%新洁尔灭溶液　取市售5%新洁尔灭溶液2 mL,加蒸馏水98 mL混匀即可。

2.0.5%新洁尔灭溶液　取市售5%新洁尔灭溶液10 mL,加蒸馏水90 mL混匀即可。

(五)洗必泰溶液

1.0.02%洗必泰溶液　先将4.54 g硼酸和0.45 g硼砂溶于660 mL热蒸馏水中,再加入洗必泰0.2 g和氯化钠0.86 g溶解,加蒸馏水至1 000 mL,即得0.02%洗必泰溶液。

2.0.05%洗必泰溶液　先取11.36 g硼酸和1.12 g硼砂溶于660 mL热蒸馏水中,再依次加入洗必泰0.5 g、氯化钠2.15 g,使其溶解,加蒸馏水至1 000 mL即得。

(六)高锰酸钾溶液

1.0.02%高锰酸钾溶液　取高锰酸钾1 g,加蒸馏水5 000 mL溶解后即得。

2.0.1%高锰酸钾溶液　取高锰酸钾1 g,加蒸馏水1 000 mL,溶解后即得。

(七)戊二醛溶液

1.碱性戊二醛　取酸性25%戊二醛1份,加11.5份蒸馏水,再加入0.3% $NaHCO_3$,调节pH至7.5~8.5,即配成2%碱性戊二醛溶液。因稳定性差,溶液可保存1周。

2.强化酸性戊二醛　在25%戊二醛溶液中,加入0.25%聚氧乙烯脂肪醇醚。此类复方溶液仍保持酸性(pH3.4),稳定性好,室温下贮存18个月,杀菌能力不减。

3.中性戊二醛　将强化酸性戊二醛经碳酸氢钠调整pH至7.0,即得中性戊二醛。中性戊二醛溶液稳定性比碱性溶液好,但不及酸性强化戊二醛,在室温下可反复使用3周;对金属的腐蚀性比酸性强化戊二醛弱。

(八)甲醛溶液

4%甲醛水溶液　将1份含有37%甲醛的福尔马林溶液,加8.25份水,即成4%甲醛水溶液。

(九)碘溶液

1.2%碘酊　先将碘化钾1.5 g溶于48 mL蒸馏水中,再加2 g碘,后加95%乙醇至100 mL即得。

2.2%碘液　先将2.4 g碘化钾溶于蒸馏水中,再加碘2 g,后加蒸馏水至100 mL。

3.0.1%碘液　用2%碘液50 mL,加蒸馏水至1 000 mL即得。

4.0.05%碘液　用2%碘液25 mL加蒸馏水至1 000 mL即得。

实验七　畜禽养殖场环境卫生调查

一、实验目的与要求

以本院(或附近其他单位)畜牧场作为实习现场,对畜牧场址选择、畜牧场建筑布局、畜牧场环境卫生设施以及畜舍卫生状况等方面进行现场观察、测量主访问,运用课堂学过的理论进行综合分析,作出卫生评价报告。

二、调查内容

主要包括以下几项:

1. 牧场位置　观察和了解畜牧场周围的交通运输情况,居民点及其他工农业企业等距离与位置。

2. 全场地形、地势与土质　场地形状及面积大小,地势高低,坡度和坡向,土质、植被等。

3. 水源　水源种类及卫生防护条件,给水方式,水质与水量是否满足需要。

4. 全场平面布局情况

(1)全场不同功能地区的划分及其在场内位置的相互关系。

(2)畜舍的朝向及间距,排列形式。

(3)饲料库、饲料加工调制间、产品加工间、兽医室、贮粪池以及其他附属建筑物的位置和与畜舍的距离。

(4)运动场的位置、面积、土质及排水情况。

5. 畜舍卫生状况　畜舍类型、式样、材料结构,通风换气方式与设备,采光情况,排队水系统及防潮措施,畜舍防寒、防热的设施及其效果,畜舍小气候观测结果等。

6. 畜牧场环境污染与环境保护情况　畜粪、尿处理情况,场内排水设施及牧场污水排放、处理情况,绿化状况,场界与场内各区域的卫生防护设施,蚊蝇滋生情况及其他卫生状况等。

7. 其他　家畜传染病、地方病、慢性中毒性疾病等发病情况。

三、实验安排

学生分成若干小组,按上述内容进行观察、测量和访问,并参考下表进行记录,最后综合分析,作出卫生评价结论。结论的内容应从畜牧场场址选择、建筑物布局、畜舍建筑、牧场环境卫生四个方面,分别指出其优、缺点,并提出今后改进意见。结论方字力求简明扼要。

畜牧场环境卫生调查表

畜牧场名称＿＿＿＿＿＿＿＿	家畜种类与头数＿＿＿＿＿＿＿＿
位　　置＿＿＿＿＿＿＿＿	全场面积＿＿＿＿＿＿＿＿
地　　形＿＿＿＿＿＿＿＿	地势＿＿＿＿＿＿＿＿
土　　质＿＿＿＿＿＿＿＿	植被＿＿＿＿＿＿＿＿
水　　源＿＿＿＿＿＿＿＿	当地主风向＿＿＿＿＿＿＿＿
畜舍区位置＿＿＿＿＿＿＿＿	畜舍栋数＿＿＿＿＿＿＿＿

畜舍朝向＿＿＿＿＿＿＿＿ 畜舍间距＿＿＿＿＿＿＿＿

畜舍距贮粪场＿＿＿＿＿＿＿＿ 畜舍距粪水池＿＿＿＿＿＿＿＿

畜舍距调料间＿＿＿＿＿＿＿＿ 畜舍距饲料库＿＿＿＿＿＿＿＿

畜舍距产品加工间＿＿＿＿＿＿＿＿ 畜舍距兽医室＿＿＿＿＿＿＿＿

畜舍距公路＿＿＿＿＿＿＿＿ 畜舍距住宅区＿＿＿＿＿＿＿＿

畜舍类型＿＿＿＿＿＿＿＿

畜舍面积:长＿＿＿＿＿＿ 宽＿＿＿＿＿＿ 面积＿＿＿＿＿＿

畜栏有效面积:长＿＿＿＿＿＿ 宽＿＿＿＿＿＿ 面积＿＿＿＿＿＿

值班室面积:长＿＿＿＿＿＿ 宽＿＿＿＿＿＿ 面积＿＿＿＿＿＿

饲料室面积:长＿＿＿＿＿＿ 宽＿＿＿＿＿＿ 面积＿＿＿＿＿＿

其他室面积:长＿＿＿＿＿＿ 宽＿＿＿＿＿＿ 面积＿＿＿＿＿＿

舍顶:形式＿＿＿＿＿＿ 材料＿＿＿＿＿＿ 高度＿＿＿＿＿＿

天棚:形式＿＿＿＿＿＿ 厚度＿＿＿＿＿＿ 高度＿＿＿＿＿＿

外墙:材料＿＿＿＿＿＿ 厚度＿＿＿＿＿＿

窗:南窗　数量＿＿＿＿＿＿ 每个窗尺寸＿＿＿＿＿＿

　北窗　数量＿＿＿＿＿＿ 每个窗尺寸＿＿＿＿＿＿

窗台高度＿＿＿＿＿＿ 采光系数＿＿＿＿＿＿

入 射 角＿＿＿＿＿＿ 透 光 角＿＿＿＿＿＿

大门:形式＿＿＿＿＿＿ 数量＿＿＿＿＿＿ 宽＿＿＿＿＿＿

通道:数量＿＿＿＿＿＿ 位置＿＿＿＿＿＿ 宽＿＿＿＿＿＿

畜床材料＿＿＿＿＿＿ 卫生条件＿＿＿＿＿＿

粪尿沟:形式＿＿＿＿＿＿ 宽＿＿＿＿＿＿ 深＿＿＿＿＿＿

通风设备:入气管　个数＿＿＿＿＿＿ 面积(每个)＿＿＿＿＿＿

　出气管　个数＿＿＿＿＿＿ 面积(每个)＿＿＿＿＿＿

　其他通风设备＿＿＿＿＿＿

运动场:位置＿＿＿＿＿＿ 面积＿＿＿＿＿＿ 土质＿＿＿＿＿＿

　卫生状况＿＿＿＿＿＿

畜舍微小气候观测结果:温度＿＿＿＿＿＿ 湿度＿＿＿＿＿＿

　气流＿＿＿＿＿＿ 照度＿＿＿＿＿＿

牧场一般环境卫生状况＿＿＿＿＿＿

其他＿＿＿＿＿＿

＿＿＿＿＿＿＿＿＿＿＿＿

综合评价＿＿＿＿＿＿

改进意见＿＿＿＿＿＿

调 查 者＿＿＿＿＿＿

调查日期＿＿＿＿＿＿

实验八　参观实习(8 学时)

组织学生参观农业生态科技园；
参观绿色食品生产基地；
参观污水处理站；
参观肉类联合加工厂。

参考文献

[1] FAO. Contributing to One World, One Health: A Strategic Framework for Reducing Risks Frank D. One world, health, one medicine. Can Vet J. 2008.

[2] Gilibert Ross. Thepublic health implications of polychloriaated biphenyls(PCBs)in the environment. Ecotaxicology and Environmental Safety, 2004, 59:275.

[3] Klaassen CD, Watkins JB. Casarett & Doull's Essentials of Toxicology. The Basic Science of poisons. 6th ed. New York: McGraw-Hill Professional, 2003.

[4] Linda S. Birnbaum, Daniele F. Staskal, Janeet J. Diliberto, Health effects of Polybrominated dibenzo-p-dioxins (PBDDs)and dibenzofrans (PBDFs). Environment International 2003,29:8551.

[5] Lo Presti F, Riffard S, Meugnier H, et al. Legionella gresilensis sp. nov. and Legionella beliardensis sp. nov., isolated from water in France. Int J Syst Evol Microbiol. 2001,51 (Pt 6):1949-1957.

[6] McMinn P C. An overview of the evolution of enterovirus 71 and its clinical and public health significance . FEMS Microbiol Rev. 2002, 26: 91-107.

[7] WHO. 实验室生物安全手册. 3 版. 2004.

[8] 蔡北华,徐之河. 经济大辞典·农业经济卷. 上海:上海辞书出版社,1983.

[9] 蔡宏道. 现代环境卫生学. 北京:人民卫生出版社,1995.

[10] 陈焕春,郭爱珍. 国内外牛结核病的防控历史与现状,中国畜牧兽医学会 2009 年学术年会.

[11] 陈君石,闻芝梅. 现代营养学. 7 版. 北京:人民卫生出版社,1999.

[12] 陈青山. 禽流感与人禽流感. 武汉科技大学学报(自然科学版), 2006, 29(3):301-312, 318..

[13] 陈学敏. 环境卫生学. 4 版. 北京:人民卫生出版社,2001.

[14] 陈杖榴,等. 动物性食品安全与兽药和添加剂的使用. 中国兽医杂志,2005, 41(10) :63-65.

[15] 段学军,范晓伟,陈启石. 室内环境生物性污染分析与控制. 中原工学院学报,2005,16 (3):8-11.

[16] 范春. 公共卫生学. 厦门:厦门大学出版社, 2009.

[17] 冯江. 动物生态学. 北京:科学出版社,2005.

[18] 付立杰. 现代毒理学及其应用. 上海:上海科学技术出版社,2001.

[19] 高建元,环境保护法实用指南. 太原:山西人民出版社,2006.

[20] 高增祥,季荣,徐汝梅,等. 外来种入侵的过程、机理和预测. 生态学报,2003,23(3):559-

570.
[21] 顾宪红.畜禽福利与畜禽产品品质安全.北京:中国农业科学技术出版社,2005.
[22] 顾祖维.现代毒理学基础.北京:化学工业出版社,2005.
[23] 郭俊生.现代营养与食品安全学.上海:第二军医大学出版社,2006.
[24] 郭媛华,蓝乾福.人畜共患寄生虫病学.北京:农业出版社,1994.
[25] 国家环境保护总局第32号令.病原微生物实验室生物安全环境管理办法,2006.
[26] 国家技术质量监督局.室内空气中溶血性链球菌卫生标准.北京:中国标准出版社出版,2001.
[27] 国务院第424号令.病原微生物实验室生物安全管理条例,2004.
[28] 郝明德,刘晓宏.环境激素的危害及预防方法.世界农业,1999,9:42-43.
[29] 何诚.实验动物学.北京:中国农业大学出版社,2006.
[30] 何凤生.化学品危险度评估与管理的国际协调化趋势.中华劳动卫生职业病杂志,2003,21(4):308-309.
[31] 洪鹏志,章超桦.水产品安全生产与品质控制.北京:化学工业出版社,2005.
[32] 侯祺棕,梁爱萍.环境激素的内分泌干扰机制及其对人体的影响.工业安全及环保,2005,31(4):7-9.
[33] 黄承钰.医学营养学.北京:人民卫生出版社,2003.
[34] 黄金林,何蕊,许海燕,等.弯曲菌的公共卫生危及其控制策略.动物保健,2006,6:9-11.
[35] 季维智,朱建国.保护生物学的基本原理、方法和研究内容//钱迎倩,马克平.生物多样性研究的原理和方法.北京:中国科学技术出版社,1994.
[36] 贾敬敦.同一个世界 同一个健康.中国比较医学杂志,2010,20(11,12):1-4 .
[37] 李焕德.毒理学基础.6版.长沙:湖南科学技术出版社,2006.
[38] 李如治.家畜环境卫生学.3版.北京:中国农业出版社,2003.
[39] 李顺鹏.环境生物学.北京:中国农业出版社,2002.
[40] 李文均,张忠泽,姜成林.高温放线菌属分类研究进展.微生物学报,2002,42(6):759-763.
[41] 刘洪亮,侯常春,徐瑛,等.水中嗜肺军团菌分布规律研究.卫生研究,2004,33(4):416-419.
[42] 刘连魏.绿色食品导论.北京:企业管理出版社,1998.
[43] 刘宁,沈明浩.食品毒理学.北京:中国轻工业出版社,2006.
[44] 刘培启,胡文荣,李力.水源水微囊藻毒素污染及控制方法.污染防治技术,2002,15(4):31-33.
[45] 刘志皋.食品营养学.2版.北京:中国轻工业出版社,2004.
[46] 卢欣石,何琪.内蒙古草原带防沙治沙现状、分区和对策.中国农业资源与区划,2000,21(4):58-62..
[47] 陆承平.动物保护概论.2版.北京:高等教育出版社,2004.
[48] 陆彤霞,王华飞.水产业.北京:化学工业出版社,2005.
[49] 罗满林,顾为望.实验动物学.北京:中国农业出版社,2002.
[50] 孟林.驼绒藜在新疆草地的分布及其生态经济价值.草原与草坪,2002,3:24-27.

[51] 孟紫强. 环境毒理学. 北京:中国环境科学出版社,2000.
[52] 聂绍发,等. 消毒与有害生物防制技术. 武汉:湖北科学技术出版社,2005.
[53] 农业部. 兽医实验室生物安全管理规范,2003 .
[54] 潘瑞花, 陈建华, 张剑锋,等. 管理毒理学在化学品管理中的应用. 安全与环境工程, 2007,14(4): 14-16.
[55] 邱车茹,吴振斌. 环境雌激素对动物和人体的影响及其作用机制. 水生生物学学报,1997, 21 (4):365-374.
[56] 曲芬,鲍春梅,崔恩博. 气单胞菌不同种的流行及耐药性. 中国抗感染化疗杂志,2004,4 (5):302-305.
[57] 任大鹏,乔文慧. 浅议《畜牧法》关于畜禽养殖方式的规定. 中国畜牧杂志,2006,42(8): 25-27.
[58] 任仁. 环境激素的种类及污染途径. 大学化学,2001,16(5):28-31.
[59] 佘锐萍. 动物产品卫生检验. 北京:中国农业大学出版社,2000.
[60] 佘锐萍. 养殖生产实用消毒技术. 北京:中国农业出版社,2004.
[61] 史贤明. 食品安全与卫生学. 北京:中国农业出版社,2003.
[62] 农业部畜牧兽医局. 国际动物卫生法典 2002. 北京:中国农业科技出版社,2003.
[63] 孙佩元. 同一个世界,同一个健康——实现动物—人类—生态共同健康繁荣全球战略框架介绍.
[64] 孙锡斌. 动物性食品卫生学. 北京:高等教育出版社,2006.
[65] 汪诚信. 有害生物治理. 北京:化学工业出版社. 2005.
[66] 汪建红,李雪红. 环境激素对动物和人类生殖机能的侵害. 新疆畜牧业,2005,2:16-18.
[67] 王光慈. 食品营养学. 2 版. 北京:中国农业出版社,2001.
[68] 王勉超. 丝兰属植物提取物对肉鸡肠黏膜结构和生长性能的影响,中国农业大学硕士研究生论文,2007.
[69] 王心如,周宗灿. 毒理学基础. 4 版. 北京:人民卫生出版社,2003.
[70] 王秀茹. 卫生微生物学. 北京:北京医科大学、北京协和医科大学联合出版社,1998.
[71] 王雪敏. 动物性食品卫生检验. 北京:中国农业出版社,2002.
[72] 吴坤. 营养与食品卫生学. 5 版. 北京:人民卫生出版社,2006.
[73] 吴永宁. 现代食品安全科学. 北京:化学工业出版社,2003.
[74] 伍喜林,等. 调控饲料营养减少畜禽排泄物对环境的污染. 中国生态农业学报, 2003,11 (3):187-189.
[75] 夏春. 水生动物疾病学. 北京:中国农业大学出版社,2004.
[76] 夏世均,吴中亮. 分子毒理学基础. 武汉:湖北科学技术出版社,2001.
[77] 香川顺[日本]. 危险的环境激素. 周英华,张学库译. 长春:吉林科学技术出版社,2003.
[78] 小川益男,等. 兽医公共卫生学. 2 版. 文永堂,2007.
[79] 谢媚,刘涛,陆小安,等. 广州市 SARS 传播与空气污染相关性研究. 安全与环境学报, 2004,4(3):73-76.
[80] 徐海根,王健民,强胜,等. "生物多样性公约"热点研究:外来物种入侵·生物安全·遗传资源. 北京:科学出版社,2004.

[81] 徐汝梅,叶万辉.生物入侵理论与实践.北京:科学出版社,2003.
[82] 徐顺清.环境健康科学.北京:化学工业出版社,2005.
[83] 薛冬霞,吴亚杰.环境激素的危害及研究进展.中国科技信息,2005,10:59.
[84] 严达伟,陈文斌.通过营养调控降低规模化猪场对环境的污染.家畜生态,2004,25(4):198-201.
[85] 杨怀环.常见人畜共患传染病.北京:农业出版社,1998.
[86] 杨克敌.环境卫生学.5版.北京:人民卫生出版社,2003.
[87] 叶小梅,等.畜禽养殖场排放物病原微生物危险性调查.生态与农村环境学报,2007,23(2):66-70.
[88] 俞道进,等.土霉素残留对底泥细菌耐药性的影响.毒理学杂志,2005,19(3):307.
[89] 占家智,陈学锋.绿色水产品与保健.北京:中国医药科技出版社,2005.
[90] 张朝武.卫生微生物学.3版.北京:人民卫生出版社,2003.
[91] 张恒庆.保护生物学.北京:科学出版社,2005.
[92] 张克强,等.一种处理高氨氮有机废水改良SBR反应器的性能研究.农业环境科学学报,2004,23(5):1009-1013.
[93] 张桥.毒理学基础.4版.北京:人民卫生出版社,2004.
[94] 张荣祖.中国动物地理.北京:科学出版社,2011.
[95] 张彦明,佘锐萍.动物性食品卫生学.3版,北京:中国农业出版社,2002.
[96] 张自和.西藏高寒草地畜牧业的意义、问题与发展建议.草业科学,2001,18(6):1-6.
[97] 赵启宇,阚海东,HABER L,等.危险度评价最新进展.中国药理学与毒理学杂志,2004,18(2):152-160.
[98] 赵长城,李培英.隐孢子虫病流行病学研究进展.畜牧兽医,2004,36(12):41-44.
[99] 郑浩轩,姜泊.小肠结肠炎耶尔森菌研究概况.中国微生态学杂志,2006,(18)5:416-419.
[100] 中国营养学会.中国居民膳食营养素参考摄入量.北京:中国轻工业出版社,2000.
[101] 周宜开.环境医学概论.北京:科学出版社,2005.
[102] 周正仁.医学微生物学.6版,北京:人民卫生出版社,2005.
[103] 周宗灿.毒理学基础.2版.北京:北京医科大学出版社,2000.
[104] 朱广香,马恒东.环境激素的危害及研究进展简述.黑龙江畜牧兽医,2004,1:61-62.

英文索引